国家科学技术学术著作出版基金资助出版

千米深钻记录之西沙群岛珊瑚礁形成演化与环境变迁

余克服　王　瑞　李银强　杨　洋　孟　敏等　著

U0159330

科学出版社

北京

内 容 简 介

珊瑚礁的发育演化过程严格受环境因素制约，因此珊瑚礁可以记录环境变化历史。自达尔文 1837 年提出环礁成因假说以来，钻透珊瑚礁岩层以揭示珊瑚礁的发育机理、过程和环境历史一直是国内外几代地质学家特别是珊瑚礁研究者的梦想。国内外已广泛进行珊瑚礁的钻探，并取得了许多进展，但受钻探取芯率、测年手段、成岩作用等多种因素的影响，迄今对珊瑚礁发育演化过程的系统研究仍不多。本书以 2013 年在西沙群岛琛航岛上钻探的千米深钻（琛科 2 井）为材料，围绕珊瑚礁发育演化过程及其记录的环境变化历史进行系统研究。本书内容包括岩芯的详细描述及其沉积相意义、基底岩石特征和年代、珊瑚礁碳酸岩的年代框架、生物学和沉积学特征、成岩作用和白云石化、同位素和元素地球化学特征、珊瑚礁的发育演化过程和古环境变化历史等，这是珊瑚礁系统科学的重要组成部分。

本书资料珍贵、内容丰富、图文并茂，是地球科学等相关学科的理想参考书。

图书在版编目（CIP）数据

千米深钻记录之西沙群岛珊瑚礁形成演化与环境变迁 / 余克服等著. —北京：科学出版社，2024.3
ISBN 978-7-03-077752-2

Ⅰ. ①千… Ⅱ. ①余… Ⅲ. ①西沙群岛–珊瑚礁–演化–研究
Ⅳ. ① P737.27

中国国家版本馆 CIP 数据核字（2024）第 007998 号

责任编辑：朱 瑾 习慧丽 / 责任校对：郑金红
责任印制：吴兆东 / 封面设计：无极书装

科学出版社 出版
北京东黄城根北街 16 号
邮政编码：100717
http://www.sciencep.com
北京中科印刷有限公司印刷
科学出版社发行 各地新华书店经销
*
2024 年 3 月第 一 版 开本：889×1194 1/16
2025 年 1 月第二次印刷 印张：32 3/4
字数：1 060 000
定价：428.00 元
（如有印装质量问题，我社负责调换）

前　言

钻穿珊瑚礁是很多人的梦想。因为星罗棋布于整个热带海区的珊瑚礁,既具有奇特的生态景观和地貌、地质特征,又具有重要的生态、资源与环境效应,美丽而又神秘。作为蓝色沙漠中的绿洲,一座座珊瑚礁就像山一样从上千米的海底耸立起来,连接着深海与浅海、现代与过去,并且还像天然的档案一样准确地记录着海洋环境变迁的历史,包括气候的冷暖、海平面的升降、台风活动的强弱等。

自达尔文在 1837 年参与环球考察时提出了环礁的成因假说[1](即:珊瑚礁最早在死火山岛周围发育,这种珊瑚礁附着于火山岛发育的模式称为岸礁;随后火山岛沉降,同时珊瑚礁向上生长发育,珊瑚礁与火山岛之间形成环状沟渠,这种珊瑚礁-沟渠-火山岛的地貌组合称为堡礁;火山岛进一步沉降并完全淹没,而珊瑚礁继续向上生长发育,形成环状的珊瑚礁包绕中间的潟湖模式,称为环礁),并"希望有那么一个百万富翁能在太平洋的环礁上钻井"以来,国际上对珊瑚礁开展了一系列的钻探工作,都希望通过对珊瑚礁进行钻探来获取岩芯,然后通过对岩芯的分析来揭示蕴藏于珊瑚礁中的无限奥秘。

本书介绍的就是关于南海西沙群岛琛航岛深钻的研究成果。2013 年,本研究团队在国家科技基础性工作专项项目"南海中北部珊瑚礁本底调查"的资助下,于 5 ~ 12 月在西沙群岛琛航岛上实施了全取芯的钻探工作,将该钻井命名为"琛科 2 井"(代号为 CK2),琛科 2 井的进尺总深度为 928.75m,其中上部 878.22m 为珊瑚礁碳酸盐岩,下部 50.53m 为火山基岩,取芯率为 70%,井口位置为 16°26′56.368″N、111°0′53.557″E。之所以命名为琛科 2 井,是因为我们在此之前还打了一口井,即"琛科 1 井"(代号为 CK1,井口位置为 16°26′58.261″N、111°0′52.779″E,井深 901.90m,其中上部 886.20m 为珊瑚礁碳酸盐岩,下部 15.70m 为火山基岩,取芯率为 48%),但因为琛科 1 井取芯率低,未能满足项目设计的要求,于是在琛科 1 井旁约 10m 之处又打了一个平行孔,即琛科 2 井。本书以琛科 2 井的岩芯为材料,围绕珊瑚礁发育演化过程及其记录的环境变化历史进行了比较系统的研究,具体包括钻孔岩芯的详细描述、基底岩石特征和年代分析,以及珊瑚礁碳酸盐岩的年代框架及其生物学、沉积学、岩石学、同位素和元素地球化学等特征的分析,在此基础上揭示了西沙群岛珊瑚礁的形成演化过程和古环境变化历史等。

研究揭示,琛科 2 井的基岩为玄武质火山碎屑岩,其中锆石的 U-Pb 年龄为(35.5±0.9)Ma,代表着火山喷发的最大年龄。根据珊瑚礁碳酸盐岩的 Sr 同位素(^{87}Sr/^{86}Sr)剖面并结合古地磁、古生物的综合分析,得出琛科 2 井珊瑚礁碳酸盐岩最底部的年龄为 19.6Ma,并据此建立了整个碳酸盐岩剖面的年代序列。珊瑚礁的铀系年代结果显示,琛航岛全新世珊瑚礁起始发育时间为 7900a B.P.,全新世珊瑚礁体的厚度为 16.7m。在整个琛科 2 井珊瑚礁碳酸盐岩剖面中识别出了 11 个间断面,指示近 20Ma 的历史中至少出现过 11 次明显的海平面下降,导致了珊瑚礁体的暴露,也导致了珊瑚礁碳酸盐岩的 ^{87}Sr/^{86}Sr 出现异常高值。琛科 2 井晚中新世发育了厚达 210.5m 的块状白云岩,由高钙白云石(HCD)和低钙白云石(LCD)组成,形成于正常或被轻微改造了的海水环境中,团簇同位素指示其形成水温范围为 24 ~ 44℃,形成过程对应于连续的海侵过程,是区域构造沉降和全球海平面变化共同作用的结果。琛科 2 井全岩 δ^{18}O 在 15.5 ~ 13Ma 呈现出明显的正偏,可能是对南极冰盖扩张的响应;自 1.8Ma 以来,尤其是自 0.9Ma 以来,δ^{18}O 逐渐正偏,意味着北极冰盖的进一步发育与东亚冬季风的进一步增强。δ^{13}C 经历了数次明显的漂移,反映了区域的碳循环,可能是东亚陆地植被类型的改变导致有机碳埋藏改变,δ^{13}C 在 18.9 ~ 13.2Ma 经历了一次正偏事件,记录了"蒙特里"碳漂移全球事件。琛科 2 井珊瑚礁碳酸盐岩全岩样品的地球化学分析表明,白云石化作用对大部分微量元素的影响较大,但仍清楚地记录了东亚冬季风在约 2.6Ma 显著增强。受东亚夏季风制约的大陆风化在约 2.6Ma 之前控制着西沙群岛海区表层海水中元素的组成；而在约 2.6Ma 之后，受冬季风控制的风尘、受夏季风影响的降雨以及全球温度变化共同控制着西沙群岛海区表层海水中元素的组成。

从琛科 2 井岩芯的生物组分来看，珊瑚在整个钻孔岩芯中总体上起着主导作用，但珊瑚藻、仙掌藻、有孔虫、软体动物壳（腹足类和双壳类）等都分别在不同层段占据过主导作用，这可能反映了不同地质时期、不同气候环境背景下有不同的主导生物，也可能是珊瑚礁的不同沉积相带造就了不同的优势生物类型，但不论是哪一种原因，这些生物组分本身及其组合的变化都指示着不同的环境信息，值得深入研究。例如，琛科 2 井中的珊瑚藻共可分为 3 目 8 科 12 属，以混石藻目和珊瑚藻目为主，孢石藻目零星发育。珊瑚藻属、叉节藻属和叉珊藻属的外部生长形态为枝状，其余珊瑚藻皆为皮壳状。薄片中珊瑚藻丰度的统计结果显示，整个碳酸盐岩序列中珊瑚藻的平均丰度为（6.72±0.45）%，但在 312～309m（4.36～4.28Ma）丰度可高达（34.06±9.09）%，最高之处甚至可达 80%。琛科 2 井中的珊瑚藻属可分成 10 个组合，根据珊瑚藻组合的水深特征，得出近 20Ma 以来西沙群岛珊瑚礁发育的水深在 5m 至 25m 之间波动，在时间序列上呈现出三个大的沉积旋回，分别为 19.6～16.31Ma、16.31～4.36Ma 和 4.36～0Ma。琛科 2 井中的珊瑚藻对近 20Ma 以来的重大事件有明显的响应，如早中新世 17.55Ma（770.55m）、17.45Ma（744.74m）和 17.44Ma（741.74m），琛科 2 井珊瑚藻分异度明显增加，与中中新世气候适宜期相比，它受该时期全球变暖的影响。中叶藻属丰度的降低对应于近 20Ma 以来的一系列降温事件，其中以 13.72Ma 和 1.19Ma 时期最为明显，前者可能与南极冰盖最大扩张及永久性冰盖的形成有关，后者对应于中更新世气候转型的起始时间。奇石藻属的集中分布（14.13～8.77Ma）对应于海平面在长时间尺度上下降的过程，其绝灭指示海平面的快速上升。石枝藻属丰度的增加（6.71Ma）对应于海平面快速上升。在琛科 2 井的岩芯中，共鉴定出有孔虫 46 科 74 属 141 种（包括底栖有孔虫 42 科 61 属 101 种、浮游有孔虫 4 科 13 属 40 种）。根据有孔虫优势种属、丰度和群落结构，琛科 2 井的有孔虫可划分为 9 个组合带，分别对应于不同的水深和沉积环境。在琛科 2 井中初步鉴定出 30 属的六射珊瑚（石珊瑚），部分珊瑚具有地层指示意义，部分珊瑚指示特定的生长环境。

琛科 2 井的上述信息清楚地表明，珊瑚礁岩芯本身及其生物、矿物、地球化学等信号都记载着众多的环境信息，确确实实是记录大自然变迁的天然档案，值得深入探索。也正因如此，近几十年来我国相继在南海的西沙群岛、南沙群岛开展了一系列深逾 150m 的钻探，也分别从不同的侧面为系统认识南海珊瑚礁的形成演化过程作出了重要贡献。除了本书所介绍的琛科 2 井，南海珊瑚礁区还包括以下 7 口钻井。

（1）西永 1 井（井深 1384.68m，位于西沙群岛永兴岛）：1973～1974 年由石油工业部南海石油勘探筹备处实施钻探，揭示了西沙群岛永兴岛礁体碳酸盐岩的厚度为 1251m，通过孢粉研究确定碳酸盐岩底部为中新世早期[2]。秦国权[3]基于有孔虫等指标将西永 1 井地层划分为：1251m 以深为变质岩系和风化壳；1251～585m 为中新统；585～22m 为上新统；22m 以浅为第四系。受钻探目的和当时的钻探工艺（岩屑取样、大间距分段取样和井壁取样）的影响，该钻井所取样品极少，后续研究也很少。

（2）西永 2 井（井深 600.02m，位于西沙群岛永兴岛）、西石 1 井（井深 200.63m，位于西沙群岛石岛）、西琛 1 井（井深 802.17m，位于西沙群岛琛航岛）：1983～1984 年由地质矿产部海洋地质研究所组织实施钻探，张明书等[4]对这 3 口全取芯钻井 400m 以上的部分进行了研究，成果主要体现在专著《西沙生物礁碳酸盐沉积地质学研究》和后来的一些期刊文献之中。其研究工作概括起来为：①利用多种方法建立了这些钻孔的地层剖面和年代框架；②讨论了礁岩的成岩作用和沉积环境；③分析了珊瑚礁所对应的一些沉积或气候事件；④研究了沉积相和白云岩发育模式等。对于 400m 以下的部分，后续研究报道了西琛 1 井岩芯的矿物相、钙藻、有孔虫和介形虫，以及西琛 1 井 3 个不同层位白云岩的成岩环境[5-7]。

（3）西科 1 井（井深 1268.02m，位于西沙群岛石岛）：2013～2014 年由中国海洋石油总公司实施钻探，为全取芯钻井，揭示了碳酸盐岩的厚度为1257.52m，钻入基底深10.5m，相关成果主要总结在"南海西科1井碳酸盐岩生物礁储层沉积学"丛书[8-11]，分4册分别总结了古生物地层、年代地层与古海洋环境、层序地层与沉积演化、储层特征与成岩演化等方面。在《地球科学——中国地质大学学报》（2015年40卷第4期）中，也以专辑的形式对该钻井岩芯进行了比较系统的报道。

（4）太平岛1号井（井深523.35m，位于南沙群岛太平岛）：1981年由中国石油公司（台湾）实施钻探，迄今为止关于该钻井的信息透露得非常少。2003年首次报道了该钻井上部165.4m岩芯的矿物特征、O-C同位素、Sr同位素和古地磁剖面[12]，2005年又根据其中4个风化剥蚀面上发育的钙质土推论出了更新世低海平面时期的极端干燥气候特征[13]。

（5）南永1井（井深152.07m，位于南沙群岛永暑礁）：1990年由中国科学院南沙综合科学考察队钻取，主要研究成果集中体现在《南沙群岛永暑礁第四纪珊瑚礁地质》[14]，概括起来有：①对该钻井的岩芯进行了详细的地层描述和生物组分鉴定，特别是探讨了珊瑚的地层意义；②利用多种方法建立了岩芯的年代框架，确定底部年代为0.97Ma；③建立了全孔岩芯的地球化学剖面，包括O-C同位素、Sr同位素以及部分其他元素，探讨了其环境意义；④系统开展了岩芯的沉积岩石学研究，提出了珊瑚礁岩沉积相带的划分依据，并在此基础上研究了该钻井珊瑚礁的演化过程，识别出了4个受海平面变化影响的珊瑚礁发育旋回；⑤探讨了97万年来的气候特征和海平面升降历史。

（6）南永2井（井深413.69m，位于南沙群岛永暑礁）：1994年由中国科学院南沙综合科学考察队在南沙群岛永暑礁上实施钻探的又一口全取芯钻井，旨在完整地认识南沙群岛第四纪的珊瑚礁特性、了解新近纪以来的礁相地质。研究成果集中体现在《南沙群岛永暑礁新生代珊瑚礁地质》[15]，是对南永1井研究工作在地质时间序列上的扩展。

（7）南科1井（井深2020.2m，位于南沙群岛美济礁）：2017年由中国科学院南海海洋研究所实施钻探。该钻井总进尺2020.2m，其中上部997.7m为礁相碳酸盐岩，下部1022.5m为火山岩。基于Sr同位素分析，得出南科1井碳酸盐岩地层的底部年龄为约25Ma，在538.6m处存在约900万年的地层缺失[16]。此外，在南科1井下部300多米厚的碳酸盐岩中发现了大量颜色鲜艳的杂色沉积，推测是美济礁的长期暴露剥蚀所致[17]。

此外，菲律宾曾与外国石油公司合作在南沙群岛北部的礼乐滩实施钻探深达4124m的钻井（Sampaguita-1），没有系统取芯，迄今也没有见到关于该钻井岩芯的研究报道，仅粗略透露的信息显示南沙群岛生物礁碳酸盐台地的厚度很可能在2000m以上[18]。

国际上，在过去100多年来，在珊瑚礁区也开展了一系列的钻探工作，至今对珊瑚礁区的钻探兴趣仍然是有增无减，如综合大洋钻探计划（IODP）的IODP 310钻探计划（2005年）和IODP 325钻探计划（2010年）都选在了珊瑚礁区。国际上在珊瑚礁区的钻探主要包括以下钻井。

（1）富纳富提环礁（Funafuti Atoll）：1896～1898年，英国皇家学会组织在太平洋岛国图瓦卢的富纳富提环礁上钻取了井深340m的珊瑚礁岩芯，取芯率为34%[19]。该钻探工作实施前，组织者曾经进行了10多年的反复酝酿和论证，主要的科学目的就是验证达尔文提出的环礁演化假说，以及揭示珊瑚礁的发育过程。但实际钻探过程比预想的难得多，从钻头设计、钻机选用、套管放置到钻孔维护等都经历了无数次失败，直到第3个钻孔才钻到了340m，以至于钻探项目的组织者承认结局是"失败的"。该钻孔因为没有钻到珊瑚礁的基底，所以最终没有回答珊瑚礁的发育演化问题，也没有对达尔文的环礁形成理论进行验证。该钻孔的部分岩芯保存在英国大英博物馆。1952年Grimsdale[20]对该岩芯进行了沉积相分析，划分46～0m为礁坪沉积、170～46m为礁坪-潟湖沉积、189～170m为礁坪沉积、235～189m为潟湖坡沉积、340～235m为礁坪-潟湖沉积。2002年Ohde等[21]对该岩芯进行了Sr同位素分析，建立了其年代框架，得出该钻孔的底部年代为2Ma。

（2）婆罗洲陆架（Borneo Shelf）：1930～1940年，有关部门在印度尼西亚婆罗洲陆架钻取了井深分别为 261m 和 429m 的珊瑚礁岩芯，两口钻井的取芯率均很低[22]，迄今极少见到关于该岩芯的报道，其地层、年代和珊瑚礁厚度等信息都不清楚。钻探揭示，189～0m 由珊瑚砂和珊瑚灰岩组成，261～189m 由珊瑚碎屑胶结物以及软泥灰岩组成，429～261m 由珊瑚灰岩碎屑、松软未结晶的灰岩混合而成，推测再多钻 100m 或许能获取该珊瑚礁的完整厚度[22]。

（3）北大东岛（Kita-daitō-jima）：1934～1936 年，日本学者在大东群岛的北大东岛钻取了井深431.67m 的珊瑚礁岩芯，没有穿透珊瑚礁。其中，240～0m 和 431.67～240m 的取芯率分别为约 28% 和约 10%[23, 24]。根据生物地层年代学推断，103.49～0m 为上新世—更新世沉积，394.98～103.49m 为中新世沉积，431.67～394.98m 为晚渐新世沉积。该岩芯钻探之后即保存于日本的东北大学（Tohoku University），基本上没有开展相关研究。50 多年后，Ohde 和 Elderfield[25] 发现了该钻孔岩芯，对该钻井的 42 个岩芯样品进行了 Sr 同位素分析，结合 Ludwig 等[26] 提出的 Sr 同位素年代确定方法，建立了该岩芯剖面的年代框架；再根据成岩作用（白云石化）与海平面下降等的关系，提出海平面在 17～16Ma、16～15Ma、11Ma、5Ma 以及 2Ma 前后分别约下降了 80m、30m、125m、90m 和 90m，并初步重建了该区域自中新世以来的海平面变化过程。2001 年，Sagawa 等[27] 利用 U-Th 测年技术等重建了该海域自晚更新世以来的海平面变化历史。

（4）大堡礁（Great Barrier Reef）：1937 年，Richards 和 Hill[28] 为了揭示大堡礁的发育特征和演化历史，在大堡礁钻探了 3 个珊瑚礁钻井，即麦克马斯沙洲（Michaelmas Cay）井（深 183m）、赫伦岛（Heron Island）井（深 223m）和雷克礁（Wreck Reef）井（深 575m）。初步的岩芯分析得出，大堡礁珊瑚礁碳酸盐岩层厚度约为 150m，不整合于约 2 亿年前的海相钙质石英砂岩之上，珊瑚礁生长可能开始于上新世—更新世。但因为实际取芯率太低，年代控制点非常欠缺。因此，1991 年大堡礁国际联合钻探组织利用大洋钻探计划（ODP）133 航次又在大堡礁实施了 2 个深钻，以进一步研究大堡礁碳酸盐台地的演化，实际钻得丝带礁 -5（Ribbon Reef-5）井（井深 210m）和巨石礁（Boulder Reef）井（井深 86m），取芯率分别为 76% 和 46%[29]。其中，丝带礁 -5 井岩芯地层划分如下：96～0m 为珊瑚礁沉积，158～96m 为红藻石沉积，210～158m 主要为非礁质粒泥灰岩或泥粒灰岩沉积。根据 Sr 同位素、古地磁以及旋转共振测年法等的综合测试结果，该岩芯应该为（0.77±0.28）Ma 以来的沉积，珊瑚礁大规模生长可能开始于（0.6±0.28）Ma，这是大堡礁首个有直接年代证据的岩芯井，根据珊瑚种属、珊瑚藻出现的层位以及岩芯的岩性变化，讨论了自中更新世以来珊瑚礁的演化以及海平面变化[30]。

（5）比基尼环礁（Bikini Atoll）：1947 年，美国海洋和军方机构在比基尼环礁的不同地貌部位钻取了 5 口井，分别为 1 井（井深 91.44m）、2 井（井深 57.91m）、2A 井（井深 410.26m）、2B 井（井深779.07m）和 3 井（井深 35.97m），取芯率约为 15%[31]。此次钻探的目的是研究珊瑚礁的岩层结构[32]。岩芯分析显示，630.9m 以内都有珊瑚分布[33]，鉴定出了 60 个有孔虫属种[34]。根据生物地层年代学推断，259～0m 为上新世、更新世和全新世（5.333～0Ma）沉积；630.9～259m 为中新世（23.03～5.333Ma）沉积；779～630.9m 为渐新世（33.9～23.03Ma）沉积[34, 35]。779m 深的珊瑚礁岩芯均属于浅潟湖或者近礁坪环境沉积。结合地震资料估计，该环礁碳酸盐沉积的厚度为 914.4～3962.4m[36]，因此这些钻孔还远没有达到穿透珊瑚礁的层位。

（6）埃内韦塔克环礁（Enewetak Atoll）：1952 年，美国原子能委员会和洛斯阿拉莫斯（Los Alamos）国家实验室的科研人员在马绍尔群岛埃内韦塔克环礁钻取了 21 口岩芯井，其中两口较深的井 E-1（1287m）和 F-1（1411m）钻到了基岩——橄榄玄武岩[37, 38]。E-1 井的基岩开始于 1266m，钻探获得了其中 1286.9～1282.6m 的玄武岩岩芯；F-1 井的基岩开始于 1405m，但没有获得任何样品。这两口钻井的钻进取样方式与南海西沙群岛的西永 1 井相似，以岩屑取样为主。其中，E-1 井 900m 以上基本上为岩屑取样钻进方式，在 900m 以下，除了 1286.9～1282.6m 的基岩岩芯，基本上没有取到样品；F-1 井分 14 段总共约 42.5m 为全取芯钻进，其中 380m 以上层位进行了岩屑取样，380m 以下 1031m 厚的层位仅取芯 11 次，每次取芯 10～30cm，没有岩屑取样。虽然取芯情况并不理想，但这是最早穿透碳酸盐层进入火山基岩的珊瑚礁钻井。岩芯中共鉴定出 62 种大型有孔虫，其中 5 种出现在全新世、更新世和上新世地层，35 种出现在中新世地层，23 种出现在晚始新世地层，推测 E-1 井和 F-1 井碳酸盐岩层的起始年代应为始新世，形成于 73m 以浅的静水环境中[39]。1984～1985 年，美国地质调查局在核武器防御部门的委托下又在该环礁不同站点钻取了 32 口深 22.9～489.3m 的岩芯井，取芯率为 1%～76%[40, 41]。围绕 KAR-1 井（井深 349.4m，取芯率为 62%）和 OOR-17 井（井深 332.6m，取芯率为 52%）开展了广泛的研究，包括氧同位素在珊瑚礁地层年代建立中的应用、Sr 同位素剖面的年代意义以及海平面变化历史的重建等[26, 41]。后期研究得出，早中新世海平面比现在高约 110m，中中新世到晚中新世海平面下降了约 170m，晚中新世到目前海平面下降了约 70m，但每一个时段又存在次一级的波动[42-44]。

（7）中途岛环礁（Midway Atoll）：1965 年，Ladd 等[45, 46]在夏威夷群岛西北部的中途岛环礁钻取了 S 井（井深 173.1m）和 R 井（井深 504.1m），钻探的目的是了解夏威夷群岛岛链的火山地质演化以及太平洋板块运动的历史，最终服务于对地球深部过程的认识。S 井在 135m 以下即为火山组分，R 井则在 300m 以下为火山组分，380m 为玄武岩层。两口钻井的上部 70m 基本上为松散的钙质沉积，140～70m 以发生过成岩作用的灰岩为主，再往下是白云岩和白云质灰岩互层，基底是火山黏土和玄武岩。Cole[47]基于大型有孔虫初步建立了岩芯的生物地层年代框架，得出 S 井岩芯为自中新世以来的沉积；Dalrymple 等[48]分析了两口钻井的 K-Ar 年代 [（27±0.6）Ma]；Major 和 Matthews[49]研究了两口钻井的稳定同位素；Lincoln 和 Schlanger[50]重建了中新世海平面状况，认为晚中新世海平面比目前的低 75～125m。虽然此次钻探的目的和研究的重点都不在上部碳酸盐岩层，但 S 井和 R 井揭示的碳酸盐岩层发育过程和环境信息对认识夏威夷群岛的起源和演化发挥了重要作用[51]。为了进一步加深对地球深部过程的认识，美国国家自然科学基金会和国际大陆架钻探计划后来资助美国科学家于 1993 年又在夏威夷群岛钻取了井深 1052m 的 HSDP1 井，1999 年又钻取了井深 3098m 的 HSDP2 井，并在 2007 年将 HSDP2 井进一步加深到了 3520m，但关于这些钻井的报道中再没有提及碳酸盐岩层[52]。

（8）穆鲁罗瓦环礁（Mururoa Atoll）：法国核能机构于 20 世纪 80 年代曾经在穆鲁罗瓦环礁上钻探了 3 口深度为 100～300m 的井，但迄今为止基本上没有披露关于这些井的具体细节。Camoin 等[53]利用这些井的部分样品，结合新的浅钻，研究了珊瑚礁岩芯的 U-Th 年代测定方法，得出发生了成岩作用的珊瑚礁岩中的文石胶结物可用于铀系测年，并根据珊瑚礁发育与海平面的关系建立了近 30 万年来的海平面变化历史，得出这一时期共出现 4 次高海平面和 3 次低海平面，4 次高海平面分别位于全新世（约 9ka：−23～−17m；8ka：−29m）、MIS5 阶段（约 125ka：6～10m）、MIS7 阶段（约 212ka：−17～−11m）以及 MIS9 阶段（约 332ka：−33～−26m），3 次低海平面分别位于 MIS2 阶段（17～23ka：−153～−135m）、MIS4 阶段（约 60ka：−91～−76m）以及 MIS8 阶段（约 270ka：−94～−79m），同时揭示了太平洋海区在末次冰盛期（LGM）的海平面位于 −143～−135m。

纵观国内外在珊瑚礁区的钻探工作，都分别为不同时期的生产、科研等目标作出了重要贡献，也为认识珊瑚礁的地层结构提供了宝贵信息。即便如此，但总体上存在一个共性的现象，那就是与钻探之前的雄心勃勃、兴致盎然相比，钻探之后的研究总体上没有出现热火朝天的局面。导致这一现象的原因可能有多个方面。

其一，珊瑚礁地层结构的复杂性导致钻探取芯效果不理想，特别是早期的钻孔，其取芯效果多未达到预期目标。一方面，因为珊瑚礁的地层基本上完全是由生物生长构成，而生物种类多，生物本身的结构不规则、孔洞多和不同部位硬度差异大，所有珊瑚礁的地层结构和岩石质地不论是横向上还是垂向上都极不均匀，且疏松多孔、弱胶结、易破碎、易脱落等；另一方面，针对珊瑚礁的复杂地质结构，国内外所积累的钻探经验和技术都非常少，因为迄今为止在珊瑚礁区所实施的钻探实际上很少，此外，珊瑚礁区的钻探工作往往是在茫茫大海之中的一个小岛上，甚至是在被海水淹没的浅水礁坪上，人迹罕至，交通和运输都极其不便，对钻探设备零部件的补给极其困难，这就大大削弱了钻探队伍应对钻探过程突发事故的能力，大大降低了钻探的效率，也极大地提高了钻探的成本，并且钻探过程中还频繁遭受热带海区恶劣气候的干扰。总之，多种因素制约着珊瑚礁区的钻探效果，因此在珊瑚礁区的钻探难度远大于陆地。幸运的是，近期在南海珊瑚礁区钻探的几口钻孔，包括本书所介绍的琛科2井，以及西科1井和南科1井，取芯率和钻探深度都取到了很好的效果，达到了预期目标。

其二，从研究的角度看，珊瑚礁岩芯中生物种类多、变化大，不同层段常常由不同的生物所主导，而即使是同一种生物，其不同大小的壳体中又可能还含有生理效应的信息，这就给在长时间尺度上基于同一种生物指标的环境重建和比较研究带来了不确定性。此外，在海水环境中发育的珊瑚礁受海平面升降的影响而周期性地暴露与淹没，导致珊瑚礁碳酸盐岩遭受风化、剥蚀和发生成岩作用，如方解石化、白云石化、重结晶等，甚至发生多次成岩改造，这不仅改变了珊瑚礁碳酸盐原始的矿物成分、化学成分，甚至连生物的骨骼结构都发生了改变，以至于难以识别其物种。更重要的是，这些成岩变化在整个钻孔之中的分布是极不均一的，有些层位反复发生成岩改造，有些层位被改造的程度较轻，而有的层位甚至没有发生成岩作用，这些成岩作用及其差异性毫无疑问导致珊瑚礁的研究有很大难度。以胶结程度的差异性影响为例，且不说对矿物和化学成分的影响，仅对生物个体的挑选就有很大难度，在未胶结或弱胶结的层位生物个体如有孔虫等易于单独挑出，而在胶结程度较强的层位这些生物则完全挑不出来，这也是现有的关于珊瑚礁钻孔岩芯的研究多使用全岩样品的主要原因。当然，这些存在的问题，其实也正是需要进一步研究和解决的内容，这也正是揭示蕴藏于珊瑚礁中的大自然奥秘的途径。

其三，专业的研究队伍不足，特别是从事珊瑚礁地质学方向研究的人员太少，包括岩石学、沉积学、古生物学、地球化学、古气候学等方向，国际、国内均如此，导致珊瑚礁岩芯中的很多现象未能得到准确的、充分的解译。正如《珊瑚礁科学概论》一书的前言中所说，我国珊瑚礁研究人才不足的问题较为严重。术业有专攻，珊瑚礁碳酸盐岩因其组成和结构的特殊性、不均一性等，非常不同于其他地质体，不能简单地照搬陆地地质、深海沉积等的解释模式，而是需要结合珊瑚礁发育的实际提出新的解译途径，这就需要有专业的队伍进行长期探索。但是，受研究经费、样品获取、研究兴趣等多因素的影响，实际上能够持之以恒地专注于珊瑚礁研究的人才太少，导致关于珊瑚礁钻孔岩芯的很多问题没有得到深入和持续的研究、没有得到合理的解释，宝贵的钻孔岩芯没有充分发挥作用，甚至不少钻孔岩芯样品未能很好地保存下来，甚为可惜。这些问题在很大程度上制约了对珊瑚礁钻孔岩芯的研究，制约了珊瑚礁地质学科的发展。

基于上述原因，本研究团队在充分论证的基础上顺利实施了琛科2井的钻探，既钻穿了珊瑚礁碳酸盐岩地层，又获得了珊瑚礁赖于发育的火山基岩，达到了70%的取芯率，获得了宝贵的珊瑚礁岩芯，为深入揭示西沙群岛珊瑚礁的发育过程及其环境变迁历史提供了宝贵的研究材料。室内专门针对岩芯建立了样品库，将岩芯一剖为二，一半用作科学研究，另一半永久性保留，便于完整保存钻孔的全部信息。对于研究中所使用的样品，也以够用为原则，避免浪费，毕竟现代各种分析所需要的样品量都不大；同时，岩芯样品也相继开放给了有科研需求的研究单位和个人，便于其发挥更大作用。

在对琛科2井岩芯的科学研究和珊瑚礁地质学方向的人才培养方面，本研究团队将二者有机地结合起来，本书正是这两个方面进展的集中体现。一方面，在钻探工作完成之后我们即招聘了5名年轻的博士参与钻孔岩芯的研究，并聘请了古藻类专家边立曾教授（南京大学）、古珊瑚专家廖卫华研究员（中国科学院南京地质古生物研究所）和有孔虫专家秦国权高级工程师（中国海洋石油南海东部公司）等进行专业指导；另一方面，我们招收研究生，以钻孔岩芯为材料对岩芯中的内容进行专题探索，迄今基于该钻孔岩芯的研究共培养了硕士研究生5名、博士研究生和博士后各3名。招聘的博士中已有4人晋升了副教授，培养的博士研究生、博士后均进入了高校工作，继续从事相关研究和教学。另外，也非常高兴地看到基于西科1井和南科1井的研究，涌现出了一批年轻有为的珊瑚礁地质学者。总体来看，我国关于珊瑚礁钻孔岩芯研究的队伍已经初具规模，并展现出了较高的研究水平和较大的潜力，相信我国未来关于珊瑚礁钻孔岩芯的研究会更加深入。

本书对琛科 2 井已取得的进展进行总结，目的是尽可能翔实地公开关于钻孔岩芯的基本信息和研究进展，便于更多的研究者了解岩芯的情况，并促进交流；同时也抛砖引玉，希望能吸引更多的人员参与珊瑚礁钻孔岩芯的研究，以充分发挥钻孔岩芯的作用，促进珊瑚礁地质学科的发展。

我们在以琛科 2 井为材料进行珊瑚礁地质学科人才培养的过程中也相继发表了部分论文，其中有些内容与这里定稿的内容略有差异，例如，2022 年以前发表的琛科 2 井相关论文 [54, 55] 将琛科 2 井碳酸盐岩与基底的界面深度定在 873.55m，2022 年 1 月对岩芯重新描述后将此界面调整为 878.22m；本书采用的岩石地层单位命名系统参照了张明书等 [4] 对早期钻井（西永 1 井、西永 2 井、西琛 1 井、西石 1 井）的地层划分方案（详见第三章），而此前部分已发表的白云岩论文 [55-57] 使用的是莺歌海盆地和琼东南盆地的地层划分方案（西科 1 井使用了该方案），本书一并调整至张明书等 [4] 的岩石地层划分方案（详见第九章），并对各组深度重新进行了厘定（详见第三章）。

琛科 2 井的钻探和研究得到了众多同行的支持：中国科学院武汉岩土力学研究所汪稔、朱长歧和孟庆山研究员等组织了钻探工作；中国科学院南海海洋研究所施祺、陶士臣、杨红强和陈天然博士等参加了钻探工作，陶士臣博士参与了文献的收集和整理；贵州省地质矿产勘查开发局 115 地质大队承担了钻探工作；中国科学院地质与地球物理研究所的黄鼎成研究员、中国科学院南京地理与湖泊研究所的王苏民研究员、同济大学的汪品先院士等对钻探的实施和岩芯的分析等给予了指导；中国科学院郭正堂院士和刘丛强院士为本书出版基金的申请撰写了推荐书，谨致谢忱！

钻探的实施、研究的展开和人才的培养等得到了国家自然科学基金委员会、科技部等部门的大力支持，所依托的科研项目包括：国家自然科学基金重点项目"全新世南海珊瑚礁发育的时-空差异及其对全球变暖的适应机制"（批准号：42030502，起止时间：2021 ~ 2025 年）、国家自然科学基金重点项目"珊瑚礁千米深钻记录的西沙碳酸盐台地形成演化和环境变迁史"（批准号：91428203，起止时间：2015 ~ 2018 年）、广西"珊瑚礁资源与环境"八桂学者项目（批准号：2014A010，起止时间：2014 ~ 2019 年）、科技基础性工作专项"南海中北部珊瑚礁本底调查"（批准号：2012FY112400，起止时间：2012 ~ 2015 年）等。

余克服

2024 年 3 月 9 日

参 考 文 献

[1] Darwin C. The Structure and Distribution of Coral Reefs. London: Smith, Elder and Company, 1842: 1-214.

[2] 吴作基, 于金凤. 西沙群岛某钻孔底部的孢子花粉组合及其地质时代//中国孢粉学会. 中国孢粉学会第一届学术会议论文选集. 北京: 科学出版社, 1982: 81-84.

[3] 秦国权. 西沙群岛"西永一井"有孔虫组合及该群岛珊瑚礁成因初探. 热带海洋, 1987, 6(3): 10-20, 103-105.

[4] 张明书, 何起祥, 业治铮, 等. 西沙生物礁碳酸盐沉积地质学研究. 北京: 科学出版社, 1989: 117.

[5] 许红, 王玉净, 蔡峰, 等. 西沙中新世生物地层和藻类的造礁作用与生物礁演变特征. 北京: 科学出版社, 1999.

[6] 王玉净, 勾韵娴, 章炳高, 等. 西沙群岛西琛一井中新世地层、古生物群和古环境研究. 微体古生物学报, 1996, 13(3): 215-223.

[7] 魏喜, 贾承造, 孟卫工. 西沙群岛西琛1井碳酸盐岩白云石化特征及成因机制. 吉林大学学报(地球科学版), 2008, 38(2): 217-224.

[8] 时志强, 谢玉洪, 刘立, 等. 南海西科1井碳酸盐岩生物礁储层沉积学·储层特征与成岩演化. 武汉: 中国地质大学出版社, 2016: 1-175.

[9] 祝幼华, 朱伟林, 王振峰, 等. 南海西科1井碳酸盐岩生物礁储层沉积学·古生物地层. 武汉: 中国地质大学出版社, 2016: 1-170.

[10] 邵磊, 朱伟林, 邓成龙, 等. 南海西科1井碳酸盐岩生物礁储层沉积学·年代地层与古海洋环境. 武汉: 中国地质大学出版社, 2016: 1-128.

[11] 解习农, 谢玉洪, 李绪深, 等. 南海西科1井碳酸盐岩生物礁储层沉积学·层序地层与沉积演化. 武汉: 中国地质大学出版社, 2016: 1-135.

[12] Gong S Y, Mii H S, Yui T F, et al. Deposition and diagenesis of Late Cenozoic carbonates at Taipingdao, Nansha (Spratly) Islands, South China Sea. Western Pacific Earth Sciences, 2003, 3(2): 93-106.

[13] Gong S Y, Mii H S, Wei K Y, et al. Dry climate near the Western Pacific Warm Pool: Pleistocene caliches of the Nansha Islands, South China Sea. Palaeogeography, Palaeoclimatology, Palaeoecology, 2005, 226(3-4): 205-213.

[14] 中国科学院南沙综合科学考察队. 南沙群岛永暑礁第四纪珊瑚礁地质. 北京: 海洋出版社, 1992: 264.

[15] 朱袁智, 沙庆安, 郭丽芬. 南沙群岛永暑礁新生代珊瑚礁地质. 北京: 科学出版社, 1997: 134.

[16] Li G, Xu W, Luo Y, et al. Strontium isotope stratigraphy and LA-ICP-MS U-Pb carbonate age constraints on the Cenozoic tectonic evolution of the southern South China Sea. Geological Society of America Bulletin, 2022, 135(1-2): 271-285.

[17] Cheng J, Wang S H, Li G, et al. Origin of large-scale variegated reef limestones in the southern South China Sea: implications for Miocene regional and global geological evolution. Journal of Asian Earth Sciences, 2022, 230: 105202.

[18] Du Bois E P. Review of principal hydrocarbon-bearing basins of the South China Sea. Energy, 1981, 6(11): 1113-1140.

[19] Bonney T G. The Atoll of Funafuti: Borings Into a Coral Reef and the Results, Being the Report of the Coral Reef Committee of the Royal Society. London: The Royal Society of London, 1904: 1-428.

[20] Grimsdale T F. Cycloclypeus (Foraminifera) in the Funafuti Boring, and its geological significance. Occasional Papers of the Challenger Society, 1952, 2: 1-10.

[21] Ohde S, Greaves M, Masuzawa T, et al. The chronology of Funafuti Atoll: revisiting an old friend. Proceedings of the Royal Society of London. Series A: Mathematical, Physical and Engineering Sciences, 2002, 458(2025): 2289-2306.

[22] Kuenen P H. Two problems of marine geology: atolls and canyons. Verhandelingen der Koninklijke Nederlandsche Akademie van Wetenschappen, Afdeeling Natuurkunde, Noord-Hollandsche Uitg. Mij, 1947.

[23] Sugiyama T. On the drilling in Kita-daito-zima. Contrib. Inst. Geol. Paleontol., Tohoku Imp. Univ., 1934, 11: 1-44 (in Japanese).

[24] Sugiyama T. The second boring in Kita-daito-zima. Contrib. Inst. Geol. Paleontol., Tohoku Imp. Univ., 1936, 25: 1-34 (in Japanese).

[25] Ohde S, Elderfield H. Strontium isotope stratigraphy of Kita-daito-jima Atoll, North Philippine Sea: implications for Neogene sea-level change and tectonic history. Earth and Planetary Science Letters, 1992, 113(4): 473-486.

[26] Ludwig K R, Halley R B, Simmons K R, et al. Strontium-isotope stratigraphy of Enewetak Atoll. Geology, 1988, 16(2): 173.

[27] Sagawa N, Nakamori T, Iryu Y. Pleistocene reef development in the southwest Ryukyu Islands, Japan. Palaeogeography, Palaeoclimatology, Palaeoecology, 2001, 175(1-4): 303-323.

[28] Richards H C, Hill D. Great Barrier Reef bores, 1926 and 1937. Descriptions, analyses and interpretations. Brisbane: Great Barrier Reef Committee Report, 1942, 5: 1-122.

[29] Alexander I, Andres M S, Braithwaite C J R, et al. New constraints on the origin of the Australian Great Barrier Reef: results

from an international project of deep coring. Geology, 2001, 29(6): 483-486.

[30] Webster J M, Davies P J. Coral variation in two deep drill cores: significance for the Pleistocene development of the Great Barrier Reef. Sedimentary Geology, 2003, 159(1-2): 61-80.

[31] Ladd H S, Tracey J I, Lill G G. Drilling on Bikini Atoll, Marshall Islands. Science, 1948, 107(2768): 51-55.

[32] Emery K O, Tracey J I, Ladd H S. Geology of Bikini and Nearby Atolls-Bikini and Nearby Atoll: Part 1, Geology. Geological Survey Professional Paper 260-A, 1954: 265.

[33] Wells J W. Fossil corals from Bikini Atoll - Bikini and nearby atolls. Geological Survey Professional Paper 260-P, 1954: 609-617.

[34] Todd R, Post R. Smaller foraminifera from Bikini drill holes, Bikini and nearby atolls. Geological Survey Professional Paper 260-N, 1954: 547-568.

[35] Cole W S. Larger foraminifera and smaller diagnostic foraminifera from Bikini drill holes - Bikini and nearby atolls. Geological Survey Professional Paper 260-O, 1954: 569-608.

[36] Dorbrin M B, Beauregard P J. Seismic studies of Bikini Atoll - Bikini and nearby atolls. Geological Survey Professional Paper 260-J, 1954: 487-505.

[37] Ladd H S, Ingerson E, Townsend R C, et al. Drilling on Eniwetok Atoll, Marshall Islands. Bulletin of American Association of Petroleum Geologists, 1953, 37(10): 2257-2280.

[38] Ladd H S, Schlanger S O. Drilling operations on Eniwetok Atoll - Bikini and nearby atolls. Geological Survey Professional Paper 260-Y, 1960: 863-903.

[39] Cole W S. Larger foraminifera from Eniwetok Atoll drill holes - Bikini and nearby atolls. Geological Survey Professional Paper 260-V, 1957: 743-784.

[40] Henry T W, Wardlaw B R. Pacific Enewetak Atoll Crater Exploration (PEACE) Program, Enewetak Atoll, Republic of the Marshall Islands. Part 3: Stratigraphic Analysis and Other Geologic and Geophysical Studies in Vicinity of KOA and OAK Craters. Defense Technical Information Center, 1986: 412.

[41] Henry T W, Wardlaw B R, Skipp B, et al. Pacific Enewetak Atoll Crater Exploration (PEACE) Program, Enewetak Atoll, Republic of the Marshall Islands. Part 1: Drilling Operations and Descriptions of Bore Holes in Vicinity of KOA and OAK Craters, U.S. Geological Survey. Open File Report, 1986, 86-419: 502.

[42] Cronin T M, Bybell L M, Brouwers E M, et al. Neogene biostratigraphy and paleoenvironments of Enewetak Atoll, equatorial Pacific Ocean. Marine Micropaleontology, 1991, 18(1-2): 101-114.

[43] Wardlaw B R, Quinn T M. The record of Pliocene sea-level change at Enewetak Atoll. Quaternary Science Reviews, 1991, 10(2-3): 247-258.

[44] Negri A, Capotondi L, Keller J. Calcareous nannofossils, planktonic foraminifera and oxygen isotopes in the late Quaternary sapropels of the Ionian Sea. Marine Geology, 1999, 157(1-2): 89-103.

[45] Ladd H S, Tracey J I, Gross M G. Drilling on Midway Atoll, Hawaii. Science, 1967, 156(3778): 1088-1094.

[46] Ladd H S, Tracey J I, Gross M G. Deep Drilling on Midway Atoll- Geology of the Midway Area, Hawaiian Islands. Geological Survey Professional Paper 680, 1970: A1-A22.

[47] Cole W S. Larger foraminifera from deep drill holes on Midway Atoll. Geological Survey Professional Paper 680-C, 1969: C1-C15.

[48] Dalrymple G B, Clague D A, Lanphere M A. Revised age for Midway volcano, Hawaiian volcanic chain. Earth and Planetary Science Letters, 1977, 37(1): 107-116.

[49] Major R P, Matthews R K. Isotopic composition of bank margin carbonates on Midway Atoll: amplitude constraint on post-early Miocene eustasy. Geology, 1983, 11(6): 335-338.

[50] Lincoln J M, Schlanger S O. Miocene sea-level falls related to the geologic history of Midway Atoll. Geology, 1987, 15(5): 454.

[51] Dalrymple G B, Silver E A, Jackson E D. Origin of the Hawaiian Islands. American Scientists, 1973, 61(3): 294-308.

[52] Stolper E M, DePaolo D J, Thomas D M. Deep drilling into a mantle plume volcano: the Hawaii scientific drilling project. Scientific Drilling, 2009, 7: 4-14.

[53] Camoin G F, Ebren P, Eisenhauer A, et al. A 300 000-yr coral reef record of sea level changes, Mururoa Atoll (Tuamotu archipelago, French Polynesia). Palaeogeography, Palaeoclimatology, Palaeoecology, 2001, 175(1-4): 325-341.

[54] Fan T L, Yu K F, Zhao J X, et al. Strontium isotope stratigraphy and paleomagnetic age constraints on the evolution history of coral reef islands, northern South China Sea. Geological Society of America Bulletin, 2020, 132: 803-816.

[55] Wang R, Yu K F, Jones B, et al. Evolution and development of Miocene "island dolostones" on Xisha Islands, South China Sea. Marine Geology, 2018, 406: 142-158.

[56] Wang R, Yu K, Jones B, et al. Dolomitization micro-conditions constraint on dolomite stoichiometry: a case study from the Miocene Huangliu Formation, Xisha Islands, South China Sea. Marine and Petroleum Geology, 2021, 133: 105286.

[57] Wang R, Xiao Y, Yu K F, et al. Temperature regimes during formation of Miocene Island dolostones as determined by clumped isotope thermometry: Xisha Islands, South China Sea. Sedimentary Geology, 2022, 429: 106079.

目　　录

― 第一章 ―

琛科 2 井岩芯描述 [①]

　　琛科 2 井井深 928.75m，其中珊瑚礁碳酸盐岩层厚度为 878.22m，火山基岩层厚度为 50.53m。基于对岩芯的肉眼观察，主要根据岩性、岩石结构、生物组分、胶结程度和特殊组成现象等，将岩芯划分为 226 层。为了使岩芯描述部分易读，对一些数字的单位进行简化，如"3cm×4cm×5cm"简化为"3×4×5cm"。

　　从对岩芯的观察结果来看，除了常规的岩性、生物组分、成岩作用等特征，还有不少特别的现象，记录着特殊的环境历史，非常值得关注。例如，从生物组分的角度来看，虽然珊瑚在整个钻孔岩芯中总体起主导作用，但珊瑚藻、仙掌藻、有孔虫、软体动物壳（腹足类和双壳类）等生物组分在不同层位也发挥过主导作用。这种现象反映了不同地质时期、不同气候环境可能有着不同的主导生物类型，也可能是因为不同的沉积相发育着不同的优势生物类型。整个岩芯的多个层位保存了非常清楚的珊瑚年生长纹层，这是研究地质历史时期高分辨率气候地层的宝贵材料。在具有年生长纹层的珊瑚岩芯中，不乏保存完好的死亡面、间断面，这很可能是地质历史时期珊瑚发生了白化的证据，是研究珊瑚对过去气候响应的宝贵材料；珊瑚藻形成的红藻石，形态上为球形或椭球形，藻壳层或宽或窄，为多壳层或单壳层，质地上或坚硬致密或呈石灰质状等，都分别记录着不同的形成环境。又如，从岩芯中发育的孔洞来看，虽然比较多的溶蚀孔洞指示着低海平面时期珊瑚礁暴露形成的喀斯特特色，具有重要的研究价值，但也还有不少因为差异性溶解形成的孔洞，即大量的贝壳、腹足类壳和珊瑚枝本身等被完全溶解，而其铸模和围岩均保存完好，或珊瑚枝和贝壳等生物颗粒与砂质围岩之间的胶结物被溶解，导致这些生物颗粒从围岩中脱落形成孔洞等，这些差异性溶解的原因是什么？是否指示当时的海水酸化环境？此外，从岩石学的角度来看，除了传统关注的溶解、沉淀、重结晶、方解石化、白云石化等经典的现象，岩芯中还出现了不少类似于风尘沉积所导致的非珊瑚礁相的沉积物质，这是否与极端季风、海啸乃至火山爆发等极端事件相关？这些思路的获得都依赖于对岩芯的细致描述和深入思考。总之，值得深入探讨的内容很多，岩芯描述是进一步探讨的基础。从上到下，岩芯各层描述如下。

---

① 作者：余克服、杨洋、李银强、边立曾、钱汉东、范天来、王瑞。

1. 0.00～0.20m[①]：人工水泥固化层。

2. 0.20～0.50m：灰白色珊瑚砾块层，砾块约占70%，砂屑以中砂为主。砾块一般长3～4cm，宽约2cm，主要为滨珊瑚。

3. 0.50～2.10m：灰白色含珊瑚枝、砾块的海滩岩层，由珊瑚枝、砾块和砂屑胶结而成。大部分为鹿角珊瑚枝，珊瑚枝直径最大为3cm，珊瑚枝磨圆度好。砾块为珊瑚破碎而成，表面被红藻黏结，长1～4cm。其中，0.50～0.58m疑似发生成岩作用，生物组分胶结成块，但非原始的珊瑚块。0.65～2.10m可能受钻探工艺的影响，砂质组分被冲走，细粒组分未采集到。

4. 2.10～2.25m：灰白色含砾砂屑层，砂屑为中粗砂，砾块长1～5cm，占岩芯组分的约40%。珊瑚枝长5cm，直径为2.5cm，外表附着珊瑚藻，珊瑚枝新鲜。砗磲碎片保存有较好的鳞片，长度为3cm。该层为礁坪相的沉积特征。

5. 2.25～2.53m：灰白色砂屑层，砂屑为中粗砂，无砾块，无大型珊瑚枝。该层为礁塘沉积特征。

6. 2.53～2.77m：灰白色含珊瑚砾块砂屑层，砂屑为中砂，砾块长约3cm，占岩芯组分的10%～15%。

7. 2.77～2.87m：灰白色松散含砾砂屑层，砂屑为粗砂，砾块为珊瑚枝、珊瑚块，砾块占岩芯组分的约80%。砾块大小约为3×5×2cm。珊瑚枝长2～4cm，直径为1～1.5cm。

8. 2.87～3.17m：灰白色砂屑层，砂屑为中粗砂，无珊瑚枝、珊瑚块。

9. 3.17～3.92m：灰白色含砾砂屑层，砂屑以中砂—粗砂为主，珊瑚枝、砾块占60%～70%，推测为砾石滩沉积相。其中，3.47～3.87m可见滨珊瑚，大小为3×4.5×4.5cm，表面附着珊瑚藻，可看到4～5个年生长纹层；3.87～3.92m可见珊瑚枝，长4.5cm，直径为1.5cm，表面结构基本上保存完好。

10. 3.92～4.23m：含砾砂屑层，砂屑以中粗砂为主，砾块占岩芯组分的10%～15%，砾块大小为3×2×2cm，表面附着珊瑚藻。

11. 4.23～4.53m：未取到岩芯，推测为不含砾块的珊瑚砂屑层。

12. 4.53～4.65m：砾块层，以珊瑚枝、砾块为主，珊瑚枝长2～3cm，砾块直径为2～4cm，珊瑚块上有长为3～4cm的笙珊瑚附着。

13. 4.65～5.03m：含砾砂屑灰岩层，砂屑以中砂为主，砾块含量为5%～10%，长1cm左右。

14. 5.03～6.10m：含砾砂屑灰岩层，砂屑以中砂为主，大部分砂未能取上，砾以块状珊瑚为主，也可见珊瑚枝、砗磲（图1.1a）。珊瑚块大小一般为3.5×6×3cm，最大珊瑚块长8cm，宽3.5～6cm。枝状珊瑚一般为鹿角珊瑚，长5cm，直径为1～4cm。大量珊瑚表面被珊瑚藻包裹。

图1.1　琛科2井5.00～12.45m和21.50～26.00m未成岩生物砂和固结礁灰岩原始岩芯

[①] 0.00～0.20m表示深度大于0.00m且小于等于0.20m，本章均按此规则表示深度。

☞ 5.85～6.10m：上部可见滨珊瑚，长 7cm，可分析生长率；下部为柱状砗磲，直径为 8.5cm，长 8cm，大体可识别出 19 个年生长纹层，每个年生长纹层约 2cm。

15．6.10～6.70m：应为砾石滩岩层，可见 2 个珊瑚块，大小分别为 6×6×5cm、2×3×4cm。可见 2 个砗磲块，大小均为 5×2.5×1.5cm。可见鹿角珊瑚枝，长约 5cm。珊瑚和砗磲均被珊瑚藻包裹。

16．6.70～6.95m：含砾砂屑灰岩层，砂屑以粗砂为主，砾块占岩芯组分的 20%，以块状珊瑚为主。块状珊瑚表面有珊瑚藻附着。可见两个星孔珊瑚块，大小分别为 6×4.5×4cm、8×5×5cm，珊瑚块表面有生物钻孔。

17．6.95～7.30m：由质地均匀的细砂组成（图 1.1a），很可能是上层细砂沉淀、遗留的产物，应不代表该层位原始的沉积特征。

18．7.30～7.65m：主要由珊瑚枝、砾块组成，大的滨珊瑚块大小约为 10×5×6cm。可见保存非常完好的鹿角珊瑚枝，次一级小枝及其细微结构均保存完好，被珊瑚藻包绕，长约 3.2cm，直径约为 3cm；其他鹿角珊瑚枝长约 5cm。可见砗磲壳体，大小约为 5×5×1.5cm。

19．7.65～7.75m：含鹿角珊瑚枝的粗砂层，可见保存非常完好的鹿角珊瑚枝，长 3.8cm，直径为 1cm。

20．7.75～7.95m：较均一的粉砂层（图 1.1a），应为上部层位沉淀下来的产物，不代表原始地层。

21．7.95～8.45m：未取到岩芯。

22．8.45～8.90m：珊瑚砾块层，砾块含量接近 100%。珊瑚块大小不一，一般为 4×2.5×2.5cm，最大砾块约为 7×6×3cm。可见鹿角珊瑚枝，长 3.5cm，直径为 1.7cm，表面被磨圆。

23．8.90～9.70m：主要由珊瑚块、珊瑚枝组成，可见滨珊瑚块，大小为 8×6×3.5cm。珊瑚枝直径为 1～3cm，长 3～5cm，表面被珊瑚藻包绕，不新鲜。可见粗鹿角珊瑚枝，直径为 3.5cm。推测该层为礁坪相。

24．9.70～10.20m：未取到岩芯。

25．10.20～11.20m：较均一的中砂层，应该是从上部沉淀下来的物质。

26．11.20～11.80m：含砾砂屑层，砾块含量约为 50%，以珊瑚块、珊瑚枝为主，砂屑以中粗砂为主。珊瑚块大小约为 4.5×3×2cm，珊瑚枝长 2～5cm，直径约为 1.5cm，珊瑚枝表面存在珊瑚藻包壳。

27．11.80～12.25m：含砾砂屑层，砾块含量约为 30%，其他为中砂。可见生物胶结岩块，大小约为 6.5×4.5×3.5cm；滨珊瑚块大小约为 5×4×2cm。

28．12.25～12.45m：含砾砂屑层，砾块含量约为 20%，砂质组分以中砂为主。生物胶结岩块大小约为 7.5×5.5×3cm。鹿角珊瑚枝上有生物钻孔。

29．12.45～13.05m：含砾砂屑层，砾块含量为 30%～40%，砂屑为中粗砂，底部可见烧结特征，应为钻探工艺所致。砾块以鹿角珊瑚枝为主，长 4～5cm，直径为 1～1.5cm，表面结构均被磨蚀。

30．13.05～14.05m：含砾砂屑层，砾块含量约为 40%，砂质组分以中砂为主。砾块大小一般为 5×3×2cm，最大珊瑚块约为 7×4.5×2cm。

31．14.05～14.29m：较均一的细砂层，长 24cm，很可能为上部地层沉淀的产物，样品被润滑油污染，呈黑色腐泥状。

32．14.29～14.50m：珊瑚砂砾块层，砾块含量约为 30%。可见固结好的礁岩块，呈柱状体，直径为 7cm，长 7cm，礁岩体表面有众多喀斯特溶蚀小洞。可见鹿角珊瑚枝，长 12cm，不新鲜。

33．14.50～14.65m：较均匀的含砾中砂屑层，受钻探烧结作用影响而固结。可见腐泥状物质。

34．14.65～15.22m：含较多表面被珊瑚藻包裹的礁岩块层，砂屑为中粗砂。礁岩块大小为 8×5×3cm；珊瑚枝长 3～5cm，直径为 1.5cm。其中，15.14～15.22m 为礁岩块。

35．15.22～16.29m：含砾中粗砂屑灰岩层，砾块约占 10%，砾块大小约为 6×3.5×2cm。样品遭受黑色黄油污染。

36．16.29～16.70m：珊瑚砾块砂屑层，砂屑为中粗砂，砾块约占40%，砾块大小约为5×4×3cm，为珊瑚块胶结岩。该层段含多个固结的礁岩块，似由成岩作用胶结而成，礁岩块一般长7cm，宽3～8cm，表面孔隙发育，含大量溶蚀孔洞。

37．16.70～17.08m：砾块层，砾块占90%，为正常钻进所取砾块，一般大小约为2×3×1cm，最大的约为7×5×3cm。

38．17.08～17.25m：钻探烧结的中砂层。

39．17.25～19.30m：含珊瑚砾块砂屑灰岩层，固结程度较好，砾块由破碎的礁岩块和珊瑚枝、珊瑚块组成，砂屑为粗砂。珊瑚枝、珊瑚块含量达20%以上，砾块一般长1～2cm，礁岩块一般长3～11cm。岩芯中珊瑚藻含量丰富，可见厚度达1cm左右的珊瑚藻包壳，也可见贝壳。岩芯表面孔洞多，溶蚀结构发育，溶蚀孔洞大小不一，反映风化程度较强，为喀斯特地貌特征。

☞ 17.55～17.62m：可见珊瑚块，长7cm。

40．19.30～21.50m：珊瑚灰岩层，主要由珊瑚枝和珊瑚块组成，岩芯表面为浅黄色，孔洞多，风化严重，溶蚀结构发育，推测为间断面层位。可见滨珊瑚块，长6cm，宽4cm，保存5个完好的年生长纹层，年生长率约为1.5cm。可见2个完整的鹿角珊瑚枝，分别长4cm、直径为0.8cm和长3.5cm、直径为2cm左右。

41．21.50～26.00m：含砾砂屑灰岩层，取芯完整，胶结程度强，裂隙和孔洞发育（图1.1b），略有溶蚀现象，呈现风化特征；砂较少，以中粗砂为主。砾块以珊瑚枝、珊瑚块为主，长度多为1～2cm，含量在20%左右。

☞ 21.50～23.00m：可见相对完整的鹿角珊瑚个体，由5个珊瑚枝组成，长6cm，宽5cm左右，单个枝长3～4cm，枝直径为1cm左右。

☞ 23.00～24.50m：可见较多保存完好的鹿角珊瑚枝，直径为1cm左右。也可见较大的钻孔生物，长3～4cm，直径为2～3cm，可能为管虫，钻孔未被填充。从岩芯的横断面上看，类似于现代内礁坪上以中砂为主的沉积系列。

☞ 24.50～26.00m：可见较多保存完好的鹿角珊瑚枝，长5～13cm，直径为1～4cm。其中，24.80m可见孤立砂屑充填藻灰岩结构（图1.2a），26.00m可见圆形红藻石，直径约为1cm（图1.2b）。推测该层为礁坪上的砾石滩相。

图1.2 琛科2井24.80m和26.00m岩芯结构和生物特征

42．26.00～27.50m：含砾砂屑灰岩层，以中细砂为主，偏细砂。岩芯总体完整，孔隙度高，为水体差异性溶解形成的孔洞。可见保存完好的腹足类壳，长约1cm。该层应属内礁坪—潟湖坡相沉积。

43．27.50～29.00m：砾屑灰岩层，含多种珊瑚，包括滨珊瑚、角蜂巢珊瑚、小星珊瑚和盔形珊瑚。可见多个被钻探打碎的滨珊瑚碎块，大小约为 4.5×4×2cm，滨珊瑚结构和年生长纹层清晰，骨骼新鲜。推测该层为靠近潟湖坡的点礁相。

44．29.00～31.00m：滨珊瑚灰岩层，主要由 5 段年生长纹层保存完好的滨珊瑚块组成。滨珊瑚年生长纹层清晰可见，单块年龄为 20～30 年，年生长率为 0.6～0.8cm，推测这 5 段滨珊瑚块整体为一保存完好的滨珊瑚，年龄约为 125 年。该滨珊瑚有保存完好的死亡面和间断面。岩芯中可见仙掌藻。

45．31.00～32.00m：珊瑚砂屑灰岩层，砂屑为细砂，滨珊瑚与砂屑灰岩共存，各约占 50%。断裂面呈棕黄色、土黄色，胶结程度中等，似存在溶蚀现象。

46．32.00～34.00m：含砾砂屑灰岩层，岩芯颜色整体偏黄色，溶蚀现象严重。由多块礁岩芯组成，长度为 3～15cm，多见珊瑚枝、砾块，少见珊瑚藻。可见保存相对完好的细鹿角珊瑚枝，直径为 0.6cm，长 3cm。可见大量溶蚀或淋滤作用形成的孔洞，是风化溶蚀作用形成的喀斯特结构，孔隙中有再沉淀的物质，孔洞中保存有纤细的生物骨架结构，可能为生物体差异性溶解的产物。推测该层为间断面。

☞ 33.47m：可见棕红色沉积层，出现棕红色松散的黏土类沉积物，似风尘搬运沉积的物质，未固结，取样分析时应避免冲洗。

47．34.00～35.00m：含砾砂屑灰岩层，呈灰黄色，胶结程度较强，孔洞发育，但风化和溶蚀程度并不严重，含大量珊瑚枝、砾块和珊瑚藻。

☞ 34.84～35.00m：可见诸多细小的珊瑚枝，细微结构保存完好。

48．35.00～36.50m：含砾砂屑灰岩层，岩芯主要由鹿角珊瑚枝和红藻石组成，鹿角珊瑚枝含量达 30% 左右。

☞ 35.06m：可见石芝珊瑚，隔壁结构清晰，保存完整；可见鹿角珊瑚基部，基座直径为 3cm，长 2cm。

☞ 35.06～35.18m：可见大量的鹿角珊瑚枝。

49．36.50～39.50m：含砾砂屑灰岩层，胶结程度中等到强，孔洞发育，砂屑为中粗砂，砾块为珊瑚枝、珊瑚块。珊瑚枝外多为珊瑚藻包壳。可见珊瑚枝溶蚀形成的孔洞，不同于礁岩溶蚀形成的孔洞。可见滨珊瑚，长 11cm，宽 6cm，清晰保存 8 个年生长纹层，年生长率约为 1cm。可见仙掌藻、鹿角珊瑚枝、石芝珊瑚。可见灰黄色鹿角珊瑚枝，长度大于 2cm，直径为 0.7cm。岩芯中肉眼可见大型底栖有孔虫。该层为内礁坪—潟湖坡相沉积。

☞ 36.75m：可见一椭球形红藻石，长轴为 4cm，短轴为 2cm。

☞ 38.00～38.35m：可见一小星珊瑚，管状骨骼清晰可见，可用于生长率分析。

☞ 38.35～38.49m：可见贝壳，长 2.5cm，宽 2cm，壳厚度为 0.1～0.2cm，放射肋及壳保存完好。

☞ 38.49～38.70m：岩芯表面裂隙发育，可见珊瑚枝。

☞ 39.22～39.50m：可见鹿角珊瑚枝和笙珊瑚枝。鹿角珊瑚枝含次一级小枝，细微结构保存较好。

50．39.50～47.00m：砾屑灰岩层，胶结程度弱，砂质组分为中细砂。珊瑚种类丰富，可见大量长达 7～8cm 的鹿角珊瑚枝和块状珊瑚，细微结构保存完好。块状珊瑚包括滨珊瑚、陀螺珊瑚、石芝珊瑚、皱纹厚丝珊瑚等。岩芯中珊瑚藻丰富。其中，44.00～45.50m 可见类似喀斯特溶蚀孔洞中发育的小型钟乳石，高 1cm 左右。推测该层为内礁坪相或礁坪砾石滩相。

☞ 39.50～41.00m：可见 3 块石芝珊瑚，第 1 块石芝珊瑚长 8cm，宽 3cm；第 2 块石芝珊瑚形态完整，呈椭圆形，长轴为 8cm，短轴为 5cm；第 3 块石芝珊瑚直径为 8cm，被砂质堆积覆盖，长度未知。可见杯形珊瑚块，表面的疣状结构清晰。

☞ 41.00～42.50m：可见保存完好的鹿角珊瑚枝，长 5.5cm，直径为 2.5cm；还可见石笔海胆刺。

☞ 42.50～42.73m：可见保存完好的鹿角珊瑚，含有 4 个分枝，单枝直径为 1.3～1.5cm。

☞ 42.73～44.00m：可见杯形珊瑚片、块状珊瑚。其中，小星珊瑚长20cm，已断裂；滨珊瑚块长约10cm，较致密，可识别出6个年生长纹层，年生长率约为1.3cm。

☞ 44.00～44.20m：珊瑚碎块层，大小为2×3×4cm至5×6×8cm，含多个珊瑚种类。皱纹厚丝珊瑚细纹清楚，橙黄滨珊瑚骨骼新鲜，鹿角珊瑚枝顶端保存完整，长5.5cm，直径为1.5cm，其他还有疣状杯形珊瑚和星孔珊瑚。

☞ 44.20～44.36m：滨珊瑚块层，被喀斯特裂隙及其充填物分割，表面为中粗砂屑沉积。滨珊瑚有5～6个年生长纹层，年生长率约为1.2cm。

☞ 44.36～45.99m：由破碎礁岩块、珊瑚块组成，以滨珊瑚为主，也可见星孔珊瑚和疣状杯形珊瑚，块体大小为2×3×4cm至7×9×11cm，块体表面附着中粗砂。可见大量鹿角珊瑚细枝，枝长3～9cm，顶部次级结构保存完好，表面结构基本保存，存在一定程度的磨圆。礁块断面偏棕黄色，原因未知。

☞ 45.99～46.09m：盔形珊瑚块层，长10cm，断面呈棕黄色，大致呈生长方向保存。

☞ 46.09～46.21m：滨珊瑚块层，长12cm，骨骼结构清晰，顶面砂屑沉积与滨珊瑚表面胶结很好，砂屑为中砂。肉眼可识别出滨珊瑚10个年生长纹层，年生长率约为1.2cm。

51．47.00～47.61m：含砾砂屑灰岩层，胶结程度中等，砂屑为中砂，砾块为珊瑚块，包括滨珊瑚和排孔珊瑚。整体呈砂屑层和珊瑚层互层结构。

☞ 47.00～47.10m：孔洞中保存有大量薄片状结构。

☞ 47.10～47.14m：可见枯萎菊花头形状的黄色斑块，大小为5.5×4×3cm。

☞ 47.14～47.37m：普哥滨珊瑚块层，珊瑚大体呈生长方向保存，很可能为原生沉积；珊瑚年生长纹层不规则，大体可识别出15个年生长纹层。

☞ 47.37～47.61m：上部为砂屑层，下部为滨珊瑚块层，砂屑层与滨珊瑚块层呈斜接触关系。砂屑为细砂，可见排孔珊瑚枝和细鹿角珊瑚枝，推测为水动力较弱的沉积环境。滨珊瑚大致呈生长方向保存，表面有生物钻孔，滨珊瑚破裂后被砂屑充填，裂隙宽达3.5cm，可能是构造活动的产物。顶侧面呈褐黄色。

52．47.61～48.76m：珊瑚灰岩层，主要由珊瑚块组成，孔洞发育，胶结程度中等。岩芯中的孔洞不同于暴露环境中形成的喀斯特溶蚀孔洞，主要为生物钻孔和海水溶蚀孔洞。

☞ 47.61～47.85m：可见滨珊瑚块，长24cm，肉眼可识别出9个年生长纹层，上部年生长纹层正常，宽1.3cm左右，下部年生长纹层紧密，宽度仅5mm左右。

☞ 47.85～48.50m：可见大量珊瑚枝，长4～5cm，表面细微结构未保存，被磨圆；也可见直径为1cm的细小珊瑚枝。珊瑚块包括滨珊瑚（长7～8cm）、角蜂巢珊瑚和石芝珊瑚。

☞ 48.50～48.70m：可见滨珊瑚碎块，最大块约为9×8×7cm，生长纹层结构保存完好。各碎块总体上应为一整体，在钻取时破碎。滨珊瑚表面有生物钻孔现象。表面的玻璃纤维为钻探时加入的护井液。

☞ 48.70～48.76m：可见滨珊瑚，长6cm。

53．48.76～48.99m：含砾砂屑灰岩层，砾块为珊瑚块。可见滨珊瑚块，长7～8cm，与下部砂屑之间存在裂隙。砂屑中含大量细珊瑚枝，珊瑚枝表层细微结构保存较好；可见排孔珊瑚，直径为2～3cm，长1.5cm，推测沉积动力条件比较弱。

54．48.99～49.23m：仙掌藻灰岩层，长24cm，几乎全部由仙掌藻组成，可见仙掌藻的叶片及其横切面、纵切面的细微结构。

55．49.23～50.00m：含砾砂屑灰岩层，多孔洞，砾块为珊瑚块。岩芯表面被钻井液染成褐黄色。

☞ 49.23～49.92m：可见珊瑚块，最大的珊瑚块长21cm，多孔，孔径较大。

☞ 49.92 ～ 50.00m：块状珊瑚的破碎块，长 8cm。

56．50.00 ～ 53.00m：含砾砂屑灰岩层，砂屑为中砂，疏松多孔，胶结程度中等到弱，生物钻孔发育。砾块以珊瑚枝为主，表面细微结构保存完好，含有少量块状珊瑚碎块。可见贝壳被溶蚀后形成的溶蚀孔洞。

☞ 50.00 ～ 51.50m：由大量鹿角珊瑚枝组成，可见细珊瑚枝，长 6cm，珊瑚枝分枝结构保存完好，结构疏松但质地坚硬。珊瑚枝被大量珊瑚藻包绕、胶结，但胶结程度不均一。

☞ 51.50 ～ 53.00m：可见大量鹿角珊瑚枝，以及珊瑚枝被珊瑚藻包裹后珊瑚枝被溶蚀，而珊瑚藻未被溶蚀的孔洞结构。

57．53.00 ～ 54.50m：珊瑚砾块灰岩层，岩芯整体上硬度较大，由礁岩芯和碎块组成，完整礁岩芯及碎块各占约 50%，砂屑为中砂。可见大量鹿角珊瑚枝，约占整个岩芯的 20%；珊瑚枝细，直径为 1cm，长 3 ～ 7cm，未破碎，珊瑚枝细微结构保存较好，珊瑚枝的次一级更细的分枝仍保留，指示水动力较弱的沉积环境。岩芯上孔洞多，但非生物钻孔，珊瑚枝能从钻孔中掉出，应该是珊瑚枝或贝壳与砂质沉积物之间的胶结程度弱，以及胶结物易被溶蚀，导致珊瑚枝或贝壳脱落形成孔洞。岩芯中存在由珊瑚枝脱落后形成的类似于生物钻孔的假象，还可见贝壳。推测该层为靠近内礁坪的砾石滩沉积相。

58．54.50 ～ 56.78m：弱胶结含砾砂屑灰岩层，疏松多孔，砂屑为中细砂。砾块以珊瑚枝为主，含少量珊瑚块。可见大量鹿角珊瑚枝，杂乱堆积；部分从岩芯中脱落形成孔洞，但胶结物仍保留。珊瑚枝颜色陈旧，似乎是出露后的特征。56.78m 砂屑层与下部的珊瑚块层呈楔形接触关系，珊瑚块为滨珊瑚，可见其细微结构。56.78m 似出现白云石化现象。

59．56.78 ～ 59.20m：完整的滨珊瑚灰岩层，似白云石化，呈原始生长方向保存，总长达 2.42m，滨珊瑚结构保存完好，年生长纹层清晰可见，年生长率约为 1cm。

60．59.20 ～ 60.50m：含砾砂屑灰岩层（未见白云石化），砂屑为细砂，砾块以鹿角珊瑚枝为主，可见少量块状珊瑚，含角蜂巢珊瑚块。鹿角珊瑚枝含量约为 10%，直径约为 0.8cm，长 2 ～ 3cm，珊瑚枝表面的细微结构多保存完好，可见含多个枝的复合体结构，还可见大型双壳类。

61．60.50 ～ 62.00m：含砾砂屑灰岩层，砾块主要为珊瑚块，砂屑为细中砂，砂屑中可见鹿角珊瑚枝，部分鹿角珊瑚枝胶结在块状珊瑚表面。块状珊瑚主要为滨珊瑚，其次为角蜂巢珊瑚。岩芯孔洞极其发育。

☞ 60.50 ～ 60.63m：滨珊瑚块层，长 13cm，孔隙多，被砂质组分充填，底部胶结鹿角珊瑚枝。

☞ 60.63 ～ 60.87m：主体为块状滨珊瑚，长 24cm，发育大量孔洞，被砂质组分充填。

☞ 60.96 ～ 61.08m：角蜂巢珊瑚块层，长约 10cm。

☞ 61.08 ～ 61.27m：角蜂巢珊瑚块层，发育大量孔洞，呈溶蚀结构。

☞ 61.27 ～ 61.90m：主体为块状滨珊瑚，其主要结构应该是由滨珊瑚溶蚀后充填砂质组分形成。

62．62.00 ～ 63.78m：砂屑灰岩层，砂屑为中细砂，岩芯相对完整，但孔洞发育。含大量鹿角珊瑚枝，含椭球形红藻石，长轴约 4cm，短轴 2 ～ 3cm。

☞ 63.50m：可见核形石，为珊瑚藻包壳结构。

63．63.78 ～ 64.51m：砾块灰岩层，坚硬，胶结程度中等，有少量孔洞，无溶蚀现象。砾块以角蜂巢珊瑚为主，珊瑚块一般长 7cm，宽 5cm。岩芯中含少量珊瑚枝，多呈溶蚀结构。

64．64.51 ～ 65.20m：砂屑灰岩层，胶结程度中等到弱，砂屑为中砂，含少量细小的珊瑚断枝，未见砾块。

65．65.20 ～ 66.50m：含砾砂屑灰岩层，砂屑为中粗砂，砾块为珊瑚枝和珊瑚块。可识别的珊瑚包括石芝珊瑚、滨珊瑚和鹿角珊瑚。其中，滨珊瑚大小为 7×6×3cm，表面有溶蚀孔洞；鹿角珊瑚枝长 1 ～ 1.5cm，直径约为 1cm。含大量珊瑚藻，一般呈皮壳状，有壳体。可见仙掌藻，呈两硬层夹一软层的"三明治"结构。可见贝壳，贝壳的放射肋、放射沟等细微结构均保存完好。

☞ 65.20～65.29m：可见石芝珊瑚块，长 7cm，宽 3cm。

66．66.50～68.00m：含砾砂屑灰岩层，胶结程度中等到弱，砂屑为中粗砂，砾块一般较小，最大的约为 7×4×2cm。含大量鹿角珊瑚枝，含量约为 25%。可见珊瑚块被珊瑚藻包绕的结构，有较多贝壳碎片，长 1cm，宽 0.5cm。还可见被红藻包绕的砂砾，形成中粗砂，为包粒结构。岩芯表面有油污所致的黑色斑点。

67．68.00～69.50m：含砾包粒灰岩层，胶结程度中等偏弱，质地较均匀，砂屑为中粗砂，砾块为珊瑚枝和珊瑚块。包壳、包粒结构发育，砂粒结构非常清晰。可见大量珊瑚枝，有少量珊瑚块，珊瑚枝长 6cm 左右，大多被珊瑚藻包裹，珊瑚枝溶解，藻壳保存，形成珊瑚枝形状的溶蚀孔洞。红藻包壳结构、包粒结构发育，颗粒被红藻包绕，形成直径为 1～2cm 的小型红藻石。长 1cm 左右的小贝壳较多，可见长 4cm，宽 2.5cm 的贝壳印模，但贝壳已脱落或被溶蚀。

☞ 68.25～68.28m：可见一个扇形贝壳，长 3.5cm，宽 0.5cm，细微结构保存完好。

☞ 68.28～68.54m：可见滨珊瑚块，长 5cm，宽 5cm，表面孔洞偏多。

☞ 68.54～68.72m：中粗砂屑层，孔洞中有再沉淀的产物。

☞ 68.72～69.11m：疑似苔藓虫。

☞ 69.11～69.41m：颜色偏棕色，可见管状结构和多层状结构，还可见珊瑚块和珊瑚枝。

☞ 69.41～69.50m：可见分叉的鹿角珊瑚枝，先被珊瑚藻包绕后再被砂屑胶结，还可见管状结构。

68．69.50～70.27m：块状珊瑚灰岩层，以十字牡丹珊瑚为主体，叶片结构保存完好，十字形孔隙中充填大量灰色泥质组分和藻类。珊瑚块被藻胶结，表面光滑，似瘤状，质地坚硬。岩芯颜色略偏黄色，溶孔较多，表面为浅黄色。推测此段为礁格架相。

☞ 69.50～69.88m：更换钻头，导致岩芯被油污染。

☞ 69.88～69.90m：可见泥质组分，呈灰黄色，似底部泥质组分侵入到孔洞中，有少量酸不溶残渣。

69．70.27～71.00m：仙掌藻灰岩层，含大量仙掌藻。岩芯颜色略偏黄色，溶孔较多，表面为浅黄色。

70．71.00～71.78m：块状珊瑚灰岩层，以十字牡丹珊瑚为主体，十字牡丹珊瑚表面可见一斜的断裂面。珊瑚块被藻胶结，质地坚硬，表面光滑。岩芯颜色略偏黄色，溶孔较多，表面为浅黄色。

71．71.78～72.57m：滨珊瑚灰岩层，由多个滨珊瑚块和鹿角珊瑚枝组成。多个滨珊瑚块并不是一个完整的滨珊瑚个体。岩芯颜色略偏黄色，溶孔较多，表面为浅黄色。

☞ 72.50～72.56m：有钟乳石状的溶蚀孔洞，孔洞直径约为 6cm。

72．72.57～72.90m：含砾包粒结构藻灰岩层，砂屑以中粗砂为主。岩芯被灰黄色、褐黄色物质侵染，表面溶蚀严重，孔洞发育。可见石芝珊瑚碎片被珊瑚藻包结形成藻灰岩，还可见有孔虫、腹足类、珊瑚枝，以及小贝壳脱落后形成的铸模，铸模细微结构保存完好。

73．72.90～73.22m：仙掌藻灰岩层，长 32cm。

74．73.22～75.50m：整体为含砾包粒结构藻灰岩层，胶结程度中等。砂屑以中砂为主，砾块主要为滨珊瑚，也有石芝珊瑚。有两块滨珊瑚岩芯，第 1 块可见保存完好的年生长纹层，肉眼可识别出 14 个年生长纹层，年生长率为 0.7～1cm；第 2 块长 6cm，宽 4cm，年生长率约为 0.8cm，裂隙发育。岩芯中含有大量珊瑚枝，含量约为 40%，大多珊瑚枝被珊瑚藻包裹。可见红藻石，长轴为 3.5cm，短轴为 1.8cm。岩芯孔隙多，孔隙中充填砂屑，被藻胶结；裂隙发育，裂隙面上呈棕黄色。

☞ 73.70～74.00m：可见细小的珊瑚枝，长 1～2cm，直径约为 0.5cm，次一级的分枝仍保存完好。珊瑚块较新鲜。推测该层形成时的水动力环境较弱。

☞ 74.09～74.29m：含大量仙掌藻，可见珊瑚枝，长约 2cm。

75．75.50～76.75m：含砾砂屑灰岩层，胶结程度中等偏弱，硬度中等，结构不均匀，砂屑主要为中砂。砾块为滨珊瑚和十字牡丹珊瑚碎块。砾块脱落后形成孔洞，孔洞呈现溶蚀现象，表面呈棕黄色。

可见贝壳脱落或溶蚀后遗留的铸模，铸模原始结构保存完好。

76．76.75 ~ 76.82m：仙掌藻灰岩层。

77．76.82 ~ 78.50m：砂屑灰岩层，总体上岩芯完整，但孔洞发育，孔洞表面呈棕黄色（图 1.3a）。推测孔洞形成的原因有两种：一是胶结物被溶解，被胶结的珊瑚枝、砾块脱落形成孔洞；二是珊瑚枝、砾块被溶解形成孔洞。前者的可能性更高，因为有的孔洞中珊瑚枝仍保存完好，但没有被胶结，很可能是胶结物被溶解后形成的。岩芯中含大量完整的、细小的鹿角珊瑚枝，长约 3cm，直径小于 0.5cm，表面细微结构、次一级分枝结构保存完好；少量的鹿角珊瑚枝较大。可见两块滨珊瑚，一块长 9cm，宽 5cm，结构致密，年生长纹层不清楚；另一块长 6 ~ 8cm，年生长纹层可见，年生长率约为 0.5cm。其上部为一间断面，堆积珊瑚砂，砂屑层中含珊瑚枝和大量珊瑚藻。

☞ 77.30m：可见红藻石，呈椭球形，长轴为 4cm，短轴为 3cm。

图 1.3　琛科 2 井 73.70 ~ 78.80m 和 78.80 ~ 84.20m 岩芯风化特征

78．78.50 ~ 78.81m：砾块灰岩层，主要由珊瑚枝、砾块组成。砾块一般长 1 ~ 2cm，多见鹿角珊瑚枝，可见一长 4.5cm 的疣状杯形珊瑚。还可见滨珊瑚块，长 8cm，隐约可见年生长纹层，结构疏松，滴稀盐酸起泡。岩芯中溶蚀孔洞和裂隙较多，表面呈棕黄色。

79．78.81 ~ 82.84m：滨珊瑚灰岩层，共 4.03m 长的岩芯由多个滨珊瑚块组成，岩芯虽然破碎，但年生长纹层可见，最长的一段岩芯长 17cm。部分滨珊瑚年生长纹层中含宽 0.1 ~ 0.2cm 的次一级纹层，纹层结构清晰。岩芯中溶蚀孔洞多，孔隙发育，溶蚀孔隙内壁呈土黄色，被砂屑充填（图 1.3b）。可见鹿角珊瑚枝，直径为 3cm，长 8 ~ 9cm，有分枝结构。岩芯中珊瑚组分基本保存，但其他组分溶蚀较多。岩芯整体上呈土黄色，似为间断面的产物。

80．82.84 ~ 83.00m：可见 16cm 长的十字牡丹珊瑚，孔隙多，表面呈棕黄色。

81．83.00 ~ 86.60m：礁格架灰岩层，岩芯较完整，珊瑚岩芯呈原生生长状态。总体上以多段块状珊瑚岩芯为主组成夹层结构，夹层之间为珊瑚枝、珊瑚藻和少量砂屑，胶结程度强。块状珊瑚的种类为滨珊瑚和十字牡丹珊瑚。珊瑚岩芯大多长 9 ~ 15cm，最长达 45cm，岩芯断面可完整对接，部分存在断裂面，表面呈土黄色。珊瑚块和珊瑚枝被珊瑚藻胶结，形成珊瑚和珊瑚藻互层结构。83.85m 以下岩芯孔隙较上一层明显减少。

☞ 83.95m：可见类似于现代红黏土的物质，未固结，断面（或暴露面）呈土黄色。

82．86.60 ~ 87.75m：砂屑灰岩层，砂屑为中砂，孔隙不发育，没有溶蚀现象，未见珊瑚枝。

83．87.75 ~ 89.49m：含砾砂屑灰岩层，岩芯表面溶蚀严重（图 1.4a）。含较多偏细的鹿角珊瑚枝，部分珊瑚枝脱落形成孔洞。珊瑚枝细微结构保存较好，可见保存完好的鹿角珊瑚枝群体，高 6 ~ 7cm，含 10 多个 2 ~ 3cm 的短枝，表面的细微结构保存完好，应该是未经过搬运的原地沉积。可见一滨珊瑚块，长 22cm，宽 8cm。珊瑚藻丰富。该段岩芯似由鹿角珊瑚支撑形成骨架，珊瑚枝的间隙被中细砂填充，砂屑呈棕黄色、黄色，但部分细小珊瑚枝的胶结物被溶解，导致珊瑚枝脱落后形成孔洞。

☞ 87.75 ～ 88.00m：可见块状珊瑚，孔洞多，表面呈棕黄色，似暴露面特征。

图 1.4　琛科 2 井 89.00 ～ 97.82m 岩芯结构和生物特征
a. 含砾砂屑灰岩，岩芯表面溶蚀严重；b. 滨珊瑚死亡面；c. 滨珊瑚岩芯；d. 疣状杯形珊瑚岩芯

84．89.49 ～ 91.23m：含砾砂屑灰岩层，砂屑为中砂，砾块以块状珊瑚为主，含少量鹿角珊瑚枝。岩芯表面有溶蚀现象，但较上一层段明显减弱，溶蚀空洞多为贝壳、珊瑚枝被溶蚀（或脱落）所致。该层段块状珊瑚含量达 70%，由多段块状珊瑚岩芯组成，长 15 ～ 25cm，结构致密，保存完好。块状珊瑚以滨珊瑚为主，其次为角蜂巢珊瑚和小星珊瑚，珊瑚藻丰富。

☞ 89.49 ～ 89.63m：滨珊瑚块，长 14cm，底端为一死亡面，保存较好，生长纹方向与岩芯呈 45° 角，年生长率约为 0.4cm，距底部 4cm 处可见另一死亡面。

☞ 89.63 ～ 90.20m：分为上部 17.5cm 与下部 39.5cm 两段，可能为 2 个不同的滨珊瑚属种。上下两段的连接面上溶孔发育，表面可见红色泥状物，可能为暴露面风化后发育的古土壤，或为溶孔中沉淀形成的红色泥状物。

☞ 90.20 ～ 90.38m：珊瑚块，顶部可见溶孔和死亡面，表面可见红色泥状物，部分珊瑚结构呈灰色。珊瑚的底部为不同属种的块状珊瑚，两块珊瑚之间为一薄层泥状物组成的间隔面，间隔面凹凸不平。

☞ 90.38 ～ 90.50m：可见鹿角珊瑚枝，底部可见灰泥。

☞ 90.50 ～ 90.72m：块状珊瑚与枝状珊瑚共存，侧面有灰泥质物质，保留有原始沉积和珊瑚骨骼结构。90.63m 侧面的孔洞中含红色泥状物，红色部分的珊瑚已被溶蚀。枝状珊瑚表面为包壳，皮壳的层状结构清晰。

☞ 90.72 ～ 91.15m：滨珊瑚块（图 1.4c），长 43cm，中间包含一个生长间断面，年生长纹层清楚，年生长率为 0.4 ～ 1cm。滨珊瑚内部有一灰色层，应为珊瑚死亡或严重白化后恢复生长形成的间断面，推测为古白化所致。整块滨珊瑚可能经历了两次白化事件，前一次白化后生长恢复，后一次白化后珊瑚死亡、生长停止。两次白化事件相隔约 20 年。此块状滨珊瑚与其下部枝状珊瑚

（枝状珊瑚被珊瑚藻包绕，为包壳结构，皮壳结构清晰）的接触面为一斜面，枝状珊瑚的孔隙中充填灰色泥质物，质地坚硬。

85．91.23～92.00m：粗壮鹿角珊瑚格架灰岩层，胶结程度中等偏弱，以枝状珊瑚骨架为主体，孔洞中充填砂屑，砂屑以中细砂为主。珊瑚枝主要为粗壮鹿角珊瑚枝，最大的长约 10cm，直径为 3cm。

86．92.00～93.50m：块状、枝状珊瑚夹杂中砂形成的灰岩层，砂屑层易破碎，含腹足类。珊瑚块长 8～15cm，珊瑚骨骼结构保存完好。疣状杯形珊瑚和鹿角珊瑚的表面细微结构均保存完好，滨珊瑚保存了清晰的年生长纹层和死亡面，年生长率约为 1.2cm。岩芯裂隙发育，有溶蚀现象，溶孔表面沉淀有黄色物质。

☞ 92.14～92.24m：上部为枝状珊瑚，下部为块状珊瑚。

☞ 92.24～92.35m：块状珊瑚。

☞ 92.35～92.51m：长 16cm，块状珊瑚和枝状珊瑚共存。

☞ 92.51～92.60m：块状珊瑚，大小为 9×7×5cm，可识别出年生长纹层。

☞ 92.60～92.73m：块状珊瑚，可见细小的鹿角珊瑚枝。

☞ 92.73～93.50m：块状珊瑚和枝状珊瑚共存，疣状杯形珊瑚表层结构保存完好（图 1.4d），大小约为 4×5×10cm，其断面为黄色疣状，年生长率约为 0.3cm。角蜂巢珊瑚块可见钻孔，虫管穿入岩芯内部，保存 3 个死亡面，其中底部断面（死亡面）呈黄色。

87．93.50～106.82m：珊瑚砾块砂屑灰岩层，砂屑为中细砂，胶结程度弱，由珊瑚块、珊瑚枝及砂屑组成。珊瑚块与砂屑胶结程度弱，易破碎，因此钻取获得的岩芯以珊瑚枝、珊瑚块为主。珊瑚枝、珊瑚块的表面结构均保存完好，被珊瑚藻包绕，应该是未经过搬运磨蚀的原地沉积。珊瑚块约占整个岩芯的 35%，一般长 10～25cm，珊瑚纹层清晰，以角蜂巢珊瑚和滨珊瑚为主，有少量盔形珊瑚。滨珊瑚岩芯中部和顶部的死亡面保存完好（图 1.4b），与现代珊瑚白化面相似。珊瑚枝主要为鹿角珊瑚。105.50m 开始受钻井液污染，往下岩芯变为灰黑色。

☞ 93.50～95.00m：珊瑚块层，由多个角蜂巢珊瑚碎块、滨珊瑚碎块组成。底部为 7cm 长的滨珊瑚，滨珊瑚的死亡面和顶面保存完好。

☞ 95.00～96.50m：含多个疣状杯形珊瑚，大小不等，有的为 3×4×5cm、3×2×3cm，最大的长 7～13cm，磨圆度较好，被红藻包裹，可见由红藻包裹的珊瑚枝。滨珊瑚大小约为 6.5×6×5cm，间断面和顶部死亡面保存完好。

☞ 96.50～98.00m：由多个滨珊瑚碎块和角蜂巢珊瑚碎块组成，滨珊瑚块最大的为 10×5.5×8cm，角蜂巢珊瑚块最长的为 19cm。

☞ 98.00～98.14m：可见滨珊瑚块和珊瑚枝。

☞ 98.14～98.37m：上部可见滨珊瑚，溶孔发育。下部块状珊瑚保存年生长纹层，生长方向为侧向，岩芯表面孔洞多。

☞ 98.37～98.54m：珊瑚岩芯对半裂开，珊瑚生长结构呈辐射状。

☞ 98.54～99.50m：珊瑚碎块层，以滨珊瑚为主，大小不等，最大的约为 5×5×3.5cm。

☞ 99.50～103.80m：珊瑚碎块层，最大的约为 9.5×8×7cm，含盔形珊瑚、鹿角珊瑚。鹿角珊瑚枝的直径最大约为 2.5cm，小的约为 0.5cm。

☞ 103.80～104.00m：由盔形珊瑚块、滨珊瑚块和鹿角珊瑚枝组成。

☞ 104.00～105.50m：珊瑚碎块层，碎块磨圆度较好。最大块约为 12×8×4cm，其他长 4～5cm，以枝状、叶片状珊瑚和盔形珊瑚碎块居多。

☞ 105.50～106.82m：上部为珊瑚砾块，磨圆度好，含鹿角珊瑚根部破碎而形成的砾块，大小为 2.5×4×4cm，次一级枝的直径约为 1.5cm。下部为滨珊瑚块，长 15cm，宽 8cm，可见年生长纹层，年生长率为 0.2 ～ 0.3cm，生长方向与岩芯方向一致。

88．106.82 ～ 113.00m：含少量砾块的砂屑灰岩层，胶结程度弱，砂屑为细砂，砾块长 1 ～ 7cm。珊瑚类型主要为鹿角珊瑚、滨珊瑚和盔形珊瑚。岩芯受钻井液污染，呈黑色。

☞ 106.82 ～ 108.50m：整体较破碎，岩芯表面被钻井液污染为黑色，含块状、管状珊瑚和鹿角珊瑚枝，鹿角珊瑚枝长 3.5cm，直径约为 1cm。

☞ 108.50 ～ 110.00m：含鹿角珊瑚枝和疣状杯形珊瑚块，后者大小为 7×4.5×4.5cm，磨圆度好。岩芯中可见腹足类，长约 2cm，宽约 1.3cm。

☞ 110.00 ～ 113.00m：未获取样品。

89．113.00 ～ 123.00m：含少量砾块的砂屑灰岩层，整体以砂屑为主（图 1.5a），中细砂，砂屑中包含大量鹿角珊瑚枝，珊瑚枝表面结构保存完好，少量珊瑚枝的表面呈褐黄色。砾块含量少，主要为星孔珊瑚块、滨珊瑚块、杯形珊瑚块和大量粗细不一的鹿角珊瑚枝。可见一鹿角珊瑚基部，外围被珊瑚藻包绕，还可见贝壳和石笔海胆刺，后者长 2cm，直径 0.5cm。岩芯被钻井液污染为黑色。

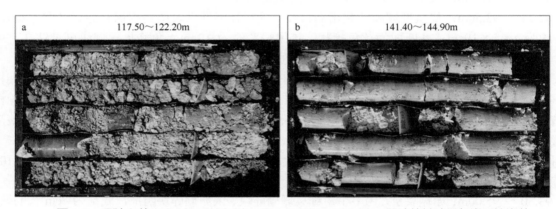

图 1.5 琛科 2 井 117.50 ～ 122.20m 和 141.40 ～ 144.90m 弱胶结粉砂屑灰岩原始岩芯

☞ 113.00 ～ 114.50m：砾块含量高，大于 60%，砾块磨圆度较好。含块状珊瑚，大小为 7×5×4cm；可见鹿角珊瑚枝，长 4cm，直径为 2 ～ 3cm；还可见腹足类。

☞ 114.50 ～ 116.00m：整段岩芯破碎，中细砂，砂屑含量高，固结较好。岩芯组分以鹿角珊瑚枝为主，长 6cm，直径为 3cm，次一级的分枝结构仍保存完好；含有少量珊瑚块，砾块磨圆度较差。

☞ 116.00 ～ 117.50m：胶结程度弱，整段岩芯为松散砂砾层，块状珊瑚少，由砂屑胶结而成的砾块较多。可见管状珊瑚块、疣状杯形珊瑚块和鹿角珊瑚枝。块状珊瑚大小为 4×7×5cm；枝状珊瑚长 7cm，直径为 2cm。珊瑚骨骼发育球状凸起，可能为微生物作用的产物。

☞ 117.50 ～ 119.00m：珊瑚块大小不一，大砾块长 5 ～ 6cm，小砾块仅长约 1cm，未经磨圆，多被砂屑黏结。可见鹿角珊瑚枝，长 4.5cm，直径为 3.5cm，表面细微结构保存完好。

☞ 119.00 ～ 120.50m：总体碎块较小，胶结程度弱，松散，手搓即可捻破。可见鹿角珊瑚枝，长 15cm，直径为 3cm。珊瑚砾块较小，一般长 2 ～ 3cm，最长可达 7cm。

☞ 120.50 ～ 122.00m：破碎层，胶结程度弱，砾块占 20%，砾块一般长 1 ～ 2cm，个别长达 6 ～ 7cm。可见鹿角珊瑚枝，长 6.5cm，直径为 1cm；可见滨珊瑚块，大小为 6×4×3.5cm；还可见腹足类。

☞ 122.00 ～ 123.00m：珊瑚砾块，个体小，最大为 7.5×8×5.5cm，磨圆度差。鹿角珊瑚枝长 8cm，直径为 3.5cm；块状珊瑚可见年生长纹层，年生长率约为 0.5cm。

90．123.00 ～ 131.13m：含珊瑚砾块砂屑灰岩层，砂屑为中细砂，砾块长 6 ～ 18cm，部分珊瑚枝和珊瑚块被珊瑚藻黏结。珊瑚块以滨珊瑚为主，其他包括角蜂巢珊瑚、盔形珊瑚、星孔珊瑚和鹿角珊瑚。滨珊瑚岩芯长 3～13cm，年生长纹层清晰可见，其中最长的滨珊瑚岩芯（13cm）底部为白色灰泥，明显区别于滨珊瑚骨骼，该珊瑚表面孔洞多，孔洞中可见灰白色物质。星孔珊瑚块大小约为 7×6×6cm，内空，叶片向外呈辐射状。部分珊瑚块表面重结晶，导致块状珊瑚年生长纹层和骨骼结构被改造，不易识别。鹿角珊瑚枝长 7cm，直径为 1.5～2cm。可见石笔海胆刺，长 3cm，直径为 0.5cm。岩芯中还可见生物钻孔和瓣鳃类贝壳碎片。

☞ 123.00～123.91m：砾块较多，约占岩芯组分的 50%，一般为珊瑚砾块。其中 123.43～123.5m 为盔形珊瑚层，珊瑚管状结构清晰，管与管之间连接层呈年生长纹层状（图 1.6a）；123.5～123.67m 为滨珊瑚层，上部 5cm 和下部 10cm 发生方解石化，偏黄色，中间 2cm 未见明显变化，呈白色（图 1.6b）。

☞ 125.00～125.44m：可见滨珊瑚块和角蜂巢珊瑚块，滨珊瑚块最大为 7×4×4cm，角蜂巢珊瑚块约为 7×7×5.5cm。

☞ 125.79～126.40m：砾块含量占 20%。可见鹿角珊瑚枝，长 4cm，直径为 2.5cm。

☞ 126.50～126.70m：岩芯长 20cm，珊瑚生长方向与岩芯方向呈 30° 夹角，重结晶作用较强，只粗略保留一些珊瑚生长结构，但生长纹层仍可识别，年生长率为 0.9cm。珊瑚岩芯存在一个间断面，间断面的表面呈浅黄色。

☞ 127.93m：岩芯中发育一溶蚀孔洞，洞壁呈喀斯特钟乳石状结构，洞内可见六棱柱方解石晶体（图 1.6c）。

☞ 128.00～129.50m：珊瑚碎块层，砾块磨圆度中等，最大砾块约为 16×8×6.5cm。可见不同种属的角蜂巢珊瑚，蜂巢孔的大小明显不同。岩芯发育溶蚀孔洞，洞壁生长的钟乳石状晶体结晶程度较好。

☞ 129.50～131.00m：取芯率为 0%，推测为一较大溶蚀孔洞。

☞ 131.00～131.13m：以鹿角珊瑚枝为主，直径为 1～2cm。可见珊瑚块，其隔片从中轴呈辐射状。

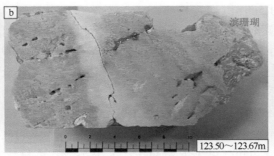

图 1.6 琛科 2 井 123.50～127.93m 岩芯盔形珊瑚、滨珊瑚和喀斯特溶蚀孔洞形态特征

91. 131.13～138.00m：含砾砂屑灰岩层，以中粗砂为主，可见少量珊瑚块。砾块以滨珊瑚、刺星珊瑚为主，其次是盔形珊瑚和鹿角珊瑚，可见腹足类。块状珊瑚表面多见溶蚀孔洞，溶蚀孔洞内有结晶程度非常好的晶体。部分珊瑚被珊瑚藻黏结。

☞ 131.82～132.00m：可见一喀斯特溶蚀孔洞，小的钟乳石晶体发育在一块长 18cm 的滨珊瑚岩芯之上。

☞ 132.00～132.50m：可见盔形珊瑚。

☞ 132.50～133.30m：可见鹿角珊瑚枝，长 5～8cm，直径为 2～2.5cm。可见由砂屑黏结成的砾块，大小约为6×5×3cm。可见苔藓虫。珊瑚岩芯中发育孔洞，孔洞内呈细网状结构。

☞ 133.30～134.00m：可见诸多小的珊瑚碎片、枝状珊瑚和皮壳状珊瑚。皮壳状珊瑚最大，约为10×8×6cm。可见鹿角珊瑚枝，长4cm，直径为1.5cm，表面细微结构保存完好。

☞ 134.00～135.50m：可见滨珊瑚，长约8cm，年生长纹层较清晰，年生长率约为1.3cm。滨珊瑚岩芯中有溶蚀孔洞，但颜色正常，不一定是暴露所致。珊瑚砾块表面被红藻包围，磨圆度较好，砂屑很少。

☞ 135.50～137.00m：砾块层，砂屑很少，珊瑚砾块较小，比较大的砾块为5×4.5×3cm、4.5×4×2.2cm和4.5×4×3cm。个别珊瑚块表面被红藻包绕。鹿角珊瑚枝较多，大多长4～8cm，表面细微结构保存完好，珊瑚枝表面被珊瑚藻包绕；最大的鹿角珊瑚枝长13.5cm，直径为1.5cm。部分珊瑚块被白色的泥状物所覆盖，可能为微生物作用所致。红藻极其发育，将珊瑚块黏结成整体，珊瑚类型包括块状盔形珊瑚、皮壳状珊瑚等。

☞ 137.00～138.00m：砾块层，砾块磨圆性好，多为圆形或椭圆形，长轴一般长1.5～3cm，最大的砾块长轴为5.5cm，短轴为3.5cm。砾块的表面发育众多小球状颗粒，可能为藻类。可见鹿角珊瑚枝和珊瑚块，保存较好。岩芯可见红色浸染状特征，原因不明。

92. 138.00～144.50m：含砾砂屑灰岩层，砂屑以细砂为主（图1.5b），砾块磨圆度和分选性差。砾块主要由块状珊瑚碎块组成，包括刺星珊瑚块和滨珊瑚块，含少量细小的鹿角珊瑚枝。珊瑚藻丰富，珊瑚砾块和珊瑚枝大多被珊瑚藻包覆。部分岩芯表面被钻井液染成黑色。

☞ 138.00～138.30m：主要为大小不等的珊瑚砾块，磨圆度和分选性差。可见鹿角珊瑚枝、腹足类和珊瑚藻。砾块大小主要为以下几个类型：5×5×3.5cm、4×3.5×1.5cm、3.5×2×1.5cm、2×2×1.5cm和<1×1×1cm。

☞ 138.30～138.50m：砾块主要为珊瑚块，分选性、磨圆度差。红藻发育，可见贝壳。砾块大小可分为5个类型：6×3.5×3cm、3.5×2×2cm、3×2×0.6cm、2.5×1.5×1.5cm和<1×1×1cm。

☞ 138.50～139.30m：砾块较多，以珊瑚块为主，基本上被红藻黏结。可见局部表面被红藻覆盖的小星珊瑚，可能指示该珊瑚生长时期发生过局部死亡。砾块大小大体分为3个类型：6×3.5×3cm、3.5×2×1.5cm和<1×1×1cm。

☞ 139.30～141.50m：岩芯呈雪白色，红藻极其发育，红藻的黏结程度较强，因此岩芯取芯率高，岩芯基本上为完整的柱状体，结构均匀，可作为桩基的持力层。其中，140.00m可见滨珊瑚块，长16cm，宽8cm，可见非常清楚的年生长纹层，年生长率约为1.5cm，滨珊瑚的年生长纹层包括一个疏松层和一个致密层，疏松层溶蚀，之后被珊瑚藻侵入；140.85～140.96m可见滨珊瑚，长11cm，可识别出众多细的生长纹层，大约20层，层宽0.4～0.6cm，可能为年生长纹层。

☞ 141.50～143.00m：整体为红藻黏结珊瑚碎块、珊瑚枝而形成的柱状岩芯。可见鹿角珊瑚枝，长5～8cm，直径为1～2cm；可见滨珊瑚块，大小不一。可见较大的腹足类壳体，长宽均约3cm。可见苔藓虫，被红藻黏结包裹。其中，141.77m断面上可见珊瑚碎屑，被红藻包裹和黏结；141.99m可见红藻包裹砂粒，呈雪白色；142.52～142.62m基本上为珊瑚碎块，被红藻胶结，磨圆度差，破裂面呈珊瑚骨骼颜色，碎块大小约为5×3.5×3cm至5×3×1.8cm。

☞ 143.00～144.50m：砾块大小不一，最大约为5×5×3.5cm。砂层中可见鹿角珊瑚和管状珊瑚，鹿角珊瑚枝长5.5cm，直径为3cm。红藻黏结作用发育。

93. 144.50～167.45m：含少量砾块的砂屑灰岩层，砂屑为中细砂，胶结程度弱，呈雪白色。砾块为滨珊瑚、鹿角珊瑚、刺星珊瑚、陀螺珊瑚、杯形珊瑚、同星珊瑚等。鹿角珊瑚枝偏粗大，长7cm，直径为2.7cm。砾块多被珊瑚藻所包覆，质地坚硬；未被珊瑚藻包覆的珊瑚块，表面结构多保存完好，但结构强度低，手捏即成砂，可能是次生变化导致其骨骼疏松。红藻石发育，可见较多由红藻黏结形成的砾块。岩芯中可见喀斯特溶蚀孔洞。

☞ 144.50 ～ 146.00m：可见鹿角珊瑚枝，长 4.5cm，直径为 3cm，含有较多长和宽均小于 1cm 的细砾。

☞ 146.00 ～ 147.20m：可见珊瑚块，似盔形珊瑚，含死亡面，表面可见红藻包壳。可见红藻砾块，系红藻胶结珊瑚碎块而成，质地较硬。可见质地极疏松的珊瑚碎块，可能由珊瑚骨骼组织的差异性溶解所致。可见陈旧的鹿角珊瑚枝，颜色发黑，呈黄黑色。岩芯中含喀斯特溶蚀孔洞。

☞ 150.50 ～ 151.75m：砾块含量达 15% ～ 20%，有一定程度的磨圆和分选，但磨圆度和分选性均不好。砾块的长度一般小于 2cm，大多数砾块长度小于 1cm。珊瑚块体出现一定程度的重结晶。其中，150.61m 可见鹿角珊瑚枝，表面细微结构保存完好；151.07m 可见红藻黏结的砾，大小约为 3.5×3.5×2cm；可见滨珊瑚块，大小约为 5×3×3cm；可见苔藓虫。

☞ 151.75 ～ 152.00m：可见红藻黏结的珊瑚块和单体珊瑚。

☞ 152.00 ～ 153.50m：砾屑和砾块互层，交替出现。152.60m 可见滨珊瑚，保存完好，可识别出 5 个年生长纹层，年生长率为 1 ～ 1.2cm。珊瑚表面可见保存完好的钟乳石状结构。其中，152.00 ～ 152.67m 以细砂为主，含有分选性和磨圆度差的珊瑚砾块；152.67 ～ 152.83m 为砾块层，砾块大小不等，红藻胶结；152.83 ～ 153.00m 为雪白色的粉砂；153.00 ～ 153.50m 砾含量多，达 30% ～ 40%，由块状、枝状珊瑚组成，较大的砾为 8×6×2.5cm，细砾直径小于 1cm。

☞ 153.50 ～ 153.92m：砾含量为 30% ～ 40%，以红藻胶结珊瑚碎块形成砾为主，砾块大小约为 7×4×3.5cm。

☞ 156.45 ～ 156.50m：可见同星珊瑚（图 1.7a）。

☞ 156.50 ～ 161.00m：可见长 4cm 的石笔海胆刺。其中，157.03m 可见灰色生物，推测为钙质海绵（图 1.7b）；158.50 ～ 158.80m 含约 40% 的珊瑚枝，珊瑚枝长 5 ～ 8cm，直径为 1 ～ 2cm；159.45 ～ 159.50m 可见石芝珊瑚碎片；159.50 ～ 159.70m 可见很多细小的仙掌藻碎片；159.78 ～ 160.40m 可见皮壳状珊瑚碎块。

☞ 161.00 ～ 161.11m：以砂为主，含砾细粉砂。

☞ 161.11 ～ 161.21m：以砾为主，含砾细粉砂。其中，161.20m 可见滨珊瑚。

☞ 161.29 ～ 161.62m：以砂为主，含有细砾，珊瑚风化严重。

☞ 163.14 ～ 163.48m：以砂为主，含有强烈风化的珊瑚碎块。

☞ 163.48 ～ 164.00m：主要为珊瑚砾块和红藻黏结而成的砾块，风化严重。其中，163.70m 可见角蜂巢珊瑚，表面大小约为 2×2cm，骨骼细微结构保存完好，还可见破碎的钟乳石状结构；163.80 ～ 164.00m 可见滨珊瑚，长 19cm，因被挤压而严重形变。

☞ 164.00 ～ 165.50m：以粉细砂为主，含长度为 2 ～ 3cm 的红藻黏结块，以及风化了的珊瑚碎片。其中，164.10m 可见石芝珊瑚；164.20m 可见石芝珊瑚，长 4cm，宽 3cm；165.45 ～ 165.50m 为

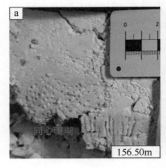

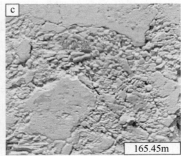

图 1.7　琛科 2 井 156.50 ～ 165.45m 岩芯同心珊瑚、钙质海绵和仙掌藻形态特征

5cm 长的仙掌藻层，完全由仙掌藻组成，仙掌藻叶片保存完好，叶片之间基本上无胶结（图 1.7c）。

☞ 165.50 ～ 167.42m：多个珊瑚碎块，最长的为 17cm，细微结构基本保存，部分珊瑚因其结构易风化而保存程度差。其中，166.97m 含较多仙掌藻碎片，可见 4 块陀螺珊瑚，每块大小约为 5×4×3cm；167.15m 可见扁脑珊瑚；167.16 ～ 167.19m 可见 3cm 长的海绵层；167.30 ～ 167.35m 可见 5cm 长的海绵层；167.40 ～ 167.45m 可见 5cm 长的仙掌藻层。

94. 167.45 ～ 170.00m：白色含砾砂屑灰岩层，砂屑以细粉砂为主，胶结程度较上一层明显加强，岩芯完整。砾块主要为珊瑚枝、珊瑚块，均被珊瑚藻包覆。

☞ 167.45 ～ 168.85m：砂屑灰岩层，细粉砂，红藻黏结，质地松软。其中，168.50m 可见滨珊瑚块，长 7cm，宽 6cm，保存完好。

☞ 168.85 ～ 170.00m：含砾块的砂屑灰岩层，珊瑚占 20% ～ 25%，由块状、皮壳状、片状珊瑚组成，以块状珊瑚为主，珊瑚块被红藻黏结。见生物钻孔，质地较硬。其中，169.00 ～ 169.05m 可见 5cm 长的钙质海绵层。

95. 170.00 ～ 171.50m：白色砂屑灰岩层，胶结程度较强，岩芯开始变得致密。珊瑚枝、砾块偏少，可见大量仙掌藻和大型底栖有孔虫。砂屑和小砾块被珊瑚藻胶结。

☞ 170.00 ～ 170.80m：可见皮壳状珊瑚，其被红藻黏结，可见生物钻孔。其中，170.50 ～ 170.70m 含大量细珊瑚枝，占岩芯总量的约 25%。

96. 171.50 ～ 178.80m：白色弱胶结含少量砾的砂屑灰岩层，砂屑为中砂，与上一层相比，岩芯整体上胶结程度变弱。砾块分为两种，一种为红藻包裹珊瑚形成的砾块，珊瑚为陀螺珊瑚、扁脑珊瑚、鹿角珊瑚等；另一种为红藻胶结中砂颗粒形成的砾块，包括被红藻胶结的小贝壳、腹足类和石笔海胆刺。

☞ 171.50m：可见石芝珊瑚，长 5cm。

☞ 171.65m：可见海绵，呈灰黑色。

☞ 171.99m：可见石芝珊瑚。

☞ 172.15 ～ 172.30m：可见长 15cm 的礁岩芯，由块状、片状珊瑚及红藻黏结而成。

☞ 173.00 ～ 174.50m：可见苔藓虫，生长方向垂直于岩芯钻取方向；可见一圆形珊瑚，属种未鉴定；可见红藻包壳。其中，174.43 ～ 174.50m 可见石芝珊瑚（长 7cm 左右）、扁脑珊瑚和石笔海胆刺。

☞ 174.50 ～ 176.00m：取芯率低，仅为 16.7%。

☞ 176.00 ～ 178.75m：可见珊瑚砾块和多段钙质海绵层，钙质海绵层长 3 ～ 5cm；可见保存完好的管虫，直径为 0.4 ～ 0.6cm，管虫壁薄但保存完好。其中，177.30m 出现钙化层，似指示暴露面标志；177.30 ～ 177.50m 岩芯长 20cm，呈铁锈般的黄色，铁锈色沿岩芯裂隙分布；178.07 ～ 178.49m 为红藻胶结的生物砾屑构成大的砾块。

97. 178.80 ～ 181.42m：细砂屑灰岩层，胶结程度较强，固结程度好，岩芯完整。可见较多由珊瑚藻包壳和红藻黏结而形成的砾块，砾块最大约为 5×4.5×2cm，小砾块大小约为 2.5×1.5×1.5cm。可见小腹足类，以及形似有孔虫的小颗粒，呈紫色，直径为 2 ～ 4mm，呈纺锤形或圆形。

☞ 179.56m：可见陈旧的鹿角珊瑚枝，呈灰黑色，表面结构保存较好。

☞ 179.63m：整体为红藻胶结生物壳体形成的藻黏结岩。可见仙掌藻、小贝壳和珊瑚颗粒。

☞ 180.30m：可见腹足类壳，长 4.5cm，宽 2.5cm。

☞ 180.50m：可见石芝珊瑚，长 5cm。

98. 181.42 ～ 185.00m：白色弱胶结细—粉砂屑灰岩层，含较多仙掌藻碎片，可见少量珊瑚枝、砾块。砾块以滨珊瑚为主，也可见石芝珊瑚和角孔珊瑚，珊瑚砾块被珊瑚藻黏结。可见石笔海胆刺和较多小型腹足类。

☞ 182.20m：可见石芝珊瑚和角孔珊瑚的碎片，以及贝壳和长 3cm 的石笔海胆刺。

☞ 183.50m：可见长为 2cm、结构保存完好、内部未被充填的贝壳，以及较多的石笔海胆刺。

☞ 183.70m：可见石芝珊瑚。

99．185.00～198.30m：白色弱胶结细—粉砂屑灰岩层，含大量红藻石、仙掌藻的碎片和软珊瑚骨针，含少量鹿角珊瑚枝和极少量珊瑚砾块、苔藓虫。仙掌藻的叶片基本保存完好，红藻石一般呈椭球形，长轴为 3cm 左右。珊瑚砾块为皮壳状珊瑚、叶片状珊瑚的碎片。含比较多的双壳类和腹足类，贝壳小，壳薄，但基本上保存完好。

☞ 185.00m：开始出现红藻石。

☞ 185.87～186.67m：出现较多红藻石，含量达 10%，直径为 1～2cm。可见一扁脑珊瑚，长 8cm，细微结构保存完好。

☞ 187.65m：可见厚丝珊瑚，长 3cm。

☞ 187.88m：可见石芝珊瑚。

☞ 188.10～188.99m：可见珊瑚块，结构疏松，明显呈现风化后的特征。其中，188.99m 可见保存完好的双壳类，长 1.5cm。

☞ 189.00～190.45m：红藻石丰富，含量为 10%～20%，以球形为主。其中，189.60m 可见石芝珊瑚。

☞ 190.54m：可见一凹凸不平的接触面，砾块磨圆度差，呈略偏黄色的灰色。

☞ 191.37m：可见钻孔生物。

☞ 191.93～194.00m：以小球形红藻石为主，直径约为 1cm，含量为 15% 左右。其中，193.46～193.61m 可见大量贝壳、珊瑚藻，推测是强水动力从礁前坡搬运过来的礁岩块。

☞ 194.00～195.21m：以大的球形和椭球形红藻石为主，直径为 3cm 左右，含量达 30%。其中，194.50～195.00m 红藻石含量极其丰富，高达 40%～50%，直径为 3～5cm。

☞ 195.21～198.30m：以小型红藻石为主，呈椭球形，长轴为 1～3cm，含量约为 15%，红藻石纹层清晰，与外围砂屑层呈分离状，无胶结。其中，195.70m 可见长轴为 7cm 的大型椭球形红藻石。

100．198.30～198.50m：白色弱胶结细—粉砂屑灰岩层，红藻石含量锐减，小于 5%。

101．198.50～202.21m：白色弱胶结细—粉砂屑灰岩层。无珊瑚枝、砾块，无红藻石，含较多破碎的仙掌藻碎片。

☞ 198.94m：可见腹足类。

102．202.21～205.00m：白色弱胶结含大量仙掌藻碎片和贝壳的细—粉砂屑灰岩层。仙掌藻碎片基本保存完好，叶片长达 1cm 左右。202.21m 开始出现红藻石，含量为 10% 左右；202.80m 开始红藻石含量增加为 20%～30%。红藻石主要为球形，少量为椭球形，直径为 1～4cm，其中球形红藻石较小，椭球形红藻石较大。

☞ 202.21m：可见红藻石，长轴为 7cm，呈扁球形。

☞ 202.51～202.71m：仙掌藻层，仙掌藻含量约为 70%，仙掌藻叶片保存完好，最长为 1cm。

☞ 203.40～203.50m：长 10cm 的仙掌藻层，仙掌藻叶片保存完好，仙掌藻含量为 60%～70%。

☞ 203.60～203.65m：长 5cm 的仙掌藻层，仙掌藻叶片保存完好，仙掌藻含量为 60%～70%。

☞ 204.00～204.10m：长 10cm 的仙掌藻层，仙掌藻叶片保存完好，仙掌藻含量为 60%～70%。

☞ 204.40～204.75m：可见球形红藻石，直径约为 5cm，质地坚硬致密，似方解石。

103．205.00～206.90m：仙掌藻砂屑灰岩层，呈雪白色，胶结程度弱，砂屑为中砂。仙掌藻叶片保存完好，含量超过 50%。含较多红藻石，直径为 2～5cm，以球形为主，含量为 10% 左右。可见较多大型底栖有孔虫，直径达 0.6mm。未见珊瑚枝、砾块。

☞ 205.00m：可见保存完好的枝状、壳状珊瑚藻。

☞ 206.90m：可见大量仙掌藻，红藻石含量（小于 5%）和个体大小（小于 1cm）均减小。

104．206.90～211.60m：雪白色弱胶结仙掌藻砂屑灰岩层。仙掌藻含量为30%～50%，叶片保存完好。含少量红藻石，多为椭球形，长轴大多为1～2cm，最大为5cm，含量小于5%。含有较多保存完好的腹足类、贝壳和有孔虫颗粒，直径小于1cm。

☞ 209.30～209.52m：疑似锥形喇叭藻。其中，209.45m可见两个厚丝珊瑚碎片。

105．211.60～213.22m：白色弱胶结砂屑灰岩层，砂屑以中砂为主。以211.60m为界，之上以仙掌藻为主，之下以红藻石为主。此层仙掌藻含量大幅度减少，红藻石含量升高至10%～15%，直径为1～3cm，并以直径为1cm左右的红藻石为主。未见珊瑚枝、砾块。

106．213.22～213.83m：红藻石灰岩层，红藻石含量约为80%。与上下层截然不同，颜色偏棕黄色，胶结程度强，岩芯固结程度很好，结构致密，孔隙度低。红藻石整体上呈球形，直径为1～3cm，并以直径为1cm左右为主，红藻石均保存清晰的层状结构。

107．213.83～214.46m：白色弱胶结砂屑灰岩层，红藻石含量降低至15%左右。未见珊瑚枝、砾块。

☞ 214.24m：可见滨珊瑚，长10cm。

☞ 214.29m：可见苔藓虫和仙掌藻。

108．214.46～215.59m：弱胶结砂屑灰岩层，砂屑主要为中砂。红藻石含量升高，为50%左右，以球形为主，直径大多为3～5cm，最大为5.5cm，保存清晰的纹层结构。

109．215.59～217.23m：雪白色砂屑灰岩层，砂屑以中细砂为主。红藻石含量为30%～50%，纹层结构保存完好。

110．217.23～224.90m：雪白色细—粉砂屑灰岩层，质地、结构均一，基本上无红藻石。

☞ 218.24m：疑似锥形喇叭藻。

☞ 219.85m：可见钙质海绵，呈灰黑色，长7cm。

☞ 220.00m：可见叶片保存非常完好的仙掌藻层。

☞ 220.40m：可见两片灰黑色钙质海绵，分别长6cm和7cm，与周围粉砂无明显的分界面。

☞ 220.50m：可见叶片保存非常完好的仙掌藻层。

☞ 221.22m：可见叶片保存非常完好的仙掌藻层。

☞ 221.75m：可见叶片保存非常完好的仙掌藻层。

☞ 223.14m：可见鹿角珊瑚枝，长2.5cm，直径为0.5cm。

☞ 224.90m：可见海绵碎片，长2cm。

111．224.90～230.86m：雪白色弱胶结细砂屑灰岩层（图1.8a），仙掌藻含量高，叶片完整，零星发育红藻石，含少量鹿角珊瑚枝和蔷薇珊瑚砾块、角蜂巢珊瑚砾块。细小珊瑚枝表面结构保存完好，直

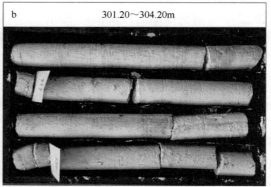

图1.8　琛科2井223.00～225.80m和301.20～304.20m弱胶结白云石化灰岩原始岩芯

径约为 0.5cm。含大量贝壳、腹足类，壳薄，但均保存较好，推测沉积动力较弱。

☞ 225.10 ～ 225.47m：可见较多红藻石，含量约为 15%，呈椭球形，长轴为 2 ～ 4cm。

☞ 229.35 ～ 229.56m：可见双壳类和碎珊瑚块。

☞ 229.60m：可见保存完好的双壳类贝壳，长 1.3cm，宽 0.5cm。

☞ 229.84 ～ 229.87m：可见 3cm 长的海绵层。

☞ 230.33 ～ 230.45m：可见 12cm 长的海绵层。

112．230.86 ～ 234.50m：雪白色弱胶结细粒砂屑灰岩层。开始出现大量保存完好的腹足类贝壳。贝壳长约 2cm，宽约 1cm，壳薄，含量约为 5%。可见仙掌藻碎片、锥形螺、鹿角珊瑚枝和蔷薇珊瑚碎片。零星发育红藻石，直径为 1cm 左右，大体对应于红藻石发育的初期。推测该层段属于快速沉积、水动力较弱的沉积环境。

☞ 231.50m：可见贝壳铸模，长 3cm，宽 2.5cm。

☞ 234.00 ～ 234.15m：长 15cm 岩芯中含 20 个左右保存完好的双壳类贝壳，贝壳长约 1cm，壳体厚约 1mm。

113．234.50 ～ 237.50m：雪白色细 - 粉砂屑灰岩层，胶结程度弱，质地均一。与上一层相比，贝壳明显减少，几乎看不到珊瑚枝、砾块。

☞ 234.50m：贝壳开始明显减少。

☞ 237.04m：可看到长 5mm、直径小于 1mm 的枝状珊瑚残片和仙掌藻碎片。

114．237.50 ～ 241.30m：白色弱胶结砂屑灰岩层，砂屑以粉砂为主。

☞ 240.30m：出现大量小型红藻石，直径大多为 1 ～ 2cm，最大为 4.5cm，以球形为主，含量为 10% ～ 15%。

☞ 240.90 ～ 241.25m：红藻石含量升高，达到 25% 左右。

☞ 241.30m：可见钙质海绵块，长 7cm，宽 5cm。

115．241.30 ～ 248.00m：雪白色弱胶结粉砂屑灰岩层，岩芯完整，质地均一，无明显破碎。局部有仙掌藻层和红藻石层。与上一层相比，仙掌藻含量升高，红藻石含量降低。岩芯中含生物贝壳及腹足类。

☞ 243.20 ～ 245.00m：至少有 8 个仙掌藻碎片层，每层长度为 3 ～ 5cm，仙掌藻碎片长 0.5 ～ 1cm，保存完好。

☞ 247.40 ～ 247.50m：10cm 长的岩芯中红藻石含量较高，约为 50%，红藻石直径为 1 ～ 2cm。

116．248.00 ～ 257.00m：雪白色细砂屑灰岩层，砂屑颗粒较上一层变粗，砂屑颗粒之间彼此孤立，无胶结。含多个仙掌藻层（仙掌藻含量大于 70%），每层长 3 ～ 7cm。零星分布有红藻石，直径为 1 ～ 2cm。含大量有孔虫颗粒，直径为 1 ～ 2mm。有孔虫颗粒和仙掌藻碎片独立保存，周围无胶结物。仙掌藻和有孔虫多的层段，胶结程度很弱，易破碎、破裂。可见枝状珊瑚藻，未见珊瑚枝、砾块。

☞ 250.30 ～ 250.40m：长 10cm 的仙掌藻层。

☞ 256.65 ～ 256.80m：红藻石含量丰富，约 10%，直径为 2cm 左右。

☞ 257.00m：可见海绵骨针，长 3cm，宽 2cm。

117．257.00 ～ 260.90m：细砂屑灰岩层，砂屑中出现极少量的珊瑚碎片，含多个仙掌藻层，零星出现红藻石。

☞ 258.32 ～ 258.42m：可见滨珊瑚块，长 10cm，碎成 3 块，分别为 3×4×7cm、4×4×5cm 和 2×4×6cm。珊瑚块上分布有小的、直径为 1 ～ 2mm 的管孔生物。

☞ 259.65 ～ 259.90m：25cm 长的滨珊瑚岩芯，但被挤压破碎，看不出原始结构。

☞ 260.10 ～ 260.40m：30cm 长的滨珊瑚岩芯，但被挤压破碎，看不出原始结构。

118．260.90 ～ 266.91m：白色细—粉砂屑灰岩层，质地均一，砂屑颗粒之间彼此孤立，未胶结。可见多个仙掌藻层，仙掌藻叶片保存完好。未见红藻石和珊瑚枝、砾块。岩芯中白色泥状物含量升高，可能为仙掌藻泥质化所致。

☞ 264.23～264.78m：仙掌藻层，长55cm，仙掌藻叶片保存完好，叶片之间未胶结。

☞ 265.46～266.27m：出现少量贝壳碎片，长1～3cm，无珊瑚砾，无红藻石。

☞ 266.46～266.51m：仙掌藻层，长5cm。

119．266.91～275.25m：白色细—粉砂屑灰岩层，质地均一，砂屑颗粒间未胶结。含大量仙掌藻碎片和有孔虫颗粒，可见多个仙掌藻层，仙掌藻叶片保存完好。未见珊瑚枝、砾块。开始零星出现红藻石。含少量双壳类、腹足类贝壳，长2cm左右，壳薄，与周围砂屑相比，结构致密。

☞ 269.35～272.00m：至少有7个仙掌藻层，各层长5～10cm。

☞ 273.68～273.86m：18cm长的岩芯段内含至少9个红藻石，呈椭球形，长轴为1～3cm。

☞ 274.01～274.06m：长5cm的仙掌藻层，含较多的颗粒态、保存完好的有孔虫。

120．275.25～294.50m：白色细—粉砂屑灰岩层，未胶结，质地均一。含大量仙掌藻、有孔虫颗粒，零星出现贝壳碎片。无珊瑚枝、砾块，无红藻石。仙掌藻碎片和有孔虫颗粒保存完好。肉眼可见的砂质颗粒中有孔虫约占20%。可见少量小型枝状珊瑚藻。

☞ 281.20m：可见弧形贝壳，长1cm，壳体厚1～2mm。

☞ 283.30m：可见保存完好的海绵骨针，呈细纺锤形，长6～8mm。

☞ 289.40m、289.90m、290.64m可见大量保存完好的仙掌藻碎片。

☞ 293.95～294.50m：岩芯中可见褐红色斑点状组分。

121．294.50～294.75m：红藻石灰岩层，颜色偏黄色。红藻石层长25cm，可见7个红藻石，直径为1～7cm。

122．294.75～296.82m：白色细—粉砂屑灰岩层，未胶结，质地均一。含有大量仙掌藻碎片、有孔虫颗粒，零星出现贝壳碎片。无珊瑚枝、砾块，无红藻石。

☞ 296.15～296.45m：出现较多针状小孔，类似海绵骨针或者软珊瑚骨针脱落、溶蚀后的结构。

123．296.82～297.10m：含红藻石砂屑灰岩层，红藻石含量为15%左右，大小不一，呈椭球形，长轴1～5cm，短轴1～3cm。岩芯断面上有白色泥质成分呈条状或不规则状分布。

124．297.10～307.82m：白色细—粉砂屑灰岩层，偏粉砂，质地均一，未胶结（图1.8b）。可见仙掌藻碎片和有孔虫颗粒，未见珊瑚枝、砾块，未见红藻石。

☞ 299.40～307.20m：零星出现多个肉红色、直径为2～3mm的茎状组分，致密坚硬，似海百合的茎。

125．307.82～308.50m：细砂屑灰岩层，含大量仙掌藻、红藻石，红藻石含量为10%左右，长轴为2～4.5cm，呈椭球形，胶结程度弱。岩芯破碎，底部可见明显的褐黄色侵染物。

126．308.50～309.35m：白云岩层，固结程度高，质地致密，但孔隙多。孔隙主要发育在红藻石外围，孔壁多呈黄褐色（图1.9a），似间断面的特征。可见较多大型红藻石，直径为5～9.4cm。

127．309.35～310.20m：弱胶结中砂屑白云岩层，整体为灰白色，胶结程度较上一层减弱，可见砂屑颗粒。红藻石的壳层间裂隙发育，可能是被红藻所缠绕的原始组分溶蚀所致，红藻石纹层为灰黑色（图1.9b）。

128．310.20～313.29m：含红藻石砂屑灰岩层，岩芯呈灰白色，胶结程度中等，砂屑为中偏粗砂，砂屑易脱落、易破碎，多个断面上呈褐黄色侵染状，可能为不整合面。岩芯由大量红藻石组成，红藻石致密，呈肉红色；藻黏结层发育。岩芯发育有大量孔洞，可能与红藻石的形成及其缠绕的颗粒被溶蚀有关。

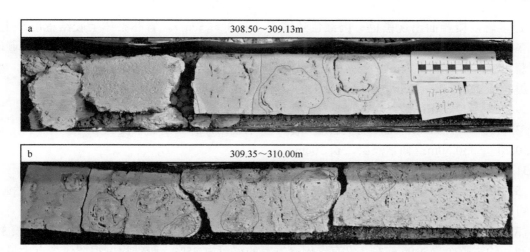

图 1.9　琛科 2 井 308.50 ～ 309.13m 和 309.35 ～ 310.00m 红藻石岩芯

☞ 基于断面颜色判断，至少出现 6 次不整合面，分别为：310.85m，可见长 1cm 的肉红色岩芯；
　311.50m，可见长 2mm 的肉红色岩芯；312.80m，可见长 1 ～ 2mm 的肉红色岩芯；313.00m，可
　见长 1 ～ 3cm 的灰黑色岩芯；313.09m 和 313.39m，可见肉红色岩芯。

☞ 310.75m：可见盔形珊瑚。

☞ 311.40m：可见保存完好的珊瑚骨骼结构，被钻井液污染为黑色。

☞ 313.29m：可见灰黑色物质，但未能确定是原生的还是钻探过程中的油污所致。

129．313.29 ～ 313.90m：强胶结致密白云岩层。岩芯中部可见黑色物质，似是矿物富集所致。

130．313.90 ～ 316.00m：整体呈现弱胶结、岩芯多破碎的特征。弱胶结的细砂屑层或粉砂屑层间隔
性出现，使岩芯易破碎，弱胶结的砂屑层占整个岩芯的 20% ～ 25%。局部有固结很好的白云岩。可见
大小不一的红藻石。

☞ 316.00m：可见褐黄色结壳，似为不整合面的特征。

131．316.00 ～ 317.40m：强胶结白云岩层，有较多溶孔、裂隙，裂隙呈黄褐色。

132．317.40 ～ 320.00m：以弱胶结的砂屑为主，夹有强胶结的白云岩。出现多个不整合面，不整合
面多呈黄褐色。

☞ 317.40m：可见灰黑色不整合面，推测灰黑色为钙质海绵，岩芯表面有溶蚀孔洞，孔洞中物质呈
　褐红色和黑色。

☞ 318.20 ～ 319.30m：铁红色、结核状，含非碳酸盐质结壳，厚 5mm 左右。可见浅黄色粉砂岩块，
　大小为 3×4×5cm，可分为 3 层，上下两层为浅黄色，中间层为灰色。

133．320.00 ～ 322.68m：白色弱胶结细—粉砂屑白云岩层，可见大小不一的红藻石。

134．322.68 ～ 323.18m：强胶结致密白云岩层。

☞ 322.68m：可见肉红色不整合面。

135．323.18 ～ 328.78m：白色弱胶结粉砂屑白云岩层。可见仙掌藻碎片、有孔虫颗粒、贝壳碎片。
出现红藻石，呈椭球形，长轴为 2 ～ 4cm，含量为 5% 左右。

☞ 323.18 ～ 323.19m：珊瑚藻层，长 1cm，纹层清晰。

☞ 326.07m：可见保存完好的腹足类，与周围砂屑无胶结。可见肉红色、类似海百合茎的柱状体，
　直径为 4 ～ 6mm。

☞ 327.70m：可见珊瑚藻层，长 7cm。

136．328.78 ～ 330.20m：珊瑚藻白云岩层，由多个 2.5 ～ 13cm 长、固结好的岩层组成，岩层之间

彼此不整合接触，接触面出现黑色、肉红色致密层（长 3 ～ 5cm）。岩芯整体上胶结程度较上一层强，溶蚀孔洞多，砂屑为细砂。岩芯出现多个紫红色、条带状、致密的珊瑚藻层，长 2cm。可见珊瑚枝被肉红色珊瑚藻包裹，珊瑚枝长 7cm，直径为 1.5cm，珊瑚藻壳厚 1.5cm。可见钙质海绵，长 3cm，宽 1.5cm。可见腹足类，长 3cm，宽 1.5cm，包括两个大的空腔结构。可见长约 2cm 的仙掌藻层。

☞ 329.29 ～ 329.69m：破碎层，可见肉红色侵染特征。

137．330.20 ～ 331.85m：细砂屑灰岩层，基本上未胶结，含大量仙掌藻。

☞ 330.20 ～ 330.50m：仙掌藻层，长 30cm。

☞ 331.20 ～ 331.85m：可见多个直径为 3 ～ 7mm 的致密圆柱体，呈紫色，似海百合茎。

138．331.85 ～ 332.44m：由 7 层 3 ～ 6cm 长的强胶结岩芯组成，层与层之间不整合接触，接触面呈黑色。可见多个直径为 3 ～ 7mm 的致密圆柱体，呈紫色，似海百合茎。

139．332.44 ～ 347.29m：白色细砂屑灰岩层，发育珊瑚藻。存在多个珊瑚藻黏结层，长 3 ～ 5cm，坚硬、致密，约占整个岩芯的 65%。没有珊瑚藻发育的层段占 35%，胶结程度很弱，含有大量仙掌藻和小型腹足类，细微结构保存完好。含有少量红藻石，呈椭球形，大小不一，大的长轴为 4 ～ 6cm，小的长轴为 1 ～ 2cm。部分岩芯断面可见黄色斑点，疑似油污污染。

☞ 332.44 ～ 335.00m：胶结程度弱，含大量仙掌藻碎片，几乎无珊瑚枝、砾块。可见多个藻黏结层，各层长 1mm 左右。

☞ 335.00 ～ 335.25m：固结好，胶结程度强，坚硬致密。含大量珊瑚藻条带，带宽 7mm 左右。但岩芯每隔 3 ～ 5cm 就会裂开，裂开处为胶结程度弱的细砂屑层，无珊瑚藻。推测珊瑚藻对岩芯的固结起着重要作用，珊瑚藻丰富、黏结作用强，则岩芯致密、坚硬。

☞ 335.25 ～ 333.85m：弱胶结砂屑灰岩层。

☞ 333.85 ～ 334.00m：坚硬致密，基本上每隔约 3cm 就可见珊瑚藻条带。

☞ 334.00 ～ 334.82m：弱胶结砂屑灰岩层。

☞ 334.85 ～ 335.00m：坚硬致密，可见珊瑚藻条带。

☞ 335.00 ～ 335.25m：弱胶结砂屑层，可见红藻石。

☞ 335.25 ～ 335.35m：主要由 3 ～ 5cm 长的坚硬致密岩芯层组成。其中，335.35m 可见灰黑色钙质海绵。可见保存完好的贝壳铸模，长约 3.5cm，宽约 2.5cm，有 9 条放射肋和放射沟。

☞ 335.88 ～ 335.93m：长 5cm 的仙掌藻层。

☞ 336.40 ～ 336.50m：长 10cm 的仙掌藻层。

☞ 338.15m：可见灰黑色钙质海绵，长 5cm，宽 3cm。

☞ 338.70 ～ 338.89m：19cm 长的岩芯可见至少 10 条、每条长约 1mm 的珊瑚藻条带。

☞ 339.70 ～ 339.80m：10cm 长的仙掌藻层，仙掌藻被珊瑚藻包裹。

☞ 343.40m：可见皮壳状珊瑚藻（图 1.10a）。

☞ 345.50m：可见多个贝壳铸模，保存完好，长 1 ～ 2cm。

☞ 346.73 ～ 346.96m：23cm 长的岩芯中可见多条肉红色、长约 2cm 的珊瑚藻条带（图 1.10b）。

140．347.29 ～ 350.40m：未胶结砂屑灰岩层，岩芯基本松散，珊瑚藻条带明显减少。可见藻黏结层，但胶结程度弱，藻黏结层在岩芯中占比为 15%，主要层位是 347.85 ～ 348.03m（长 18cm）、348.50 ～ 348.80m（长 30cm）、349.46 ～ 349.66m（长 20cm）和 349.80 ～ 350.20m（长 40cm）。

141．350.40 ～ 358.29m：细—粉砂屑灰岩层。含大量有孔虫发育层和少量珊瑚藻发育层。

☞ 351.06 ～ 351.12m：6cm 长的仙掌藻层。

图 1.10　琛科 2 井 343.40 ~ 392.87m 不同生物组分岩芯
a. 皮壳状珊瑚藻；b. 珊瑚藻条带；c. 有孔虫；
d. 刺柄珊瑚；e. 滨珊瑚顶面；f. 滨珊瑚切面

☞ 351.45 ~ 351.55m：10cm 长的有孔虫层，有孔虫含量大于 40%，有孔虫颗粒之间未胶结，有孔虫个体直径约为 1mm（图 1.10c）。

☞ 352.25 ~ 352.35m：发育 10cm 长的珊瑚藻条带，岩芯相对坚硬致密。

☞ 353.55m：发育珊瑚藻条带，含红藻石较多，胶结程度弱。

☞ 353.60 ~ 354.97m：红藻石较多，含量约为 10%，岩芯坚硬致密。其中，354.72m 可见大量有孔虫。

☞ 354.97 ~ 358.29m：无红藻石，每隔 3 ~ 5cm 出现长约 1mm 的珊瑚藻层。

142．358.29 ~ 362.00m：总体上由多层珊瑚藻黏结层组成，各层长 3 ~ 5cm，各层之间未胶结。砂屑为细砂、粉砂。可见长约 1cm 的珊瑚藻条带。

☞ 362.00 ~ 362.15m：可见 15cm 长的有孔虫层，有孔虫直径约为 1mm，颗粒清晰，彼此无胶结。

143．362.00 ~ 364.00m：含较多珊瑚砾块，长为 3 ~ 6cm，由刺柄珊瑚、滨珊瑚、角蜂巢珊瑚、扁脑珊瑚、蔷薇珊瑚、石芝珊瑚和刺星珊瑚等块状珊瑚组成。岩芯取芯率低，砾块表面出现黄色，应为取样时人工注入的泥浆所致。

144．364.00 ~ 365.56m：白色弱胶结砂屑灰岩层，含有红藻石和少量珊瑚藻条带。红藻石个体小，直径为 1 ~ 1.5cm。

☞ 365.40m：可见大量仙掌藻和有孔虫，可见片状有孔虫，颗粒间无胶结。

145．365.56 ~ 365.70m：含珊瑚藻黏结层的中粗砂灰岩层，岩芯呈灰黄色，偏红色，胶结程度强，固结好，质地坚硬。珊瑚藻条带和红藻石包壳发育，岩芯中溶蚀孔洞较多，可见大量珊瑚砾块、大型贝壳和海百合茎。

146．365.70 ~ 370.29m：含珊瑚砾块砂屑灰岩层，胶结程度弱，岩芯破碎。珊瑚主要为刺星珊瑚、角蜂巢珊瑚和滨珊瑚。岩芯表面被泥浆污染。

☞ 367.50m：可见大量有孔虫颗粒，呈片状和圆球状，被珊瑚藻包绕。

☞ 368.00m：可见刺柄珊瑚，结构保存完好（图1.10d）。

☞ 368.44m：可见海百合，长4cm，宽2cm，呈叶片状。可见石芝珊瑚碎片。

☞ 368.50m：可见保存完好的大贝壳，长5cm，宽4cm，可看到11个沟脊。

☞ 368.56m：可见溶蚀孔洞内的沉淀层，表面呈灰黄色。

☞ 368.70m：可见海百合。

☞ 369.80～370.10m：可见大量红藻石和有孔虫颗粒。红藻石为球形，直径为2～7cm，含量大于20%。

147．370.29～371.70m：白色含砾砂屑灰岩层，砂屑为中砂，胶结程度中等。岩芯比较致密、坚硬，但溶蚀、风化孔洞发育，孔洞约占岩芯的20%，大孔洞的直径达5cm。孔洞中充填含有大量仙掌藻、有孔虫的砂屑，砂质颗粒结构清晰，颗粒间彼此无胶结。可见块状珊瑚、红藻石，红藻石形成于溶蚀孔洞中，呈椭球形，长轴大多1～2cm，最大的达4.5cm；可见滨珊瑚，年生长纹层清晰保存。

☞ 371.27m：可见滨珊瑚块，8个年生长纹层，年生长率约为1.4cm。

☞ 371.70m：可见石芝珊瑚块和角蜂巢珊瑚块，可见清晰的珊瑚藻包壳，壳厚1～2mm。

148．371.70～372.57m：中等胶结的砂屑灰岩层，砂屑为中砂，磨圆度和分选性差，砂质颗粒易脱落，岩芯表面溶蚀严重。含大量红藻石，直径为1～5cm，占岩芯的40%左右。含多个珊瑚块，易破碎。

149．372.57～372.85m：含砾中砂屑灰岩层，珊瑚藻含量高，岩芯质地坚硬致密。总体为长28cm的珊瑚藻条带层，岩芯表面孔洞多，可能为黏结于珊瑚藻条带间的砂屑脱落所致。红藻石大量发育，占比达40%左右，长轴为3～7cm，呈椭球形，少量呈扁平状。砂屑中含大量片状有孔虫，均保存完好。岩芯表面呈土黄色，系钻井工艺（护壁泥浆）所致。

☞ 372.57～372.69m：可见10层珊瑚藻条带，每层长5mm左右。

150．372.85～375.20m：砂屑灰岩层，砂屑为中细砂，胶结程度弱，岩芯基本破碎。可见脱落的红藻石，大小约为3.5×2×1.5cm，坚硬致密，具有非常清晰的包壳纹层结构，外壁无胶结组分，应为孤立镶嵌于砂屑中的红藻石。含有滨珊瑚块，易破碎。可见管虫，直径为7mm，管壁厚约1mm，管孔未被充填。推测为水动力弱的沉积环境。

☞ 374.11～374.95m：红藻石含量大于50%，呈椭球形，长轴为3～7cm。其中，374.47m可见海百合，长3cm，宽2cm，含7层褶皱。

151．375.20～376.83m：弱胶结细—中砂屑灰岩层，砂屑分选性差，砂屑颗粒棱角清晰。岩芯中可见孔洞，系砂屑掉落所致。红藻石含量降低，为10%左右。珊瑚藻条带发育。可见大量仙掌藻和有孔虫。岩芯表面呈黄色，应该为钻井工艺所致。

☞ 376.80m：可见珊瑚藻条带。

152．376.83～378.50m：含红藻石砂屑灰岩层，砂屑为细中砂。红藻石含量为30%～40%，以球形为主，直径为3～5cm。红藻石的纹层与纹层之间充填砂屑，砂屑中含大量仙掌藻碎片和有孔虫颗粒，颗粒彼此孤立，无胶结。

153．378.50～380.35m：红藻石灰岩层，红藻石含量超过80%。红藻石大小相对均一，直径为4～6cm，以球形为主，少量为扁平状。红藻石纹层清晰，纹层与纹层之间致密，孔隙少。砂屑中含大量有孔虫，有孔虫表面原始的刺状结构等保存完好，砂屑胶结程度弱，易脱落。岩芯因为含大量红藻石，整体较坚硬致密。

☞ 379.13m：可见管虫，长3cm左右，壁厚1mm，呈弧形，约1/3的空间被砂屑充填。

154．380.35～382.40m：岩芯以细—中砂屑为主，砂屑颗粒间无胶结、易脱落。红藻石含量降低，珊瑚藻条带发育，可能因为红藻石含量低，岩芯总体松散。可见大量仙掌藻碎片和有孔虫颗粒，片状、球状结构均保存完好。含滨珊瑚块，大小约为5×3×3cm。

155．382.40～383.00m：红藻石灰岩层，坚硬致密。红藻石含量约为 60%，以球形为主，直径为 1～5cm。红藻石之间含大量仙掌藻、有孔虫等砂屑沉积物。砂屑间无胶结，易脱落，砂屑中含大量软珊瑚骨针，可见钻孔生物。

156．383.00～384.65m：细—中砂屑灰岩层，砂屑间无胶结，砂屑颗粒清晰，珊瑚藻条带发育。红藻石含量降低，为 10% 左右，红藻石以球形为主，直径为 5cm 左右。

157．384.65～386.28m：红藻石灰岩层，红藻石含量为 60%～70%。红藻石之间的砂屑胶结程度弱，砂屑含量高的层位，岩芯易破碎。可见贝壳。

☞ 385.20m：可见滨珊瑚块，长 12cm，宽 3cm，可见生长纹层。

158．386.28～389.00m：红藻石砂屑灰岩层，红藻石含量约为 40%，弱或无胶结。砂屑为中砂，含有仙掌藻碎片和有孔虫颗粒，砂屑间无胶结。红藻石以球形为主，大小不一，直径为 1～7cm，红藻石本身含溶孔，红藻石之间的砂屑无胶结，易脱落。含珊瑚块。

☞ 386.68m：可见滨珊瑚顶面，细微结构保存完好（图 1.10e）。

☞ 387.50m：可见石芝珊瑚碎片，长 1.5cm，宽 1.5cm。

☞ 388.00m：可见角蜂巢珊瑚碎片。

☞ 388.15m：可见贝壳，长 6mm，宽 6mm，壳极薄，壳厚度小于 1mm。

159．389.00～392.00m：含砾砂屑灰岩层，坚硬致密（图 1.11a）。砂屑为中—粗砂，砂屑颗粒之间无胶结。红藻石含量低于 10%，珊瑚藻条带发育。红藻石为球形，直径为 2～4cm。含大量珊瑚块，占整个岩芯的 20% 左右，包括角蜂巢珊瑚、滨珊瑚、小星珊瑚等，珊瑚骨骼结构保存完好。

☞ 390.00～391.50m：珊瑚块含量达 60%。其中，390.50m 可见 2 个角蜂巢珊瑚块，表面结构保存完好，长 6～8cm。珊瑚块上可见管虫，长 6mm，直径 5mm，壁薄，厚度小于 0.5mm，空心，孔洞中局部充填砂质组分。391.30m 可见角蜂巢珊瑚块，长 10cm。391.50m 可见滨珊瑚块，可看到 10 个清晰的生长纹层，纹层宽 2～3mm，或为季节生长纹层。

图 1.11　琛科 2 井 388.70～392.35m 和 407.00～410.00m 坚硬致密含砾砂屑灰岩层和红藻石灰岩层原始岩芯

160．392.00～392.62m：白色无胶结砂屑灰岩层，砂屑为细—中砂。含珊瑚藻条带和多个滨珊瑚块，滨珊瑚块长 6cm。

161．392.62～392.87m：红藻石灰岩层，红藻石含量约 60%，呈椭球形，大小均一，长轴为 3cm 左右。可见长约 4cm 的珊瑚块。

162．392.87～393.50m：滨珊瑚灰岩层，滨珊瑚孔洞中充填砂屑，砂屑为中粗砂。整体为一块滨珊瑚，可看到清晰的年生长纹层（图 1.10f），含 6 个生长间断面和 1 个死亡面，均较好保存，应该是高温导致珊瑚多次白化的产物。

163．393.50～398.00m：含珊瑚藻条带和少量红藻石的砂屑灰岩层，砂屑为细—中砂，胶结程度弱。砂屑中含有细微结构保存完好的有孔虫，含较多珊瑚块，可见腹足类贝壳和仙掌藻。

☞ 394.08m：可见珊瑚块。

☞ 394.35m：可见珊瑚块。

164．398.00～398.20m：珊瑚藻灰岩层，含珊瑚藻条带和红藻石，砂屑组分很少，岩芯坚硬致密。

165．398.20～400.30m：白色生物碎屑灰岩层，砂屑以中细砂为主，未胶结，含珊瑚藻条带和红藻石。红藻石尺寸较小，直径为1～3cm，内核为砂屑，砂屑之间基本无胶结。可见柱状包壳结构，长5～25cm，可见贝壳。岩芯表面有生物碎屑脱落形成的孔洞。

166．400.30～402.50m：含珊瑚藻的砂屑灰岩层，珊瑚藻包壳发育，珊瑚藻含量达40%。岩芯整体坚硬，但砂屑层仍然松散，砂屑颗粒之间彼此未胶结，颗粒棱角明显。可见保存完好的贝壳，长和宽约为1cm；可见保存完好的海百合和红藻石；可见珊瑚块。岩芯表面有孔洞发育，系生物碎屑脱落所致。

☞ 401.70m：可见滨珊瑚块和钙质海绵，前者长5cm，后者长1.5cm。

☞ 401.95m：可见滨珊瑚块。

167．402.50～403.76m：红藻石灰岩层，坚硬致密。红藻石含量极高，超过70%，以椭球形为主，长轴为1～6cm。红藻石含较多的细小孔洞，可能为其缠绕的砂屑脱落所致。

168．403.76～404.61m：含珊瑚藻条带的砂屑灰岩层，红藻石含量极低，圈层很薄。

169．404.61～412.10m：红藻石灰岩层，红藻石含量极高，达70%～80%（图1.11b）。红藻石为椭球形，长轴为1.5～7cm，其中长轴为5cm，短轴为3cm的椭球形红藻石含9层明显的生长圈层。砂屑为中砂，基本未胶结，砂屑颗粒之间彼此孤立，砂屑中含仙掌藻、有孔虫和小贝壳。可见从砂屑中脱落的完整的红藻石颗粒。岩芯表面可见较多孔洞，应为砂屑脱落所致。其中，404.70～405.50m和406.20～407.00m岩芯整体呈棕黄色，其中致密红藻石部分为白色，充填的砂屑或珊瑚块部分为棕黄色，淘洗后，棕黄色的砂屑变为白色，因此棕黄色应为钻井工艺所致。

☞ 404.90m：可见保存完好的贝壳，长和宽均为1.5cm，壳薄。

☞ 408.50m：可见长轴为2cm的椭球形红藻石，可清晰识别出10个圈层结构，类似年生长纹层，每一层厚度小于1mm（图1.12a）。

☞ 410.00～410.47m：岩芯破碎，含大量脱落的红藻石颗粒。

☞ 411.20m：可见海绵碎块，长1cm。

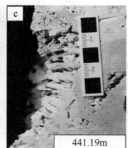

图1.12　琛科2井408.50～441.19m不同生物形态特征
a、b.红藻石颗粒；c.角蜂巢珊瑚差异性溶解

170．412.10～413.19m：白色砂屑灰岩层，以中砂为主，胶结程度非常弱，砂屑颗粒棱角清晰，含大量仙掌藻碎片和有孔虫颗粒。红藻石含量降低为10%左右，以球形为主，偏小，直径为1cm左右，

但红藻石的圈层非常清楚,通常在 10 层以上,总体上呈现出内圈层厚、越往外圈层越薄的特征。

171. 413.19 ~ 414.20m:红藻石灰岩层,红藻石含量升高为 70% ~ 80%,砂屑为中砂,呈棕黄色,砂屑颗粒彼此孤立,基本无胶结。

☞ 413.34m:可见一珊瑚块。

172. 414.20 ~ 415.30m:红藻石灰岩层,红藻石含量达 50%,砂屑为白色,无胶结,砂屑颗粒彼此孤立,砂屑结构清晰,可看到小的腹足类贝壳。

☞ 414.85m:可见保存完好的贝壳,长 2.5cm,宽 2cm,放射沟和放射肋结构保存完好。

173. 415.30 ~ 415.66m:红藻石灰岩层,致密,红藻石含量为 70% ~ 80%。红藻石呈多圈层结构,包裹砂屑,砂屑为棕黄色,分选性差,砂屑间无胶结。可见多个脱落的红藻石,以球形为主,直径为 6cm 左右。

☞ 415.60m:可见鹿角珊瑚枝,长 1cm,直径为 4mm,表面细微结构保存完好。

174. 415.66 ~ 416.15m:含红藻石砂屑灰岩层,红藻石含量约 40%,以球形为主,偏小,直径为 2cm 左右。砂屑为中砂,砂屑间无胶结,可见珊瑚藻条带。

☞ 415.75m:可见一脱落的完整的椭球形红藻石,长轴为 4cm,短轴为 3cm。

175. 416.15 ~ 419.60m:灰白色红藻石灰岩层,红藻石含量约为 70%,以球形为主,珊瑚藻包壳间的砂屑无胶结。可见多个大型完整的球形红藻石,最大的直径达 9cm。

☞ 416.83m:可见以仙掌藻为核的红藻石。红藻石形似珊瑚枝,长 5cm,直径为 1cm 左右。

☞ 418.80m:可见一个与现代红藻石形状非常相似的红藻石颗粒,红藻石表面疣状结构保存完好,表面大的疣突直径为 3 ~ 5mm,高 5 ~ 10mm,在 1cm² 的范围内可看到 4 ~ 5 个大的疣突;在每一个大的疣突表面又可见 6 个小的疣突,小的疣突高约 2mm(图 1.12b)。

176. 419.60 ~ 425.79m:灰白色含红藻石砂屑灰岩层,砂屑为细中砂,砂屑颗粒棱角鲜明,砂屑颗粒间彼此无胶结,岩芯硬度低。红藻石含量约为 30%,以球形为主,直径一般为 2 ~ 3cm,最大直径为 8cm;壳层较薄,多为 1 ~ 4 层,最多可达 8 层。可见一椭球形红藻石,长轴为 4.5cm,短轴为 3.5cm。可见少量珊瑚藻条带。

177. 425.79 ~ 425.99m:滨珊瑚灰岩层,20cm 长的滨珊瑚岩芯已破碎成粉末状。

178. 425.99 ~ 428.43m:含红藻石砂屑灰岩层,红藻石含量约 30%,砂屑为中砂,砂屑颗粒间彼此无胶结,砂屑颗粒的原始形态保存完好。

☞ 426.90m:可见滨珊瑚,长 2.5cm。

179. 428.43 ~ 431.85m:白色红藻石灰岩层,红藻石含量为 50% ~ 60%,砂屑为中砂,砂屑颗粒间彼此孤立,无胶结。红藻石以球形为主,直径为 2 ~ 4cm,壳层非常薄,红藻石的内核为砂屑。可见多个脱落的红藻石。

☞ 428.60 ~ 428.72m:12cm 长的滨珊瑚岩芯。

☞ 430.65m:可见角蜂巢珊瑚块,长 6cm,宽 3cm,珊瑚骨骼细微结构保存完好。

☞ 431.80m:可见非常细腻、致密的岩芯块,可能为致密的珊瑚藻灰岩。

☞ 431.85m:可见滨珊瑚。

180. 431.85 ~ 433.00m:红藻石灰岩层,红藻石含量约为 70%。红藻石内核是坚硬的珊瑚藻,而不是松散的砂屑,红藻石圈层结构发育,圈层较厚,单层厚度大多为 2mm 左右,最厚可达 5mm。圈层间发育孔洞,孔洞不规则。含弱胶结砂屑层,砂屑颗粒彼此之间无胶结。可见致密岩芯段,灰褐色与灰白色接触界面明显,界面不规则,呈波浪状,应为珊瑚藻灰岩。

☞ 431.85 ~ 432.15m:30cm 长的岩芯中可见 4 个大型球形红藻石,直径约为 8cm,有多个圈层结构。

181. 433.00 ~ 434.50m:含砂屑的红藻石灰岩层,砂屑含量低于 10%,出现大量坚硬致密的红藻石,含量为 50% ～ 60%，红藻石孔洞中砂屑颗粒清晰，彼此无胶结。

☞ 433.30m：可见石芝珊瑚。

☞ 434.25m：可见石芝珊瑚。

182．434.50 ～ 439.45m：岩芯呈浅灰黄色，坚硬致密，孔洞少，珊瑚、珊瑚藻和贝壳等生物种类丰富。含大量珊瑚藻，珊瑚藻灰岩的颜色为石灰质白色，与周围浅灰黄色岩芯形成鲜明对比；呈椭球形的珊瑚藻石较大，长轴为 6 ～ 7cm，短轴为 2cm 左右；球形的珊瑚藻石一般较小，直径为 1cm 左右，珊瑚藻壳层极薄。致密的岩芯中存在易脱落的腹足类生物个体，可见多个原始沉积的腹足类和贝壳等被溶蚀后形成的铸模和孔洞。原始的生物组分，包括珊瑚、腹足类、贝壳等，似乎很容易被溶蚀，溶蚀之后形成孔洞，仅保留了被溶蚀生物的铸模。少量孔洞中保存有孔虫和砂屑颗粒，颗粒间彼此孤立，胶结程度极弱。大的贝壳铸模长和宽均为 3.5cm，厚 6mm，可见 2×2cm 的空腔，未被填充。可见较多块状珊瑚。

☞ 434.66m：可见星排孔珊瑚。

☞ 434.70m：可见珊瑚块，长 5cm，珊瑚块上有溶蚀孔洞。

☞ 434.80m：可见滨珊瑚块，长 6cm，滨珊瑚块上有一个大的溶蚀孔洞。

☞ 434.99m：可见石芝珊瑚，长 6cm，宽 5cm。

☞ 435.23m：岩芯孔洞中可见保存完好的腹足类。

☞ 435.23 ～ 435.50m：断面可见白色泥状物质，滴盐酸溶液起泡，很可能是孔隙中海水填充形成的岩脉。其中，435.50m 可见块状珊瑚。

☞ 435.60 ～ 435.70m：含大量溶蚀孔洞，被溶蚀的组分大多是贝壳，贝壳被溶蚀之后的外壳铸模多保存完好，孔洞未被充填。

☞ 435.90m：可见块状珊瑚。

☞ 436.65 ～ 436.80m：含大量鹿角珊瑚枝，至少有 30 根，约长 4cm，直径约为 5mm，表面细微结构保存完好，珊瑚枝与周围岩芯弱胶结，呈松散状，易脱落。

☞ 437.00m：可见角蜂巢珊瑚块，长 2cm。

☞ 437.20m：可见石芝珊瑚块，长 3cm。

☞ 437.80m：可见滨珊瑚块，长 9cm。

☞ 438.03 ～ 438.25m：可见滨珊瑚块，长 22cm，生长纹层清晰可见。

☞ 438.50 ～ 438.75m：可见滨珊瑚块，长 25cm。

☞ 438.94m：可见陀螺珊瑚，长 6cm，宽 3.5cm，细微结构保存完好，可清晰地看到 6 个隔片。

☞ 438.99 ～ 439.13m：可见 14cm 长的滨珊瑚块。

183．439.45 ～ 440.79m：块状灰岩层，呈白色，结构疏松，孔洞多。孔洞中可见纤细的网状结构，应该是珊瑚骨骼被差异性溶解之后残留的骨骼组分。可见大量针状孔洞，孔洞占岩芯表面积的 5% ～ 10%，推测是细小的生物组分被溶蚀所致。块状珊瑚大量出现，但多被溶蚀。贝壳铸模很多，大小不一，壳面的细微结构保存完好。可见珊瑚藻，大多为皮壳状，包裹在砾块表面，壳层薄，形态不规则，呈生物块的形状；珊瑚藻为石灰白色，基本不溶蚀，珊瑚藻上的孔洞很少。

☞ 440.32m：可见滨珊瑚块，长 8cm，宽 4cm，约 1/3 已被溶蚀，还剩下两个年生长纹层。

☞ 440.41m：可见滨珊瑚块，长 14cm，宽 5cm，约 80% 已被溶蚀，但细微结构仍清晰保存。

☞ 440.69m：可见滨珊瑚块，长 8cm，宽 4cm，部分被溶蚀。

184．440.79 ～ 441.50m：珊瑚灰岩层，呈浅灰黄色，几乎全部由珊瑚组成，珊瑚块外侧含条带状珊瑚藻，致密坚硬。可见滨珊瑚，长 32cm，由珊瑚藻包裹，滨珊瑚未被溶蚀。可见角蜂巢珊瑚，长 10cm，可能因为差异性溶解，仅残留锥状、片状结构，隔片之间彼此孤立（图 1.12c）。砂屑层含有腹足类的铸模，长 3cm，宽 2cm，厚约 0.6cm，中间孔洞保存。

185．441.50～443.53m：白色砂屑灰岩层，砂屑为中粗砂，岩芯致密，孔洞少。局部为灰色和浅灰黄色，形状不规则，似珊瑚块，致密。珊瑚块大小不一，最大珊瑚块长 18cm，宽 7cm。含少量壳状珊瑚藻，被珊瑚藻包裹的砂屑基本未胶结，颗粒间彼此孤立。可见贝壳。岩芯的固结程度随深度增加而减弱。

186．443.53～443.75m：滨珊瑚灰岩层，可见致密、保存完好的滨珊瑚块，长 22cm，宽 8cm，年生长纹层清晰可见，肉眼可识别出 14 个年生长纹层，年生长率为 1.5～2cm。

187．443.75～450.03m：珊瑚灰岩层，坚硬致密，呈浅灰黄色，溶蚀孔洞发育。珊瑚块占整个岩芯的 60% 以上，以滨珊瑚为主，局部年生长纹层清晰。可见少量双壳类和腹足类的壳体。珊瑚和贝壳均遭受差异性溶解，残留下来的骨骼细微结构保存完好。可见较多贝壳铸模，细微结构保存完好，贝壳已被溶蚀。含非常多的鹿角珊瑚枝，长 2～4cm，直径约为 3mm，多脱落，脱落后的印痕保存完好，脱落后的孔洞未被充填。少量孔洞中可见比较松散的砂屑，主要为中砂，可能经历过重结晶。珊瑚藻为石灰白色，呈皮壳状，包裹生物块，壳薄。

☞ 445.50～446.00m：50cm 长的岩芯中含大量细的珊瑚枝，呈白色，长 1～3cm，直径为 0.4～0.6cm，结构保存完好。

☞ 446.56m：可见滨珊瑚，长 7cm，宽 6cm。

☞ 446.79m：可见 4 个极细的鹿角珊瑚枝，长约 2cm，直径约为 3mm。

☞ 447.12m：可见角孔珊瑚。

☞ 447.35m：岩芯中可见孔洞，孔洞中可见细小的鹿角珊瑚枝。

☞ 448.10～449.20m：孔洞表面为褐黄色斑块，448.30m 处褐黄色面积最大，为 10×4cm。其中，448.80～449.00m 珊瑚藻包壳结构发育，包壳的核基本为珊瑚碎块，珊瑚藻壳厚 0.5～1cm。

188．450.03～451.85m：含砾砂屑白云岩层，岩芯易破碎，砂屑含量高，以中粗砂为主，砂屑中含较多细小的鹿角珊瑚枝和滨珊瑚块，也可见少量腹足类。含较多珊瑚藻条带，呈白色，大多长 1～2.5cm，最长可达 9cm，可见 3 段较长的珊瑚藻条带。含砂屑多的地方岩芯胶结程度偏弱，含珊瑚藻条带多的地方岩芯胶结程度强。

☞ 450.23m：珊瑚藻岩块层，坚硬致密，有非常清晰的细纹层，但中间含少量小珊瑚碎块，长 1～2cm，珊瑚藻条带之间为砂屑层。

☞ 450.30m：溶孔表面呈褐黄色。

☞ 450.50m：珊瑚藻，长 5cm，宽 4cm，可见 27 条细纹层。

189．451.85～474.74m：珊瑚白云岩层，砂屑少，呈浅灰黄色，岩芯坚硬致密，胶结程度强。含大量滨珊瑚和其他块状珊瑚，块状珊瑚多发生差异性溶解，残留特征明显的珊瑚骨骼结构。可见较多细小的鹿角珊瑚枝，珊瑚枝外围被溶蚀，部分珊瑚枝脱落。含少量珊瑚藻包壳，含量低于 3%～5%，壳薄；也可见少量珊瑚藻条带。被珊瑚藻包裹的砂屑胶结程度弱，砂屑颗粒保存完好；珊瑚藻外围的砂屑则致密，看不到砂屑结构。可见较多的溶蚀孔洞，是贝壳等生物组分被溶蚀所致，可见多个贝壳铸模。

☞ 452.00m：可见长 20cm 的珊瑚块。

☞ 452.79m：滨珊瑚块，差异性溶解后，留下保存完好的珊瑚骨骼细微结构，珊瑚隔片清晰可见（图 1.13a）。

☞ 453.30m：可见盔形珊瑚。

☞ 453.65m：滨珊瑚被差异性溶解，未被溶解的珊瑚骨骼细微结构保存完好。

☞ 453.85m：可见特征明显的珊瑚藻条带，长 9cm，宽 1.5cm，藻壳层结构清晰，约为 10 层，每层厚 1mm 左右，壳层呈弯曲状；可见球形的珊瑚藻包壳，直径约为 4cm（图 1.13b）。

☞ 454.29m：可见刺柄珊瑚。

 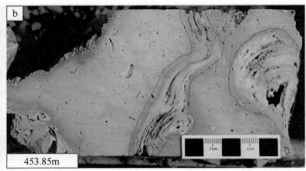 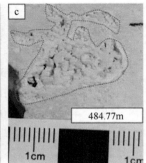

图 1.13　琛科 2 井 452.79 ～ 484.77m 不同生物形态特征
a. 滨珊瑚差异性溶解；b. 珊瑚藻；c. 被珊瑚藻包裹的砂屑层

☞ 455.50 ～ 456.30m：可见较多、较大的溶蚀孔洞。

☞ 456.30 ～ 456.50m：长 20cm 的岩芯中可见大量细小的鹿角珊瑚枝。其中，456.50m 可见珊瑚块，长 1 ～ 2cm，宽为 3mm 左右。

☞ 459.03m：碎块受油污染，呈黑色。

☞ 460.25 ～ 460.85m：含较多细小的鹿角珊瑚枝，呈白色。珊瑚枝的外围多被溶蚀，易脱落。其中，460.85m 可见石芝珊瑚。

☞ 463.87m：可见珊瑚块。

☞ 467.56m：可见角蜂巢珊瑚块。

☞ 469.04 ～ 469.24m：20cm 长的砂屑层，胶结程度弱，砂屑颗粒彼此孤立，砂屑外围有珊瑚藻包壳。

☞ 471.07m：可见同双星珊瑚。

☞ 473.07m：可见滨珊瑚，长 15cm，宽 5cm，年生长率为 1 ～ 1.5cm。

☞ 473.54m：浅灰黄色珊瑚藻灰岩，坚硬致密，可见珊瑚、贝壳等脱落后形成的孔洞。

190．474.74 ～ 480.64m：雪白色含红藻石砂屑岩层，质地均一。砂屑颗粒发生重结晶，胶结程度较强，砂屑中可见珊瑚枝和保存完好的贝壳，贝壳表面的放射肋保存完好，未见珊瑚块。红藻石含量为 5% ～ 10%，红藻石本身坚硬致密，由多个不规则细纹层组成，红藻石个体直径大多为 1 ～ 2cm，最大可达 6cm。可见球形红藻石，生长纹层不规则，内核为长条形珊瑚枝，珊瑚枝长约 2cm，直径为 0.5 ～ 0.6cm。岩芯表面被泥浆污染。

191．480.64 ～ 485.44m：滨珊瑚灰岩层，呈浅灰黄色，坚硬致密。含大量滨珊瑚块，最长的达 27cm。可见珊瑚藻包裹的砂屑层，砂屑为中砂，虽然有重结晶，但颗粒结构仍清晰可见，砂屑层有溶蚀孔洞（图 1.13c）。滨珊瑚岩芯与砂屑层互层出现，接触界面清晰可辨，含多个类似的小型沉积间断面；滨珊瑚质地坚硬致密，看不出原始结构，但砂屑层的砂屑颗粒结构清晰。岩芯中含致密、壳层较薄的珊瑚藻条带。

☞ 481.44m：可见滨珊瑚块，大小为 4.5×3×3cm。

☞ 482.07m：可见滨珊瑚块。

☞ 484.04m：可见珊瑚块被溶蚀后留下的孔洞，大小为 3×2×5cm。

192．485.44 ～ 494.60m：滨珊瑚灰岩层，基本上为滨珊瑚岩芯，年生长纹层隐约可见。含 2 层砂屑夹层，分别在 492.82m 和 493.47m 上下，均约 10cm 长，砂屑颗粒清晰，以中砂为主。偶尔可见钻孔生物和小型藻团块，藻团块呈长条形，长 2.5cm，宽 0.5cm。岩芯中可见生物钻孔留下的孔洞。

☞ 487.51m ～ 487.63：可见 12cm 长的滨珊瑚岩芯，可识别出 5 个年生长纹层，年生长率约为 1.5cm。

193．494.60 ～ 500.86m：含珊瑚枝、砾块的砂屑灰岩层，岩芯总体致密，但原始的珊瑚枝、珊瑚块被溶蚀的现象常见，含有较多溶蚀孔洞。珊瑚枝、珊瑚块较多。珊瑚藻含量约为 5%，坚硬致密，与围岩相比，珊瑚藻颜色偏白色，易识别；珊瑚藻包裹珊瑚块等生物碎块形成壳层状，壳层一般为 1 ～ 2 层，层厚小于 1cm。被珊瑚藻包裹的砂屑颗粒清晰，主要为中粗砂。含腹足类和双壳类铸模，形态保存完好。

☞ 495.40m：可见直径为 2cm 大小的藻团块，比较致密，看不到壳层和纹层。

☞ 495.79m：可见同双星珊瑚。

☞ 496.32m：可见同双星珊瑚。

☞ 496.37m：珊瑚块底部间断面上有一致密层，长 0.7cm。

☞ 497.87m：可见同双星珊瑚。

☞ 498.44 ～ 498.64m：可见较多细小的鹿角珊瑚枝。

☞ 499.07 ～ 500.07m：可见较多细小的鹿角珊瑚枝。

194．500.86 ～ 505.07m：珊瑚白云岩层，以珊瑚块为主。岩芯中含溶蚀孔隙，孔隙中充填珊瑚藻、贝壳等，珊瑚藻的壳层很薄。

☞ 500.86 ～ 502.27m：可见多孔同星珊瑚，部分细微结构保存完好。

☞ 502.27 ～ 502.57m：可见滨珊瑚。

☞ 502.57 ～ 505.07m：可见多孔同星珊瑚。

195．505.07 ～ 515.92m：含大量珊瑚枝、珊瑚块的砂屑白云岩层，岩芯以坚硬致密的珊瑚块为主。其中，505.07 ～ 505.27m 含较多鹿角珊瑚枝，珊瑚枝的表面结构、分叉结构等都保存完好，珊瑚枝与周围岩芯不胶结，珊瑚枝的外围被溶蚀成为孔隙，但围岩本身坚硬，未被溶蚀（图 1.14a），可能为珊瑚枝与围岩的胶结物或珊瑚枝的表层组分被溶蚀了。505.27m 以下岩芯含大量珊瑚藻（10% 左右），呈白色，与周围围岩的颜色明显不同，易识别；珊瑚藻长 3 ～ 4cm，截面直径为 2 ～ 3mm。岩芯表面可见大量珊瑚枝或贝壳脱落形成的孔洞，贝壳的细微结构在铸模中均保存完好。整段岩芯中均存在珊瑚组分被溶蚀、而围岩未被溶蚀且坚硬致密的现象，珊瑚的表面结构特征不明显，仅可见隔片以及差异性溶解后残留的骨骼丝状体结构。珊瑚藻与围岩之间除了颜色方面的差异，从接触面到质地基本上一体化，只有贝壳与围岩之间不是一体化，易分离。部分断面可见油脂光泽的颗粒结构。

图 1.14　琛科 2 井 505.07 ～ 596.47m 岩芯结构和生物组成
a. 珊瑚枝溶蚀；b. 藻团块；c. 腹足类；d. 贝壳；e. 腹足类及其内膜

☞ 506.27m：贝壳铸模细微结构保存完好，放射肋、放射沟和轮纹均清晰。

☞ 507.57m：可见 2cm 长的珊瑚藻，有 10 个明显的壳层，壳层厚 0.2mm，壳层与壳层之间的组分被溶解。

☞ 508.02m：可见比较完整的枝状珊瑚藻的枝。

☞ 510.07～515.92m：岩芯多破碎，取芯率低，所取岩芯坚硬致密，但存在较多风化溶蚀孔洞，可能是暴露面所致。其中，513.77m 可见风化溶蚀孔洞，514.27m 可见角蜂巢珊瑚块。

196．515.92～518.07m：珊瑚藻灰岩层，可见大量珊瑚藻球粒结构，珊瑚藻含量达 80% 以上。岩芯本身坚硬，但孔洞发育，与上一层岩芯的质地明显不同。含大量腹足类、贝壳类铸模，细微结构保存完好。可见一致密的珊瑚藻层，厚 2mm。

197．518.07～521.40m：珊瑚藻灰岩层，岩芯表面溶蚀孔洞发育。含大量白色球状藻团块，直径为 8～10cm，也有一些藻团块呈带状、不规则状。珊瑚藻呈薄层状，白色，石灰质状，质地松软，易脱落，易剥蚀，总体上含量在 50% 左右，珊瑚藻的白色与围岩颜色差别大，易识别（图 1.14b）。保存有大量的小型腹足类和贝壳铸模，其细微结构均保存完好。含大量鹿角珊瑚枝，长 3cm，直径为 6mm，表面细微结构保存完好，与周围围岩不胶结或弱胶结，易脱落，但围岩仍坚硬致密。

☞ 519.27m：从截面来看，溶蚀孔洞表面可见浅灰黄色壳层，厚约 1mm。

198．521.40～591.74m：风化溶蚀严重的砂屑灰岩层，但岩芯本身仍坚硬致密。砂屑以中细砂为主，砂粒结构清晰，砂屑层含较多细小的、保存完好的腹足类壳。岩芯喀斯特结构发育，表现为非常多的溶蚀孔洞。可见较多块状、枝状珊瑚，珊瑚枝、珊瑚块多被溶蚀，但仍可见较多粗壮鹿角珊瑚枝，长约 4cm，直径约为 1.2cm，珊瑚分叉结构保存完好。珊瑚藻呈薄层状，易脱落，易剥蚀，与围岩颜色截然不同。岩芯局部胶结程度强，坚硬致密，主要分布层位为 533.94～534.74m、537.64～542.24m、545.00～545.80m、563.45～564.74m，这些层位岩芯表面的溶蚀孔洞发育，基本上为珊瑚枝、贝壳等溶蚀脱落所致，含较多珊瑚块，可见鹿角珊瑚枝，珊瑚枝的分叉结构保存完好；珊瑚枝、砾块的周围为砂质层，砂屑颗粒结构清晰。545.80m 之下，胶结程度强、坚硬致密层段的厚度变小。推测这个层位整体结构实际上呈网格状或多孔洞的格子状多孔，坚硬致密的岩芯和溶蚀孔洞交错发育，因此所取岩芯多破碎，多呈小块，但是岩芯本身的质地仍致密坚硬。岩芯多由多孔同星珊瑚、滨珊瑚、角蜂巢珊瑚和陀螺珊瑚等块状珊瑚组成。破碎的砾块有一定程度的磨圆，分选性较好，砾块普遍较小，约为 2.5×2×1.5cm。部分岩芯剖面上可见灰绿色斑点，灰褐色物质围绕灰绿色斑点生长。

☞ 523.05m：可见直径为 2.5cm、长 7cm 的孔洞，疑似粗的珊瑚枝溶解或者脱落所致，孔洞底部为约 2mm 厚的壳层，呈浅灰黄色。

☞ 528.74m：可见被粉碎的滨珊瑚粉末，应由暴露风化所致。

☞ 537.55m：可见滨珊瑚块，大小为 6×6×4cm。

☞ 538.04m：可见鹿角珊瑚枝。

☞ 538.82m：可见形态完整、保存完好的腹足类（图 1.14c）。

☞ 551.07m：可见角蜂巢珊瑚块，重结晶强烈，表面呈油脂光泽，可见较粗晶粒，原始骨骼结构仍清晰。

☞ 555.74m：可见喀斯特洞中的钟乳石状结构。

☞ 557.07～557.9m：呈土黄色、质地均一的细砂屑层，土黄色应是钻探工艺所致。

☞ 560.77m：可见同双星珊瑚。

☞ 564.74m：可见鹿角珊瑚枝，长 3cm，直径为 8mm，有小分枝，珊瑚枝发生了重结晶作用。

☞ 572.07m：可见鹿角珊瑚枝。

☞ 577.85～578.05m：滨珊瑚块，长 20cm，坚硬致密。

199．591.74 ～ 596.47m：贝壳灰岩层，整体为含大量贝壳的砂屑灰岩，砂屑为细砂，胶结程度中等—弱。岩芯整体上是固结的，含少量块状珊瑚碎片，含大量双壳类、腹足类贝壳铸模，贝壳的含量为 20% 左右，局部可达 70%。岩芯中砂屑颗粒部分无溶蚀孔洞，但贝壳多被溶蚀掉，留下众多的贝壳铸模。

☞ 594.74m：可见腹足类原始壳体，长 2.5cm，含 4 个旋转螺纹，壳的主体被溶蚀后还残留内膜，极薄，仅约 0.1mm 厚；腹足类壳内填满砂屑，砂屑颗粒清晰。

☞ 596.07 ～ 596.12m：贝壳含量极高，5cm 长的岩芯段可见 18 个大小不一、保存完好的贝壳铸模，贝壳的放射肋、放射沟和轮纹等细微结构均保存完好，贝壳彼此堆叠，长 1 ～ 2cm，宽 1 ～ 2cm（图 1.14d）。

200．596.47 ～ 601.66m：砂屑灰岩层，岩芯整体致密，固结程度较上一层明显加强，溶蚀不严重。岩芯中依然含大量贝壳（较上一层贝壳明显减少），贝壳原始壳体已基本被溶解，保留贝壳铸模和贝壳内膜，其放射肋、放射沟、轮纹等细微结构均保存完好，贝壳溶蚀后的孔洞未被充填。贝壳的围岩为砂质成分，基本上没有溶解现象。珊瑚藻为薄层状，仅约 0.2mm 厚，呈白色石灰状，质地松散，易脱落、易剥蚀。

☞ 596.47m：可见腹足类壳体，长 3cm，螺口直径为 1cm，极薄的内膜保存完好（图 1.14e）。

201．601.66 ～ 603.74m：贝壳灰岩层，大量贝壳彼此堆叠，但贝壳被溶蚀，仅保留铸模和内膜。可见珊瑚枝、珊瑚块溶蚀后留下的孔洞，残余的丝状骨骼结构清晰可见。

☞ 601.67m：贝壳含量极高，达 70%（图 1.15a）。

☞ 602.00m：可见小的腹足类贝壳，长 0.8cm，螺口直径为 0.8cm，呈灰、白两种颜色，疑似未完全蚀变的产物。

☞ 603.74m：可见保存完好的贝壳内膜。

202．603.74 ～ 611.00m：含珊瑚藻条带和珊瑚枝的砂屑灰岩层，坚硬致密，表面有较多溶蚀孔洞，

图 1.15　琛科 2 井 601.67 ～ 617.07m 岩芯结构和生物组成
a. 贝壳灰岩；b. 磨圆度较好的岩芯和坚硬柱状岩芯互层；c、d. 虫管

被溶蚀的主要是珊瑚组分（图 1.15b）。岩芯整体以灰色为主，夹白色珊瑚藻条带，灰色部分致密，呈柱状，为珊瑚枝，白色珊瑚藻条带占整个岩芯的 20% 左右。被珊瑚藻包裹的砂屑胶结程度弱，彼此孤立，颗粒结构清晰。岩芯中含块状珊瑚。岩芯表面有一层灰白色物质。

☞ 608.37m：可见虫管，外壳和内膜均保存完好，长 5cm，直径为 1.5cm，壁厚约 0.1mm（图 1.15c）。

☞ 608.52m：可见虫管，长 12cm，直径为 2cm，壁厚约 0.1mm，管壁保存完好，内部局部充填砂屑，砂屑颗粒彼此之间胶结程度弱（图 1.15d）。

203．611.00 ～ 621.00m：风化层，取芯率很低。砂质岩芯表面可见较多贝壳铸模，保存有大量珊瑚枝和珊瑚砾块，砾块，磨圆度好，大小约为 3×2×1cm，未见砂屑组分（图 1.15b）。

☞ 609.18m：可见风化溶蚀面。

☞ 609.88 ～ 617.07m：砾块磨圆度较好，有一定成岩作用。

204．621.00 ～ 645.74m：含少量砾块的砂屑灰岩层，应为风化层，可见明显的风化剥蚀特征。砾块为珊瑚，未见明显磨圆，棱角结构保存。含大量贝壳铸模，细微结构保存完好，贝壳总体偏小，长为 1cm 左右，局部腹足类、双壳类贝壳含量高。

205．645.74 ～ 647.07m：含少量砾块的粉砂屑层，基本由粉砂屑组成，未胶结。

206．647.07 ～ 650.07m：可能为含砾风化壳层，取芯率极低，低于 10%。取上来的岩芯为胶结强的砂屑灰岩，含少量磨圆度好的砾块（图 1.16a），砾块主要为珊瑚块，大小一般为 3×2×1cm，最大为 5×3×2cm。可见腹足类、双壳类贝壳铸模，细微结构保存完好。可见一浅灰棕色的珊瑚块，大小为 2×1×1cm，呈透明状，推测是岩石蚀变或者重结晶作用导致的。推测这一层是风化溶蚀层，孔洞发育。

207．650.07 ～ 656.07m：含少量砾块的粉砂屑层，未胶结（图 1.16a）。砾块为珊瑚块，大小为 5×4×3cm，含极小的珊瑚断枝，长度小于 1cm。

208．656.07 ～ 657.74m：含少量砾块的砂屑层，未胶结或极弱胶结（图 1.16b），取芯率极低，低于 10%。所取样品均为砾块，有一定程度的磨圆，砾块为珊瑚块或被珊瑚藻胶结的砂屑。可见双壳类贝壳铸模，细微结构保存完好。

209．657.74 ～ 668.07m：含少量砾块的粉砂屑层，未胶结（图 1.16b）。固结的砂屑沉积物中可见保存完好的腹足类和海胆刺，海胆刺长约 1cm，直径为 2 ～ 3mm。含少量被珊瑚藻黏结的砂屑岩块和珊瑚块。662.7m、665.07m 和 666.07m 处可见长约 10cm 的珊瑚藻黏结岩，珊瑚藻胶结砂屑形成岩块，坚硬致密，固结的砂屑颗粒以细砂为主。

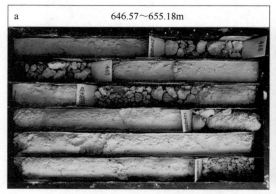

图 1.16　琛科 2 井 646.57 ～ 655.18m 和 655.18 ～ 662.07m 原始岩芯

210．668.07 ～ 672.74m：含少量砾块的砂屑层，未胶结或极弱胶结。取芯率低于 5%，所取岩芯均为小砾块，大小约为 1×2×3cm，砾块为珊瑚块或粉砂屑的黏结块，以珊瑚块为主，砾块磨圆度差，可见贝壳。岩芯表面被灰白色物质所覆盖，可能为钻探过程中形成的石灰质粉末。

211．672.74～685.34m：含少量砾块的砂屑层，未胶结或极弱胶结。所取岩芯基本上为破碎的砾块，系珊瑚块或珊瑚藻黏结块，长 1～2cm，磨圆度中等到差。砾块上可见保存完好的贝壳铸模；可见一浅棕色重结晶的透明方解石，原始组分为滨珊瑚，骨骼细微结构保存完好。局部为白色未胶结粉砂屑层，出现在 673.48～674.07m（长 59cm）、675.14～675.40m（长 26cm）、676.62～677.07m（长 45cm）和684.27～684.74m（长 47cm）。

☞ 674.07～674.60m：可见一珊瑚块，大小为 5×5×4.5cm，成岩作用明显，隔壁结构保存完好。

212．685.34～693.44m：粉砂屑灰岩层，含少量珊瑚藻包壳形成的藻团块和滨珊瑚块，少量砾块被珊瑚藻包裹。

☞ 689.12m：可见细小鹿角珊瑚枝，长 1.5cm，直径为 0.3～0.4cm，表面细微结构保存完好。

☞ 690.74m：可见鹿角珊瑚枝，长 1.5cm，直径为 0.8cm。

213．693.44～701.40m：含砾砂屑层，取芯率约为 50%，砂屑为细粉砂，未胶结。砾块呈浅灰黄色，与白色围岩区别明显，小砾块长 1cm 左右，形态极不规则，无任何磨圆，棱角鲜明，主要由珊瑚块组成，包括刺星珊瑚、鹿角珊瑚、陀螺珊瑚、滨珊瑚、多孔同星珊瑚等，珊瑚块被珊瑚藻黏结。岩芯中可见直径约为 1cm 的珊瑚藻球粒。岩芯表面有腹足类、双壳类贝壳铸模，表面的细微结构保存完好。可见细小的鹿角珊瑚枝。砂屑岩芯表面可见较多细小的颗粒，应为小的珊瑚砾，直径大多为 1～3mm，大的可达1cm，呈浅灰黄色，明显区别于周围砂屑的颜色。

214．701.40～706.33m：白色松散细—粉砂屑层，砂屑中星点状散布众多浅灰黄色的小颗粒，颗粒直径为 4～6mm，坚硬致密，为细小的珊瑚砾。细小珊瑚砾的含量高达 20%，棱角鲜明，无磨圆。

215．706.33～717.74m：含砾细粉砂屑层，无胶结。砾块外围完全被珊瑚藻包裹，磨圆度好，无棱角，大小约为 2.5×2.5×2cm。可见刺星珊瑚、鹿角珊瑚、陀螺珊瑚、滨珊瑚、多孔同星珊瑚的碎片，被珊瑚藻胶结、包裹。岩芯表面有腹足类、双壳类的铸模，壳体表面的细微结构保存完好。可见细小的鹿角珊瑚枝。

☞ 714.74m：可见多孔同星珊瑚，表面细微结构保存完好，长 10.5cm，宽 7cm，可见 39 个珊瑚杯，杯内溶解为孔洞，未被充填，每个杯直径约为 5mm（图 1.17a）。

☞ 715.87m：可见陀螺珊瑚，轴柱长 3cm，直径为 5mm，轴柱及上面的纵向细纹层保存完好，珊瑚上部被白色石灰质珊瑚藻覆盖，珊瑚藻壳厚约 5mm。

216．717.74～726.74m：白色砂屑层，弱胶结或无胶结，砂屑为细粉砂，可见单体珊瑚块及大量珊瑚藻包壳。含红藻石，呈浅灰黄色，形状不规则，呈条带状或者团块状，团块直径为 1cm 左右。白色松散砂屑中星点状散布众多珊瑚小颗粒，坚硬致密，磨圆度差，棱角明显，与周围砂屑无胶结，珊瑚小颗粒直径约为 1cm，含量约 10%。可见由珊瑚藻黏结的、比较致密的岩块，被珊瑚藻黏结的细砂屑颗粒清晰，主要分布在 720.77m、721.07m 和 721.57m，每一层的长度约 5cm。可见贝壳铸模，贝壳本身被溶蚀，溶蚀后的孔隙未被充填。

☞ 725.27m：可见红藻石，呈标准的心形，长径为 1.5cm，呈浅灰黄色，坚硬致密，与周围的白色砂屑区别明显。

217．726.74～730.37m：含少量砾块的细粉砂屑灰岩层，胶结程度弱。砾石中有块状珊瑚砾和鹿角珊瑚枝，砾块表面被珊瑚藻不均匀包裹。含少量珊瑚藻球，可见保存完好的腹足类、双壳类贝壳（图 1.17b）。

218．730.37～731.77m：白色弱胶结砂屑灰岩层，砂屑易脱落。含较多珊瑚藻壳碎片及片状珊瑚藻，珊瑚藻表面保存有细条带，条带间隔约 1mm。含红藻石，直径约为 1cm。含较多细小的腹足类、双壳类

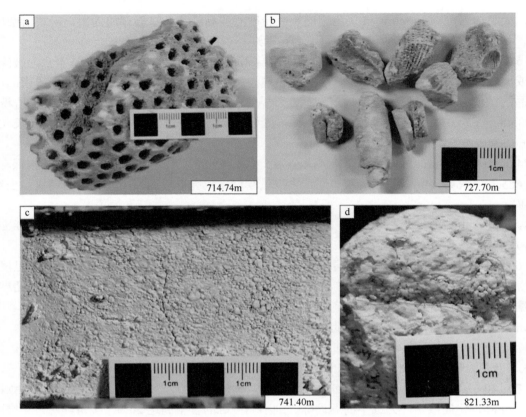

图 1.17 琛科 2 井 714.74 ~ 821.33m 岩芯不同生物组分结构和特征
a. 多孔同星珊瑚；b. 保存较好的贝壳；c. 有孔虫层；d. 被珊瑚藻包裹的有孔虫

铸模。

219．731.77 ~ 736.57m：白色未胶结细—粉砂屑灰岩层，含少量藻球粒及少量小的珊瑚枝、砾块。

☞ 732.74m：可见一珊瑚块，大小为 6×4×3cm，可见钻孔生物留下的孔洞及铸模。

220．736.57 ~ 738.07m：由珊瑚和珊瑚藻交互形成的灰岩层，岩芯较完整，坚硬，含滨珊瑚、扁脑珊瑚和贝壳。

☞ 737.07 ~ 738.07m：可见滨珊瑚，已碎裂成粉末状。

221．738.07 ~ 744.74m：白色弱胶结细砂屑灰岩层，砂屑质地均匀，取芯率超过 80%。含较多白色石灰质的珊瑚藻，或呈条带状，或呈斑点、斑片状，大小不一，分布不均匀，珊瑚藻层小于 1mm，胶结程度弱。含少量藻团块，由珊瑚藻包裹生物砾块而形成，藻团块的形状由生物砾块主导。珊瑚藻的黏结性差，被黏结的砂质组分松散，砂屑颗粒清晰。可见保存完好的贝壳铸模，放射肋清晰，但贝壳的原始组分被溶解。未见珊瑚砾块。

☞ 740.20m：可见鹿角珊瑚枝，表面结构保存完好，长 1.5cm，直径约为 5mm。可见保存完好的贝壳铸模，包括放射肋，贝壳原始组分被溶解。

☞ 741.40 ~ 741.90m：有孔虫层，有孔虫含量约为 80%，以双盖虫为主，直径为 1 ~ 3mm，也可见直径约为 6mm 的大型马达加斯加双盖虫（图 1.17c）。

222．744.74 ~ 820.05m：白色未胶结粉砂屑层，质地均一。含极少量被珊瑚藻黏结的珊瑚砾块，砾块呈球形，最大砾块直径约为 2.5cm，珊瑚砾块主要为滨珊瑚块，珊瑚藻包壳很薄，但结构仍清晰。可见少量贝壳铸模，细微结构清晰保存，贝壳原始壳体被完全溶蚀。798.55m 开始出现大量的马达加斯加双盖虫，直径约为 5mm，高约 3mm，呈铁饼状。双盖虫丰度极高的区段为 807.37 ～ 816.55m 和817.55 ～ 819.15m，基本上平均每 10cm 的岩芯表面即可见至少 5 个双盖虫。

☞ 745.75m：破碎的滨珊瑚块，碎片致密坚硬，碎片上部有被珊瑚藻包裹和黏结的砂屑。

☞ 750.55m：可见扁脑珊瑚，大小为 3×2×1.5cm，呈浅棕黄色，重结晶为透明状，坚硬致密。

☞ 760.75m：可见珊瑚断枝，长 1.5cm，直径为 1cm，磨圆度差，表面被珊瑚藻覆盖，珊瑚藻表面还胶结了一些砂屑颗粒。

☞ 765.55m：可见珊瑚断枝，不新鲜，被磨圆。

☞ 794.05m：珊瑚块，大小为 2.5×2×1.5cm，呈浅棕黄色，重结晶为透明状。

☞ 803.38m：可见一珊瑚断枝，直径约为 1cm，表面细微结构未保存，外表被珊瑚藻包裹。珊瑚藻胶结的砂屑层含腹足类生物铸模，但腹足类的原始壳体被完全溶蚀。

☞ 809.85 ～ 810.00m：15cm 长的岩芯表面可见大量坚硬致密的有孔虫颗粒，直径为 1 ～ 2mm，呈灰黄色，与周围的白色粉砂屑明显不同。可见马达加斯加双盖虫，个体完整，直径约为 5mm，呈铁饼状。

☞ 815.75m：可见马达加斯加双盖虫，个体完整，直径约为 5mm，中心高约 3mm，呈铁饼状。

223．820.05 ～ 823.55m：白色含砾细砂屑层，未胶结，砾块含量约为 20%。砾块为滨珊瑚块或珊瑚藻黏结块，长度小于 1cm，坚硬致密，呈浅棕黄色，明显区别于周围的白色细砂屑。含大量有孔虫，但大型马达加斯加双盖虫明显减少。

☞ 821.33m：可见大量珊瑚藻包裹的有孔虫，有孔虫颗粒清晰，直径为 1mm 左右（图 1.17d）。

224．823.55 ～ 831.60m：白色含砾细砂屑层，未胶结，砾块含量为 10%。砾块以珊瑚碎块为主，被珊瑚藻包覆，长度小于 1cm；也有部分砾块是由珊瑚藻黏结珊瑚碎片和砂屑而成，砾块无磨圆，棱角鲜明，坚硬致密，呈浅棕黄色，与周围细砂屑颜色区别明显。大型马达加斯加双盖虫含量升高，直径约为 5mm，呈铁饼状，表面细微结构保存完好。

☞ 831.55 ～ 831.60m：岩芯断面可见灰褐色斑块。

225．831.60 ～ 878.22m：总体上是浅灰黄色、坚硬致密的灰岩和白色弱胶结砂屑交互出现（图 1.18a）。推测此段地层在结构上呈网格状，类似于现代礁坪的网格状地貌特征，即固结的珊瑚块、礁岩块构成框架，框架之间为低洼的礁塘，礁塘中沉积松散的砂屑。框架组分少，砂屑组分多，因此获取的浅灰黄色、坚硬致密、强胶结的岩芯并不多。固结的岩芯有两种，一种由珊瑚藻包裹珊瑚组成，珊瑚藻壳层很薄，仅约 1mm 厚，呈条带状、皮壳状，砾块之间的珊瑚藻条带略宽，为 2 ～ 3mm，珊瑚藻颜色与围岩颜色明显不同；另一种是由珊瑚藻包裹砂屑形成的藻团块，直径约为 1.5cm，呈白色石灰质状，与珊瑚块区别明显，被珊瑚藻包裹的砂屑坚硬致密，分选性差，颗粒结构清晰，主要形状为长条形和圆形。

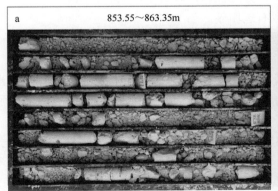
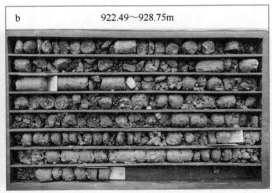

a　853.55～863.35m　　b　922.49～928.75m

图 1.18　琛科 2 井 853.55 ～ 863.35m 和 922.49 ～ 928.75m 原始岩芯

岩芯中可见珊瑚藻条带，宽约 2mm；可见珊瑚藻形成的藻球粒，呈椭球形，长轴约为 8mm。固结的岩芯中可见溶蚀孔隙，孔隙未被充填，但是 854.75m 以下溶蚀特征不明显。岩芯中可见腹足类贝壳铸模，原始壳体被溶蚀，但内膜保存完好。

固结岩芯共 16 层，分别为 841.25 ～ 841.85m（长 60cm）、845.75 ～ 845.95m（长 20cm）、850.05 ～ 850.25m（长 20cm）、852.55 ～ 852.95m（长 40cm）、854.75 ～ 856.45m（长 170cm）、858.80 ～ 859.05m（长 25cm）、862.25 ～ 862.33m（长 8cm）、863.28 ～ 863.48m（长 20cm）、864.55 ～ 864.85m（长 30cm）、866.45 ～ 866.80m（长 35cm）、867.20 ～ 867.30m（长 10cm）、867.95 ～ 868.40m（长 45cm）、870.05 ～ 870.12m（长 7cm）、873.35 ～ 873.45m（长 10cm）、873.70 ～ 873.83m（长 13cm）和 877.56 ～ 878.21m（长 65cm）。前 13 层坚硬致密层以滨珊瑚为主要成分，滨珊瑚外围被珊瑚藻包裹的砂屑覆盖，砂屑棱角清晰，颗粒结构保存完好。后 3 层的珊瑚藻含量高，由大量珊瑚藻黏结而成，为白色石灰质，珊瑚藻黏结的珊瑚块和砂屑层呈条带状、球形，藻球直径约为 1cm，被珊瑚藻黏结的砂屑易脱落。可见由珊瑚藻形成的藻球粒，长轴为 3cm，短轴为 2cm，较珊瑚藻条带更致密。

松散层由白色中细砂屑组成，弱胶结或未胶结，含约 10% 的小砾块，砾块长 1 ～ 2cm，呈浅灰黄色，主要由滨珊瑚、藻团块组成。砂屑中可见有孔虫，包括破碎的大型双盖虫和完整的小型双盖虫。砂屑中也可见贝壳铸模，原始贝壳组分被溶蚀。864.55 ～ 868.50m 的砂屑层中含大量珊瑚碎块（部分珊瑚砾块为钻探破碎所致），砂屑为中细砂，未胶结，磨圆度差，珊瑚碎块长约 1cm，外围覆盖灰白色珊瑚藻。870.50 ～ 878.21m 砂屑层的砾块含量约为 10%，可见贝壳铸模、鹿角珊瑚断枝、枝状珊瑚藻的断枝，以及直径为 1 ～ 2mm 的小型双盖虫。

☞ 836.95 ～ 837.35m：40cm 长的岩芯中可见大量灰色、坚硬致密的小砾块，明显区别于周围的白色细砂屑，砾块长度一般小于 0.5cm。

☞ 838.00 ～ 838.54m：可见 8cm 长的柱状珊瑚岩芯，砾块有一定程度的磨圆。

☞ 840.40m：可见鹿角珊瑚枝，长 1.5cm，直径为 1cm，细微结构保存完好，疑似上层掉落的珊瑚枝。

☞ 841.25m：可见珊瑚枝，长 2cm，直径为 8mm，表面被大量珊瑚藻包裹的砂屑所覆盖。

☞ 841.85m：珊瑚藻包壳层外可见贝壳铸模，长和宽均为 1.5cm，贝壳的放射肋保存完好。

☞ 843.55m：可见珊瑚。

☞ 845.75 ～ 845.95m：第 2 层为坚硬致密层，可见 0.8×2cm 的肉红色珊瑚藻条带。

☞ 855.55m：可见砾块，大小约为 3×2×1.5cm，总体由珊瑚藻包裹螺、枝状珊瑚藻组成。可见小型腹足类壳，宽 3mm，有 3 层螺纹，螺外围的珊瑚藻包壳清楚，为 1 ～ 2 层。可见枝状珊瑚藻，长 3 ～ 5mm，直径 1 ～ 2mm。

☞ 855.60m：被珊瑚藻包裹的砂屑颗粒非常清楚，分选性差，砂屑中可见有孔虫。

☞ 856.45m：珊瑚块，含较多大隔片，结构类似石芝珊瑚。

☞ 858.80 ～ 859.05m：第 6 层坚硬致密层，主要由滨珊瑚组成。可见一 10cm 长的滨珊瑚，质地坚硬致密，隐约可见 8 层年生长纹层，年生长率为 1 ～ 1.5cm。

☞ 867.20 ～ 867.30m：第 11 层坚硬致密层，珊瑚块大小约为 8×2×4cm，外围基本由珊瑚藻包裹，呈灰白色。截面处可见直径约 2cm 的球状珊瑚藻，珊瑚藻表层有细小的颗粒状结构，颗粒直径约为 1mm。

226．878.22 ～ 928.75m：基底火山岩层，主要由玄武质火山碎屑岩组成（图 1.18b），部分岩石有明显的风化痕迹。

☞ 878.22 ～ 878.34m：呈褐黄色、黑褐色，可见生物砂屑灰岩 - 玄武质火山碎屑岩共生体。

☞ 878.34 ～ 878.65m：褐黄色玄武质火山碎屑岩，可见黄色斑点。

☞ 878.65 ～ 878.75m：灰褐色斑点状玄武质火山碎屑岩。

☞ 878.75 ～ 878.89m：褐红色，生物砂屑灰岩 - 玄武质火山碎屑岩共生体。

☞ 878.89 ～ 879.55m：生物砂屑灰岩 - 玄武质火山碎屑岩共生体。

☞ 879.55 ～ 882.69m：黑褐色斑点状玄武质火山碎屑岩。

☞ 882.69 ～ 883.35m：黑褐色玄武质火山碎屑岩，夹褐黄色斑点。

☞ 883.35 ～ 887.57m：黑色玄武质火山碎屑岩，含白色线状脉体。

☞ 887.57 ～ 887.75m：黑褐色玄武质火山碎屑岩，夹褐黄色斑点。

☞ 888.34 ～ 888.80m：灰绿色玄武质火山碎屑岩，短柱状岩芯夹碎块层，碎块表面被黄色斑块覆盖，岩体受到强烈风化。

☞ 888.80 ～ 891.09m：灰黑色玄武质火山碎屑岩，岩石破碎，碎块表面可见褐黄色斑点，同时可见少量灰白色斑点（白色斑点为生物砂屑），玄武质火山碎屑岩受到一定风化作用。

☞ 891.09 ～ 894.19m：灰黑色玄武质火山碎屑岩，以短柱状岩芯为主，夹少量碎块，岩芯表面可见灰白色斑点。

☞ 894.19 ～ 896.54m：灰绿色玄武质火山碎屑岩，以短柱状岩芯为主，岩芯表面可见大量灰白色斑点，部分岩芯可见铁锈色（褐黄色）。

☞ 896.54 ～ 900.55m：黑绿色玄武质火山碎屑岩，以短柱状岩芯为主，柱长 2 ～ 9cm。其中，896.54 ～ 897.67m 以碎块为主，整段岩芯表面可见灰白色斑点，局部可见褐红色铁锈；至 896.64m 处可见玄武质火山碎屑岩 - 灰岩共生体。

☞ 900.55 ～ 903.20m：主要为黄绿色玄武质火山碎屑岩，以碎块为主，柱状岩芯较少，岩芯表面及断面可见大量灰白色斑块。其中，902.98 ～ 903.08m 为黑绿色橄榄岩。903.20m 处可见铁锰颗粒，岩芯断面可见褐红色铁锈。

☞ 903.20 ～ 904.10m：黄绿色玄武质火山碎屑岩，短柱状岩芯，柱长 1.5 ～ 3cm，岩芯表面可见大量灰白色斑点、白色线状脉体和铁锈色。

☞ 904.10 ～ 909.66m：灰绿色玄武质火山碎屑岩，以短柱状岩芯为主，柱长 1.5 ～ 6cm，岩芯断面可见大量白色斑点。

☞ 909.66 ～ 915.89m：黑灰色玄武质火山碎屑岩，以短柱状岩芯为主，柱长 1 ～ 7cm，岩芯表面及断面可见大量灰白色斑点。

☞ 915.89 ～ 922.33m：灰黑色玄武质火山碎屑岩，以短柱状岩芯为主，柱长 1 ～ 7cm，岩芯表面可见大量灰白色斑点和极细的线状脉体。

☞ 922.33 ～ 928.75m：黑灰色玄武质火山碎屑岩，短柱状岩芯，柱长 1 ～ 10cm，含大量白色斑点。

以上 226 层珊瑚礁岩芯每一个层位的岩石类型如表 1.1 所示。

表 1.1　琛科 2 井不同深度岩石类型

层号	深度（m）	岩石类型	层号	深度（m）	岩石类型
1	0.00 ～ 0.20	人工水泥固化层	7	2.77 ～ 2.87	含砾砂屑层
2	0.20 ～ 0.50	珊瑚砾块层	8	2.87 ～ 3.17	砂屑层
3	0.50 ～ 2.10	海滩岩层	9	3.17 ～ 3.92	含砾砂屑层
4	2.10 ～ 2.25	含砾砂屑层	10	3.92 ～ 4.23	含砾砂屑层
5	2.25 ～ 2.53	砂屑层	11	4.23 ～ 4.53	未取到岩芯
6	2.53 ～ 2.77	含珊瑚砾块砂屑层	12	4.53 ～ 4.65	砾块层

续表

层号	深度（m）	岩石类型	层号	深度（m）	岩石类型
13	4.65～5.03	含砾砂屑灰岩层（砾较小）	49	36.50～39.50	含砾砂屑灰岩层（砾块为珊瑚枝、珊瑚块）
14	5.03～6.10	含砾砂屑灰岩层（砾较大）	50	39.50～47.00	砾屑灰岩层
15	6.10～6.70	砾石滩岩层	51	47.00～47.61	含砾砂屑灰岩层
16	6.70～6.95	含砾砂屑灰岩层	52	47.61～48.76	珊瑚灰岩层
17	6.95～7.30	细砂层	53	48.76～48.99	含砾砂屑灰岩层
18	7.30～7.65	珊瑚枝、砾块层	54	48.99～49.23	仙掌藻灰岩层
19	7.65～7.75	粗砂层	55	49.23～50.00	含砾砂屑灰岩层（砾块为珊瑚块）
20	7.75～7.95	粉砂层	56	50.00～53.00	含砾砂屑灰岩层（砾块以珊瑚枝为主）
21	7.95～8.45	未取到岩芯	57	53.00～54.50	珊瑚砾块灰岩层
22	8.45～8.90	珊瑚砾块层	58	54.50～56.78	弱胶结含砾砂屑灰岩层
23	8.90～9.70	珊瑚块、珊瑚枝层	59	56.78～59.20	滨珊瑚灰岩层
24	9.70～10.20	未取到岩芯	60	59.20～60.50	含砾砂屑灰岩层（砾块以珊瑚枝为主）
25	10.20～11.20	中砂层	61	60.50～62.00	含砾砂屑灰岩层（砾块主要为珊瑚块）
26	11.20～11.80	含砾砂屑层（砾块含量约为50%）	62	62.00～63.78	砂屑灰岩层
27	11.80～12.25	含砾砂屑层（砾块含量约为30%）	63	63.78～64.51	砾块灰岩层
28	12.25～12.45	含砾砂屑层（砾块含量约为20%）	64	64.51～65.20	砂屑灰岩层
29	12.45～13.05	含砾砂屑层（砾块含量为30%～40%）	65	65.20～66.50	含砾砂屑灰岩层（砾块为珊瑚枝、珊瑚块）
30	13.05～14.05	含砾砂屑层（砾块含量约为40%）	66	66.50～68.00	含砾砂屑灰岩层（砾块主要为被珊瑚藻包覆的珊瑚块）
31	14.05～14.29	细砂层			
32	14.29～14.50	珊瑚砂砾块层	67	68.00～69.50	含砾包粒灰岩层
33	14.50～14.65	含砾中砂屑层	68	69.50～70.27	块状珊瑚灰岩层
34	14.65～15.22	礁岩块层	69	70.27～71.00	仙掌藻灰岩层
35	15.22～16.29	含砾中粗砂屑灰岩层	70	71.00～71.78	块状珊瑚灰岩层
36	16.29～16.70	珊瑚砾块砂屑层	71	71.78～72.57	滨珊瑚灰岩层
37	16.70～17.08	砾块层	72	72.57～72.90	含砾包粒结构藻灰岩层
38	17.08～17.25	中砂层	73	72.90～73.22	仙掌藻灰岩层
39	17.25～19.30	含珊瑚砾块砂屑灰岩层	74	73.22～75.50	含砾包粒结构藻灰岩层
40	19.30～21.50	珊瑚灰岩层	75	75.50～76.75	含砾砂屑灰岩层
41	21.50～26.00	含砾砂屑灰岩层	76	76.75～76.82	仙掌藻灰岩层
42	26.00～27.50	含砾砂屑灰岩层	77	76.82～78.50	砂屑灰岩层
43	27.50～29.00	砾屑灰岩层	78	78.50～78.81	砾块灰岩层
44	29.00～31.00	滨珊瑚灰岩层	79	78.81～82.84	滨珊瑚灰岩层
45	31.00～32.00	珊瑚砂屑灰岩层	80	82.84～83.00	十字牡丹珊瑚灰岩层
46	32.00～34.00	含砾砂屑灰岩层（风化层）	81	83.00～86.60	礁格架灰岩层
47	34.00～35.00	含砾砂屑灰岩层（含大量珊瑚枝、砾块、珊瑚藻）	82	86.60～87.75	砂屑灰岩层
			83	87.75～89.49	含砾砂屑灰岩层（砾块以珊瑚枝为主）
48	35.00～36.50	含砾砂屑灰岩层（主要由鹿角珊瑚枝和红藻石组成）	84	89.49～91.23	含砾砂屑灰岩层（砾块以珊瑚块为主）
			85	91.23～92.00	粗壮鹿角珊瑚格架灰岩层

层号	深度（m）	岩石类型	层号	深度（m）	岩石类型
86	92.00 ～ 93.50	珊瑚夹中砂灰岩层	123	296.82 ～ 297.10	含红藻石砂屑灰岩层
87	93.50 ～ 106.82	珊瑚砾块砂屑灰岩层	124	297.10 ～ 307.82	细—粉砂屑灰岩层
88	106.82 ～ 113.00	含少量砾块的砂屑灰岩层	125	307.82 ～ 308.50	细砂屑灰岩层
89	113.00 ～ 123.00	含少量砾块的砂屑灰岩层	126	308.50 ～ 309.35	白云岩层
90	123.00 ～ 131.13	含珊瑚砾块砂屑灰岩层	127	309.35 ～ 310.20	弱胶结中砂屑白云岩层
91	131.13 ～ 138.00	含砾砂屑灰岩层	128	310.20 ～ 313.29	含红藻石砂屑灰岩层
92	138.00 ～ 144.50	含砾砂屑灰岩层	129	313.29 ～ 313.90	强胶结致密白云岩层
93	144.50 ～ 167.45	含少量砾块的砂屑灰岩层	130	313.90 ～ 316.00	弱胶结砂屑白云岩层
94	167.45 ～ 170.00	含砾砂屑灰岩层	131	316.00 ～ 317.40	强胶结白云岩层
95	170.00 ～ 171.50	砂屑灰岩层	132	317.40 ～ 320.00	弱胶结砂屑白云岩层
96	171.50 ～ 178.80	弱胶结含少量砾的砂屑灰岩层	133	320.00 ～ 322.68	弱胶结细—粉砂屑白云岩层
97	178.80 ～ 181.42	细砂屑灰岩层	134	322.68 ～ 323.18	强胶结致密白云岩层
98	181.42 ～ 185.00	弱胶结细—粉砂屑灰岩层	135	323.18 ～ 328.78	弱胶结粉砂屑白云岩层
99	185.00 ～ 198.30	弱胶结细—粉砂屑灰岩层	136	328.78 ～ 330.20	珊瑚藻白云岩层
100	198.30 ～ 198.50	弱胶结细—粉砂屑灰岩层	137	330.20 ～ 331.85	细砂屑灰岩层
101	198.50 ～ 202.21	弱胶结细—粉砂屑灰岩层	138	331.85 ～ 332.44	强胶结白云岩层
102	202.21 ～ 205.00	弱胶结含大量仙掌藻碎片和贝壳的细—粉砂屑灰岩层	139	332.44 ～ 347.29	细砂屑灰岩层
			140	347.29 ～ 350.40	未胶结砂屑灰岩层
103	205.00 ～ 206.90	仙掌藻砂屑灰岩层	141	350.40 ～ 358.29	细—粉砂屑灰岩层
104	206.90 ～ 211.60	弱胶结仙掌藻砂屑灰岩层	142	358.29 ～ 362.00	珊瑚藻黏结层
105	211.60 ～ 213.22	弱胶结砂屑灰岩层	143	362.00 ～ 364.00	珊瑚砾块白云岩层
106	213.22 ～ 213.83	红藻石灰岩层	144	364.00 ～ 365.56	弱胶结砂屑灰岩层
107	213.83 ～ 214.46	弱胶结砂屑灰岩层	145	365.56 ～ 365.70	含珊瑚藻黏结层的中粗砂灰岩层
108	214.46 ～ 215.59	弱胶结砂屑灰岩层	146	365.70 ～ 370.29	含珊瑚砾块砂屑灰岩层
109	215.59 ～ 217.23	砂屑灰岩层	147	370.29 ～ 371.70	含砾砂屑灰岩层
110	217.23 ～ 224.90	细—粉砂屑灰岩层	148	371.70 ～ 372.57	中等胶结的砂屑灰岩层
111	224.90 ～ 230.86	弱胶结细砂屑灰岩层	149	372.57 ～ 372.85	含砾中砂屑灰岩层
112	230.86 ～ 234.50	弱胶结细粒砂屑灰岩层	150	372.85 ～ 375.20	砂屑灰岩层
113	234.50 ～ 237.50	细—粉砂屑灰岩层	151	375.20 ～ 376.83	弱胶结细—中砂屑灰岩层
114	237.50 ～ 241.30	弱胶结砂屑灰岩层	152	376.83 ～ 378.50	含红藻石砂屑灰岩层
115	241.30 ～ 248.00	弱胶结粉砂屑灰岩层	153	378.50 ～ 380.35	红藻石灰岩层
116	248.00 ～ 257.00	细砂屑灰岩层	154	380.35 ～ 382.40	细—中砂屑灰岩层
117	257.00 ～ 260.90	细砂屑灰岩层	155	382.40 ～ 383.00	红藻石灰岩层
118	260.90 ～ 266.91	细—粉砂屑灰岩层	156	383.00 ～ 384.65	细—中砂屑灰岩层
119	266.91 ～ 275.25	细—粉砂屑灰岩层	157	384.65 ～ 386.28	红藻石灰岩层
120	275.25 ～ 294.50	细—粉砂屑灰岩层	158	386.28 ～ 389.00	红藻石砂屑灰岩层
121	294.50 ～ 294.75	红藻石灰岩层	159	389.00 ～ 392.00	含砾砂屑灰岩层
122	294.75 ～ 296.82	细—粉砂屑灰岩层	160	392.00 ～ 392.62	无胶结砂屑灰岩层

续表

层号	深度（m）	岩石类型	层号	深度（m）	岩石类型
161	392.62～392.87	红藻石灰岩层	195	505.07～515.92	砂屑白云岩层
162	392.87～393.50	滨珊瑚灰岩层	196	515.92～518.07	珊瑚藻灰岩层
163	393.50～398.00	砂屑灰岩层	197	518.07～521.40	珊瑚藻灰岩层
164	398.00～398.20	珊瑚藻灰岩层	198	521.40～591.74	风化溶蚀严重的砂屑灰岩层
165	398.20～400.30	生物碎屑灰岩层	199	591.74～596.47	贝壳灰岩层
166	400.30～402.50	含珊瑚藻的砂屑灰岩层	200	596.47～601.66	砂屑灰岩层
167	402.50～403.76	红藻石灰岩层	201	601.66～603.74	贝壳灰岩层
168	403.76～404.61	含珊瑚藻条带的砂屑灰岩层	202	603.74～611.00	砂屑灰岩层
169	404.61～412.10	红藻石灰岩层	203	611.00～621.00	风化层
170	412.10～413.19	砂屑灰岩层	204	621.00～645.74	含少量砾块的砂屑灰岩层，应为风化层
171	413.19～414.20	红藻石灰岩层	205	645.74～647.07	含少量砾块的粉砂屑层
172	414.20～415.30	红藻石灰岩层	206	647.07～650.07	含砾风化壳层
173	415.30～415.66	红藻石灰岩层	207	650.07～656.07	含少量砾块的粉砂屑层
174	415.66～416.15	含红藻石砂屑灰岩层	208	656.07～657.74	含少量砾块的砂屑层
175	416.15～419.60	红藻石灰岩层	209	657.74～668.07	含少量砾块的粉砂屑层
176	419.60～425.79	含红藻石砂屑灰岩层	210	668.07～672.74	含少量砾块的砂屑层
177	425.79～425.99	滨珊瑚灰岩层	211	672.74～685.34	含少量砾块的砂屑层
178	425.99～428.43	含红藻石砂屑灰岩层	212	685.34～693.44	粉砂屑灰岩层
179	428.43～431.85	红藻石灰岩层	213	693.44～701.40	含砾砂屑层
180	431.85～433.00	红藻石灰岩层	214	701.40～706.33	松散细—粉砂屑层
181	433.00～434.50	含砂屑的红藻石灰岩层	215	706.33～717.74	含砾细粉砂屑层
182	434.50～439.45	致密珊瑚藻灰岩层	216	717.74～726.74	砂屑层
183	439.45～440.79	块状灰岩层	217	726.74～730.37	含少量砾块的细砂屑灰岩层
184	440.79～441.50	珊瑚灰岩层	218	730.37～731.77	弱胶结砂屑灰岩层
185	441.50～443.53	砂屑灰岩层	219	731.77～736.57	未胶结细—粉砂屑灰岩层
186	443.53～443.75	滨珊瑚灰岩层	220	736.57～738.07	珊瑚和珊瑚藻互层
187	443.75～450.03	珊瑚灰岩层	221	738.07～744.74	弱胶结细砂屑灰岩层
188	450.03～451.85	含砾砂屑白云岩层	222	744.74～820.05	未胶结粉砂屑层
189	451.85～474.74	珊瑚白云岩层	223	820.05～823.55	含砾细砂屑层
190	474.74～480.64	含红藻石砂屑岩层	224	823.55～831.60	含砾细砂屑层
191	480.64～485.44	滨珊瑚灰岩层	225	831.60～878.22	浅灰黄色、坚硬致密的灰岩和白色弱胶结砂屑互层
192	485.44～494.60	滨珊瑚灰岩层			
193	494.60～500.86	砂屑灰岩层	226	878.22～928.75	基底火山岩层
194	500.86～505.07	珊瑚白云岩层			

— 第二章 —

琛科 2 井基底的发育特征 [①]

第一节　西沙群岛基底研究概况

基底性质研究是大地构造学研究的重要组成部分。通过基底组成及其性质研究可为探讨相邻板块之间的亲缘关系、构造特征、形成机制以及邻区大地构造演化提供重要的理论依据[1-5]。此外，基底是沉积盆地形成和演化的物质基础，也与上覆盆地的形成及其含油气性有关。基底不仅控制着盆地的沉积模式和成因机制，还控制着沉积盆地中油气圈闭的类型及分布[6-14]。基底性质研究为反演盆地构造演化研究提供了重要证据，是盆地基础地质研究的重要组成部分[15]。因此，对盆地基底开展科学研究，不仅有助于研究该区域沉积盆地的形成、油气等矿产资源的分布，还对研究相邻板块的构造演化过程具有重要指导意义。

南海是西太平洋最大的边缘海盆地之一，位于太平洋板块、欧亚板块和印澳板块的结合部位[16-19]。虽然南海海盆规模较小，且洋盆也非常年轻，但南海却几乎经历了一个完整的威尔逊旋回，从大陆边缘裂解，海底扩张，最后进入洋壳俯冲阶段[20-22]。因此，南海是一个研究大陆边缘破裂、洋盆扩张以及俯冲消亡等诸多岩石圈演化过程的天然实验室，吸引了国内外众多学者的普遍关注[15, 16, 23-29]。由于南海西沙群岛基底上覆巨厚层新生代沉积、基底埋深较大，因此钻井揭示少、研究难度大，以致对南海西沙群岛新生代盆地基底构造属性和形成时代等存在一定争议。

一、基底形成时代

前人主要是基于地球物理和陆—海综合对比等方法对南海北部陆缘基底性质开展科学研究，多数认为以琼海断裂和阳江——统暗沙东断裂为界，南海北部基底年龄呈现出自西向东逐渐减小的趋势[30-32]。南海中央海盆存在新生代大洋玄武岩基底，其上覆盖未变形的新生代沉积物[33]。部分学者基于地震 - 重

---

① 作者：张瑜、余克服。

磁资料的联合解释，在南海北部识别出了前寒武纪变质结晶基底[30, 33, 34]。已有证据显示，华南陆缘存在前寒武纪结晶基底[35, 36]，然而对于南海地区是否发育有统一的前寒武纪结晶基底尚缺乏足够的年代学证据。南沙微地块中存在花岗质基底岩石，其最大的继承锆石年龄为 656.7Ma，表明南沙微地块存在前寒武纪结晶基底[37, 38]。南海北部珠江口盆地虽多口钻井获得了片麻岩，但尚缺乏高精度测年数据，目前尚不能确定该片麻岩是前寒武纪结晶基底还是后期构造变质作用的产物，其形成时代有待进一步研究[31]。

自 20 世纪 70 年代以来，我国相继在西沙群岛实施了一系列科学钻探，为研究南海西沙群岛基底提供了宝贵的实物资料。位于西沙群岛永兴岛的西永 1 井是西沙群岛地区第一口钻穿礁灰岩到达基底的钻井[39, 40]，其基底组成为花岗片麻岩和黑云二长片麻岩，全岩 Rb-Sr 法同位素测年结果为 627Ma，表明原岩形成时间为 627Ma，属于前寒武纪晚期[41]。需要指出的是，当前南海地区存在前寒武纪结晶基底这一观点为学者们广泛采用，其最主要的依据之一就是西永 1 井获得的前寒武纪年龄数据[32, 33, 42]。然而，Rb-Sr 法只有在原岩为正变质岩时其年龄值才能代表岩石形成年龄，若原岩为沉积岩，其年龄代表沉积物形成时的平均年龄。此外，西永 1 井 Rb-Sr 年龄是由多块样品所测（正副变质岩都有），因此该年龄（627Ma）相对偏老。孙嘉诗[39] 对西永 1 井基底岩石样品进行了重新测定，获得 K-Ar 年龄为（96.3411±1.18）Ma，该年龄为最后一次变质事件的年龄，西沙群岛基底形成时间应为 627 ～ 96Ma。中海油湛江分公司于 2013 年在西沙群岛石岛钻探了一口全取芯的科学探井——西科 1 井，该钻探首次在西沙群岛基底获得侵入岩体，其基底组成为片麻岩和花岗岩[32, 43-45]。锆石 U-Pb 年龄表明，基底为晚侏罗世角闪斜长片麻岩 [（152.9±1.7）Ma]，后期被早白垩世晚期 [（107.8±3.6）Ma] 花岗质岩浆侵入[32]，该基底片麻岩年龄与孙嘉诗[39] 推测的西永 1 井基底片麻岩形成年代相近，表明西沙群岛基底在中生代晚期（152.9 ～ 96.3Ma）经历了一次区域变质作用，该变质事件可能代表了中特提斯洋在南海的碰撞关闭[32]。然而，对于南海地区是否存在统一的前寒武纪变质结晶基底仍存在争议[32, 45]。

二、基底构造属性

在西永 1 井前寒武纪年龄的约束下，部分学者将南海北部基底划分为前寒武纪褶皱基底、加里东褶皱基底、海西—印支褶皱基底和燕山褶皱基底[33]，并认为南海北部的前寒武纪变质结晶基底与华夏地块前寒武纪结晶基底相连，属于华南大陆向海的延伸部分[31, 42, 43, 46]。西沙群岛、中沙群岛及南沙群岛等在古特提斯时期为同一地块，即"琼南地块"。该地块与"琼中地块"均源自冈瓦纳古陆，同为古特提斯东段多岛洋体系中的漂移地块[7, 8, 11, 24, 38, 47-49]。Liu 等[11] 将南海地区前新生代基底划分为 6 个区：北部湾古生界断堑基底区、莺歌海古生界走滑拉分基底区、琼东古生界断陷基底区、西沙北古生界裂谷基底区、西沙南古生界走滑伸展基底区和南沙古—中生界伸展基底区，并认为西沙群岛的变质结晶基底是中南半岛昆嵩地块的东侧延伸。

从以上争论可以看出，由于取样的困难，南海西沙群岛基底形成时代和构造属性一直存在争议。地震资料显示，西沙群岛地区存在大面积岩浆活动[50]。张峤等[51] 基于地震反射特征，并结合南海及周缘地区的岩石学测年数据，分析了火成岩体的形态特征及识别特征，并将西沙群岛地区新生代岩浆活动划分为三期。但是这个区域是否真的存在该期岩浆活动呢？西沙群岛基底是否像南海中央海盆一样存在新生代火山岩基底仍缺乏岩石学和年代学方面的证据。而在该区域的岩浆演化又有怎样的特征呢？这些都是有待解决的问题。幸运的是，我们在南海西沙群岛开展珊瑚礁科研考察时，于琛航岛上开展了珊瑚礁科学钻探工程——琛科 2 井。该钻井是西沙群岛地区又一口实现全取芯的生物礁基础科学钻孔。钻孔深928.75m，钻穿了珊瑚礁地层，到达下部基岩，共获得 50.53m 基底玄武质岩石，这是首次在西沙群岛基底获得玄武质岩石。该套基底玄武质岩石的发现，为研究西沙群岛基底构造属性提供了宝贵信息，同时也对重建海洋区域的构造演化历史具有重要意义。

第二节 琛科 2 井基底岩石学研究

一、基底岩石岩性特征

琛科 2 井玄武质火山碎屑岩的沉积自下而上大致可以分为底部、下部、中部和上部四部分，总厚 50.53m。底部：厚 25.15m（928.75 ~ 903.6m），主要为灰绿色、暗黑绿色玄武质火山碎屑岩的沉积，混杂有不少碳酸盐岩的角砾和生物化石。下部：厚 3.1m（903.6 ~ 900.5m），为黄褐色、浅褐棕色火山碎屑岩的沉积，氧化条件下橄榄石斑晶大多发生伊丁石化蚀变，气孔构造和杏仁体发育。中部：厚 18m（900.5 ~ 882.5m），为浅灰绿色、灰绿色火山碎屑岩的沉积，基质多具有间隐结构、隐晶质结构或玻璃质结构。上部：厚 4.28m（882.5 ~ 878.22m），为黄褐色、褐棕色火山碎屑岩的沉积，气孔构造和杏仁体发育。火山碎屑岩底部颗粒较细，以火山尘和细粒火山角砾为主，接近火山碎屑岩顶部生物碎屑和含生物屑碳酸盐沉积角砾明显增多。局部出现粗砾，角砾多呈次棱角状或棱角状。此外，琛科 2 井玄武质火山碎屑岩含海相生物碎屑化石（图 2.1，图 2.2a、b），与下伏、上覆的沉积碳酸盐岩的岩层呈整合接触关系，颜色主要为黄褐色、浅棕色、褐棕色、浅灰绿色、灰绿色、深绿色，角砾状、斑晶状块体大部分呈半风化状态。

晶屑矿物成分以橄榄石（大多风化蚀变为伊丁石化、蛇纹石化、绿泥石化）、单斜辉石为主，有少量斜长石（蛇纹石化、绿泥石化和黏土化）（图 2.2c ~ g）。斑晶矿物多呈次棱角状或棱角状，沿解理面破碎成阶梯状或参差状，具有爆裂崩碎的特点，且晶屑无明显圆化现象。基质主要矿物成分为细长条状

图 2.1　琛科 2 井基底玄武质火山碎屑岩岩芯

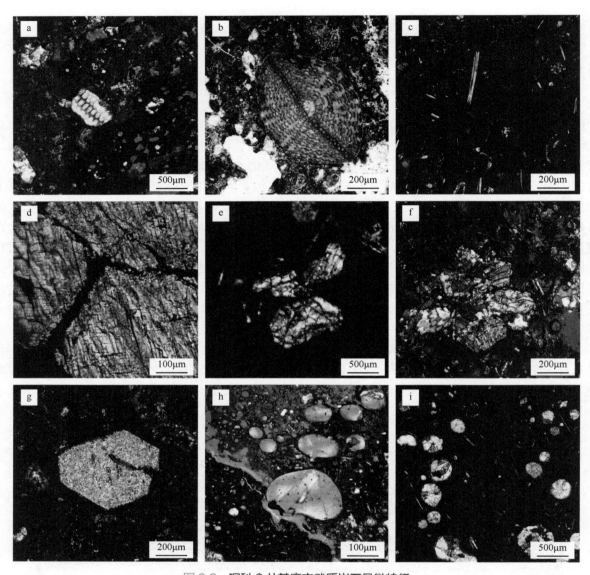

图 2.2　琛科 2 井基底玄武质岩石显微特征

a、b. 含生物屑玄武质火山碎屑岩；c. 斜长石斑晶；d. 辉石斑晶，可见辉石式解理；e. 辉石自形晶；f. 辉石集合体；g. 绿泥石化；h. 火山气孔充填石英；i. 火山气孔充填方解石矿物

斜长石、粒状辉石、橄榄石微晶和玄武玻璃（图 2.2c、i），呈斑状构造、玻基斑状结构。基质为间隐结构、填间结构和隐晶质结构，局部具有间粒结构（图 2.2c、i）。

　　琛科 2 井玄武质火山碎屑岩中气孔状构造、杏仁状构造发育（图 2.2h、i），具有浅海火山岩喷发产出地质特征。气孔多时彼此间相互串联，连接现象呈串珠状、聚孔状，局部呈熔渣状，构成玄武质火山碎屑浮岩。杏仁体以圆形、椭圆形为主，局部少量呈不规则状，其中充填矿物主要为碳酸盐矿物方解石、沸石、蛋白石、玉髓等（图 2.2h、i）。浆屑大多具有压扁拉长或撕裂状的特点，玻屑和浆屑大都已脱玻化。

二、基底岩石地质特征

（1）玄武质火山碎屑岩中含有大小、粗细不同的岩屑，包括玻屑、浆屑，基质和胶结物主要为玄武

（橙玄）玻璃或火山灰，为一套正常玄武质火山碎屑岩的沉积岩系。

（2）自下而上，玄武质火山碎屑岩的沉积表现出一定的沉积韵律性：①火山碎屑岩由底部至上部岩石的颜色由深变浅，底部为深绿色、暗绿色，向上逐渐变为黄褐色、浅褐棕色→浅灰绿色、灰绿色→黄褐色、浅棕色。深绿色显示还原条件，而黄褐色、棕色显示氧化条件。相比较而言，绿色沉积深度较黄棕色略深些，或是海底或海平面有些抬升、沉降的变化。②火山碎屑岩底部颗粒较细，以火山尘和细粒火山角砾为主，往上火山角砾由细逐渐变粗，数量也由少逐渐变多，局部出现粗砾，角砾多呈次棱角状或棱角状，表现出有一定距离的搬运、分选性较好的沉积韵律性特点。

（3）斑晶矿物多呈次棱角状或棱角状，沿解理面破碎成阶梯状或参差状，具有爆裂崩碎的特点，且晶屑、岩屑无明显圆化现象。

（4）火山碎屑岩中气孔普遍较发育，具有浅海火山岩喷发产出地质特征。

（5）火山碎屑岩的底部和上部均含海相生物碎屑化石的碳酸盐岩，偶见礁灰岩质角砾，与下伏、上覆的沉积碳酸盐岩的岩层呈整合接触关系。

第三节 琛科 2 井基底岩石年代学研究

一、分析测试方法

锆石单矿物分离在河北省廊坊市尚艺岩矿检测技术服务有限公司进行，将约 8kg 重的原岩样品粉碎，经常规重选和电磁选后在双目镜下挑选锆石。锆石样品靶的制备：将完整和典型的锆石颗粒用双面胶粘在载玻片上，放上聚氯乙烯环，然后将环氧树脂和固化剂进行充分混合后注入聚氯乙烯环中，待树脂充分固化后将样品从载玻片上剥离，并对其进行抛光，直到样品露出一个光洁的平面。样品测定之前用体积百分比为 3% 的 HNO_3 溶液清洗样品表面，以除去样品表面的污染，然后进行锆石显微照相（反射光和透射光）和阴极发光（CL）照相，锆石的显微照相和阴极发光照相在武汉上谱分析科技有限责任公司完成。激光剥蚀电感耦合等离子体质谱仪（LA-ICP-MS）锆石 U-Pb 定年分析在合肥工业大学资源与环境工程学院开展，由电感耦合等离子体质谱仪（ICP-MS）和激光剥蚀系统联机完成。ICP-MS 为美国 Agilent 公司生产的 Agilent 7500a，该仪器独有的屏蔽炬（Shield Torch）可明显提高分析灵敏度。激光剥蚀系统为美国 Coherent Inc. 公司生产的 GeoLasPro，该系统为工作波长 193nm 的 ComPex102ArF 准分子激光器，样品上的光斑大小为 32μm，能量密度范围为 1 ~ 45J/cm²，单脉冲能量可达 200mJ，最高重复频率为 20Hz。对分析数据的离线处理（包括对样品信号和空白信号的选择、仪器灵敏度漂移校正、元素含量及 U-Th-Pb 同位素比值和年龄计算）采用软件 ICPMSDataCal[52, 53] 完成。详细的仪器操作条件和数据处理方法同 Liu 等 [52-54]。锆石年龄计算采用标准锆石 91500 作为外标，元素含量计算采用 NIST SRM 610 作为外标，采用 ²⁹Si 作为内标。按照 Andersen[55] 的方法采用 LA-ICP-MS Common Lead Correction（ver 3.15）对其进行了普通铅校正，年龄计算及谐和图采用软件 Isoplot（ver 3.0）完成 [56]。

二、基底玄武质岩石锆石年龄特征

从样品 zr1 中共挑出 81 颗锆石用于测试，具有谐和年龄的锆石为 39 颗。锆石以灰白色、无色为主，呈短柱状、浑圆状或不完整粒状分布，粒度集中在 50 ~ 150μm（图 2.3）。锆石 Th/U 比值介于 0.25 ~ 1.77，平均值为 0.75，具有典型的岩浆锆石特征 [57, 58]。对这 39 颗锆石进行 U-Pb 年龄统计和年龄分布直方图绘制，获得的锆石年龄大致可以分为8组：36～33Ma（8颗）、116～104Ma（16颗）、148～140Ma（2颗粒）、207～196Ma（3颗）、255～236Ma（3颗）、（440±7）Ma（1颗）、808～749Ma（3颗）和2440～1185Ma（3颗）（图2.4）。

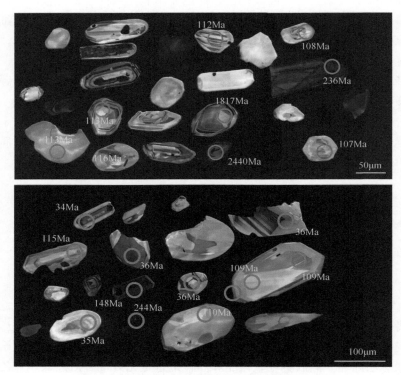

图 2.3　玄武质火山碎屑岩样品中锆石阴极发光图像

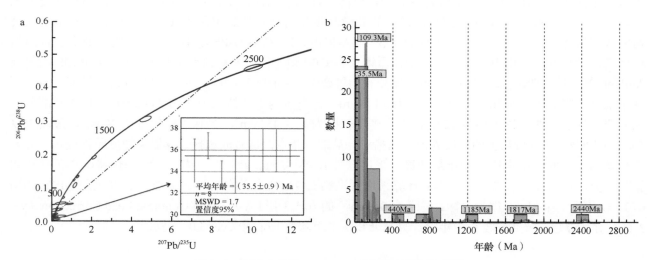

图 2.4　琛科 2 井锆石 U-Pb 年龄谐和图和谱峰图

a. 锆石 U-Pb 年龄谐和图；b. 锆石 U-Pb 年龄谱峰图

第一组锆石的 $^{206}Pb/^{238}U$ 加权平均年龄为（35.5±0.9）Ma（MSWD=1.7）。该组锆石为柱状、板状，具有较大的长宽比（2～5），同时发育较宽的岩浆振荡环带，其 Th/U 比值也相对较大（0.62～1.2），具有典型的岩浆锆石特征 [58, 59]。基性岩浆分异过程中，由于熔体温度通常较高且贫硅，难以达到锆石的饱和结晶状态，因此，基性岩中的锆石多数是捕获锆石，通过锆石定年确定基性岩年龄还有很多不确定性，因此我们将该组年龄作为火山喷发的最大年龄。西沙群岛为陆缘海域，很少受到陆源河流沉积物质的侵袭 [60-62]。构造沉降分析研究结果表明，西沙群岛海区的主要拗陷自 50Ma 以来构造沉降量较大，南海扩张过程中发育的北东向断裂促使基底加速下沉，这些北东向断裂的发育为碳酸盐台地的初始发育提供了必要的构造高点，基底的快速沉降导致隆起周缘的琼东南盆地、中建南盆地以及西沙海槽等构造单元的水体加深，这些水体较深的构造单元阻止了来自华南大陆以及中南半岛的陆源碎屑沉积于隆起及其周缘斜坡区 [63]。此外，岩相学研究结果表明，火山碎屑岩的成分单一，没有石英等陆源碎屑物质的混入。基于以上证据，我们认为琛科 2 井获得的锆石为结晶锆石或继承锆石，而不是碎屑锆石。

三、基底玄武质岩石锆石年龄意义

（一）火山碎屑岩年龄

基性火山岩，特别是年轻基性火山岩的精确定年是长期以来困扰地质学家的重大科学问题。熔浆中 ZiO_2 和 SiO_2 同时过饱和是锆石结晶的必要条件，基性火山岩常常含有橄榄石斑晶，是硅酸不饱和的标志。因此，尽管有许多硅酸不饱和岩石中有岩浆锆石晶体的报道，但对其成因一直存在争议 [64-69]。锆石包括原生岩浆、继承、变质、热液等多种成因类型 [58, 59]，而火山岩中的继承锆石大致具有两种来源：①捕获自围岩沉积岩地层；②来自深部隐伏岩体。前者来自碎屑锆石，常用来指示沉积的物源、沉积时代的上限以及重建古地理环境等 [70, 71]，而后者则对指示隐伏岩浆事件的时代十分关键。琛科 2 井最小一组锆石 $^{206}Pb/^{238}U$ 年龄为（35.5±0.9）Ma（MSWD=1.7）。该组锆石如果形成于岩浆喷发时期，则可以代表火山喷发年龄；如果为继承锆石，则琛科 2 井火山喷发晚于继承锆石年龄。由于无法判断该组锆石为继承锆石还是岩浆结晶锆石，我们认为（35.5±0.9）Ma 是火山喷发的最大年龄。

岩相学研究结果显示，火山碎屑岩晶屑主要为棱角状—次棱角状，沿解理面破裂成阶梯状或参差状，则表明该套火山碎屑岩为原位堆积或者近源堆积。此外，该套火山碎屑岩厚度大于 50m，然而西沙群岛钻穿珊瑚礁达到下部基岩的西永 1 井和西科 1 井均未发现该套火山碎屑岩，进一步表明该套火山碎屑岩不可能是远距离搬运而来。同时，西沙隆起周缘的沉积中心（华光凹陷、琼东南盆地、中建南盆地以及西沙海槽）阻止了来自华南大陆以及中南半岛的陆源碎屑沉积于西沙隆起。因此，我们认为琛科 2 井火山碎屑岩为原位堆积或者近源堆积。琛科 2 井上部碳酸盐岩 Sr 同位素年代学研究结果显示，碳酸盐岩发育的起始年代为 19.6Ma。结合本书锆石 U-Pb 年代学研究，我们认为琛科 2 井玄武质火山碎屑岩形成时代在 35.5 ～ 19.6Ma。西沙群岛于 35.5 ～ 19.6Ma 有一次板内碱性岩浆活动，该期次岩浆活动可能与南海扩张有关。

（二）西沙群岛火山活动

地球物理资料显示，西沙群岛海域存在多期次火山活动 [50, 72-74]。Ma 等 [73] 指出，西沙群岛地区存在两期大规模火山活动。基于西沙群岛地区地球物理资料和钻孔资料，可将岩浆活动分为三期：古新世—始新世、早渐新世—中中新世和中中新世至今 [51, 75]。西沙群岛地区火成岩产状可以划分为侵入型和喷出型两大类型，并以喷出型为主。其中，喷出型又可以细分为平顶柱状型和锥状型 [51]。平顶柱状火山最大的特征即范围较大、直径较大的平顶宽柱状，火山外形明显，内部呈较连续的层状反射，强振幅，低频，推测该类型为火山沉积相。西沙群岛海域有 13 个平顶柱状火山。锥状型为中心式喷发，留有火山口的痕迹，火成岩沿火山通道喷发，一般喷发较强烈。该类火成岩主要由火山碎屑岩和熔岩构成[51]。刘昭蜀等[76]对西沙群岛唯一的火山岛屿高尖石岛的样品进行了 K-Ar 法测年，显示年龄为 2.05Ma，为第四纪海底火山喷发物。

黄海波等[77]基于西沙群岛琛航岛流动地震台站和永兴岛固定地震台站的天然地震资料发现，下地壳存在地幔深部热活动引起的流变构造。已有的研究表明，自新生代以来西沙群岛海域周缘发育有 NE-NEE 向和 NW 向断裂，内部发育有 NE 向和 EW 向断裂，这些先存断裂以及后期断裂活动为岩浆上涌提供了良好的通道[74]。

本次研究所获得的玄武质火山碎屑岩为火山碎屑原位堆积或近源堆积的产物，为西沙群岛海域存在火山活动提供了地质学证据。结合琛科 2 井玄武质火山碎屑岩的岩相学特征，我们进一步推测，琛科 2 井的火山可能为张峤等[51]描述的 13 个平顶柱状火山之一。海山火山碎屑岩是水下爆发性火山作用的产物[78]。只要岩浆在高于各自的压力补偿深度处喷发，就可以发生爆发性的火山作用，从而产生火山碎屑岩。海山顶部的正地形一定程度上限制了外生碎屑到达，只有少量物质以悬浮方式到达海山顶部沉积下来，因此海山火山碎屑岩的组成相对单一[78]。自中新世以来，整个西沙群岛海域发生沉降，并被海水淹没。由于该区域具有适宜的温度、盐度和水深，珊瑚礁得以广泛发育。由于我们的钻孔并未钻穿火山碎屑岩地层，因此这一推测需要更多的钻井和地球物理学资料来证实。

（三）基底岩浆事件讨论

一般认为，玄武岩锆石主要是继承锆石，它们来自捕获的围岩或深部隐伏岩体[65]。因此，可以用继承锆石来指示隐伏岩浆事件[79, 80]。琛科 2 井继承锆石年龄与华南板块岩浆活动年龄基本一致[81]，表明它们可能与华南板块岩浆活动有关。第二组锆石平均年龄为 109.3Ma（116～104Ma，16 颗）。第三组锆石只有两颗，年龄分别为 148Ma 和 140Ma。这两组锆石可能来自西沙群岛海域隐伏岩体。同时期的花岗岩在南海广泛分布，如珠江口盆地、南沙群岛、中沙群岛等。南海晚中生代岩浆活动持续时间较长（159～70.5Ma）[25, 32]。一般认为，华夏地块燕山期构造-岩浆活动是中生代太平洋板块向欧亚大陆俯冲的结果[25, 82]。鄢全树等[37]报道了南沙微地块的锆石年龄：159～127Ma。西科 1 井基底岩石由花岗片麻岩组成，锆石平均年龄为（152.9±1.7）Ma。变质岩底部与二长花岗岩突变接触，为早白垩世晚期[（107.8±3.6）Ma]岩浆侵入的结果[32]。西科 1 井锆石年龄与琛科 2 井所获得的继承锆石年龄相近，表明它们可能记录了相似的岩浆事件。晚中生代在华南板块广泛分布的燕山期构造-岩浆事件可能也波及南海的微地块。

早中生代锆石颗粒有 6 颗（255～196Ma），这些锆石颗粒记录了西沙群岛地区印支期构造-岩浆事件。印支期花岗岩在华南板块广泛分布，是周边多块体俯冲-碰撞-伸展作用的结果[82]。Wang 等[83]在综合了华南板块有关显生宙沉积作用、岩浆活动、构造变形和变质作用等大量地质观察的基础上，提出华南板块中生代构造演化模式，将印支运动分为早、晚两期（即早—中三叠世和晚三叠世），并认为印支运动早期随着古特提斯洋的关闭，造成三叠纪的陆内造山。本研究所获得的印支期继承锆石年龄与华南大陆印支期岩浆活动相一致，这些岩浆活动可能是从碰撞到伸展多板块汇聚的结果[82]。

早古生代继承锆石只有 1 颗，与之相应的岩浆岩在华南板块广泛出露。早古生代岩浆岩以花岗岩为主，主要分布在华夏地块。华南板块早古生代构造岩浆活动为一次陆内板块之间的相互作用[84]。本研究共获得了 3 颗新元古代继承锆石（808～749Ma）。华南板块新元古代岩浆作用主要发生在江南造山带区域。在华夏块体，新元古代岩体仅零星地出露[85, 86]。该期次岩浆事件对应于罗迪尼亚（Rodinia）超大陆的裂解和雪球事件[85, 87, 88]。此外，鄢全树等[37]在中沙群岛花岗岩中发现了一颗年龄为 656.7Ma 的残余锆石核，表明南海散落的微地块可能广泛存在前寒武纪结晶基底。1185Ma 继承锆石年龄相当于格林威尔造山事件。在华夏地块南部，中元古代继承锆石和碎屑锆石都有报道[89, 90]。Wang 等[90]认为，华夏地块的南部曾经存在或非常靠近一个年轻的格林威尔造山带，华南板块在罗迪尼亚超大陆的位置更可能是位于印度和东南极附近。

琛科 2 井共发现了 2 颗古元古代锆石 [（1817±28）Ma 和（2440±19）Ma]，这是首次在西沙群岛地区发现古元古代的锆石。2.5Ga 对应于全球陆核的生长事件，1.8Ga 属于哥伦比亚（Columbia）超大陆的聚合-裂解信息。华夏地块的太古代锆石主要见于碎屑锆石和继承锆石，尚未见太古代地质体。部分学者认为，华夏地块发现的太古代继承锆石来自华夏地块未出露的太古代地质体[36, 91-95]，并推测华夏地块深部存在太古代地壳。但华夏地块至今尚未发现出露太古代地质体。华夏地块最古老的岩石为浙江省八度群。Li 等[96]对华夏地块碎屑锆石进行了研究，认为华夏地块太古代碎屑锆石主要来自东南极洲而不是华夏地块自身，华夏地块并不存在太古代结晶基底。

总的来说，琛科 2 井所获继承锆石年龄与华南板块相一致，表明散落在南海中的微板块可能与华南板块具有亲缘关系[47, 48]。这些微板块可能曾经与华南板块连接在一起[97]。自新生代以来，由于南海岩石圈的拉张和减薄，这些微板块发生了旋转和位移，并运移到现在位置[8]。华南板块可以看作冈瓦纳古陆的一部分[88, 96, 98, 99]。综上所述，南海基底含有前寒武纪物质，并经历了后期多期次构造-岩浆活动。

第四节　琛科 2 井基底岩石矿物化学特征研究

一、分析测试方法

单斜辉石和橄榄石微区元素含量分析在中国科学院地球化学研究所矿床地球化学国家重点实验室利用 LA-ICP-MS 分析完成。激光剥蚀系统为 Coherent 公司生产的 193nm 准分子激光系统，ICP-MS 为 Agilent 7700x。激光剥蚀过程中采用氦气作为载气，氦气和氩气通过一个"T"形接头混合后进入 ICP-MS 中。每个采集周期包括大约 30s 的空白信号和 50s 的样品信号。以美国地质勘探局（USGS）参考玻璃（如 NIST 610、BCR-2G、BIR-1G 和 BHVO-2G）为校正标准，采用多外标、无内标法[52]对元素含量进行定量计算。这些 USGS 参考玻璃中元素含量的推荐值参考 GeoReM 数据库（http://georem.mpch-mainz.gwdg.de/）。对分析数据的离线处理（包括对样品信号和空白信号的选择、仪器灵敏度漂移校正、元素含量计算）采用软件 ICPMSDataCal 完成[52, 53]。

二、单斜辉石矿物化学特征

（一）测试结果

1. 单斜辉石主量元素组成

单斜辉石化学成分为：Al_2O_3=5.33% ～ 11.18%，FeO=6.05% ～ 8.22%，MgO=10.79% ～ 14.46%，CaO=22.5% ～ 23.73%，MnO=0.12% ～ 0.15%，TiO_2=2.13% ～ 4.78%。单斜辉石主量元素组成变化较大，表明它们可能经历了较强的分离结晶作用。单斜辉石 $Fe^{2+}/(Fe^{2+}+Fe^{3+})$ 值很高，为 0.64 ～ 0.96，平均值为 0.8，指示其岩体具有低氧逸度的特点；$Ca/(Ca+Mg+Fe)$ 值为 0.47 ～ 0.52($Fe=Mn+Fe^{2+}+Fe^{3+}$)，平均值为 0.49，表明单斜辉石具有较高的 Ca 含量。总体来看，单斜辉石主量元素组成变化较大，具有高 Al、Ti、Ca 的特征。

根据 Morimoto[100]的辉石分类命名方案，琛科 2 井所有的单斜辉石为 Ca-Mg-Fe^{2+} 单斜辉石系列

（图 2.5a）。在 Wo-En-Fs 图中，单斜辉石大多位于透辉石区，少数落在深绿辉石区（图 2.5b）。琛科 2 井玄武质火山碎屑岩单斜辉石主要离子相关性图解（图 2.6）显示，Al（$Al^{IV}+Al^{VI}$）、Ti 和 Mg 具有较强的负相关性（$r=-0.98$，$r=-0.97$），Si 和 Mg 具有较强的正相关性（$r=0.95$）。

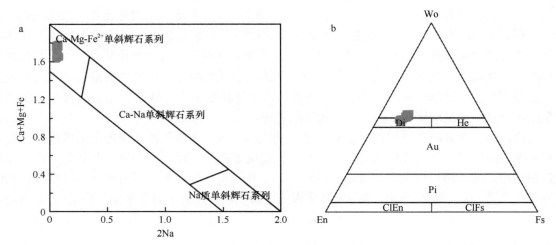

图 2.5　单斜辉石 J–Q 系列（Q=Ca+Mg+Fe，J=2Na）图解和单斜辉石分类图解（底图来自文献[100]）
a. 2Na–Ca+Mg+Fe 图解；b. Wo-En-Fs 图解

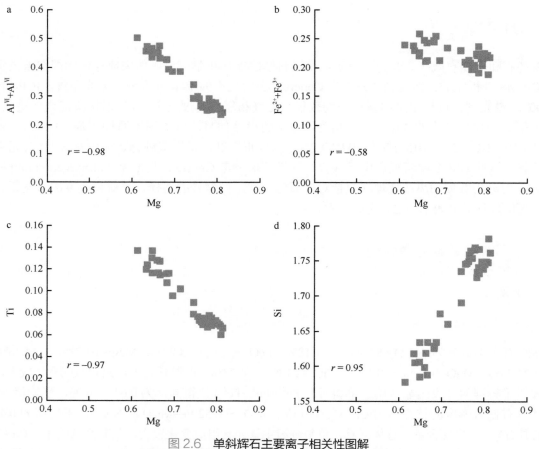

图 2.6　单斜辉石主要离子相关性图解
a. Mg–($Al^{IV}+Al^{IV}$)；b. Mg–($Fe^{2+}+Fe^{3+}$)；c. Mg–Ti；d. Mg–Si

2. 单斜辉石微量元素组成

单斜辉石稀土元素含量（ΣREE）变化范围为 $10^4 \sim 215ppm$，平均为 145ppm。单斜辉石稀土元素球粒陨石标准化配分模式呈现明显的轻稀土元素（LREE）富集特征（图 2.7），LREE/HREE（轻稀土元素与重稀土元素的比值）$=3.56 \sim 5.14$，$(La/Yb)_N=2.56 \sim 5.1$。这种倒 "U" 形稀土元素配分模式可能与流体 / 熔体之间的相互作用有关[101]。单斜辉石 δEu 变化较大（范围为 $0.85 \sim 0.98$，平均值为 0.92），总体上不显示明显的 Eu 异常。岩石中稀土元素 Eu 的富集与亏损主要取决于含钙造岩矿物的聚集和迁移，进一步受造岩作用的条件制约。含钙造岩矿物主要有偏基性的斜长石、磷灰石和含钙辉石，这类矿物中 Ca^{2+} 的离子半径与 Eu^{2+}、Eu^{3+} 相近，且与 Eu^{2+} 的电价相同，故晶体化学性质决定了 Eu 主要以类质同象的形式进入斜长石、磷灰石、单斜辉石等造岩矿物。弱 Eu 异常表明，在岩浆演化过程中斜长石分离结晶作用弱，这与岩相学所观察到的斜长石斑晶少相一致。

在单斜辉石微量元素原始地幔标准化蛛网图上，多数样品（除了样品 170h-15）具有相似的配分模式（图 2.8）。样品 170h-15 具有明显的 Pb 正异常。由于 Pb 主要以类质同象的形式存在，因此我们认为这可能反映了类质同象程度的差异。然而，这需要进一步的研究工作来证实。大离子亲石元素（Sr 和 Ba）呈现明显亏损特征。Sr 和 Ba 是碱土金属族分散元素，它们在岩浆岩中不易形成独立矿物，大多与 K 和 Ca 呈类质同象替代关系，在火成岩类岩石中主要富集于碱性长石、斜长石等富 K、Ca 矿物相中。Sr 和 Ba 的亏损可能是早期结晶的少量斜长石造成或岩体来源于亏损地幔[102]。此外，在原始地幔标准化蛛网图上，Nb/Ta 分馏明显，Nb 显示负异常，Ta 显示正异常，这与它们在单斜辉石和玄武岩熔体间的分配系数相符，表明造成其分馏的原因主要是单斜辉石结晶分异作用。

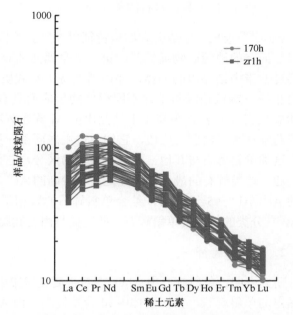

图 2.7　单斜辉石稀土元素球粒陨石标准化配分曲线图[103]

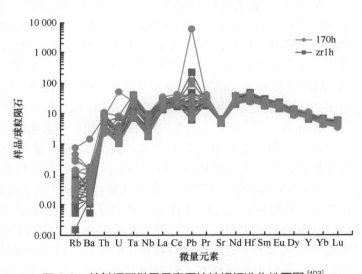

图 2.8　单斜辉石微量元素原始地幔标准化蛛网图[103]

（二）讨论

1. 单斜辉石与寄主岩石的关系

Wass[104] 根据化学成分和结构特征以及实验数据，将单斜辉石分为四大类：第一类是 Cr 透辉石，代表偶然捕获的地幔矿物捕掳晶；第二类是偶然捕获的 Al 普通辉石或次透辉石，是玄武质岩浆在地幔或壳幔过渡带中结晶出的晶体，并由后期寄主玄武质岩浆携带到地表，这些 Al 普通辉石或次透辉石由于在固相线下颗粒边缘与熔体不同程度的反应而具有多种结构，如出熔、重结晶及变质结构；第三类是原始碱性玄武质岩浆在高压下结晶出的 Al 普通辉石和次透辉石，围绕浑圆状或棱角状 Al 普通辉石碎块普遍发育有灰白色反应边，它们与寄主岩同源；第四类是由玄武质岩浆在低压下结晶出的单斜辉石斑晶，这类单斜辉石与其他三类辉石很容易区分，它们颗粒小、呈自形晶，矿物颗粒边缘缺乏反应现象及生长边。这类辉石的最显著特征是具有较高的 Al^{IV}/Al^{VI}。琛科 2 井玄武质火山碎屑岩中单斜辉石具有较高的 Al^{IV}/Al^{VI}（5～105），结合单斜辉石的岩相学特征（图 2.2）我们认为，琛科 2 井中的单斜辉石属 Wass[104] 分类的第四类单斜辉石，即它们是由玄武质岩浆在低压下结晶出的单斜辉石斑晶。

2. 母岩浆特征

研究表明，单斜辉石中 Al_2O_3 含量主要受岩浆中 SiO_2 含量控制[5, 105-107]。过饱和的拉斑玄武质岩浆中结晶出的单斜辉石，其四面体中 Si 含量较高，而 Al 含量较低；来自不饱和碱性玄武质岩浆中的单斜辉石，其四面体中 Si 含量较低，而 Al 含量较高[104, 105, 108]。透辉石中 Al_2O_3 含量一般为 1%～3%[109]。琛科 2 井单斜辉石具有较高的 Al_2O_3 含量（5.33%～11.18%）、较低的 SiO_2 含量（41.44%～47.02%），表明这些单斜辉石可能结晶于不饱和的碱性岩浆。根据 Gibb[110] 的理论，碱性岩浆中辉石的高 Ca 特征是熔体中 Si 含量较低的结果。琛科 2 井单斜辉石具有非常高的 Ca 含量，Ca/(Ca+Mg+Fe) 值为 0.47～0.52，即琛科 2 井单斜辉石是低 Si 岩浆结晶形成。

单斜辉石 Al 的配位与温度、压力具有密切的关系，具有很重要的标型意义[100]。高温低压条件有利于 Al 在四次配位中替代 Si，而低温高压条件有利于 Al 在六次配位中替代其他阳离子[111]。然而，岩浆结晶分异的演化过程，是六次配位 Al 增加的过程，由地幔到地壳是 Al 由六次配位向四次配位转化的过程[109]。Al^{IV}/Al^{VI} 随着结晶压力的降低而增大[104, 112, 113]。琛科 2 井单斜辉石 Al^{IV} 为 0.22～0.42，平均值为 0.3，Al^{IV}/Al^{VI} 变化较大（范围为 5.1～105.7，平均值为 19.36）。高 Al^{IV}/Al^{VI} 表明琛科 2 井单斜辉石可能形成于压力较低的结晶环境。因此，在 Al^{VI}-Al^{IV} 协变图上，样品都落在低压区域（图 2.9a）。

Verhoogen[107] 研究了岩浆岩中 Ti 在硅酸盐和氧化物之间的分配，发现辉石结晶时的温度越高，则 Ti 含量越高。琛科 2 井单斜辉石具有较高的 TiO_2 含量（2.13%～4.78%），表明琛科 2 井单斜辉石的结晶温度相对较高。在单斜辉石 SiO_2-Al_2O_3 图解中，所有样品都落入碱性-过碱性岩区（图 2.9b）。在单斜辉石 Ti-Ca+Na 图解中，所有样品都落入碱性岩区（图 2.9c），表明其母岩浆可能为碱性岩浆。主量元素分析显示，单斜辉石具有较高的 Al、Ti 含量，这也与碱性岩浆演化趋势相一致。

已有的研究表明，通常拉斑玄武岩浆中结晶出的辉石有单斜辉石和斜方辉石，且单斜辉石的 Ca 含量低[108]；而碱性岩浆中往往只存在单斜辉石，很少发现斜方辉石，且单斜辉石 Ca 含量高，多为透辉石。琛科 2 井主要为单斜辉石，斜方辉石很少，同时单斜辉石 Ca 含量很高，表明琛科 2 井单斜辉石母岩浆为碱性岩浆。此外，邱家骧和廖群安[115] 对火山岩中单斜辉石的研究发现，在碱性系列岩石中，单斜辉石向贫 En 富 Wo 方向演化，而在亚碱性系列岩石中，单斜辉石向贫 Wo 富 Fs 方向演化。钛辉石是碱性玄武岩的标志特征。琛科 2 井单斜辉石具有高 Ti、Wo 和低 En 特征，表明单斜辉石母岩浆为碱性岩浆，这与单斜辉石母岩浆判别图解相一致。

单斜辉石微量元素组成可以用来探讨其母岩浆的成因。稀土元素在单斜辉石中主要以类质同象的形

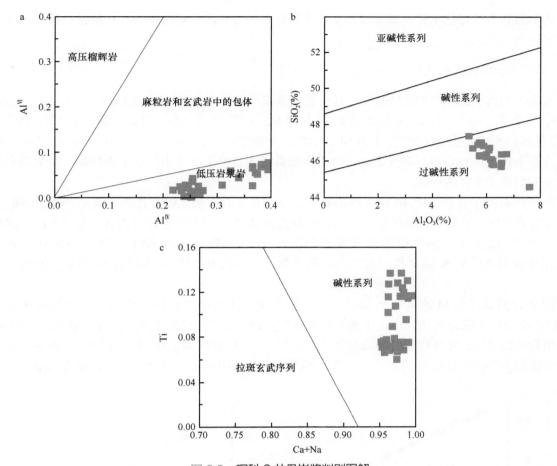

图 2.9　琛科 2 井母岩浆判别图解

a. 单斜辉石 Al^{VI}–Al^{IV} 图解（底图引自文献[108]）；b. 单斜辉石 SiO$_2$–Al$_2$O$_3$ 图解（底图引自文献[114]）；c. 单斜辉石 Ti–Ca+Na 图解（底图引自文献[114]）

式存在。琛科 2 井中单斜辉石属于 Ca-Mg-Fe 系列，为稀土元素的广泛类质同象替代提供了前提条件。辉石中类质同象的等价或不等价、完全或不完全的阳离子置换十分广泛和复杂。琛科 2 井单斜辉石微量元素变化可能反映了类质同象程度的差异，这可能是分离结晶作用的结果。琛科 2 井单斜辉石稀土元素球粒陨石标准化配分曲线图和微量元素原始地幔标准化蛛网图均呈相似的配分模式，即 LREE 富集，Sr、Ba、Ta 亏损，Nb 富集，表明这些单斜辉石来自相似的母岩浆。根据单斜辉石的化学成分以及 Hauri 和 Hart[101] 与 Hart 和 Dunn[116] 实验获得的分配系数，估算了母岩浆的微量元素组成（图 2.10）。计算结果显示，母岩浆具有强烈的 LREE 富集的特征，这与南海及其周边地区新生代碱性玄武岩稀土元素配分模式相似。

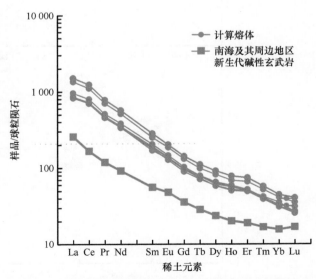

图 2.10　单斜辉石母岩浆稀土元素球粒陨石标准化配分曲线图（南海及其周边地区新生代碱性玄武岩数据引自文献[117]）

上述单斜辉石地球化学特征揭示琛科 2 井单斜辉石母岩浆属于碱性系列，其特征是高温、低压、富Ca、贫 Si、低氧逸度。

3. 辉石类质同象置换关系

辉石族矿物属于链状结构硅酸盐类，其一般化学式可以用 $A(M2)B(M1)T_2O_6$ 表示。其中，A 为 Ca^{2+}、Na^+、Mg^{2+}、Fe^{2+}、Mn^{2+}、Li^+，在晶体结构中占据 M2 位置；B 为 Mg^{2+}、Fe^{2+}、Mn^{2+}、Al^{3+}、Fe^{3+}、Cr^{3+}、Ti^{4+}，在晶体结构中占据 M1 位置；T 为 Si^{4+}、Al^{3+}，少数情况下有 Fe^{3+}、Cr^{3+}、Ti^{4+} 等，在晶体结构中占据硅氧骨干中的四面体位置。研究表明，辉石中阳离子的置换主要是由电价平衡控制，少量的阳离子置换受温度和阳离子半径的控制。

在单斜辉石离子置换 Al^{IV}-Si 相关性图解上，Al^{IV} 和 Si 具有明显的线性相关关系，所有数据点沿直线 $y=2-x$ 分布（图 2.11a），指示单斜辉石四面体位置由 Si 不足引起的空缺是由 Al^{IV} 来填充的。同时，部分 Al^{VI} 代替 ^{M1}Mg 进入八面体位置形成契尔马克分子（$CaMgAl^{VI}Al^{IV}SiO_6$，$^{M1}Mg+^TSi=Al^{IV}+Al^{VI}$）以补偿四面体位置 Al^{IV} 对 Si 的替代引起的电荷不平衡。进入八面体的 Al 占所有 Al 的 0 ~ 16%，平均值为 9%。

四面体位置 Al^{IV} 对 Si 的替代引起的电荷不平衡除了由 Al^{VI} 来补偿，还需要少量其他离子（Ti^{4+}，Fe^{3+}）进入八面体才能完全达到电荷平衡。研究表明，Fe^{3+} 比 Ti^{4+} 优先进入八面体，且八面体的 Ti 只有很少量用来补偿 Al 对 Si 替代所引起的多余负电荷[100, 118]。Ti 替代 Mg 的置换方程为：$^{M1}Mg +^T2Si = ^{M1}Ti+^T2Al$。尽管 Mg+2Si 和 Ti+2Al 具有很好的线性相关关系（$r=-0.996$）（图 2.11b），但是进入单斜辉石八面

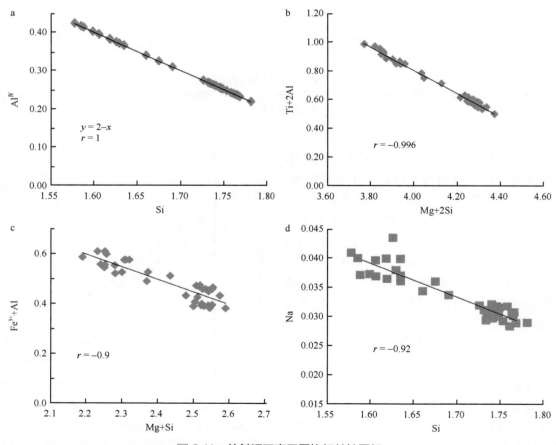

图 2.11　单斜辉石离子置换相关性图解

体中的 Ti 只有少部分用于补偿多余电荷，大多数与平衡电荷无关，而是以 Ca+Mg=Na+Mg$_{0.5}$Ti$_{0.5}$ 的替代反应形式形成钛辉石，即 Na(Mg$_{0.5}$Ti$_{0.5}$)[Si$_2$O$_6$]。因此，除了 Al^{VI}，主要是 Fe^{3+} 进入八面体，相应的替代反应式为：^{M1}Mg+^{T}Si=^{M1}Fe^{3+}+^{T}Al^{IV}，形成钙铁铝辉石，即 CaFeAlSiO$_6$。在图 2.11c 中，Mg+Si 和 Fe^{3+}+Al 呈明显的负相关关系（r=−0.9），表明 Ti^{4+} 进入八面体以补偿 Al-Si 替代引起的电荷不平衡。此外，在图 2.11d 中，Na 和 Si 呈明显的负相关关系（r=−0.92），表明在单斜辉石的形成和演化过程后期伴随着 Na 与 Fe^{3+} 发生 Ca+Mg=Na+Fe^{3+} 替代。

单斜辉石的 Al^{IV} 含量由结晶时岩浆中的 SiO$_2$ 含量决定[107]，琛科 2 井玄武质火山碎屑岩母岩浆属于 Si 不饱和系列，造成单斜辉石在结晶时，四面体位置的 Si 不足，而由 Al^{IV} 来补充，即 Al^{IV} 进入四面体是充填 Si 不足引起的空缺，而四面体位置 Al^{IV} 对 Si 的替代所导致的电荷不平衡，则要由八面体位置的 Al^{VI}、Fe^{3+} 和 Ti^{4+} 补偿。低氧逸度暗示着 Fe^{3+} 的主要作用是平衡电荷。大多数 Ti 进入八面体位置形成钛辉石。由 Al^{IV} 对 Si 的替代引起的电荷不平衡主要由 Fe^{3+} 来补偿。

4. 构造环境判别

Nisbet 和 Pearce[119] 利用单斜辉石主量元素组成建立了两个判别图解用来研究母岩的构造环境，即 F1-F2 图解和 TiO$_2$-MnO-Na$_2$O 图解。这两个判别图解可以很好地区分形成于不同构造环境的单斜辉石，包括板内拉斑玄武岩（WPT）、板内碱性玄武岩（WPA）、火山弧玄武岩（VAB）和洋底玄武岩（OFB）。由于板内碱性玄武岩具有低 Si 和高 Ti、Na 的特征，这两个判别图解在板内碱性玄武岩鉴别上得到了很好的应用[119]。在 F1-F2 图解中，单斜辉石的成分主要投影在板内碱性玄武岩区（图 2.12a）。在 TiO$_2$-MnO-Na$_2$O 图解中，所有分析点都落在板内碱性玄武岩区（图 2.12b），表明琛科 2 井基底玄武质岩石形成于板内构造环境，属于板内碱性玄武岩。Aparicio[120] 基于单斜辉石地球化学成分，提出了系列判别图解，用来研究岩体形成的构造环境。这些判别图解可以很好地区分板内火山作用和俯冲带火山作用。在图 2.13 中，所有样品都落在洋岛玄武岩（OIB）区，进一步表明琛科 2 井玄武质岩石主要形成于板内构造环境。

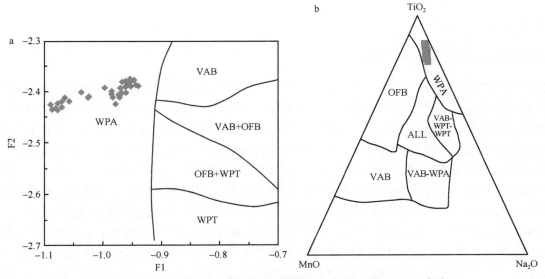

图 2.12 琛科 2 井单斜辉石构造环境判别图解（底图引自文献[119]）
a. F1-F2 图解；b. TiO$_2$-MnO-Na$_2$O 图解
WPT− 板内拉斑玄武岩；WPA− 板内碱性玄武岩；VAB− 火山弧玄武岩；OFB− 洋底玄武岩；ALL− 全部玄武岩

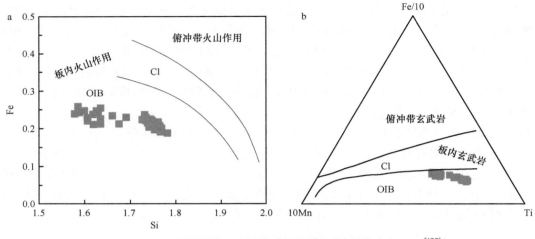

图 2.13 琛科 2 井单斜辉石构造环境判别图解（底图引自文献[120]）
a. Si-Fe 图解；b. Fe/10-10Mn-Ti 图解
OIB- 洋岛玄武岩；CI- 减薄陆壳碱性火山作用

三、橄榄石矿物化学特征

（一）测试结果

橄榄石主量元素变化不大，如 SiO_2 含量为 33.38% ~ 37.81%，MgO 含量为 45.74% ~ 49.81%，NiO 含量为 0.13% ~ 0.29%，MnO 含量为 0.17% ~ 0.28%，CaO 含量为 0.15% ~ 0.3%。橄榄石的一些重要参数除 Cr# 值（100×Cr/Cr+Al）在 19 ~ 42 有较大波动外，其他参数均变动不大，如 Fo 值［100Mg(Mg+Fe)］为 81 ~ 86，Mg# 值［$100mg^{2+}/(fe^{2+}+mg^{2+})$］为 71 ~ 77。Ni 含量一般为 1300 ~ 1600μg/g，高值存在于 zr2G-02 与 zr2G-12 样品中，分别为 2232.786μg/g、2208.311μg/g。

（二）讨论

1. 橄榄石地幔捕掳晶与斑晶种类判别

橄榄石是镁铁质-超镁铁质岩浆中常见的矿物，也是最早晶出的造岩矿物，能够对示踪地幔结构、组成和演化提供重要制约[121, 122]。在利用橄榄石进行地球化学示踪时，首先就是要对橄榄石的种属进行判别及对其源区进行识别。因为在许多火山岩中会存在大量的橄榄石捕掳晶，如金伯利岩中的橄榄石为多种成因来源的捕掳晶与斑晶的混合体，包括地幔来源捕掳晶、岩浆成因斑晶以及某些未知确切来源的斑晶，其中地幔来源捕掳晶可以来自岩石圈的不同深度和位置[123]。橄榄石的 CaO 含量也是判断其是来源于岩浆结晶作用还是属于地幔来源捕掳晶的一个重要指标。根据世界范围岩浆结晶橄榄石和地幔橄榄石捕掳晶的成分对比，岩浆结晶橄榄石 CaO 含量普遍高于 0.2%[124]，但地幔橄榄石捕掳晶 CaO 含量较低，通常低于 0.1%。将琛科 2 井玄武质岩石中橄榄石 CaO 含量进行投图[125]，均落于熔融结晶区，CaO 含量与 Fo 值不存在相关性（图 2.14），表明研究区样品橄榄石是从熔体中结晶形成的斑晶，而非地幔橄榄石捕掳晶。Foley 等[125]提出，Ca、Al、Ti、Ni 这几种微量元素的含量也可以有效区分橄榄石捕掳晶和斑晶（表 2.1）。因此，通过对样品 Ca、Al、Ti、Ni 含量的对比，这些元素含量均落于表 2.1 中斑晶范围内，进一步证实了西沙群岛琛科 2 井橄榄石为岩浆成因斑晶。

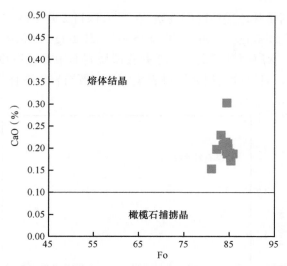

图 2.14　南海西沙群岛玄武质火山岩中橄榄石岩浆 CaO-Fo 图（底图引自文献[126]）

表 2.1　橄榄石捕掳晶与斑晶中部分元素含量对比

	捕掳晶	斑晶
Ti	通常 <70μg/g，部分经历交代作用的橄榄石会出现更高的值	含量变化大，可达 340μg/g
Ni	2200～3400μg/g	在小于 2200μg/g 及大于 3400μg/g 的区间皆存在，个别区域可达 9000μg/g
Al	<130μg/g（80% 统计数据）	可达 800μg/g
Ca	<700μg/g	>700μg/g
Na、Cr	没有明显的区分，但有助于识别不同的构造背景	

注：数据源自文献[125]

　　橄榄石是斜方晶系中结构相对简单的一种镁铁硅酸盐矿物。岩石学相关研究表明，在岩浆结晶分异过程中，分配系数 Kd（0.30±0.03）存在于玄武质岩浆与堆晶橄榄石之间的二价 Fe、Mg 元素中，且该系数几乎不受外部因素（温度、压力）及内部因素（熔体）的影响[123]。因此，Fo 值可作为判别橄榄石来源的重要指标。通常认为，具有较低 Fo 值且自形程度较好的橄榄石为岩浆成因斑晶，而具有高 Fo 值的浑圆状橄榄石一般为捕掳晶[127]。本研究区中所获样品的 Fo 值普遍偏低（约为 85），与上述研究区域橄榄石为岩浆成因斑晶相一致。

2. 源区岩石组合特征

　　玄武岩中的橄榄石斑晶被认为是区分玄武质岩浆源区母岩的良好指示剂[128, 129]。Ni 相容于橄榄石，而 Ca 在辉石中的分配系数较大，导致辉石岩源区部分熔融产生的熔体具有较高的 Ni 含量和较低的 CaO 含量，而从中结晶的橄榄石斑晶也具有较高的 Ni 含量和较低的 CaO 含量。Mn 在石榴石中的分配系数较大，而石榴石这种矿物在辉石岩中比在橄榄岩中所占的比例更大，因此，橄榄岩源区部分熔融产生的熔体具有更高的 MnO 含量和更低的 Fe/Mn 值[130]。Sobolev 等[128, 129] 研究发现，大陆溢流玄武岩中橄榄石斑晶的 Mn 含量低于洋中脊玄武岩中橄榄石斑晶，这一特征反映了二者地幔源区成分存在差异，前者起源于辉石岩地幔，后者是橄榄岩源区部分熔融的产物。Howarth 和 Harris[131] 使用 Mn/Zn 和 10 000Zn/Fe 成功识别出卡鲁与伊滕德卡橄榄石分别代表橄榄岩源区和辉石岩源区，并提出 Mn/Zn 和 10 000Zn/Fe 可以作为区分辉石岩源区和橄榄岩源区的有效判别指标。橄榄石的 Mn/Fe 和 Zn/Fe 可以近似代表其地幔来源岩浆的相应比值，可用来判断其地幔源区的性质[132, 133]。琛科 2 井玄武质岩石中橄榄石 Ni 含量最高为 2200μg/g，Ca 含量为 1100 ～ 2100μg/g，Mn 含量为 1500 ～ 2100μg/g，总体上 Ca 和 Mn 的含量较低。在 100Mn/Fe-100Ni/Mg 图解中，南海西沙群岛琛科 2 井玄武质岩石中橄榄石投点均位于辉石岩与橄榄岩两大源区之间（图 2.15）。因此，可以确定研究区母岩浆中存在辉石岩熔融体组分的贡献。

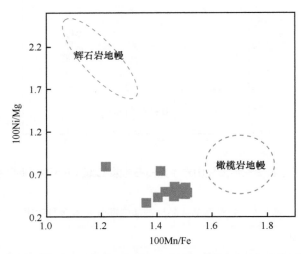

图 2.15　琛科 2 井玄武质岩石中橄榄石 100Mn/Fe-100Ni/Mg 图解（底图引自文献[128]）

第五节　琛科 2 井基底岩石地球化学特征研究

一、分析测试方法

本研究采用 LA-ICP-MS 分析方法对琛科 2 井基底岩石（314 样品）进行全岩地球化学分析。样品选择要满足以下两个条件：其一，通过镜下观察保证样品没有受到很严重的蚀变和后期外界因素的改造；其二，尽量挑选细粒的、矿物颗粒分布均匀的样品。全岩 LA-ICP-MS 分析在中国科学院地球化学研究所矿床地球化学国家重点实验室利用 LA-ICP-MS 分析完成。激光剥蚀系统为 Coherent 公司生产的 193nm 准分子激光系统，ICP-MS 为 Agilent 7700x。激光剥蚀过程中采用氦气作为载气，氦气和氩气通过一个 "T" 形接头混合后进入 ICP-MS 中。每个采集周期包括大约 30s 的空白信号和 50s 的样品信号。以 USGS 参考玻璃（如 NIST 610、BCR-2G、BIR-1G 和 BHVO-2G）为校正标准，采用多外标、无内标法[52] 对元素含量进行定量计算。这些 USGS 玻璃中元素含量的推荐值参考 GeoReM 数据库（http://georem.mpch-mainz.gwdg.de/）。对分析数据的离线处理（包括对样品信号和空白信号的选择、仪器灵敏度漂移校正、元素含量计算）采用软件 ICPMSDataCal 完成[52, 53]。

二、岩石地球化学特征

本次研究的碱性玄武岩 SiO_2 含量变化不大（范围为 42.12% ～ 46.36%，平均值为 44.55%），Al_2O_3 含量中等（范围为 11.42% ～ 15.41%，平均值为 13.73%），FeOT 含量为 12.79% ～ 18.95%，平均值为 14.5%，MgO 含量为 15.01% ～ 19.26%，平均值为 16.65%，Mg# 值的变化范围为 45% ～ 57%，TiO_2 含

量为 1.74% ～ 7.48%，平均值为 2.75%。在火山岩化学成分分类（TAS）图解中，样品主要落在苦橄玄武岩和玄武岩区域，且属于碱性系列（图 2.16a）。由于蚀变过程中 K、Na 等碱金属元素较活泼，用 TAS 图解可能会产生偏差。为避免海水蚀变对岩性判断的影响，再次利用 Nb/Y-SiO_2 图解来进行分类，结果显示，琛科 2 井基底玄武质岩石样品落在碱含量较高的碱玄岩-霞石岩区域（图 2.16b）。

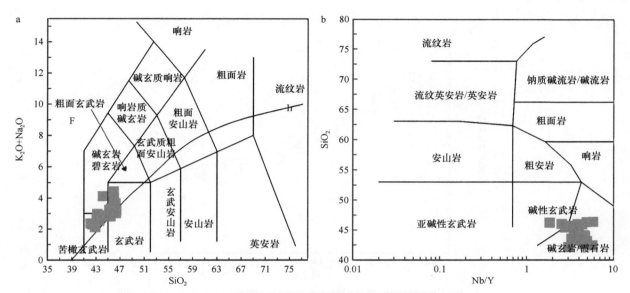

图 2.16　琛科 2 井基底玄武质岩石分类命名图解
a. TAS 图解（底图引自文献[134]）; b. SiO_2-Nb/Y 图解（底图引自文献[135]）

在琛科 2 井基底玄武质岩石微量元素原始地幔标准化蛛网图中，微量元素均呈现相似的分布规律（图 2.17）。Ba、Sr 大离子亲石元素（LILE）相对亏损，Th、U、Ta、Nb 高场强元素（HFSE）和 Pb 元素相对富集，总体上显示洋岛玄武岩的地球化学特征。琛科 2 井基底玄武质岩石稀土元素总量变化较大，ΣREE=178.57 ～ 388.71μg/g，平均值为 288.11μg/g。

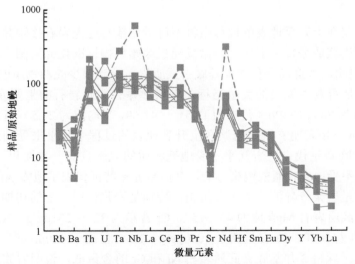

图 2.17　琛科 2 井基底玄武质岩石微量元素原始地幔标准化蛛网图[103]

在琛科 2 井基底玄武质岩石稀土元素球粒陨石标准化配分曲线图上，稀土元素分布模式为右倾轻稀土元素富集型（图 2.18）。LREE/HREE 变化范围为 11.89 ~ 19.94（平均值为 14.37），(La/Yb)$_N$ =19.22 ~ 36.05（平均值为 25.78），表明轻重稀土存在较高程度的分馏，可能反映岩浆源区部分熔融程度相对较低。δEu 变化范围为 0.89 ~ 1.04，平均值为 0.96，无明显的 Eu 异常，表明在岩浆形成和演化过程中几乎不存在斜长石的分离结晶作用。

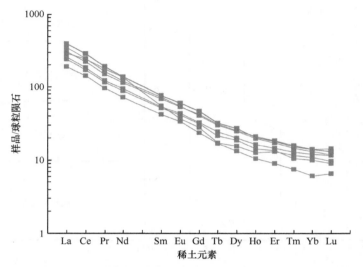

图 2.18　琛科 2 井基底玄武质岩石稀土元素球粒陨石标准化配分曲线图[103]

综上所述，本研究区的南海西沙群岛新生代玄武质岩石具有轻稀土元素富集、重稀土元素亏损的特征，与洋岛玄武岩的配分模式很相似[103]，但又远远比洋岛玄武岩的稀土元素富集。

三、岩石成因

（一）壳源物质混染与结晶分异

位于地下深处的岩浆在上升至地表的过程中将不可避免地与地壳岩石接触并可能与围岩发生物质的混合与交换，从而导致岩浆成分发生变化。在微量元素原始地幔标准化蛛网图上，研究区样品相对富集高场强元素 Nb、Ta，表明西沙群岛琛科 2 井基底玄武质岩石受到很少壳源物质的混染。Nb/Pb、Ta/U 和 Ce/Pb 比值是判断岩浆是否发生混染的灵敏指标。琛科 2 井玄武质岩石的主要元素比值 Nb/U（范围为 20.73 ~ 202.45，平均值为 78）、Ce/Pb（范围为 11.51 ~ 41.69，平均值为 21.5）明显大于大陆地壳（Nb/U =6.15，Ce/Pb=3.91），进一步表明玄武质岩浆在上升到地表的过程中几乎未受到地壳混染。此外，其与整个南海及周缘地区的晚新生代玄武岩几乎不受地壳物质的混染具有一致性[117, 136]。综上所述，琛科 2 井基底玄武质岩石几乎不受地壳物质的混染影响，其微量元素特征代表了地幔源区特征。

分离结晶作用通常是岩浆分异演化的重要机制，特别是岩浆作用过程的初期阶段和岩浆来源较深的情况。琛科 2 井基底玄武质岩石 Mg# 值为 45 ~ 57、Cr 含量为 32 ~ 231μg/g、Ni 含量为 60 ~ 284μg/g，远低于原始岩浆 Mg# 值大于 70、Cr 含量高于 1000μg/g、Ni 含量高于 400μg/g[136-138]，表明其原始岩浆可能经历了分离结晶作用。琛科 2 井基底玄武质岩石 Ni 和 Cr 的含量低，说明岩浆发生过橄榄石、单斜辉石以及钛铁氧化物的分离结晶，整体上没有明显的 Eu 负异常（δEu=0.89 ~ 1.04），表明斜长石分离结晶较弱。

（二）构造环境

琛科 2 井基底玄武质岩石为碱性玄武岩，具有类似洋岛玄武岩的稀土元素配分模式和原始地幔标准化图解。HFSE（如 Nb、Ti、Th、Ta、Zr 和 Yb 等元素）一般不受热液蚀变和弱于角闪岩相变质作用的影响，是不同大地构造环境下玄武岩最有效的判别因子[103, 139, 140]。考虑到研究样品遭受到一定程度蚀变，本研究采用对蚀变作用具有较高稳定性的元素进行构造环境判别和源区性质分析。在 Hf/3-Th-Ta 和 Hf/3-Th-Nb/16 图解中，这套岩石均落在板内玄武岩区（图 2.19），表明琛科 2 井基底玄武质岩石形成于板内构造环境。此外，除样品 314-02 外（Th/Nb=0.24），其他样品的 Th/Nb 比值为 0.05 ～ 0.17，平均值为 0.1，也在大洋板内玄武岩比值范围之内[141-143]。综上，西沙群岛琛科 2 井基底玄武质岩石形成于板内构造环境。

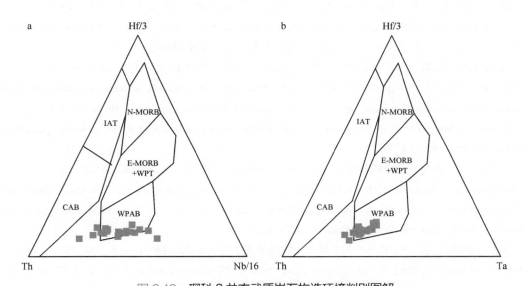

图 2.19 琛科 2 井玄武质岩石构造环境判别图解
a. Hf/3-Th-Nb/16 图解（底图引自文献[144]）; b. Hf/3-Th-Ta 图解（底图引自文献[144]）
N-MORB- 正常型洋脊玄武岩; E-MORB+WPT- 富集型洋脊玄武岩和板内拉斑玄武岩; WPAB- 板内玄武岩; IAT- 岛弧拉斑玄武岩; CAB- 钙碱性玄武岩

近年来，大量的地球物理证据显示海南地幔柱的存在。Lebedev 和 Nolet[145] 通过地震层析成像技术发现，在海南岛围区以下 470km 和 600km 深度位置存在低速区域，表明近垂直的低速柱体可从较浅部绵延至不连续面附近。Nolet 等[146] 进一步深入研究后指出，670km 以下仍存在低速位置，暗示堆积在过渡带的少量古老物质可能穿透了 660km 这一相界面。可能是来自深部核-幔边界的深地幔柱逐渐失去地幔柱尾部而使地幔柱趋于消失[147]。新的有限元 S 波速地震层析图像显示，海南下部低速柱体可延伸至 1900km[148]。此外，南海及其周边火山岩岩石地球化学资料也证实了海南地幔柱的存在[26, 118, 136, 148-152]。Liu 等[151] 模拟计算出南海地区海底上方喷发的岩浆总量为 1885.21 ～ 3078.30km³，莫霍面上方侵入岩浆总量约为 0.15Mkm³，与全球大火成岩省（LIPs）标准相似。此外，南海北部的整个海山覆盖面积达到 0.15Mkm²，超过了全球大火成岩省的标准。因此，我们推测南海存在一个新生代大火成岩省，其成因可能与海南地幔柱有关，而琛科 2 井基底玄武质岩石可能是海南地幔柱活动的产物。

参 考 文 献

[1] Xu W C, Zhang H F, Liu X M. U-Pb zircon dating constraints on formation time of Qilian high-grade metamorphic rock and its tectonic implications. Chinese Science Bulletin, 2007, 52(7): 531-538.

[2] Zhang H F, Jin L L, Zhang L, et al. Geochemical and Pb-Sr-Nd isotopic compositions of granitoids from western Qinling belt: constraints on basement nature and tectonic affinity. Science in China Series D: Earth Sciences, 2007, 50(2): 184-196.

[3] Zhao G C, Zhai M G. Lithotectonic elements of Precambrian basement in the North China Craton: review and tectonic implications. Gondwana Research, 2013, 23(4): 1207-1240.

[4] 解超明, 李才, 王明, 等. 藏北聂荣微陆块的构造亲缘性——来自LA-ICP-MS锆石U-Pb年龄及Hf同位素的制约. 地质通报, 2014, 33(11): 1778-1792.

[5] Tang D M, Qin K Z, Chen B, et al. Mineral chemistry and genesis of the Permian Cihai and Cinan magnetite deposits, Beishan, NW China. Ore Geology Reviews, 2017, 86: 79-99.

[6] 陈海云, 于建国, 舒良树, 等. 济阳坳陷构造样式及其与油气关系. 高校地质学报, 2005, 11(4): 622-632.

[7] 刘海龄, 阎贫, 张伯友, 等. 南海前新生代基底与东特提斯构造域. 海洋地质与第四纪地质, 2004, 24(1): 15-28.

[8] 刘海龄, 杨恬, 朱淑芬, 等. 南海西北部新生代沉积基底构造演化. 海洋学报, 2004, 26(3): 54-67.

[9] 邓军, 王庆飞, 黄定华, 等. 鄂尔多斯盆地基底演化及其对盖层控制作用. 地学前缘, 2005, 12(3): 91-99.

[10] Gao F H, Xu W L, Yang D B, et al. LA-ICP-MS zircon U-Pb dating from granitoids in southern basement of Songliao Basin: constraints on ages of the basin basement. Science in China Series D: Earth Sciences, 2007, 50(7): 995-1004.

[11] Liu H L, Zheng H B, Wang Y L, et al. Basement of the South China Sea area: tracing the Tethyan Realm. Acta Geologica Sinica-English Edition, 2011, 85(3): 637-655.

[12] 李明, 闫磊, 韩绍阳. 鄂尔多斯盆地基底构造特征. 吉林大学学报(地球科学版), 2012, 42(S3): 38-43.

[13] Mora-Bohórquez J A, Ibánez-Mejia M, Oncken O, et al. Structure and age of the Lower Magdalena Valley Basin basement, northern Colombia: new reflection-seismic and U-Pb-Hf insights into the termination of the central Andes against the Caribbean Basin. Journal of South American Earth Sciences, 2017, 74: 1-26.

[14] 何登发, 马永生, 蔡勋育, 等. 中国西部海相盆地地质结构控制油气分布的比较研究. 岩石学报, 2017, 33(4): 1037-1057.

[15] Braitenberg C, Wienecke S, Wang Y. Basement structures from satellite-derived gravity field: South China Sea ridge. Journal of Geophysical Research: Solid Earth, 2006, 111(B5): B05407.

[16] Li C F, Li J B, Ding W W, et al. Seismic stratigraphy of the central South China Sea Basin and implications for neotectonics. Journal of Geophysical Research: Solid Earth, 2015, 120(3): 1377-1399.

[17] Xu J Y, Ben-Avraham Z, Kelty T, et al. Origin of marginal basins of the NW Pacific and their plate tectonic reconstructions. Earth-Science Reviews, 2014, 130: 154-196.

[18] 高金尉, 吴时国, 彭学超, 等. 南海共轭被动大陆边缘洋陆转换带构造特征. 大地构造与成矿学, 2015, 39(4): 555-570.

[19] Yang S Y, Fang N Q. Geochemical variation of volcanic rocks from the South China Sea and neighboring land: implication for magmatic process and mantle structure. Acta Oceanologica Sinica, 2015, 34(12): 112-124.

[20] Zhang Y, Yu K F, Fan T L, et al. Geochemistry and petrogenesis of Quaternary basalts from Weizhou Island, northwestern South China Sea: evidence for the Hainan plume. Lithos, 2020, 362-363: 105493.

[21] Zhang Y, Yu K F, Qian H D. LA-ICP-MS analysis of clinopyroxenes in basaltic pyroclastic rocks from the Xisha Islands, northwestern South China Sea. Minerals, 2018, 8(12): 575.

[22] Zhang Y, Yu K F, Qian H D, et al. The basement and volcanic activities of the Xisha Islands: evidence from the kilometre-scale drilling in the northwestern South China Sea. Geological Journal, 2020, 55(1): 571-583.

[23] Kido Y, Suyehiro K, Kinoshita H. Rifting to spreading process along the northern continental margin of the South China Sea.

Marine Geophysical Researches, 2001, 22(1): 1-15.

[24] Yan Q S, Shi X F, Yang Y M, et al. Potassium-argon/argon-40-argon-39 geochronology of Cenozoic alkali basalts from the South China Sea. Acta Oceanologica Sinica, 2008, 27(6): 115-123.

[25] Yan Q S, Shi X F, Castillo P R. The late Mesozoic-Cenozoic tectonic evolution of the South China Sea: a petrologic perspective. Journal of Asian Earth Sciences, 2014, 85: 178-201.

[26] Yan Q S, Straub S, Shi X F. Hafnium isotopic constraints on the origin of late Miocene to Pliocene seamount basalts from the South China Sea and its tectonic implications. Journal of Asian Earth Sciences, 2019, 171: 162-168.

[27] Franke D. Rifting, lithosphere breakup and volcanism: comparison of magma-poor and volcanic rifted margins. Marine and Petroleum Geology, 2013, 43(3): 63-87.

[28] Franke D, Savva D, Pubellier M, et al. The final rifting evolution in the South China Sea. Marine and Petroleum Geology, 2014, 58: 704-720.

[29] Li C F, Xu X, Lin J, et al. Ages and magnetic structures of the South China Sea constrained by deep tow magnetic surveys and IODP Expedition 349. Geochemistry, Geophysics, Geosystems, 2014, 15(12): 4958-4983.

[30] 鲁宝亮, 王璞珺, 张功成, 等. 南海北部陆缘盆地基底结构及其油气勘探意义. 石油学报, 2011, 32(4): 580-587.

[31] Sun X M, Zhang X Q, Zhang G C, et al. Texture and tectonic attribute of Cenozoic basin basement in the northern South China Sea. Science China: Earth Sciences, 2014, 57(6): 1199-1211.

[32] Zhu W L, Xie X N, Wang Z F, et al. New insights on the origin of the basement of the Xisha Uplift, South China Sea. Science China: Earth Sciences, 2017, 60(12): 2214-2222.

[33] 刘以宣, 詹文欢. 南海变质基底基本轮廓及其构造演化. 安徽地质, 1994, 4(S1): 82-90.

[34] 郝天珧, 徐亚, 赵百民, 等. 南海磁性基底分布特征的地球物理研究. 地球物理学报, 2009, 52(11): 2763-2774.

[35] 舒良树. 华南前泥盆纪构造演化: 从华夏地块到加里东期造山带. 高校地质学报, 2006, 12(4): 418-431.

[36] 舒良树. 华南构造演化的基本特征. 地质通报, 2012, 31(7): 1035-1053.

[37] 鄢全树, 石学法, 王昆山, 等. 南沙微地块花岗质岩石LA-ICP-MS锆石U-Pb定年及其地质意义. 地质学报, 2008, 82(8): 1057-1067.

[38] Yan Q S, Shi X F, Liu J H, et al. Petrology and geochemistry of Mesozoic granitic rocks from the Nansha micro-block, the South China Sea: constraints on the basement nature. Journal of Asian Earth Sciences, 2010, 37(2): 130-139.

[39] 孙嘉诗. 西沙基底形成时代的商榷. 海洋地质与第四纪地质, 1987, 7(4): 5-6.

[40] 秦国权. 西沙群岛"西永一井"有孔虫组合及该群岛珊瑚礁成因初探. 热带海洋, 1987, 6(3): 10-20, 103-105.

[41] 王崇友, 何希贤, 裘松余. 西沙群岛西永一井碳酸盐岩地层与微体古生物的初步研究. 石油实验地质, 1979, 1: 23-38.

[42] 岳军培, 张艳, 沈怀磊, 等. 华南陆缘地质特征对南海北部盆地基底的约束. 石油学报, 2013, 34(S2): 120-128.

[43] 修淳, 张道军, 翟世奎, 等. 西沙岛礁基底花岗质岩石的锆石U-Pb年龄及其地质意义. 海洋地质与第四纪地质, 2016, 36(3): 115-126.

[44] 修淳, 张道军, 翟世奎, 等. 西沙石岛礁相白云岩稀土元素地球化学特征及成岩环境分析. 海洋通报, 2017, 36(2): 151-167.

[45] 邵磊, 朱伟林, 邓成龙, 等. 南海西科1井碳酸盐岩生物礁储层沉积学·年代地层与古海洋环境. 武汉: 中国地质大学出版社, 2016.

[46] 钟广见, 冯常茂, 韦振权. 南海西沙海槽盆地质构造特征. 海洋地质与第四纪地质, 2012, 32(3): 63-68.

[47] 刘海龄, 阎贫, 刘迎春, 等. 南海北缘琼南缝合带的存在. 科学通报, 2006, 51(A2): 92-101.

[48] 刘海龄, 阎贫, 孙岩, 等. 南沙微板块的层块构造. 中国地质, 2002, 29(4): 374-381.

[49] 朱荣伟, 刘海龄, 姚永坚, 等. 南海中—西沙地块前新生代构造变形特征. 海洋地质与第四纪地质, 2017, 37(2): 67-74.

[50] 万玲, 姚伯初, 曾维军, 等. 南海岩石圈结构与油气资源分布. 中国地质, 2006, 33(4): 874-884.

[51] 张峤, 吴时国, 吕福亮, 等. 南海西北陆坡火成岩体地震识别及分布规律. 大地构造与成矿学, 2014, 38(4): 919-938.

[52] Liu Y S, Hu Z C, Gao S, et al. *In situ* analysis of major and trace elements of anhydrous minerals by LA-ICP-MS without applying an internal standard. Chemical Geology, 2008, 257(1-2): 34-43.

[53] Liu Y S, Gao S, Hu Z C, et al. Continental and oceanic crust recycling-induced melt-peridotite interactions in the trans-north China orogen: U-Pb dating, Hf isotopes and trace elements in zircons from mantle xenoliths. Journal of Petrology, 2010, 51(1-2): 537-571.

[54] Liu Y S, Hu Z C, Zong K Q, et al. Reappraisement and refinement of zircon U-Pb isotope and trace element analyses by LA-ICP-MS. Chinese Science Bulletin, 2010, 55(15): 1535-1546.

[55] Andersen T. Correction of common lead in U-Pb analyses that do not report ^{204}Pb. Chemical Geology, 2002, 192(1-2): 59-79.

[56] Ludwig K R. ISOPLOT 3.00: A Geochronological Toolkit for Microsoft Excel. Berkeley: Berkeley Geochronology Center, 2003.

[57] Hoskin P W O, Ireland T R. Rare earth element chemistry of zircon and its use as a provenance indicator. Geology, 2000, 28(7): 627-630.

[58] Hoskin P W O, Schaltegger U. The composition of zircon and igneous and metamorphic petrogenesis. Reviews in Mineralogy and Geochemistry, 2003, 53(1): 27-62.

[59] Wu Y B, Zheng Y F. Genesis of zircon and its constraints on interpretation of U-Pb age. Chinese Science Bulletin, 2004, 49(15): 1554-1569.

[60] 孙启良, 马玉波, 赵强, 等. 南海北部生物礁碳酸盐岩成岩作用差异及其影响因素研究. 天然气地球科学, 2008, 19(5): 665-672.

[61] 方念乔, 刘豪, 李琦, 等. 南海新生代碳酸盐沉积与区域构造演化. 地学前缘, 2013, 20(5): 227-234.

[62] 林武辉, 余克服, 王英辉, 等. 珊瑚礁区沉积物的极低放射性水平特征与成因. 科学通报, 2018, 63(21): 2173-2183.

[63] 杨振, 张光学, 张莉, 等. 西沙海域中新世碳酸盐台地的时空分布及其油气成藏模式. 地质学报, 2017, 91(6): 1360-1373.

[64] 罗照华, 莫宣学, 万渝生, 等. 青藏高原最年轻碱性玄武岩SHRIMP年龄的地质意义. 岩石学报, 2006, 22(3): 578-584.

[65] Pan S K, Zheng J P, Griffin W L, et al. Precambrian tectonic attribution and evolution of the Songliao terrane revealed by zircon xenocrysts from Cenozoic alkali basalts, Xilinhot region, NE China. Precambrian Research, 2014, 251: 33-48.

[66] Yang X A, Chen Y C, Hou K J, et al. U-Pb zircon geochronology and geochemistry of Late Jurassic basalts in Maevatanana, Madagascar: implications for the timing of separation of Madagascar from Africa. Journal of African Earth Sciences, 2014, 100: 569-578.

[67] Wang M, Li C, Xie C M, et al. U-Pb zircon age, geochemical and Lu-Hf isotopic constraints of the Southern Gangma Co basalts in the Central Qiangtang, northern Tibet. Tectonophysics, 2015, 657: 219-229.

[68] 张进, 李锦轶, 刘建峰, 等. 内蒙古狼山西南地区枕状玄武岩LA-ICP-MS锆石U-Pb年龄及意义. 地质通报, 2013, 32(2/3): 287-296.

[69] Zhang J W, Dai C G, Huang Z L, et al. Age and petrogenesis of Anisian magnesian alkali basalts and their genetic association with the Kafang stratiform Cu deposit in the Gejiu supergiant tin-polymetallic district, SW China. Ore Geology Reviews, 2015, 69: 403-416.

[70] Gehrels G E, Blakey R, Karlstrom K E, et al. Detrital zircon U-Pb geochronology of Paleozoic strata in the Grand Canyon, Arizona. Lithosphere, 2011, 3(3): 183-200.

[71] Thomas W A. Detrital-zircon geochronology and sedimentary provenance. Lithosphere, 2011, 3(4): 304-308.

[72] 张丙坤, 李三忠, 夏真, 等. 南海北部深水区新生代岩浆岩分布规律及其与海底地质灾害的相关性. 海洋学报, 2014, 36(11): 90-100.

[73] Ma Y B, Wu S G, Lv F L, et al. Seismic characteristics and development of the Xisha carbonate platforms, northern margin of

the South China Sea. Journal of Asian Earth Sciences, 2011, 40(3): 770-783.

[74] 冯英辞, 詹文欢, 孙杰, 等. 西沙海域上新世以来火山特征及其形成机制. 热带海洋学报, 2017, 36(3): 73-79.

[75] Zhang Q, Wu S G, Dong D D. Cenozoic magmatism in the northern continental margin of the South China Sea: evidence from seismic profiles. Marine Geophysical Research, 2016, 37(2): 71-94.

[76] 刘昭蜀, 赵焕庭, 范时清, 等. 南海地质. 北京: 科学出版社, 2002.

[77] 黄海波, 丘学林, 胥颐, 等. 利用远震接收函数方法研究南海西沙群岛下方地壳结构. 地球物理学报, 2011, 54(11): 2788-2798.

[78] 鄢全树, 石学法, 王昆山, 等. 南沙微地块花岗质岩石LA-ICP-MS锆石U-Pb定年及其地质意义. 地质学报, 2008, 82(8): 1057-1067.

[79] Condie K C, Belousova E, Griffin W L, et al. Granitoid events in space and time: constraints from igneous and detrital zircon age spectra. Gondwana Research, 2009, 15(3-4): 228-242.

[80] Pereira M F, Chichorro M, Solá A R, et al. Tracing the Cadomian magmatism with detrital/inherited zircon ages by in-situ U-Pb SHRIMP geochronology (Ossa-Morena Zone, SW Iberian Massif). Lithos, 2011, 123(1-4): 204-217.

[81] Wang L J, Yu J H, Griffin W L, et al. Early crustal evolution in the western Yangtze Block: evidence from U-Pb and Lu-Hf isotopes on detrital zircons from sedimentary rocks. Precambrian Research, 2012, 222: 368-385.

[82] Mao J R, Li Z L, Ye H M. Mesozoic tectono-magmatic activities in South China: retrospect and prospect. Science China: Earth Sciences, 2014, 57(12): 2853-2877.

[83] Wang Y J, Fan W M, Zhang G W, et al. Phanerozoic tectonics of the South China block: key observations and controversies. Gondwana Research, 2013, 23(4): 1273-1305.

[84] Song M J, Shu L S, Santosh M, et al. Late early Paleozoic and early Mesozoic intracontinental orogeny in the South China craton: geochronological and geochemical evidence. Lithos, 2015, 232: 360-374.

[85] Li X H, Li W X, Li Z X, et al. 850-790Ma bimodal volcanic and intrusive rocks in northern Zhejiang, South China: a major episode of continental rift magmatism during the breakup of Rodinia. Lithos, 2008, 102(1-2): 341-357.

[86] Li Z X, Li X H, Wartho J A, et al. Magmatic and metamorphic events during the early Paleozoic Wuyi-Yunkai orogeny, southeastern South China: new age constraints and pressure-temperature conditions. Geological Society of America Bulletin, 2010, 122(5-6): 772-793.

[87] Wang J, Li Z X. History of Neoproterozoic rift basins in South China: implications for Rodinia break-up. Precambrian Research, 2003, 122(1-4): 141-158.

[88] Yu J H, O'Reilly S Y, Wang L J, et al. Where was South China in the Rodinia supercontinent? Evidence from U-Pb geochronology and Hf isotopes of detrital zircons. Precambrian Research, 2008, 164(1-2): 1-15.

[89] Xiang L, Shu L S. Pre-Devonian tectonic evolution of the eastern South China Block: Geochronological evidence from detrital zircons. Science China: Earth Sciences, 2010, 53(10): 1427-1444.

[90] Wang L J, Yu J H, O'Reilly S Y, et al. Grenvillian orogeny in the Southern Cathaysia Block: constraints from U-Pb ages and Lu-Hf isotopes in zircon from metamorphic basement. Chinese Science Bulletin, 2008, 53(19): 3037-3050.

[91] Xu X S, O'Reilly S Y, Griffin W L, et al. The crust of Cathaysia: age, assembly and reworking of two terranes. Precambrian Research, 2007, 158(1-2): 51-78.

[92] Yu J H, O'Reilly Y S, Wang L J, et al. Finding of ancient materials in Cathaysia and implication for the formation of Precambrian crust. Chinese Science Bulletin, 2007, 52(1): 13-22.

[93] Yu J H, O'Reilly S Y, Wang L J, et al. Components and episodic growth of Precambrian crust in the Cathaysia Block, South China: evidence from U-Pb ages and Hf isotopes of zircons in Neoproterozoic sediments. Precambrian Research, 2010, 181(1-4): 97-114.

[94] Zheng J P, Griffin W L, Li L S, et al. Highly evolved Archean basement beneath the western Cathaysia Block, South China. Geochimica et Cosmochimica Acta, 2011, 75(1): 242-255.

[95] Xia Y, Xu X S, Zhu K Y. Paleoproterozoic S- and A-type granites in southwestern Zhejiang: magmatism, metamorphism and implications for the crustal evolution of the Cathaysia basement. Precambrian Research, 2012, 216: 177-207.

[96] Li X H, Li Z X, Li W X. Detrital zircon U-Pb age and Hf isotope constrains on the generation and reworking of Precambrian continental crust in the Cathaysia Block, South China: a synthesis. Gondwana Research, 2014, 25(3): 1202-1215.

[97] 姚伯初, 万玲, 吴能友. 大南海地区新生代板块构造活动. 中国地质, 2004, 31(2): 113-122.

[98] Yao W H, Li Z X, Li W X, et al. From Rodinia to Gondwanaland: a tale of detrital zircon provenance analyses from the southern Nanhua Basin, South China. American Journal of Science, 2014, 314(1): 278-313.

[99] Li S Z, Suo Y H, Li X Y, et al. Microplate tectonics: new insights from micro-blocks in the global oceans, continental margins and deep mantle. Earth-Science Reviews, 2018, 185: 1029-1064.

[100] Morimoto N. Nomenclature of pyroxenes. Mineralogy and Petrology, 1988, 39: 55-76.

[101] Hauri E H, Hart S R. Constraints on melt migration from mantle plumes: a trace element study of peridotite xenoliths from Savai'i, Western Samoa. Journal of Geophysical Research: Solid Earth, 1994, 99(B12): 24301-24321.

[102] Sun S S, McDonough W F. Chemical and isotopic systematics of oceanic basalts: implications of mantle composition and processes. Geological Society, London, Special Publications, 1989, 42: 313-345.

[103] 刘艳荣, 吕新彪, 梅微, 等. 新疆北山地区坡北镁铁-超镁铁岩体单斜辉石的矿物学特征及其地质意义. 岩石矿物学杂志, 2012, 31(2): 212-224.

[104] Wass S Y. Multiple origins of clinopyroxenes in alkali basaltic rocks. Lithos, 1979, 12(2): 115-132.

[105] Kushiro I. Si-Al relation in clinopyroxenes from igneous rocks. American Journal of Science, 1960, 258(8): 548-554.

[106] Le Bas M J. The role of aluminum in igneous clinopyroxenes with relation to their parentage. American Journal of Science, 1962, 260(4): 267-288.

[107] Verhoogen J. Distribution of titanium between silicates and oxides in igneous rocks. American Journal of Science, 1962, 260(3): 11-220.

[108] Aoki K. Clinopyroxenes from alkaline rocks of Japan. American Mineralogist, 1964, 49(9-10): 1199-1223.

[109] 赖绍聪, 秦江锋, 李永飞. 青藏北羌塘新第三纪玄武岩单斜辉石地球化学. 西北大学学报(自然科学版), 2005, 35(5): 611-616.

[110] Gibb F G F. The zoned clinopyroxenes of the Shiant Isles Sill, Scotland. Journal of Petrology, 1973, 14(2): 203-230.

[111] Sherafat S, Yavuz F, Noorbehesht I, et al. Mineral chemistry of Plio-Quaternary subvolcanic rocks, southwest Yazd Province, Iran. International Geology Review, 2012, 54(13): 1497-1531.

[112] Bondi M, Morten L, Nimis P, et al. Megacrysts and mafic-ultramafic xenolith-bearing ignimbrites from Sirwa Volcano, Morocco: phase petrology and thermobarometry. Mineralogy and Petrology, 2002, 75(3-4): 203-221.

[113] Thompson R N. Some high-pressure pyroxenes. Mineralogical Magazine, 1974, 39: 768-787.

[114] Leterrier J, Maury R C, Thonon P, et al. Clinopyroxene composition as a method of identification of the magmatic affinities of paleo-volcanic series. Earth and Planetary Science Letters, 1982, 59(1): 139-154.

[115] 邱家骧, 廖群安. 浙闽新生代玄武岩的岩石成因学与Cpx矿物化学. 火山地质与矿产, 1996, 17(1-2): 16-25.

[116] Hart S R, Dunn T. Experimental cpx/melt partitioning of 24 trace elements. Contributions to Mineralogy and Petrology, 1993, 113(1): 1-8.

[117] Yan Q S, Shi X F, Wang K S, et al. Major element, trace element, and Sr, Nd and Pb isotope studies of Cenozoic basalts from the South China Sea. Science in China Series D: Earth Sciences, 2008, 51(4): 550-566.

[118] 牛晓露, 陈斌, 马旭. 河北矾山杂岩体中单斜辉石的研究. 岩石学报, 2009, 25(2): 359-373.

[119] Nisbet E G, Pearce J A. Clinopyroxene composition in mafic lavas from different tectonic settings. Contributions to Mineralogy and Petrology, 1977, 63(2): 149-160.

[120] Aparicio A. Relationship between clinopyroxene composition and the formation environment of volcanichost rocks. Iup Journal of Earth Sciences, 2010, 4: 1-11.

[121] Thompson R N, Gibson S A. Transient high temperatures in mantle plume heads inferred from magnesian olivines in Phanerozoic picrites. Nature, 2000, 407(6803): 502-506.

[122] Frezzotti M L. Silicate-melt inclusions in magmatic rocks: applications to petrology. Lithos, 2001, 55(1-4): 273-299.

[123] Brett R C, Russell J K, Moss S. Origin of olivine in kimberlite: phenocryst or impostor? Lithos, 2009, 112: 201-212.

[124] 史志伟, 董国臣, 高庭, 等. 太行山南段教场闪长岩矿物学特征及其地质意义. 地球科学, 2020, 45(6): 2103-2116.

[125] Foley S F, Prelevic D, Rehfeldt T, et al. Minor and trace elements in olivines as probes into early igneous and mantle melting processes. Earth and Planetary Science Letters, 2013, 363: 181-191.

[126] 姚金, 李双庆, 贺剑峰, 等. 青藏高原东南缘腾冲地块新生代玄武岩地球化学特征及其地幔源区性质. 地球科学与环境学报, 2018, 40(4): 398-413.

[127] 张柳毅, 李霓, Prelevic D. 橄榄石微量元素原位分析的现状及其应用. 岩石学报, 2016, 32(6): 1877-1890.

[128] Sobolev A V, Hofmann A W, Sobolev S V, et al. An olivine-free mantle source of Hawaiian shield basalts. Nature, 2005, 434(7033): 590-597.

[129] Sobolev A V, Hofmann A W, Kuzmin D V, et al. The amount of recycled crust in sources of mantle-derived melts. Science, 2007, 316(5823): 412-417.

[130] Herzberg C. Identification of source lithology in the Hawaiian and Canary Islands: implications for origins. Journal of Petrology, 2011, 52(5): 1047.

[131] Howarth G H, Harris C. Discriminating between pyroxenite and peridotite sources for continental flood basalts (CFB) in southern Africa using olivine chemistry. Earth and Planetary Science Letters, 2017, 475: 143-151.

[132] Mallik A, Dasgupta R. Reaction between MORB-eclogite derived melts and fertile peridotite and generation of ocean island basalts. Earth and Planetary Science Letters, 2012, 329: 97-108.

[133] Lu Y G, Lesher C M, Deng J. Geochemistry and genesis of magmatic Ni-Cu-(PGE) and PGE-(Cu)-(Ni) deposits in China. Ore Geology Reviews, 2019, 107: 863-887.

[134] Le Bas M J, Le Maitre R W, Streckeisen A, et al. A chemical classification of volcanic rocks based on the total alkali-silica diagram. Journal of Petrology, 1986, 27(3): 745-750.

[135] Winchester J A, Floyd P A. Geochemical discrimination of different magma series and their differentiation products using immobile elements. Chemical Geology, 1977, 20: 325-343.

[136] An A R, Choi S H, Yu Y, et al. Petrogenesis of Late Cenozoic basaltic rocks from southern Vietnam. Lithos, 2017, 272: 192-204.

[137] Wang J, Su Y P, Zheng J P, et al. Geochronology and petrogenesis of Jurassic intraplate alkali basalts in the Junggar terrane, NW China: implication for low-volume basaltic volcanism. Lithos, 2019, 324: 202-215.

[138] Wilkinson J F G, Le Maitre R W. Upper mantle amphiboles and micas and TiO_2, K_2O, and P_2O_5 abundances and $100Mg/(Mg+Fe^{2+})$ ratios of common basalts and Andesites: implications for modal mantle metasomatism and undepleted mantle compositions. Journal of Petrology, 1987, 28(1): 37-73.

[139] Dilek Y, Furnes H. Ophiolite genesis and global tectonics: geochemical and tectonic fingerprinting of ancient oceanic lithosphere. Geological Society of America Bulletin, 2011, 123(3-4): 387-411.

[140] Pearce J A, Cann J R. Tectonic setting of basic volcanic rocks determined using trace element analyses. Earth and Planetary Science Letters, 1973, 19(2): 290-300.

[141] Dai J G, Wang C S, Li Y L. Relicts of the Early Cretaceous seamounts in the central-western Yarlung Zangbo Suture Zone, southern Tibet. Journal of Asian Earth Sciences, 2012, 53: 25-37.

[142] Liu F, Yang J S, Dilek Y, et al. Geochronology and geochemistry of basaltic lavas in the Dongbo and Purang ophiolites of the Yarlung-Zangbo Suture zone: plume-influenced continental margin-type oceanic lithosphere in southern Tibet. Gondwana Research, 2015, 27(2): 701-718.

[143] 杨高学, 李永军, 佟丽莉, 等. 西准噶尔玛依勒地区枕状玄武岩年代学、地球化学及岩石成因. 岩石学报, 2016, 32(2): 522-536.

[144] Wood D A. The application of a Th-Hf-Ta diagram to problems of tectonomagmatic classification. Earth and Planetary Sciences Letters, 1980, 50(1): 11-30.

[145] Lebedev S, Nolet G. Upper mantle beneath Southeast Asia from S velocity tomography. Journal of Geophysical Research: Solid Earth, 2003, 108(B1): 2048.

[146] Nolet G, Allen R, Zhao D P. Mantle plume tomography. Chemical Geology, 2007, 241(3-4): 248-263.

[147] Montelli R, Nolet G, Dahlen F A, et al. Deep plumes in the mantle: geometry and dynamics. EGU, Geophysical Research Abstracts, 2005, 7: 02473.

[148] Montelli R, Nolet G, Dahlen F A, et al. A catalogue of deep mantle plumes: new results from finite-frequency tomography. Geochemistry, Geophysics, Geosystems, 2006, 7: Q11007.

[149] Xu Y G, Wei J X, Qiu H N, et al. Opening and evolution of the South China Sea constrained by studies on volcanic rocks: preliminary results and a research design. Chinese Science Bulletin, 2012, 57: 3150-3164.

[150] Zhou H M, Xiao L, Dong Y X, et al. Geochemical and geochronological study of the Sanshui basin bimodal volcanic rock suite, China: implications for basin dynamics in southeastern China. Journal of Asian Earth Sciences, 2009, 34(2): 178-189.

[151] Liu E T, Wang H, Uysal I T, et al. Paleogene igneous intrusion and its effect on thermal maturity of organic-rich mudstones in the Beibuwan Basin, South China Sea. Marine and Petroleum Geology, 2017, 86: 733-750.

[152] Fan C Y, Xia S H, Zhao F, et al. New insights into the magmatism in the northern margin of the South China Sea: spatial features and volume of intraplate seamounts. Geochemistry, Geophysics, Geosystems, 2017, 18(6): 2216-2239.

— 第三章 —

琛科 2 井碳酸盐岩年代学特征 [①]

第一节　碳酸盐岩地质年代学

　　地质年代学包括相对地质年代学和绝对地质年代学两大分支，其中绝对地质年代学又被称为同位素地质年代学。相对地质年代也即地质事件发生的先后关系，相对地质年代学的研究对象包括沉积的地层、固结的岩石、保存在地层中的古生物以及岩石中的古地磁特征。岩石地层学主要依据地层层序律，先形成的岩层位于下面，后形成的岩层位于上面，从而判定岩层形成的早晚。一些具有特殊性岩石或矿产的岩层，可作为确定相对地质年代的标志。生物地层学主要是利用化石来鉴定地层时代，最主要的依据是生物界的演化从简单到复杂、由低级到高级，这种演化具有不可逆性和阶段性，而且同一时期生物界大体具有全球一致性，因此，通过化石确定岩石的相对地质年代是一种非常重要的定年手段。古地磁法是利用地球的地磁极性正常和倒转的交替，编制地磁极性年代表，可用以确定相对地质年代 [1]。

　　19 世纪末放射性同位素的发现推动了同位素地质年代学的诞生，使得地质年龄的精确测定成为可能。同位素地质年代学建立在放射性衰变和放射成因增长原理基础上，获得的年代结果是确切的年代数值。因此，绝对地质年代学又被称为同位素地质年代学。同位素地质年代学的基本原理是：当岩浆冷凝，矿物、岩石结晶或重结晶时，放射性元素以某些形式进入矿物或岩石，在封闭体系中，放射性母体或子体同位素持续衰变和积累。只要准确地测定矿物和岩石中放射性母体和子体的含量，即可根据放射性衰变定律计算出岩石和矿物的年龄。同位素地质年代学根据半衰期可以分为长半衰期同位素计时法和短半衰期同位素计时法。长半衰期同位素计时法包括铀-钍-铅（U-Th-Pb）法、钾-氩（K-Ar）法、铷-锶（Rb-Sr）法、钐-钕（Sm-Nd）法、镧-铈（La-Ce）法、镥-铪（Lu-Hf）法、铼-锇（Re-Os）法等。短半衰期同位素计时法包括 U 系法、沉降核类法、^{14}C 法等。这类方法均属于直接测定法，即依据放射性衰变定律而测定。还有一类是间接测定法，即依据放射性射线和裂变碎片对周围物质作用的程度来测定年

---

① 作者：范天来、杨洋、余克服。

龄，如裂变径迹法、热释光法、辐射损伤法等。应用放射性同位素测定地质年代必须满足以下前提：①样品的岩石或矿物自形成以后保持封闭体系；②对样品中混入的非放射成因稳定子体的初始含量能够准确地扣除或校正；③在地壳中同一元素的多种同位素丰度比值恒定；④放射性同位素的衰变常数和半衰期被准确测定。

珊瑚作为一种海洋碳酸盐岩，主要成分是文石，然而文石非常不稳定，容易遭受成岩改造转变为方解石和白云石，这就导致文石矿物形成以后不能保持一个稳定的封闭体系，常常导致放射性同位素核素丢失，进而导致同位素测年法失效，故放射性同位素年代测定结果往往不太理想。因此，对古代的碳酸盐岩进行放射性同位素测年非常困难，如何准确获得古代碳酸盐岩的年代是地质年代学领域公认的一个难题。早期珊瑚礁地层年代的建立主要依赖于有孔虫、造礁珊瑚化石等生物地层学手段，但生物化石往往缺乏且不连续，导致生物地层界线模糊。尽管 ^{14}C 法、U 系法测年在珊瑚礁中已经得到成功的应用，但对于遭受成岩改造、矿物成分发生转化的地层，放射性同位素测年方法无法准确测定其年代。针对这一情况，目前通常的解决办法是采用多种定年方法相结合，既可以互相弥补测年数据的不足，又可以互相检验年代界线划分的准确性。

一、磁性地层学方法在珊瑚礁中的应用

磁性地层学是通过研究地层层序的磁性特征而建立起来的一种地层研究方法，其核心是利用岩石中记录地球磁场的极性变化、地球磁场的长期变化进行地层的划分和对比，具有全球性和同时性。近年来，广泛开展的岩石磁学性质研究，使得磁性地层不只是限于地球磁场极性变化的研究，更是已发展到以岩石磁学性质为基本参数，进而对地层进行划分和对比 [2, 3]。在目前长时间尺度的全球气候变化历史的重建研究中，磁性地层学方法由于高效快捷，已被广泛应用于陆地（如黄土、湖泊）与海洋沉积物定年。例如，中国黄土高原的黄土-土壤序列能够记录地球磁场倒转或漂移事件，使得古地磁定年方法为黄土-古土壤序列年代框架的建立以及黄土古气候记录与全球记录的对比奠定了基础 [4-14]。

20 世纪初，众多学者对珊瑚礁的年代学开展了大量的研究 [15-20]，但关于珊瑚礁磁性地层的研究相对较少 [21-24]。然而，自 20 世纪 80 年代有研究发现珊瑚礁具有稳定的天然剩磁后 [22, 25, 26]，磁性地层学尤其是古地磁年代学凭借定年范围广、极性事件年代明确、具有全球对比性等特点，随即被用来建立珊瑚礁地层的年代框架，并取得了一定的进展。McNeill 等 [22] 首次对巴哈马（Bahamas）浅水碳酸盐台地 91m 岩芯进行了磁性地层年代研究，结果表明，极性事件记录为巴哈马台地上新世—更新世地层提供了至少 6 个主要的地层年代界线，而且磁性地层学年代结果将过去通过生物地层学推断的巴哈马群岛珊瑚以及双壳类生物灭绝的时间 3.4Ma[27]，进一步明确为 2.7 ~ 2.6Ma。McNeill 等 [22] 还进一步认为，重结晶和白云石化的碳酸盐岩仍然能够保存原始的天然剩磁。这为磁性地层学在珊瑚礁一类的浅水碳酸盐沉积中的应用提供了极好的范例。

20 世纪 90 年代，Aïssaoui 等 [28] 根据从法属波利尼西亚的穆鲁罗瓦环礁钻取的 100m 珊瑚礁岩芯的磁性地层年代结果，将该岩芯底部地层年代定为早上新世，这一结论与周围地区的放射性年代结果非常一致。在此基础上，Aïssaoui 和 Kirschvink[26] 继续对该环礁长达 206m 的珊瑚礁岩芯进行了古地磁研究，认为该环礁在 6.5Ma 已经形成，同时记录了同期海平面波动变化的历史。澳大利亚大堡礁是世界上著名的堡礁之一，同时也是研究程度较深的堡礁之一，但其形成年代也仍然存在争议。为进一步明确澳大利亚大堡礁的形成年代，Braithwaite 等 [29] 根据珊瑚礁记录的极性倒转事件年代，结合 Sr 同位素地层学等手段，将大堡礁开始形成的年代定在 770ka B.P.。位于珊瑚海东部的新喀里多尼亚（New Caledonia）堡礁是世界上最长、最连续的堡礁之一，Cabioch 等 [30] 同时采用磁性地层学与 U 系测年法，对该珊瑚礁的形成与演化进行了详细研究，认为该堡礁主体部分是在 400ka B.P. 才开始形成。1990 年，中国科学院南

沙综合科学考察队在南沙群岛永暑礁进行科学钻探，这也是我国南沙群岛珊瑚礁第一口钻井——南永 1 井，采用了包括古地磁在内，生物地层、ESR 测年和 U 系测年等多种方法，确认南永 1 井所属地质时代为第四纪，最下部大致为早更新世晚期[31-38]。随后，在永暑礁钻探第二口钻井，即南永 2 井，钻进深度为 413.69m，考虑到南永 2 井 22.69m 以下岩芯的矿物成分发生转化，无法应用同位素测年法准确测定沉积年代，因此对不同井深的岩芯，采用不同方法来测定其年代。井深 22.69m 以上的岩芯采用 ^{14}C 法测定地层年代，22.69m 以下的岩芯依靠不同时代的生物化石（造礁珊瑚和有孔虫）特征种属，尤其是古地磁极性事件测定地层年代。南永 2 井记录了留尼旺（Reunion）事件、奥杜瓦伊（Olduvai）事件以及哈拉米略（Jaramillo）事件等极性事件，不仅表明礁岩的剩磁及其剩磁方向能够记录当时地球磁场的极性变化，还进一步为珊瑚礁磁性地层的划分提供了依据[31, 32, 34, 35]。

由此可见，在长尺度气候重建方面，成岩作用强烈导致放射性同位素定年方法失效或者氧碳同位素定年方法无法应用，以及生物化石缺乏导致生物地层年代界限模糊的地层中，磁性地层法定年可以很好地对其他定年结果进行验证，有时甚至是唯一的、可靠的定年手段。

二、Sr 同位素地层学方法在珊瑚礁中的应用

Sr 同位素地层学的研究最早可以追溯到 1948 年，Wickman[39] 提出，地质历史时期陆壳岩石中 ^{87}Rb 衰变为 ^{87}Sr，随后通过河流释放到水圈，导致海水的 Sr 同位素成分在过去 3 亿年增加 25%。但是，Gast[40] 通过分析地质历史时期不同年龄的碳酸盐 Sr 同位素成分，发现在同一时期 Sr 同位素相关分析误差高达 0.004，与自然变化具有相同的量级，因此反驳了 Wickman[39] 提出的模型，并认为 Wickman[39] 高估了地壳中的 Rb/Sr。自用于海水 Sr 同位素分析的更精确的质谱分析方法应用以来，Sr 同位素分析精度得到提高，分析误差缩小至 0.0005。Peterman 等[41] 采用这一分析方法测试了大化石壳体的 ^{87}Sr/^{86}Sr，发现 ^{87}Sr/^{86}Sr 变化范围为 0.0022，这一变化用以前的仪器是分辨不出来的。基于此，Peterman 等[41] 提出了与 Wickman[39] 相反的观点，他们认为海水的 ^{87}Sr/^{86}Sr 在古生代是降低的，在中生代达到最低值，后来快速升高，到现在达到最高值。随后，Dasch 和 Biscaye[42] 选择白垩纪至今的浮游有孔虫，Veizer 和 Compston[43] 选择沉积碳酸盐岩作为实验对象来验证海水的 ^{87}Sr/^{86}Sr 演化趋势，他们的结果均与 Peterman 等[41] 的结果相同。之后，学者们开始尝试使用各种海洋自生矿物重建海水的 ^{87}Sr/^{86}Sr 曲线，并发现海相碳酸盐岩（有孔虫类、腕足类、双壳类等生物分泌物）、海相碳酸盐胶结物、磷灰石（牙形石，鱼牙和鱼骨头，磷矿）、硫酸盐（重晶石）及燧石等自生沉积矿物均可作为海水的 ^{87}Sr/^{86}Sr 记录的载体[44, 45-48]。Edwards 等[49] 通过对比同一个层位牙形石和全岩碳酸盐岩的 ^{87}Sr/^{86}Sr，提出全岩碳酸盐岩也具有记录原始海水 ^{87}Sr/^{86}Sr 的潜力。基于以上载体建立的海水 ^{87}Sr/^{86}Sr 演化曲线显示，显生宙时期海水的 ^{87}Sr/^{86}Sr 呈振荡变化，古生代逐渐降低，在中生代达到最低值，之后迅速增加，新生代海水的 ^{87}Sr/^{86}Sr 呈持续上升趋势，至现在达最高值[50, 51]（图 3.1a）。Farrell 等[52] 对 6Ma 以来 455 个样品的 ^{87}Sr/^{86}Sr 进行了相似的取样密度和分析精度的研究，将 ^{87}Sr/^{86}Sr 演化曲线的置信水平定在 ±0.000 02（也即两个标准误差 2δ），这一曲线显示出 1～2Ma 的周期性波动，他们认为这真实地反映了海洋中 Sr 通量变化，并提出海洋系统中 Sr 同位素停留时间为 2.5Ma。这一时间远大于海水交换时间（1000 年），使得海水的 ^{87}Sr/^{86}Sr 经过充分混合，因此，地球上各个大洋中海水的 ^{87}Sr/^{86}Sr 是均一的[53]。也就是说，海水的 ^{87}Sr/^{86}Sr 为时间的函数，代表保存了海水原始 Sr 同位素组成的海相内源沉积物的 ^{87}Sr/^{86}Sr 可以全球等时对比，这一理论是 Sr 同位素地层学建立的理论基础[54]。

Sr 同位素地层学的基本原理是：当海相同生矿物（如生物成因的碳酸盐岩、非生物成因的海水碳酸盐胶结物、磷灰石、重晶石）形成时，它们从周围海水中获取 Sr。由于海水和碳酸盐岩中 Rb 含量极低，不会因为衰变导致 Sr 同位素分馏，因此保存了矿物形成时海水的 ^{87}Sr/^{86}Sr。通过比对这些矿物的 ^{87}Sr/^{86}Sr

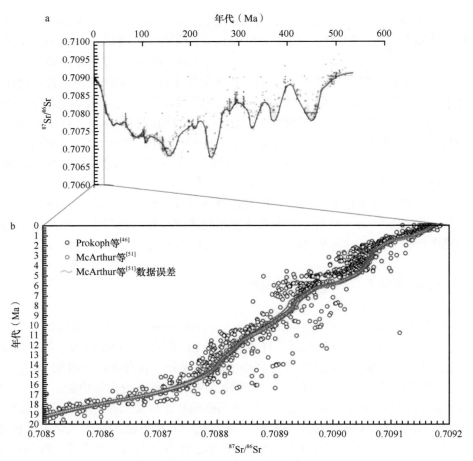

图 3.1　海水的 $^{87}Sr/^{86}Sr$ 演化曲线
a. 显生宙海水的 $^{87}Sr/^{86}Sr$ 演化曲线 [50]; b. 20Ma 以来海水的 $^{87}Sr/^{86}Sr$ 演化曲线 [46, 51]

曲线与已建立的地质历史时期海水的 $^{87}Sr/^{86}Sr$ 曲线，可以获得样品的年龄。Sr 同位素定年分辨率优于其他定年方法，且不受岩相和纬度的约束，对样品密度要求不高 [55]，可为碳酸盐岩地层提供比较精确的年代限制。近 20Ma 以来，海水的 $^{87}Sr/^{86}Sr$ 变化范围为 0.708 496 ～ 0.708 516，呈快速持续上升的趋势 [46, 51]（图 3.1b），利用 Sr 同位素地层学建立这一时期的碳酸盐岩地层年代框架非常有利。

珊瑚骨骼为一种生物成因的碳酸盐物质，其形成时直接记录了当时周围海水的 Sr 同位素组成，并富集 Sr 同位素，因此，Sr 同位素地层学是珊瑚礁岩地层常用的定年手段。Ludwig 等 [16] 对马绍尔群岛埃内韦塔克（Enewetak）环礁长度为 350m 钻孔的 $^{87}Sr/^{86}Sr$ 比值进行了分析，并对比了 DSDP 509B 钻孔中碳酸盐沉积物的 $^{87}Sr/^{86}Sr$ 比值，将珊瑚礁总 $^{87}Sr/^{86}Sr$ 比值转化为数值年代时，发现了两次显著的 ^{87}Sr 缺失。Ludwig 等 [16] 的研究结果表明，珊瑚礁的 ^{87}Sr 同位素地层学同样能够用于定年。Quinn 等 [17] 对同样来自埃内韦塔克环礁的两个钻孔进行了 Sr 同位素比值分析和对比，认为只有当 $^{87}Sr/^{86}Sr$ 比值的长期变化和样品中原始海水的 $^{87}Sr/^{86}Sr$ 比值没有发生明显改变时，Sr 同位素地层学才可以用来定年。Ohde 和 Elderfield [15] 对菲律宾海北部的北大东岛环礁长度为 432m 的岩芯进行了详细的 Sr 同位素地层学研究，发现该环礁自 42Ma 就已经开始形成，并识别出了 2Ma 和 5Ma 两期白云石化事件，进一步根据地层缺失和沉积间断推断出多期海平面下降事件，从而勾勒出新近纪时期海平面变化历史。Alexander 等 [56] 根据 Sr 同位素和磁性地层学结果发现，澳大利亚大堡礁中心的年代大约在 B/M 界线附近，而整个珊瑚礁外缘开始形成于（600±280）ka B.P.，并据此进一步认为大堡礁的形成与地球轨道偏心率控制的冰期海平面周期性振荡升降有关，而与区域性的环境因子并无太大关联。Ohde 等[57]对富纳富提环礁进行了高精度的[14]C 测年和 Sr 同位素定年，Sr 同位素地层学结果显示，在 80m（0.6Ma）以内曾多次发生沉积间断，表明第四纪有多次海平面变化。Braithwaite 等[29]采用氨基酸地层学、磁性地层学、放射性碳测年、U 系测年以及 Sr 同位素地层学手段，对澳大利亚大堡礁的一处长度为 10m 的钻孔进行了综合定年，发现该钻孔的碳酸盐沉积始于 770ka B.P.，并对不同阶段的地层进行了详细的年代对比和划定。Webster 等[58]在海洋测深图以及岩性基础上，结合 Sr 同位素地层学方法，发现夏威夷海岸附近的拉奈岛（Lanai）水下阶地实际上是早更新世以来淹没在海面之下的珊瑚礁。尽管根据珊瑚以及沉积物的 Sr 同位素地层学仍然无法给出确切的年代，但是 L12 至 L3 之间珊瑚的年代为 1.3 ～ 0.5Ma。

孙志国等[59]对西沙群岛第四纪瑚礁地层的 Sr 同位素特征进行了分析并探讨了古环境意义。然而，前期研究局限于第四纪珊瑚礁地层，而且主要探讨 Sr 同位素特征以及气候意义方面，因此真正利用 Sr 同位素地层学来建立珊瑚礁地层年代框架的研究，还处于一个尚未发掘的阶段。基于此，我们决定采用 Sr 同位素地层学和磁性地层学来建立琛科 2 井珊瑚礁的年代框架。

第二节　琛科 2 井测年样品采集与测试

一、Sr 同位素样品的采集与测试

在琛科 2 井岩芯采用 1m 等间距采样，共获得了 810 个全岩碳酸盐岩样品用于测定主微量元素和碳氧同位素，为后期评估碳酸盐岩蚀变程度提供基础数据。用于琛科 2 井 Sr 同位素测试的样品根据目的不同共分为三批采集。第一批 Sr 同位素测试是为了建立琛科 2 井年代框架，在之前 1m 等间距采集的 810 个样品中每隔 10m 等间距取一个样品，在岩性界面附近每隔 5m 取一个样品，共采集 100 个样品。第二批 Sr 同位素测试是为了研究琛科 2 井珊瑚礁碳酸盐岩[87]Sr/[86]Sr 的整体演化趋势和异常[87]Sr/[86]Sr 数据特征，以及其控制因素的古气候和古环境意义。因此，第二批 Sr 同位素样品采集基于第一批[87]Sr/[86]Sr 数据和再次详细的岩芯观察与描述，在第一批样品中[87]Sr/[86]Sr 数据正常区段每隔 5m 采集一个样品，在[87]Sr/[86]Sr 数据异常区段每隔 2m 或 3m 采集一个样品，在出现[87]Sr/[86]Sr 最大异常的 525.00 ～ 521.00m 每隔 0.4m 采集一个样品，共采集 74 个样品，并且在暴露面附近地层采集 26 个样品，即第二批共采集 100 个样品。第三批 Sr 同位素测试主要是为了探索琛科 2 井珊瑚礁碳酸盐岩地层中的白云石化流体、白云石化时间和白云石形成机制，以及其对珊瑚礁岩地球化学特征的影响。琛科 2 井珊瑚礁岩地层中的白云石化出现在 520.00 ～ 180.00m。其中，520.00 ～ 310.00m 珊瑚礁碳酸盐岩完全由白云石组成，前两批 Sr 同位素分析使用的全岩碳酸盐岩样品即代表 520.00 ～ 310.00m 白云石[87]Sr/[86]Sr，而 310.00 ～ 180.00m 珊瑚礁岩由含量变化的白云石和方解石组成（图 3.2a、b），全岩碳酸盐岩的[87]Sr/[86]Sr 不能代表白云石的[87]Sr/[86]Sr，因此，本研究在 310.00 ～ 180.00m 进行取样基于前两次测试结果，在前两批采集全岩碳酸盐岩进行[87]Sr/[86]Sr 测试的相同深度，采集一个样品，共选取 25 个样品，利用方解石和白云石差异性溶解的原理，去除全岩碳酸盐岩中的方解石成分，获得纯的白云石样品。扫描电子显微镜（SEM）和 X 射线衍射（XRD）结果均表明，全岩碳酸盐岩中的方解石已被完全去除，只剩下白云石，纯的白云石晶形为破碎的菱面体，颗粒直径小于 100μm（图 3.2c），在 XRD 谱图中也只出现衍射角为 30.65° 的白云石峰（图 3.2d）。

为了减小或消除取样过程中海水盐类和其他杂质对样品分析结果的干扰，对所有样品进行前期洗盐处理：取适量样品置于烧杯中，加入适量去离子水并充分搅拌，静置 6 ～ 8h，滤除上清液，重复上述过程 3 次后放入 100℃ 烘箱中烘干 24h，将烘干后的样品置于密封袋待用。在澳大利亚昆士兰大学放

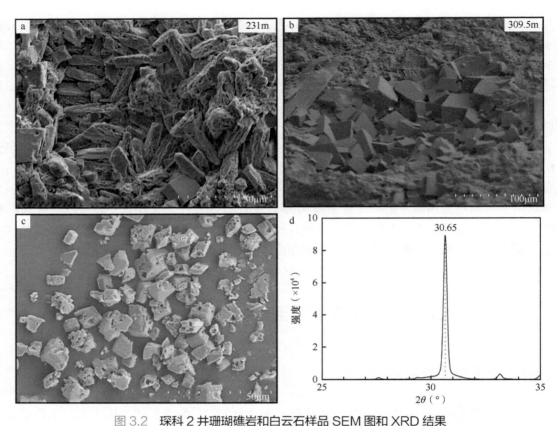

图 3.2　琛科 2 井珊瑚礁岩和白云石样品 SEM 图和 XRD 结果

a. 231m 珊瑚礁岩全岩样品的 SEM 图；b. 309.5m 珊瑚礁岩全岩样品的 SEM 图；c. 珊瑚礁岩全岩样品经过乙酸溶液多次溶解后的 SEM 图；
d. 珊瑚礁岩全岩样品经过乙酸溶液多次溶解后的 XRD 结果

射性同位素实验室进行 200 个全岩碳酸盐岩样品的 Sr 同位素测试，在贵州同微测试科技有限公司进行 25 个白云石样品测试。首先，为从原始沉积物中彻底去除可识别的风化壳和成岩蚀变，用 0.25mol/L 乙酸溶液洗涤，然后用 1mol/L 乙酸溶液溶解超过 24h。将溶液在离心机 4000r/min 条件下离心 15min，将上清液转移到预先清洗过的特氟龙烧杯中，在超净环境的加热板上蒸干。将蒸干后的样品溶解于 2mol/L 的 HNO_3 溶液中，溶液中的 Sr 通过特定离子交换树脂进行提纯。提纯后的 Sr 在多接收电感耦合等离子体质谱仪（MC-ICP-MS）上进行测试。仪器分析中的质量歧视效应均采用指数函数的外部矫正，以 $^{86}Sr/^{88}Sr=0.1194$ 标准化样品的 $^{87}Sr/^{86}Sr$。每隔 5 个样品便通过标准物质溶液 SRM 987 的 $^{87}Sr/^{86}Sr$（0.710 249），使用多项式拟合进一步校正测试过程中的长期漂移。这种标准样品交叉法可以使等离子体中的质量偏差（不能完全由经验指数质量分馏定律解释）得到完全修正。其中，10% 的样品会进行重复测试来对数据进行质量控制。

二、地磁样品的采集与测试

琛科 2 井珊瑚礁岩芯多为破碎块，较为完整的块体较少，因此，为了尽可能多地获得较完整的古地磁样品，首选块体较大的样品，利用激光定位切割机进行钻取，获取圆柱状样品。同时，为了保证尽可能满足年代分辨率要求，基本上将采样间隔控制在 5 ～ 10m，最终共获得了 101 个古地磁样品。古地磁测试在中国科学院南海海洋研究所古地磁实验室进行，采用超导磁力仪测量获得剩磁数据。环境磁学测试使用仪器为捷克 AGICO 公司生产的多功能 MFK1-FA 卡帕桥磁化率仪，测定样品的低频磁化率 χ_{lf}（976Hz）、高频磁化率 χ_{hf}（15 616Hz）。

第三节　琛科 2 井年代测试结果

一、Sr 同位素测试结果

琛科 2 井珊瑚礁碳酸盐岩的 $^{87}Sr/^{86}Sr$ 从底部的 0.708 506 连续增加至顶部 0.709 174，与 20Ma 以来海水的 $^{87}Sr/^{86}Sr$ 变化趋势和范围一致。基于 $^{87}Sr/^{86}Sr$ 的整体变化趋势，将琛科 2 井珊瑚礁碳酸盐岩地层划分为 22 个地层单元（图 3.3），这 22 个地层单元的 $^{87}Sr/^{86}Sr$ 主要呈现三种变化趋势。由于本章不涉及白云石的 $^{87}Sr/^{86}Sr$ 研究，白云石的 $^{87}Sr/^{86}Sr$ 测试结果并不在这里展示，而在第十三章进行详细介绍。

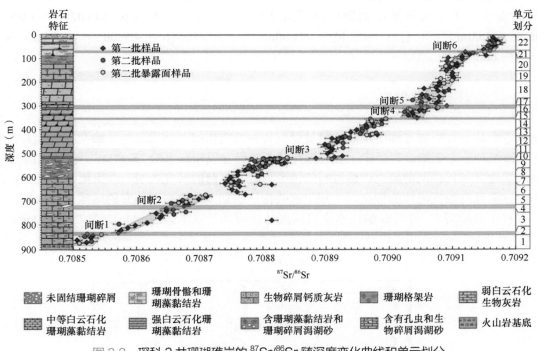

图 3.3　琛科 2 井珊瑚礁岩的 $^{87}Sr/^{86}Sr$ 随深度变化曲线和单元划分

第一种变化趋势：珊瑚礁碳酸盐岩地层单元 $^{87}Sr/^{86}Sr$ 连续单调增加。琛科 2 井共有 11 个 $^{87}Sr/^{86}Sr$ 连续单调增加的地层单元，分别为单元 1、单元 3、单元 5、单元 7、单元 9、单元 12、单元 14、单元 16、单元 18、单元 20 和单元 22（图 3.3）。不同地层单元的深度和 $^{87}Sr/^{86}Sr$ 变化范围如表 3.1 所示。其中，单元 18（311.00～201.00m）的 $^{87}Sr/^{86}Sr$ 变化范围很广，除 276.00m 出现一个极低值（0.709 037），其他数据主要集中于 0.709 049～0.709 060 和 0.709 074～0.709 094 这两个区间。

表 3.1　不同地层单元的深度和 $^{87}Sr/^{86}Sr$ 变化范围

单元	深度（m）	$^{87}Sr/^{86}Sr$	单元	深度（m）	$^{87}Sr/^{86}Sr$
单元 1	878.22 ～ 836.00	0.708 506 ～ 0.708 544	单元 14	411.00 ～ 354.50	0.708 939 ～ 0.708 994
单元 3	831.00 ～ 731.00	0.708 571 ～ 0.708 678	单元 16	351.00 ～ 312.50	0.708 024 ～ 0.708 055
单元 5	721.00 ～ 674.07	0.708 655 ～ 0.708 710	单元 18	311.00 ～ 201.00	0.709 037 ～ 0.709 094
单元 7	611.00 ～ 601.00	0.708 746 ～ 0.708 749	单元 20	152.00 ～ 71.00	0.709 089 ～ 0.709 153
单元 9	571.00 ～ 521.40	0.708 772 ～ 0.708 839	单元 22	66.00 ～ 11.00	0.709 149 ～ 0.709 174
单元 12	471.00 ～ 426.00	0.708 904 ～ 0.708 937			

　　第二种变化趋势：珊瑚礁碳酸盐岩地层的 $^{87}Sr/^{86}Sr$ 突然跳跃式增加，使连续上升的 $^{87}Sr/^{86}Sr$ 曲线出现间断。琛科 2 井珊瑚礁碳酸盐岩的 $^{87}Sr/^{86}Sr$ 曲线共出现 6 次间断，分别出现在单元 2（836.00 ～ 831.00m）、单元 4（731.00 ～ 721.00m）、单元 10（521.40 ～ 521.00m）、单元 15（354.50 ～ 351.00m）、单元 17（312.50 ～ 311.00m）和单元 21（71.00 ～ 66.00m）（图 3.3）。

　　第三种变化趋势：珊瑚礁碳酸盐岩地层的 $^{87}Sr/^{86}Sr$ 呈凸起式大于岩芯的上下层位。琛科 2 井出现 5 个 $^{87}Sr/^{86}Sr$ 大于上下邻近地层的珊瑚礁碳酸盐岩单元，分别为单元 6（674.07 ～ 611.00m）、单元 8（601.00 ～ 571.00m）、单元 11（521.40 ～ 471.00m）、单元 13（单元 426.00 ～ 411.00m）和单元 19（201.00 ～ 152.00m）（图 3.3）。

二、Sr 同位素定年数据筛选

　　珊瑚礁碳酸盐岩在成岩过程中及后期极易受到各种蚀变作用，外来流体（如孔隙水、大气水、白云岩流体和热液流体）与碳酸盐岩反应，会导致样品不能保存原始海水的 $^{87}Sr/^{86}Sr$[47, 49, 60-64]。因此，利用 Sr 同位素地层学建立年代框架前要先评估岩石的蚀变程度。以前的研究表明，外来流体蚀变会导致碳酸盐岩元素和同位素具有蚀变流体的特征，并基于这些特征建立了判别岩石蚀变的地球化学指标。基于前人的研究，保存了原始海水 $^{87}Sr/^{86}Sr$ 的浅水全岩碳酸盐岩应满足以下条件：Mn 含量低于 250ppm，Sr 含量

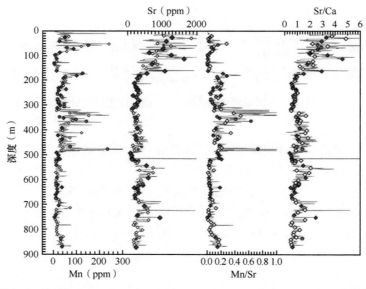

图 3.4　琛科 2 井珊瑚礁碳酸盐岩的 Mn 含量、Sr 含量和 Mn/Sr、Sr/Ca 比值随深度的变化

高于 200ppm，Mn/Sr 比值小于 2，$\delta^{18}O$ 大于 −10‰ 且与 $^{87}Sr/^{86}Sr$ 无相关性[60, 65-67]。如图 3.4 所示，琛科 2 井全岩碳酸盐岩样品除极少数异常外，绝大多数样品的 Mn 含量均低于 250ppm，Mn/Sr 比值小于 2，Sr 含量一般高于 200ppm 且 Sr/Ca 比值较大。以上结果表明，琛科 2 井珊瑚礁碳酸盐岩大部分判断岩石蚀变的地球化学指标均在限制范围内，珊瑚礁碳酸盐岩并没有明显的蚀变，大部分样品保存了原始海水的 $^{87}Sr/^{86}Sr$，可用于 Sr 同位素地层学定年。

在以上岩石地球化学指标筛选的基础上，严格遵循三个标准来选取琛科 2 井有效的 $^{87}Sr/^{86}Sr$ 数据：①珊瑚礁碳酸盐岩样品 $^{87}Sr/^{86}Sr$ 演化趋势与中新世以来海水 $^{87}Sr/^{86}Sr$ 逐渐增大的趋势一致，随着深度由深到浅，$^{87}Sr/^{86}Sr$ 单调增大；②筛除不符合地层层序的异常高或者异常低的 $^{87}Sr/^{86}Sr$；③对于那些可能经历成岩作用蚀变的样品，选择较低的 $^{87}Sr/^{86}Sr$，因为较年轻的海水相对于原沉积碳酸盐岩具有较高的 $^{87}Sr/^{86}Sr$。琛科 2 井只有 11 个 $^{87}Sr/^{86}Sr$ 连续单调增大的地层单元（单元 1、单元 3、单元 5、单元 7、单元 9、单元 12、单元 14、单元 16、单元 18、单元 20 和单元 22）符合上述三个标准。结合 McArthur 等[51]2001 年建立的海水 $^{87}Sr/^{86}Sr$ 演化曲线，最终在这 11 个地层单元选择 58 个有效的 $^{87}Sr/^{86}Sr$ 数据来建立年代框架。

三、Sr 同位素地层学年代框架

将选定的 58 个 Sr 同位素数据与 McArthur 等[51]2001 年建立的海水 $^{87}Sr/^{86}Sr$ 演化曲线进行拟合配比，即可将这 58 个 Sr 同位素数据转化为年龄数据（图 3.5，表 3.2），限定琛科 2 井珊瑚礁碳酸盐岩地层不同深度的年龄。通过该方法获得的琛科 2 井年代与深度的正交图显示，$^{87}Sr/^{86}Sr$ 连续上升地层单元（单元 1、单元 3、单元 5、单元 7、单元 9、单元 12、单元 14、单元 16、单元 18、单元 20 和单元 22）的年代与深度几乎呈线性关系（图 3.6）。因此，这些地层单元不同深度的年龄可以通过两种方法得到。一方面，可以将每个地层单元用于定年的深度和年代作为节点，获得线性函数，然后通过这一线性函数计算获得；另一方面，可以利用两个定年数据插值法获得。下面举例说明琛科 2 井珊瑚礁碳酸盐岩地层的深度和年代线性函数的建立。单元 1 深度为 878.22 ～ 836.00m，用于定年的 $^{87}Sr/^{86}Sr$ 数据分别为：861.00m 的 $^{87}Sr/^{86}Sr$ 为 0.708 506，平均年龄为 19.20Ma；851m 的 $^{87}Sr/^{86}Sr$ 为 0.708 528，平均年龄为 18.88Ma；841.00m 的 $^{87}Sr/^{86}Sr$ 为 0.708 531，平均年龄为 18.83Ma。以年代为 y，深度为 x，通过这三个点建立的 878.22 ～ 836.00m 地层深度与年代之间的线性关系式为 $y=0.02x+2$（$R^2=0.90$）。以此类推，获得单元 3、单元 5、单元 7、单元 9、单元 12、单元 14、单元 16、单元 18、单元 20 和单元 22 地层深度与年代之间的线性关系式。琛科 2 井同一深度用以上公式获得的年龄和用插值法获得的年龄几乎相同。例如，琛

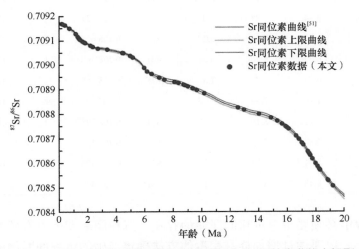

图 3.5　琛科 2 井 Sr 同位素数据在全球标准 Sr 同位素曲线上投影

科 2 井单元 5（721.00～674.07m）珊瑚礁碳酸盐岩地层的深度与年代的线性关系式为 $y=0.012x+8.5$（$R^2=0.98$），根据这一公式计算 700.00m 珊瑚礁碳酸盐岩的年龄为 16.9Ma；基于 714.00m 和 691.00m 的年龄，通过插值法计算得到 700.00m 的年龄为 16.8Ma。在实际应用的时候，插值法更适用于与海水的 $^{87}Sr/^{86}Sr$ 演化趋势一致，$^{87}Sr/^{86}Sr$ 呈连续上升趋势的珊瑚礁碳酸盐岩地层，线性函数法则更适用于 $^{87}Sr/^{86}Sr$ 异常的珊瑚礁碳酸盐岩地层，比如 $^{87}Sr/^{86}Sr$ 异常变高的珊瑚礁碳酸盐岩地层。

表 3.2　琛科 2 井不同深度 $^{87}Sr/^{86}Sr$ 及对应的年龄数据

深度 （m）	$^{87}Sr/^{86}Sr$	2δ （$\times10^{-6}$）	最小年龄 （Ma）	平均年龄 （Ma）	最大年龄 （Ma）	深度 （m）	$^{87}Sr/^{86}Sr$	2δ （$\times10^{-6}$）	最小年龄 （Ma）	平均年龄 （Ma）	最大年龄 （Ma）
21	0.709 168	11	0.16	0.21	0.27	461	0.708 912	10	8.69	9.04	9.39
31	0.709 166	10	0.23	0.28	0.34	471	0.708 904	9	9.06	9.38	9.71
51	0.709 162	10	0.37	0.43	0.52	481	0.708 897	8	9.33	9.67	10
61	0.709 149	10	0.66	0.74	0.82	521	0.708 884	10	9.88	10.19	10.45
81	0.709 127	12	1.14	1.18	1.23	526	0.708 826	9	12.07	12.55	12.89
91	0.709 115	12	1.28	1.32	1.37	531	0.708 817	9	12.66	12.98	13.31
101	0.709 109	13	1.35	1.40	1.45	551	0.708 800	10	13.42	14.03	14.55
121	0.709 107	12	1.38	1.42	1.48	561	0.708 785	12	14.52	14.87	15.13
126	0.709 103	12	1.43	1.49	1.57	571	0.708 772	11	15.08	15.31	15.51
136	0.709 096	9	1.55	1.66	1.77	578	0.708 760	10	15.45	15.64	15.82
141	0.709 092	11	1.67	1.78	1.89	601	0.708 749	9	15.73	15.90	16.07
152	0.709 090	12	1.73	1.84	1.96	611	0.708 746	9	15.80	15.97	16.14
201	0.709 079	12	2.10	2.21	2.32	626	0.708 740	8	15.93	16.10	16.26
221	0.709 074	12	2.26	2.37	2.51	681	0.708 711	8	16.50	16.62	16.73
251	0.709 067	11	2.52	2.73	3.38	691	0.708 698	9	16.71	16.82	16.92
271	0.709 063	11	2.68	3.38	3.68	714	0.708 682	9	16.93	17.03	17.12
316	0.709 049	09	4.15	4.45	4.68	721	0.708 675	9	17.02	17.12	17.20
321	0.709 048	14	4.23	4.52	4.73	731	0.708 647	10	17.36	17.44	17.52
331	0.709 037	12	4.89	5.00	5.09	761	0.708 640	10	17.44	17.51	17.59
341	0.709 030	11	5.10	5.18	5.28	771	0.708 637	9	17.47	17.55	17.62
361	0.708 988	13	5.94	5.98	6.02	781	0.708 631	11	17.53	17.61	17.68
371	0.708 973	12	6.12	6.18	6.27	791	0.708 617	8	17.68	17.76	17.85
381	0.708 963	11	6.37	6.50	6.64	801	0.708 598	9	17.90	17.98	18.06
401	0.708 948	1	6.77	7.03	7.35	811	0.708 586	10	18.03	18.12	18.20
411	0.708 939	12	7.10	7.39	7.95	821	0.708 575	9	18.16	18.24	18.34
426	0.708 930	10	7.42	8.10	8.58	831	0.708 571	11	18.20	18.29	18.39
431	0.708 926	12	7.57	8.38	8.78	841	0.708 531	8	18.73	18.83	18.93
441	0.708 919	9	8.31	8.74	9.07	851	0.708 528	11	18.77	18.88	18.98
451	0.708 917	8	8.43	8.83	9.16	861	0.708 506	8	19.10	19.20	19.31

　　另外，在定年过程中必须要考虑沉积间断面的存在，沉积间断期间没有碳酸盐岩沉积，不能通过以上两种方法进行定年，需要通过增加样品密度的方法确定准确的沉积间断面的位置，而无珊瑚礁碳

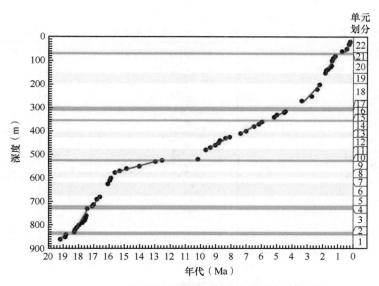

图 3.6　琛科 2 井珊瑚礁岩年代对深度变化特征
无阴影层位为 $^{87}Sr/^{86}Sr$ 连续上升的单元,蓝色阴影层位为 $^{87}Sr/^{86}Sr$ 间断单元,粉色阴影层位为 $^{87}Sr/^{86}Sr$ 升高的单元

酸盐岩沉积的起止时间和持续时间则可通过沉积间断面上下珊瑚礁碳酸盐岩的 $^{87}Sr/^{86}Sr$ 进行限定。例如,526.00m 珊瑚礁碳酸盐岩的 $^{87}Sr/^{86}Sr$ 为 0.708 826,平均年龄为 12.55Ma;521.00m 珊瑚礁碳酸盐岩的 $^{87}Sr/^{86}Sr$ 为 0.708 884,平均年龄为 10.19Ma。在 525.00 ~ 521.00m 按照 0.4m 的间隔采集的 10 个样品的 $^{87}Sr/^{86}Sr$ 均接近 526.00m 珊瑚礁碳酸盐岩的 $^{87}Sr/^{86}Sr$(0.708 826),结果表明沉积间断面应出现在 521.40m 和 521.00m 之间。那么 526.00 ~ 521.40m 珊瑚礁碳酸盐岩的年龄应通过其下相邻地层单位 9 的年龄和深度的关系式计算,521.40 ~ 521.00m 珊瑚礁碳酸盐岩年龄则通过其上地层单位 12 的年龄和深度的关系式计算。本研究采用的数据库来自 McArthur 等 [51],查找表中年龄和 $^{87}Sr/^{86}Sr$ 对应关系的总体置信度为 95%,在 Sr 同位素快速变化的区段,年龄精度更高,自新近纪以来,这一精度小至 0.2Ma。因此,本研究利用 $^{87}Sr/^{86}Sr$ 计算的年龄数据误差理论上应该小于 0.2Ma。

四、磁性地层学测年结果

(一)矿物类型和可能来源

在进行古地磁测试之前,对古地磁样品进行了磁化率测试。结果表明,这些样品的磁化率非常低(图 3.7),基本接近常用的巴庭顿(Bartington)磁化率仪的本底值,表明样品中磁性矿物含量非常低,磁性非常弱。鉴于此,我们采用灵敏度较高的多功能 MFK1-FA 卡帕桥磁化率仪(捷克 AGICO 公司生产)对样品进行了测试,获得了岩芯的磁化率曲线。磁化率(χ)反映样品中铁磁性及亚铁磁性矿物含量的总体情况,从图 3.7a 可以看出,琛科 2 井大部分样品的磁化率为负值,表明样品中可能以抗磁性矿物为主。频率磁化率(χ_{fd})以及频率磁化率百分比($\chi_{fd}\%$)主要反映样品中超顺磁颗粒的含量,从图 3.7b、c 可以看出,大部分样品的 χ_{fd} 为负值、$\chi_{fd}\%$ 在 0 ~ 0.3% 波动,表明珊瑚礁样品中的超顺磁颗粒含量很低。

对于琛科 2 井珊瑚礁中磁性矿物的主要类型和来源,根据对样品的观察和实验结果,初步推测可能主要是陆源碎屑。汤贤赞等 [35] 通过研究珊瑚礁中磁性矿物如铁、锰等氧化物,发现珊瑚礁和珊瑚碎屑中 $\chi<0$ 和 $\chi>0$ 的变化取决于珊瑚礁内铁质氧化还原所得的铁氧体数量。Lund 等 [68] 研究发现,塔希提岛(Tahiti)火山岩碎屑是珊瑚礁磁性矿物的主要来源。但也有学者认为,陆源碎屑是珊瑚礁磁性矿物的来

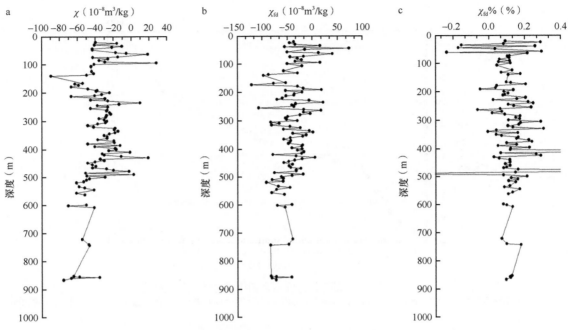

图 3.7　琛科 2 井古地磁样品的 χ（a）、χ_{fd}（b）以及 χ_{fd}%（c）曲线

源。例如，王振峰等[69]对西沙群岛西科 1 井礁相沉积物的研究发现，陆源碎屑是西沙群岛西科 1 井礁相沉积物中磁性矿物的主要来源。与王振峰等[69]的结果一致，Mejia-Echeverry 等[70]认为，陆源沉积物也是罗萨里奥（Rosario）群岛珊瑚礁磁性矿物的主要来源。而且，Cabioch 等[30]在新喀里多尼亚珊瑚 Amedee 岩芯和 Kendec 岩芯的古地磁记录里发现了邻近岛屿岩石和土壤的陆源铁磁成分。也有学者提出，珊瑚礁中磁性矿物可能是生物成因的。例如，琉球群岛地区浅水碳酸盐岩的磁铁矿晶体形态和趋磁细菌形成的磁铁矿晶体形态相似，生物成因的可能性较大[71]。对法属波利尼西亚穆鲁罗瓦环礁和巴哈马圣萨尔瓦多岛的研究表明，天然剩磁强度的主要来源是可能具有生物成因的单畴磁铁矿[28]。总之，目前的研究表明，珊瑚礁磁性物质主要有海水中的陆源物质、火山岩碎屑和生物成因的细菌磁铁矿三种来源。

　　考虑到西沙群岛处于东亚大陆边缘，附近有珠江、红河、湄公河等大型河流输入大陆风化碎屑物质。在实际处理样品时，我们也观察到样品中存在毫米级的磁性矿物颗粒。一般而言，生物成因的磁性矿物颗粒的尺度在纳米级别，因此基本可以排除这一成因。南海板块较为活跃，火山喷发较为频繁，因此，不能排除这一因素的影响。总之，琛科 2 井珊瑚礁中的磁性矿物可能主要来源于陆源碎屑以及火山喷发的碎屑物质。

（二）磁性地层年代框架

　　磁性地层学本身并不能给出绝对的年代界线，必须要有一个年代参考锚点。因此，我们首先开展了岩石地层学研究，并进行了区域地层对比。根据钻孔岩芯观察和描述，对琛科 2 井岩芯进行了岩石地层单位划分。自上而下琛科 2 井岩芯可以划分为。岩石地层单位的界线为：0～16.70m 为西沙洲组；16.70～89.49m 为石岛组；89.49～131.13m 为琛航组；131.13～185.00m 为永兴组；185.00～308.50m 为永乐组；308.50～521.40m 为宣德组；521.40～878.22m 为西沙组（图 3.8）。琛科 2 井与南海西沙群岛、南沙群岛地区的其他生物礁岩芯的岩石地层单位及厚度对比如图 3.8 所示。结果显示，西沙群岛地区的钻孔中，不同岩石地层在不同钻孔中的厚度虽然有所差异，但普遍差异不大，推测可能与沉积物的搬运和保存条件有关。

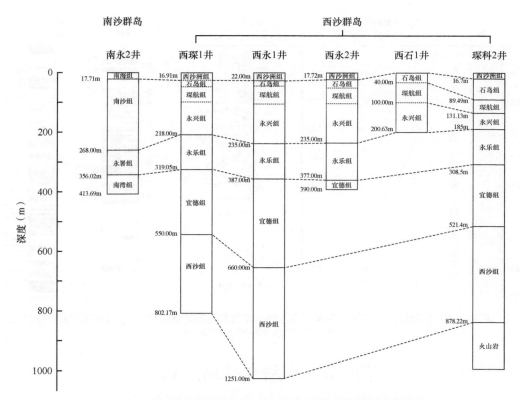

图 3.8　琛科 2 井与南海其他生物礁岩芯的岩石地层单位及厚度对比

　　在区域地层年代框架制约下，岩石地层单位仅能提供"组"一级的地层单元的年代制约，在部分间断面明确的情况下，也有可能获得"段"一级的年代制约。在前期依据 Sr 同位素地层学建立的年代框架基础上，结合现有的岩石地层单元和区域岩石地层框架对钻孔的年代制约，对获得的古地磁极性序列与地磁极性年表（GPTS）[72] 进行了对比，可以获得一个粗略的磁性地层年代学约束框架。由于在 600.00m 以下珊瑚礁地层主要为潟湖沉积，因此无法取得完整的古地磁样品，仅在个别深度能够获得少量的古地磁样品，而且数据点之间采样间隔也较大，导致单个倾角数据指示的古地磁极性事件还需要进一步验证。在 600.00m 以上，根据岩石地层学的划分结果，可以将约 608.00m 的地层的古地磁年代限定在约 15Ma，也即磁性地层学年代能够指示的最大约束年代。

　　将琛科 2 井极性柱与 GPTS 进行精细对比，初步发现，琛科 2 井极性柱可以与 GPTS 进行大致的对比。在琛科 2 井共识别出 10 个正极性（N1～N10）和 8 个负极性（R1～R8）（图 3.9）。通过 Sr 同位素年龄的控制建立琛科 2 井与 GPTS 对应的磁性地层记录。琛科 2 井顶部 N1（74.00～0m）应该对应 GPTS 的 C1n～C1r.1n，因为 57.00m 的 Sr 同位素年龄为 0.61Ma，74.00m 的 Sr 同位素年龄为 1.026Ma。R2（166.00～107.00m）的特征是具有潜在正极性的明显反转，而这种模式似乎与 GPTS 的 C1r～C2n 相对应。N3～N5（295.00～166.00m）主要由三个正极性带和两个负极性带组成，并在 N5 可能发生了一些短事件，明显的正极性对应 GPTS 的 C2r～C2An.3n。N6（444.00～315.00m）以厚的正极性及几个可能的极性反转为特征。考虑到 315.00m 的 Sr 同位素年龄为 4.43Ma、444.00m 的 Sr 同位素年龄为 8.767Ma，N6 应该对应 GPTS 的 C3n.2n～C4An。N7 与 GPTS 的 C5n.1n 对应，因为 499.00m 的 Sr 同位素年龄为 9.9Ma。N9 的上限（602.00m）的 Sr 同位素年龄为 15.91Ma，但是 721.00～608.00m 没有古倾角，因此姑且将 N9 对应 GPTS 的 C5Cn.1n。N10 由正极性和几个可能的负极性组成，因为 853.00m 的 Sr 同位素年龄为 18.94Ma，所以将 N10 对应 GPTS 的 C6n。

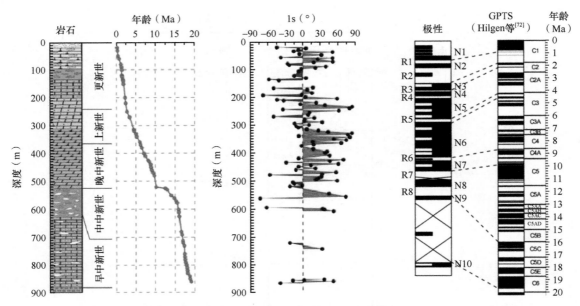

图 3.9　琛科 2 井 Sr 同位素地层年代框架与磁性地层年代和岩石地层年代对比（GPTS 见参考文献 72）
最左侧年代为 Sr 同位素地层参考年代

第四节　琛科 2 井地层划分

一、年代地层划分

　　目前西沙群岛珊瑚礁年代地层的建立主要基于早前在西沙群岛海域获得的 5 个珊瑚礁深钻：西永 1 井、西琛 1 井、西永 2 井、西石 1 井和西科 1 井。这 5 口钻井常用的地层定年方法为生物地层学、磁性地层学和 14C 法、U 系法。生物地层学分辨率极低，这 5 口钻井中浮游有孔虫组合及藻类、介形类对第四纪底界的限定比较可靠，但对上新世、中新世及世代内部的分界并无实际意义 [73-75]。古地磁极性在无其他可靠指标的约束时，难以和标准剖面 GPTS 进行有效对比 [69, 76]。14C 法、U-Th 法只能对较年轻的样品进行高分辨率定年 [77-79]。因此，除以上四种方法外，在西沙群岛珊瑚礁年代地层的建立过程中，也将岩性的变化、沉积相的变化和沉积间断面作为分辨地层边界的指标 [80-85]。这就导致不但各钻井之间地层划分方案不一致，难以进行对比，而且同一钻井的地层认识也不一致。基于以上原因，琛科 2 井上部未固结成岩的珊瑚碎屑采用 U 系定年，下部固结成岩的珊瑚礁岩地层采用 Sr 同位素地层学和磁性地层学相结合的方法进行交叉定年，以提高定年的分辨率和准确性。通过以上定年方法建立起琛科 2 井高分辨率年代框架，为后续的勘探研究等工作奠定基础。

　　U-Th 定年适用于全新世样品的高分辨率定年。对于琛科 2 井未固结成岩的珊瑚碎屑每隔 1m 或者 5m 取一个样品，共选取 21 个样品，通过高精度 U 系测年技术测定了全新世底界的年代。U-Th 分析和定年结果详见覃业曼等 [79]。U-Th 年龄显示，16.7m 与 17.6m 样品的年龄分别为（112 700±700）a B.P. 和（128 100±1 000）a B.P.，均属于末次间冰期，与其上层段 3 个样品的各项参数均明显不同，可以肯定 16.70m 为更新世的上界。16.7m 之上的三个样品分别位于 14.20m、14.40m、16.10m，U-Th 年龄分别为（7914±67）a B.P.、（7552±73）a B.P.、（7584±55）a B.P.，皆属于全新世，但是年龄数据发生倒转，这种年代倒转在全新世珊瑚礁的钻孔中常常是因为取芯过程中样品混合所致。因此，全新世和更新世的界线位于 16.70 ～ 16.10m，结合岩芯的岩性特征，将全新世的底界定为 16.70m，U-Th 定年结果显示，琛航岛全新世珊瑚礁的起始发育时间为 7900a B.P.（U 系定年相关内容将在第四章进行详细阐述）。

琛科 2 井全岩碳酸盐岩 $^{87}Sr/^{86}Sr$ 比值范围为 0.708 506 ～ 0.709 168，相对应的年龄为 19.2 ～ 0.35Ma，通过插值法和建立线性关系式的方法确定固结珊瑚礁地层（878.22 ～ 16.70m）的年龄为 19.6 ～ 0.21Ma。通过 Sr 同位素地层学和磁性地层学相结合的方法进行交叉定年，进一步明确了琛科 2 井年代地层边界的位置，如图 3.10 所示，第四纪的底界在 237m（2.58Ma），上新世和晚中新世的界线在 344m（5.3Ma），晚中新世和中中新世的界线在 521.40m（11.6Ma），中中新世和早中新世的界线在 611m（16Ma），礁体底部的年龄推算为 19.6Ma，此年龄也代表西沙群岛珊瑚礁开始发育的年代。

二、岩石地层划分

（一）岩石地层分组命名

目前西沙群岛海域岩石地层单元命名没有统一的标准，因为各研究者对于之前 5 个钻孔（西永 1 井、西琛 1 井、西永 2 井、西石 1 井和西科 1 井）划分地层的指标不一，也没有建立高分辨率年代框架作为约束，在岩石地层划分和命名方面难以达成共识。目前使用比较成熟的命名方案有两套。一套是基于较早期的钻井（西永 1 井、西永 2 井、西琛 1 井、西石 1 井）的地层研究工作，张明书等[73]在充分考虑了岩石地层学、事件地层学、气候地层学、地球化学地层学和生物地层学特征的基础上，综合了当时研究区内所有分析资料，提出西沙礁相岩石地层，按照群、组、段三级划分，作为地方性名称，在命名时全部采用当地惯用的地名，按照地名所辖范围大小，与群、组、段相匹配。新近纪的岩石地层统称南海群，下分永乐组和宣德组。第四纪的岩石地层统称西沙群，下分四个组，包括早更新世永兴组、中更新世琛航组、晚更新世石岛组和全新世西沙洲组。随后，许红等[83]、王玉净和许红[75]结合年代地层的特点，对于宣德组之下中新世地层，命名为西沙组。赵强[86]总结了以上研究成果，提出西沙组分为上下段，其中西沙组上段对应中中新世，下段对应早中新世，而永乐组和宣德组分别对应上新世和晚中新世。另一套命名方案以近期钻探且研究相对成熟的西科 1 井为标准，采用邻区莺歌海盆地和琼东南盆地相对成熟的地层划分方案，对西沙群岛海域各钻井进行了统一的地层划分和对比，将地层单元自新到老命名为乐东组（2 ～ 0Ma）、莺歌海组（一段 3.2 ～ 2Ma，二段 5.3 ～ 3.2Ma）、黄流组（一段 7.2 ～ 5.3Ma，二段 11.6 ～ 7.2Ma）、梅山组（一段 13.8 ～ 11.6Ma，二段 16 ～ 13.8Ma）与三亚组（一段 21 ～ 16Ma，二段 23 ～ 21Ma）[69, 85]。第一套命名方案优先考虑西沙群岛海域珊瑚礁的发育演化特征，命名更具有区域代表性，但仅第四纪各组之间的划分指标和特征较为明确，其他时代各组之间界线和标准并不明确。第二套方案虽然每个组的界线均有年代限定，但完全采用莺歌海盆地和琼东南盆地的地层命名和划分方案，没有区域代表性。琛科 2 井岩石类型和主要矿物成分变化非常明显，因此，可以将琛科 2 井作为标准井，在第一套方案的基础上，参考第二套方案的划分标准，利用由 U-Th 定年、Sr 同位素地层学、磁性地层学建立的高分辨率年代框架和琛科 2 井岩石特征对各地层进行具体划分和年代限定。

（二）琛科 2 井岩石地层划分

琛科 2 井主要由未固结成岩的生物砂砾屑、灰岩、红藻黏结岩、白云岩组成的珊瑚礁碳酸盐岩和由橄榄岩和玄武岩组成的基底火山岩等组成，在某些地层中出现明显的间断面。基于第一章的岩芯描述内容以及表 1.1 记录的不同深度岩石类型和暴露面位置，对琛科 2 井进行岩石地层划分，文中用到的地层层序号为第一章岩芯描述中依据岩芯颜色、岩性、岩石结构、胶结程度、生物组分和特殊现象等特征划分的地层层序号，共 226 层。

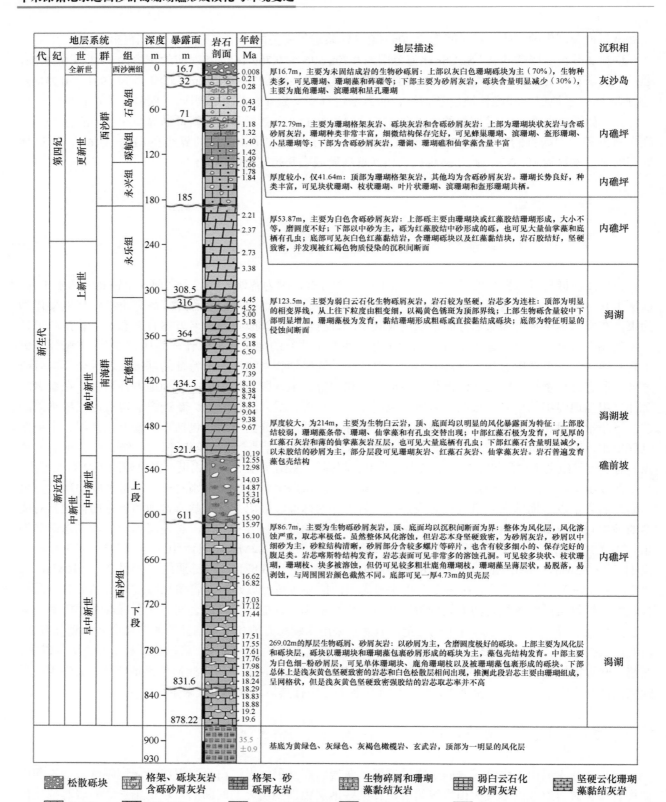

图 3.10 琛科 2 井综合柱状图

定年数据中，蓝色数字为 U-Th 定年结果，黑色数字为 Sr 同位素定年结果，红色数字为 U-Pb 定年结果。图中 11 个明显的暴露面主要参考岩芯（第一章）、成岩作用（第八章）、Sr 同位素（第十三章）、碳同位素（第十一章）变化特征，详细分析见第十三章。地层描述信息主要基于第一章的岩芯描述。沉积相的详细分析见第八章

1. 西沙洲组（0 ~ 16.70m）

琛科 2 井第 1 ~ 36 层（0 ~ 16.70m）为未固结成岩的生物砂砾屑，这与其他 5 口钻井全新世样品为未固结成岩的生物砂碎屑的描述是一致的，因此，0 ~ 16.70m 应属于全新世西沙洲组。这与琛科 2 井 U-Th 定年数据指示的全新世底界为 16.70m 一致。西沙群岛海域全新世珊瑚礁开始发育的时间为 7900a B.P.。

2. 石岛组（16.70 ~ 89.49m）

琛科 2 井第 37 ~ 83 层（16.70 ~ 89.49m）主要为砂屑、砾砂屑灰岩和珊瑚礁格架灰岩。其中，礁格架灰岩主要出现在第 52 层（47.61 ~ 48.76m）、第 59 层（56.78 ~ 59.20m）和第 68 ~ 81 层（69.50 ~ 86.60m）。第 37 ~ 83 层的岩石特征与张明书等[73]描述的琛航岛石岛组岩石剖面特征一致，即上部为生物骨屑砂砾层夹礁格架灰岩骨屑砾石，下部为礁格架灰岩。因此，第 37 ~ 83 层应属于石岛组。此外，第 68 ~ 83 层为明显的风化影响层，多处出现褐黄色或褐红色风化残余物，89.49m 为一暴露面，岩石接触面凹凸不平，溶孔发育，顶部可见死亡面，其表面可见红色泥状物。因此，可将第 83 层的底部 89.49m 作为石岛组的底界，Sr 同位素定年结果显示，石岛组的底界（89.49m）年龄为 1.3Ma。

3. 琛航组（89.49 ~ 131.13m）

琛科 2 井第 84 ~ 85 层（89.49 ~ 92.00m）为珊瑚礁格架灰岩，第 86 ~ 90 层（92.00 ~ 131.13m）为砂屑灰岩。第 91 层（131.13 ~ 138.00m）为含砾块砂屑灰岩。张明书等[73]认为，琛航组和永兴组的区别在于琛航组的沉积环境从礁前格架至礁后岛屿环境均有出现，而永兴组的沉积环境为潟湖和礁坪潟湖环境。因此，琛科 2 井第 84 ~ 90 层应属于琛航组，而第 91 层属于永兴组，第 90 层与第 91 层的界线 131.13m 为琛航组的底界，Sr 同位素定年结果显示，琛航组的底界（131.13m）年龄为 1.57Ma。

4. 永兴组（131.13 ~ 185.00m）

琛科 2 井第 91 ~ 98 层（131.13 ~ 185.00m）大部分为白色弱胶结生物砂屑、砾屑灰岩，珊瑚藻丰富，珊瑚砾块和珊瑚枝大多被珊瑚藻包覆，部分层位可见珊瑚藻黏结岩。第 91 ~ 98 层岩石类型与张明书等[73]描述的永兴组沉积特征（上部为泥粒灰岩、藻屑灰岩，下部为藻灰岩夹泥粒灰岩）及沉积相（以潟湖为主）一致。琛科 2 井 XRD 结果显示，185m 珊瑚礁灰岩中开始出现白云石[87]。西科 1 井地层划分中将白云石的出现作为乐东组底界[69]，赵强[86]通过对比分析认为，西沙群岛珊瑚礁碳酸盐岩地层的永兴组应对应琼东南盆地的乐东组，因此可将白云石的出现作为永兴组的底界，即 185.00m。此外，185.00m 附近出现褐红色或者褐黄色锈斑，表明其为侵蚀间断面。因此，将 185m 作为永兴组的底界是合理的。Sr 同位素定年结果显示，185.00m 年龄为 2.09Ma，与西科 1 井乐东组底界年龄限定 2Ma 极为接近，因此将永兴组的底界定为 185.00m，其年龄限定为 2Ma。

5. 永乐组（185.00 ~ 308.50m）

琛科 2 井第 99 ~ 125 层（185.00 ~ 308.50m）均为弱胶结的生物砂屑、砂砾屑和含砾砂屑灰岩，多处出现侵蚀间断面。琛科 2 井 XRD 结果和元素分析结果显示，185.00 ~ 308.50m 珊瑚礁碳酸盐矿物由白云石和方解石组成。这一矿物组成与西科 1 井莺歌海组岩石矿物组成一致[85]，也与张明书等[73]描述的琛航岛永兴组岩石剖面特征（白色、灰白色灰岩过渡为松散沉积层夹白云石化灰岩）一致，因此 185 ~ 308.50m 应属于永乐组。308.50m 出现多处明显的侵蚀间断面特征，岩芯均出现明显黄褐色、黑褐色渲染，溶蚀空洞发育，表明珊瑚礁长期暴露遭受风化剥蚀。因此，可将 308.50m 定为永乐组的底界。

Sr 同位素定年结果显示，308.50m 年龄为 4.27Ma。这一年代限定与 Li 等[60]提出的永乐组的底界与上新世的底界一致，与罗威等[85]提出的西科 1 井莺歌海组底界与上新世底界一致的观点存在矛盾。琛科 2 井 Sr 同位素地层和磁性地层结果显示，上新世与晚中新世的界线位于 344.00m（5.3Ma），与永乐组底界仅相差 35.5m，年代也仅相差 1.03Ma。考虑到其他钻井定年均采用生物地层学，分辨率很低，本书采用 Sr 同位素的定年结果，将永乐组底界定为 308.50m，年龄限定为 4.27Ma。

6. 宣德组（308.50 ～ 521.40m）

琛科 2 井第 126 ～ 197 层（308.50 ～ 521.40m）为砂屑白云岩和强胶结致密生物白云岩，生物非常丰富，多个层位以珊瑚、珊瑚藻和仙掌藻为主要成分。XRD 结果显示，琛科 2 井 308.50 ～ 521.40m 珊瑚礁碳酸盐岩完全由白云石组成，521.40m 以下几乎没有白云石存在，这一特征与西科 1 井黄流组岩石完全由白云石组成的矿物组成特征一致[85]，因此第 126 ～ 197 层应属于宣德组。琛科 2 井 521.00 ～ 526.00m 的 $^{87}Sr/^{86}Sr$ 出现明显缺失，表明部分礁体被剥蚀，527.00m 处岩石薄片发现铸模孔，表明岩石受到了大气淡水作用。这些特征表明，521.00 ～ 527.00m 应存在一个侵蚀间断面，此侵蚀间断面可作为宣德组的底界。琛科 2 井 Sr 同位素定年结果和磁性地层定年结果将上新世和晚中新世的界线定为 521.40m，521.40m 介于 521.00 ～ 527.00m，可认为宣德组底界与晚中新世的底界一致，即 521.40m，年龄为 11.6Ma。

7. 西沙组上段（521.40 ～ 611.00m）

琛科 2 井第 198 ～ 225 层（521.40 ～ 878.22m）均为弱胶结生物砂屑、砾屑、砾砂屑灰岩。XRD 结果及元素分析结果显示，琛科 2 井 521.40 ～ 611.00m（第 198 ～ 202 层）主要矿物为低镁方解石，611.00m 以下（第 203 ～ 225 层）则以高镁方解石为主。因此，可将 611.00m 作为西沙组上段和下段的分界线。琛科 2 井 611.00 ～ 681.00m 的 $^{87}Sr/^{86}Sr$ 比值明显大于相邻地层，且 Sr 含量是整个礁序列中最低的，Sr/Ca 比值极小，表明此段极有可能在开放体系下受到了蚀变作用。此外，611.00m 以下开始出现磨圆度、分选性很好的碎石，这是礁体暴露、岩石遭受冲刷和搬运的标志，因此 611.00m 处极有可能出现间断面，将这一间断面作为西沙组上段的底界是合理的。琛科 2 井 Sr 同位素定年结果显示，611.00m 年龄为 16Ma，与中中新世的底界一致。

8. 西沙组下段（611.00 ～ 878.22m）

琛科 2 井第 203 ～ 225 层（611.00 ～ 878.22m）均为生物砂屑、砾屑、砾砂屑灰岩，可作为西沙组下段。Sr 同位素定年结果显示，878.22m 年龄为 19.6Ma，而早中新世的底限为 23Ma，因此琛科 2 井珊瑚礁开始发育于早中新世中后期。

琛科 2 井第 226 层为下伏基底火山岩。琛科 2 井地层系统、暴露面位置、每一个组的主要地层特征和沉积相变化见图 3.10。

参 考 文 献

[1] 吴泰然, 何国琦. 普通地质学. 2版. 北京: 北京大学出版社, 2012.

[2] Heller F, Evans M E. Loess magnetism. Reviews of Geophysics, 1995, 33(2): 211-240.

[3] Ellwood B B, Crick R E, El Hassani A, et al. Magnetosusceptibility event and cyclostratigraphy method applied to marine rocks: detrital input versus carbonate productivity. Geology, 2000, 28(12): 1135-1138.

[4] 李华梅, 安芷生, 王俊达. 午城黄土剖面古地磁研究的初步结果. 地球化学, 1974, 3(2): 93-104.

[5] 朱日祥, 刘青松, 潘永信, 等. 马兰黄土剩磁不存在显著Lock-in效应: 来自Laschamp地磁漂移的证据. 中国科学: D辑, 2006, 36(5): 430-437.

[6] 岳乐平. 兰田段家坡黄土剖面磁性地层学研究. 地质论评, 1989, 35(5): 479-488.

[7] 安芷生, Kukla G, 刘东生. 洛川黄土地层学. 第四纪研究, 1989, 9(2): 155-168.

[8] 孙继敏, 刘东生. 洛川黄土地层的再划分及其L_9、L_{15}古环境意义的新解释. 第四纪研究, 2002, 22(5): 406-412.

[9] 孙东怀, 陈明扬, Shaw J. 晚新生代黄土高原风尘堆积序列的磁性地层年代与古气候记录. 中国科学: D辑, 1998, 28(1): 79-84.

[10] 刘东生, 等. 黄土与环境. 北京: 科学出版社, 1985.

[11] 丁仲礼, 孙继敏, 杨石岭, 等. 灵台黄土-红粘土序列的磁性地层及粒度记录. 第四纪研究, 1998, 18(1): 86-94.

[12] Liu X M, An Z S, Rolph T, et al. Magnetic properties of the Tertiary red clay from Gansu Province, China and its paleoclimatic significance. Science in China Series D: Earth Sciences, 2001, 44(7): 635-651.

[13] Yang S L, Ding Z L. Drastic climatic shift at ~2.8Ma as recorded in eolian deposits of China and its implications for redefining the Pliocene-Pleistocene boundary. Quaternary International, 2010, 219(1/2): 37-44.

[14] Heller F, Liu T S. Magnetostratigraphical dating of loess deposits in China. Nature, 1982, 300(5891): 431-433.

[15] Ohde S, Elderfield H. Strontium isotope stratigraphy of Kita-daito-jima Atoll, North Philippine Sea: implications for Neogene sea-level change and tectonic history. Earth and Planetary Science Letters, 1992, 113(4): 473-486.

[16] Ludwig K R, Halley R B, Simmons K R, et al. Strontium-isotope stratigraphy of Enewetak Atoll. Geology, 1988, 16(2): 173-177.

[17] Quinn T M, Lohmann K C, Halliday A N. Sr isotopic variation in shallow water carbonate sequences: stratigraphic, chronostratigraphic, and eustatic implications of the record at Enewetak Atoll. Paleoceanography, 1991, 6(3): 371-385.

[18] Mazzullo S J. Late Pliocene to Holocene platform evolution in northern Belize, and comparison with coeval deposits in southern Belize and the Bahamas. Sedimentology, 2006, 53(5): 1015-1047.

[19] Multer H G, Gischler E, Lundberg J, et al. Key Largo Limestone revisited: Pleistocene shelf-edge facies, Florida Keys, USA. Facies, 2002, 46: 229-271.

[20] Cullis G C. The mineralogical changes observed in the cores of the Funafuti borings//Bonney T G. The Atoll of Funafuti. London: The Royal Society of London, 1904: 1-428.

[21] Kent D V. Paleomagnetism of the Devonian Onondaga limestone revisited. Journal of Geophysical Research: Solid Earth, 1979, 84: 3576-3588.

[22] McNeill D F, Ginsburg R N, Chang S B R, et al. Magnetostratigraphic dating of shallow-water carbonates from San Salvador, Bahamas. Geology, 1988, 16(1): 8-12.

[23] Smith D L, MacFadden B J, Bauer T R. Preliminary investigation of the paleomagnetism of Florida Cenozoic carbonates. Southeastern Geology, 1980, 21: 197-208.

[24] Hurley N F, van der Voo R. Paleomagnetism of upper Devonian reefal limestones, Canning basin, western Australia. Geological Society of America Bulletin, 1987, 98: 138-146.

[25] Chang S B R, Kirschvink J L. Magnetofossils, the magnetization of sediments, and the evolution of magnetite biomineralization. Annual Review Earth Planetary Science, 1989, 17(1): 169-195.

[26] Aïssaoui D M, Kirschvink J L. Atoll magnetostratigraphy: calibration of their eustatic records. Terra Nova, 1991, 3(1): 35-40.

[27] Beach D K, Ginsburg R N. Facies succession of Plio-Pleistocene carbonates, northwestern Great Bahama bank. American Association of Petroleum Geologists Bulletin, 1980, 64: 1634-1642.

[28] Aïssaoui D M, McNeil D F, Kirschvink J L. Magnetostratigraphic dating of shallow-water carbonates from Mururoa atoll, French Polynesia: implications for global eustasy. Earth and Planetary Science Letters, 1990, 97(1-2): 102-112.

[29] Braithwaite C J R, Dalmasso H, Gilmour M A, et al. The Great Barrier Reef: the chronological record from a new borehole. Journal of Sedimentary Research, 2004, 74(2): 298-310.

[30] Cabioch G, Montaggioni L, Thouveny N, et al. The chronology and structure of the western New Caledonian barrier reef tracts. Palaeogeography, Palaeoclimatology, Palaeoecology, 2008, 268(1-2): 91-105.

[31] 中国科学院南沙综合科学考察队. 南沙群岛永暑礁第四纪珊瑚礁地质. 北京: 海洋出版社, 1992.

[32] 中国科学院南沙综合科学考察队. 南沙群岛永暑礁新生代珊瑚礁地质. 北京: 科学出版社, 1997.

[33] 于津生, 陈毓蔚, 桂训唐, 等. "南永1井"礁相碳酸盐C, O, Sr, Pb同位素组成及其古环境意义探讨. 中国科学(B辑), 1994, 24(7): 757-765.

[34] 朱袁智, 王有强, 赵焕庭, 等. 南沙群岛永暑礁第四纪珊瑚礁成岩作用与海平面变化关系. 热带海洋, 1994, 13(2): 1-8.

[35] 汤贤赞, 唐诚, 陈木宏, 等. 南沙群岛永暑礁钻井珊瑚礁和珊瑚碎屑的磁学分析. 热带海洋学报, 2003, 22(3): 44-51.

[36] 汤贤赞, 袁友仁, 王保贵, 等. 珊瑚礁岩的磁性初步研究. 热带海洋, 1995, 29(4): 347-351.

[37] 赵焕庭, 朱袁智, 聂宝符, 等. 永暑礁地质年代和第四纪地层初步划分. 科学通报, 1992, 37(23): 2165-2168.

[38] 郭丽芬, 陈婉颜, 陈丽虹. 南沙群岛永暑礁区近百万年来的古气候变化: 南永1井的锰含量分析. 热带海洋, 1993, 12(4): 39-46.

[39] Wickman F E. Isotope ratios: a clue to the age of certain marine sediments. Journal of Geology, 1948, 56(1): 61-66.

[40] Gast P W. Abundance of [87]Sr during geologic time. Geological Society of America Bulletin, 1955, 66: 1449-1464.

[41] Peterman Z E, Hedge C E, Tourtelot H A. Isotopic composition of strontium in sea water throughout Phanerozoictime. Geochimica et Cosmochimica Acta, 1970, 34(1): 105-120.

[42] Dasch E J, Biscaye P E. Isotopic composition of strontium in Cretaceous-to-Recent, pelagic foraminifera. Earth and Planetary Science Letters, 1971, 11(1-5): 201-204.

[43] Veizer J, Compston W. ^{87}Sr/^{86}Sr in Precambrian carbonates as an index of crustal evolution. Geochimica et Cosmochimica Acta, 1976, 40(8): 905-914.

[44] Kovach J. Variations in the strontium isotopic composition of seawater during Paleozoic time determined by analysis of conodonts. Geological Society of America Abstracts with Programs, 1980, 67: 47-62.

[45] Dickin A P. Radiogenic Isotope Geology. 2nd ed. Cambridge: Cambridge University Press, 2005.

[46] Prokoph A, Shields G A, Veizer J. Compilation and time-series analysis of a marine carbonate δ^{18}O, δ^{13}C, ^{87}Sr/^{86}Sr and δ^{34}S database through Earth history. Earth-Science Reviews, 2008, 87: 113-133.

[47] Kaufman A J, Jacobsen S B, Knoll A H. The Vendian record of Sr and C isotopic variations in seawater: implications for tectonics and paleoclimate. Earth and Planetary Science Letters, 1993, 120: 409-430.

[48] Tremba E L, Faure G, Katsikatsos G C, et al. Strontium-isotope composition in the Tethys Sea, Euboea, Greece. Chemistry Geology, 1975, 16(2): 109-120.

[49] Edwards C T, Saltzman M R, Leslie S A, et al. Strontium isotope (^{87}Sr/^{86}Sr) stratigraphy of Ordovician bulk carbonate: implications for preservation of primary seawater values. Geological Society of America Bulletin, 2015, 127: 1275-1289.

[50] Burke W H, Denison R E, Hetherington E A, et al. Variation of seawater ^{87}Sr/^{86}Sr throughout Phanerozoic time. Geology, 1982, 10: 516-519.

[51] McArthur J M, Howarth R J, Bailey T R. Strontium isotope stratigraphy: LOWESS Version 3: best fit to the marine Sr-isotope curve for 0-509Ma and accompanying look-up table for deriving numerical age. The Journal of Geology, 2001, 109: 155-170.

[52] Farrell J W, Clemens S C, Peter G L. Improved chronostratigraphic reference curve of late Neogene seawater ^{87}Sr/^{86}Sr. Geology, 1995, 23(5): 403-406.

[53] Hodell D A, Mead G A, Mueller P A. Variation in the strontium isotopic composition of seawater (8Ma to present): implications for chemical weathering rates and dissolved fluxes to the oceans. Chemical Geology: Isotope Geoscience Section, 1990,

80: 291-307.

[54] McArthur J M. Recent trends in strontium isotope stratigraphy. Terra Nova, 1994, 6(4): 331-358.

[55] Depaolo D J, Ingram B L. High-resolution stratigraphy with strontium isotopes. Science, 1985, 227: 938-941.

[56] Alexander I, Andres M S, Braithwaite C J R, et al. New constraints on the origin of the Australian Great Barrier Reef: results from an international project of deep coring. Geology, 2001, 29(6): 483-486.

[57] Ohde S, Greaves M, Masuzawa T, et al. The chronology of Funafuti Atoll: revisiting an old friend. Proceedings of the Royal Society of London. Series A: Mathematical Physical and Engineering Sciences, 2002, 458(2025): 2289-2306.

[58] Webster J M, Clague D A, Faichney I D E, et al. Early Pleistocene origin of reefs around Lanai, Hawaii. Earth and Planetary Science Letters, 2010, 290(3-4): 331-339.

[59] 孙志国, 刘宝柱, 刘健, 等. 西沙珊瑚礁锶同位素特征及其古环境意义. 科学通报, 1996, 41(5): 434-437.

[60] Li D, Shields-Zhou G A, Ling H F, et al. Dissolution methods for strontium isotope stratigraphy: guidelines for the use of bulk carbonate and phosphorite rocks. Chemical Geology, 2011, 290: 133-144.

[61] Jiang W, Yu K F, Fan T L, et al. Coral reef carbonate record of the Pliocene-Pleistocene climate transition from an atoll in the South China Sea. Marine Geology, 2019, 411: 88-97.

[62] Brand U, Veizer J. Chemical diagenesis of a multicomponent carbonate system-1: trace elements. Journal of Sedimentary Petrology, 1980, 50(4): 1219-1236.

[63] Vahrenkamp V C, Swart P K, Ruiz J. Constraints and interpretation of $^{87}Sr/^{86}Sr$ ratios in Cenozoic dolomites. Geophysical Research Letters, 1988, 15(4): 385-388.

[64] Ren M, Jones B. Spatial variations in the stoichiometry and geochemistry of Miocene dolomite from Grand Cayman: implications for the origin of island dolostone. Sedimentary Geology, 2017, 348: 69-93.

[65] Korte C, Kozur H W, Bruckschen P, et al. Strontium isotope evolution of Late Permian and Triassic seawater. Geochimica et Cosmochimica Acta, 2003, 67(1): 47-62.

[66] Derry L A, Keto L S, Jacobsen S B, et al. Sr isotopic variations in upper Proterozoic carbonates from Svalbard and East Greenland. Geochimica et Cosmochimica Acta, 1989, 53: 2331-2339.

[67] Kaufman A J, Knoll A H, Awramik S M. Biostratigraphic and chemostratigraphic correlation of Neoproterozoic sedimentary successions: upper Tindir Group, northwestern Canada, as a test case. Geology, 1992, 20: 181.

[68] Lund S, Platzman E, Thouveny N, et al. Biological control of paleomagnetic remanence acquisition in carbonate framework rocks of the Tahiti coral reef. Earth and Planetary Science Letters, 2010, 298(1-2): 14-22.

[69] 王振峰, 张道军, 刘新宇, 等. 西沙群岛西科1井晚中新世–上新世生物礁沉积的磁性地层学初步结果. 地球物理学报, 2016, 59(11): 4178-4187.

[70] Mejia-Echeverry D, Chaparro M A E, Duque-Trujillo J F, et al. An environmental magnetism approach to assess impacts of land-derived sediment disturbances on coral reef ecosystems (Cartagena, Colombia). Marine Pollution Bulletin, 2018, 131: 441-452.

[71] Sakai S, Jige M. Characterization of magnetic particles and magnetostratigraphic dating of shallow-water carbonates in the Ryukyu Islands, northwestern Pacific. Island Arc, 2006, 15(4): 468-475.

[72] Hilgen F J, Lourens L J, van Dam J A, et al. The Neogene period// Gradstein F M, Ogg J G, Schmitz M D, et al. The Geologic Time Scale. Boston: Elsevier, 2012: 923-978.

[73] 张明书, 何起祥, 业治铮, 等. 西沙生物礁碳酸盐沉积地质学研究. 北京: 科学出版社, 1989.

[74] 孟祥营. 西沙群岛晚中新世以来有孔虫生物地层界限及古环境变化. 微体古生物学报, 1989, 6(4): 345-356, 438.

[75] 王玉净, 许红. 西沙群岛西琛一井中新世地层、古生物群和古环境研究. 微体古生物学报, 1996, 13(3): 215-223.

[76] 张明书, 刘健, 周墨清. 西永一井礁序列的磁化率研究. 科学通报, 1994, 39(4): 340-343.

[77] Yu K F, Zhao J X, Shi Q, et al. U-series dating of dead Porites corals in the South China Sea: evidence for episodic coral mortality over the past two centuries. Quaternary Geochronology, 2006, 1(2): 129-141.

[78] Yu K F, Zhao J X, Wang P X, et al. High-precision TIMS U-series and AMS ^{14}C dating of a coral reef lagoon sediment core from southern South China Sea. Quaternary Science Reviews, 2006, 25(17-18): 2420-2430.

[79] 覃业曼, 余克服, 王瑞, 等. 西沙群岛琛航岛全新世珊瑚礁的起始发育时间及其海平面指示意义. 热带地理, 2019, 39(3): 319-328.

[80] 王崇友, 何希贤, 裘松余. 西沙群岛西永一井碳酸盐岩地层与微体古生物的初步研究. 石油实验地质, 1979, 1: 23-38, 73.

[81] 何起祥, 张明书. 西沙群岛新第三纪白云岩的成因与意义. 海洋地质与第四纪地质, 1990, 10(2): 45-55.

[82] 张明书. 西沙西永1井礁相第四纪地层的划分. 海洋地质与第四纪地质, 1990, 10(2): 57-64.

[83] 许红, 蔡峰, 王玉净, 等. 西沙中新世生物礁演化与藻类的造礁作用. 科学通报, 1999, 44(13): 1435-1439.

[84] 魏喜, 贾承造, 孟卫工, 等. 西琛1井碳酸盐岩的矿物成分、地化特征及地质意义. 岩石学报, 2007, 23(11): 3015-3025.

[85] 罗威, 张道军, 刘新宇, 等. 西沙地区西科1井综合地层学研究. 地层学杂志, 2018, 42(4): 485-498.

[86] 赵强. 西沙群岛海域生物礁碳酸盐岩沉积学研究. 北京. 中国科学院研究生院, 2010.

[87] Fan T L, Yu K F, Zhao J X, et al. Strontium isotope stratigraphy and paleomagnetic age constraints on the evolution history of coral reef islands, northern South China Sea. Geological Society of America Bulletin, 2020, 132: 803-816.

— 第四章 —

琛科 2 井全新世珊瑚礁的年代框架及其发育过程 ①

　　自末次冰盛期（LGM）以来，世界范围内的冰盖融化导致海水的体积大幅增加[1]，全球海平面上升了（125±5）m[2]。各个地区的相对海平面受构造运动、引力效应的影响等表现出一定的差异性[3]，如近场区域（靠近冰盖）和远场区域（远离冰盖）的海平面明显不同。因此，探讨不同区域的海平面变化特征至关重要。珊瑚礁因其在环境记录上具有更显著的优势，长期受到高度关注。一方面，珊瑚的年代测定相比其他标志物有着更高的准确性；另一方面，珊瑚礁因其对环境变化的高敏感性，能可靠地记录过去海平面高程范围[4]。全新世珊瑚礁起始发育时间的研究，不但是解决包含礁体发育速率、发育过程等在内的一系列关键科学问题的基础，而且从记录海平面的角度而言，还是关键的时间点和高程控制点。自末次冰盛期以来，整个海平面上升曲线的准确重建依靠的就是这类控制点。随着珊瑚礁钻孔技术和测年技术的快速发展，利用全新世珊瑚礁的起始发育时间恢复海平面变化也得到了广泛应用，如在西南印度洋[5]、帕劳群岛[6]、琉球群岛[7]等地基于礁体的发育过程重建了海平面变化曲线。

　　西沙群岛珊瑚礁广泛分布，是南海珊瑚礁的重要组成部分。近 40 年来，中国已先后在该海区钻取了西永 1 井（井深 1384.68m）[8]、西石 1 井（井深 200.63m）[9]、西永 2 井（井深 600.02m）[10]、西琛 1 井（井深 802.17m）[11]和西科 1 井（井深 1268.02m）[12]等多口钻井。然而，学者们更为关注的是大尺度的环境演化过程，对于全新世层段的礁体则研究较少。鉴于此，选取琛科 2 井全新世层段岩芯作为研究材料，通过高精度 U 系测年和地球化学测试手段，探讨西沙群岛全新世珊瑚礁的起始发育时间、基底特征等，以期为全新世南海珊瑚礁的发育过程与海平面变化历史研究等提供新的信息。

---

① 作者：覃业曼、马一方、余克服。

第一节 全新世珊瑚礁年代框架

一、^{230}Th/^{234}U 测年建立年代框架

^{230}Th/^{234}U 测年技术是指利用自然界存在的三个放射性核素衰变系列（^{238}U、^{235}U、^{232}Th）进行定年，即根据 U 的衰变系列中母体和子体的不平衡性来计算地质载体的年代。由于 U 易溶解于水体，而 Th 则易被黏土矿物吸附，因此一般情况下水体中只有 U 而没有 Th。在水体中形成的自生矿物中通常没有外来的 ^{230}Th，如果发现载体中有 ^{230}Th，那么可以推断其应该是 ^{234}U 衰变的产物，基于此，通过测定样品中 U 和 Th 的含量和同位素组成便可以定年。

基于 22 个珊瑚样品进行 ^{230}Th/^{234}U 测年。首先，通过描述岩芯掌握琛科 2 井全新世层段的基本特征；其次，经刷样、洗样和烘样后按照约 0.5m 的间隔挑选出表面细微结构完好、内部坚硬致密的珊瑚样品；再次，结合 XRD 数据做出进一步的分析，选出 22 个适于测年的珊瑚样品；然后，去除样品表面的杂质并将去壳珊瑚样品碎至小块，进行超声波清洗、烘干；最后，将样品封存并邮寄，所有的 ^{230}Th/^{234}U 测年操作均在澳大利亚昆士兰大学利用多接收电感耦合等离子体质谱仪（MC-ICP-MS）进行。文献[13-15]列出了详细的样品处理和实验流程。

22 个珊瑚样品的 U-Th 年龄如表 4.1 所示，可明显地将其划分为全新世和更新世两个部分。其中，全新世的部分包括 CK2-1 至 CK2-17，17 组 U-Th 测年数据显示，U 含量为 2.9514 ～ 3.8261ppm，δ^{234}U 均在 147±3 的范围内，表现出了原始珊瑚和现代海水的典型特征。更新世的部分包括 CK2-18 至 CK2-22，这 5 个样品的各项参数相较全新世的部分均表现出明显的差异，5 个样品可以追溯到末次间冰期，由于初始 ^{234}U/^{238}U 比值偏离典型海水比值所反映的成岩作用，因此用 Thompson 等[16]的开放系统模型进行了校正，结果表明它们属于末次间冰期。5 个样品的 U 含量都比全新世样品的平均含量（3.3093ppm）低得多，这意味着部分 U 的损失是由文石转化为方解石造成的。

表 4.1 琛科 2 井 22 个珊瑚样品的 U-Th 测年结果统计表

样品名称	深度（m）	U（ppm）	^{230}Th/^{232}Th*	^{234}U/^{238}U*	^{230}Th/^{238}U*	未校正 ^{230}T 年龄（a）	校正 ^{230}Th 年龄（a B.P.）	δ^{234}U
CK2-1	0.6	2.951 4	91.93	1.144 2±0.001 0	0.041 55±0.000 26	4 036±26	4 001±31	145.9±1.0
CK2-2	1.2	3.321 6	768.21	1.145 6±0.000 7	0.049 92±0.000 33	4 860±33	4 855±33	147.6±0.7
CK2-3	2.4	3.489 3	1 380.90	1.143 9±0.000 8	0.062 06±0.000 33	6 084±34	6 081±34	146.4±0.9
CK2-4	2.8	3.035 0	1 838.50	1.144 8±0.000 8	0.060 09±0.000 26	5 881±27	5 879±27	147.2±0.8
CK2-5	3.7	3.078 9	2 143.58	1.145 4±0.000 7	0.060 03±0.000 33	5 872±33	5 870±33	147.8±0.7
CK2-6	4.7	3.105 5	411.02	1.145 9±0.001 4	0.066 81±0.000 58	6 542±59	6 529±59	148.6±1.5
CK2-7	4.9	3.154 3	329.37	1.145 1±0.000 8	0.070 16±0.000 30	6 896±30	6 879±31	148.0±0.8
CK2-8	5.2	3.826 1	6 672.47	1.144 4±0.000 8	0.070 79±0.000 30	6 963±34	6 962±34	147.4±0.8
CK2-9	6.6	3.056 6	183.05	1.143 1±0.001 0	0.072 47±0.000 38	7 143±39	7 112±42	146.0±1.0
CK2-10	7.5	3.522 1	4 601.40	1.144 4±0.000 8	0.071 21±0.000 36	7 006±37	7 005±37	147.3±0.8
CK2-11	8.7	3.270 2	921.63	1.144 3±0.000 7	0.075 34±0.000 33	7 427±34	7 421±34	147.4±0.7
CK2-12	9.3	3.009 5	121.48	1.144 5±0.000 7	0.077 87±0.000 32	7 684±33	7 633±41	147.7±0.7
CK2-13	12.5	3.533 4	2 110.60	1.142 2±0.000 9	0.077 77±0.000 48	7 690±49	7 687±49	145.4±0.9
CK2-14	13.0	3.608 4	5 351.56	1.144 1±0.001 2	0.077 74±0.000 49	7 674±50	7 672±50	147.3±1.3

续表

样品名称	深度（m）	U（ppm）	²³⁰Th/²³²Th*	²³⁴U/²³⁸U*	²³⁰Th/²³⁸U*	未校正 ²³⁰T 年龄（a）	校正 ²³⁰Th 年龄（a B.P.）	δ²³⁴U
CK2-15	14.2	3.434 0	1 638.75	1.142 9±0.001 6	0.080 04±0.000 65	7 917±67	7 914±67	146.1±1.6
CK2-16	14.4	3.288 4	485.73	1.145 3±0.001 5	0.076 75±0.000 70	7 564±72	7 552±73	148.5±1.5
CK2-17	16.1	3.573 4	1 457.51	1.141 4±0.001 2	0.076 72±0.000 53	7 588±55	7 584±55	144.5±1.3
CK2-18	16.7	1.263 0	12 159.72	1.112 3±0.001 9	0.726 57±0.002 16	112 700±700	112 700±700	154.4±2.5
CK2-19	17.6	0.992 8	53.36	1.111 4±0.001 4	0.783 86±0.002 65	129 200±900	128 100±1 000	161.9±2.2
CK2-20	18.8	1.581 9	329.91	1.111 5±0.001 3	0.816 05±0.002 95	139 600±1 100	139 400±1 100	165.6±1.8
CK2-21	19.6	2.179 9	570.04	1.110 5±0.001 4	0.831 09±0.003 41	145 100±1 300	144 900±1 300	166.6±1.9
CK2-22	20.1	1.333 5	99.07	1.127 0±0.001 8	0.919 03±0.002 84	173 800±1 500	173 100±1 500	208.7±2.8

注：所有 U-Th 数据误差为 2σ；未校正 ²³⁰Th 年龄（a）使用 Isoplot 3.75 程序计算；B.P. 表示距 1950 年。$\delta^{234}U = [(^{234}U/^{238}U)-1] \times 1000$
* 比值是依据 Cheng 等[18] 公布的衰变常数以原子比计算的活度比

二、全新世珊瑚礁的起始发育时间

琛科 2 井 22 个珊瑚样品的 U-Th 年龄（表 4.1）表现出了明显的差异性，CK2-18 和 CK2-19 样品的测年结果均显示这两个样品形成于末次间冰期，与其上层段三个样品各项参数均明显不同，可以确定 CK2-18（16.7m）即为全新统和更新统的边界。CK2-15（14.2m）、CK2-16（14.4m）和 CK2-17（16.1m）的年龄分别为（7914±67）a B.P.、（7552±73）a B.P.、（7584±55）a B.P.，皆属于全新世，但是年龄数据倒转。这三个样品皆为细微结构保存完好、适于年龄测定的珊瑚，各项年龄相关参数也都完全符合常规，不存在异常。而属于晚更新世的 CK2-18 和 CK2-19 两个样品深度差为 0.9m，所获得的年龄数值却非常相近。

基于此现象，本书推断 CK2-16 和 CK2-17 样品本应该属于 CK2-15 样品之上的层位，年龄倒转的原因有两种可能：①更新世晚期形成的珊瑚礁在末次冰期海平面下降时暴露于空气之中，受雨水淋滤等的影响形成了类似于喀斯特的不规则结构，如弧形或弓形结构等，全新世的珊瑚礁以早期发育的喀斯特状礁体为依托并在其孔洞中发育，珊瑚或先生长于喀斯特洞的顶部后生长于底部，或后生长的珊瑚礁组分（珊瑚断枝和珊瑚砂）沉积于洞底，这一状况极可能导致下面层位的礁体年代小于上面层位的年代；②钻探过程中可能发生了样品崩落或钻筒中样品层位倒转。类似的年代倒转在全新世珊瑚礁的钻孔中常常是取芯过程中的样品混合所致[19]。因此，本书确认 CK2-15 代表琛科 2 井全新世的底界年龄，即琛航岛全新世珊瑚礁的起始发育时间为 7900a B.P.。

同时，$\delta^{13}C$、$\delta^{18}O$ 和 Sr 含量的变化趋势也与 U-Th 年龄所反映的全新世与更新世界面基本对应。研究显示，即使是极其微弱的成岩改造，也可能导致珊瑚微量元素含量和同位素组成发生明显变化[20]。通常情况下，大气淡水成岩作用以原生珊瑚文石骨骼溶解，以及次生方解石再沉淀为特征，文石重结晶为方解石后可导致文石 $\delta^{18}O$ 降低[21]。在近现代珊瑚礁中，频繁的海平面升降产生的大气淡水作用是造成现代珊瑚礁地球化学元素迁移的最主要作用[22, 23]。当受到大气淡水改造时，珊瑚礁沉积物地球化学元素会发生以下变化：①大气淡水通常比海水含有更少的 Sr^{2+}、Na^+，礁灰岩受大气降水影响后，其中的 Sr^{2+}、Na^+ 含量会降低；②早期碳酸盐沉积物遭受大气淡水淋滤改造时，大气淡水溶解了大量地表和土壤中的有机碳氧化形成的 CO_2，这些与陆生植物有关的 CO_2 具有非常低的 $\delta^{13}C$，远低于海相碳酸盐岩的 $\delta^{13}C$[24]，而大气降水中的氧含量远高于碳酸盐岩中的氧含量。因此，当珊瑚礁沉积物遭受大气淡水改造时，碳酸盐矿物的 $\delta^{13}C$ 和 $\delta^{18}O$ 会明显降低。

琛科 2 井 21～1m 层段的 $\delta^{13}C$、$\delta^{18}O$ 和 Sr 含量的变化（图 4.1）显示，三者均在 17m 以下明显下降，

由此可以推断，17m 及以下的珊瑚礁应是末次冰期由于海平面下降而暴露在空气中时形成的礁体，经受大气降水作用而发生了成岩变化；17m 以上层段的珊瑚礁则是随着冰盖融化、海平面上升而形成的全新世礁体；由于取样间隔较大，尚不能确定更具体的突变界面，大致可确定是在 17 ～ 16m，与 U-Th 年代结果完全吻合，进一步说明了琛航岛 7900a B.P. 开始发育厚达 16.7m 的珊瑚礁，不整合于晚更新世形成的珊瑚礁体（年代老于 110ka B.P.）之上。

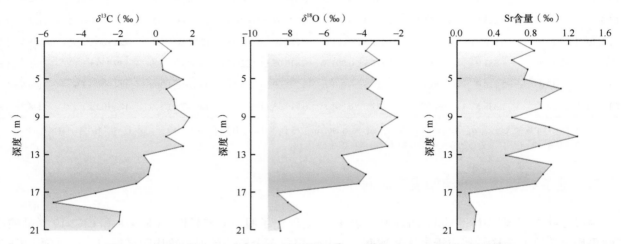

图 4.1　琛科 2 井 21 ～ 1m 层段全岩样品 $\delta^{13}C$、$\delta^{18}O$ 和 Sr 含量的变化曲线图

三条曲线的趋势基本一致，均在 17m 处表现出明显的下降趋势，可以据此划分为两大部分，由于取样的间隔较大，不能确定更具体的突变界面，但是可以确定界面在 17 ～ 16m

三、全新世珊瑚礁的发育速率

琛航岛全新世珊瑚礁的发育厚度为 16.7m，结合 U-Th 年龄，得到平均发育速率为 3.48m/ka。其中，7900 ～ 6100a B.P.，发育速率较快，为 6.44m/ka；6100 ～ 4000a B.P.，发育速率大幅减缓，为 0.87m/ka（表 4.2，图 4.2）。

表 4.2　琛科 2 井全新世珊瑚礁的发育速率统计表

岩芯段（m）	U-Th 年龄（ka B.P.）	发育速率（m/ka）	平均发育速率（m/ka）	印度洋—太平洋地区平均发育速率（m/ka）
1.2 ～ 0.6	4.855 ～ 4.001	0.70		
2.4 ～ 1.2	6.081 ～ 4.855	0.98		
4.7 ～ 2.4	6.529 ～ 6.081	5.12		
4.9 ～ 4.7	6.879 ～ 6.529	0.57		
5.2 ～ 4.9	6.962 ～ 6.879	3.61		4.41*
6.6 ～ 5.2	7.112 ～ 6.962	9.36	3.48	4.30**
8.7 ～ 6.6	7.421 ～ 7.112	6.80		
9.3 ～ 8.7	7.633 ～ 7.421	2.82		
12.5 ～ 9.3	7.687 ～ 7.633	59.64		
14.2 ～ 12.5	7.914 ～ 7.687	7.50		

* 平均发育速率引自 Dullo[25]

** 平均发育速率是在 Dullo[25] 统计数据的基础之上增加了相关数据重新计算所得

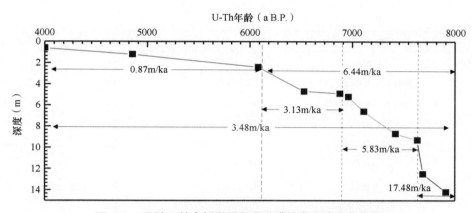

图 4.2　琛科 2 井全新世层段珊瑚礁的发育速率曲线图
不同颜色的曲线代表 7900～4000a B.P. 礁体发育过程中所经历的四个速率不同的阶段

事实上，全新世珊瑚礁的发育速率与波能、珊瑚属种等密切相关[25, 26]。一般而言，高波能海区礁体发育速率较慢，较为隐蔽的低波能海区礁体发育速率则较快，而且枝状珊瑚相的发育速率往往快于块状珊瑚相。因此，不同区域的全新世珊瑚礁的发育速率通常是不一样的，同一珊瑚礁在不同发育阶段的发育速率也存在较大差别。表 4.3 汇总了加勒比海海区和印度洋—太平洋海区不同位置的全新世珊瑚礁和同一全新世珊瑚礁在不同时段的发育速率。整体而言，加勒比海海区全新世珊瑚礁的发育速率要快于印度洋—太平洋海区，计算得到的平均发育速率分别为 6.5m/ka 和 4.3m/ka，二者之比约为 3:2，与 Dullo[25] 得出的结论一致。

表 4.3　部分全新世珊瑚礁发育速率统计表

海区	珊瑚礁区	时段（ka B.P.）	发育速率（m/ka）	数据来源
加勒比海海区	阿拉克兰礁	7.0～8.9	12.0	Macintyre 等[27]
	阿拉克兰礁	5.0～6.0	6.0	Macintyre 等[27]
	加莱塔岛	0.0～8.0	3.9	Macintyre 和 Glynn[28]
	伯利兹	0.0～8.3	6.0	Shinn 等[29]
	巴拿马	0.0～8.0	5.0	Macintyre 和 Glynn[28]
	巴巴多斯岛	7.0～8.8	13.0	Fairbanks[30]
	圣克罗伊岛	5.0～9.4	15.2	Adey 等[31]
	圣克罗伊岛	0.0～9.4	6.0	Adey 等[31]
	圣克罗伊岛	6.0～9.4	10.0	Adey[32]
	圣克罗伊岛潟湖	3.0～6.0	0.7	Hubbard 等[33]
	美属维尔京群岛	0.0～8.9	5.8	Hubbard 等[34]
	佛罗里达	0.0～8.0	4.9	Shinn[35]
	佛罗里达潟湖	0.0～8.0	1.3	Shinn[35]
	佛罗里达湾	0.0～8.0	6.5	Lighty 等[36]
	佛罗里达长礁潟湖	0.0～8.0	0.7	Shinn[35]
	平均值		6.5	

续表

海区	珊瑚礁区	时段（ka B.P.）	发育速率（m/ka）	数据来源
印度洋—太平洋海区	大堡礁中部	6.0～8.0	8.0	Davies[37]
	蜥蜴岛（大堡礁北部）	7.2～8.2	5.8	Rees 等[38]
	蜥蜴岛（大堡礁北部）	0.0～7.2	1.4	Rees 等[38]
	库克群岛	1.0～9.0	2.2	Gray 等[39]
	豪特曼群礁	6.5～9.8	7.6	Eisenhauer 等[40]
	亚喀巴	2.0～2.8	1.7	Dullo[25]
	亚喀巴	4.0～6.0	0.7	Dullo[25]
	苏丹桑加奈卜	0.0～5.5	1.6	Dullo[25]
	苏丹桑加奈卜	5.5～9.6	6.0	Dullo[25]
	马约特岛 1	2.0～8.0	2.8	Dullo[25]
	马约特岛 1	7.2～9.6	8.6	Dullo[25]
	留尼汪岛 1	1.0～8.0	1.7	Camoin 等[5]
	留尼汪岛 1	6.9～7.4	4.4	Camoin 等[5]
	哥斯达黎加	1.5～5.5	1.2	Cortés 等[41]
	哥斯达黎加	0.5～1.5	6.5	Cortés 等[41]
	哥斯达黎加	0.0～0.5	2.3	Cortés 等[41]
	埃内韦塔克环礁	6.5～7.0	10.0	Adey[32]
	埃内韦塔克环礁	0.0～8.0	2.0～3.0	Thurber 等[42]
	穆鲁罗瓦环礁	0.0～8.0	2.0～3.0	Labeyrie 等[43]
	塔拉瓦环礁	0.0～8.0	5.0～8.0	Marshall 和 Jacobson[44]
	马约特岛 2	9.3～9.6	7.0	Camoin 等[5]
	马约特岛 2	8.6～9.3	4.3	Camoin 等[5]
	马约特岛 2	7.2～8.6	5.7	Camoin 等[5]
	马约特岛 2	3.7～7.2	1.1	Camoin 等[5]
	马约特岛 2	1.5～3.7	0.9	Camoin 等[5]
	毛里求斯	7.0～8.2	1.0	Camoin 等[5]
	毛里求斯	5.5～7.0	3.1	Camoin 等[5]
	毛里求斯	3.4～5.5	2.6	Camoin 等[5]
	毛里求斯	1.6～3.4	0.8	Camoin 等[5]
	留尼汪岛 2	5.0～8.0	2.6	Camoin 等[5]
	留尼汪岛 2	2.9～5.0	1.9	Camoin 等[5]
	留尼汪岛 2	0.8～2.9	0.9	Camoin 等[5]
	喜界岛（琉球群岛）	0.0～7.8	3.0～4.0	Webster 等[45]
	石垣岛（琉球群岛）	5.8～7.8	7.5	Hongo 和 Kayanne[46]
	石垣岛（琉球群岛）	0.0～3.5	3.5	Hongo 和 Kayanne[46]
	帕劳群岛	7.2～8.3	7.8	Kayanne 等[6]
	帕劳群岛	4.0～7.2	2.2	Kayanne 等[6]
	帕劳群岛	7.8～8.0	14.3	Kayanne 等[6]

续表

海区	珊瑚礁区	时段（ka B.P.）	发育速率（m/ka）	数据来源
印度洋—太平洋海区	帕劳群岛	6.9 ~ 7.8	5.1	Kayanne 等 [6]
	帕劳群岛	6.0 ~ 6.9	4.4	Kayanne 等 [6]
	帕劳群岛	5.3 ~ 6.0	6.2	Kayanne 等 [6]
	帕劳群岛	4.6 ~ 5.3	5.1	Kayanne 等 [6]
	帕劳群岛	0.3 ~ 4.6	0.46	Kayanne 等 [6]
	帕劳群岛	0.1 ~ 0.3	8.2	Kayanne 等 [6]
	塔希提岛	6.0 ~ 8.0	6.6	Bard 等 [47]；Cabioch 等 [48]
	塔希提岛	0.0 ~ 6.0	1.1	Bard 等 [47]；Cabioch 等 [48]
	菲茨罗伊岛（大堡礁南部）	6.9 ~ 8.2	5.0	Dechnik 等 [49]
	菲茨罗伊岛（大堡礁南部）	5.0 ~ 6.9	0.4	Dechnik 等 [49]
	吕宋岛西北部	8.2 ~ 9.2	10.0 ~ 13.0	Shen 等 [50]
平均值			4.3	

注：表中有下划线的数据原文中没有明确的时段划分，是根据所在区域的礁体发育特征以及钻孔信息给出的估算值

图 4.3 展示了 17 个全新世珊瑚礁不同时段的发育速率，对比发现，较快的发育速率集中出现在 9000 ~ 6000a B.P.，尤其是 8000 ~ 7000a B.P. 这一时段；6000a B.P. 以后礁体的发育速率整体减缓，几乎不再超过 4m/ka，3500 ~ 1500a B.P. 降至最低，约为 1m/ka，甚至更慢。例如，琉球群岛的石垣岛珊瑚礁发育速率在 7800 ~ 5800a B.P. 达 7.5m/ka，随后迅速减缓至 3.5m/ka[11]。毛里求斯、留尼汪岛和马约特岛的全新世珊瑚礁发育速率也充分印证了以上结论，三者发育速率最快的阶段分别为 7000 ~ 5500a B.P.、7500 ~ 5000a B.P.、8600 ~ 7200a B.P.，而且在 3500 ~ 1500a B.P. 礁体发育速率同步降至最慢[5]。

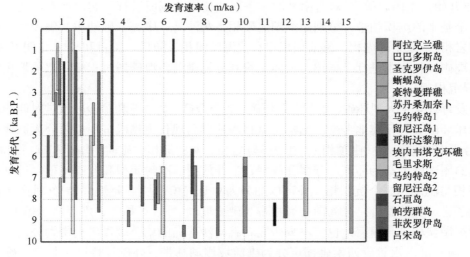

图 4.3　部分全新世珊瑚礁不同时段发育速率对比图

琛航岛全新世珊瑚礁的平均发育速率为 3.48m/ka，这与印度洋—太平洋海区全新世珊瑚礁的发育速率基本吻合，可见该区域全新世珊瑚礁的成礁环境整体上与印度洋—太平洋海区一致。而单就礁体发育速率的垂向变化而言，琛科 2 井全新世层段珊瑚礁不仅与印度洋—太平洋海区的礁体有一样的特征，

即 8000 ～ 7000a B.P. 发育速率较快，6000a B.P. 则是一个转折点，在此之后礁体的发育速率会大幅度减缓；与此同时，由于本研究中测年珊瑚的取样位置相对较密集，由此也获得了更多时段的礁体发育速率，图 4.2 中对 7900 ～ 6100a B.P. 的发育速率进行了详细的整理，发现这一时段的发育速率可以进一步划分为三个阶段，且表现出了发育速率逐步减缓的特征。

第二节　全新世珊瑚礁的沉积特征

琛科 2 井全新世层段主要是松散的碎屑沉积物，而深入掌握这些碎屑沉积物的特征对于准确认识珊瑚礁的结构、演化等具有极其重要的意义。结合碎屑沉积物的粒度特征、生物组分特征和化学成分等可以进行沉积相的划分，从而对成礁环境尤其是水深做出判断。

一、南海珊瑚礁的沉积相带划分

南海不但地质构造特殊，而且海底地貌类型复杂，致使该区域形成的珊瑚礁类型多样，包含了全球范围内所有类型的珊瑚礁，如岸礁、环礁、块礁、塔礁、台地边缘礁和补丁礁，广泛分布于南海西部、北部、南部的陆坡和陆架的位置。

涠洲岛岸礁发育，不过存在平面分布不均匀的问题，各向岸礁的发育程度也有较大的差异[51]。早在 1987 年，王国忠等[52] 就对涠洲岛珊瑚岸礁的沉积作用进行了针对性的研究，将涠洲岛珊瑚礁沿着向海方向划分为潟湖砂砾相、沙堤砂砾相、礁坪相、珊瑚生长带和浅海砂相等生物-地貌类型；余克服等[53]后又将涠洲岛珊瑚礁坪进一步划分为内礁坪珊瑚稀疏带、中礁坪枝状珊瑚林带、外礁坪块状珊瑚带和礁前柳珊瑚带。

从 1978 年开始，王国忠等[54] 对海南岛的多条现代珊瑚礁剖面进行了实地调查，通过多方比较最终将其划分为 7 个基本的沉积相带，分别是潟湖泥砂相、灰沙岛（岸堤）砾砂相、礁坪砂砾相、礁缘砾石相（礁缘黏结岩相）、原生珊瑚相、礁前塌积相和浅海砂泥相。随后，梁百和[55]、张明书等[56] 又分区域对海南岛的珊瑚礁沉积相带进行了描述，大体上将其分为礁前浅海碎屑沉积相、礁前坡积相、礁坪相和潮上海滩-沙堤沉积相。

西沙群岛发育有 4 个大型环礁、4 个中型环礁、2 个台礁、2 个滩和暗沙，通过对西沙群岛，尤其是宣德环礁、永乐环礁等进行实地考察，通常可以将西沙群岛现代生物礁沉积相划分为原地珊瑚礁相（礁格架相）、礁缘砾石黏结岩相（礁顶相）、礁坪砂砾岩相、灰沙岛相、礁前垮塌相和礁后潟湖相[57, 58]。

南沙群岛的珊瑚礁大都为环礁，分属开放型、半开放型、准封闭型和台礁化型，可以相应划分出向海坡相、礁坪相与潟湖相 3 个沉积相，并可以细分为 9 个沉积带[59]。赵焕庭等[60] 对南沙群岛永暑礁的相带划分进行了进一步的整合，分为向海坡相带（礁缘坡）、外礁坪相带、礁坪凸起相带、内礁坪相带、潟湖坡相带和潟湖盆相带。随后，也有不少研究者就南沙群岛的单个珊瑚礁相带划分进行了研究。余克服等[61] 提出，南沙群岛永暑礁西南礁镯可分为礁前坡珊瑚林带、外礁坪珊瑚生长带、礁突起珊瑚枝块胶结堆积带、内礁坪枝状珊瑚生长-砂质沉积交互带、潟湖坡枝状珊瑚生长-细砂沉积带和潟湖盆底粉砂质生物沉积带共 6 个生物地貌和沉积带。大洋型珊瑚礁的研究则以黄岩岛为典型代表，将其划分为礁格架相、礁坪相和潟湖相 3 个沉积相。

二、全新世珊瑚礁的沉积特征

礁体不同地貌带的砂屑沉积特征往往差异较大，如粒度上主要表现为沉积物粗细的变化，生物组分上表现为珊瑚、珊瑚藻、仙掌藻、软体动物、有孔虫等的含量组合不同，化学成分因为受到生物组分的制约也差异较大。

（一）粒度特征

琛科 2 井全新世层段粒度分析结果见表 4.4。通过筛分法，得到了 21 个碎屑样品的平均粒径（Mz）、分选系数（Sd）（即标准偏差）、偏态（Sk）和峰态（Ku）。平均粒径表示一个样品的平均粒度大小，可以反映搬运介质的平均动能；分选系数表示沉积物颗粒的分选程度，反映颗粒的分散和集中状态；偏态则表示频率曲线的对称性，偏态大于零代表样品集中于粗粒沉积物，偏态小于零则代表样品集中于细粒沉积物；峰态表示粒度频率曲线的尖峰凸起程度。琛科 2 井全新世层段平均粒径为 0.66φ（粗砂），大多数样品分选性较差（Sd 平均值为 1.53），21 个碎屑样品的粒径范围从细砂到极粗砂（平均粒径为 -0.54 ～ 2.55φ），分选系数变化范围为 0.88 ～ 1.81，偏态变化范围为 -1.08 ～ 1.06，峰态变化范围为 1.11 ～ 1.51。值得注意的是，样品 CK2-9、CK2-10、CK2-11 和 CK2-12（Mz 分别为 2.30φ、1.62φ、2.55φ 和 2.05φ）粒度较细，分选系数较小（分别为 1.16、1.33、0.88 和 1.25），偏态较小（分别为 -1.02、-0.69、-1.08 和 -0.91）。

表 4.4　琛科 2 井全新世层段粒度分析结果

样品名称	深度（m）	粒度数据								
		粒度分级（%）					粒度参数			
		砾	粗砂	中砂	细砂	粉砂	平均粒径（φ）*	分选系数	偏态	峰态
CK2-1	2.10 ～ 2.77	21.39	26.85	19.60	22.10	9.48	0.71	1.69	0.33	1.13
CK2-2	2.77 ～ 3.17	29.27	34.90	17.31	13.73	4.49	0.15	1.56	0.80	1.19
CK2-3	3.17 ～ 3.47	40.98	20.80	13.10	16.00	8.45	0.14	1.79	0.80	1.15
CK2-4	3.47 ～ 3.87	36.38	31.29	13.29	14.81	3.70	-0.01	1.58	0.86	1.20
CK2-5	3.87 ～ 4.23	20.38	23.81	22.31	24.90	8.33	0.80	1.66	-0.49	1.13
CK2-6	4.53 ～ 4.83	9.76	40.27	21.30	19.64	8.81	0.79	1.50	0.57	1.16
CK2-7	4.83 ～ 5.03	33.04	24.73	12.33	18.50	10.57	0.38	1.81	0.70	1.13
CK2-8	6.70 ～ 6.95	21.86	37.27	16.80	17.45	6.31	0.41	1.58	0.71	1.17
CK2-9	6.95 ～ 7.65	0.27	10.51	16.05	35.83	36.44	2.30	1.16	-1.02	1.36
CK2-10	7.65 ～ 7.75	0.41	24.88	26.96	28.97	18.31	1.62	1.33	-0.69	1.18
CK2-11	7.75 ～ 7.95	0.00	4.00	11.71	44.66	38.59	2.55	0.88	-1.08	1.51
CK2-12	10.20 ～ 11.20	0.33	14.93	22.11	33.46	28.73	2.05	1.25	-0.91	1.27
CK2-13	11.20 ～ 11.80	24.13	41.43	15.95	12.84	5.39	0.20	1.52	0.83	1.22
CK2-14	11.80 ～ 12.25	26.97	24.52	15.83	21.74	10.66	0.61	1.78	0.50	1.11
CK2-15	12.25 ～ 12.45	30.67	29.04	17.34	18.39	4.18	0.25	1.63	0.70	1.15
CK2-16	12.45 ～ 13.05	19.12	31.43	21.67	21.55	5.68	0.62	1.58	0.43	1.14
CK2-17	13.05 ～ 14.05	32.57	29.24	16.63	15.60	5.72	0.20	1.65	0.77	1.16

样品名称	深度（m）	粒度数据								
		粒度分级（%）					粒度参数			
		砾	粗砂	中砂	细砂	粉砂	平均粒径（φ）*	分选系数	偏态	峰态
CK2-18	14.05～14.65	31.02	30.03	13.11	17.71	7.68	0.29	1.71	0.75	1.15
CK2-19	14.65～15.85	31.94	35.27	12.23	13.33	6.76	0.11	1.62	0.87	1.21
CK2-20	15.85～16.85	43.51	41.10	9.70	4.53	0.90	−0.54	1.18	1.06	1.40
CK2-21	16.85～17.25	27.69	32.17	17.15	17.90	4.71	0.29	1.61	0.71	1.16

* 平均粒径（Mz）用 Φ 值表示，$\Phi=-\log_2 d$，其中 d 为粒径（mm）。砾：< -1；极粗砂：$-1 \sim 0$；粗砂：$0 \sim 1$；中砂：$1 \sim 2$；细砂：$2 \sim 3$；极细砂：$3 \sim 4$；粉砂：$> 4\phi$

将所有样品的粒度参数与分级标准（表4.5）一一对比，由此可掌握该层段碎屑沉积物的粒度特征。依照平均粒径（Mz）进行粒级划分，可以发现整个层段的碎屑沉积物总体上表现为粗砂，平均粒径为 0.66ϕ，其中，除 CK2-4（-0.01ϕ）和 CK2-20（-0.54ϕ）为极粗砂，CK2-10（1.62ϕ）为中砂，CK2-9（2.30ϕ）、CK2-11（2.55ϕ）和 CK2-12（2.05ϕ）为细砂之外，其他 15 个样品均为粗砂。分选系数（Sd）显示整个层段除了 CK2-11（0.88）分选性中等之外，其他样品的沉积物均分选性较差。偏态（Sk）显示整个层段除了 CK2-5（−0.49）、CK2-9（−1.02）、CK2-10（−0.69）、CK2-11（−1.08）和 CK2-12（−0.91）负偏之外，其他样品的沉积物均正偏。峰态（Ku）显示整个层段除了 CK2-11（1.51）表现为宽平之外，其他样品的沉积物均表现为中等。通过对四个粒度参数的交叉对比，可以发现琛科 2 井全新世层段除了 CK2-9、CK2-10、CK2-11 和 CK2-12（$6.95 \sim 7.95\text{m}$ 和 $10.20 \sim 11.20\text{m}$）表现为粒度较细、细砂和粉砂含量较高（>47%）、负偏之外，其他沉积物均以粗砂和砾为主（>44%，平均值为59.7%）、正偏（除了 CK2-5）。

表 4.5 矩法沉积物粒度参数分级标准

分选性		偏态		峰态	
分选系数	描述术语	偏态值	描述术语	峰态值	描述术语
<0.35	分选性极好			<0.72	非常窄
0.35～0.50	分选性好	<−1.50	极负偏	0.72～1.03	很窄
0.50～0.71	分选性较好	−1.50～−0.33	负偏	1.03～1.42	中等
0.71～1.00	分选性中等	−0.33～0.33	近对称	1.42～2.75	宽平
1.00～2.00	分选性较差	0.33～1.50	正偏	2.75～4.50	很宽平
2.00～4.00	分选性差	>1.50	极正偏	>4.50	非常宽
>4.00	分选性极差				

（二）生物组分

珊瑚礁体在发育过程中因所处生境的差异会有不同的生物组合，而这种生物组合的变化正是划分沉积相带的重要依据。珊瑚礁体所含的生物整体上可以划分为造礁生物和附礁生物两大类，根据它们在礁体构建中的具体作用和类型又可以进行更为细致的区分。造礁生物作为礁体建造中的支撑和基础，又可以划分为两大类，一类是各种造礁珊瑚，另一类是红藻门的珊瑚藻科。与此同时，也可以依据其参与造礁的形式差异分为造架生物、黏结生物和堆积充填生物[32]。附礁生物则主要包括软体动物、有孔虫、苔藓动物、介形类等。

通过实体显微镜下的颗粒计数方法得到了琛科 2 井全新世层段 21 个碎屑样品中珊瑚、珊瑚藻、软体动物、有孔虫、仙掌藻和其他类生物组分的数据（表 4.6）。研究结果表明，琛航岛沉积物中主要的生物组分为珊瑚（平均值为 59.35%），其中鹿角珊瑚占绝大多数；其次为珊瑚藻（平均值为 24.81%），珊瑚藻是生物礁尤其是珊瑚礁中重要的组成成分，它不仅是碳酸盐材料的主要供应者，还是松散碳酸盐颗粒的黏合剂；而软体动物、仙掌藻、有孔虫等生物组分较少（<6%）。

表 4.6　琛科 2 井全新世层段生物组分分析结果

样品名称	深度（m）	生物组分（%）					
		珊瑚	珊瑚藻	软体动物	有孔虫	仙掌藻	其他
CK2-1	2.10～2.77	64.52	28.52	0.87	0.00	4.87	1.22
CK2-2	2.77～3.17	53.35	40.56	0.16	0.16	5.15	0.62
CK2-3	3.17～3.47	46.57	43.45	1.46	0.21	6.03	2.29
CK2-4	3.47～3.87	70.56	17.75	1.25	0.21	7.52	2.71
CK2-5	3.87～4.23	70.31	11.08	5.17	0.59	2.07	10.78
CK2-6	4.53～4.83	73.79	15.60	2.34	0.31	3.59	4.37
CK2-7	4.83～5.03	67.75	19.91	3.68	0.65	3.03	4.98
CK2-8	6.70～6.95	69.99	23.76	1.00	0.14	2.99	2.13
CK2-9	6.95～7.65	48.36	4.73	22.18	5.45	1.09	18.18
CK2-10	7.65～7.75	53.71	12.80	15.64	3.00	1.26	13.59
CK2-11	7.75～7.95	47.95	20.55	19.18	4.11	1.37	6.85
CK2-12	10.20～11.20	45.50	9.23	16.44	7.21	3.38	18.24
CK2-13	11.20～11.80	64.54	16.35	7.06	0.86	5.85	5.34
CK2-14	11.80～12.25	47.88	34.35	6.09	1.18	7.45	3.05
CK2-15	12.25～12.45	54.48	39.37	1.68	0.19	3.54	0.75
CK2-16	12.45～13.05	57.37	36.94	2.55	0.20	2.36	0.59
CK2-17	13.05～14.05	64.36	28.72	0.88	0.15	4.27	1.62
CK2-18	14.05～14.65	61.55	29.06	1.26	0.90	6.50	0.72
CK2-19	14.65～15.85	55.03	35.65	0.89	1.63	6.21	0.59
CK2-20	15.85～16.85	64.04	26.22	1.29	0.86	6.73	0.86
CK2-21	16.85～17.25	64.74	26.52	0.82	0.00	6.75	1.15
平均值	/	59.35	24.81	5.33	1.33	4.38	4.79

注：表中数据经过四舍五入，存在舍入误差

表 4.6 和图 4.4 分别列出了琛科 2 井全新世层段粒径为 1～2mm 的碎屑沉积物的生物组分分布情况，包括珊瑚、珊瑚藻、仙掌藻、有孔虫、软体动物、其他等六大类。整体而言，这六大类的占比情况依次为珊瑚（59.35%）、珊瑚藻（24.81%）、软体动物（5.33%）、其他（4.79%）、仙掌藻（4.38%）、有孔虫（1.33%），珊瑚和珊瑚藻两类占 80% 以上，软体动物、仙掌藻、有孔虫只占约 5% 或低于 5%。从琛科 2 井全新世层段主要生物组分的垂向变化来看，CK2-9、CK2-10、CK2-11 和 CK2-12 的珊瑚和珊瑚藻含量相对其上下层段有所降低、软体动物含量大幅升高、仙掌藻和有孔虫的含量略有上升，不过总体而言，还是珊瑚和珊瑚藻占据主体（图 4.4）。

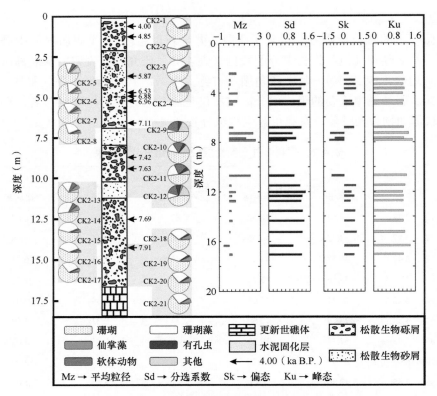

图 4.4　琛科 2 井全新世层段综合沉积柱状图

U-Th 年龄分别标注在取样位置处；根据岩芯描述、粒度分析和生物组分等结果进行了层段划分；21 个碎屑沉积物样品的生物组分结果以饼状图的形式依次展示；粒度参数结果置于图件右侧

（三）化学成分

表 4.7 记录了琛科 2 井全新世层段 Ca、Sr、Mg 的含量，Sr 含量最低，变化范围为 0.129% ～ 1.294%，平均值为 0.686%；Mg 含量高一些，变化范围为 0.207% ～ 3.675%，平均值为 0.996%；Ca 含量平均值为 34.926%，变化范围为 28.314% ～ 39.646%。

表 4.7　琛科 2 井全新世层段化学成分统计表

样品编号	深度（m）	Sr 含量（%）	Mg 含量（%）	Ca 含量（%）
CK2-1	2.10 ～ 2.77	0.640	1.080	31.455
CK2-2	2.77 ～ 3.17	0.834	0.325	34.253
CK2-3	3.17 ～ 3.47	0.590	1.586	31.985
CK2-4	3.47 ～ 3.87	0.765	0.271	33.067
CK2-5	3.87 ～ 4.23	0.722	0.679	33.143
CK2-6	4.53 ～ 4.83	1.122	0.344	37.172
CK2-7	4.83 ～ 5.03	0.911	1.340	39.646
CK2-8	6.70 ～ 6.95	0.904	1.392	36.562
CK2-9	6.95 ～ 7.65	0.593	3.614	32.389
CK2-10	7.65 ～ 7.75	0.994	1.343	34.622

样品编号	深度（m）	Sr 含量（%）	Mg 含量（%）	Ca 含量（%）
CK2-11	7.75 ～ 7.95	1.294	3.675	34.711
CK2-12	10.20 ～ 11.20	0.886	1.693	35.080
CK2-13	11.20 ～ 11.80	0.524	0.396	35.625
CK2-14	11.80 ～ 12.25	1.018	0.207	31.604
CK2-15	12.25 ～ 12.45	0.925	0.384	38.230
CK2-16	12.45 ～ 13.05	0.846	0.433	37.501
CK2-17	13.05 ～ 14.05	0.129	0.469	36.823
CK2-18	14.05 ～ 14.65	0.137	0.277	38.916
CK2-19	14.65 ～ 15.85	0.208	0.420	38.003
CK2-20	15.85 ～ 16.85	0.192	0.516	34.354
CK2-21	16.85 ～ 17.25	0.181	0.468	28.314
变化范围	—	0.129 ～ 1.294	0.207 ～ 3.675	28.314 ～ 39.646
平均值	—	0.686	0.996	34.926

余克服等[62] 早前对信义礁等 4 座环礁的礁前坡、礁坪、潟湖坡、潟湖盆底 4 个地貌带的现代碎屑沉积物进行了全方位的研究，从粒度参数、概率曲线、生物组分、矿物成分和化学成分五个方面比较了不同地貌带碎屑沉积物的差异（表 4.8）。通过比较琛科 2 井全新世层段碎屑沉积物特征与现代碎屑沉积物相对应特征的差异，发现其整体上与礁坪沉积物基本吻合，具体表现为：①粒径较粗，中粗砂，平均粒径为 0.66mm（0.60φ），分选性较差，峰度中等，偏度大体上正偏；②珊瑚和珊瑚藻的含量高（大于 53.09%），仙掌藻和有孔虫的含量低（均小于 5%）；③ Sr 含量较低，平均值为 0.686%；Mg 含量高一些，平均值为 0.996%；Ca 含量平均值为 34.926%。

表 4.8　不同沉积相带相关参数的特征差异统计表

比较项目	地貌带	特征
粒度参数	礁前坡	负偏，峰度尖锐；10m 处为粗中砂，分选性中等；80m 处为细—粗—中砂，分选性较差
	礁坪	粒径较粗，中粗砂，平均粒径大于 0.620mm（0.69φ），分选性中等；峰度平坦，偏度趋于对称
	潟湖坡	一种细砂含量高，与潟湖盆底沉积物的粒度特征相似；另一种粗砂含量高，与礁坪沉积物的粒度特征相似
	潟湖盆底	较细，分选性最差，偏度可正可负，峰度尖锐—很尖锐
概率曲线	礁前坡	三段式，粗节点在 0.785mm（0.35φ）左右
	礁坪	三段式，1 个悬浮次总体和 2 个跳跃次总体
	潟湖坡	与礁坪的概率曲线相似
	潟湖盆底	一种概率曲线与礁坪的概率曲线类似，另一种包含跳跃组分、悬浮组分和滚动组分
生物组分	礁前坡	颗粒直径为 1 ～ 2mm 的珊瑚碎屑含量为 2.88% ～ 42.55%；珊瑚藻屑含量在 45m 以浅随着水深的减小而降低，不会超过 20%；软体动物含量为 8% ～ 20%；底栖有孔虫含量为 8% 左右
	礁坪	珊瑚屑和珊瑚藻屑含量高；仙掌藻碎片和底栖有孔虫含量低
	潟湖坡	处于过渡地带，礁坪型、潟湖盆底型兼具
	潟湖盆底	颗粒直径为 1 ～ 2mm 的珊瑚屑含量一般低于 30%；软体动物含量为 10% ～ 20%；仙掌藻碎片含量为 30% ～ 53%；珊瑚藻含量低于 10%

续表

比较项目	地貌带	特征
矿物成分	礁前坡	较浅的位置矿物成分主要为文石和高镁方解石，且高镁方解石多于文石；随着深度增加，文石减少，低镁方解石增多
	礁坪	主要为文石和高镁方解石，文石含量平均为52.0%，高镁方解石含量平均为43.8%
	潟湖坡	以文石和高镁方解石为主，文石含量为50%～60%，高镁方解石含量为30%～40%
	潟湖盆底	以文石和高镁方解石为主，高镁方解石含量约为40%，文石含量约为50%
化学成分	礁前坡	10m处，Ca、Sr的含量较高，Mg含量较低；45m处，Ca含量变化不明显，Sr含量低，低于0.40%，Mg含量高，高于1.33%
	礁坪	一般Sr含量最低，Mg含量最高，且多大于1.0%；Ca含量平均为35.406%，Mg含量平均为1.105%，Sr含量平均为0.46%
	潟湖坡	Ca、Mg、Sr的含量变化范围大
	潟湖盆底	Mg含量低，Sr含量高，Ca含量的变化范围大

注：据余克服等[62]修改

与此同时，将本研究的结果与南永1井、西沙群岛礁坪、南沙群岛礁坪松散沉积物的粒度参数和生物组分进行对比（表4.9），琛科2井全新世层段碎屑沉积物的平均粒径（–0.54～2.55φ）、分选系数（0.88～1.81）、偏态（–1.08～1.06）与表4.9中的研究结果特别是西沙群岛的相关参数基本吻合；珊瑚（59.35%）、珊瑚藻（24.81%）、软体动物（5.33%）、有孔虫（1.33%）、仙掌藻（4.38%）和其他（4.79%）的生物组合与西沙群岛现代礁坪沉积物相比，虽然钙藻（珊瑚藻和仙掌藻）含量略高、软体动物和有孔虫含量略低，但是基本组合特征也是大体一致的。

表4.9　南永1井、西沙群岛礁坪、南沙群岛礁坪松散沉积物的粒度参数与生物组分对比[63]

采样地	粒度参数			生物组分（%）				
	平均粒径（φ）	分选系数	偏态	珊瑚	钙藻	软体动物	有孔虫	其他
南永1井 *	0.58～2.06	0.69～1.22	–0.25～0.24	50.18	15.17	17.69	12.64	4.32
西沙群岛礁坪 **	–0.05～2.48	0.87～1.51	–0.20～0.17	60.30	15.94	12.92	8.32	2.52
南沙群岛三个环礁礁坪 ***	–0.62～0.73	0.51～1.04	0～0.11	41.73	41.53	11.24	1.85	3.65

* 以南永1井碎屑沉积物中的11号样品（14.22～15.42m）的1～2mm粒级作为生物组成的颗粒数百分比代表，其粒度中值较细，是由于样品先剔除了生物砾块

** 以西沙群岛的北礁和宣德环礁礁坪7个样品为例，生物组分按颗粒数计算百分比

*** 以仙宾礁、仁爱礁和仙娥礁三个不同类型环礁的礁坪沉积物粒度参数平均值及生物组分平均值质量百分比为例

综合琛科2井全新世层段碎屑沉积物粒度分析、生物组分分析和化学成分分析三大结果，并与西沙群岛和南沙群岛环礁礁坪的相关数据进行对比，可以推断该全新世层段的沉积物应属于礁坪沉积。其中，包含CK2-9、CK2-10、CK2-11、CK2-12在内的6.95～7.95m和10.20～11.20m层段，虽然该部分相较于其上下层段粒度较细、珊瑚和珊瑚藻的含量下降、软体动物和有孔虫含量上升，但是综合而言依然表现出礁坪沉积的特征，由此推断该时段礁体应该是处于内礁坪偏潟湖坡的位置，此时的水深相对于其他时段略深一些。而且，整个琛科2井全新世层段不存在明显的沉积间断现象，可见礁体在发育的时候无论是基底的沉降还是海平面的上升都是非常缓慢的。

第三节　全新世珊瑚礁的发育过程及其记录的海平面变化

通过 U-Th 测年建立琛科 2 井全新世层段的年代框架，结合礁体的发育厚度计算得到发育速率，从而掌握琛航岛珊瑚礁在发育过程中的基本演化概况。在此基础之上，通过沉积相带的划分得到礁体发育时的大致水深，综合礁体的发育曲线和水深指标重建西沙群岛海域的全新世海平面变化曲线。

一、海平面是全新世珊瑚礁起始发育时间的主要控制因素

珊瑚礁的生长和发育受到多种生物因子和非生物因子的影响（图 4.5），这些因子在不同的时间尺度和空间尺度上发挥着作用。不过，长久以来关于确定珊瑚礁发育影响因素的研究一直备受争议，原因之一便是这些影响因子之间有着高度的相关性，如此一来便使得识别关键因子变得困难了。Kleypas[64] 曾经指出，水温、文石饱和度、光照是影响珊瑚礁发育的主要因素；Harriott 和 Banks[65] 也综合各项研究成果总结了 20 条影响珊瑚生长和珊瑚礁发育的因子，包括地貌、洋流、光照、营养盐、珊瑚属种丰富度、生物侵蚀、扰动等；Montaggioni[66] 更是将这些影响因子划分为生物因子和非生物因子两大部分进行了更深层次的探讨。值得注意的是，珊瑚礁的发育，特别是在珊瑚礁的起始发育阶段，首先需要有利于关键物种扩散和补充，以及适合这些物种成礁的环境条件[65]，这个时候，诸如海平面变化、基底等条件便显得至关重要了，因为这些是珊瑚礁生长和发育过程中所必需的浅水环境和可容纳生长空间的直接驱动因素。

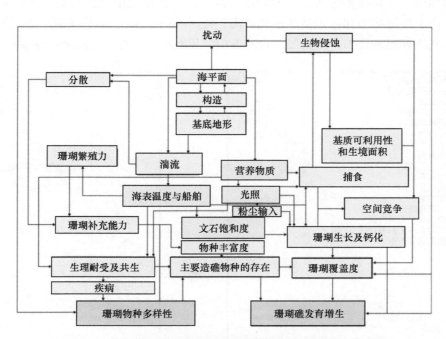

图 4.5　珊瑚礁生长和发育过程中主要影响因子的汇总模式图

图中不仅列出了影响珊瑚礁生长发育的各类生物因子和非生物因子，还体现了这些影响因子之间的相关关系；该模式图最初由 Harriott 和 Banks[65] 提出，Montaggioni[66] 在其基础上进行了适当修改和进一步补充

全新世珊瑚礁的起始发育时间兼具一致性和差异性，一致性即大多数印度洋 - 西太平洋海区、加勒比海海区以及中太平洋海区的全新世珊瑚礁都是发育较为成熟的，其起始发育时间集中在 9000 ～ 7000a

B.P.，这种一致性是因为冰期后海平面的上升为珊瑚礁的发育提供了最基本的浅水环境和可容纳生长的空间；差异性来源于全新世珊瑚礁起始发育时间受控因素的多元性，即当基底性质、波能大小、水体浑浊度、珊瑚属种丰富度等因素严重限制珊瑚的生长和礁体的发育时，礁体的起始发育时间将会发生不同程度的滞后。本研究中西沙群岛琛航岛的全新世珊瑚礁起始发育时间（7900a B.P.）与世界范围内的大多数全新世珊瑚礁起始发育时间一致，同时对比南沙群岛永暑礁 7500a B.P. 的起始发育时间[63]，可以判断南海区域全新世珊瑚礁的起始发育时间并未受到如热带太平洋东部（ETP）地区一样的严重制约，主要还是受控于海平面的变化。

二、珊瑚礁起始发育时间所记录的海平面位置

珊瑚礁是以浅水造礁珊瑚为主的造礁生物的遗骸堆积而成。浅水造礁珊瑚的生长受水深等因素的制约，水过深的话只有个别种与零星个体生长，但不构成礁[67]。由于珊瑚对生长环境具有高敏感性，浅水区域的造礁珊瑚一般分布在表层到水深 40m 处。Montaggioni[66] 基于前人的研究数据总结了太平洋海区和加勒比海海区现代珊瑚的群落特征，发现太平洋海区的硬枝珊瑚生长水深一般小于 6m。因此，当先成平台被海水淹没之后，只有形成了适合珊瑚繁殖、生长的浅水环境，才会有礁体后续的发育。

在第四纪千年时间尺度上，全球海平面变化模式强烈地受到冰盖生长和收缩的控制[68, 69]。末次间冰期 128 ～ 70ka B.P.，海平面处于接近现代海平面的位置，此时正适合礁体发育，这与本研究中琛航岛全新世珊瑚礁不整合于晚更新世形成的珊瑚礁体（年代老于 110ka B.P.）之上是吻合的；末次冰期，海平面随着冰盖的扩张不断下降，末次冰盛期（26.5 ～ 19.0ka B.P.）的海平面甚至距现代海平面达 120m 之深；自末次冰消期以来，全球则进入了冰退阶段，海平面总体呈现出上升的趋势（图 4.6a），在世界各地的沿海地区，由于极地冰盖和冰川持续融化，海平面（eustatic sea level，ESL）在此期间持续快速上升[69]。随着冰川均衡调整理论的不断发展，古冰盖模型和地球模型也持续完善，逐步实现了利用冰川均

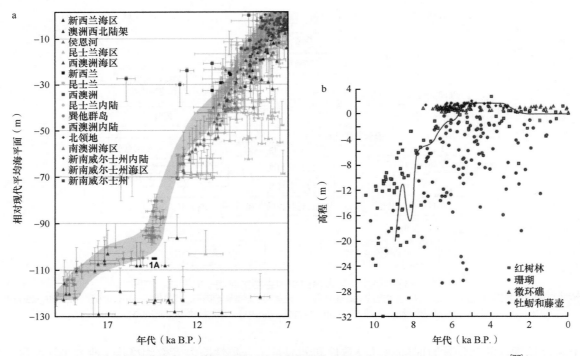

图 4.6　末次间冰期和全新世以来的海平面变化曲线（修改自 Woodroffe 和 Webster[77]）
a. 末次间冰期；b. 全新世

衡调整（glacial isostatic adjustment，GIA）模型重建与预测海平面变化，如汪汉胜等[70]即基于末次冰期冰川均衡调整模型，利用有限元算法模拟了末次冰盛期以来东亚的相对海平面变化，其模拟的相对海平面（relative sea level，RSL）在 8000a B.P. 前的上升与全球冰盖消融有关。与此同时，也有不少的学者通过建立冰盖消融模型来估计 ESL 的变化趋势，如 ICE-5G[2, 71, 72] 和 ICE-6G[73-75]，结果都显示全球冰川融化速度在 8000a B.P. 前后显著放缓，随后 ESL 在 7000 ～ 4000a B.P. 上升，在 4000a B.P. 之后基本不再融化。Hopley[76] 曾指出，大堡礁地区大部分的边缘礁都是在早全新世到 7000a B.P. 前后开始形成的，正好是冰期后海侵（post glacial marine transgression，PGMT）结束大陆架被淹没的时段。Woodroffe 和 Webster[77] 在总结礁体发育与海平面的关系中也提到，伴随着海平面上升到一定的位置，太平洋的珊瑚礁在 8000a B.P. 前后大范围地经历重建和发育，因为先成平台（往往是末次间冰期礁灰岩）被海水淹没，形成了有利于珊瑚生长的浅水环境。本书中琛航岛全新世珊瑚礁起始发育时间为 7900a B.P.，且其发育基底为末次间冰期的礁体，由此判断该地珊瑚礁在末次间冰期结束时便停止了生长，随后一直处于停滞发育状态，直到 7900a B.P. 前后海平面再次上升到适合珊瑚生长的位置。

此外，南海地区虽然构造活动发育，但是普遍认为西沙群岛全新世以来的构造环境是比较稳定的。早在 1998 年，赵焕庭[67] 就指出南海诸岛自晚渐新世以来长期呈下降趋势，但是下降速率很小，平均约为 0.11mm/a，且该区域新构造运动微弱，地壳稳定性较好；詹文欢等[78] 通过总结归纳珊瑚礁的相关信息分析得到西沙群岛等岛礁地壳运动呈下降趋势，下降速率为 0.07 ～ 0.10mm/a；而冯英辞等[79] 近年也利用在西沙群岛海域取得的单道地震剖面进行了进一步研究，发现更新世后西沙群岛构造环境趋于稳定，仅部分断裂现今仍活动。

总体来说，琛航岛区域的构造是相对稳定的。实地考察发现，在低潮时南海珊瑚礁基本上出露于海面，因而可以大致将礁坪面作为低潮面。琛科 2 井的钻孔位置高于现代礁坪约 2.9m，整个全新世层段珊瑚礁发育厚达 16.7m，因而其相对于现代海平面的厚度为 13.8m。考虑到南海现代珊瑚礁的礁坪面与大潮低潮面基本一致，推测琛科 2 井全新世层段起始发育时的位置在现代海平面大潮低潮面之下 13.8m，亦即西沙群岛海域 7900a B.P. 前的海平面在现代海平面以下 13.8m，即 7900a B.P. 以来海平面上升了至少 13.8m。图 4.6b 显示了大堡礁地区全新世海平面的重建曲线，可以发现该地区在 7900a B.P. 前后的海平面已经达到现代海平面以下 14m 的位置。

三、珊瑚礁演化模式在 4000a B.P. 发生转变

全新世珊瑚礁的发育过程整体上可以划分为两大阶段，即垂直发育阶段和侧向加积阶段。不同的发育阶段中礁体表现出完全不同的发育特征，发育速率、优势珊瑚属种等都将随着发育阶段的转变而产生差异。Marshall 和 Davies[80] 早前曾对大堡礁的独树礁进行细致的研究，将其发育过程划分为三个阶段，包括初始垂向发育阶段（8000 ～ 6000a B.P.）、过渡生长阶段（6000 ～ 4000a B.P.）和侧向加积阶段（4000a B.P. 至今）。Hongo 等[46] 在研究石垣岛的全新世珊瑚礁时，也将其形成过程做了划分，分别是礁体萌发阶段（7800a B.P. 之前）、礁体堆积阶段（7800 ～ 5800a B.P.）、礁格架形成阶段（5800a B.P. 至今），在该划分方案中突出了发育速率的差异，并且提出 5800a B.P. 礁体发育速率减缓主要是因为可容纳空间减少。随着全新世珊瑚礁钻孔研究的大幅度增加，人们对礁体的发育演化也有了越来越多的认识，虽然两个基本阶段的划分已经成为共识，但是每个阶段具体的持续时间显现出了差异性。Cabioch[81] 就发现新喀里多尼亚的礁体达到稳定发育阶段基本是在 5000 ～ 400a B.P.，表现出了较大的时间跨度，这种差异目前推断可能是当地的物理条件（波能、物种饱和度）所致，为了得出更准确的结论，还需要更为深入的研究。

依据发育速率等可以将琛航岛全新世珊瑚礁的发育过程划分为以下四个阶段（图 4.7）。①礁体萌发阶段（7900a B.P. 之前）：海平面上升至一定位置，形成了适于珊瑚生长和礁体发育的浅水环境，礁体在

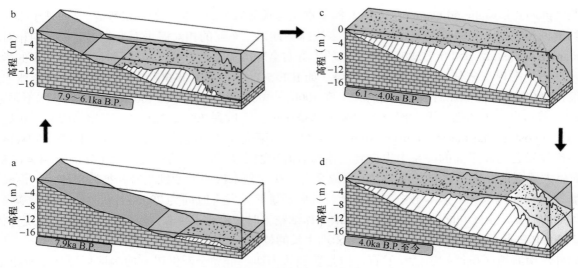

图 4.7　琛航岛全新世珊瑚礁的发育演化模式图
a. 礁体萌发阶段；b. 礁体快速加积阶段；c. 礁体稳定生长阶段；d. 礁体侧向加积阶段

更新世珊瑚礁基底上开始发育。②礁体快速加积阶段（7900 ～ 6100a B.P.）：该阶段礁体的发育速率相当之快（6.44m/ka），成礁厚度达 11.8m，具有充足的可容纳生长空间，垂向生长的驱动力也很强。③礁体稳定生长阶段（6100 ～ 4000a B.P.）：该阶段礁体的可容纳生长空间减小，发育速率迅速减缓（0.87m/ka），垂向生长的驱动力也相应减弱，也可以将其视为一个过渡阶段。④礁体侧向加积阶段（4000a B.P. 至今）：该阶段礁体丧失垂向发育的可容纳空间，开始侧向发育。事实上，关于礁体侧向加积的研究往往需要进行一系列的钻探工作，而后进行横向对比以期得到更准确的结论。Yamano 等[82] 曾经在对琉球群岛石垣岛进行波能研究的时候比较了不同礁体的发育状况，发现礁体的垂向加积速率虽然相近，但是迎风礁和背风礁的侧向加积速率相差很大。可以肯定的是，一旦礁体丧失垂向发育的动力，就会转换为侧向加积。琛科 2 井全新世层段顶部 U 系测年结果为 4000a B.P.，而且取样位置近于顶面，未有 4000a B.P. 之后的沉积记录，推断 4000a B.P. 即为琛航岛全新世礁体发育过程中的一个转折点，至此侧向加积成为主导。基于此，我们也对比了其他学者与之相关的研究结果，发现南永 1 井全新世顶部的测年结果也为 3000a B.P. 左右，未有更近现代的记录[63]；1979 年，卢演俦等[83] 在研究西沙群岛第四纪生物沉积和岛屿形成时，在甘泉岛中心面以下 20 ～ 30cm 处钻取了珊瑚砾岩，^{14}C 测年显示其形成年代为（3400±160）a B.P.；在接下来的几十年里，聂宝符[84] 先后在南海实施了一系列的钻探，结果表明，东岛和永兴岛表层珊瑚年龄分别为（3630±150）a B.P.、（4340±250）a B.P.。这些研究也进一步印证了我们的观点，即琛航岛由于海平面的制约在 4000a B.P. 由垂向发育转换为侧向加积。

四、珊瑚礁所记录的 7900a B.P. 以来的海平面变化

珊瑚的生长严格受到海平面的控制，一旦离开适于其生长的水深，就无法生存，正是这一特性使得珊瑚成为海平面变化的良好指标。此外，不同沉积相的珊瑚种类和最适水深具有很大的差异，这也使得利用沉积相估算水深成为可能，琛科 2 井全新世层段的松散沉积物含量较高、保存完好，通过粒度分析、生物组分分析和化学成分分析能够准确地确定整个层段的沉积相。基于这两点，本研究依靠琛科 2 井全新世层段珊瑚样品的 U-Th 年龄和以礁体沉积相估计的水深指标进行了琛航岛海域全新世海平面变化曲线的重建。

通过沉积相划分可以发现，琛科 2 井全新世层段碎屑沉积物的粒度、生物组分和化学成分结果显示其均属于礁坪沉积。结合南海海域现代珊瑚礁沉积相的水深特征，推断整个剖面的发育水深应该在 1 ～ 3m，其中 7.95 ～ 6.95m 和 11.20 ～ 10.20m 两部分表现出粒度较细、分选系数偏小、珊瑚和珊瑚藻含量下降、软体动物和有孔虫含量上升等特点，其发育水深相较于上下层段应该略为深一点。在千年时间尺度上，即使整个层段都属于礁坪环境沉积，但是珊瑚礁的发育水深应该是处于轻微波动的状态，为了便于在曲线重建中与其他海平面变化曲线进行对比，在水深指标的选择中除 7.95 ～ 6.95m 和 11.20 ～ 10.20m 两个层段为 3m 之外，其他部分均为 2m。

西沙群岛整体的地理环境和构造环境也使利用礁体的发育演化重建海平面成为可能。沉降对相对海平面变化的影响可以忽略不计[77]。图 4.8 显示了琛航岛全新世珊瑚礁的发育曲线及海平面重建曲线，海平面变化曲线显示西沙群岛的海平面在 7900 ～ 6500a B.P. 快速上升，随后上升趋势减缓，而后在约 5500a B.P. 达到现代海平面的位置，并最终在约 4000a B.P. 升至最高位，高出现代海平面约 1.5m。图 4.8 中还有其他利用珊瑚礁进行全新世海平面重建的研究结果，可以发现三条曲线具有明显的相似性，Hongo 和 Kayanne[46] 和 Kayanne 等[85] 的研究结果均显示，印度洋—太平洋海区全新世阶段的海平面普遍在 6000 ～ 4000a B.P. 达到稳定，并且存在高海平面。迄今为止，国内在长江三角洲、福建海峡、台湾海峡、广东沿海、珠江三角洲、海南岛等地都进行了全新世海平面变化的研究（图 4.9）[86]，其变化趋势与本研究也是基本吻合的。而这一结果也很好地反映了冰川的融化历史，在构造稳定的情况下，海平面的波动很大程度上归因于全球冰量的变化，正如 Walcott[87] 强调，北半球的冰盖（如劳伦泰德冰盖、斯堪的纳维亚冰盖）均是在 6000a B.P. 左右完全消融的，这种冰盖消融所带来的海平面上升持续了一段时间，使得海平面继续上升至 4000a B.P. 并高出现代海平面的位置，当这种影响消失之后，海平面便随之下降。

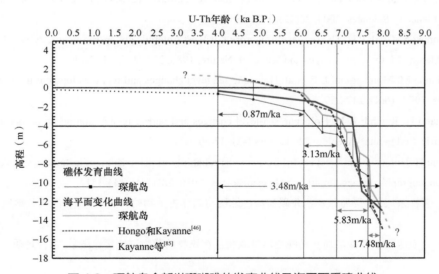

图 4.8　琛航岛全新世珊瑚礁的发育曲线及海平面重建曲线

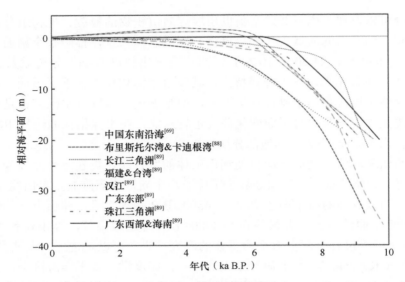

图 4.9 自全新世早期以来世界上不同地点海平面波动历史（修改自 Jiang 等[86]）

参 考 文 献

[1] Milne G A, Mitrovica J X. Searching for eustasy in deglacial sea-level histories. Quaternary Science Reviews, 2008, 27(25-26): 2292-2302.

[2] Peltier W R. Global glacial isostasy and the surface of the ice-age Earth: the ICE-5G (VM2) model and GRACE. Annual Review of Earth and Planetary Sciences, 2004, 20(32): 111-149.

[3] Mitrovica J X, Gomez N, Clark P U. The sea-level fingerprint of West Antarctic collapse. Science, 2009, 323(5915): 753.

[4] Chappell J, Shackleton N J. Oxygen isotopes and sea level. Nature, 1986, 324(6093): 137-140.

[5] Camoin G F, Colonna M, Montaggioni L F, et al. Holocene sea level changes and reef development in the southwestern Indian Ocean. Coral Reefs, 1997, 16(4): 247-259.

[6] Kayanne H, Yamano H, Randall R H. Holocene sea-level changes and barrier reef formation on an oceanic island, Palau Islands, western Pacific. Sedimentary Geology, 2002, 150(1-2): 47-60.

[7] Hongo C, Kayanne H. Holocene sea-level record from corals: reliability of paleodepth indicators at Ishigaki Island, Ryukyu Islands, Japan. Palaeogeography, Palaeoclimatology, Palaeoecology, 2010, 287(1-4): 143-151.

[8] 王崇友, 何希贤, 裘松余. 西沙群岛西永一井碳酸盐岩地层与微体古生物的初步研究. 石油实验地质, 1979, 1(5): 23-38, 73.

[9] 何起祥, 张明书, 业治铮, 等. 西沙群岛石岛晚更新世碳酸盐沉积物的稳定同位素地层学. 海洋地质与第四纪地质, 1986, 6(3): 1-8.

[10] 张海洋, 许红, 卢树参, 等. 西沙中新世藻礁白云岩储层特征及成因模式. 海洋地质前沿, 2016, 32(3): 48-56.

[11] 魏喜, 贾承造, 孟卫工, 等. 西琛1井碳酸盐岩的矿物成分、地化特征及地质意义. 岩石学报, 2007, 23(11): 3015-3025.

[12] Shao L, Cui Y C, Qiao P J, et al. Sea-level changes and carbonate platform evolution of the Xisha Islands (South China Sea) since the Early Miocene. Palaeogeography, Palaeoclimatology, Palaeoecology, 2017, 485: 504-516.

[13] Clark T R, Roff G, Zhao J X, et al. Testing the precision and accuracy of the U-Th chronometer for dating coral mortality events in the last 100years. Quaternary Geochronology, 2014, 23: 35-45.

[14] Clark T R, Zhao J X, Roff G, et al. Discerning the timing and cause of historical mortality events in modern Porites from the

Great Barrier Reef. Geochimica et Cosmochimica Acta, 2014, 138: 57-80.

[15] Yu K F, Zhao J X, Shi Q, et al. U-series dating of dead Porites corals in the South China Sea: evidence for episodic coral mortality over the past two centuries. Quaternary Geochronology, 2006, 1(2): 129-141.

[16] Thompson W G, Spiegelman M W, Goldstein S L, et al. An open-system model for U-series age determinations of fossil corals. Earth and Planetary Science Letters, 2003, 210(1-2): 365-381.

[17] Ludwig K. User's Manual for Isoplot 3.75: A Geolo-gical Toolkit for Microsoft Excel. Berkeley: Berkeley Geochronology Centre, 2012.

[18] Cheng H, Edwards R L, Hoff J, et al. The half-lives of uranium-234 and thorium-230. Chemical Geology, 2000, 169(1): 17-33.

[19] Johnson D P, Risk M J. Fringing reef growth on a terrigenous mud foundation, Fantome Island, central Great Barrier reef, Australia. Sedimentology, 1987, 34(2): 275-287.

[20] Nothdurft L D, Webb G E. Earliest diagenesis in scleractinian coral skeletons: implications for palaeoclimate-sensitive geochemical archives. Facies, 2009, 55(2): 161-201.

[21] McGregor H V, Gagan M K. Diagenesis and geochemistry of Porites corals from Papua New Guinea: implications for paleoclimate reconstruction. Geochimica et Cosmochimica Acta, 2003, 67(12): 2147-2156.

[22] 王瑞, 余克服, 王英辉, 等. 珊瑚礁的成岩作用. 地球科学进展, 2017, 32(3): 221-233.

[23] Derry L A, Kaufman A J, Jacobsen S B. Sedimentary cycling and environmental change in the Late Proterozoic: evidence from stable and radiogenic isotopes. Geochimica et Cosmochimica Acta, 1992, 56(3): 1317-1329.

[24] Buonocunto F P, Sprovieri M, Bellanca A, et al. Cyclostratigraphy and high-frequency carbon isotope fluctuations in Upper Cretaceous shallow-water carbonates, southern Italy. Sedimentology, 2002, 49(6): 1321-1337.

[25] Dullo W C. Coral growth and reef growth: a brief review. Facies, 2005, 51(1-4): 33-48.

[26] Cabioch G, Montaggioni L F, Faure G. Holocene initiation and development of New Caledonian fringing reefs, SW Pacific. Coral Reefs, 1995, 14(3): 131-140.

[27] Macintyre I G, Burke R B, Stuckenrath R. Thickest recorded Holocene reef section, Isla Pérez core hole, Alacran Reef, Mexico. Geology, 1977, 5(12): 749-754.

[28] Macintyre I G, Glynn P W. Evolution of modern Caribbean fringing reef, Galeta point, Panama. AAPG Bulletin, 1976, 60(7): 1054-1072.

[29] Shinn E A, Hudson J H, Halley R B, et al. Geology and sediment accumulation rates at Carrie Bow Cay, Belize. The Atlantic Barrier Reef Ecosystem at Carrie Bow Cay, Belize, 1982, 1: 63-75.

[30] Fairbanks R G. A 17,000-year glacio-eustatic sea level record: influence of glacial melting rates on the Younger Dryas event and deep-ocean circulation. Nature, 1989, 342(6250): 637-642.

[31] Adey W H, Macintyre I G, Stuckenrath R, et al. Relict barrier reef system off St Croix: its implications with respect to late Cenozoic coral reef development in the western Atlantic. Proceedings of the Third International Coral Reef Symposium, 1977: 15-21.

[32] Adey W H. Coral reef morphogenesis: a multidimensional model. Science, 1978, 202(4370): 831-837.

[33] Hubbard D K, Miller A I, Scaturo D. Production and cycling of calcium carbonate in a shelf-edge reef system (St. Croix, US Virgin Islands); applications to the nature of reef systems in the fossil record. Journal of Sedimentary Research, 1990, 60(3): 335-360.

[34] Hubbard D K, Gill I P, Burke R B. Holocene reef building on eastern St. Croix, US Virgin Islands: Lang Bank revisited. Coral Reefs, 2013, 32(3): 653-669.

[35] Shinn E A. Spurs and grooves revisited: construction versus erosion Looe Key Reef. Florida Proceedings of the Forth International Coral Reef Symposium, 1981, 1: 475-483.

[36] Lighty R G, Macintyre I G, Stuckenrath R. Submerged early Holocene barrier reef south-east Florida shelf. Nature, 1978, 276(5683): 59-60.

[37] Davies P J. Relationships between reef growth and sea level in the Great Barrier Reff. Proc. Fifth Intern. Coral Reef Congress, 1985, 3: 95-103.

[38] Rees S A, Opdyke B N, Wilson P A, et al. Holocene evolution of the granite-based Lizard Island and MacGillivray Reef systems, Northern Great Barrier Reef. Coral Reefs, 2006, 25(4): 555-565.

[39] Gray S C, Hein J R, Hausmann R, et al. Geochronology and subsurface stratigraphy of Pukapuka and Rakahanga atolls, Cook Islands: Late Quaternary reef growth and sea level history. Palaeogeography, Palaeoclimatology, Palaeoecology, 1992, 91(3-4): 377-394.

[40] Eisenhauer A, Wasserburg G J, Chen J H, et al. Holocene sea-level determination relative to the Australian continent: U/Th (TIMS) and ^{14}C (AMS) dating of coral cores from the Abrolhos Islands. Earth and Planetary Science Letters, 1993, 114(4): 529-547.

[41] Cortés J, Macintyre I G, Glynn P W. Holocene growth history of an eastern Pacific fringing reef, Punta Islotes, Costa Rica. Coral Reefs, 1994, 13(2): 65-73.

[42] Thurber D L, Broecker W S, Blanchard R L, et al. Uranium-series ages of Pacific atoll coral. Science, 1965, 149(3679): 55-58.

[43] Labeyrie J, Lalou C, Delibrias G. Etude des transgressions marines sur l'atoll de Mururoa par la datation des différents niveaux de corail. Cahiers du Pacifique, 1969, 13: 59-68.

[44] Marshall J F, Jacobson G. Holocene growth of a mid-Pacific atoll: Tarawa, Kiribati. Coral Reefs, 1985, 4(1): 11-17.

[45] Webster J M, Davies P J, Konishi K. Model of fringing reef development in response to progressive sea level fall over the last 7000years (Kikai-jima, Ryukyu Islands, Japan). Coral Reefs, 1998, 17(3): 289-308.

[46] Hongo C, Kayanne H. Holocene coral reef development under windward and leeward locations at Ishigaki Island, Ryukyu Islands, Japan. Sedimentary Geology, 2009, 214(1-4): 62-73.

[47] Bard E, Hamelin B, Arnold M, et al. Deglacial sea-level record from Tahiti corals and the timing of global meltwater discharge. Nature, 1996, 382(6588): 241-244.

[48] Cabioch G, Camoin G, Montaggioni L. Postglacial growth history of a French Polynesian barrier reef tract, Tahiti, central Pacific. Sedimentology, 1999, 46(6): 985-1000.

[49] Dechnik B, Webster J M, Davies P J, et al. Holocene "turn-on" and evolution of the Southern Great Barrier Reef: revisiting reef cores from the Capricorn Bunker Group. Marine Geology, 2015, 363: 174-190.

[50] Shen C C, Siringan F P, Lin K, et al. Sea-level rise and coral-reef development of Northwestern Luzon since 9.9ka. Palaeogeography, Palaeoclimatology, Palaeoecology, 2010, 292(3-4): 465-473.

[51] 梁文, 黎广钊, 张春华, 等. 20年来涠洲岛珊瑚礁物种多样性演变特征研究. 海洋科学, 2010, 34(12): 78-87.

[52] 王国忠, 吕炳全, 全松青. 现代碳酸盐和陆源碎屑的混合沉积作用——涠洲岛珊瑚岸礁实例. 石油与天然气地质, 1987, 8(1): 15-25, 119-120.

[53] 余克服, 蒋明星, 程志强, 等. 涠洲岛42年来海面温度变化及其对珊瑚礁的影响. 应用生态学报, 2004, 15(3): 506-510.

[54] 王国忠, 吕炳全, 全松青. 海南岛和西沙群岛现代珊瑚礁基本沉积相带. 石油与天然气地质, 1982, 3(3): 211-222.

[55] 梁百和. 海南岛和西沙群岛现代碳酸盐沉积考察纪要. 中山大学学报(自然科学版), 1984, 23(1): 129-131.

[56] 张明书, 刘健, 李浩, 等. 海南岛周缘珊瑚礁的基本特征和成礁时代. 海洋地质与第四纪地质, 1990, 10(2): 25-43.

[57] 沙庆安. 西沙永乐群岛珊瑚礁一瞥. 石油与天然气地质, 1986, 7(4): 412-418, 443-444.

[58] 赵强. 西沙群岛海域生物礁碳酸盐岩沉积学研究. 青岛: 中国科学院海洋研究所, 2010.

[59] 赵焕庭, 宋朝景, 朱袁智. 南沙群岛"危险地带"腹地珊瑚礁的地貌与现代沉积特征. 第四纪研究, 1992, 12(4): 368-377.

[60] 赵焕庭, 朱袁智, 沙庆安. 南沙群岛永暑礁第四系研究. 热带地理, 1994, 14(2): 97-104.

[61] 余克服, 赵建新, 施祺, 等. 永暑礁西南礁镯生物地貌与沉积环境. 海洋地质与第四纪地质, 2003, 23(4): 1-7.

[62] 余克服, 朱袁智, 赵焕庭. 南沙群岛信义礁等 4 座环礁的现代碎屑沉积. 南海海洋科学期刊, 1997, (12): 119-147.

[63] 中国科学院南沙综合科学考察队. 南沙群岛永暑礁第四纪珊瑚礁地质. 北京: 海洋出版社, 1992.

[64] Kleypas J A. Coral reef development under naturally turbid conditions: fringing reefs near Broad Sound, Australia. Coral Reefs, 1996, 15(3): 153-167.

[65] Harriott V, Banks S. Latitudinal variation in coral communities in eastern Australia: a qualitative biophysical model of factors regulating coral reefs. Coral Reefs, 2002, 21(1): 83-94.

[66] Montaggioni L F. History of Indo-Pacific coral reef systems since the last glaciation: development patterns and controlling factors. Earth-Science Reviews, 2005, 71(1-2): 1-75.

[67] 赵焕庭. 南海诸岛珊瑚礁新构造运动的特征. 海洋地质与第四纪地质, 1998, 18(1): 37-45.

[68] Clark J A, Farrell W E, Peltier W R. Global changes in postglacial sea level: a numerical calculation. Quaternary Research, 1978, 9(3): 265-287.

[69] Lambeck K, Rouby H, Purcell A, et al. Sea level and global ice volumes from the Last Glacial Maximum to the Holocene. Proceedings of the National Academy of Sciences of the United States of America, 2014, 111(43): 15296-15303.

[70] 汪汉胜, 贾路路, Patrick W, 等. 末次冰期冰盖消融对东亚历史相对海平面的影响及意义. 地球物理学报, 2012, 55(4): 1144-1153.

[71] Peltier W R, Fairbanks R G. Global glacial ice volume and Last Glacial Maximum duration from an extended Barbados sea level record. Quaternary Science Reviews, 2006, 25(23-24): 3322-3337.

[72] Toscano M A, Peltier W R, Drummond R. ICE-5G and ICE-6G models of postglacial relative sea-level history applied to the Holocene coral reef record of northeastern St Croix, U.S.V.I.: investigating the influence of rotational feedback on GIA processes at tropical latitudes. Quaternary Science Reviews, 2011, 30(21-22): 3032-3042.

[73] Purcell A, Tregoning P, Dehecq A. An assessment of the ICE6G_C(VM5a) glacial isostatic adjustment model. Journal of Geophysical Research: Solid Earth, 2016, 121(5): 3939-3950.

[74] Roy K, Peltier W R. Space-geodetic and water level gauge constraints on continental uplift and tilting over North America: regional convergence of the ICE-6G_C (VM5a/VM6) models. Geophysical Journal International, 2017, 210(2): 1115-1142.

[75] Peltier W R, Argus D F, Drummond R. Comment on "an assessment of the ICE-6G_C (VM5a) glacial isostatic adjustment model" by Purcell et al. Journal of Geophysical Research: Solid Earth, 2018, 123(2): 2019-2028.

[76] Hopley D. Corals and reefs as indicators of paleo-sea levels with special reference to the Great Barrier Reef//van de Plassche O. Sea-Level Research. Dordrecht: Springer, 1986: 195-228.

[77] Woodroffe C D, Webster J M. Coral reefs and sea-level change. Marine Geology, 2014, (352): 248-267.

[78] 詹文欢, 朱照宇, 姚衍桃, 等. 南海西北部珊瑚礁记录所反映的新构造运动. 第四纪研究, 2006, 26(1): 77-84.

[79] 冯英辞, 詹文欢, 姚衍桃, 等. 西沙群岛礁区的地质构造及其活动性分析. 热带海洋学报, 2015, 34(3): 48-53.

[80] Marshall J F, Davies P J. Internal structure and Holocene evolution of One Tree Reef, southern Great Barrier Reef. Coral Reefs, 1982, 1(1): 21-28.

[81] Cabioch G. Postglacial reef development in the South-West Pacific: case studies from New Caledonia and Vanuatu. Sedimentary Geology, 2003, 159(1-2): 43-59.

[82] Yamano H, Abe O, Matsumoto E, et al. Influence of wave energy on Holocene coral reef development: an example from Ishigaki Island, Ryukyu Islands, Japan. Sedimentary Geology, 2003, 159(1-2): 27-41.

[83] 卢演俦, 杨学昌, 贾蓉芬. 我国西沙群岛第四纪生物沉积物及成岛时期的探讨. 地球化学, 1979, 8(2): 93-102.

[84] 聂宝符. 五千年来南海海平面变化的研究. 第四纪研究, 1996, 16(1): 80-87.

[85] Kayanne H, Yamano H, Randall R H. Holocene sea-level changes and barrier reef formation on an oceanic island, Palau

Islands, western Pacific. Sedimentary Geology, 2002, 150(1): 47-60.

[86] Jiang T, Liu X J, Yu T, et al. OSL dating of late Holocene coastal sediments and its implication for sea-level eustacy in Hainan Island, Southern China. Quaternary International, 2018, 468: 24-32.

[87] Walcott R I. Late Quaternary vertical movements in eastern North America: quantitative evidence of glacio-isostatic rebound. Reviews of Geophysics, 1972, 10(4): 849-884.

[88] Kidson C, Holocene eustatic sea level change. Nature, 1978, 273: 748e750.

[89] Zong Y. Mid-Holocene sea-level highstand along the Southeast Coast of China. Quaternary International, 2004, 117: 55e67.

— 第五章 —

琛科 2 井的珊瑚属种及其地层意义 [①]

第一节　石珊瑚的形态构造和生态

一、石珊瑚的外部形态

石珊瑚（Scleractinia）又称六射珊瑚（Hexacorallia），是一类海生多细胞海洋无脊椎动物，营底栖固着生活。只有营有性繁殖的浮浪幼虫才有短暂的非固着生活史。

石珊瑚的外形可分为单体和群体两大类 [1-3]。单体珊瑚的外形有鼓形、圆盘形、圆柱形、荷叶形、圆顶形、角锥形、陀螺形、阔锥形、曲柱形、扇形和楔形等（图 5.1）。群体珊瑚的外形有树枝状、丛状、多角状、融合状、脑纹状、丛脑状、扇脑状、星射状、互通状、峰峦状、葡匐状等（图 5.2）。

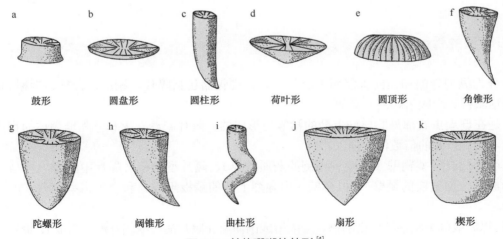

a	b	c	d	e	f
鼓形	圆盘形	圆柱形	荷叶形	圆顶形	角锥形
g	h	i	j	k
陀螺形	阔锥形	曲柱形	扇形	楔形

图 5.1　单体珊瑚的外形 [1]

① 作者：廖卫华、余克服、廖芝衡、李银强、王文欢、边立曾。

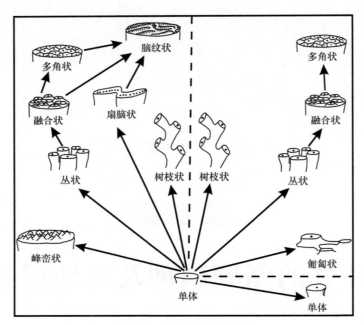

图 5.2　群体珊瑚的外形 [1]

二、石珊瑚的繁殖方式

石珊瑚的繁殖方式分有性繁殖和无性繁殖两类，其中有性繁殖又有雌雄同体和雌雄异体两种 [4, 5]。雌雄同体的卵巢和精囊常长在同一个隔膜上，卵巢每次只排出一粒卵子。珊瑚的有性繁殖有胎萌现象，幼虫生成后先在母体腔肠内自由活动一段时间，然后才从口排出体外，每次排出的浮浪幼虫少则一个，多则十余个。大多数造礁石珊瑚的繁殖季节大致呈阴历周期。浮浪幼虫呈球形、梨形或长桶形，体长 1～3mm，外覆纤毛，其中有一端还有一个孔。浮浪幼虫最初是不透明的，但后来会逐渐变得比较透明。它还能游很短的距离。浮浪幼虫从母体排出后，最多可游数周，但通常游数日之后就用反口端固着在基底上，几天后发育第一轮隔膜。无性繁殖通过触手环内分裂、触手环外出芽、横向分裂以及再生等形成新的珊瑚虫。

三、石珊瑚的骨骼构造

珊瑚可分为纵列骨骼和横向骨骼两大类 [3, 5-7]。纵列骨骼包括隔片、鞘壁、轴柱、围栅和围栅瓣等，横向骨骼包括鳞板、合隔桁、间骨骼等 [7]。

隔片：是在珊瑚虫底部外胚层向上翻的褶皱内形成的。隔片起着支撑和分隔珊瑚体的作用。最先生成 6 个隔片，然后按 6 的倍数依次插入。

鞘壁：可分成表壁型鞘壁（表壁 + 内侧的灰质加厚）、隔片型鞘壁（隔片中段膨大并与相邻隔片侧向相连而形成的一圈坚实的鞘壁）、拟鞘壁（由强烈上凸的鳞板组成）和合隔桁型鞘壁（由合隔桁连成鞘壁）四种。

轴柱：可以分成棘突状轴柱（由羽榍、合隔桁或围栅瓣在隔片的内缘相互汇聚而成）、海绵状轴柱（轴柱像松弛或致密的海绵块那样）、束状轴柱（由一束扭曲的垂直条带组成）、柱状轴柱（像一根坚实的柱子）和板状轴柱（常见于扁长形萼部的珊瑚中，板状轴柱的延长方向与扁长形萼部的长轴方向一致）五种。

鳞板：分为板状鳞板（亦称床板）和泡沫状鳞板。

合隔桁：是指那些连接相邻隔片的杆和栅条，功能是支撑隔片。

间骨骼：或称共骨组织，是群体珊瑚个体之间连接的一种骨骼构造，是共体所分泌的一种松散多孔物质。

四、石珊瑚的生态

石珊瑚又可以分成造礁石珊瑚和非造礁石珊瑚两大类 [3, 5]。前者是雌雄同体，在其内胚层组织中有大量的沟鞭藻或虫黄藻共生。后者则是雌雄异体的在深海生活的石珊瑚。石珊瑚的生长受下列因素控制 [8]。

海水深度：造礁石珊瑚生活于浅海环境中，一般是小于 50m 的浅海环境中，而水深 20m 之内是造礁石珊瑚适宜的生长场所。非造礁石珊瑚则受环境的局限比较少，它通常生活在水深 1～500m 的海水环境中，最深可达 6000m。

海水温度：大多数造礁石珊瑚生长在年平均海水温度在 18℃ 以上的海洋中，但最适宜生长的温度是 25～29℃。而非造礁石珊瑚则大都生活在 4.5～10℃ 的海水环境中，最低可达 1.1℃。

海水盐度：石珊瑚可生活于盐度为 27‰～40‰ 的海水环境中，不过最适宜造礁石珊瑚生长的海水盐度是 36‰。光照度：充足的光照是造礁石珊瑚生长繁盛的基本条件，所以现代的造礁石珊瑚主要分布于赤道两侧的 20°S 与 20°N 之间的热带、亚热带浅海区，我国南海的东沙群岛、中沙群岛、西沙群岛、南沙群岛、北部湾以及海南省沿岸、台湾省南部沿岸和澎湖列岛等处都发育了大大小小的珊瑚礁。非造礁石珊瑚则可生活在光照不充足或完全黑暗的深海环境中。

食物：浅海中生活着许多细小的浮游海洋动物，珊瑚虫摆动触手或伸出刺丝胞捕捉一些小的浮游动物为食，腔肠内的黏液层及其所含的物质是用来消化的，但有时隔膜丝可伸出口盘或穿出珊瑚体外，因而消化也可在体腔外进行。

海水流通状况：珊瑚营海底固着生活，它不会移动，只得借助水流来摄取食物，流动的海水不但给珊瑚带来大量的食物和氧气，而且可以冲刷掉覆盖在珊瑚体上的沉积物，避免珊瑚被掩埋起来。另外，珊瑚的浮浪幼虫也需要依赖于水流的力量来进行广泛扩散。

海底基质：珊瑚的浮浪幼虫只能固着在坚硬的底质上，如岩石、其他珊瑚、贝壳和其他固着生物的骨骼之上，当然，零星的石块也可以供珊瑚幼虫固着。然而，细砂、粉砂或泥质的基底对珊瑚的生长发育是不利的。

第二节　琛科 2 井石珊瑚的分类

琛科 2 井岩芯中产出的珊瑚绝大多数是石珊瑚，少量则为八射珊瑚（Octocorallia）。此次在琛科 2 井中发现了大约 30 属的石珊瑚，下面本书按照 Wells[1] 的分类系统将它们描述如下。琛科 2 井的地层从老到新、自下而上最老的是新近系（Neogene System）的下中新统，中新统（Miocene Series）可以分为下中新统、中中新统和上中新统，中新统下部称为下中新统，厚 267.30m（井深从 878.30m 至 611m），中新统中部称为中中新统，厚 89.6m（井深从 611m 至 521.4m），中新统上部称为上中新统，厚 177.4m（井深从 521.4m 至 344m）[9]。在中新统地层，共发现了 19 属石珊瑚 [9]。往上是新近系的上新统（Pliocene Series），上新统厚 107m（井深从 344m 至 237m），在其中只找到了 4 属石珊瑚 [9]。再往上是第四系（Quaternary System），第四系下部称为更新统（Pleistocene Series），厚 220.3m（井深从 237m 至 16.7m），更新统珊瑚比较多，共有21属的石珊瑚和1属的八射珊瑚[9]。在最上面的是第四系的全新统（Holocene Series），井深从16.7m至0m，全新统的厚度很薄，都是一些没有经过胶结成岩的碎石块体和颗粒，珊瑚也很少，在其中只找到了2属的石珊瑚化石。

刺胞动物门 Phylum Cnidaria Hatschek, 1888
　　珊瑚虫纲 Class Anthozoa Ehrenberg, 1834
　　　　六射珊瑚亚纲 Subclass Hexacorallia Haeckel, 1896
　　　　　　石珊瑚目 Order Scleractinia Bourne, 1900

一、共星珊瑚亚目 Suborder Astrocoeniina Vaughan & Wells, 1943

特征：大多数是群体珊瑚，单体珊瑚甚少。珊瑚个体很小，直径一般只有1～3mm。隔片由少量（最多只有8个）的单羽榈组成。珊瑚虫个体的软体很少有超过两轮以上的触手环。无口道脊。

年代：中三叠世至第四纪。

鹿角珊瑚科 Family Acroporidae Verrill, 1902

特征：块状或枝状造礁群体珊瑚，由触手环外出芽而形成。珊瑚个体小，合隔桁型外壁，假肋，共骨组织有微微变异。隔片有两轮，不裸露，由带刺的单羽榈从垂直外壁的羽榈向内或向上突出，一般融合成片。无轴柱。鳞板薄。共骨组织宽，呈微微网格状、片状，表面一般为刺状或线状。

年代：晚白垩世至第四纪。

鹿角珊瑚属 Genus Acropora Oken, 1815

模式种：Acropora muricata Linnaeus, 1758
特征：绝大多数是枝状群体珊瑚。轴部珊瑚个体要比其他放射状的珊瑚个体大。共骨组织呈网格状、刺状或假肋状。无轴柱。无鳞板。该属是最重要的造礁石珊瑚。现生种超过200种，约占现生石珊瑚的40%。

年代：古近纪始新世至第四纪。

鹿角珊瑚属未定种1 Acropora sp.1

（图版Ⅰ图1）
描述：枝状群体珊瑚。保存长度为45mm。珊瑚个体呈圆形，直径为1～1.1mm。第一轮隔片长，但发育不全，有时呈刺状。第二轮隔片保存较差，有时呈刺状。

井深：13.05m。
地层：第四系全新统。

鹿角珊瑚属未定种2 Acropora sp.2

（图版Ⅰ图2、图3）
描述：枝状群体珊瑚。分枝直径为10mm。珊瑚个体呈突出的管状，开口呈鼻形，直径为1.5～2.0mm，管长2mm，珊瑚个体的间距约为1mm。

井深：45.60m。
地层：第四系更新统。

鹿角珊瑚属未定种 3 *Acropora* sp.3

（图版 I 图 4、图 5）

描述：枝状群体珊瑚。保存大小约为 70×30mm。个体横切面呈圆形，直径为 3mm。外壁厚 1.1mm。个体之间的距离为 0.6 ～ 1.5mm。隔片保存不好，只能看到少量残存的隔片刺。共骨组织为网格状或点状结构。

井深：119.00m。

地层：第四系更新统。

鹿角珊瑚属未定种 4 *Acropora* sp.4

（图版 I 图 6）

描述：枝状群体珊瑚。保存大小为 30×15mm。珊瑚个体为圆柱形，横切面呈圆形，萼部突出 1.0 ～ 1.5mm。个体的直径为 2.5mm。外壁厚 0.5mm。个体之间的距离为 0.8 ～ 2.0mm。隔片保存不太好，只有少数残存的隔片刺。共骨组织为点状结构。

井深：123.57m。

地层：第四系更新统。

鹿角珊瑚属未定种 5 *Acropora* sp.5

（图版 I 图 7、图 8）

描述：枝状群体珊瑚。保存大小为 55×50mm。珊瑚个体呈下部宽、上部收缩的管状。个体大小不一，直径一般为 0.5 ～ 1.0mm。个体间距为 0.5 ～ 4.0mm。由于保存的关系，个体的隔片一般只能看到 6 片。共骨组织呈颗粒状，排列紧密。

井深：135.50m。

地层：第四系更新统。

鹿角珊瑚属未定种 6 *Acropora* sp.6

（图版 II 图 1、图 2）

描述：枝状群体珊瑚。保存大小为 90×50mm。珊瑚个体的萼部呈鼻形，开口小。个体的直径为 2 ～ 3mm。个体大小不一，个体的间距为 0.5 ～ 2.0mm。珊瑚的隔片往往被磨损而看不到。

井深：146.60m。

地层：第四系更新统。

鹿角珊瑚属未定种 7 *Acropora* sp.7

（图版 II 图 3）

描述：枝状群体珊瑚。小断枝的印模，保存大小为 10×8mm。珊瑚个体的横切面呈圆形，直径为 0.5 ～ 0.8mm。个体之间的距离为 0.5 ～ 1.0mm。珊瑚个体的隔片数目不清楚，仅见有 6 片。

井深：506.32m。

地层：新近系上中新统。

鹿角珊瑚属未定种 8 *Acropora* sp.8

（图版 II 图 4、图 5）

描述：枝状群体珊瑚。保存大小为35×35mm。珊瑚个体呈圆管形，开口呈鼻形，直径为1.0～1.2mm。珊瑚隔片保存状况不好。

井深：676.80m。

地层：新近系下中新统。

鹿角珊瑚属未定种 9 *Acropora* sp.9

（图版Ⅱ 图6、图7）

描述：枝状群体珊瑚。保存大小为10×25mm。珊瑚个体的横切面呈圆形。个体直径为0.8mm。萼部深陷。个体间距为0.1～0.5mm。珊瑚个体内的隔片保存不佳，仅在少量个体中能看到隔片。

井深：870.70m。

地层：新近系下中新统。

星孔珊瑚属 Genus *Astreopora* Blainville, 1830

模式种：*Astrea myriophthalma* Lamarck, 1816

特征：块状或亚枝状群体珊瑚。无轴部珊瑚个体。共骨组织呈网格状，表面有刺。珊瑚个体的外壁坚实。鳞板呈板状。

年代：晚白垩世至第四纪。

星孔珊瑚属未定种 1 *Astreopora* sp.1

（图版Ⅲ 图1、图2）

描述：块状群体珊瑚。珊瑚个体呈突起的圆形，个体直径为2.0～2.5mm，个体间距为0.1～4.0mm。第一轮和第二轮隔片共有12片，隔片短，只有0.2～0.3mm。共骨组织呈网格状，表面有刺状突起。

井深：138.60m。

地层：第四系更新统。

星孔珊瑚属未定种 2 *Astreopora* sp.2

（图版Ⅲ 图3、图4）

描述：皮壳状群体珊瑚。保存大小为20×25mm。珊瑚个体的横切面呈圆形，直径为3.5mm。个体间距为0.5～1.5mm。每个珊瑚个体的隔片有12片，隔片都很短，常常发育不全。共骨组织由海绵状结构组成。

井深：447.80m。

地层：新近系上中新统。

星孔珊瑚属未定种 3 *Astreopora* sp.3

（图版Ⅲ 图5、图6）

描述：块状群体珊瑚。保存大小为35×25mm。珊瑚个体的横切面呈圆形，直径为1～1.1mm。外壁很薄。个体间距为1.0～2.5mm。隔片很薄，共有两轮：第一轮隔片的长度不超过个体半径的一半，有6片；第二轮隔片的长度为个体半径的1/4～1/3。共骨组织由颗粒状结构组成。

井深：609.52m。

地层：新近系中中新统。

星孔珊瑚属未定种 4 *Astreopora* sp.4

（图版Ⅲ 图 7）

描述：块状群体珊瑚。保存大小为 30×25mm。珊瑚个体的横切面呈圆形，直径为 1.1mm。个体间距为 0.5～1mm。珊瑚个体的隔片数为 6 片，长度为个体半径的 1/2～2/3。轴柱不发育。

井深：727.97m。

地层：新近系下中新统。

星孔珊瑚属未定种 5 *Astreopora* sp.5

（图版Ⅳ 图 1、图 2）

描述：块状群体珊瑚。保存大小为 30×15×10mm。珊瑚个体的横切面呈圆形，直径为 1mm。个体间排列紧密，间距为 0.1～0.2mm。第一轮隔片数为 6 片。共骨组织由颗粒状结构组成。

井深：845.55m。

地层：新近系下中新统。

星孔珊瑚属未定种 6 *Astreopora* sp.6

（图版Ⅳ 图 3、图 4）

描述：块状群体珊瑚。保存大小为 30×25×35mm。珊瑚个体的横切面呈圆形，直径为 1mm。个体间距为 0.1～0.6mm。由于受成岩作用的影响，珊瑚个体的隔片保存不佳，仅见到 6 片。共骨组织的网格状构造也看不太清楚。

井深：862.00m。

地层：新近系下中新统。

星孔珊瑚属未定种 7 *Astreopora* sp.7

（图版Ⅳ 图 5、图 6）

描述：块状群体珊瑚。保存大小为 20×20×25mm。珊瑚个体的横切面呈圆柱形，直径为 1.1mm。个体间距为 0.1～0.5mm。珊瑚个体的隔片数为 6 片。

井深：863.95m。

地层：新近系下中新统。

星孔珊瑚属未定种 8 *Astreopora* sp.8

（图版Ⅴ 图 1、图 2）

描述：块状群体珊瑚。保存大小为 20×20×30mm。珊瑚个体的横切面呈圆形或椭圆形，直径为 0.8～1.0mm。个体间距为 0.1～1.0mm。由于成岩作用，珊瑚个体内的隔片保存不太完整。

井深：877.72m。

地层：新近系下中新统。

星孔珊瑚属未定种 9 *Astreopora* sp.9

（图版Ⅴ 图 3、图 4）

描述：块状群体珊瑚。保存大小为 5×8mm。珊瑚个体的横切面呈圆形，直径为 1.0～1.1mm。个体排列比较紧密，个体间距为 0.1～0.3mm。珊瑚个体内有两轮隔片，有 12 片。共骨组织看不太清楚。

井深：878.30m。

地层：新近系下中新统。

蔷薇珊瑚属 Genus *Montipora* Blainville, 1830

模式种：*Montipora verrucosa* (Lamarck, 1816)

特征：亚块状、叶片状、枝状或皮壳状群体珊瑚。无轴部珊瑚个体。珊瑚个体的外壁呈孔状，轴柱微弱或缺失。共骨组织呈网格状，垂直的羽榍粗，水平的连接薄。表面有刺或毛。无鳞板。

年代：古近纪始新世至第四纪。

蔷薇珊瑚属未定种 1 *Montipora* sp.1

（图版Ⅴ 图5）

描述：枝状群体珊瑚。保存大小为30×20mm。珊瑚个体为圆柱形，横切面呈圆形，直径为0.3～0.8mm。个体间距为1～3mm。隔片保存不好。共骨组织为平滑的网格状结构。

井深：119.48m。

地层：第四系更新统。

蔷薇珊瑚属未定种 2 *Montipora* sp.2

（图版Ⅴ 图6、图7）

描述：亚块状群体珊瑚。保存大小为50×46mm。珊瑚个体的横切面呈圆形，直径为0.8～1.0mm。个体之间邻接。珊瑚个体外壁有很多小孔，厚度为0.1～0.2mm。

井深：853.30m。

地层：新近系下中新统。

蔷薇珊瑚属未定种 3 *Montipora* sp.3

（图版Ⅵ 图1、图2）

描述：块状群体珊瑚。保存大小为50×20×35mm。珊瑚个体的横切面呈圆形，直径为2mm。外壁呈多孔状，外壁厚度为0.5mm。隔片上缘有齿状突起。共骨组织由颗粒状结构组成。

井深：863.90m。

地层：新近系下中新统。

二、石芝珊瑚亚目 Suborder Fungiina Verrill, 1865

特征：单体珊瑚和群体珊瑚均有。珊瑚个体的直径一般大于2mm。隔片由数量较多的羽榍组成。珊瑚虫个体的软体有两轮以上的触手环，一般都具有口道脊。有合隔桁出现。隔片呈窗格状，隔片或多或少形成孔状。

年代：中三叠世至第四纪。

菌珊瑚科 Family Agariciidae Gray, 1847

特征：造礁石珊瑚。单体珊瑚和群体珊瑚均有。群体珊瑚由触手环内出芽而形成。外壁为合隔桁型。隔片由单羽榍的一个扇状系统构成。隔片孔少、边缘呈串珠状，由各个中心之间直接汇合而成或由某些复合的合隔桁连接起来。无鳞板内墙。轴柱呈羽榍状或缺失。

年代：中白垩世至第四纪。

牡丹珊瑚属 Genus *Pavona* Lamarck, 1801

模式种：*Madrepora cristata* Ellis & Solander, 1786

特征：块状至叶片状群体珊瑚，具双面叶。珊瑚个体无外壁。脊塍呈不连续的辐射状。

年代：古近纪渐新世至第四纪。

易变牡丹珊瑚 *Pavona varians* Verrill, 1864

（图版 VI 图 3、图 4）

1937 *Pavona varians*，Ma，p.153，pl.78，fig.1

1975 *Pavona varians*，邹仁林，25 页，图版 4，图 7

1991 *Pavona varians*，聂宝符，21 页，图版 31，图 5～图 8

2000 *Pavona varians*，Veron，vol.2，p.186，figs.1～figs.8

2001 *Pavona varians*，邹仁林，117 页，图版 23，图 4，彩图 20

描述：皮壳状群体珊瑚。保留下来的块体大小为 50×45mm。珊瑚个体的萼部深浅不一。珊瑚个体之间以隔片相连，隔片数为 12 片，无外壁结构。轴柱呈圆形凸起。

井深：131.00m。

地层：第四系更新统。

石芝珊瑚科 Family Fungiidae Dana, 1846

特征：大多数是造礁石珊瑚。单体珊瑚和群体珊瑚均有。单体珊瑚呈圆盘状或拉长的卵形，背面平或凹。群体珊瑚也呈圆盘状或拉长的卵形，群体由不完全的触手环内多口道出芽而形成。合隔桁型外壁以及次生隔片型外壁。早期隔片多、呈窗格状，隔片坚实或多孔，由复羽榍的一个扇状系统构成。隔片边缘呈齿状。成年期羽榍轴呈水平状。肋连续或分裂成刺状突起。轴柱微弱，呈羽榍状。无鳞板。

年代：中白垩世至第四纪。

石芝珊瑚属 Genus *Fungia* Lamarck, 1801

模式种：*Madrepora fungites* Linnaeus, 1758

特征：盘状单体珊瑚。圆形或长椭圆形，扁平或凸起。青年期外壁呈穿孔状，肋大部分退化成成排的刺。隔片无孔，但多轮的隔片有齿，根据隔片不同的齿形可以将该属进一步划分成 6 个种群。

年代：新近纪中新世至第四纪。

石芝珊瑚属未定种 1 *Fungia* sp.1

（图版 VI 图 5）

描述：单体珊瑚。盘状，仅保存了原来标本的 1/4，保存下来的半径也仅有 35mm。隔片多轮，隔片边缘呈锯齿状。第一轮、第二轮和第三轮的隔片都很长，伸至个体的中心，其余的隔片都比较短。

井深：35.30m。

地层：第四系更新统。

石芝珊瑚属未定种 2 *Fungia* sp.2

（图版 VI 图 6、图 7）

描述：单体珊瑚。盘状，保存大小为 58×78mm，正面保存较差，背面保存较好。隔片数大于 110 片，隔片轮数大于四轮，第一轮隔片长，而且伸至个体中心，其余轮数的隔片保存不好。

井深：45.20m。

地层：第四系更新统。

石芝珊瑚属未定种 3 *Fungia* sp.3

（图版Ⅶ 图 1、图 2）

描述：单体珊瑚。盘状，保存大小为 50×40mm。至少有四轮隔片，第一轮和第二轮隔片都比较长，而且伸至个体中心，总数超过 100 片，隔片的上缘有排列整齐的齿状凸起结构。

井深：415.45m。

地层：新近系上中新统。

石芝珊瑚属未定种 4 *Fungia* sp.4

（图版Ⅶ 图 3、图 4）

描述：单体珊瑚。椭圆盘形，中央上拱，有口。保存大小为 22×20mm。共有四轮隔片，第一轮隔片很长，伸至个体的中心；第二轮隔片的长度约为第一轮隔片长度的 3/4；第三轮隔片的长度约为第一轮隔片长度的 1/2；第四轮隔片的长度约为第一轮隔片长度的 2/5。隔片上缘呈锯齿状。

井深：505.92m。

地层：新近系上中新统。

石芝珊瑚属未定种 5 *Fungia* sp.5

（图版Ⅶ 图 5、6）

描述：单体珊瑚。形态特征保存不好，不做描述。

井深：506.97m。

地层：新近系上中新统。

滨珊瑚科 Family Poritidae Gray, 1842

特征：造礁群体珊瑚，由触手环外出芽繁殖而成。珊瑚个体之间紧密邻接，没有共骨组织。隔片由 3～8 个近乎垂直排列的羽榍组成（穴孔珊瑚属 *Alveopora* 除外），羽榍之间连接比较疏松，往往形成规则的孔状。隔片最内端的羽榍分离成围栅。轴柱呈羽榍状。

年代：中白垩世至第四纪。

角孔珊瑚属 Genus *Goniopora* de Blainville, 1830

模式种：*Goniopora pedunculata* Quoy & Gaimard, 1833

特征：多数为块状、柱状、枝状群体珊瑚，少量为皮壳状珊瑚。珊瑚个体之间排列紧密。无共骨组织。隔片一般有三轮，由 4～8 组羽榍组成。最里面靠近个体中心的羽榍可分异成像围栅瓣和像轴柱的形状。

年代：中白垩世至第四纪。

角孔珊瑚属未定种 1 *Goniopora* sp.1

（图版Ⅷ 图 1、图 2）

描述：块状群体珊瑚。珊瑚个体的横切面呈圆形，直径为 3.5mm。个体间排列紧密。有两轮隔片，隔片数为 12 片。隔片在个体中心相连并形成轴柱。纵切面有横板构造。

井深：90.00m。

地层：第四系更新统。

角孔珊瑚属未定种 2 *Goniopora* sp.2

（图版Ⅷ 图 3、图 4）

描述：块状群体珊瑚。珊瑚个体的横切面呈六边形，直径为 5～6mm，个体间排列紧密。有两轮隔片，隔片数为 12 片，第一轮隔片在个体中心相连并形成轴柱，第二轮隔片的长度为第一轮隔片长度的 1/3。

井深：163.41m。

地层：第四系更新统。

角孔珊瑚属未定种 3 *Goniopora* sp.3

（图版Ⅷ 图 5、图 6）

描述：块状群体珊瑚。保存大小为 30×15mm。珊瑚个体的横切面呈五边形或六边形，直径为 5～7mm。外壁厚度中等。个体之间紧密邻接。珊瑚个体的隔片数为 10 片，隔片比较长，所有的隔片均在个体中心相交。隔片具有齿状突起。轴柱发育。

井深：366.83m。

地层：新近系上中新统。

滨珊瑚属 Genus *Porites* Link, 1807

模式种：*Porites porites*（Pallas, 1766）

特征：块状、枝状或皮壳状群体珊瑚。珊瑚个体比角孔珊瑚属小，只有两轮隔片，每个隔片由 3～4 组羽榍组成。该属是除鹿角珊瑚属之外最重要的造礁石珊瑚属。

年代：古近纪始新世至第四纪。

滨珊瑚属未定种 1 *Porites* sp.1

（图版Ⅸ 图 1、图 2）

描述：块状群体珊瑚。保存长度为 60mm。珊瑚个体呈圆形，直径为 1.2mm。珊瑚个体间的共骨组织呈小的网格状结构。

井深：29.60m。

地层：第四系更新统。

澄黄滨珊瑚 *Porites lutea* Milne Edwards & Haime, 1851

（图版Ⅸ 图 3～图 5）

1851 *Porites lutea*，Milne-Edwards & Haime，p.80

1975 *Porites lutea*，邹仁林，34 页，图版 4，图 1

1991 *Porites lutea*，聂宝符等，32 页，图版 6，图 1；图版 44，图 1～图 4

2000 *Porites lutea*，Veron，p.287，图 4～图 6

2001 *Porites lutea*，邹仁林，131 页，图版 27，图 3，彩图 21

描述：块状群体珊瑚。保存大小为 65×60mm。珊瑚个体的横切面呈六边形。外壁薄。个体直径为 1～2mm。隔片数为 12 片。隔片轴端有 5～8 个围栅瓣。个体中央有轴柱。共骨组织由多角形的网眼状结构组成。

井深：125.45m。

地层：第四系更新统。

滨珊瑚属未定种 2 *Porites* sp.2

（图版Ⅸ 图6、图7）

描述：枝状群体珊瑚。保存大小为90×25mm。珊瑚个体的横切面为多边形，个体之间紧密排列。个体直径为1.5～2mm，外壁厚。珊瑚个体的隔片数为8片，隔片肥大，其中4个隔片的末端与围栅瓣相连。个体中心有轴柱。

井深：132.55m。

地层：第四系更新统。

澄黄滨珊瑚 *Porites lutea* Milne Edwards & Haime, 1851

（图版Ⅹ 图1～图3）

1851 *Porites lutea*，Milne-Edwards & Haime，p.80

1975 *Porites lutea*，邹仁林，34页，图版4，图1

1991 *Porites lutea*，聂宝符等，32页，图版6，图1；图版44，图1～图4

2000 *Porites lutea*，Veron，p.287，图4～图6

2001 *Porites lutea*，邹仁林，131页，图版27，图3，彩图21

描述：块状群体珊瑚。保存大小为85×60mm。珊瑚个体呈圆形，直径为1.5～2.0mm。相邻个体之间排列比较紧密。每个珊瑚有12个隔片，隔片的轴端发育了5～8个围栅瓣，每个围栅瓣都与相对应的隔片相连。在珊瑚个体的中央发育了轴柱。

井深：152.80m。

地层：第四系更新统。

滨珊瑚属未定种 3 *Porites* sp.3

（图版Ⅹ 图4、图5）

描述：块状群体珊瑚。保存大小50×30mm。珊瑚个体的横切面呈多边形或圆形，个体的直径为1.0～1.5mm。个体紧密排列。珊瑚的隔片遭磨损，很少保存下来。

井深：158.00m。

地层：第四系更新统。

滨珊瑚属未定种 4 *Porites* sp.4

（图版Ⅹ 图6、图7）

描述：块状或皮壳状群体珊瑚。珊瑚个体的横切面呈角圆形，直径为3～5mm。珊瑚个体有三轮16片隔片，第一轮隔片比较粗，伸至个体中心；第二轮隔片的长度比较短，只有第一轮隔片长度的1/3；第三轮隔片更短。轴柱坚实，呈圆形或椭圆形。

井深：259.68m。

地层：新近系上新统。

滨珊瑚属未定种 5 *Porites* sp.5

（图版XI 图 1、图 2）

描述：块状群体珊瑚。由于标本保存不好，暂且不描述。

井深：366.20m。

地层：新近系上中新统。

滨珊瑚属未定种 6 *Porites* sp.6

（图版XI 图 3、图 4）

描述：块状群体珊瑚。保存大小为 50×60mm。珊瑚个体的横切面呈圆形或角圆形，个体直径为 2mm。相邻个体之间排列紧密。个体有外壁。珊瑚隔片厚而长，几乎伸至个体中央。隔片的末端有围栅瓣。轴柱发育。

井深：386.64m。

地层：新近系上中新统。

滨珊瑚属未定种 7 *Porites* sp.7

（图版XI 图 5）

描述：块状群体珊瑚。保存大小为 20×15mm。珊瑚个体的横切面呈角圆形，直径为 4mm。个体排列比较紧密。珊瑚隔片总数为 22 片。隔片轮数不清。每个珊瑚个体隔片的末端有 6 个围栅瓣，围栅瓣不与隔片末端相连。珊瑚个体的中心有一个小的轴柱。共骨组织很薄，由点状结构组成。共骨内可见出芽生殖形成的小珊瑚个体。

井深：431.90m。

地层：新近系上中新统。

滨珊瑚属未定种 8 *Porites* sp.8

（图版XI 图 6、图 7）

描述：块状群体珊瑚。保存大小为 50×60mm。珊瑚个体的横切面呈角圆形，直径为 1.5mm。个体排列比较紧密，间距为 1mm。隔片保存不好。隔片的轴端偶见围栅瓣，但数量不清。轴柱发育。共骨组织由海绵状小孔结构组成。

井深：536.10m。

地层：新近系中中新统。

滨珊瑚属未定种 9 *Porites* sp.9

（图版XII 图 1、图 2）

描述：块状群体珊瑚。保存大小为 30×40mm。珊瑚个体的横切面呈角圆形，直径为 1.5mm。珊瑚个体的隔片数为 12 片，但轮数不清。隔片的轴端有围栅瓣，有些隔片与围栅瓣相连。珊瑚个体的中央有轴柱。共骨组织由颗粒状结构组成。

井深：534.10m。

地层：新近系中中新统。

滨珊瑚属未定种 10 *Porites* sp.10

（图版XII 图 3～图 5）

描述：块状群体珊瑚。保存大小为 40×25mm。珊瑚个体的横切面呈圆形，直径为 4 ～ 5mm。珊瑚的隔片与轴柱相连形成网格状结构。珊瑚个体连接。无共骨组织。

井深：678.74m。

地层：新近系下中新统。

滨珊瑚属未定种 11 *Porites* sp.11

（图版XII 图 6、图 7）

描述：块状群体珊瑚。保存大小为 55×45×17mm。珊瑚个体的横切面呈椭圆形，直径为 5mm。个体间距为 1 ～ 4mm。珊瑚个体有三轮隔片：第一轮隔片长，伸至个体中心，为 6 片；第二轮隔片也为 6 片，较第一轮隔片稍短、稍薄；第三轮隔片的长度为第二轮隔片长度的 1/4 ～ 1/3。共骨组织由颗粒状结构组成。

井深：697.57m。

地层：新近系下中新统。

滨珊瑚属未定种 12 *Porites* sp.12

（图版XIII 图 1、图 2）

描述：块状群体珊瑚。保存大小为 10×20mm。珊瑚个体的横切面呈角圆形、五边形或六边形，直径为 1.5mm。个体排列十分紧密。外壁很薄，厚 0.1 ～ 0.15mm。第一轮隔片长，部分隔片伸至个体中央，隔片数为 6 片。轴柱发育。

井深：845.00m。

地层：新近系下中新统。

滨珊瑚属未定种 13 *Porites* sp.13

（图版XIII 图 3、图 4）

描述：块状群体珊瑚。保存大小为 30×25mm。珊瑚个体的横切面呈多角形，多为六边形，直径为 1.5mm。外壁厚 0.1 ～ 0.15mm。珊瑚个体的隔片数为 12 片，其中有 4 ～ 5 片比较长，伸至个体的中央。轴柱发育。

井深：846.00m。

地层：新近系下中新统。

滨珊瑚属未定种 14 *Porites* sp.14

（图版XIII 图 5、图 6）

描述：块状群体珊瑚。保存大小为 20×30×60mm。珊瑚个体的横切面呈多角形，直径为 1.5mm。珊瑚个体紧密邻接。隔片保存不好，仅见到少量的隔片。

井深：863.98m。

地层：新近系下中新统。

滨珊瑚属未定种 15 *Porites* sp.15

（图版XIII 图 7）

描述：块状群体珊瑚。保存大小为 40×25×25mm。珊瑚个体的横切面呈角圆形，直径为 0.8 ～ 1.0mm。外壁厚 0.1 ～ 0.2mm。珊瑚个体内有 6 片隔片，部分隔片彼此相连。轴柱发育。

井深：870.70m。

地层：新近系下中新统。

三、蜂房珊瑚亚目 Suborder Faviina Vaughan & Wells, 1943

特征：单体珊瑚和群体珊瑚均有。珊瑚个体的直径一般大于 2mm。隔片由数量比较多的羽榍组成。珊瑚虫个体的软体有两轮以上的触手环，一般都具有口道脊。合隔桁很少出现。隔片的边缘呈齿状。

年代：中三叠世至第四纪。

蜂房珊瑚科 Family Faviidae Gregory, 1900

特征：单体珊瑚和群体珊瑚都有。群体珊瑚由触手环外出芽或者触手环内出芽而形成。大部分属于造礁石珊瑚，主要是隔片外墙型和拟外墙型，少量是合隔桁外墙型。隔片裸露，呈片状。由 1 个或者 2 个单羽榍扇状系统构成，但在晚期出现的类型中也出现了一些复羽榍构成的扇状系统。隔片边缘呈规则的齿状。围栅瓣由隔片内端的扇状系统发育而成。轴柱大多呈羽榍状、片状，少量呈柱状，有的甚至缺失轴柱。

年代：中侏罗世至第四纪。

蜂房珊瑚属 Genus *Favia* Oken, 1815

模式种：*Madrepora fragum* Esper, 1793

特征：融合状、块状群体珊瑚，也有一些呈皱叶状和皮壳状。由单口道或三口道出芽而形成。珊瑚个体为单中心。珊瑚萼部呈圆形、椭圆形或角圆形。泡沫状内墙或外墙鳞板。轴柱呈羽榍状或海绵状。

年代：白垩纪至第四纪。

蜂房珊瑚属未定种 *Favia* sp.

（图版 XIV 图 1～图 3）

描述：块状群体珊瑚。珊瑚个体呈角圆形，直径为 8～11mm。外壁没有保存。珊瑚的隔片保存不太好，仅见到 37 片。共骨由肋状隔片相连。

井深：681.18m。

地层：新近系下中新统。

角蜂巢珊瑚属 Genus *Favites* Link, 1807

模式种：*Madrepora abdita* Ellis & Solander, 1786

特征：该属的特征与前面的蜂房珊瑚属的特征十分相似，但该属的外形却是多角形。

年代：古近纪始新世至第四纪。

角蜂巢珊瑚属未定种 1 *Favites* sp.1

（图版 XIV 图 4、图 5）

描述：块状群体珊瑚。保存长度为 40mm。珊瑚个体呈四边形、五边形或六边形，直径为 11～18mm。第一轮隔片数为 6 片，有时与个体中心相连。第二轮隔片较第一轮隔片短、薄。第三轮隔片更短。第四轮隔片局部发育成短刺状。轴柱呈羽榍状。纵切面发育横板结构。

井深：13.15m。

地层：第四系全新统。

角蜂巢珊瑚属未定种 2 *Favites* sp.2

（图版 XIV 图 6、图 7）

描述：块状群体珊瑚。保留的块体大小约为 80×60mm。珊瑚个体呈四边形、五边形或六边形，直径为 5～10mm。隔片数为 26～30 片，第一轮的隔片长，有时与中心轴柱相连，第二轮隔片稍短，第三轮隔片更短。靠近外壁的隔片变粗，向个体中心逐渐变薄。隔片有时在中心相连成为轴柱。隔片的两侧有短刺。

井深：63.80m。

地层：第四系更新统。

角蜂巢珊瑚属未定种 3 *Favites* sp.3

（图版 XV 图 1、图 2）

描述：块状群体珊瑚。保存大小为 90×50mm。珊瑚个体呈鼻形，开口小，直径为 2～3mm，个体大小不一，个体间距为 0.5～2mm。珊瑚隔片有两轮或三轮，隔片直、等长，伸至个体中心。

井深：311.40m。

地层：新近系上新统。

角蜂巢珊瑚属未定种 4 *Favites* sp.4

（图版 XV 图 3、图 4）

描述：块状群体珊瑚。保存大小为 30×30mm。珊瑚个体的横切面呈多边形，直径为 6～8mm。外壁薄。共有三轮隔片，第一轮和第二轮隔片都比较长，伸至个体中心，有时还可在中心相交；第三轮隔片的长度约为第一轮隔片长度的一半。无轴柱。纵切面上有横板构造。

井深：437.00m。

地层：新近系上中新统。

角蜂巢珊瑚属未定种 5 *Favites* sp.5

（图版 XV 图 5、图 6）

描述：块状群体珊瑚。保存大小为 50×40mm。珊瑚个体的横切面为多边形，个体之间由外壁分开。个体直径为 15～20mm。珊瑚个体有三轮或四轮隔片，在 48 片以上。第一轮隔片长达个体中央。第二轮隔片稍短。第三轮、第四轮隔片更短。轴柱呈海绵状。

井深：736.92m。

地层：新近系下中新统。

菊花珊瑚属 Genus *Goniastrea* Milne Edwards & Haime, 1848

模式种：*Astrea retiformis* Lamarck, 1816

特征：多角形至亚脑纹状群体珊瑚。群体由单口道至三口道出芽而形成。珊瑚个体为单中心，呈多角形。隔片的轴端发育了围栅瓣，轴柱微弱发育，这是该属与角蜂巢珊瑚属最主要的区别。

年代：古近纪始新世至第四纪。

菊花珊瑚属未定种 *Goniastrea* sp.

（图版 XVI 图 1、图 2）

描述：块状群体珊瑚。保存大小为 80×60mm。珊瑚个体呈五边形或六边形，直径为 10 ～ 13mm。隔片总数为 12 片，共计有三轮或四轮隔片，其中第一轮隔片和第二轮隔片比较长，几乎伸至个体中心。个体中央在隔片的末端有一轮或两轮的围栅瓣。

井深：93.80m。

地层：第四系更新统。

扁脑珊瑚属 Genus *Platygyra* Ehrenberg, 1834

模式种：*Platygyra lamellina*（Ehrenberg, 1834）

特征：脑纹状群体珊瑚。表面沟回结构多，由线状壁内多口道出芽而形成，脊塍窄。隔片有齿状结构无围栅瓣发育。轴柱呈羽榍状且连续。

年代：古近纪始新世至第四纪。

扁脑珊瑚属未定种 1 *Platygyra* sp.1

（图版 XVI 图 3 ～图 5）

描述：脑纹状、块状群体珊瑚。保存大小为 110×50mm。珊瑚个体谷长 15 ～ 20mm，谷宽 10 ～ 11mm，脊塍窄。10mm 长度内有 12 ～ 13 片隔片，其中 8 片与中心轴柱相连。主要隔片与次要隔片交替排列。隔片上缘有齿状结构。

井深：97.25m。

地层：第四系更新统。

片扁脑珊瑚 *Platygyra lamellina* (Ehrenberg, 1834)

（图版 XVII 图 1、图 2）

描述：脑纹状群体珊瑚。珊瑚个体呈脑纹状，谷长，有时呈弯曲状，脊塍尖耸，珊瑚个体谷长 20 ～ 30mm，谷宽 3 ～ 4mm。5mm 长度内有 20 片隔片。第一轮隔片长，从脊塍几乎伸达谷，第二轮隔片只有第一轮隔片长度的 1/2 ～ 2/3，第三轮隔片更短。轴柱发育但不连续。

井深：176.28m。

地层：第四系更新统。

扁脑珊瑚属未定种 2 *Platygyra* sp.2

（图版 XVII 图 3、图 4）

描述：脑纹状群体珊瑚。保存大小为 40×60mm。珊瑚个体的谷长 40mm 以上，谷宽 3 ～ 5mm。第一轮和第二轮隔片大致等长，隔片上缘有齿状突起。中心具有轴柱。

井深：388.80m。

地层：新近系上中新统。

扁脑珊瑚属未定种 3 *Platygyra* sp.3

（图版 XVII 图 5、图 6）

描述：脑纹状群体珊瑚。珊瑚个体有谷，谷宽 1mm，谷长超过 50mm。谷又被脊塍分隔。隔片共有三轮，10mm 的长度内有 34 片隔片，隔片上缘有齿突。谷中央的凹处有圆形或者椭圆形的轴柱。

井深：447.10m。

地层：新近系上中新统。

肠珊瑚属 Genus *Leptoria* Milne-Edwards & Haime, 1848

模式种：*Madrepora phrygia* Ellis & Solander, 1786

特征：脑纹状群体珊瑚，由壁内多口道出芽而形成。脊塍简单、薄。隔片内墙。轴柱薄，呈层状，连续或不连续。

年代：晚白垩世至第四纪。

弗利吉亚肠珊瑚 *Leptoria phrygia* (Ellis & Solander, 1786)

（图版 XVIII 图 1、图 2）

2000 *Leptoria phrygia*，Veron，vol.3，p.204，图 1～图 5

2001 *Leptoria phrygia*，邹仁林，197 页，图版 39，图 5

描述：脑纹状群体珊瑚。保存大小为 60×45mm。脊塍直或者弯曲，两个脊塍之间的宽度为 2mm。5mm 的长度内有 6～7 片隔片。轴柱薄、呈层状，连续或不连续。

井深：138.10m。

地层：第四系更新统。

刺柄珊瑚属 Genus *Hydnophora* Fischer von Waldheim, 1807

模式种：*Madrepora exesa* Ellis & Solander, 1786

特征：峰峦状群体珊瑚。绕壁多口道出芽。脊塍短且不连续，呈锥形。轴柱羽榍状或层状，不连续。

年代：白垩纪至第四纪。

刺柄珊瑚属未定种 1 *Hydnophora* sp.1

（图版 XVIII 图 3、图 4）

描述：皮壳状群体珊瑚。保存大小为 85×40mm。珊瑚个体呈峰峦状，高出 18～24mm。个体直径为 6～10mm。个体之间有外壁。共有三轮隔片，第一轮隔片为 6～12 片；第二轮隔片也为 6～12 片；第三轮隔片较短。由于磨损，轴柱未保存。

井深：440.78m。

地层：新近系上中新统。

刺柄珊瑚属未定种 2 *Hydnophora* sp.2

（图版 XVIII 图 5、图 6）

描述：皮壳状群体珊瑚。保存大小为 40×50mm。珊瑚个体呈峰峦状，个体直径为 4mm。个体间距为 1～2mm，或者紧密相连。共有三轮隔片，共 22 片。第一轮和第二轮隔片比较长，伸至个体中心，并在个体中心相交。第三轮隔片的长度约为第一轮隔片长度的 2/3，隔片上缘呈锯齿状。轴柱保存不完整。

井深：453.50m。

地层：新近系上中新统。

双星珊瑚属 Genus *Diploastrea* Matthai, 1914

模式种：*Astrea heliopora* Lamarck, 1816

特征：融合状群体珊瑚。外壁大多为隔片外壁型，少数为合隔桁外壁型。萼部有成层的孔。隔片由复羽榍组成。齿比较大。轴柱很发育。

年代：白垩纪至第四纪。

双星珊瑚属未定种 1 *Diploastrea* sp.1

（图版 XIX 图 1、图 2）

描述：块状、融合状群体珊瑚，无外壁。保存大小为 50×30mm。珊瑚个体的横切面呈圆形，直径为 3～5mm。个体之间的距离为 1～3mm。珊瑚个体的隔片数为 17～22 片，往往 3 片隔片就形成 1 簇（束）。隔片上缘有齿状结构。珊瑚个体之间的隔片相连。轴柱发育。共骨组织由相邻珊瑚个体的隔片组成。

井深：507.37m。

地层：新近系上中新统。

双星珊瑚属未定种 2 *Diploastrea* sp.2

（图版 XIX 图 3、图 4）

描述：块状、融合状群体珊瑚。保存大小为 50×50×25mm。珊瑚个体的横切面呈圆形，直径为 7mm。珊瑚个体之间紧密邻接。无外壁。隔片都比较粗，共有三轮隔片，第一轮隔片长，伸至个体中央，共 8 片；第二轮隔片稍短于第一轮隔片，也为 8 片；第三轮隔片的长度仅为第一轮隔片长度的一半。

井深：870.22m。

地层：新近系下中新统。

刺星珊瑚属 Genus *Cyphastrea* Milne Edwards & Haime, 1848

模式种：*Astrea microphthalma* Lamarck, 1816

特征：块状、融合状、皮壳状或近叶片状群体珊瑚。隔片型外壁。隔片的边缘呈规则的齿状。轴柱呈羽榍状或海绵状。肋很少伸展到共骨组织中，共骨组织的表面呈刺状。

年代：古近纪渐新世至第四纪。

刺星珊瑚属未定种 1 *Cyphastrea* sp.1

（图版 XIX 图 5、图 6）

描述：块状群体珊瑚。保存大小为 100×80mm。珊瑚个体的横切面呈圆形，直径为 4～5mm。个体间距为 0.5～4.0mm。隔片共有三轮，第一轮和第二轮的隔片数为 12 片，第一轮的隔片长，几乎伸至个体中心，隔片微微加厚；第二轮隔片的长度约为第一轮隔片长度的 2/3；第三轮隔片较短，其长度只有第一轮隔片长度的 1/3。隔片侧面有刺，边缘呈齿状。轴柱发育。共骨组织有颗粒结构。

井深：127.60m。

地层：第四系更新统。

刺星珊瑚属未定种 2 *Cyphastrea* sp.2

（图版 XX 图 1、图 2）

描述：块状群体珊瑚。保存大小为 50×35mm。珊瑚个体的横切面呈圆形，开口小，直径为 1.3～2.5mm，个体间距为 1mm，个体之间排列比较紧密。隔片有两轮，共计有 8 片。个体中心有轴柱构造。

井深：141.32m。

地层：第四系更新统。

刺星珊瑚属未定种 3 *Cyphastrea* sp.3

（图版 XX 图 3～图 5）

描述：块状群体珊瑚。保存大小为 30×50mm。珊瑚个体的横切面呈圆形，直径为 3～4mm。个体间距为 1～3mm。每个个体有 18 片隔片，部分隔片比较长，可以伸至个体中央。轴柱发育。共骨组织有排列紧密的颗粒状结构。

井深：147.60m。

地层：第四系更新统。

刺星珊瑚属未定种 4 *Cyphastrea* sp.4

（图版 XX 图 6、图 7）

描述：块状群体珊瑚。保存大小为 20×18mm。珊瑚个体的横切面呈圆形，直径为 4～5mm。个体间距为 1.0～1.5mm。每个个体有 8 片隔片，隔片比较长，在个体中心相交。轴柱呈羽榍状。共骨组织呈颗粒状。

井深：467.00m。

地层：新近系上中新统。

刺星珊瑚属未定种 5 *Cyphastrea* sp.5

（图版 XXI 图 1、图 2）

描述：块状群体珊瑚。保存大小为 27×30mm。珊瑚个体的横切面呈圆形，直径为 5mm。个体间距为 1～3mm。隔片共有两轮，共计 24 片。隔片侧方有刺状突起。轴柱呈海绵状或羽榍状。共骨组织由网格状结构组成。

井深：714.00m。

地层：新近系下中新统。

安的列斯珊瑚属 Genus *Antillophyllia* Vaughan, 1932

模式种：*Antillia lonsdaleia* Duncan, 1864

特征：阔锥状单体珊瑚。横切面有些压扁或呈双瓣叶状。轴柱呈羽榍状或海绵状。

年代：古近纪渐新世至新近纪中新世。其中该属的一个重要种 *Antillophyllia sawkinsi* (Vaughan, 1926) 产于特立尼达岛（小安的列斯群岛）的中新统。本研究获取的两个标本，一个产于上中新统，另一个产于下中新统。

沙乌京斯安的列斯珊瑚（比较种）*Antillophyllia* cf. *sawkinsi* (Vaughan), 1926

（图版 XXI 图 3）

cf. 1943 *Antillophyllia sawkinsi*，Vaughan，170 页，图版 28，图 6a

cf. 1956 *Antillophyllia sawkinsi*，Wells，407 页，图 305-3a-b

描述：阔锥状单体珊瑚。直径为 30mm。第一轮隔片比较长，伸至个体中央，隔片数在 28 片以上。第二轮隔片的长度约为第一轮隔片长度的一半。第三轮隔片的长度只有第一轮隔片长度的 1/4。第四轮隔片更短。隔片的轴端具有围栅瓣。

井深：391.67m。

比较：当前的标本与在特立尼达岛（小安的列斯群岛）发现的 *Antillophyllia sawkinsi* (Vaughan, 1926)

有些相似，但西沙群岛琛航岛标本的隔片要比后者更粗壮一些，现鉴定为后者的比较种。

地层：新近系上中新统。

安的列斯珊瑚属未定种 *Antillophyllia* sp.

（图版 XXI　图 4、图 5）

描述：陀螺状单体珊瑚。直径为 32mm。隔片共有四轮，约有 100 片。隔片长，但保存不太好。轴柱呈海绵状。

井深：736.80m。

比较：西沙群岛琛航岛的标本与 *Antillophyllia sawkinsi* (Vaughan, 1926) 也有某些相似之处，但因其保存的状况不好，所以暂不定种。

地层：新近系下中新统。

枇杷珊瑚科 Family Oculinidae Gray, 1847

特征：群体珊瑚。大部分由触手环外出芽而形成，极少数则是由触手环内出芽而形成。珊瑚个体的外部加厚，由宽阔、无肋、瘤状、光滑和密集的共骨组织构成。隔片裸露，由单羽榍的一个扇状系统组成。隔片边缘为小的齿状，侧面为瘤状或刺状。围栅发育，轴柱呈乳凸状或羽榍状，但有时轴柱不发育。如果鳞板内墙发育，则多呈近板状、薄或者灰质加厚。

年代：白垩纪至第四纪。

星日珊瑚属 Genus *Astrhelia* Milne-Edwards & Haime, 1849

模式种：*Madrepora palmata* Goldfuss, 1829

特征：亚枝状群体珊瑚，具有坚固的交织状的分枝。珊瑚个体由密集的、光滑的共骨组织连接起来，稍微突起。隔片呈齿状、撕裂状，没有围栅。轴柱呈羽榍状。

年代：只限于新近纪中新世。

掌状星日珊瑚 *Astrhelia palmata* (Goldfuss, 1829)

（图版 XXI　图 6）

1943 *Astrhelia palmata* (Goldfuss)，Vaughan，182、183 页

1956 *Astrhelia palmata* (Goldfuss)，Wells，411 页，图 310-1a-b

描述：近枝状群体珊瑚。仅保留了一部分的珊瑚块体。隔片呈锯齿状、撕裂状。没有围栅瓣。轴柱呈羽榍状。共骨组织光滑，微凸起。

井深：594.81m。

比较：琛科 2 井的标本与 *Astrhelia palmata* (Goldfuss, 1829) 的骨骼形态特征比较相似，可视为同一种。

地层：新近系中中新统。

盔形珊瑚属 Genus *Galaxea* Oken, 1815

模式种：*Madrepora fascicularis* Linnaeus, 1767

特征：块状、融合状群体珊瑚，由共骨组织的宽边沿出芽而成。珊瑚个体角形至柱形，具肋。珊瑚个体的底部被泡沫状、刺状或无肋的共骨组织连接起来了。轴柱很微弱，甚至缺失。鳞板内墙很薄而且很弱。

年代：新近纪中新世至第四纪。

丛生盔形珊瑚 *Galaxea fascicularis* (Linnaeus, 1767)

（图版 XXII 图 1、图 2）

1937 *Galaxea fascicularis*，Ma，55 页，图版 8，图 1；图版 33，图 3

1975 *Galaxea fascicularis*，邹仁林，38 页，图版 7，图 1

2000 *Galaxea fascicularis*，Veron，vol.2，p.108，figs.1 ～ figs.5

2001 *Galaxea fascicularis*，邹仁林，144 页，图版 31，图 3；图版 53，图 23

描述：块状群体珊瑚。保存大小为 65×30mm。珊瑚个体的横切面呈椭圆形，最长的直径为 6mm，最短的直径为 3mm。隔片共有三轮，第一轮和第二轮的隔片数为 16 片。隔片长，伸至个体中心并与轴柱相连。轴柱宽 1.5mm。第三轮隔片的长度约为个体半径的 1/2。

井深：46.40m。

地层：第四系更新统。

稀杯盔形珊瑚 *Galaxea astreata* (Lamarck, 1816)

（图版 XXII 图 3 ～图 5）

1816 *Galaxea astreata*，Lamarck，p.227

2000 *Galaxea astreata*，Veron，p.110，figs.1 ～ figs.8

2001 *Galaxea astreata*，邹仁林，143 页，图版 31，图 1，彩图 22

描述：块状群体珊瑚。保存大小为 100×65mm。珊瑚个体呈椭圆柱形，横切面呈椭圆形，外壁厚约 0.2mm。直径为 2 ～ 3mm。个体间距为 1 ～ 6mm。有两轮隔片，共计 12 片，其中有 6 片比较长，伸至个体中心。

井深：103.10m。

地层：第四系更新统。

丛生盔形珊瑚 *Galaxea fascicularis* (Linnaeus, 1767)

（图版 XXII 图 6 ～图 8）

1937 *Galaxea fascicularis*，Ma，55 页，图版 8，图 1；图版 33，图 3

1975 *Galaxea fascicularis*，邹仁林，38 页，图版 7，图 1

2000 *Galaxea fascicularis*，Veron，vol. 2，p.108，figs.1 ～ figs.5

2001 *Galaxea fascicularis*，邹仁林，144 页，图版 31，图 3；图版 53，图 23

描述：丛状群体珊瑚。珊瑚个体呈扁圆柱形。个体的横切面呈圆形或椭圆形，个体直径为 10 ～ 12mm。个体间距为 1 ～ 2mm。外壁厚 0.8mm。隔片共计有三轮，第一轮隔片为 12 片，第二轮隔片为 8 片，第三轮隔片为 14 片。无轴柱。

井深：124.00m。

地层：第四系更新统。

盔形珊瑚属未定种 1 *Galaxea* sp.1

（图版 XXIII 图 1、图 2）

描述：丛状群体珊瑚。珊瑚个体呈圆柱形或椭圆柱形，个体的横切面呈圆形或椭圆形，直径为 5×8mm。个体间距为 2 ～ 6mm。第一轮隔片数为 12 片，在个体中心相连。第二轮隔片的长度仅为第一轮隔片的一半。共骨组织由许多小的四边形或五边形结构组成。

井深：135.93m。

地层：第四系更新统。

丛生盔形珊瑚 *Galaxea fascicularis* (Linnaeus, 1767)

（图版 XXIII 图 3～图 5）

1937 *Galaxea fascicularis*，Ma，55 页，图版 8，图 1；图版 33，图 3

1975 *Galaxea fascicularis*，邹仁林，38 页，图版 7，图 1

2000 *Galaxea fascicularis*，Veron，vol. 2，p.108，figs.1～figs.5

2001 *Galaxea fascicularis*，邹仁林，144 页，图版 31，图 3；图版 53，图 23

描述：丛状群体珊瑚。珊瑚个体的横切面呈椭圆形，长径为 7mm，短径为 5mm。个体间距为 1～2mm。珊瑚个体有三轮隔片，第一轮的隔片较长，第二轮和第三轮的隔片依次逐渐变短。隔片呈梭形，中段较粗，两端逐渐变薄。外壁经常未能被保存，隔片裸露在外。轴柱不发育。当前的标本与我国台湾省的现生标本比较相似，只是它们的个体稍微密集了一些。

井深：164.25m。

地层：第四系更新统。

盔形珊瑚属未定种 2 *Galaxea* sp.2

（图版 XXIII 图 6、图 7）

描述：丛状群体珊瑚。保存大小为 30×40mm。珊瑚个体呈椭圆柱形，横切面呈椭圆形，个体间距为 2～5mm，最短直径为 5mm，最长直径为 8mm。珊瑚个体共有三轮隔片，隔片的总数为 16 片。第一轮和第二轮隔片较长且较粗，几乎伸至个体中心，第三轮隔片比较短，只有第一轮隔片长度的 1/2。轴柱不发育。

井深：381.55m。

地层：新近系上中新统。

褶叶珊瑚科 Family Mussidae Ortmann, 1890

特征：单体和群体造礁石珊瑚。群体珊瑚由触手环内出芽而形成。群体的中央部分由片或羽榍连接。隔片型外壁或拟外壁。隔片的内腔室由几个大的单羽榍的扇状系统构成，每个扇状系统产生一个裂片状的齿。鳞板内墙很发育。轴柱呈羽榍状。

年代：一般是古近纪始新世至第四纪，个别的可能从侏罗纪就开始出现了。

针叶珊瑚属 Genus *Acanthophyllia* Wells, 1937

模式种：*Caryophyllia deshayesiana* Michelin, 1850

特征：陀螺状单体珊瑚。拟外壁。隔片呈大的齿状或裂叶状。轴柱呈海绵状。

年代：新近纪中新世至第四纪，但也有人认为该属在古近纪渐新世就已经出现了。

针叶珊瑚属未定种 *Acanthophyllia* sp.

（图版 XXIV 图 1）

描述：阔锥状单体珊瑚。保存大小为 30×40mm。隔片数在 76 片以上，有四轮以上，隔片边缘呈齿状。轴柱呈海绵状。

井深：151.00m。

地层：第四系更新统。

大安的列斯珊瑚属 Genus *Antillia* Duncan, 1864

模式种：*Antillia dentata* Duncan, 1864

该属的模式种产于加勒比海大安的列斯群岛，故该属的中译名为大安的列斯珊瑚属，以区别于另一属（安的列斯珊瑚属）的中译名。

特征：该属与针叶珊瑚属十分相似，但该属是隔片型外壁，而且隔片具有大型边缘扇状系统。

年代：古近纪始新世至新近纪中新世。其中，两个重要种 *Antillia dentata* 和 *Antillia gregorii* 均产于多米尼加（大安的列斯群岛）的中新统，同样本研究获取的标本也是产于中新统。

齿状大安的列斯珊瑚 *Antillia dentata* Duncan, 1864

（图版 XXIV 图 2）

1863 *Antillia dentata* Duncan, Vaughan, p.194

1956 *Antillia dentata* Duncan, Wells, 417 页, 图 318-4a-b

描述：陀螺状单体珊瑚。外壁被破坏。保存大小为 20×12mm。共有三轮隔片，第一轮隔片较粗也较长，几乎伸至个体中央，隔片数为 12 片；第二轮隔片比第一轮隔片稍短一些，也是 12 片；第三轮隔片比第二轮隔片更短，但数量不清。

井深：697.57m。

比较：当前的标本与多米尼加（大安的列斯群岛）产出的 *Antillia dentata* Duncan, 1864 的形态特征颇为相似，可视为同一种。

地层：新近系下中新统。

叶状珊瑚属 Genus *Lobophyllia* de Blainville, 1830

模式种：*Madrepora corymbosa* Forskål, 1775

特征：脑纹状、丛块状群体珊瑚，由壁内多口道出芽而形成。系列侧向自由。中心具有片状联系。

年代：仅限于第四纪。

叶状珊瑚属未定种 1 *Lobophyllia* sp.1

（图版 XXIV 图 3、图 4）

描述：丛状至脑纹状群体珊瑚。珊瑚个体长 27mm，宽 10～15mm。隔片共有三轮，第一轮隔片长，第二轮隔片次之，第三轮隔片的长度仅为个体半径的 1/3。

井深：61.20m。

地层：第四系更新统。

叶状珊瑚属未定种 2 *Lobophyllia* sp.2

（图版 XXIV 图 5、图 6）

描述：脑纹状至丛状群体珊瑚。保存大小为 30×50mm。珊瑚个体的横切面呈椭圆形或长椭圆形，直径长 10～25mm，宽 7mm。共有三轮隔片，第一轮隔片有 16 片，隔片比较长，伸至个体中心；第二轮隔片的长度只有第一轮隔片长度的 1/2；第三轮隔片很短，长度只有 1.5mm。隔片的上缘有齿状突起。轴柱发育，轴柱为层状结构。

井深：163.83m。

地层：第四系更新统。

合叶珊瑚属 Genus *Symphyllia* Milne-Edwards & Haime, 1848

模式种：*Meandrina sinuosa* Quoy & Gaimard, 1833
特征：与叶状珊瑚属相似，但沟槽通常沿着珊瑚壁的顶部延伸。无步带。
年代：只限于第四纪。

合叶珊瑚属未定种 *Symphyllia* sp.

（图版 XXV 图 1、图 2）
描述：脑纹状至丛状群体珊瑚，但系列从外壁至顶部直接连接，没有步带。保存大小为 50×50mm。珊瑚个体呈脑纹状，长 45mm，宽 10mm。共有三轮隔片，第一轮和第二轮隔片几乎等长，第三轮隔片不清晰。第一轮隔片长，伸至个体中央并与轴柱相连。轴柱发育。
井深：167.06m。
地层：第四系更新统。

梳状珊瑚科 Family Pectiniidae Vaughan & Wells, 1943

特征：单体珊瑚和群体珊瑚都有。都是造礁石珊瑚。群体珊瑚由触手环内多口道出芽而形成。软体和珊瑚个体完全有机连接起来，口道之间隔膜和薄片联系起来，珊瑚个体没有固定的外壁。共骨组织从很发育到完全缺失。隔片呈不规则的齿状，由复羽榍的一个扇状系统构成。羽榍形成刺状齿形。
年代：古近纪渐新世至第四纪。

棘叶珊瑚属 Genus *Echinophyllia* Klunzinger, 1879

模式种：*Madrepora aspera* Ellis & Solander, 1786
特征：群体珊瑚。最早阶段由环口出芽而形成，接着是不规则多口道出芽形成。
年代：新近纪中新世至第四纪。

棘叶珊瑚属未定种 *Echinophyllia* sp.

（图版 XXV 图 3、图 4）
描述：皮壳状或者叶片状群体珊瑚。珊瑚个体呈不规则分布。珊瑚个体的直径为 5 ～ 8mm。相邻个体之间由隔片相连，个体之间没有外壁。珊瑚个体有 18 片及以上的隔片。隔片上缘有齿状突起。轴柱呈柱状。
井深：378.60m。
地层：新近系上中新统。

四、丁香珊瑚亚目 Suborder Caryophylliina Vaughan & Wells, 1943

特征：单体珊瑚和群体珊瑚均有。珊瑚个体的直径一般大于 2mm。隔片由数量比较多的羽榍组成。珊瑚虫个体的软体有两轮以上的触手环，一般都具有口道脊。合隔桁很少出现。隔片边缘光滑。
年代：侏罗纪至第四纪。

丁香珊瑚科 Family Caryophylliidae Dana, 1846

特征：单体和群体珊瑚都有。群体珊瑚绝大多数由触手环外出芽繁殖的丛状或树枝状的群体而形成。肋一般被灰质加厚或外壁所覆盖。隔片裸露。围栅和围栅瓣比较常见。轴柱由坚实的、海绵状卷曲的羽榍板条构成，或者轴柱缺失。在丁香珊瑚科的某些类群中，鳞板内墙很发育。

年代：侏罗纪至第四纪。

丁香珊瑚属 Genus *Caryophyllia* Lamarck, 1801

模式种：*Madrepora cyathus* Ellis & Solander, 1786

特征：单体珊瑚，呈陀螺状至亚柱状。围栅瓣位于第三轮隔片的轴端。轴柱呈丛束状，由羽榍板条缠绕而成。

年代：晚侏罗世至第四纪。

丁香珊瑚属未定种 *Caryophyllia* sp.

（图版 XXV 图 5）

描述：单体珊瑚。直径为 13mm。珊瑚有三轮隔片，第一轮隔片长，接近伸至珊瑚个体中心，隔片数为 12 片；第二轮隔片的长度稍短于第一轮隔片的长度，隔片数也为 12 片；第三轮隔片更短，长度仅 2～3mm，而且常常发育不全。在第一轮隔片的轴端发育了 6 个小柱状的围栅瓣。

井深：628.07m。

地层：新近系下中新统。

共杯珊瑚属 Genus *Coenocyathus* Milne-Edwards & Haime, 1848

模式种：*Coenocyathus cylindricus* Milne-Edwards & Haime, 1848

特征：小型亚丛状群体珊瑚。触手环外出芽。围栅瓣和轴柱的情况与丁香珊瑚属有些相似。

年代：古近纪渐新世至第四纪。

共杯珊瑚属未定种 *Coenocyathus* sp.

（图版 XXVI 图 1）

描述：丛状群体珊瑚。当前的标本疑似脱落后的珊瑚个体。珊瑚个体为圆柱形。横切面呈圆形，直径为 6～10mm。共有三轮隔片，第一轮和第二轮隔片均有 12 片，并且都很长，伸至个体中心并与轴柱相交，第三轮隔片的长度仅为第一轮或第二轮隔片长度的 2/3。轴柱呈束状，宽约 1mm。

井深：119.36m。

地层：第四系更新统。

真叶珊瑚属 Genus *Euphyllia* Dana, 1846

模式种：*Caryophyllia glabrescens* Chamisso & Eysenhardt, 1821

特征：丛扇状群体珊瑚。珊瑚个体的外壁为隔片外壁型。隔片裸露。大部分具有内腔室。无轴柱。

年代：古近纪始新世至第四纪。

真叶珊瑚属未定种 *Euphyllia* sp.

（图版 XXVI 图 2）

描述：丛扇形群体珊瑚，保存大小为 35×20mm。珊瑚个体的横切面呈椭圆形，最长的直径为

25mm，最短的直径为 15mm。外壁厚约 1mm。共有三轮隔片，第一轮隔片有 28 片，比较长，伸至珊瑚个体中心；第二轮隔片的长度约为第一轮隔片长度的一半；第三轮隔片的长度更短，只有 2mm。

井深：119.00m。

地层：第四系更新统。

五、木珊瑚亚目 Suborder Dendrophylliina Vaughan & Wells, 1943

特征：单体珊瑚和群体珊瑚均有。珊瑚个体的直径一般大于 2mm。隔片由数量比较多的羽榍组成。珊瑚虫个体的软体有两轮以上的触手环，一般都具有口道脊。合隔桁出现。隔片呈片状，但隔片上的孔却不甚规则。

年代：晚白垩世至第四纪。

木珊瑚科 Family Dendrophylliidae Gray, 1847

特征：大多数珊瑚是非石珊瑚，有单体珊瑚，也有群体珊瑚。群体珊瑚由触手环内出芽或触手环外出芽而形成。外壁由隔片外端的羽榍组成，简单但非常不规则的合隔桁，不规则的孔，通常很厚，不规则的肋或者被退化的颗粒所覆盖。有些群体中可见孔和层状共骨组织。隔片由单羽榍的一个扇状系统组成。羽榍逐渐变得不规则，通常没有在隔片面紧密连接起来，垂直方向上与晶簇不连续，从隔片面向外弯，特别是在边缘和靠近轴柱的地方。隔片的侧面明显呈颗粒状。除外沿和中央之外，隔片的边缘大多是光滑的，因为在隔片的外沿和中央可以看到不规则的齿。隔片按照普塔莱斯图式（Pourtalès plan）排列的，至少是在早期发育阶段。轴柱呈羽榍状或海绵状，但有时缺失。鳞板内墙薄或者发育不佳。

年代：晚白垩世至第四纪。

轮沙珊瑚属 Genus *Trochopsammia* Pourtalès, 1878

模式种：*Trochopsammia infundibulum* Pourtalès, 1878

特征：陀螺状单体珊瑚，营固着生活。有时具有外壁。隔片肋厚，呈海绵状，肋的长度彼此相当，可以超过薄的外壁。隔片不按普塔莱斯图式排列。无轴柱。

年代：只限于第四纪。

轮沙珊瑚属未定种 *Trochopsammia* sp.

（图版 XXVI 图 3）

描述：单体珊瑚。横切面大小为 12×18mm。隔片肥大，并侧向邻接，隔片填满整个体腔。隔片数为 20 片，但不能区分出有几轮。

井深：85.50m。

地层：第四系更新统。

变沙珊瑚属 Genus *Enallopsammia* Michelotti, 1871

模式种：*Coenopsammia scillae* Seguenza, 1864

特征：树枝状群体珊瑚，由触手环外出芽而形成。萼部位于分枝的一边，而分枝往往又交织在一个平面上。隔片除早期发育阶段外均按普塔莱斯图式排列。轴柱发育微弱。

年代：新近纪中新世至第四纪。

变沙珊瑚属未定种 *Enallopsammia* sp.

（图版 XXVI 图 4、图 5）

描述：枝状群体珊瑚。珊瑚个体为圆柱状。个体横切面呈圆形或椭圆形，直径大多约为 7mm。隔片共有 12 片，轮数不清楚。隔片肥大，伸至达个体中心并与轴柱相连。轴柱宽 0.5mm。

井深：117.02m。

地层：第四系更新统。

陀螺珊瑚属 Genus *Turbinaria* Oken, 1815

模式种：*Madrepora crater* Pallas, 1766

特征：该属是重要的造礁石珊瑚。大型宽平状、火山口状、弯叶片状群体珊瑚。个体之间在顶端由宽阔的共骨组织连接起来。只有在个体发育的早期阶段，隔片才明显呈普塔莱斯图式排列。轴柱非常发育。

年代：古近纪渐新世至第四纪。

陀螺珊瑚属未定种 1 *Turbinaria* sp.1

（图版 XXVII 图 1、图 2）

描述：块状群体珊瑚。珊瑚个体呈圆形，直径为 3mm，外壁厚 1mm。隔片有三轮，每轮 6 片。第一轮和第二轮的隔片长，在个体中心相交，形成 0.6mm 宽的轴柱。隔片侧面有刺状突起。珊瑚的共骨组织由三角形或四边形的结构组成。

井深：38.52m。

地层：第四系更新统。

陀螺珊瑚属未定种 2 *Turbinaria* sp.2

（图版 XXVII 图 3、图 4）

描述：皮壳状群体珊瑚。个体呈稍突出的圆形，直径为 2.5mm。外壁厚 0.3mm。珊瑚个体间距为 10 ~ 25mm。第一轮和第二轮的隔片共计有 12 片，与个体中心的轴柱相连。第三轮隔片发育不全。共骨组织上有短刺或者颗粒。

井深：45.65m。

地层：第四系更新统。

陀螺珊瑚属未定种 3 *Turbinaria* sp.3

（图版 XXVII 图 5、图 6）

描述：块状群体珊瑚。珊瑚个体的横切面呈圆形，直径为 2 ~ 3mm，珊瑚个体间距为 1 ~ 5mm。隔片保存不好，只在珊瑚个体的萼部有少量突起的隔片。共骨组织的微细结构遭磨损。

井深：86.60m。

地层：第四系更新统。

陀螺珊瑚属未定种 4 *Turbinaria* sp.4

（图版 XXVII 图 7、图 8）

描述：块状群体珊瑚。保存大小约为 45×30mm。珊瑚个体的横切面呈圆形，萼部突起，个体间距为 1 ~ 4mm，个体直径为 1.8 ~ 2.0mm。隔片共有两轮，共计 12 片，第一轮和第二轮的隔片都很短，往往呈刺状突起。共骨组织内有颗粒或短刺。

井深：94.90m。

地层：第四系更新统。

陀螺珊瑚属未定种 5 *Turbinaria* sp.5

（图版 XXVIII 图 1、图 2）

描述：丛状群体珊瑚。珊瑚个体为圆柱形。个体横切面呈圆形。萼部为突起。个体直径为 2～3mm，个体间距为 2～3mm。共有三轮隔片，第一轮和第二轮的隔片总数为 12 片，而且它们均在个体中心相连，第三轮的隔片发育不全。隔片的轴端发育了围栅瓣。个体中央具有轴柱。共骨组织有肋状结构。

井深：128.75m。

地层：第四系更新统。

陀螺珊瑚属未定种 6 *Turbinaria* sp.6

（图版 XXVIII 图 3～图 5）

描述：丛状群体珊瑚。保存大小为 80×60mm。珊瑚个体的横切面呈圆形，直径为 5～8mm，个体排列比较紧密，个体间距为 2mm。第一轮和第二轮隔片的总数是 18 片。隔片比较长，均伸至个体中心，并与轴柱相连。轴柱发育。

井深：147.00m。

地层：第四系更新统。

陀螺珊瑚属未定种 7 *Turbinaria* sp.7

（图版 XXVIII 图 6、图 7）

描述：块状群体珊瑚。珊瑚个体为圆柱形。个体的横切面呈圆形，直径为 4mm。个体之间紧密排列。珊瑚个体内有三轮隔片，第一轮有 8 片，比较长，而且粗壮，几乎伸至个体中央；第二轮隔片的长度约为第一轮隔片长度的 1/3～1/2；第三轮隔片比较短，其长度约为第二轮隔片长度的 1/2 或更短。轴柱呈圆形或椭圆形隆起。共骨组织呈海绵状或网格状。

井深：169.70m。

地层：第四系更新统。

陀螺珊瑚属未定种 8 *Turbinaria* sp.8

（图版 XXIX 图 1、图 2）

描述：块状群体珊瑚。保存大小为 60×80mm。珊瑚个体的横切面呈圆形，直径为 1.5～2mm，个体间距为 2～3mm。隔片共有两轮，共计 10～12 片。第一轮隔片长，伸至个体中心，第二轮隔片比第一轮隔片短。部分珊瑚隔片的轴端有 6 个围栅瓣。共骨组织保存不清晰。

井深：411.05m。

地层：新近系上中新统。

陀螺珊瑚属未定种 9 *Turbiaria* sp.9

（图版 XXIX 图 3、图 4）

描述：块状群体珊瑚。保存大小为 40×80mm。珊瑚个体的横切面呈圆形，直径为 4～7mm。个体间距为 2～4mm。隔片有两轮，共计 12 片，隔片长，都伸至个体中心。轴柱呈圆形或椭圆形。

井深：439.50m。

地层：新近系上中新统。

陀螺珊瑚属未定种 10 *Turbinaria* sp.10

（图版XXIX 图5、图6）

描述：块状群体珊瑚。保存大小80×40mm。珊瑚个体的横切面呈圆形，直径6～7mm。个体间距为1～7mm。隔片共有两轮，数计12。隔片比较长，均伸达个体的中心。轴柱发育。共骨组织由海绵状结构组成。

井深：447.75m。

地层：新近系上中新统。

陀螺珊瑚属未定种 11 *Turbinaria* sp.11

（图版XXX 图1、图2）

描述：块状群体珊瑚。保存大小为50×30mm。珊瑚个体的横切面呈圆形，直径为5mm。个体间距小于1mm。共有三轮隔片，第一轮和第二轮隔片的总数为20片，第三轮隔片发育不全。位于个体中心的轴柱呈圆点状。共骨组织由海绵状多角形的孔状结构组成。

井深：447.80m。

地层：新近系上中新统。

陀螺珊瑚属未定种 12 *Turbinaria* sp.12

（图版XXX 图3、图4）

描述：块状群体珊瑚。保存大小为50×35mm。珊瑚个体的横切面呈圆形，直径为5～6mm。个体间距为2～4mm。珊瑚共有三轮隔片，第一轮和第二轮隔片长，伸至个体中心，并在中心相交，第三轮隔片比较短，其长度只有第一轮隔片长度的1/3。隔片的中段较厚，但两端比较薄。隔片的总数为12片。个别珊瑚个体的隔片轴端有围栅瓣。轴柱发育。共骨组织由颗粒状结构组成。

井深：474.61m。

地层：新近系上中新统。

陀螺珊瑚属未定种 13 *Turbinaria* sp.13

（图版XXX 图5、图6）

描述：块状群体珊瑚。保存大小为50×35mm。珊瑚个体呈圆柱形，直径为3～5mm。个体间距为1～5mm。珊瑚的隔片往往保存不好，仅有少量的齿状隔片。共骨组织由颗粒状结构组成。

井深：548.91m。

地层：新近系中中新统。

陀螺珊瑚属未定种 14 *Turbinaria* sp.14

（图版XXXI 图1、图2）

描述：块状群体珊瑚。保存大小为40×25mm。珊瑚个体的横切面呈圆形，直径为6～7mm。个体间距为1～3mm。珊瑚个体共有两轮隔片，共计12片。第一轮和第二轮的隔片都比较长，伸至达个体中心，并在中心相交。轴柱发育。共骨组织由多角形的网格状结构组成。

井深：650.04m。

地层：新近系下中新统。

陀螺珊瑚属未定种 15 *Turbinaria* sp.15

（图版 XXXI 图 3、图 4）

描述：块状群体珊瑚。珊瑚个体的横切面呈圆形，直径为 4～5mm。个体间距为 1～2mm。珊瑚个体的隔片共有两轮，共计 12 片。第一轮和第二轮的隔片都比较长，伸至个体中心，并在个体中央相交。轴柱发育。共骨组织由颗粒状结构组成。

井深：674.16m。

地层：新近系下中新统。

陀螺珊瑚属未定种 16 *Turbinaria* sp.16

（图版 XXXI 图 5、图 6）

描述：块状群体珊瑚。保存大小为 30×40×50mm。珊瑚个体的横切面呈圆形，直径大于 6mm。个体间距为 2mm。珊瑚个体共有两轮隔片，共计 12 片，第一轮隔片长，伸至个体中心。第二轮隔片比较薄，也比较短。轴柱发育。共骨组织由颗粒状结构组成。

井深：703.40m。

地层：新近系下中新统。

陀螺珊瑚属未定种 17 *Turbinaria* sp.17

（图版 XXXII 图 1～图 4）

描述：块状群体珊瑚。保存大小为 50×50×70mm。珊瑚个体的横切面呈圆形，直径为 6mm。个体间距为 1.5～5.0mm。珊瑚隔片保存不好，看不太清楚。

井深：714.03m。

地层：新近系下中新统。

陀螺珊瑚属未定种 18 *Turbinaria* sp.18

（图版 XXXII 图 5～图 7）

描述：块状群体珊瑚。保存大小为 15×35×50mm。珊瑚个体的横切面呈圆形。直径为 4.5～5.5mm。个体间距为 2.5～3.5mm。隔片共两轮，共计 24 片。轴柱呈羽榍状或海绵状。共骨组织由颗粒状结构组成。

井深：714.96m。

地层：新近系下中新统。

陀螺珊瑚属未定种 19 *Turbinaria* sp.19

（图版 XXXIII 图 1、图 2）

描述：块状群体珊瑚。保存大小为 30×25mm。珊瑚个体的横切面呈圆形，直径为 7.5mm。个体间距为 2～10mm。隔片共有两轮，共计 16 片。轴柱呈海绵状。

井深：727.97m。

地层：新近系下中新统。

陀螺珊瑚属未定种 20 *Turbinaria* sp.20

（图版 XXXIII 图 3、图 4）

描述：块状群体珊瑚。保存大小为 20×25mm。珊瑚个体的横切面呈圆形至椭圆形，直径为 11～12mm。第一轮和第二轮的隔片数均为 16 片，第一轮隔片伸至个体中心，第二轮隔片稍短，第三轮隔片很短。共骨组织有网格状结构。

井深：842.38m。

地层：新近系下中新统。

属种未定 Gen. et sp. indet.

（图版 XXXIII 图 5）

描述：块状群体珊瑚。保存大小为 26×15mm。珊瑚个体的横切面呈圆形，直径为 8～10mm。珊瑚个体间距为 1～3mm。隔片有 28 片，比较长，在个体中央相交。轴柱呈海绵状，比较大，大小约为 3.5×2.5mm。共骨组织由肋状结构组成。由于标本保存不太好，属种未定。

井深：467.00m。

地层：新近系上中新统。

第三节　琛科 2 井八射珊瑚的分类

八射珊瑚亚纲 Subclass Octocorallia Haeckel, 1866
　苍珊瑚目 Order Helioporacea Bock, 1938
　　苍珊瑚科 Family Helioporidae Moseley, 1876
　　　苍珊瑚属 Genus *Heliopora* de Blainville, 1830
模式种：*Heliopora coerulea* Pallas, 1766
特征：块状群体珊瑚。珊瑚体呈蓝色。珊瑚个体有 10～16 片叶片状的假隔片，一般为 15 片。
年代：只限于第四纪。

苍珊瑚 *Heliopora coerulea* (Pallas, 1766)

（图版 XXXIV 图 1～图 3）
1766 *Millepora coerulea*，Pallas
1956 *Heliopora coerulea*，Bayer，194 页，图 1a-b
1991 *Heliopora coerulea*，聂宝符等，56 页，图版 10，图 6；图版 72，图 5～图 8
描述：块状群体珊瑚。保留下来的块体大小约为 80×60mm。珊瑚个体呈圆形，直径为 1.2mm，假隔片刺短小，共计 10～16 片，一般是 15 片。个体间距为 2～3mm。共骨组织由多边形的小孔组成。
井深：43.25m。
地层：第四系更新统

第四节　琛科 2 井石珊瑚的地层意义

石珊瑚自中三叠世早期的安尼阶开始出现，一直延续到第四纪，大概已经有 2.4 亿年了 [5]。石珊瑚可以分成造礁石珊瑚（hermatypic coral）和非造礁石珊瑚（ahermatypic coral）两大类[5]。两者的生态环境存在很大的差别。造礁石珊瑚一般适宜生活在深度在 20m 之内的海水中，而非造礁石珊瑚通常生活在 1 ～ 500m 深度的海水中，大多数造礁石珊瑚生长在平均温度在 18℃之上的海水中，但最适宜的生长温度是 25 ～ 29℃，而非造礁石珊瑚大都生活在 4.5 ～ 10℃或温度更低的海水中。最适宜于造礁石珊瑚生长的海水盐度是 36‰。充足的阳光是造礁石珊瑚生长的基本条件。因此，现代的造礁石珊瑚主要分布于 25°S 与 25°N 之间的热带和亚热带浅海区，而非造礁石珊瑚则可生活在光线不足或者完全黑暗的深海中。此外，充足的食物（小浮游生物）、良好的海水流通和海底基质也是珊瑚生长的重要条件[1]。

珊瑚是一种营底栖固着生活的动物，虽然它们在地层中的演化速度不像浮游动物（如浮游有孔虫等）那样迅速和精准，很多属种的地质历程比较漫长，但不可否认在它们当中有一些属种的地质分布是比较短暂的，在鉴定地层方面能起到一定的决定性作用。

由于印度板块迅速向北漂移并向欧亚板块俯冲，青藏高原快速隆起，从古近纪的始新世开始海水逐渐从西藏退出，西藏目前能确定的最高海相地层是始新世中期[10, 11]。地壳运动此起彼伏，相互关联，当青藏高原迅速隆起时南海盆地则开始下沉，从晚渐新世—早中新世开始发育形成珊瑚礁[12, 13]。不过南海大多数的珊瑚礁碳酸盐岩是从中新世才开始沉积的并一直持续到第四纪，部分地区珊瑚礁碳酸盐岩的沉积厚度超过 1km，可以借助珊瑚礁钻井岩芯的研究，重建南海完整的地质发育史[14-29]。

琛科 2 井第四系全新统很薄，只有 16.7m（表 5.1），而且都是一些未胶结成岩的碎石块，在岩芯中只发现了 4 块石珊瑚标本，其中 3 块是鹿角珊瑚，还有 1 块是角蜂巢珊瑚（表 5.2）。

表 5.1 琛科 2 井地层表（自上而下）

地层系统		厚度（m）	井深（m）
第四系	全新统	16.70	0.00 ～ 16.70
	更新统	220.30	16.70 ～ 237.00
新近系	上新统	107.00	237.00 ～ 344.00
	上中新统	177.40	344.00 ～ 521.40
	中中新统	89.60	521.40 ～ 611.00
	下中新统	267.30	611.00 ～ 878.22

表 5.2 琛科 2 井部分被描述的石珊瑚地层分布柱状表（自上而下）

序号	井深（m）	地层系统	珊瑚属种
1	13.05	第四系全新统	鹿角珊瑚属未定种 1 *Acropora* sp.1
2	13.15	第四系全新统	角蜂巢珊瑚属未定种 1 *Favites* sp.1
3	29.60	第四系更新统	滨珊瑚属未定种 1 *Porites* sp.1
4	35.30	第四系更新统	石芝珊瑚属未定种 1 *Fungia* sp.1
5	38.52	第四系更新统	陀螺珊瑚属未定种 1 *Turbinaria* sp.1
6	43.25	第四系更新统	苍珊瑚 *Heliopora coerulea* (Pallas)
7	45.20	第四系更新统	石芝珊瑚属未定种 2 *Fungia* sp.2
8	45.60	第四系更新统	鹿角珊瑚属未定种 2 *Acropora* sp.2
9	45.65	第四系更新统	陀螺珊瑚属未定种 2 *Turbinaria* sp.2
10	46.40	第四系更新统	丛生盔形珊瑚 *Galaxea fascicularis* Linnaeus
11	61.20	第四系更新统	叶状珊瑚属未定种 1 *Lobophyllia* sp.1
12	63.80	第四系更新统	角蜂巢珊瑚属未定种 2 *Favites* sp.2

续表

序号	井深（m）	地层系统	珊瑚属种
13	85.50	第四系更新统	轮沙珊瑚属未定种 *Trochopsammia* sp.
14	86.60	第四系更新统	陀螺珊瑚属未定种 3 *Turbinaria* sp.3
15	90.00	第四系更新统	角孔珊瑚属未定种 1 *Goniopora* sp.1
16	93.80	第四系更新统	菊花珊瑚属未定种 *Goniastrea* sp.
17	94.90	第四系更新统	陀螺珊瑚属未定种 4 *Turbinaria* sp.4
18	97.25	第四系更新统	扁脑珊瑚属未定种 1 *Platygyra* sp.1
19	103.10	第四系更新统	稀杯盔形珊瑚 *Galaxea astreata* Lamarck
20	117.02	第四系更新统	变沙珊瑚属未定种 *Enallopsammia* sp.
21	119.00	第四系更新统	鹿角珊瑚属未定种 3 *Acropora* sp.3
22	119.00	第四系更新统	真叶珊瑚属未定种 *Euphyllia* sp.
23	119.36	第四系更新统	共杯珊瑚属未定种 *Coenocyathus* sp.
24	119.48	第四系更新统	蔷薇珊瑚属未定种 1 *Montipora* sp.1
25	123.57	第四系更新统	鹿角珊瑚属未定种 4 *Acropora* sp.4
26	124.00	第四系更新统	丛生盔形珊瑚 *Galaxea fascicularis* Linnaeus
27	125.45	第四系更新统	澄黄滨珊瑚 *Porites lutea* Milne-Edwards & Haime
28	127.60	第四系更新统	刺星珊瑚属未定种 1 *Cyphastrea* sp.1
29	128.75	第四系更新统	陀螺珊瑚属未定种 5 *Turbinaria* sp.5
30	131.00	第四系更新统	易变牡丹珊瑚 *Pavona varians* Verrill
31	132.55	第四系更新统	滨珊瑚属未定种 2 *Porites* sp.2
32	135.50	第四系更新统	鹿角珊瑚属未定种 5 *Acropora* sp.5
33	135.93	第四系更新统	盔形珊瑚属未定种 1 *Galaxea* sp.1
34	138.10	第四系更新统	弗利吉亚肠珊瑚 *Leptoria phrygia* (Ellis & Solander)
35	138.60	第四系更新统	星孔珊瑚属未定种 1 *Astreopora* sp.1
36	141.32	第四系更新统	刺星珊瑚属未定种 2 *Cyphastrea* sp.2
37	146.60	第四系更新统	鹿角珊瑚属未定种 6 *Acropora* sp.6
38	147.00	第四系更新统	陀螺珊瑚属未定种 6 *Turbinaria* sp.6
39	147.60	第四系更新统	刺星珊瑚属未定种 3 *Cyphastrea* sp.3
40	151.00	第四系更新统	针叶珊瑚属未定种 *Acanthophyllia* sp.
41	152.80	第四系更新统	澄黄滨珊瑚 *Porites lutea* Milne-Edwards & Haime
42	158.00	第四系更新统	滨珊瑚属未定种 3 *Porites* sp.3
43	163.41	第四系更新统	角孔珊瑚属未定种 2 *Goniopora* sp.2
44	163.83	第四系更新统	叶状珊瑚属未定种 2 *Lobophyllia* sp.2
45	164.25	第四系更新统	丛生盔形珊瑚 *Galaxea fascicularis* Linnaeus
46	167.06	第四系更新统	合叶珊瑚属未定种 *Symphyllia* sp.
47	169.70	第四系更新统	陀螺珊瑚属未定种 7 *Turbinaria* sp.7
48	176.28	第四系更新统	片扁脑珊瑚 *Platygyra lamellina* (Ehrenberg)
49	259.68	新近系上新统	滨珊瑚属未定种 4 *Porites* sp.4
50	311.40	新近系上新统	角蜂巢珊瑚属未定种 3 *Favites* sp.3

续表

序号	井深（m）	地层系统	珊瑚属种
51	366.20	新近系上中新统	滨珊瑚属未定种 5 *Porites* sp.5
52	366.83	新近系上中新统	角孔珊瑚属未定种 3 *Goniopora* sp.3
53	378.60	新近系上中新统	棘叶珊瑚属未定种 *Echinophyllia* sp.
54	381.55	新近系上中新统	盔形珊瑚属未定种 2 *Galaxea* sp.2
55	386.64	新近系上中新统	滨珊瑚属未定种 6 *Porites* sp.6
56	388.80	新近系上中新统	扁脑珊瑚属未定种 2 *Platygyra* sp.2
57	391.67	新近系上中新统	沙乌京斯安的列斯珊瑚（比较种）*Antillophyllia* cf. *sawkinsi* (Vaughan)
58	411.05	新近系上中新统	陀螺珊瑚属未定种 8 *Turbinaria* sp.8
59	415.45	新近系上中新统	石芝珊瑚属未定种 3 *Fungia* sp.3
60	431.90	新近系上中新统	滨珊瑚属未定种 7 *Porites* sp.7
61	437.00	新近系上中新统	角蜂巢珊瑚属未定种 4 *Favites* sp.4
62	439.50	新近系上中新统	陀螺珊瑚属未定种 9 *Turbinaria* sp.9
63	440.78	新近系上中新统	刺柄珊瑚属未定种 1 *Hydnophora* sp.1
64	447.10	新近系上中新统	扁脑珊瑚属未定种 3 *Platygyra* sp.3
65	447.75	新近系上中新统	陀螺珊瑚属未定种 10 *Turbinaria* sp.10
66	447.80	新近系上中新统	陀螺珊瑚属未定种 11 *Turbinaria* sp.11
67	447.80	新近系上中新统	星孔珊瑚属未定种 2 *Astreopora* sp.2
68	453.50	新近系上中新统	刺柄珊瑚属未定种 2 *Hydnophora* sp.2
69	467.00	新近系上中新统	刺星珊瑚属未定种 4 *Cyphastrea* sp.4
70	467.00	新近系上中新统	属种未定 Gen. et sp. indet.
71	474.61	新近系上中新统	陀螺珊瑚属未定种 12 *Turbinaria* sp.12
72	505.92	新近系上中新统	石芝珊瑚属未定种 4 *Fungia* sp.4
73	506.32	新近系上中新统	鹿角珊瑚属未定种 7 *Acropora* sp.7
74	506.97	新近系上中新统	石芝珊瑚属未定种 5 *Fungia* sp.5
75	507.37	新近系上中新统	双星珊瑚属未定种 1 *Diploastrea* sp.1
76	534.10	新近系中中新统	滨珊瑚属未定种 9 *Porites* sp.9
77	536.10	新近系中中新统	滨珊瑚属未定种 8 *Porites* sp.8
78	548.91	新近系中中新统	陀螺珊瑚属未定种 13 *Turbinaria* sp.13
79	594.81	新近系中中新统	掌状星日珊瑚 *Astrhelia palmata* (Goldfuss)
80	609.52	新近系中中新统	鹿角珊瑚属未定种 3 *Astreopora* sp.3
81	628.07	新近系下中新统	丁香珊瑚属未定种 *Caryophyllia* sp.
82	650.04	新近系下中新统	陀螺珊瑚属未定种 14 *Turbinaria* sp.14
83	674.16	新近系下中新统	陀螺珊瑚属未定种 15 *Turbinaria* sp.15
84	676.80	新近系下中新统	鹿角珊瑚属未定种 8 *Acropora* sp.8
85	678.74	新近系下中新统	滨珊瑚属未定种 10 *Porites* sp.10
86	681.18	新近系下中新统	蜂房珊瑚属未定种 *Favia* sp.
87	697.57	新近系下中新统	滨珊瑚属未定种 11 *Porites* sp.11
88	697.57	新近系下中新统	齿状大安的列斯珊瑚 *Antillia dentata* Duncan

续表

序号	井深（m）	地层系统	珊瑚属种
89	703.40	新近系下中新统	陀螺珊瑚属未定种 16 *Turbinaria* sp.16
90	714.00	新近系下中新统	刺星珊瑚属未定种 5 *Cyphastrea* sp.5
91	714.03	新近系下中新统	陀螺珊瑚属未定种 17 *Turbinaria* sp.17
92	714.96	新近系下中新统	陀螺珊瑚属未定种 18 *Turbinaria* sp.18
93	727.97	新近系下中新统	陀螺珊瑚属未定种 19 *Turbinaria* sp.19
94	727.97	新近系下中新统	星孔珊瑚属未定种 4 *Astreopora* sp.4
95	736.80	新近系下中新统	安的列斯珊瑚属未定种 *Antillophyllia* sp.
96	736.92	新近系下中新统	角蜂巢珊瑚属未定种 5 *Favites* sp.5
97	842.38	新近系下中新统	陀螺珊瑚属未定种 20 *Turbinaria* sp.20
98	845.00	新近系下中新统	滨珊瑚属未定种 12 *Porites* sp.12
99	845.55	新近系下中新统	星孔珊瑚属未定种 5 *Astreopora* sp.5
100	846.00	新近系下中新统	滨珊瑚属未定种 13 *Porites* sp.13
101	853.30	新近系下中新统	蔷薇珊瑚属未定种 2 *Montipora* sp.2
102	862.00	新近系下中新统	星孔珊瑚属未定种 6 *Astreopora* sp.6
103	863.90	新近系下中新统	蔷薇珊瑚属未定种 3 *Montipora* sp.3
104	863.95	新近系下中新统	星孔珊瑚属未定种 7 *Astreopora* sp.7
105	863.98	新近系下中新统	滨珊瑚属未定种 14 *Porites* sp.14
106	870.22	新近系下中新统	双星珊瑚属未定种 2 *Diploastrea* sp.2
107	870.70	新近系下中新统	鹿角珊瑚属未定种 9 *Acropora* sp.9
108	870.70	新近系下中新统	滨珊瑚属未定种 15 *Porites* sp.15
109	877.72	新近系下中新统	星孔珊瑚属未定种 8 *Astreopora* sp.8
110	878.30	新近系下中新统	星孔珊瑚属未定种 9 *Astreopora* sp.9

第四系更新统比较厚一点，共 220.30m（表 5.1），而且已经开始胶结成岩了，琛科 2 井更新世的沉积环境也很有利于造礁石珊瑚的生长繁殖，在其中发现了大量的珊瑚，共有 21 属的石珊瑚和 1 属八射珊瑚（表 5.2），石珊瑚包括鹿角珊瑚、星孔珊瑚、蔷薇珊瑚、牡丹珊瑚、石芝珊瑚、角孔珊瑚、滨珊瑚、角蜂巢珊瑚、菊花珊瑚、扁脑珊瑚、肠珊瑚、刺星珊瑚、盔形珊瑚、针叶珊瑚、叶状珊瑚、合叶珊瑚、共杯珊瑚、真叶珊瑚、轮沙珊瑚、变沙珊瑚、陀螺珊瑚，八射珊瑚是苍珊瑚。

新近系上新统不算厚，只有 107.00m（表 5.1），而且沉积环境不利于造礁石珊瑚的生长发育，所以珊瑚也是寥寥无几，只发现了 2 块滨珊瑚、1 块石芝珊瑚、1 块角蜂巢珊瑚和 1 块陀螺珊瑚。

新近系中新统相对较厚，共 534.30m（表 5.1）。琛科 2 井中新世的沉积环境对珊瑚的生长发育比较有利，在中新统共发现了 19 属石珊瑚（表 5.2），包括鹿角珊瑚、大安的列斯珊瑚、安的列斯珊瑚、星孔珊瑚、星日珊瑚、丁香珊瑚、刺星珊瑚、双星珊瑚、棘叶珊瑚、蜂房珊瑚、角蜂巢珊瑚、石芝珊瑚、盔形珊瑚、角孔珊瑚、刺柄珊瑚、蔷薇珊瑚、扁脑珊瑚、滨珊瑚和陀螺珊瑚。

由于琛科 2 井新近纪中新世和第四纪更新世的沉积环境对于造礁石珊瑚的生长发育比较有利，因此其中发现的石珊瑚属种和个体数量都比较多，而且有不少的属都具有鲜明的地层时代特征，所以本书只总结中新世和更新世这两段地层中石珊瑚的分布情况和分布规律并阐明它们的地层意义。而全新统和上新统中发现的石珊瑚属种很少，而且数量也非常稀少，所以本书不讨论这两段地层中石珊瑚的组合特征和分布特征。

一、新近纪中新世石珊瑚的地层意义

琛科 2 井最老的地层是新近系中新统。在中新统发现的 19 属石珊瑚的地质历程各有不同，长短不一，如棘叶珊瑚属、石芝珊瑚属和盔形珊瑚属等是从新近纪中新世才开始出现，然后一直生活到第四纪；鹿角珊瑚属、蔷薇珊瑚属、滨珊瑚属、角蜂巢珊瑚属、扁脑珊瑚属、刺星珊瑚属和陀螺珊瑚属等出现得稍微早一些，从古近纪始新世或渐新世就已经开始出现，一直延续到现代。另外，还有一些属出现得更早，它们从中生代晚期的白垩纪就已经出现，后来经过新生代的古近纪和新近纪，一直延续到第四纪，如星孔珊瑚属、蜂房珊瑚属、角孔珊瑚属、刺柄珊瑚属和双星珊瑚属等 [30, 31]。还有个别的属，如真叶珊瑚属，从 1.5 亿年前的侏罗纪就已经出现了，而且一直延续到现代。上述这些石珊瑚的地质历程都比较漫长，在精准判断地层年代方面起不了什么决定性的作用。但庆幸的是，我们分别在井深 391.67m 处发现了安的列斯珊瑚属，在井深 594.81m 处发现了星日珊瑚属，在井深 697.57m 处发现了大安的列斯珊瑚属，在井深 736.80m 处发现了安的列斯珊瑚属等（表 5.2）。根据研究，上述珊瑚属的地质分布都比较短暂，根据有关资料的查证，大安的列斯珊瑚属的地质历程比较短，从始新世至中新世；安的列斯珊瑚属的地质历程较短，只从渐新世至中新世；而星日珊瑚属更短，只生活在 23.5 ~ 5.3Ma 的中新世，别的时间段内它都是不存在的。根据珊瑚的鉴定，再结合有孔虫等其他生物门类的鉴定，以及古地磁和同位素数据的综合分析，认为琛科 2 井从井深 344.00m 往下一直到 878.30m 都应该划归新近系中新统（表 5.1）。

琛科 2 井的中新统厚度为 534.30m。根据岩性自上而下又可进一步划分成上中新统（厚度为 177.40m）、中中新统（厚度为 89.60m）和下中新统（厚度为 267.30m）三个岩石地层单位（表 5.1）。珊瑚的鉴定与有孔虫的鉴定以及古地磁和同位素的测定结果完全吻合 [19, 20, 27]。

二、第四纪更新世石珊瑚的地层意义

早年，意大利、法国和德国等的一些地质学家将地壳岩层的结构划分成四个系：第一系（变质岩和浅变质岩的基底，如前寒武系）、第二系（已经成岩固结了的沉积岩，如古生界和中生界）、第三系（刚刚胶结成岩但固结程度较差的沉积岩，如古近系和新近系等）、第四系（尚未胶结成岩的松散沉积，如第四系的全新统和更新统）[32]。

第四系是显生宙的最后一个系，第四系包括更新统和全新统，持续时间为 2.58Ma[33]。在第四纪，地球上开始出现智慧的人类。从前人们以为人类出现到如今大概只有 1Ma 左右，所以把第四系的底界定在 1Ma 左右。但后来在非洲又找到了更早的人类化石，所以有人建议要将第四纪的起始时间再向前推移一些，但究竟要向前推移多少年？国际上一直都在争论。1999 年在南非召开的第 15 届国际第四纪会议上把第四系的底界定在卡拉布里雅阶之底（1.80Ma），但 1999 年中国则将第四系的底界放在古地磁松山（反）/ 高斯（正）（M/G）界面上。2018 年国际地层委员会公布的国际年代地层表把第四系的底界放在杰拉阶之底（2.58Ma）[34, 35]。

第四系的底界，也就是第四系更新统与新近系上新统之间的界线。在海相地层中，以有孔虫截锥圆幅虫（*Globorotalia truncatulinoides*）的出现作为早更新世开始的标志。有孔虫 N22 带的底界，稳定出现在磁性地层年代学正极性时段奥杜瓦伊亚时的底界附近。它与土佐圆幅虫（*Globorotalia tosaensis*）灭绝及 *Globorotalihenza minardii* 和 *Pulleniatina* spp. 的壳旋方向改变是一致的。这一界线附近的生物事件构成了划分海相上新统与更新统的界线，就在松山反极性时的奥杜瓦伊正极性亚时阶段的底界 [36]。

琛科 2 井的第四系厚度为 237.00m，可进一步自上而下划分成全新统（厚 16.70m）和更新统（厚 220.30m）两部分（见表 5.1）。

全新统厚度只有 16.70m（表 5.1），由岩石碎块组成，尚未胶结成岩，发现的珊瑚数量甚少，目前只找到了 3 块鹿角珊瑚和 1 块角蜂巢珊瑚，而鹿角珊瑚属和角蜂巢珊瑚属的地质时代都是从始新世至第四纪，无法肯定这一段地层确切的地质年代。

琛科 2 井的更新统厚度为 220.30m（表 5.1），共发现 21 属的石珊瑚和 1 属八射珊瑚（表 5.2）。其中，从中新世到第四纪都有分布的有 4 属，分别是针叶珊瑚属、变沙珊瑚属、石芝珊瑚属和盔形珊瑚属；从古近纪始新世或渐新世一直到第四纪都有分布的有 11 属，分别是鹿角珊瑚属、共杯珊瑚属、刺星珊瑚属、真叶珊瑚属、角蜂巢珊瑚属、菊花珊瑚属、蔷薇珊瑚属、牡丹珊瑚属、扁脑珊瑚属、滨珊瑚属和陀螺珊瑚属；从中生代晚期的白垩纪到第四纪都有分布的有 3 属，分别是星孔珊瑚属、角孔珊瑚属和肠珊瑚属[30, 31]。上述这些属的地质历程都比较漫长，无法准确判断其地层年代。但是可喜的是，在井深 61.20m 和井深 163.83m 这两处均发现了叶状珊瑚属，在井深 167.06m 处发现了合叶珊瑚属，在井深 85.50m 处发现了轮沙珊瑚属，而在井深 43.25m 处则找到了苍珊瑚属（表 5.2）。上述 4 属的地质历程都十分短暂，仅限于第四纪，说明它们都是第四系的标准化石，而且它们都是在井深 167.06m 之上的地层中被发现的。根据有孔虫的鉴定结果以及古地磁和同位素的测定数据，琛科 2 井第四系的底界在井深 237m 处，这几块珊瑚的发现层位都是在井深 237m 之上，珊瑚鉴定的结果与有孔虫鉴定的结果以及古地磁和同位素测出的数据完全吻合，都是在第四纪地层的范围之内[1, 7, 8, 19-22, 27, 37]。

第五节　新生代新近纪和第四纪造礁石珊瑚动物地理区

现代造礁石珊瑚一般分布在热带和亚热带浅海区，沿着很少有陆源碎屑注入的海岸地带和岛屿生长。从中新世开始一直到第四纪，全球形成了两大现代造礁石珊瑚动物地理区：印度洋—太平洋造礁石珊瑚动物海区和加勒比海造礁石珊瑚动物地理区[1]。

一、印度洋—太平洋造礁石珊瑚动物地理区

印度洋—太平洋造礁石珊瑚动物地理区（Indo-Pacific provincial area of hermatypic coral）的范围比较大，包括红海、亚丁湾、波斯湾、阿曼湾、印度洋南至 26°S 的澳大利亚地区、南海、热带太平洋、巴拿马湾和加利福尼亚湾等地。造礁石珊瑚的生长发育十分繁盛，属种数量可达 80 属 500 余种，而且年生长率很高[38]。更引人注目的是，在印度洋—太平洋造礁石珊瑚动物地理区，鹿角珊瑚科中的鹿角珊瑚属、星孔珊瑚属、蔷薇珊瑚属等已经发现了 250 余种，滨珊瑚属、角孔珊瑚属和穴孔珊瑚属也有 50 种，排孔珊瑚科（Seriatoporidae）的杯形珊瑚属（Pocillopora）、排孔珊瑚属（Seriatopora）和柱状珊瑚属（Stylophora）共发现了 25 种。

二、加勒比海造礁石珊瑚动物地理区

加勒比海造礁石珊瑚动物地理区（Caribbean provincial area of hermatypic coral）的范围相对较小，从美国的东南海岸到墨西哥和中美洲的东海岸，再到南美洲的北海岸，最后向东至向风群岛（Windward Islands）以西，这一圈范围之内的 11°30'N 至 27°30'N 之间的海域都属于加勒比海造礁石珊瑚动物地理区的范围。加勒比海造礁石珊瑚动物地理区的范围不大，而且珊瑚物种多样性也不甚丰富，只是在一些远离大陆的岛屿如西印度群岛的珊瑚物种多样性才稍微高一些。另外，在巴哈马群岛和佛罗里达群岛等地也发育了一些比较好的岸礁。目前加勒比海造礁石珊瑚动物地理区只发现了 20 属 36 种珊瑚[38]，鹿角

珊瑚属和滨珊瑚属分别只发现了 3 种，杯形珊瑚科（Pocilloporidae）和石芝珊瑚科这两科以及蔷薇珊瑚属、星孔珊瑚属、角孔珊瑚属、穴孔珊瑚属、刺柄珊瑚属和牡丹珊瑚属这 6 属的珊瑚尚未发现[1, 37]。

现代热带造礁石珊瑚的两大动物地理区在中新世已经基本形成了，一直延续到现在，没有大的变化，只有一些微小的差异。在南海，南沙群岛、西沙群岛、中沙群岛、东沙群岛、海南岛沿岸、北部湾、雷州半岛沿岸、台湾岛南端和澎湖列岛等地均属于印度洋—太平洋造礁石珊瑚动物地理区的范围，石珊瑚生长发育得非常好，给我们提供了良好的研究条件。

参 考 文 献

[1] Wells J W. Scleractinia//Part F. Treatise on Invertebrate Paleontology. New York: Geological Society of America and University of Kansas Press, 1956: 328-444.

[2] 邹仁林, 宋善文, 马江虎. 海南岛浅水造礁石珊瑚. 北京: 科学出版社, 1975.

[3] 戴昌凤, 洪圣雯. 台湾珊瑚图鉴. 台北: 猫头鹰出版社, 2009.

[4] Baird A H, Guest J R, Willis B L. Systematic and biogeographical patterns in the reproductive biology of scleractinian corals. Annual Review of Ecology, Evolution, and Systematics, 2009, 40(1): 551-571.

[5] Veron J. Corals of the World, 3vols. Townsville: Australian Institute of Marine Science, 2000.

[6] 邹仁林. 中国动物志·腔肠动物门·珊瑚虫纲·石珊瑚目·造礁石珊瑚. 北京: 科学出版社, 2000.

[7] 聂宝符, 梁美桃, 朱袁智, 等. 南海礁区现代造礁珊瑚类骨骼细结构的研究. 北京: 中国科学技术出版社, 1991.

[8] 余克服. 珊瑚礁科学概论. 北京: 科学出版社, 2018.

[9] 余克服, 廖卫华, 廖芝衡, 等. 西沙群岛琛科二井中新世和更新世的一些珊瑚. 古生物学报, 2022, 61(4): 541-557.

[10] Wen S, Zhang B, Wang Y, et al. Sedimentary development and formation of stratigraphic region in xizang. Geological and Ecological Studies of Qinghai–Xizang Plateau, 1981, (1): 119-130.

[11] 中国科学院西藏科学考察队. 珠穆朗玛峰地区科学考察报告(1966–1968). 北京: 科学出版社, 1974.

[12] 中国科学院南沙综合科学考察队. 南沙群岛永暑礁新生代珊瑚礁地质. 北京: 科学出版社, 1997.

[13] 中国科学院南沙综合科学考察队. 南沙群岛永暑礁第四纪珊瑚礁地质. 北京: 海洋出版社, 1992.

[14] 刘新宇, 祝幼华, 廖卫华, 等. 西沙群岛西科1井珊瑚组合面貌及其生态环境. 地球科学(中国地质大学学报), 2015, 4(40): 688-696.

[15] 刘新宇, 祝幼华, 史德锋, 等. 南海西沙群岛西科一井中新世石珊瑚. 古生物学报, 2019, (58): 249-255.

[16] 李诗颖, 余克服, 张瑜, 等. 西沙群岛基底火山碎屑岩中单斜辉石的矿物化学特征及其地质意义. 海洋学报, 2019, 41(7): 65-76.

[17] 李银强, 余克服, 王英辉, 等. 西沙群岛永乐环礁琛科2井的珊瑚藻组成及其水深指示意义. 微体古生物学报, 2017, 34(3): 268-278.

[18] 覃业曼, 余克服, 王瑞, 等. 西沙群岛琛航岛全新世珊瑚礁的起始发育时间及其海平面指示意义. 热带地理, 2019, 39(3): 319-328.

[19] Fan T, Yu K, Zhao J, et al. Strontium isotope stratigraphy and paleomagnetic age constraints on the evolution history of coral reef islands, northern South China Sea. GSA Bulletin, 2019, 132(3-4): 803-816.

[20] Jiang W, Yu K, Fan T, et al. Coral reef carbonate record of the Pliocene-Pleistocene climate transition from an atoll in the South China Sea. Marine Geology, 2019, 411: 88-97.

[21] Li Y, Yu K, Bian L, et al. Coralline algal assemblages record Miocene sea-level changes in the South China Sea. Palaeogeography, Palaeoclimatology, Palaeoecology, 2021, 584: 110673.

[22] Li Y, Yu K, Bian L, et al. Paleo-water depth variations since the Pliocene as recorded by coralline algae in the South China

Sea. Palaeogeography, Palaeoclimatology, Palaeoecology, 2021, 562: 110107.

[23] Ma Y, Qin Y, Yu K, et al. Holocene coral reef development in Chenhang Island, Northern South China Sea, and its record of sea level changes. Marine Geology, 2021, 440: 106593.

[24] Wang R, Yu K, Jones B, et al. Evolution and development of Miocene "island dolostones" on Xisha Islands, South China Sea. Marine Geology, 2018, 406: 142-158.

[25] Wang R, Xiao Y, Yu K, et al. Temperature regimes during formation of Miocene island dolostones as determined by clumped isotope thermometry: Xisha Islands, South China Sea. Sedimentary Geology, 2022, 429: 106079.

[26] Wang R, Yu K, Jones B, et al. Dolomitization micro-conditions constraint on dolomite stoichiometry: a case study from the Miocene Huangliu Formation, Xisha Islands, South China Sea. Marine and Petroleum Geology, 2021, 133: 105286.

[27] Xu S, Yu K, Fan T, et al. Coral reef carbonate δ^{13}C records from the northern South China Sea: a useful proxy for seawater δ^{13}C and the carbon cycle over the past 1.8 Ma. Global and Planetary Change, 2019, 182: 103003.

[28] Yang Y, Yu K, Wang R, et al. ^{87}Sr/^{86}Sr of coral reef carbonate strata as an indicator of global sea level fall: evidence from a 928.75-m-long core in the South China Sea. Marine Geology, 2022, 445: 106758.

[29] Zhang Y, Yu K, Qian H, et al. The basement and volcanic activities of the Xisha Islands: evidence from the kilometre-scale drilling in the northwestern South China Sea. Geological Journal, 2020, 55(1): 571-583.

[30] 廖卫华, 邓占球. 中国中生代石珊瑚化石. 合肥: 中国科学技术大学出版社, 2013.

[31] 廖卫华, 夏金宝. 西藏中、新生代石珊瑚. 北京: 科学出版社, 1994.

[32] 华东师大, 河北师大, 华中师院, 等. 第四纪地质学. 石家庄: 河北师范大学, 1984.

[33] 唐自华, 段武辉, 郭利成, 等. 第四系"金钉子"(第十三章)// 詹仁斌, 张元动. 中国科学院南京地质古生物研究所70周年系列图书. 南京: 江苏凤凰科学技术出版社, 2022.

[34] Remane J. International Stratigraphic Chart and explanatory note to the International Stratigraphic Chart. Journal of Stratigraphy, 2000, 20 (Suppl): 321-340.

[35] 瑞曼 J, 巴塞特 M G, 考伊 J W. 国际地层表说明. 金玉玕, 王向东, 王玥, 译. 地层学杂志, 2000, (S1): 321-340.

[36] 何炎, 陈德琼. 海相第四系的研究概况. 中国第四纪研究委员会. 第三届全国第四纪学术会议论文集. 北京: 科学出版社, 1982.

[37] Vaughan T W, Wells J W. Revision of the suborders, families and genera of the Scleractinia. Geological Society of America, 1943.

[38] Mark S, Ravilious C, Green E P. World Atlas of Coral Reefs. Berkeley: University of California Press, 2001.

— 第六章 —

琛科 2 井珊瑚藻的组成、组合及其记录的海平面变化过程 [①]

第一节　珊瑚藻的研究意义

　　珊瑚藻是一类高度钙化的红藻门植物类群，其植物体（也称叶状体）由细胞链或藻丝体组成。细胞链可以横向融合，形成融合细胞，亦可形成次生纹孔。珊瑚藻分离的单倍体雄性和雌性植物在孢子堆（孢子簇）或圆顶状的单孔生殖巢中产生配子，孢子堆中可形成孢子（单倍体四孢子或二倍体双孢子），这些能产生配子的结构通常被认作单孔或多孔生殖巢 [1]。

　　珊瑚藻是珊瑚礁生态系统中重要的碳酸盐生产者，也是最为主要的礁体建造者。珊瑚藻以钙质的叶状体为特征，其钙化沉积发生于细胞壁内和细胞壁之间。珊瑚藻最典型的颜色为粉红色或暗红色（图 6.1a、b），也有一些种类为紫色、蓝色、灰绿色和棕色 [1]。珊瑚藻形成的碳酸盐骨架的主要成分为高镁方解石 [2]。这种广泛的方解石晶体 $CaCO_3$ 的形式也是其在地质过程中能够得以较好地保存的主要因素（图 6.1e、f）。因此，它们通常可用于古环境和古气候的重建，以及古生态和古地理的分析 [3, 4]。

一、珊瑚藻的分布

　　现代调查研究结果显示，珊瑚藻广泛分布于诸多海洋环境 [5, 6]，从两极到热带海域，从潮间带至深

① 作者：李银强、余克服、边立曾。

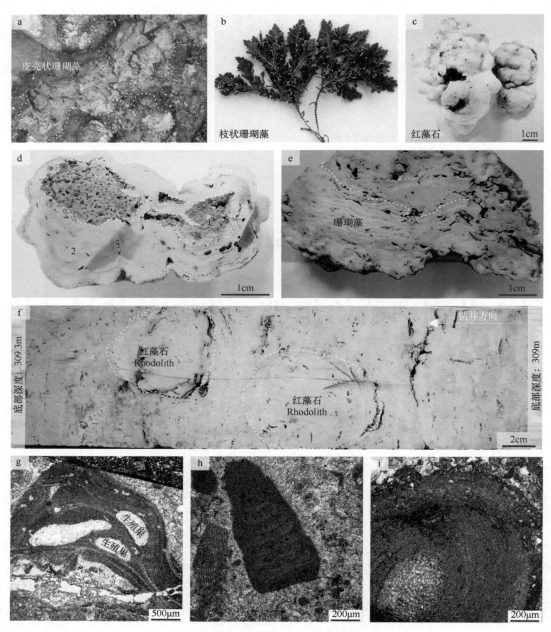

图 6.1　现代珊瑚藻和琛科 2 井中化石珊瑚藻

a ~ d 是现代珊瑚藻。a. 皮壳状珊瑚藻（粉红色部分），2018 年拍摄于南沙群岛；b. 枝状珊瑚藻（*Corallina aberrans*），改自全球藻类数据库 AlgaeBase（www.algaebase.org）；c. 红藻石，2020 年采自南海；d. 为 c 图中较小块的切面，1 代表红藻石内核碎屑填充物，具有明显的深度钻孔和生物侵蚀，2 代表一系列黑色和白色相间的亚毫米层，3 代表外围生长层。e ~ i 是琛科 2 井中化石珊瑚藻，其中 e 和 f 为岩芯样品，g ~ i 是珊瑚礁岩石样品薄片的显微照片。e. 皮壳状珊瑚藻成层生长，形成珊瑚藻黏结岩（样品编号：CK2-SY031；深度：78.61m）；f. 红藻石层，红藻石呈椭球形（样品深度：309.3 ~ 309m）；g. 皮壳状珊瑚藻，单孔生殖巢，其直径超过 500μm（样品编号：CK2-SS146；深度：415m）；h. 枝状珊瑚藻（样品编号：CK2-SS250；深度：868.5m）；i. 红藻石（样品编号：CK2-SS188；深度：523m）

水（800m）环境皆有分布[6]，同时珊瑚藻还是生活在透光层最为丰富的海洋钙化生物之一[7]。一般情况下，枝状的或有节的珊瑚藻（图 6.1b）多分布于浅水环境中，一些温带的有节珊瑚藻（如 *Corallina officinalis*）可在 28℃的浅水环境中生长[8]，而皮壳状珊瑚藻（crustose coralline algae，CCA）（图 6.1g）的生理适应性及广泛的分布特性说明其具有较宽的生态幅，可在较宽的光照、CO_2、温度等条件下发育[9]，如珊瑚藻可在极低光照 [<1μmol photons/(m² · s)] 条件下生长 [7]。

现有的地质记录显示，珊瑚藻自早白垩纪欧特里夫阶（约 132.9Ma）以来就广泛分布，其中最古老的珊瑚藻被认为是孢石藻属 [10]。最近的研究又将其分布的起始时间提前至 136Ma，而最开始发育的珊瑚藻仍为孢石藻属 [11]。迄今为止，大多数珊瑚藻属在地层中有分布，部分属种仅存在一段时间后绝灭，如 *Distichoplax* 仅发育于古新世（65.5Ma）至始新世（48.6Ma），*Subterraniphyllum* 仅发育于始新世（48.6Ma）至中新世（20.4Ma）[10]，说明绝大多数化石珊瑚藻类群具有较长的延限带。这极大地削弱了它们重建生物地层的功能，但可更多地应用于古环境重建和古生物地理分析等 [12]。

二、珊瑚藻的生物多样性

19 世纪末以来，植物分类学家描述了至少 27 属 703 种皮壳状的化石珊瑚藻，其中有 84.8% 的种（596 种）主要归为常见的 4 属，分别为石枝藻属（*Lithothamnion*）、石叶藻属（*Lithophyllum*）、孢石藻属（*Sporolithon*）和中叶藻属（*Mesophyllum*）[12]。种名大多是后来的学者在描述物种特征时才被引用。尽管如此，高达 78.2% 的种名被引用的次数不超过 5 次 [12]。由于分类标准模糊、不一致，化石珊瑚藻分类长期处于混乱的状态，迫使后来的分类学家更倾向于建立新的属名和种名，而不是试图将他们的标本与文献中已有的名称相对应，因此现有珊瑚藻物种数量不断增加。

2003 年，Harvey 等 [13] 公布了 43 属现代珊瑚藻。截至 2018 年，全球藻类数据库 AlgaeBase（www.algaebase.org）中已命名的现代珊瑚藻为 744 种 [14]。据统计，我国已记录的珊瑚藻有 162 种，去掉同物异名的珊瑚藻，最后确定的为 10 科 26 属 112 种 [15]。我国不同海域珊瑚藻种数的分布如图 6.2 所示。

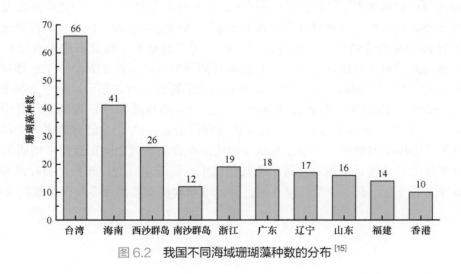

图 6.2　我国不同海域珊瑚藻种数的分布 [15]

三、珊瑚藻在珊瑚礁中的生态功能

作为重要的碳酸钙贡献者和礁体建造者，珊瑚藻尤其是 CCA 在珊瑚礁发育过程中发挥着高钙化 [16]、强黏结 [17]、诱导幼虫附着 [18]、对全球碳循环的贡献 [19] 和提高生物多样性 [20] 等直接作用。其中，高钙化作用是指珊瑚藻中的 CO_3^{2-} 和海水中的 Ca^{2+} 结合成 $CaCO_3$ 的过程，其对珊瑚礁体的发育可提供高达 20%（平均为 6%）的钙质沉积物，占整个藻类提供钙质沉积物的 15% 左右；碳酸钙可充填礁体孔洞，使其固结得更为致密 [16]。强黏结作用是指珊瑚藻在生长发育的过程中通过自身产生的像"水泥"一样的胶结物将砂砾、生物碎屑等残骸黏结在一起，以抵御强风浪对珊瑚礁体的侵蚀破坏。诱导幼虫附着主要是珊瑚藻为珊瑚等浮浪幼虫的附着提供了坚硬的钙质基底，同时浮浪幼虫可通过其化学感受器发出的信号来识别珊瑚藻细胞壁产生的多糖化合物[21]，而这个信号功能对部分珊瑚幼虫来说是必需的，即如果珊瑚幼虫没有识别该信号的功能，那么幼虫就无法发生变态，甚至死亡[22]。珊瑚藻对全球碳循环的贡献是指其生长发育过程中形成的碳酸钙沉积在碳循环中的积极作用。目前全球陆架碳酸盐产量的 1/3 可能来自浅海、非热带碳酸盐，而相当数量的非热带碳酸盐由自由生长和附着的珊瑚藻类构成[22]。已有的研究结果显示，50%～55% 的浅水碳酸盐由珊瑚和珊瑚藻组成，35%～40% 的浅水碳酸盐由绿藻组成，剩余的 10% 由软体动物、棘皮动物、苔藓动物等其他生物组成[19]。此外，珊瑚藻的发育还可提高生物多样性，如大多由珊瑚藻形成的 [极少数由耳壳藻科（Peyssonneliaceae）形成] 营自由生活的呈瘤块状的红藻石，是浅水碳酸盐沉积的重要贡献者，同时也为一些海洋生物提供了有利的栖息场所。例如，巴西沿海红藻石的覆盖度高达 95%，可提供 2×10^{11}t 碳酸钙[23]；澳大利亚昆士兰南部的红藻石在 50～110m 水深覆盖度可高达 40%～45%[24]；巴哈马群岛的红藻石在 67～91m 水深覆盖度为 95.8%，其厚度可达 45cm，每年为深海初级生产力贡献 391t 有机碳[24]。红藻石层从两极到热带皆有分布，其可发育于多种水深环境中，如在法国布列塔尼 50～286m 水深环境也有记录，厚度可达 10m[25]，其也可在淤泥到粗砂等多种沉积物上广泛沉积[26]。研究显示，最大的红藻石层位于横跨赤道的巴西大陆架上（2°N～25°S）[27]。红藻石发育的枝紧密连接，可形成易碎、相对规则的骨架结构，为无脊椎动物和藻类提供了丰富的微环境[28]。红藻石的大小（体积和枝长）及其分枝形成的复杂的三维结构使其可容纳生物的多样性增加[20, 28]。还有研究结果显示，红藻石发育的纹层间还分布有一些稀有和常见的物种，从而提高了物种多样性[29]。

　　珊瑚藻在珊瑚礁发育过程中的高钙化、强黏结等作用也正体现了珊瑚藻为珊瑚礁塑造微地形、地貌的功能。研究显示，CCA 可形成稳固的藻脊（algal ridge）、藻礁（algal reef）、海底珊瑚藻灰岩高地[30]，在台地边缘可发育形成杯藻礁[17]，以及围绕内核形成的红藻石黏结灰岩[17]。珊瑚藻在发育过程中也会因其自身的高钙化和强黏结作用分别形成珊瑚藻骨架岩、珊瑚藻黏结岩，以壮大、固结珊瑚礁体。珊瑚藻在珊瑚礁发育过程中所形成的这些特殊的地貌结构可用于解释新生代化石礁发育过程中的古水深变化[31, 32]。例如，珊瑚藻发育于外礁坪边缘，尤其是强烈的波浪带，可建造骨架[17, 33]；珊瑚藻发育于礁脊的浅水环境，可形成藻脊[34]，同时与海平面升降密切相关的藻脊可有效指示厘米水平甚至毫米水平的海平面变化[35]；珊瑚藻在台地边缘可形成长达 30m、高达 12m 的杯藻礁[36]；珊瑚藻发育于潮间带，可形成藻突起[37]；珊瑚藻发育于 20m 以下，可形成海底珊瑚藻灰岩高地[38]。已有的研究显示，珊瑚藻的形态主要受水动力等外力环境的影响，其形态和属种构成的组合与环境之间也存在密切的关系[31]，如宽珊瑚藻类群组合多以厚壳的形式发育于珊瑚群落或者其他浅水生物砾块表面；相反，石叶藻类群组合则多形成突起，或形成独立的分枝，甚至形成红藻石等；而无节珊瑚藻类群组合多发育形成红藻石[31]。

第二节　研 究 方 法

一、样品采集

　　本研究选取琛科 2 井中碳酸盐岩部分（878.22～0m）作为研究对象，进行样品采集。研究所需的样品分多批次采集，共采集 771 个，然后将其制作成标准岩石薄片和探针片，共计 1198 个（表 6.1）。所有样品均存放至广西南海珊瑚礁研究重点实验室。

表 6.1　琛科 2 井样品采集

序号	样品编号	采样方式	样品（个）	薄片（个）	探针片（个）	共计（个）
1	CK2-S	约 3m/ 个	282	282	—	282
2	CK2-P	特殊结构采样	25	25	—	25
3	CK2-B	特殊生物结构采样	23	23	—	23
4	CK2-SY	珊瑚藻发育层段加密采样	171	171	171	342
5	CK2-CZ	特殊层段加密采样	7	7	—	7
6	CK2-CB	特殊层段加密采样	7	7	—	7
7	CK2-SS	整体加密采样	256	256	256	512
8	总计		771	771	427	1198

注："—"表示未制作该类型薄片

二、琛科 2 井珊瑚藻分类

化石珊瑚藻是一组钙化的海洋红藻并有大量地质记录的遗迹化石，是珊瑚礁碳酸盐地层中最为重要的组成部分，是重要的礁骨架建造者。尽管珊瑚藻从最初的动物类群被划归至植物类群已有约 200 年历史，但其本身复杂的分类学问题依然没有彻底解决。传统的珊瑚藻分类是通过外部形态将其分为有节（枝状）珊瑚藻和无节（皮壳状、瘤块状）珊瑚藻，其中瘤块状珊瑚藻是指由珊瑚藻营自由生长形成圈纹层的红藻石。过去几十年，现代珊瑚藻和化石珊瑚藻的分类发生了重大变化，导致这两类珊瑚藻的分类也存在明显差异。尽管如此，利用一些简单而清晰的特征，仍然可以识别出最常见的化石珊瑚藻[4, 39-43]，这些特征主要包括细胞的大小、形状和排列，生殖巢的类型、直径和高度，次生纹孔和融合细胞的发育，以及生殖巢的位置、孔道（单孔和多孔）（图 6.3）等[44]。

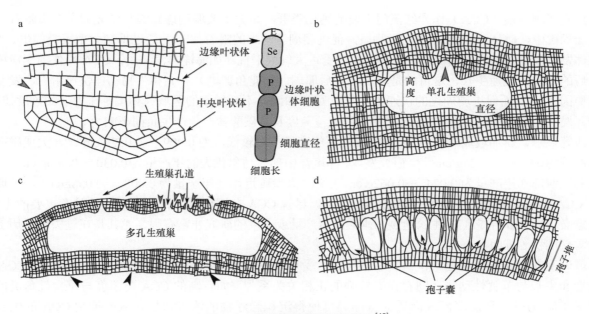

图 6.3　珊瑚藻微观特征示意图[40]

20 世纪 80 年代以来，珊瑚藻更高一级的分类发生了变化，形成了不同的分类标准，极大地限制了对以不同分类标准鉴定的珊瑚藻的水深分布数据集间的对比 [40]。为了解决该问题，生物学家依据现代分子遗传数据以及可以在地质记录中识别的形态特征等，对最新的珊瑚藻分类方案进行了简化和提升。该方案将原来的珊瑚藻目提升为亚纲，即珊瑚藻亚纲（Corallinophycidae）[45]，包括 3 目，分别为珊瑚藻目（Corallinales）、混石藻目（Hapalidiales）、孢石藻目（Sporolithales）。其中，珊瑚藻目和混石藻目分别以单孔生殖巢（图 6.3b）和多孔生殖巢（图 6.3c）为特征 [46, 47]，而孢石藻目通常包括孢子堆中的孢子囊（图 6.3d）[45]。珊瑚藻的形态特征 [3, 4, 40] 和遗传证据 [46, 48] 也支持了这些更高水平的珊瑚藻分类。基于珊瑚藻的这些特征，依据 Coletti 等 [41]、Coletti 和 Basso[40]、Li 等 [4] 的分类标准，并在已有分类 [49] 的基础上，进一步鉴定了琛科 2 井中的珊瑚藻类群，并将其鉴定到属水平或更高等级。

三、琛科 2 井珊瑚藻的丰度及分异度

琛科 2 井中的珊瑚藻主要是在研究级偏光显微镜（LV100NPOL）下统计、拍照，并进一步完成鉴定。其中，珊瑚藻的丰度是每个薄片中珊瑚藻质点在整个薄片中的占比。珊瑚藻丰度采用点计数法，即以 200μm 网格为单位，每个薄片统计大于 500 个点，从而统计珊瑚藻的总质点数 [3, 4, 50]。另外，为了使得统计的结果更加精确，尽可能地使统计的网格覆盖整个薄片。珊瑚藻的分异度为单个样品中珊瑚藻属的个数。珊瑚藻的鉴定结果大多为属水平，部分到种水平。基于 SPSS 22.0 进一步分析各沉积亚单元（subunit）中珊瑚藻丰度和分异度的差异性。

第三节　琛科 2 井珊瑚藻的时序变化特征

皮壳状珊瑚藻（CCA）作为红藻门主要的钙化类群，是大多数珊瑚礁碳酸盐结壳的主要贡献者。在现代珊瑚礁中，CCA 可通过产生化学物质，促进珊瑚等幼虫的附着 [51]，并通过抑制大型藻类的生长 [52]，为礁体发育提供关键的生态保障。另外，在遭受重大气候干扰（如海洋热浪）后，CCA 可作为先锋种在死亡后的基质上迅速生长，这可能是环境恢复后珊瑚（如鹿角珊瑚）补充和生物幼体快速附着、发育的主要原因 [53]，从而促进珊瑚礁的快速恢复 [54]。尽管如此，不断加剧的区域性环境等压力（如过度捕捞、沿海开发和污染）可能会对 CCA 等底栖生物的覆盖度及其碳酸盐产量产生负面影响 [55]。

研究显示，新加坡珊瑚礁中 CCA 的碳酸钙年产量相对较低，为 $0.009 \sim 0.052g/cm^2$[56]，大堡礁南部的年产量为 $0.095 \sim 0.124g/cm^2$[57]。研究发现，印度洋中部（马尔代夫的年产量为 $0.030 \sim 0.066g/cm^2$）[58]、澳大利亚西部（年产量为 $0.024 \sim 0.062g/cm^2$）[59]、大堡礁近岸（年产量为 $0.008 \sim 0.058g/cm^2$）[60] 珊瑚礁中 CCA 的碳酸钙年产量与新加坡的不相上下。尽管 CCA 在珊瑚礁区无处不在，且具有重要的生态、地质意义 [61]，但关于它们的生长速度和碳酸盐岩产量或丰度的研究非常有限，尤其是在过去地质历史时期的垂直堆积等方面。

珊瑚藻的生长发育（包括覆盖度和多样性）受草食性动物生态过程的影响 [62]。研究显示，CCA 的覆盖度和生长与草食性动物之间存在着较强的正相关关系 [6]，如较高的 CCA 覆盖度与草食性鱼类的数量有关 [63]。另外，草皮海藻或肉质大型藻类可使得沉积悬浮物的浓度增加，从而抑制 CCA 的生长发育 [6]，如新加坡近岸珊瑚礁中 CCA 覆盖度和生长速率的下降可能与富含沉积物的草皮海藻有关，这些草皮海藻也抑制了鱼类的生长繁殖 [6]。因此，研究过去历史时期珊瑚藻丰度和分异度的变化可为珊瑚礁的发育演化研究提供数据支撑。

一、珊瑚藻属的时序变化特征

在琛科2井整个碳酸盐岩序列中，分布有大量的珊瑚藻，发育于珊瑚、砾块或者其他坚硬基底的表面，亦可包裹生物碎屑或砾块形成结壳。基于各沉积亚单元中分布的珊瑚藻，本书分析了珊瑚藻属种及其丰度在时间序列上的变化。琛科2井碳酸盐岩层中共识别出珊瑚藻3目8科12属，分类等级见表6.2，珊瑚藻属的垂直分布如图6.4所示，各珊瑚藻属在时间序列上的丰度变化如图6.5所示，具体分析如下。

表6.2　琛科2井中珊瑚藻的分类

目	科	亚科	属
珊瑚藻目 Corallinales	似绵藻科 Spongitaceae	新角石藻亚科 Neogoniolithoideae	新角石藻属 Neogoniolithon
			似绵藻属 Spongites
	石叶藻科 Lithophyllaceae	石叶藻亚科 Lithophylloideae	石叶藻属 Lithophyllum
			叉节藻属 Amphiroa
	宽珊藻科 Mastophoraceae	宽珊藻亚科 Mastophoroideae	石孔藻属 Lithoporella
	水石藻科 Hydrolithaceae	水石藻亚科 Hydrolithoideae	水石藻属 Hydrolithon
	珊瑚藻科 Corallinaceae	珊瑚藻亚科 Corallinoideae	珊瑚藻属 Corallina
			叉珊藻属 Jania
混石藻目 Hapalidiales	混石藻科 Hapalidiaceae		奇石藻属 Aethesolithon
			石枝藻属 Lithothamnion
	中叶藻科 Mesophyllumaceae		中叶藻属 Mesophyllum
孢石藻目 Sporolithales	孢石藻科 Sporolithaceae		孢石藻属 Sporolithon

在沉积亚单元a（19.60～18.67Ma）中，自下而上分布有珊瑚藻7属，其中枝状珊瑚藻有2属，包括珊瑚藻属（Corallina）和叉珊藻属（Jania）；皮壳状珊瑚藻有5属，包括中叶藻属（Mesophyllum）、石孔藻属（Lithoporella）、石叶藻属（Lithophyllum）、水石藻属（Hydrolithon）和新角石藻属（Neogoniolithon)（图6.5）。此外，枝状珊瑚藻及皮壳状珊瑚藻中的石孔藻属和水石藻属较为发育，丰度也相对较高。叉珊藻属丰度最高为10%，珊瑚藻属丰度可高达30%，水石藻属丰度约为15%（图6.6）。

在沉积亚单元b（18.67～17.98Ma）中，珊瑚藻属种急剧减少，沉积亚单元a中枝状珊瑚藻完全被皮壳状的中叶藻属替代，同时伴有少量石叶藻属及珊瑚藻目（Corallinales）的其他属种（图6.4），其中中叶藻属呈现间隔发育，丰度最高可达16.9%（图6.6）。

在沉积亚单元c（17.98～17.73Ma）中，中叶藻属、叉珊藻属和珊瑚藻属零星发育，同时中叶藻属逐渐被大量发育的水石藻属、石叶藻属和石孔藻属替代。其中，水石藻属丰度最高，可达25%（图6.6）。

在沉积亚单元d（17.73～16.78Ma）中，主要发育石叶藻属、珊瑚藻属、叉珊藻属和水石藻属，伴随少量的中叶藻属、石枝藻属（Lithothamnion）、叉节藻属（Amphiroa）和珊瑚藻目的其他属种（图6.4）。石枝藻属仅在739～735m（17.41～17.34Ma）发育，丰度最高为15%。石叶藻属、珊瑚藻属、叉珊藻属等在该沉积亚单元中均具有较长的延限带，其中石叶藻属丰度最高，可达17%，珊瑚藻属丰度可达10%，叉珊藻属丰度相对较低，最高为5%。在741.74m（17.44Ma），首次出现了孢石藻属（Sporolithon），丰度为5%（图6.6）。

在沉积亚单元e（16.78～16.31Ma）中，珊瑚藻形态包括枝状和皮壳状两种（图6.4）。该沉积亚单元主要发育石叶藻属和中叶藻属，其最高丰度分别为17.7%和14%。另外，也有少量叉珊藻属和珊瑚藻属碎片，其最高丰度分别为5%和1%。孢石藻属仅在663.83m（16.5Ma）出现，丰度为2%（图6.6）。

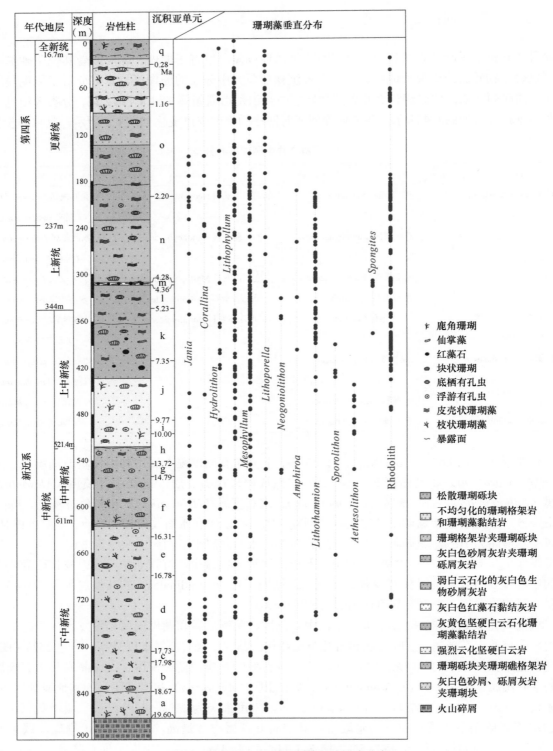

图 6.4　琛科 2 井中珊瑚藻属的垂直分布

红藻石的地层分布是岩芯描述和显微镜下统计的综合结果

此外，该沉积亚单元也发育大量皮壳状有孔虫，并与皮壳状珊瑚藻多相伴发育，通常形成特殊的岩石结构（for-algaliths）。

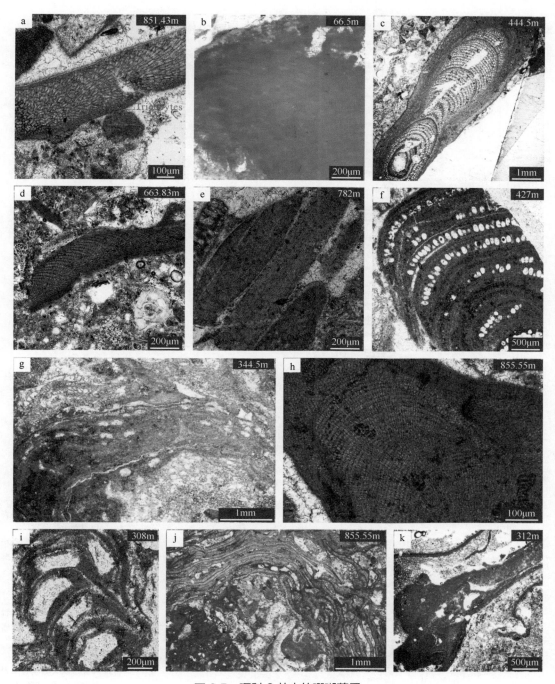

图 6.5　琛科 2 井中的珊瑚藻属

a. 新角石藻属未定种（*Neogoniolithon* sp.；样品编号：CK2-SY162）；b. 孔水石藻（*Hydrolithon onkodes*；样品编号：CK2-S022）；c. 南海奇石藻（*Aethesolithon nanhaiensis*；样品编号：CK2-SS158）；d. 中叶藻属未定种（*Mesophyllum* sp.；样品编号：CK2-SY147）；e. 珊瑚藻属未定种（*Corallina* sp.；样品编号：CK2-SS234）；f. 孢石藻属未定种（*Sporolithon* sp.；样品编号：CK2-SS151）；g. *Lithophyllum microsporum*（样品编号：CK2-SS123）；h. 假蟹手状石叶藻（*Lithophyllum pseudoamphiroa*；样品编号：CK2-S216）；i. 巨大石枝藻（*Lithothamnion magnum*；样品编号：CK2-SS108）；j. 石孔藻（*Lithoporella melobesioides*；样品编号：CK2-S274）；k. 似绵藻属未定种（*Spongites* sp.；样品编号：CK2-SY108）

　　在沉积亚单元 f（16.31～14.79Ma）中，珊瑚藻形态主要包括皮壳状和枝状两种。该沉积亚单元发育水石藻属、叉珊藻属、珊瑚藻属、石孔藻属、中叶藻属及少量未鉴定属种（图 6.4）。其中，水石藻属、

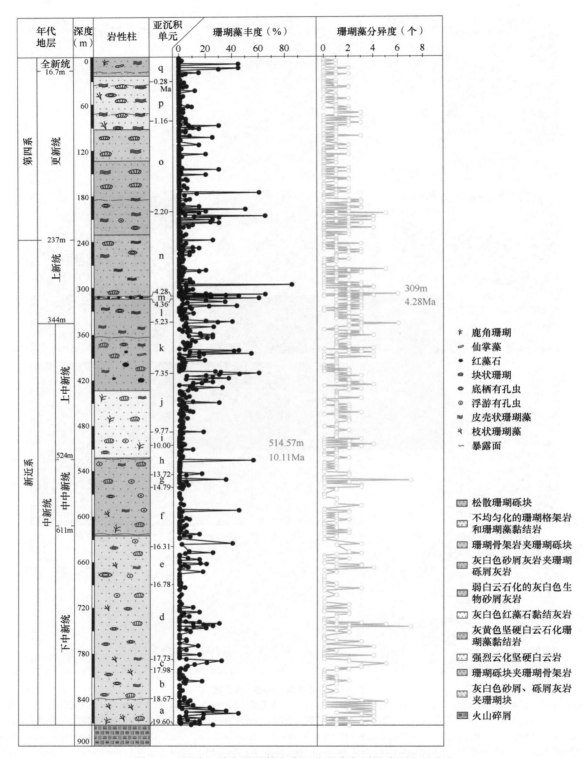

图 6.6　琛科 2 井中珊瑚藻丰度和分异度在时间序列上的变化

叉珊藻属、珊瑚藻属和石孔藻属为主要发育的珊瑚藻属，且石孔藻属在 593.07m（15.69Ma）层段集中发育，丰度高达 20%（图 6.6）。此外，孢石藻属完全被其他属种替代。

在沉积亚单元 g（14.79 ～ 13.72Ma）中，主要发育皮壳状珊瑚藻，含极少量的枝状珊瑚藻。该沉积亚单元发育中叶藻属、叉珊藻属、奇石藻属（Aethesolithon）和石叶藻属（图 6.4）。其中，中叶藻属为该沉积亚单元的优势属，丰度最高可达 15%，而皮壳状石叶藻属和枝状叉珊藻属的丰度相对较低，且多以碎片的形式存在，丰度皆不超过 2%（图 6.6）。此外，奇石藻属多呈疣状，在整个碳酸盐岩钻孔序列中于 552.74m（14.13Ma）层段首次出现，丰度为 8%。

与前面的沉积亚单元类似，沉积亚单元 h（13.72 ～ 10.00Ma）也发育枝状和皮壳状两种形态的珊瑚藻，皮壳状珊瑚藻主要包括石叶藻属和水石藻属（图 6.4），其中石叶藻属的丰度最高，可达 10.2%；枝状珊瑚藻包括叉珊藻属和珊瑚藻属。此外，该沉积亚单元也发育少量中叶藻属，丰度较低（<1.5%）（图 6.6），多以碎片的形式存在。在 523m（11.13Ma）发育少量较小的瘤块状红藻石。在 507.47m（10.02Ma）发育"钩状"（hooked）珊瑚藻。

在沉积亚单元 i（10.00 ～ 9.77Ma）中，主要发育奇石藻属和水石藻属，以及以碎片形式存在的石叶藻属（图 6.4），也发育少量珊瑚藻目的其他属种。该沉积亚单元中奇石藻属的发育相对集中，且丰度相对较高，最高可达 18%（图 6.6）。

在沉积亚单元 j（9.77 ～ 7.35Ma）中，主要发育皮壳状和枝状两种形态的珊瑚藻。皮壳状珊瑚藻主要包括中叶藻属、石叶藻属、奇石藻属和石枝藻属（图 6.4）。其中，中叶藻属和石叶藻属的延限带较长，丰度也相对较高，最高丰度分别为 45.4% 和 19.8%。枝状珊瑚藻包括珊瑚藻属和叉珊藻属，零星发育，丰度较低，且以碎片的形式存在。此外，该沉积亚单元还发育珊瑚藻目和混石藻目（Hapalidiales）的其他属种。例如，石枝藻属仅在 450m（8.82Ma）和 434.7m（8.5Ma）发育，丰度分别为 10% 和 6.4%；孢石藻属在 432.5 ～ 423.5m（8.43 ～ 7.97Ma）集中发育，丰度可达 5%；奇石藻属在 471.74 ～ 444.5m（9.39 ～ 8.77Ma）呈跳跃式发育，丰度最高可达 8%（图 6.6），而在 444.5m 之上其被石叶藻属和中叶藻属等替代。

在沉积亚单元 k（7.35 ～ 5.23Ma）中，主要发育皮壳状珊瑚藻，包括中叶藻属、石枝藻属、石叶藻属、新角石藻属和水石藻属等，还发育少量皮壳状的似绵藻属（Spongites）和枝状的叉珊藻属、叉节藻属（图 6.4），以及混石藻目和珊瑚藻目的其他未定属种。中叶藻属、石枝藻属和石叶藻属在该沉积亚单元中具有较长的延限带，并且大量发育，其丰度也相对较高，最高丰度分别为 22%、54.4% 和 10%。另外，该层段中再未发现奇石藻属。同时，似绵藻属在琛科 2 井碳酸盐岩序列中首次出现（376.5m，6.35Ma），丰度相对较低，为 2%（图 6.6）。

在沉积亚单元 l（5.23 ～ 4.36Ma）中，主要发育皮壳状珊瑚藻，还发育枝状珊瑚藻。皮壳状珊瑚藻主要包括中叶藻属、似绵藻属、石枝藻属、新角石藻和石孔藻属，枝状珊瑚藻包括叉珊藻属和叉节藻属（图 6.4）。其中，中叶藻属在该沉积亚单元具有较长的延限带，为该沉积亚单元的常见属，其丰度最高可达 15%，其他珊瑚藻均零星发育（图 6.6）。此外，在 314m（4.4Ma）层段，发育较小的球形红藻石。

在沉积亚单元 m（4.36 ～ 4.28Ma）中，主要发育皮壳状珊瑚藻，以及呈瘤块状且连续发育的椭球形-球形大红藻石。皮壳状珊瑚藻包括似绵藻属、石枝藻属、水石藻属、石孔藻属和中叶藻属（图 6.4），其中该层段珊瑚藻以似绵藻属为主，丰度也相对较高，最高可达 25%，而石枝藻属仅在 309.5m（4.29Ma）层段以碎片的形式沉积，丰度为 2.83%（图 6.6），中叶藻属在 309m（4.28Ma）层段发育形成珊瑚藻黏结岩。

在沉积亚单元 n（4.28 ～ 2.20Ma）中，主要发育皮壳状珊瑚藻，包括石枝藻属、中叶藻属、石孔藻属，还发育枝状珊瑚藻，包括叉珊藻属、叉节藻属、珊瑚藻属（图 6.4），以及少量呈跳跃式发育的红藻石。在整个碳酸盐岩层中，石枝藻属在该沉积亚单元中的延限带最长，丰度也相对较高，最高可达 60%。中叶藻属和石孔藻属分别在 255.65m（2.87Ma）和 207.2m（2.26Ma）层段发育。枝状的叉珊藻属、叉节藻属和珊瑚藻属以碎片的形式沉积，且丰度极低，尤其是珊瑚藻属，其丰度低于 1%。似绵藻属在该沉积亚单元中完全被石枝藻属等珊瑚藻替代。

在沉积亚单元 o（2.20～1.16Ma）中，珊瑚藻属种多样，主要有皮壳状、枝状和瘤块状三种形态。其中，皮壳状珊瑚藻主要包括石叶藻属、中叶藻属、石枝藻属、石孔藻属，枝状珊瑚藻包括叉珊瑚属、珊瑚藻属和叉节藻属（图6.4），瘤块状红藻石呈零星分布，发育于175.9m（2.02Ma）。此外，中叶藻属和石叶藻属在该沉积亚单元中的延限带相对较长，丰度也较高，最高丰度分别为40%和30%。

在沉积亚单元 p（1.16～0.28Ma）中，珊瑚藻形态主要包括皮壳状和枝状，其中皮壳状珊瑚藻主要包括石叶藻属、石孔藻属、水石藻属，枝状珊瑚藻主要有珊瑚藻属、叉珊瑚属（图6.4）。此外，63.5m（0.79Ma）层段发育红藻石，其丰度为8.48%。石孔藻属和石叶藻属的延限带相对较长，其丰度也相对较高，最高丰度分别为15%和41.24%。此外，中叶藻属完全被石叶藻属和石孔藻属替代。水石藻属零星发育。

在沉积亚单元 q（0.28～0Ma）中，主要发育皮壳状珊瑚藻，包括石孔藻属、水石藻属、石叶藻属等（图6.4）。其中，水石藻属仅在7.95m层段出现，丰度为45%；石孔藻属仅在19.3m和13.05m层段发育，丰度均为15%；石叶藻属仅在13.05m和3.47m层段发育，丰度分别为30%和2.2%。另外，在21m层段发育少量珊瑚藻属，以碎片的形式存在，丰度为2%。

二、珊瑚藻丰度和分异度的时序变化特征

（一）沉积亚单元 a

沉积亚单元 a（878.22～838.05m，19.60～18.67Ma）的厚度为40.17m，共采集样品31个，磨制岩石薄片和探针片49个。薄片/探针片的分析结果显示，该层段珊瑚藻丰度为0～44.36%，平均为（9.93±2.13）%。珊瑚藻在该沉积亚单元中呈跳跃式、不连续发育的分布模式，以858.43m（19.11Ma）为界，珊瑚藻丰度呈先升高后降低的趋势。在864.55～851.43m（19.31～18.89Ma），珊瑚藻的丰度相对较高，且该层段绝大多数薄片中的珊瑚藻丰度超过15%，有的甚至超过20%（图6.6）。

珊瑚藻的分异度分析结果显示，在珊瑚藻分布的层段，珊瑚藻属的变化范围为1～5个，在整个沉积亚单元的49个薄片/探针片中，珊瑚藻属平均为（2.28±0.29）个，且在地层中自下而上呈增加的趋势，在842m（18.84Ma）最多，为5个。总之，沉积亚单元 a 中珊瑚藻的分异度呈中等程度（图6.6）。

（二）沉积亚单元 b

沉积亚单元 b（838.05～801.15m，18.67～17.98Ma）的厚度与沉积亚单元 a 的厚度相近，为36.9m，共采集样品20个，磨制岩石薄片和探针片27个。薄片/探针片的分析结果显示，该层段珊瑚藻丰度为0～16.85%，平均为（2.14±0.91）%。与沉积亚单元 a 相比，沉积亚单元 b 中珊瑚藻的丰度明显下降，且每一个薄片样品中珊瑚藻的含量相对较低。然而，与沉积亚单元 a 类似，珊瑚藻在沉积亚单元 b 中整体上呈跳跃式、不连续的分布模式，且以816.55m（18.19Ma）为界，珊瑚藻丰度在地层中自下而上呈先升高后降低的变化趋势。另外，在沉积亚单元 b 中珊瑚藻发育的层段，其丰度大多为2%～5%（图6.6）。

珊瑚藻的分异度分析结果显示，在珊瑚藻发育的层段，珊瑚藻属的变化范围为1～2个，平均为（0.47±0.14）个。其中，除了在815m（18.17Ma）有2个，其他层段均为1个（图6.6），说明沉积亚

单元 b 中珊瑚藻属相对单一，其发育的环境可能相对稳定。总之，沉积亚单元 b 中珊瑚藻的分异度相对较低。

（三）沉积亚单元 c

与沉积亚单元 a 和沉积亚单元 b 相比，沉积亚单元 c（801.15 ～ 789.85m，17.98 ～ 17.73Ma）的厚度相对较薄，为 11.30m。该沉积亚单元中共采集样品 16 个，磨制岩石薄片和探针片 28 个。薄片 / 探针片的分析结果显示，该层段珊瑚藻丰度为 1% ～ 31.68%，平均为（12.52±4.71）%，明显高于沉积亚单元 a 和沉积亚单元 b 中珊瑚藻的丰度。该沉积亚单元中珊瑚藻丰度在自下而上的地层中呈连续增加的发育模式，且在 789.85m（17.73Ma）达到最高。另外，在 795.05m（17.85Ma）之上，珊瑚藻丰度几乎呈线性增加，且增加幅度约为 10%（图 6.6）。

珊瑚藻的分异度分析结果显示，在沉积亚单元 c 的整个地层中，珊瑚藻属的变化范围为 1 ～ 5 个，平均为（2.67±0.56）个。其中，在 798.55m（17.93Ma）珊瑚藻属最少，为 1 个，在 792.55m（17.79Ma）珊瑚藻属最多，为 5 个（图 6.6）。整体而言，沉积亚单元 c 中珊瑚藻的分异度相对较高。

（四）沉积亚单元 d

与沉积亚单元 a、沉积亚单元 b 和沉积亚单元 c 相比，沉积亚单元 d（789.85 ～ 689.07m，17.73 ～ 16.78Ma）相对较厚，厚度为 100.78m，共采集样品 45 个，磨制岩石薄片和探针片 59 个。薄片 / 探针片的分析结果显示，该层段珊瑚藻丰度为 0 ～ 30%，平均为（4.89±0.96）%，其中，有 26 个样品的层段未发育珊瑚藻。与沉积亚单元 c 相比，沉积亚单元 d 中珊瑚藻丰度明显降低。与沉积亚单元 a 和沉积亚单元 b 中的珊瑚藻分布模式类似，以 741.74m（17.44Ma）为界，沉积亚单元 d 中的珊瑚藻丰度自下而上呈先升高后降低的变化趋势，且珊瑚藻的发育呈不连续、跳跃式的分布模式。另外，在该沉积亚单元中，珊瑚藻丰度超过 10% 的样品数量相对较少（图 6.6）。

珊瑚藻的分异度分析结果显示，沉积亚单元 d 中珊瑚藻属的变化范围为 1 ～ 7 个，平均为（1.07±0.2）个。其中，在 744.74m（17.45Ma）珊瑚藻属最多，为 7 个，说明该层段珊瑚藻分异度相对较高。在珊瑚藻发育的层段，珊瑚藻属的范围为 1 ～ 4 个（图 6.6）。整体而言，沉积亚单元 d 中珊瑚藻的分异度相对较低。

（五）沉积亚单元 e

与沉积亚单元 d 相比，沉积亚单元 e（689.07 ～ 637.92m，16.78 ～ 16.31Ma）的厚度仅约为沉积亚单元 d 厚度的一半，为 51.15m，共采集样品 24 个，磨制岩石薄片和探针片 59 个。薄片 / 探针片的分析结果显示，该层段珊瑚藻丰度为 0 ～ 20.17%，平均为（5.39±1.61）%。珊瑚藻丰度在整个沉积亚单元 e 中的占比与沉积亚单元 d 中的相当。在珊瑚藻发育的绝大多数层段，其丰度超过了 10%。与前面几个沉积亚单元的发育模式类似，沉积亚单元 e 中珊瑚藻的发育亦呈不连续、跳跃式的分布模式，且在近顶部（648.74m，16.4Ma）丰度达到最高值，约为 25%（图 6.6）。

珊瑚藻的分异度分析结果显示，沉积亚单元 e 中珊瑚藻属的变化范围为 0 ～ 4 个，平均为（1±0.26）个，与沉积亚单元 d 中的基本一致。其中，在 668.07m（16.53Ma）珊瑚藻属最多，为 4 个，且以 668.07m 为界，沉积亚单元 e 中珊瑚藻属在地层中自下而上呈先增加后减少的变化趋势（图 6.6）。综上所述，沉积亚单元 e 中珊瑚藻的分异度相对较低。

（六）沉积亚单元 f

沉积亚单元 f（637.92～560.07m，16.31～14.79Ma）的厚度为77.85m，共采集样品41个，磨制岩石薄片和探针片61个。薄片/探针片的分析结果显示，该层段珊瑚藻丰度为0～45%，平均为（4.02±1.5）%。与沉积亚单元 e 相比，沉积亚单元 f 中珊瑚藻的丰度整体略有下降。该沉积亚单元中，珊瑚藻发育的绝大多数层段其丰度低于10%。与前面几个沉积亚单元的发育模式类似，沉积亚单元 f 中珊瑚藻的发育呈不连续、跳跃式的分布模式，且除了在636.74m（16.3Ma，珊瑚藻丰度为40%）和593.07m（15.69Ma，珊瑚藻丰度为45%）处，珊瑚藻丰度在沉积亚单元 f 中变化整体相对较小（图6.6）。

珊瑚藻的分异度分析结果显示，沉积亚单元 f 中珊瑚藻属的变化范围为0～3个，平均为（0.88±0.16）个，与沉积亚单元 d 和沉积亚单元 e 中的基本一致。其中，在珊瑚藻发育的绝大多数层段，珊瑚藻属均为1个（图6.6）。整体而言，沉积亚单元 f 中珊瑚藻的分异度相对较低。

（七）沉积亚单元 g

与沉积亚单元 a 至沉积亚单元 f 相比，沉积亚单元 g（560.07～545m，14.79～13.72Ma）的厚度相对较小，略大于沉积亚单元 c 的厚度，为15.07m，共采集样品11个，磨制岩石薄片和探针片16个。薄片/探针片的分析结果显示，该层段珊瑚藻丰度为0～35%，平均为（6.38±3.58）%。与沉积亚单元 f 相比，沉积亚单元 g 中珊瑚藻在整个地层中的平均丰度明显增加，珊瑚藻丰度在552.74m（14.13Ma，珊瑚藻丰度为35%）和545m（13.72Ma，珊瑚藻丰度为16.75%）相对较高，在其余层段均低于5%。此外，沉积亚单元 g 中珊瑚藻的发育亦呈不连续、跳跃式的分布模式（图6.6）。

珊瑚藻的分异度分析结果显示，沉积亚单元 g 中珊瑚藻属的变化范围为0～7个，平均为（1.6±0.7）个。在沉积亚单元 g 中，除了在552.74m（14.13Ma，珊瑚藻属为7个）珊瑚藻的分异度相对较高，其余珊瑚藻发育的层段珊瑚藻属为2～3个，说明其分布相对单一（图6.6），分异度较低。

（八）沉积亚单元 h

沉积亚单元 h（545～506.1m，13.72～10.00Ma）的厚度与沉积亚单元 a 相近，为38.9m，共采集样品29个，磨制岩石薄片和探针片44个。薄片/探针片的分析结果显示，该层段珊瑚藻丰度为0～55.85%，平均为（2.98±1.99）%。与沉积亚单元 g 相比，沉积亚单元 h 中珊瑚藻在整个地层中的平均丰度明显降低，珊瑚藻丰度在527.07m（13.64Ma，珊瑚藻丰度为55.85%）和512.36m（10.08Ma，珊瑚藻丰度为10.16%）相对较高，在其余层段均低于5%。此外，沉积亚单元 h 中珊瑚藻的发育亦呈不连续、跳跃式的分布模式，但相比于其他沉积亚单元，沉积亚单元 h 中的珊瑚藻呈零星分布，且丰度相对较低（图6.6）。

珊瑚藻的分异度分析结果显示，沉积亚单元 h 中珊瑚藻属的变化范围为0～3个，平均为（0.82±0.15）个，与沉积亚单元 f 的基本一致。在沉积亚单元 h 中，珊瑚藻属在长时间尺度上呈增加的趋势，在507.47m（10.02Ma）达到最多，为3个，但该层段珊瑚藻的丰度相对较低，仅为2%。综上所述，沉积亚单元 h 中珊瑚藻的分异度较低（图6.6）。

（九）沉积亚单元 i

沉积亚单元 i（506.1～489.44m，10.00～9.77Ma）的厚度与沉积亚单元 g 相近，相对较薄，为

16.66m，共采集样品 16 个，磨制岩石薄片和探针片 21 个。薄片 / 探针片的分析结果显示，该层段珊瑚藻丰度为 0 ~ 18%，平均为（2.05±1.35）%。与沉积亚单元 h 相比，沉积亚单元 i 中珊瑚藻在整个地层中的平均丰度略降低。在沉积亚单元 i 中，珊瑚藻丰度在长时间尺度上呈增加的趋势，且在其最顶部 489.44m（9.77Ma）达到最高，为 18%，而该层段珊瑚藻的丰度与其余层段的相差比较大。沉积亚单元 i 中珊瑚藻的发育亦呈不连续、跳跃式的分布模式，但相对于其他沉积亚单元而言，沉积亚单元 i 中的珊瑚藻在长时间尺度上整体呈零星分布，且丰度相对较低（图 6.6）。

珊瑚藻的分异度分析结果显示，沉积亚单元 i 中珊瑚藻属的变化范围为 0 ~ 4 个，平均为（1.15±0.34）个，比沉积亚单元 h 多。在沉积亚单元 i 中，珊瑚藻属在长时间尺度上呈减少的趋势，尤其是在珊瑚藻丰度最高的层段（489.44m），珊瑚藻属仅有 1 个（图 6.6），说明该时期珊瑚藻的环境相对稳定。综上所述，沉积亚单元 i 中珊瑚藻的分异度呈中等程度。

（十）沉积亚单元 j

沉积亚单元 j（489.44 ~ 410m，9.77 ~ 7.35Ma）的厚度为 79.44m，共采集样品 78 个，磨制岩石薄片和探针片 119 个。薄片 / 探针片的分析结果显示，该层段珊瑚藻丰度为 0 ~ 60%，平均为（9.33±1.6）%。与沉积亚单元 i 相比，沉积亚单元 j 中珊瑚藻在整个地层中的平均丰度明显升高，且与沉积亚单元 a 的基本相同。在沉积亚单元 j 中，珊瑚藻丰度在长时间尺度上呈升高的趋势，且在其顶部层段 412m（7.44Ma）达到最高，为 60%。在沉积亚单元 j 的整个碳酸盐岩序列上，珊瑚藻的发育呈连续增加的趋势，且每个层段中珊瑚藻的丰度相对较高（图 6.6）。

珊瑚藻的分异度分析结果显示，沉积亚单元 i 中珊瑚藻属的变化范围为 0 ~ 4 个，平均为（1.37±0.1）个，比沉积亚单元 i 多。在沉积亚单元 j 中，珊瑚藻属在长时间尺度上的变化相对稳定，大多为 1 ~ 2 个，且绝大多数为 1 个（图 6.6）。综上所述，沉积亚单元 j 中珊瑚藻的分异度呈中等程度。

（十一）沉积亚单元 k

沉积亚单元 k（410 ~ 342.45m，7.35 ~ 5.23Ma）的厚度为 67.55m，共采集样品 71 个，磨制岩石薄片和探针片 111 个。薄片 / 探针片的分析结果显示，该层段珊瑚藻丰度为 0 ~ 54.35%，平均为（9.81±1.57）%。与沉积亚单元 j 相比，沉积亚单元 k 中珊瑚藻在整个地层中的平均丰度略增加，且与沉积亚单元 a 的最为接近。与其他沉积亚单元不同，沉积亚单元 k 的整个碳酸盐岩序列中珊瑚藻丰度可分为三个小的沉积单元，分别为底部（410 ~ 380m，7.35 ~ 6.47Ma）、中部（380 ~ 354.5m，6.47 ~ 5.71Ma）和顶部（354.5 ~ 342.45m，5.71 ~ 5.23Ma）。其中，珊瑚藻在底部呈跳跃式发育，在中部和顶部呈连续发育的变化模式。珊瑚藻丰度在这三个小的沉积单元中均呈先升高后降低的趋势，其峰值分别位于 386m（6.63Ma，珊瑚藻丰度为 54.35%）、364.5m（6.05Ma，珊瑚藻丰度为 25%）、344.5m（5.31Ma，珊瑚藻丰度为 40%）。此外，沉积亚单元 k 中各层段珊瑚藻的丰度相对较高，尤其是中部和顶部（图 6.6）。

珊瑚藻的分异度分析结果显示，沉积亚单元 k 中珊瑚藻属的变化范围为 0 ~ 6 个，平均为（1.58±0.16）个，比沉积亚单元 j 多。在沉积亚单元 k 中，珊瑚藻属与其丰度类似，也呈现出与之一致的变化，即珊瑚藻属在这三个小的沉积单元中的分布也呈先增加后减少的变化趋势，且其在长时间尺度上整体呈增加的趋势，在 346.5m（5.39Ma，珊瑚藻丰度为 5%）达到最多，为 6 个（图 6.6）。整体而言，沉积亚单元 k 中珊瑚藻的分异度相对较高。

（十二）沉积亚单元 l

沉积亚单元 l（342.45～312m，5.23～4.36Ma）的厚度与沉积亚单元 a 和沉积亚单元 b 相差不多，为 30.45m，共采集样品 34 个，磨制岩石薄片和探针片 53 个。薄片/探针片的分析结果显示，该层段珊瑚藻丰度为 0～60%，平均为（11.33±2.49）%，最高值与沉积亚单元 j 的相同。与沉积亚单元 a 和沉积亚单元 k 相比，沉积亚单元 l 中珊瑚藻在整个地层中的平均丰度明显增加，其在长时间尺度上整体呈现升高的变化趋势，但整体上略低于沉积亚单元 c。该沉积亚单元中超过 24% 的层段中珊瑚藻丰度均在 10% 以上。根据珊瑚藻的丰度变化，以 328.5m（4.86Ma，珊瑚藻丰度为 1.5%）为界，可将整个碳酸盐岩序列分为两个小的沉积单元：底部（342.45～328.5m，5.23～4.86Ma）、顶部（328.5～312m，4.86～4.36Ma）。其中，底部珊瑚藻丰度均低于 10%，且略呈先升高后降低的变化趋势，顶部珊瑚藻的丰度相对较高（图 6.6）。

珊瑚藻的分异度分析结果显示，沉积亚单元 l 中珊瑚藻属的变化范围为 0～3 个，平均为（1.76±0.17）个，比沉积亚单元 k 多。在沉积亚单元 l 中，以 328.5m（4.86Ma，珊瑚藻属为 2 个）为界，珊瑚藻属也呈现出不同的变化特征，其中底部的绝大多数层段中珊瑚藻属为 1 个，说明环境相对稳定，且对珊瑚藻属的影响较小，顶部珊瑚藻属呈跳跃式变化，且变化幅度相对底部的更为明显，说明该时期珊瑚藻的发育受环境（如水动力）影响明显（图 6.6）。整体而言，沉积亚单元 l 中珊瑚藻的分异度相对较高。

（十三）沉积亚单元 m

沉积亚单元 m（312～309m，4.36～4.28Ma）的厚度在整个探科 2 井碳酸盐岩序列中最薄，为 3m，共采集样品 12 个，磨制岩石薄片和探针片 21 个。薄片/探针片的分析结果显示，该层段珊瑚藻丰度为 0～65%，平均为（34.06±9.09）%，最高值均比沉积亚单元 j 和沉积亚单元 l 的高。与珊瑚藻丰度相对较高的沉积亚单元 c 和沉积亚单元 l 相比，沉积亚单元 m 中珊瑚藻在整个地层中的平均丰度约为前两者的 3 倍，且在整个钻孔碳酸盐岩序列中最高。在沉积亚单元 m 中，除了 310.6m（4.32Ma）珊瑚藻不发育，其余层段的珊瑚藻丰度均高于 10%，其中在 311.5m（4.4.34Ma）和 309m（4.28Ma）珊瑚藻丰度相对较高，分别为 58.7% 和 65%。该沉积亚单元中的珊瑚藻连续发育，从底部至顶部呈先降低后升高的变化趋势（图 6.6）。此外，该沉积亚单元还发育大量的红藻石，其直径可达约 10cm，大量的红藻石沉积发育形成红藻石黏结岩。

珊瑚藻的分异度分析结果显示，沉积亚单元 m 中珊瑚藻属的变化范围为 0～4 个，平均为（2.14±0.51）个，略少于沉积亚单元 a。在沉积亚单元 m 中，以 310.6m（4.32Ma）为界，珊瑚藻属也呈现不同的变化特征，其中底部（312～311m，4.36～4.33Ma）珊瑚藻属为 1～3 个，顶部（310～309m：4.31～4.28Ma）珊瑚藻属为 2～4 个（图 6.6）。综上所述，沉积亚单元 m 中珊瑚藻的分异度相对较高。

（十四）沉积亚单元 n

沉积亚单元 n（309～200m，4.28～2.20Ma）的厚度在整个探科 2 井碳酸盐岩序列中相对较厚，为 109m，共采集样品 110 个，磨制岩石薄片和探针片 184 个。薄片/探针片的分析结果显示，该层段珊瑚藻丰度为 0～85%，平均为（6.91±1.21）%，略高于沉积亚单元 g。与珊瑚藻丰度相对较高的沉积亚单元 m 相比，沉积亚单元 n 中珊瑚藻丰度明显下降。根据珊瑚藻的分布变化，沉积亚单元 m 可进一步分为三个小的沉积单元，分别为底部（309～287.5m，4.28～3.77Ma）、中部（287.5～225.5m，3.77～2.43Ma）、顶部（225.5～200m，2.43～2.20Ma）。珊瑚藻丰度在这三个小的沉积单元中均呈先升高后降低的变化趋势。其中，底部珊瑚藻丰度在 296.5m（3.98Ma）最高，为 85%；中部珊瑚藻丰度在 237.78m（2.57Ma）最高，为 25.39%；顶部珊瑚藻丰度在 206.5m（2.26Ma）最高，为 65%。此外，沉积亚单元 n 中珊瑚藻呈不连续、跳跃式的发育模式（图 6.6）。

珊瑚藻的分异度分析结果显示，沉积亚单元 n 中珊瑚藻属的变化范围为 0～6 个，平均为（1.29±0.13）个，略少于沉积亚单元 j。在沉积亚单元 n 中，珊瑚藻属与其丰度在三个小的沉积单元之间呈类似的变化特征，即均呈先增加后减少的变化趋势。其中，底部 308m（珊瑚藻丰度为 20%）珊瑚藻属最多，为 6 个；中部 275.5m（3.48Ma，珊瑚藻丰度为 4%）珊瑚藻属最多，为 5 个；顶部 202.5m（2.22Ma，珊瑚藻丰度为 15%）珊瑚藻属最多，为 5 个（图 6.6）。综上所述，沉积亚单元 n 中珊瑚藻的分异度呈中等程度。

（十五）沉积亚单元 o

沉积亚单元 o（200～80m，2.20～1.16Ma）在整个琛科 2 井碳酸盐岩序列中最厚，为 120m，共采集样品 136 个，磨制岩石薄片和探针片 218 个。薄片 / 探针片的分析结果显示，该层段珊瑚藻丰度为 0～60.33%，平均为（4.73±0.94）%，略高于沉积亚单元 d，其最高值与沉积亚单元 j 和沉积亚单元 l 中珊瑚藻丰度的最高值基本一致。与沉积亚单元 n 相比，沉积亚单元 o 中的珊瑚藻丰度明显下降。根据珊瑚藻的分布变化，以 97.88m（1.37Ma）为界，沉积亚单元 o 可进一步分为两个小的沉积单元，其中底部为 200～97.88m（2.20～1.37Ma），顶部为 97.88～80m（1.37～1.16Ma）。珊瑚藻在底部呈不连续、跳跃式的发育模式，且珊瑚藻丰度变化极为明显；珊瑚藻在顶部也呈不连续、跳跃式的发育模式，但其丰度呈先升高后降低的变化趋势。此外，沉积亚单元 o 中珊瑚藻丰度在近底部 175.90m（2.02Ma）最高，为 60.33%（图 6.6）。

珊瑚藻的分异度分析结果显示，沉积亚单元 o 中珊瑚藻属的变化范围为 0～3 个，平均为（0.75±0.09）个，略少于沉积亚单元 f。在沉积亚单元 o 珊瑚藻发育的层段，珊瑚藻属为 1～2 个。此外，在该沉积亚单元的最底部（200～184.5m，2.20～2.08Ma），珊瑚藻属相对较多（图 6.6）。综上所述，沉积亚单元 o 中珊瑚藻的分异度整体相对较低。

（十六）沉积亚单元 p

沉积亚单元 p（80～30m，1.16～0.28Ma）的厚度与沉积亚单元 e 相近，为 50m，共采集样品 61 个，磨制岩石薄片和探针片 98 个。薄片 / 探针片的分析结果显示，该层段珊瑚藻丰度为 0～41.24%，平均为（4.47±1.18）%，且与沉积亚单元 d 的基本一致，其最高值与沉积亚单元 a 和沉积亚单元 f 的基本一致。与沉积亚单元 o 相比，该沉积亚单元中珊瑚藻丰度略下降。该沉积亚单元中珊瑚藻在 74～60.5m（1.03～0.7Ma）连续发育，同时以该层段为界，珊瑚藻的丰度呈先升高后降低的变化趋势。此外，珊瑚藻在沉积亚单元 p 中整体上亦呈不连续、跳跃式的发育模式（图 6.6）。

珊瑚藻的分异度分析结果显示，沉积亚单元 p 中珊瑚藻属的变化范围为 0～3 个，平均为（0.9±0.13）个，其与沉积亚单元 f 的最为接近。在沉积亚单元 p 中珊瑚藻发育的层段，除了在 77m（1.09Ma，珊瑚藻丰度为 2%）和 71m（0.96Ma，珊瑚藻丰度为 3%）层段珊瑚藻属为 3 个，其余层段主要为 1～2 个（图 6.6）。整体而言，沉积亚单元 p 中珊瑚藻的分异度相对较低。

（十七）沉积亚单元 q

沉积亚单元 q（30～0m，0.28～0Ma）的厚度与沉积亚单元 1 相近，为 30m，共采集样品 36 个，磨制岩石薄片和探针片 57 个。薄片／探针片的分析结果显示，该层段珊瑚藻丰度为 0～45%，平均为（5.83±2.7）%，其最高值与沉积亚单元 a（44.36%）和沉积亚单元 f（45%）的基本一致。与沉积亚单元 p 相比，该沉积亚单元中珊瑚藻丰度略有升高。该沉积亚单元中的珊瑚藻整体上呈不连续、跳跃式的发育模式，且在其发育的层段，珊瑚藻丰度均相对较高，大多层段的丰度高于 10%（图 6.6）。

珊瑚藻的分异度分析结果显示，沉积亚单元 q 中珊瑚藻属的变化范围为 0～2 个，平均为（0.4±0.13）个，略少于沉积亚单元 b，且在琛科 2 井碳酸盐岩序列中最少。在沉积亚单元 p 中珊瑚藻发育的层段，除了在 21m（0.21Ma，珊瑚藻丰度为 5%）和 13.05m（珊瑚藻丰度为 45%）珊瑚藻属均为 2 个，其他层段均为 1 个（图 6.6）。整体而言，沉积亚单元 p 中珊瑚藻的分异度相对较低。

综上所述，琛科 2 井中珊瑚藻在整个碳酸盐岩序列中的平均丰度为（6.72±0.45）%，且以 514.57m（10.11Ma）和 309m（4.28Ma）为界，在长时间尺度上整体呈现出降低—升高—降低的变化模式。珊瑚藻丰度在 312～309m（4.36～4.28Ma）最高，且珊瑚藻集中发育，平均丰度为（34.06±9.09）%。琛科 2 井珊瑚藻属为 1～10 个，且在 514.57～309m（10.11～4.28Ma）相对稳定。此外，珊瑚藻分异度在 789.85～689.07m（17.73～16.78Ma）最多，珊瑚藻属为 10 个，其次为 489.44～410m（9.77～7.35Ma），珊瑚藻属为 8 个（图 6.6）。

琛科 2 井不同沉积亚单元（沉积亚单元 a 至沉积亚单元 q）中珊瑚藻丰度的方差检验分析结果显示，所有沉积亚单元中沉积亚单元 m 的珊瑚藻丰度最高，且与其他沉积亚单元的丰度之间存在显著差异（$p<0.05$）；其次为沉积亚单元 c，其丰度约为沉积亚单元 m 丰度的 1/3，且与沉积亚单元 b、沉积亚单元 f、沉积亚单元 h 和沉积亚单元 i 的丰度之间存在显著差异（$p<0.05$）；沉积亚单元 b、沉积亚单元 h 和沉积亚单元 i 的珊瑚藻丰度在所有沉积亚单元中相对较低，且与沉积亚单元 c、沉积亚单元 1 和沉积亚单元 m 的丰度之间存在显著差异（$p<0.05$）。此外，综合不同沉积亚单元的厚度和珊瑚藻的分布模式，发现珊瑚藻在沉积亚单元 m 集中发育（图 6.7）。

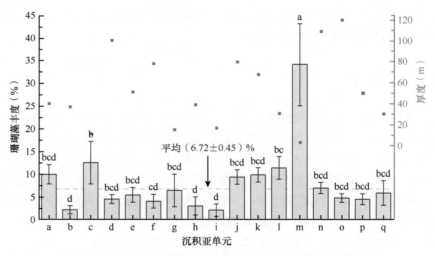

图 6.7　琛科 2 井各沉积亚单元厚度和珊瑚藻丰度的差异

琛科 2 井不同沉积亚单元中珊瑚藻属平均为（1.17±0.05）个。珊瑚藻分异度的方差检验分析结果显示，沉积亚单元 a、沉积亚单元 c 和沉积亚单元 m 在所有沉积亚单元中珊瑚藻分异度较高，并且相互之间没有显著差异。其中，沉积亚单元 c 的珊瑚藻分异度显著高于其他沉积亚单元（$p<0.05$）；其次为沉积亚单元 k 和沉积亚单元 l，这两个沉积亚单元的珊瑚藻分异度之间亦无显著差异，但明显高于沉积亚单元 b 和沉积亚单元 q 的珊瑚藻分异度；沉积亚单元 j 中的珊瑚藻分异度也显著高于沉积亚单元 b 和沉积亚单元 q；沉积亚单元 d、沉积亚单元 e、沉积亚单元 f、沉积亚单元 h、沉积亚单元 i、沉积亚单元 n、沉积亚单元 o、沉积亚单元 p 和沉积亚单元 q 的珊瑚藻分异度相近，并且比较均一，彼此间无显著差异（$p<0.05$）。此外，琛科 2 井所有沉积亚单元的珊瑚藻属分析结果显示，沉积亚单元 d、沉积亚单元 e、沉积亚单元 i 和沉积亚单元 m 中珊瑚藻属均有不同程度的增加，但在沉积亚单元 d 增加最多，增加了 3 个，其余均增加 1 个（图 6.8）。

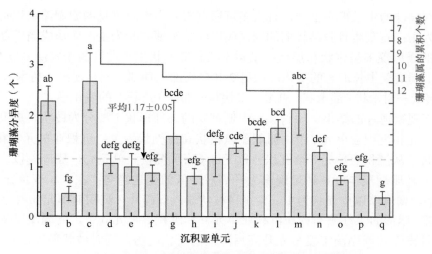

图 6.8　琛科 2 井各沉积亚单元珊瑚藻分异度的差异

三、珊瑚藻形态的时序变化特征

珊瑚藻作为珊瑚礁发育过程中重要的造礁生物已是不争的事实，不同形态的珊瑚藻在礁体演化发育过程中扮演的重要角色不尽相同。因此，珊瑚藻的形态对评估过去环境变化有着重要的生态意义。起初可通过珊瑚藻的形态来区分不同的类群。因此，分类学家多是基于珊瑚藻的生长形态区分出大的类群，共计产生了超过 100 种形态术语，导致珊瑚藻形态描述混乱，同时也使得珊瑚藻的分类变得复杂。鉴于此，Woelkerling 等[65] 总结了超过 5000 种前人描述的关于无节珊瑚藻类群的形态术语，并将其归类，最终集合成 10 个主要类型（表 6.3），分别为疏松状（unconsolidated）、薄壳状（encrusting）、疣状（warty）、多块状（lumpy）、灌木状（fruticose）、盘状（discoid）、层状（layered）、叶状（foliose）、带状（ribbon-like）、树木状（arborescent）。有节珊瑚藻通常分为非钙化的节间和钙化的节部。

表 6.3　珊瑚藻的形态及其主要特征[65]

形态	主要特征描述
疏松状	植物体由部分或完全松散（自由）的丝状体组成
薄壳状	植物体呈壳状、扁平状或袖筒状，藻体腹面部分或全部黏附在基底上，缺乏突起及薄片状分枝
疣状	植物体具有疣状突起，突起通常呈非枝状，短于 3mm
多块状	植物体多呈块状，通常为膨胀的突起，这些突起在长度上可能有变化，它们常是聚集的、连续的，很少呈分枝状
灌木状	植物体具有圆柱状–扁平状突起，突起长度多数大于 3mm，通常为分枝状

形态	主要特征描述
盘状	植物体由一个不分枝且大部分未附着的圆盘状薄片组成，薄片形状多样
层状	植物体由部分到大量扁平状、片状的分枝组成，这些分枝水平排列成层状。这些植物枝干通常表面看起来呈梯田状
叶状	植物体由若干到许多片状分枝组成，这些分枝以不同的角度排列在一起。同时这些分枝可能是单枝分叉，可能是扁平状或各种弯曲状，可能是彼此独立的，也可能是在不同程度上交织和连贯的
带状	植物体由扁平的带状枝组成，缺乏明显的固着器（holdfast）和叶柄（stipe）
树木状	植物体一般呈树枝状，由一个明显的固着器和叶柄组成，分枝呈扁平状、带状或扇形

琛科 2 井中珊瑚藻的生长形态多样，且大多可通过岩芯中肉眼可见的珊瑚藻来识别。其中，红藻石以疣状和多块状为主；石灰质且胶结较弱的珊瑚藻以叶状和薄壳状为主；而形成珊瑚藻条带并进一步发育成珊瑚藻灰岩的珊瑚藻多呈带状和层状；呈树木状和灌木状生长发育的珊瑚藻多发育成珊瑚藻骨架。基于长时间尺度上珊瑚藻生长形态的变化，琛科 2 井自底部至顶部主要呈现出"树木状 / 灌木状—叶状 / 薄壳状—带状 / 层状—树木状 / 灌木状—疣状 / 多块状—带状 / 层状"的变化模式。

基于显微镜下观察薄片的结果，琛科 2 井中珊瑚藻的外部形状主要分为枝状、皮壳状和瘤块状。其中，在沉积亚单元 a 和沉积亚单元 f 中，珊瑚藻以枝状和皮壳状为主；沉积亚单元 b 和沉积亚单元 i 的珊瑚藻均呈皮壳状；从沉积亚单元 c 至沉积亚单元 h（除了沉积亚单元 f），珊瑚藻以皮壳状为主，零星分布枝状珊瑚藻，且珊瑚藻丰度整体呈现出先升高后降低的变化趋势；在沉积亚单元 j、沉积亚单元 k 和沉积亚单元 l 中，珊瑚藻以皮壳状为主，含少量枝状珊瑚藻碎片；沉积亚单元 m 中主要为皮壳状珊瑚藻和瘤块状椭球形-球形的大红藻石；在沉积亚单元 n 和沉积亚单元 o 中，珊瑚藻以皮壳状为主，含少量枝状珊瑚藻，且皮壳状珊瑚藻丰度呈先升高后降低的变化趋势，同时枝状珊瑚藻在 221.5 ~ 148.15m（2.38 ~ 1.82Ma）集中分布；在沉积亚单元 p 中，珊瑚藻以皮壳状为主，含少量枝状珊瑚藻碎片（丰度 <1%）；沉积亚单元 q 中为皮壳状珊瑚藻。综上所述，琛科 2 井珊瑚藻的外部形态自底部至顶部的变化为：枝状、皮壳状—皮壳状—皮壳状、枝状—皮壳状和红藻石—皮壳状、枝状—皮壳状。

四、珊瑚藻形成的岩石结构特征及其功能

大多数海洋生物矿物由方解石组成。方解石是碳酸钙中热力学最稳定的多晶型物[66]。同时，高镁方解石是由海洋生物通过生物控制的生物矿化过程形成的[67]。因此，含有高镁方解石的珊瑚藻在礁体发育过程中可形成特殊的结构（图 6.9）并发挥重要的生态功能。

已有的研究结果显示[49]，琛科 2 井中的珊瑚藻可发育、沉积形成以下几种岩石类型：①珊瑚藻黏结岩（图 6.10d），包括珊瑚藻自身发育形成的黏结岩，以及其与有孔虫相伴发育形成的黏结结构（for-algaliths；图 6.10b、c），或者发育形成珊瑚藻骨架岩（图 6.10a），壮大并稳固礁体；②红藻石灰岩，为礁体提供大量钙源，最大可超过 80%；③珊瑚藻碎屑岩，可充填于孔隙、骨架孔内，被亮晶或泥晶胶结（图 6.10e、f）。

深入研究发现，琛科 2 井中的珊瑚藻还可形成其他岩石类型并发挥重要的生态功能，主要包括：①珊瑚藻形成的红藻石在原地保存完好（图 6.9a、f），红藻石疣突间沉积的细砂胶结程度极弱，甚至不胶结，致使其内核充填的砂脱落（图 6.9b），此外，在红藻石丰度相对较低的层段，红藻石与砂之间并未胶结，致使红藻石块易脱落，同时镶嵌于内核和红藻石疣突层间的砂也易脱落（图 6.9d）；②红藻石大量发育（丰度高于 70%）的层段，红藻石块在发育过程中可相互黏结，使得红藻石块间的砂等胶结，形成红藻石黏结岩，而红藻石块间大量沉积的砂层无胶结，砂砾之间也无胶结，易脱落（图 6.9l）；③呈

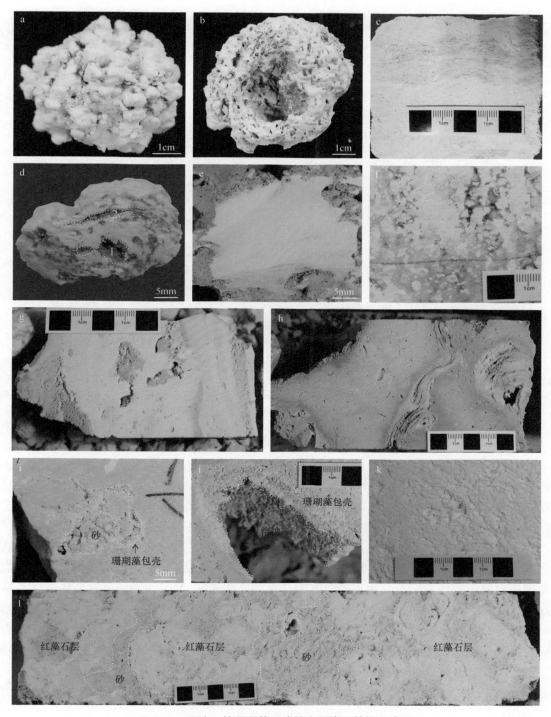

图 6.9 琛科 2 井珊瑚藻形成的主要岩石结构和类型

a. 保存完好的红藻石，表面的疣突清晰可见；b. 保存完好的红藻石的附着面，内核脱落或者溶解；c. 珊瑚藻结壳；d. 脱落的红藻石块，红藻石内
核充填物（1）和壳层（2）之间的砂等松散脱落或被溶解；e. 珊瑚藻形成的坚硬致密的、厚的壳层；f. 疣状珊瑚藻的疣突保存完好；g. 珊瑚藻形
成的坚硬致密的、厚的藻条带，珊瑚藻条带之间被砂屑填充，胶结程度极弱，砂易脱落；h. 滨珊瑚镶嵌在珊瑚藻中，滨珊瑚部分被溶解，珊瑚藻
未被溶解；i. 珊瑚藻包壳，壳层较薄且包裹砂，砂易脱落；j. 未被珊瑚藻包裹的部分被溶解；k. 薄层状珊瑚藻，易碎、易脱落，呈石灰质，弱黏结；
l. 大量红藻石形成的红藻石灰岩

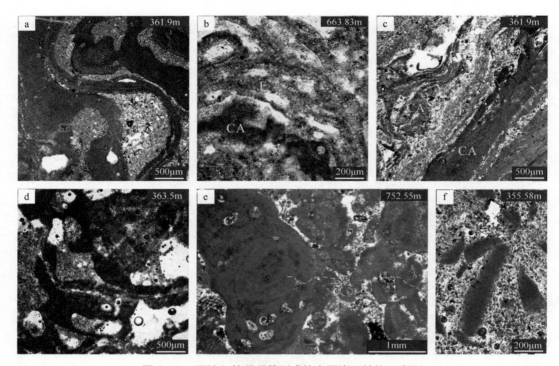

图 6.10　琛科 2 井珊瑚藻形成的主要岩石结构和类型

a. 珊瑚藻骨架岩（样品编号：CK2-CB4）；b、c. 珊瑚藻（CA）和皮壳状有孔虫（F）形成的特殊岩石结构（for-algaliths）（样品编号分别为：CK2-SY147 和 CK2-CB4）；d. 珊瑚藻黏结岩（样品编号：CK2-SY120）；e. 珊瑚藻充填沉积物（C 代表珊瑚藻生殖巢；样品编号：CK2-S240）；f. 珊瑚藻漂砾岩（样品编号：CK2-SY119）

层状或带状生长形态的珊瑚藻连续发育，可形成相对较厚的藻条带，亦可发育形成珊瑚藻岩，进一步黏结生物碎屑、砾块等，使得礁体固结并壮大（图 6.9c、e 和 g）；④珊瑚块多镶嵌于珊瑚藻碎片沉积物中，同时珊瑚受气候、环境事件的影响死亡后被大量的珊瑚藻包裹，珊瑚藻在珊瑚外围形成的藻壳层保护了珊瑚骨骼，使其不被大型藻类、草皮海藻等其他生物附着甚至破坏，另外，选择性溶解使得裸露的珊瑚被溶解，而由珊瑚藻包裹的珊瑚骨骼则不易被溶解（图 6.9h、j）；⑤由珊瑚藻包裹的砂和砾块的结构保存完好，几乎未受外力磨蚀等影响，且砂砾之间相互不黏结，易脱落，并与珊瑚藻的坚硬壳层形成明显反差，珊瑚藻自身石灰质的颜色与围岩颜色有明显区别（图 6.9i、l）；⑥珊瑚藻包裹的内核不易溶解且保存完好（图 6.9i），这可能是由珊瑚藻坚硬致密的壳层决定的；⑦呈薄层状生长型的珊瑚藻黏结能力相对较弱，且多为石灰质，易脱落，多与细砂相伴出现，整体上胶结程度相对较弱，砂遇水脱落后使得薄层状珊瑚藻裸露（图 6.9k）；⑧发育形成"钩状"珊瑚藻，形成该结构的珊瑚藻的中央叶状体多呈同轴，此外，"钩状"珊瑚藻结壳和附生植物的大量发育也表明其生长的环境富含大量大型藻类等。

五、小结

本节重点研究了西沙群岛近 20Ma 以来珊瑚藻在时间序列上的特征变化，得出以下主要结论。

（1）本书共识别出珊瑚藻 3 目 8 科 12 属。这些珊瑚藻大多在近 20Ma 以来的碳酸盐岩沉积序列中呈不同程度分布，并且以混石藻目和珊瑚藻目为主，孢石藻目零星发育。其中，叉珊藻属分布于 19.60 ～ 0.71Ma，中叶藻属分布于 19.48 ～ 1.19Ma，石枝藻属分布于 17.45 ～ 2.18Ma，奇石藻属分布于 14.13 ～ 8.77Ma，似绵藻属分布于 6.35 ～ 4.28Ma，新角石藻属分布于 18.89 ～ 5.02Ma，叉节藻属分布于 6.94 ～ 2.17Ma，孢石藻属分布于 16.5 ～ 6.74Ma，而珊瑚藻属、水石藻属、石叶藻属和石孔藻属在整个时间跨度为近 20Ma 的碳酸盐岩层中皆有不同程度的分布。

（2）整个碳酸盐岩序列中珊瑚藻的平均丰度为（6.72±0.45）%，其中 312 ～ 309m（4.36 ～ 4.28Ma）最高，且珊瑚藻集中发育，平均为（34.06±9.09）%，与其他层段存在显著差异（$p < 0.05$）。该时期也发育大量大型的红藻石，含量最高可占该段岩芯的 80%。琛科 2 井珊瑚藻属为 1 ～ 10 个，其中在 789.85 ～ 689.07m（17.73 ～ 16.78Ma）最多，为 10 个，其次 489.44 ～ 410m（9.77 ～ 7.35Ma），为 8 个。岩芯观察统计结果显示，近 20Ma 以来西沙群岛珊瑚礁中的珊瑚藻还多形成椭球形和球形红藻石，含量最高可占碳酸钙总量的 80%，直径为 1 ～ 10cm，分布于 17.3 ～ 0.31Ma。

（3）琛科 2 井珊瑚藻生长形态多样，自底部至顶部主要呈现出"树木状 / 灌木状—叶状 / 薄壳状—带状 / 层状—树木状 / 灌木状—疣状 / 多块状—带状 / 层状"的变化模式。琛科 2 井珊瑚藻的外部生长类型主要包括枝状、皮壳状和瘤块状，自底部至顶部的变化依次为：枝状、皮壳状—皮壳状—皮壳状、枝状—皮壳状和红藻石—皮壳状、枝状—皮壳状。

（4）琛科 2 井中的珊瑚藻还可形成其他岩石类型并发挥重要的生态功能，主要包括：①珊瑚藻形成的红藻石在原地保存完好，为珊瑚礁发育提供了大量碳酸钙，同时也保护镶嵌于其纹层间砂屑的结构；②红藻石大量发育可形成红藻石黏结岩；③层状或带状生长形态的珊瑚藻连续发育形成相对较厚的藻条带；④珊瑚藻包裹在死亡珊瑚的表面，使得珊瑚骨骼不被大型藻类、草皮海藻等其他生物附着破坏；⑤珊瑚藻包裹砂、砾块，使其结构保存完好；⑥珊瑚藻形成的坚硬壳层使得其包裹的内核砂或生物等不易溶解且保存完好；⑦呈薄层状生长类型的珊瑚藻的黏结性相对较弱，且多为石灰质，多发育于相对安静的水体环境；⑧"钩状"珊瑚藻的中央叶状体多为同轴的，同时"钩状"的珊瑚藻结壳和大量发育的附生植物也表明其生长的环境中富含大量大型藻类等。

第四节　琛科 2 井珊瑚藻的组合及其时序变化特征

沉积物供给对碳酸盐工厂（carbonate factory）的发育及其组成会产生重要影响，因此生物骨骼的组成、组合及其丰度等可为古环境的重建提供重要信息。例如，在晚始新世，珊瑚藻作为重要的碳酸盐生产者，其骨骼形成的组合或由其形成的红藻石常被视为古环境重建的重要载体[68]。研究发现，在极浅的热带水域（水深 <10m），珊瑚藻组合几乎完全由珊瑚藻目组成[32]。而在这种环境中，石叶藻亚科（包括具有次级纹孔连接的物种）通常最为常见，并呈现出显著的物种多样性[69]。

琛科 2 井整个碳酸盐岩地层中皆有珊瑚藻沉积，但不同沉积亚单元之间的珊瑚藻属种有所差异。根据珊瑚藻的分布、丰度及其延限带，以及不同沉积亚单元主导的珊瑚藻属，分析识别出琛科 2 井中自底部至顶部的珊瑚藻组合及其变化。

一、珊瑚藻的组合

（一）*Corallina-Jania-Hydrolithon-Lithoporella* 组合

Corallina-Jania-Hydrolithon-Lithoporella 组合（CAA1）主要为珊瑚藻目的属种，具体由枝状的珊瑚藻属和叉珊瑚藻属以及皮壳状的水石藻属和石孔藻属组成。其中，水石藻属和石孔藻属分别以 *Hydrolithon onkodes* 和 *Lithoporella melobesioides* 为主。这些集成组合的珊瑚藻通常在碳酸盐岩地层中具有相对较长

的延限带，同时发育也相对连续，丰度也相对较高。该组合主导的沉积亚单元也发育少量的新角石藻属和石叶藻属等隶属于珊瑚目的属种。此外，该组合主导的沉积亚单元还零星发育中叶藻属等隶属于混石藻目的珊瑚藻，以及一些未鉴定属种。

（二）*Mesophyllum* 组合

Mesophyllum 组合（CAA2）主导的珊瑚藻为隶属于混石藻目的中叶藻属，该属多呈现出明显的背、腹特征，多形成珊瑚藻黏结岩和骨架结构。与此同时，该组合主导的沉积亚单元也发育其他的枝状和皮壳状珊瑚藻，如枝状的珊瑚藻属、叉珊藻属和叉节藻属以及皮壳状的石孔藻属等，其中皮壳状的属种仅在部分层段出现，且丰度相对较低，而枝状的珊瑚藻多以碎片的形式沉积。此外，该组合在琛科 2 井碳酸盐岩沉积亚单元中多有分布。

（三）*Hydrolithon-Lithoporella-Lithophyllum* 组合

琛科 2 井中，*Hydrolithon-Lithoporella-Lithophyllum* 组合（CAA3）主导的沉积亚单元主要发育水石藻属、石孔藻属和石叶藻属等珊瑚藻目的珊瑚藻。该组合主导的沉积亚单元也零星分布枝状的珊瑚藻属和叉珊藻属，多呈碎片状，为礁体发育提供碳酸钙源。该组合主导的沉积亚单元也发育少量隶属于混石藻目的中叶藻属，说明该组合发育的生物建造的珊瑚礁微地貌相对比较复杂。

（四）*Corallina-Jania-Hydrolithon-Lithophyllum* 组合

Corallina-Jania-Hydrolithon-Lithophyllum 组合（CAA4）主要由珊瑚藻属、叉珊藻属、水石藻属和石叶藻属构成，发育这些属种的沉积亚单元也零星分布皮壳状的中叶藻属和石枝藻属，以及枝状的叉节藻属。其中，叉节藻属以碎片的形式沉积。此外，在少数层段也发育小的瘤块状红藻石和"钩状"珊瑚藻。从构成 CAA4 的珊瑚藻属种而言，与集成 CAA1 的珊瑚藻较为相近，但 CAA4 主导的沉积亚单元中石叶藻属的延限带相对较长，且丰度相对较高。因此，该组合在属种组构方面与 CAA1 有一定差异。

（五）*Mesophyllum-Lithophyllum* 组合

琛科 2 井碳酸盐岩沉积序列中，中叶藻属和石叶藻属在部分沉积亚单元中皆具有较长的延限带和相对较高的丰度，且这些沉积亚单元中的珊瑚藻主要由这两属构成。因此，这些沉积亚单元的珊瑚藻集成 *Mesophyllum-Lithophyllum* 组合（CAA5）。该组合发育的层段也分布有少量皮壳状的孢石藻属，以及少量枝状的叉珊藻属和珊瑚藻属。另外，该组合发育的层段珊瑚藻也多与皮壳状有孔虫相伴发育形成 for-algaliths 结构，以抵御外力对礁体的侵蚀，从而增强珊瑚礁的稳定性。

（六）*Hydrolithon-Aethesolithon* 组合

奇石藻属是琛科 2 井中最为特殊的珊瑚藻之一，开始出现于中中新世，在晚中新世之后缺失，其在中中新世零星发育，集中发育于晚中新世早期，并与水石藻属共同出现在同一沉积亚单元，集成 *Hydrolithon-Aethesolithon* 组合（CAA6）。该组合在琛科 2 井碳酸盐岩序列中分布的沉积亚单元较为特殊，同时这两属也通常作为海进时期的先锋种相伴发育。此外，该组合主导的沉积亚单元也发育少量其他珊瑚藻目属种。

（七）*Mesophyllum-Lithothamnion-Lithophyllum* 组合

石叶藻属是珊瑚藻目中分布最为广泛的属之一，并与不同属的分布差异相对明显。与 CAA5 相比，*Mesophyllum-Lithothamnion-Lithophyllum* 组合（CAA7）主导的沉积亚单元还分布有延限带较长的石枝藻属，同时也零星分布枝状的叉珊藻属、叉节藻属和珊瑚藻目其他属种，以及皮壳状的新角石藻属、水石藻属和混石藻目的其他属种，其中枝状的珊瑚藻多以碎片的形式沉积。

（八）*Spongites* 组合

似绵藻属在整个碳酸盐岩序列中的延限带相对较短，且仅在上新世的部分沉积层段集中发育，集成 *Spongites* 组合（CAA8）。相比于其他属，似绵藻属集中发育的岩芯厚度最小。琛科 2 井中，似绵藻属多与红藻石相伴发育，该层段也零星出现混石藻目的石枝藻属和中叶藻属。其中，这些混石藻目的珊瑚藻可能发育于礁体荫蔽的微型环境。同时，中叶藻属和石枝藻属的出现也有可能是环境突变的结果。

（九）*Lithothamnion* 组合

琛科 2 井中，石枝藻属作为主导的珊瑚藻，集成 *Lithothamnion* 组合（CAA9）。该组合主导的沉积亚单元也分布皮壳状的中叶藻属和石孔藻属，以及枝状的叉珊藻属、珊瑚藻属和叉节藻属。其中，混石藻目的珊瑚藻仅发育于孤立的层段，珊瑚藻目中的珊瑚藻多以碎片的形式沉积，且丰度极低，尤其是叉节藻属。石枝藻属在该沉积亚单元中具有较长的延限带，且丰度也相对较高。

（十）*Lithoporella-Lithophyllum* 组合

琛科 2 井中，石叶藻属和石孔藻属相伴发育，其丰度均相对较高，且二者的延限带也相对较长，因此集成 *Lithoporella-Lithophyllum* 组合（CAA10）。此外，该组合仅发育于琛科 2 井的顶部，且仅出现于一个沉积亚单元中，同时该组合发育的层段还零星发育水石藻属、珊瑚藻属和叉珊藻属，以及极少量瘤块状的小红藻石。

二、珊瑚藻组合的时序变化特征

基于琛科 2 井中分布的珊瑚藻属及其在时间序列上的特征变化，结合不同沉积亚单元中由主导珊瑚藻组构的珊瑚藻组合，分析了近 20Ma 以来西沙群岛的珊瑚藻组合在时间序列上的特征变化，具体如下。在沉积亚单元 a（19.60～18.67Ma）、沉积亚单元 b（18.67～17.98Ma）、沉积亚单元 c（17.98～17.73Ma）、沉积亚单元 d（17.73～16.78Ma）和沉积亚单元 e（16.78～16.31Ma）5 个沉积亚单元中，对应分布的珊瑚藻组合分别为 CAA1、CAA2、CAA3、CAA4 和 CAA5。从沉积亚单元 f（16.31～14.79Ma）开始，珊瑚藻属种再次演化为与西沙群岛珊瑚礁开始发育时期的类似属种。因此，由其集成的珊瑚藻组合也发生了同样的变化，即在沉积亚单元 f、沉积亚单元 g（14.79～13.72Ma）、沉积亚单元 h（13.72～10.00Ma）和沉积亚单元 j（9.77～7.35Ma）等沉积亚单元中，珊瑚藻组合变化依次为 CAA1、CAA2、CAA4 和 CAA5。而在沉积亚单元 i（10.00～9.77Ma）中，奇石藻属集中发育，同时水石藻属也相伴发育，构成相对独立且较为特殊的珊瑚藻组合 CAA6。在沉积亚单元 k（7.35～5.23Ma）中，随着环境的变化，主导的珊瑚藻属集成 CAA7。而沉积亚单元 l（5.23～4.36Ma）和沉积亚单元 o（2.20～1.16Ma）中主导的珊瑚藻再次表现出分别与沉积亚单元 b/ 沉积亚单元 g 和沉积亚单元 e/ 沉积亚单元 j 类似的变化特征。因此，沉积亚单元 l 和沉积亚单元 o 的珊瑚藻组合分别为 CAA2 和 CAA5。在沉积亚单元 m（4.36～4.28Ma）中，岩芯证据显示，该沉积亚单元发育大量红藻石，同时也出现明显的暴露面（图 6.11），可能为区域地质事件的结果，同时该时期也发育延限带较长的似绵藻属。因此，沉积亚单元 m 中的珊瑚藻组合为 CAA8。沉积亚单元 n（4.28～2.20Ma）和沉积亚单元 p（1.16～0.28Ma）被沉积亚单元 o 隔开，其中沉积亚单元 n 中石叶藻属和石孔藻属的延限带较长，沉积亚单元 p 中石枝藻属的延限带较长。因此，这两个沉积亚单元分布的珊瑚藻组合分别为 CAA9 和 CAA10。与沉积亚单元 c 类似，沉积亚单元 q（0.28～0Ma）中的主导珊瑚藻亦为水石藻属、石孔藻属和石叶藻属。因此，该沉积亚单元的珊瑚藻组合为 CAA3。

综上所述，近 20Ma 以来西沙群岛的珊瑚藻组合在长时间尺度上存在明显的周期性变化，并以 16.31Ma 和 4.36Ma 为界，自钻孔底部至顶部可将其分为三个大的沉积旋回，分别为：第一个沉积旋回（19.60～16.31Ma，沉积亚单元 a 至沉积亚单元 e），包括珊瑚藻组合 CAA1、CAA2、CAA3、CAA4、CAA5；第二个沉积旋回（16.31～4.36Ma，沉积亚单元 f 至沉积亚单元 l），包括珊瑚藻组合 CAA1、CAA2、CAA4、CAA5、CAA6、CAA7；第三个沉积旋回（4.36～0Ma，沉积亚单元 m 至沉积亚单元 q），包括珊瑚藻组合 CAA3、CAA5、CAA8、CAA9、CAA10（图 6.11）。

三、小结

本节重点研究了近 20Ma 以来西沙群岛的珊瑚藻组合特征及其在长时间尺度上的特征变化，得出以下主要结论。

（1）根据不同沉积亚单元中主导的珊瑚藻属，可将琛科 2 井中的珊瑚藻属分成 10 个珊瑚藻组合，具体包括 *Corallina-Jania-Hydrolithon-Lithoporella* 组合（CAA1）、*Mesophyllum* 组合（CAA2）、*Hydrolithon-Lithoporella-Lithophyllum* 组合（CAA3）、*Corallina-Jania-Hydrolithon-Lithophyllum* 组合（CAA4）、*Mesophyllum-Lithophyllum* 组合（CAA5）、*Hydrolithon-Aethesolithon* 组合（CAA6）、*Mesophyllum-Lithothamnion-Lithophyllum* 组合（CAA7）、*Spongites* 组合（CAA8）、*Lithothamnion* 组合（CAA9）和 *Lithoporella-Lithophyllum* 组合（CAA10）。

（2）基于琛科 2 井各沉积亚单元中主导珊瑚藻属集成的组合及其特征变化，整个碳酸盐岩序列自下而上可划分为三个不同的沉积旋回，分别为：第一个沉积旋回（19.60～16.31Ma）具体包括沉积亚单元 a（878.22～838.05m，19.60～18.67Ma）、沉积亚单元 b（838.05～801.15m，18.67～17.98Ma）、沉积亚单元 c（801.15～789.85m，17.98～17.73Ma）、沉积亚单元 d（789.85～689.07m，17.73～16.78Ma）、沉积亚单元 e（689.07～637.92m，16.78～16.31Ma）5 个沉积亚单元，对应集成的珊瑚藻组合分别为 CAA1、CAA2、CAA3、CAA4、CAA5；第二个沉积旋回（16.31～4.36Ma）具体包括沉积亚单元 f（637.92～560.07m，16.31～14.79Ma）、沉积亚单元 g（560.07～545m，14.79～13.72Ma）、沉积亚单元 h（545～506.1m，13.72～10.00Ma）、沉积亚单元 i（506.1～489.44m，10.00～9.77Ma）、沉积亚单元 j（489.44～410m，9.77～7.35Ma）、沉积亚单元 k（410～342.45m，7.35～5.23Ma）、沉积亚单元 l（342.45～312m，5.23～4.36Ma）7 个沉积亚单元，对应集成的珊瑚藻组合分别为 CAA1、CAA2、CAA4、CAA6、CAA5、CAA7、CAA2；第三个沉积旋回（4.36～0Ma）具体包括沉积亚单元 m（312～309m，4.36～4.28Ma）、沉积亚单元 n（309～200m，4.28～2.20Ma）、沉积亚单元 o（200～80m，2.20～1.16Ma）、沉积亚单元 p（80.00～30m，1.16～0.28Ma）、沉积亚单

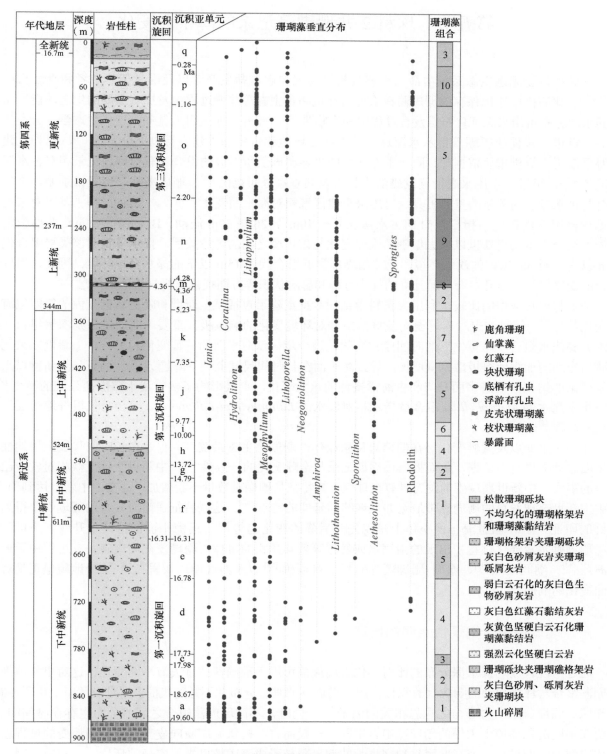

图 6.11　琛科 2 井珊瑚藻组合及其在时间序列上的变化

元 q（30～0m，0.28～0Ma）5 个沉积亚单元，对应集成的珊瑚藻组合分别为 CAA8、CAA9、CAA5、CAA10、CAA3。

第五节 琛科 2 井珊瑚藻记录的海平面变化

珊瑚藻是珊瑚礁生态系统中最为重要且易被忽视的碳酸盐生产者以及礁骨架建造者和礁结构稳定者 [17, 70]。化石礁中原地保存的珊瑚藻在重建古环境和古生态等演变过程中发挥着重要的生态功能，如基于其水深分布可用来表征化石礁发育过程中的生物带 [71]。此外，通过引入珊瑚藻现代生态学、分类学特征等，可进一步促使珊瑚藻指示水深这一功能在古环境和古生态重建中得以充分发挥 [72]，也为重建相对海平面历史提供重要依据 [4]。同一生态环境中主导珊瑚藻所形成的组合具有很好地记录相对古水深的功能 [3, 4, 73]，可进一步来表征珊瑚礁的生物带及其垂直分布范围 [74]。珊瑚藻组合也是记录珊瑚礁生长发育与古水深之间关系的重要工具，可用来重建区域相对海平面变化 [3, 75, 76]。Abbey 等 [76] 基于对末次冰期珊瑚藻组合的研究，指出该时期古水深在 0 ~ 10m 至 20 ~ 30m 波动。Braga 和 Aguirre[31] 也确定了珊瑚藻组合指示的更新世以来大堡礁的水深变化与礁环境之间的定量关系，揭示了宽珊瑚类群组合代表 10m 以内甚至 6m 以内的浅水环境，无节珊瑚类群组合代表 15m 以下的深水台地环境。因此，珊瑚藻组合的变化特征在提升对海平面升降的行为过程和影响认识等方面提供了极具价值的信息 [3, 4]。

基于与现代数据的比较，利用大量科学钻探数据重建了包括早全新世和晚更新世在内的第四纪海平面变化 [4, 32, 77]，同时这也对理解珊瑚藻群落组合对环境变化的响应极其重要，即通过识别深水组合（礁溺水）和浅水组合（礁再生）的时间序列变化，进一步认识海平面的特征变化。另外，上新世以来北半球冰川作用的加强使得极地冰量增加，导致海平面在长时间尺度上呈下降趋势 [78]。而正是上新世以来长期呈现出的周期性的海平面升降和古海洋条件的重大变化，直接影响了热带浅水碳酸盐系统的演变 [79]。南海指示深水的 *Mesophyllum* 组合被指示相对浅水的 *Lithophyllum-Lithoporella* 组合替代很好地验证了这一演变过程 [4]。

作为海平面以及气候变化潜在的信息记录载体，珊瑚礁生态系统可为重建在长时间尺度上周期性的海平面波动提供有力证据，从而揭露该周期记录与全球变化的一致性 [71]。中新世全球气候相对较冷已是不争的事实。中新世珊瑚礁的发育具有全球性，其特征是珊瑚礁数量不断增加，并在中中新世达到顶峰，即中中新世全球发育的珊瑚礁带最宽并呈现纬向延伸的特点 [80]。这些特征在南海发育的珊瑚礁中得到了很好的印证 [81]。中新世海平面整体上呈现先升后降的变化趋势 [82]，而海平面的持续上升或下降可用来解释珊瑚礁发育演化过程中出现的由溺水或暴露等致其死亡的事件。珊瑚藻在珊瑚礁发育过程中所形成的海藻 [34]、潮间突礁 [35]、珊瑚-珊瑚藻骨架 [35]、杯藻礁 [83] 以及海底珊瑚灰岩高地 [84] 等地貌也正是对海平面变化的响应。

一、珊瑚藻组合记录古水深的原理

通过与现代珊瑚藻水深分布的比对，化石珊瑚藻可用于准确评估过去海平面变化，这对更好地理解珊瑚藻组合对环境扰动的响应有着积极作用。珊瑚藻的垂直分布并不是随机的，而是受环境变化所控制，如光照、温度、水动力等与之息息相关的因子 [41]。同时，不同珊瑚藻组合之间的分布也存在时间间隔，说明在不同沉积环境中主导的珊瑚藻组合不同。一般而言，枝状珊瑚藻向皮壳状珊瑚藻演变的过程也是水体由浅变深的过程，连续发育且独立生长的珊瑚藻枝形成藻团粒可指示安静的环境，而碎屑藻团粒的减少却是对水体加深的响应 [85]。此外，珊瑚藻形态和组合之间也存在密切的关系，如宽珊瑚类群组合多以厚壳的形式发育于珊瑚群落或其他浅水生物砾块表面；相反，石叶藻类群组合则多形成突起，甚至发育形成红藻石，抑或形成独立的分枝等；而无节珊瑚藻类群组合多构成红藻石和 for-algaliths 结构 [31]。

在一定海域内，水深直接决定了珊瑚藻的丰度和分异度，而不同环境下水深对组成珊瑚藻的组合也起着关键作用。因此，通过对不同层段主导珊瑚藻的生长形态及其构成的组合特征进行分析，可进一步探讨其指示的古水深变化[86]。珊瑚藻及其组合通常有着最佳的生长环境带，其群落结构的变化也可说明古水深变化[31]。通常来讲，珊瑚藻目发育于浅水环境，混石藻目发育于深水环境[68]。然而，当发育于浅水环境的珊瑚藻和代表深水环境的珊瑚藻同时出现在同一样品中时，浅水珊瑚藻发育的最大深度则决定了它们的优势组合及其水深范围（图 6.12）[76]。珊瑚藻在高能带下的分异度相对较高[33]，其受水深变化的影响呈现出梯度变化的分布模式[41]。此外，在保存较好的化石礁中，礁脊可有效限制古水深变化，而大量发育于略低于礁脊环境的珊瑚藻形成的藻脊却是礁体演化到后期与海平面保持一致的结果。因此，珊瑚藻作为重建相对海平面曲线的一种有效的生物指示器[4, 76, 87]，其重建的可靠性取决于对其属种识别的准确性和与之可比对的水深分布信息的完整性[31, 76, 88]。

　　此外，根据珊瑚-珊瑚藻类组合推断的水深范围是通过参考它们的现代对应物来估计的[3, 31, 40]。Rémy 等[89]基于生物组分和主要骨架的生长形态，定义了几种生物相，并以此推断过去的水深变化，其中以珊瑚为主的群落组合形成的三个生物相可指示 0 ~ 20m 的水深。这三种生物相具体包括：①粗壮分枝的珊瑚相，以粗壮分枝珊瑚为主，主要为鹿角珊瑚类（acroporids）和杯形珊瑚类（pocilloporids），同时似孔水石藻（*Hydrolithon* cf. *onkodes*）等较厚的皮壳多覆盖在珊瑚表面，指示高能的浅水环境，通常为 0 ~ 6m 水深；②圆顶状珊瑚相，以圆顶状似澄黄滨珊瑚（*Porites* cf. *lutea*）和似团块滨珊瑚（*Porites* cf. *lobata*）为主，主要分布于 0 ~ 10m 或 0 ~ 20m 水深；③板状分枝珊瑚相，以板状珊瑚为主，包括 *Acropora* gr. *hyacinthus/cytherea*、鹿角杯形珊瑚（*Pocillopora damicornis*）、埃氏杯形珊瑚（*Pocillopora eydouxi*）、指形蔷薇珊瑚（*Montipora digitata*），这些珊瑚通常与孔水石藻（*Hydrolithon onkodes*）、石叶藻（*Lithophyllum* sp.）、中叶藻（*Mesophyllum* spp.）相伴发育，多指示 15m 以内的浅水中能环境。因此，珊瑚群落的形态（枝状、圆顶状、板状）也是重建化石礁水深变化的重要指示器[90]。珊瑚和珊瑚藻等造礁生物的垂直分布不仅取决于光的有效性（对应于水的深度和浊度），还取决于水动力条件，这些条件与珊瑚礁的深度和位置（群落生境）息息相关。虽然珊瑚形态主要受水深控制，但在浅水环境中，水动力条件却强烈影响着珊瑚的生长形态。例如，具有结壳形态的珊瑚在高能的浅水环境中占主导地位，而在相同水深范围的遮蔽环境，珊瑚的生长形态则呈现出多样化[91]。此外，一些水深分布范围有限或丰度峰值显著的珊瑚已被成功地用于重建过去的海平面曲线，其精确度为 ±2.5m，甚至更高[91]。但这种重

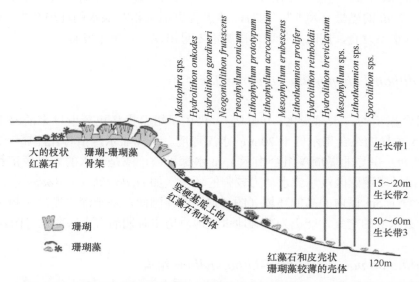

图 6.12　印度洋-太平洋珊瑚礁中常见的皮壳状珊瑚藻的深度范围及其水深指示原理[31, 76, 88]
理想的礁后 / 礁坡横断面的水深分带可用于解释过去珊瑚礁的水深变化

建的海平面曲线在不同的礁环境之间可能存在差异[92]。用于重建海平面的珊瑚种类也具有一定局限性，因此优先选取分布于 0 ～ 5m 水深高能区的属种[93]。尽管如此，由于地理分布带或能量水平的差异，这些珊瑚物种在相对较深的礁环境中不发育，因此基于其重建过去水深变化的准确性降低[89]。

二、琛科 2 井珊瑚藻组合的古水深解释

（一）*Corallina-Jania-Hydrolithon-Lithoporella* 组合

Corallina officinalis 作为北大西洋岩石海岸和岩石中重要的生物组分[94]，也发育于圣玛嘉烈湾（St. Margaret's Bay, UK）期间带岩石中 ±0.3 m 水深环境[95]。*Corallina elongata*（现更名为 *Ellisolandia elongata*）大量发育于沿海岸线分布的水深约为 0.5m 的硬基质之上[96]。*Jania rubens* 以附生的形式发育于浅水环境[97]，在巴西乌巴图巴（Ubatuba, Brazil）该种大量发育于低潮时的浅水区[98]，而 *Hydrolithon onkodes* 与枝状鹿角珊瑚多相伴发育，用来指示浅水的高能环境（图 6.13）[32]。

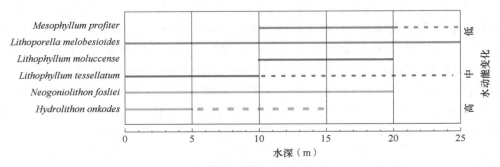

图 6.13　常见珊瑚藻的水深及其水动能环境变化[32]

（二）*Mesophyllum* 组合

中叶藻属（*Mesophyllum*）通常分布在较深和中等的水深环境。在琉球群岛，由中叶藻组构的珊瑚藻组合多分布在 15 ～ 30m 的礁坡环境[99]。同时，该组合也指示相对深水的环境[3, 4]。琛科 2 井中，该组合发育的时期珊瑚几乎不发育，同时其他珊瑚藻类群零星出现，甚至不发育。

（三）*Hydrolithon-Lithoporella-Lithophyllum* 组合

根据珊瑚藻组合指示的古水深变化，Iyru 等[87]报道了塔希提岛更新世以来的海平面变化，揭示了 *Hydrolithon onkodes* 主导的组合指示低于 20m 的水深环境。研究显示，由石孔藻属（*Lithoporella*）和石叶藻属（*Lithophyllum*）主导的珊瑚藻组合指示 15m 水深以内，或是浅水的外礁坪沉积环境[4]。水石藻属（*Hydrolithon*）指示珊瑚礁区浅水或水动力较强的环境，如 *Hydrolithon onkodes* 分布于 15m 以内的浅水环境，甚至多发育于 5m 以内的高能环境（图 6.13）[32]。因此，基于深水珊瑚藻指示的最浅水深和浅水珊瑚藻指示的最大水深的交集才能更为准确地重建地质历史时期的古水深变化（图 6.12）。

（四）*Corallina-Jania-Hydrolithon-Lithophyllum* 组合

在现代珊瑚礁中，珊瑚藻属（*Corallina*）、叉珊藻属（*Jania*）、水石藻属（*Hydrolithon*）是以浅水为

生长发育环境的特征属种，而石叶藻属（*Lithophyllum*）普遍分布于珊瑚礁地层中，但主要因种的差异致使其指示的具体水深环境有所不同，极大地减弱了单独利用 *Lithophyllum* 在属一级水平上指示古生态的功能，这也反映了珊瑚藻指示水深时须限制不同珊瑚藻的水深分布范围交集的必要性。例如，*Lithophyllum* 可发育于浅水、高能的潮间带环境[100]，也可分布在水深约 20m 的环境[101]。在加勒比海，鹿角珊瑚（*Acropora palmata* 和 *Acropora cervicornis*）与 *Porolithon pachydermum* 和 *Lithophyllum* 分布于中—高能带，可建造礁骨架[102]。在大堡礁，由 *Lithophyllum* 主导的珊瑚藻组合多发育于 10 ～ 12m 水深，并形成藻团块[31]；而在地中海潮间带，其可形成大的潮间突礁[68]。更新世以来塔希提岛海平面变化的研究结果显示，由 *Lithophyllum insipidum* 主导的珊瑚藻组合指示 20 ～ 35m 的水深环境[87]。Cabioch 等[103] 认为，*Lithophyllum tessellatum* 主要分布在 10m 以内的水深环境。也有研究显示，*Corallina-Jania-Hydrolithon-Lithophyllum* 组合发育的层段也大量发育指示浅水环境的有孔虫（如 *Amphistegina* 和 *Heterostegina*）[104]。在大西洋西部和太平洋热带地区，*Lithophyllum congestum*（修正后的学名[105]）和 *Porolithon* spp. 可发育形成藻脊[17]。此外，自新生代以来，*Lithophyllum* 和 *Porolithon* 一直参与着珊瑚礁的建造，也多用作古生态重建[106]。同时，这两属珊瑚藻在拉戈伊尼亚（Lagoinhas）作为主要的造礁生物类群，建造珊瑚礁骨架[17]。

（五）*Mesophyllum-Lithophyllum* 组合

在大西洋西南部，*Mesophyllum macroblastum* 通常发育于 15m 的水深环境[107]。在地中海西北部，由 *Mesophyllum alternans* 和 *Lithophyllum frondosum* 主导的群落组合分布于 15 ～ 30m 的水深环境[108]。在琉球群岛，*Mesophyllum* 通常发育于 15 ～ 30m 的水深环境[99]。也有研究结果显示，*Mesophyllum prolifer* 和 *Lithophyllum moluccense* 均分布于 10 ～ 20m 水深的中—低能环境（图 6.13）[32]。上新世以来南海珊瑚藻记录的古水深变化研究显示，*Mesophyllum* 和 *Lithophyllum* 主导的珊瑚藻组合指示 15 ～ 20m 的潟湖坡沉积环境[4]。

（六）*Hydrolithon-Aethesolithon* 组合

地质历史时期，奇石藻属（*Aethesolithon*）从早中新统到现代地层皆有分布，但其化石发现相对较少。*Aethesolithon* 在太平洋现代浅水珊瑚礁区极其丰富[109]，而 *Aethesolithon* 化石多见于澳大利亚东北部更新统浅水礁沉积地层[31]，以及加里曼丹岛东部中中新统礁组合沉积地层，指示浅水环境[110]。在马尔代夫群岛中中新统浅水礁地层发育有 *Aethesolithon* 主导的珊瑚藻组合[111]。*Hydrolithon* 作为浅水环境的主要物种，常发育形成指示高能环境的藻脊[35]。

（七）*Mesophyllum-Lithothamnion-Lithophyllum* 组合

在现代珊瑚礁中，中叶藻属（*Mesophyllum*）和石枝藻属（*Lithothamnion*）的丰度随水深的加深而升高[35]，通常分布在大于 20m 的水深环境或浅层至深层的温带环境，甚至可达 110 ～ 120m 的水深环境[31]。在大堡礁海域，由 *Mesophyllum* 和 *Lithothamnion* 主导的珊瑚藻组合分布于 10 ～ 15m 以下的生物带环境[24]。在印度尼西亚苏拉威西岛（Sulawesi），该珊瑚藻组合发育于 15m 以下水深环境[31]。在印度洋 - 太平洋，*Lithothamnion prolifer* 发育于 20 ～ 40m 的水深环境[112]。在弗雷泽岛，*Mesophyllum*、*Lithothamnion* 和孢石藻属（*Sporolithon*）多相伴发育于台地外缘[24]，或生长于低纬度相对深水环境。此外，该组合指示深水环境，也常发育于 35m 以下较暗或隐蔽的洞穴、裂缝环境等[76]。

（八）*Spongites* 组合

似绵藻属（*Spongites*）主导的组合指示非常浅的水深环境[4]。*Spongites* 也常发育于礁前（fore-reef）环境[113]。在南非南部海岸，*Spongites yendoi* 作为主要的生物类群，大量发育于下潮间带[114]。在普赖尼亚（Prainha）北部和南部沿岸，*Spongites* 作为最主要的骨架建造者，指示水动力较强的环境[103]。在智利潮间带岩石上，也分布有大量的 *Spongites*，其在整个南半球沿岸也比较常见[115]。与 *Lithophyllum* sp.[41] 类似，*Spongites fruticulosus* 常分布于浅水环境。同时，自渐新世以来，*Spongites fruticulosus* 常见于浅水生物组合带，同时也常在地中海发育形成珊瑚藻组合[116]。

（九）*Lithothamnion* 组合

作为混石藻目（Hapalidiales）最为常见的珊瑚藻，*Lithothamnion* 和 *Mesophyllum* 多分布于 20m 以下水深环境，甚至在 100m 水深环境也有发育[31]。这两属常相伴发育于 20～40m 水深环境[41]。现代珊瑚藻的研究结果显示，*Lithothamnion* 较 *Mesophyllum* 分布的水深更深[24]。例如，*Mesophyllum roveretoi* 常发育于荫蔽的凹槽环境，同时也是中等水深环境的优势种[41]；*Lithothamnion* 作为优势属常发育于礁斜坡环境[41]。

（十）*Lithoporella-Lithophyllum* 组合

石孔藻属（*Lithoporella*）和石叶藻属（*Lithophyllum*）主导的珊瑚藻组合指示浅水环境。以石叶藻为主的组合常出现在中—低纬度的浅水环境[12]，如在地中海西部 *Lithophyllum* 可形成潮间突礁和藻团块[12]，*Lithophyllum byssoides* 广泛分布于低潮间带，同时也发育于平均海平面以上仅几厘米且相对较薄的垂直层段[117]。*Lithoporella Melobesioides* 分布于 25m 以内的低能水深环境（图 6.13）[32]。*Lithoporella* 多与其他呈层状发育的无节珊瑚藻属（如 *Mesophyllum*、*Lithothamnion*、*Lithophyllum*、*Spongites*）以及苔藓虫和大的皮壳状有孔虫相伴发育于礁前环境[118]。*Lithoporella* 和 *Lithophyllum* 的发育表明，其生长环境为充足光照的温暖海洋环境。

三、琛科 2 井珊瑚藻组合记录的古水深及沉积环境变化

环礁上的礁岛（reef island）和台地礁（platform reef）大多位于低洼环境，最高海拔只有几米，几乎完全由邻近珊瑚礁的生物碎屑沉积物组成。这些岛礁具有海拔低、面积小，且主要依赖当地产生的生物碎屑沉积物等特点。由于松散的沉积物极易受到波浪和水流的改造，同时造礁生物的生态状态对这些沉积物也极其敏感[113]，因此它们极易受到气候变化和海平面上升的影响[119]。礁岛沉积在全球海域多有发生，其沉积物成分组成也比较明显，如有孔虫通常是太平洋的主要组成部分，珊瑚砂是印度洋的主要组成部分，而加勒比海的主要成分则是仙掌藻[120]。通过对这些沉积物组分进行分析，可进一步揭示礁岛的形成和演变历史。其中，腹足类等软体动物可用来指示沙洲沉积环境[121]；有孔虫多生活在礁坪，对礁岛的形成和维持发挥着重要的作用[122]；仙掌藻碳酸盐沉积在珊瑚礁的形成和构建中也起着关键作用[123]；而珊瑚藻在礁体发育壮大中发挥着最为关键的强黏结作用。Li 等[119] 分析了永乐环礁的全富岛、银屿、晋卿岛、广金岛以及甘泉岛不同生物组分的相对丰度，结果显示，永乐环礁的生物以珊瑚为主，其次为软体动物，同时不同程度地分布有珊瑚藻和有孔虫，部分断面含有少量苔藓虫（图 6.14）。

水深是海洋古环境重建中最重要的变量之一[124]。除了极少数具有绝对水深元素的情况，如保存好

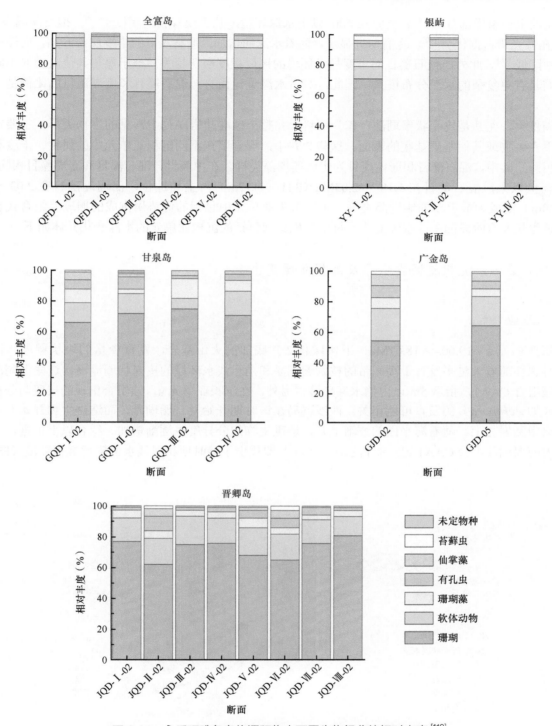

图 6.14　永乐环礁各岛屿沉积物中不同生物组分的相对丰度[119]

的礁坪复合体[125]，古水深的重建都是基于与水深有关的生物和沉积学指示物。这些生物受控于光照、水的透明度、养分的有效性[126]、内波[127]等，甚至是浅水环境下搬运的生物砾块[128]。珊瑚藻是新生代陆架最为主要的生物类群之一[12]，其分布和生长形态与光照和水动能的变化密切相关[129]，常被视作古水深重建的主要指示生物[3, 4, 41]。一般而言，在热带寡营养环境中，混石藻目是 40m 以下水深珊瑚藻类植物区系的主要组成部分[3,4,41]；同时在 60m 以下水深环境，几乎没有珊瑚藻目[24,69]。孢石藻属（*Sporolithon*）在低光带占据优势[40]。也有研究显示，随着水深的增加，混石藻目的丰度明显升高，而珊瑚藻目的丰度则降低[40]。此外，孢石藻目的丰度与礁环境的接近程度密切相关。孢子藻与其他藻类的不同之处在于它们具有更复杂的水深分布模式。因此，对古水深重建而言，混石藻目和珊瑚藻目的比例是比较可靠的[40]。

珊瑚藻类，尤其是皮壳状珊瑚藻，作为琛科 2 井整个碳酸盐岩序列中常见的生物类群，主要发育于珊瑚、甲壳生物或其他坚硬基底的表面。琛科 2 井中，珊瑚藻在不同沉积亚单元中的属种、丰度和分异度不尽相同。其中，混石藻目和珊瑚藻目为优势珊瑚藻类群。在中新世，混石藻目和珊瑚藻目相间发育；而在上新世以来，混石藻目在 5.18 ～ 2.03Ma（341 ～ 177m）占主导地位，而珊瑚藻目在 2.03 ～ 0Ma（177 ～ 0m）则成为最重要的珊瑚藻类群。不同沉积亚单元中包括的优势属集成的珊瑚藻组合代表了过去珊瑚礁生长发育阶段的主要水深变化。每个沉积旋回包括的沉积亚单元的水深变化具体如下。

（一）第一个沉积旋回古水深及沉积环境变化

1. 沉积亚单元 a

沉积亚单元 a（19.60 ～ 18.67Ma）下伏琛科 2 井底部的火山基岩，发育少量的块状珊瑚、枝状珊瑚，同时也伴随着大量多发育于潮间带的枝状珊瑚藻和指示浅水环境的皮壳状珊瑚藻。这些珊瑚藻集合成珊瑚藻组合 CAA1，指示 5m 以内的水深环境。另外，在沉积亚单元 a，该组合出现的层段与分枝状鹿角珊瑚（如 *Acropora*）的发育可能相关。西沙群岛在该时期开始发育珊瑚礁，而造礁生物开始发育于喷发后的火山基岩之上。随着海平面的逐渐上升，造礁生物的分异度也逐渐增加。综合以上证据，该沉积亚单元内的珊瑚藻组合 CAA1 记录的古水深（<5m）即代表了该时期相对浅水的礁坪沉积环境（图 6.15，图 6.16）。

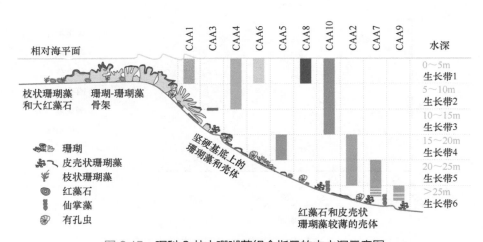

图 6.15　琛科 2 井中珊瑚藻组合指示的古水深示意图

2. 沉积亚单元 b

沉积亚单元 b（18.67 ～ 17.98Ma）在沉积亚单元 a 之上，其中珊瑚不发育，造礁生物主要为中叶藻属（*Mesophyllum*），其他珊瑚藻属种不发育，即珊瑚藻组合 CAA2 由中叶藻属集成。该组合贯穿在整个琛科 2 井碳酸盐岩序列中，同时多发育于相对深水的潟湖、潟湖坡沉积环境。根据 Iryu 等[99]对琉球群

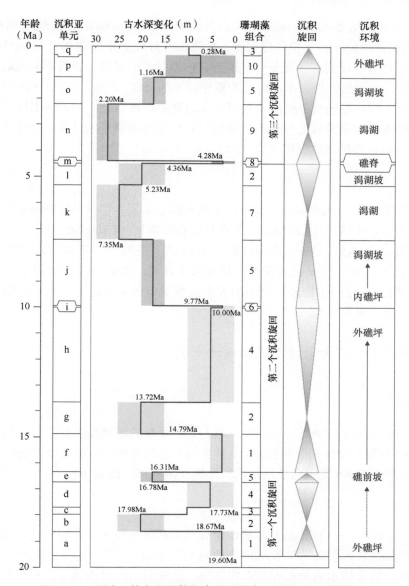

图 6.16　琛科 2 井中珊瑚藻组合记录的古水深及沉积环境变化

岛中叶藻属的研究，该属作为深水—中度深水环境的珊瑚藻属，常分布在 15 ~ 30m 的礁坡环境。因此，推测该沉积环境的古水深为 15 ~ 25m 的礁前坡更深沉积环境（图 6.15，图 6.16）。

3. 沉积亚单元 c

在沉积亚单元 c（17.98 ~ 17.73Ma），发育大量水石藻属（*Hydrolithon*）、石孔藻属（*Lithoporella*）和石叶藻属（*Lithophyllum*），并集成珊瑚藻组合 CAA3，指示 10m 以内的浅水沉积环境。此外，该时期也发育块状滨珊瑚属（*Porites*）和皮壳状中叶藻属（*Mesophyllum*）。根据造礁生物同一沉积环境水深分布的一致性得出，通常指示深水环境的中叶藻属可能发育于荫蔽的环境。因此，该沉积亚单元发育于古水深为 10m 的中能礁前坡沉积环境（图 6.15，图 6.16）。

4. 沉积亚单元 d

沉积亚单元 d（17.73 ~ 16.78Ma）多发育枝状珊瑚藻和皮壳状珊瑚藻，如珊瑚藻属（*Corallina*）、叉珊藻属（*Jania*）和水石藻属（*Hydrolithon*）、石叶藻属（*Lithophyllum*），这些珊瑚藻集成珊瑚藻组合CAA4。此外，与沉积亚单元 a 的沉积环境相比，代表深水环境的中叶藻属（*Mesophylum*）和石枝藻属（*Lithothamnum*）在该组合层段也有零星分布，说明它们当时可能发育于岩石下的荫蔽环境。因此，可进一步得出，沉积亚单元 d 沉积时的古水深比沉积亚单元 a 的更深，同时该沉积环境的水深也是珊瑚藻组合 CAA4 和荫蔽环境下中叶藻属与石枝藻属水深分布的交集。换言之，指示深水环境的珊瑚藻属发育于浅水的沉积环境说明该珊瑚藻类可能分布于荫蔽的岩石或弱光的微环境之中。综上所述，沉积亚单元 d 发育于古水深为 10m 以内的礁前坡沉积环境（图 6.15，图 6.16）。

5. 沉积亚单元 e

研究显示，石叶藻属（*Lithophyllum*）多分布于浅水的透光层，但其具体种的水深分布不尽相同。在琛科 2 井沉积亚单元 e（16.78 ～ 16.31Ma），主要分布石叶藻属（*Lithophyllum*）和中叶藻属（*Mesophylum*），集成珊瑚藻组合 CAA5。另外，在 16.78 ～ 16.31Ma，生物分异度增加，同时该时期鹿角珊瑚属（*Acropora*）发育。此外，中叶藻属也多发育于相对深水环境，由此得出该沉积亚单元发育于古水深为 15 ～ 20m 的沉积环境。该时期生物分异度增加表明沉积亚单元 e 可能发育深水点礁，或是礁前坡等更深的沉积环境（图 6.15，图 6.16）。

（二）第二个沉积旋回古水深及沉积环境变化

1. 沉积亚单元 f

沉积亚单元 f（16.31 ～ 14.79Ma）与沉积亚单元 a 中发育的珊瑚藻类似，由其集成的珊瑚藻组合也为 CAA1，作为琛科 2 井第二个沉积旋回的开始，其生物表征的沉积环境和古生态变化也基本一致。因此，沉积亚单元 f 为古水深小于 5m 的礁前坡浅水沉积环境（图 6.15，图 6.16）。

2. 沉积亚单元 g

在沉积亚单元 g（14.79 ～ 13.72Ma）时期，全球气候和环境发生了重要变化，如南极冰盖的重大扩张和形成等，该时期温度显著降低[105]，全球海平面也明显下降[103, 397]。沉积亚单元 g 主要发育中叶藻属，集成组合 CAA2，而该组合指示的是相对深水的环境，这说明南海对南极冰盖扩张的响应时间略晚，间接说明珊瑚礁记录气候、环境变化的滞后性。总之，该沉积亚单元可能为礁前坡更深的沉积环境，其古水深范围为 15 ～ 25m（图 6.15，图 6.16）。

3. 沉积亚单元 h

沉积亚单元 h（13.72 ～ 10Ma）沉积地层较薄，同时该时期全球海平面在长时间尺度上呈持续下降趋势。该沉积亚单元发育枝状和皮壳状珊瑚藻，集成指示 10m 水深环境的珊瑚藻组合 CAA4，同时也发育大量珊瑚。因此，该沉积亚单元为由礁前坡向外礁坪过渡的沉积环境，其古水深变化范围为小于 10m（图 6.15，图 6.16）。

4. 沉积亚单元 i

沉积亚单元 h 之上的沉积亚单元 i（10.00 ～ 9.77Ma）中，珊瑚藻集成的组合在整个碳酸盐岩序列中仅出现在 10.00 ～ 9.97Ma。南海深海底栖有孔虫碳同位素结果显示，该时期南海存在明显的晚中新世碳漂移事件[105]，表明该时期南海出现区域性的降温事件，同时海平面下降。该时期发育珊瑚藻组合

CAA6，指示海平面下降后的极浅水环境，其古水深范围为小于 5m，甚至更小（约 2m），该沉积亚单元可能为内礁坪沉积环境（图 6.15，图 6.16）。

5. 沉积亚单元 j

从沉积亚单元 i 演变至沉积亚单元 j（9.77～7.35Ma）的过程即珊瑚藻组合 CAA6 中奇石藻属（*Aethesolithon*）和水石藻属（*Hydrolithon*）作为先锋种，珊瑚礁再次发育演变的过程。同时，组合 CAA6 向组合 CAA5 的演变说明水体加深。与沉积亚单元 e 类似，该沉积亚单元发育珊瑚藻组合 CAA5，指示 15～20m 的水深范围，该沉积亚单元可能为潟湖坡沉积环境（图 6.15，图 6.16）。

6. 沉积亚单元 k

沉积亚单元 k（7.35～5.23Ma）生物分异度增加，随着沉积亚单元 j 的演变，沉积亚单元 k（406.4～378.6m，7.22～6.41Ma）开始发育大量块状珊瑚，之后随着水体的继续加深，礁体可能因水深而溺亡。纵观琛科 2 井其他沉积亚单元的沉积序列，中叶藻属（*Mesophyllum*）和石枝藻属（*Lithothamnion*）多发育于不同的沉积亚单元，但在沉积亚单元 k，这两属伴随石叶藻属（*Lithophyllum*）共同主导珊瑚藻组合，并集成组合 CAA7，指示的水深环境超过 20m，该沉积亚单元可能为潟湖沉积环境（图 6.15，图 6.16）。

7. 沉积亚单元 l

沉积亚单元 l（5.23～4.36Ma）跨越了晚中新世和早上新世，该时期全球海平面快速下降[130]。该沉积亚单元珊瑚不发育，珊瑚藻集成组合 CAA2，指示 15～25m 的水深环境。从沉积亚单元 k 到沉积亚单元 l 的演变，石枝藻属、石叶藻属和中叶藻属也完全被优势属中叶藻属替代。这表明沉积亚单元 l 可能为潟湖坡沉积环境，其古水深范围为 15～25m（图 6.15，图 6.16）。

（三）第三个沉积旋回古水深及沉积环境变化

1. 沉积亚单元 m

与第一个、第二个沉积旋回类似，第三个沉积旋回的底部也分布珊瑚礁再次发育时的先锋种。沉积亚单元 m（4.36～4.28Ma）发育较厚的椭球形-球形坚硬致密的红藻石层，且该红藻石层仅在此沉积亚单元大量发育，并伴随似绵藻属（*Spongites*）集成的珊瑚藻组合 CAA8。这表明该沉积亚单元位于极浅的沉积环境，如礁脊，其水深可能为 5m 左右（图 6.15，图 6.16）。

2. 沉积亚单元 n

沉积亚单元 n（4.28～2.20Ma）是继沉积亚单元 m 后发生在第三个沉积旋回中新的海侵事件造成的，主要发育石枝藻属（*Lithothamnion*），集成珊瑚藻组合 CAA9，珊瑚几乎不发育。同时该时期也发育明显的微生物岩[4]，进一步证实了该时期为深水沉积的环境。这表明该沉积环境指示的古水深为 25m，甚至更深的潟湖环境（图 6.15，图 6.16）。

3. 沉积亚单元 o

沉积亚单元 o（2.20～1.16Ma）为海侵结束后珊瑚礁再次发育的结果。该时期开始大量发育石叶藻属（*Lithophyllum*），珊瑚藻构成组合 CAA5。该时期珊瑚的丰度也明显升高。另外，石枝藻属分布的水深环境通常比中叶藻属的要深。因此，该沉积亚单元可能代表了 15～20m 水深范围。这说明沉积亚单元 o 应该为潟湖坡相对深水的沉积环境（图 6.15，图 6.16）。

4. 沉积亚单元 p

沉积亚单元 p（1.16 ～ 0.28Ma）时期全球发生了更新世气候转型事件，全球温度下降，全球海平面也随之下降[95]，同时该时期南海也发生了明显的更新世碳漂移事件[105]。该时期依然发育大量的石叶藻属（*Lithophyllum*），同时也伴随有石孔藻属（*Lithoporella*），构成珊瑚藻组合 CAA10。因此，该沉积亚单元为浅水的外礁坪沉积环境，其古水深范围为小于 15m（图 6.15，图 6.16）。

5. 沉积亚单元 q

沉积亚单元 q（0.28 ～ 0Ma）位于琛科 2 井珊瑚礁序列的最顶部，其岩芯主要为松散的砾块，携带有枝状的鹿角珊瑚属（*Acropora*）等，同时也发育少量水石藻属、石叶藻属等珊瑚藻。该时期珊瑚藻集成组合 CAA3。因此，沉积亚单元 q 可能为浅水外礁坪沉积环境，其水深变化范围为 10m 左右（图 6.15，图 6.16）。

综上所述，琛科 2 井不同沉积亚单元中珊瑚藻组合记录的古水深在时间序列上存在明显的变化，其记录的水深在 5m 以内和超过 25m 之间波动（图 6.16）。深入分析发现，珊瑚藻记录的三个沉积旋回中的古水深整体上呈现出升—降—升—降的变化模式。

四、珊瑚藻组合记录的古水深与全球海平面变化之间的关系

过去 30 多年来以全球层序资料为基础而建立的新生代海平面升降旋回的报道不断被校准和更新[78, 82, 130]。在中新世，全球海平面呈现长期下降趋势，特别是在 15 ～ 10Ma，随后海平面逐渐上升[130]。这一时期也发生了一系列重大的气候和环境事件，如中中新世气候适宜期温度和降水都发生了显著的变化，生物多样性增加[131]，同时生物栖息地也发生了相应的变化[132]。此外，中中新世作为地球气候变化的关键时期，重大的环境变化使得气候由温暖逐渐变冷[133]。在中新世中期 17 ～ 15Ma 的中中新世气候适宜期之后，大气降温导致并触发形成大的冰盖[134]。中中新世气候转变（14.1 ～ 13.8Ma）是一个重要的冰生长事件[135]，其与南极冰盖的扩张和稳定息息相关[136]。该时期北极冰盖也开始发育，季风增强，大规模区域发生干旱[136]。南极的冰增长幅度和气候快速转变表明，地球气候系统对海洋、冰冻圈反馈以及大气都极为敏感[137]。珊瑚礁作为热带海岸线的典型生态系统，准确地记录了这些气候、环境和海平面变化信息[71]。南海 ODP 1146 站点底栖生物同位素数据的高分辨率记录显示了一个长期变冷的过程，并伴随亚洲冬季风在 7 ～ 5.5Ma 加强，同时短暂的北半球冰川作用导致气候在 6.0 ～ 5.5Ma 急剧变冷[138]。这一重大气候事件在上新世开始（5.3Ma）才出现逆转[139]。同时，全球海平面曲线在该时期也出现了显著的变化，在 5.3 ～ 5.1Ma 迅速上升，并在 5.1 ～ 3.7Ma 保持高海平面。总体而言，上新世全球平均海平面比现在高约 20m，温度比现在高 2 ～ 3℃[140]。在这次高海平面之后，全球海平面随着极地冰盖的发展而逐渐下降。在第四纪，由于极地冰盖的周期性消退和累积，海平面也周期性地上升和下降（图 6.17）[78, 82, 130]。

琛科 2 井第一个沉积旋回（19.60 ～ 16.31Ma）中，共识别出指示不同水深范围的 5 个珊瑚藻组合，从底部到顶部分别为：珊瑚藻组合 CAA1 发育的层段水体较浅，其指示的相对海平面也相对较低，之后 CAA1 被指示深水的珊瑚藻组合 CAA2 替代，相对海平面随即上升。在此期间，全球海平面从最低点约 –50m 上升到约 30m，海平面整体上升了 80m 左右[82]。在 17.98 ～ 17.73Ma，短暂地发育指示浅水环境的珊瑚藻组合 CAA3，随后被指示浅水环境的珊瑚藻组合 CAA4 替代，表明在该时间尺度上西沙群岛海平面呈持续下降的变化趋势，但其下降幅度相对较小。该时期全球海平面变化幅度相对较小也说

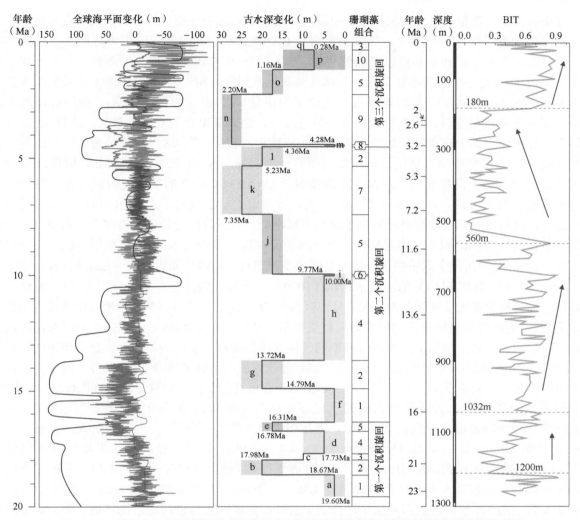

图 6.17　琛科 2 井中珊瑚藻组合记录的古水深变化与全球和区域海平面变化之间的关系

全球海平面变化曲线（黑色、蓝色、玫红色）分别改自 Haq 等[130]、Miller 等[78]、Miller 等[82]；生物地球化学支链类异戊二烯四醚（biogeochemical branched and isoprenoid tetraether，BIT）改自 Shao 等[163]。古水深变化曲线中的字母（a，b，…，q）分别代表不同的沉积亚单元

明了这一时期基于珊瑚藻组合重建的海平面变化的可靠性[82]。在 16.78 ～ 16.31Ma，珊瑚藻组合 CAA4 被指示深水的 CAA5 替代，说明海平面再次上升，证明了新的海侵事件的发生（图 6.16）。全球海平面在 16.93 ～ 16.31Ma 也处于快速上升阶段，最大上升幅度约为 50m[82]。此外，该时期全球经历了中新世气候适宜期（17 ～ 14.5Ma），这是 25Ma 以来全球最暖的时期，也是气候变化最为显著的时期。温度和降水的增加迫使该时期生物栖息地发生转变[132]，如该时期南极夏季温度约为 10℃，海表年平均温度为 0 ～ 11℃[136]。同时，受开放海洋环境的影响，该时期呈现出温暖的表层水和寡营养等环境特征[133]。

琛科 2 井第二个沉积旋回（16.31 ～ 4.36Ma）中，共识别出 7 个珊瑚藻组合。CAA1 作为第二个沉积旋回底部的主导组合，随后分别被 CAA2 和 CAA4 替代，表明西沙群岛在 14.79Ma 再次进入快速的海侵时期（图 6.16）。继中中新世之后，全球发生了一次重要的冰增长事件，即中中新世气候转型（Miocene Climatic Transition，MMCT；14.1 ～ 13.8Ma）[135]。MMCT 标志着南极冰盖的稳定，以及南极内陆植被最后一次生长的时间[136]。该事件致使全球海平面下降[136]。此外，深海沉积物中有孔虫 $\delta^{13}C$ 和 $\delta^{18}O$ 的显著变化也表明该时期全球气候变冷[141]。在琛科 2 井中，该时期指示浅水的珊瑚藻组合 CAA4 替代了 CAA2 可能是受南极冰盖影响全球海平面下降的结果。10.00 ～ 9.77Ma 发育以 CAA6 为主导的珊瑚藻组合，该时期的古水深在整个第二个沉积旋回中最浅，其指示的沉积环境可能为极浅的礁脊或礁坪，从而代表了这一时期海平面的最低水平。珊瑚藻组合从 CAA4 到 CAA6 的演变说明该时期处于长期的海退过程，此时的全球海平面在中新世以来最低[130]。在 16.31～9.77Ma，全球海平面整体上也呈现下降趋势[82, 130]。晚中新世是一个地质事件频繁、全球气候变化剧烈的时期[142]，如地中海沿岸发生瓦里西期危机（Vallesian Crisis，9.6Ma），该时期季节性变化更为明显[143]。在 9.77～7.35Ma，西沙群岛海平面经历了长时间的下降或稳定后，再次进入快速的海进阶段，珊瑚藻组合被 CAA5 替代，水体加深。同时，该时期南海处于晚中新世碳漂移阶段，说明当时的环境相对较冷[144]。这也验证了南海海平面进入快速海进的阶段。而全球变冷和干旱化在该时期表现得最为明显[145]。在 7.35～5.23Ma，珊瑚藻组合指示的古水深在整个第二个沉积旋回中最深，珊瑚藻组合 CAA5 向 CAA7 的演变说明西沙群岛海平面在该时期处于不断上升的阶段。在 5.23～4.36Ma，珊瑚藻组合 CAA2 代替了 CAA7，指示古水深缓慢变浅的变化趋势，说明该时期西沙群岛相对海平面呈下降趋势，且下降幅度较小。该时期垂向发育单一的珊瑚藻组合也说明当时的沉积环境相对稳定。全球海平面在这一时期受冰期-间冰期循环的影响呈周期性变化[146]。另外，晚中新世全球发生了一次长时间的变冷事件，即晚中新世变冷（Late Miocene Cooling，LMC；7～5.4Ma），该时期 CO_2 浓度低于冰川作用阈值，致使北极冰盖开始发育[136]。受区域性构造作用的影响，包括整个亚热带地区在内的大部分地区在约 7Ma 经历了干旱、季节性增强以及陆生动植物群落的重组[147]。南海底栖生物稳定同位素研究结果揭示了 9～5Ma 高纬度气候变化、全球海洋环流变化和辐射效应之间的关系，指出 7～5.5Ma 长期的气候变冷与亚洲冬季风的加强和生物泵作用的加强是同步的，同时，6.0～5.5Ma 短暂的北半球冰盖发展致使气候变冷达到了顶峰[148]。此外，晚中新世持续的降温事件在南北半球同步发生，并且在 7～5.4Ma 海洋温度达到极值，同时下降到接近现代水平[148]。

上新世历经了从早上新世相对温暖的气候逐渐向晚上新世较冷气候的转变[149]。传统的观点认为，上新世全球平均温度比现代高 2～3℃，海冰覆盖度大幅度下降[150]。已有的研究结果显示，上新世气候适宜期（Pliocene Climatic Optimum，PCO；4.4～4Ma）最暖时候的全球平均气温比现代高约 4℃[151]，CO_2 浓度也较现在高约 410ppm[152]，全球海平面比当前高约 100m[130]。琛科 2 井第三个沉积旋回（4.36～0Ma）共包括 5 个珊瑚藻组合。在 4.36～4.28Ma，似绵藻属（*Spongites*）集成的珊瑚藻组合 CAA8 发育于约 3m 厚的礁灰岩地层中，指示上新世以来西沙群岛最浅的水深环境，即该时期海平面下降到最低水平（图 6.16）。同时，椭球形-球形的红藻石作为水体再次加深时礁发育的先锋生物类群大量发育。这一结果与 Lever[153] 报道的结果类似，即水深逐渐加深环境下的红藻石沉积于重要的不整合面之间，指示浅水环境。此外，该时期西沙群岛的沉降速率相对缓慢[154]。因此，这一事件可能与区域性的海平面下降有关。在 4.28～2.20Ma，发育指示深水环境的石枝藻属组合 CAA9。其中，在该组合发育初期，珊瑚藻开始伴随着少量的珊瑚呈跳跃式发育，发育的厚度约为 30m，表明水体在逐渐加深，并呈现出不稳定的变化状态。这可能与短期内（4.25～4.05Ma）全球海平面波动引起的重大海退事件有关[78]。之后，海平面进入快速海进阶段。琛科 2 井中珊瑚藻的分异度结果显示，在 4Ma 全球海平面上升时期，石枝藻属占据主要优势，同时由其集成的指示深水环境的珊瑚藻组合 CAA9 发育的时间序列较长。此外，晚上新世以来，地球经历了显著的气候变化，如在全球气候从晚上新世到早更新世的转变过程中，全球海表温度开始下降，由于气温降低，形成了大规模的北极冰盖，因此海平面下降。琛科 2 井中，该时期混石藻目珊瑚藻在短期内发育缓慢。在 2.7Ma，北极冰盖冰量达到最大[155]。该时期北大西洋和北太平洋冰筏碎屑（ice-rafted debris，IRD）沉积的出现标志着北半球大规模冰期-间冰期旋回的开始[156]。更新世海平面变化幅度较大，最大可达 120m[157]。琛科 2 井中，珊瑚藻在 2.55～2.37Ma（236～226m）不发育，同时珊瑚也不发育，这可能与海平面快速上升有关。另外，在 2.47Ma 前后发育指示弱光环境的微生物岩[157]，进一步佐证了该时期相对较深的沉积环境。然而，在 2.20～1.16Ma，珊瑚的丰度和分异度也皆增加，珊瑚藻组合 CAA9 被 CAA5 替代，表示水体由深变浅的沉积环境，说明该时期西沙群岛相对海平面呈下降的变化趋势。在 1.16 ～ 0.28Ma，珊瑚藻组合 CAA5 被指示浅水环境的 CAA10 替代，该组合分布于琛科 2 井近顶部，代表浅水的礁环境，该沉积亚单元多发育形成珊瑚藻黏结岩和珊瑚藻骨架岩，指示水动力较强的环境，进一步说明该时期西沙群岛的相对海平面呈下降趋势。此外，该时期气候处于中更新世气候转型的全球降温阶段，如北大西洋底栖有孔虫 Mg/Ca 研究结果显示，深海温度在中更新世转型期（Middle Pleistocene Transition，MPT；1.2 ～ 0.7Ma[158]）明显降低[159]。在 0.28Ma 之后，琛科 2 井发育大量枝状鹿角珊瑚，以及皮壳状的石叶藻属、水石藻属和石孔藻属，珊瑚藻组合 CAA10 被 CAA3替代，说明该时期水深依然相对较浅，指示外礁坪沉积环境（图 6.16），进一步说明该时期西沙群岛相对海平面呈下降的趋势。

此外，全新世海平面研究结果表明，在早全新世，冰融水的释放致使全球大部分区域的海平面上升[160]。在中全新世—晚全新世，出现高海平面[161]。Ma 等[162] 研究了琛科 2 井全新世珊瑚礁记录的西沙群岛海平面的变化，结果显示，7800 ～ 6800a B.P. 相对海平面快速上升，6800a B.P. 前后海平面呈下降趋势，该时期海平面与现今平均海平面相当，3900a B.P. 海平面趋于稳定，并高于现今平均海平面约 2m。该研究结果与全球大多数珊瑚礁的发育是同步的，验证了基于珊瑚礁重建全新世海平面变化的可靠性。

通过将珊瑚藻组合指示的近 20Ma 以来西沙群岛的水深变化与全球海平面变化[78, 82, 130, 163] 进行比对，发现二者在长时间尺度上的变化趋势基本一致（图 6.17），同时不同沉积亚单元中珊瑚藻组合指示的古水深变化趋势也与短时间尺度上全球海平面的变化类似。此外，重建的古水深变化与南海有孔虫氧同位素的变化也基本一致[144]，进一步证实了珊瑚藻的组成及其组合在海平面记录方面的重要功能，同时也说明珊瑚藻的主导类群及其组合可准确记录过去长时间尺度上的相对海平面变化。

五、小结

本节重点研究了西沙群岛珊瑚藻记录的近 20Ma 以来的海平面变化过程，主要得出以下结论。

（1）根据琛科 2 井中珊瑚藻属及其组合的水深分布特征，重建了近 20Ma 以来西沙群岛的古水深变化。第一个沉积旋回（19.60 ～ 16.31Ma）中，沉积亚单元 a（19.60 ～ 18.67Ma）的珊瑚藻组合为 CAA1，指示 0 ～ 5m 的水深环境；沉积亚单元 b（18.67 ～ 17.98Ma）的珊瑚藻组合为 CAA2，指示 15 ～ 25m 的水深环境；沉积亚单元 c（17.98 ～ 17.73Ma）的珊瑚藻组合为 CAA3，指示 10m 的水深环境；沉积亚单元 d（17.73 ～ 16.78Ma）的珊瑚藻组合为 CAA4，指示 0 ～ 10m 的水深环境；沉积亚单元 e（16.78 ～ 16.31Ma）的珊瑚藻组合为 CAA5，指示 15 ～ 20m 的水深环境。第二个沉积旋回（16.31 ～ 4.36Ma）中，沉积亚单元 f（16.31 ～ 14.79Ma）的珊瑚藻组合为 CAA1，指示 0 ～ 5m 的水深环境；沉积亚单元 g（14.79 ～ 13.72Ma）的珊瑚藻组合为 CAA2，指示 15 ～ 25m 的水深环境；沉积亚单元 h（13.72 ～ 10.00Ma）的珊瑚藻组合为 CAA4，指示 0 ～ 10m 的水深环境；沉积亚单元 i（10.00 ～ 9.77Ma）的珊瑚藻组合为 CAA6，指示 0 ～ 5m 的水深环境；沉积亚单元 j（9.77 ～ 7.35Ma）的珊瑚藻组合为 CAA5，指示 15 ～ 20m 的水深环境；沉积亚单元 k（7.35 ～ 5.23Ma）的珊瑚藻组合为 CAA7，指示超过 20m 的水深环境；沉积亚单元 l（5.23 ～ 4.36Ma）的珊瑚藻组合为 CAA2，指示 15 ～ 25m 的水深环境。第三个沉积旋回（4.36 ～ 0Ma）中，沉积亚单元 m（4.36 ～ 4.28Ma）的珊瑚藻组合为 CAA8，指示 0 ～ 5m 的水深环境；沉积亚单元 n（4.28 ～ 2.20Ma）的珊瑚藻组合为 CAA9，指示超过 25m 的水深环境；沉积亚单元 o（2.20 ～ 1.16Ma）的珊瑚藻组合为 CAA5，指示 15 ～ 20m 的水深环境；沉积亚单元 p（1.16 ～ 0.28Ma）的珊瑚藻组合为 CAA10，指示 15m 以内水深环境；沉积亚单元 q（0.28 ～ 0Ma）的珊瑚藻组合为 CAA3，指示约 10m 的水深环境。

（2）通过将琛科 2 井由珊瑚藻组合重建的近 20Ma 以来西沙群岛的古水深变化与全球海平面变化进行比对，发现二者在长时间尺度上的变化趋势基本一致，且在短时间尺度上的变化与全球海平面变化也类似，验证了珊瑚藻及其组合对海平面变化历史的记录功能，进一步证实了通过珊瑚藻及其组合可重建过去地质历史时期的海平面变化。

第六节　琛科 2 井珊瑚藻对近 20Ma 以来南海重大事件的记录和响应

一、近 20Ma 以来的南海重大事件

为了更好地了解东亚构造、夏季季风和古环境的演变，包括 ODP 184 航次和 IODP 349 航次在内的至少 17 艘国际邮轮在南海钻探了超过 2000 口钻井 [164]。这些钻井为研究南海的构造、古海洋学历史以及东亚夏季风的演化提供了重要的材料和信息 [144, 164]。例如，基于对 ODP 184 航次 ODP 1143 站点深海沉积物的研究，重建了西太平洋高分辨率、长时间尺度上的古气候和古环境变化 [165]。南海 ODP 1148 站点碎屑沉积研究揭示了早中新世的化学分化源区，论证了我国南方地区在早中新世为温暖湿润的气候环境，指出华南地区的湿度从中新世早期开始逐渐下降，并呈现出以 15.7Ma、8.4Ma、2.5Ma 为主的几次波动，这与中中新世以来全球降温的趋势一致 [166]。东亚和南亚地区生态环境在 10 ～ 6Ma 也发生了重要变化，如南海 ODP 1146 站点海水 $\delta^{18}O$ 重建结果显示，东亚和南亚地区在 8 ～ 6Ma 的干旱驱动作用减弱，使得晚中新世东亚夏季风在约 7.5Ma 突然减弱 [167]，进而使得该时期的降水和暖风减少 [168]。南海 IODP 349 航次 U1431D 钻孔的环境磁场结果显示，东亚夏季风和冬季风在 6.5 ～ 5Ma 趋于稳定，其中夏季风在 5Ma 增强，在 3.8Ma 后逐渐减弱；相反，冬季风在 5Ma 减弱，在 3.8Ma 后增强，在 0.6Ma 变得更加稳定 [164]。

高沉积速率的南海碳酸盐为低纬度太平洋地区古海洋学的研究提供了重要依据，可进一步揭示低纬度海洋地球化学演化与北极冰盖逐级发展之间的潜在联系 [164]。南海碳酸盐沉积是一个相对复杂的过程，其主要受海表碳酸盐产量、陆源岩屑稀释和海底保水条件等因素的控制 [169]。正如南海北部广阔大陆坡岩芯沉积物记录的早全新世（11 ～ 8.5ka B.P.）的低 $CaCO_3$ 事件，该事件与许多深海沉积的记录时间几乎同步 [169]。南海沉积物中的孢粉研究结果显示，有机质浓度和通量在 17Ma 增加可能是由构造运动所致，而非亚洲夏季风气候，但不同来源（陆地、海洋和悬浮颗粒）有机质的分布均在 8Ma 发生了较大的变化，这一事件可能反映了由于流域系统演化而形成的湄公河泥沙开始入海 [170]。这表明早中新世东亚夏季风对华南地区的影响比较明显，之后，由于冬季风的加强，东亚夏季风对华南地区的影响不断减弱。南海浮游有孔虫、微体化石等记录的中更新世气候变迁结果显示，海表温度（SST）在 0.9Ma 急剧下降，这也是该地区在第四纪发生的第一次大幅度降温事件，即南海北部冬季 SST 从 24 ～ 25℃下降到 17 ～ 18℃，南海南部从 26 ～ 27℃下降到 23 ～ 24℃ [171]。另外，冬季风在该时期加强，在 MPT 末达到最强 [171]。第四纪浮游生物 ^{13}C 极大值指示的降温事件表明，由低纬度和高纬度过程导致的全球碳库变化在过去的气候变化中起着重要作用 [171]。

综上所述，近 20Ma 以来南海的重大事件多为对大洋实施钻探所获取的深海沉积物的研究结果，尤其是对底栖有孔虫氧碳同位素的分析 [144]。其中，氧同位素记录的是一系列气候变冷事件（图 6.18），这些事件在晚新生代记录中具有全球性。例如，在中中新世早期（13.9 ～ 13.8Ma），氧同位素明显变重，其值增加约 1‰ [135]。南海深海底栖有孔虫氧同位素同样也在近 20Ma 以来表现出明显的加重，即记录了这一全球性的气候变冷事件，其在 14.2 ～ 13.6Ma 和 3.5 ～ 2.5Ma 加重较为明显，分别加重 0.94‰和 0.99‰ [166]。该时期全球冰量也迅速增加（图 6.19）[172]。中中新世早期氧同位素的加重指示南极冰盖的重大扩张及永久性冰盖的形成，而上新世晚期氧同位素的加重则预示着北极冰盖的形成，此后全球进

入"两极冰盖"的冰期气候期。另外，中中新世氧同位素的减轻也说明了该时期全球进入中中新世气候适宜期。此外，南海深海沉积物中底栖有孔虫碳同位素的结果显示，早中新世早期—中期碳同位素正漂移事件（$\delta^{13}C$ 值增加，蒙特里碳漂移事件）是对大洋分馏和环太平洋富硅藻沉积时期的反映，而碳同位素正漂移事件后紧随着发生氧同位素加重，尤其是蒙特里碳同位素正漂移[144]。因此，该事件记录了过去气候变暖的过程[173]。相反，南海深海底栖有孔虫的碳同位素负漂移（$\delta^{13}C$ 值减小）事件记录了近20Ma 以来的一系列变冷事件，最明显的为晚中新世碳漂移（10.2 ～ 9.6Ma）、墨西拿（Messinian）事件（6.9 ～ 6.2Ma）和更新世碳漂移（1 ～ 0.4Ma）[144]。这些明显的降温事件发生的原因可能分别与巴拿马海道的暂时关闭和南极地层水发育[174]、地中海海平面大幅度持续下降以及巴士海峡抬升造成南海底层海水的变化等有关[144]。

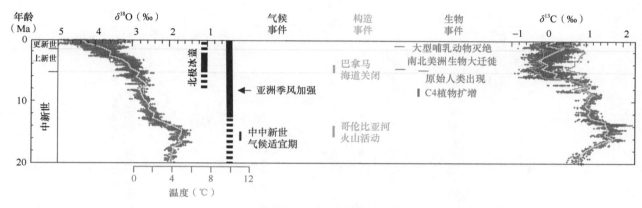

图 6.18　近 20Ma 以来主要的全球重大事件[135]

二、西沙群岛珊瑚礁对南海重大事件的记录和响应

南海珊瑚礁对过去 20Ma 以来的重大气候和环境事件的记录是基于珊瑚礁科学钻探及大洋钻探等研究的结果，其主要体现在珊瑚礁记录的海平面变化和珊瑚礁的发育演化过程等方面。

（一）西沙群岛珊瑚礁记录的海平面变化

基于对西科 1 井 BIT 的研究，揭示了 BIT 指数在过去海平面变化过程中的记录功能，并以此重建了中新世以来南海的海平面变化历史，指出自中新世以来南海海平面呈现出低—高—低—高的交替变化模式，表明南海海平面变化与珊瑚礁碳酸盐岩的发育之间存在叠加关系[163]。此关系具体表现为，BIT 指数在早中新世振荡强烈，在中中新世—晚中新世整体呈正偏的趋势，在晚中新世—早更新世早期整体呈负偏的趋势，中更新世以来整体呈正偏的趋势[163]。深入分析发现，BIT 指数的变化趋势与全球海平面变化[175]和西沙群岛海平面变化[39]的趋势基本一致。

珊瑚礁发育过程中形成的暴露面也是海平面下降的一个重要标志，而风化作用形成的铁氧化物是判断暴露面的重要依据。例如，西琛 1 井上新统地层（319.05m）中发现有长期风化形成的富含氧化铁的粒泥灰岩，而该层段正好也是中新统和上新统地层的界限[176]。同样地，在西永 2 井上新统地层中也发现有铁锈色侵蚀风化形成的岩石[176]。该现象在琛科 2 井中也得到了很好的验证，即琛科 2 井中铁氧化物指示的暴露面也记录了近 20Ma 以来西沙群岛海平面的下降过程[39]。另外，浮游有孔虫的含量大增可记录过去的海侵事件。例如，在西永 2 井和西琛 1 井上新统下部地层中，浮游有孔虫含量的增加记录

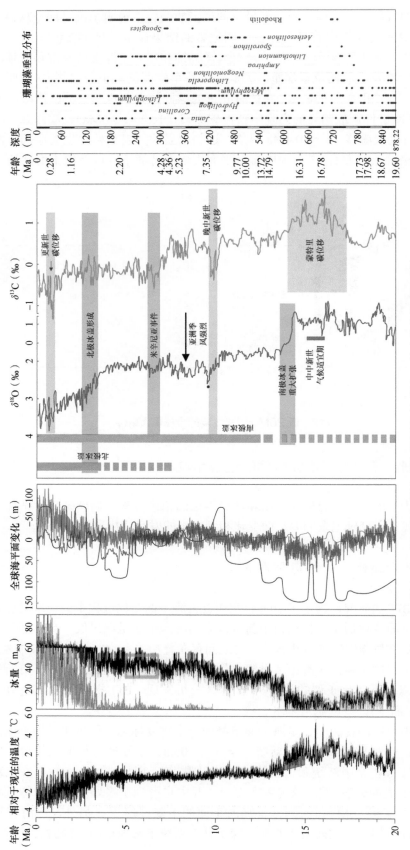

图 6.19 近 20Ma 以来南海珊瑚藻对气候和环境变化的记录和响应

氧、碳同位素曲线改自汪品先等[144]，全球海平面变化曲线分别改自 Haq 等[130]、Miller 等[78]、Miller 等[82]，温度和冰量改自 Rohling 等[172]

了该时期海平面快速上升；而西永 1 井中的超微软白垩层表明该时期的海侵事件可能是由构造沉降所致 [177]。琛科 2 井中浮游有孔虫的含量在该时期也呈现出突然增加的变化趋势，此时珊瑚藻组合记录的古水深也呈加深的变化趋势 [4]，进一步证实了浮游有孔虫也有指示海平面变化的记录功能，为研究西沙群岛珊瑚礁记录海平面变化提供了多方面的数据支撑。

（二）西沙群岛珊瑚礁的发育对南海重大事件的响应

西科 1 井 BIT 指数研究结果显示，早中新世早期，随着南海的不断扩张，珊瑚礁开始发育，而该时期 BIT 指数表现为强烈振荡；中中新世 BIT 指数相对较大，该时期南海在最初的扩张后开始回归，在构造活动和海平面升降变化的共同作用下南海珊瑚礁发育形成礁滩相地层；晚中新世—上新世海平面的上升致使 BIT 指数出现负偏移，在温暖的海洋条件下南海珊瑚礁发育形成潟湖相沉积；而 BIT 指数在更新世的周期性变化表明，周期性的暴露使得南海珊瑚礁在该时期不断被侵蚀 [163]。西科 1 井的研究结果还表明，上新世以来珊瑚礁发育时形成的暴露面可很好地指示全球海平面的下降史，具体体现在 3.6Ma、3.3Ma、1.22Ma、0.89Ma、0.65Ma、0.45Ma 和 0.22Ma；此外，在 1.25Ma 后，中更新世气候转型使得全球海平面大幅度下降，因此西科 1 井在该时期呈现出暴露面的频率也大幅度增加 [163]。西科 1 井珊瑚礁发育演化的研究结果显示，区域海平面变化对西沙群岛碳酸盐台地发育的控制作用大于全球海平面变化对其产生的影响 [163]，即南海珊瑚礁的发育易受全球海平面变化的影响，更易受区域构造活动的影响。此外，中新世以来琛科 2 井珊瑚礁发育的不同时期形成的暴露面也很好地指示了海平面的下降，其下降的时间段与全球海平面下降的时间段基本一致 [39]。另外，将暴露面的位置与高 $^{87}Sr/^{86}Sr$ 区段和 $^{87}Sr/^{86}Sr$ 中断的位置进行比对，发现两者一致，进一步证实了珊瑚礁碳酸盐岩地层 $^{87}Sr/^{86}Sr$ 曲线中的异常高值区段和中断可作为海平面下降的指标 [39]。

三、琛科 2 井珊瑚藻对南海重大事件的记录和响应

琛科 2 井中共识别出珊瑚藻 12 属，其中仅有珊瑚藻属、叉节藻属和叉珊藻属的外部生长形态呈枝状，其余珊瑚藻均为皮壳状，不同外部生长类型的珊瑚藻在自下而上的碳酸盐岩沉积序列中均有分布。众所周知，珊瑚藻的外部生长形态主要受环境等因素的影响，其属种的出现和缺失也可能是过去气候和环境等事件共同作用的结果。因此，珊瑚藻属种（分异度）的变化及其丰度的变化可记录地质历史时期的环境事件等。

（一）珊瑚藻分异度对南海海平面和古温度变化的记录和响应

琛科 2 井中珊瑚藻属的累积个数结果显示，其在沉积亚单元 d（17.73 ～ 16.78Ma）、沉积亚单元 g（14.79 ～ 13.72Ma）和沉积亚单元 k（7.35 ～ 5.23Ma）中均有增加，且在沉积亚单元 d 中增加的数量最多，增加 3 个属，分别为叉节藻属、石枝藻属和孢石藻属。这 3 个属的位置极其相近，分别为 770.55m（17.55Ma）、744.74m（17.45Ma）和 741.74m（17.44Ma）（图 6.20，图 6.21）。沉积亚单元 g 和沉积亚单元 k 中增加的珊瑚藻属分别为奇石藻属和似绵藻属，其增加的位置（年龄）分别为 552.74m（14.13Ma）和 376.5m（6.35Ma）。此外，沉积亚单元 d 中 3 个珊瑚藻属增加的时间与南海中新世早期—中期蒙特里碳漂移事件发生的时间基本一致，且该时期西沙群岛珊瑚藻属的分异度最高（共10 属），而蒙特里碳漂移事件是碳同位素正漂移致使气候回暖的事件。南海底栖有孔虫反映的该事件的初始时间为 17.8Ma，在 16Ma 正漂移达到最大，之后减小并于 13.2Ma 结束 [144]。全球氧同位素记录

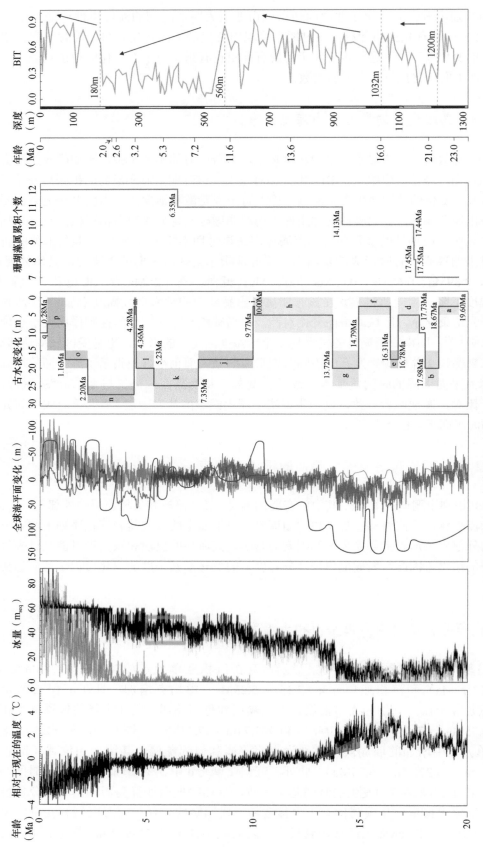

图6.20 近20Ma以来西沙群岛珊瑚藻属的分布特征与过去环境变化之间的关系

温度和冰量改自Rohling等[172]，全球海平面变化曲线（黑色、蓝色、玫红色）分别改自Haq等[130]、Miller等[78]、Miller等[82]，BIT改自Shao等[163]

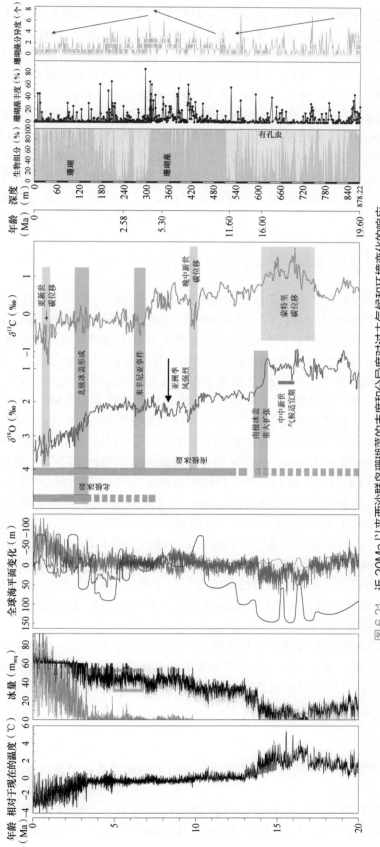

图 6.21　近 20Ma 以来西沙群岛珊瑚藻的丰度和分异度对过去气候和环境变化的响应
温度和冰量改自 Rohling 等[172]，全球海平面变化曲线（黑色、蓝色、玫红色）分别改自 Haq 等[78]、Miller 等[130]、Miller 等[82]，氧碳同位素曲线改自汪品先等[144]

的相对温度也表明，该时期全球温度呈现出正态分布的变化趋势，同时该时期全球冰量整体相对较少（图 6.21）[172]。另外，该事件发生的时间段内包含的中中新世气候适宜期是 25Ma 以来全球最暖的时期，也是气候变化最为显著的时期，且生物多样性普遍较高[121]。因此，该时期西沙群岛珊瑚藻属分异度的增加可能与短暂的全球变暖或气候、环境适宜珊瑚礁的发育有关。南海底栖有孔虫记录的中中新世 $\delta^{18}O$ 在 14.2～13.6Ma 突然加重，对应南极冰盖的最大扩张[144]。与此同时，琛科 2 井中开始发育奇石藻属，其起始发育的时间（14.13Ma）与该时期气候变冷、温度下降的时间也基本一致。因此，南海奇石藻属的出现可能是南极冰盖永久形成后的结果。此外，西沙群岛的奇石藻属在 8.77Ma（444.5m）缺席，该时期南海古水深加深[3]。同时，晚中新世碳漂移事件后 $\delta^{13}C$ 明显发生正漂移（图 6.21）。因此，奇石藻属的绝灭可能是晚中新世区域海平面突然升高所致。综上所述，早中新世和中中新世南海珊瑚藻属的增加可能主要是受全球和区域古温度共同的影响，而晚中新世之后奇石藻属的缺席及似绵藻属的出现可能是区域海平面的变化所致。

（二）珊瑚藻丰度对南海海平面和古温度变化的记录和响应

琛科 2 井中珊瑚藻丰度结果显示，其在长时间尺度上呈现出先减小后增加再减小的变化趋势（图 6.21）。在早中新世，全球温度相对较高、冰量相对较少的条件下，南海珊瑚藻的丰度呈现出相对较高的变化趋势，进一步说明相对适宜的温度和海平面变化有利于珊瑚藻更好地生长发育。此外，珊瑚藻丰度在晚中新世整体上相对最高，该时期全球海平面变化相对较小且较为稳定。在 10Ma，南海快速进入海侵时期，海平面快速上升，9.77Ma 之后海平面变化相对较小[3]。晚中新世是一个地质事件频繁、全球气候变化剧烈的时期[3]，该时期全球发生了一次长时间变冷事件 LMC（7～5.4Ma），CO_2 浓度低于冰川作用阈值，致使北极冰盖开始发育[142]。受区域构造作用的影响，包括整个亚热带地区在内的大部分地区在约 7Ma 出现了干旱和季节性增强的特征变化[147]。另外，该时期全球海平面呈现出先降低（7～6.72Ma）后升高（6.72～5.9Ma）的变化趋势，之后海平面再次下降[82]；而冰量则呈现出相反的变化趋势（图 6.21）。该时期对应于琛科 2 井中的沉积亚单元 k，主要发育中叶藻属（*Mesophyllum*）、石枝藻属（*Lithothamnion*）和石叶藻属（*Lithophyllum*），并且该时期珊瑚藻的丰度相对较高，平均为（9.81±1.57）%。其中，在 6.71Ma（389m）之后，石枝藻属的丰度明显升高，该时期珊瑚藻组合指示的古水深也相对较深。因此，石枝藻属丰度的升高对应于全球海平面上升。另外，琛科 2 井中，中叶藻属也具有相对较长的延限带，其分布的时间跨度为 19.60～1.19Ma。尽管如此，中叶藻属在整个钻孔中呈不连续、跳跃式的分布模式，且其丰度降低或消失对应于近 20Ma 以来的一系列降温事件，其中以 13.72Ma 和 1.19Ma 后最为明显，前者可能与南极冰盖最大扩张及永久性冰盖的形成有关，后者对应于中更新世气候转型的起始时间。

综上所述，近 20Ma 以来西沙群岛珊瑚藻的属种、丰度在时间序列上的变化特征是受气候、环境条件等综合作用影响的结果，进一步表明西沙群岛珊瑚藻的分布特征对近 20Ma 以来的重大事件有明显的响应，显示珊瑚藻对重大气候环境事件的记录潜力。

四、小结

本节基于西沙群岛珊瑚藻的分异度及丰度的变化，分析了西沙群岛珊瑚藻对近 20Ma 以来重大事件的记录和响应，得出以下主要结论。

（1）珊瑚藻的分异度对近 20Ma 以来重大事件的响应：琛科 2 井珊瑚藻的分异度在早中新世 17.55Ma（770.55m）、17.45Ma（744.74m）和 17.44Ma（741.74m）增加，增加的珊瑚藻属分别为叉节藻属、石枝藻属和孢石藻属，对应于中中新世气候适宜期，是对该时期全球变暖的响应；集中分布的奇石藻属（14.13～8.77Ma）对应于海平面在长时间尺度上的下降阶段，其绝灭对应于海平面的快速上升。

（2）珊瑚藻的丰度对近 20Ma 以来重大事件的响应：琛科 2 井中具有较长延限带的中叶藻属（分布时间跨度：19.60～1.19Ma）的丰度在 13.72Ma 和 1.19Ma 明显降低，前者可能是受南极冰盖最大扩张及永久性冰盖的形成的影响所致，后者对应于中更新世气候转型的起始时间，因此中叶藻属丰度的降低可用于记录近 20Ma 以来的一系列降温事件；石枝藻属的丰度在晚中新世晚期（6.71Ma）明显升高，对应于海平面快速上升的阶段。综上所述，西沙群岛珊瑚藻对近 20Ma 以来重大事件的响应显示了其对重大气候环境事件的记录潜力。

参 考 文 献

[1] Mark M, Littler D S L. Encyclopedia of Modern Coral Reefs: Part of the Series Encyclopedia of Earth Sciences Series. Dordrecht: Springer, 2011: 20-30.

[2] Kamenos N A, Cusack M, Huthwelker T, et al. Mg-lattice associations in red coralline algae. Geochimica et Cosmochimica Acta, 2009, 73(7): 1901-1907.

[3] Li Y, Yu K, Bian L, et al. Coralline algal assemblages record Miocene sea-level changes in the South China Sea. Palaeogeography, Palaeoclimatology, Palaeoecology, 2021, 584: 110673.

[4] Li Y, Yu K, Bian L, et al. Paleo-water depth variations since the Pliocene as recorded by coralline algae in the South China Sea. Palaeogeography, Palaeoclimatology, Palaeoecology, 2020, 562(1): 110107.

[5] Ritson-Williams R, Paul V J, Arnold S N, et al. Larval settlement preferences and post-settlement survival of the threatened Caribbean corals *Acropora palmata* and *A. cervicornis*. Coral Reefs, 2010, 29(1): 71-81.

[6] Steneck R S. The ecology of coralline algal crusts: convergent patterns and adaptive strategies. Annual Review of Ecology and Systematics, 1986, 17: 273-303.

[7] Littler M M, Littler D S, Blair S M, et al. Deepest known plant life discovered on an uncharted seamount. Science, 1985, 227(4682): 57-59.

[8] Kim J H, Min J, Kang E J, et al. Elevated temperature and changed carbonate chemistry: effects on calcification, photosynthesis, and growth of Corallina officinalis (Corallinales, Rhodophyta). Phycologia, 2018, 57(3): 280-286.

[9] Mccoy S J, Kamenos N A, Gabrielson P. Coralline algae (Rhodophyta) in a changing world: integrating ecological, physiological, and geochemical responses to global change. Journal of Phycology, 2015, 51(1): 6-24.

[10] Kundal P. Biostratigraphic, paleobiogeographic and paleoenvironmental significance of Calcareous Algae// Kundal P, Humane S K. Applied Micropaleontology. Gondwana Geol. Magz., Spec. Iss., 2010, 25(1): 125-132.

[11] Peña V, Vieira C, Braga J C, et al. Radiation of the coralline red algae (Corallinophycidae, Rhodophyta) crown group as inferred from a multilocus time-calibrated phylogeny. Molecular Phylogenetics and Evolution, 2020, 150: 106845.

[12] Aguirre J, Riding R, Braga J C. Diversity of coralline red algae: origination and extinction patterns from the Early Cretaceous to the Pleistocene. Paleobiology, 2000, 26(4): 651-667.

[13] Harvey A S, Broadwater S T, Woelkerling W J, et al. Choreonema (Corallinales, Rhodophyta): 18S rDNA phylogeny and resurrection of the Hapalidiaceae for the subfamilies Choreonematoideae, Austrolithoideae, and Melobesioideae. Journal of Phycology, 2003, 39(5): 988-998.

[14] Guiry M D, Guiry G M. National University of Ireland, Galway: World-wide electronic publication, 2018. http://www.algaebase.org/browse/taxonomy/detail/?taxonid=90866.

[15] 雷新明, 黄晖, 练健生, 等. 中国珊瑚藻的多样性及分布研究现状. 热地海洋学报, 2019, 38(4), 30-40.

[16] Littler M M, Littler D S. The nature of crustose coralline algae and their interactions on reefs// Lang M A, Marinelli R L, Roberts S J, et al. Research and discoveries: the revolution of science through SCUBA. Smithson. Contrib. Mar. Sci., 2013, 39: 199-212.

[17] Bosence D W J. Coralline algal reef frameworks. Journal of the Geological Society, 1983, 140(3): 365-376.

[18] Ritson-Williams R, Arnold S N, Fogarty N D, et al. New perspectives on ecological mechanisms affecting coral recruitment on reefs. Smithson. Contrib. Mar. Sci., 2009, 38: 437-457.

[19] Lee D, Carpenter S J. Isotopic disequilibrium in marine calcareous algae. Chemical Geology, 2001, 172(3): 307-329.

[20] Melbourne L A, Denny M W, Harniman R L, et al. The importance of wave exposure on the structural integrity of rhodoliths. Journal of Experimental Marine Biology and Ecology, 2018, 503: 109-119.

[21] Kitamura M, Schupp P J, Nakano Y, et al. Luminaolide, a novel metamorphosis-enhancing macrodiolide for scleractinian coral larvae from crustose coralline algae. Tetrahedron Letters, 2009, 50(47): 6606-6609.

[22] Nelson W A. Calcified macroalgae critical to coastal ecosystems and vulnerable to change: a review. Marine and Freshwater Research, 2009, 60(8): 787-801.

[23] Riul P, Targino C H, Farias J D N, et al. Decrease in *Lithothamnion* sp. (Rhodophyta) primary production due to the deposition of a thin sediment layer. Journal of the Marine Biological Association of the UK, 2008, 88(1): 17-19.

[24] Lund M, Davies P J, Braga J C. Coralline algal nodules off Fraser Island, eastern Australia. Facies, 2000, 42(1): 25-34.

[25] Harvey A S, Bird F L. Community structure of a rhodolith bed from cold-temperate waters (southern Australia). Australian Journal of Botany, 2008, 56(5): 437-450.

[26] Konar B, Riosmena-Rodriguez R, Iken K. Rhodolith bed: a newly discovered habitat in the North Pacific Ocean. Botanica Marina, 2006, 21(4): 55-359.

[27] Figueiredo M D O, Menezes K S D, Costa-Paiva E M, et al. Experimental evaluation of rhodoliths as living substrata for infauna at the Abrolhos Bank, Brazil. Ciencias Marinas, 2007, 33(4): 427-440.

[28] Steller D L, Riosmena Rodríguez R, Foster M S, et al. Rhodolith bed diversity in the Gulf of California: the importance of rhodolith structure and consequences of disturbance. Aquatic Conservation Marine and Freshwater Ecosystems, 2010, 13(S1): S5-S20.

[29] Barbera C, Bordehore C, Borg J A, et al. Conservation and management of northeast Atlantic and Mediterranean maerl beds. Aquatic Conservation: Marine and Freshwater Ecosystems, 2010, 13(S1): S65-S76.

[30] Marchese F, Bracchi V A, Lisi G, et al. Assessing Fine-Scale distribution and volume of Mediterranean Algal Reefs through terrain analysis of Multibeam Bathymetric Data. A Case Study in the Southern Adriatic Continental Shelf, 2020, 12: 157.

[31] Braga J C, Aguirre J. Coralline algae indicate Pleistocene evolution from deep, open platform to outer barrier reef environments in the northern Great Barrier Reef margin. Coral Reefs, 2004, 23(4): 547-558.

[32] Cabioch G, Montaggioni L F, Faure G, et al. Reef coralgal assemblages as recorders of paleobathymetry and sea level changes in the Indo-Pacific province. Quaternary Science Reviews, 1999, 18(14): 1681-1695.

[33] Rasser M W, Piller W E. Crustose algal frameworks from the Eocene Alpine Foreland. Palaeogeography, Palaeoclimatology, Palaeoecology, 2004, 206(1): 21-39.

[34] Steneck R S, Macintyre I G, Reid R P. A unique algal ridge system in the Exuma Cays, Bahamas. Coral Reefs, 1997, 16(1): 29-37.

[35] Adey W H. Coralline algae as indicators of sea-level// van de Plassche O. Sea-Level Research: A Manual for the Collection and Evaluation of Data. Geo-Books, Norwich, 1986: 229-280. https://doi.org/10.1007/978-94-009-4215-8_9.

[36] Ginsburg R N, Schroeder J H. Growth and submarine fossilization of Algal Cup Reefs, Bermuda. Sedimentology, 2010, 20(4): 575-614.

[37] Bosence J D W. Coralline algal reef frameworks. Journal of the Geological Society, 1983, 140(3): 365-376.

[38] Nalin R, Basso D, Massari F. Pleistocene coralline algal build-ups (coralligene de plateau) and associated bioclastic deposits in the sedimentary cover of Cutro marine terrace (Calabria, southern Italy). Geological Society London Special Publications, 2006, 255(1): 11-22.

[39] Yang Y, Yu K, Wang R, et al. ^{87}Sr/^{86}Sr of coral reef carbonate strata as an indicator of global sea level fall: evidence from a 928.75-m-long core in the South China Sea. Marine Geology, 2022, 445: 106758.

[40] Coletti G, Basso D. Coralline algae as depth indicators in the Miocene carbonates of the Eratosthenes Seamount (ODP Leg 160, Hole 966F). Geobios, 2020, 60: 29-46.

[41] Coletti G, Basso D, Corselli C. Coralline algae as depth indicators in the Sommières Basin (early Miocene, Southern France). Geobios, 2018, 51: 15-30.

[42] Braga J C, Martín J. Neogene coralline-algal growth-forms and their palaeoenvironments in the Almanzora river valley (Almeria, S.E. Spain). Palaeogeography, Palaeoclimatology, Palaeoecology, 1988, 67(s3-4): 285-303.

[43] Braga J C, Aguirre J. Taxonomy of fossil coralline algal species: Neogene Lithophylloideae (Rhodophyta, Corallinaceae) from southern Spain. Review of Palaeobotany and Palynology, 1995, 86(3-4): 265-285.

[44] Hrabovský J, Basso D, Dolakova N. Diagnostic characters in fossil coralline algae (Corallinophycidae: Rhodophyta) from the Miocene of southern Moravia (Carpathian Foredeep, Czech Republic). Journal of Systematic Palaeontology, 2015, 14: 499-525.

[45] Le G L, Saunders G W. A nuclear phylogeny of the Florideophyceae (Rhodophyta) inferred from combined EF2, small subunit and large subunit ribosomal DNA: establishing the new red algal subclass Corallinophycidae. Molecular Phylogenetics and Evolution, 2007, 43(3): 1118-1130.

[46] Nelson W A, Sutherland J E, Farr T J, et al. Multi-gene phylogenetic analyses of New Zealand coralline algae: Corallinapetra Novaezelandiae gen. et sp. nov. and recognition of the Hapalidiales ord. nov. Journal of Phycology, 2015, 51: 454-468.

[47] Rösler A, Perfectti F, Pe A V, et al. Phylogenetic relationships of corallinaceae (Corallinales, Rhodophyta): taxonomic implications for reef-building corallines. Journal of Phycology, 2016, 52(3): 412-431.

[48] Le Gall L, Payyri C, Bittner L, et al. Multigene phylogenetic analyses support recognition of the Sporolithales ord. nov. Molecular Phylogenetics and Evolution, 2009, 54: 302-305.

[49] 李银强. 西沙群岛永乐环礁琛科2井中珊瑚藻的组成、功能及其环境意义. 南宁: 广西大学, 2017.

[50] Flügel E. Microfacies of Carbonate Rocks: Analysis Interpretation and Application. New York: Springer, 2010.

[51] Heyward A J, Negri A P. Natural inducers for coral larval metamorphosis. Coral Reefs, 1999, 18(3): 273-279.

[52] Gomez-Lemos L A, Diaz-Pulido G. Crustose coralline algae and associated microbial biofilms deter seaweed settlement on coral reefs. Coral Reefs, 2017, 36(2): 453-462.

[53] Whitman T N, Negri A P, Bourne D G, et al. Settlement of larvae from four families of corals in response to a crustose coralline alga and its biochemical morphogens. Scientific Reports, 2020, 10(1): 1-10.

[54] Perry C T, Morgan K M. Post-bleaching coral community change on southern Maldivian reefs: is there potential for rapid recovery? Coral Reefs, 2017, 36(4): 1189-1194.

[55] Smith J N, Mongin M, Thompson A, et al. Shifts in coralline algae, macroalgae, and coral juveniles in the Great Barrier Reef associated with present-day ocean acidification. Global Change Biology, 2020, 26: 2149-2160.

[56] Chisholm J R M. Calcification by crustose coralline algae on the northern Great Barrier Reef, Australia. Limnology and Oceanography, 2000, 45(7): 1476-1484.

[57] Kennedy E V, Ordonez A, Lewis B E, et al. Comparison of recruitment tile materials for monitoring coralline algae responses to a changing climate. Marine Ecology Progress, 2017, 569: 129-144.

[58] Morgan K M, Kench P S. New rates of Indian Ocean carbonate production by encrusting coral reef calcifiers: Periodic expansions following disturbance influence reef-building and recovery. Marine Geology, 2017, 390: 72-79.

[59] Dee S, Cuttler M, Cartwright P, et al. Encrusters maintain stable carbonate production despite temperature anomalies among two inshore island reefs of the Pilbara, Western Australia. Marine Environmental Research, 2021, 169: 105386.

[60] Browne N K, Smithers S G, Perry C T. Carbonate and terrigenous sediment budgets for two inshore turbid reefs on the central Great Barrier Reef. Marine Geology, 2013, 346: 101-123.

[61] Browne N K, Cuttler M, Moon K, et al. Predicting responses of geo-ecological carbonate reef systems to climate change: a conceptual model and review. Oceanography and Marine Biology-An Annual Review, 2021, 59: 229-370.

[62] Belliveau S, Paul V. Effects of herbivory and nutrients on the early colonization of crustose coralline and fleshy algae. Marine Ecology Progress Series, 2002, 232: 105-114.

[63] O'Leary J K, McClanahan T R. Trophic cascades result in large-scale coralline algae loss through differential grazer effects. Ecology, 2010, 91: 3584-3597.

[64] Tebbet S B, Goatley C H R, Bellwood D R. The effects of Algal Turf Sediments and Organic Loads on feeding by coral reef surgeonfishes. Plos One, 2017, 12(1): e169479.

[65] Woelkerling W J, Irvine L M, Harvey A S. Growth-forms in non-geniculate coralline red algae (Coralliinales, Rhodophyta). Australian Systematic Botany, 1993, 6(4): 277-293

[66] Nudelman F, Sommerdijk N A J M. Biomineralization as an inspiration for materials chemistry. Angewandte Chemie International Edition, 2012, 51(27): 6582-6596.

[67] Addadi L, Raz S, Weiner S. Taking advantage of disorder: amorphous calcium carbonate and its roles in biomineralization. Advanced Materials, 2003, 15(12): 959-970.

[68] Braga J C, Aguirre J. Coralline algal assemblages in upper Neogene reef and temperate carbonates in Southern Spain. Palaeogeography, Palaeoclimatology, Palaeoecology, 2001, 175(s 1-4): 27-41.

[69] Iryu Y. ossil nonarticulated coralline algae as depth indicators for the Ryukyu Group. Transactions and Proceedings of the Paleontological Society of Japan, 1992, 167: 1165-1179.

[70] Li C, Lin L, Caragnano A, et al. Species diversity and molecular phylogeny of non-geniculate coralline algae (Corallinophycidae, Rhodophyta) from Taoyuan algal reefs in northern Taiwan, including Crustaphytum gen. nov. and three new species. Journal of Applied Phycology, 2018, 30: 3455-3469.

[71] Braithwaite C J R. Coral-reef records of Quaternary changes in climate and sea-level. Earth-Science Reviews, 2016, 156: 137-154.

[72] Coletti G, Hrabovský J, Basso D. Lithothamnion crispatum: long-lasting species of non-geniculate coralline algae (Rhodophyta, Hapalidiales). Carnets de géologie (Notebooks on geology), 2016, 16(3): 27-41.

[73] Coletti G, Basso D. Coralline algae as depth indicators in the Miocene carbonates of the Eratosthenes Seamount (ODP Leg 160, Hole 966F). Geobios, 2020, 60: 29-46.

[74] Hellmers J, Schmidt V, Wriedt T. The response of encrusting coralline algae to canopy loss: an independent test of predictions on an Antarctic coast. Marine Biology, 2005, 147(5): 1075-1083.

[75] Wanamaker A D, Hetzinger S, Halfar J. Reconstructing mid- to high-latitude marine climate and ocean variability using bivalves, coralline algae, and marine sediment cores from the Northern Hemisphere. Palaeogeography, Palaeoclimatology, Palaeoecology, 2011, 302(1): 1-9.

[76] Abbey E, Webster J M, Braga J C, et al. Variation in deglacial coralgal assemblages and their paleoenvironmental significance: IODP Expedition 310, "Tahiti Sea Level". Global and Planetary Change, 2011, 76(1): 1-15.

[77] Iryu Y, Bassi D, Woelkerling W J. Re-assessment of the type collections of fourteen Corallinalean species (Corallinales, Rhodophyta) described by W. Ishijima (1942-1960). Palaeontology, 2009, 52(2): 401-427.

[78] Miller K, Kominz M, Browning J, et al. The phanerozoic record of global sea-level change. Science, 2005, 310(5752): 1293-1298.

[79] Wu F, Xie X, Betzler C, et al. The impact of eustatic sea-level fluctuations, temperature variations and nutrient-level changes since the Pliocene on tropical carbonate platform (Xisha Islands, South China Sea). Palaeogeography, Palaeoclimatology, Palaeoecology, 2019, 514: 373-385.

[80] Perrin C. Tertiary: the emergence of modern reef ecosystems// Kiessling W, Flügel E, Golonka J. Phanerozoic Reef Patterns: Society for Sedimentary Geology. Special Publication, 2002, 72: 587-621.

[81] Fan T, Yu K, Zhao J, et al. Strontium isotope stratigraphy and paleomagnetic age constraints on the evolution history of coral reef islands, northern South China Sea. Geological Society of America, 2020, 131: 1-14.

[82] Miller K G, Browning J V, Schmelz W J, et al. Cenozoic sea-level and cryospheric evolution from deep-sea geochemical and continental margin records. Science Advances, 2020, 6: z1346.

[83] Ginsburg R N, Schroeder J H. Growth and Submarine Fossilization of Algal Cup Reefs, Bermuda. Sedimentology, 2010, 20(4): 575-614.

[84] Nalin R, Basso D, Massari F. Pleistocene coralline algal build-ups (coralligene de plateau) and associated bioclastic deposits in the sedimentary cover of Cutro marine terrace (Calabria, southern Italy). Geological Society London Special Publications, 2006, 255(1): 11-22.

[85] Rasser M W, Nebelsick J H. Provenance analysis of Oligocene autochthonous and allochthonous coralline algae: a quantitative approach towards reconstructing transported assemblages. Palaeogeography, Palaeoclimatology, Palaeoecology, 2003, 201(1): 89-111.

[86] Payri C E, Cabioch G. The systematics and significance of coralline red algae in the rhodolith sequence of the Amédée 4drill core (South-West New Caledonia). Palaeogeography, Palaeoclimatology, Palaeoecology, 2003, 204(3): 187-208.

[87] Iryu Y, Takahashi Y, Fujita K, et al. Sealevel history recorded in the Pleistocene carbonate sequence in IODP Hole 310-M0005D, off Tahiti. Island Arc, 2010, 19(4): 690-706.

[88] Braga J C. Fossil Coralline Algae// Encyclopedia of Modern Coral Reefs. Dordrecht, Springer Science and Business Media B.V., 2011: 423-427.

[89] Rémy R, Véronique C, Guy C, et al. Microborer ichnocoenoses in Quaternary corals from New Caledonia: reconstructions of paleo-water depths and reef growth strategies in relation to environmental changes. Quaternary Science Reviews, 2011, 30(19-20): 2827-2838.

[90] Chow G S E, Chan Y K S, Jain S S, et al. Light limitation selects for depth generalists in urbanised reef coral communities. Marine Environmental Research, 2019, 147: 101-112.

[91] Vennin E, Rouchy J, Chaix C, et al. Paleoecological constraints on reef-coral morphologies in the Tortonian-early Messinian of the Lorca Basin, SE Spain. Palaeogeography, Palaeoclimatology, Palaeoecology, 2004, 213(1-2): 163-185.

[92] Hongo C, Kayanne H. Relationship between species diversity and reef growth in the Holocene at Ishigaki Island, Pacific Ocean. Sedimentary Geology, 2010, 223(1-2): 86-99.

[93] Montaggioni L, Braithwaite C J R. Quaternary Coral Reef Systems: history, development processes and controlling factors. Developments in Marine Geology, 2009, 5: 550.

[94] Williamson C J, Walker R H, Robba L, et al. Toward resolution of species diversity and distribution in the calcified red algal genera Corallina and Ellisolandia (Corallinales, Rhodophyta). Phycologia, 2015, 54(1): 2-11.

[95] Rendina F, Bouchet P J, Appolloni L, et al. Physiological response of the coralline alga Corallina officinalis L. to both predicted long-term increases in temperature and short-term heatwave events. Marine Environmental Research, 2019, 150: 104764.

[96] Ape F, Corriero G, Mirto S, et al. Trophic flexibility and prey selection of the wild long-snouted seahorse Hippocampus guttulatus Cuvier, 1829 in three coastal habitats. Estuarine, Coastal and Shelf Science, 2019, 224: 1-10.

[97] Lucia P, Cristina B M, Maurizio L, et al. Ecophysiological response of *Jania rubens* (Corallinaceae) to ocean acidification. Rendiconti Lincei Scienze Fisiche E Naturali, 2018, 29(4): 1-4.

[98] Bueno M, Dena-Silva S A, Flores A A V, et al. Effects of wave exposure on the abundance and composition of amphipod and tanaidacean assemblages inhabiting intertidal coralline algae. Journal of the Marine Biological Association of the United Kingdom, 2016, 96(3): 761-767.

[99] Iryu Y, Nakamori T, Matsuda S, et al. Distribution of marine organisms and its geological significance in the modern reef complex of the Ryukyu Islands. Sedimentary Geology, 1995, 99(3): 243-258.

[100] Rebelo A C, Rasser M W, Ramalho R S, et al. Pleistocene coralline algal buildups on a mid-ocean rocky shore: Insights into the MIS 5e record of the Azores. Palaeogeography, Palaeoclimatology, Palaeoecology, 2021, 579: 110598.

[101] Bosence D W J. Coralline Algae: Mineralization, Taxonomy, and Palaeoecology. Berlin Heidelberg: Springer, 1991: 98-113.

[102] Gherardi D F M, Bosence D W J. Late Holocene reef growth and relative sea-level changes in Atol das Rocas, equatorial South Atlantic. Coral Reefs, 2005, 24(2): 264-272.

[103] Cabioch G, Camoin G F, Montaggioni L F. Postglacial growth history of a French Polynesian barrier reef tract, Tahiti, central Pacific. Sedimentology, 1999, 46(6): 985-1000.

[104] Renema W. Terrestrial influence as a key driver of spatial variability in large benthic foraminiferal assemblage composition in the Central Indo-Pacific. Earth-Science Reviews, 2018, 177: 514-544.

[105] Hernandez-Kantun J J, Gabrielson P, Hughey J R, et al. Reassessment of branched *Lithophyllum* spp. (Corallinales, Rhodophyta) in the Caribbean Sea with global implications. Phycologia, 2016, 55(6): 619-639.

[106] Taberner C, Bosence D W J. Ecological succession from corals to coralline algae in Eocene patch reefs, Northern Spain// Toomey D F, Nitecki M H. Paleoalgology. Berlin, Heidelberg: Springer, 1985: 226-236.

[107] Bahia R D, Amado G M, Azevedo J, et al. Porolithon improcerum (Porolithoideae, Corallinaceae) and Mesophyllum macroblastum (Melobesioideae, Hapalidiaceae): new records of crustose coralline red algae for the Southwest Atlantic Ocean. Phytotaxa, 2014, 190(1): 38-44.

[108] Garrabou J, Ballesteros E. Growth of Mesophyllum alternans and Lithophyllum frondosum (Corallinales, Rhodophyta) in the northwestern Mediterranean. British Phycological Bulletin, 2000, 35(1): 1-10.

[109] Peña V, Le Gall L, Rösler A, et al. Adeylithon bosencei gen. et sp. nov. (Corallinales, Rhodophyta): a new reef-building genus with anatomical affinities with the fossil Aethesolithon. Journal of Phycology, 2018, 55: 134-145.

[110] Rösler A, Pretkovic V, Novak V, et al. Coralline algae from the Miocene mahakam delta (East Kalimantan, SE Asia). Palaios, 2015, 30: 83-93.

[111] Reolid J, Betzler C, Braga J C, et al. Facies and geometry of drowning steps in a Miocene carbonate platform (Maldives), 2020, 538: 109455.

[112] Keats D W, Steneck R S, Townsend R A, et al. Lithothamnion prolifer Foslie: a common non-geniculate coralline alga (Rhodophyta: Corallinaceae) from tropical and subtropical Indo-Pacific. Botanica Marina, 1996, 39: 187-200.

[113] Ghosh A K, Sarkar S. Facies analysis and paleoenvironmental interpretation of Piacenzian carbonate deposits from the Guitar Formation of Car Nicobar Island, India. Geoscience Frontiers, 2013, 4(6): 755-764.

[114] Keats D W, Wilton P, Maneveldt G. Ecological significance of deep-layer sloughing in the eulittoral zone coralline alga,

Spongites yendoi (Foslie) Chamberlain (Corallinaceae, Rhodophyta) in South Africa. Journal of Experimental Marine Biology and Ecology, 1994, 175(2): 145-154.

[115] Vidal R, Meneses I, Smith M. Phylogeography of the genus Spongites (Corallinales, Rhodophyta) from Chile. Journal of Phycology, 2008, 44(1): 173-182.

[116] Braga J C, Vescogni A, Bosellini F R, et al. Coralline algae (Corallinales, Rhodophyta) in western and central Mediterranean Messinian reefs. Palaeogeography, Palaeoclimatology, Palaeoecology, 2009, 275(1-4): 113-128.

[117] Blanfuné A, Boudouresque C F, Verlaque M, et al. Response of rocky shore communities to anthropogenic pressures in Albania (Mediterranean Sea): ecological status assessment through the CARLIT method. Marine Pollution Bulletin, 2016, 109(1): 409-418.

[118] Boudagher-Fadel M K, Lokier S W. Significant Miocene larger foraminifera from South Central Java. Revue de Paléobiologie Genève, 2005, 24: 291-309.

[119] Li Y, Zou X, Ge C, et al. Age and sedimentary characteristics of beach sediments from Yongle Atoll, South China Sea: implications for sediments supply in a coral reef system. Journal of Asian Earth Sciences, 2020, 187: 104083.

[120] Perry C T, Kench P S, Smithers S G, et al. Implications of reef ecosystem change for the stability and maintenance of coral reef islands. Global Change Biology, 2011, 17: 3679-3696.

[121] Woodroffe C D, Samosorn B, Hua Q, et al. Incremental accretion of a sandy reef island over the past 3000years indicated by component-specific radiocarbon dating. Geophysical Research Letters, 2007, 34: 1-5.

[122] Fujita K, Nagamine S, Ide Y, et al. Distribution of large benthic foraminifers around a populated reef island: Fongafale Island, Funafuti Atoll, Tuvalu. Marine Micropaleontology, 2014, 113: 1-9.

[123] 余克服, 赵焕庭, 朱袁智. 南沙群岛珊瑚礁区仙掌藻的现代沉积特征. 沉积学报, 1998, 16(3): 20-24.

[124] Perrin C, Bosence D, Rosen B. Quantitative approaches to palaeozonation and palaeobathymetry of corals and coralline algae in Cenozoic reefs// Bosence D W J, Allison P A. Marine Palaeoenvironmental Analysis from Fossils. London: Geological Society London Special Publications, 1995, 83(1): 181-229.

[125] Benisek M F, Betzler C, Marcano G, et al. Coralline-algal assemblages of a Burdigalian platform slope: implications for carbonate platform reconstruction (northern Sardinia, western Mediterranean Sea). Facies, 2009, 55(3): 375-386.

[126] Wilson M, Vecsei A. The apparent paradox of abundant foramol facies in low latitudes: their environmental significance and effect on platform development. Earth Science Reviews, 2005, 69(1-2): 133-168.

[127] Pomar L, Morsilli M, Hallock P, et al. Internal waves, an under-explored source of turbulence events in the sedimentary record. Earth Science Reviews, 2012, 111(1-2): 56-81.

[128] Cipriani A, Fabbi S, Lathuilière B, et al. A reef coral in the condensed Maiolica facies on the Mt Nerone pelagic carbonate platform (Marche Apennines): the enigma of ancient pelagic deposits. Sedimentary Geology, 2019, 385: 45-60.

[129] Sañé E, Chiocci F L, Basso D, et al. Environmental factors controlling the distribution of rhodoliths: an integrated study based on seafloor sampling, ROV and side scan sonar data, offshore the W-Pontine Archipelago. Continental Shelf Research, 2016, 129: 10-22.

[130] Haq B U, Hardenbol J, Vail P R. Chronology of fluctuating sea levels since the triassic. Science, 1987, 235(4793): 1156-1167.

[131] Kohn M J, Fremd T J. Miocene tectonics and climate forcing of biodiversity, Western United States. Geology, 2008, 36(10): 783-786.

[132] Retallack G. Cenozoic paleoclimate on land in North America. The Journal of Geology, 2007, 115(3): 271-294.

[133] Baldassini N, Foresi L M, Lirer F, et al. Middle Miocene stepwise climate evolution in the Mediterranean region through

high-resolution stable isotopes and calcareous plankton records. Marine Micropaleontology, 2021, 167: 102030.

[134] Lewis A R, Marchant D R, Ashworth A C, et al. Major middle Miocene global climate change: evidence from East Antarctica and the Transantarctic Mountains. Geological Society of America Bulletin, 2007, 119: 1449-1461.

[135] Zachos J, Pagani M, Sloan L, et al. Trends, rhythms, and aberrations in global climate 65Ma to present. Science, 2001, 292(5517): 686-693.

[136] Bradshaw C D. Miocene Climates// Encyclopedia of Geology. 2nd ed. Academic Press, Cambrige, Massa chusetts. 2021: 486-496.

[137] Shevenell A E, Kennet J P, Lea D W. Middle Miocene southern ocean cooling and antarctic cryosphere expansion. Science, 2004, 35: 1766-1770.

[138] Holbourn A E, Kuhnt W, Clemens S C, et al. Late Miocene climate cooling and intensification of southeast Asian winter monsoon. Nature Communications, 2018, 9(1): 1584.

[139] Sniderman J M, Woodhead J D, Hellstrom J, et al. Pliocene reversal of late Neogene aridification. Proceedings of the National Academy of Sciences of the United States of America, 2016, 113(8): 1999-2004.

[140] Ravelo A C, Andreasen D H, Mitchell L, et al. Regional climate shifts caused by gradual global cooling in the Pliocene epoch. Nature, 2004, 429(6989): 263-267.

[141] Holbourn A, Kuhnt W, Schulz M, et al. Orbitally-paced climate evolution during the middle Miocene "Monterey" carbon-isotope excursion. Earth and Planetary Science Letters, 2007, 261(3): 534-550.

[142] Zachos J C, Dickens G R, Zeebe R E. An early Cenozoic perspective on greenhouse warming and carbon-cycle dynamics. Nature, 2008, 451(7176): 279-283.

[143] Dam J A V. Geographic and temporal patterns in the late Neogene (12-3Ma) aridification of Europe: the use of small mammals as paleoprecipitation proxies. Palaeogeography, Palaeoclimatology, Palaeoecology, 2006, 238(1): 190-218.

[144] 汪品先, 赵泉鸿, 翦知湣, 等. 南海三千万年的深海记录. 科学通报, 2003, 48(21): 2206-2215.

[145] Barrón E, Rivas-Carballo R, Postigo-Mijarra J M, et al. The Cenozoic vegetation of the Iberian Peninsula: a synthesis. Review of Palaeobotany and Palynology, 2010, 162(3): 382-402.

[146] Gold D P. Sea-Level Change in Geological Time// Encyclopedia of Geology. 2nd ed . Reference Module in Earth Systems and Environmental Sciences, 2021: 412-434.

[147] Herbert T D, Lawrence K T, Tzanova A, et al. Late Miocene global cooling and the rise of modern ecosystems. Nature Geoscience, 2016, 9(11): 843-847.

[148] Holbourn A E, Kuhnt W, Clemens S C, et al. Late Miocene climate cooling and intensification of southeast Asian winter monsoon. Nature Communications, 2018, 9(1): 1584.

[149] Dowsett H J M M. Stratigraphic framework for Pliocene paleoclimate reconstruction: the correlation conundrum. Stratigraphy, 2006, 3: 53-64.

[150] Prescott C L, Haywood A M, Dolan A M, et al. Assessing orbitally-forced interglacial climate variability during the mid-Pliocene Warm Period. Earth and Planetary ence Letters, 2014, 400: 261-271.

[151] Fedorov A V, Brierley C M, Lawrence K T, et al. Patterns and mechanisms of early Pliocene warmth. Nature, 2013, 496(7443): 43-49.

[152] Bartoli G, Hönisch B, Zeebe R E. Atmospheric CO_2 decline during the Pliocene intensification of Northern Hemisphere Glaciation. Paleoceanography, 2011, 26(4): A4213.

[153] Lever H. "Rhodolith-bearing limestones as transgressive marker beds: fossil and modern examples from North Island, New Zealand" by Nalinetal et al., Sedimentology, 55, 249-274: Discussion. Sedimentology, 2010, 56(4): 1196-1198.

[154] Wu S, Yang Z, Wang D, et al. Architecture, development and geological control of the Xisha carbonate platforms, northwestern South China Sea. Marine Geology, 2014, 350: 71-83.

[155] Bai Y J, Chen L Q, Ranhotra P S, et al. Reconstructing atmospheric CO_2 during the Plio-Pleistocene transition by fossil Typha. Global Change Biology, 2015, 21(2): 874-881.

[156] Shackleton N J, Backman J, Zimmerman H, et al. Oxygen isotope calibration of the onset of ice-rafting and history of glaciation in the North Atlantic region. Nature, 1984, 307(5952): 620-623.

[157] Miller K G, Kominz M A, Browning J V, et al. The phanerozoic record of global sea-level change. Science, 2005, 310: 1293-1298.

[158] 王婷, 孙有斌, 刘星星. 中更新世气候转型: 特征、机制和展望. 科学通报, 2017, 62(33): 3861-3872.

[159] Sindia S, Yair R. Deep-sea temperature and ice volume changes across the Pliocene-Pleistocene climate transitions. Science, 2009, 325(5938): 306-310.

[160] Smith D E, Harrison S, Firth C R, et al. The early Holocene sea level rise. Quaternary Science Reviews, 2011, 30(15): 1846-1860.

[161] Lambeck K, Rouby H, Purcell A, et al. Sea level and global ice volumes from the Last Glacial Maximum to the Holocene. Proceedings of the National Academy of Sciences, 2014, 111: 15296-15303.

[162] Ma Y, Qin Y, Yu K, et al. Holocene coral reef development in Chenhang Island, Northern South China Sea, and its record of sea level changes. Marine Geology, 2021, 440: 106593.

[163] Shao L, Cui Y, Qiao P, et al. Sea-level changes and carbonate platform evolution of the Xisha Islands (South China Sea) since the Early Miocene. Palaeogeography, Palaeoclimatology, Palaeoecology, 2017, 485: S36508715.

[164] Wang P, Li Q, Tian J. Pleistocene paleoceanography of the South China Sea: progress over the past 20years. Marine Geology, 2014, 352: 381-396.

[165] An Z, Kutzbach J E, Prell W L, et al. Evolution of Asian monsoons an phased uplift of the Himalaya Tibetan Plateau since Late Miocene times. Nature, 2001, 411(6833): 62-66.

[166] Wei G, Li X H, Ying L, et al. Geochemical record of chemical weathering and monsoon climate change since the early Miocene in the South China Sea. Paleoceanography, 2006, 21(4): PA4214.

[167] Steinke S, Groeneveld J, Johnstone H, et al. East Asian summer monsoon weakening after 7.5Ma: evidence from combined planktonic foraminifera Mg/Ca and $\delta^{18}O$ (ODP Site 1146; northern South China Sea). Palaeogeography, Palaeoclimatology, Palaeoecology, 2010, 289(1-4): 43.

[168] Jian Z, Tian J, Sun X. Upper Water Structure and Paleo-Monsoon5// Wang P, Li Q. The South China Sea: Developments in Paleoenvironmental Research, vol 13. Netherlands: Springer, 2009. https://doi.org/10.1007/978-1-4020-9745-4_5.

[169] Huang E, Tian J, Qiao P, et al. Early interglacial carbonate-dilution events in the South China Sea: implications for strengthened typhoon activities over subtropical East Asia. Quaternary Science Reviews, 2015, 125: 61-77.

[170] Miao Y, Warny S, Clift P D, et al. Climatic or tectonic control on organic matter deposition in the South China Sea? A lesson learned from a comprehensive Neogene palynological study of IODP Site U1433. International Journal of Coal Geology, 2018, 190: S335236708.

[171] Li Q, Wang P, Zhao Q, et al. Paleoceanography of the mid-Pleistocene South China Sea. Quaternary Science Reviews, 2008, 27: 1217-1233.

[172] Rohling E J, Yu J, Heslop D, et al. Sea level and deep-sea temperature reconstructions suggest quasi-stable states and critical transitions over the past 40million years. Science Advances, 2021, 7(26): f5326.

[173] Westerhold T, Marwan N, Drury A J, et al. An astronomically dated record of Earth's climate and its predictability over the last 66million years. Science, 2020, 369(6509): 1383-1387.

[174] Roth J M, Droxler A W. The Caribbean Carbonate Crash at the middle to Late Miocene Transition: linkage to the establishment of the Modern Global Ocean conveyor. Proceedings of the Ocean Drilling Program Scientific Results, 2000, 165: 249-273.

[175] Haq B U. Mesozoic and Cenozoic chronostratigraphy and cycles of sea-level changes: an integrated approach// Wilgus C K, Hastings B S, Posamentier H, et al. Spec. Publ. Soc. Econ, 42, Paleontol. Mineral., 1988: 71-108.

[176] 何起详, 张明书. 西沙群岛新第三纪白云岩的成因与意义. 海洋地质与第四纪地质, 1990, 10(2): 45-56.

[177] 赵强. 西沙群岛海域生物礁碳酸盐岩沉积学研究. 北京: 中国科学院大学, 2010.

— 第七章 —

琛科 2 井有孔虫的组成、组合及其古环境意义 ①

第一节 珊瑚礁区有孔虫的研究意义

有孔虫是原生动物门根足虫纲下的海洋单细胞生物，现存 10 000 多种 [1]，占原生生物界的 1/8，依据其生活方式可分为底栖有孔虫和浮游有孔虫。现代珊瑚礁区有孔虫为珊瑚礁附礁生物，优势种类为大型底栖有孔虫（包括壳体较大的钙质有孔类和钙质无孔类），其次为钙质无孔类、壳体较小的钙质有孔类以及少量胶结类与浮游类有孔虫。大型底栖有孔虫壳体较大（一般壳径大于 0.5mm），内部结构复杂，主要生存于陆架区的暖水、透光的礁体或其他碳酸盐岩环境。

大型底栖有孔虫是热带浅水生态系统（包括珊瑚礁生态系统）的重要组成部分。大型底栖有孔虫个体大、数量多、对珊瑚礁区生态环境适应性强，成为珊瑚礁区重要的碳酸钙生产力贡献者 [2-6]，主要分布在礁坪 [7]、礁间和礁坡位置 [8]。全球大型底栖有孔虫的碳酸钙产量为 230g/(m² · a)，占全球碳酸盐产量的 0.5%[3]。尤其是在西太平洋和东印度洋珊瑚礁礁坪相，大型底栖有孔虫占中—粗砂质成分的 25% ~ 95%[4]。在西太平洋马绍尔群岛的马朱罗环礁（Majuro Atoll），大型底栖有孔虫的碳酸钙产量高达 1000g/(m² · a)[9]。

与珊瑚类似，大型底栖有孔虫与能够进行光合作用的微型藻类（包括甲藻、硅藻、单细胞绿藻、单细胞红藻）和蓝藻共生，营混合生存策略，依赖于藻类共生体来促进生长与钙化 [2]，且在溶解氧和食物资源匮乏的情况下更甚。大型底栖有孔虫共生藻种类的差异性影响其深度与纬度分布范围 [10, 11]。在不考虑外界条件干涉的前提下，与藻类共生的大型底栖有孔虫分布带的纬度下限为冬季最冷月气温约为 14℃ [12, 13]，能够繁殖的最低温度为 17 ~ 20℃ [14]，深度下限为透光层底部 [11]。此外，共生藻类光合作用利用的光谱波长范围影响大型底栖有孔虫的光照可获得性，因此大型底栖有孔虫对水深梯度较为敏感。在波基面以下的安静水体中，大型底栖有孔虫壳体趋于扁平，以便更多的共生藻靠近壳体表面，从

① 作者：孟敏、余克服、秦国权。

而提高光合作用效率。同时，水体营养物质增多导致浮游生物繁盛，水体透明度降低，影响共生藻类光合作用，从而改变大型底栖有孔虫的生存水体深度范围。在适宜的营养水平范围之内，大型底栖有孔虫通过压缩深度范围适应水体透明度的降低；而当水体营养程度超过其适应限度时，特定种的大型底栖有孔虫则无法生存。因为共生藻类的光合作用需求，温度与营养水平成为影响大型底栖有孔虫分布的最主要因素，其对清、贫、暖、浅的水体生存环境的需求与造礁珊瑚类似，故大型底栖有孔虫生物地理分布（40°N ～ 31°S）的陆架区暖水、透光的礁体或碳酸盐岩环境与造礁珊瑚的生存水体环境类似，包括世界上主要的珊瑚礁分布范围[13]。实验研究表明，大型底栖有孔虫多样性与造礁珊瑚多样性具有类似的环境压力症状，如数量减少、白化、死亡等。不同于造礁珊瑚的是，在热带—亚热带碳酸盐沉积物中，有孔虫个体小（多为 0.1 ～ 10mm）、数量多（多为 104 ～ 106 个 /m²），可以广泛采集而避免破坏珊瑚礁资源；其生命周期短（3 个月至 2 年），对光照压力敏感性更强，受温度条件限制更弱，同时，演化特征明显，可以区分长期自然环境变化与短期的自然偶发事件引起的珊瑚礁退化与短期珊瑚覆盖度下降事件。因此，大型底栖有孔虫多样性和生态研究能监测和评估珊瑚礁区生态环境变化，成为古今珊瑚礁沉积环境变化的理想记录载体。

大型底栖有孔虫从石炭纪开始就繁荣于贫营养的珊瑚礁和碳酸盐岩浅滩环境。某些大型底栖有孔虫内部结构复杂、栖居环境多样、演化快、分布广、具有完整的分类学与系统发生学演化规律，被广泛应用于古生物地层年代划分，从而成为热带浅水碳酸盐岩沉积中为数不多的古生物地层年代指示物[15, 16]。前人基于对特提斯古近系地层中大型底栖有孔虫的分类，划分出 20 个大型有孔虫生物带（浅水底栖带，简称 SBZ），即古新世—始新世浅水底栖有孔虫生物地层[17]。亦有研究基于欧洲盆地西部渐新世—中新世的大型底栖有孔虫进行分带[18]。古近纪以来，印度洋—太平洋地区基于大型底栖有孔虫进行地层划分，称为"字母分带"[19-21]。例如，Vlerk 和 Umbgrove[22] 基于印度尼西亚大型底栖有孔虫特征种的初现面与末现面，提出古近纪以来的大型底栖有孔虫分带（Ta ～ Tf），定义渐新世—中新世热带远东地区的生物地层，并广泛应用于东南亚地区。而 Tg 与 Th 的分界出现于晚中新世，Th 顶出现于更新世，是根据软体动物含量来划分的。Adams[15] 与 Boudagher-Fadel 和 Banner[20] 将大型底栖有孔虫字母分带与欧洲地层以及浮游有孔虫分带进行了对比，建立了大型底栖有孔虫分带模型。Renema[21] 综述与修订了新生代大型底栖有孔虫字母分带的地层年代。需要注意的是，因为大型底栖有孔虫受制于沉积相带，受海平面、波基面、生物沉积源等因素控制，所以大型底栖有孔虫分带具有一定的区域性与局限性。

珊瑚礁钻孔有孔虫研究兴起于 20 世纪 50 年代太平洋一系列珊瑚礁钻孔的开采，主要研究珊瑚礁大型底栖有孔虫与小型有孔虫的分类和大型底栖有孔虫的地层划分[23-25]。到 20 世纪 80 年代，珊瑚礁钻孔有孔虫的年代地层和古环境指示意义研究发展起来[10]。后期，随着珊瑚礁浅钻开采，表层和短时间尺度岩芯有孔虫研究增多。目前，国际上关于珊瑚礁区有孔虫的现代沉积环境指示以及古环境指示研究已见诸多报道[10, 26-28]，但基本上为短尺度分析，并且侧重于对古沉积相和古水深的定性分析。国内南海珊瑚礁区有孔虫的研究多为种属分类、分布和对沉积相的指示[29-35]，同样缺乏对珊瑚礁区古沉积环境指示以及对古水深的相对定量化研究。本书以南海西沙群岛珊瑚礁区现代表层沉积物和钻孔岩芯（琛科 2 井，珊瑚礁碳酸盐岩层厚 878.22m，时间跨度近 20Ma）为材料，围绕珊瑚礁区有孔虫的时空变化及其对古沉积环境和古水深的指示意义开展系统研究。

第二节　样品处理与研究方法

一、永乐环礁表层沉积物样品处理和分析

称取干样 50g，清水浸泡至样品充分分散，用孔径为 0.063mm 的标准分样筛反复冲洗，超声波处理 15～30s，取筛上部分，40℃烘干。烘干的样品置于体视镜下挑选不同粒级组分的有孔虫，每个粒级挑选有孔虫 200 个以上，数量不及 200 个的粒级则全部统计。采用多元统计方法，统计有孔虫在全样中的含量，以及有孔虫相对多度、丰度、分异度、四大类型有孔虫（胶结壳、钙质有孔壳、钙质无孔壳、浮游有孔虫）所占的比例。利用 Past 软件计算并获得多样性指数。同时，挑取保存完好的有孔虫进行电镜扫描、属种描述与图版制作。

二、琛科 2 井生物组分与有孔虫分析

琛科 2 井中有孔虫含量丰富，因受成岩作用的影响，某些层位的碳酸盐岩固结较强，有孔虫难以完全分离。为了更全面地了解琛科 2 井的有孔虫，采用实体化石和岩芯薄片相结合的方法进行分析。

首先，对琛科 2 井岩芯进行详细的岩性描述，制作成 282 张薄片（约 3m 分辨率）进行碳酸盐岩命名与微相分析，主要进行结构构造、颗粒组成特征和古生物组分占比统计，通过微相变化来识别碳酸盐岩沉积环境变化过程。同时，对有孔虫进行丰度（个 / 片）和多样性（种 / 片）统计，依据有孔虫外部形态和内部结构进行属种鉴定。

其次，对琛科 2 井 246 个非强烈胶结的碳酸盐沉积物样品（约 15g/ 样）进行粒度和有孔虫统计分析（约 3m 分辨率）。前期处理包括用清水浸泡 14d，并对少数固结部分用碾钵稍许碾压以散样。粒度和有孔虫前期处理方法与表层沉积物相同。同时，挑选保存完好的有孔虫进行电镜扫描、种属描述与图版制作。在有孔虫数据处理时，把样本量统一换算成 100g。

最后，对整个钻孔最常见且分布连续性最好的双盖虫属（*Amphistegina*）和中新世时期分布较为连续的鳞环虫（lepidocyclinids）的壳体进行厚度 / 直径（T/D）比值测量，以此来反映水深与水动力变化。由于浮游有孔虫含量能够有效地反映沉积环境与水深变化，本书利用浮游有孔虫的数量（P）与底栖有孔虫的数量（B）来计算浮游有孔虫的百分含量，具体公式为：$P(\%)=P/(P+B)\times100$。

第三节　西沙群岛现代有孔虫分布

一、西沙群岛有孔虫的数量分布

西沙群岛永乐环礁现代沉积物中鉴定出有孔虫 3 目 31 科 80 属 192 种（底栖类 29 科 78 属 188 种，浮游类 2 科 2 属 4 种），集中于小粟虫亚目（Miliolina）和轮虫亚目（Rotaliina）。常见种有 18 科 25 属（至少在 3 个样品中含量高于 3%），其中包括胶结壳 1 属，即编织虫属（*Textularia*）；无孔钙质壳 12 属，即小丘虫属（*Sorites*）、双丘虫属（*Amphisorus*）、坑壁虫属（*Puteolina*）、马刀虫属（*Peneroplis*）、树口虫属（*Dendritina*）、五玦虫属（*Quinqueloculina*）、三玦虫属（*Triloculina*）、扁玦虫属（*Hauerina*）、管口虫属（*Siphonaperta*）、小粟虫属（*Miliolinella*）、椎骨虫属（*Vertebralina*）、抱环虫属（*Spiroloculina*）；有

孔钙质壳 11 属，即距轮虫属（*Calcarina*）、异盖虫属（*Heterostegina*）、企虫属（*Elphidium*）、花室虫属（*Cellanthus*）、玫瑰虫属（*Rosalina*）、球鹰虫属（*Sphaerogypsina*）、小铙钹虫属（*Cymboloporetta*）、双盖虫属（*Amphistegina*）、扁圆虫属（*Planorbulina*）、罗斯虫属（*Reussella*）、角圆盘虫属（*Anguladiscorbis*）；浮游有孔虫 1 属，即拟抱球虫属（*Globigerinoides*）（部分有孔虫见附录二的有孔虫图版）。永乐环礁有孔虫壳体丰度在不同岛礁之间变化很大（羚羊礁丰度为 27 ～ 1341 个 /g；全富岛丰度为 17 ～ 227 个 /g；石屿丰度为 33 ～ 867 个 /g）。马加莱夫（Margalef）丰富度指数从 0.70（石屿礁前）变化到 6.80（羚羊礁潟湖），对应站点的有孔虫分异度变化范围为 4 ～ 39 种 / 样，有孔虫香农-维纳多样性指数（Shannon-Wiener's diversity index）变化范围为 0.40 ～ 3.20（图 7.1）。

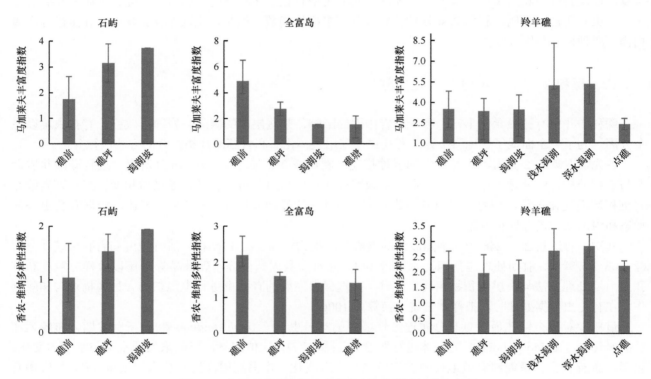

图 7.1　永乐环礁现代有孔虫丰富度与多样性相带分布图

就羚羊礁来说，有孔虫丰度和多样性在潟湖最高（香农-维纳多样性指数范围为 2.0 ～ 3.3）。在 6 ～ 10m 的浅水潟湖，有孔虫丰度可达 46 970 个 /g，分异度最高为 74 种 / 样，而在潟湖水深 15m 处，有孔虫丰度（4810 个 /g）和分异度（35 种 / 样）相对降低。点礁有孔虫数量少且种类单一，有孔虫丰度为 3440 个 /g，分异度为 12 种 / 样。礁坪有孔虫丰度和多样性较低，分别为 6598 个 /g 和 27 种 / 样。潟湖坡有孔虫丰度和分异度分别为 15 970 个 /g 和 28 种 / 样。礁前有孔虫丰度和分异度分别为 4870 个 /g 和 12 种 / 样。羚羊礁的有孔虫多样性具有明显的空间差异，表现为马加莱夫丰富度指数（克鲁斯卡尔-沃利斯检验，$p<0.05$）和香农-维纳多样性指数（克鲁斯卡尔-沃利斯检验，$p<0.001$）在不同沉积相带具有显著差异。

全富岛礁前 15m 水深处有孔虫多样性最高，分异度为 69 种 / 样；有孔虫丰度在永乐环礁大潟湖坡最高，为 11 368 个 /g；礁坪有孔虫丰度为 1199 个 /g，分异度为 31 种 / 样。原因是全富岛为灰砂岛，有孔虫在强水动力的压力下，只有部分壳体结实的有孔钙质类生存，而礁前随着水深增大，水动力压力减弱，大部分有孔虫得以生存。在石屿，有孔虫丰度和多样性从礁前向礁坪和永乐环礁潟湖坡方向增加；永乐环礁潟湖坡 6m 水深处有孔虫丰度为 12 140 个 /g，分异度为 52 种 / 样；礁前有孔虫丰度为 3258 个 /g，分异度为 17 种 / 样。石屿靠近口门，礁前和礁坪受强水动力的影响，适宜抗搬运能力强的大型底栖有孔虫生存，数量和种类相对较少，而永乐环礁潟湖坡处水动力减弱，适宜多种有孔虫生存。

永乐环礁有孔虫丰度和多样性空间分布特征为：潟湖 > 潟湖坡 > 礁坪和礁前坡。羚羊礁、石屿和全富岛三个岛礁有孔虫丰度和多样性产生差异的原因在于栖息环境的多样性和水动力的影响。从礁坪往潟湖方向，小型底栖有孔虫与有孔虫较深水种增多导致多样性升高。在礁坪与潟湖坡遮蔽处，水动力相对较弱，水体搬运能力减弱，小型底栖有孔虫聚集。同时，小型底栖有孔虫多为异养生物，食物可得性是其生存的决定性因素。在羚羊礁潟湖底部，水体盐度与营养盐含量相对礁前开放水体与礁坪更高，因而更适宜小型底栖有孔虫生存，包括浅水潟湖中一些胶结壳类如编织虫（*Textularia* spp.）等，小粟虫如三块虫（*Triloculina* spp.）、五块虫（*Quinqueloculina* spp.）等，以及小型有孔钙质类如面包虫（*Cibicides* spp.）、凸镜虫（*Robulus* spp.）等。同时，潟湖边缘接收异地搬运而来的大型底栖有孔虫，从而导致有孔虫丰度与多样性升高。在潟湖中心，水体加深，远离礁缘，仙掌藻含量升高，从而有机质含量升高，导致溶解氧压力增大，小型有孔虫机会属如转轮虫属（*Ammonia*）、面颊虫属（*Buccella*）和企虫属（*Elphidium*）占优势地位。

二、西沙群岛有孔虫的群落结构特征

通过对羚羊礁、石屿和全富岛三个岛礁有孔虫常见种的百分含量进行 Q 型聚类分析，根据分布于每个聚类站点的有孔虫的数量、多样性、优势种属的共同特征，以及有孔虫的群落结构与组合特征，命名有孔虫沉积相带并与沉积环境相联系，总结出永乐环礁有孔虫沉积相带分布特征（图 7.2）。羚羊礁有孔虫表现出如下三个沉积相带组合特征。

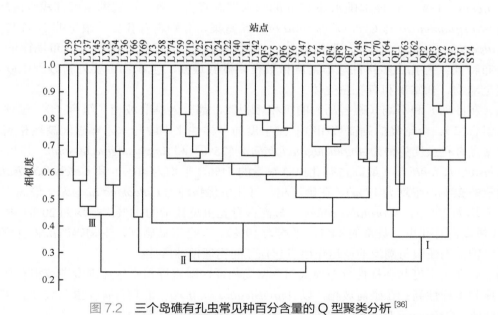

图 7.2　三个岛礁有孔虫常见种百分含量的 Q 型聚类分析[36]
LY- 羚羊礁；QF- 全富岛；SY- 石屿

组合一（*Amphistegina lobifera-Amphistegina lessonii*）：包括羚羊礁东南礁前水深 6 ～ 15m 的站点。常见活珊瑚与珊瑚藻。水动力强，珊瑚砾石较多。有孔虫丰度较低。厚壳、坚硬的有孔钙质类以及胶结类与浮游类壳体含量较高。*Amphistegina lessonii* 在礁前 15m 水深较多（含量达 31%），*Amphistegina lobifera* 和 *Amphistegina lessonii* 在较浅水区域（<10m）占优势，含量分别达到 48% 和 15%。

组合二（*Calcarina hispida-Neorotalia calcar*）：包括礁坪和潟湖坡的站点、潟湖底的点礁站点，同时包括羚羊礁东部礁前的站点，以及靠近永乐环礁潟湖坡的两个站点。水深范围为 1.60～10m。有孔虫丰度（50～487 个/g）和分异度（12～40 种/样）变化大。在所有的站点中，*Calcarina hispida* 大约占有孔虫总数量的 39% 左右，最高可达 74%。*Neorotalia calcar* 在羚羊礁北部、西南部和东南部的礁坪与潟湖坡含量较高，占有孔虫总数量的 23%。其他常见种包括边缘小丘虫（*Sorites marginalis*），含量最高达 18%。*Amphistegina lobifera* 在羚羊礁南部与西南潟湖坡的含量为 25%。在水深 2m 的点礁，*Calcarina hispida* 为优势种，其次为 *Amphistegina lessonii* 和 *Sorites marginalis*。在羚羊礁东南礁前坡 *Calcarina hispida* 为优势种，原因可能是羚羊礁东南礁前坡即为永乐环礁大潟湖的潟湖坡，有孔虫优势种仍然为礁后潟湖坡的优势种。在此沉积相中，由于礁坪处于潮间带，短暂暴露，活体珊瑚较少，藻类多。因此，与藻类共生的有孔虫以及附生植物的有孔虫较为常见，包括边缘小丘虫（*Sorites marginalis*）、双层双丘虫（*Amphisorus duplex*）、鳞甲小铙钹虫（*Cymbaloporetta squammosa*）及蔷薇小铙钹虫（*Cymbaloporetta bradyi*）。然而，在潟湖坡避风处，水动力弱，珊瑚种类增多，有孔虫丰度也升高。礁坪与潟湖坡有孔虫含量比礁前坡高，胶结壳少，多为有孔钙质类。

组合三（*Elphidium advenum-Quinqueloculina crassa* var. *subcuneata*）：包括羚羊礁潟湖底水深 6～15m 的站点。有孔虫分异度平均为（38±17）种/样，是羚羊礁有孔虫多样性较高的站点。无孔钙质类有孔虫较为富集，如 *Triloculina* spp.、*Quinqueloculina* spp.、*Spiroloculina* spp. 等，还有附生植物种，如 *Sorites marginalis*、*Amphisorus duplex* 等，以及薄壳有孔钙质类有孔虫，如 *Florilus costiferus*、*Reussella spinulosa*、*Rosalina* spp.、*Planorbulina acervalis*、*Elphidium subinflatum*、*Cymbaloporetta squammosa*、*Cymbaloporetta bradyi*。*Quinqueloculina crassa* var. *subcuneata* 在潟湖东部浅水区域具有显著优势，含量高达 35%，而 *Elphidium advenum*（38%）、*Reussella spinulosa*（11%）以及 *Florilus costiferus*（13%）在羚羊礁水深 15m 的深水潟湖底占优势。在潟湖东南部浅水区域两个站点，*Cymbaloporetta squammosa* 与 *Cymbaloporetta bradyi* 富集，分别占有孔虫总数量的 18% 与 13%，而在点礁则以 *Calcarina hispida*（31%）为优势种，说明潟湖内部沉积环境在相带分布规律的基础上，出现斑块化分布特征。有孔虫多样性与丰富度指数在潟湖底最高。沉积物主要为粉砂到中砂，含有较多珊瑚砂、腹足动物、仙掌藻和有孔虫壳体。

全富岛（灰砂岛）和石屿（礁岩岛）的沉积相相似，都分为礁前坡相（组合一）、礁坪与永乐环礁潟湖坡相（组合二）。全富岛的礁前坡相有孔虫丰度与多样性比礁坪与永乐环礁潟湖坡相高。礁前坡相 15m 水深的站点有孔虫优势种为 *Amphistegina lobifera*（25%）和 *Amphistegina lessonii*（17%），向浅水处转变为 *Amphistegina lobifera*（最高占有孔虫总数量的 51%，平均为 46%）和 *Calcarina hispida*（最高占有孔虫总数量的 28%，平均为 17%）。在礁坪相，有孔虫优势种为 *Calcarina hispida*（最高占有孔虫总数量的 49%，平均为 37%）、*Neorotalia calcar*（最高占有孔虫总数量的 41%，平均为 20%）和 *Amphistegina lobifera*（最高占有孔虫总数量的 44%，平均为 19%）。在全富岛礁坪，生物碎屑沉积物磨圆度高，有孔虫壳体多磨蚀，为波浪与潮流的搬运作用引起强烈的物理侵蚀所致。

在石屿，有孔虫丰度与多样性分布模式与全富岛相反，即礁坪与永乐环礁潟湖坡相有孔虫比礁前坡相有孔虫丰度和多样性高。在礁前坡相，以 *Amphistegina lobifera*（最高占有孔虫总数量的 87%，平均为 64%）为优势种，*Calcarina hispida*（平均为 17%）作为次一级的优势种而存在。在礁坪与永乐环礁潟湖坡相，以 *Calcarina hispida*（平均为 39%）和 *Neorotalia calcar*（平均为 28%）为优势种，*Sorites marginalis*（平均为 8%）较为常见。在石屿礁坪，藻类结壳底质和遮蔽礁岩洞为有孔虫和仙掌藻提供生存环境，而礁前坡暴露于口门附近强烈的波浪与潮流，有孔虫丰度与多样性较低，同时，强水动力把有孔虫壳体从礁前搬运至礁后滩或使其顺礁坡下行。由此可知，水动力通过影响有孔虫的生存环境以及搬运有孔虫壳体而改变有孔虫的分布模式。

典型相关分析（canonical correlation analysis，CCA），是通过对代表性综合指标的相关关系进行分析，来反映两组指标之间整体相关性的多元统计方法。本书采用该方法诠释有孔虫分布与环境参数的相关关系。永乐环礁有孔虫优势种、生物与非生物因子之间的 CCA 分析结果（图 7.3）显示，第一象限与第四象限指示礁前坡沉积环境，第二象限指示潟湖底沉积，第三象限指示礁坪与潟湖坡沉积。排序轴一解释了 47.10% 的变量，排序轴二解释了 29.60% 的变量。根据矢量的长短判定环境因子的影响程度。由图 7.3 可知，水深、沉积物结构（平均粒径 Φ 值、泥、砂）是影响程度较高的环境因子。沉积物结构是波浪、潮流等物理参数大小的表现形式。采用双变量分析（BCA）进一步验证主要有孔虫种属与环境参数及生物参数之间的相关性（表 7.1）。*Amphistegina* spp. 是第一象限和第四象限的指示种。*Amphistegina lobifera* 常见于水深小于 10m 的浅水、强水动力、强光照的外礁坪或礁缘沉积环境[37]。*Amphistegina lessonii* 生存水深为 0 ~ 90m，最常见于 5 ~ 20m 的外礁坡贫营养浅水透光层[38]等，在礁后较低能区也可见[37]。而 *Amphistegina radiata* 分布水深为 5 ~ 100m，最常见于外礁坡的中光层 30 ~ 60m[39]。在本研究中，*Amphistegina lobifera* 与砂级沉积物含量呈正相关关系，与平均粒径 Φ 值和泥呈反相关关系，表明此种多见于粗粒沉积物中。在此沉积相中较为常见的次级优势种为 *Heterostegina depressa*，该种与水深呈正相关关系，礁前与礁后均可见，最适宜生存水深是 20 ~ 60m[39]。由图 7.3 可知，在第一象限和第四象限中，浮游有孔虫占比较高，指示开阔海域环境。综合分析可知，第一象限和第四象限指示礁前沉积环境，具有较强的水动力和光强度，上部为珊瑚、珊瑚藻等原地沉积，沿斜坡向下随着水深增加水动力逐渐减弱，接收上部搬运来的珊瑚块，沉积物粒度较粗，分选性很差，适宜不同种 *Amphistegina* 生存。

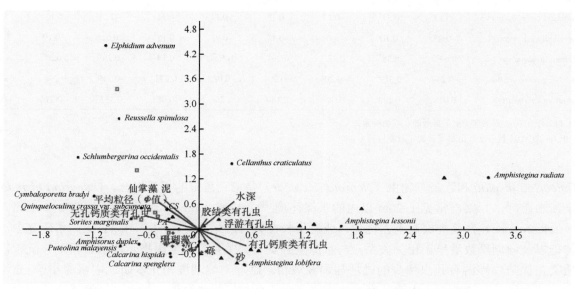

图 7.3　永乐环礁有孔虫优势种、生物与非生物因子之间的典型相关分析[36]

NC-Neorotalia calcar；*PA-Planorbulina acervalis*　*CS-Cymbaloporetta squammosa*

表 7.1 主要有孔虫种属与环境参数及生物参数之间的双变量相关性分析

种类	平均粒径 Φ 值 (φ)	水深 (m)	泥 (%)	仙掌藻 (%)	软体动物 (%)	胶结类有孔虫 (%)	无孔钙质有孔虫 (%)	有孔钙质有孔虫 (%)	浮游有孔虫 (%)
Schlumbergerina occidentalis	0.23	0.12	0.19	0.35*	0.32*	0.10	0.32*	−0.30	−0.10
Puteolina malayensis	−0.01	−0.30*	−0.07	−0.06	−0.01	−0.19	0.36*	−0.25	−0.11
Dendritina striata	0.30*	−0.12	0.05	0.08	−0.01	−0.10	0.24	−0.18	−0.08
Triloculina bertheliniana	−0.10	−0.20	−0.12	−0.14	−0.15	0.29	0.07	−0.11	−0.10
Quinqueloculina crassa var. *subcuneata*	0.27	0.03	0.18	0.25	0.50**	−0.17	0.70**	−0.58**	−0.13
Quinqueloculina agglutinans	0.15	0.10	0.29	0.38*	0.21	0.06	0.55**	−0.50**	−0.12
Siphonaperta agglutinans	0.08	0.10	0.19	0.11	0.09	0.09	0.39*	−0.37*	−0.07
Hauerina diversa	0.15	−0.07	−0.03	0.18	0.03	−0.05	0.38*	−0.31*	−0.09
Calcarina hispida	−0.33*	−0.66**	−0.37*	−0.27	−0.24	−0.44**	−0.25	0.42**	−0.28
Neorotalia calcar	−0.15	−0.37*	−0.13	−0.07	−0.13	−0.30	−0.36*	0.44**	−0.08
Sorites marginalis	0.17	−0.14	−0.01	0.04	0.42**	−0.28	0.16	−0.06	−0.06
Amphisorus duplex	−0.14	−0.37*	−0.18	−0.13	−0.05	−0.11	0.00	0.06	−0.12
Elphidium advenum	0.64**	0.37*	0.82**	0.80**	0.61**	0.08	0.39*	−0.39*	0.02
Cymbaloporetta squammosa	0.01	−0.01	0.04	−0.05	−0.05	0.31*	−0.05	−0.21	0.65**
Cymbaloporetta bradyi	0.16	−0.10	0.08	−0.13	−0.04	0.28	0.16	−0.28	0.22
Amphistegina lessonii	−0.13	0.25	−0.24	−0.35*	−0.41**	0.12	−0.35*	0.22	0.27
Amphistegina lobifera	−0.39*	0.14	−0.33	−0.32*	−0.39*	−0.09	−0.53**	0.55**	−0.14
Poroeponides cribroeponides	−0.15	0.37*	−0.17	−0.19	−0.14	0.21	−0.21	0.13	0.05
Planorbulina acervalis	−0.05	0.10	−0.09	−0.17	−0.05	0.15	0.01	−0.19	0.52**
Reussella spinulosa	0.63**	0.38*	0.78**	0.76**	0.52**	0.14	0.39*	−0.37*	−0.10
Heterostegina depressa	−0.242	0.319*	−0.209	−0.204	−0.089	0.071	−0.319*	0.296*	−0.060
Elphidium subinflatum	0.075	0.132	0.069	0.189	0.266	−0.081	0.333*	−0.275	−0.060

** 相关性在 0.01 置信水平上是显著的（双侧检验）

* 相关性在 0.05 置信水平上是显著的（双侧检验）

Calcarina hispida 和距新车轮虫（*Neorotalia calcar*）是第三象限的指示组合。*Calcarina hispida* 活体常见于浅水礁坪，尸集群常见于 20m 以内的水深环境[28]。*Neorotalia calcar* 生存水深为 0～10m。距轮虫科（Calcarinidae）在藻类底质上占优势，或者生长在具有胶结珊瑚藻的珊瑚碎石上。本研究中，二者含量与砾以及珊瑚藻数量呈正相关关系，与水深呈强负相关关系。此象限指示浅水、粗颗粒沉积，以有孔钙质类占优势，浮游有孔虫稀少的礁坪与潟湖坡相。礁坪与潟湖坡相在本研究中水深小于 6m。沉积物为中砂和粗砂，分选性差—中等，有孔虫丰度高于礁前坡。受风海流、暴风、潮流等影响较大，礁坪相有孔虫破碎率较高。从礁坪到潟湖坡，随着水动力减弱，细粒沉积物增加。

Elphidium advenum、*Quinqueloculina crassa* var. *subcuneata* 和 *Cymbaloporetta bradyi* 落在第二象限。这些种与细粒沉积物、仙掌藻、无孔钙质类有孔虫含量呈正相关关系。封闭潟湖较深水区域的水动力弱、盐度高，是仙掌藻在南沙群岛的理想栖息地[40]。而小栗虫类（miliolids）与 *Elphidium* 倾向于安静、细粒底质的沉积环境。*Quinqueloculina* 常见于正常盐度或微盐度，水深为 6～9m 的礁后浅水环境[41]。无孔

钙质类有孔虫多分布于超盐环境，一般在珊瑚礁的贫营养条件下多指示较为封闭的潟湖环境。*Elphidium advenum* 和 *Reussella spinulosa* 与平均粒径 Φ 值以及水深呈正相关关系，指示较深水潟湖底。*Quinqueloculina crassa* var. *subcuneata* 和 *Cymbaloporetta bradyi* 与水深的相关性不高说明是浅水潟湖底。综合来说，第二象限指示潟湖沉积相，包括以 *Quinqueloculina crassa* var. *subcuneata* 为指示种的浅水潟湖，以及以 *Elphidium advenum* 为指示种的较深水潟湖。潟湖内部沉积环境的差异性导致有孔虫在相带分布的基础上呈现斑块化分布特征。*Cymbaloporetta Squammosa* 在羚羊礁潟湖的东南部和西南礁前两个站点为有孔虫优势种。*Cymbaloporetta Squammosa* 本身是暂时附着植物种[42]。判定原因是西南季风和沿岸上升流把底部营养物质带到表层，造成西南礁前坡表层浮游植物增多。潟湖东南部的两个站点靠近东南礁坪，而东南礁坪靠近口门处，同样水动力很强，营养物质随着东南季风上翻，随着潮流输入潟湖内部，导致局部营养增多，浮游植物生长，附生植物的有孔虫含量升高。东南礁坪出现的沙洲进一步说明了东南礁坪水动力较强的特征。

　　珊瑚礁多样的栖息地环境为有孔虫提供了多样的生态位。本书总结了永乐环礁小于 16m 水深的有孔虫沉积相带，并分析了不同沉积相的有孔虫形态特征，揭示了永乐环礁的生物组成和有孔虫分布模式（图 7.4）。浅水礁前坡相水动力强，有孔虫多样性较高，包括原地壳体较大的底栖有孔虫和搬运至遮蔽处的有孔虫，以厚壳、结实的转轮虫为优势种属（如 *Amphistegina lobifera*、*Calcarina*）。随着水体加深，有孔虫壳体增大、减薄，同时，胶结壳体和浮游种壳体增多。在灰砂岛礁坪相，抗水动力的 *Calcarina* 和 *Amphistegina* 壳体占显著优势。在礁坪与潟湖坡相，由于沉积环境水动力较强，水深较浅，光照强度较高，营养水平较低，一些粗壮而厚壳的大型或中等大小的底栖有孔虫为优势有孔虫。而在水动力较弱的遮蔽处，小型底栖有孔虫含量升高。潟湖底相处于水动力弱的遮蔽处，随着闭塞程度增大，潟湖内部矿化度增加，小粟虫和小型底栖有孔虫富集。同时，*Sorites* 与 *Peneroplis* 等海藻与海草类栖息种在潟湖较为富集。

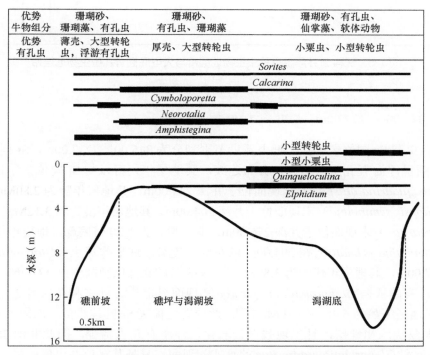

图 7.4　永乐环礁优势有孔虫与生物组分的沉积相带分布图[36]
细线代表有孔虫的分布范围；粗线代表有孔虫最主要的分布范围

第四节　琛科 2 井有孔虫地层分布特征

一、琛科 2 井有孔虫生物地层划分

依据琛科 2 井浮游有孔虫和大型底栖有孔虫年代指示种，划分出 3 个浮游有孔虫化石带（N21、N20 和 N18）和 3 个大型底栖有孔虫化石带（Tf1、Tf2 和 Tf3）（图 7.5）。

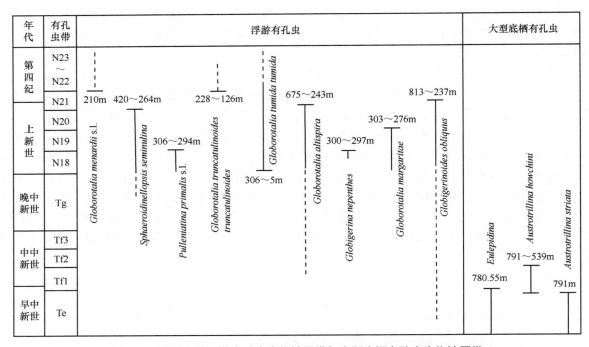

图 7.5　琛科 2 井浮游有孔虫生物地层带与大型底栖有孔虫生物地层带

1.　上新世（345.00 ～ 237.00m，5.33 ～ 2.50Ma）

结合浮游有孔虫和 Sr 同位素年代，把上新世范围划分为 345.00 ～ 237.00m，Sr 同位素指示底部年代为 5.33Ma。上新世浮游有孔虫数量多，分布连续，其地层年代可以与 Sr 同位素年代数据相互验证。高旋方球虫（*Globoquadrina altispira*）末现面位于井深 243.00m，其地层年龄为 2.80Ma[43]。半缺类球形虫（*Sphaeroidinellopsis seminulina*）末现面位于井深 264.00m，其地层年龄为约 3.12Ma[44, 45]。珍珠圆辐虫（*Globorotalia margaritae*）末现面位于井深 276.00m，其一般作为 N20 带底部，地层年代为约 3.58Ma[44]。初始普林虫（*Pulleniatina primalis*）在 294.00m 以左旋占优势，蛛形抱球虫（*Globigerina nepenthes*）末现面位于井深 297.00m，其地层年代约为 3.80Ma[43]。N18 带的底部以肿圆辐虫（*Globorotalia tumida*）的初现面来划分[46]，有的依据 *Globorotalia margaritae* 初现面界定[47]，此二种在琛科 2 井中出现的井深均为 306.00m，对应地层年龄为 6.40 ～ 4.80Ma[47-49]。此处有些偏离 Sr 同位素值，原因可能有两种：其一，306.00m 以下为大段浅水相地层，且出现强白云石化，浮游有孔虫稀少，因此井深 306.00m 可能并非 *Globorotalia tumida* 和 *Globorotalia margaritae* 的真实初现面，只是其在该井出现的最低位置；其二，可能 Sr 同位素值因受白云石化的影响而出现数据偏差，上新世的底部具体位置需要未来继续研究。

2. 中新世（878.22 ~ 345.00m，19.60 ~ 5.33Ma）

晚中新世底部位于井深 521.00m，对应 Sr 同位素年代为 11.60Ma。中中新世底部位于井深 611.00m，对应 Sr 同位素年代约 15.97Ma。钻孔底部 Sr 同位素年代为 19.60Ma。在早中新世，*Austrotrillina striata* 末现面与典型南三房虫（*Austrotrillina howchini*）初现面都位于井深 791.00m，真鳞虫属（*Eulepidina*）末现面位于井深 780.55m，综合二者，井深 780.55m 对应的大型底栖有孔虫分带为 Tf1 底部或者 Te5 顶部，对应的浮游有孔虫地层为 N7 底部（17.62Ma）[16, 21, 48, 50, 51]。*Austrotrillina* spp. 末现面位于井深 539.00m，为大型底栖有孔虫分带 Tf2 底部，对应浮游有孔虫地层年代为 13.34Ma[16, 21, 48, 51]。中垩虫属（*Miogypsina*）连续出现层位止于 531.00m，指示 Tf3 底部，对应的浮游有孔虫分带为 N12 中部，或者 N11 和 N12 分界[36]，Sr 同位素年龄为 12.98Ma；*Lepidocyclina* 连续出现的层位止于 528.00m，其末现面指示 Tf3 顶部，Sr 同位素年龄为 12.72Ma，可以作为年代划定依据。

有孔虫生物地层与 Sr 同位素年代基本一致，除了在某些层位（更新世以及上新世底部层位）出现稍许分离，原因可能是：①二者的年代标准都存在一定的误差范围；② Sr 同位素受成岩作用的影响；③浮游有孔虫地层年代在浅水环境存在一定的偏差。例如，更新世时期成岩作用导致浮游有孔虫难以保存或者异地搬运作用导致分布不连续。上新世底部水体变浅以及强烈白云石化作用导致在井深 312.00m 以下层位未能识别出浮游有孔虫地层指示种。鉴于此，更新世、上新世底部和晚中新世的地层年代以 Sr 同位素地层年代为标准，而其他层位的有孔虫生物地层与 Sr 同位素地层年代较为一致。

二、琛科 2 井有孔虫多样性时间序列

在琛科 2 井（878.22 ~ 3.17m）246 个沉积物样品（样品间隔约为 3m，避开固结坚硬的灰岩）与 281 个岩石薄片（平均样品间隔为 3m）中共鉴定出有孔虫 46 科 74 属（亚属）141 种（包括亚种、相似种和未定种），包括浮游有孔虫 4 科 13 属 40 种（包括未定种和相似种）、底栖有孔虫 42 科 61 属（亚属）101 种（包括亚种和未定种）（部分典型有孔虫见图 7.6 和附录二有孔虫图版）。其中，含胶结类有孔虫 6 属 6 种和未定种，无孔钙质类有孔虫 10 属 21 种、亚种和未定种；有孔钙质类有孔虫 45 属（亚属）74 种和未定种。整个钻孔大部分层位以有孔钙质类有孔虫为主要特征，无孔钙质类有孔虫在中新世层位分布比较集中，如 16.24 ~ 10.60Ma、16.96 ~ 16.78Ma，占有孔虫总数量的 48%；浮游有孔虫在上新世层位到早更新世层位分布相对集中，对应地质年代为 4.21 ~ 2.18Ma，平均含量可达 29%；胶结类有孔虫在整个钻孔中分布稀少（图 7.7）。

底栖有孔虫常见种属主要包括双盖虫属（*Amphistegina*）、距轮虫属（*Calcarina*）、新轮虫属（*Neorotalia*）、企虫属（*Elphidium*）、小平圆虫属（*Planorbulinella*）、小丘虫属（*Sorites*）、小铙钹虫属（*Cymbaloporetta*）、异鳞虫属（*Heterolepa*）、白垩虫属（*Gypsina*）、异常虫属（*Anomalina*）、异盖虫属（*Heterostegina*）、圆盾虫属（*Cycloclypeus*）、盖虫属（*Operculina*）、圆盘虫属（*Discorbis*）、转轮虫属（*Ammonia*）、肾鳞虫属（*Nephrolepidina*）、五玦虫属（*Quinqueloculina*）、三玦虫属（*Triloculina*）、编织虫属（*Textularia*）、北方虫属（*Borelis*）、蜂巢虫属（*Alveolinella*）等，以及中新世灭绝的大型底栖有孔虫，如似中垩虫属（*Miogypsinoides*）、中垩虫属（*Miogypsina*）、真鳞虫属（*Eulepidina*）、异圆盾虫亚属（*Katacycloclypeus*）、中鳞环虫属（*Miolepidocyclina*）、旋盾虫属（*Spiroclypeus*）、南三房虫属（*Austrotrillina*）、小花虫属（*Flosculinella*）。*Amphistegina* 在钻孔中分布连续性最好，在整个钻井 75% 的样品中都有出现。

浮游有孔虫主要包括三叶拟抱球虫（*Globigerinoides trilobus*）、幼年拟抱球虫（*Globigerinoides immaturus*）、共球拟抱球虫（*Globigerinoides conglobatus*）、球状方球虫（*Globoquadrina globosa*）、斜室拟抱球虫（*Globigerinoides obliquus*）、袋拟抱球虫（*Globigerinoides sacculifera*）、普通圆球虫（*Orbulina*

图 7.6　琛科 2 井碎屑沉积物主要有孔虫时间序列分布图

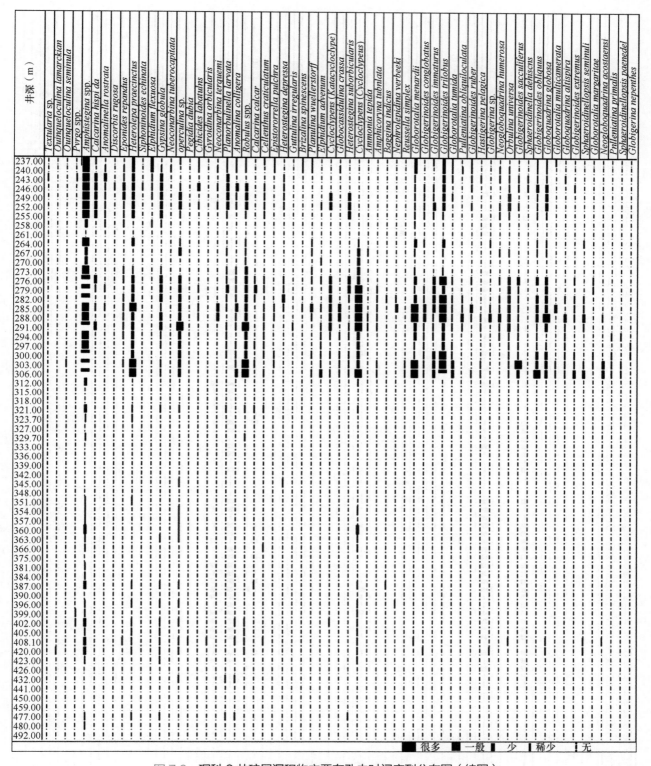

图 7.6　琛科 2 井碎屑沉积物主要有孔虫时间序列分布图（续图）

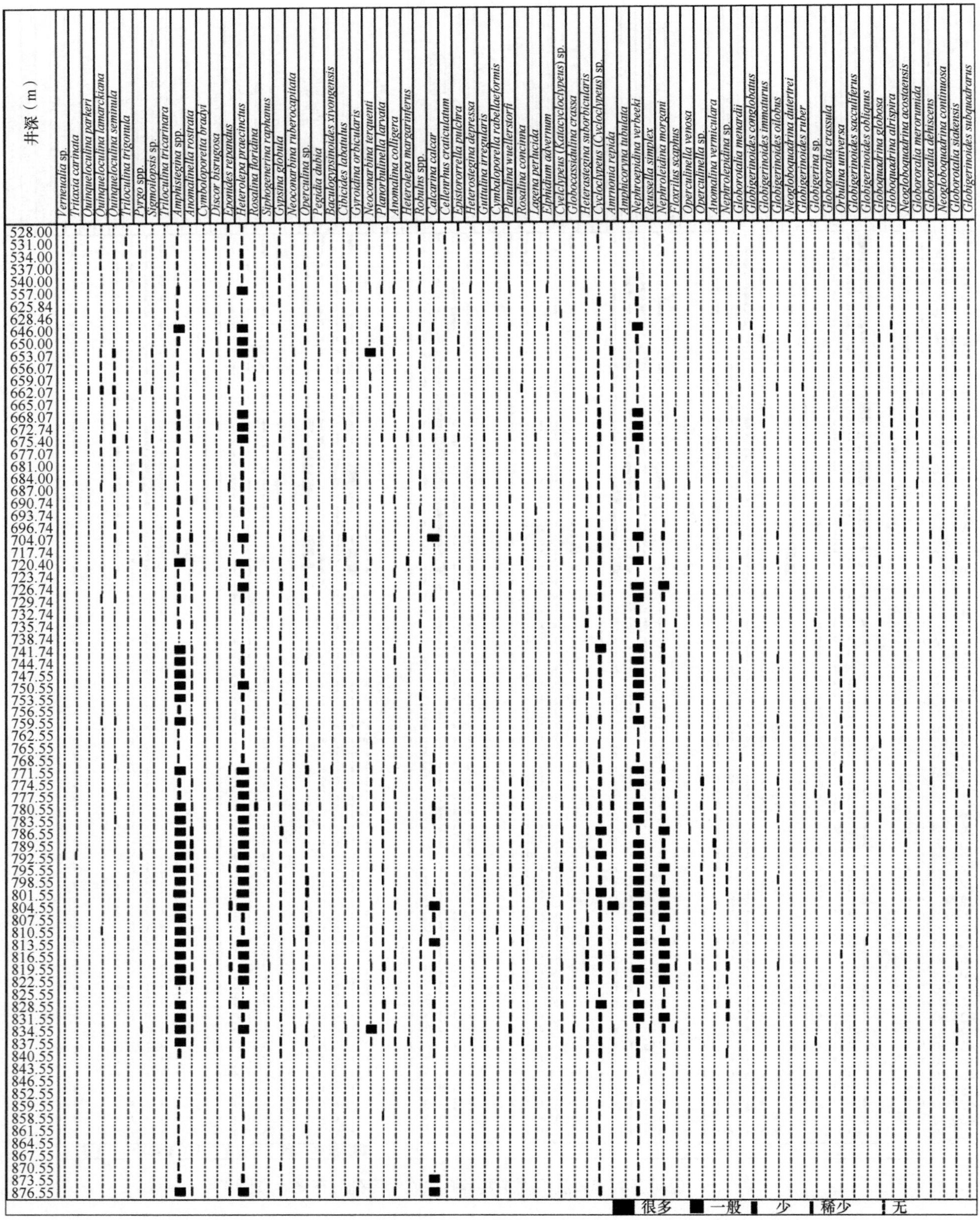

图 7.6 琛科 2 井碎屑沉积物主要有孔虫时间序列分布图（续图）

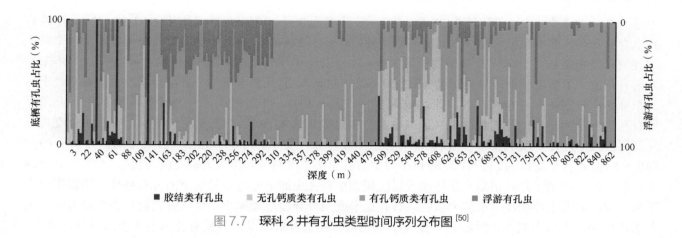

图 7.7　琛科 2 井有孔虫类型时间序列分布图[50]

universa)、红色拟抱球虫（*Globigerinoides ruber*）、肿圆辐虫（*Globorotalia tumida*）、小丘新方球虫（*Neogloboquadrina humerosa*）、敏纳圆辐虫（*Globorotalia menardii*）和普林虫属（*Pulleniatina*）等。

琛科 2 井有孔虫丰度为 0 ～ 104 个 / 片，分异度为 0 ～ 25 种 / 片，丰度与分异度随时间波动变化（图 7.8）。在早中新世中期（878.22 ～ 840.00m），有孔虫的丰度变化范围为 0 ～ 26 个 / 片（平均值为 9 个 / 片），分异度变化范围为 0 ～ 7 种 / 片（平均值为 4 种 / 片）。早中新世中期—晚期（840.00 ～ 689.50m），有孔虫丰度与分异度呈增加趋势，分别为 0 ～ 84 个 / 片（平均值为 27 个 / 片）和 0 ～ 20 种 / 片（平均值为 8 种 / 片）。早中新世晚期—晚中新世早期（689.50 ～ 521.00m），有孔虫丰度与分异度为钻孔峰值，

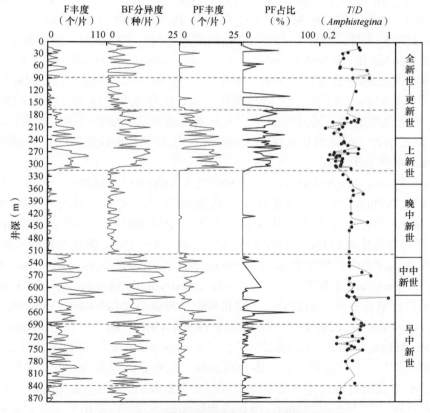

图 7.8　琛科 2 井有孔虫数量与形态时间序列分布

T/D 表示有孔虫壳体厚度与直径的比值，F 表示有孔虫，BF 表示底栖有孔虫，PF 表示浮游有孔虫

丰度为 0～104 个 / 片（平均值为 39 个 / 片），分异度为 0～30 种 / 片（平均值为 11 种 / 片），浮游有孔虫含量升高。晚中新世早期—上新世早期（521.00～312.00m），有孔虫的丰度与分异度降为整个钻孔的谷值，分别是 0～17 个 / 片（平均值为 3 个 / 片）以及 0～7 种 / 片（平均值为 2 种 / 片），基本未见浮游有孔虫。上新世早期—早更新世（312.00～175.00m），有孔虫丰度与分异度再次增大，并且处于另一个峰值，分别是 0～68 个 / 片（平均值为 33 个 / 片）和 0～15 种 / 片（平均值为 9 种 / 片）。此段浮游有孔虫含量为整个钻孔的最高值（最高占有孔虫总数量的 43.50%）。在更新世地层，有孔虫丰度与分异度逐渐减小，在井深 175.00～89.00m 有孔虫丰度与分异度分别为 0～13 个 / 片（平均值为 4 个 / 片）和 0～5 种 / 片（平均值为 2 种 / 片）。89.00m 以上有孔虫的丰度与分异度呈大幅度波动状态，分别为 0～34 个 / 片与 0～10 种 / 片。根据永乐环礁表层沉积物中有孔虫的丰度与分异度空间分布特征，由潟湖向礁突起方向，随着水体变浅，水动力增强，有孔虫丰度与分异度逐渐减小；而从礁突起往礁前坡方向，随着水体加深，水动力减弱，浮游有孔虫与小型底栖有孔虫数量增多，致使有孔虫的丰度与分异度增大。同时，有孔虫的丰度与分异度突变通过反映沉积环境的突变，折射出海平面、气候与水体环境的变化。

三、琛科 2 井有孔虫组合时间序列

根据琛科 2 井有孔虫地层分布和有孔虫优势种属，将 878.22～0m 地层自下而上大致可划分为 9 个有孔虫化石组合（FA）（图 7.9）。

（1）FA1. *Miogypsina-Nephrolepidina* 组合（878.22～838.00m，19.60～18.80Ma；768.00～737.12m，17.54～17.38Ma）：此段有孔虫丰度与分异度都较低，除了最低层位 878.22m 与 870.55m 两个样品的丰度分别为 5070 个 /100g 和 1255 个 /100g，分异度分别为 12 种 /100g 和 5 种 /100g，其他样品的有孔虫丰度和分异度分别为 0～880 个 /100g 和 0～8 种 /100g，其中 853.00～850.00m 层位未见有孔虫。有孔虫化石保存状态由破碎到中等。此段有孔虫以有孔钙质类为绝对优势类别，浮游类零星出现。有孔虫优势种属主要为 *Miogypsina* 和 *Nephrolepidina*，其次为 *Amphistegina lobifera*，以及少量 *Amphistegina lessonii*、*Textularia* 和小型底栖有孔虫，如 *Heterolepa*。*Miogypsina* 在太平洋古代珊瑚礁体中常见，具有藻类共生体，生存于真光层和中光层，但一般出现在浅水、正常盐度、强光辐射的高能环境[52]。*Nephrolepidina* 可生存于正常盐度的礁后滩或礁前相[53]，从真光层至贫光层都可见。此段出现的 *Amphistegina lobifera* 为浅水高能指示种（最适宜的水深小于 6m），常分布于潮间带外礁坪[54]。综合判断此层段沉积环境为浅水礁坪相，水深小于 3m。

（2）FA2. *Nephrolepidina-Amphistegina lobifera*-SBF 组合（838.00～768.00m，18.80～17.54Ma；737.12～689.07m，17.38～16.78Ma）：有孔虫丰度比上一段明显升高，大多为 1000～20 000 个 /100g，分异度为 3～25 种 /100g。有孔虫化石保存状况自下而上由中等到破碎。有孔钙质类有孔虫占绝对优势（96%～100%），浮游有孔虫相对 FA1 增多，但仍为罕见种（0～4%），偶见无孔钙质类与胶结类有孔虫。底栖有孔虫化石保存状况中等，优势种属为 *Nephrolepidina*、*Amphistegina lobifera* 和 *Rotalia*，*Miogypsina*、*Operculina* 和 *Cycloclypeus* 也较为发育，*Calcarina calcar*、miliolids、*Sorites* 和 *Textularia* 也较为富集。相对于上一段，小型底栖有孔虫大量发育，主要包括束带异鳞虫（*Heterolepa praecinctus*）、钩鼻小异常虫（*Anomalinella rostrata*）、魏氏扁平虫（*Planulina wuellerstorfi*）、圆顶玫瑰虫（*Rosalina terquemi*）、面具小平圆虫（*Planorbulinella larvata*）、嗜温转轮虫（*Ammonia tepida*）、球白垩虫（*Gypsina globula*）和面包虫属（*Cibicides*）等。小型底栖有孔虫多为机会种，纯粹非自养生物，以细菌和微型藻类为食，需较多的食物来源。小型底栖有孔虫多，指示海水营养盐含量较高。而 *Cycloclypeus* 在现代印度洋—太平洋为深水种，生存水深一般为 50～120m，可到透光层底部[12, 55, 56]，多出现在开阔陆架环境或礁前坡环境[57, 58]。有孔虫浅水种与深水种同时存在，且小型底栖有孔虫机会种多，初步认为是营养水平较高，水

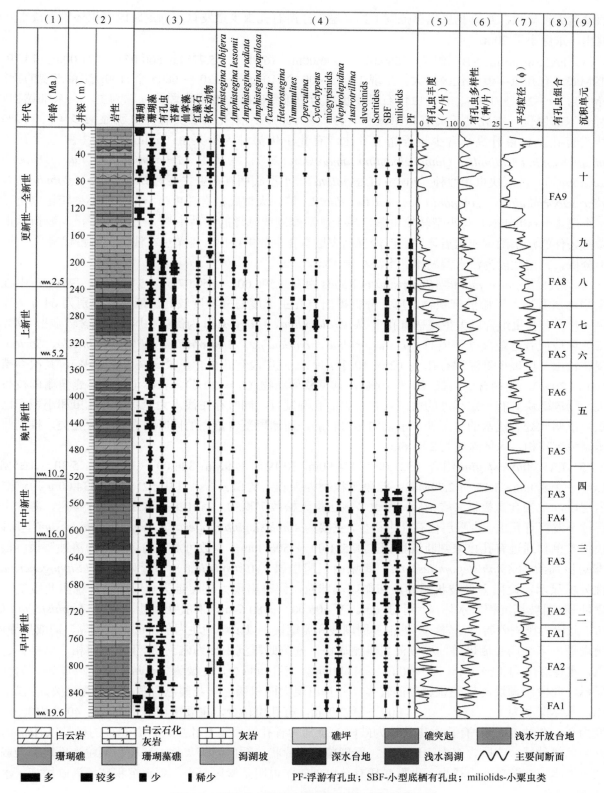

图 7.9　琛科 2 井有孔虫数量与组合时间序列分布

体浊度增大，导致深水有孔虫生存范围上移。鉴于浮游有孔虫少量发育，判定此段沉积环境为浅水开阔台地相，水深小于20m。

（3）FA3. miliolids-SBF[①]组合（689.07～596.00m，16.78～15.77Ma；560.07～521.00m，14.79～10.19Ma）：有孔虫丰度变化区间大，呈现110～400个/100g与1320～6805个/100g交替出现的特征，分异度为3～26种/100g。有孔虫化石保存状态为中等到破碎。沉积物颗粒以砾为主，夹杂细粒物质。相对于下部层位，有孔钙质类有孔虫减少（43%～100%），无孔钙质类有孔虫明显增多（0～53%），胶结类有孔虫含量升高，含少量浮游有孔虫。有孔虫优势种为小粟虫（miliolids），主要包含五玦虫（Quinqueloculina seminula、Quinqueloculina lamarckiana等）、三玦虫（Triloculina trigonula、Triloculina tricarinata等）及双玦虫相似种（Pyrgo cf. striolata）。小型底栖有孔虫主要为Heterolepa、Robulus、Lenticulina suborbicularis、Ammonia beccarii和Cibicides等。大型底栖有孔虫与小粟虫或小型转轮虫交互出现。小粟虫（miliolids）与小型转轮虫常出现于礁后潟湖或礁坪的细砂中[41]，五玦虫多，一般指示正常至微盐条件的浅水潟湖或礁后环境。西沙群岛表层有孔虫分析得出，小粟虫在浅水潟湖占优势[36]。综合以上分析，判定此段为浅水潟湖相，水深小于10m。

（4）FA4. Nephrolepidina-Miogypsina-miliolids组合（596.00～560.07m，15.77～14.79Ma）：中强胶结生物砾屑灰岩，无松散沉积物，薄片分析得出有孔虫丰度与分异度较高，最高值分别为64个/片与20种/片。有孔虫组合以大型底栖有孔虫Nephrolepidina、Miogypsina为优势种属，还包含较多指示潟湖、潟湖坡环境或者遮蔽藻席环境的Quinqueloculina、Triloculina、Austrotrillina、Planorbulinella、Sorites和小型转轮虫，出现少量浮游有孔虫（2～10个/片）。此层段有孔虫含量最高（可达60%），其次为珊瑚藻（0～70%），珊瑚含量较低（0～10%），常见软体动物（0～20%）。岩芯可见较多鹿角珊瑚枝与双壳类。珊瑚砾块具有一定程度的磨圆。岩芯表面孔洞发育，同时存在浅水大型底栖有孔虫和小型底栖有孔虫，说明此处为浅水的遮蔽处，水动力相对较弱。而珊瑚藻含量高的同时含有较多双壳类，推测此段为潟湖坡沉积相，水体深度为2～6m。

（5）FA5. Amphistegina组合（521.00～434.00m，10.19～8.49Ma；344.00～312.00m，5.30～4.35Ma；264.00～258.00m，3.15～2.99Ma）：此段沉积物为强胶结的白云岩，其中521.00～434.00m为致密白云岩层段，生物含量极低（<20%）。绝大多数层位无松散沉积物，有孔虫基本通过薄片鉴定，薄片中多数层位不发育有孔虫。少数层位有孔虫稀少，主要为Amphistegina lobifera与Amphistegina lessonii。所以，此段很难单独通过有孔虫来判断沉积相。在521.00～506.00m，少数可辨认的有孔虫为溶蚀铸模，根据形态初步判断为Amphistegina lessonii，偶见南三房虫属（Austrotrillina）和管列虫属（Siphogenerina）。岩性分析显示，此段多见枝状珊瑚藻和珊瑚藻球粒，同时出现大量腹足类和双壳类，说明此段沉积相是礁坪-潟湖坡相沉积，水体深度小于6m。在506.00～480.64m，有孔虫稀少，偶见Amphistegina lessonii，此段为珊瑚砂屑白云岩，可见很多珊瑚枝和珊瑚块，以滨珊瑚块为主，可见滨珊瑚、同双星珊瑚、鹿角珊瑚、多孔同心珊瑚等，珊瑚藻包裹珊瑚块。推测此段沉积相为礁突起-浅水礁前相，以礁突起相为主，水体深度为1～15m。在480.64～434.00m，有孔虫稀少，主要为Amphistegina lobifera，岩性分析显示，此段珊瑚块与皮壳状珊瑚藻较多，并且出现大面积褐色与灰黄色岩芯，判断为礁突起-浅水礁前相，水体深度为1～15m。在344.00～312.00m，有孔虫稀少，主要丰度范围为0～40个/100g，分异度为0～9种/100g。有孔虫化石较为破碎，全部为有孔钙质类有孔虫。含有孔虫的样品以Amphistegina为优势种属，该段含有大量红藻石，珊瑚藻呈碎片状。颜色为暗灰色，沉积物颗粒为砾块夹杂弱胶结细粒物质。浮游有孔虫稀少，大型底栖有孔虫破碎，说明是搬运而来。判定沉积环境为礁坪相，水体深度小于3m。

---

① SBF主要为Rotalia

（6）FA6. *Amphistegina-Cycloclypeus-Operculina* 组合（434.00 ～ 344.00m，8.49 ～ 5.30Ma）：在 434.00 ～ 381.00m，灰白色含砾砂屑灰岩与生物碎屑灰岩交互，有孔虫优势种属为 *Amphistegina*、*Cycloclypeus*、*Operculina* 及小型底栖有孔虫，如 *Heterolepa*、*Gypsina*、*Anomalina*、*Cellanthus*，含少量浮游有孔虫。*Amphistegina* 主要包括 *Amphistegina lessonii* 与 *Amphistegina radiata*，有孔虫丰度为 0 ～ 365 个 /100g，分异度为 0 ～ 11 种 /100g。在 381 ～ 344m，有孔虫化石稀少且破碎，含有孔虫层位的有孔虫丰度为 25 ～ 90 个 /100g，在 360m 丰度突然增至 680 个 /100g，分异度为 2 ～ 4 种 /100g。全部为有孔钙质类有孔虫。有孔虫优势种属为 *Cycloclypeus*、*Operculina*，*Amphistegina* 主要为 *Amphistegina radiata*，还包含 *Heterostegina* 及小型底栖有孔虫。由此可见，434.00 ～ 344.00m 水体逐渐加深，结合此段红藻石黏结岩异常发育，判定沉积环境为礁突起-珊瑚藻礁相，水体深度小于 30m。

（7）FA7. PF-*Operculina-Cycloclypeus* 组合（312.00 ～ 264.00m，4.35 ～ 3.15Ma）：有孔虫丰度整体较高，为 955 ～ 33 870 个 /100g；分异度为 2 ～ 40 种 /100g。有孔虫化石保存状态中等。有孔钙质类有孔虫（57% ～ 100%）与浮游有孔虫（0 ～ 43%）含量较高。浮游有孔虫主要包含 *Globigerinoides trilobus*、*Globorotalia menardii*、*Globoquadrina globosa*、*Globigerinoides obliquus*、*Orbulina universa*、*Globigerinoides immaturus*、*Globigerinoides sacculifera* 等。大型底栖有孔虫主要为深水种属，如 *Cycloclypeus*、*Nummulites*、*Operculina* 等。*Amphistegina* 为较深水种 *Amphistegina radiata* 与 *Amphistegina papillosa*。*Amphistegina papillosa* 最适宜生存于 95m 的透光带底部[26]。此外，小型底栖有孔虫常见，如 *Robulus*、*Heterolepa*、*Anomalina*、*Planulina*、*Cellanthus* 等。浮游有孔虫与深水底栖有孔虫富集，沉积物粒径小反映正常、低能的深水环境[53, 59]，可到透光层底部。仙掌藻常见，海绵骨针偶见，珊瑚未见。仙掌藻为较深水潟湖相的特征生物。判定此段为淹没台地相沉积环境，水体环境为透光带底部，深度为 40 ～ 50m。

（8）FA8. PF-*Amphistegina* 组合（258.00 ～ 186.00m，2.99 ～ 2.09Ma）：此段有孔虫丰度与多样性相对 FA7 降低，丰度为 215 ～ 4840 个 /100g，分异度为 4 ～ 30 种 /100g。有孔虫化石保存状态自下而上由中等到破碎。有孔钙质类有孔虫占绝对优势，最高可占 100%，浮游有孔虫常见，含量为 0 ～ 25.3%，但相比 FA7 层段含量有所降低。*Amphistegina* 主要包括 *Amphistegina lessonii* 与 *Amphistegina radiata*。浮游有孔虫主要为 *Globigerinoides trilobus*、*Globorotalia menardii*。在 258 ～ 234m，*Globoquadrina globosa*、*Globigerinoides obliquus* 与 *Orbulina universa* 增多。其他有孔虫主要包括 *Cycloclypeus*、*Heterostegina*、*Calcarina* 以及一些小型底栖有孔虫，如 *Heterolepa*、*Gypsina*、*Robulus*、*Elphidium* 和 *Planorbulinella* 等。*Amphistegina lessonii* 在印度洋—太平洋地区水深小于 30m 处分布最多[38, 60]。*Amphistegina radiata* 生存在中光层 60 ～ 30m[39]。根据有孔虫分析，此层位相对于 FA7 层位水体变浅，但仍为较深水环境，可到中光层。此外，仙掌藻含量较高，判断沉积环境为淹没台地相，指示 FA8 比 FA7 层位水体浅，在上部偶尔出现鹿角珊瑚枝，说明水体由下往上逐渐变浅，水体深度为 40m 以浅。

（9）FA9. *Amphistegina-Calcarina* 组合（186.00 ～ 0m，2.09 ～ 0Ma）：此段有孔虫丰度变化较大，且呈互层形式，在 150m 有孔虫丰度最高，为 8105 个 /100g，而有些层位无有孔虫，多数层位有孔虫丰度为每千克几十到几百个，分异度为 0 ～ 33 种 /100g，有孔虫多破碎。有孔钙质类有孔虫占优势（60% ～ 100%），浮游有孔虫与无孔钙质类有孔虫较少，且间断出现。186 ～ 72m 有孔虫数量少，分异度为 0 ～ 25 种 /100g，*Amphistegina lobifera*（稀少）为优势种。72 ～ 0m 分异度为 0 ～ 33 种 /100g，有孔虫 *Amphistegina* 优势种为 *Amphistegina lobifera*（稀少 - 少）与 *Amphistegina lessonii*（稀少 - 少），二者交互出现，其中 12 ～ 7m 以 *Calcarina* 为优势属。根据西沙群岛表层沉积物中有孔虫的分布特征[36]，此段整体上为潟湖坡相与浅水礁前交互相沉积环境，水体深度小于 20m。

四、琛科 2 井有孔虫组合对沉积相的指示

在综合宏观沉积背景、岩性变化以及微观沉积特征的基础上，结合沉积相的划分依据和古生物群落的变化特征，尤其是有孔虫群落结构的变化序列，对琛科 2 井整个钻孔碳酸盐岩沉积地层进行了精细划分，具体划分为 10 个沉积单元，详细记录了早中新世以来琛科 2 井的沉积环境演化过程（图 7.9）。

沉积单元一：878.22 ～ 768.00m（19.60 ～ 17.54Ma），此单元沉积相为浅水开放台地相，水体深度由 6m 以内增加到 20m 以内。

在 878.22 ～ 838.00m（19.60 ～ 18.67Ma），岩性主要为珊瑚藻漂砾岩和珊瑚藻砾屑灰岩，泥晶化，叶片状胶结，出现铁锰氧化物，茜素红染色呈浅紫色，指示为铁方解石。生物组分以珊瑚红藻碎片（0 ～ 65%）、珊瑚（0 ～ 100%）占优势，其次为有孔虫（0 ～ 25%）。有孔虫以浅水大型底栖有孔虫 *Miogypsina-Nephrolepidina* 组合（FA1）占优势，出现少量浮游有孔虫，指示开放水体环境。有孔虫优势属 *Miogypsina* 和 *Nephrolepidina* 指示水动力较强的高能浅水环境[61]。珊瑚藻黏结珊瑚块，可见浅水珊瑚藻碎片，如让氏藻属、石孔藻属、蟹手藻属与奇石藻属等[62]。其中，让氏藻属一般指示潮间带—浅水潮下带环境[63]，石孔藻属主要发育在水深 20m 以内的浅水海域[64]。浅水台地水动力强，水体交换频繁，珊瑚长势旺盛，台地沉积物堆积速率较高，为 200m/Ma。根据岩性和生物组合推断，此段为浅水台地相沉积，多数处于浅水潮下带，水深约为 6m 以下。碳酸盐工厂生物组合为真光层的自养光合作用组合（Photozone）。

在 838.00 ～ 768.00m（18.67 ～ 17.54Ma），岩性主要为黄绿色—灰绿色有孔虫砾屑灰岩、泥灰岩、有孔虫颗粒岩等，含暗色有机质，硬底质，生物内嵌基底中。生物组分以有孔虫（0 ～ 60%）和珊瑚红藻（0 ～ 50%）为主，含少量软体动物（0 ～ 10%）和棘皮动物（0 ～ 5%），偶见珊瑚。有孔虫优势组合为 *Nephrolepidina-Amphistegina lobifera*-SBF 组合（FA2），其次为 *Miogypsina*、*Amphistegina lessonii*、*Cycloclypeus*。珊瑚藻为节片状，含中叶藻属、石枝藻属、让氏藻属及红藻石。*Amphistegina* 主要包括 *Amphistegina lessonii* 和 *Amphistegina lobifera*。*Amphistegina lessonii* 生存水深为 5 ～ 30m，而 *Amphistegina lobifera* 对高光照强度和强水动力具有耐受能力，多分布在上透光带 0 ～ 30m[65]，较适宜水深为小于 10m[6]。现代 *Cycloclypeus* 生存于透光层下部，水深 70 ～ 130m[31]。*Nephrolepidina* 依据其形态可指示不同水深环境，保存较好的大而薄的形态指示弱水动力、低光照强度条件，水深大于 30m 的贫光层到中光层环境，可延伸到 70m[66]，而小而鼓的形态分布于浅水环境。该层位 *Nephrolepidina* 形态相对扁平，指示水体较深。由此可见，该层位有孔虫为深水种与浅水种混合。就珊瑚藻来看，中叶藻属与石枝藻属为较深水藻（一般分布水深大于 20m），而让氏藻属为潮间带或浅水潮下带红藻。珊瑚藻与有孔虫类似，也出现较深水种属与较浅水种属混合现象。基于生物组分特征，如有孔虫与珊瑚藻的种属特征，浮游有孔虫稀少，珊瑚极少量出现，并结合岩性，判断其沉积环境为低透明度的浅水开放台地相，水深小于 20m。碳酸盐工厂为异养组合（Heterozoan）。透明度较低可能与上升流带来的营养成分增多有关。

沉积单元二：768.00 ～ 689.07m（17.54 ～ 16.78Ma），此单元沉积相由礁坪相过渡到浅水开放台地相，水体深度由 6m 以内增加到 20m 以内。

在 768.00 ～ 737.12m（17.54 ～ 17.38Ma），岩性主要为有孔虫砾屑灰岩、大型底栖有孔虫-珊瑚藻砾屑灰岩，纤状胶结。生物以有孔虫（0 ～ 40%）和珊瑚藻（0 ～ 30%）为优势组分，含少量破碎滨珊瑚块与鹿角珊瑚断枝，表面被藻类覆盖。珊瑚藻多为节片状浅水珊瑚藻，自下而上由让氏藻属转变为石枝藻属，出现红藻石。大型底栖有孔虫含量较高，优势组合为 *Miogypsina-Nephrolepidina*（FA1）。此段沉积速率较高，为 428.60m/Ma。判断沉积环境为浅水礁坪相，水深小于 3m。碳酸盐工厂为 Photozoan 组合。

在 737.12 ～ 725.00m（17.38 ～ 17. 20Ma），岩性主要为泥岩-漂砾岩、有孔虫颗粒岩。硬底，棕黄

色，磷酸岩化，多划痕，分选性很差，纤状胶结，生物少，偶见珊瑚，珊瑚藻以石叶藻为主，有孔虫以 *Nephrolepidina-Amphistegina lobifera*-SBF 组合（FA2）占优势，还包含较多 *Neorotalia*。此段沉积速率较低（31.25m/Ma），判断沉积相为礁坪浅水的弱水动力区，水体深度小于 6m。碳酸盐工厂为自养光合作用组合与异养组合过渡组合（H-P）。

在 725.00～689.07m（17.20～16.78Ma），岩性主要为泥岩-漂砾岩、有孔虫粒泥灰岩。有孔虫以 *Nephrolepidina-Amphistegina lobifera*-SBF 组合（FA2）为优势种属，小转轮虫与小粟虫含量显著升高。可见珊瑚藻小球粒和直径为 1～1.50cm 的红藻石。珊瑚砾块被珊瑚藻包裹，磨圆度好。综合判断沉积相由浅水开放台地相向潟湖坡相转变，水体深度小于 6m。碳酸盐工厂为 Photozoan 组合。

沉积单元三：689.07～560.00m（16.78～14.79Ma），沉积相由潟湖相转变为潟湖坡相，水体深度由 10m 以内转变为 6m 以内。

在 689.07～596.00m（16.78～15.77Ma），岩性主要为生物砾屑灰岩、有孔虫漂砾岩、有孔虫粒泥灰岩，纤状胶结。生物组分以有孔虫（0～70%）、珊瑚红藻（0～30%）为主，还有珊瑚（0～20%）和双壳类（0～30%），偶见仙掌藻和苔藓。有孔虫以 miliolids-SBF 组合（FA3）占优势。珊瑚藻主要为石孔藻属、中叶藻属和让氏藻属。判定沉积相为浅水潟湖相，水体深度为 6～10m。碳酸盐工厂为 Photozoan 组合。

在 596.00～560.00m（15.77～14.79Ma），岩性主要为生物砾屑灰岩，优势有孔虫为 *Nephrolepidina-Miogypsina*-miliolids 组合（FA4），包含较多小型底栖有孔虫。*Nephrolepidina* 与 *Miogypsina* 同时存在，一般代表浅水环境。出现较多鹿角珊瑚枝，并且珊瑚砾块具有一定程度的磨圆，指示鹿角珊瑚得以生存的潮下带，且远离礁前坡。大量的小型底栖有孔虫生存，则说明水动力不高，无显著的搬运作用。此外，双壳类及其铸模大量出现。综合判断此段为浅水潟湖坡相，水体深度为 2～6m。碳酸盐工厂为 Photozoan 组合。

沉积单元四：560.00～506.00m（14.79～10.00Ma），由潟湖相转变到浅水礁前相。水体深度由 6～10m 到 15m 以内。

在 560.00～506.00m（14.79～10.00Ma），岩性主要为有孔虫砾屑灰岩、有孔虫砾泥灰岩和珊瑚藻障积岩。其中，545.00～539.00m 为灰褐色柱状岩芯夹珊瑚砾块。在 528.74m，含大量珊瑚藻，为珊瑚藻障积岩。有孔虫最为富集（10%～75%），其次为珊瑚藻（20% 左右），双壳类含量为 0～20%，还含少量珊瑚、苔藓和仙掌藻。在 560.00～521.00m，有孔虫以 miliolids-*Rotalia* 组合（FA3）占优势。小粟虫指示遮蔽的、光照条件好、水动力较弱的浅水潟湖环境。小型底栖有孔虫出现，同样说明水动力较弱。结合低沉积速率（2.00～22.70m/Ma），判断沉积环境为浅水潟湖相，水体深度为 6～10m。此外，521.00～506.00m 碳酸盐岩发生强烈白云石化，有孔虫稀少，且完全被溶蚀成铸模，分析可能为 *Amphistegina* 组合（FA5）。原因可能在于小型有孔虫被强烈白云石化而无法分辨。根据有孔虫优势种属，岩性呈现连续性，多双壳类，含有较多鹿角珊瑚枝和珊瑚块，可见很多珊瑚藻球粒，岩芯表面溶蚀现象严重。推测此段为浅水礁前相。水体深度小于 15m。碳酸盐工厂为贫营养 - 中滋养的 Photozoan 组合。

沉积单元五：506.00～344.00m（10.00～5.30Ma），由礁突起相转变到浅水台地相。水体深度由 1m 以内加深到 20～30m。

在 506.00～434.50m，岩性主要为白云岩和泥灰岩，主要为强胶结的岩芯柱，孔隙被亮晶充填，大部分层段为褐色岩芯。其中，506.00～480.64m 为生物碎屑白云岩，部分岩性为灰褐色渲染，生物成分很少，以珊瑚、珊瑚藻和有孔虫为主，可见细小鹿角珊瑚枝和同双星珊瑚。有孔虫稀少且强泥晶化，形成塑膜，内部被亮晶充填，为 *Amphistegina* 组合（FA5）。判断沉积环境以礁突起相为主，水体深度小于 1m。480.64～434.50m 为灰褐色-浅黄色珊瑚灰质白云岩，可见各种珊瑚碎屑，如滨珊瑚、石芝珊瑚、角蜂巢珊瑚、鹿角珊瑚，珊瑚藻包壳珊瑚结构发育。有孔虫稀少，偶见 *Amphistegina lobifera* 与

Amphistegina lessonii，多层位未见有孔虫。此段沉积速率为 27.70 ～ 76.90m/Ma，综合判定沉积相为礁突起-浅水礁前相。水体深度为 1 ～ 15m。碳酸盐工厂为 Photozoan 组合。

在 434.50 ～ 344m，岩性主要为生物碎屑灰岩与含砾砂屑灰岩。沉积速率较低，为 28.21m/Ma。生物组分以珊瑚藻（0 ～ 70%）为主，其次为珊瑚（0 ～ 50%），有孔虫含量较低（0 ～ 10%），上部出现仙掌藻层（381.00 ～ 344.00m），部分层位出现苔藓（0 ～ 10%）。珊瑚藻包壳发育。在 434.00 ～ 381.00m，有孔虫组合为 *Amphistegina-Cycloclypeus-Operculina*，出现大量椭球形红藻石，指示沉积环境为水动力相对较弱的珊瑚藻礁相，水体深度小于 20m。在 381.00 ～ 344.00m，有孔虫组合为 *Amphistegina-Cycloclypeus-Operculina*（FA6），其次为少量的 *Miogypsina*，出现大量仙掌藻，指示水体较深的珊瑚藻礁相，水体深度小于 30m。碳酸盐工厂为 Photozoan 组合。

沉积单元六：344.00 ～ 309.00m（5.30 ～ 4.28Ma），由浅水礁前相转变到礁坪相。水体深度降低到 3m 左右。

在 344.00 ～ 309.00m，胶结程度弱，岩性主要为白色的含白云岩中细砂质灰岩、珊瑚藻格架岩和珊瑚藻粒泥灰岩夹泥灰岩。生物孔隙被亮晶充填。生物组分主要为珊瑚藻（5% ～ 70%），含少量有孔虫（0 ～ 10%），偶见滨珊瑚。部分层位发育较多仙掌藻。由褐色过渡到暗灰色，沉积岩为褐色的层位未见有孔虫，如 327.00m、313.39m、313.09m、313.00m、312.80m、311.50m。有孔虫多破碎，或以溶蚀模形式出现。以 *Amphistegina lessonii* 为优势种属，偶见 *Operculina*、*Heterostegina* 与 *Cycloclypeus*。此段沉积速率为 20.80 ～ 71.40m/Ma，沉积环境为礁坪相与浅水礁前互层。水体深度小于 30m。碳酸盐工厂主要为 Heterozoan 与 Photozoan 过渡组合。

沉积单元七：309.00 ～ 258.00m（4.28 ～ 2.99Ma），由淹没台地相转变到礁坪相。水体深度由 40 ～ 50m 降低到 3m。

在 309.00 ～ 264.00m，岩性主要为白色弱胶结生物碎屑灰岩，包含有孔虫粒泥灰岩、有孔虫颗粒岩、有孔虫漂砾岩和泥灰岩，分选性差一很差。生物化石主要为有孔虫（0 ～ 50%）、珊瑚藻（0 ～ 30%）、苔藓（0 ～ 20%）和仙掌藻（0 ～ 10%），偶见双壳类和棘皮动物，基本无珊瑚（偶见陀螺珊瑚碎片）。有孔虫以 PF-*Operculina-Cycloclypeus* 组合（FA7）为优势种属，包括 *Amphistegina radiata*、*Amphistegina papillosa* 和小轮虫类有孔虫（rotaliids），有孔虫化石保存较好。珊瑚藻以石枝藻占优势。椭圆形红藻石较多，直径大多为 1 ～ 4.50cm，最大直径为 7cm。此段沉积速率为 30.70 ～ 42.00m/Ma。浮游有孔虫代表开阔海域环境；*Amphistegina radiata* 分布的水体深度一般为 30 ～ 60m[39]；红藻石丰度较高的水体深度为 30 ～ 60m，且直径为 1.10 ～ 8.40cm 的红藻石水体深度为 40m 左右[67]；仙掌藻在埃内韦塔克环礁的理想深度为 50 ～ 55m[68]。根据 Erlich 等[69]的研究，珠江口盆地流花碳酸盐台地的淹没层序中生物组分从造礁组合转变为红藻石，大型底栖有孔虫与浮游有孔虫组合指示碳酸盐台地淹没。综合判定此段沉积环境为淹没台地相，水体深度为 30 ～ 50m。碳酸盐工厂为 Heterozoan 与 Photozoan 过渡组合。

在 264.00 ～ 258.00m，岩性主要为白色弱胶结泥灰岩，生物组分含量低于 10%，有孔虫偶见 *Amphistegina lobifera*。此段沉积速率为 30.70m/Ma，沉积环境为礁坪相，水体深度小于 10m。碳酸盐工厂为 Photozoan 组合。

沉积单元八：258.00 ～ 186.00m（2.99 ～ 2.09Ma），由淹没台地相转变到潟湖坡相。水体深度由 30 ～ 40m 降低到 10 ～ 25m。

在 258.00 ～ 234.00m，主要为白色弱胶结的细砂质碎屑灰岩，以及有孔虫颗粒岩、珊瑚藻-有孔虫粒泥灰岩和泥灰岩。生物组分中珊瑚藻含量升高，主要为珊瑚藻（0 ～ 60%）、有孔虫（0 ～ 20%）、苔藓（0 ～ 15%），以及少量棘皮动物与软体动物。有孔虫丰度与分异度大幅度减小，但化石保存状态好。有孔虫优势种属为 PF-*Amphistegina* 组合（FA8）以及小 rotaliids。此段沉积速率相对于沉积单元七稍增大，为 2.00 ～ 83.30m/Ma，然而仍处于低速率沉积状态。根据浮游有孔虫分异度与含量减少、双

236

盖虫由深水组合（*Amphistegina papillosa* 和 *Amphistegina radiata*）向浅水组合（*Amphistegina radiata* 和 *Amphistegina lessonii*）转变，判定沉积环境仍为淹没台地相，只是水体较沉积单元七浅，对应深度为 20～40m。碳酸盐工厂为 Heterozoan 与 Photozoan 过渡组合。

在 234.00～192.00m，主要为白色弱胶结的由细砂质碎屑灰岩过渡到稍粗砂质碎屑灰岩，以及珊瑚藻-有孔虫粒泥灰岩与泥粒灰岩过渡到珊瑚藻-有孔虫砾屑灰岩，分选性很差。生物组分为珊瑚藻（0～40%）、有孔虫（0～40%）、苔藓（0～40%）、棘皮动物（0～10%），偶见鹿角珊瑚、陀螺珊瑚与石芝珊瑚。有孔虫优势组合为 PF–*Amphistegina* 组合（FA8），有孔虫化石保存状态变差。底栖有孔虫和浮游有孔虫丰度与多样性都相对减少，出现浅水双盖虫（*Amphistegina lobifera*）。此段沉积速率为 23～125m/Ma。综合判定沉积环境为浅水礁前相，水动力强，水体深度总体为 20～30m。碳酸盐工厂为 Heterozoan 与 Photozoan 过渡组合。

在 192.00～186.00m，岩性主要为灰白色微偏黄色的弱胶结稍粗砂碎屑灰岩，以及珊瑚藻-有孔虫砾屑灰岩。生物组分主要为珊瑚藻（20%～60%）、有孔虫（20%～40%）、苔藓（0～10%）和软体动物（0～10%），含球形红藻石、仙掌藻碎片和少量石芝珊瑚。有孔虫优势组合为 *Amphistegina-Calcarina*（FA9），包括 *Amphistegina lobifera*、*Amphistegina radiata*、*Neorotalia calcar* 和少量浮游有孔虫。此段沉积速率增大到 131.40m/Ma，代表沉积环境为浅水礁前相。水体深度在 6m 以内。碳酸盐工厂为 Photozoan 组合。

沉积单元九：186.00～133.00m（2.09～1.60Ma），由浅水礁前相转变为礁突起相。水体深度由 10～25m 降低到 1m 以内。

在 186.00～133.00m，岩性主要为粒泥灰岩、珊瑚藻砾屑灰岩。生物组分少，主要为珊瑚藻、有孔虫以及少量的软体动物和苔藓动物。有孔虫以 *Calcarina-Amphistegina* 组合（FA9）占优势，主要包括 *Calcarina hispida* 和 *Amphistegina lobifera*。此段沉积速率为 53.00～180.30m/Ma，判定沉积环境为礁坪相。碳酸盐工厂为 Photozoan 组合。

沉积单元十：133.00～0m（1.60～0Ma），沉积相在浅水礁前相与潟湖坡相之间来回移动。水体深度在 15m 以内。

在 133.00～71.00m（1.60～0.90Ma），岩性主要为珊瑚格架灰岩，生物组分主要为珊瑚（0～80%）和珊瑚藻（0～40%），基本未见有孔虫。其中，在 118.00～114.00m、132.00～129.00m，珊瑚和珊瑚藻含量低，出现泥晶化现象。此段沉积速率为 45.00～740.70m/Ma，判定此沉积环境为珊瑚礁相与礁坪相交互。碳酸盐工厂为 Photozoan 组合。

在 71.00～0m（0.90～0Ma），泥灰岩与珊瑚格架岩以及珊瑚藻黏结岩交互出现，溶蚀孔发育，孔隙度较高，胶结程度中等—强。生物组分以珊瑚红藻（0～40%）、珊瑚（0～80%）、有孔虫（0～20%）以及软体动物为主。有孔虫以 *Calcarina-Amphistegina* 组合（FA9）占优势。部分层位亮晶含量高，出现示顶底结构和鸟眼结构。此段沉积速率为 32～142m/Ma，代表沉积环境为浅水礁前相、礁突起相与礁坪相交互。水体深度在 10m 以内。碳酸盐工厂为 Photozoan 组合。

根据岩性分析、微相分析以及生物组分与有孔虫优势组合分析，琛科 2 井近 20Ma 以来的沉积模式演化总体上经历了 8 次碳酸盐工厂的转变过程。在早中新世（878.22～611.00m），主要为生物碎屑灰岩—砂屑灰岩—漂砾岩—砂屑灰岩—漂砾岩，沉积相经历浅水礁坪相—开阔台地相—潟湖相—礁坪相的过程，碳酸盐工厂由 Photozoan 组合过渡到 Heterozoan 组合，而后转变为 Photozoan，之后转变为 H-P 过渡组合，最后到 Photozoan 组合。在中中新世（611.00～521.00m），主要由生物碎屑灰岩过渡到有孔虫粒泥灰岩，沉积物逐渐变细，表示水体加深（依然小于 10m），沉积环境由早期的礁坪与潟湖交互相过渡到潟湖相；在早期与末期出现棕黄色渲染岩芯，说明有短暂的暴露氧化记录。碳酸盐工厂为 Photozoan 组合。在晚中新世（521.00～344.00m），岩性由早期的黄色强胶结礁白云岩过渡到珊瑚藻黏结白云岩与弱胶结珊瑚礁碎屑灰岩互层。生物组分含量升高，有孔虫丰度增大，珊瑚藻含量间歇性升高，珊瑚藻属由浅水的石孔藻属、石叶藻属过渡到水深 20m 以下的石枝藻属与中叶藻属，说明水体加深。沉积环境转变过程为礁突起相—开阔台地相—礁坪相与浅水礁前相。碳酸盐工厂主要为 Photozoan 组合。此层段出现严重的白云石化现象，Wang 等[70] 分析认为，此段白云岩形成于浅层海水环境。在上新世（344.00～234.00m），主要由早期的短暂中等胶结白色珊瑚藻漂砾岩过渡到弱胶结生物碎屑灰岩，如有孔虫粒泥灰岩和有孔虫泥粒灰岩，表示沉积环境由中新世末期的浅水礁前相经历了上新世早期短暂的礁坪相，再过渡到深水台地相，中间有短暂的礁坪相沉积。在 264.00～258.00m，基本无生物，有孔虫以浅水双盖虫为优势种，即出现短暂的浅水环境，这也记录于西科 1 井，碳酸盐工厂为 Heterozoan-Photozoan 过渡组合。上新世晚期以来（234.00～0m），水体逐渐变浅，到第四纪以来以生物碎屑灰岩与礁灰岩互层为主，沉积相由淹没台地相转变为礁坪相与浅水礁前相交互。碳酸盐工厂为 Heterozoan-Photozoan 过渡组合演变为 Photozoan 组合。琛科 2 井的沉积相演化过程很好地验证了 Read 和金福锦[71]、Read[72] 提出的孤立台地演化模式，即由初期的孤立台地演化为高低起伏的镶边台地，随着海平面上升，台地可能被广布的礁质碳酸盐岩和骨屑砂岩所覆盖，或演化为具有上升边缘的深潟湖，随着海平面进一步上升台地沉没。

第五节　琛科 2 井有孔虫记录的古水深变化序列

一、珊瑚礁区有孔虫分布的水深特征

有孔虫的形态、数量以及组合可以有效地指示水体深度变化，如有孔虫 Fisha 分异度、浮游有孔虫与有孔虫总数量的比值 [P/(P+B)][1]、有孔虫水深指示种的分布深度范围、有孔虫壳体形态等，主要包括壳表装饰、口孔，壳体的大小、厚度、对称性、有无边缘龙骨、旋向变化、透明度，大型底栖有孔虫壳体厚度与直径比值（T/D），大型底栖有孔虫共生藻的类别，以及转换函数法。相对于水体较深的潟湖，浅水礁区有孔虫的分异度相对较高。在珊瑚礁区，浮游有孔虫大量出现，则代表礁前较深水沉积或淹没台地环境。

二、琛科 2 井有孔虫记录的古水深变化序列

本书根据 Sr 同位素年代、浮游有孔虫与底栖有孔虫生物事件年龄值来确定不同层序边界的地层年龄，利用 Haq 等[73] 的海平面升降旋回的层序命名与顺序，并以其三级海平面升降旋回层序为标准，结合 Hardenbol 等[74] 和李前裕等[75] 的层序地层修订值，以及地震曲线和岩性、粒度与沉积相演化分析，利用有孔虫水深指示种的分布、有孔虫浮游底栖比、有孔虫壳体形态（用 T/D 表示）和有孔虫组合，建立琛科 2 井 19.60Ma 以来相对海平面变化曲线（图 7.10，图 7.11）。基于珊瑚礁沉积的特殊性，低位体系域难以精确体现。礁突起和暴露面的水体深度定义为最小（0m），通常与最低海平面相当，一般缺少浮游有孔虫，有孔虫丰度与分异度为谷值或者缺失，岩性偏粗，是层序边界位置。浮游有孔虫丰度、分异度与浮游有孔虫含量，表示水体深度的同时也指示礁体沉积环境的开阔程度，当三者为峰值时，一般表示最深水环境，通常与最大海泛面位置相当，此时沉积物粒度较细，出现深水种有孔虫组合。通过分析共识别划分出 2 个二级海平面升降旋回（TB2 和 TB3）和 11 个三级海平面升降旋回，即早中新世到

---

[1] [Planktonic/(Planktonic+Benthic)]

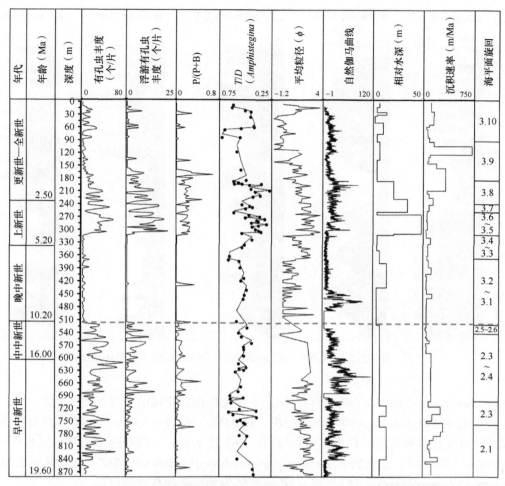

图 7.10　琛科 2 井有孔虫指数、平均粒径、自然伽马曲线、相对海平面变化以及层序地层
红虚线为 TB2 与 TB3 的分界线

晚中新世早期的礁坪 / 浅水礁前—潟湖—礁突起相，以及晚中新世早期以来的礁突起—潟湖坡—深水台地—礁前坡—礁坪 / 浅水礁前相。水体深度演化过程为浅水—深水—浅水—深水—浅水。

在第一个二级沉积旋回中（19.60 ～ 10.50Ma），识别出 4 个完整的三级海平面旋回和联合层序旋回。从 18.80Ma（水深小于 3m）开始，相对古水深波动上升到 20m（18.67 ～ 17.54Ma，17.38 ～ 16.84Ma），之后波动下降，直到 10Ma 水深小于 1m。水体深度变化范围较小（小于 20m），沉积相演变表现为礁坪相与浅水礁前交互相过渡到开阔台地相，再过渡到潟湖相，最后到礁突起相。有孔虫组合从代表浅水高能的 *Miogypsina-Nephrolepidina* 组合，过渡到相对较深水的 *Nephrolepidina-Amphistegina lobifera*-SBF 组合和 miliolids-SBF 组合，丰度与分异度显著增大，最后随着海平面降低转变到礁突起相，有孔虫基本消失。该二级沉积旋回具体可以分为以下 4 个三级沉积旋回。

TB2.1：878.22 ～ 760.00m，地质年代为 19.60 ～ 17.50Ma。井深 878.22m 处是火山碎屑沉积岩与灰岩的交界线，是底栖有孔虫参数的相对高峰点，沉积物粒度较细。有孔虫 T/D 比值小。852.55m 是有孔虫分析参数相对低点，沉积物粒度低值转折点，代表沉积物较粗。最大海泛面在 822.30m，地质年代为 18.50Ma，此时有孔虫丰度与多样性以及浮游有孔虫含量达到峰值。此段有孔虫组合与沉积相由 *Miogypsina-Nephrolepidina*（礁坪相）转变为 *Nephrolepidina-Amphistegina lobifera*-SBF（浅水开阔台地相），再

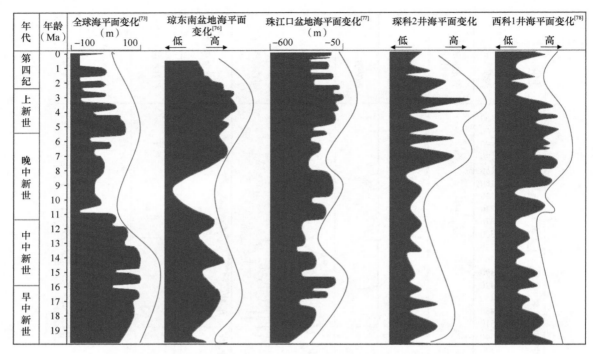

图 7.11　新生代以来南海不同区域相对海平面与全球海平面变化对比图

转变为 *Miogypsina-Nephrolepidina*（礁坪相），指示水体先加深后变浅的变化过程。

　　TB2.2：760.00 ～ 694.05m，地质年代为 17.50 ～ 16.84Ma。井深 694.05m 处是有孔虫分析参数低值点，同时也是沉积物粒度低值转折点，代表沉积物较粗，指示浅水体。此段有孔虫组合与沉积相为 *Miogypsina-Nephrolepidina*（礁坪相）过渡到 *Nephrolepidina-Amphistegina lobifera*-SBF（浅水开阔台地相），随后转变为 *Miogypsina-Nephrolepidina*（礁坪相），指示水体先加深继而变浅的过程。

　　TB2.3 ～ TB2.4：694.05 ～ 542.25m，地质年代为 16.84 ～ 13.60Ma。井深 542.25m 处为浅黄灰色灰岩，沉积物颗粒最粗，有孔虫化石为层内丰度最低。其中，613m（16Ma）有孔虫丰度最高，判定为最大海泛面。此段有孔虫组合与沉积相由 *Nephrolepidina-Amphistegina lobifera*-SBF（浅水开阔台地相）转变为 miliolids-SBF（潟湖相），再转变为 *Nephrolepidina-Miogypsina*-miliolids（潟湖坡相），再到 miliolids-SBF（潟湖相），最后为无有孔虫带（礁突起相），指示水体浅—深—浅的波动变化。

　　TB2.5 ～ TB2.6：542.25 ～ 521.50m，地质年代为 13.60 ～ 10.50Ma。井深 521.50m 处是有孔虫组合由 miliolids-SBF（潟湖相）组合转变为上部的 *Amphistegina* 组合的分界线，定为一个层序边界。其中，539.00m（13.40Ma）有孔虫丰度与分异度最高，判定为最大海泛面。整个层序由无有孔虫带（礁突起相）转变为 miliolids-SBF（潟湖相）组合带。其中，井深 528.74m 处为珊瑚藻黏结岩，出现大量铁锈色，珊瑚藻含量可达 80%。有孔虫含量骤减（占 10%），为双盖虫与浮游有孔虫，推断此处为礁突起相，是一个短暂的古水深低值。

　　在第二个二级沉积旋回中（10.50 ～ 0Ma），识别出 7 个完整的三级海平面旋回及联合海平面旋回。从 10.50Ma 开始，海平面下降到小于 1m，之后波动上升，在 4.28 ～ 3.15Ma 古水深达到 40 ～ 50m 的峰值处，之后在 3.15 ～ 2.99Ma 快速下降到小于 3m，接着快速上升到 30 ～ 40m，直到 2.09Ma，此后处于波动降低阶段。古水深变化范围较大，表现为从表层到透光带中下部层（从小于 1m 变化到约 50m），有孔虫组合也在浅水无有孔虫带与深水种组合 PF-*Cycloclypeus*-SBF 之间变化。沉积相在礁突起相、浅水礁前相、礁坪相与淹没台地相之间变化。海侵比较明显的时段为 6.50 ～ 5.30Ma、4.28~3.15Ma、

2.99 ～ 2.09Ma。该二级沉积旋回具体可以分为以下 7 个三级沉积旋回。

TB3.1 ～ TB3.2：521.50 ～ 372.80m，地质年代为 10.50 ～ 6.24Ma。自然伽马曲线值、平均粒径和有孔虫丰度都显示 372.80m 为一个谷值，此时对应一次短暂的海平面下降。有孔虫由 *Amphistegina-Cycloclypeus-Operculina* 组合转变为短暂的 *Amphistegina lobifera* 优势种属，代表水体变浅，沉积相由潟湖相转变为礁坪相。

TB3.3 ～ TB3.4：372.80 ～ 310.65m，地质年代为 6.24 ～ 4.32Ma。在 310.65m 处，自然伽马曲线值和平均粒径都为谷值，也是有孔虫丰度与分异度的低值点。有孔虫由 *Amphistegina-Cycloclypeus-Operculina* 组合转变为短暂的 *Amphistegina lessonii* 优势种属，代表水体变浅，沉积相由浅水礁前相转变为礁坪相。

TB3.5 ～ TB3.6：310.65 ～ 258.95m，地质年代为 4.32 ～ 3.00Ma。在井深 258.95m 处自然伽马曲线值、平均粒径、有孔虫丰度、浮游有孔虫丰度、有孔虫浮游 / 底栖比值及双盖虫 T/D 比值都显示为低值，代表一次海平面短暂降低。在井深 298.29m（约 4Ma）处，岩性为均一粉细砂，为段内粒度最细点，同时浮游有孔虫丰度与有孔虫丰度达到此层段最高值，双盖虫 T/D 比值较小，可以推断此处为一个最大海泛面。有孔虫由 *Amphistegina lessonii* 优势种属转变为 PF-*Operculina-Cycloclypeus* 组合再到 *Amphistegina* 优势属组合，说明水体经历了加深 - 快速变浅的过程。

TB3.7：258.95 ～ 234.00m，地质年代为 2.40 ～ 3.00Ma。最大海泛面在井深 247.00m（2.70Ma），是有孔虫定量分析参数相对高峰点，也是浮游有孔虫丰度最高点，位于 *Globoquadrina altispira* 的末现面（地层年龄 2.80Ma）之上，地层年龄为 2.70Ma；顶界 234.00m 是有孔虫定量分析参数相对低点，位于 *Globigerinoides obliquus* 末现面附近，地层年龄为 2.40Ma。有孔虫组合由海泛面附近的 *Amphistegina radiata*-PF 组合转变为 *Amphistegina lobifera-Calcarina* 组合，说明水体在 234.00m 快速变浅。

TB3.8：234.00 ～ 183.00m，地质年代为 2.40 ～ 1.60Ma。最大海泛面在井深 228.00m，位于浮游有孔虫丰度的峰值处，也是 *Globorotalia truncatulinoides* 初现面的位置，地层年龄是 2Ma，另一最大海泛面位于 213.00m，是该有孔虫层段浮游有孔虫丰度最高值处，*Globorotalia menardii* (s.l.) 左 / 右旋向变化的转换处，地层年龄为 1.80Ma；顶界 183.00m 是有孔虫定量分析参数零点，电测曲线（伽马曲线和声波）出现较明显的界线，地层年龄为 1.60Ma，无有孔虫生物事件依据，仅为推测。此段有孔虫组合由 *Amphistegina lobifera-Calcarina* 组合转变为 PF-*Amphistegina* 组合，再到 *Amphistegina lobifera-Calcarina* 组合。

TB3.9：183.00 ～ 93.00m，地质年代为 1.60 ～ 0.80Ma。最大海泛面在井深 150.00m 处，是有孔虫定量分析参数相对峰值点，位于浮游有孔虫 *Neogloboquadrina humerosa* 末现面附近，地层年代为 1.30Ma。此段有孔虫组合由 *Amphistegina lobifera-Calcarina* 组合转变为无有孔虫。

TB3.10：93 ～ 0m，地质年代为 0.80 ～ 0Ma。最大海泛面在井深 7.95m 处，为此段有孔虫丰度的峰值点，沉积物粒度最细，为细粉砂，对应地质年龄为 0.005Ma。

琛科 2 井记录的中新世以来的古水深变化与 Haq 等 [73] 发表的全球海平面变化总体一致，说明海平面变化是控制西沙群岛碳酸盐岩累积过程的重要因素（图 7.11）。二者都表现出两个二级海平面变化旋回，即 TB2 全球海平面从早中新世处于波动上升的状态持续到 16Ma，此后波动下降，直到 10.50Ma 全球海平面骤降。从 10.50Ma 开始为 TB3 海平面变化旋回，从 10.50Ma 到 5.80Ma 全球海平面维持在低水平缓慢上升，到 5.50 ～ 5.00Ma，全球海平面急速上升 20 ～ 50m，之后处于波动下降状态。

本书记录的西沙群岛碳酸盐台地的古水深变化与全球海平面变化具有以下三点差异。

第一，二级海平面变化旋回中的全球海平面变化幅度与西沙群岛有孔虫记录的变化幅度具有明显差异。西沙群岛有孔虫记录的水体深度变化幅度比全球海平面变化幅度小，尤其是 TB2，相对水体深度变化范围约为 20m，而全球海平面的变化幅度达 222m。在 TB3 西沙群岛有孔虫记录的水体深度变化幅度增大，但仍然比全球海平面变化幅度小。原因可能在于浅水碳酸盐台地沉积的特殊性以及西沙隆起下沉速率的阶段差异性：①西沙隆起碳酸盐沉积基底为构造高地，刚接收碳酸盐沉积时相对水深在海平面附近，导致其水深变化幅度总体相对较小；②低海平面时，碳酸盐台地出露而接收侵蚀，具体深度无法精确地表现在相对水深曲线上，如西沙群岛碳酸盐台地在 10.50Ma 左右地层缺失可能与全球海平面在此时骤降导致台地出露剥蚀有关，而在相对水深曲线上则难以反映出来；③珊瑚礁碳酸盐主要由生物骨骸堆积而来，其生长速率远超过海平面变化速率，导致相对水深变浅。

第二，西沙群岛有孔虫记录的二级海平面在 TB3 的最大海泛面远高于 TB2，与全球海平面曲线相反。原因可能在于西沙隆起在晚中新世的下沉速率高于早中新世—中中新世，促使在晚中新世全球海平面普遍较低的背景下，西沙隆起的水体深度逐渐加深，最终在上新世期间被淹没。莺琼盆地[76]、珠江口盆地[77]、西科 1 井[78] 以及琛科 2 井记录的水体深度都显示，上新世时期为新生代以来的最深水时期，原因主要在于叠加南海区域性构造下沉作用的影响。此外，晚中新世礁体生物主要为珊瑚藻和仙掌藻，其生长与堆积速率明显低于珊瑚，结合晚中新世较高的构造下沉速率，促使碳酸盐台地的生长速率跟不上相对水体加深的速率，到后期随着全球海平面上升而被淹没。

第三，西沙群岛有孔虫反映的部分三级层序地层边界与 Haq 等[73] 的层序地层边界有些许出入，同时部分全球海泛面难以反映出来。除了与西沙隆起构造高地的地形有关，主要可能因为浅水碳酸盐岩生物堆积速率明显快于海平面变化，导致水体深度变化和沉积相迁移。研究显示，礁体生物堆积速率为 1 ~ 10m/ka，海平面上升速率为每千年数米，而构造下沉速率一般为 1 ~ 10cm/ka[72]，这说明正常情况下生物堆积速率远超过构造下沉和海平面变化速率，从而促使相对海平面下降，生物侧向加积增强，礁体面积扩大。琛科 2 井记录的海平面与西科 1 井在中中新世（图 7.11）都表现为较低值即归因于此。西沙群岛钻孔的相对海平面变化与莺琼盆地、珠江口盆地的深水钻孔记录以及全球海平面显著的差异性说明了浅水珊瑚礁钻孔海平面变化的独特性。

第六节 琛科 2 井有孔虫对古气候与古环境的记录与响应

一、琛科 2 井有孔虫对古气候的记录

气候对碳酸盐岩累积的间接影响表现在气候冷暖引起冰川体积的增减，从而促使海平面升降，改变碳酸盐岩生态系统组成。当气候变冷，极地冰川体积扩大，海平面下降，引起碳酸盐台地水体变浅或者暴露，碳酸盐岩沉积速率降低，甚至发生台地剥蚀，有孔虫组合向浅水组合转变，大型底栖有孔虫 T/D 比值增大，有孔虫丰度与分异度减小，甚至有孔虫消失。当气候变暖，海平面上升，碳酸盐台地水体加深或者被淹没，大型底栖有孔虫 T/D 比值减小，有孔虫组合向深水组合转变，同时，随着水体的开阔程度增加，浮游有孔虫数量增多，多样性增大。所以，琛科 2 井有孔虫记录的西沙群岛三级古水深变化（5 ~ 1Ma）与气候变化密切相关。如图 7.12 所示，在 309.00 ~ 264.00m（4.28 ~ 3.15Ma），有孔虫丰度显著升高，壳体保存完好，有孔虫组合快速转变为深水 PF-*Operculina-Cycloclypeus* 组合，浮游有孔虫含量大幅度升高，*Amphistegina* 壳体的 T/D 比值大幅度减小，说明水体加深。记录了上新世气候适宜期（4.50 ~ 3.00Ma），全球气温比现代高 3℃ [79, 80]，大气 CO_2 含量比工业前高约 30%[81]，海平面比现在高约 20m[79]。该钻孔记录显示，碳酸盐工厂由透光带生物转变为中光层生物，碳酸盐台地被淹没。在 249.00m（2.70Ma），有孔虫组合由 PF-*Operculina-Cycloclypeus* 组合转变为 PF-*Amphistegina* 组合，有孔虫丰度与分异度减小。记录了上新世末期北半球高纬度地区冰川急剧扩张，海平面降低，全球气候变冷[82]。

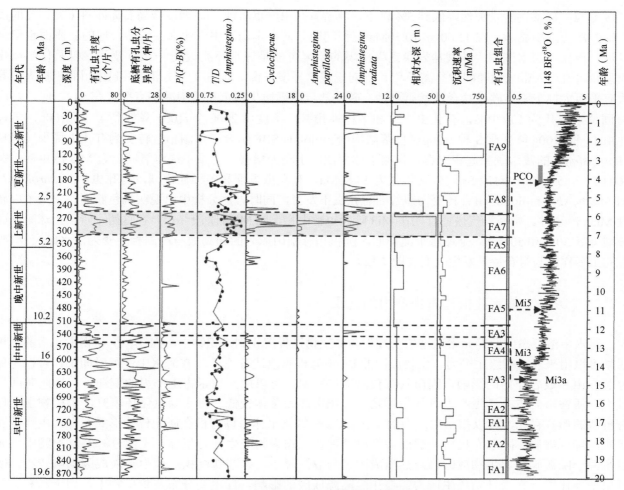

图 7.12 新生代以来琛科 2 井有孔虫对气候变化的指示
南海 ODP 1148 站点的底栖有孔虫氧同位素曲线来自 Tian 等 [95]

气候突变事件是气候从一种稳定状态跳跃到另一种稳定状态的现象，表现为气候变化的不连续性，其特征明显，转换速度快，幅度宽，容易识别，具有全球意义。气候突变事件的特征、成因机制及反馈效应是最佳天然记录器。气候短期突变引发沉积环境随之发生变化。例如，在 526.00 ～ 521.00m，对应 Sr 同位素年代为 12.55 ～ 10.19Ma，为中—晚中新世气候转型期，琛科 2 井碳酸盐岩沉积速率为中新世以来的最低值，为 2.12m/Ma。根据岩性分析，在 524.00m（11.60Ma）出现黄色的铁氧化物，说明此段出现过暴露面。有孔虫大量出现，以小粟虫和小转轮虫为优势组合，出现少量苔藓和仙掌藻，生物钻孔发育，说明暴露面上下的沉积环境为浅水潟湖相。有孔虫丰度与多样性在 521.00m 之上骤减，同时低镁方解石转变为白云石，指示沉积环境发生突变。此时西沙群岛碳酸盐台地下沉速率较低，为 75m/Ma [83]，而全球海平面 [73] 在 11.50Ma 迅速降低了约 78m，导致西沙群岛琛航岛礁体沉积环境从浅水潟湖转变为暴露面。这一现象与中新世东南极冰川扩大事件（Mi5）[84] 对应，此时东南极冰川扩大，在 12 ～ 10Ma 体积达到最大 [85]。在南海 ODP 1148 站点，底栖有孔虫氧同位素也记录了 11.20Ma 的变冷事件 [86]。深海沉积物累积速率达到中新世以来的最大值，Ti/Ca 比值出现高值，说明大陆风化作用加强，来自大陆的碎屑沉积物增多 [87, 88]。这一事件与中—晚中新世出现的"碳酸盐岩匮乏"（12 ～ 9Ma）相对应 [89]。此时，全球海洋中碳酸钙沉积速率出现突发性降低，广泛出现碳酸盐岩溶解现象，最早出现在热带太平洋东部，之后在全球很多地区出现，如加勒比海、赤道太平洋、印度洋以及南海北部等 [89-92]。在南海 ODP

1148 站点，碳酸钙含量突然降低到 5% 以下，浮游有孔虫严重溶蚀[91]。西沙群岛石岛西科 1 井钻孔的浅水碳酸盐岩沉积显示，在 11.60 ～ 10.50Ma 沉积间断。而在本研究中，浅水碳酸盐台地的暴露面也记录了这一现象。深水沉积"碳酸盐岩匮乏"出现的原因可能是深水环流改变、CCD 变浅，以及化学风化加强和河流输入带来钙和碳酸盐离子[93]。而对于浅水环境来说，其与冷气候事件引起冰川面积扩大、导致海平面大幅下降，碳酸盐台地暴露剥蚀，碳酸盐台地钙质生物沉积速率减小有关。在 542.10m，对应 Sr 同位素年代为 13.60Ma，有孔虫丰度和多样性锐减，丰度由 2000 个 /100g 降低到 40 个 /100g；多样性由 14 种 /100g 降低到 3 种 /100g，群落结构由 miliolids-SBF 组合（潟湖相）转变为有孔虫稀少（偶见 *Miogypsina*）的浅水礁突起相组合，说明水体变浅，水动力增强，记录了深海氧同位素 Mi3 冷事件。在 560.07 ～ 559.75m，对应 Sr 同位素年代为 14.80Ma，有孔虫丰度和多样性锐减，有孔虫由 *Nephrolepidina-Miogypsina*-miliolids 组合转变为短暂的有孔虫不发育，同时岩性分析中出现灰褐色断面，记录了中新世 Mi3a 冷事件。中新世气候适宜期在 Mi3 阶段短暂中止，到 Mi3a 阶段终止，在这两个阶段全球海平面分别降低 30m 和 50m[94]。全球海平面降低，沉积相分别由原先的潟湖坡与潟湖相转变为浅水礁突起相，有孔虫多样性与组合特征发生改变（图 7.12）。

二、琛科 2 井有孔虫对古生产力的记录

海水中溶解态的营养元素通过生物过程与非生物过程沉积到沉积物中，因此，沉积物中元素的沉积通量可以用来表征初级生产力。生物成因的 Ba 与有机质改造有关[96]，在海水中停留时间长，可以避免分解作用和成岩作用的影响，因而具有较高的保存率，可以用来指示古生产力的变迁。在地质时间尺度上，活性磷为古海洋生产力有效指标之一。在生产力总体较低、海底为氧化环境时，沉积物主要以有机磷的形式存在，可以指示生产力的变化。Cu 在氧化水体中以有机金属配位体形式存在，主要随有机质沉降到海底，随着有机质分解而被释放处理，可作为初级生产力指标。大部分海底沉积物中的元素来源于陆源输入、生物成因以及热液成因。一般情况下，碳酸盐沉积环境中热液成因影响较小，所以用地球化学元素表征初级生产力需要扣除陆源成因的影响。Ti 主要分布在重矿物中，如金红石、钛铁矿、钙钛矿等，且在成岩过程中较稳定，常用来表示陆源成分。综合起来，本书利用 ln(Ba/Ti)、ln(P/Ti)、ln（Cu/Ti）表征营养水平升高导致初级生产力增大。由图 7.13 可知，ln(Ba/Ti)、ln(P/Ti)、ln(Cu/Ti) 总体表现为在 838 ～ 768m 数值相对较大，之后数值减小（中间具有短暂的较大值，如 726.50m 处），在 369.50 ～ 344m 小幅度增大，之后快速减小，在 250.00 ～ 186.00m 数值相对较大，之后呈大幅波动状态。总体来说，数值较大的井段为 838.00 ～ 768.00m、726.50m、369.50 ～ 344.00m、250.00 ～ 186.00m，以及之后的波动大值点。

在琛科 2 井 838.00 ～ 768.00m 层段，对应地质年代为早中新世（18.67 ～ 17.54Ma），岩性为黄绿色与棕黄色有孔虫砾屑灰岩、粒泥灰岩和漂砾岩，硬底，生物内嵌，含大量黑色有机质。生物组分以有孔虫、珊瑚藻为主，部分层位含软体动物和苔藓，基本无珊瑚。珊瑚藻为较深水种属，如中叶藻属、石枝藻属，常见红藻石。有孔虫优势种属为 *Nephrolepidina* 和 *Amphistegina lobifera*，出现 *Miogypsina* 和深水种属 *Cycloclypeus*，偶见浮游有孔虫。双盖虫的 T/D 比值较大，说明该沉积段是浅水开放台地相沉积，对应碳酸盐工厂为 Heterozoan 组合。*Nephrolepidina*、*Amphistegina lobifera* 及 *Miogypsina* 组合常出现在浅水环境，而 *Cycloclypeus* 常代表低光照的较深水开放环境，浅水与较深水有孔虫种属同时出现，可能原因为异地搬运作用，或者海水浊度较高，较深水有孔虫种属生存范围上移。此段有孔虫化石丰度较高，分选性较差，保存状态中等，异地搬运作用不显著。此层段小型底栖有孔虫含量升高，如 *Heterolepa* spp.、*Anomalinella rostrata*、*Anomalina colligera*、*Neoconorbina terquemi*、*Ammonia tepida*、*Planulina wuellerstorfi*、*Calcarina calcar* 等。小型底栖有孔虫多为机会种，可在营养成分较高（有机质含量较高）的环境中生存，

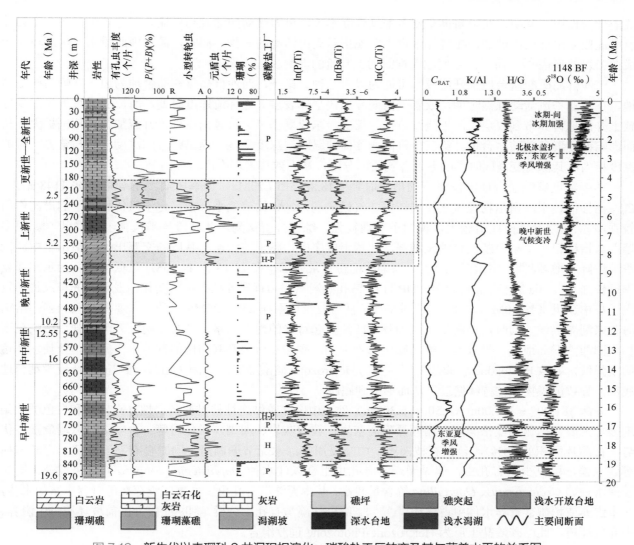

图 7.13　新生代以来琛科 2 井沉积相演化、碳酸盐工厂转变及其与营养水平的关系图

P/(*B*+*P*) 为浮游有孔虫占有孔虫总数量的比例。碳酸盐工厂：P 代表自养光合作用（Photozoan）组合；H 代表异养（Heterozoan）组合；H-P 代表 Photozoan 与 Heterozoan 的过渡组合。南海 ODP 1148 站点的 C_{RAT}[绿泥石 /（绿泥石 + 赤铁矿 + 针铁矿）] 曲线、H/G（赤铁矿 / 针铁矿）曲线以及 K/Al 曲线根据 Clift[87] 和 Clift 等[88] 修改；底栖有孔虫氧同位素曲线来自 Tian 等[95]

如 *Ammonia* 在中滋养、低氧环境中生存[38]，*Heterolepa* 倾向于在有机质含量较高的底质生存[97]。结合此段的岩性出现磷酸盐化现象以及黄绿色硬底，还出现较多黑色有机物质，也说明此段的营养水平比较高[98]。此外，代表营养成分的地化指标（Cu/Ti、Ba/Ti 和 P/Ti）在此段为相对高值（图 7.13），推断此段海水营养水平较高。

水体营养水平升高，则浮游植物含量升高，水体透明度降低，促使光照强度减弱，限制造礁珊瑚与钙藻、部分底栖有孔虫等光合营养碳酸盐生产者的深度分布范围[99]，从而造成浅水台地出现中光层至贫光层的生物组合。同时，营养水平升高促使微型藻增多，内生滤食性动物以及食碎屑动物如双壳类、苔藓、海胆、小型底栖有孔虫等增多[99, 100]。营养水平升高不适宜珊瑚生长，而有孔虫、珊瑚藻等因对营养程度适应范围较广而得以生存。

珊瑚礁区营养水平升高，一般成因为陆源径流输入、废水排放、降尘输入、火山活动以及上升流携带等。由于西沙群岛碳酸盐台地为独立的碳酸盐台地，以海盆与大陆隔开，人类活动稀少，其表层营养水平升高可能原因是上升流带来底层的富营养物质，风力驱动陆源营养物质输入，或者火山活动作用与

热液环流作用。其中，在中新世东亚冬季风强度不大，风力带动的陆源物质输入成分较少；而在生物碎屑中此段未出现火山玻璃，在薄片中也未发现指示火山活动的矿物；同时，薄片中此段未见热液环流形成白云岩的痕迹[70]。所以，主要成因推断为上升流的影响。

西沙群岛碳酸盐台地上升流成因可能为以下三种。第一，西沙群岛碳酸盐台地为边缘陡峭的构造高地，在东亚季风活动强烈时期，或者气候变冷加快全球表层大洋环流速度时期，海流受礁缘地形限制导致上升流把营养带到表层，产生淹没事件。第二，东亚夏季风导致越南岸外上升流加强且范围扩大，从而影响西沙群岛碳酸盐台地。第三，气候变冷促使温跃层深度变浅，而温跃层的深度一般与营养跃层的深度相当，其深度变浅同时影响着营养物质的分配，从而致使表层生产力提高。

早中新世碳酸盐台地淹没对应的地质时期（18.80～17.20Ma）为季风期。在南海ODP 1148站点，C_{RAT}指标值较小，指示物理风化作用较弱，气候湿润；K/Al比值偏小，指示化学风化影响下的淋滤作用较强，赤铁矿/针铁矿比值较大，说明季节性较强。综合分析认为，此时段夏季风强于冬季风[87]。很多地区与指标记录了早中新世夏季风增强，如黄土层序中古黏土淀积层与基质的交互出现，指示早中新世季节性降水增多[101]。中国西北20Ma以来的孢粉记录显示，在20.13～14.25Ma气候湿润，指示东亚夏季风较强[102]。Jia等[103]通过南海ODP 1148钻孔黑炭累积指标研究植被类型变化，发现亚洲季风最早发生于早中新世（约20Ma）。随着南青藏高原-喜马拉雅体系在25～20Ma抬升，东亚夏季风加强，给南海带来潮湿气候。同时，西南夏季风加强，西沙隆起特殊的地形因素，结合越南上升流加强，影响范围扩散到西沙群岛地区，导致西沙群岛底层海水上翻，碳酸盐台地及其周围的营养水平升高，致使水体透明度降低，导致Photozone碳酸盐工厂转变为Heterozone碳酸盐工厂（图7.13）。强烈的季风流吹动台地底部，导致沉积物颗粒持续搬运，从而形成硬底质。

井深381.00～344.00m（6.50～5.30Ma）处，由中强胶结岩性柱过渡到岩性柱夹砾块和白色弱胶结细砂，主要包括珊瑚藻格架岩、珊瑚藻砾屑灰岩、粒泥灰岩、珊瑚藻颗粒岩等。生物组分以珊瑚藻占优势（占薄片面积的70%），包括石枝藻属、中叶藻属等深水无节珊瑚藻，同时含有石叶藻属、奇石藻属等浅水藻，可见少量有孔虫，偶见珊瑚。有孔虫组合以浅水种*Amphistegina lobifera*为优势成分，同时较深水种如*Cycloclypeus*、*Operculina*等含量较高，基本无浮游有孔虫。红藻广泛存在于营养丰富的水体，在中滋养或稍微富营养水体中占优势[98,104-108]。结合红藻与有孔虫分析，判断此段为礁前坡环境—中滋养、中光层环境，此段碳酸盐工厂为Heterozone-Photozone过渡组合。

生产力指标ln(Ba/Ti)、ln(P/Ti)、ln(Cu/Ti)都显示数值增大，说明水体营养水平升高。Wu等[109]在西科1井也发现珊瑚藻显著占优势，归因于营养水平高。此段晚中新世生产力升高被称为"晚中新世生物勃发"现象，在全球多地都有记录[110]。例如，在南海ODP 1146站点出现深海底栖有孔虫碳同位素偏负，碳酸钙累积速率升高，沉积速率升高，底栖有孔虫数量增加[111]。同时，Ba/Al比值显示，在5.00～2.75Ma和6.40～5.30Ma海洋生产力较高[112]。在南海ODP 1143站点蛋白石累积速率、总有机碳、碳酸钙累积速率显示，8.10～5.00Ma数值比5.00Ma以来更大[91,113,114]。成因机制被解释为青藏高原抬升，大气循环模式改变，大气CO_2含量从500ppm以上降低到350ppm以下，而500ppm为C4型植被扩张的大气CO_2阈值[115]，从而相对于C3型植被更适宜C4型植被生长，温室效应减弱，进一步促进全球气候变冷且季节性增强，气候更加干旱[110,116]等。而对于南海北部碳酸盐台地来说，营养水平升高还可能叠加了约6.5Ma巴士海峡的形成，导致南海海盆呈半封闭状态，从而促进生产力提高[117]，南海北部在6.00Ma快速下沉导致水体深度增大[118]，以及黄土高原软体动物记录的东亚冬季风在7.10～5.50Ma增强带来风尘[119]。

晚上新世以来，尤其是2.70～2.00Ma（井深250.00～186.00m），生物组分自下而上由有孔虫、珊瑚藻组合过渡为珊瑚藻、有孔虫、苔藓生物组合，基本无珊瑚生长。有孔虫由深水种SBF-PF组合转变为*Amphistegina radiata*-PF组合，说明水体变浅。珊瑚藻以深水藻为优势藻属，如中叶藻属、石孔藻属、石枝藻属，出现大量椭圆形红藻石，说明水体相对较深且营养水平相对较高。生物组分显示的碳酸盐工厂为异养组合（Heterozoan）。根据沉积相和南海莺歌海海平面变化，此段海平面变化趋势为波动降低状态，大量浮游有孔虫出现显示此时水体相对较深，是形成 Heterozoan 碳酸盐工厂的原因之一。同时，营养盐指标 ln(Cu/Ti)、ln(Ba/Ti) 比值显示同步增大状态。根据 Wang 等[120]和 Li 等[121]的研究，2.70Ma 北半球冰川扩张，双极冰盖形成，全球变冷，南大洋深层水与中层水垂直分层增强，深层水体成为碳库，进一步促使全球变冷，南海温跃层变浅，营养跃层同时变浅，导致表层营养成分增多。同时，全球变冷促使西伯利亚高压增强，南北温度梯度增大，东亚冬季风增强，给南海带来陆地的营养成分，促使海水营养盐含量升高，初级生产力提高，从而促使适宜中滋养到高营养环境的苔藓及红藻石大量出现，适宜贫营养透光环境的珊瑚无法生存。黄宝琦等[122]通过分析南海 ODP 1146 站点浮游有孔虫与底栖有孔虫壳体的氧碳同位素、高生产力浮游有孔虫指示种以及底栖有孔虫内生种数量变化，认为南海北部表层海水营养盐含量在 2.70Ma 升高，是对北极冰盖扩张以及东亚冬季风强化的响应。Li 等[121]通过浮游有孔虫特征种研究也发现了南海北部在 3.10～2Ma 由于东亚冬季风的加强而导致温跃层变浅、海表温度降低的现象。

在 1.60～0.90Ma，对应井深 136.00～75.00m，南海总有机碳与烯酮含量下降，指示初级生产力急剧降低。在琛科 2 井中表现为珊瑚大量生长（最高含量为 80%），碳酸盐工厂转变为自养光合作用组合（Photozoan）。碳酸盐岩累积速率快速增加到钻井的最高值（740.70m/Ma），是贫营养水体叠加海平面降低形成适合珊瑚生长的浅水礁前环境的结果。

中更新世（约 0.90Ma，对应井深约 75.00m）以来，随着冰期-间冰期的加强，海平面波动呈现大振幅、高频率状态，礁体沉积相在珊瑚－藻浅水礁前相与潟湖坡相之间来回波动。此阶段琛科 2 井碳酸盐岩沉积物的碳同位素变化与冰期-间冰期以及东亚冬季风具有很好的对应关系[124]。冰期海平面下降，陆地剥蚀作用增强；同时，东亚冬季风加强，有机物质风化率提高，风尘被带入南海，导致表层生产力升高。间冰期夏季风加强，海表温度较高，温跃层较深，初级生产力较低。

第七节　琛科 2 井有孔虫记录的沉积相发育演化过程

碳酸盐生产力取决于储存空间以及碳酸盐生产，受控于海平面变化、构造、气候、海水物理-化学条件以及生物有机体演化等。碳酸盐沉积相演化与地层结构记录了这些因素的作用过程。西沙群岛碳酸盐台地是南海构造运动的信息载体，同时也是古海平面与古气候变化的直接表征。基于年代地层，通过有孔虫组合及其指示的沉积相变化、岩性判断、生物组分、粒度等，可将中新世以来永乐环礁的发育演化与环境因素的耦合过程分为以下 5 个阶段（图 7.14）。

1. 定殖阶段：早中新世中期—早中新世晚期（19.60～16.78Ma）

此阶段主要由礁坪-浅水开阔台地-礁坪-浅水潟湖相组成，沉积速率高，约为 62m/Ma。在 19.60～18.67Ma，随着南海张裂，研究区构造下沉，全球海平面上升，海水没过独立的西沙群岛碳酸盐台地，热带浅水造礁珊瑚、珊瑚藻和大型底栖有孔虫开始在碳酸盐台地及其周缘发育，形成最初的碳酸盐岩沉积。大型底栖有孔虫组合 Miogypsina-Nephrolepidina 指示在浅水高能的沉积环境，沉积物随着波浪和潮流破碎而被搬运到台地内部形成礁坪生物碎屑沉积。厚层的浅水序列指示沉积速率和容纳空间增加率并进，碳酸盐沉积以加积为主。在 18.67～17.54Ma 和 17.38～16.78Ma，有孔虫组合转变为 Nephrolepidina-Amphistegina lobifera-SBF，说明水体加深的同时，随着东亚夏季风加强，营养丰富的海水被带到台地地区，促使浮游植物大量生长，透明度降低，光自养生物以及共生有机体生存范围被压缩，从而出现有孔虫和珊瑚藻的浅水种与较深水种混合现象。营养水平的提升不利于造礁珊瑚的生长，从而导致出现浅水台地被淹没现象。

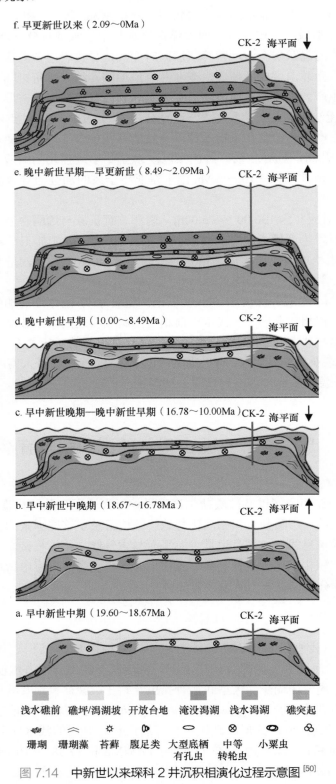

图 7.14　中新世以来琛科 2 井沉积相演化过程示意图[50]

2. 拓殖阶段：早中新世晚期—晚中新世早期（16.78 ～ 10.00Ma）

16.78 ～ 14.79Ma 处于早—中中新世气候适宜期，是世界上珊瑚礁繁盛时期，全球记录了最宽的珊瑚礁带[125]，西沙群岛碳酸盐台地珊瑚礁体也广泛发育。就西沙群岛碳酸盐台地来说，因构造沉降和全球海平面上升而增加礁体容纳空间的速率落后于碳酸盐岩生物生长速率，造成古水深降低，同时碳酸盐岩沉积体系朝着台地边缘侧向扩张，因而西沙群岛珊瑚礁生长范围增大。位于西沙群岛碳酸盐台地中部地区的琛科 2 井形成浅水潟湖相沉积，有孔虫转变为 miliolids-SBF 组合。在 14.79 ～ 10.00Ma，因南极冰盖扩张，全球海平面下降，中间因中新世气候变冷事件（Mi3、Mi5 事件）以及中—晚中新世"碳酸盐岩匮乏"事件的影响，沉积速率较低（约 2.50m/Ma）。此段从潟湖相逐渐转变为礁突起相，有孔虫由 miliolids-SBF 组合逐渐基本消失（偶见 *Amphistegina* 溶蚀模）。

3. 缓慢发展阶段：晚中新世早期—上新世早期（10.00 ～ 4.28Ma）

晚中新世早期约 10.00Ma 的冰川增长，海平面下降，碳酸盐台地受侵蚀，表现为棕色渲染，沉积相为礁突起及礁坪相，有孔虫稀少，基本为浅水种属 *Amphistegina*（*Amphistegina lessonii* 和 *Amphistegina lobifera*），一直持续到约 436.00m（8.50Ma）。在 8.50 ～ 5.30Ma，随着全球海平面上升，礁体储存空间增大，珊瑚藻作为先锋物种开始生长，同时较深水种有孔虫 *Cycloclypeus* 和 *Operculina* 开始出现，指示水体加深的地层序列。此时构造下沉加速结合海平面上升，导致礁体容纳空间增加速率超过生物累积速率，造成碳酸盐台地被淹没。在该阶段末期（5.46 ～ 4.35Ma），有孔虫转向以 *Amphistegina lessonii* 为优势种属，指示浅水礁坪相，代表一次海平面下降的过程，从而古水深相对变浅，珊瑚礁由较深水相过渡到浅水相。

4. 淹没阶段：上新世早期—早更新世（4.28 ～ 2.09Ma）

此阶段主体为深水台地相，穿插薄层礁坪相。生物组分主要为有孔虫、珊瑚藻、苔藓、软体动物以及棘皮动物，几乎无珊瑚，指示 Heterozoan 组合。随着南海相对海平面上升，造礁生物缺乏，代表开阔海域环境的浮游有孔虫大量出现，同时深水大型底栖有孔虫和深水珊瑚藻占显著优势，指示深水开阔海域环境。有孔虫组合从 PF-*Operculina*-*Cycloclypeus* 组合（4.28 ～ 3.15Ma）转变为 PF-*Amphistegina radiata* 组合（2.99 ～ 2.09Ma），之间穿插着浅水有孔虫 *Amphistegina lobifera* 组合（3.15 ～ 2.99Ma）。此阶段碳酸盐礁体生物累积速率远远不及海平面上升导致储存空间增加的速率，从而碳酸盐台地出现萎缩。

5. 快速发展阶段：早更新世以来（2.09 ～ 0Ma）

此阶段随着海平面降低，水体变浅，造礁珊瑚、珊瑚藻以及附礁生物大量生长，沉积相主要为礁坪与浅水礁前坡交互相。有孔虫为浅水礁体的 *Amphistegina*-*Calcarina* 组合。此段碳酸盐沉积速率增大，碳酸盐岩以加积为主。

参 考 文 献

[1] Vickerman K. The diversity and ecological significance of Protozoa. Biodiversity and Conservation, 1992, 1(4): 334-341.

[2] Hallock P. Production of carbonate sediments by selected large benthic foraminifera on two Pacific coral reefs. Journal of Sedimentary Research, 1981, 51(2): 467-474.

[3] Langer M R, Silk M T, Lipps J H. Global ocean carbonate and carbon dioxide production: the role of reef Foraminifera. Journal of Foraminiferal Research, 1997, 27(4): 271-277.

[4] Hohenegger J. The importance of symbiont-bearing benthic foraminifera for West Pacific carbonate beach environments. Marine Micropaleontology, 2006, 61(1): 4-39.

[5] Fujita K, Otomaru M, Lopati P, et al. Shell productivity of the large benthic foraminifer Baculogypsina sphaerulata, based on the population dynamics in a tropical reef environment. Coral Reefs, 2016, 35(1): 317-326.

[6] Doo S S, Hamylton S, Finfer J, et al. Spatial and temporal variation in reef-scale carbonate storage of large benthic foraminifera: a case study on One Tree Reef. Coral Reefs, 2017, 36(1): 293-303.

[7] Dawson J L, Smithers S G, Hua Q. The importance of large benthic foraminifera to reef island sediment budget and dynamics at Raine Island, northern Great Barrier Reef. Geomorphology, 2014, 222: 68-81.

[8] Renema W. Large benthic foraminifera from the deep photic zone of a mixed siliciclastic-carbonate shelf off East Kalimantan, Indonesia. Marine Micropaleontology, 2006, 58(2): 73-82.

[9] Fujita K, Osawa Y, Kayanne H, et al. Distribution and sediment production of large benthic foraminifers on reef flats of the Majuro Atoll, Marshall Islands. Coral Reefs, 2009, 28(1): 29-45.

[10] Hallock P, Glenn E C. Numerical analysis of foraminiferal assemblages: a tool for recognizing depositional facies in Lower Miocene reef complexes. Journal of Paleontology, 1985, 59(6): 1382-1394.

[11] Renema W. Larger foraminifera as marine environmental indicators. Scripta Geol., 2002, 124: 1-260.

[12] Hohenegger J. Coenoclines of larger foraminifera. Micropaleontology, 2000, 46(1): 127-151.

[13] Langer M R, Hottinger L. Biogeography of selected "larger" foraminifera. Micropaleontology, 2000, 46: 105-126.

[14] Adams C G, Lee D E, Rosen B R. Conflicting isotopic and biotic evidence for tropical sea-surface temperatures during the Tertiary. Palaeogeography, Palaeoclimatology, Palaeoecology, 1990, 77(3-4): 289-313.

[15] Adams C G. A reconsideration of the East Indian Letter classification of the Tertiary. British Museum (Natural History), 1970, 19(3): 85-137.

[16] Boudagher-Fadel M K. Evolution and geological significance of larger benthic foraminifera. Developments in Palaeontology & Stratigraphy, 2018, 21: 3.

[17] Serra-Kiel J, Hottinger L, Caus E, et al. Larger foraminiferal biostratigraphy of the Tethyan Paleocene and Eocene. Bulletin de la Société géologique de France, 1998, 169(2): 281-299.

[18] Cahuzac B, Poignant A. An attempt at biozonation of the Oligo-Miocene in the European basins, by means of larger neritic Foraminifera. Bulletin De La Societe Geologique De France, 1997, 168(2): 155-169.

[19] Chaproniere G. The Neogene larger foraminiferal sequence in the Australian and New Zealand regions, and its relevance to the East Indies Letter Stage Classification. Palaeogeography, Palaeoclimatology, Palaeoecology, 1984, 46(1-3): 25-35.

[20] Boudagher-Fadel M K, Banner F T. Revision of the stratigraphic significance of the Oligocene-Miocene "Letter-Stages". Revue De Micropaléontologie, 1999, 42(2): 93-97.

[21] Renema W. Fauna development of larger benthic foraminifera in the Cenozoic of Southeast Asia. Biogeography, Time, and Place: Distributions, Barriers, and Islands, 2007: 179-215.

[22] Vlerk I, Umbgrove J. Tertiary Gidsforaminifera van Nederladisch Oost-Indie. 1927.

[23] Cole W S. Larger foraminifera from Eniwetok Atoll Drill Holes. US Geological Survey Professional Papers, 1957, 260: 743-784.

[24] Ruth T. Foraminifera from Onotoa atoll, Gilbert islands. Geological Survey Professional Paper, 1961, 354: 171.

[25] Wells J W, Cooper G, Kier P M. Bikini and nearby atolls. Geological Survey Professional Paper, 1962, (260): 1059.

[26] Hohenegger J. Depth coenoclines and environmental considerations of western Pacific larger foraminifera. The Journal of Foraminiferal Research, 2004, 34(1): 9-33.

[27] Perrin C, Bosellini F R. Paleobiogeography of scleractinian reef corals: changing patterns during the Oligocene-Miocene cli-

matic transition in the Mediterranean. Earth-Science Reviews, 2012, 111(1-2): 1-24.

[28] Renema W. Terrestrial influence as a key driver of spatial variability in large benthic foraminiferal assemblage composition in the Central Indo-Pacific. Earth-Science Reviews, 2017, 177: S0012825217303410.

[29] 郑执中, 郑守仪. 西沙群岛现代的有孔虫 Ⅰ. 海洋科学集刊, 1978, 12: 149-266.

[30] 郑守仪. 西沙群岛现代有孔虫 Ⅱ. 海洋科学集刊, 1979, 15: 101-232.

[31] 李前裕. 海南岛珊瑚礁区有孔虫组合与分布规律. 微体古生物学论文选集. 北京: 科学出版社, 1985.

[32] 秦国权. 西沙群岛"西永一井"有孔虫组合及该群岛珊瑚礁成因初探. 热带海洋, 1987, 6(3): 10-20.

[33] 王玉净, 许红. 西沙群岛西琛一井中新世地层. 古生物群和古环境研究. 微体古生物学报, 1996, 13(3): 215-223.

[34] Ma Z, Li Q, Liu X, et al. Palaeoenvironmental significance of Miocene larger benthic foraminifera from the Xisha Islands, South China Sea. Palaeoworld, 2017, 27(1): 145-157.

[35] 刘新宇, 祝幼华, 欧阳杰, 等. 南海西沙群岛西科1井上新世有孔虫及沉积环境研究. 微体古生物学报, 2019, 36(3): 10.

[36] Meng M, Yu K F, Hallock P, et al. Distribution of recent Foraminifera as depositional indicators in Yongle Atoll, Xisha Islands, South China Sea. Marine Micropaleontology, 2020, 158: 101880.

[37] Fujita K, Nagamine S, Ide Y, et al. Distribution of large benthic foraminifers around a populated reef island: Fongafale Island, Funafuti Atoll, Tuvalu. Marine Micropaleontology, 2014, 113: 1-9.

[38] Murray J W. Ecology and Applications of Benthic Foraminifera. Cambridge: Cambridge University Press, 2006.

[39] Fujita K, Omori A, Yokoyama Y, et al. Sea-level rise during Termination II inferred from large benthic foraminifers: IODP Expedition 310, Tahiti Sea Level. Marine Geology, 2010, 271(1): 149-155.

[40] 余克服, 赵焕庭, 朱袁智. 南沙群岛珊瑚礁区仙掌藻的现代沉积特征. 沉积学报, 1998, 16(3): 20.

[41] Cushman J A, Todd R, Post R J. Recent foraminifera of the Marshall Islands. US Government Printing Office, 1954.

[42] Langer M R. Epiphytic foraminifera. Marine Micropaleontology, 1993, 20(3-4): 235-265.

[43] 秦国权. 微体古生物在珠江口盆地新生代晚期层序地层学研究中的应用. 海洋地质与第四纪地质, 1996, 16(4): 18.

[44] Berggren W A, Hilgen F, Langereis C, et al. Late Neogene chronology: new perspectives in high-resolution stratigraphy. Geological Society of America Bulletin, 1995, 107(11): 1272-1287.

[45] Berggren W A. A revised Cenozoic geochronology and chronostratigraphy. Chronology, Time Scales and Global Straligraphic Correlation, SEPM Pec. Publ., 1995, 54: 129-212.

[46] Blow W H. The Cainozoic Globigerinida: A Study of the Morphology, Taxonomy, Evolutionary Relationships and the Stratigraphical Distribution of Some of the Gobigerinida (Mainly Globigerinacea). Leiden: EJ Brill Press, 1979.

[47] Bolli H M, Saunders J B. Oligocene to Holocene low latitude planktic foraminifera// Molli H M, Saunders J B, Perch-Nielsen K. Plankton Stratigraphy. Cambridge: Cambridge University Press, 1985: 155-257.

[48] Wade B S, Pearson P N, Berggren W A, et al. Review and revision of Cenozoic tropical planktonic foraminiferal biostratigraphy and calibration to the geomagnetic polarity and astronomical time scale. Earth-Science Reviews, 2011, 104(1-3): 111-142.

[49] Chaisson W P, Pearson P N. Planktonic foraminifer biostratigraphy at Site 925: Middle Miocene-Pleistocene. Proceedings of the Ocean Drilling Program Scientific Results, 1997, 154: 3-31.

[50] Meng M, Yu K, Hallock P, et al. Foraminifera indicate Neogene evolution of Yongle Atoll from Xisha Islands in the South China Sea. Palaeogeography, Palaeoclimatology, Palaeoecology, 2022, 602: 111163.

[51] Biguenet M, Chaumillon E, Sabatier P, et al. Hurricane Irma: an unprecedented event over the last 3700years? Geomorphological changes and sedimentological record in Codrington Lagoon, Barbuda. Natural Hazards and Earth System Sciences Discussions, 2023: 1-41.

[52] BouDagher-Fadel M K, Wilson M. A revision of some larger foraminifera of the Miocene of southeast Kalimantan. Micropaleontology, 2000: 153-165.

[53] Geel T. Recognition of stratigraphic sequences in carbonate platform and slope deposits: empirical models based on microfacies analysis of Palaeogene deposits in southeastern Spain. Palaeogeography, Palaeoclimatology, Palaeoecology, 2000, 155(3-4): 211-238.

[54] Renema W, Beaman R J, Webster J M. Mixing of relict and modern tests of larger benthic foraminifera on the Great Barrier Reef shelf margin. Marine Micropaleontology, 2013, 101: 68-75.

[55] Renema W. Habitat variables determining the occurrence of large benthic foraminifera in the Berau area (East Kalimantan, Indonesia). Coral Reefs, 2006, 25(3): 351.

[56] Girard E B, Ferse S, Ambo-Rappe R, et al. Dynamics of large benthic foraminiferal assemblages: a tool to foreshadow reef degradation? Science of the Total Environment, 2022, 811: 151396.

[57] Betzler C. Ecological controls on geometries of carbonate platforms: Miocene/Pliocene shallow-water microfaunas and carbonate biofacies from the Queensland Plateau (NE Australia). Facies, 1997, 37(1): 147-166.

[58] Webster J M, Braga J C, Clague D A, et al. Coral reef evolution on rapidly subsiding margins. Global and Planetary Change, 2009, 66(1): 129-148.

[59] Fenton I S, Aze T, Farnsworth A, et al. Origination of the modern-style diversity gradient 15million years ago. Nature, 2023, 614(7949): 708-712.

[60] Yordanova E K, Hohenegger J. Taphonomy of larger foraminifera: relationships between living individuals and empty tests on flat reef slopes (Sesoko Island, Japan). Facies, 2002, 46(1): 169-203.

[61] BouDagher-Fadel M K. Chapter 7: the Cenozoic larger benthic foraminifera: the Neogene// Boudagher-Fadel M K. Developments in Palaeontology and Stratigraphy. Elsevier, 2008: 419-548.

[62] 李银强, 余克服, 王英辉, 等. 西沙群岛永乐环礁探科 2 井的珊瑚藻组成及其水深指示意义. 微体古生物学报, 2017, 34(3): 268-278.

[63] Kundal M. Two geniculate coralline species from the offshore sequence of the Chhasra formation (early-middle Miocene) Kachchh Basin, Western India. Journal of the Palaeontological Society of India, 2015, 60(2): 89-92.

[64] Kundal P, Sanganwar B N. Stratigraphical, palaeogeographical and palaeoenvironmental significance of fossil calcareous algae from Nimar Sandstone Formation, Bagh Group (Cenomanian-Turonian) of Pipaldehla, Jhabua Dt, MP. Current Science, 1998, 75(7): 702-718.

[65] Hallock P. Distribution of selected species of living algal symbiont-bearing foraminifera on two Pacific coral reefs. The Journal of Foraminiferal Research, 1984, 14(4): 250-261.

[66] Pomar L, Baceta J I, Hallock P, et al. Reef building and carbonate production modes in the west-central Tethys during the Cenozoic. Marine and Petroleum Geology, 2017, 83: 261-304.

[67] Bassi D, Nebelsick J H, Checconi A, et al. Present-day and fossil rhodolith pavements compared: their potential for analysing shallow-water carbonate deposits. Sedimentary Geology, 2009, 214(1): 74-84.

[68] Colin P L, Devaney D M, Hillis-Colinvaux L, et al. Geology and biological zonation of the reef slope, 50-360m depth at Enewetak Atoll, Marshall Islands. Bulletin of Marine Science, 1986, 38(1): 111-128.

[69] Erlich R, Longo Jr A, Hyare S. Response of carbonate platform margins to drowning: evidence of environmental collapse. Journal Article, 1993: 241-266.

[70] Wang R, Yu K, Jones B, et al. Evolution and development of Miocene "island dolostones" on Xisha Islands, South China Sea. Marine Geology, 2018, 406: 142-158.

[71] Read J F, 金福锦. 碳酸盐岩台地相模式. 国外油气勘探, 1995, 7(2): 131-154.

[72] Read J F. Carbonate platform facies models. Aapg Bulletin, 1985, 69(1): 1-21.

[73] Haq B U, Hardenbol J, Vail P R. Chronology of fluctuating sea levels since the triassic. Science, 1987, 235(4793): 1156-1167.

[74] Hardenbol J, Farley M B, Jacquin T, et al. Mesozoic and Cenozoic sequence chronostratigraphic framework of European basins. 1998, 60: 3-13.

[75] 李前裕, Lourens L, 汪品先. 新近纪海相生物地层事件年龄新编. 地层学杂志, 2007, 31(3): 197-208.

[76] 郝诒纯, 陈平富, 万晓樵, 等. 南海北部莺歌海—琼东南盆地晚第三纪层序地层与海平面变化. 现代地质, 2000, 14(3): 237-245.

[77] 秦国权. 珠江口盆地新生代晚期层序地层划分和海平面变化. 中国海上油气(地质), 2002, 16(1): 11.

[78] Shao L, Li Q, Zhu W, et al. Neogene carbonate platform development in the NW South China Sea: litho-, bio-and chemo-stratigraphic evidence. Marine Geology, 2017, 385: 233-243.

[79] Ravelo A C, Andreasen D H, Lyle M, et al. Regional climate shifts caused by gradual global cooling in the Pliocene epoch. Nature, 2004, 429(6989): 263-277.

[80] Wara M W, Ravelo A C, Delaney M L. Permanent El Niño-like conditions during the Pliocene warm period. Science, 2005, 309(5735): 758-761.

[81] Raymo M E, Grant B, Horowitz M, et al. Mid-Pliocene warmth: stronger greenhouse and stronger conveyor. Marine Micropaleontology, 1996, 27(1): 313-326.

[82] Sosdian S, Rosenthal Y. Deep-sea temperature and ice volume changes across the Pliocene-Pleistocene climate transitions. Science, 2009, 325(5938): 306-310.

[83] 吴时国, 张新元. 南海共轭陆缘新生代碳酸盐台地对海盆构造演化的响应. 地球科学–中国地质大学学报, 2015, 40(2): 234-248.

[84] Miller K G, Wright J D, Fairbanks R G. Unlocking the Ice House: Oligocene-Miocene oxygen isotopes, eustasy, and margin erosion. Journal of Geophysical Research Solid Earth, 1991, 96(B4): 6829-6848.

[85] Shackleton N J, Kennett J P. Late Cenozoic oxygen and carbon istopic changes at DSDP Site 284: implications for glacial history of the Northern hemisphere and Antarctica. Environmental Research Quarterly, 1975: 801-807.

[86] 汪品先. 走向地球系统科学的必由之路. 地球科学进展, 2003, 18(5): 795-796.

[87] Clift P D. Asian monsoon dynamics and sediment transport in SE Asia. Journal of Asian Earth Sciences, 2020, 195(15): 104352.

[88] Clift P D, Wan S, Blusztajn J. Reconstructing chemical weathering, physical erosion and monsoon intensity since 25Ma in the northern South China Sea: a review of competing proxies. Earth-Science Reviews, 2014, 130: 86-102.

[89] Lyle M, Dadey K A, Farrell J W. The late Miocene (11–8Ma) eastern Pacific carbonate crash: evidence for reorganization of deep-water circulation by the closure of the Panama gateway. Ocean Drilling Program, 1995, 138: 821-838.

[90] Mungekar T V, Naik S S, Nath B N, et al. Shell weights of foraminifera trace atmospheric CO_2 from the Miocene to Pleistocene in the central Equatorial Indian Ocean. Journal of Earth System Science, 2020, 129(1).

[91] Wang P, Prell W, Blum P. Exploring the Asian monsoon through drilling in the South China Sea. JOIDES Journal, 1999. 25(2): 8-13.

[92] Farrell J W, Raffi I, Janecek T C, et al. Sedimentation patters in the eastern equatorial Pacific Ocean. Proceedings of the Ocean Drilling Program Scientific Results, 1995: 717-756.

[93] Lübbers J, Kuhnt W, Holbourn A E, et al. The middle to late Miocene "Carbonate Crash" in the equatorial Indian Ocean. Paleoceanography and Paleoclimatology, 2019, 34(5): 813-832.

[94] Miller K G, Browning J V, Schmelz W J, et al. Cenozoic sea-level and cryospheric evolution from deep-sea geochemical and continental margin records. Science Advances, 2020, 6(20): eaaz1346.

[95] Tian J, Zhao Q H, Wang P X, et al. Astronomically modulated Neogene sediment records from the South China Sea. Paleoceanography, 2008, 23(3): 20.

[96] 沈俊, 施张燕, 冯庆来. 古海洋生产力地球化学指标的研究. 地质科技情报, 2011, 30(2): 69-77.

[97] Debenay J P, Redois F. Distribution of the twenty seven dominant species of shelf benthic foraminifers on the continental shelf, north of Dakar (Senegal). Marine Micropaleontology, 1997, 29(3-4): 237-255.

[98] Mutti M, Hallock P. Carbonate systems along nutrient and temperature gradients: some sedimentological and geochemical constraints. International Journal of Earth Sciences, 2003, 92(4): 465-475.

[99] Hallock P, Schlager W. Nutrient excess and the demise of coral reefs and carbonate platforms. PALAIOS, 1986, 1(4): 389-398.

[100] Perrin C, Bosence D, Rosen B. Quantitative approaches to palaeozonation and palaeobathymetry of corals and coralline algae in Cenozoic reefs. Geological Society London Special Publications, 1995, 83(1): 181-229.

[101] Guo Z T, Ruddiman W F, Hao Q Z, et al. Onset of Asian desertification by 22Myr ago inferred from loess deposits in China. Nature, 2002, 416(6877): 159.

[102] Jiang H, Ding Z. A 20Ma pollen record of East-Asian summer monsoon evolution from Guyuan, Ningxia, China. Palaeogeography, Palaeoclimatology, Palaeoecology, 2008, 265(1-2): 30-38.

[103] Jia G, Peng P, Zhao Q, et al. Changes in terrestrial ecosystem since 30Ma in East Asia: stable isotope evidence from black carbon in the South China Sea. Geology, 2003, 31(12): 1093-1096.

[104] Wilson M E J, Vecsei A. The apparent paradox of abundant foramol facies in low latitudes: their environmental significance and effect on platform development. Earth-Science Reviews, 2005, 69(1): 133-168.

[105] Pomar L. Ecological control of sedimentary accommodation: evolution from a carbonate ramp to rimmed shelf, Upper Miocene, Balearic Islands. Palaeogeography, Palaeoclimatology, Palaeoecology, 2001, 175(1-4): 249-272.

[106] Hallock P. Coral reefs, carbonate sediments, nutrients, and global change. History and Sedimentology of Ancient Reef Systems, 2001, 17: 387-427.

[107] Halfar J, Mutti M. Global dominance of coralline red-algal facies: a response to Miocene oceanographic events. Geology, 2005, 33(6): 481-484.

[108] Brandano M, Corda L. Nutrients, sea level and tectonics: constrains for the facies architecture of a Miocene carbonate ramp in central Italy. Terra Nova, 2002, 14(4): 257-262.

[109] Wu F, Xie X, Betzler C, et al. The impact of eustatic sea-level fluctuations, temperature variations and nutrient-level changes since the Pliocene on tropical carbonate platform (Xisha Islands, South China Sea). Palaeogeography, Palaeoclimatology, Palaeoecology, 2019, 514: 373-385.

[110] Herbert T D, Lawrence K T, Tzanova A, et al. Late Miocene global cooling and the rise of modern ecosystems. Nature Geoscience, 2016, 9(11): 843.

[111] Diester-Haass L, Billups K, Emeis K C. Late Miocene carbon isotope records and marine biological productivity: Was there a (dusty) link? Paleoceanography & Paleoclimatology, 2006, 21(4): PA4216.

[112] Clemens S C, Prell W L, Sun Y, et al. Southern Hemisphere forcing of Pliocene delta δ^{18}O and the evolution of Indo-Asian monsoons. Paleoceanography, 2008, 23(4): A4210.1-A4210.15.

[113] Todd R. Planktonic foraminifera from deep-sea cores off Eniwetok Atoll. US Government Printing Office, 1964.

[114] Li J, Wang R, Li B. Variations of opal accumulation rates and paleoproductivity over the past 12Ma at ODP Site 1143, southern South China Sea. Chinese Science Bulletin, 2002, 47: 596-598.

[115] Foster G L, Royer D L, Lunt D J. Future climate forcing potentially without precedent in the last 420million years. Nature Communications, 2017, 8: 14845.

[116] Micheels A, Eronen J T, Mosbrugger V. The late miocene climate sensitivity on a modern Sahara desert. 2009, 67(3-4): 193-204.

[117] Chen W H, Huang C Y, Lin Y J, et al. Depleted deep South China Sea delta C-13 paleoceanographic events in response to

tectonic evolution in Taiwan-Luzon Strait since Middle Miocene. Deep-Sea Research Part II, 2015, 122(Complete): 195-225.

[118] Tian J, Ma X, Zhou J, et al. Subsidence of the northern South China Sea and formation of the Bashi Strait in the latest Miocene: Paleoceanographic evidences from 9-Myr high resolution benthic foraminiferal δ^{18}O and δ^{13}C records. Palaeogeography, Palaeoclimatology, Palaeoecology, 2016: S0031018216307842.

[119] Li F, Rousseau D D, Wu N, et al. Late Neogene evolution of the East Asian monsoon revealed by terrestrial mollusk record in Western Chinese Loess Plateau: from winter to summer dominated sub-regime. Earth and Planetary Science Letters, 2008, 274(3-4): 439-447.

[120] Wang P, Li Q, Tian J, et al. Long-term cycles in the carbon reservoir of the Quaternary ocean: a perspective from the South China Sea. National Science Review, 2013, 1(1): 119-143.

[121] Li B, Wang J, Huang B, et al. South China Sea surface water evolution over the last 12Myr: a south-north comparison from Ocean Drilling Program Sites 1143 and 1146. Paleoceanography, 2004, 19(1): PA1009.

[122] 黄宝琦, 成鑫荣, 翦知湣, 等. 晚上新世以来南海北部上部水体结构变化及东亚季风演化. 第四纪研究, 2004, 24(1): 110-115.

[123] Narayan G R, Reymond C E, Stuhr M, et al. Response of large benthic foraminifera to climate and local changes: implications for future carbonate production. Sedimentology, 2022, 69(1): 121-161.

[124] Xu S D, Yu K F, Fan T L, et al. Coral reef carbonate delta C-13 records from the northern South China Sea: a useful proxy for seawater delta C-13 and the carbon cycle over the past 1.8Ma. Global and Planetary Change, 2019, 182: 103003.1-103003.10.

[125] Wilson M E J. Global and regional influences on equatorial shallow-marine carbonates during the Cenozoic. Palaeogeography, Palaeoclimatology, Palaeoecology, 2008, 265(3): 262-274.

— 第八章 —

琛科 2 井的沉积学特征 [①]

第一节　珊瑚礁的沉积相带及其特征

　　环礁是南海珊瑚礁的最主要类型，琛科 2 井所在的琛航岛是一座开放型环礁，是西沙群岛永乐环礁的一部分。因此，这里主要以环礁为例介绍南海珊瑚礁的沉积相带。从现代沉积的角度，自环礁外缘向中心一般可分为礁前坡、礁坪、潟湖坡和潟湖盆底 4 个沉积相带或地貌带（图 8.1）。《珊瑚礁科学概论》[1] 一书已经对各沉积相带的划分及其生态特征等进行了比较细致的描述，这里基于前人 [2, 3] 对南沙群岛的 8 座环礁（永暑礁、渚碧礁、东门礁、安达礁、三角礁、美济礁、仙娥礁、信义礁和皇路礁）现代沉积特征的系统分析，总结各相带的沉积特征。

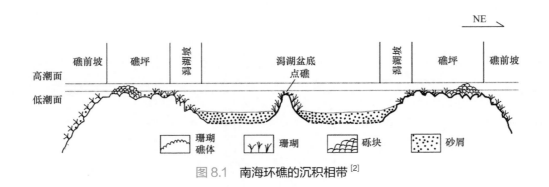

图 8.1　南海环礁的沉积相带 [2]

① 作者：余克服、王瑞、杨洋、孟敏、李银强。

一、环礁的沉积相带

（一）礁前坡

礁前坡是指礁坪外缘（坡折线）至礁体基部的向海斜坡，礁前坡环绕环礁周缘，坡顶是波浪作用最强烈的地方。

南沙群岛的礁前坡根据生态和沉积特征可大体分为以下 3 个带[4]：①水深 30m 以浅为礁缘陡坡带，也是珊瑚的茂密生长带；②水深 30 ～ 400m 为塌积（或重力堆积）带，沉积物来自上带或本带原地生物骨壳；③水深大于 400m 为细粉砂沉积带，沉积物中浮游有孔虫含量高。

在礁体的不同方位，礁前坡有较明显的地形差别，根据倾斜形态，可分为斜坡型和峭壁型两类[5]。斜坡型的坡度小于 40°，冲蚀潮沟发育，水动力强，活珊瑚覆盖度一般小于 50%；峭壁型的坡度陡，多呈峭壁状，坡度有的可达 80°，活珊瑚覆盖度可高达 90% 以上，水动力中等。

（二）礁坪

礁坪是从礁前坡折线到潟湖坡的一个大的地貌带，是珊瑚生长和生物碎屑堆积的主要部位。礁坪处于潮间带，退潮时部分暴露于空气中。不同礁体、不同方位的礁坪宽窄不一，南沙群岛珊瑚礁礁坪宽度一般为 500 ～ 600m，最宽可达 1000 多米[4]。根据水动力强弱和珊瑚群落结构，可进一步将礁坪划分为外礁坪、礁突起、内礁坪 3 个地貌亚带，或进一步将内礁坪划分为珊瑚稀疏带、珊瑚丛林带和礁坑发育带[5]。从礁突起到内礁坪，水深总体呈加深的趋势，低潮时礁突起和外礁坪通常出露，而内礁坪特别是靠近潟湖坡的一侧则只是在大潮低潮时才偶尔出露。

外礁坪宽度一般为 20 ～ 30m，从礁突起以 3° ～ 5° 向外海倾斜[6]，低潮时几乎全部干出。该带水动力作用强，以抗浪性强的块状种属或粗枝状珊瑚为主，皮壳状的珊瑚藻发育，很少有松散碎屑沉积物停留。

礁突起由大的礁块、珊瑚砾块等堆积而成，低潮时经常出露，珊瑚生长少，珊瑚藻发育，有的礁突起地带可形成"海藻脊"（Algal ridge）"[7]。礁突起的规模大小反映波浪作用的强弱，南沙群岛礁突起的规模小，一般仅高出礁坪 20 ～ 50cm，宽约 20m[5]。

内礁坪比外礁坪要宽阔得多，从礁突起缓缓向潟湖方向倾斜，地形相对比较平坦，但礁坑、礁塘发育，砂质沉积物发育。内礁坪为低能带，枝状珊瑚发育繁茂，也常见大型块状珊瑚和微环礁。内礁坪与潟湖坡交接处礁坑多，块状滨珊瑚等发育很好[6]。礁坑、礁塘以及珊瑚之间常为大片白色砂屑。大潮低潮时，该带可能露出水面或余薄层水层。

（三）潟湖坡

潟湖坡是从礁坪内缘到潟湖盆底的过渡带，根据底质和珊瑚生长情况，可将潟湖坡分为礁岩坡和砂坡两类[6]。礁岩坡坡度陡，由块状珊瑚连生构成，珊瑚生长繁茂，滨珊瑚个体大，直径可达 4m；砂坡上常发育成片生长的枝状珊瑚，坡度小，由来自礁坪的砂砾屑披覆，含较多鹿角珊瑚断枝。

（四）潟湖盆底

潟湖盆底是生物碎屑的主要堆积区，生活着海参、海胆、马蹄螺、底栖有孔虫和绿藻等种群，也可成片生长鹿角珊瑚等枝状珊瑚。潟湖盆底和潟湖坡上都可发育点礁。根据发育情况，可将点礁分为峰丘型和礁坪型两类[7]，可发育至低潮面。点礁是潟湖盆底沉积物的重要来源之一。潟湖盆底的深度与礁坪的宽窄有一定的关系，一般礁坪窄则潟湖深，礁坪宽则潟湖浅[8]。

二、环礁各沉积相带的现代沉积特征

南海珊瑚礁各相带的砂质沉积物基本上由珊瑚、珊瑚藻、仙掌藻、软体动物、有孔虫等钙质生物的碎屑组成，但在不同相带这些生物组分的含量、粒度粗细等有比较大的差别。虽然生物组分的不同，也会导致不同相带沉积物在矿物、化学成分等方面存在差异，但琛科2井的岩芯除了全新世层段，基本上都发生过明显的成岩作用，其原始的矿物和化学成分都发生了明显的变化，因此这里仅聚焦于在沉积相分析中易于识别的粒度和生物组分两个特征。

（一）各沉积相带的粒度特征

沿外礁坪向潟湖盆底方向，沉积物粒度逐渐变细。礁前坡的沉积物随水深的增加而变细，如南沙群岛永暑礁礁前坡10m水深的沉积物为粗中砂，粒径为0.463mm；渚碧礁礁前坡80m水深的沉积物中，粗砂、中砂和细砂的含量基本相当，粒径为0.460mm。礁坪沉积物一般为中粗砂或粗砂，平均粒径大于0.620mm。内礁坪砂屑略细，为中砂或粗中砂，平均粒径为0.382～0.486mm。潟湖坡沉积物分为两种，一种细砂含量高，平均粒径为0.157～0.344mm；另一种为中砂，与礁坪沉积特征相似。潟湖盆底沉积物也分为两种，一种水深大，沉积物为细砂、细—粉砂，平均粒径为0.043～0.112mm；另一种水深浅，沉积物为中细砂，平均粒径为0.132～0.255mm。潟湖盆底为碎屑沉积物的最终归宿，所以其沉积物分选性最差、粒度最小[2]。

（二）各沉积相带的生物组分特征

礁坪沉积物一般以珊瑚屑和珊瑚藻屑为主，有孔虫和仙掌藻含量极低，有孔虫的含量通常低于6%，仙掌藻的含量则一般不超过8%。潟湖盆底沉积物以仙掌藻碎片和有孔虫含量高为普遍特征，其中仙掌藻碎片的含量为16%～75%，平均含量为32.66%；有孔虫的含量可达25%，甚至更高。潟湖坡沉积物中的生物组分介于礁坪和潟湖盆底之间，其仙掌藻含量为8%～16%，平均含量为9.22%。关于礁前坡沉积物的研究比较少，从对南沙群岛的调查来看，礁前坡仙掌藻沉积物很少，特别是在水深45m以下，仙掌藻含量极低。

碎屑沉积物中生物组分的特征与环礁各地貌带的生物特征相一致，一般礁前坡、礁坪和潟湖坡均生长有比较多的珊瑚；珊瑚藻的生长需要坚硬的底质和水动力强的浅水环境。潟湖盆底除点礁外，基本上为砂质，水深、水动力弱，既不适合珊瑚藻生长，也不适合珊瑚生长，因此从礁坪向潟湖盆底，珊瑚、珊瑚藻含量逐渐降低；但因为潟湖坡仍然是珊瑚生长的理想场所，而珊瑚能够为潟湖坡、潟湖盆底提供碎屑沉积物，所以珊瑚屑含量降低幅度不及珊瑚藻屑。

仙掌藻在各地貌带沉积物中的分布特征总体上与环礁不同相带的水动力状况相符，即从环礁外缘的波浪破碎带向潟湖中心水动力逐渐减弱，潟湖盆底为环礁水动力最弱的生态环境。生态调查发现，南沙群岛珊瑚礁区仙掌藻的最适生长环境为水动力弱的砂质潟湖盆底，仙掌藻在潟湖盆底中长势好、密度大，直立于砂质基底；潟湖愈封闭、水体愈深、水动力愈弱，则仙掌藻生长愈好，仙掌藻碎屑沉积也愈多。对不同粒级仙掌藻碎屑含量的分析还表明，在潟湖盆底沉积物中粒径较大的粗砂样品中仙掌藻碎屑含量极高，甚至全部为仙掌藻碎屑，且多以完整的叶片保存。由于钙化的仙掌藻叶片极易破碎，因此这种完整的叶片反映了一种未经搬运的原地沉积特征[3]。

（三）红藻石的环境指示意义

红藻石是由珊瑚藻黏结生长或由珊瑚藻包绕沙砾或其他内核物质而形成的结节状结构。琛科 2 井岩芯中红藻石大量发育，但迄今尚未见关于南海现代珊瑚礁区红藻石的报道。这里基于文献总结红藻石的环境指示意义，并在琛科 2 井沉积相的划分中适当参考。

Bosellini 和 Ginsburg[9] 通过对红藻石内部藻丝体的排列和生长型的分析，指出红藻石的形态可记录过去的环境信息，包括水动力和水深等方面。

1. 水动力

Bosellini 和 Ginsburg[9] 建立了 5 种不同水动力环境中的红藻石类型，其中球形和椭球形的红藻石指示水体频繁波动的中高能环境，扁平状、盘状和似变形虫的红藻石指示平静的水环境。之后，Bosence[10] 基于波浪箱内的模拟实验，证实椭球形红藻石比球形红藻石更容易运输，而盘状红藻石是最稳定的一种形态，更易于在平静的水环境中发育。但有不少研究对红藻石的形态与水动力环境之间的关系提出了质疑，如爱尔兰曼宁湾红藻石的形态没有表现出与水动力环境之间的关联[10]，对于加利福尼亚湾[11] 和大堡礁弗雷泽岛[12] 的红藻石，也未发现其形态和水动力环境之间的关系，甚至得出了相反的结论，即在浅水、高能的环境中发育盘状红藻石，而深水、低能的环境中形成椭球形和球形红藻石[12]。也有研究指出，红藻石的形态很大程度上取决于其内核本身的形状[13]。

不少学者认为，红藻石内部珊瑚藻的生长形态与水动力强弱程度有关[14]，如薄层状的藻丝体形成的红藻石指示相对平静的水体环境，而灌木状、细枝状的珊瑚藻形成的红藻石多发育于低—中等强度的水动力环境。珊瑚藻分枝的密度随着水动力强度的加大而增加[15]。此外，强水动力可破坏珊瑚藻的分枝，使珊瑚藻的分枝呈短的黏结结构，从而抵御中等强度的水动力环境[14]。因此，藻丝体为块状 - 疣状的生长型多发育于中等强度的水动力环境[15]。另外，红藻石内部结构中孔洞的发育程度也被认为是水动力强度的标志[16]，孔洞比较发育的红藻石通常指示相对平静的水体环境。

2. 水深

与其他光合生物类似，珊瑚藻的生长也需要光照，但珊瑚藻具有的藻胆蛋白使得其可以生长在深水环境[17]。

珊瑚藻的水深分布范围主要取决于光的有效性、水动力和营养物质供给等[18]。不同的珊瑚藻类群具有不同的最适水深分布范围，同一珊瑚藻类群的水深分布可因纬度而异[19]。

初步掌握的珊瑚藻属种发育的水深分布如下：新角石藻属（*Neogoniolithon*）多生长于 10m 以内的浅水、高能环境[20]；水石藻属（*Hydrolithon*）多发育于 5m 以内的浅水环境，是藻脊地貌带的主要建造者[19]；石叶藻属（*Lithophyllum*）一般分布于 20m 以内的浅水透光层环境[21, 22]；中叶藻属（*Mesophyllum*）和石枝藻属（*Lithothamnion*）多相伴发育，主要分布于 20 ～ 40m 的深水环境[22]。*Neogoniolithon strictum* 常发育于潮间带的极浅水环境[23]。此外，不同珊瑚藻属种的组合具有很好的水深记录功能[22, 24]。

第二节　琛科 2 井沉积物的粒度变化序列

沉积物粒度是重建古气候、古环境的重要指标之一。目前，粒度指标已广泛应用于南海沉积柱研究中。例如，温孝胜等[25]通过分析西永 3 井柱状沉积物的粒度，重建了 5500a B.P. 以来古气候变化历史；郑洪波等[26]通过分析南海南部、西部、北部的沉积柱粒度，讨论了不同区域的陆源碎屑来源，揭示了古季风变化；万世明等[27]通过分析 ODP 1146 柱状沉积物粒度，讨论了 20Ma 以来东亚季风演化过程等。南海沉积物的陆源物质输入主要为河流输入，风尘输入占比很小[28]。西沙群岛珊瑚礁位于远离大陆的构造高地，以深水凹陷盆地与大陆隔开，河流输入无法到达，其沉积物主要为原生生物碎屑成分。西沙群岛的沉积物粒度可反映沉积环境变化，如沉积相、水动力、古气候与古环境等[2, 25]。本节利用琛科 2 井的沉积物粒度，通过分析其动力控制因素，试图研究琛航岛的古沉积相演化及其对古海平面与古气候的响应。

如图 8.2 所示，琛科 2 井沉积柱的粒度以砂为主，其次为砾和粉砂与泥。砂平均含量为 48%，粉砂与泥平均含量为 30.5%，砾含量为 21.5%。该钻孔的平均粒径为 1 ~ 4φ。根据沉积物岩性以及粒度参数变化较大的层位，将沉积物粒度分布趋势自下而上分为以下 4 段。

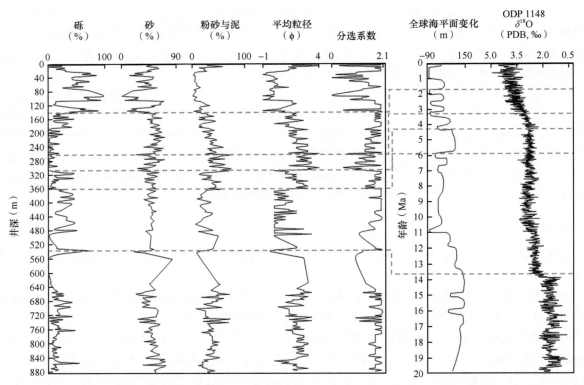

图 8.2　西沙群岛琛科 2 井沉积物粒度变化以及与全球海平面变化[29]和 ODP 1148 钻孔底栖有孔虫 δ^{18}O[30] 的对比图

（1）878.22 ~ 557.00m（其中 625.00 ~ 557.00m 因强烈胶结而未取样）：沉积物平均粒径大多为 1.33 ~ 3φ，自下而上呈增大趋势，粉砂与泥含量逐渐升高，砾含量稍微升高，而砂含量降低，分选性较差一差，偏态为负偏—很负偏。砾含量基本在 30% 以下，粉砂含量为 10% ~ 50%，少数层位粉砂含量较高。例如，735.00 ~ 726.00m 沉积物粒径较细，粉砂与泥含量高达 72.3%，此层段对应一个小幅高海平面时期。粉砂与泥代表弱水动力环境，根据西沙群岛表层沉积物平均粒径分布范围，判定此层段沉积环境由下部的浅滩（包括礁坪与浅水开放台地）过渡到上部的浅水潟湖环境。浅水开放台地与礁坪环境在粒度上的区别在于浅水开放台地的砾石含量更低，粉砂含量更高，分选性比礁坪好，显著负偏。

（2）557.00 ～ 363.00m：沉积物平均粒径比 878.22 ～ 557.00m 小，大多为 –0.33 ～ 2ϕ，表明自下而上粒径呈增大趋势；砾石含量升高（平均为 30%），粉砂含量波动降低，砂含量保持稳定（平均为47%）；沉积物分选性向上由较差过渡到差。根据西沙群岛永乐环礁表层沉积物粒度分布推断沉积环境水体变浅，根据表层平均粒径范围，初步判断为礁突起到礁坪相。在 492.00m 和 477.00m 粒径较细。在540.00 ～ 537.00m 平均粒径较小，砾含量高（71.3%），粉砂与泥含量突降（7.5%），对应的 Sr 同位素年代为 13.45Ma，表明海平面骤降。

（3）363.00 ～ 186.00m：沉积物粒径相对 557.00 ～ 363.00m 明显变细，大体上分为三段（363.00 ～309.00m，309.00 ～ 237.00m 和 237.00 ～ 186.00m）。在 363.00 ～ 309.00m，平均粒径早期为 3ϕ，逐渐减小为 0；沉积物分选性由较差过渡到差；沉积物主要由粗砂、粉砂和砾组成；砾含量从 0 增大到 45%，砂含量较稳定，粉砂与泥含量降低，代表沉积环境从礁坪相过渡到礁前坡相之后，又转变到礁坪相。在309.00 ～ 237.00m，沉积物粒径为整个钻井最细，粉砂与泥含量为最高值（平均值为 48%），砾含量最低（平均值为 3.70%），沉积物分选性由好与中等过渡到较差，偏态为很负偏和正偏交替，指示水体最深；随后沉积物粒度小幅波动增大，指示逐渐向浅水环境转变。在 237.00 ～ 186.00m，砾含量升高，平均粒径继续减小，粉砂含量降低（平均含量由 48% 下降到 33%），砂含量升高，沉积物由粉砂过渡到中砂（平均含量为 58%），沉积物分选性为较差—差，偏态为负偏—很负偏，指示沉积环境过渡为礁前坡相—浅水礁前相。

（4）186.00 ～ 0m：沉积物平均粒径为 –1 ～ 3.99ϕ，呈大幅度波动减小趋势，可以分为下部（186.00 ～102.00m）、中部（102.00 ～ 16.00m）以及上部（16.00 ～ 0m）。在 186.00 ～ 102.00m，沉积物平均粒径大幅度波动减小，粉砂含量延续底部的波动降低，砾含量大幅度波动升高，指示水体逐渐变浅。在102.00 ～ 16.00m，沉积物平均粒径变化幅度不大，粉砂含量稳定在低水平，而砾含量最高，自下而上呈大幅波动升高趋势，且与砂含量呈明显此涨彼消关系，指示沉积环境水动力较强，如靠近礁突起、浅水礁前等。在 16.00 ～ 0m，平均粒径显著增大，其中在 7.95m 沉积物粒度突然变小。总体上，该钻井的沉积物粒度经过了较高—低—高—低的变化过程，指示浅水礁滩—礁突起—淹没台地—礁滩的沉积相演变。

根据图 8.2 和图 8.3，平均粒径和粉砂与泥含量呈显著正相关关系（r = 0.91），而与砾含量呈显著负相关关系（r = –0.89），表明平均粒径主要受粉砂与泥以及砾的含量控制。琛科 2 井碳酸盐岩的主要物质来源为原地生物碎屑沉积，其累积速率的外部控制因素主要为海平面变化和构造运动协同作用的容纳空

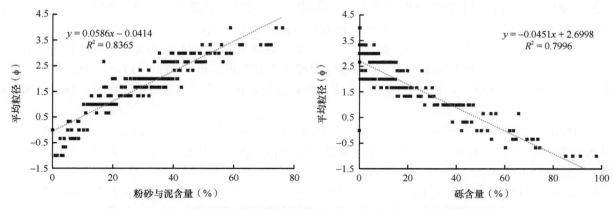

图 8.3　琛科 2 井沉积物粒度参数平均粒径与砾含量、粉砂与泥含量之间的关系

间。海平面变化受控于气候变化，气候变冷则海平面降低，碳酸盐台地水体变浅甚至出露，出现浅水相，如礁突起、礁坪等，物理剥蚀与化学风化作用加强，粗粒物质增多，反之亦然。因此，粉砂与泥和砾的含量以及平均粒径的变化可以指示气候和海平面变化。

沉积物粒度的突变往往可以反映沉积相的突变或古环境与古气候事件。就粒度变化的突变层位而言，主要分布在层位中间和不同沉积相变化的交界。整个岩芯记录了以下几个粒度突变层位。

在 540.00m 上下，对应地层年代为 13.5Ma 前后，平均粒径大幅度减小，粉砂与砂含量大幅度降低，砾含量大幅度升高，指示沉积物变粗。其他记录表明，中新世气候适宜期终止于 13.8Ma（Mi3），全球海平面下降约 50m[31]；南海深海沉积物钻孔 ODP 1148 氧同位素记录也显示，在 13.6Ma 氧同位素变重[32]。根据年代推测，全球中中新世气候转型（13.9～13.8Ma）在琛科 2 井为 548.00m（557.00～540.00m 胶结程度强，未能取样），说明此时冰川体积增加，气候变冷，海平面下降，琛科 2 井沉积相由原来的潟湖相突变为礁坪相，沉积物颗粒变粗。

在 363.00m，沉积物平均粒径突然增大，粉砂与泥含量突然升高，砾含量突然降低，指示沉积物突然变细。根据本书的年代框架，363.00m 的地层年代为 6Ma 前后，对应的其他记录的海平面曲线[29] 在这一时间也出现了短暂的下降，之后显著上升。

在 309.00m，沉积物粒度达到最小值，在 306.00m（对应地层年代为 4.2Ma 前后），沉积物平均粒径突然增大，粉砂含量骤增，指示沉积物突然变细，海平面快速上升，碳酸盐台地被淹没，而此时的全球海平面处于海退状态，随后发生明显的海进。

在 261.00m，沉积物平均粒径突然减小，粉砂含量突然降低，砂含量突然升高，之后沉积物粒度呈现波动减小趋势，这可能与 3Ma 之后全球气候恶化有关。

在 145.00m 之上，对应 1.8Ma 以来，粉砂含量保持最低，而砾含量与砂含量呈相反关系，说明此时气候进一步变冷，沉积相维持在浅水相来回移动。

第三节　琛科 2 井岩芯的沉积相分析

基于岩芯描述和南海珊瑚礁不同相带的沉积特征，对岩芯的沉积相进行了大致的划分。需要注意的是，这里所划分的每一个沉积相带，其内部并不是完全均一的，而是还存在比较多的、次一级的内部波动，这些波动反映的是沉积微相，是更短时间尺度的沉积环境变化。自上而下各沉积相带划分如下。

1．0～0.20m：人工水泥固化层。

2．0.20～2.10m：沉积物以珊瑚砾块为主，磨圆度好，砾块由滨珊瑚块、鹿角珊瑚枝等组成，表面被红藻黏结；砂屑以中砂为主。该层为内礁坪的裸砾沙洲相沉积环境。

3．2.10～16.70m：含砾砂屑层，砾块长 1～5cm，砾块含量总体低于 20%；少量层位的砾块含量高达 70%，包括被藻类胶结的礁岩块，部分鹿角珊瑚枝保存完好；砂屑为中粗砂，不少层位中的砾块含量极低，为典型的礁塘（发育于礁坪中的沙坑）沉积特征。该层为中礁坪相沉积环境，礁坪上发育砾石滩。

4．16.70～26.00m：含砾砂屑灰岩层，总体固结较好；砾块含量总体在 30% 以上，多被珊瑚藻包绕，珊瑚藻包壳的厚度可达 1cm 左右，岩芯中珊瑚藻含量丰富；砂屑以中粗砂为主。该层为外礁坪相沉积环境。

5．26.00～32.00m：含砾砂屑灰岩层，胶结程度中等；砂屑以中细砂为主，偏细砂，可见较多的仙掌藻碎片；砾块包括多种珊瑚种类，包括较多保存完好的细鹿角珊瑚枝；可见生长逾百年的滨珊瑚，并存在砂屑与块状珊瑚交替堆积的现象。该层为水体相对较深、水动力相对较弱的潟湖坡相沉积环境。

6. 32.00～39.50m：含砾砂屑灰岩层，胶结程度较强；含大量的鹿角珊瑚枝和红藻石，珊瑚枝表层被珊瑚藻所包覆；砂屑为中粗砂。该层为水体较浅、水体比较动荡、水动力相对较强的中礁坪沉积环境。

7. 39.50～47.61m：砾屑灰岩层，胶结程度弱；砂质组分为中细砂；珊瑚种类丰富，含较多细微结构保存完好且较长的鹿角珊瑚枝，以及易于移动的石芝珊瑚等。推测该层为水动力相对较弱的内礁坪相沉积环境，内礁坪上偶尔受风暴影响发育砾石滩。

8. 47.61～50.00m：含砾砂屑灰岩层，胶结程度中等；砾屑中含大量表层细微结构保存较好的细珊瑚枝；砂屑中含长达 24cm 的仙掌藻层；滨珊瑚生长纹层清晰发育。该层为水体相对较深、水动力较弱的潟湖坡相沉积环境。

9. 50.00～56.78m：含砾砂屑灰岩层，胶结程度中等—弱，被胶结的珊瑚枝因为胶结太弱而易于脱落形成孔洞；生物钻孔发育；砂屑为中砂，砾块以珊瑚枝为主，珊瑚枝的表面细微结构保存完好且多为细枝。该层为水动力相对较弱的内礁坪沉积环境。

10. 56.78～62.00m：发育长达 2.42m 的原生滨珊瑚，骨骼结构和年生长纹层均保存完好，年生长率约为 1cm。较大的珊瑚个体和较高的年生长率都表明该层段的水体相对较深、生态环境适合珊瑚生长。正是因为水体相对较深，所以砂质沉积物相对偏细，以细—中砂为主；因为生态环境好，所以发育了比较多的珊瑚种类。上述指标指示该层为礁前坡相沉积环境。

11. 62.00～65.20m：砂屑灰岩层，砂屑为中细砂，胶结程度中等—弱，含大量细小的鹿角珊瑚枝及部分椭球形红藻石，基本上不含砾。该层为水动力弱的内礁坪—潟湖坡相沉积环境。

12. 65.20～71.00m：含砾砂屑灰岩层，砂屑为中粗砂，砾块为珊瑚枝、珊瑚块及单个体的石芝珊瑚，含大量皮壳状珊瑚藻，双壳类的放射肋、放射沟等细微结构均保存完好。该层为水体较浅、水动力相对较强的中礁坪相沉积环境。

13. 71.00～78.81m：含砾砂屑灰岩层，胶结程度中等—弱。砾块以表面细微结构保存完好的鹿角珊瑚细枝为主；砂屑为中—粗砂，含大量仙掌藻碎片以及长达 30cm 以上的仙掌藻层，含块状珊瑚骨骼层。该层为水体相对较深、水动力较弱的内礁坪相。

14. 78.81～86.60m：珊瑚格架灰岩层，岩芯较完整，由多段块状珊瑚岩芯与砂屑层组成夹层结构。块状珊瑚主要为滨珊瑚和十字牡丹珊瑚，珊瑚岩芯最长达 45cm，呈原始状态；砂屑层为珊瑚枝、珊瑚藻和少量砂质沉积物，胶结程度强，珊瑚藻发育。推测该层为浅水、水动力较强的外礁坪沉积环境。

15. 86.60～128.00m：含砾砂屑灰岩层，胶结程度弱。砂屑为中细砂，砾块主要为偏细的鹿角珊瑚枝，珊瑚枝的表面细微结构保存较好，有的层位总体为鹿角珊瑚枝形成的骨架，骨架的间隙为珊瑚砂所充填。珊瑚种类多，既包括枝状鹿角珊瑚、杯形珊瑚，又含有块状滨珊瑚、角蜂巢珊瑚、盔形珊瑚等。该层为水体相对较深、水动力较弱的内礁坪环境。

16. 128.00～138.00m：含砾砂屑灰岩层，砂屑以中粗砂为主，含少量珊瑚块。砾块以块状珊瑚为主，其次为鹿角珊瑚枝，部分珊瑚砾块被珊瑚藻所黏结。该层为浅水、水体动荡的中礁坪相沉积环境。

17. 138.00～167.45m：含砾砂屑灰岩层，砂屑以细砂为主，胶结程度弱。砾屑由块状珊瑚碎块、细小的鹿角珊瑚枝等组成，珊瑚种类丰富，砾块多被珊瑚藻包覆，磨圆度、分选性差。鹿角珊瑚枝的表面细微结构保存完好。可见红藻包裹砂粒，呈雪白色；仙掌藻含量高。该层为水动力弱的内礁坪相沉积环境。

18. 167.45～171.50m：含砾砂屑灰岩层，胶结程度强，岩芯结构完整。砂屑以细粉砂为主，含大量仙掌藻和大型底栖有孔虫；砾块为细珊瑚枝、珊瑚块，均被珊瑚藻包覆，其中细珊瑚枝约占岩芯组分的 25%。该层为浅水潟湖坡相沉积环境。

19. 171.50～185.00m：含砾砂屑灰岩层，胶结程度弱；砂屑为中砂；砾少，分两种，一种为红藻包裹珊瑚碎块形成的砾，另一种为红藻胶结中砂颗粒形成的砾。该层为内礁坪相沉积环境。

20．185.00～211.60m：砂屑灰岩层，胶结程度弱。砂屑为细—粉砂，含较多仙掌藻碎片和小型腹足类，腹足类壳小而薄，但基本上保存完好；含少量小型的珊瑚枝、珊瑚块；含较多直径为 1～2cm 的红藻石；含多层 5～10cm 长的仙掌藻层，仙掌藻的叶片保存完好。该层为水体较深、水动力弱的潟湖盆底沉积环境。

21．211.60～230.86m：砂屑灰岩层，胶结程度弱。砂屑以中—细砂为主，红藻石多，直径为 1cm 左右，总体含量约为 15%，部分层段高达 80%；含较多保存完好的仙掌藻碎片、腹足类、双壳类；基本上未见珊瑚枝、砾块。该层为潟湖坡相沉积环境。

22．230.86～248.00m：砂屑灰岩层，胶结程度弱。砂屑为细—粉砂，岩芯质地均一。砂屑中含大量保存完好的腹足类碎片（如长 15cm 的岩芯表面可见 20 多个保存完好的双壳类），大小约为 1×2cm，壳薄（厚约 1mm）。生物组分中，仙掌藻和红藻石的比例总体呈负相关关系，有些层位红藻石多（高达 50%），有些层位仙掌藻多，有多个长度为 3～5cm 的仙掌藻层。该层为潟湖相沉积环境，但潟湖的水深存在波动变化，水深时仙掌藻多，水浅时红藻石多。

23．248.00～260.90m：细砂屑灰岩层，砂屑颗粒之间彼此孤立，无胶结。含大量仙掌藻碎片和多个长 3～7cm 的仙掌藻层（仙掌藻含量大于 70%），零星分布直径为 1～2cm 的红藻石。含大量大颗粒的底栖有孔虫（直径为 1～2mm）。该层为深水潟湖坡相沉积环境。

24．260.90～296.82m：砂屑灰岩层，未胶结。砂屑为细—粉砂，砂屑颗粒之间彼此孤立，含多个仙掌藻层（长达 60cm），仙掌藻叶片保存完好；含大量底栖有孔虫。基本上未见红藻石和珊瑚枝、砾块。该层为深水潟湖盆底相沉积环境。

25．296.82～308.50m：砂屑灰岩层，未胶结。砂屑为细—粉砂，含较多仙掌藻碎片和底栖有孔虫，未见珊瑚枝、砾块；红藻石长轴为 1～5cm，呈椭球形，但其含量在不同层位呈波动变化。该层为水深波动的潟湖坡相沉积环境。

26．308.50～310.20m：砂屑灰岩层，胶结程度弱。砂屑为中砂；发育较多大型红藻石（直径为 5～9.4cm），红藻石的壳层间裂隙发育，可能是被红藻所缠绕的原始砂屑组分溶蚀、脱落所致。该层为内礁坪相沉积环境。

27．310.20～313.90m：砂屑灰岩层，胶结程度中等。砂屑为中—粗砂；含大量结构致密、呈肉红色的红藻石，藻黏结层发育。从沉积物的颜色判断，至少出现 7 个不整合面。该层为浅水、水体动荡的外礁坪相沉积环境。

28．313.90～320.00m：砂屑灰岩层，胶结程度弱。砂屑为中—粗砂与细砂、粉砂互层，中—粗砂层发育大小不一的红藻石；细砂、粉砂层占整个岩芯的 20%～25%。总体为中礁坪相沉积环境，但水深增加、沉积物变细时为内礁坪相沉积环境，当时水深波动频繁。

29．320.00～330.20m：砂屑灰岩层，胶结程度弱。砂屑为细砂、粉砂，偶见珊瑚细枝；发育大小不一的红藻石，呈椭球形，约占岩芯组分的 5%；含多个 1～2cm 长的珊瑚藻层；发育仙掌藻碎片、底栖有孔虫、介壳碎片等。该层为潟湖坡相沉积环境。

30．330.20～362.00m：砂屑灰岩层，基本上未胶结，砂屑为细砂、粉砂；含大量仙掌藻，包括多个长度为 5～30cm 的仙掌藻层和长度约 10cm 的有孔虫层；含多个长 3～5cm 的珊瑚藻层，被珊瑚藻黏结的岩层相对致密，胶结程度强；含少量椭球形、大小不一的红藻石。该层为浅水潟湖相沉积环境。

31．362.00～364.00m：含砾块砂屑灰岩层，胶结程度弱。珊瑚砾块长 3～6cm，由块状刺柄珊瑚、滨珊瑚、角蜂巢珊瑚、扁脑珊瑚、蔷薇珊瑚、刺星珊瑚和石芝珊瑚等组成；砂屑中含大量的仙掌藻和有孔虫，含红藻石和少量珊瑚藻条带。红藻石个体小，直径为 1～1.5cm。该层为潟湖点礁相沉积环境。

32．364.00～365.70m：含砾砂屑灰岩层，胶结程度强。砾为珊瑚块、大型贝壳和海百合茎；砂屑为中粗砂，含珊瑚藻黏结条带和红藻石，红藻石的包壳发育。该层为外礁坪相沉积环境。

33．365.70～371.70m：含砾砂屑灰岩层，胶结程度弱。砾块主要为刺星珊瑚、角蜂巢珊瑚、滨珊瑚和石芝珊瑚；砂屑为中砂，含大量片状、铁饼状的有孔虫；含大量（高达 20%）球形、椭球形的红藻石（直径为 2～7cm）。该层为内礁坪相沉积环境。

34．371.70～392.87m：红藻石灰岩层，胶结程度弱。砂屑为细—中砂，磨圆度、分选性差，含大量仙掌藻和有孔虫；含大量球形、椭球形的红藻石，直径为 1～5cm，占岩芯的 30%～80%，该层段红藻石的含量大幅度波动变化；部分层位含珊瑚块。该层为浅水潟湖坡相沉积环境，水深波动变化。

35．392.87～402.50m：珊瑚藻灰岩层，胶结程度弱，珊瑚藻包壳发育，珊瑚藻含量达 40%。砂屑以中砂为主，含细微结构保存完好的有孔虫及腹足类、仙掌藻；含少量小型红藻石。部分层段为滨珊瑚灰岩，约 40cm 长的滨珊瑚岩芯含多个生长间断面和死亡面，应为浅水波动环境中的产物。该层为内礁坪相沉积环境。

36．402.50～434.50m：红藻石灰岩层，红藻石本身坚硬致密，但砂屑间胶结程度弱。红藻石含量高，但其含量在不同层位波动变化，总体为 30%～80%，以椭球形为主，长轴为 1～6cm，发育多个圈层。红藻石含较多细小孔洞，系被其缠绕的砂屑脱落所致，砂屑之间未胶结。砂屑为细—中砂；含少量珊瑚块和鹿角珊瑚枝；贝壳表面结构保存完好。该层为潟湖坡相沉积环境。

37．434.50～439.45m：珊瑚藻灰岩层，胶结程度强，岩芯坚硬致密。含大量珊瑚藻，形成椭球形珊瑚藻石，长 6～7cm，宽 2cm 左右。珊瑚、腹足类、双壳类等生物种类丰富，珊瑚包括块状珊瑚、枝状珊瑚等。该层为外礁坪相沉积环境。

38．439.45～515.92m：珊瑚灰岩层，岩芯致密。珊瑚以块状滨珊瑚为主，滨珊瑚的生长纹层清晰，年生长率为 1.5～2cm。珊瑚属种多，以块状珊瑚为主，也有枝状珊瑚，珊瑚枝的表面结构保存完好；珊瑚藻多，藻条带发育；砂屑为中粗砂。该层为水体相对较深的礁前坡相沉积环境。

39．515.92～521.40m：珊瑚藻灰岩层，珊瑚藻含量达 80% 以上，胶结程度强。含大量珊瑚藻球粒结构，直径达 8～10cm；含大量腹足类、双壳类铸模和鹿角珊瑚枝，其细微结构均保存完好。该层为外礁坪相沉积环境。

40．521.40～591.74m：含砾砂屑灰岩层，砂屑以中细砂为主，砂粒结构清晰，含较多细小的、保存完好的腹足类壳体。含较多块状、枝状珊瑚，部分珊瑚枝的分叉结构保存完好，珊瑚属种多。部分层段胶结好、岩芯坚硬致密，但这些层段的厚度小。该层为内礁坪相沉积环境。

41．591.74～603.74m：含大量介壳的砂屑灰岩层，胶结程度中等—弱。砂屑为细砂；含少量块状珊瑚碎片；含大量双壳类、腹足类铸模，总体含量为 20% 左右，局部可达 70%，甚至形成了介壳层。珊瑚藻为薄层状，仅约 0.2mm 厚，呈白色石灰状，质地松散，易脱落、易剥蚀。该层为潟湖坡相沉积环境。

42．603.74～611.00m：含珊瑚藻条带和珊瑚枝的砂屑灰岩层，珊瑚藻条带致密，砂屑部分胶结程度弱，砂屑彼此孤立，颗粒结构清晰。该层为内礁坪相沉积环境。

43．611.00～645.74m：砂屑灰岩层，取芯率极低，推测为胶结程度弱或无胶结。含较多小型（长径为 1cm 左右）介壳铸模，细微结构保存完好，局部层位腹足类、双壳类含量极高。保存大量珊瑚枝和部分小型的珊瑚砾块，砾块呈球形，磨圆度好。该层为潟湖坡相沉积环境。

44．645.74～736.57m：粉砂屑灰岩层，未胶结。含极少量小型的珊瑚砾，为块状珊瑚碎片和细小的珊瑚断枝；砂屑中含腹足类、双壳类铸模，细微结构均保存完好；含少量被珊瑚藻黏结的砂屑岩块。该层为潟湖相沉积环境。

45．736.57～744.74m：砂屑灰岩层，胶结程度弱。砂屑中含大量的有孔虫层，部分层段的含量约为 80%，以双盖虫为主，直径大多为 1～3mm，大者直径约为 6mm。含较多白色石灰质的珊瑚藻，或呈条带状，或呈斑点、斑片状，大小不一，分布不均匀，藻层厚度小于 1mm。含少量藻团块，由珊瑚藻包裹生物砾块而形成，藻团块的形状由生物砾块主导。部分层段由珊瑚层和珊瑚藻层交互组成，包括滨珊瑚、扁脑珊瑚等。该层为潟湖坡相沉积环境。

46．744.74～831.60m：粉砂屑灰岩层，未胶结。含极少量被珊瑚藻黏结的小球砾，珊瑚藻包壳薄，但结构仍清晰。部分层段含大量的铁饼状双盖虫，直径约为5mm，厚约3mm。该层为潟湖相沉积环境。

47．831.60～878.22m：含砾细砂屑灰岩层，未胶结。砂屑中砾块含量为10%～20%，由滨珊瑚块或珊瑚藻黏结块组成，长度小于1cm，坚硬致密，磨圆度好。含大量大型双盖虫，直径约为5mm，呈铁饼状，表面细微结构保存完好。岩层中含16层固结的岩芯，每层长10～60cm；由珊瑚块或礁岩块构成，其中珊瑚块为块状珊瑚，礁岩块为珊瑚藻包裹、胶结砂屑组成，珊瑚藻壳层很薄（约1mm厚），呈条带状、皮壳状。该层为潟湖坡-内礁坪相沉积环境。

48．878.22～928.75m：基底火山岩层，是珊瑚礁发育的基底。

第四节　琛科2井沉积相分析

一、沉积相发育演化历史

琛科2井所在的西沙群岛位于南海西部陆坡区，在构造上属于西沙-中沙地块，该地块为减薄陆块，地壳厚度为18～28km，属陆洋过渡型地壳[33, 34]。西沙-中沙地块在古新世—始新世古南海俯冲的过程中开始与华南大陆分离，向东南方向移动，直到渐新世晚期才停止横向扩张，但仍位于海平面之上。随着岩石圈的热沉降，西沙-中沙地块逐渐下沉，直到早中新世才处于海平面之下[35-39]。此时，西沙地块周围是大量的断陷和地堑，因此河流物质很难达到这一区域。自中新世以来，西沙群岛海域的海水相当清澈，而渐新世的火山活动形成的构造高点为珊瑚礁的发育提供了理想的环境[40]。在19.6Ma之前，西沙群岛地势较高的地方应该已发育了一定面积的珊瑚礁[41]，随着西沙地块的不断沉降，海平面变深，部分区域发育潟湖坡相。根据琛科2井沉积相变化和暴露面位置，西沙群岛珊瑚礁的发育共分为10个旋回（图8.4，图8.5）。本节将重点介绍每一个旋回的持续时间、发育深度、沉积速率、沉积相演化过程以及导致沉积相变化的最主要因素。需要注意的是，由于珊瑚礁暴露剥蚀掉的部分并不清楚，文中的沉积速率是根据目前获得的岩芯厚度和Sr同位素年代框架计算所得。

旋回Ⅰ（19.6～18.32Ma，878.22～831.60m）：珊瑚礁发育初期在垂向上快速沉积，沉积速率为36.42m/Ma，这一速率超过海平面上升速率，导致珊瑚礁沉积相逐渐由潟湖坡相变为内礁坪相，并产生暴露面。

旋回Ⅱ（18.32～16Ma，831.60～611.00m）：近20Ma以来珊瑚礁垂向发育速率最快，沉积速率达94.24m/Ma，是珊瑚礁发育初期（旋回Ⅰ，36.42m/Ma）的将近3倍。这一时期西沙块体快速沉降[41]，为珊瑚礁的垂向发育提供了广阔的空间。同时，这一时期正处于著名的中中新世气候适宜期[42]，深海沉积物中的碳、氧同位素均表明这一时期全球气温较暖，冰量减少[42]，生物多样性大大增加[43, 44]。构造活动和全球气温变暖的双重作用均为珊瑚礁的快速发育提供了理想的环境，西沙群岛珊瑚礁快速扩张，广泛发育潟湖相，后期受到南极大陆冰盖扩张的影响，相对海平面下降，珊瑚礁发育受限，逐渐收缩，转变为潟湖坡相，并产生暴露面。

旋回Ⅲ（16～8.51Ma，611.00～434.50m）：近20Ma以来珊瑚礁垂向发育速率最慢的时期，沉积速率仅23.45m/Ma，约是珊瑚礁发育最快时期（旋回Ⅱ，94.24m/Ma）的1/4。南极大陆冰盖的形成导致全球海平面大幅度下降是制约这一时期西沙群岛珊瑚礁垂向发育的最主要因素。研究表明，晚中新世南

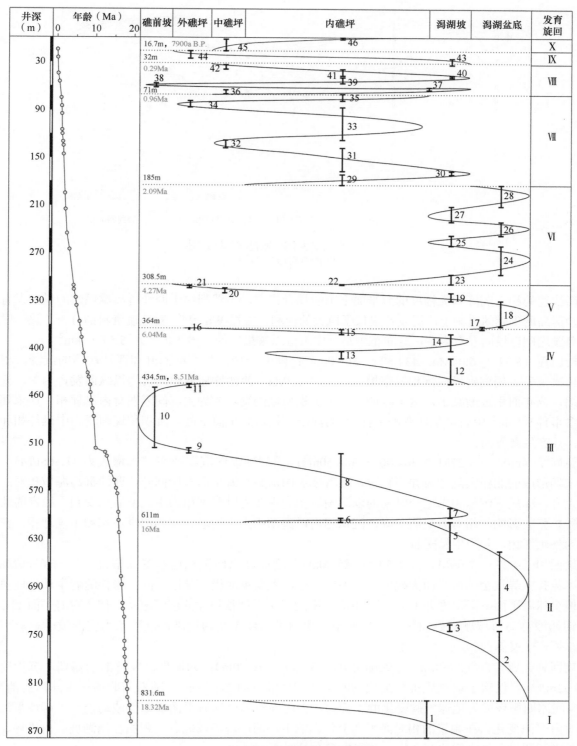

图 8.4　琛科 2 井沉积相发育演化图

极大陆冰盖形成导致全球海平面下降幅度达上百米 [29, 45]。因此，即使这一时期西沙块体构造沉降速率是中新世以来最快的 [41]，仍不能抵消全球海平面下降的恶劣影响。随着西沙群岛海域相对海平面持续下降，珊瑚礁沉积相由初期的潟湖坡相逐渐变为中期以内礁坪相为主，在后期则以礁前坡相为主，并产生暴露

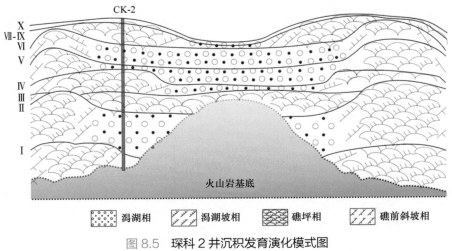

图 8.5　琛科 2 井沉积发育演化模式图
火山岩基底地形为推测

面。而快速的构造沉降和大幅度的海平面下降的耦合作用，虽然制约了西沙群岛珊瑚礁的纵向发育，但为西沙群岛珊瑚礁的横向上广泛发育提供了巨大的便利。根据 Wu 等[41]对地震资料的分析，这一时期西沙群岛珊瑚礁以横向发育为主，分布范围是早中新世以来最广的，最大面积达 5.59 万 km²。

旋回Ⅳ（8.51 ～ 6.04Ma，434.50 ～ 364.00m）：随着全球海平面的回升和西沙块体的沉降，相对海平面再次上升，珊瑚礁纵向沉积速率增大为 28.54m/Ma。西沙群岛珊瑚礁转为以纵向发育为主，横向发育收缩，分布面积逐渐减小，这一时期珊瑚礁沉积相以潟湖坡相为主，间隔发育内礁坪相。在末期受到墨西拿事件[42]和晚中新世全球变冷事件[46]的冲击，相对海平面下降，沉积相逐渐变为中礁坪相和外礁坪相，并产生暴露面。

旋回Ⅴ（6.04 ～ 4.27Ma，364.00 ～ 308.50m）：珊瑚礁纵向沉积速率继续增大为 31.36m/Ma。晚中新世末期形成的北极大陆冰盖并不稳定，随着冰盖的消解，海平面有所回升，西沙群岛海域相对海平面持续上升，珊瑚礁沉积相由上一时期的以潟湖坡相为主变为以潟湖相为主。但后期受到不稳定的北极大陆冰盖扩张的影响，相对海平面下降，沉积相由以潟湖相为主逐渐转变为潟湖坡相和中礁坪相，在末期转变为外礁坪相，并产生暴露面。

旋回Ⅵ（4.27 ～ 2.09Ma，308.50 ～ 185.00m）：珊瑚礁纵向沉积速率继续增大，为 56.65m/Ma。与南极冰盖扩张导致全球海平面大幅度下降不同的是，上新世北极大陆冰盖的扩张伴随着全球气候急剧变冷，但全球海平面下降幅度并不大[47]，下降速率远远小于西沙块体的沉降速率，使相对海平面上升，这一时期西沙群岛海域珊瑚礁面积进一步缩小，珊瑚礁由环礁变为堡礁，沉积相为潟湖坡-潟湖交互相，并在末期产生暴露面。

旋回Ⅶ、Ⅷ、Ⅸ（2.09Ma ～ 7900a B.P.，185.00 ～ 16.70m）：为珊瑚礁发育的繁盛期，沉积速率高达 89.52m/Ma，仅次于珊瑚礁沉积最快的时期（旋回Ⅱ，94.24m/Ma）。随着南北两极大陆冰盖的形成，冰期 - 间冰期循环成为地球气候变化的主旋律，由此导致的全球海平面周期性波动控制了西沙群岛海域的相对海平面变化。在频繁的相对海平面变化影响下，西沙群岛珊瑚礁沉积相在潟湖坡、内礁坪、中礁坪、外礁坪和礁前坡之间快速变换，并产生多个暴露面。

旋回Ⅹ（全新世，16.70 ～ 0m）：西沙群岛的全新世珊瑚礁起始发育于 7900a B.P.，与世界范围内的大多数全新世珊瑚礁保持了一致性，其发育演化主要受控于海平面的变化。全新世珊瑚礁的发育过程整体上可以划分为 4 个阶段，即礁体萌发阶段（7900a B.P.）、礁体快速加积阶段（7900 ～ 6100a B.P.，发育速率为 6.44m/ka）、礁体稳定生长阶段（6100 ～ 4000a B.P.，发育速率为 0.87m/ka）和礁体侧向加积阶段（4000a B.P. 至今）[48]。全新世珊瑚礁发育演化信息详见第四章。

二、海平面变化和构造活动对沉积相演化的影响

海平面变化和构造活动被认为是控制碳酸盐台地形成、发育和演化的主要因素[49-53]。西沙群岛地震资料[40, 41]和西科 1 井的钻井[54, 55]资料显示，西沙群岛碳酸盐台地起始发育于中新世早期西沙隆起基底之上，中新世中期西沙群岛碳酸盐台地开始广泛发育（可达 5.59 万 km²）。中新世晚期相对海平面的上升，使得西沙群岛碳酸盐台地开始萎缩。上新世—第四纪，西沙群岛碳酸盐台地的分布范围显著缩小，形成孤立的碳酸盐台地，仅在局部高地上发育珊瑚礁（如宣德环礁和永乐环礁）。西沙群岛碳酸盐台地发育伊始（约 20Ma），就长期处于构造沉降的状态之中[41]（图 8.6），如中新世晚期（10.5 ～ 5.5Ma）碳酸盐台地的快速萎缩事件被认为是对构造快速沉降的响应。西科 1 井 BIT 分析[54]认为，西沙群岛的碳酸盐岩演化是由受到区域构造沉降和全球海平面变化控制的相对海平面变化决定的。

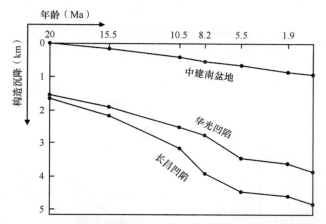

图 8.6　西沙群岛周缘凹陷新生代构造沉降曲线（据 Wu 等[41]）

琛科 2 井的珊瑚藻和有孔虫分析显示，西沙群岛碳酸盐台地的发育演化明显受到了相对海平面变化的控制。将琛科 2 井根据珊瑚藻组合重建的近 20Ma 以来西沙群岛的古水深与全球海平面变化曲线进行比对，发现二者在长时间尺度上的变化趋势基本一致，并且在短时间尺度上的变化也类似（第六章）。琛科 2 井有孔虫记录也显示，自中新世以来的古水深变化与全球海平面变化总体一致（第七章）。岩芯数据也显示，琛科 2 井的岩性不断变化，指示沉积相带的不断迁移变化。这些都说明全球海平面的变化对西沙群岛碳酸盐台地的发育起到了明显的控制作用。同时，西沙群岛碳酸盐台地的沉积演化也受到了构造活动的明显控制[41, 54, 55]，但从琛科 2 井和西科 1 井的深度-年龄（图 8.7）来看，在晚中新世（约 11.6Ma）之后沉积速率大致相同，而在早中新世和中中新世沉积速率却差异较大（图 8.8）。琛科 2 井与西科 1 井相距约 81km，两者受全球海平面变化的影响应当相似。所以，在早中新世和中中新世，可能是琛科 2 井和西科 1 井构造沉积的差异导致其沉积速率产生了差异（图 8.8）。此外，在中中新世气候适宜期，琛科 2 井和西科 1 井的沉积速率都有所增大（图 8.8），说明气候因素可能也是控制珊瑚礁发育演化的重要因素之一。

综合分析认为，构造活动对西沙群岛碳酸盐台地沉积的影响可以大致分为四个阶段（图 8.7 ～ 图 8.9）。第一阶段（23.03 ～ 15.97Ma）：对应于琛科 2 井沉积旋回 I 和 II（图 8.4），在"白云运动"（约 23Ma）后，碳酸盐台地沉积首先在西科 1 井处开始发育，而后在约 19Ma 时才开始在琛科 2 井沉积。这

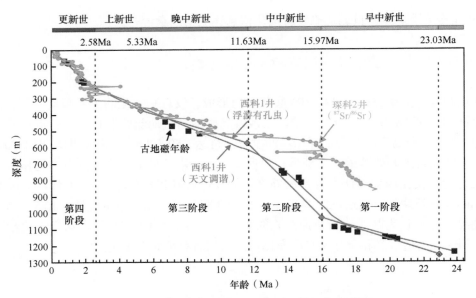

图 8.7　西沙群岛琛科 2 井和西科 1 井深度–年龄图
西科 1 井的天文调谐年龄和浮游有孔虫年龄引自 Yi 等[56]

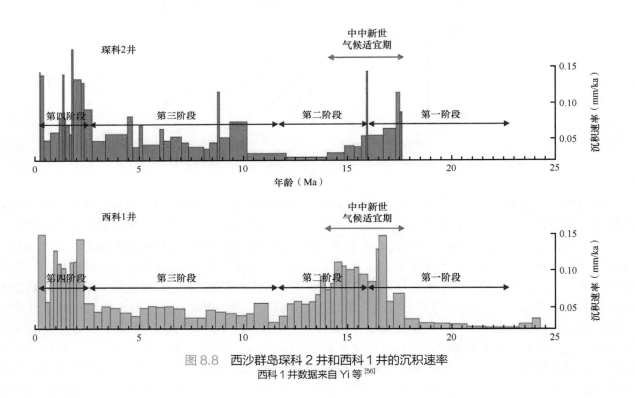

图 8.8　西沙群岛琛科 2 井和西科 1 井的沉积速率
西科 1 井数据来自 Yi 等[56]

说明相对于西科 1 井，琛科 2 井应当处于当时更高的地理位置上。西沙群岛碳酸盐台地的起始发育期，主要是继承了西沙群岛基底隆起的地貌特征[41]。在 15.97Ma 之前，当琛科 2 井开始沉积时，琛科 2 井和西科 1 井沉积速率显示出了相似的特征，说明其构造沉降速率相近。第二阶段（15.97～11.63Ma）：对应于琛科 2 井沉积旋回III的早中期（图 8.4），西科 1 井的沉积速率快于琛科 2 井，不同的沉积速率则应

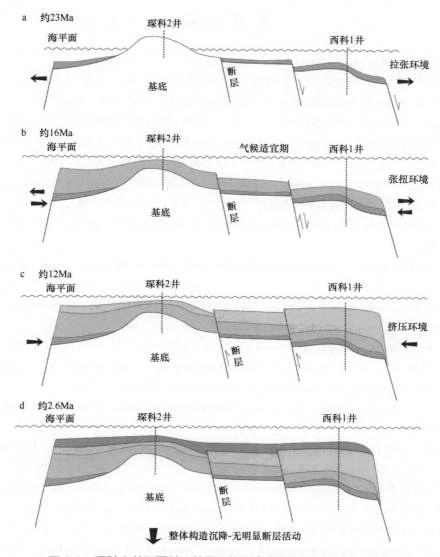

图 8.9　琛科 2 井和西科 1 井显示的西沙群岛构造沉降演化模式图

当是由不同的断层活动所导致。南海扩张终止时期（约 16Ma）的运动导致西沙群岛发育了构造反转形成挤压环境[57]。单道地震剖面也显示，永乐环礁（琛科 2 井位置处）和宣德环礁（西科 1 井位置处）之间的沉积地层显示出大波长褶皱[57]，说明两者之间可能存在明显的构造活动差异。因此，琛科 2 井和西科 1 井之间的反向断层活动可能导致此时两者沉积速率的差异。第三阶段（11.63 ～ 2.58Ma）：对应于琛科 2 井沉积旋回Ⅲ的中晚期、Ⅳ、Ⅴ和Ⅵ的早中期（图 8.4），琛科 2 井和西科 1 井之间的沉积速率相近。这表明在"万安运动"（13 ～ 10Ma）之后，琛科 2 井和西科 1 井之间没有断层活动的沉降速率相同。这与南海北部和西部在"万安运动"后进入稳定沉降阶段的观点一致。第四阶段（2.58Ma 至今）：对应于琛科 2 井沉积旋回Ⅵ的晚期、Ⅶ、Ⅷ、Ⅸ和Ⅹ，在上新世之后，琛科 2 井和西科 1 井的沉积速率同步加快，可能是西沙群岛的快速沉降所导致。地震数据分析也表明，西沙群岛自上新世以来发生了快速沉降[41, 57]。

参 考 文 献

[1] 余克服. 珊瑚礁科学概论. 北京: 科学出版社, 2018.

[2] 余克服, 朱袁智, 赵焕庭. 南沙群岛信义礁等4座环礁的现代碎屑沉积. 北京: 科学出版社, 1997.

[3] 余克服, 赵焕庭, 朱袁智. 南沙群岛珊瑚礁区仙掌藻的现代沉积特征. 沉积学报, 1998, 16(3): 20-24.

[4] 宋朝景, 朱袁智, 赵焕庭. 南沙群岛中北部五方礁、赤瓜礁、永暑礁和渚碧礁等9座礁体地貌. 北京: 海洋出版社, 1991.

[5] 中国科学院南沙综合科学考察队. 南沙群岛及其邻近海区综合调查研究报告(一). 上卷. 北京: 科学出版社, 1989.

[6] 中国科学院南沙综合科学考察队. 南沙群岛永暑礁第四纪珊瑚礁地质. 北京: 海洋出版社, 1992.

[7] Well J W. Corals. Geological Society of American Memoir, 1957, 67: 1087-1089.

[8] 黄金森, 钟晋梁, 朱袁智, 等. 西沙群岛永乐环礁潟湖的初步分析. 北京: 科学出版社, 1982.

[9] Bosellini A, Ginsburg R N. Form and internal structure of recent algal nodules (rhodolites) from Bermuda. Journal of Geology, 1971, 79(6): 669-682.

[10] Bosence D W J. Ecological studies on two unattached coralline algae from western Ireland. Palaeontology, 1976, 19(2): 365-395.

[11] Steller D L, Foster M S. Environmental factors influencing distribution and morphology of rhodoliths in Bahía Concepción, B.C.S., México. Journal of Experimental Marine Biology and Ecology, 1995, 194(2): 201-212.

[12] Lund M, Davies P J, Braga J C. Coralline algal nodules off Fraser Island, eastern Australia. Facies, 2000, 42(1): 25-34.

[13] Braga J C, Martín J M. Neogene coralline-algal growth-forms and their palaeoenvironments in the Almanzora river valley (Almeria, S.E. Spain). Palaeogeography, Palaeoclimatology, Palaeoecology, 1988, 67(3): 285-303.

[14] Steneck R S. The ecology of coralline algal crusts: convergent patterns and adaptative strategies. Annual Review of Ecology Systematics, 1986, 17(1): 273-303.

[15] Basso D, Nalin R, Nelson C S. Shallow-water *Sporolithon* rhodoliths from North Island (New Zealand). PALAIOS, 2009, 24(1-2): 92-103.

[16] Minnery G A, Rezak R, Bright T J. Depth zonation and growth form of crustose coralline algae: Flower Garden Banks, northwestern Gulf of Mexico//Toomey D F, Nitecki M H. Paleoalgology. Berlin, Heidelberg: Springer, 1985.

[17] Graham L E, Graham J M, Wilcox L M. Alage. 2nd ed. San Francisco: Benjamin Cummings (Pearson), 2009.

[18] Sañé E, Chiocci F L, Basso D, et al. Environmental factors controlling the distribution of rhodoliths: an integrated study based on seafloor sampling, ROV and side scan sonar data, offshore the W-Pontine Archipelago. Continental Shelf Research, 2016, 129: 10-22.

[19] Braga J C. Fossil coralline algae//Hopley D. Encyclopedia of Modern Coral Reefs: Structure, Form and Process. Dordrecht: Springer, 2011: 423-427.

[20] Ries J B. Mg fractionation in crustose coralline algae: geochemical, biological, and sedimentological implications of secular variation in the Mg/Ca ratio of seawater. Geochimica et Cosmochimica Acta, 2006, 70(4): 891-900.

[21] Braga J C, Aguirre J. Coralline algae indicate Pleistocene evolution from deep, open platform to outer barrier reef environments in the northern Great Barrier Reef margin. Coral Reefs, 2004, 23(4): 547-558.

[22] Coletti G, Basso D, Corselli C. Coralline algae as depth indicators in the Sommières Basin (early Miocene, Southern France). Geobios, 2018, 51(1): 15-30.

[23] Steneck R S, Macintyre I G, Reid R P. A unique algal ridge system in the Exuma Cays, Bahamas. Coral Reefs, 1997, 16(1): 29-37.

[24] Abbey E, Webster J M, Braga J C, et al. Variation in deglacial coralgal assemblages and their paleoenvironmental significance: IODP expedition 310, "Tahiti Sea Level". Global and Planetary Change, 2011, 76(1): 1-15.

[25] 温孝胜, 涂霞, 秦国权, 等. 南沙群岛永暑礁小潟湖岩心有孔虫动物群及其沉积环境. 热带海洋学报, 2001, 20(4): 9.

[26] 郑洪波, 陈国成, 谢昕, 等. 南海晚第四纪陆源沉积:粒度组成、动力控制及反映的东亚季风演化. 第四纪研究, 2008, 28(3): 414-424.

[27] 万世明, 李安春, Stuut J W, et al. 南海北部ODP1146站粒度揭示的近20Ma以来东亚季风演化. 中国科学(D辑: 地球科学), 2007, 37(6): 761-770.

[28] Clift P, Lee J I, Clark M K, et al. Erosional response of South China to arc rifting and monsoonal strengthening: a record from the South China Sea. Marine Geology, 2002, 184(3): 207-226.

[29] Haq B U, Hardenbol J R, Vail P R. Chronology of fluctuating sea levels since the Triassic. Science, 1987, 235: 1156-1167.

[30] Tian J, Zhao Q, Wang P, et al. Astronomically modulated Neogene sediment records from the South China Sea. Paleoceanography, 2008, 23(3): 3210.1-3210.20.

[31] Miller K G, Browning J V, Schmelz W J, et al. Cenozoic sea-level and cryospheric evolution from deep-sea geochemical and continental margin records. Science Advances, 2020, 6(20): eaaz1346.

[32] 汪品先. 走向地球系统科学的必由之路. 地球科学进展, 2003, 18(5): 795-796.

[33] 姚伯初, 吴能友. 大南海地区新生代板块构造活动. 中国地质, 2004, 31(2): 113-122.

[34] 姚伯初. 南海北部陆缘新生代构造运动初探. 南海地质研究, 1993, (5): 12.

[35] Hall R. Late Jurassic-Cenozoic reconstructions of the Indonesian region and the Indian Ocean. Tectonophysics, 2012, 570-571(11): 1-41.

[36] Fyhn M B W, Boldreel L O, Nielsen L H. Geological development of the Central and South Vietnamese margin: implications for the establishment of the South China Sea, Indochinese escape tectonics and Cenozoic volcanism. Tectonophysics, 2009, 478(3): 184-214.

[37] Fyhn M B W, Boldreel L O, Nielsen L H, et al. Carbonate platform growth and demise offshore Central Vietnam: effects of Early Miocene transgression and subsequent onshore uplift. Journal of Asian Earth Sciences, 2013, 76: 152-168.

[38] Menier D, Pierson B, Chalabi A, et al. Morphological indicators of structural control, relative sea-level fluctuations and platform drowning on present-day and Miocene carbonate platforms. Marine and Petroleum Geology, 2014, 58: 776-788.

[39] Zahirovic S, Seton M, Müller R D. The Cretaceous and Cenozoic tectonic evolution of Southeast Asia. Solid Earth, 2014, 5(1): 227-273.

[40] Ma Y B, Wu S G, Lv F L, et al. Seismic characteristics and development of the Xisha carbonate platforms, northern margin of the South China Sea. Journal of Asian Earth Sciences, 2011, 40(3): 770-783.

[41] Wu S G, Yang Z, Wang D W, et al. Architecture, development and geological control of the Xisha carbonate platforms, northwestern South China Sea. Marine Geology, 2014, 350: 71-83.

[42] 汪品先, 赵泉鸿, 翦知湣, 等. 南海三千万年的深海记录. 科学通报, 2003, 48(21): 2206-2215.

[43] Rohling E J, Yu J M, Heslop D, et al. Sea level and deep-sea temperature reconstructions suggest quasi-stable states and critical transitions over the past 40million years. Science Advances, 2021, 7(26): eabf5326.

[44] Kohn M J, Fremd T J. Miocene tectonics and climate forcing of biodiversity, western United States. Geology, 2008, 36(10): 783.

[45] Miller K G, Kominz M A, Browning J V, et al. The phanerozoic record of global sea-level change. Science, 2005, 310(5752): 1293-1298.

[46] Zachos J C, Dickens G R, Zeebe R E. An early Cenozoic perspective on greenhouse warming and carbon-cycle dynamics. Nature, 2008, 451(7176): 279-283.

[47] Gasson E, Siddall M, Lunt D J, et al. Exploring uncertainties in the relationship between temperature, ice volume, and sea-level over the past 50million years. Reviews of Geophysics, 2012, 50(1): RG1005.

[48] 覃业曼, 余克服, 王瑞, 等. 西沙群岛琛航岛全新世珊瑚礁的起始发育时间及其海平面指示意义. 热带地理, 2019, 39(3): 319-328.

[49] Pigram C J, Davies P J, Feary D A, et al. Tectonic controls on carbonate platform evolution in southern Papua New Guinea: passive margin to foreland basin. Geology, 1989, 17(3): 199-202.

[50] Wilson M E J, Chambers J L C, Evans M J, et al. Cenozoic carbonates in Borneo: case studies from northeast Kalimantan. Journal of Asian Earth Sciences, 1999, 17(1): 183-201.

[51] Wilson M E J, Bosence D W J, Limbong A. Tertiary syntectonic carbonate platform development in Indonesia. Sedimentology, 2000, 47(2): 395-419.

[52] Belopolsky A, Droxler A. Seismic expressions of prograding carbonate bank margins: Middle Miocene, Maldives, Indian Ocean. AAPG Memoir, 2004, 81.

[53] Bosence D. A genetic classification of carbonate platforms based on their basinal and tectonic settings in the Cenozoic. Sedimentary Geology, 2005, 175(1): 49-72.

[54] Shao L, Cui Y C, Qiao P J, et al. Sea-level changes and carbonate platform evolution of the Xisha Islands (South China Sea) since the Early Miocene. Palaeogeography, Palaeoclimatology, Palaeoecology, 2017, 485: 504-516.

[55] Shao L, Li Q Y, Zhu W L, et al. Neogene carbonate platform development in the NW South China Sea: Litho-, bio- and chemo-stratigraphic evidence. Marine Geology, 2017, 385: 233-243.

[56] Yi L, Jian Z M, Liu X Y, et al. Astronomical tuning and magnetostratigraphy of Neogene biogenic reefs in Xisha Islands, South China Sea. Science Bulletin, 2018, 63(9): 564-573.

[57] 冯英辞, 詹文欢, 姚衍桃, 等. 西沙群岛礁区的地质构造及其活动性分析. 热带海洋学报, 2015, 34(3): 48-53.

— 第九章 —

琛科 2 井碳酸盐岩成岩作用 ①

第一节　珊瑚礁成岩作用概述

Bates[1] 首次将生物礁的成岩作用定义为：沉积物在沉积之后、变质作用或风化作用之前所发生的一系列物理的、化学的和生物的作用。珊瑚礁的成岩作用研究最早可以追溯到 1904 年 Cullis 对富纳富提岛钻井岩芯的观察和研究工作 [2]，但直到 20 世纪 60 年代末在现代海底珊瑚礁发现了早期海底胶结物以后，成岩作用研究才引起了学者们较大的兴趣，主要表现在 [3-5]：①发现并开展了百慕大群岛礁体的海相胶结物研究；②对大量更新世礁体的成岩作用研究。20 世纪 70 ～ 80 年代，这一领域研究有了长足的发展 [6-10]，主要表现为：① 1986 年 Schroede 和 Purser 依托在塔希提岛（Tahiti）召开的第五届国际珊瑚礁会议编辑了 *Reef Diagenesis* 一书，涵盖了从古生代至新生代典型生物礁的成岩作用研究 [6]；②对现代珊瑚礁成岩作用的研究对象主要包括埃内韦塔克环礁 [5]、穆鲁罗瓦环礁 [5]、大堡礁 [8]、红海礁 [9]、新几内亚礁 [10] 等，研究方法以岩芯和岩石薄片观察为主，辅以稳定同位素分析，研究内容包括成岩作用类型及特征、地球化学特征、成岩环境、发育模式及水文环境等。20 世纪 90 年代，以扫描电镜、X 衍射、稳定同位素及放射性元素综合分析为特点，除了对成岩作用基本特征的深入描述，还进一步开展了沉积类型、层序地层、构造活动与成岩作用之间关系的研究 [11-13]。2000 年以后，背散射、原子力显微镜等新技术不断得到应用 [14]，实验模拟成岩作用过程亦开始深入发展 [15]，使得珊瑚礁成岩作用研究内容不断深化和扩展，包括成岩作用对沉积物元素迁移 [16]、珊瑚 U 系定年 [17]、磁性矿物变化 [18] 等影响的研究，但这一时期主要是注重成岩作用与古气候、古海平面变化关系的研究 [19, 20]。与古代碳酸盐岩成岩作用相比，从年龄和组构上来说，近现代珊瑚礁的成岩作用具有一系列特殊性：①珊瑚礁岩石通常具有很高的原始孔隙度；②生长时即成岩化，这限制了压实作用的影响，进而保护了原生孔隙；③矿物成分通常由不稳定的文石和高镁方解石组成，易遭受后期成岩作用的改造；④生物、物理、化学过程的相互作用、水的分层和流

① 作者：王瑞、吴律、余克服。

动造成了珊瑚礁成岩过程的相对复杂性。

我国南海的西沙群岛、东沙群岛、中沙群岛和南沙群岛都发育有珊瑚礁。自 20 世纪 70 年代以来，我国多次组织相关科研机构对南海珊瑚礁实施科研钻探，获取了大量宝贵的岩芯资料[21-23]。珊瑚礁成岩作用是重要的研究内容之一，前人就珊瑚礁成岩作用类型、成岩演化及其与海平面变化的关系等开展了相应的研究工作[16-20, 24-26]。世界上一系列珊瑚礁深钻井中的成岩作用研究显示，其具有良好的古环境、古气候记录功能[27, 28]。琛科 2 井厚达 878.22m 的珊瑚礁成岩作用序列中蕴含了早中新世（约 20Ma）以来古环境、古气候的重要信息。本章主要介绍琛科 2 井的成岩作用类型和成岩环境演化及其记录的古环境、古气候信息。

第二节　琛科 2 井成岩作用类型和成岩环境

依据对 600 多件岩石薄片（包括电子探针和阴极发光薄片）和岩芯特征的分析，在琛科 2 井珊瑚礁碳酸盐岩（878.22m）中识别出了 6 种主要成岩作用类型（泥晶化作用、针状文石胶结作用、叶片状 / 棱柱状 / 粒状方解石胶结作用、溶蚀作用、新生变形作用和白云石化作用）和 3 种主要成岩演化环境（大气淡水环境、海水环境和埋藏成岩环境）。暴露面的发育特征包括：①棕黄色铁质物质发育，反映了暴露氧化的环境；②暴露面上下的岩性突变，反映了沉积和成岩环境的突变；③暴露面之下溶蚀孔洞发育（非选择性溶蚀孔洞和铸模孔）、面孔率增大，反映了大气淡水作用强烈。据此在琛科 2 井珊瑚礁碳酸盐岩中共识别出 11 个主要的暴露面（深度分别为 16.7m、32m、71m、185m、308.5m、316m、364m、434.5m、521.4m、611m 和 831.6m）。

依据琛科 2 井的地层年代框架（图 3.10），分析认为成岩作用所反映的古环境、古气候信息主要包括以下几个方面：① 11 个主要的暴露面记录了 9 次较大规模的海平面下降，包括对南极冰盖扩张（521.4m）、北极冰盖扩张（185m）、墨西拿盐度危机（Messinian Salinity Crisis）（308.5m）、末次冰盛期（16.7m）和局部极冷事件的记录；②红色黏土物质记录了东亚夏季风增强对碳酸盐台地的影响，32m、71m、308.5m 和 316m 的暴露面上所发育的红色黏土物质，与东亚夏季风的增强相匹配；③中晚上新世—早更新世海底溶解作用可能记录了这一时期的海洋酸化，导致珊瑚礁潟湖相中有 15% ～ 35% 的沉积物发生了溶解；④早—中中新世发育的大量淡水潜流带粒状方解石胶结物，可能反映出了当时温暖湿润的气候条件。

一、成岩作用类型及成岩环境演化

琛科 2 井 6 种主要成岩作用类型包括：泥晶化作用、针状文石胶结作用、叶片状 / 棱柱状 / 粒状方解石胶结作用、溶蚀作用、新生变形作用和白云石化作用（图 9.1）。泥晶化作用在生物碎屑颗粒表面形成泥晶套，或使整个颗粒泥晶化（图 9.1a），主要与藻类或真菌对软体动物或有孔虫介壳等碳酸盐颗粒的钻孔作用有关。泥晶化作用在整个井段内的分布不均一（图 9.2）。

针状文石胶结物：在全新世珊瑚礁中较常见[29, 30]。在琛科 2 井中，针状文石胶结物主要发育于 16.7m 以浅的珊瑚骨架内，单个晶体长 20 ～ 60μm，呈放射叶片状、纤维状（图 9.1a）。与大巴哈马浅滩和小巴哈马浅滩中分布广泛的文石质针状胶结物类似，都主要是珊瑚或其他文石生物碎屑表面外延生长的针状晶体。这种类型的胶结物在现代正常海水环境中广泛分布，可以在短时间内快速形成。Grammer 等[26] 报告了在巴哈马群岛进行的实验结果，仅需约 8 个月纤维状文石胶结物就能在水深 60m 以浅发育。

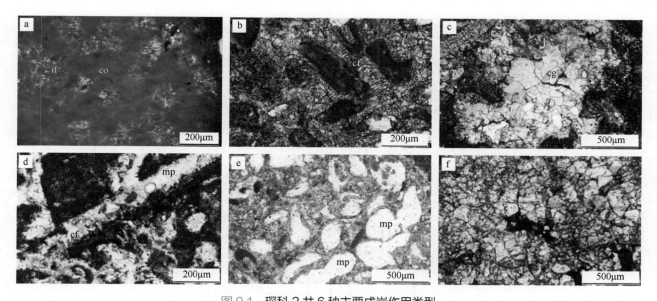

图 9.1 琛科 2 井 6 种主要成岩作用类型

a. 珊瑚礁骨骼（co）中的文石针（if），珊瑚骨骼被弱泥晶化；b. 颗粒边缘的叶片状方解石胶结物（cf）和孔洞中心的粒状方解石（cg）；c. 溶蚀孔洞中充填的粒状方解石（cg）；d. 溶蚀铸模孔（mp）中发育叶片状方解石胶结物（cf）；e. 溶蚀铸模孔（mp）；f. 珊瑚骨骼文石新生变形为粒状方解石

方解石胶结物：在第四纪地层（237～16.5m）中普遍存在，低镁方解石是其最常见的矿物形式。此类胶结物形态差异很大，既有分布广泛的块状、长宽大致相等的晶粒（图 9.1b、c），其主要零星分布在 180～32m、880～520m（图 9.2），又有较大长宽比的棱柱状和叶片状（纤维状）的晶体（图 9.1b），棱柱状胶结物主要零星分布在 180～77.5m、700～540m、860～840m，叶片状胶结物则强发育在200～175m、880～565m（图 9.2）。在一些暴露面附近，胶结物可能在孔隙边缘悬垂，或者在颗粒与相邻孔隙之间形成新月形（图 9.1b）。矿物学成分表明，这里所描述的大部分方解石胶结物应主要是由大气淡水沉淀而形成的低镁方解石；在大气淡水改造碳酸盐矿物的过程中，低镁方解石胶结物可以快速生成。Dravis[30] 记录了方解石胶结物在不到 10 年的时间里开始形成。但零星分布的环绕颗粒边缘发育的叶片状／棱柱状方解石胶结物，既可能是在海相环境中形成 [31, 32]，又可能是在大气淡水潜流带中形成 [33, 34]。颗粒接触处的新月形方解石和颗粒重力方向一致的悬垂形方解石是大气淡水渗流带典型胶结物的发育形式，体现了垂直的水流环境。粒状结构方解石胶结物常见于大气淡水潜流带，类似岩相学标志报道于巴哈马全新世鲕粒灰岩大气淡水成岩环境中 [25, 33]。

新生变形作用：在研究层段（160～18m、620～525m 和 860～840m）普遍发育，主要表现为珊瑚骨骼粒径增大破坏原始结构并延伸到珊瑚骨架孔隙中，以及泥晶基质粒径增大（图 9.1f）。Dullo[9]、Zhu 等 [10]、Braithwaite 和 Montaggioni[34] 分别报道了红海沙特阿拉伯南部边缘礁、休恩半岛和大堡礁珊瑚礁沉积物普遍存在的新生变形作用。新生变形作用本质上是一个重结晶过程，表现为文石在微尺度或纳米尺度上的溶解迁移，然后方解石快速沉淀 [35]，进而导致一些残留文石或许会成为新生方解石的一部分。新生变形作用一般与大气淡水入侵产生的流体交换有关 [36, 37]。这种现象在琛科 2 井 160～18m、620～525m 和 860～840m 处均有发育（图 9.2）。

溶蚀作用（图 9.1c）：会在礁岩内形成不同大小的孔洞（几十微米至几米），薄片中可见溶蚀孔洞（直径 >2mm）、铸模孔及其他小孔隙，主要反映沉积物受到了大气淡水或碳酸钙非饱和性流体的溶解作用。铸模孔通常反映早期文石质生物碎屑未经过长时间埋藏就受到了淡水作用的改造，如图 9.1d、e 中的亚稳定矿物组分已经被溶解，生物骨架的铸模形态被保留下来。铸模孔主要发育在 16.7m 以深的暴露面，

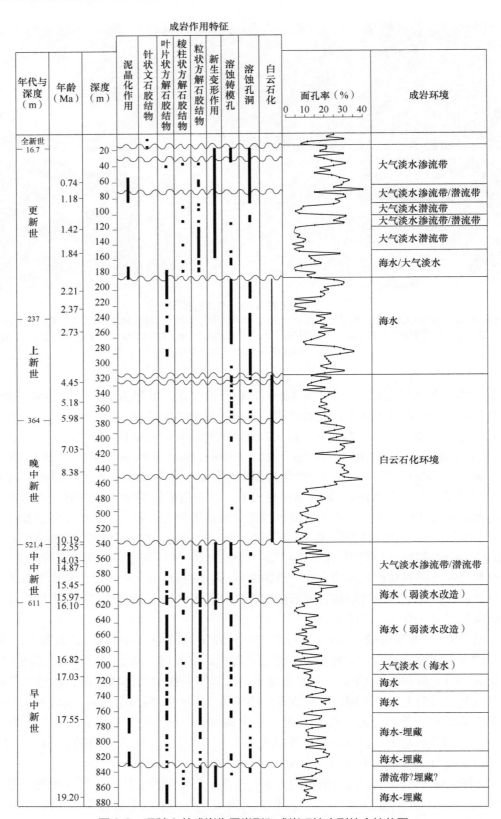

图 9.2　琛科 2 井成岩作用类型和成岩环境序列综合柱状图

187.5 ～ 77.5m 层段也有零星分布（图 9.2）。溶蚀孔洞在 18m 以深层段几乎均有发育，但其中面孔率大于 25% 的岩石薄片主要发育在 120 ～ 18m、210 ～ 185m 和 450 ～ 270m（图 9.2）。溶蚀作用往往具有组构非选择性，靠近暴露面 / 不整合面溶蚀孔洞更加发育，这很可能与大气淡水作用有关 [38]。起初，溶蚀作用会从文石质生物碎屑的区域选择性地清除溶蚀，而后发展为方解石质生物碎屑和泥质方解石沉积物的非选择性溶蚀。渗流环境的流体对方解石和文石而言都是不饱和的，由于文石质的颗粒比方解石质的颗粒更容易溶蚀，因此如果两种碳酸盐颗粒同时出现，文石质的颗粒会首先被溶蚀掉，并形成铸模孔 [37]。在成岩作用晚期，由于不稳定的矿物组分大多已经转变为低镁方解石，因此溶蚀作用不再具有选择性 [37]。

不同暴露面之间成岩特征不同，反映了不同的成岩环境变化过程。

878.22 ～ 831.60m：以叶片状、棱柱状和粒状三种类型的低镁方解石胶结物发育为特征，顶部局部可见新生变形作用，溶蚀孔洞不发育且均被低镁方解石胶结物充填，反映了此段以海水成岩环境为主，大气淡水改造弱。

831.60 ～ 611.00m：以叶片状、短柱状和粒状三种类型的低镁方解石胶结物为主，溶蚀作用较弱，顶部可见新生变形作用，反映了大气淡水改造弱，原始沉积物由海水环境直接进入埋藏成岩环境。

611.00 ～ 521.40m：以叶片状、短柱状和粒状三种类型的低镁方解石胶结物发育为特征，整个层段可见新生变形作用，局部可见溶蚀孔洞，反映了此段整体上以海水潜流环境的产物保存较完好为特征，顶部受大气淡水改造，中下部受大气淡水改造较弱，由海水环境直接进入埋藏成岩环境。

521.40 ～ 308.50m：主要为白云石化发育段，可见结构保存型白云岩（434.5 ～ 308.5m）和结构破坏型白云岩（519 ～ 434.5m），底部（521.4 ～ 519m）为白云石质灰岩段。此层段将在第十章进行分析。

308.50 ～ 185.00m：发育大量叶片状方解石胶结物和溶蚀铸模孔洞，反映了早期海水潜流带的环境得以保存，受大气淡水改造较弱；结合面孔率发育特征（面孔率 >25%），此层段可能还发生了 2 个次一级的海平面下降事件。

185.00 ～ 71.00m：发育棱柱状和粒状方解石胶结物，其中粒状胶结物在 180 ～ 35m 较发育；新生变形作用主要发育在 160 ～ 71m；溶蚀孔洞不太发育，反映了此层段整体上以大气淡水潜流带环境为主。顶部（80 ～ 71m）及中部（110 ～ 100m）为大气淡水渗流带环境。

71.00 ～ 32.00m：以新生变形作用、溶蚀作用（溶蚀铸模孔发育）为主，偶见粒状方解石胶结物，面孔率均值大于 25%，反映了大气淡水渗流带特征。

32.00 ～ 16.70m：以新生变形作用、溶蚀作用（溶蚀铸模孔发育）为主，可见少量胶结物，面孔率均值大于 25%，反映了大气淡水渗流带特征。

16.70 ～ 0m：以松散沉积物为主，珊瑚骨骼内可见文石针胶结构，反映了全新世的正常海水潜流成岩环境。

二、成岩作用与面孔率

（一）面孔率特征

由 81 件岩石薄片观测可知，琛科 2 井碳酸盐岩的孔隙类型包括残余粒间孔隙、溶蚀孔洞、晶间孔隙和微裂缝，其中以溶蚀孔隙为主，以残余粒间孔隙为辅。随着地层埋藏深度增加，孔隙类型表现为残余粒间孔隙减少、次生溶蚀孔隙增多。不同类型的孔隙含量可以用面孔率（显微镜下的岩石可视孔隙度，即孔隙面积占观测视域总面积的百分比）进行半定量表征，面孔率也是储层成岩-孔隙演化恢复的重要参数 [39]。根据数字图像分析方法，利用显微镜对孔隙度进行定量或半定量测量 [40]，琛科 2 井碳酸盐岩薄片的面孔率为 15% ～ 35%（平均为 25%）。全新世层段（16.7 ～ 0m）主要为松散砂砾屑沉积物，珊瑚体腔孔内可见针状文石发育，该层段底部珊瑚块表面有明显的溶蚀痕迹，面孔率总体偏低。更新世层段（237 ～ 16.7m）的面孔率总体略高于全新世层段，120 ～ 16.7m 面孔率维持在 20% ～ 30%，180 ～ 120m 面孔率基本维持在 5% ～ 10%，而下段的面孔率稍回升至 10% 左右。上新世层段（364 ～ 237m）的面孔率总体上与更新世层段相当，主要分为三段：260 ～ 237m、300 ～ 260m、364 ～ 300m。260 ～ 237m 和 300 ～ 260m 两段的面孔率主要受溶蚀孔洞的影响（高点维持在 20% 左右）；在溶蚀孔洞减少的位置，面孔率有明显的下降趋势。364 ～ 300m 面孔率波动较大（平均为 15%），其也和溶蚀孔洞的发育有较好的对应关系。晚中新世层段（521.4 ～ 364m）的面孔率大致可以分为两段：460 ～ 364m、521.4 ～ 460m。460 ～ 364m 面孔率呈现随深度增加逐渐升高的趋势，从 15% 逐渐升高至 30%。460m 处面孔率出现明显下降，521.4 ～ 460m 面孔率稳定在 5% 左右。中中新世层段（611 ～ 521.4m）的面孔率大致可以分为三段：550 ～ 521.4m、560 ～ 550m、611 ～ 560m。550 ～ 521.4m 的面孔率较上段略有提高，保持在 10% 左右，550m 处出现明显的降低，560 ～ 550m 维持在较低的 5% 上下。611 ～ 560m 面孔率升高至 15%。整个早中新世层段（878.22 ～ 611m）的面孔率波动较大，平均维持在 10% 左右，720m、760m、780m、830 ～ 800m 面孔率的升高与溶蚀孔洞的出现可能有较强的相关性。

（二）成岩作用与面孔率变化

当沉积物进入埋藏环境后，孔隙度变化主要受成岩作用的影响[41-43]。琛科 2 井岩芯主要经历了压实作用、胶结作用、溶蚀作用和白云石化作用等成岩作用改造。总体而言，压实作用和胶结作用均会导致岩芯面孔率降低，溶蚀作用是岩芯溶蚀孔洞产生的关键，如上新世层段溶蚀作用增强导致的溶蚀孔洞出现，极大地促进了亚稳定矿物（文石、高镁方解石）的溶蚀，导致面孔率也相应升高。一方面，白云石化可以扩大孔隙，另一方面，后期白云石胶结物又会大大降低面孔率。

压实作用通常是对原生粒间孔隙破坏最严重的成岩作用之一[44]。沉积期后不久的阶段，不同生物碎屑颗粒在压实作用下会发生孔隙水排除、孔隙度降低。但在琛科 2 井的岩芯中，许多细粒潟湖沉积物的颗粒形态、接触关系等均保持完好，甚至沉积物较松散。这可能与沉积过程中珊瑚骨架岩的存在、承受了主要的地层压力有关，导致其他部位（如潟湖沉积物、礁坪碎屑沉积物）未遭受明显压实。

胶结作用是降低岩芯孔隙度的一个关键因素。在琛科 2 井中，多类型的方解石胶结物是降低孔隙度的关键。整体而言，这种胶结作用主要与原始沉积环境和后期大气淡水的改造作用相关。通过岩芯观察发现，在沉积水动力强的珊瑚礁骨架岩、内外礁坪的珊瑚砾屑和砂屑灰岩中，胶结物较发育，暴露面之下的大气淡水潜流带内粒状胶结物也较发育。例如，早—中中新世地层（878.22 ～ 521.4m）发育有大量粒状方解石胶结物。这些粒状方解石全部为低镁方解石，充填在粒间孔隙、粒内孔隙中，反映出强烈的胶结作用。

溶蚀作用在整个琛科 2 井碳酸盐岩层段普遍强烈，尤其在暴露面附近，甚至出现取芯率很低、仅见残留珊瑚块的现象，如 521.4m 暴露面之下的 50m 岩芯，取芯率多低于 40%。溶蚀作用产生的主要孔隙类型包括粒间溶孔、铸模孔、粒内溶孔。如果需要计算溶蚀作用增加的孔隙度，则首先需要统计各种溶孔的面孔率与总面孔率的比值，将这个比值与物性分析孔隙度相乘，就可以得出溶蚀作用增加的孔隙度。琛科 2 井中溶蚀孔隙类型主要为铸模孔和溶蚀孔洞。除有孔虫和腕足类的少数铸模孔外，大多数铸模孔的先驱生物碎屑类型很难被鉴定，部分铸模孔的外缘可见残留不溶的泥晶套，少数铸模孔中有针状胶结物（图 9.1d、e）。铸模孔主要分布在 200 ～ 188m、253 ～ 223m 和 305 ～ 263m。溶蚀孔洞往往呈不规则状，岩芯中可见较大的孔洞，直径达 5cm 以上，其主要分布在 90 ～ 20m、258 ～ 185m、570 ～ 521.4m。西沙群岛海域发生过多次海平面升降，且琛科 2 井中靠近暴露面 / 不整合面处溶蚀孔洞更加发育，这可能与生物礁暴露于大气淡水中的溶蚀作用有关[38]，这种溶蚀作用应当是增加琛科 2 井岩芯面孔率的主要方式。例如，更新世的面孔率与溶蚀作用强度呈现很强的相关性，面孔率高的层段溶蚀作用明显增强。

白云石化作用在白云石化过程中通常会增加面孔率，但过白云石化又会大大地降低面孔率。结构保存型白云岩段（434.5～308.5m）原始结构保存较好，发育粒间溶孔、铸模孔、粒内溶孔等，其中许多孔隙可能是在白云石化过程中形成的[45]，反映了白云石化对孔隙的增强作用。相反地，结构破坏型白云岩段（519～434.5m）多期的白云石溶解-胶结作用，特别是后期低钙白云石胶结物的发育[46]，使得孔隙度大大降低。

三、成岩作用的古环境、古气候记录

（一）暴露面与典型气候事件

与西科 1 井、西琛 1 井暴露面相似[42,43]，琛科 2 井暴露面附近几乎同时出现碳氧同位素值偏负的现象，这可能与大气淡水淋溶有关（大气淡水成岩改造的碳酸盐岩通常具有碳氧同位素值均偏负的特征）。另外，在暴露面附近 Fe、Al、Th 和 REE 的含量相对其他层位有一定的升高趋势。暴露面附近岩芯中 Fe、Al、Th 和 REE 的富集，与开曼群岛中新世—更新世发育的红土的特征相似，Jones[47] 认为其主要与大气淡水淋滤形成的风化壳中的钙质土有关。在碳酸盐岩暴露风化淋溶过程中，惰性元素 Fe、Al、Th 本身也不易发生迁移而滞留原地形成红褐色的钙质结壳[48]。这些暴露面与地球化学元素之间的联系，为暴露面与古气候之间的关系研究提供了重要信息。

本部分依据暴露面的发育时间、岩石学特征和地球化学特征，简要分析琛科 2 井的暴露面可能对南极冰盖扩张（521.4m）、墨西拿盐度危机事件（308.5m）、北极冰盖扩张（185m）和末次冰盛期（16.7m）的响应。

1. 521.4m 暴露面对南极冰盖扩张的响应

521.4m 暴露面发育时间在 13Ma 前后，与南极冰盖扩张时间（13.9～13.8Ma）相一致[4]。南极冰盖与北极冰盖不同，后者是完全覆盖在北冰洋上的相对较薄的冰层，而前者是覆盖在大面积陆地上的冰盖，其面积大约为 1200 万 km²。根据从许多覆于冰面之上的火山岩获取的年龄数据确认，西南极洲的冰川作用始于渐新世（29～26Ma）以前[49]。中中新世晚期（13.8～5.3Ma）代表了地球从单极有冰向两极有冰气候状态演化的关键时期，并伴随诸多显著构造和气候变化事件，如东南极冰盖扩张、西太平洋暖池初始形成、青藏高原隆起以及南亚和东亚季风的演化等。这些构造和气候事件显著影响了亚洲季风系统，进而影响了中新世中晚期南海上层海水温度结构和水文变化。结合这一时期的构造与气候背景，IODP 368 航次的研究成果[50] 从水汽供应和大气环流的角度考虑，认为中晚中新世东亚夏季风降水增强可能受到了西太平洋暖池初始形成和青藏高原隆起的共同影响，导致西沙群岛碳酸盐台地暴露。因此，从发育时间和暴露特征来看，521.4m 暴露面可能是对南极冰盖扩张的响应。

2. 308.5m 暴露面对墨西拿盐度危机事件的响应

在中新世气候急剧变化的最后阶段，发生了墨西拿盐度危机事件（5.96～5.33Ma）[51]。墨西拿是意大利西西里中新世地层名称，一般也用来代表中新世与上新世之间的一次重大的古海洋学事件。这一事件最早由科学家莱伊尔发现，1833 年他根据意大利新近纪砂岩和泥灰岩的化石记录，初步确定了中新世与上新世之间是一个生物变革界面。此后，欧洲、非洲、环太平洋地区的许多地质勘查记录中都相继报道了类似的现象。在西沙群岛地区，早前报道的西琛 1 井和西永 2 井两个岩芯中新世与上新世的间断面十分清楚，中新世地层上部有强烈的白云石化和地球化学特征的明显变化[52]，可能指示西沙群岛海域墨西拿盐度危机事件的存在。琛科 2 井 308.5m 暴露面处的岩性和地球化学特征存在显著变化，其显然是受到了成岩变化的影响。但是白云石化的存在，使得 364～308.5m 段原始沉积物的年龄难以较精确地确定，针对这一段原始地层的年龄在第十章讨论。目前推测，308.5m 暴露面应当是对墨西拿盐度危机事件导致海平面下降的响应。

3. 185m 暴露面对北极冰盖扩张的响应

晚更新世以前北极冰盖演化的历史迄今还了解得很少。上新世末期是北极冰盖的最大扩张时期（2.7Ma 前后），冰盖的扩张会极大地降低海平面，使得碳酸盐台地暴露。琛科 2 井 185m 暴露面的发育时间大致为 2.21Ma，暴露面之下以细—中砂含砾砂屑灰岩为主，胶结程度弱。矿物学特征在暴露面上下也发生了较大转变，由低镁方解石段转变为低镁方解石-白云石段，其中低镁方解石含量为 44%～94%（平均为 76.2%），白云石含量为 6%～56%（平均为 23.8%）。185m 之上 $\delta^{18}O$ 与 $\delta^{13}C$ 出现协同正偏的现象，这种地化指标的变化表明其可能受到了北极冰盖扩张的影响。

4. 16.7m 暴露面对末次冰盛期的响应

16.7m 暴露面为全新世和上新世的分界面。末次冰盛期海平面大幅度下降，碳酸盐台地裸露，导致陆架陆地暴露面积比现代增加将近一倍[53]。末次冰盛期的气候状态与现代相差很大，温度和降水可能都有不同程度的降低[54]。Li 等[55]指出，南海北部的海温在 0.2Ma 之后下降到 18℃左右，可能与末次冰盛期有关。此外，对西沙群岛西科 1 井的研究发现，0.2Ma 以后光生碳酸盐转变为杂生碳酸盐，与末次冰盛期时间范围基本吻合[56]。相较于琛科 2 井全新世地层（文石-高镁方解石段）而言，更新世碳酸盐岩（低镁方解石段）的地化指标曲线均发生很明显的突变（包括 Sr 含量、Fe 含量、Mn 含量、$\delta^{13}C$、$\delta^{18}O$）。同样地，岩芯也从松散沉积物转变为中等固结的含砾砂屑灰岩，与元素及岩性的转变位置基本吻合，推测 16.7m 暴露面应该是对末次冰盛期的响应。

（二）其他古环境、古气候记录

1. 上新世—更新世层段（308.5～185m）发育了大量准同生期或浅埋藏期的溶蚀孔洞，可能记录了当时的海洋酸化

该层段在溶蚀作用下主要形成了铸模孔（图 9.3a）和溶蚀孔洞（图 9.3b）。溶蚀孔洞内几乎未见任何胶结物充填。该层段的 $\delta^{18}O$、$\delta^{13}C$ 均大于上覆层段：该层段的 $\delta^{18}O$ 为 0.61‰～2.70‰（平均值为 1.37‰）[VPDB（Vienna Pee Dee Belemnite）标准]，$\delta^{13}C$ 为 0.68‰～1.69‰（平均值为 1.07‰）；（VPDB 标准）；上覆层段的 $\delta^{18}O$ 为 –8.75‰～–0.05‰（平均值为 –7.22‰），$\delta^{13}C$ 为 –6.29‰～0.54‰（平均值为 –1.9‰）。相对于海洋沉积物，大气淡水条件下形成的方解石的 $\delta^{18}O$ 和 $\delta^{13}C$ 通常是亏损的，其中 $\delta^{18}O$ 具有强烈的纬度依赖性，$\delta^{18}O$ 为 –20‰～–2‰，$\delta^{13}C$ 为 –20‰～20‰[48-51, 53, 57]。研究层段无低镁方解石胶结物（除铸模孔中有少量针状方解石外，其先驱物可能为海水环境下形成的针状文石）、无新生变形作用，碳氧同位素组成为正值。同时，研究层段的 $\delta^{18}O$ 和 $\delta^{13}C$ 与现代正常海洋沉积物的 $\delta^{18}O$ 和 $\delta^{13}C$ 非常接近。因此，研究层段未经历明显的淡水大气成岩作用。

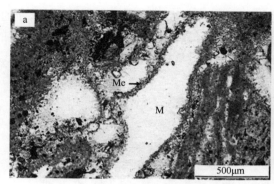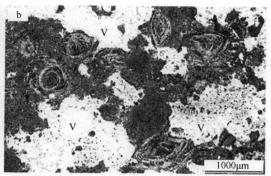

图 9.3　中晚上新世—早更新世地层发育的溶蚀孔隙
M- 溶蚀铸模孔；Me- 残留泥晶套；V- 溶蚀孔洞

古近纪以来，西沙群岛在南海海底扩张过程中一直处于沉降状态[57]；中新世早期以来，西沙隆起总沉降量小于 2.5km，沉降速率约为 0.05m/ka[56]。所以，研究层段形成溶蚀孔隙时深度远小于 300m，应该在当时文石溶跃层以上。此外，海水温度也是影响溶解的重要因素。海水对 $CaCO_3$ 的饱和状态随深度的增加、温度的降低而逐渐降低[48, 54]。Braithwaite 和 Montaggioni[34] 认为，在冰期间断期（第四纪），海洋表面温度的下降估计为 2 ～ 3℃，能够促进溶蚀作用的发生。与此同时，古温度指标表明，约 3Ma 的全球平均地表温度比前工业化时代高 2 ～ 3℃[58, 59]。一些文献报道，在文石溶跃层以上的过饱和水体中，溶解作用仍可以发生[60, 61]。在过饱和水体中的几种溶解机制包括由氧化驱动的微生物作用（促进酸性）或厌氧细菌硫酸盐还原作用[57, 60-63]，局部环境的酸化可以促进 $CaCO_3$ 的溶解。

溶蚀作用可以发生在同沉积期、早埋藏期（早期成岩带）、晚埋藏期。虽然这些溶蚀孔隙的确切年龄难以直接确定，但可以通过成岩序列推测其形成的大致年龄。研究层段发育大量铸模孔（图 9.3a）。铸模孔通常是由文石溶解形成的，溶解作用将 $CaCO_3$ 从溶解部位转移出去[48, 64]。研究层段的非铸模孔洞（图 9.3b）可能是高镁方解石溶解的结果，因为高镁方解石在正常情况下具有不一致溶解的特征[48, 54, 65]。因此，铸模孔和非铸模孔洞的形成年龄应在矿物稳定期（文石 / 高镁方解石转化为低镁方解石）之前。一般来说，矿物稳定作用应发生在早 / 浅埋藏环境中或之前。最初沉积时，碳酸盐台地的生物骨骼残骸主要由文石和高镁方解石组成，其对成岩变化的敏感性主要取决于当时的降水和暴露期的持续时间。当处于淡水环境或淡水与海水混合环境中时，文石转变为低镁方解石的时间可在数千年至数万年之间[33, 66]。虽然研究层段的成岩环境发生了转变，但我们相信这种转变的时间不会太长。因此，我们认为研究层段的溶蚀作用应处于同沉积期或早埋藏期。此外，上覆层段（185 ～ 16.7m）受大气淡水作用明显（低镁方解石胶结作用、新生变形作用、溶蚀孔洞、全岩碳氧同位素值轻微偏负）（图 9.3）。上覆层段 16.7m、32m、71m 处发育暴露面（暴露面下方发育黄色铁黏土）。71m 暴露面的最早年龄约为 1.18Ma。由于研究层段未经历大气淡水成岩作用，溶蚀孔隙年龄应在 1.18Ma 以前，属于早更新世。由于溶蚀作用形成于沉积后不久（同沉积期或 / 和早埋藏期）以及 1.18Ma（早更新世）之前，溶蚀孔隙可能形成于上新世至早更新世的气候过渡时期（此时期具有海水酸化的特征）。

2. 早—中中新世气候较湿润，大气淡水潜流带胶结物发育

依据对岩石薄片的观察，早—中中新世地层（878.22 ～ 521.4m）发育有大量粒状方解石胶结物（图 9.4）。这些粒状方解石胶结物全部为低镁方解石，充填在粒间孔隙、粒内孔隙，反映了强烈的胶结作用。岩石薄片的阴极发光显示，这些粒状方解石胶结物多呈黑色（图 9.4d），说明这些胶结物内含较多的 Fe（猝灭剂），反映了还原的成岩环境。结合胶结物的发育形态（粒状、充满孔隙），推断这些胶结物应形成于大气淡水潜流带。对比琛科 2 井其他层段粒状胶结物的发育情况来看，该层段的大气淡水潜

流带的粒状方解石胶结物最为发育。大气淡水潜流带胶结物的物质来源往往为渗流带或暴露面的溶解物质。因此,此渗流带极其发育的胶结物,可能反映了其上部的暴露面或渗流带物质发生了大量的溶解,也即反映了这一时期气候的湿润条件。这一认识也与早—中中新世气候湿润的古环境背景相匹配。

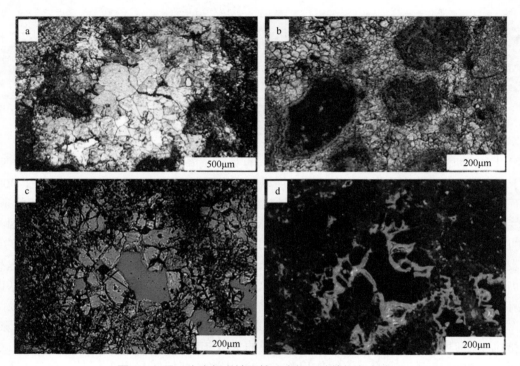

图 9.4　早—中中新世地层粒子方解石胶结物发育特征

a. 粒状方解石胶结物(被染色);b. 粒状方解石胶结物整个粒间孔隙;c. 粒状方解石胶结物(透明);d. 图 c 的阴极发光特征,粒状方解石胶结物多呈黑色

3. 暴露面红色黏土物质可能记录的东亚冬季风增强

西沙群岛碳酸盐台地周缘被一系列盆地或凹陷所分割,周边水深大于 1000m[49]。这种孤立的台地环境意味着,河流携带的碎屑物质沉积影响不明显。在琛科 2 井的一些暴露面上可见棕黄色黏土物质发育(图 9.5)。碳酸盐岛礁上黏土物质的发育通常与风携带的大陆粉尘堆积有关。这些黏土物质(或棕黄色物质)主要发育 364m 之上的暴露面,如 32m、71m、308.5m 和 316m 的暴露面。从 Sr 同位素年代学来看,这些暴露面均发育于 6Ma 以后。相反地,6Ma 以前的暴露面(521.4m、611m 和 831.6m)均不发育棕黄色物质。再结合东亚冬季风的发育历史来看,东亚冬季风在南海地区是在 7～6Ma 以后才开始逐步加强的。所以,可能由于东亚冬季风的增强,其携带粉尘或黏土的能力增强,当珊瑚礁暴露时,冬季风携带

图 9.5　暴露面(32m)之下可见的棕黄色黏土物质

的粉尘或黏土变化堆积在暴露面上或浸染地层。以下将论述更新世大气淡水成岩作用与东亚季风之间的联系。

第三节　东亚季风影响下的更新世大气淡水成岩作用

碳酸盐台地主要发育于温暖、浅水、清澈的近地表海洋环境中，易遭受因海平面下降导致的大气淡水成岩作用的改造 [47, 60, 63]。频繁的海平面变化能通过大气淡水成岩作用的方式被记录在碳酸盐岩成岩序列中，其中，低海平面时期的气候条件（温度、湿度）是控制大气淡水成岩作用最为重要的外部因素 [62, 63]。气候的变化会明显影响大气淡水的性质，进而影响碳酸盐台地的成岩特征和成岩演化。例如，气候湿润时降水量的增加，会使得沉积物溶蚀作用更加迅速 [58]，暴露时期温度的改变会影响地表植被的发育，进而影响地下水中的 ^{12}C 含量 [59, 62]；而大多数干旱地区的溶蚀作用不发育，只会出现局部的地表溶蚀，并且矿物转化时间所需时间更长 [64]。地质历史时期，特别是上新世末期两极冰盖发育以来，气候剧烈变化，全球碳酸盐台地低海平面时期遭受了多期次大气淡水成岩环境变化的影响 [65, 66]。例如，巴哈马台地的 Clino 井和 Unda 井的大量证据显示，在更新世海平面变化时期该区域多次暴露于大气降水中 [28, 67]。然而，目前对于更新世这种气候干旱—湿润交替作用背景下，碳酸盐台地沉积物对大气淡水作用的记录和响应过程仍知之甚少。

南海地区地处东亚大陆和西太平洋的交汇位置，冬季以东北冷风、冷水和西伯利亚高压南下的冷风为特征（东亚冬季风）[68]，夏季以澳大利亚高压-印度低压影响形成的温暖潮湿西南季风为主（东亚夏季风）[69, 70]。目前对南海地区东亚季风的研究主要是利用大洋钻探的深海沉积物。深海沉积物研究显示，更新世（2.58Ma）以来，南海地区受到了明显的东亚季风的影响，呈现出干旱—湿润交替的古气候变化特征 [71]。这一时期，南海地区广泛发育了厚层珊瑚礁碳酸盐台地沉积，如西沙群岛碳酸盐台地、南沙群岛碳酸盐台地等 [56, 72-74]。对西沙群岛西科 1 井的研究发现，0.2Ma 以后光生碳酸盐转为杂生碳酸盐，与和亚洲冬季风增强有关的一次降温事件相关 [56]；琛科 2 井更新世层段的 $\delta^{13}C$ 负偏移峰的暴露面位置和南海北部 ODP 1148 浮游有孔虫 $\delta^{13}C$ 降低位置相耦合 [75]，即 $\delta^{13}C$ 负偏与东亚夏季风增强良好对应；Jiang 等 [76] 通过对琛科 2 井稀土元素的综合分析认为，自约 2.6Ma 以来，东亚冬季风持续增强。在西沙群岛，多口钻井已经报道过一些典型的暴露面。例如，SSZK1 钻孔观察到更新世时期碳酸盐台地已经发生了普遍的大气淡水成岩改造，识别出 3 处有明显铁氧化物和喀斯特溶孔的层段 [73]；西琛 1 井识别出 14 个与大气淡水成岩作用相关的暴露面 [72]；西永 1 井也划分出了明显的沉积旋回 [77]；南沙群岛的南科 1 井识别出 9 个暴露面并发现明显的钙质红土（铁氧化物），南永 2 井同样识别出 3 个暴露面 [78]。Li 等 [58] 的研究显示，西沙群岛石岛全新世风积岩沉积时期对应干冷事件，而古土壤对应潮湿事件，在很大程度上受东亚季风波动的影响。然而，目前的研究主要集中于全新世以来，对南海地区长时间序列上的东亚季风与碳酸盐岩成岩响应的关系仍不清楚。特别是更新世时期，西沙群岛碳酸盐岩大气淡水成岩作用对干旱—湿润的气候变化的响应和记录过程仍不清楚。

西沙群岛地处我国南海北部的热带海区，因此能接收并记录东亚冬季风和夏季风带来的气候影响 [76]。琛科 2 井上部获取了较完整的更新世碳酸盐岩地层（平均取芯率大于 70%），为研究东亚季风与碳酸盐岩大气淡水成岩作用之间的关系提供了优质素材。本节拟通过西沙群岛琛科 2 井更新世层段的岩石学、矿物学和地球化学特征（指标 $\delta^{13}C$、$\delta^{18}O$ 和 Sr、Mn、Fe、$\sum REE+Y$ 含量）研究，考虑沉积、成岩和东亚季风之间的联系，旨在探究：①该地区东亚季风影响下碳酸盐台地的大气淡水成岩作用特点；②碳酸盐台地成岩演化对东亚季风历史的记录潜力。结果显示，西沙群岛碳酸盐台地暴露面时期的大气淡水成岩作用主要受东亚夏季风影响的湿润型气候所控制；东亚夏季风对西沙群岛碳酸盐台地降水的影响至少可以拓展至约 2.21Ma 以来，这极大地拓展了碳酸盐台地与东亚季风关系的研究历史。

一、更新世层段岩石学和地球化学特征

（一）岩石学特征

依据岩芯的结构、构造和生物组分等特征（图 9.6），将琛科 2 井 237m 以浅地层划分为五个单元（图 9.7）。

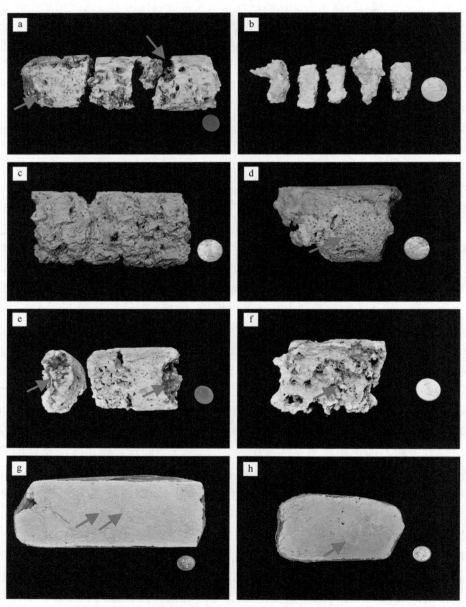

图 9.6　西沙群岛琛科 2 井更新世层段典型岩芯

a. 32m 暴露面附近的岩芯，表面附着明显的红褐色物质；b. 35～32m 钻遇的直径为 1～2cm 的零散鹿角珊瑚枝；c. 33.8m 岩芯，表面溶蚀痕迹明显，孔洞内呈微黄色；d. 42.75m 钻遇大块小星珊瑚，表面依旧溶蚀明显；e. 77m 附近岩芯明显附着红褐色物质；f. 78.5m 处一块完整的岩芯，表面溶蚀明显，孔洞内附着红褐色物质；g. 仙掌藻；h. 直径为 1～2cm 的红藻石

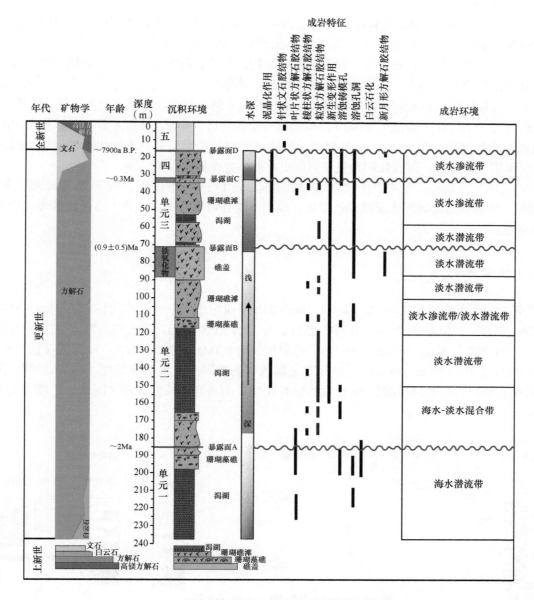

图 9.7 西沙群岛琛科 2 井第四纪岩相综合柱状图

单元一（237～185m）：顶部发育黄褐色物质浸染层，厚度小于 0.5m，以细—中砂含砾砂屑灰岩为主，胶结程度弱。砾屑主要为红藻石、壳类、仙掌藻等，含量为 30%～40%；砂屑主要为有孔虫或珊瑚藻碎片等，含量为 10%～20%。中上部层段可见少量叶片状、棱柱状 / 粒状方解石胶结物，含量低于 5%；下部含少量叶片状方解石胶结物和白云石晶体，白云石含量低于 25%。该层段以粒间孔隙为主，顶部可见少量溶蚀孔洞。

单元二（185～71m）：顶部发育黄褐色物质浸染层，其深度可延伸至约 91m。该单元上部主要为胶结程度较强的砾屑灰岩，下部为胶结程度中等—弱的细—中砂含砾砂屑灰岩。砾屑灰岩（91～71m）中砾块主要为鹿角珊瑚和滨珊瑚碎块，珊瑚表面结构保存完好；溶蚀孔洞和新生变形作用主要在珊瑚骨骼中发育，粒间孔隙内可见少量棱柱状 / 粒状方解石胶结物。含砾砂屑灰岩（185～91m）中砾块主要为滨珊瑚、鹿角珊瑚碎块及仙掌藻碎片；可见中等含量铸模孔，新生变形作用发育，少量棱柱状方解石胶结物、粒状方解石胶结物向下含量升高。

单元三（71～32m）：顶部发育棕褐色黏土物质，延伸至 35m 深度。该层段上段以中—粗砂砾屑灰岩和珊瑚格架岩为主，可见鹿角珊瑚、滨珊瑚、石芝珊瑚等碎块，其中滨珊瑚碎块厚度可达 2m。溶蚀孔洞发育，含少量棱柱状、粒状及新月形方解石胶结物，溶蚀孔洞内可见结晶完好的方解石晶体。下段以中—细砂含砾砂屑灰岩为主，砾屑主要为鹿角珊瑚、滨珊瑚碎块，其含量较上段明显降低。溶蚀孔洞发育，零星发育棱柱状、粒状方解石胶结物及少量叶片状方解石胶结物，新生变形作用贯穿整段岩芯。

单元四（32～16.7m）：顶部可见厚约 1.5m 的红棕褐色物质浸染层。该段主要为含砾灰岩，中等固结，可见滨珊瑚、鹿角珊瑚（图 9.6b）、小星珊瑚、角蜂巢珊瑚等种类繁多的珊瑚块，含量达 60%。溶蚀孔洞发育，可见溶蚀铸模孔；泥晶化和新生变形作用发育，含少量发育胶结物。

单元五（16.7～0m）：主要为松散砂砾屑沉积物，包括鹿角珊瑚、滨珊瑚等砾屑，其含量为50%～80%。少量鹿角珊瑚枝表面被藻类覆盖。珊瑚体腔孔内针状文石发育。该段底部珊瑚块表面有明显的溶蚀痕迹。

（二）地层年龄

$^{87}Sr/^{86}Sr$、古地磁和 U 系定年[76, 79]显示，琛科 2 井第四纪地层中单元一（237～185m）对应年龄为 2.58～2Ma，单元二（185～71m）对应年龄为 2～（0.9±0.5）Ma，单元三（71～32m）对应年龄为（0.9±0.5）～0.3Ma，单元四（32～16.7m）对应年龄为 0.3Ma～7900a B.P.，单元五（16.7～0m）对应年龄为 1900a B.P.～0Ma。单元四与单元五之间为更新世和全新世的分界线（16.7m）[80]。相对于定年的 Sr 同位素值而言，其他样品的 Sr 同位素值存在明显的高异常或低异常（图 9.8），最大差值可达到0.000 086。

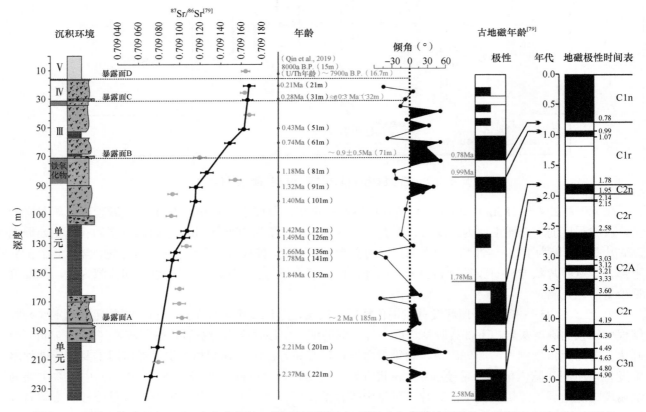

图 9.8　琛科 2 井（237～0m）年代框架、岩石地层学、Sr 同位素和磁性地层学的结果以及 GPTS 的相关性

（三）矿物学和主量元素

XRD 结果显示，琛科 2 井更新世—全新世地层（237m 以浅）的矿物成分为低镁方解石、高镁方解石、文石和白云石。矿物成分的变化与主量元素（以氧化物表示，如 MgO 和 CaO）的变化几乎完全一致，在垂向上可分为三段（图 9.7）。

下段即单元一（237 ～ 185m），为低镁方解石-白云石段，其中低镁方解石含量为 44% ～ 94%（平均值为 76.2%），白云石含量为 6% ～ 56%（平均值为 23.8%）。整体上，MgO 和 CaO 含量呈镜像关系，并且由底部至顶部 MgO 含量逐渐增加。

中段即单元二至单元四（185 ～ 16.7m），为低镁方解石段，平均含量高于 98%。除 MgO 含量在 126.5m 出现一个高值 6.8% 以外，MgO 和 CaO 含量分别在 0.6% 和 51.5% 左右小幅度波动。与下段相比，该段 MgO 含量降低，CaO 含量基本持平。相较于上段而言，该段 MgO 含量迅速降低，CaO 含量则升高。

上段即单元五（16.7 ～ 0m），为文石 - 高镁方解石段，其中文石含量为 11% ～ 68%（平均值为 45%），高镁方解石含量为 0 ～ 44%（平均值为 25%）。MgO 含量为 0.3% ～ 6.1%（平均值为 2.0%），CaO 含量 44.0% ～ 55.5%（平均值为 48.7%）。

（四）微量元素及稀土元素

琛科 2 井更新世—全新世地层（237m 以浅）的 Sr、Mn、Fe 含量均在更新世—全新世界面急剧升高，琛科 2 井更新世—全新世地层（237m 以浅）的 Sr 含量为 138 ～ 7521ppm（平均值为 1000ppm，$n=232$）（图 9.9c）。Sr 含量在全新世（16.7 ～ 0m）段较高（平均值为 4468ppm），在更新世（16.7 ～ 237m）段较低（平均值为 748ppm）。在更新世层段，Sr 含量随深度增加而降低（约 1000ppm 降至约 500ppm）。

西沙群岛琛科 2 井更新世—全新世地层（237m 以浅）各项地球化学指标垂直变化中：

琛科 2 井更新世—全新世地层（237m 以浅）的 Mn 含量为 2 ～ 239ppm（平均值为 44ppm，$n=232$），在更新世—全新世界面（16.7m）明显升高（图 9.9a）。更新世层段内 Mn 含量总体上随深度增加轻微上升（约 30ppm 升至约 100ppm）。在 90 ～ 55m 处 Mn 含量大幅度波动，最高值为 209ppm，最低值为 7ppm。研究层段 Mn/Sr 比值始终小于 1，在更新世—全新世界面（16.7m）明显降低（由 0.075 增至 0.014），在 0.054 上下波动（图 9.9d）。

琛科 2 井更新世—全新世地层（237m 以浅）的 Fe 含量为 152 ～ 2048ppm（平均值为 387ppm，$n=232$）（图 9.9b），在更新世—全新世界面（16.7m）明显升高，平均值从 352ppm 增至 650ppm。Fe 含量在更新世层段表现为轻微的上升趋势（约 100ppm 升至约 500ppm），在 60 ～ 50m、100 ～ 80m 分别出现约 435ppm、约 940ppm 的高值。

琛科 2 井更新世—全新世地层（237m 以浅）的 REE+Y（用 REY 表示）含量为 18 ～ 1685ppm（平均值为 620ppm，$n=32$）（图 9.9e）。随深度增加，REY 含量整体呈现波动升高趋势。LREE/HREE 比值为 0.19 ～ 0.78（平均值为 0.33，$n=232$）（图 9.9f），呈现出重稀土元素富集的特征。利用后太古代澳大利亚页岩（PAAS）的标准归一化后，研究层段 REY 的配分模式与海水的 REY 配分模式相似。

（五）碳氧同位素

琛科 2 井更新世—全新世地层（237m 以浅）全岩的 $\delta^{13}C$ 为 -6.28‰ ～ 2.24‰（平均值为 -1.05‰）（图 9.9g），$\delta^{18}O$ 为 -8.79‰ ～ 3.02‰（平均值为 -5.24‰）（图 9.9h）。

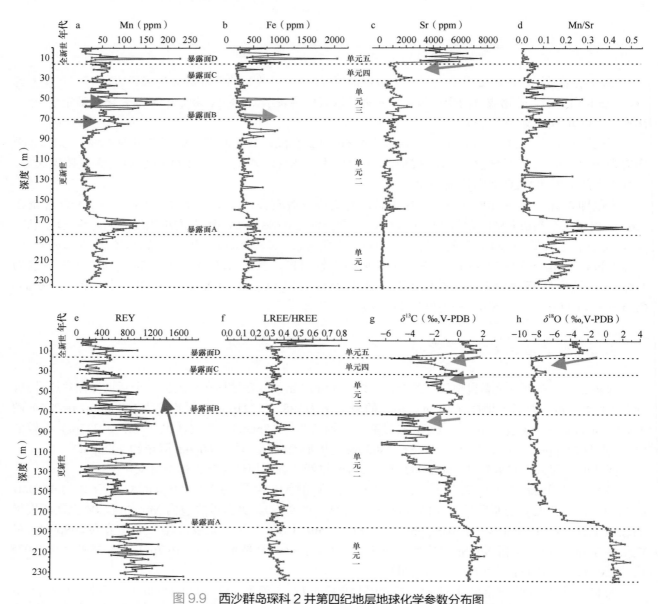

图 9.9　西沙群岛琛科 2 井第四纪地层地球化学参数分布图

a. Mn 含量在一定时间间隔内显著升高（灰色箭头）；b. 暴露面下 Fe 含量显著升高（灰色箭头）；c. Sr 含量在更新世—全新世边界处突然下降（灰色箭头）；d. Mn/Sr 比值总体较小（<1）；e. REE+Y（用 REY 表示）含量随深度的增加而升高，在 71m 处显著升高；f. LREE/HREE 相对稳定在 0.3 ~ 0.4；g. δ^{13}C 在暴露面（B、C、D）下方最小，且与暴露面距离呈负相关关系，具有较好的周期性；h. 140 ~ 16.7m δ^{18}O 在 −8‰ 左右保持稳定

　　单元一（237 ~ 185m）低镁方解石-白云石段的 δ^{13}C 为 1.12‰ ~ 2.24‰（平均值为 1.15‰，n=58），δ^{18}O 为 −1.86‰ ~ 3.02‰（平均值为 0.96‰，n=58）。垂向上，从 185m 左右开始，δ^{18}O 与 δ^{13}C 协同正偏，δ^{13}C 平均值从 −1.85‰ 增至 1.15‰，δ^{18}O 平均值从 −7.27‰ 增至 0.96‰。

　　单元二、三、四（185 ~ 16.7m）低镁方解石段 δ^{13}C 的变化范围相比 δ^{18}O 的变化范围更小，δ^{13}C 为 −6.29‰ ~ 0.75‰，δ^{18}O 为 −8.79‰ ~ 0.42‰，δ^{18}O 整体均一且稳定在 −8‰ 左右。在各单元顶部界面以下，δ^{13}C 表现出先降低后逐步升高，达到高值后突然降低到阶段性最低值的特征。

　　单元五（16.7 ~ 0m）文石-高镁方解石段的 δ^{13}C 为 −3.75‰ ~ 1.81‰（平均值为 0.12‰，n=16），δ^{18}O 为 −7.96‰ ~ −2.10‰（平均值为 −3.94‰，n=16）。在矿物成分发生转变处（文石-高镁方解石转

变为低镁方解石，位于 16m），碳氧同位素曲线开始剧烈负偏，即 $\delta^{18}O$ 平均值从 –3.94‰ 降至 –7.27‰，$\delta^{13}C$ 平均值从 0.12‰ 降至 –1.85‰。（图 9.9g）。

（六）不整合面识别和地层单元划分

185m 不整合面 A（更新世单元一与单元二界面）：①白云石含量突然降低；②$\delta^{18}O$ 突然增大（平均值由 –7.21‰ 增至 1.20‰）；③$\delta^{13}C$ 突然增大（平均值由 –2.09‰ 增至 1.27‰）；④界面下溶蚀作用发育，出现浅黄色物质（厚约 20cm）。

71m 不整合面 B（更新世单元二与单元三界面）：①$\delta^{13}C$ 最小达到 –6.29‰；②界面下可见明显的棕褐色含铁物质（厚约 17m）；③界面下厚 7～8m 发育大量溶蚀孔洞（图 9.6e、f）。

32m 不整合面 C（更新世单元三与单元四界面）：①$\delta^{13}C$ 突然增大（平均值由 –2.11‰ 增至 –1.13‰）；②单元三顶部至单元四底部，低镁方解石含量降低、文石含量升高、高镁方解石出现；③界面下可见明显的棕褐色物质（厚约 1.5m），溶蚀孔洞发育（图 9.6c）。

16.7m 不整合面 D（更新世与全新世界面）：①界面上下样品年龄有明显差异；②$\delta^{13}C$ 和 $\delta^{18}O$ 均突然增大（平均值分别由 –1.90‰ 增至 0.12‰、由 –7.9‰ 增至 –3.94‰）；③高镁方解石和文石含量急剧升高。

二、更新世沉积环境演化指示的多期次海平面升降变化

西沙群岛琛科 2 井更新世层段（237～16.7m）钻遇了丰富的珊瑚、珊瑚藻、壳类、仙掌藻等生物组分，其与现代西沙群岛珊瑚礁区的生物类型基本相似[81]，指示琛科 2 井更新世层段整体为正常礁相沉积物，沉积水深应小于 40m。西沙群岛西科 1 井[56]、永兴岛 SSZK1 钻孔[73] 和南科 1 井[74] 均报道第四纪发育了厚约 200m 的正常礁相沉积，与第四纪时期南海地区是一个主要的成礁期有关[81]。基于岩性、生物组成和含量特点，在琛科 2 井更新世层段也可大致识别出珊瑚礁滩相、珊瑚藻礁相、礁盖相和潟湖相四种沉积相类型（图 9.7），与陈万利等[73] 提出的西科 1 井和 SSZK1 钻孔的沉积相类型相似。珊瑚礁滩相以块状滨珊瑚为主，包含鹿角珊瑚、小星珊瑚等，与现在众多南海珊瑚礁礁前生物组分相似，通常反映透光性较好且水体较浅的沉积环境。珊瑚藻礁相以石叶藻属（Lithophyllum）形成的红藻壳体为主，其次可见珊瑚块、珊瑚枝及其他不易识别的生物碎屑，说明该相属于浅水环境[82]，总体反映了比珊瑚礁滩相更浅一点的沉积环境[66]。潟湖相以细—中砂为主的含砾砂屑灰岩，可见原始结构保存较好的红藻石（直径为 1～2cm）、鹿角珊瑚枝（直径为 1～2cm）和大量的仙掌藻属（Halimeda），且生物碎屑的磨圆度和分选性整体较差，应指示水体较深的潟湖沉积环境。Li 等[82] 利用中叶藻属（Mesophyllum）和石枝藻属（Lithothamnion）的珊瑚藻组合特征指出，此类潟湖环境的沉积水深为 25～100m。礁盖相以红褐色物质浸染和溶蚀孔洞发育的含砾砂屑灰岩或砾屑灰岩为主，通常指示低海平面的暴露环境。与南科 1 井暴露面附近发育的红褐色物质特征相似[74]，其应主要与沉积物经历的大气淡水淋滤作用有关[47]。

以不整合面/暴露面为界浅，琛科 2 井更新世地层每个单元（单元一至单元四）内部整体表现为潟湖相-珊瑚藻礁相-珊瑚骨架相-礁盖相由深至浅的沉积演化（单个旋回中部分相带可能发育不全或不易识别）（图 9.7）。在大巴哈马浅滩、小巴哈马浅滩和伯利兹北部台地也记录了类似的沉积趋势。由于台地的暴露，礁体中最坚硬的部分能抵御海浪的冲刷，会时常露出海平面形成礁盖相；珊瑚藻礁黏结相和珊瑚骨架相基本反映适合珊瑚礁和藻类生长的水深、光照条件；而潟湖相的出现则代表海平面较高的深水条件（可达 30～40m）[66, 83]。根据沉积相指示的海水深度变化，大致识别出四期（单元一至单元四）海侵海退旋回（图 9.7），每期沉积旋回的顶底界线均为不整合面，表明这些旋回很可能与海平面的多次升降旋回有关。根据琛科 2 井第四系暴露面或上下层位的测年结果约束[76, 80]，更新世礁体中 4 个不

整合面 / 暴露面的发育时间依次为约 2Ma（185m）、（0.9±0.5）Ma（71m）、约 0.3Ma（32m）、约 7900a B.P.（16.7m）。这四期暴露面发育的时间与全球海平面曲线[84]、南海北部珠江口盆地和琼东南盆地记录的海平面下降期保持一致，反映出琛科 2 井更新世琛航岛珊瑚礁的四次沉积间断应当是由海平面下降所导致。类似地，西沙群岛西科 1 井在更新世时期发育有四期沉积间断[56]，与 Miller 等[85] 提出的海平面升降时间吻合。相较于其他暴露面（A、C、D），在暴露面 B（71m）发现的红褐色含铁物质及溶蚀孔洞最发育，该段岩芯延伸可达约 16.5m（暴露面 A 小于 0.5m、暴露面 C 为 1.5m、暴露面 D 为 1.5m）。暴露面 B 的发育时间 [（0.9±0.5）Ma] 位于中更新世气候转型期（MPT），该时期海平面表现为高振幅的振荡（幅度由 60 ～ 70m 增加到约 130m）。中更新世气候转型期海平面下降幅度的增大能够促进碳酸盐台地的长时间暴露和充分淋滤[56, 73, 86]。暴露风化淋滤是孤立碳酸盐台地形成碳酸盐岩溶蚀孔洞和钙质红土（主要是富铁黏土矿物和分散的铁氧化物）等次生沉淀的重要因素之一。因此，对于碳酸盐岩不整合面附近的溶蚀环境来说，更多的铁元素可能分布在不溶的残余物中，并停留在暴露面附近[48]。暴露时期的气候也是影响淡水成岩蚀变的重要因素，在降水充沛和气候温暖的条件下，碳酸盐岩的溶蚀作用会更强，会形成发育更好的钙质红土[87]。由此可见，暴露面 B 的溶蚀长达 16.5m 并形成发育良好的红褐色铁氧化物与暴露时期气候湿润和降水增多有关[58]，对应于第四纪经历的最温暖潮湿的淡水侵蚀事件。

三、岩石学特征指示的广泛的大气淡水成岩改造

琛科 2 井更新世层段主要发育了新生变形作用、多类型（新月形、叶片状 / 棱柱状、粒状）的方解石胶结作用、溶蚀作用和泥晶化作用等成岩作用类型（图 9.10）。新生变形作用在研究层段（160 ～ 20m）普遍发育，主要表现为珊瑚骨骼粒径增大，从而破坏了原始结构并延伸到珊瑚骨架孔隙中，以及泥晶基质矿物粒径增大。Marshall[8]、Dullo[9]、Zhu 等[10] 和 Buonocunto 等[29] 分别报道了澳大利亚大堡礁、红海沙特阿拉伯南部边缘礁、休恩半岛和意大利南部珊瑚礁沉积物普遍存在的新生变形作用，这种现象一般与大气淡水入侵产生的流体交换有关[36, 37]。在暴露面下经常观察到颗粒接触处的新月形方解石胶结物（图 9.10），其通常是在重力作用下缓慢沉淀形成的[34]，是典型的大气淡水渗流带胶结物[25, 33]。粒状方解石胶结物常见于大气淡水潜流带，类似岩相学标志报道于巴哈马全新世鲕粒大气淡水渗流带胶结物[38]。岩芯中零星分布的环绕颗粒边缘发育的叶片状 / 棱柱状方解石胶结物，可能是在海相环境中形成的[32]，亦可能是在大气淡水潜流带形成的[25, 33]。溶蚀作用在琛科 2 井更新世层段普遍发育，往往具有组构非选择性（图 9.10），且靠近暴露面 / 不整合面溶蚀孔洞更加发育，这很可能与大气淡水的溶蚀作用有关[38]。泥晶化作用往往与微生物的活动有关，通常发育在海相成岩环境中。综上，普遍发育的新生变形作用、新月形方解石胶结物、粒状结构方解石胶结物及大量的非选择性溶蚀指示琛科 2 井更新世层段经历了广泛的大气淡水成岩改造，这应与暴露面和沉积旋回指示的多期海平面下降相关。

参照 Scholle 等[88] 提出的成岩环境划分标准，近地表淡水成岩环境有三个主要的细分：离地表最近的渗流带（主要发育溶解作用、新生变形作用和新月形方解石胶结物）、渗流带下方的潜流带（主要发育叶片状 / 棱柱状、粒状方解石胶结物以及溶解作用方解石）和海水成岩环境（可能沉淀主要发育针状叶片状 / 棱柱状文石或高镁方解石，发育泥晶化作用）。根据琛科 2 井的主要成岩特征，研究层段可划分出大气淡水渗流带（61 ～ 16.7m、71 ～ 87m）、大气淡水潜流带（100 ～ 87m、150 ～ 120m）、大气淡水渗流带 / 潜流带（85 ～ 61m、120 ～ 100m）、海水 / 大气淡水混合带（185 ～ 150m）和海水潜流带（237 ～ 185m）（图 9.2）。这些成岩环境的演化反映了第四纪海平面的振荡，更新世碳酸盐岩沉积时期地表时常暴露淋滤导致成岩环境交替、叠加出现。这与西沙群岛第四纪海平面发生过大幅度的升降[89]，引起台地暴露的观点相一致。

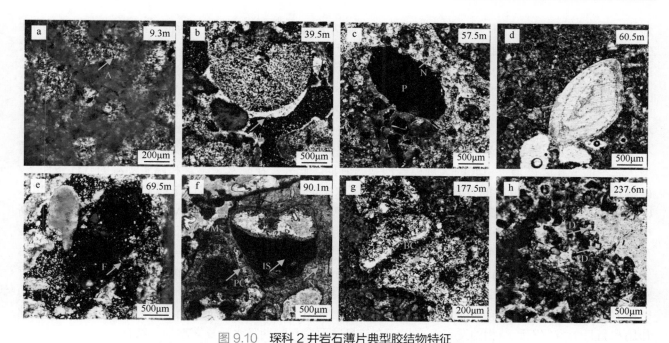

图 9.10　琛科 2 井岩石薄片典型胶结物特征

a. 文石针（A）; b. 新月形方解石胶结物（M）; c. 新生变形作用（N）、溶蚀孔洞（P）; d. 基质中保存完好的有孔虫（f; *Amphistegina*）; e. 铁氧化物（F）; f. 内沉积物（IS）、泥晶化（M'）、棱柱状方解石（PC）和重结晶（N）; g. 孔隙中的块状方解石（BC）; h. 清晰的白云石晶体（D）

四、地球化学特征指示的大气淡水成岩环境变化

（一）碳同位素

碳酸盐岩的碳同位素（$\delta^{13}C$）主要受控于原生碳酸盐岩和后期大气淡水成岩改造[60]。西沙群岛琛科 2 井更新世碳酸盐岩的 $\delta^{13}C$（−6.28‰～1.96‰，平均值为−1.39‰）比正常海相的 $\delta^{13}C$（0‰～5‰）[60]明显偏低[63]（如巴巴多斯岛的海相碳酸盐岩沉积物的 $\delta^{13}C$ 为 0‰～1‰、小巴哈马浅滩的鲕粒沉积物和文石的 $\delta^{13}C$ 为 3‰～5‰[90]），指示其应受到了大气淡水作用的影响。这可能是因为在渗流环境的碳酸盐重结晶和胶结作用过程中混入了来自空气和土壤的轻碳同位素（^{12}C）。西沙群岛西琛 1 井（−6.34‰～0.4‰）及南沙群岛南科 1 井（−8.7‰～0.3‰）更新世地层整体上亦表现为 $\delta^{13}C$ 负偏的现象，指示大气淡水对该时期海相碳酸盐的 $\delta^{13}C$ 产生了明显影响[74]。此外，$\delta^{13}C$ 曲线在更新世层段（237～16.7m）整体上表现出从下至上波动降低的趋势。自 2.3Ma 以来，受东亚冬季风持续增强和海水溶解无机碳（DIC）含量升高的影响，西沙群岛地区更新世碳酸盐岩沉积物的 $\delta^{13}C_{sed}$ 值（原始沉积物的 $\delta^{13}C$）逐渐波动升高[75]；另外，东亚陆地生态系统的演化也会对海水的 $\delta^{13}C$ 产生影响，进而改变沉积物的 $\delta^{13}C_{sed}$[75]。琛科 2 井更新世层段 $\delta^{13}C$ 曲线整体上从下至上波动降低的趋势（图 9.9g），显示该层段一定程度上残留了先驱沉积物 $\delta^{13}C_{sed}$ 的信息。

琛科 2 井更新世碳酸盐岩 $\delta^{13}C$ 还表现出在暴露面（B、C、D）之下出现极小值，并随着离暴露面距离增大逐渐正偏的特征，具有良好的周期性（图 9.9g）。在海平面下降碳酸盐台地暴露遭受大气淡水改造时，由于改变先驱沉积物 $\delta^{13}C_{sed}$ 的 ^{12}C 大部分来自大气淡水渗流过程中携带的土壤气（富含 ^{12}C），一旦流体下渗到无法与大气−土壤气（^{12}C）储层接触的位置，流体中的 $\delta^{13}C$ 便会升高，继而导致成岩蚀变灰岩和沉淀方解石的 $\delta^{13}C$ 随深度增加而变重[67]。西沙群岛西科 1 井和 SSZK1 钻孔更新世地层 $\delta^{13}C$[73, 91]亦具有相似的周期性旋回特征，即 $\delta^{13}C$（−6.2‰～0.5‰）在单个周期内表现为降低到最低值再缓慢波动增高，达到高值后遇到不整合面又降低到阶段性最低值的特点。琛科 2 井更新世碳酸盐岩 $\delta^{13}C$ 的周期性（单元二、单元三和单元四各作为一个旋回）与沉积旋回具有良好的对应关系（图 9.9g），指示大气淡水的入侵对碳酸盐岩 $\delta^{13}C$ 造成的影响随着深度的增加逐渐波动减弱的特征 [28]。

对比发现，不同旋回的 $\delta^{13}C$ 最大负偏值存在差异（暴露面 A 为 0.4‰，暴露面 B 为 –6.2‰，暴露面 C 为 –2.8‰，暴露面 D 为 –5.5‰）。前人研究认为，$\delta^{13}C$ 平衡比 $\delta^{18}O$ 平衡慢数倍，甚至数百倍 [92, 93]，$\delta^{13}C$ 在短的暴露时间内很难完全平衡，意味着碳酸盐岩沉积物经历淡水成岩作用累计时间更长，台地 $\delta^{13}C$ 会更负 [28]。在 71m（暴露面 B），$\delta^{13}C$ 最大负偏值（–6.2‰）对应出现沉积间断——中更新世气候转型，海平面变化幅度增大引起的大规模台地暴露时期。此外，在降水量丰富和温暖潮湿的气候条件下，碳酸盐台地暴露时期植被的发育可能会影响地下水中的 ^{12}C 含量 [87]。同时，Li 等 [55] 指出，ODP 1143、ODP 1146 站点（南海北部 ODP 钻井）提供的海温变化显示，南海 1.2 ～ 0.9Ma 海温有较为明显的升高（约 1℃）趋势。Rightmire 和 Hanshaw[59] 的研究表明，湿润地区的土壤气比干旱地区的土壤气更富 ^{12}C，最终可能导致在湿润的气候条件下流经碳酸盐岩的 ^{12}C 增加数倍，甚至数十倍。这意味着，在暴露面 B 发育时期 [（0.9±0.5）Ma]，西沙群岛地区的气候特征可能表现为东亚夏季风增强-东亚冬季风减弱的特征。Xu 等 [75] 将浮游有孔虫的 $\delta^{13}C$ 与东亚季风的演化进行对比，发现东亚夏季风在琛科 2 井 $\delta^{13}C$ 最负的时候 [（0.9±0.5）Ma] 具有明显增强的特征。在暴露面 B 之下，更新世碳酸盐岩表现为显著增强的溶蚀作用和新月形方解石胶结物的发育，亦指示在该暴露面发育时期降水量显著增加的特征。

（二）氧同位素

琛科 2 井更新世地层 140 ～ 16.7m 段的 $\delta^{18}O$ 表现为均一稳定的负偏（–8‰左右）（图 9.9h），与西沙群岛西琛 1 井、西永 1 井和西永 2 井类似 [43]，远低于稳定氧同位素与正常海水中沉淀灰岩的 $\delta^{18}O$（–2‰～ 2‰）[94, 95]，指示大气淡水作用对沉积物 $\delta^{18}O$ 的改造。由于大气降水的 $\delta^{18}O$（<0‰）远低于正常海相碳酸盐岩的 $\delta^{18}O$[38, 60]，因此经历广泛淡水改造的碳酸盐岩具有更负的 $\delta^{18}O$。河流和大气淡水通常是碳酸盐台地淡水的主要来源 [96]，由于琛科 2 井所在的西沙群岛是一个远离大陆的孤立岛礁，没有河流淡水入侵的影响，因此大气降水淋滤应当是造成研究层段 $\delta^{18}O$ 负偏的主要原因。对比同一时期（更新世）大气淡水改造的碳酸盐岩 $\delta^{18}O$，在埃内韦塔克环礁（11°3′N）稳定在 –7‰ 左右 [95]，在大堡礁（15°22′S）稳定在 –6‰ 左右，在巴巴多斯岛（13°0′N）稳定在 –4‰ 左右，从低纬度地区向高纬度地区整体表现出减小的趋势特征 [97, 98]，反映了受纬度控制的区域降水对于更新世碳酸盐岩 $\delta^{18}O$ 的控制作用。与现代降水的 $\delta^{18}O$ 行为类似，现代降水的 $\delta^{18}O$ 主要受到海拔、蒸发源距离和 / 或温度的影响，主要表现为 $\delta^{18}O$ 从低纬度地区向高纬度地区减小，极地地区最负 [63]。

琛科 2 井更新世地层中上段（140 ～ 16.7m 段）的 $\delta^{18}O$ 曲线垂向上均一且稳定（该层段 $\delta^{18}O$ 曲线连续性好、无明显的不连续面），与大多数现代岛礁如埃内韦塔克环礁台地及大巴哈马浅滩的更新世碳酸盐岩 $\delta^{18}O$ 范围狭窄的特征相似 [28, 95]。在大气淡水淋滤改造过程中，影响碳酸盐岩 $\delta^{18}O$ 的因素主要为降水的动力学效应 [99]、温度 [100]、降水的 $\delta^{18}O$[90] 和后期成岩改造 [63]。首先，降水的动力学效应影响碳酸盐岩的 $\delta^{18}O$ 是由于碳酸盐矿物的沉淀速率通常与溶液中 CO_3^{2-} 的含量有关，后者又受 pH 控制 [63]。Zeebe 和 Wolf-Gladrow[99] 认为，在 pH 为 4 至 10 时，对碳酸盐岩 $\delta^{18}O$ 的影响很显著。更新世时期，西沙群岛碳酸盐岩的沉积 pH 变化范围小（7.5 ～ 8.5[101]），指示降水动力学效应对 $\delta^{18}O$ 产生的影响被保存下来的可能性较小。其次，前人研究 [102] 表明，经历广泛大气淡水成岩作用的碳酸盐岩的氧同位素恒定均一可能反映了一个狭窄的温度范围和降水 $\delta^{18}O$ 特征。然而，第四纪全球气候逐渐变冷 [103] 且温度波动大导致温度降低时期（冷期）与温度升高时期（暖期）之间的最大平均温差可达 16 ～ 25℃。与单一温度变量的理论 $\delta^{18}O$ 曲线相反，因为温度波动造成 $\delta^{18}O$ 的变化范围很广（10 ～ 50℃ 的变化可导致 $\delta^{18}O$ 变

化 −15‰～ −5‰）[86]，所以推测暴露面时期的大气温度变化应当不是控制研究层段碳酸盐岩的 $\delta^{18}O$ 均一且稳定的主要因素。再次，相同地区降水的 $\delta^{18}O$ 受温度影响最大 [97]，在更新世时期，热带地区降水的 $\delta^{18}O$ 最小变化范围为 −4.7～ 0.8‰ [104]，因此，降水的 $\delta^{18}O$ 可能也不是导致研究层段 $\delta^{18}O$ 均一且稳定的主要因素。最后，在模拟的封闭成岩环境实验中 [12]，观测到混合成岩流体的模型（前期为海水，后期加入淡水的成岩系统）中 $\delta^{18}O$ 曲线非常接近自然状态下部分封闭成岩系统的 $\delta^{18}O$ 曲线，即 $\delta^{18}O$ 均一且稳定是一种混合流体导致的成岩蚀变。首先，琛科 2 井更新世氧同位素的负偏指示该层段广泛的淡水淋滤作用，意味着降水向沉积物输送了大量的流体。然后，封闭的成岩系统可能使得成岩体系中流体的上下扩散作用大于平流作用 [60]，给流体的混合（大气淡水与原始地下水混合）提供了条件。最后，"新"淡水与早期沉积物中"老"流体重复混合，逐渐使得单一端元流体对沉积物 $\delta^{18}O$ 的影响减小，主要是混合流体的 $\delta^{18}O$ 与沉积物的 $\delta^{18}O$ 进行交换，最终形成均一且稳定的 $\delta^{18}O$ 曲线。也就是说，在封闭成岩系统中，沉积物均一且稳定的 $\delta^{18}O$ 曲线可能代表了降水与早期成岩流体充分混合，直到最终与浅海碳酸盐岩沉积物达到平衡的成岩改造结果 [86]。

（三）地球化学元素

相较于琛科 2 井全新世地层（文石–高镁方解石段）而言，更新世碳酸盐岩（低镁方解石段）的 Sr 含量更低（平均值由 4468ppm 降至 748ppm）。由于大气淡水中 Sr 含量较低（约 0.09ppm）[87]，在大气淡水作用下，文石转变为低镁方解石过程中会导致碳酸盐岩中 Sr 元素的析出 [105]。琛科 2 井更新世地层 Mn、Fe 的含量整体上呈升高趋势（Mn 含量由约 30ppm 升至约 100ppm，Fe 含量由约 100ppm 升至约 500ppm）（图 9.9a、b）。由于大气淡水中 Mn、Fe 的含量高（Mn、Fe 的含量分别约是海相流体的 500 倍和 50 倍 [105]），经历大气淡水改造的碳酸盐岩（主要矿物转变为低镁方解石）中 Mn、Fe 的含量均表现为偏高的特征。琛科 2 井更新世单元二顶部到单元三中部 Mn、Fe 的含量在暴露面之下都明显地呈偏高趋势（Mn 含量最高为 209ppm，Fe 含量最高为 940ppm），表明该位置有强烈的大气淡水改造作用。暴露面附近岩芯中 Fe 的富集（对应于岩芯暴露面中的红褐色物质），与开曼群岛中新世—更新世发育的红土特征相似，Jones[47] 认为其主要与大气淡水淋滤形成的红褐色铁氧化物有关。琛科 2 井更新世层段 REY 含量在约 2Ma 后表现出明显的波动降低特征（图 9.9e）。Jiang 等 [76] 指出，琛科 2 井更新世碳酸盐岩的 REY 含量波动降低的特点，可能指示东亚冬季风增强、气候逐渐变干旱对沉积物的影响。同时，琛科 2 井更新世碳酸盐岩呈现出重稀土元素富集、轻稀土元素相对亏损的特征（LREE/HREE 平均值为 0.33，n=232）。尽管有学者已经注意到，稀土元素可能会受到大气淡水作用的影响，主要体现在重稀土的轻微富集 [16, 106]，但是多数研究认为稀土元素在大气淡水成岩过程中，往往表现得比较保守，能反映原始沉积物信息 [16, 107]。

原始碳酸盐岩沉积物在经历后期成岩改造过程中，会表现出 Mn 含量升高与 Sr 含量降低，因此 Mn/Sr 常用来指示碳酸盐岩遭受的后期成岩改造程度。Jacobsen 和 Kaufman[108] 及 Dehler 等 [109] 认为，Mn/Sr<2 或 Mn/Sr<3 指示碳酸盐岩经历了较少或没有后期的成岩改造。琛科 2 井更新世层段的 Mn/Sr 较小（0.001～ 0.487），在后期大气淡水改造过程中原始沉积物的 Sr 信息保留较好且 Mn 信息改造较弱，反映了相对封闭–半封闭（水岩比较低）的大气成岩环境 [105, 110]。然而，琛科 2 井更新世层段的碳氧同位素数据、岩石学证据和矿物学数据均表明，该层段遭受了明显的大气淡水改造作用。与前人对封闭成岩系统的解释对比而言 [105, 110]，在大气淡水对琛科 2 井更新世较封闭的碳酸盐岩系统改造过程中，碳同位素行为模式表现为开放成岩系统（水岩比较高）、氧同位素行为模式表现为开放–封闭成岩系统，而 Sr、Mn 元素的行为模式则表现为封闭成岩系统，这种现象可能与弱流体岩石相互作用下不同碳酸盐岩组分与成岩流体之间的平衡条件差异有关 [86]。因为在大气成岩改造过程中，同位素和元素对大气淡水响应的敏感性存在差异 [63]。具体而言，琛科 2 井碳氧同位素前期行为模式可能类似于成岩开放系统中的元

素行为模式，即淡水对它们进行了较为彻底的改造，碳氧同位素值明显负偏、整体呈现倒"J"形曲线（图 9.11）。但是，氧同位素后期受到较为封闭的成岩系统影响，导致其呈现均一特性，即后期流体的混合作用对其影响较大；而相比于氧同位素，碳同位素与后期成岩流体值趋于平衡的速度会慢数百倍，甚至千倍[92, 93]，类似于开放系统的元素模式，即长时间发生水-岩平衡。然而，琛科 2 井较小的 Mn/Sr 比值可能表明，先驱沉积物的 Sr 元素在成岩蚀变过程中更容易被保留下来，以及 Mn 受后期影响较弱，而碳氧同位素值更容易受埋藏成岩作用和大气成岩作用的影响。所以，成岩系统对地球化学指标的影响不一致，导致无法仅用单一的地球化学元素（元素、同位素）判断出成岩环境的开放性或封闭性。

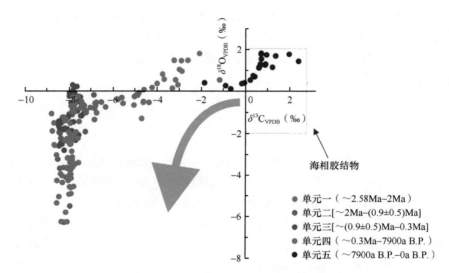

图 9.11　西沙群岛琛科 2 井的碳氧同位素交汇图
灰色箭头指示倒"J"形曲线变化趋势

五、东亚季风影响下的大气淡水成岩环境

南海地区气候主要受东亚季风的影响，并且是一个接收大量大气粉尘输入的区域[111]。其中，冬季以东北冷风、冷水和西伯利亚高压南下的冷风为特征（东亚冬季风）[68]，夏季以澳大利亚高压-印度低压影响形成的温暖潮湿西南季风（东亚夏季风）为主[69, 70]。东亚冬季风盛行时，东亚地区的气候特征为低温、干燥及少雨；东亚夏季风盛行时，东亚地区的气候会变得潮湿温暖，降水增加。在新生代早期，印度板块与欧亚大陆发生碰撞，导致青藏高原开始隆升，开始形成亚洲季风[112]。约 15Ma 时期，东亚冬季风开始在南海北部发育，8Ma 以后（包括 1.2Ma 和 0.6Ma）出现明显干旱和季风增强事件。在约 3.5Ma 之后，东亚夏季风的增强已经得到了磁化率的证明[76]。约 2.6Ma 之后，东亚冬季风向北太平洋的风成通量持续增强[71]。

琛科 2 井更新世层段（自约 2Ma 以来）碳酸盐岩碳同位素（$\delta^{13}C$）曲线整体上波动上升（图 9.9g），同时碳酸盐岩的 REY 含量与沉积深度呈现正相关关系（图 9.9e）。这些特征指示该层段原始碳酸盐沉积物是在东亚冬季风增强、气候逐渐干旱[76]的背景下形成的。琛科 2 井更新世层段的方解石胶结物特征（新月形、叶片状/棱柱状、粒状方解石胶结物等）以及地球化学指标的明显波动（$\delta^{13}C$、$\delta^{18}O$ 的负偏以及微量元素含量在暴露面位置升高）指示该层段经历了广泛的大气淡水淋滤改造作用。孤立碳酸盐台地的大气淡水改造主要受到暴露时期气候（温度和降水）特征的影响[113]，而西沙群岛琛科 2 井更新世层段则受东亚冬季风和东亚夏季风的双重影响[114]。琛科 2 井更新世层段 $\delta^{13}C$ 负偏移峰的暴露面位置和南海北部 ODP 1148 浮游有孔虫 δ^{13}C 降低位置相耦合[75]，即暴露面位置对应的时间段可以和东亚夏季风增强阶段很好地对应。东亚夏季风的增强可以带来温暖、充沛的降水，温暖的气候能增加碳酸盐台地上覆植被的数量，间接增加土壤气的 ^{12}C[48, 59, 87, 115]，导致台地碳酸盐岩 δ^{13}C 负偏移峰紧邻暴露面之下。近地表环境中孤立碳酸盐台地 Mn、Fe 含量的升高通常与淡水的侵入相关[74, 87]，琛科 2 井更新世层段单元二到单元四暴露面（B、C、D）之下 Mn、Fe 含量的升高（图 9.9a、b）也指示暴露时期大气淡水的侵入。岩石学证据同时表明，琛科 2 井各暴露面之下发育广泛的岩芯溶蚀现象和红褐色物质（钙质红土），类似的钙质红土往往证明其发育时期气候变化具有干湿循环规律（即沉积时期相对干旱，暴露时期相对湿润），这是因为干湿循环驱动的土壤 CO_2 含量变化可能是影响土壤碳酸盐岩形成的最重要因素[20]。综上，琛科 2 井更新世碳酸盐沉积物是在东亚冬季风增强、气候逐渐干旱的背景下形成，而暴露面时期则明显地受到了东亚夏季风增强（气候湿润、降水增加）背景下大气淡水的侵入改造。

对比其他暴露面（A、C、D），琛科 2 井更新世层段单元二顶部的暴露面 B[（0.9±0.5）Ma] 恰逢中更新世气候转型时期（约 0.9Ma），海平面振荡幅度加大延长了暴露时间（图 9.12）。该暴露面之下发育的最厚的钙质红土（16.5m 的红褐色铁氧化物）和 δ^{13}C 的最大负偏（−6.2‰）特征可能指示该暴露时期东亚夏季风增强的明显信号。这种气候变化也反映在琛科 2 井的 REY 含量上，暴露面 B 附近 REY 含量显示出明显的增加趋势（图 9.9e）。尽管 REY 含量往往反映的是原始沉积物的信息，但 Jiang 等[76]认为，琛科 2 井暴露面 B 附近 REY 含量的增加，可能是夏季风增强及气候变暖导致降水增强，进而导致大陆风化作用增多所致。同时，南海 ODP 1143、ODP 1146 站点也显示，南海 1.2 ~ 0.9Ma 的 SST 有较为明显的升高趋势（约 1℃）[55]（图 9.12）。此外，ODP 1143 站点的结果还表明，夏季风在 2.5 ~ 1.0Ma 减弱（对应暴露面 A），在 1.0Ma 以来再次加强[43]（对应暴露面 B、C、D）。在中国黄土的记录中，全球性的重大气候转变时期（中更新世气候转型期）表现为夏季风显著增强、土壤湿度有相当大的增加，大约开始于 1.0Ma[116, 117]，与琛科 2 井碳酸盐台地的记录几乎吻合。冷却事件可能促使了暴露面 D（约 1900a B.P.）的不完全淡水成岩化，Li 等[55]指出，南海北部的海温在 0.2Ma 之后的时段内下降到 18℃ 左右，此次西沙群岛地区的加速降温事件可能与 0.2Ma 以后东亚冬季风较夏季风增强幅度更大有关[114]。

因此，依据暴露面 B 对东亚夏季风增强的响应，本书认为琛科 2 井暴露面发育时期（0.9±0.5）Ma

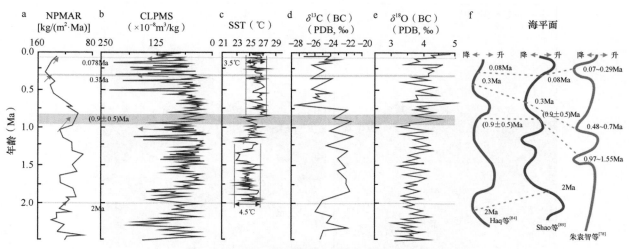

图 9.12 上新世时期主要古环境、古气候指标对比图

a. NPMAR 表示粉尘堆积速率；b. CLPMS 表示磁化率记录[76, 114]；c. ODP 1143 站点根据底栖和浮游有孔虫 δ^{18}O 估计的 SST，中更新世气候转型期（MPT）有明显的升温现象[55]；d. ODP 1148 站点黑炭 δ^{13}C[71]；e. ODP 1148 站点有孔虫 δ^{18}O[71]；f. 全球海平面变化曲线[84]、南海西科 1 井根据 BIT 数据重建的海平面变化曲线[89]和南永 2 井[78]推断的海平面变化曲线。橙色阴影区域代表暴露面附近年代和层段，红色箭头指示变化趋势

（B，71m）、约 0.3Ma（C，32m）、约 0.078Ma（D，16.7m）亦可能指示东亚夏季风的增强。然而，目前南海更新世夏季风的记录研究主要来源于深海沉积物，对这几个时期没有很好的记录，原因可能是深海沉积物记录的敏感性不如浅水碳酸盐台地，以及这几期东亚夏季风即使增多，但强度不大，导致深海沉积物没有明显表现。因此，结合夏季风增强特征，本书认为：①琛科 2 井更新世后三个暴露时期恰逢夏季风增强，导致升温和降水增加；②淡水改造不明显的暴露面 A 可能对应着气候交替不明显的阶段，即东亚冬季风占主导；③季风带来的周期性气候变化可以被记录在更新世台地中，夏季风增强的综合作用使得台地暴露面能够在多个指标上记录东亚夏季风增强对台地淡水淋滤的促进作用。

目前对暴露面发育时期的气候一直存在争议，暴露面通常对应着低海平面时期[65, 118]，反映了半干旱–干旱的气候条件[119]。例如，对马纳尔湾全新世岩芯的研究通过淡水溶蚀作用、海相胶结物与大气淡水胶结物的组合特征发现，在低海平面时期基本上是半干旱的气候条件[64]。西奈半岛南部及阿拉伯半岛萨拉地区（Arabia Sarah）的矿物淋滤无明显变化趋势，表明两地低海平面时期主要受干旱气候的控制，仅有少量淡水侵蚀发生，与推测的冰期干冷相一致。此外，一些研究认为更新世冰期（低海平面时期）比高海平面时期更干旱，如热带南美洲[120]、欧洲和地中海[121]等地。而地形与盛行的东北偏东风相互作用造成巴巴多斯岛中部的高海拔地区每年 60 ～ 80ft① 的降水量，导致淡水成岩作用进行得非常迅速[115]。Sr同位素和古地磁年龄标定的琛科 2 井更新世地层中的主要暴露面年代与南沙群岛永暑礁和西沙群岛珊瑚礁地层中的暴露面年代基本一致，主要暴露面对应于全球第四纪低海平面时期（图 9.12）。然而，本书对西沙群岛琛科 2 井更新世层段的研究发现，暴露时期的东亚季风变化导致的气候改变对该碳酸盐台地的淡水成岩作用影响很大，即暴露时期季风主导的气候交替变化是不可忽略的。由于东亚季风的变化极大地改变了原本沉积环境下碳酸盐台地的淡水成岩模式，推测西沙群岛更新世低海平面时期大概率并非干冷的气候，而是温暖潮湿的气候（受东亚夏季风影响）。Li 等[58] 对西沙群岛石岛全新世风积岩的研究表明，石岛全新世风积岩沉积时期在很大程度上受东亚冬季风的影响，而暴露时期（低海平面时期）的古土壤则是在东亚夏季风温暖湿润期间形成的，全新世时期 5 个风成岩–古土壤旋回可能记录了多期气候从干冷到暖湿的循环变化[43]。类似地，琛科 2 井更新世层段东亚冬季风增强背景下的原始碳酸盐沉积—夏季风增强背景下的暴露淡水入侵的沉积—成岩演化过程，表明西沙群岛碳酸盐台地至少在更新世（约 2.21Ma）以来就对东亚季风有积极的响应和记录（图 9.13）。

图 9.13　东亚季风影响下的琛科 2 井成岩改造示意图

a. 东亚冬季风影响下的台地；b. 东亚夏季风影响下的台地

———————

① 1ft=0.3048m。

参 考 文 献

[1] Bates R L. Glossary of Geology. 2nd ed. American Geological Institute, 1980.

[2] Cullis C G. The Mineralogical Changes Observed in the Cores of the Funafuti Borings. London: The Atoll of Funafuti Royal Society London, 1904: 392-420.

[3] 张乔民, 余克服, 施祺, 等. 中国珊瑚礁分布和资源特点. 2006中国科协年会, 2006: 419-423.

[4] 余克服. 南海珊瑚礁及其对全新世环境变化的记录与响应. 中国科学: 地球科学, 2012, 42(8): 1160-1172.

[5] Sayani H R, Cobb K M, Cohen A L, et al. Effects of diagenesis on paleoclimate reconstructions from modern and young fossil corals. Geochimica et Cosmochimica Acta, 2011, 75(21): 6361-6373.

[6] Schroeder J H, Purser B H. Reef Diagenesis. Berlin, Heidelberg: Springer, 1986.

[7] Goter E R, Friedman G M. Deposition and diagenesis of the windward reef of Enewetak Atoll. Carbonates and Evaporites, 1988, 2: 157-179.

[8] Marshall J. Regional distribution of submarine cements within an epicontinental reef system: central Great Barrier Reef, Australia. Reef Diagenesis, 1986: 8-26.

[9] Dullo W C. Variation in diagenetic sequences: an example from Pleistocene coral reefs, Red Sea, Saudi Arabia. Reef Diagenesis, 1986: 77-90.

[10] Zhu Z R, Marshall J F, Chappell J. Diagenetic sequences of reef-corals in the late Quaternary raised coral reefs of the Huon Peninsula, New Guinea. Townsville: 6th International Coral Reef Symposium, Australia, 1988: 565-573.

[11] Strasser A, Strohmenger C. Early diagenesis in Pleistocene coral reefs, southern Sinai, Egypt: response to tectonics, sea-level and climate. Sedimentology, 1997, 44(3): 537-558.

[12] Zhu Z R, Marshall J F, Chappell J. Effects of differential tectonic uplift on Late Quaternary coral reef diagenesis, Huon Peninsula, Papua New Guinea. Australian Journal of Earth Sciences, 1994, 41(5): 463-474.

[13] Strasser A, Strohmenger C, Davaud E, et al. Sequential evolution and diagenesis of Pleistocene coral reefs (South Sinai, Egypt). Sedimentary Geology, 1992, 78(1-2): 59-79.

[14] Dalbeck P, Cusack M, Dobson P S, et al. Identification and composition of secondary meniscus calcite in fossil coral and the effect on predicted sea surface temperature. Chemical Geology, 2011, 280(3-4): 314-322.

[15] Nothdurft L D, Webb G E. Earliest diagenesis in scleractinian coral skeletons: implications for palaeoclimate-sensitive geochemical archives. Facies, 2009, 55: 161-201.

[16] Webb G E, Nothdurft L D, Kamber B S, et al. Rare earth element geochemistry of scleractinian coral skeleton during meteoric diagenesis: a sequence through neomorphism of aragonite to calcite. Sedimentology, 2009, 56(5): 1433-1463.

[17] Lachniet M S, Bernal J P, Asmerom Y, et al. Uranium loss and aragonite-calcite age discordance in a calcitized aragonite stalagmite. Quaternary Geochronology, 2012, 14: 26-37.

[18] Roberts A P. Magnetic mineral diagenesis. Earth-Science Reviews, 2015, 151: 1-47.

[19] Webb G E, Nothdurft L D, Zhao J X, et al. Significance of shallow core transects for reef models and sea-level curves, Heron Reef, Great Barrier Reef. Sedimentology, 2016, 63(6): 1396-1424.

[20] Breecker D O, Sharp Z D, McFadden L D. Seasonal bias in the formation and stable isotopic composition of pedogenic carbonate in modern soils from central New Mexico, USA. Geological Society of America Bulletin, 2009, 121(3-4): 630-640.

[21] 朱长歧. 中国西沙群岛珊瑚礁科学钻探工作又取得重大进展. 岩土力学, 2014, 35(9): 2737.

[22] 汪稔, 朱长歧, 孟庆山. 我国西沙群岛珊瑚礁科学钻探工程——千米深钻工程实录. 上海: 中国土木工程学会第十二届全国土力学及岩土工程学术大会, 2015.

[23] 陈亦寒, 刘大锰, 魏喜, 等. 西沙群岛晚新生代生物礁储层特征及控制因素——基于西琛1井钻探资料. 石油天然气学报,

2007, 29(3): 360-363, 517-518.

[24] 赫云兰, 刘波, 秦善. 白云石化机理与白云岩成因问题研究. 北京大学学报(自然科学版), 2010, 46(6): 1010-1020.

[25] Budd D A. Petrographic products of freshwater diagenesis in Holocene ooid sands, Schooner Cays, Bahamas. Carbonates and Evaporites, 1988, 3: 143-163.

[26] Grammer G M, Crescini C M, McNeill D F, et al. Quantifying rates of syndepositional marine cementation in deeper platform environments-new insight into a fundamental process. Journal of Sedimentary Research, 1999, 69(1): 202-207.

[27] Rodgers K A, Easton A J, Downes C J. The chemistry of carbonate rocks of Niue Island, South Pacific. The Journal of Geology, 1982, 90(6): 645-662.

[28] Swart P K, Oehlert A M. Revised interpretations of stable C and O patterns in carbonate rocks resulting from meteoric diagenesis. Sedimentary Geology, 2018, 364: 14-23.

[29] Buonocunto F P, Sprovieri M, Bellanca A, et al. Cyclostratigraphy and high-frequency carbon isotope fluctuations in Upper Cretaceous shallow-water carbonates, southern Italy. Sedimentology, 2002, 49(6): 1321-1337.

[30] Dravis J J. Rapidity of freshwater calcite cementation—implications for carbonate diagenesis and sequence stratigraphy. Sedimentary Geology, 1996, 107(1-2): 1-10.

[31] Morse J W, Wang Q W, Tsio M Y. Influences of temperature and Mg : Ca ratio on $CaCO_3$ precipitates from seawater. Geology, 1997, 25(1): 85-87.

[32] Pierson B J, Shinn E A. Cement distribution and carbonate mineral stabilization in Pleistocene limestones of Hogsty Reef, Bahamas//Schneidermann N, Harris P M. Carbonate Cements. Society of Economic Paleontologists and Mineralogists Special Publication, 1985, 36: 153-168.

[33] Halley R B, Harris P M. Fresh-water cementation of a 1,000-year-old oolite. Journal of Sedimentary Research, 1979, 49(3): 969-987.

[34] Braithwaite C J R, Montaggioni L F. The Great Barrier Reef: a 700 000 year diagenetic history. Sedimentology, 2009, 56(6): 1591-1622.

[35] Lu F H. Pristine or altered: low-Mg calcite shells survived from massive dolomitization? A case study from Miocene carbonates. Geo-Marine Letters, 2008, 28(5-6): 339-349.

[36] Martin G D, Wilkinson B H, Lohmann K C. The role of skeletal porosity in aragonite neomorphism-Strombus and Montastrea from the Pleistocene Key Largo Limestone, Florida. Journal of Sedimentary Research, 1986, 56(2): 194-203.

[37] McGregor H V, Gagan M K. Diagenesis and geochemistry of Porites corals from Papua New Guinea: implications for paleoclimate reconstruction. Geochimica et Cosmochimica Acta, 2003, 67(12): 2147-2156.

[38] 王瑞, 余克服, 王英辉, 等. 珊瑚礁的成岩作用. 地球科学进展, 2017, 32(3): 221-233.

[39] 冯旭, 刘洛夫, 李朝玮, 等. 碎屑岩孔隙演化定量计算方法的改进和应用. 石油与天然气地质, 2017, 38(6): 1198-1207.

[40] Anselmetti F S, Luthi S, Eberli G P. Quantitative characterization of carbonate pore systems by digital image analysis. AAPG Bulletin, 1998, 82(10): 1815-1836.

[41] 刘再振, 刘玉明, 李洋冰, 等. 鄂尔多斯盆地神府地区太原组致密砂岩储层特征及成岩演化. 岩性油气藏, 2017, 29(6): 51-59.

[42] 尤丽, 于亚苹, 廖静, 等. 西沙群岛西科1井第四纪生物礁中典型暴露面的岩石学与孔隙特征. 地球科学: 中国地质大学学报, 2015, 40(4): 671-676.

[43] 赵强. 西沙群岛海域生物礁碳酸盐岩沉积学研究. 青岛: 中国科学院研究生院(海洋研究所), 2010: 158.

[44] 宫雪, 胡新友, 李文厚, 等. 成岩作用对储层致密化的影响差异及定量表述——以苏里格气田苏 77 区块致密砂岩为例. 沉积学报, 2020, 38(6): 1338-1348.

[45] 王瑞, 吴律, 余克服, 等. 新生代岛礁白云岩的基本特征、发育演化和成因机制. 古地理学报, 2023, 25(5): 1-22.

[46] Wang R, Xiao Y, Yu K F, et al. Temperature regimes during formation of Miocene Island dolostones as determined by clumped isotope thermometry: Xisha Islands, South China Sea. Sedimentary Geology, 2022, 429: 106079.

[47] Jones B. Cave-fills in Miocene-Pliocene strata on Cayman Brac, British West Indies: implications for the geological evolution of an isolated oceanic island. Sedimentary Geology, 2016, 341: 70-95.

[48] 方少仙, 侯方浩, 何江, 等. 碳酸盐岩成岩作用. 北京: 地质出版社, 2013.

[49] 温家洪. 南极冰盖的形成及其环境演化. 科学, 1992, 44(2): 47, 39.

[50] Yang C, Dang H, Zhou X, et al. Upper ocean hydrographic changes in response to the evolution of the East Asian monsoon in the northern South China Sea during the middle to late Miocene. Global and Planetary Change, 2021, 201: 103478.

[51] 张明书, 何起祥, 业治铮. 西沙海域的米辛尼亚事件. 科学通报, 1989, 34(22): 1729-1732.

[52] 张海洋, 许红, 赵新伟, 等. 西永2井中新世白云岩储层特征及成岩作用. 海洋地质前沿, 2016, 32(3): 41-47.

[53] 李金澜, 田军. 末次盛冰期巽他陆架海平面和植被变化对陆表碳通量影响的数值模拟研究. 海洋地质与第四纪地质, 2022, 42(2): 110-118.

[54] Deckker P D, Tapper N J, van der Kaars S. The status of the Indo-Pacific Warm Pool and adjacent land at the Last Glacial Maximum. Global and Planetary Change, 2003, 35(1-2): 25-35.

[55] Li B H, Wang J L, Huang B Q, et al. South China Sea surface water evolution over the last 12Myr: a south-north comparison from Ocean Drilling Program Sites 1143 and 1146. Paleoceanography, 2004, 19(1): PA1009.

[56] Wu F, Xie X N, Betzler C, et al. The impact of eustatic sea-level fluctuations, temperature variations and nutrient-level changes since the Pliocene on tropical carbonate platform (Xisha Islands, South China Sea). Palaeogeography, Palaeoclimatology, Palaeoecology, 2019, 514: 373-385.

[57] Ma Y B, Wu S G, Lv F L, et al. Seismic characteristics and development of the Xisha carbonate platforms, northern margin of the South China Sea. Journal of Asian Earth Sciences, 2011, 40(3): 770-783.

[58] Li R, Qiao P J, Cui Y C, et al. Composition and diagenesis of Pleistocene aeolianites at Shidao, Xisha Islands: implications for palaeoceanography and palaeoclimate during the last glacial period. Palaeogeography, Palaeoclimatology, Palaeoecology, 2018, 490: 604-616.

[59] Rightmire C T, Hanshaw B B. Relationship between the carbon isotope composition of soil CO_2 and dissolved carbonate species in groundwater. Water Resources Research, 1973, 9(4): 958-967.

[60] Allan J, Matthews R K. Isotope signatures associated with early meteoric diagenesis. Carbonate Diagenesis, 1990, 29(6): 197-217.

[61] Kleypas J A, Feely R A, Fabry V J , et al. Impacts of ocean acidification on coral reefs and other marine calcifiers: a guide for future research. Report of a workshop sponsored by NSF NOAA USGS, 2005: 20.

[62] Cerling T E. The stable isotopic composition of modern soil carbonate and its relationship to climate. Earth and Planetary Science Letters, 1984, 71(2): 229-240.

[63] Swart P K. The geochemistry of carbonate diagenesis: the past, present and future. Sedimentology, 2015, 62(5): 1233-1304.

[64] Kumar S K, Chandrasekar N, Seralathan P, et al. Diagenesis of Holocene reef and associated beachrock of certain coral islands, Gulf of Mannar, India: implication on climate and sea level. Journal of Earth System Science, 2012, 121(3): 733-745.

[65] Gischler E. Quaternary reef response to sea-level and environmental change in the western Atlantic. Sedimentology, 2015, 62(2): 429-465.

[66] Woodroffe C D, Webster J M. Coral reefs and sea-level change. Marine Geology, 2014, 352: 248-267.

[67] Emiliani C. Pleistocene Paleotemperatures. Science, 1970, 168(3933): 822-825.

[68] Huang Y, Street-Perrott F A, Metcalfe S E, et al. Climate change as the dominant control on glacial-interglacial variations in C_3 and C_4 plant abundance. Science, 2001, 293(5535): 1647-1651.

[69] de Garidel-Thoron T, Beaufort L, Linsley B K, et al. Millennial-scale dynamics of the East Asian winter monsoon during the last 200,000 years. Paleoceanography, 2001, 16(5): 491-502.

[70] Hu J, Kawamura H, Hong H, et al. A review on the currents in the South China Sea: seasonal circulation, South China Sea warm current and Kuroshio intrusion. Journal of Oceanography, 2000, 56: 607-624.

[71] Jian Z M, Zhao Q H, Cheng X R, et al. Pliocene-Pleistocene stable isotope and paleoceanographic changes in the northern South China Sea. Palaeogeography, Palaeoclimatology, Palaeoecology, 2003, 193(3-4): 425-442.

[72] 刘健, 韩春瑞, 吴建政, 等. 西沙更新世礁灰岩大气淡水成岩的地球化学证据. 沉积学报, 1998, 16(4): 71-77.

[73] 陈万利, 吴时国, 黄晓霞, 等. 西沙群岛晚第四纪碳酸盐岩淡水成岩作用——来自永兴岛 SSZK1钻孔的地球化学响应证据. 沉积学报, 2020, 38(6): 1296-1312.

[74] 罗云, 黎刚, 徐维海, 等. 南科1井第四系暴露面特征及其与海平面变化的关系. 热带海洋学报, 2022, 41(1): 143-157.

[75] Xu S D, Yu K F, Fan T L, et al. Coral reef carbonate $\delta^{13}C$ records from the northern South China Sea: A useful proxy for sea-water $\delta^{13}C$ and the carbon cycle over the past 1.8Ma. Global and Planetary Change, 2019, 182: 103003.

[76] Jiang W, Yu K F, Fan T L, et al. Coral reef carbonate record of the Pliocene-Pleistocene climate transition from an atoll in the South China Sea. Marine Geology, 2019, 411: 88-97.

[77] 张明书. 西沙西永1井礁相第四纪地层的划分. 海洋地质与第四纪地质, 1990, 10(2): 57-64.

[78] 朱袁智, 王有强, 赵焕庭, 等. 南沙群岛永暑礁第四纪珊瑚礁成岩作用与海平面变化关系. 热带海洋, 1994, 13(2): 1-8.

[79] Fan T L, Yu K F, Zhao J X, et al. Strontium isotope stratigraphy and paleomagnetic age constraints on the evolution history of coral reef islands, northern South China Sea. Geological Society of America Bulletin, 2020, 132(3-4): 803-816.

[80] 覃业曼, 余克服, 王瑞, 等. 西沙群岛琛航岛全新世珊瑚礁的起始发育时间及其海平面指示意义. 热带地理, 2019, 39(3): 319-328.

[81] 朱伟林, 王振峰, 米立军, 等. 南海西沙西科1井层序地层格架与礁生长单元特征. 地球科学: 中国地质大学学报, 2015, 40(4): 677-687.

[82] Li Y Q, Yu K F, Bian L Z, et al. Paleo-water depth variations since the Pliocene as recorded by coralline algae in the South China Sea. Palaeogeography, Palaeoclimatology, Palaeoecology, 2021, 562(1): 110107.

[83] Neuman A C. Reef response to sea level rise: keep-up, catch-up or give-up. Proc. 5th Int. Coral Reef Congr. Tahiti, 1985, 3: 105-110.

[84] Haq B U, Hardenbol J, Vail P R. Mesozoic and Cenozoic chronostratigraphy and cycles of sea-level change//Wilgus C K, Hastings B S, Posamentier H, et al. Sea-Level Changes: An Integrated Approach. Tulsa: SEPM Special Publication, 1988, 42: 71-108.

[85] Miller K G, Kominz M A, Browning J V, et al. The Phanerozoic record of global sea-level change. Science, 2005, 310(5752): 1293-1298.

[86] Bishop J W, Osleger D A, Montañez I P, et al. Meteoric diagenesis and fluid-rock interaction in the Middle Permian Capitan backreef: Yates Formation, Slaughter Canyon, New Mexico. AAPG Bulletin, 2014, 98(8): 1495-1519.

[87] 黄思静. 碳酸盐岩的成岩作用. 北京: 地质出版社, 2010.

[88] Scholle PA, Ulmer-Scholle DS. A Color Guide to the Petrography of Carbonate Rocks: Grains, textures, porosity, diagenesis. American Association of Petroleum Geologists, 2003.

[89] Shao L, Cui Y C, Qiao P J, et al. Sea-level changes and carbonate platform evolution of the Xisha Islands (South China Sea) since the Early Miocene. Palaeogeography, Palaeoclimatology, Palaeoecology, 2017, 485: 504-516.

[90] Epstein S, Buchsbaum R, Lowenstam H A, et al. Revised carbonate-water isotopic temperature scale. Geological Society of America Bulletin, 1953, 64(11): 1315-1326.

[91] 乔培军, 朱伟林, 邵磊, 等. 西沙群岛西科 1 井碳酸盐岩稳定同位素地层学. 地球科学(中国地质大学学报), 2015, 40(4):

725-732.

[92] Land L S, Epstein S. Late Pleistocene diagenesis and dolomitization, north Jamaica. Sedimentology, 1970, 14(3-4): 187-200.

[93] Lohmann K C. Geochemical patterns of meteoric diagenetic systems and their application to studies of paleokarst. Paleokarst, 1988: 58-80.

[94] Anderson T F, Arthur M A. Stable isotopes of oxygen and carbon and their application to sedimentologic and paleoenvironmental problems//Arthur M A, Anderson T F, Kaplan I R, et al. Stable Isotopes in Sedimentary Geology. SEPM Society for Sedimentary Geology, 1983.

[95] Saller A H, Moore Jr C H. Meteoric diagenesis, marine diagenesis, and microporosity in Pleistocene and Oligocene limestones, Enewetak Atoll, Marshall Islands. Sedimentary Geology, 1989, 63(3-4): 253-272.

[96] Hill C A. Geology of the Delaware Basin, Guadalupe, Apache, and Glass Mounains, New Mexico and West Texas. Permian Basin SEPM 96-39, 1996: 113-137.

[97] Bowen G J, Wilkinson B. Spatial distribution of $\delta^{18}O$ in meteoric precipitation. Geology, 2002, 30(4): 315-318.

[98] Gat J R. Groundwater, in stable isotope hydrology: deuterium and oxygen-18 in the water cycle. International Atomic Energy Agency, Technical Report, 1981, 210: 203-221.

[99] Zeebe R E, Wolf-Gladrow D. CO_2 in Seawater: Equilibrium, Kinetics, Isotopes. Houston: Gulf Professional Publishing, 2001.

[100] Friedman I, O'Neil J R. Compilation of stable isotope fractionation factors of geochemical interest. US Geological Survey Professional Paper, 1977: 1-440.

[101] Shao L, Li Q Y, Zhu W L, et al. Neogene carbonate platform development in the NW South China Sea: Litho-, bio-and chemo-stratigraphic evidence. Marine Geology, 2017, 385: 233-243.

[102] Gross M G. Variations in the O^{18}/O^{16} and C^{13}/C^{12} ratios of diagenetically altered limestones in the Bermuda Islands. The Journal of Geology, 1964, 72(2): 170-194.

[103] Crundwell M, Scott G, Naish T, et al. Glacial-interglacial ocean climate variability from planktonic foraminifera during the Mid-Pleistocene transition in the temperate Southwest Pacific, ODP Site 1123. Palaeogeography, Palaeoclimatology, Palaeoecology, 2008, 260(1-2): 202-229.

[104] Jasechko S. Late-Pleistocene precipitation $\delta^{18}O$ interpolated across the global landmass. Geochemistry, Geophysics, Geosystems, 2016, 17(8): 3274-3288.

[105] Brand U, Veizer J. Chemical diagenesis of a multicomponent carbonate system-1: trace elements. Journal of Sedimentary Research, 1980, 50(4): 1219-1236.

[106] Azmy K, Brand U, Sylvester P, et al. Biogenic and abiogenic low-Mg calcite (bLMC and aLMC): evaluation of seawater-REE composition, water masses and carbonate diagenesis. Chemical Geology, 2011, 280(1-2): 180-190.

[107] Webb G E, Kamber B S. Rare earth elements in Holocene reefal microbialites: a new shallow seawater proxy. Geochimica et Cosmochimica Acta, 2000, 64(9): 1557-1565.

[108] Jacobsen S B, Kaufman A J. The Sr, C and O isotopic evolution of Neoproterozoic seawater. Chemical Geology, 1999, 161(1-3): 37-57.

[109] Dehler C M, Elrick M, Bloch J D, et al. High-resolution $\delta^{13}C$ stratigraphy of the Chuar Group (ca. 770–742Ma), Grand Canyon: implications for mid-Neoproterozoic climate change. Geological Society of America Bulletin, 2005, 117(1-2): 32-45.

[110] Banner J L. Application of the trace element and isotope geochemistry of strontium to studies of carbonate diagenesis. Sedimentology, 1995, 42(5): 805-824.

[111] Wang S H, Hsu N C, Tsay S C, et al. Can Asian dust trigger phytoplankton blooms in the oligotrophic northern South China Sea? Geophysical Research Letters, 2012, 39(5): L05811.1-L05811.6.

[112] Molnar P, Boos W R, Battisti D S. Orographic controls on climate and paleoclimate of Asia: thermal and mechanical roles for

the Tibetan Plateau. Annual Review of Earth and Planetary Sciences, 2010, 38(1): 77-102.

[113] Li R, Jones B. Temporal and spatial variations in the diagenetic fabrics and stable isotopes of Pleistocene corals from the Ironshore Formation of Grand Cayman, British West Indies. Sedimentary Geology, 2013, 286: 58-72.

[114] Guo Z T, Ruddiman W F, Hao Q Z, et al. Onset of Asian desertification by 22Myr ago inferred from loess deposits in China. Nature, 2002, 416(6877): 159-163.

[115] Matthews R K. Carbonate diagenesis: equilibration of sedimentary mineralogy to the subaerial environment; coral cap of Barbados, West Indies. Journal of Sedimentary Research, 1968, 38(4): 1110-1119.

[116] Ding Z, Yu Z, Rutter N W, et al. Towards an orbital time scale for Chinese loess deposits. Quaternary Science Reviews, 1994, 13(1): 39-70.

[117] 刘东生, 郑绵平, 郭正堂. 亚洲季风系统的起源和发展及其与两极冰盖和区域构造运动的时代耦合性. 第四纪研究, 1998, (3): 194-204.

[118] Braithwaite C J R, Dalmasso H, Gilmour M A, et al. The Great Barrier Reef: the chronological record from a new borehole. Journal of Sedimentary Research, 2004, 74(2): 298-310.

[119] Gong S, Mii H S, Yui T, et al. Deposition and diagenesis of Late Cenozoic Carbonates at Taipingdao, Nansha (Spratly) Islands, South China Sea. Western Pacific Earth Sciences, 2003, 3(2): 93-106.

[120] Damuth J E, Fairbridge R W. Equatorial Atlantic deep-sea arkosic sands and ice-age aridity in tropical South America. Geological Society of America Bulletin, 1970, 81(1): 189-206.

[121] Bonatti E, Gartner S. Caribbean climate during Pleistocene ice ages. Nature, 1973, 244(5418): 563-565.

— 第十章 —

琛科 2 井碳酸盐岩白云石化作用 [①]

第一节　岛礁白云石化作用概述

　　作为地表环境中一种常见的岩石类型，白云岩主要由白云石 [CaMg(CO$_3$)$_2$] 矿物组成其不仅是油气和矿产资源的重要储集体，还是古环境、古气候和古水文的良好记录载体[1-6]。古代地层中的白云岩含量丰富，而现代沉积环境中白云岩却很缺乏，且实验室低温（约 25℃）、无微生物条件下无法合成有序白云石，这种悖论通常称为"白云岩问题"（dolomite problem）[7]。自 1791 年法国博物学家德奥达·德·多洛米厄（Deodat de Dolomieu）首先发现并描述白云岩[8] 和 1916 年 Van Tuyl[9] 首次提出"白云岩问题"以来，白云岩成因之谜悬而未决，至今已成为地学领域经典的科学问题之一。

　　长久以来，沉积学家尝试采用实验室模拟和野外（自然环境条件下）探测的方法来解决"白云岩问题"。自 1960 年以来，许多在高温条件下（通常 >175℃）[10-13] 或在有微生物存在的情况下[14]进行的实验室模拟都试图探究控制白云石形成的基本因素，以及白云石化过程中白云石的晶体学和化学性质变化。在自然环境条件下，研究主要集中于含白云石的沉积物、岩石或块状白云岩，通过解释白云岩（石）的岩石学、矿物学、地球化学和生物化学特征来确定其成因[1, 7, 15-20]。这种方法在很大程度上依赖于地质学家对白云岩（石）地球化学特征的理解，如碳氧稳定同位素、微量元素、稀土元素等。然而，这些地球化学数据的解释常常具有不确定性：①由于正常自然环境下难以合成白云石，碳氧稳定同位素和微量元素在白云石和溶液之间的分馏或分配行为机制不清楚；②白云岩（石）形成之后被晚期的成岩作用再次改造（如重结晶作用），使其不再保留原始的地球化学特征。为了尽可能减少晚期成岩作用对白云岩（石）地球化学特征的影响，受后期改造弱的白云岩（石）序列往往是研究"白云岩问题"的优质材料。

　　从 20 世纪 50 年代开始，应科学研究和能源勘探的需求，在太平洋和加勒比海的众多孤立碳酸盐岩岛礁上的一系列钻井钻取了台地规模分布的厚层白云岩。目前露头解剖和钻井钻探揭示发育厚层块状白

---

① 作者：王瑞、余克服。

云岩的岛礁主要包括大开曼岛[21-23]、北大东岛[24]、穆鲁罗瓦环礁[25]、埃内韦塔克环礁[26]、纽埃岛[27, 28]和巴哈马台地[29-31]、西沙群岛[32]、美济礁[33]等20多个岛屿、环礁或台地。为简易起见，Budd[1]将这些发育于碳酸盐岩岛屿、环礁或台地上的白云岩（石）统称为"island dolomites"。考虑到这些白云岩（石）往往与珊瑚礁的发育有密切关系，本书将"island dolomites"统一命名为"岛礁白云岩"。研究发现，这些白云岩（石）往往：①形成时代年轻[34]；②未经历深埋藏作用[1]；③形成之后受成岩改造弱[30]；④形成环境便于与现代海洋环境进行对比[1, 31]。因此，其被认为是研究经典"白云岩问题"的天然实验室[1, 23]。目前钻井揭示的白云岩样品中，最深的样品大于1200m（如埃内韦塔克环礁、西沙群岛），部分样品深度为300～600m（如西沙群岛、大巴哈马浅滩），但大部分样品的深度小于150m（如小巴哈马浅滩、北大东岛、开曼布拉克岛）。另外也有一些白云岩或白云石出露于地表之上，包括库拉索岛、牙买加岛、圣克罗伊岛、巴巴多斯岛和开曼群岛等。这些白云岩具有相似的岩石学结构（结构保存型和结构破坏型）[1, 23, 29, 35]和相近的地球化学指标（$\delta^{13}C$主要为0～4‰；$\delta^{18}O$主要为0～5‰；Sr含量主要为低于500ppm）[1, 23]，指示岛礁白云岩成因的相似性。同时，全球岛礁白云岩Sr同位素反映出白云石化主要发育于12～10Ma至<0.5Ma（晚中新世至中更新世）[1, 29, 36]。相似的成因和相近的白云石化时间显示岛礁白云石化应当具有全球同步性[1, 23]。

岛礁白云岩被认为由富含Mg^{2+}的海水交代先驱灰岩所产生[$2CaCO_3 + Mg^{2+} = CaMg(CO_3)_2 + Ca^{2+}$]。Morrow[18, 19]指出，所有白云石化的发生必须具备：①有效的Mg^{2+}来源；②将Mg^{2+}输送至白云石化场地的有效输送系统；③促进先驱灰岩转化为白云岩的微观物理-化学条件。目前认为，正常海水及其相关的流体（超咸水、轻微蒸发海水、淡水-海水混合水、埋藏改造海水等）为岛礁白云石化的主要流体[1, 32, 35, 37]。流体的运移机制则可能包括与海平面变化相关的潮汐泵[38]、渗流[39, 40]、蒸发泵[41, 42]等模式，以及与流体密度差异相关的渗流回流[43]、淡水-海水混合带[44-46]和热对流[42, 43, 47, 48]模式。然而，目前关于岛礁白云岩的时间演化、流体性质、成因模式和古环境、古气候控制因素等仍存在诸多争议。

西沙群岛4口深钻井（琛科2井、西科1井、西琛1井和西永1井）揭示出，晚中新世黄流组或宣德组（深度300m～600m）发育了厚层白云岩（平均厚度约235m），其厚度远远大于太平洋和加勒比海岛礁已报道的块状白云岩的厚度（多在150m以下），如大开曼岛白云岩厚118m、小巴哈马浅滩白云岩厚约52m、北大东岛白云岩厚103m等。由于西沙群岛长期处于构造沉降状态（约23Ma之后）[49]，在新生代岛礁发生白云石化时期，西沙群岛应当保存了完整的、厚度较大的白云岩层，因此西沙群岛白云岩是探讨岛礁白云岩一系列问题的有利场所。本章将主要介绍西沙群岛琛科2井白云岩的相关研究成果，主要包括白云岩的岩石学和地球化学特征、流体性质、形成时间、成因模式以及古环境、古气候控制因素等，以期为岛礁白云岩的成因和白云岩问题的研究提供科学支撑。

第二节 琛科2井白云岩的基本特征

琛科2井中揭示出宣德组（相当于琛科2井前期论文中的黄流组[32]）白云岩（白云石含量高于98%，发育深度为519～308.5m）和永乐组（相当于琛科2井前期论文中的莺歌海组[32]）白云质灰岩（白云石含量多低于50%，发育深度为308.5～180.5m），总厚度为338.5m（图10.1）。西琛1井、琛科2井、西永1井和西科1井中宣德组（西永1井和西科1井原称为黄流组，与西琛1井和琛科2井的宣德组相对应；本书统称为宣德组）的白云岩厚度最小为200.5m，最大为290m，平均为235m[32, 50]。宣德组白云岩除西科1井中有部分白云质灰岩外，白云岩含量均高于98%，其可能主要为晚中新世时期所形成[32, 50-52]。永乐组应属于区域含白云石层[32, 50, 53, 54]（白云石层的平面展布面积大于岛礁面积的一半），其厚度约为

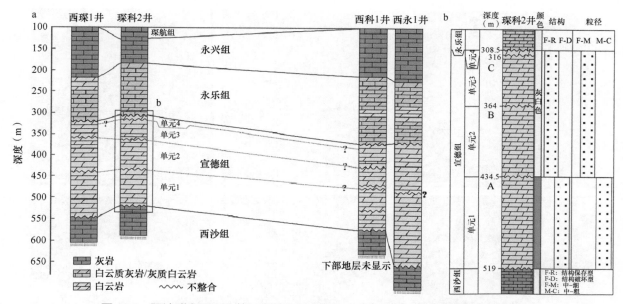

图 10.1　西沙群岛西琛 1 井、琛科 2 井、西永 1 井和西科 1 井宣德组地层对比图
a. 西琛 1 井、琛科 2 井、西永 1 井和西科 1 井的地层关系图；b. 琛科 2 井宣德组地层特征，包括不整合面 A、B、C 的位置，以及白云岩的岩石学结构等

130m，白云石的含量整体上从底部向顶部逐渐降低。宣德组白云岩底部和顶部分别以不整合面与下伏西沙组和上覆永乐组分开，而永乐组顶部不整合面则将白云质灰岩与上覆永兴组灰岩分开 [32,50]。

一、岩石学和地层学特征

（一）宣德组

根据岩石学和地球化学特征，将琛科 2 井宣德组地层划分为四个以不整合面为边界的单元（单元 1、单元 2、单元 3 和单元 4）（图 10.1a）。

单元 1（519 ～ 434.5m）由棕褐色、致密坚硬、粒度较粗的白云岩组成，呈结构破坏型组构（原始沉积结构基本被破坏）。白云岩内包含自形-半自形紧密镶嵌的白云石晶体（多数晶体大小为 10 ～ 60μm）和透明自形白云石晶体（多数晶体大小为 30 ～ 140μm，最大可达 500μm）（图 10.2a、b）。尽管该单元的白云岩多呈结构破坏型，但其上部 19.5m（454 ～ 434.5m）白云岩中部分原始结构仍保存较完好，可见被溶蚀的珊瑚骨架、保存完好的珊瑚藻等。透明自形白云石主要发育在次生孔隙中（图 10.2b）、孔洞中或呈斑点状分布于基质白云石之中（图 10.2c）。一些基质白云石晶体具有"雾心亮边"结构（图 10.2d）。类似于 Budd[1] 的描述，孔洞或孔隙中发育的透明自形白云石晶体通常为胶结物，多数基质则由交代白云石组成。拟态的红藻碎片（图 10.2b、e）和铸模孔隙（图 10.2f）在单元 1 中则不常见。

单元 2（434.5 ～ 364m）、单元 3（364 ～ 316m）和单元 4（316 ～ 308.5m）主要由灰白色、疏松、中细粒的白云岩组成，表现为结构保存型组构（原始灰岩的沉积结构基本保存完好）（图 10.3），可见组构保存较好的砾屑岩、黏结岩、泥粒岩和粒泥岩（图 10.3b）。这三个单元中的白云石主要包含细粒镶嵌状自形-半自形基质白云石（多小于 30μm）和自形-半自形透明白云石胶结物（20 ～ 60μm）（图 10.3a、c）。多数基质白云石和白云石胶结物具有"雾心亮边"结构（图 10.3d）。在一些基质白云石晶体中，"核心"的优先溶蚀会产生镂空的晶体，其中一些晶体被后期的白云石再充填（图 10.3d），形成

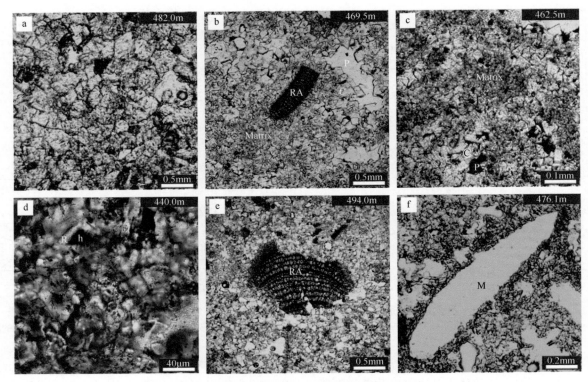

图 10.2　琛科 2 井宣德组单元 1 的岩石薄片特征

所有照片均为单偏光；样品深度位于每张照片的右上角。a. 结构破坏型白云岩由粗粒、自形-半自形白云石组成；b. 结构破坏型白云岩中包含的中粗粒白云石晶体、白云石基质（Matrix）和红藻碎片（RA），可见白云石胶结物（C）充填在次生孔隙中（P）；c. 结构破坏型白云岩中呈斑状分布的胶结物（C）和分散的孔隙（P）；d. 自形白云石晶体包含镂空的核心（h）和亮边（R）；e. 红藻碎片（RA）呈拟态保存；f. 溶蚀铸模孔（M）中无胶结物

"内-外白云石"（inside-out dolomite）。尽管在这三个单元中胶结物非常普遍，但仍有一些零散的铸模孔内未见任何胶结物（图 10.3f）。高镁方解石的生物碎屑（包括红藻）主要呈拟态交代白云石化而保存完好（图 10.3g）。相反地，文石质的生物碎屑（如珊瑚、腹足类和腕足类）通常被溶解形成铸模孔（图 10.3f）。尽管一些仙掌藻属（Halimeda）也是文石组分，但其仍呈拟态交代白云石化而保存完好（图 10.3b、h）。极少数情况下，一些文石质骨骼呈部分保存结构（图 10.3i）。

单元 1 白云岩的阴极发光特征与单元 2、单元 3 和单元 4 白云岩的阴极发光特征明显不同（图 10.4）。单元 2、单元 3 和单元 4 的细粒白云石以暗红色夹杂着亮红色斑点的阴极发光为特征，其中白云石胶结物呈暗红色带状（图 10.4a）。相反，单元 1 的中粗粒白云石以亮红色阴极发光为主，基质和胶结物的阴极发光均表现出环带状特征（图 10.4b）。

琛科 2 井宣德组的顶底均以不整合面为边界，其内部还包括三个次级不整合面，依次标记为 A、B 和 C（图 10.1b）。这些记录的地层演化关键阶段的不整合包含以下特点。

• 基底岩性突变面（519m）：表现为由白色 / 灰色石灰岩到黄褐色 / 黄色白云岩的岩性突变。

• 不整合面 A（434.5m）：单元 1 的黄褐色白云岩突变为单元 2 的白色 / 灰色白云岩；单元 1 的结构破坏型白云岩转变为单元 2 的结构保存型白云岩；从单元 1 至单元 2 氧同位素突然增加，平均值从 2.9‰ 增加至 3.5‰；从单元 1 的顶部至单元 2 的底部，低钙白云石（LCD）的含量（LCD%）突然降低。

• 不整合面 B（364m）：该不整合面下的白云岩受棕黄色含铁物质的浸染；LCD% 突然变化；从单元 2 至单元 3 白云岩碳同位素突然减少（从 2.6‰减少为 1.9‰）。

• 不整合面 C（316m）：棕黄色含铁质物质浸染下部的白云岩；LCD% 突然变化；碳同位素从单元

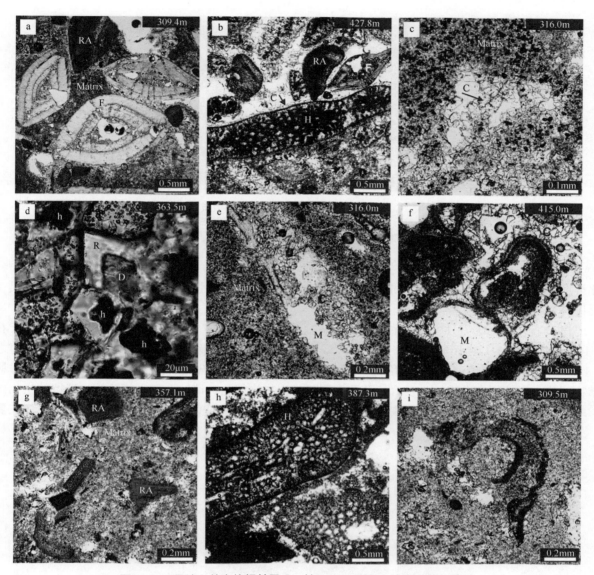

图 10.3 琛科 2 井宣德组单元 2、单元 3 和单元 4 的岩石薄片特征

所有照片均为单偏光；样品深度位于每张照片的右上角。a. 拟态、细粒的白云岩，可见保存完好的有孔虫（F）和红藻碎片（RA）；b. 细粒白云岩中含保存完好的仙掌藻（H）和有孔虫（F），另可见胶结物（C）充填在孔隙中；c. 细粒白云岩中可见呈斑状分布的粗粒白云石胶结物（C）；d. 自形环带状白云石，包含白云石亮边（R），有黄褐色的白云石晶体（D）发育于内部，形成"内-外白云石"；e. 细粒白云岩中可见白云石胶结物（C）内衬于溶蚀铸模孔（M）内；f. 溶蚀铸模孔（有孔虫?）（M）；g. 细粒白云岩包含细晶白云石基质和拟态保存的红藻碎片（RA）；h. 保存完好的仙掌藻（H）碎片；i. 文石质骨骼（?）被白云石部分拟态交代

3 的 1.9‰突然增加至单元 4 的 2.4‰。

• 顶部不整合面（308.5m）：该不整合面为限定宣德组顶部界面的不整合面，表现为棕黄色含铁质物质浸染其下部的白云岩，以及岩性突变（图 10.1b）。

（二）永乐组

琛科 2 井永乐组（308.5 ～ 185m）总体特征为部分白云石化（白云石交代作用不彻底）。在岩芯、岩石薄片观察的基础上，依据白云石的晶体粒径、晶体边界形态（平直或非平直）、相互关系以及白云

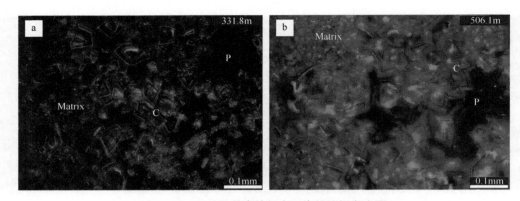

图 10.4　琛科 2 井宣德组白云岩的阴极发光图

样品深度位于每张照片的右上角。a. 单元 2、单元 3 和单元 4 中的细粒白云石表现为暗红色夹杂着亮红色斑点的阴极发光特征，基质表现为暗色夹杂着亮点，胶结物（C）显示为暗红色带状；b. 单元 1 的中粗粒白云石晶体，亮红色夹杂着部分亮点，可见环带状

石化程度，将永乐组岩石类型分为弱白云石化、选择性白云石化、强白云石化和拟态白云石化四类（Ⅰ类至Ⅳ类）岩性相。

弱白云石化礁灰岩（Ⅰ类）：手标本上呈灰白色，显微镜下未见颗粒和基质发生明显的白云石化（图 10.5a）。白云石（多小于 20μm）自形程度较高，散落分布于方解石基质（被染为红色）和孔隙之中（图 10.6b）；少数的珊瑚藻细胞内和细胞壁中可见白云石晶体。部分生物碎屑颗粒间发育犬齿状方解石胶结物。此类岩性相中孔隙较为发育，孔隙类型包括生物格架孔、溶蚀孔和晶间孔等。残留的生物碎屑原始结构保存完好，主要为皮壳状珊瑚藻、枝状珊瑚藻以及少量双壳类和有孔虫等。此类岩性相主要发

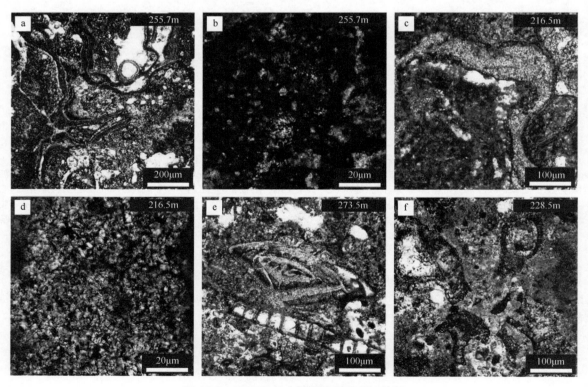

图 10.5　琛科 2 井永乐组的岩石薄片特征

样品深度位于每张照片的右上角；岩石薄片用茜素红染色。a. 方解石被染成红色，白云石未被染色；b. 灰岩孔隙中发育极少数菱形细晶白云石；c、d. 选择性白云石化，珊瑚藻白云石化，白云石干净明亮；e、f. 基质严重白云石化，生物碎屑未被白云石化，溶蚀孔发育

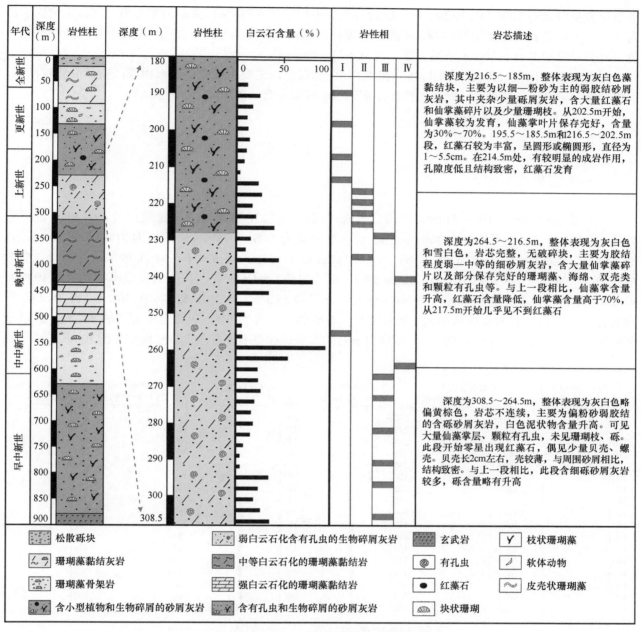

图 10.6　琛科 2 井永乐组岩性相和岩芯描述

育在永乐组 216.5m 以浅（图 10.6）。

选择性白云石化礁灰岩（Ⅱ类）：手标本上呈灰白色-雪白色，可见大量结构保存较好的珊瑚藻和其他生物（如有孔虫、苔藓虫、珊瑚等）；有孔虫等生物未发生白云石化，而珊瑚藻白云石化较为强烈。"雾心亮边"结构白云石存在于孔隙中或者珊瑚藻内部（图 10.5c）。部分有孔虫内壁边缘填充了大量白云石，白云石透明程度较高且其晶粒粒径较大（5 ～ 20μm）。基质中散落分布少量-中等含量的白云石，主要为细晶白云石（晶面平直、自形-它形）和"雾心亮边"白云石。部分孔洞内可见细粒、自形白云石胶结物（图 10.5d）。此类岩性相主要发育在 235.5 ～ 216.5m（图 10.6）。

白云石化程度较高的礁白云岩（强白云石化段）（Ⅲ类）：手标本上呈灰白色-灰褐色，主要由自形-

半自形微晶白云石组成（图10.5e、f）。白云石大小不均一，一些部位以微晶为主，另一些部位则以细晶为主，这可能是岩石原始结构的差异所致。孔隙较为发育，孔隙类型有溶蚀孔、晶间孔以及生物格架孔等。此类岩性相主要分布在永乐组下部（图10.6）。

拟态白云石化段（Ⅳ类）：手标本上呈灰白色-棕褐色，主要由微晶白云石组成；白云石化较彻底，仅极少部分未被茜素红染色。此类岩性相在永乐组中零星发育（图10.6）。

二、矿物学特征

（一）宣德组

除底部2m以外（519～517m，灰质白云岩-白云质灰岩），琛科2井宣德组白云岩中MgO的质量分数为15%～22%（平均值为20%），CaO的质量分数为15%～38%（平均值为31%）（图10.7）。宣德组白云岩由高钙白云石 [$CaCO_3$ 摩尔比（mole%$CaCO_3$）>55%，下文均称 $CaCO_3$ 摩尔比为%Ca，参考 Jones 等 [55] 的概念] 和低钙白云石（%Ca<55%）混合组成，%Ca 变化与深度的关系不明显（图10.8a）。单元1、单元2、单元3和单元4中%Ca相近，分别为55.3%、55.2%、55.7%和56.2%（图10.8）。平均而言，高钙白云石的含量从单元1的63.5%，增至单元2的71.9%，再增至单元3的84.7%，最后增至单元4的100%。对整个序列而言，低钙白云石的含量往往在不整合面下突然增高（图10.8b）。

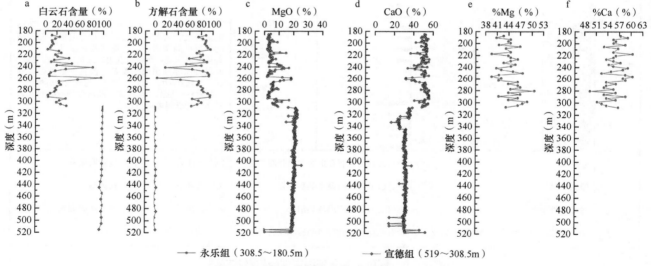

图 10.7　琛科 2 井永乐组和宣德组白云石矿物学特征随深度变化图

（二）永乐组

永乐组主要由白云石和低镁方解石组成，未鉴别出文石、石英等其他矿物。永乐组白云石含量为4.1%～96.1%，平均含量为25.1%。大部分岩芯段白云石含量低于50%，整体上以方解石为主（图10.7b）；总体上白云石含量随深度增加有升高的趋势（图10.7a）。与大多数岛礁白云岩一样，永乐组中主要为有序的钙质白云石，其中白云石的%Ca 为49.4%～60.4%（n=37），%Ca 平均值为55.7%；%Ca 与深度之间无明显的相关性（图10.7f）。

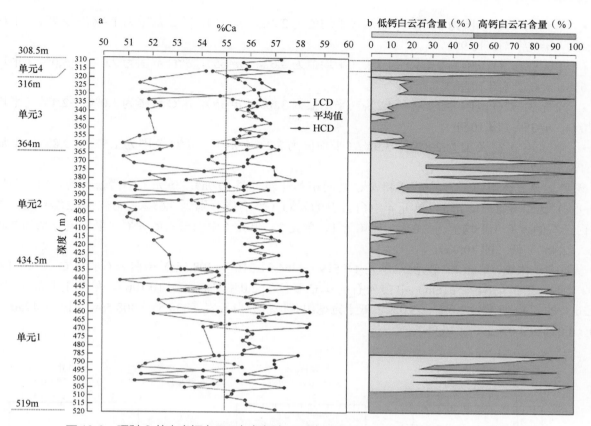

图 10.8　琛科 2 井中高钙白云石与低钙白云石含量及 $CaCO_3$ 摩尔比（%Ca）的垂向变化

三、地球化学特征

（一）宣德组

1. 氧碳同位素

琛科 2 井宣德组白云岩的氧同位素值（$\delta^{18}O$）范围为 2.0‰～4.7‰（平均值为 3.3‰），碳同位素值（$\delta^{13}C$）范围为 1.0‰～3.0‰（平均值为 2.3‰）（图 10.9b）。

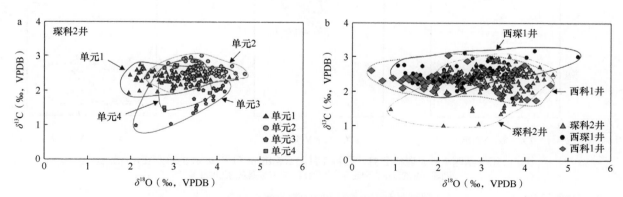

图 10.9　琛科 2 井宣德组白云岩的氧碳同位素特征

a. 琛科 2 井中单元 1、单元 2、单元 3 和单元 4 的 $\delta^{18}O$ 与 $\delta^{13}C$ 交汇图；b. 琛科 2 井、西琛 1 井和西科 1 井宣德组白云石的 $\delta^{18}O$ 与 $\delta^{13}C$ 交汇图。
西琛 1 井的数据来自赵强[50]；西科 1 井的数据来自王振峰等[56]

- 单元 1：$\delta^{18}O$ 范围为 2.0‰～4.5‰（平均值为 2.9‰，n=77），$\delta^{13}C$ 范围为 1.9‰～2.7‰（平均值为 2.4‰，n=77）（图 10.9b）。

- 单元 2：$\delta^{18}O$ 范围为 2.4‰～4.7‰（平均值为 3.6‰，n=65），$\delta^{13}C$ 范围为 2.0‰～3.0‰（平均值为 2.6‰，n=65）（图 10.9b）。

- 单元 3：$\delta^{18}O$ 范围为 2.1‰～4.2‰（平均值为 3.6‰，n=35），$\delta^{13}C$ 范围为 1.0‰～2.4‰（平均值为 2.0‰，n=35）（图 10.9b）。

- 单元 4：$\delta^{18}O$ 范围为 2.8‰～3.9‰（平均值为 3.2‰，n=7），$\delta^{13}C$ 范围为 1.5‰～2.8‰（平均值为 2.4‰，n=7）（图 10.9b）。

琛科 2 井宣德组白云岩的 $\delta^{18}O$ 和 $\delta^{13}C$ 之间相关性弱（图 10.9a）。单元 1 中白云石的 $\delta^{18}O$（平均值为 2.9‰）比单元 2、单元 3、单元 4 中白云石的 $\delta^{18}O$（平均值分别为 3.6‰、3.6‰、3.2‰）低。单元 3 中白云石的 $\delta^{13}C$（平均值为 2.0‰）比单元 1、单元 2、单元 4 中白云石的 $\delta^{13}C$（平均值分别为 2.4‰、2.6‰、2.4‰）低（图 10.9b）。

从垂向上来说，单元 1、单元 2、单元 4（519～364m，316～308.5m）中白云石的 $\delta^{13}C$ 多为 2.4‰～2.6‰，而单元 3（364～316m）中白云石的 $\delta^{13}C$ 多位于 2.0‰左右（图 10.10b）。单元 1 上部（475～434.5m）的 $\delta^{18}O$ 通常为 2.0‰～3.0‰，低于宣德组其他部分白云岩（434.5～308.5m，519～475m）的 $\delta^{18}O$（3.0‰～4.0‰）（图 10.9b）。

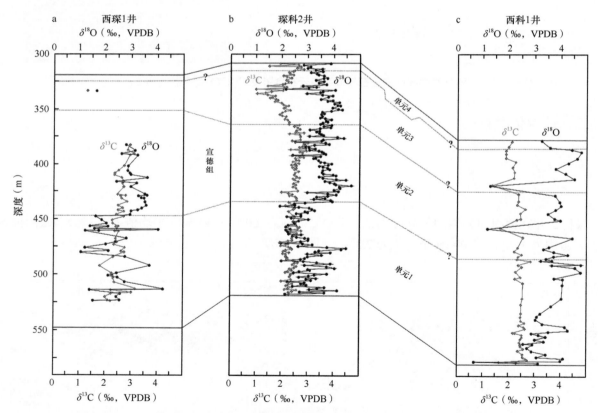

图 10.10　西琛 1 井、琛科 2 井、西科 1 井白云岩的 $\delta^{18}O$ 和 $\delta^{13}C$ 的垂向变化与对比
西琛 1 井的数据来自赵强[50]；西科 1 井的数据来自王振峰等[56]

2. 微量元素

琛科 2 井宣德组白云岩的 Sr 含量为 88～417ppm（平均值为 233ppm，n=25）。其中，单元 1 白云

岩的 Sr 含量为 88 ～ 329ppm（平均值为 198ppm，*n*=10），单元 2 白云岩的 Sr 含量为 189 ～ 417ppm（平均值为 299ppm，*n*=8），单元 3 白云岩的 Sr 含量为 134 ～ 320ppm（平均值为 236ppm，*n*=5），单元 4 白云岩的 Sr 含量为 122 ～ 151ppm（平均值为 137ppm，*n*=2）（图 10.11a）。

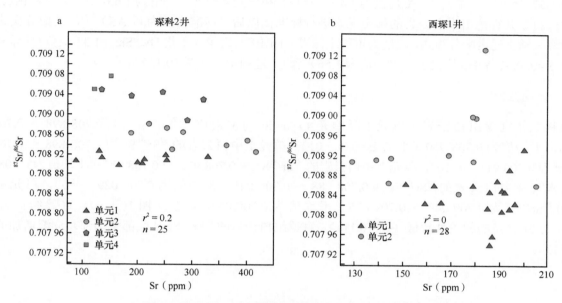

图 10.11 琛科 2 井和西琛 1 井宣德组白云岩中 $^{87}Sr/^{86}Sr$ 与 Sr 含量的相关性
西琛 1 井 $^{87}Sr/^{86}Sr$ 与 Sr 含量来自魏喜等 [57]

3. 稀土元素

琛科 2 井宣德组白云岩的稀土元素和钇元素（REE+Y，用 REY 表示）含量为 1 ～ 40ppm（平均值为 9ppm），且单元 1、单元 2、单元 3 和单元 4 中 REY 的配分模式相似（图 10.12）。宣德组白云岩所有样品都具有重稀土元素富集的特征（平均 Dy_N/Sm_N=1.37，*n*=202），其中单元 1（平均 Dy_N/Sm_N=1.31，*n*=79）、单元 2（平均 Dy_N/Sm_N=1.34，*n*=67）和单元 3（平均 Dy_N/Sm_N=1.46，*n*=49）中具有相似的重稀土元素富集特征，单元 4 具有偏高的重稀土元素富集特征（平均 Dy_N/Sm_N=1.67，*n*=7）。

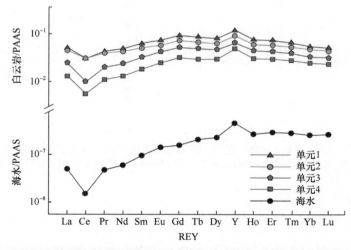

图 10.12 琛科 2 井宣德组白云岩标准化后 REY 的配分模式和南海海水 REY 的配分模式 [58]

单元 3 和单元 4 具有轻微偏小的 Ce/Ce* 比值，平均值分别为 0.44（$n=49$）和 0.44（$n=7$），而单元 1 和单元 2 的 Ce/Ce* 平均值分别为 0.62（$n=79$）和 0.65（$n=67$）。大多数样品具有较大的 Y/Ho 比值，范围为 0.86 ~ 2.99（平均值为 1.56，$n=202$），其中 Y/Ho 比值在单元 1（平均值为 1.59，$n=79$）、单元 2（平均值为 1.57，$n=67$）、单元 3（平均值为 1.49，$n=49$）和单元 4 中（平均值为 1.63，$n=7$）整体相近。

对琛科 2 井宣德组中白云岩的稀土元素进行标准化以后（标准物质为 PAAS）[57]，其配分模式具有典型的海水稀土元素配分模式，表现为重稀土元素（HREE）富集（平均 $Dy_N/Sm_N=1.37$）、负 Ce 异常（平均 Ce/Ce*=0.58）、Y/Ho 比值大（平均值为 1.56）和 La 过剩特征（图 10.12）。

4. Sr 同位素

琛科 2 井宣德组白云岩（单元 1 至单元 4）的 Sr 同位素值（$^{87}Sr/^{86}Sr$）为 0.708 898 ~ 0.709 075（$n=25$），平均值为 0.708 960（平均 $2s=0.000\ 01$）。单元 1 中白云岩的 $^{87}Sr/^{86}Sr$ 为 0.708 898 ~ 0.708 926（平均值为 0.708 911，$n=10$），单元 2 中白云岩的 $^{87}Sr/^{86}Sr$ 为 0.708 926 ~ 0.708 981（平均值为 0.708 953，$n=8$），单元 3 中白云岩的 $^{87}Sr/^{86}Sr$ 为 0.708 988 ~ 0.709 048（平均值为 0.709 029，$n=5$），单元 4 中白云岩的 $^{87}Sr/^{86}Sr$ 为 0.709 049 ~ 0.709 075（平均值为 0.709 062，$n=2$）（图 10.11a）。宣德组白云岩的 $^{87}Sr/^{86}Sr$ 与 Sr 含量的相关性较低（图 10.11a）。宣德组白云岩的 $^{87}Sr/^{86}Sr$ 从底部至顶部有逐渐增加的趋势（图 10.13）。

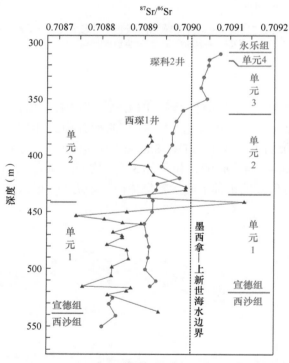

图 10.13 琛科 2 井和西琛 1 井宣德组 $^{87}Sr/^{86}Sr$- 深度曲线的对比
墨西拿—上新世边界的海水值来自 McKenzie 等 [59] 和 Meyers 等 [60]；西琛 1 井 $^{87}Sr/^{86}Sr$ 来自魏喜等 [58]

（二）永乐组

1. 碳氧同位素

琛科 2 井永乐组全岩的 $\delta^{13}C$ 范围为 0.5‰ ~ 1.8‰（平均值 1.1‰），$\delta^{18}O$ 范围为 0.6‰ ~ 4.2‰（平

均值为 1.3‰）；永乐组背景白云石（指散布于灰岩中的纯净白云石）的 $\delta^{13}C$ 范围为 1.7‰~ 2.4‰（平均值为 2.0‰），$\delta^{18}O$ 范围为 3.2‰~ 5.0‰（平均值为 4.2‰）。永乐组中全岩和背景白云石中的 $\delta^{13}C$ 和 $\delta^{18}O$ 均不随深度变化而变化（图 10.14a、b），即 $\delta^{13}C$ 和 $\delta^{18}O$ 与深度均不具有相关性。

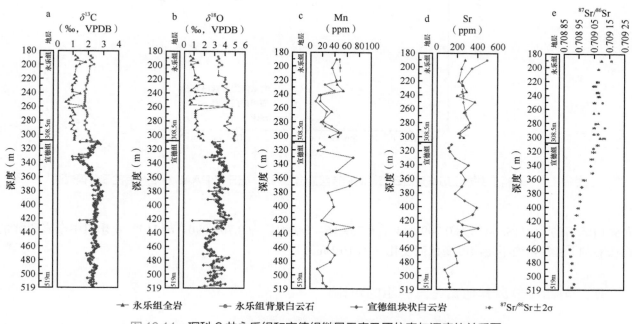

图 10.14　琛科 2 井永乐组和宣德组微量元素及同位素与深度的关系图

2. 微量元素

琛科 2 井永乐组全岩的 Mn 含量范围为 17 ~ 54ppm（平均值为 34ppm）；永乐组背景白云石的 Mn 含量范围为 9 ~ 51ppm（平均值为 35ppm）。永乐组全岩和背景白云石的 Mn 含量均不随深度变化而变化，在深度上有协同变化的趋势（图 10.14c）。

琛科 2 井永乐组全岩的 Sr 含量范围为 201 ~ 375ppm（平均值为 270ppm）；永乐组背景白云石的 Sr 含量为 232 ~ 494ppm（平均值为 294ppm）。永乐组全岩和背景白云石的 Sr 含量均不随深度变化而变化（图 10.14d）。

3. 稀土元素

琛科 2 井永乐组背景白云石的 REE+Y 含量为 5.05 ~ 27.35ppm（平均值为 10.21ppm，$n=12$），总体上具有 REE+Y 含量较低的特征。对所有样品的 REE+Y 分析结果进行 PAAS 标准化，得到的各参数特征为：HREE 富集（平均 $Dy_N/Sm_N=1.5$，$n=12$）；Ce/Ce^* 比值范围为 0.39 ~ 0.66（平均值为 0.52，$n=12$），显示中等 Ce 负异常；Eu/Eu^* 比值范围为 0.66 ~ 0.80（平均值为 0.74，$n=12$），表现为 Eu 明显负异常；Y/Ho 比值较大（平均值为 40.7，$n=12$）以及 La 正异常。琛科 2 井永乐组背景白云石与海相碳酸盐岩、海水都具有相似的 REE+Y 配分模式和变化趋势，以及 Ce 的明显负异常和较大的 Y/Ho 比值，这些特征均表明琛科 2 井永乐组背景白云石具有典型的海水稀土元素富集模式（图 10.15）。

4. Sr 同位素

琛科 2 井永乐组全岩的 $^{87}Sr/^{86}Sr$ 范围为 0.709 049 ~ 0.709 099（平均值为 0.709 070，$n=12$）；永乐组

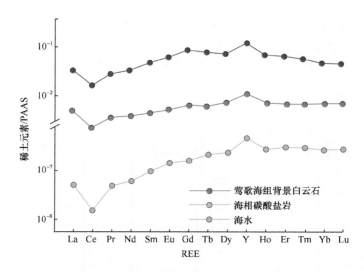

图 10.15　琛科 2 井永乐组背景白云石、海相碳酸盐岩和海水 REE 经 PAAS 标准化后的配分模式图

背景白云石的 $^{87}Sr/^{86}Sr$ 范围为 0.709 044 ～ 0.709 161（平均值为 0.709 090，n=11）。永乐组中全岩和背景白云石的 $^{87}Sr/^{86}Sr$ 均不随深度变化而变化（图 10.14e）。

四、与西沙群岛其他钻井宣德组的对比

开展琛科 2 井与西沙群岛其他钻井宣德组（西科 1 井为黄流组）白云岩的对比研究并不容易。一方面，各钻井的取样水平不一（包含岩芯和岩屑），另一方面，前人对不同钻井开展研究工作的深度和描绘程度不一 [32, 50-53, 56, 58, 61]。本书主要选择钻穿宣德组地层的钻井来开展对比研究，其中西琛 1 井位于琛航岛的西南缘，距离琛科 2 井约 0.5km，西永 1 井和西科 1 井分别位于永兴岛和石岛，距离琛科 2 井分别约 80km 和约 81km。西琛 1 井和西科 1 井获取了较好的岩芯，但西永 1 井只获取了岩屑 [50, 56, 58]。

（一）地层划分

在西琛 1 井中，宣德组的不整合面主要发育在 319m、351m、451m 和 548m[50, 58]。在西科 1 井中，王振锋等 [56] 在 370m、470m 和 576.5m 深度上识别出三个不整合面（图 10.1a）；Shao 等 [51] 则认为，在 370m、425m、470m、480m、528m 和 576.5m 发育了六个不整合面。在西永 1 井中，很难识别出不整合面，仅有宣德组的顶底有不整合面的报道，分别位于 370m 和 660m[50]。

琛科 2 井与西琛 1 井的白云岩特征极其相似，但其与西科 1 井的白云岩特征似乎略有不同。在西琛 1 井中，灰白色、细粒、结构保存型的白云岩（451 ～ 319m）[50, 58] 与琛科 2 井中单元 2、单元 3 和单元 4 的白云岩相似；棕褐色-棕黄色白云岩（548 ～ 451m）[50, 53, 58] 与琛科 2 井中单元 1 的白云岩相似。

对比琛科 2 井，基于内部不整合面的发育情况，西琛 1 井的白云岩可以划分为：①单元 1（548 ～ 451m）发育棕褐色-棕黄色白云岩；②单元 2（451 ～ 351m）发育灰白色细中粒白云岩；③单元 3（351 ～ 319m）发育灰白色中细粒白云岩，可能等同于琛科 2 井宣德组中的单元 3 和单元 4。就西科 1 井而言，由于其内部不整合面报道不一 [51, 56]，可将其划分为 2 个或 5 个次级地层单元。就西永 1 井而言，由于取芯的限制（岩屑），未见宣德组内部有不整合面的报道 [50]。目前，琛科 2 井宣德组内部识别出的地层单元（单元 1 ～ 单元 4）难以与西科 1 井和西永 1 井的地层相对应。

（二）氧碳同位素

西琛 1 井宣德组和西科 1 井白云岩的 $\delta^{13}C^{[50, 56]}$ 与琛科 2 井宣德组的相近（图 10.10）。就西琛 1 井的白云岩而言，$\delta^{18}O$ 范围为 1.1‰～ 4.2‰（平均值为 2.7‰，n=52），$\delta^{13}C$ 范围为 1.8‰～ 3.2‰（平均值为 2.5‰，n=52）。就西科 1 井的白云岩而言，$\delta^{18}O$ 范围为 2.3‰～ 4.8‰（平均值为 3.7‰，n=89），$\delta^{13}C$ 范围为 1.2‰～ 2.8‰（平均值为 2.3‰，n=89）。与琛科 2 井类似，西琛 1 井和西科 1 井白云岩的 $\delta^{13}C$ 与 $\delta^{18}O$ 也不存在相关性（图 10.9）。西琛 1 井 $\delta^{13}C$ 和 $\delta^{18}O$ 的垂向变化趋势与琛科 2 井类似（图 10.10a、b）。在西琛 1 井中，$\delta^{13}C$ 大多稳定在 2.3‰和 3.0‰之间，但 $\delta^{18}O$ 并不存在与琛科 2 井单元 1 顶部类似的 $\delta^{13}C$ 明显的低值。就西科 1 井的白云岩而言，$\delta^{13}C$ 从下往上整体上从约 3‰缓慢减小为约 2‰，而 $\delta^{18}O$ 则大多在 2.5‰和 4.6‰之间波动（图 10.10c）。在西琛 1 井和西科 1 井中，$\delta^{18}O$ 和 $\delta^{13}C$ 与深度也不存在相关性（图 10.10a、c）。

（三）Sr 元素和 Sr 同位素

在西琛 1 井中，宣德组白云岩的 Sr 含量范围为 129 ～ 205ppm（平均值为 176ppm，n=28）[58]，略低于琛科 2 井宣德组白云岩的 Sr 含量（平均值为 233ppm，n=25）（图 10.11a、b）。其中，单元 1 的 Sr 含量范围为 51 ～ 200ppm（平均值为 183ppm，n=17），单元 2 的 Sr 含量范围为 139 ～ 205ppm（平均值为 166ppm，n=11）（图 10.11b）。

西琛 1 井宣德组白云岩的 $^{87}Sr/^{86}Sr$ 范围为 0.708 740 ～ 0.709 133（平均值为 0.708 874，平均 $2s$=0.000 02，n=28），小于琛科 2 井宣德组白云岩的 $^{87}Sr/^{86}Sr$（平均值为 0.708 960，平均 $2s$=0.000 01，n=25）（图 10.11a、b）。在西琛 1 井中，单元 1 白云岩的 $^{87}Sr/^{86}Sr$ 范围为 0.708 740 ～ 0.708 933（平均值为 0.708 838，n=17），单元 2 白云岩的 $^{87}Sr/^{86}Sr$ 范围为 0.708 844 ～ 0.709 133（平均值为 0.708 932，n=11）（图 10.11b）。与琛科 2 井类似，西琛 1 井白云岩的 $^{87}Sr/^{86}Sr$ 和 Sr 含量之间也不存在相关性（图 10.11b）。

西琛 1 井与琛科 2 井的 $^{87}Sr/^{86}Sr$- 深度曲线是不同的（图 10.13）。总体而言，西琛 1 井宣德组白云岩的 $^{87}Sr/^{86}Sr$（平均值为 0.708 874）比琛科 2 井宣德组白云岩的 $^{87}Sr/^{86}Sr$（平均值 0.708 960）小了 0.000 086。然而，与琛科 2 井类似的是，除了个别异常值之外，西琛 1 井宣德组白云岩的 $^{87}Sr/^{86}Sr$ 也从底部至顶部呈增加趋势（图 10.13）。此外，西琛 1 井单元 1 白云岩的 $^{87}Sr/^{86}Sr$ 与琛科 2 井西沙组上段灰岩的 $^{87}Sr/^{86}Sr$ 接近（图 10.13）。

第三节　琛科 2 井宣德组的白云石化年龄

一、白云岩的 Sr 同位素定年原理

自瑞典地质学家威克曼（Wick Man）在 1948 年提出 Sr 同位素地层学（Strontium Isotope Stratigraphy，SIS）以来，Sr 同位素定年得到了广泛应用。由于 Sr 在海水中的滞留时间很长，大约为 10^6 年，而海水的混合时间约为 1000 年（大约只有 Sr 在海水中滞留时间的 1/1000），因此，在作为地质年代单位的百万年尺度上，海水中的 Sr 是经过充分混合的，那么任一时代全球范围内海水的 Sr 在同位素组成上都是均一的，同一时期海水在很大范围内具有相同的 $^{87}Sr/^{86}Sr^{[62]}$，从而导致地质历史中海水的 $^{87}Sr/^{86}Sr$ 是时间的函数 [63]。

海水的 Sr 同位素组成主要受壳源和幔源两个来源 Sr 的控制：①发生化学风化作用的大陆古老的硅铝质岩通过河流向海水提供相对辐射性成因的 Sr，具有较大的 $^{87}Sr/^{86}Sr$，全球平均值为 0.7119；②洋中脊热液系统向海水提供相对贫放射性成因的 Sr，具有较小的 $^{87}Sr/^{86}Sr$，全球平均值为 0.7035[64]。现代海水的 $^{87}Sr/^{86}Sr$ 是这两个来源 Sr 混合的结果，其平均值为 0.709073 ± 0.000003[65]。基于此，当海相碳酸盐岩沉积物形成时，它们从海水或成岩流体中获取 Sr，并没有发生 Sr 同位素的分馏作用[66]，因而保存着其形成时同期海水的 $^{87}Sr/^{86}Sr$。因此，$^{87}Sr/^{86}Sr$ 可以应用于海洋沉积物的定年[62]。

如果 $^{87}Sr/^{86}Sr$ 主要继承自促其形成的海水[1, 21]，那么可以使用已建立 $^{87}Sr/^{86}Sr$- 年龄曲线中的一条将 $^{87}Sr/^{86}Sr$ 转换为绝对时间[44, 59, 67-72]。这些曲线都显示，海水的 $^{87}Sr/^{86}Sr$ 在过去 40Ma 里逐渐增大。因此，利用 $^{87}Sr/^{86}Sr$ 可在某种程度上得出白云石化的年龄。

白云岩的 $^{87}Sr/^{86}Sr$ 通常被用来确定白云石化年龄[1, 21, 23, 26, 36, 73, 74]，主要是基于白云石化是由海水介导的这一基本假设，具体包括：① $^{87}Sr/^{86}Sr$ 继承自介导白云石化的海水[1, 73]；②没有继承来自先驱灰岩的 Sr 信号[1, 73]；③海水的 $^{87}Sr/^{86}Sr$ 在白云石化之前未发生改变[75]；④白云岩一旦形成，就没有发生后续的重结晶作用[21]。如果满足这些条件，理论上 $^{87}Sr/^{86}Sr$ 特征将反映原始灰岩的最晚年龄或白云石化的最早年龄[1, 73]。

二、宣德组白云石化年龄

（一）Sr 来源

海水的 $^{87}Sr/^{86}Sr$ 可能会通过以下物质发生作用而改变：先驱灰岩、上覆或下伏的灰岩或白云岩、火山岩、火山碎屑岩或硅质沉积物、大气粉尘[21, 35, 75-77]。在琛科 2 井宣德组白云岩中，$^{87}Sr/^{86}Sr$ 与 Sr 含量并不存在明显的相关性（图 10.11a）。Vahrenkamp 等[73]认为，白云岩中相对均一的 $^{87}Sr/^{86}Sr$ 反映了其来源于海水，而不是来源于先驱灰岩。此外，也没有证据表明琛科 2 井宣德组的白云石化流体流经了上覆或下伏的灰岩或白云质灰岩。尽管西沙群岛碳酸盐台地的基底由火山岩和火山碎屑岩组成，但其与宣德组白云岩之间被厚约 350m 的灰岩所分隔。同样地，也没有证据表明西沙群岛附近有任何硅质沉积物能够提供 Sr 源。尽管东亚冬季风可能会携带大气粉尘，但在琛科 2 井宣德组没有发育明显的黏土层。因此，琛科 2 井白云岩的 Sr 同位素应主要来源于海水。

此外，以下地球化学特征也支持琛科 2 井宣德组白云岩的 Sr 同位素来源于海水。

• 琛科 2 井白云岩的 Sr 含量（范围为 88～417ppm，平均值为 233ppm）和西琛 1 井白云岩的 Sr 含量（范围为 139～205ppm，平均值为 176ppm）与大多数岛礁白云岩的 Sr 含量（范围为 70～250ppm）相近[1, 21, 31, 78, 79]。前人研究认为，Sr 含量低（70～250ppm）反映了白云石化流体主要为（近）正常海水。

• 琛科 2 井白云岩的 REY 配分模式与现代南海海水的 REY 配分模式相似（图 10.12）。

• 琛科 2 井、西琛 1 井和西科 1 井白云岩的 $\delta^{13}C$ 和 $\delta^{18}O$ 缺少相关性（图 10.9b），表明大气淡水不是白云石化流体[1, 7, 80]。

白云石化之后的重结晶作用可能会重新改造 $^{87}Sr/^{86}Sr$ 的地质年代[21, 23]。Mazzullo[81]认为，相对于原始白云石而言，重结晶的白云石往往具有：①更好的计量学数；②增大的晶体；③明显不同的地球化学信号（如偏负的 $\delta^{18}O$、偏低的 Sr 含量）；④均匀的阴极发光信号。琛科 2 井宣德组单元 2、单元 3 和单元 4 的白云岩呈结构保存型，与大多数加勒比海和太平洋岛礁交代白云岩的特征[1, 21-23, 35]相似，没有显示出重结晶的特征。尽管琛科 2 井宣德组单元 1 的白云岩呈结构破坏型，具有较粗粒的白云石晶体和轻微偏负的 $\delta^{18}O$，但其也不是由重结晶作用而形成：①单元 1 白云岩的 %Ca（55.3%）与其他单元白

云岩的 %Ca（分别为 55.2%、55.7% 和 56.2%）相近（图 10.8）；②单元 1 白云岩的 Sr 含量（平均值为 198ppm）与单元 2、单元 3 和单元 4 白云岩的 Sr 含量（平均值分别为 299ppm、236ppm 和 137ppm）没有明显差别；③白云石晶体在阴极发光下呈现明显的环带状（图 10.4），表明白云岩没有经历重结晶作用。同时，在西沙群岛的其他钻井中，也没有白云岩发生明显重结晶的报道 [32, 50, 56, 58]。

现有的证据表明，琛科 2 井宣德组白云岩的 Sr 含量和 $^{87}Sr/^{86}Sr$ 没有经历重结晶的改造。因此，$^{87}Sr/^{86}Sr$ 可以用来指示白云石化的年龄。

（二）白云石化年龄

大多数岛礁的白云石化（如大开曼岛、开曼布拉克岛、北大东岛、小巴哈马浅滩）主要发生在晚中新世至早更新世 [1, 23]，但也有些岛礁的白云石化发生在中中新世，如库拉索岛 [77]，有些岛礁的白云石化发生在晚更新世，如圣萨尔瓦多岛和纽埃岛 [27, 36]。多数情况下，白云石化被认为是具有全球性的时间限定的白云石化事件 [1, 21, 22, 35, 37, 75, 82-85]。应用这种"事件"模式，在不同的岛礁中分别识别出了一期至五期白云石化阶段。

- 北大东岛：两期或三期白云石化阶段 [24, 44]。
- 大开曼岛：两期白云石化阶段 [21, 22]。
- 小巴哈马浅滩：三期白云石化阶段 [36]。
- 富纳富提岛：一期或两期白云石化阶段 [86]。
- 新普罗维登斯岛：两期白云石化阶段 [36]。
- 圣萨尔瓦多岛：四期或五期白云石化阶段 [36]。

多阶段白云石化事件概念的提出主要是依据白云岩 Sr 同位素定年方法，但这种定年方法主要依赖于对白云岩 $^{87}Sr/^{86}Sr$ 的解释。就琛科 2 井而言，宣德组白云岩的 $^{87}Sr/^{86}Sr$ 从底部的 0.708 898 逐渐减小至顶部的 0.709 075。基于 MacArthur[87] 建议的 Sr 同位素-年龄的匹配关系，琛科 2 井宣德组的白云石化应当主要发生在 9.4 ~ 4Ma。对琛科 2 井白云岩 $^{87}Sr/^{86}Sr$ 柱状图的解释，主要依赖于分类间隔，不同的分类间隔可能划分出不同的柱状组，进而反映出不同的白云石化事件。例如，如果用 0.000 05 的分类间隔，则反映出一期白云石化阶段（9.4 ~ 4Ma）；如果用 0.000 03 的分类间隔，则可反映出两期白云石化阶段（9.4 ~ 6Ma；5.2 ~ 4Ma）。由于 $^{87}Sr/^{86}Sr$ 在转化为年龄值时，存在 ±0.5Ma 至 2Ma 的时间误差 [21, 87]，这意味着小于 0.000 03 分类间隔的柱状图可能是不合理的。

- 在琛科 2 井中，白云岩的 $^{87}Sr/^{86}Sr$ 整体上从底部向顶部呈增大趋势，在单元 3 的底部存在一点小的偏移（图 10.13）。因此，这似乎意味着白云石化从底部至顶部逐步地变年轻。尽管西琛 1 井中白云岩的 $^{87}Sr/^{86}Sr$ 比琛科 2 井整体上小了 0.000 086（图 10.13），但从宣德组的底部至顶部 $^{87}Sr/^{86}Sr$ 仍表现为增大的趋势。这两口钻井之间 $^{87}Sr/^{86}Sr$ 的差异可能是由不同实验室的分析误差所致。然而，通过对两个实验室的分析方法和数据进行对比，没有发现这两个实验室的测试问题。
- 西琛 1 井（距离琛科 2 井约 0.5km）白云石化的年龄早于琛科 2 井白云石化的年龄。
- 白云石化流体在流动过程中与围岩反应后 $^{87}Sr/^{86}Sr$ 在空间上产生的变化，可能与白云石化过程中其他地球化学特征在空间上的变化类似 [22, 23]。

相似的 $^{87}Sr/^{86}Sr$ 从底部向顶部增大的趋势在全球许多岛礁白云岩中也有出现（图 10.16），包括北大东岛、小巴哈马浅滩、大开曼岛、富纳富提岛、新普罗维登斯岛和圣萨尔瓦多岛。尽管不同岛礁白云岩发育的厚度有差异，但这种趋势还是非常明显的（图 10.16）。琛科 2 井中白云岩的 $^{87}Sr/^{86}Sr$ 可以有两种解释：①从老到新发生了多阶段的全球同步的白云石化事件；②一个"时间-海侵"的白云石化过程，反映了海平面的稳定上升。然而，由于 $^{87}Sr/^{86}Sr$ 数据存在的解释误差，很难区分这两种解释哪个更合理。

就琛科 2 井的白云岩而言，在 9.4 ～ 2.3Ma 的时段里，包含了 Budd[1] 建议的 B、C、D、E 四期白云石化阶段。相似的情形也出现在大开曼岛、小巴哈马浅滩和北大东岛的白云岩中（图 10.16）。

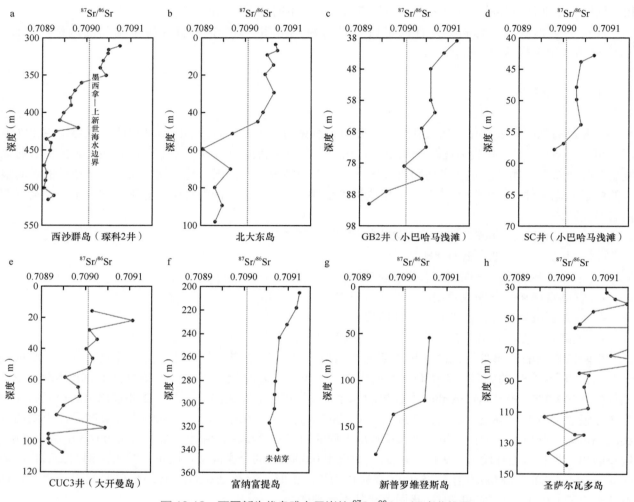

图 10.16　不同新生代岛礁白云岩的 $^{87}Sr/^{86}Sr-$ 深度曲线图
墨西拿—上新世边界的海水值来自 McKenzie 等 [59] 和 Meyers 等 [60]

三、宣德组白云岩的地层年龄

西沙群岛碳酸盐台地周缘被一系列盆地或凹陷所分割，周边水深大于 1000m[49]。这种孤立的台地环境意味着没有河流携带的碎屑物质沉积，台地地层应全部为碳酸盐岩沉积。琛科 2 井宣德组中包含大量浅海相生物化石（珊瑚、藻类、有孔虫、腹足类和腕足类等），以及缺乏蒸发矿物和潮间带沉积物，因此其原始沉积环境的水深很可能小于 30m。这表明海平面上升速率或构造沉降速率与沉积物的堆积速率保持了平衡，使得宣德组整个序列的水深大致保持稳定。现今，琛科 2 井宣德组的顶、底边界分别位于海平面以下的 308.5m 和 519m（图 10.1b），这意味着在宣德组沉积后发生了埋藏，显示出海平面发生了明显的上升和 / 或构造发生了明显的沉降。然而，从前人反演的海平面变化曲线来看 [88-90]，在中新世之后海平面远远没有发生 308.5m 的上升幅度。因此，现有的证据表明宣德组沉积之后经历了明显的构造沉降。Wu 等 [49] 和 Ma 等 [91] 也同样认为，西沙群岛碳酸盐岩在早中新世之后经历了明显的构造沉降作用。

　　尽管在第三章中，利用 $^{87}Sr/^{86}Sr$ 对宣德组的年龄进行了判断，但 $^{87}Sr/^{86}Sr$ 很可能是原始灰岩和白云石化流体的混合，宣德组内部缺少精确的化石定年（浮游有孔虫等）。因此，对于琛科 2 井宣德组上部（364～308.5m）的地层年龄很难确定。但宣德组可能的最大年龄和最小年龄，或许可以通过上覆永乐组和下伏西沙组的地层年龄来限定（图 10.17）。依据 MacArthur[87] 提出的 Sr 同位素值与年龄的关系曲线，西沙组顶部灰岩的 $^{87}Sr/^{86}Sr$（样品深度为 526m 和 531m）代表的地层年龄分别是（12.5±0.5）Ma 和（12.9±0.5）Ma。同时，在永乐组的底部（306m）可见浮游有孔虫 *Globorotalia tumida* 和 *Globorotalia margaritae* 的首现面，依据 Berggren 和 Blow[92]、Bolli 和 Saunders[93] 的研究，这些化石对应于 N18 化石带，代表的年龄为（5.0±0.5）Ma。但是，需要注意的是，浮游有孔虫的定年可能存在较大误差。综合来看，这意味着宣德组的地层很可能沉积在 12.5～5.0Ma 的晚中新世（图 10.17）。在西琛 1 井和西科 1 井中，宣德组也被认为形成于晚中新世时期[50, 51]。但琛科 2 井宣德组的年龄仍按照第三章中描述的地层年龄来标定。

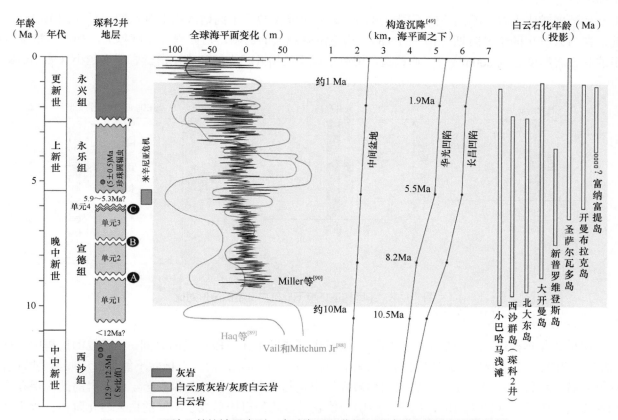

图 10.17　琛科 2 井的地层序列、全球海平面曲线和西沙群岛构造沉积曲线图

四、宣德组的"时间-海侵"白云石化过程

　　琛科 2 井宣德组白云石化发生的时间为 9.4～4Ma，这与许多岛礁白云石化的时间相近，包括大开曼岛、开曼布拉克岛、北大东岛和小巴哈马浅滩。正是由于这种白云石化时间的相近性，岛礁的白云石化通常被认为与全球性控制因素有关[1, 21, 23]。受南极冰盖和北极冰盖消融—增生变化的影响，这一时期的全球气候不断发生变化，海平面也不断地发生大规模波动[94, 95]。因此，全球白云石化事件被认为与全球性的海平面变化有关[1, 21, 24, 35]。然而，尽管不同岛礁之间白云岩的发育时间相近，但白云岩的厚度存

在明显差异（图 10.18），这说明海平面变化可能不是唯一的控制因素。例如，西沙群岛宣德组白云岩的厚度可达 260m（西永 1 井）（图 10.1a），而大开曼岛开曼组白云岩的厚度仅只有其一半[22]。在世界上岛礁白云石化的主要时期（10 ~ 1Ma），从全球海平面变化曲线来看[88-90]，海平面的变化范围通常小于 150m（图 10.17）。此外，从全球海平面变化曲线来看，150m 可能是海平面所能达到的最大变化。尽管如此，西沙群岛厚 260m 的白云岩远远超过了海平面的变化范围。因此，这似乎意味着构造沉降在西沙群岛白云岩的发育过程中扮演了重要的角色。

基于区域地震资料的细致分析，Wu 等[49]认为西沙群岛碳酸盐岩周缘的一系列凹陷或盆地（华光凹陷、长昌凹陷、中间盆地）从过去 50Ma 之后一直处于沉降状态。这一沉降过程可能控制了宣德组浅水沉积物的厚度。同样地，晚中新世的快速沉降期（10.5 ~ 5.5Ma）或许可以解释琛科 2 井白云岩 $^{87}Sr/^{86}Sr$ 反映出的海侵模式。当然，这一过程也可能含有海平面变化的影响。宣德组内部的不整合可能正是对构造活动和海平面共同变化的响应。然而，目前很难区分出白云石化过程中海平面变化和构造沉降分别产生的影响量级。

从全球对比来看，不同岛礁不同厚度的白云岩可能反映了不同地区构造沉积的差异（图 10.18）。因此，在白云石化的主要时期（10 ~ 1Ma），构造沉降越大的岛礁，白云岩的厚度越大，如西沙群岛宣德组的白云岩厚度达到 260m[50, 56]，而构造沉降越小或构造抬升越小的岛礁，白云岩厚度越小（图 10.18）。

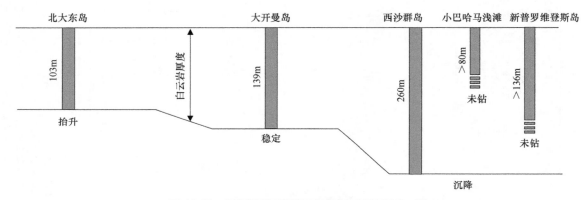

图 10.18　不同构造环境下岛礁白云岩的厚度对比

琛科 2 井宣德组白云岩的证据表明，白云石化可能发生在一段连续的时间——海侵的过程中。琛科 2 井宣德组地球化学特征（碳氧同位素、%Ca、稀土元素）显示，白云石化并不能划分出明显的阶段性。尽管岩石学特征上，单元 1 白云岩的结构破坏型组构与单元 2、单元 3 和单元 4 白云岩的结构保存型组构存在明显的差异（图 10.1b），但这不能明确地表示这两种组构形成于不同的白云石化阶段。因为，这两种白云石化的组构受到了多种因素的控制，包括原始灰岩的矿物组分和结构、白云石化流体的温度和组分等[7, 17, 96, 97]。同时，在一些岛礁上（如大开曼岛），这些白云岩的组构可能是白云石化地理学上的变化结果[23]。

宣德组的"时间-海侵"白云石化过程受到了构造沉降和 / 或全球海平面变化的共同控制。然而，要区分出每个控制因素的贡献是非常困难的。依据大范围的地震数据[49]所识别的西沙群岛碳酸盐台地的构造发育历史是比较粗略的。同样地，在全球白云石化的主要时期，Vail 和 Mitchum Jr[88]、Haq 等[89]和 Miller 等[90]反演出了不同类型的海平面变化曲线，在海平面波动时间和幅度上还依然存在明显差异，目前无法区分哪个更接近真实情况（图 10.17）。所以，尽管构造沉降确实部分控制了"时间-海侵"的白云石化过程，但还是无法区分出海平面变化对白云石化的贡献。

第四节 岛礁白云岩的成因："时间-海侵"或"事件"白云石化

理解岛礁白云岩的成因主要包括白云石化（促使原始灰岩转化为白云岩的过程）的形成条件（如温度、流体组分、流动机制、微生物活动等）[1, 75] 和白云石化的形成时间。其中，白云石化的形成时间至关重要，因为其被认为是探讨白云石化作用与大规模驱动机制（海平面、气候变化等）关系的纽带。尽管白云岩的生物地层年龄（如浮游有孔虫）可以约束白云石化的时间，但生物地层年龄往往不易确定（白云石化作用易破坏原始生物组构）且精度不够（通常仅能确定白云石化年龄小于地层年龄）。所以，通常利用白云石和海水的 $^{87}Sr/^{86}Sr$- 年龄曲线（40Ma 以来海水的 $^{87}Sr/^{86}Sr$ 一直在增大）的对比来确定白云石化的时间，其精度可达 0.5Ma（95% 置信度）[1, 21, 23, 26, 73, 74]。

利用 Sr 同位素定年，岛礁白云石化始于 20 世纪 80 年代。在早期的研究中，由于选择海水 $^{87}Sr/^{86}Sr$-年龄曲线的不同，以及白云岩（石）被揭露程度、测试样品数量和 Sr 同位素数据解释的差异，不同岛礁的白云岩（石）被认为由两期（新普罗维登斯岛、大堡礁、北大东岛）、三期（小巴哈马浅滩）或五期（圣萨尔瓦多岛）白云石化事件作用所形成。然后，基于全球不同位置岛礁的白云岩（石）Sr 同位素数据的对比（地理学上的变化），Budd[1] 提出了新生代岛礁七期白云石化事件的观点。这一观点在后来的大开曼岛、富纳富提岛、开曼布拉克岛的白云石化时间研究中得到了广泛应用。相反，Jones 和 Luth[21]、Wang 等 [32] 则认为这些岛礁白云岩形成于"时间-海侵"的白云石化过程中。

白云石化时间对确定岛礁白云岩大规模的驱动机制至关重要。随着近年来全球岛礁白云岩 $^{87}Sr/^{86}Sr$ 数据的大量积累，目前需要重新评估这些数据来探讨白云石化时间演化的争议。本节基于全球已发表的白云岩的 $^{87}Sr/^{86}Sr$ 数据，利用有效的 $^{87}Sr/^{86}Sr$ 数据建立白云石化时间，然后确定岛礁白云岩是形成于一期还是多期。此外，本节还评价了白云岩 $^{87}Sr/^{86}Sr$ 数据用于定年白云石化的一些问题，进而对比了传统的"事件"白云石化与"时间-海侵"白云石化模式。

一、数据来源

本节所用的 $^{87}Sr/^{86}Sr$ 数据主要来自 Saller[26]、Aharon 等 [27]、Swart 等 [98]、Vahrenkamp 等 [36, 73]、Pleydell 等 [84]、Ng[99]、Land[100]、Ohde 等 [44]、McKenzie 等 [101]、Machel 和 Burton[102]、Gill 等 [76]、Fouke 等 [77]、Swart 等 [71]、Ohde 等 [86]、Jones 和 Luth[21]、Zhao[74] 和 Wang 等 [32]。这些数据主要基于太平洋、南海和加勒比海地区的岛礁白云岩，共计包含 432 个数据点（表 10.1）。

表 10.1 全球岛礁白云岩 $^{87}Sr/^{86}Sr$ 数据汇总

岛礁	样品	钻井或露头	白云岩深度（m）	标准物质	原始数据	标准化数据	年龄 (Ma)
西沙群岛	25	CK-2	519 ～ 308.5	NIST-987	0.708 898 ～ 0.709 075	0.708 898 ～ 0.709 075	9.4 ～ 4
富纳富提环礁	9	钻井	340 ～ 205.4	NBS SRM 987	0.709 058 ～ 0.709 125	0.709 055 ～ 0.709 122	4.1 ～ 1.2
北大东岛	14	钻井	103.5 ～ 0	NBS 987	0.708 903 ～ 0.709 073	0.708 919 ～ 0.709 089	8.7 ～ 1.9
纽埃岛	5	钻井	52.4 ～ 17.4	NBS SRM 987	0.709 120 ～ 0.709 160	0.709 138 ～ 0.709 178	1 ～ < 0.5
小巴哈马浅滩	44	GB2, GB1, SC, WC, GA	96 ～ 24	NBS 987	0.708 890 ～ 0.709 120	0.708 888 ～ 0.709 118	10.4 ～ 1.3
圣萨尔瓦多岛	23	钻井	162 ～ 34	NBS 987	0.708 510 ～ 0.708 630; 0.708 960 ～ 0.709 220	0.708 958 ～ 0.709 218	6.6 ～ < 0.5

续表

岛礁	样品	钻井或露头	白云岩深度（m）	标准物质	原始数据	标准化数据	年龄 (Ma)
新普罗维登斯岛	4	钻井	180～55	NBS 987	0.708 940～0.709 060	0.708 938～0.709 058	7.4～3.8
大开曼岛	158	SHT#4, SHT#8, STW, CUC#1, CUC#3, LV#2, QHW#1, RWP#2	158.5～8.5	NBS SRM 987	0.708 917～0.709 139	0.708 920～0.709 142	8.7～0.9
开曼布拉克岛	45	CRQ#1, BW#1, KEL#1	45.3～+10.4	NBS SRM 987	0.708 982～0.709 132	0.708 985～0.709 135	6～1.1
大堡礁	16	812A, 812B, 816B, 816C		NBS 987	0.708 915～0.709 065	0.708 933～0.709 083	7.7～2.1
安德罗斯岛	2	钻井	65～61	NBS 987	0.709 060～0.709 090	0.709 058～0.709 088	3.8～1.9
马亚瓜纳岛	3	钻井	10～9	NBS 987	0.708 910～0.708 920	0.709 018～0.709 080	5.5～2.2
大伊纳瓜岛	2	钻井	41～40	NBS 987	0.709 100～0.709 140	0.709 098～0.709 138	1.6～1
埃内韦塔克环礁	4	钻井	>1200	NBS SRM 987	0.708 650～0.709 010	0.708 758～0.709 118	
大巴哈马浅滩	41	Unda 和 Clino 钻井		NBS 987	0.708 900～0.709 103	0.708 918～0.709 121	
牙买加岛	4	露头		NBS 987	0.708 940～0.709 070	0.708 938～0.709 068	
朗伊罗阿环礁	3	露头		NBS 987	0.709 040～0.709 070	0.708 038～0.709 068	
圣克罗伊岛	3	露头		NBS 987	0.708 840～0.708 890	0.708 948～0.708 998	
库拉索岛 [a]	20	露头		NBS SRM 987	0.708 829～0.709 100	0.708 822～0.709 003	
库拉索岛 [b]	4	露头		NBS 987	0.708 860～0.709 030	0.708 858～0.709 028	
巴巴多斯岛	3	露头		NBS SRM 987	0.709 130～0.709 190	0.709 128～0.709 188	

注：将原始 $^{87}Sr/^{86}Sr$ 转换为标准 $^{87}Sr/^{86}Sr$ 的校正标准参考材料为 NIST-987（0.710 248）或 EN-1（0.709 174）；"2s"表示平均值的 2 个标准误差；深度表示低于现代海平面的高度，少量数据高于现代海平面（用"+"表示）。根据 McArthur[87] 的 $^{87}Sr/^{86}Sr$- 年龄曲线，将 $^{87}Sr/^{86}Sr$ 转化为年龄

这些 $^{87}Sr/^{86}Sr$ 数据大部分来自钻井样品，其中最深的样品大于 1200m（海平面之下）（如埃内韦塔克环礁），有的位于 300～600m（如西沙群岛、大巴哈马浅滩），但大部分样品的深度小于 150m（如小巴哈马浅滩、北大东岛、开曼布拉克岛）（表 10.1）。另外，也有一些 $^{87}Sr/^{86}Sr$ 数据来自野外露头，主要包括库拉索岛、牙买加岛、圣克罗伊岛、巴巴多斯岛和大开曼岛。其中的一些岛礁含有较多的 $^{87}Sr/^{86}Sr$ 数据，主要包括大开曼岛（n=158）、开曼布拉克岛（n=45）、小巴哈马浅滩（n=44）和大巴哈马浅滩（n=41），然而其他岛礁的 $^{87}Sr/^{86}Sr$ 数据则较少（表 10.1）。

概括而言，这些 $^{87}Sr/^{86}Sr$ 数据测试于不同的实验室（如阿尔伯塔大学放射性同位素实验室、昆士兰大学放射性同位素实验室），测试于不同的年份（表 10.1）。这意味着，不同实验室在不同时间使用的标准物质可能不同，仪器误差和测试误差也可能不同，这将导致获取的 $^{87}Sr/^{86}Sr$ 数据存在实验室间的偏差。因此，本节所用的所有 $^{87}Sr/^{86}Sr$ 数据均矫正至标准物质 NIST-987（0.710 248）或 EN-1（0.709 174）。此校正标准与最新的 McArthur[87] 的 Sr 同位素–年龄曲线的校正标准值一致。

二、Sr 同位素-年龄曲线

利用岛礁白云岩的 $^{87}Sr/^{86}Sr$ 来确定白云石化的时间，主要依据：①近 40Ma 以来，海水的 $^{87}Sr/^{86}Sr$ 一直处于增大的状态 [1, 67, 72, 87, 103]；②白云石化的流体主要来源于海水。同时，近 40Ma 以来的海水 $^{87}Sr/^{86}Sr-$ 年龄曲线呈现单调增加的特征（图 10.19a）。然而，由于选择的海水 $^{87}Sr/^{86}Sr-$ 年龄曲线不同，同一个 $^{87}Sr/^{86}Sr$ 可能会对应不同的年龄。尽管这些海水 $^{87}Sr/^{86}Sr-$ 年龄曲线整体上具有相似的变化趋势，但在细节上却存在差异（图 10.19a）。这种差异产生的原因很多，主要包括建立曲线选择的样品类型和数量不同、样品的定年误差、样品是否受到了成岩作用改造及人为因素导致的误差等 [68, 70-72, 87, 104]。

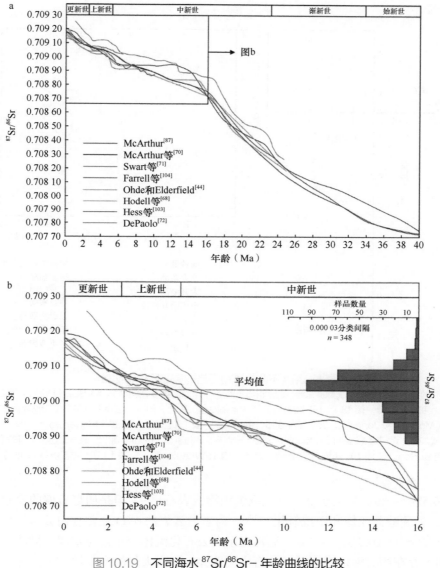

图 10.19　不同海水 $^{87}Sr/^{86}Sr-$ 年龄曲线的比较

近年来，岛礁白云岩的定年主要依据 McArthur[87] 建立的海水 $^{87}Sr/^{86}Sr-$ 年龄曲线（图 10.19），因为其利用了 2012 年以前所有的有效 $^{87}Sr/^{86}Sr$ 数据，重新计算了所有旧的 $^{87}Sr/^{86}Sr$ 数据的年龄，时间覆盖了整个新生代岛礁发育的时间范围，包含 $^{87}Sr/^{86}Sr-$ 年龄数据表，可以简便地查找 $^{87}Sr/^{86}Sr$ 对应的地质时间。

三、白云岩 Sr 同位素定年的有效性评判

（一）来自海水的 Sr 源

在孤立的大洋岛礁中，海水被认为是调节白云石化的主要流体，因为只有海水能够提供大量的 Mg^{2+} 来促进灰岩转化为白云岩[1, 23, 105]。白云岩的碳氧同位素特征也支持这一观点。岛礁白云岩的 $\delta^{18}O$ 大多为 0.5‰～ 4.5‰，$\delta^{13}C$ 大多为 0.5‰～ 3.5‰（图 10.20）。但是，在库拉索岛黄金岛（Seroe Domi）组[77]、巴巴多斯岛金林（Golden Grove）组[102]、牙买加岛希门（Hope Gate）组[100, 106]的白云岩中，$\delta^{13}C$ 呈现出明显负偏的特征（图 10.20）。

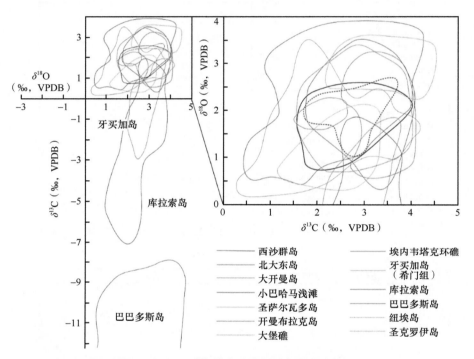

图 10.20　不同岛礁白云岩的碳氧同位素比较

大多数岛状白云岩具有相似的稳定同位素值。数据来源：西沙群岛（Wang 等[32]，图 9）、北大东岛（Suzuki 等[24]，图 8）、大开曼岛（Jones 和 Luth[82]，表 1；Ren 和 Jones[22]，图 18）、小巴哈马浅滩（Vahrenkamp 等[30]，图 8）、圣萨尔瓦多岛（Dawans 和 Swart[29]，表 1 和图 14）、开曼布拉克岛（MacNeil 和 Jones[85]，表 1；Zhao 和 Jones[35,37]，表 1 和图 7）、大堡礁（McKenzie 等[101]，表 2）、埃内韦塔克环礁（Saller[26]，图 13）、牙买加岛（希门组）（Land 和 Hoops[106]，表 1 ～表 5）、库拉索岛（Fouke 等[77]，表 5）、巴巴多斯岛（Humphrey[107]，表 5；Machel 和 Burton[102]，表 1）、纽埃岛（Aharon 等[27]，表 1；Wheeler 等[28]，表 1）和圣克罗伊岛（Gill 等[76]，图 9）

正的 $\delta^{13}C$（0.5‰～ 3.5‰）主要继承自先驱沉积物或岩石[1, 23]。但是明显负偏的 $\delta^{13}C$ 则反映了其包含有机 ^{12}C 的来源，如硫酸盐还原和甲烷氧化[1, 108]。岛礁白云岩的 $\delta^{18}O$ 通常与白云岩流体的盐度和温度有关[1, 22, 35, 37, 80]。正的 $\delta^{18}O$（0.5‰～ 4.5‰）通常指示白云石化流体为正常海水或轻微改造的海水[1, 22, 35, 37]。$\delta^{18}O$ 和 $\delta^{13}C$ 之间不存在相关性，说明了白云石化流体并未包含大气淡水[1, 7, 80]。

大多数岛礁白云岩的 Sr 含量低于 500ppm，平均值多低于 300ppm（图 10.21）。但巴巴多斯岛金林组和大巴哈马浅滩白云岩的 Sr 含量却异常高，前者主要为 698 ～ 1286ppm（平均值为 884ppm）[107]，后者主要为 70 ～ 2378ppm[31]。Budd[1] 认为，大多数岛礁白云岩的 Sr 含量（152 ～ 306ppm）意味着其白云石化流体来源主要为正常或轻微改造的海水。相反地，这种高 Sr 含量（>700ppm）的白云岩意味着有非

海水的 Sr 来源[109]。

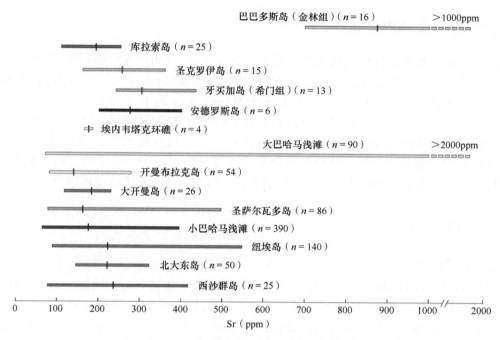

图 10.21　不同岛礁白云岩的 Sr 含量比较

数据来源：西沙群岛（Wang 等[32]，表 1）、北大东岛（Suzuki 等[24]，图 9）、纽埃岛（Rodgers 等[110]，表 1；Wheeler 等[28]，表 1）、小巴哈马浅滩（Vahrenkamp 等[30]，图 3）、圣萨尔瓦多岛（Dawans 和 Swart[29]，表 1 和图 12）、大开曼岛（Jones 和 Luth[82]，表 2）、开曼布拉克岛（Zhao[74]，附录 1）、大巴哈马浅滩（Swart 和 Melim[31]，图 11）、埃内韦塔克环礁（Budd[1]，图 13）、安德罗斯岛（Budd[1]，图 13）、牙买加岛（Land 和 Hoops[106]，表 1 ～表 5）、圣克罗伊岛（Gill 等[76]，图 8）、库拉索岛（Fouke 等[77]，表 5）和巴巴多斯岛（Humphrey[107]，表 1）

（二）非原始灰岩的 Sr 源

如果先驱灰岩的矿物组成为低镁方解石，或白云石化发生在一个开放的、海水控制的成岩系统中，则白云岩中的 $^{87}Sr/^{86}Sr$ 应当可以反映白云石化的年龄[73]。Sr 含量低于 300ppm 通常意味着白云石化发生在一个开放的、海水控制的成岩系统中[1]。从这一方面来说，大多数的岛礁白云岩含有低含量 Sr（<300ppm），反映了其未继承先驱灰岩中的 Sr（图 10.21）。

（三）白云石化前非海水的 Sr 源

如果白云岩的 $^{87}Sr/^{86}Sr$ 包含任何其他非海水的 Sr 源，则其不能用于白云石化定年。通常而言，非海水来源的 Sr 主要包括上覆或下伏的灰岩和白云岩、老的火山岩、火山碎屑岩、硅质碎屑岩和大气粉尘[21, 35, 37, 75-77]。

通常情况下，很难精确确定岛礁白云岩包含何种类型的非海水来源 Sr。如果白云岩的年龄大于原始灰岩的年龄，或者 $^{87}Sr/^{86}Sr$ 年龄太大而超过地层学上的合理性，则认为白云岩中可能受到了非海水来源 Sr 的干扰[1]。例如，库拉索岛白云石 II 的年龄比地层年龄还要老，这可能反映了低放射性的 Sr 可能来源于下伏的基底火山岩[77]。相似地，巴巴多斯岛和圣克罗伊岛的白云岩也出现 Sr 同位素的年龄大于原始地层的年龄[1]。此外，牙买加岛和朗伊罗阿环礁的白云石中，Sr 同位素的年龄大于地层的年龄可能显示白云岩的 Sr 同位素信号受到了老沉积岩中 Sr 的影响[36, 100]。相反地，埃内韦塔克环礁白云石的 Sr 同位素年龄则太大，超过了地层学上的合理性[1]。

（四）重结晶作用对 Sr 源的影响

如果白云岩遭受后期重结晶作用的改造，则可能会导致白云岩的 $^{87}Sr/^{86}Sr$ 发生改变，进而影响白云石化的定年[1, 21, 23]。大多数岛礁白云岩通常呈现为结构保存型或结构破坏型。结构保存型白云岩的白云石晶体较小（如大开曼岛的白云岩，晶体粒径长小于 50μm，大多为 10～30μm），结构保存完好，未呈现任何重结晶的迹象[1, 23, 111, 112]。结构破坏型白云岩通常具有较大的晶体粒径（如西沙群岛宣德组单元 1 的白云岩），原始沉积结构完全被破坏。在小巴哈马浅滩[29, 30]和纽埃岛[28]上，结构破坏型的白云岩被认为与重结晶作用有关。然而，近年来在西沙群岛和大开曼岛的研究中，更多的证据（如 %Ca、^{18}O、Sr 含量、阴极发光信号）表明，结构破坏型白云岩由交代作用产生，而非重结晶作用[32, 35]。

（五）有效的 Sr 同位素值

岛礁白云岩的 $^{87}Sr/^{86}Sr$ 只有在满足上述条件之后，才可以确定其是否能够用于白云石化的定年。综上所述，以下岛礁白云岩的 $^{87}Sr/^{86}Sr$ 不能用于白云石化的定年，主要包括：巴巴多斯岛金林组、库拉索岛黄金岛组、埃内韦塔克环礁、大巴哈马浅滩、牙买加岛希门组、朗伊罗阿环礁和圣克罗伊岛。相反地，以下岛礁白云岩的 $^{87}Sr/^{86}Sr$ 可以用于白云石化的定年，主要包括：安德罗斯岛、大开曼岛、富纳富提岛、大堡礁、大伊纳瓜岛、北大东岛、小巴哈马浅滩、马亚瓜纳岛、纽埃岛、新普罗维登斯岛、圣萨尔瓦多岛和西沙群岛（图 10.22，表 10.1）。

四、Sr 同位素值地理学上的变化

"有效的" $^{87}Sr/^{86}Sr$ 地理学上的变化可以从以下三个级别进行比较：①全球规模；②跨大洋规模（如加勒比海与太平洋）；③同一大洋规模（如同一海洋内的岛屿）。这些比较主要基于 $^{87}Sr/^{86}Sr$ 变化的柱状图。对这些柱状图的评估必须谨慎对待：①适用的柱状图分类间隔；②每个柱状图样本数量的多少。所有的 $^{87}Sr/^{86}Sr$ 均包含了标准误差（2s），其中，开曼布拉克岛、大开曼岛、西沙群岛、小巴哈马浅滩、圣萨尔瓦多岛和其他岛礁的 2s 平均值为 ±0.000 01（n=313），而大堡礁（±0.000 02，n=16）、北大东岛（±0.000 022，n=14）和纽埃岛（±0.000 09，n=5）的 2s 平均值则较大。用于 $^{87}Sr/^{86}Sr$ 柱状图的分类间隔应始终大于与 $^{87}Sr/^{86}Sr$ 相关的 2s。

样本数量是至关重要的，因为它会影响不同岛礁白云岩 $^{87}Sr/^{86}Sr$ 变化特征的评估。对于大开曼岛，理论上 158 个样本数量应能很好地评估使用 13 个分类间隔柱状图时 $^{87}Sr/^{86}Sr$ 比率的分布。相反，如果使用具有 13 个分类间隔的柱状图时，来自某些较小样本数量的岛礁数据（如：北大东岛，n=14；富纳富提岛，n=9；新普罗维登斯岛，n=4；安德罗斯岛，n=2）（表 10.1）则无法提供有统计意义的结果。

（一）全球规模

全球岛礁白云岩的 348 个 "有效的" $^{87}Sr/^{86}Sr$ 的范围为 0.708 888～0.709 218，平均值为 0.709 031（图 10.22）。所有这些 $^{87}Sr/^{86}Sr$ 均大于中新世末期海水的 $^{87}Sr/^{86}Sr$（0.708 843±0.000 007）[87]。除了纽埃岛和圣萨尔瓦多岛白云岩的 4 个 $^{87}Sr/^{86}Sr$，其他的 $^{87}Sr/^{86}Sr$ 小于现代海水的 $^{87}Sr/^{86}Sr$（0.709 172±0.000 023）[87]（图 10.22）。

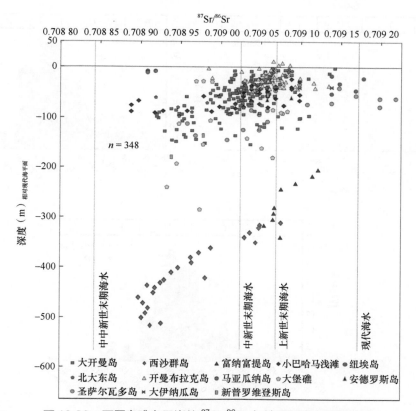

图 10.22　不同岛礁白云岩的 $^{87}Sr/^{86}Sr$ 与地层深度之间的关系

中中新世末、晚中新世末和上新世末海水来源于 McArthur[87] 现代海水的 $^{87}Sr/^{86}Sr$ 来源于 Meknassi 等[113]。数据来源：安德罗斯岛（Vahrenkamp 等[36]，表 2）、大开曼岛（Pleydell 等[84]，表 1; Ng[99]，表 1; Jones 和 Luth[21]，表 2）、开曼布拉克岛（Zhao[74]，附录 1）、富纳富提岛（Ohde 等[86]，表 1）、大堡礁（McKenzie 等[101]，表 1）、大伊纳瓜岛（Vahrenkamp 等[36]，表 2）、北大东岛（Ohde 等[44]，表 1）、小巴哈马浅滩（Vahrenkamp 等[73]，表 2; Vahrenkamp 等[36]，表 2）、马亚瓜纳岛（Vahrenkamp 等[36]，表 2）、纽埃岛（Aharon 等[27]，表 3）、新普罗维登斯岛（Vahrenkamp 等[36]，表 2）、圣萨尔瓦多岛（Vahrenkamp 等[36]，表 2）和西沙群岛（Wang 等[32]，表 1）

　　$^{87}Sr/^{86}Sr$ 柱状图的分类间隔为 0.000 01 时，全球岛礁白云岩的 $^{87}Sr/^{86}Sr$ 柱状图呈现出多峰正态分布的特征，而基于分类间隔为 0.000 03 和 0.000 05 的柱状图则呈现出单峰正态分布的特征（图 10.23）。这些柱状图的峰值主要分布在 0.709 00 ～ 0.709 10（图 10.23）。

（二）跨大洋规模

　　在全球岛礁白云岩的 348 个 "有效的" $^{87}Sr/^{86}Sr$ 中，加勒比海（0.708 888 ～ 0.709 218，$n=279$）的 $^{87}Sr/^{86}Sr$ 范围通常比太平洋（0.708 919 ～ 0.709 178，$n=44$）和南海（0.708 898 ～ 0.709 075，$n=25$）的 $^{87}Sr/^{86}Sr$ 范围更广。然而，这种差异可能是不同大洋中白云岩 $^{87}Sr/^{86}Sr$ 样本数量大小的反映。

　　对于加勒比海，0.000 03 分类间隔的 $^{87}Sr/^{86}Sr$ 柱状图主要表现出近似正态分布的特征（图 10.24a）。相比之下，太平洋和南海的 $^{87}Sr/^{86}Sr$ 柱状图则具有双峰分布的特征（图 10.24b、c）。就太平洋岛礁白云岩的 $^{87}Sr/^{86}Sr$ 而言，在 0.709 00 ～ 0.709 03 有一个明显的数据缺口；同时，南海岛礁白云岩的 $^{87}Sr/^{86}Sr$ 柱状图在这个范围内也显示出了低值特征（图 10.24b、c）。然而，由于涉及的样本数量较少，对于太平洋和南海岛礁白云岩 $^{87}Sr/^{86}Sr$ 柱状图的分布必须谨慎对待。

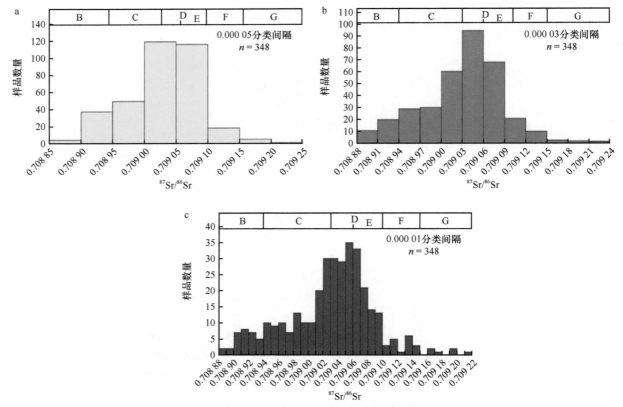

图 10.23　全球岛礁白云岩 $^{87}Sr/^{86}Sr$ 柱状图分布的比较

B ~ G 表示 Budd[1] 提出的不同白云石化事件。其中，事件 E 是一个部分重叠于事件 D 的短期事件

（三）同一大洋规模

在加勒比海地区，大开曼岛（n=158）、开曼布拉克岛（n=45）、小巴哈马浅滩（n=44）和圣萨尔瓦多岛（n=21）白云岩的 $^{87}Sr/^{86}Sr$ 分别为 0.708 920 ~ 0.709 142、0.708 985 ~ 0.709 135、0.708 888 ~ 0.709 118 和 0.708 958 ~ 0.709 218，而新普罗维登斯岛（n=4）、安德罗斯岛（n=2）、马亚瓜纳岛（n=3）和大伊纳瓜岛（n=3）的 $^{87}Sr/^{86}Sr$ 则分别为 0.708 938 ~ 0.709 058、0.709 058 ~ 0.709 088、0.709 018 ~ 0.709 080 和 0.709 098 ~ 0.709 138（表 10.1）。大开曼岛（n=158）、开曼布拉克岛（n=45）和小巴哈马浅滩（n=44）白云岩的 $^{87}Sr/^{86}Sr$ 柱状图呈现出近似正态分布的特征，而圣萨尔瓦多岛（n=21）白云岩的 $^{87}Sr/^{86}Sr$ 柱状图则呈现出多峰分布的特征（图 10.25）。在加勒比海地区，不同钻井之间的 $^{87}Sr/^{86}Sr$ 随深度变化的梯度不同（图 10.26a、b）。在太平洋和南海的一些钻井中，$^{87}Sr/^{86}Sr$ 在 0.708 990 ~ 0.709 025 存在一个数据缺口（图 10.27）。

在太平洋地区，北大东岛（n=14）和大堡礁（n=16）的 $^{87}Sr/^{86}Sr$ 范围相近，分别为 0.708 919 ~ 0.709 089 和 0.708 933 ~ 0.709 083，而富纳富提岛（n=9）和纽埃岛（n=5）的 $^{87}Sr/^{86}Sr$ 范围分别为 0.709 055 ~ 0.709 122 和 0.709 138 ~ 0.709 178（图 10.25，表 10.1）。北大东岛（n=14）和大堡礁（n=16）白云岩的 $^{87}Sr/^{86}Sr$ 柱状图具有相似的双峰分布特征，两者同时包含一个相似的数据缺口（0.709 00 ~ 0.709 03）。富纳富提岛和纽埃岛的样本数量较少（n<10），很难识别出具有统计意义的柱状图分布（图 10.25）。但是，所有这些柱状图的解释必须谨慎，因为对比加勒比海而言，太平洋岛礁白云

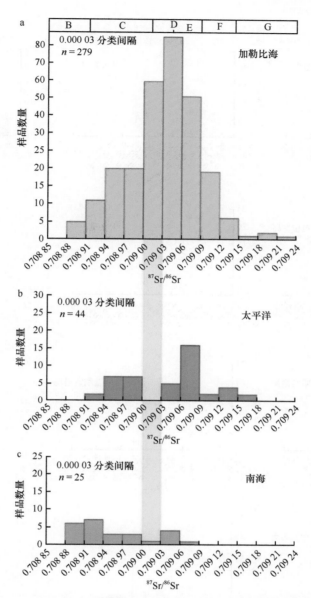

图 10.24 加勒比海、太平洋和南海岛礁白云岩 $^{87}Sr/^{86}Sr$ 柱状图的比较
黄色阴影区显示了太平洋岛礁白云岩的 $^{87}Sr/^{86}Sr$ 在 0.709 00 ~ 0.709 03 的数据缺口

岩的 $^{87}Sr/^{86}Sr$ 样本数量较少。

（四）Sr 同位素值随深度的变化

全球岛礁白云岩的 348 个"有效的" $^{87}Sr/^{86}Sr$ 来自不同的海拔，最深样品为西沙群岛的 516m，最高样品的是大开曼岛露头的 +10.4m。然而，大多数 $^{87}Sr/^{86}Sr$ 样品来自海平面之下的 0 ~ 150m 深度（图 10.22）。尽管大多数岛礁白云岩序列厚度小于 150m（如北大东岛、纽埃岛、小巴哈马浅滩、圣萨尔瓦多岛、新普罗维登斯岛、大开曼岛、开曼布拉克岛），但西沙群岛的白云岩序列厚度大于 260m（图 10.22）。

在大多数岛礁白云岩中，$^{87}Sr/^{86}Sr$ 从白云岩序列的底部到顶部整体上增加（图 10.22）。最明显的例

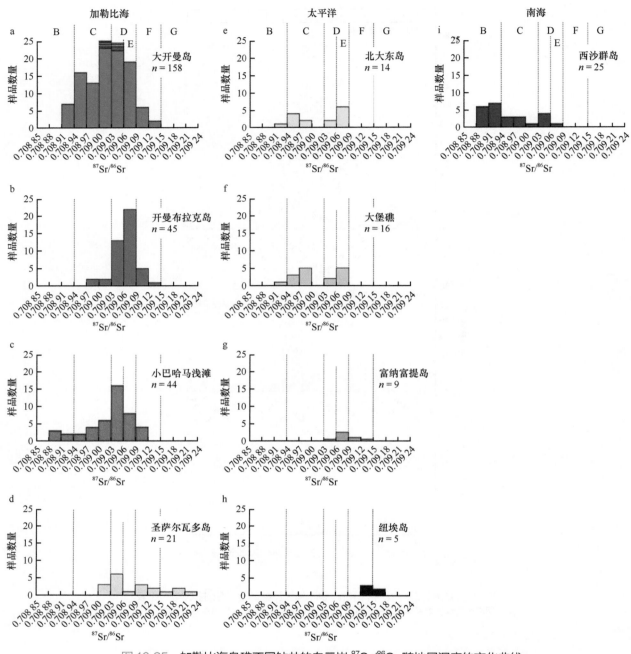

图 10.25　加勒比海岛礁不同钻井的白云岩 ^{87}Sr/^{86}Sr 随地层深度的变化曲线

^{87}Sr/^{86}Sr 的刻度间隔为 0.00003，样本数量大小强烈影响每个岛礁上 ^{87}Sr/^{86}Sr 柱状图的分布

子来自西沙群岛的琛科 2 井[32]、北大东岛的钻井[44]、富纳富提岛的钻井[86]、大开曼岛的 CUC3 井[21] 以及小巴哈马浅滩的 GB-2 井和 SC 井[36]（图 10.26，图 10.27）。

五、"时间–海侵"和"事件"白云石化的讨论

Budd[1] 主要基于 ^{87}Sr/^{86}Sr 数据，定义了七期全球同步白云石化事件（A～G），其发生在晚中新世—晚更新世（20～0.8Ma）。这些白云石化事件的定义主要是基于 Vahrenkamp 等[36]、Ohde 和 Elderfield[44]

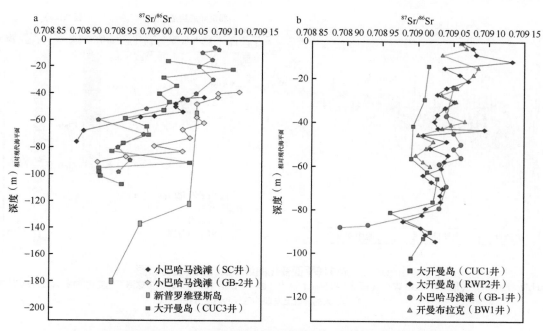

图 10.26　加勒比海、太平洋和南海不同岛礁白云岩 $^{87}Sr/^{86}Sr$ 柱状图的比较
a. $^{87}Sr/^{86}Sr$ 从白云岩的底部到顶部逐渐增大；b. $^{87}Sr/^{86}Sr$ 从白云岩的底部到顶部相对稳定

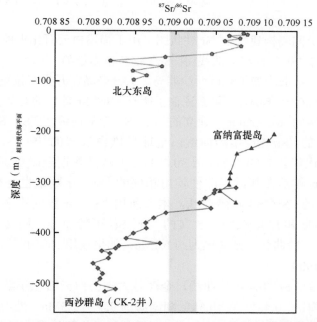

图 10.27　太平洋和南海岛礁不同钻井的白云岩 $^{87}Sr/^{86}Sr$ 随深度变化的曲线
黄色阴影区显示了白云岩 $^{87}Sr/^{86}Sr$ 在 0.708 990 ～ 0.709 025 的数据缺口

及 McKenzie 等[101] 的建议，他们分别定义了巴哈马的五期白云石化事件、菲律宾海的两期白云石化事件和澳大利亚东北部边缘的两期白云石化事件。近年来，基于大开曼岛、开曼布拉克岛和富纳富提岛的研究在某种程度上遵循了 Budd[1] 的模式 [21, 22, 35, 37, 82, 86]。这种事件模式默认白云石化的每个阶段都是一个特定时间限制的事件，每个特定的事件具有特定的 $^{87}Sr/^{86}Sr$。

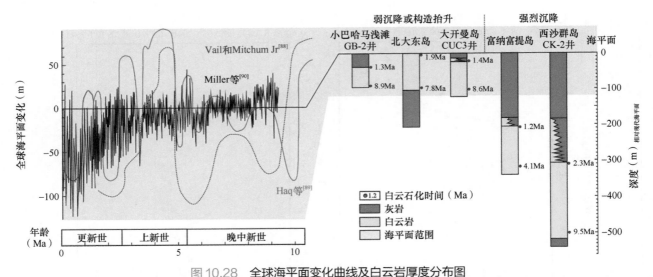

图 10.28　全球海平面变化曲线及白云岩厚度分布图

基于 Vail 和 Mitchum Jr[88]（图 3）、Haq 等[89]（图 2）和 Miller 等[90]（图 4）的近 10Ma 以来的全球海平面变化曲线，以及在沉降率最小和沉降率较大的岛礁上发现的白云岩厚度分布

Budd[1] 定义的七期白云石化事件主要基于以下事实。

- 可以反映白云岩真实年龄的 140 个 $^{87}Sr/^{86}Sr$ 数据，主要来自纽埃岛[27]、大开曼岛[84]、小巴哈马浅滩[36]、朗伊罗阿环礁[36]、牙买加岛[100]、博奈尔岛[36, 45]、北大东岛[44]、库拉索岛[114] 和波多黎各莫纳岛[115]。

- 基于 0.000 01 的分类间隔构建 $^{87}Sr/^{86}Sr$ 柱状图，用于描述白云石化事件。

- 根据 Hodell 等[68] 的 $^{87}Sr/^{86}Sr$- 年龄曲线将 $^{87}Sr/^{86}Sr$ 转换为年龄。

与 Budd[1] 的研究相比，本书增加了来自西沙群岛、大开曼岛、开曼布拉克岛、富纳富提岛和其他岛礁的新 $^{87}Sr/^{86}Sr$ 数据（新增 208 个样本），重新评估了所有 $^{87}Sr/^{86}Sr$ 数据的有效性，排除了 Budd[1] 使用的某些 $^{87}Sr/^{86}Sr$ 数据，以及使用了 McArthur[87] 建立的 $^{87}Sr/^{86}Sr$- 年龄曲线将 $^{87}Sr/^{86}Sr$ 换算为年龄。

根据 McArthur[87] 建立的 $^{87}Sr/^{86}Sr$- 年龄曲线，全球岛礁白云岩的 $^{87}Sr/^{86}Sr$（0.708 888 ~ 0.709 218）（图 10.22）转化为白云石化年龄为约 10Ma 至 <0.5Ma（中新世晚期至晚更新世）。然而，值得注意的是，运用不同海水 $^{87}Sr/^{86}Sr$- 年龄曲线时，即使使用相同的 $^{87}Sr/^{86}Sr$ 数据也会得出完全不同的年龄。例如，根据 McArthur[87] 建立的 $^{87}Sr/^{86}Sr$- 年龄曲线，本书所用 $^{87}Sr/^{86}Sr$ 数据的平均值（0.709 031）可转化为约 5.1Ma；如果使用 Ohde 和 Elderfield[44] 建立的 $^{87}Sr/^{86}Sr$- 年龄曲线，则转化为约 2.6Ma；如果使用 DePaolo[72] 建立的 $^{87}Sr/^{86}Sr$- 年龄曲线，则转化为约 6.1Ma；如果使用 Hodell[68] 建立的 $^{87}Sr/^{86}Sr$- 年龄曲线，则转化为约 4.1Ma（图 10.19b）。

基于 McArthur[87] 建立的 $^{87}Sr/^{86}Sr$- 年龄曲线，全球各大洋的白云石化年龄似乎相近，包括太平洋的 8.7Ma 至 <0.5Ma、加勒比海的 10.4Ma 至 <0.5Ma 和南海的 9.4 ~ 2.3Ma。然而，白云石化的年龄似乎因岛礁而异，其中最古老的为小巴哈马浅滩（10.4Ma），最年轻的为纽埃岛和圣萨尔瓦多岛（<0.5Ma）。然而，必须谨慎处理岛屿之间的这种明显差异，因为这些白云石化年龄可能只是反映了可获得的样本和 / 或从地层中采集样本的水平。

在全球规模的尺度上，基于 0.000 01 分类间隔的多峰分布的 $^{87}Sr/^{86}Sr$ 柱状图（图 10.23c），所反映出的多期白云石化事件可能是有问题的，因为与 $^{87}Sr/^{86}Sr$ 相关的 $2s$ 等于或大于 0.000 01。在这方面，基于 0.000 03 分类间隔的单峰分布（图 10.23b）可能更合理。同时，基于 0.000 05 分类间隔的 $^{87}Sr/^{86}Sr$ 柱状图也呈现出单峰分布（图 10.23a），进一步支持了这个观点。如果使用 McArthur[87] 建立的 $^{87}Sr/^{86}Sr$- 年龄曲线，这些柱状图的 $^{87}Sr/^{86}Sr$ 峰值 0.709 00 ～ 0.709 10 可以转化为 5.8 ～ 1.5Ma，这可能反映了岛礁白云岩的顶峰时期。

在跨大洋的尺度上，加勒比海岛礁白云岩的 $^{87}Sr/^{86}Sr$ 柱状图在使用 0.000 03 分类间隔时呈现出近似正态分布的特征（图 10.24a）。然而，对于太平洋和南海，在该分类间隔下呈现出双峰分布特征，在 0.709 00 ～ 0.709 03 有一个明显的数据缺口。这种双峰现象可能是样品数量较少导致的，也可能反映了两期白云石化事件，其中 0.709 00 ～ 0.709 03 仅有少量或无白云石化作用。根据 McArthur[87] 建立的 $^{87}Sr/^{86}Sr$- 年龄曲线，0.709 00 ～ 0.709 03 的 $^{87}Sr/^{86}Sr$ 数据（图 10.24b、c）可以转化为 5.8 ～ 5.2Ma，这一时间与墨西拿事件的时间（5.96 ～ 5.33Ma）相近[116]。

在同一大洋内部的尺度上，包含样品数据较多的岛礁白云岩的 $^{87}Sr/^{86}Sr$ 柱状图呈现出近似正态分布的特征，主要包括大开曼岛（n=158）、开曼布拉克岛（n=45）和小巴哈马浅滩（n=44），这显示了白云石化可能是一个长期的连续过程。基于其他岛礁的 $^{87}Sr/^{86}Sr$ 柱状图多峰分布则很难进行评价，主要包括圣萨尔瓦多岛（n=21）、北大东岛（n=14）和大堡礁（n=16），因为这种多峰的分布可能是样品数量较少而产生的。

Budd[1] 提出的白云石化事件模式主要基于这样一种观点：$^{87}Sr/^{86}Sr$ 的地层变化特征反映了不同时期发生的离散的白云石化事件。对于来自不同岛礁的白云岩，$^{87}Sr/^{86}Sr$ 从地层的底部向上部是渐进持续增大的，其中几乎没有停止或间断迹象（图 10.22）。这些现象很难用 Budd[1] 提出的模式来解释。然而，这种 $^{87}Sr/^{86}Sr$ 逐渐增大的趋势可能反映了一个（半）连续的"时间-海侵"白云石化过程[21, 32]。虽然西沙群岛和北大东岛白云岩的 $^{87}Sr/^{86}Sr$- 深度曲线上的间隙（0.708 990 ～ 0.709 025）（图 10.27）可能表明太平洋和南海的白云石化过程是半连续的，但这种现象也可能是样品数量较少导致。对于加勒比海的白云岩，$^{87}Sr/^{86}Sr$ 相对于深度的梯度变化表明"时间-海侵"速率可能在不同的地方有所不同（图 10.26）。

白云石化的"时间-海侵"模式可归因于：①海平面变化，岛礁无构造运动；②岛礁构造沉降，海平面无变化；③岛礁构造沉降及海平面同时变化。在约 10Ma 至 <0.5Ma（白云石化时期），Vail 和 Mitchum Jr[88]、Haq 等[89] 和 Miller 等[90] 建立的全球海平面变化曲线显示，海平面变化的最大深度约在 150m 之内（图 10.28）。与那些经历了较小沉降和 / 或隆起的岛屿相比（如大开曼岛[21]、北大东岛[44]、小巴哈马浅滩[36]），沉降速率大的岛礁（如富纳富提岛[86]、西沙群岛[49]）的特征主要表现为：①白云岩的发育深度大于 200m（海平面之下），大于海平面变化所能达到的最大深度（图 10.28）；②更厚的白云岩序列（图 10.28，图 10.29）；③ $^{87}Sr/^{86}Sr$- 深度曲线的更大梯度（图 10.29）。这些因素表明，构造沉降对某些岛状白云岩的发育一定起到了重要作用，这些白云岩的发育可能会或可能不会与海平面的变化一致。

鉴于岛礁白云石化通常发生在平均海平面之下一定深度的海水范围内[1, 36]，理论上可以构建三条 $^{87}Sr/^{86}Sr$- 深度曲线，将 $^{87}Sr/^{86}Sr$ 的变化与每个岛礁的构造沉降率联系起来（图 10.30a ～ c）。构造沉降速率快的岛礁的特点是：① $^{87}Sr/^{86}Sr$ 的均匀变化，反映了均匀的"时间-海侵"白云石化作用（图 10.30a），主要与均匀的构造沉降有关；②变化梯度的 $^{87}Sr/^{86}Sr$- 深度曲线，主要反映了构造沉降速率的变化（图 10.30b）；③ $^{87}Sr/^{86}Sr$- 深度曲线有间隙或数据缺口，主要反映构造隆起期间的侵蚀（图 10.30c）。实际上，每个岛礁的 $^{87}Sr/^{86}Sr$- 深度曲线可能是以上几种模式的复合，因为岛礁的构造沉降速率往往随时间而变化。例如，西沙群岛琛科 2 井白云岩的 $^{87}Sr/^{86}Sr$- 深度曲线显示出 $^{87}Sr/^{86}Sr$ 相对稳定期（519 ～ 461m）、$^{87}Sr/^{86}Sr$ 稳定增加期（461 ～ 361m）和 $^{87}Sr/^{86}Sr$ 快速增加期（361 ～ 351m）（图 10.27）。

对于构造沉降速率较慢的岛礁，与构造沉降速率较快的岛礁相比，理论上的 $^{87}Sr/^{86}Sr$- 深度曲线整体变化趋势相同，只是变化幅度明显较小（图 10.30），导致这些 $^{87}Sr/^{86}Sr$- 深度曲线中包含的细微变化很难被识别出来。同时，由于 $^{87}Sr/^{86}Sr$- 深度曲线梯度较小，也意味着其中记录中的 $^{87}Sr/^{86}Sr$ 数据缺口不太明显或无法识别（图 10.30）。另一个重要的问题是，此类岛礁中白云岩的厚度通常小于 150m，位于海平面波动的范围之内[88-90]，这意味着由海平面上升引起的海侵曲线与构造沉降产生的海侵曲线完全相

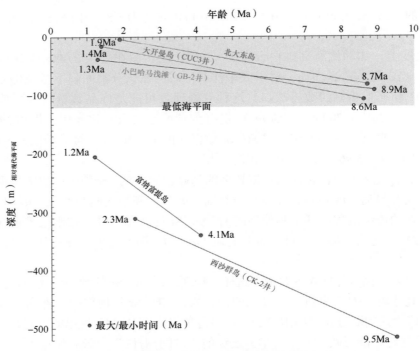

图 10.29　不同大洋岛礁白云岩深度和年龄之间的关系
灰色阴影区表示海平面的最大范围

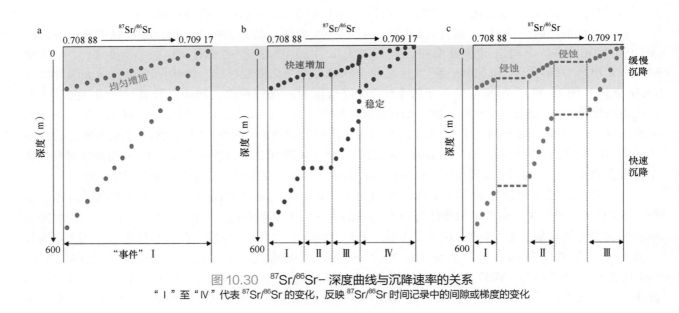

图 10.30　$^{87}Sr/^{86}Sr$- 深度曲线与沉降速率的关系
"Ⅰ"至"Ⅳ"代表 $^{87}Sr/^{86}Sr$ 的变化，反映 $^{87}Sr/^{86}Sr$ 时间记录中的间隙或梯度的变化

同。理论上而言，构造沉降速率的变化有可能在 $^{87}Sr/^{86}Sr$ 时间记录中产生间隙或速率的变化，从而产生
$^{87}Sr/^{86}Sr$ 的明显集群（图 10.30a ～ c）。这类 $^{87}Sr/^{86}Sr$ 的集群可归因于不同白云石化事件，如 Budd[1] 提出
的多期白云石化事件。然而，对于许多岛礁来说，由于缺乏精确的与构造沉降速率相关的数据，这个问
题目前仍很难解决。

　　对岛礁白云岩 $^{87}Sr/^{86}Sr$ 的研究是至关重要的，因为该数据可用以确定发生岛礁白云石化的时间。然
而，这些 $^{87}Sr/^{86}Sr$ 数据可以用时间特定的"事件"模式（参见 Budd[1]）或"时间-海侵"模式（参见

Jones 和 Luth[21]、Wang 等 [32]）来解释。尽管一些岛礁的数据表明，后一种模式可能普遍适用，构造沉降可能发挥关键作用，但这两种模式的适用性仍存在争议。解决这个问题还需要：①获取更多样本数量的太平洋和南海岛礁白云岩的 $^{87}Sr/^{86}Sr$ 数据，目前这些地区的 $^{87}Sr/^{86}Sr$ 数据样本数量较少；②更详细的 $^{87}Sr/^{86}Sr$- 深度曲线，可用以深入评估两个变量之间的关系；③统一的 $^{87}Sr/^{86}Sr$ 标准，消除实验室之间的数据偏差。所有这些问题从根本上依赖于准确的 $^{87}Sr/^{86}Sr$- 年龄曲线的发展，因为建立 Sr 年龄曲线的 $^{87}Sr/^{86}Sr$ 的来源差异较大。如果这些问题未能解决，就很难完全理清控制岛礁白云石化的过程。

第五节　宣德组白云石计量学记录的白云石化流体微环境

Morrow[18, 19] 指出，白云石化作用的发生所包含的必要条件为：①有效的 Mg^{2+} 的来源；②将 Mg^{2+} 输送至白云石化场地的有效输送系统；③促使石灰岩转变为白云岩的微观环境条件。尽管前两个条件已被广泛研究，并构成几乎所有白云石化模式的基础，包括潮汐泵、渗透回流和混合水模式 [1, 23, 117]，但是，地质学家对自然环境条件下控制白云石化过程的微观条件仍知之甚少。本节对琛航岛琛科 2 井中宣德组白云岩进行研究，根据白云岩的组分、晶体特征以及微观结构，深入了解导致其生长和白云石化的微观环境条件。同时，将其与距离西沙群岛 15 795km，位于加勒比海的大开曼岛上相同年代的白云岩进行比较，以评估白云石化受区域环境条件控制的因素（如温度、Mg/Ca 比、盐度 [118-122]）。琛航岛的白云岩与大开曼岛的白云岩具有相似性，表明尽管发生白云石化的地质背景不尽相同，但控制这些白云石化的微观环境条件和因素具有一定的相似性。

一、白云石的计量学特征

（一）白云石晶体结构

背散射图像显示，宣德组白云岩由低钙白云石（LCD）和高钙白云石（HCD）的混合物、LCD 或 HCD 组成（图 10.31）。单元 1、单元 2 和单元 3 中的许多晶体可见"雾心亮边"结构，其核心为 HCD，由 LCD 包裹，同时含有许多微小孔隙和方解石包裹体（图 10.31b ～ d）。在单元 1 中，一些晶体中的 HCD 核心外部被交替的 HCD 和 LCD 所包裹，每个区域的厚度为 2 ～ 10μm（图 10.31b）。HCD 和 LCD 区域之间的边界非常清晰。电子探针点分析表明，相邻的 LCD 和 HCD 的 %Ca 通常相差 4.5% ～ 5%（图 10.31b ～ d）。相反，单元 4 的白云岩仅由 HCD 晶体组成（图 10.31a）。

（二）$CaCO_3$ 摩尔比

宣德组白云岩的 d(104) 偏移量为 2.88 ～ 2.90Å，表明宣德组主要为富钙白云岩，%Ca 为 50.4% ～ 58.4%（图 10.32c）。许多样品的 XRD 图谱上具有两个重叠的 104 峰（图 10.33a），表明样品中存在两种 %Ca 不同的白云石，即 LCD 和 HCD[55, 123]。样品中可见的两个重叠的 104 峰也与基础反射峰（006 峰）和有序度峰（015 峰）的双峰相匹配（图 10.33b）。LCD 中 %Ca、HCD 中 %Ca、平均 %Ca 和深度之间没有明显的相关性，但在单元 2 中平均 %Ca 具有垂向上随深度递增的趋势（图 10.32c）。单个样品的 LCD 和 HCD 的 %Ca 差值约为 4.5%（图 10.35a）。

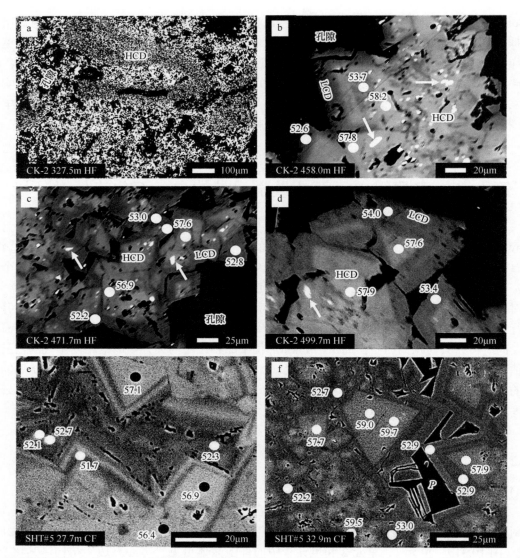

图 10.31　西沙群岛琛科 2 井（a～d）宣德组白云岩（HF）和大开曼岛 SHT#5 井（e、f）开曼组白云岩（CF）的背散射图像和电子探针点分析

浅灰色为 HCD；深灰色为 LCD。每张图片左下角的深度为现代海平面之下。a. 几乎为纯 HCD，没有明显的 LCD；b. 白云石晶体由 LCD 和 HCD 交替环带组成；c、d. 具有 HCD 核和 LCD 边缘的自形白云石晶体，可见 HCD 中的方解石包裹体（白色箭头）；e、f. 白云石晶体中 LCD 和 HCD 交替出现，连续的 HCD 和 LCD 层的 %Ca 通常有 4.5%～5% 的差异 [22]

（三）高钙白云石和低钙白云石的比例

　　LCD% 在不整合面之下通常会出现极大值（图 10.32d）。在单元 2 中，随着深度的减小 LCD% 呈增大趋势；而在单元 3 中，随着深度的增加 LCD% 呈减小趋势，在 350m 以下呈增大趋势（图 10.32d）。103 个样品中只有 2 个样品的 LCD% 为 35%～75%、HCD% 为 25%～65%（图 10.36）。在 LCD% 较高（75%～100%）的样品中，%Ca 通常为 52.5%～55%；而在 HCD% 较高（65%～100%）的样品中，%Ca 通常为 50%～53%（图 10.36）。

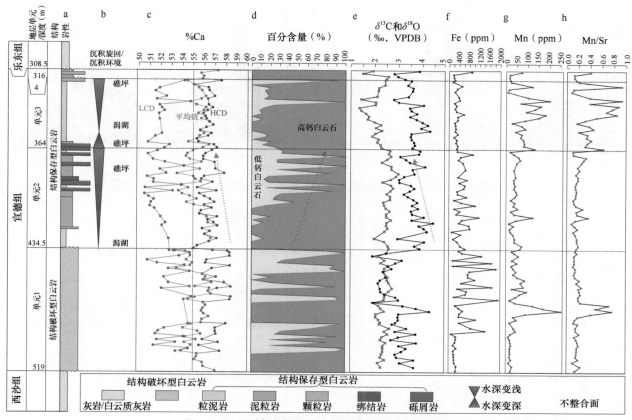

图 10.32　西沙群岛琛科 2 井宣德组地层综合序列

a. 岩性；b. 沉积旋回和沉积相；c. 低钙白云石（LCD）和高钙白云石（HCD）中的 %Ca，以及平均 %Ca；d. LCD 和 HCD 的相对百分比；e. 相对于 VPDB 的 $\delta^{18}O$ 和 $\delta^{13}C$（‰）；f. Fe 含量；g. Mn 含量；h. Mn/Sr 比值。黑色虚线表示每个单元的边界；红色虚线箭头表示单元 2 中平均 %Ca、$\delta^{18}O$ 和 LCD% 的总体变化趋势

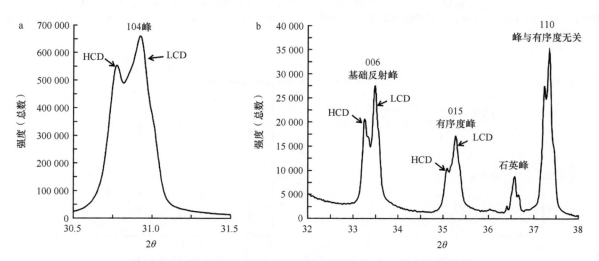

图 10.33　西沙群岛琛科 2 井宣德组白云岩（489m）的 XRD 图

a. LCD 和 HCD 的 104 峰重叠；b. 基础反射峰（006 峰）和有序度峰（015）呈现出双峰的特征；110 峰与有序度无关。石英为内标

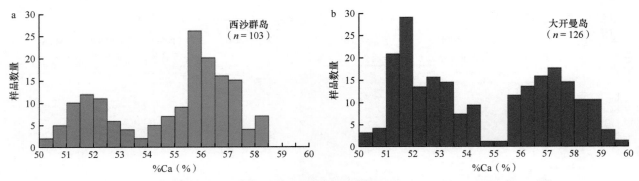

图 10.34 西沙群岛琛科 2 井宣德组和大开曼岛开曼组白云岩中 %Ca 的双峰分布图[82]

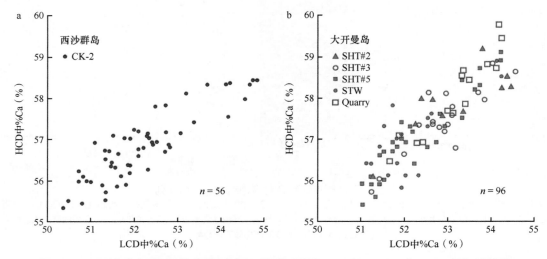

图 10.35 西沙群岛琛科 2 井宣德组和大开曼岛开曼组 LCD 和 HCD 中 %Ca 的相关性图

大开曼岛的数据来自 Jones 和 Luth[82];宣德组 HCD 和 LCD 中的 %Ca 差值约为 4.5%,开曼组 HCD 和 LCD 中的 %Ca 差值约为 5%

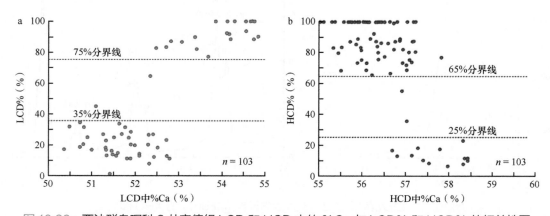

图 10.36 西沙群岛琛科 2 井宣德组 LCD 和 HCD 中的 %Ca 与 LCD% 和 HCD% 的相关性图

（四）相关的地球化学指标

宣德组白云岩（98 个样品）的 $\delta^{18}O$ 为 0.9‰～4.4‰，平均值为 3.3‰；$\delta^{13}C$ 为 1.0‰～3.0‰，平均值为 2.3‰（图 10.32e）。在单元 2 中，$\delta^{18}O$ 随深度增加而增大（图 10.32e）。纯 HCD 的 $\delta^{18}O$ 为 1.9‰～4.3‰（平均值为 2.9‰，$n=39$），而纯 LCD 的 $\delta^{18}O$ 更大（范围为 2.4‰～4.1‰，平均值为 3.1‰，$n=8$）（图 10.37a）。纯 HCD 和纯 LCD 的 $\delta^{18}O$ 与 %Ca 不相关（图 10.37b～d），纯 HCD 的 $\delta^{13}C$（范围为 1.7‰～2.7‰，平均值为 2.3‰，$n=39$）与纯 LCD 的 $\delta^{13}C$ 相近（范围为 2.0‰～2.7‰，平均值为 2.5‰，$n=8$）（图 10.37a）。

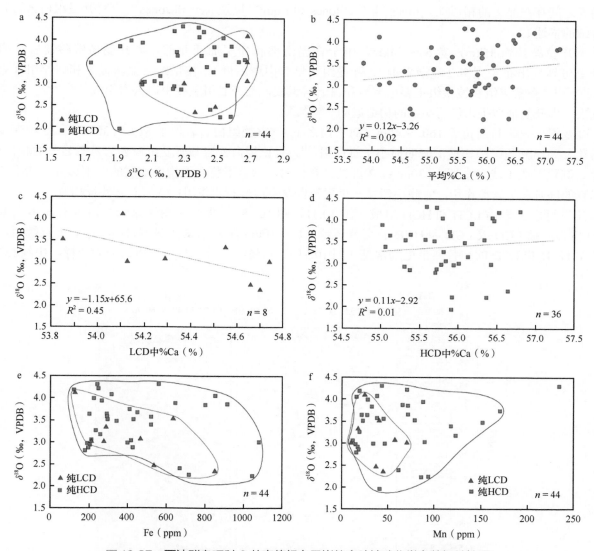

图 10.37 西沙群岛琛科 2 井宣德组白云岩的多种地球化学参数相关性图
a. 纯 HCD 和纯 LCD 的 $\delta^{13}C$、$\delta^{18}O$ 同位素；b. $\delta^{18}O$ 与平均 %Ca；c. $\delta^{18}O$ 与 LCD 中的 %Ca；d. $\delta^{18}O$ 与 HCD 中的 %Ca；e. 纯 LCD 和纯 HCD 的 Fe 含量；f. 纯 LCD 和纯 HCD 的 Mn 含量

99 个样品的 Mn/Sr 范围为 0.1～0.9（平均值为 0.2），Fe 含量范围为 118～1884ppm（平均值为 435ppm），Mn 含量范围为 10～254ppm（平均值为 54ppm）（图 10.32f～h）。宣德组的 Mn/Sr、Fe 和 Mn 的含量未见明显的垂向变化规律（图 10.32f～h）。纯 HCD 的 Fe 含量（范围为 118～1077ppm，

平均值为438ppm，$n=36$）与纯LCD的Fe含量（范围为126～852ppm，平均值为423ppm，$n=8$）相近（图10.37e）。纯HCD的Mn含量范围为12～234ppm（平均值为57ppm，$n=36$），相对于纯LCD的Mn含量（范围为11～71ppm，平均值为39ppm，$n=8$），其具有较大的数值范围和较高的平均值（图10.37f）。

二、与大开曼岛白云石计量学的比较

位于加勒比海大开曼岛的中新世开曼组白云岩与南海琛航岛琛科2井宣德组白云岩相距15 795km，但两者之间存在显著的相似性。Jones等[55]、Jones和Luth[82]以及Ren和Jones[22, 23]对开曼组白云岩开展过详细的描述。

大开曼岛长约35km，宽6～14km，位于古巴南部和牙买加西北部。大开曼岛碳酸盐岩序列由下至上可划分出布莱克组（晚渐新世）、开曼组（早—中中新世）、彼堡组（上新世）和铁岸组（更新世）[124, 125]。布莱克组和彼堡组主要由灰岩和白云岩组成，而开曼组主要由白云岩组成[35, 124, 125]。自渐新世以来，大开曼岛似乎未经历明显的构造运动[126-128]。

开曼组白云岩目前位于160～40m（海平面之下），宣德组白云岩位于519～308.5m。这种深度上的对比反映出开曼组的构造沉降明显小于宣德组[34]。宣德组白云岩与开曼组白云岩具有显著的相似性：①原始沉积形成于浅海水域（<30m）；②可见不整合面，以及不整合面构成地层的上下边界；③不整合面发育的同时发生岩溶作用；④晚中新世—早更新世发生白云石化作用；⑤岩石学特征相似。

开曼组白云岩由LCD和HCD组成（图10.31，图10.38）。背散射图像显示，白云石晶体主要为HCD核心，被LCD或LCD和HCD的交替环带（1～10μm厚）包裹（图10.31）。相对于宣德组，开曼组中HCD和LCD的交替环带更为常见（图10.31）。开曼组白云岩与宣德组白云岩一样，由纯LCD、

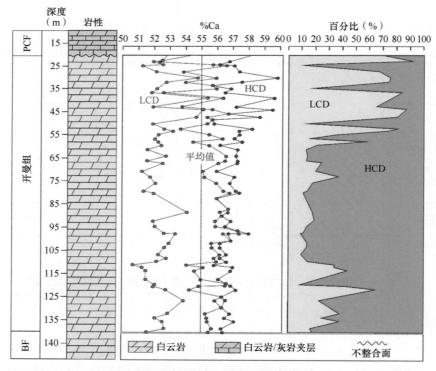

图10.38 加勒比海大开曼岛LV#2井开曼组白云岩的白云石化学计量学特征
BF-布莱克组；PCF-彼堡组；深度为现代海平面之下

纯 HCD 或 LCD 和 HCD 的混合物所组成（如 LV#2 井）。在开曼组白云岩中，LCD% 和 HCD% 与深度没有明显的相关性（图 10.38），LCD 和 HCD 之间相差约 5% 的 %Ca（图 10.31e、f，图 10.35b），这与宣德组白云石晶体的特征相似（图 10.31，图 10.35a）。在大开曼岛，从台地边缘往台地中心的方向上，白云岩的 LCD% 和 %Ca 呈现出逐渐降低的趋势 [22, 32]。

对于大开曼岛开曼组白云岩，Jones 和 Luth[82] 将 LCD 和 HCD 的区别划为 55%Ca（图 10.34b），而从宣德组白云岩的 %Ca 直方图来看，HCD 和 LCD 之间的分界值主要在约 54%Ca 处（图 10.34a），这意味着 LCD 和 HCD 之间的划分可能因地区而异。为避免分类混乱，依据 Jones 和 Luth[82] 的定义，本节将延续 LCD 和 HCD 之间 55%Ca 的分界值。

三、微观尺度上高钙白云石和低钙白云石的共存

从热力学角度来看，HCD 本身是不稳定的，在重结晶过程中易转变为 LCD[15, 129-131]。许多高温实验（多数实验 >175℃）也表明，计量的白云石会经历一系列亚稳态前体的变化，即从高镁方解石到超高镁方解石（VHMC），再到计量的白云石 [119, 132-135]。因此，大多数古代白云岩中 HCD 和 LCD 共存的现象通常被认为是埋藏时发生的重结晶作用所导致 [136-139]。然而，由两种或两种以上成分（根据 %Ca 区分成分）组成的白云岩在许多未经历过明显的埋藏作用的新生代岛礁中却很常见，如纽埃岛、巴哈马群岛和北大东岛 [24, 28, 31] 等。

宣德组（图 10.35a）和开曼组（图 10.35b）的白云岩均包含明显的 %Ca 双峰，表明 HCD 和 LCD 共存并不是局部区域的现象。背散射图像显示，这两个组中许多白云石晶体均由 HCD 核心和 LCD 或 LCD 与 HCD 的交替环带外缘所构成，同时它们之间的边界清晰（图 10.31）。Wang 等 [32] 分析宣德组白云岩的这种分带特征与阴极发光和地球化学特征后，认为此套白云岩未经过明显的重结晶改造，对大开曼岛开曼组白云岩也有类似的结论 [22, 82]。Shore 和 Fowler[140] 认为，可以根据 Mn 含量的升高趋势和 Sr 含量的降低趋势来评估岩石受成岩作用改造的程度。Reeder 等 [141] 及 Dehle 等 [142] 分别认为，当 Mn/Sr< 2 及 Mn/Sr< 3 时，碳酸盐岩受后期成岩作用的改造微弱或不明显。宣德组白云岩的 Mn/Sr 较小（Mn/Sr=0.1 ～ 0.9，n=99）（图 10.32h），表明白云石化之后的成岩改造作用较弱。因此，宣德组白云岩和开曼组白云岩均表现为白云石化时的原始面貌，白云石化后几乎未发生明显的成岩改造。

宣德组和开曼组白云石晶体中 LCD 和 HCD 共存，表明在微观尺度上白云石晶体具有不同的生长条件。Jones 和 Luth[82] 认为，开曼组白云石晶体中交替的 HCD 和 LCD 环带可能是成岩微观条件动荡变化所致 [143]。这种组分的振荡现象（振荡带）在许多矿物生长过程中较为常见 [143]，其可能受生长抑制剂的吸附作用等内在因素和 / 或流体成分、温度、盐度、碱度等外在因素的共同控制 [143, 144]。

白云石化通常被认为是一种溶解—再沉淀过程，涉及先驱灰岩的溶解、Mg-Ca 离子的运输和白云石的沉淀 [133, 145-148]。前人的研究表明，白云石的化学成分受动力学因素控制，并由介导反应的流体成分所决定 [118, 119, 132, 135, 148-150]。在高温实验中，控制白云石化学计量学的因素包括先驱矿物（文石和方解石）、比表面积、反应物的晶体大小、碱度、Mg/Ca 浓度、盐度、温度、pCO_2 以及水岩比等 [96, 121, 133, 134, 151-154]。尽管存在诸多可能的影响因素，但关于自然白云石计量学影响因素的研究多集中在 Mg/Ca 比 [96, 119]、温度 [155] 和盐度 [122] 的讨论。

白云岩 $\delta^{18}O$ 的变化可以反映流体的 $\delta^{18}O$ 同位素组成、温度以及白云石计量学等因素的综合影响 [1, 30, 80]。由于 Mg—O 和 Ca—O 键强度变化的影响 [1, 121]，理论上每减少 1% 摩尔分数的 Ca^{2+}，白云石 $\delta^{18}O$ 就会从 0.06‰增加到 0.12%[15, 153]。然而，宣德组白云岩的 $\delta^{18}O$ 随着平均 %Ca 的增加而增大，因此 $\delta^{18}O$ 与白云岩的 %Ca 不相关（图 10.37b）。纯 HCD（1.9‰～ 4.3‰，n=39）和纯 LCD（2.4‰～ 4.1‰，n=8）的 $\delta^{18}O$ 范围相近（图 10.37a）也表明，白云石的化学计量数与 $\delta^{18}O$ 不相关。因此，HCD 或 LCD

中的 $\delta^{18}O$ 应主要受白云石化流体性质（^{18}O 组成、温度）的影响。许多野外观察和实验室研究也表明，白云石的化学计量数可以反映白云石化流体的性质 [22, 119, 131, 157]。宣德组 HCD 和 LCD 的 $\delta^{18}O$ 范围与许多岛礁白云岩的范围（0.5‰～4.5‰）相近 [1, 23]，这表明白云石化流体主要为正常或轻微改造的海源流体。

在宣德组中，高 LCD% 和高 HCD% 样品之间 %Ca 的差异（图 10.36a、b）表明，LCD 和 HCD 的形成受到不同性质流体的影响。从热力学角度来看，在低于 200℃ 的温度下，高钙白云石更容易先形成 [154]。相反，从动力学角度来看，高 Mg/Ca 比、高温和高盐度的溶液中白云石化速率更快、白云石中 %Ca 更低 [119, 122, 155]。因此，热力学和动力学因素之间的相互影响将会导致两种情况：①如果白云石化流体的物理化学条件（如 Mg/Ca 比、盐度、温度）对白云石化动力学特征有促进作用，则主要形成 LCD（图 10.36a）[119, 122, 155]；②如果白云石化流体的物理化学条件对白云石化动力学特征有抑制作用，则主要形成 HCD（图 10.36b）[119, 122, 155]。宣德组主要由 LCD 或 HCD 组成，而 LCD 与 HCD 含量相近的样品很少（103 个样品中有 2 个），即白云石化动力学一般会导致两种极端结果，它们之间的过渡类型很少（图 10.36）。这表明白云石化条件仅受两个极端环境的影响，而不受任何渐变过程的影响。在宣德组中，LCD 可能是在比 HCD 更强的动力学因素下形成的。这一观点与前人在高温实验中得到的结果 [119, 122, 155] 一致。

宣德组 HCD 中 Fe 含量范围为 118～1077ppm（平均值为 438ppm），LCD 中 Fe 含量范围为 126～852ppm（平均值为 423ppm）（图 10.37e）；宣德组 HCD 中 Mn 含量范围为 12～234ppm（平均值为 57ppm），LCD 中 Mn 含量范围为 11～71ppm（平均值为 39ppm）（图 10.37f）。这与许多地区发现的岛礁白云岩的 Fe、Mn 含量范围相近（如小巴哈马浅滩和中途岛环礁的白云岩）[1]。这表明白云石化流体的氧化还原状态对 HCD 和 LCD 的形成没有明显的影响。

宣德组（图 10.35a）和开曼组（图 10.35b）白云岩的 LCD 和 HCD 中的 %Ca 具有极高的相关性，这表明 Mg 是通过相似的过程进入白云石晶格中。在白云石晶体中，HCD 和 LCD 的 %Ca 差值相似，通常在 5% 左右（图 10.35a、b），这表明 Mg 进入白云石的过程可能受到晶体结构的影响。Ghosh 等 [158] 认为，白云石晶体中前一层的离子组分可能会影响后续层的离子组分。Schauble 等 [159] 还指出，在白云石晶体的生长过程中，白云石晶体表面的 Mg 离子或 Ca 离子至少在一定程度上受晶体界面吸附密度的控制。高温模拟实验也显示，在 Mg 被生长的白云石晶体捕获和 Ca 从方解石被释放到溶液中的过程中，尽管溶液的 Mg/Ca 比不断变化，但白云石的 Mg/Ca 比在白云石晶体生长过程中保持不变 [119]。因此，白云石晶格界面的控制作用应当对 Mg 进入白云石晶体中发挥了重要作用。

四、控制白云石晶体发育的微环境变化

目前，关于岛礁白云岩形成的模式类型有多种，如潮汐泵、渗透回流、咸淡水混合、洋流和海水地热对流 [1, 23, 117] 等。所有这些模式都默认白云石化主要受全球性或区域性环境因素的控制，如温度、盐度、Mg/Ca 比和 pCO$_2$，因为这些因素会影响白云石化流体的成分和运动方式 [17, 18, 105]。然而，很难将这些全球性或区域性环境因素与具有不同 HCD 和 LCD 含量的单个白云石晶体的发育过程联系起来。

在西沙群岛宣德组和大开曼岛开曼组中，LCD 中 %Ca、HCD 中 %Ca 和平均 %Ca 都与深度有相关性（图 10.32）。在大开曼岛的开曼组中，即使相邻钻井之间仅隔 100～150m（如 STW 井和 SHT#3 井）[82]，平均 %Ca、HCD 中 %Ca 和 LCD 中 %Ca 也有明显差异（图 10.38）。这表明在宣德组和开曼组中，产生 HCD 和 LCD 的白云石化流体的性质在横向上和纵向上都有变化。Ren 和 Jones [22, 23] 认为，许多岛屿的白云石化流体（如海水）从岛屿边缘向岛屿中心流动时，水-岩相互作用导致 Mg 离子不断被消耗，白云石化程度以及白云石的 %Ca 横向上分别表现为逐渐减弱和降低的特征。因此，在微观尺度上流体性质的变化将决定单个白云石晶体的生长程度以及 %Ca 的变化。开曼组白云石晶体的 HCD 和 LCD 的交替环带的数量大于宣德组（图 10.31），这可能是由于大开曼岛的微观环境比琛航岛的微观环境更多变。

此外，琛科 2 井宣德组单元 2 的平均 %Ca、$\delta^{18}O$、HCD% 和 LCD% 随深度的变化趋势（图 10.32c ～ e）表明，控制白云石化学计量的白云石化流体在一定程度上可能受到了沉积环境或水深的影响。Mejía 等[157]也认为，白云石化学计量的垂向变化与沉积环境或水深的变化有关。

宣德组和开曼组白云岩的相似性表明，尽管它们位于相隔数千千米的不同海洋中，但白云石化条件仍是相似的。在中新世晚期至早更新世（10 ～ 2.5Ma），宣德组和开曼组的白云石化都发生在热带地区的开放海域[22, 23, 32]，这些海域具有类似的海水特性（如 Mg/Ca 比、盐度和温度），同时受到全球气候因素的影响，如逐渐干燥和变冷的天气[94]、大气 pCO_2 处于较高水平[157]以及海平面波动（约 –100m 至 100m）[89]。这些全球性的气候环境因素决定了西沙群岛和大开曼岛的白云石化背景条件。然而，微观尺度下的白云石化条件也十分重要，特别是当流体流经岛屿发生白云石化时会明显地受到微观尺度条件的影响。在考虑岛礁白云石化模式时，影响岛礁白云石化环境因素的尺度是一个关键方面，因为广域性（全球性或区域性）的环境因素可以控制地下水循环的成分和模式，而单个白云石晶体的生长和演化则受微观条件的控制。因此，为了更好地理解整个白云石化过程，任何岛礁白云石化模式都需要考虑促进白云石化的广域性因素和控制晶体生长的微观环境。

第六节　基于团簇同位素的宣德组白云石化温度和流体性质

一、团簇同位素温度计和研究方法

基于碳酸盐矿物中 $^{13}C^{18}O^{16}O_2^{2-}$ 离子基团丰度对于温度的敏感变化而形成的碳酸盐团簇同位素测温法（或称"Δ_{47} 测温法"）[160, 161]已被广泛用于测定地层温度[162]、反演介导古代白云石化流体的温度和盐度（$\delta^{18}O_{water}$）[163]。近年来，团簇同位素（Δ_{47}）也被广泛应用于岛礁白云岩形成时流体的温度和盐度的研究，包括对北大西洋巴哈马台地[164, 165]、南海美济礁[33]以及澳大利亚东北部的马里恩台地[166]等白云岩的分析。然而，在某些情况下，这些岛礁白云岩的团簇同位素可能已经被重结晶部分重置，不能反映原始矿物的形成温度[167-170]。例如，尽管马里恩台地中新世白云岩没有被深埋藏（<1km）、也未受到高温（>50℃）条件的影响，但有证据表明其团簇同位素可能受到了重结晶的影响[166]。Rosenbaum 和 Sheppard[168]根据对安德罗斯岛、巴哈马台地 4500m 厚地层的分析，认为深度小于 1.3km 的石灰岩和白云岩的团簇同位素几乎未受重结晶的影响。同样，巴哈马台地白云岩[164, 167]和南海美济礁南科 1 井（NK-1）[33]中的白云岩也被认为未受到成岩蚀变的影响。

本节基于团簇同位素评估琛科 2 井宣德组岛礁白云岩的形成温度和流体性质。这些白云岩在结构和成分上与加勒比海和太平洋岛礁上的许多新生代岛礁的白云岩相似[23, 32, 34]。本节考虑了宣德组白云岩的团簇同位素以及详细的岩石学、矿物学和地球化学数据，以评估白云石化流体的温度和盐度、成岩作用对团簇同位素的可能影响，以及根据从团簇同位素获得的信息，评估可行的白云石化模式。

本次研究在西安石油大学使用 Linkam THMS600 加热和冷却台对显微镜下发现的流体包裹体进行分析。起始加热 / 冷却温度为室温（20℃），加热 / 冷却速率控制在 5 ～ 10℃ /min；使用广西大学的 JEOL8230 电子探针（EMP）获得背散射电子（BSE）图像和点分析，分析条件为：10kV 加速电压和 15nA 束流。氧同位素以标准 δ 表示，单位为‰（千分之一），相对于 VPDB，$\delta^{18}O$ 的标准偏差为 0.08%。使用 Müller 等[171]提出的分馏系数对 $\delta^{18}O$ 分馏进行校正。微量元素（Sr、Mn）在广西大学利用电感耦合等离子体质谱法进行分析。27 个样品的 $^{87}Sr/^{86}Sr$ 比值在昆士兰大学使用 VGSector-54 热电离质谱仪测定，并校正为 0.710 248 的 NIST-987 值。McArthur 等[70]的 LOWESS 查找曲线用于确定相对年龄，这些数据对本章第二节所使用的琛科 2 井宣德组的 25 个 $^{87}Sr/^{86}Sr$ 数据进行了补充。

选取 Mn/Sr<0.2（黄流组白云岩 Mn/Sr 平均值为 0.2）的 22 个粉末样品（约 10m 间隔）在中国地质大学（武汉）进行团簇同位素分析。每个样品测量 2～5 次，每次运行通过 8 个采集周期进行测试。将获得的初始 Δ_{47} 转换到绝对参考系（ARF）中，该绝对参考系在 10℃、25℃、50℃和 1000℃平衡的 CO_2 参考气体中计算获得[172]。基于本次白云岩样品重复测量的 Δ_{47} 数据的精度为 0.010‰（1SE）。该过程中还获得了氧同位素值（$\delta^{18}O$），以便与第二节中使用的标准同位素技术获得的氧同位素值进行比较。

利用 Bonifacie 等[170]（90℃酸反应温度）和 Müller 等[171]（70℃酸反应温度）针对白云岩、Petersen 等[172]（25℃磷酸反应温度）和 Anderson 等[173]针对碳酸盐矿物推荐的 Δ_{47}-T 校准来约束白云岩形成温度（T）和团簇同位素（Δ_{47}）之间的关系：

（1）$\Delta_{47CDES90}=0.0428(\pm0.0033)\times(10^6/T^2)+0.1174(\pm0.0248)$ $(r^2=0.997)$[170]；

（2）$\Delta_{47CDES70}=0.0428(\pm0.0020)\times(10^6/T^2)+0.1481(\pm0.0160)$ $(r^2=0.864)$[171]；

（3）$\Delta_{47CDES25}=0.0383\times(10^6/T^2)+0.258$ $(r^2=0.864)$[172]；

（4）$\Delta_{47(I\text{-}CDES90)}=0.0390(\pm0.0004)\times(10^6/T^2)+0.153(\pm0.004)$ $(r^2=0.97)$[173]。

利用 Matthews 和 Katz[12]、Vasconcelos 等[14]、Horita[174] 和 Müller 等[171] 的 $10^3\ln\alpha$-T 方程来约束 $\delta^{18}O_{water}$（维也纳标准平均海水（Vienna Standard Mean Ocean Water）、VSMOW）、$T(\Delta_{47})$（由 Δ_{47} 导出的计算温度）和 $\delta^{18}O_{dolomite}$（后称 $\delta^{18}O_{dol}$）：

（5）$10^3\ln\alpha_{dolomite\text{-}water}=3.06\times(10^6/T^2)-3.24$[12]；

（6）$10^3\ln\alpha_{dolomite\text{-}water}=2.73\times(10^6/T^2)+0.26$[14]；

（7）$10^3\ln\alpha_{dolomite\text{-}water}=3.14(\pm0.022)\times(10^6/T^2)-3.14(\pm0.11)$[174]；

（8）$10^3\ln\alpha_{dolomite\text{-}water}=2.9923(\pm0.0557)\times(10^6/T^2)-2.3592(\pm0.4116)$ $(r^2=0.9164)$[171]。

上述公式中，$\alpha_{dolomite\text{-}water}=(\delta^{18}O_{dol}+1000)/(\delta^{18}O_{water}+1000)$。$\delta^{18}O_{dol}$ 是 VSMOW 中利用 Kim 等[175] 的公式将 $\delta^{18}O_{dol}$（VPDB）转化 $\delta^{18}O_{dol}$（VSMOW）：

$\delta^{18}O_{dol}$（VSMOW）$=1.030\ 92\times\delta^{18}O_{dol}$（VPDB）$+30.92$。

二、与团簇同位素研究相关的指标

（一）流体包裹体

宣德组白云岩晶体中的流体包裹体大多小于 20μm，可见清晰的边缘，主要由水和气组成（图 10.39）。大多数流体包裹体在冷冻和均一化过程中破裂，仅在 379.5m 处的一个流体包裹体获得了 37.2℃ 的均一化温度（图 10.39a）。

（二）化学计量学

宣德组白云岩由 LCD 和 HCD 组成。总体而言，宣德组白云岩以 HCD 为主，平均 %Ca 为 55.4%，LCD% 往往在不整合面之下较高（图 10.40b）。BSE 图像显示，白云岩晶体中富含包裹体的深色"脏"核心通常由具有大量微孔的 HCD 和残留方解石组成，而透明的边缘通常由 LCD 形成（图 10.41）。HCD 核心和 LCD 边缘之间的边界较为清晰（图 10.41c～h）。

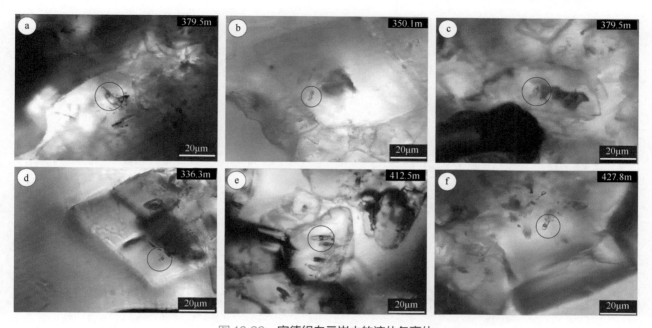

图 10.39　宣德组白云岩中的流体包裹体

每张图片右上角为低于现在海平面的深度。379.5m 处的一个流体包裹体的均一化温度为 37.2℃，其他流体包裹体在冷冻和均一化的加热 / 冷却过程中破裂

（三）氧同位素

本章第二节提到的宣德组白云岩原始 $\delta^{18}O$ 数据（广西大学测定）未对白云岩进行磷酸分馏系数校正。在使用 Rosenbaum 和 Sheppard[168] 的分馏系数对原始 $\delta^{18}O$ 进行校正后，宣德组白云岩的 $\delta^{18}O_{dol}$ 范围为 0.4‰～2.9‰（平均值为 1.8‰，n=97）（图 10.40e），比原始 $\delta^{18}O$（范围为 2.0‰～4.7‰，平均值为 3.3‰，n=97）低 [32]。对于宣德组白云岩样品，在广西大学测试的校正 $\delta^{18}O_{dol}$ 与在中国地质大学（武汉）测试（n=22）的 $\delta^{18}O$ 一致（正相关 R^2=0.86）。这里使用的是校正后的 $\delta^{18}O_{dol}$。单元 1 中的白云岩 $\delta^{18}O_{dol}$（范围为 0.4‰～2.8‰，平均值为 1.4‰）相比单元 2（范围为 1.5‰～2.9‰，平均值为 2.1‰）、单元 3（范围为 1.3‰～2.8‰，平均值 2.1‰）和单元 4（范围为 1.3‰～2.3‰，平均值为 1.8‰）略微偏负。

（四）Sr 同位素

将本章第三节提到的琼科 2 井宣德组 25 个的 $^{87}Sr/^{86}Sr$ 数据与新获得的 27 个 $^{87}Sr/^{86}Sr$ 数据进行整合，结果表明，$^{87}Sr/^{86}Sr$ 范围为 0.708 898～0.709 077（n=52），从宣德组底部到顶部呈增大趋势（图 10.40c）。正如 Wang 等[32] 之前所论证的，白云石化年龄从底部到顶部有逐渐变年轻的趋势。总的来说，$^{87}Sr/^{86}Sr$ 表明白云石化作用发生在 10～4Ma（晚中新世至早上新世）（>95% 置信度），比 Wang 等[32] 提出的 10～2.3Ma 范围更窄。$^{87}Sr/^{86}Sr$ 在约 425m 深度从 0.708 929 到 0.708 972、在约 353m 深度从 0.708 984 到 0.709 038 有明显的"跳跃"（图 10.40c）。根据 McArthur 等[70] 的 LOWESS 查找曲线，$^{87}Sr/^{86}Sr$ 的这两个"跳跃"分别对应 8.1～7.4Ma（约 425m）和 5.8～5.3Ma（约 353m）。

（五）团簇同位素

宣德组白云岩样品的团簇同位素校准 ARF 后，在 90℃酸消解后的 Δ_{47} 范围为 0.67‰～0.73‰

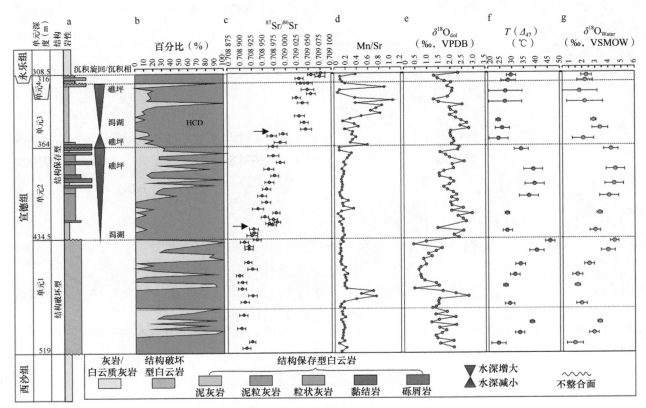

图 10.40　西沙群岛琛科 2 井宣德组白云岩的岩性、沉积相及地球化学特征

a. 岩性和沉积相地层序列；b. LCD 和 HCD 随地层的变化（数据源于 Wang[176] 等，图 2）；c. $^{87}Sr/^{86}Sr$ 比值，其中 $^{87}Sr/^{86}Sr$ 比值中有两个明显的"跳跃"（黑色箭头所示）；d. Mn/Sr；e. $\delta^{18}O_{dol}$（‰，VPDB）；f. 使用 Bonifacie[170] 等提出的 Δ_{47}-T 校准由团簇同位素（Δ_{47}）计算得出的白云岩温度 [$T(\Delta_{47})$，℃]；g. 使用 Müller 等[171] 的 $10^3 \ln\alpha$-T 方程计算的 $\delta^{18}O_{water}$（‰，VSWOM）。$^{87}Sr/^{86}Sr$ 比值、$T(\Delta_{47})$ 和 $\delta^{18}O_{water}$ 数据的不确定性以标准误差（SE）表示

（图 10.42a）。使用 Bonifacie 等[170] 的 Δ_{47}-T 校准，该校准使用 90℃ 酸消化法，和本研究中使用的分析条件相似，从团簇同位素 [$T(\Delta_{47})$] 得出的计算温度范围为 24 ～ 44℃，平均值为（31±4）℃（图 10.42b）。由 Δ_{47} 得出的 $T(\Delta_{47})$ 都比使用 Müller[171] 等、Petersen 等[172] 的校准得出的 $T(\Delta_{47})$ 低 1 ～ 2℃，或略高于 Anderson 等[173] 得出的 $T(\Delta_{47})$。这些校准之间的 1 ～ 2℃ 差值低于分析不确定因素引起的温度误差（约 2℃）（±0.010‰；1SE）。结合宣德组白云岩的氧同位素（$\delta^{18}O_{dol}$）和 $T(\Delta_{47})$ 数据，利用 Müller 等[171] 的方程计算的 $\delta^{18}O_{water}$ 范围为 1.1‰ ～ 4.5‰（平均值为 2.72‰，$n=22$）（相对于 VSMOW 标准）（图 10.40g）。此外，利用 Müller 等[171] 的方程计算的 $\delta^{18}O_{water}$ 平均值 2.72‰，低于利用 Matthew 和 Katz[12] 的方程计算的 $\delta^{18}O_{water}$ 平均值 2.87‰（$n=22$），以及利用 Vasconcelos 等[14] 的方程计算的平均值 2.94‰（$n=22$）（图 10.42）。使用 Horita[174] 的方程计算出的 $\delta^{18}O_{water}$ 平均值为 1.93‰（$n=22$），远低于其他三个方程的计算结果（图 10.42）。琛科 2 井宣德组白云岩的 $T(\Delta_{47})$ 和 $\delta^{18}O_{water}$ 之间存在正相关性（图 10.40g）。通常，计算出的 $T(\Delta_{47})$ 和 $\delta^{18}O_{water}$ 往往在不整合面正下方最高，离不整合面越远其值越低（图 10.40f、g）。

三、团簇同位素记录的白云石化流体温度

考虑到在低温（约 25℃）条件下，利用正常海水尚未合成有序白云石[151]，白云石在 25 ～ 90℃ 酸消解反应的分馏因子（Δ^*_{90-25}）仍然很难确定，Δ^*_{90-25} 的范围可以从 0.082‰ 变化至 0.153‰（由统一参考

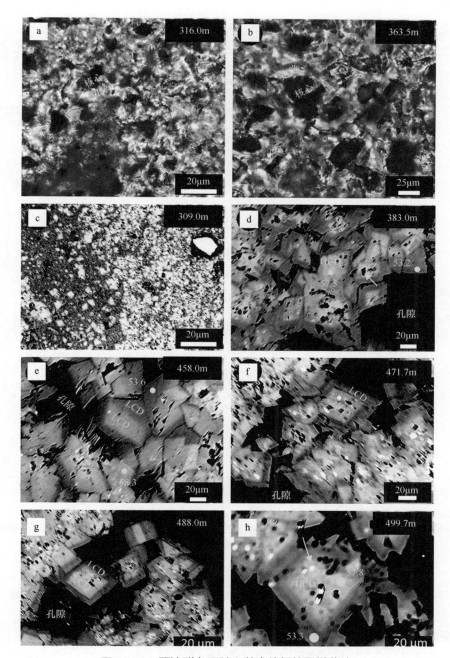

图 10.41　西沙群岛琛科 2 井宣德组的显微薄片

a、b 为单偏光图片；c ~ h 为背散射电子图像。a、b. 白云石晶体，"脏"核心被干净胶结物外缘所包裹；c. 左侧较暗的为 LCD，右侧明亮的为 HCD；d ~ h. 琛科 2 井中不同深度样品中的 HCD 和 LCD。HCD 呈浅灰色，通常生长在单个白云石晶体的核心中，有深色不规则的溶孔和明亮的方解石残留（黄色箭头所示），而 LCD 生长在 HCD 的外部，呈深灰色；数字表示电子探针分析的 %Ca

标准白云石 NIST88b 确定）[170, 173, 177, 178]。这对白云石 Δ_{47} 分析的酸分馏校正会导致较大的不确定性，并产生错误的温度估计值。为了避免与白云石相关的 $\Delta^*_{90\text{-}25}$ 不确定性产生的影响，按照 Dennis 等[179] 的方法，使用 ARF 对 90℃酸消解时的团簇同位素数据进行了标准化。尽管已经针对碳酸盐矿物尽管已经提出了许多 Δ_{47}-T 校正标准[180, 181]，但只有 Winkelstern 等[165]、Bonifacie 等[170] 和 Müller 等[171] 提出的方法是专门应用于白云石的。本书采用 Bonifacie 等[170] 的校准标准进行讨论，一方面它是基于与本研究中类似的

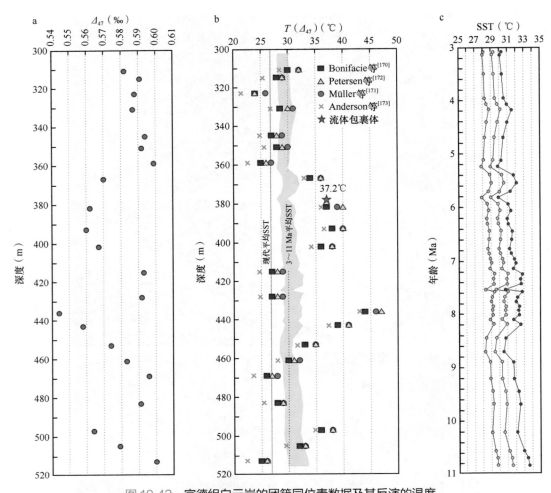

图 10.42　宣德组白云岩的团簇同位素数据及其反演的温度

a. 宣德组白云岩的团簇同位素（Δ_{47}）数据；b. 使用 Bonifacie 等[170]、Müller 等[171] 针对白云岩和 Petersen 等[173] 针对碳酸盐矿物的 Δ_{47}-T 校准，分别计算出的温度，红星代表宣德组 379.5m 处白云岩中流体包裹体的均一化温度，灰色阴影代表使用 ODP 1143 站点的材料得到的 11～3Ma 的平均海表温度；c. 11～3Ma 南海的平均海表温度（SST）[182]

分析条件类似（如 90℃酸消解温度），另一方面它与通过使用 Müller 等[171]、Petersen 等[172] 和 Anderson 等[173] 的校准获得的结果相比，具有较小的 $T(\Delta_{47})$（1～2℃）误差（图 10.42b）。

使用 Bonifacie 等[170] 的 Δ_{47}-T 校准，宣德组白云岩的平均 $T(\Delta_{47})$ 为（31±4）℃，比西沙群岛周围的现代年平均海表温度（SST）26.8℃高约 5℃（图 10.42）。宣德组白云岩形成于晚中新世至早上新世（9.4～4Ma），全球气温可能比现今高 3～7℃[182, 183]。同样，在距离琛科 2 井 815km 的南海南部 ODP 1143 站点，对深海沉积物的分析表明，在 11～3Ma，平均 SST 约为 31℃，比该地区现代年平均 SST 高约 4℃[184]（图 10.42b、c）。因此，宣德组白云岩的计算平均 $T(\Delta_{47})$ 与中新世晚期至上新世早期的 SST 一致。此外，从 379.5m 处的一个流体包裹体得到的温度（37.2℃）与从宣德组 382m 计算的 $T(\Delta_{47})$（38.9℃）相近。

计算获取的 $T(\Delta_{47})$ 是否可靠取决于宣德组白云岩的 Δ_{47}，是否受到了成岩过程中 ^{13}C-^{18}O 固态重排的影响[185-188]。如果碳酸盐岩温度环境在数千万年的时间里高于 100℃，则可能发生 ^{13}C-^{18}O 的固态重排，进而影响碳酸盐矿物晶格中 ^{13}C-^{18}O 的含量[186, 189]。已有数据表明，孤立的新生代岛屿地热梯度范围从赤道太平洋埃内韦塔克环礁的约 −20℃/km[26] 至巴哈马台地的约 −15℃/km[190]，再至南沙群岛的 −10℃/km[33]。

基于这些数据，特别是南沙群岛的地热梯度[33]，琛科 2 井宣德组最深部（519m）的最高埋藏温度应不超过 50℃。目前也未见相关研究表明西沙群岛碳酸盐岩（如西科 1 井和西琛 1 井）（小于 1km）有关的地层温度高于 50℃[50-52, 54]。因此，对于尚未埋藏大于 1km 的新生代岛礁碳酸盐岩，固态重排对其团簇同位素的影响可以忽略不计[33, 164, 165]。

岛礁白云岩主要是通过海水交代先驱石灰岩所形成[1, 23]，然而，一些白云岩可能会被后期成岩作用所改造[1]。如果发生成岩蚀变（重结晶或胶结作用），则岛礁白云岩的 Δ_{47} 可能会或多或少反映了重结晶或胶结作用的温度[191]。尽管大多数沉积后的白云岩易发生重结晶作用，但对于宣德组白云岩而言：①单元 2 至单元 4 先驱沉积结构保存完好；② HCD 含量相对较高（图 10.40b）；③白云岩晶体 HCD 和 LCD 之间的边界平直清晰（图 10.41d～h）；④ Mn/Sr 比较小（0.1～0.9）（图 10.40d）[32, 176]。这表明宣德组白云岩并未经历明显的重结晶改造作用。Veillard 等[192]认为，浅埋藏重结晶作用是导致澳大利亚东北部马里恩高原白云岩的 $T(\Delta_{47})$ 随深度增加而升高的原因。然而，对于宣德组白云岩，$T(\Delta_{47})$ 并未呈现出随深度增加而升高的趋势（图 10.40f）。

宣德组白云岩发生的胶结作用有可能影响了 Δ_{47} 及其反演的温度。宣德组白云石晶体外缘的 LCD 内无明显杂质（图 10.41），这种边缘通常被视为从孔隙流体中沉淀出的胶结物[1, 111, 112]。Choquette 和 Hiatt[193]认为，原始灰岩的白云石化可能会产生浑浊的"核心"（HCD），而后期的胶结作用（过度白云石化）则产生外缘的透明白云石晶体（LCD）。此外，宣德组白云岩中 LCD%>80%（$n=6$）的样品的 $T(\Delta_{47})$ 平均约为 34℃，而由 HCD 形成的白云岩（HCD%=100%，$n=7$）的平均温度约为 27℃（图 10.43）。因此，其 HCD 核心与 LCD 胶结物可能是在不同的温度条件下形成。

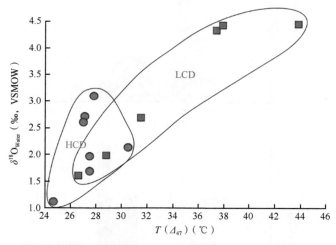

图 10.43　西沙群岛琛科 2 井宣德组地层中 LCD%>80%（$n=6$）和纯 HCD（$n=7$）样品的 $\delta^{18}O_{water}$（‰，VSWOM）与 $T(\Delta_{47})$ 的交汇图

使用 Bonifacie 等[170]的 Δ_{47}-T 校准重新计算来自南海美济礁南科 1 井[33]和小巴哈马浅滩、圣萨尔瓦多岛[164]的数据（图 10.44），结果显示，西沙群岛白云岩（范围为 24～44℃，平均值为 31℃）和圣萨尔瓦多岛白云岩（范围为 19～48℃，平均值为 36℃）的 $T(\Delta_{47})$ 相近，高于美济礁南科 1 井（范围为 17～30℃，平均值为 22℃）和小巴哈马浅滩（范围为 17～30℃，平均值为 23℃）（图 10.44）白云岩的 $T(\Delta_{47})$。尽管控制这些岛礁白云岩 $T(\Delta_{47})$ 的因素复杂，可能包括白云石化发生的位置、古气候、埋藏深度以及白云石化时的地热对流环境等，但温度似乎并不是岛礁在近地表环境中发生白云石化的关键因素。

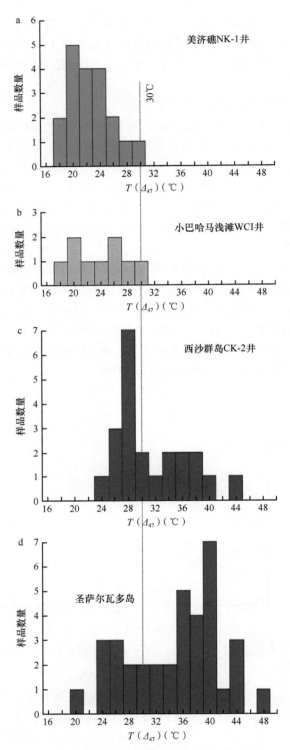

图 10.44　不同岛礁团簇同位素反演的温度对比

使用 Bonifacie 等[170] 的 Δ_{47}-T 校准，重新计算美济礁南科 1 井（NK-1 井）、小巴哈马浅滩 WCI 井、西沙群岛琛科 2 井（CK-2 井）和圣萨尔瓦多岛白云岩的 $T(\Delta_{47})$（℃）。团簇同位素（Δ_{47}）已校准至绝对参考系（AFR）[169]，以避免不同实验室之间的仪器误差。白云岩的原始 Δ_{47} 数据来自 Guo 等 [33]（NK-1 井）及 Murray 和 Swart[164]（WCI 井和圣萨尔瓦多岛）

四、基于团簇同位素的白云石化流体盐度

考虑到盐度（$\delta^{18}O_{water}$）随着蒸发量的增加而增大，可以从 $\delta^{18}O_{water}$ 推断介导白云石化的流体盐度[194]。通过 $\delta^{18}O_{dol}$ 和温度数据，可以计算出 $\delta^{18}O_{water}$[10, 12-14, 171, 174, 195-197]。本书对比了基于 Müller 等[171]、Vasconcelos 等[14]、Horita[174]、Matthews 和 Katz[12] 提出的方程计算的琛科 2 井宣德组白云岩的 $\delta^{18}O_{water}$，前两个方程包含自然环境下获取的低温（25℃和45℃）白云石数据，在巴哈马白云岩的研究中使用了 Horita[174]、Matthews 和 Katz[12] 提出的方程[165-177]。根据 Horita[174] 提出的方程计算的 $\delta^{18}O_{water}$ 低于其他三个方程得出的值，并且其他三个方程反演的 $\delta^{18}O_{water}$ 差异较小（0.1‰～0.3‰），本节采用 Müller 等[171] 提出的方程用于计算琛科 2 井宣德组白云岩的 $\delta^{18}O_{water}$。

近地表温度（<30℃）条件下，与新生代海水的 $\delta^{18}O_{water}$（0‰±2‰，VSMOW）[94] 和中新世海水的 $\delta^{18}O_{water}$（−1.2‰）[198] 相比，宣德组白云岩的 $\delta^{18}O_{water}$（范围为 1.1‰～4.5‰，平均值为 2.72‰，VSMOW）反映了正常至轻微蒸发海水（$\delta^{18}O_{water}$>2‰）的特征。依据岛礁白云岩 $\delta^{18}O$ 的解释，前人的研究认为正常至轻微蒸发的海水介导了岛礁白云岩的形成[1, 23]。然而，由于 $\delta^{18}O$ 的解释存在不确定性，仅基于 $\delta^{18}O$ 很难区分正常海水和轻微蒸发海水[1, 23]。考虑到宣德组白云岩晶体是由 HCD 和 LCD 混合组成的，因此计算获取的 $\delta^{18}O_{water}$ 应当是反映了 HCD 和 LCD 的混合。将 Müller 等[171] 提出的方程应用于 LCD%>80%（$n=6$）的样品，结果表明 LCD 形成于平均 $\delta^{18}O_{water}$ 为 3.2‰的海水环境中。在西沙群岛西科 1 井黄流组（宣德组）白云石晶体的透明边缘中发现的流体包裹体表明，其外缘的流体盐度较高[54]。相反，对于琛科 2 井中完全由 HCD（$n=7$）形成的样品，其 $\delta^{18}O_{water}$ 较低（为 2.2‰）（图 10.43）。这意味着，初期交代作用产生的 HCD 可能是在盐度较低的流体中形成的，而后来的 LCD 胶结物的形成流体盐度较高。

根据本节新计算的美济礁南科 1 井、小巴哈马浅滩和圣萨尔瓦多岛的白云岩重新计算的 $T(\Delta_{47})$，使用 Müller 等[171] 提出的方程新计算的 $\delta^{18}O_{water}$ 分别为 0.2‰～3.0‰（平均值为 1.72‰，$n=19$）、0.8‰～4.8‰（平均值为 3.2‰，$n=9$）和 1.0‰～6.5‰（平均值为 4.0‰，$n=36$）（图 10.45）。考虑到白云石化所需的 Mg^{2+} 主要来源为海水[1]，这些白云岩的 $\delta^{18}O_{water}$ 代表了正常至轻微蒸发的海水，表明在这些岛礁上没有明显的其他流体类型参与介导白云岩的形成（图 10.45）。

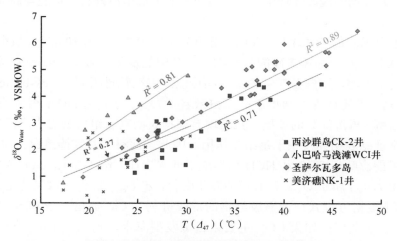

图 10.45　不同岛礁团簇同位素反演的温度和流体 $\delta^{18}O_{water}$ 交汇图

NK-1 井（美济礁）、WCI 井（小巴哈马浅滩）、CK-2 井（西沙群岛）和圣萨尔瓦多岛的白云岩的 $\delta^{18}Owater$（‰，VSWOM）与 $T(\Delta_{47})$（℃）之间的关系。CK-2 井、WCI 井和圣萨尔瓦多岛的白云岩中，$\delta^{18}Owater$ 与 $T(\Delta_{47})$ 之间存在较强的正相关性，但 NK-1 井白云岩中没有。NK-1 井[33]、WCI 井和圣萨尔瓦多岛[164] 的 $\delta^{18}OWATER$ 和 T（℃）数据均使用 Müller 等[171] 提出的 $10^3\ln\alpha$-T 方程和 Bonifacie 等[170] 的 Δ_{47}-T 校准进行重新计算

五、低钙白云石胶结物的形成条件

现有证据表明，"脏"核心 HCD 外缘包裹的 LCD 胶结物可能是后期形成的。正如 Choquette 和 Hiatt[193] 所认为的那样，白云石胶结作用可以在白云石化交代作用之后发生，其时间间隔可以从地质学上的"瞬时"到数千万年不等。这意味着，LCD 胶结物与"脏"核心 HCD 的形成环境应该分开考虑。对于宣德组白云石晶体，HCD 核心似乎与近地表环境（平均温度为 27℃）的海水（平均 $\delta^{18}O_{water}$ 为 2.2‰）相关，相比之下，LCD 胶结物可能是在略高的温度（平均约 34℃）条件下，由轻微蒸发海水（平均 $\delta^{18}O_{water}$ 为 3.2‰）所形成。这意味着，宣德组白云岩可能是由两阶段白云石化作用所形成。与新生代近地表海水条件（温度低于 30℃，$\delta^{18}O_{water}$ 为 0‰ ±2‰[94]）相比，LCD 胶结物可能是在浅埋藏条件下或在蒸发性成岩流体活跃的环境下形成的。

• 宣德组白云岩的 $T(\Delta_{47})$ 不随埋藏深度增加而升高，也不随地层单元的变化而变化（图 10.40f），表明白云石化作用是由温度相对恒定的流体所介导的。

• 在孤立的碳酸盐台地上，如西沙群岛，蒸发海水通常归因于半干旱至干旱的气候条件下潟湖的发育[1]。在晚中新世至早上新世，全球气温比现今高 3 ～ 7℃[182, 183]，而逐渐干旱的气候条件[94, 116, 200, 201] 可能导致海水蒸发。尽管西沙地台上晚中新世时期仅存在少量孤立的碳酸盐岩堆积体[49]，但有证据表明，宣德环礁顶部发育有潟湖环境[202]。然而，宣德组和上覆永乐组及永兴组中不存在蒸发盐矿物（如石膏、盐类），这可能表明潟湖未与外海完全封闭，没有产生高盐度的蒸发海水，或在随后的海平面下降过程中，蒸发盐矿物被侵蚀或大气淡水溶解去除。

• LCD 胶结物在不整合面 / 暴露面下方最为常见（图 10.40b），这表明 LCD 的形成可能与相对海平面的下降有关。

在潟湖中形成的轻微蒸发海水可能是 LCD 胶结物形成的原因。Simms[43] 和 Kaufman[47] 认为，即使潟湖海水盐度略有升高（38‰～ 42‰），也足以在碳酸盐台地或岛屿内部产生大规模的海水回流。总的来说，在不整合面 / 暴露面之下，LCD 胶结物的含量以及 $\delta^{18}O_{water}$ 和 $T(\Delta_{47})$ 随着深度的增加而降低（如宣德组单元 1 至单元 3）（图 10.40），这一现象与轻微蒸发海水回流导致的白云石化相一致。许多研究表明，在缺乏明显蒸发岩证据的浅海环境中，古代石灰岩的大规模白云石化可能与高盐度海水的回流渗透有关[163, 203-206]。

琛科 2 井宣德组白云岩的 $T(\Delta_{47})$ 与 $\delta^{18}O_{water}$ 正相关（R^2=0.71）（图 10.45），与小巴哈马浅滩、圣萨尔瓦多岛[164]（图 10.45）及一些古老碳酸盐矿物[207, 208] 中的现象一致。Cummins 等[207] 指出，$\delta^{18}O_{water}$ 与 $T(\Delta_{47})$ 的正相关关系表明，碳酸盐矿物的重结晶可能发生在较封闭的（rock-buffered；低水岩比）成岩环境中。Veillard 等[192] 还认为，马里恩高原白云岩 $\delta^{18}O_{water}$ 与 $T(\Delta_{47})$ 的正相关关系是封闭成岩环境中浅埋藏重结晶（溶解 / 再沉淀）的证据。虽然现有证据表明宣德组白云岩中广泛发育白云石胶结物，但没有明确的岩石学证据表明其发生了重结晶作用。因此，琛科 2 井宣德组白云岩中 $T(\Delta_{47})$ 和 $\delta^{18}O_{water}$ 之间的正相关关系可能意味着 LCD 和 HCD 均形成于低水岩比（rock-buffered）成岩环境中。理论上，在这种环境中，即使 $T(\Delta_{47})$ 和 $\delta^{18}O_{water}$ 都有可能发生变化，$\delta^{18}O_{carbonate}$ 仍可以保持稳定[192-207]。所以，对于 LCD 胶结物而言 [根据方程式白云石胶结物的形成机制为 $Ca^{2+}+Mg^{2+}+CO_3^{2-}=CaMg(CO_3)_2$[7]，LCD 中 CO_3^{2-} 可能来源于先驱灰岩；如果 CO_3^{2-} 主要来自蒸发型海水，则 $T(\Delta_{47})$ 和 $\delta^{18}O_{water}$ 之间应当不存在较好的相关关系。

六、白云石化和海平面变化

太平洋和加勒比海中许多在近地表条件下形成的新生代岛礁白云岩通常与全球海平面变化有关 [1, 23]。例如，晚中新世至上新世早期的海平面波动幅度可能超过 50m [90] 或 100m [89]。鉴于宣德组白云岩形成于近海表环境条件下（温度为 24 ～ 44℃，正常至轻微蒸发的海水），且发育了多期不整合面 / 暴露面（图 10.40a），所以海平面变化应当对宣德组白云岩的形成产生了影响。Wang 等 [32] 认为，依据宣德组白云岩的 $^{87}Sr/^{86}Sr$，与构造沉降和 / 或海平面变化影响有关的（半）连续"时间-海侵"白云石化过程是宣德组白云岩形成的主要原因。Wang 等 [32] 的 $^{87}Sr/^{86}Sr$ 数据与本研究的 27 个 $^{87}Sr/^{86}Sr$ 新数据表明，先驱灰岩的白云石化作用始于约 10Ma，并持续到约 4Ma，但在 8.1 ～ 7.4Ma 和 5.8 ～ 5.3Ma 有所停滞（图 10.46a）。由于西沙群岛碳酸盐台地在早中新世期间（约 20Ma）形成，周边盆地从晚中新世到上新世早期经历了持续的构造沉降 [49]；而在 8.1 ～ 7.4Ma 和 5.8 ～ 5.3Ma，构造沉降速率似乎相对恒定 [49]，这意味着构造沉降应不是导致宣德组白云石化停滞的主要因素。

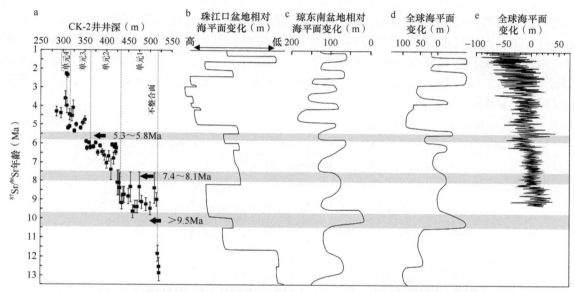

图 10.46　宣德组地层的白云石化年龄与全球海平面变化曲线和当地相对海平面变化曲线的关系
a. 利用 McArthur 等 [70] 的 LOWESS 查找曲线，通过 $^{87}Sr/^{86}Sr$ 确定的黄流组白云石化年龄；b. 南海北部珠江口盆地相对海平面变化曲线，数据源于 Pang 等 [211]（图 5）；c. 南海北部琼东南盆地相对海平面变化曲线，数据源于 Wei 等 [209]（图 2）；d、e. 全球海平面变化曲线，数据分别源于 Haq 等 [89]（图 2）和 Miller 等 [90]（图 4）

在晚新生代时期，前人提出了多种全球海平面变化曲线 [88-90]（图 10.46d、e）和相对海平面变化曲线 [219-211]（图 10.46b、c）。尽管这些曲线在海平面波动的范围和时间上有所不同，但它们均很难直接与宣德组白云石化年龄较好地联系起来。然而，宣德组白云石化在 5.8 ～ 5.3Ma 的停滞时期与墨西拿盐度危机（Messinian Salinity Crisis，MSC）时期（5.96 ～ 5.33Ma）相一致。北大东岛的白云石化也在 MSC 时期出现停滞的现象 [34, 44, 101]。虽然 MSC 对晚中新世时期海平面的影响还没有明确的量化 [116]，但 MSC 时期许多新生代岛屿的海平面远低于现今的海平面 [44, 124, 212-214]。在大多数海平面变化曲线中 [88, 89, 209-211]（图 10.46b、c），白云石化的停滞期往往与海平面的低位相对应，如 10 ～ 9.5Ma，8.1 ～ 7.4Ma 白云石化暂停可能对应于低水平期。需要注意的是，因为 MSC 时期的真实海平面位置仍然不确定（范围为 -30 ～ 100m），以及在许多岛礁上发生白云石化时并没有海平面位置的确切信息，所以必须从其他证据来推断海平面的具体位置。西沙群岛自早中新世以来长期处于快速沉降状态，其情况更加复杂。

除白云石化年龄的不连续性外，宣德组明显的半连续"时间-海侵"白云石化过程[32]可能与西沙群岛地区的海平面海侵条件（相对海平面的上升）有关。根据目前可用的数据，很难确定构造沉降、海平面变化或两者共同的影响是否是造成该海侵模式的原因。尽管如此，不同温度和盐度条件下形成的交代HCD和LCD胶结物表明，海平面变化可能对宣德组白云岩的形成起着至关重要的作用。

七、白云石化模式

白云石化模式的关键要素包括 Mg^{2+} 的来源及其输送运移机制[18, 19]。对于岛礁白云岩，目前已经提出了多种不同的白云石化模式来解释其成因，如潮汐泵、渗透回流、地热对流[1]。然而，这些白云石化模式均不能合理解释宣德组白云岩中HCD和LCD在温度及盐度上的双重差异。Whitaker等[215]强调，孤立地对白云石化的个别流动机制进行概念化可能会产生误导，因为各种地质环境中的流体流动状态可能是同时或连续作用的许多不同驱动因素的函数。现有证据表明，宣德组白云岩的形成涉及两个过程，其一是产生白云石晶体的HCD核心（阶段Ⅰ），其二是产生外缘LCD胶结物（阶段Ⅱ）（图10.47）。在白云石化时期（可能持续了数百万年），相关的海平面变化导致不同盐度-温度的海水流经西沙群岛碳酸盐台地。具有不同流动机制的"正常"海水阶段（第一阶段）和"蒸发"海水阶段（第二阶段）可能连续作用于先驱石灰石，分别发生交代作用和产生白云石胶结物。因此，宣德组白云岩的 $T(\Delta_{47})$、$\delta^{18}O_{water}$ 和LCD%（HCD%）的重复垂直叠加样式（图10.40）可能主要反映了与海平面变化相关的两个阶段白云石化过程的往复作用。

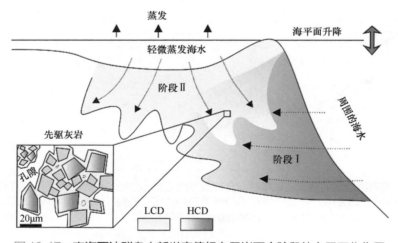

图10.47　南海西沙群岛中新世宣德组白云岩两个阶段的白云石化作用
海水流经台地（采用Ren和Jones[23]的白云石化模式概念）形成HCD（阶段Ⅰ）；轻微蒸发海水向下流动，形成LCD（阶段Ⅱ）；由于海平面波动变化，两个阶段的白云石化作用可能是往复的过程

全球范围内太平洋、加勒比海和南海新生代岛礁白云岩具有同步性[1, 23, 34]，这两个阶段的白云石化过程可能是所有新生代岛礁白云岩共有的现象。例如，Murray和Swart[164]也认为，巴哈马台地上的白云岩可能是由不同的机制驱动正常海水和蒸发卤水介导所形成。大开曼岛的白云岩中也普遍存在早期交代白云石和晚期白云岩胶结物[35, 111, 112]，因此也可能存在两个阶段的白云石化过程。

团簇同位素反演的白云石化流体的温度和盐度表明，宣德组白云岩是在近海表环境条件下形成的。由于本研究只涉及一口钻孔的数据，很难在台地规模尺度上确定交代白云石和白云石胶结物反映的流体温度-盐度的空间变化特征，从而确定相关的介导白云石形成的水文流动机制。然而，宣德组白云岩的两个阶段白云石化过程明确表明，这些岛礁厚层的块状白云岩的形成需要复合的水文流动机制输送大量海水穿过碳酸盐台地。为了全面了解这一过程，未来还需要获取更多岛礁白云岩的团簇同位素数据。

参 考 文 献

[1] Budd D A. Cenozoic dolomites of carbonate islands: their attributes and origin. Earth-Science Reviews, 1997, 42(1-2): 1-47.

[2] 郑剑锋, 沈安江, 乔占峰, 等. 塔里木盆地下奥陶统蓬莱坝组白云岩成因及储层主控因素分析——以巴楚大班塔格剖面为例. 岩石学报, 2013, 29(9): 3223-3232.

[3] 赵文智, 沈安江, 乔占峰, 等. 白云岩成因类型、识别特征及储集空间成因. 石油勘探与开发, 2018, 45(6): 923-935.

[4] Ning M, Lang X G, Huang K J, et al. Towards understanding the origin of massive dolostones. Earth and Planetary Science Letters, 2020, 545: 116403.

[5] Shalev N, Bontognali T R R, Vance D. Sabkha dolomite as an archive for the magnesium isotope composition of seawater. Geology, 2020, 49(3): 253-257.

[6] Li M T, Wignall P B, Dai X, et al. Phanerozoic variation in dolomite abundance linked to oceanic anoxia. Geology, 2021, 49(6): 698-702.

[7] Warren J. Dolomite: occurrence, evolution and economically important associations. Earth-Science Reviews, 2000, 52(1): 1-81.

[8] McKenzie J A, Vasconcelos C. Dolomite Mountains and the origin of the dolomite rock of which they mainly consist: historical developments and new perspectives. Sedimentology, 2010, 56(1): 205-219.

[9] van Tuyl F M. New points on the origin of dolomite. American Journal of Science, 1916, (249): 249-260.

[10] O'Neil J R, Epstein S. Oxygen isotope fractionation in the system dolomite-calcite-carbon dioxide. Science, 1966, 152(3719): 198-201.

[11] Clayton R N, Muffler L J P, White D E. Oxygen isotope study of calcite and silicates of the river ranch No. 1 well, Salton Sea geothermal field, California. American Journal of Science, 1968, 266(10): 968-979.

[12] Matthews A, Katz A. Oxygen isotope fractionation during the dolomitization of calcium carbonate. Geochimica et Cosmochimica Acta, 1977, 41(10): 1431-1438.

[13] Northrop D A, Clayton R N. Oxygen-isotope fractionations in systems containing dolomite. The Journal of Geology, 1966, 74(2): 174-196.

[14] Vasconcelos C, McKenzie J A, Warthmann R, et al. Calibration of the $\delta^{18}O$ paleothermometer for dolomite precipitated in microbial cultures and natural environments. Geology, 2005, 33(4): 3105-3122.

[15] Land L S. The isotopic and trace element geochemistry of dolomite: the state of the art. SEPM Spec. Publ., 1980, 28: 87-110.

[16] Hardie L A. Perspectives on dolomitization: a critical view of some current views. Journal of Sedimentary Research, 1987, 57(1): 166-183.

[17] Machel H G. Concepts and models of dolomitization: a critical reappraisal. Geological Society, London, Special Publications, 2004, 235(1): 7-63.

[18] Morrow D W. Diagenesis 1. Dolomite - Part 1: the chemistry of dolomitization and dolomite precipitation. Geoscience Canada, 1982, 9(1): 5-13.

[19] Morrow D W. Diagenesis 2. Dolomite - part 2: dolomitization models and ancient dolostones. Geoscience Canada, 1982, 9(2): 95-107.

[20] Machel H G, Mountjoy E W. Chemistry and environments of dolomitization-a reappraisal. Earth-Science Reviews, 1986, 23(3): 175-222.

[21] Jones B, Luth R W. Temporal evolution of tertiary dolostones on Grand Cayman as determined by $^{87}Sr/^{86}Sr$. Journal of Sedimentary Research, 2003, 73(2): 187-205.

[22] Ren M, Jones B. Spatial variations in the stoichiometry and geochemistry of Miocene dolomite from Grand Cayman: implications for the origin of island dolostone. Sedimentary Geology, 2017, 348: 69-93.

[23] Ren M, Jones B. Genesis of island dolostones. Sedimentology, 2018, 65(6): 2003-2033.

[24] Suzuki Y, Iryu Y, Inagaki S, et al. Origin of atoll dolomites distinguished by geochemistry and crystal chemistry: Kita-daito-jima, northern Philippine Sea. Sedimentary Geology, 2006, 183(3/4): 181-202.

[25] Aïssaoui D M, Buigues D, Purser B H. Model of reef diagenesis: Mururoa Atoll, French Polynesia//Schroeder J H, Purser B H. Reef Diagenesis. Berlin, Heidelberg: Springer-Verlag, 1986: 27-52.

[26] Saller A H. Petrologic and geochemical constraints on the origin of subsurface dolomite, Enewetak Atoll: an example of dolomitization by normal seawater. Geology, 1984, 12(4): 217-220.

[27] Aharon P, Socki R A, Chan L. Dolomitization of atolls by sea water convection flow: test of a hypothesis at Niue, South Pacific. The Journal of Geology, 1987, 95(2): 187-203.

[28] Wheeler C W, Aharon P, Ferrell R E. Successions of Late Cenozoic platform dolomites distinguished by texture, geochemistry, and crystal chemistry: Niue, South Pacific. Journal of Sedimentary Research, 1999, 69(1): 239-255.

[29] Dawans J M, Swart P K. Textural and geochemical alternations in Late Cenozoic Bahamian dolomites. Sedimentology, 1988, 35(3): 385-403.

[30] Vahrenkamp V, Swart P, Purser B, et al. Late Cenozoic dolomites of the Bahamas: metastable analogues for the genesis of ancient platform dolomites//Purser B, Tucker M, Zenger D. Dolomites: A Volume in Honour of Dolomieu. Oxford: Blackwell Scientific Publications, 1994.

[31] Swart P K, Melim L A. The origin of dolomites in Tertiary sediments from the margin of Great Bahama Bank. Journal of Sedimentary Research, 2000, 70(3): 738-748.

[32] Wang R, Yu K F, Jones B, et al. Evolution and development of Miocene "island dolostones" on Xisha Islands, South China Sea. Marine Geology, 2018, 406: 142-158.

[33] Guo Y R, Deng W F, Liu X, et al. Clumped isotope geochemistry of island carbonates in the South China Sea: implications for early diagenesis and dolomitization. Marine Geology, 2021, 437: 106513.

[34] Wang R, Jones B, Yu K F. Island dolostones: genesis by time-transgressive or event dolomitization. Sedimentary Geology, 2019, 390: 15-30.

[35] Zhao H W, Jones B. Origin of "island dolostones": a case study from the Cayman Formation (Miocene), Cayman Brac, British West Indies. Sedimentary Geology, 2012, 243: 191-206.

[36] Vahrenkamp V C, Swart P K, Ruiz J. Episodic dolomitization of late Cenozoic carbonates in the Bahamas: evidence from strontium isotopes. Journal of Sedimentary Research, 1991, 61(6): 1002-1014.

[37] Zhao H, Jones B. Genesis of fabric-destructive dolostones: a case study of the Brac Formation (Oligocene), Cayman Brac, British West Indies. Sedimentary Geology, 2012, 267-268: 36-54.

[38] Halley R B, Vacher H L, Shinn E A, et al. Marine geohydrology: dynamics of subsurface sea water around Key Largo, Florida. Abstracts with Programs, The Geological Society of America, 1994: 26.

[39] Murray R C. Hydrology of South Bonaire, NA: a rock selective dolomitization model. Journal of Sedimentary Petrology, 1969, 39(3): 1007-1013.

[40] Perkins R D, Dwyer G S, Rosoff D B, et al. Salina sedimentation and diagenesis: West Caicos Island, British West Indies//Purser B H, Tucker M E, Zenger D H. Dolomites: A Volume in Honour of Dolomieu. Oxford: Blackwell Scientific Publications, 1994.

[41] Whitaker F F, Smart P L. Active circulation of saline ground waters in carbonate platforms: evidence from the Great Bahama Bank. Geology, 1990, 18(3): 200-203.

[42] Whitaker F F, Smart P L. Circulation of saline ground water in carbonate platforms - a review and case study from the Bahamas//Horbury A D, Robinson A G. Diagenesis and Basin Development. Tulsa: American Association of Petroleum Geologists, 1993.

[43] Simms M. Dolomitization by ground-water flow systems in carbonate platforms. American Association of Petroleum Geologists Bulletin, 1984, 68(9): 1219-1220.

[44] Ohde S, Elderfield H J. Strontium isotope stratigraphy of Kita-daito-jima Atoll, North Philippine Sea: implications for Neogene sea-level change and tectonic history. Earth and Planetary Science Letters, 1992, 113(4): 473-486.

[45] Lucia F J, Major R P. Porosity Evolution through Hypersaline Reflux Dolomitization//Purser B H, Tucker M E, Zenger D H. Dolomites: A Volume in Honour of Dolomieu. Oxford: Blackwell Scientific Publications, 1994.

[46] Goldstein R H. Dolomite from reflux of moderate salinity brine, Enewetak Atoll. American Association of Petroleum Geologists Bulletin, 1996, 5: 54.

[47] Kaufman J. Numerical models of fluid flow in carbonate platforms: implications for dolomitization. Journal of Sedimentary Research, 1994, 64: 128-139.

[48] Paull C K, Fullagar P D, Bralower T J, et al. Seawater ventilation of mid-Pacific guyots drilled during Leg 143. Proceedings of the Ocean Drilling Program Scientific Results, 1995: 143.

[49] Wu S, Yang Z, Wang D, et al. Architecture, development and geological control of the Xisha carbonate platforms, northwestern South China Sea. Marine Geology, 2014, 350: 71-83.

[50] 赵强. 西沙群岛海域生物礁碳酸盐岩沉积学研究. 北京: 中国科学院研究生院(海洋研究所), 2010.

[51] Shao L, Li Q, Zhu W, et al. Neogene carbonate platform development in the NW South China Sea: litho-, bio- and chemo-stratigraphic evidence. Marine Geology, 2017, 385: 233-243.

[52] Shao L, Cui Y C, Qiao P J, et al. Sea-level changes and carbonate platform evolution of the Xisha Islands (South China Sea) since the Early Miocene. Palaeogeography, Palaeoclimatology, Palaeoecology, 2017, 485: 504-516.

[53] 魏喜, 贾承造, 孟卫工, 等. 西沙群岛西琛1井碳酸盐岩白云石化特征及成因机制. 吉林大学学报(地球科学版), 2008, 32(2): 217-224.

[54] Bi D, Zhang D, Zhai S, et al. Seawater $^{87}Sr/^{86}Sr$ values recorded by reef carbonates from the Xisha Islands (South China Sea) since the Neogene and its response to the uplift of Qinghai-Tibetan Plateau. Geological Journal, 2018, 54(6): 3878-3890.

[55] Jones B, Luth R W, MacNeil A J. Powder X-ray diffraction analysis of homogeneous and heterogeneous sedimentary dolostones. Journal of Sedimentary Research, 2001, 71(5): 790-799.

[56] 王振峰, 时志强, 张道军, 等. 西沙群岛西科1井中新统-上新统白云岩微观特征及成因. 地球科学: 中国地质大学学报, 2015, 40(4): 633-644.

[57] 魏喜, 贾承造, 孟卫工, 等. 西琛1井碳酸盐岩的矿物成分、地化特征及地质意义. 岩石学报, 2007, 23(11): 3015-3025.

[58] Taylor S R, Mclennan S M. The Continental Crust: its Composition and Evolution. Oxford: Blackwell Scientific, 1985: 312.

[59] McKenzie J A, Hodell D A, Mueller P A, et al. Application of strontium isotopes to late Miocene-early Pliocene stratigraphy. Geology, 1988, 16(11): 1022.

[60] Meyers W J, Lu F H, Zachariah J K. Dolomitization by mixed evaporative brines and freshwater, upper Miocene carbonates, Nijar, Spain. Journal of Sedimentary Research, 1997, 67(5): 898-912.

[61] Xiu C, Zhang D J, Zhai S K, et al. REE geochemical characteristics and diagenetic environments of reef dolostone in Shi Island, Xisha Islands. Marine Science Bulletin, 2017, 36: 151-159.

[62] McArthur J M. Recent trends in strontium isotope stratigraphy. Terra Nova, 1994, 6: 331-358.

[63] McArthur J M, Burnett J, Hancock J M. Strontium isotopes at K/T boundary. Nature, 1992, 355(6355): 28.

[64] Palmer M R, Edmond J M J E, Letters P S. The strontium isotope budget of the modern ocean. Earth Planetary Science Let-

ters, 1989, 92(1): 11-26.

[65] Denison R E, Koepnick R B, Burke W H, et al. Construction of the Mississippian, Pennsylvanian and Permian seawater ^{87}Sr^{86}Sr curve. Chemical Geology, 1994, 112(1): 145-167.

[66] Graustein W C. ^{87}Sr/^{86}Sr Ratios Measure the Sources and Flow of Strontium in Terrestrial Ecosystems. New York : Springer, 1989.

[67] Burke W, Denison R, Hetherington E, et al. Variation of seawater ^{87}Sr/^{86}Sr throughout Phanerozoic time. Geology, 1982, 10(10): 516-519.

[68] Hodell D A, Mueller P A, Garrido J R. Variations in the strontium isotopic composition of seawater during the Neogene. Geology, 1991, 19(1): 24-27.

[69] Oslick J S, Miller K G, Feigenson M, et al. Oligocene-Miocene stontium isotopes: stratigraphic revisions and correlations to an inferred glacioeustatic record. Paleoceanography & Paleoclimatology, 1994, 9(3): 427-443.

[70] McArthur J M, Howarth R J, Bailey A J. Strontium isotope stratigraphy: LOWESS Version 3: Best fit to the marine Sr‐isotope curve for 0–509Ma and accompanying look‐up table for deriving numerical age. Journal of Geology, 2001, 109(2): 155-170.

[71] Swart P K, Elderfield H, Ostlund G. The geochemistry of pore fluids from bore holes in the Great Bahama Bank, in subsurface geology of a prograding carbonate platform margin, Great Bahama Bank: results of the Bahamas drilling project. SEPM Society for Sedimentary Geology, 2001.

[72] DePaolo D J. Detailed record of the Neogene Sr isotopic evolution of seawater from DSDP Site 590B. Geology, 1986, 14(2): 103-106.

[73] Vahrenkamp V C, Swart P K, Ruiz J J. Constraints and interpretation of ^{87}Sr/^{86}Sr ratios in Cenozoic dolomites. Geophysical Research Letters, 1988, 15(4): 385-388.

[74] Zhao H. Origin of island dolostones: case study based on Tertiary dolostones from Cayman Brac, British West Indies. Edmonton: University of Alberta, 2013.

[75] Machel H G. Dolomite formation in Caribbean Islands: driven by plate tectonics! Journal of Sedimentary Research, 2000, 70(5): 977-984.

[76] Gill I P, Moore C H, Aharon P. Evaporitic mixed-water dolomitization on St. Croix, U.S.V.I. Journal of Sedimentary Research, 1995, 65(4a): 591-604.

[77] Fouke B W, Beets C J, Meyers W J, et al. ^{87}Sr/^{86}Sr Chronostratigraphy and dolomitization history of the Seroe Domi Foration, Curaao (Netherlands Antilles). Facies, 1996, 35(1): 293-320.

[78] Vahrenkamp V C, Swart P K. New distribution coefficient for the incorporation of strontium into dolomite and its implications for the Foration of ancient dolomites. Geology, 1990, 18(5): 387.

[79] Malone M J, Baker P A, Burns S J. Recrystallization of dolomite: an experimental study from 50-200℃. Geochimica et Cosmochimica Acta, 1996, 60(12): 2189-2207.

[80] Swart P K. The geochemistry of carbonate diagenesis: the past, present and future. Sedimentology, 2015, 62(5): 1233-1304.

[81] Mazzullo S J. Geochemical and neomorphic alteration of dolomite: a review. Carbonates and Evaporites, 1992, 7(1): 21-37.

[82] Jones B, Luth R W. Dolostones from Grand Cayman, British West Indies. Journal of Sedimentary Research, 2002, 72(4): 559-569.

[83] Jones B, Lockhart E B, Squair C. Phreatic and vadose cements in the Teritary Bluff Formation of Grand Cayman Island, British West Indies. Bulletin of Canadian Petroleum Geology, 1984, 32: 382-397.

[84] Pleydell S M, Jones B, Longstaffe F J, et al. Dolomitization of the Oligocene–Miocene bluff Foration on Grand Cayman, British West Indies. Canadian Journal of Earth Sciences, 1990, 27(8): 1098-1110.

[85] MacNeil A, Jones B. Dolomitization of the Pedro Castle Formation (Pliocene), Cayman Brac, British West Indies. Sedimentary Geology, 2003, 162(3): 219-238.

[86] Ohde S, Greaves M, Masuzawa T, et al. The chronology of Funafuti Atoll: revisiting an old frien. Proceedings of The Royal Society A: Mathematical, Physical and Engineering Sciences, 2002, 458: 2289-2306.

[87] McArthur J M. Chapter 7: Strontium Isotope Stratigraphy. The Geologic Time Scale, 2012: 127-144.

[88] Vail P R, Mitchum Jr R J. Global cycles of relative changes of sea level from seismic stratigraphy: resources, comparative structure, and eustatic changes in sea level. AAPG Memoir, 1979, 83: 469-472.

[89] Haq B U, Hardenbol J, Vail P R. Chronology of Fluctuating sea levels since the Triassic. Science, 1987, 235(4793): 1156-1167.

[90] Miller K, Kominz M, Browning J, et al. The Phanerozoic record of global sea-level change. Science, 2005, 310(5752): 1293-1298.

[91] Ma Y, Wu S, Lv F, et al. Seismic characteristics and development of the Xisha carbonate platforms, northern Margin of the South China Sea. Journal of Asian Earth Sciences, 2011, 40(3): 770-783.

[92] Berggren W A, Blow W H J M. The Cainozoic Globigerinida: A Study of the Morphology, Taxonomy, Evolutionary Relationships and the Stratigraphical Distribution of Some Globigerinida (Mainly Globigerinacea). Leiden : Brill, 1979.

[93] Bolli H M, Saunders J B. Oligocene to Holocene low latitude planktic foraminifera// Bolli H M, Saunders J B, Perch-Nielsen K V. Plankton Stratigraphy. Cambridge: Cambridge University Press, 1985: 155-262.

[94] Zachos J C, Mo P, Sloan L C, et al. Trends, rhythms, and aberrations in global climate 65Ma to present. Science, 2001, 292: 686-693.

[95] Lear C H, Elderfield H, Wilson P A. Cenozoic deep-sea temperatures and global ice volumes from Mg/Ca in benthic foraminiferal calcite. Science, 2000, 287(5451): 269-272.

[96] Sibley D F, Gregg J M. Classification of dolomite rock textures. Journal of Sedimentary Research, 1987, 57(6): 967-975.

[97] Sibley D F, Gregg J M, Brown RG. et al. Dolomite crystal size distribution. Carbonate Microfabrics, 1993: 195-204.

[98] Swart P K, Ruiz J, Holmes C W. Use of strontium isotopes to constrain the timing and mode of dolomitization of upper Cenozoic sediments in a core from San Salvador, Bahamas. Geology, 1987, 15(3): 262-265.

[99] Ng K. Diagenesis of the Oligocene-Miocene bluff Foration of the Cayman Islands: a petrographic and hydrogeochemical approach. Canada: University of Alberta, 1990.

[100] Land L S. Dolomitization of the Hope Gate Foration (north Jamaica) by seawater: reassessment of mixing zone dolomite. Stable Isotope Geochemistry: A Tribute to Samuel Epstein, 1991: 121-133.

[101] McKenzie J A, Isern A, Elderfield H, et al. 33. Strontium isotope dating of paleoceanographic, lithologic, and dolomitization events on the northeastern Australian margin, LEG 1331. Proceedings of the ocean Drilling Program, Scientific Results, 1993, 133: 489-498.

[102] Machel H G, Burton E A. Golden Grove dolomite, Barbados: origin from modified seawater. Journal of Sedimentary Research, 1994, 64(4a): 741-751.

[103] Hess J, Bender M L, Schilling J G. Evolution of the ratio of Strontium-87 to Strontium-86 in seawater from cretaceous to present. Science, 1986, 231(4741): 979-984.

[104] Farrell J W, Clemens S C, Gromet L P. Improved chronostratigraphic reference curve of Late Neogene seawater ^{87}Sr/^{86}Sr. Geology, 1995, 23(5): 403.

[105] Land L S. The origin of Massive dolomite. Journal of Geological Education, 1985, 33(2): 112-125.

[106] Land L S, Hoops G K. Sodium in carbonate sediments and rocks: a possible index to the salinity of diagenetic solutions. Journal of Sedimentary Research, 1973, 43: 614-617.

[107] Humphrey J D. Late Pleistocene mixing zone dolomitization, southeastern Barbados, West Indies. Sedimentology, 1988, 35(2): 327-348.

[108] Machel, H G, Burton E A. Golden Grove dolomite, Barbados: origin from modified seawater. Journal of Sedimentary Research, 1994, 64(4a): 741-751.

[109] Guzikowski M J. Evolution of pore fluid chemistry during the recrystallization of periplatform carbonates Bahamas. University of Miami, 1987.

[110] Rodgers K, Easton A J, Downes C J. The chemistry of carbonate rocks of Niue Island, South Pacific. The Journal of Geology, 1982, 90(6): 645-662.

[111] Jones B J. Dolomite crystal architecture: genetic implications for the origin of the tertiary dolostones of the Cayman Islands. Journal of Sedimentary Research, 2005, 75(2): 177-189.

[112] Jones B J. Inside-out dolomite. Journal of Sedimentary Research, 2007, 77(7): 539-551.

[113] Meknassi S E, Dera G, Cardone T, et al. Sr isotope ratios of modern carbonate shells: good and bad news for chemostratigraphy. Geology, 2018, 46(11): 1003-1006.

[114] Fouke B W. Deposition, diagenesis and dolomitization of Neogene Seroe Domi Formation coral reef limestones on Curaçao, Netherlands Antilles. Publications Foundation for Scientific Research in the Caribbean Region, Amsterdam, 1994, 133: 182.

[115] González L A, Ruiz H M, Taggart B E, et al. Geology of Isla de Mona, Puerto Rico. Journal of cave & karst studies, 1997, 54: 327-358.

[116] Roveri M, Flecker R, Krijgsman W, et al. The Messinian Salinity Crisis: past and future of a great challenge for marine sciences. Marine Geology, 2014, 352: 25-58.

[117] Tucker M E, Wright V P. Carbonate Sedimentology. Boston: Blackwell Scientific Publications, 1990: 482.

[118] Kaczmarek S E, Sibley D F. A comparison of nanometer-scale growth and dissolution features on natural and synthetic dolomite crystals: implications for the origin of dolomite. Journal of Sedimentary Research, 2007, 77(5): 424-432.

[119] Kaczmarek S E, Sibley D F. On the evolution of dolomite stoichiometry and cation order during high-temperature synthesis experiments: an alternative model for the geochemical evolution of natural dolomites. Sedimentary Geology, 2011, 240(1-2): 30-40.

[120] Kaczmarek S. Dolomite, very high-magnesium calcite, and microbes-implications for the microbial model of dolomitization. SEPM Special Publication, 2017: 109.

[121] Gregg J M, Bish D L, Kaczmarek S E, et al. Mineralogy, nucleation and growth of dolomite in the laboratory and sedimentary environment: a review. Sedimentology, 2015, 62(6): 1749-1769.

[122] Cohen H F, Kacz M S. Evaluating the effects of fluid NaCl and KCl concentrations on reaction rate, major cation composition, and cation ordering during high-temperature dolomitization experiments. Proceedings of the GSA Annual Meeting in Seattle, Washington, USA, 2017.

[123] Lumsden D N. Discrepancy between thin-section and X-ray estimates of dolomite in limestone. Journal of Sedimentary Research, 1979, 49(2): 429-435.

[124] Jones B, Hunter I G, Kyser K J. Revised stratigraphic nomenclature for Tertiary strata of the Cayman Islands, British West Indies. Caribbean Journal of Science, 1994, 30(1): 53-68.

[125] Jones B, Hunter I G. Pleistocene paleogeography and sea levels on the Cayman Islands, British West Indies. Coral Reefs, 1990, 9(2): 81-91.

[126] Vézina J L, Jones B, Ford D C. Sea-level highstands over the last 500,000 years: evidence from the Ironshore Foration on Grand Cayman, British West Indies. Journal of Sedimentary Research, 1999, 69(2): 317-327.

[127] Coyne M K, Jones B, Ford D J. Highstands during Marine Isotope Stage 5: evidence from the Ironshore Foration of Grand

Cayman, British West Indies. Quaternary Science Reviews, 2007, 26(3-4): 536-559.

[128] Sperber C M, Wilkinson B H, Peacor D R. Rock composition, dolomite stoichiometry, and rock/water reactions in dolomitic carbonate rocks. The Journal of Geology, 1984, 92(6): 609-622.

[129] Chilingar G V. Relationship between Ca/Mg ratio and geologic age. AAPG Bulletin, 1956, 40: 2256-2266.

[130] Lumsden D N, Chimahusky J S. Relationship between dolomite nonstoichiometry and carbonate facies parameters//Zenger DH, Dunham JB, Ethington RL. Concepts and Models of Dolomitization. SEPM Society for Sedimentary Geology 1980.

[131] Sibley D F. Unstable to stable transforations during dolomitization. The Journal of Geology, 1990, 98(5): 739-748.

[132] Katz A, Matthews A J. The dolomitization of $CaCO_3$: an experimental study at 252-295℃. Geochimica et Cosmochimica Acta, 1977, 41(2): 297-308.

[133] Sibley D F, Nordeng S H, Borkowski M L. Dolomitization kinetics of hydrothermal bombs and natural settings. Journal of Sedimentary Research, 1994, 64(3a): 630-637.

[134] Woronick R E, Land L S. Late burial diagenesis, Lower Cretaceous Pearsall and Lower Glen Rose Formations, south Texas. Carbonate Cements: Based on a Symposium Sponsored by the Society of Economic Paleontologists and Mineralogists, Nahum Schneidermann, Paul M. Harris, 1985.

[135] Olanipekun B J, Azmy K J. In situ characterization of dolomite crystals: evaluation of dolomitization process and its effect on zoning. Sedimentology, 2017, 64(6): 1708-1730.

[136] Guo C, Chen D, Qing H, et al. Early dolomitization and recrystallization of the Lower-Middle Ordovician carbonates in western Tarim Basin (NW China). Marine and Petroleum Geology, 2020, 111: 332-349.

[137] Kupecz J, Land L, Purser B, et al. Progressive recrystallization and stabilization of early-stage dolomite: Lower Ordovician Ellenburger Group, west Texas. Dolomites, 1994, 21: 255-279.

[138] Jacobsen S B, Kauf Man A J. The Sr, C and O isotopic evolution of Neoproterozoic seawater. Chemical Geology, 1999, 161(1-3): 37-57.

[139] Dehler C M, Elrick M, Bloch J D, et al. High-resolution δ^{13}C stratigraphy of the Chuar Group (ca. 770-742Ma), Grand Canyon: implications for mid-Neoproterozoic climate change. GSA Bulletin, 2005, 117(1-2): 32-45.

[140] Shore M, Fowler A D. Oscillatory zoning in minerals: a common phenomenon. The Canadian Mineralogist, 1996, 34(6): 1111-1126.

[141] Reeder R J, Fagioli R O, Meyers W J. Oscillatory zoning of Mn in solution-grown calcite crystals. Earth-Science Reviews, 1990, 29(1-4): 39-46.

[142] Putnis A, John T. Replacement processes in the Earth's crust. Elements, 2010, 6: 159-164.

[143] Veizer J. Chemical diagenesis of carbonates: theory and application of trace element technique. Stable Isotopes in Sedimentary Geology, 1983, 10(3): 1-100.

[144] Mueller T, Watson E B, Harrison T M, et al. Applications of diffusion data to high-temperature earth systems. Reviews in Mineralogy & Geochemistry, 2010, 72(1): 997-1038.

[145] Jonas L, Müller T, Dohmen R, et al. Transport-controlled hydrothermal replacement of calcite by Mg-carbonates. Geology, 2015, 43(9): 779-782.

[146] Rosenberg P E, Burt D M, Holland H D. Calcite-dolomite-magnesite stability relations in solutions: the effect of ionic strength. Geochimica et Cosmochimica Acta, 1967, 31(3): 391-396.

[147] Tribble J S, Arvidson R S, Iii M L, et al. Crystal chemistry, and thermodynamic and kinetic properties of calcite, dolomite, apatite, and biogenic silica: applications to petrologic problems. Sedimentary Geology, 1995, 95(1-2): 11-37.

[148] Land L S. Failure to precipitate dolomite at 25℃ from dilute solution despite 1000-fold oversaturation after 32 years. Aquatic Geochemistry, 1998, 4(3): 361-368.

[149] Baker P A, Kastner M. Constraints on the foration of sedimentary dolomite. Science, 1981, 213(4504): 214-216.

[150] Bullen S B, Sibley D F. Dolomite selectivity and mimic replacement. Geology, 1984, 12(11): 655-658.

[151] Arvidson R S. The dolomite problem: control of precipitation kinetics by temperature and saturation state. American Journal of Science, 1999, 299(4): 257-288.

[152] Kaczmarek S E, Thornton B P. The effect of temperature on stoichiometry, cation ordering, and reaction rate in high-temperature dolomitization experiments. Chemical Geology, 2017, 468: 32-41.

[153] Tarutani T, Clayton R N, Mayeda T K. The effect of polymorphism and magnesium substitution on oxygen isotope fractionation between calcium carbonate and water. Geochimica et Cosmochimica Acta, 1969, 33(8): 987-996.

[154] Manche C J, Kaczmarek S E. Evaluating reflux dolomitization using a novel high-resolution record of dolomite stoichiometry: a case study from the Cretaceous of central Texas, USA. Geology, 2019, 47(6): 586-590.

[155] Searl A. Discontinuous solid solution in Ca-Rich Dolomites: the evidence and implications for the interpretation of dolomite petrographic and geochemical data. Dolomites, 1994: 361-376.

[156] Fouke B W, Reeder R J. Surface structural controls on dolomite composition: evidence from sectoral zoning. Geochimica et Cosmochimica Acta, 1992, 56(11): 4015-4024.

[157] Mejía L M, Méndez-Vicente A, Abrevaya L, et al. A diatom record of CO_2 decline since the late Miocene. Earth and Planetary Science Letters, 2017, 479: 18-33.

[158] Ghosh P, Adkins J, Affek H, et al. ^{13}C-^{18}O bonds in carbonate minerals: a new kind of paleothermometer. Geochimica et Cosmochimica Acta, 2006, 70(6): 1439-1456.

[159] Schauble E A, Ghosh P, Eiler J M. Preferential Foration of ^{13}C-^{18}O bonds in carbonate minerals, estiated using first-principle lattice dynamics. Geochimica et Cosmochimica Acta, 2006, 70(10): 2510-2529.

[160] Eiler J M. "Clumped-isotope" geochemistry-The study of naturally-occurring, multiply-substituted isotopologues. Earth and Planetary Science Letters, 2007, 262(3): 309-327.

[161] Eiler J M. Paleoclimate reconstruction using carbonate clumped isotope thermometry. Quaternary Science Reviews, 2011, 30(25): 3575-3588.

[162] Chang B, Li C, Liu D, et al. Massive formation of early diagenetic dolomite in the Ediacaran ocean: constraints on the "dolomite problem". Proceedings of the National Academy of Sciences, 2020, 117(25): 14005-14014.

[163] Lukoczki G, Haas J, Gregg J M, et al. Early dolomitization and partial burial recrystallization: a case study of Middle Triassic peritidal dolomites in the Villány Hills (SW Hungary) using petrography, carbon, oxygen, strontium and clumped isotope data. International Journal of Earth Sciences, 2020, 109(3): 1051-1070.

[164] Murray S T, Swart P K. Evaluating formation fluid models and calibrations using clumped isotope paleothermometry on Bahamian dolomites. Geochimica et Cosmochimica Acta, 2017, 206: 73-93.

[165] Winkelstern I Z, Lohmann K C. Shallow burial alteration of dolomite and limestone clumped isotope geochemistry. Geology, 2016, 44(6): 467-470.

[166] Veillard C M, John C M, Krevor S, et al. Rock-buffered recrystallization of Marion Plateau dolomites at low temperature evidenced by clumped isotope thermometry and X-ray diffraction analysis. Geochimica et Cosmochimica Acta, 2019, 252: 190-212.

[167] Murray S T, Higgins J A, Holmden C, et al. Geochemical fingerprints of dolomitization in Bahamian carbonates: evidence from sulphur, calcium, magnesium and clumped isotopes. Sedimentology, 2021, 68(1): 1-29.

[168] Rosenbaum J, Sheppard S J. An isotopic study of siderites, dolomites and ankerites at high temperatures. Geochimica et Cosmochimica Acta, 1986, 50(6): 1147-1150.

[169] Dennis K J, Affek H P, Passey B H, et al. Defining an absolute reference frame for 'clumped' isotope studies of CO_2. Geo-

chimica et Cosmochimica Acta, 2011, 75(22): 7117-7131.

[170] Bonifacie M, Calmels D, Eiler J M, et al. Calibration of the dolomite clumped isotope thermometer from 25 to 350℃, and implications for a universal calibration for all (Ca, Mg, Fe) CO_3 carbonates. Geochimica et Cosmochimica Acta, 2017, 200: 255-279.

[171] Müller I A, Rodriguez-Blanco J D, Storck J C, et al. Calibration of the oxygen and clumped isotope thermometers for (proto-) dolomite based on synthetic and natural carbonates. Chemical Geology, 2019, 525: 1-17.

[172] Petersen S V, Defliese W F, Saenger C, et al. Effects of improved [17]O correction on interlaboratory agreement in clumped isotope calibrations, estimates of mineral-specific offsets, and temperature dependence of acid digestion fractionation. Geochemistry, Geophysics, Geosystems, 2019, 20(7): 3495-3519.

[173] Anderson N, Kelson J R, Kele S, et al. A unified clumped isotope thermometer calibration (0.5-1,100℃) using carbonate - based standardization. Geophysical Research Letters, 2021, 48(7): e2020GL092069.

[174] Horita J. Oxygen and carbon isotope fractionation in the system dolomite-water-CO_2 to elevated temperatures. Geochimica et Cosmochimica Acta, 2014, 129: 111-124.

[175] Kim S T, Coplen T B, Horita J. Normalization of stable isotope data for carbonate minerals: implementation of IUPAC guidelines. Geochimica et Cosmochimica Acta, 2015, 158: 276-289.

[176] Wang R, Yu K F, Jones B, et al. Dolomitization micro-conditions constraint on dolomite stoichiometry: a case study from the Miocene Huangliu Formation, Xisha Islands, South China Sea. Marine and Petroleum Geology, 2021, 133: 105286.

[177] Murray S T, Arienzo M M, Swart P K. Determining the Δ_{47} acid fractionation in dolomites. Geochimica et Cosmochimica Acta, 2016, 174: 42-53.

[178] Defliese W F, Hren M T, Loh Mann K C. Compositional and temperature effects of phosphoric acid fractionation on Δ_{47} analysis and implications for discrepant calibrations. Chemical Geology, 2015, 396: 51-60.

[179] Dennis K J, Schrag D P. Clumped isotope thermometry of carbonatites as an indicator of diagenetic alteration. Geochimica et Cosmochimica Acta, 2010, 74(14): 4110-4122.

[180] Zaarur S, Affek H P, Brandon M T, et al. A revised calibration of the clumped isotope thermometer. Earth & Planetary Science Letters, 2013, 382: 47-57.

[181] Tang J, Dietzel M, Fernandez A, et al. Evaluation of kinetic effects on clumped isotope fractionation (Δ_{47}) during inorganic calcite precipitation. Geochimica et Cosmochimica Acta, 2014, 134: 120-136.

[182] Fedorov A V, Brierley C M, Lawrence K T, et al. Patterns and mechanisms of early Pliocene warmth. Nature, 2013, 496(7443): 43-49.

[183] Collins M, Knutti R, Arblaster J, et al. Long-term climate change: projections, commitments and irreversibility. Climate change 2013-The physical science basis: contribution of working group I to the fifth assessment report of the intergovernmental panel on climate change. Cambridge: Cambridge University Press, 2013: 1029-1136.

[184] Zhang Y, Pagani M, Liu Z. A 12-million-year temperature history of the tropical Pacific Ocean. Science, 2014, 344(6216): 1467.

[185] Henkes G A, Passey B H, Gross Man E L, et al. Temperature limits for preservation of primary calcite clumped isotope paleotemperatures. Geochimica et Cosmochimica Acta, 2014, 139: 362-382.

[186] Stolper D A, Eiler J M. The kinetics of solid-state isotope-exchange reactions for clumped isotopes: a study of inorganic calcites and apatites from natural and experimental samples. American Journal of Science, 2015, 315(5): 363.

[187] Hemingway J D, Henkes G A. A disordered kinetic model for clumped isotope bond reordering in carbonates. Earth and Planetary Science Letters, 2021, 566: 116962.

[188] Passey B H, Henkes G A. Carbonate clumped isotope bond reordering and geospeedometry. Earth and Planetary Science Let-

ters, 2012, 351-352: 223-236.

[189] Wang L F, Shi X B, Ren Z Q, et al. Tectono-thermal evolution features of the reef body developing area in the Liyue Basin, southern South China Sea. Chinese Journal of Geophysics-Chinese Edition, 2020, 63(8): 3050-3062.

[190] Epstein S A, Clark D. Hydrocarbon potential of the mesozoic carbonates of the Bahamas. Carbonates & Evaporites, 2009, 24(2): 97-138.

[191] Huntington K W, Budd D A, Wernicke B P, et al. Use of clumped-isotope thermometry to constrain the crystallization temperature of diagenetic calcite. Journal of Sedimentary Research, 2011, 81(9-10): 656-669.

[192] Veillard C M, John C M, Krevor S, et al. Rock-buffered recrystallization of Marion Plateau dolomites at low temperature evidenced by clumped isotope thermometry and X-ray diffraction analysis. Geochimica et Cosmochimica Acta, 2019, 252: 190-212.

[193] Choquette P W, Hiatt E E. Shallow-burial dolomite cement: a major component of many ancient sucrosic dolomites. Sedimentology, 2010, 55(2): 423-460.

[194] Belem A L, Caricchio C, Albuquerque A L S, et al. Salinity and stable oxygen isotope relationship in the Southwestern Atlantic: constraints to paleoclimate reconstructions. An. Acad. Bras. Cienc., 2019, 91(3): e20180226.

[195] Fritz P, Smith D J. The isotopic composition of secondary dolomites. Geochimica et Cosmochimica Acta, 1970, 34(11): 1161-1173.

[196] Sheppard S M F, Schwarcz H P. Fractionation of carbon and oxygen isotopes and magnesium between coexisting metamorphic calcite and dolomite. Contributions to Mineralogy and Petrology, 1970, 26(3): 161-198.

[197] Zheng Y F. Oxygen isotope fractionation in carbonate and sulfate minerals. Geochemical Journal, 1999, 33(2): 109-126.

[198] Kennett J P, Shackleton N J J S. Laurentide ice sheet meltwater recorded in Gulf of Mexico deep-sea cores. Science, 1975, 188(4184): 147-50.

[199] Lu C, Murray S, Koeshidayatullah A, et al. Clumped isotope acid fractionation factors for dolomite and calcite revisited: should we care? Chemical Geology, 2022, 588: 120637.

[200] Casanovas-Vilar I, Van D H O, Furió M, et al. The range and extent of the Vallesian Crisis (Late Miocene): new prospects based on the micromammal record from the Vallès-Penedès basin (Catalonia, Spain). Journal of Iberian Geology: An International Publication of Earth Sciences, 2014, 40(1): 29-48.

[201] Herbert T D, Lawrence K T, Tzanova A, et al. Late Miocene global cooling and the rise of modern ecosystems. Nature Geoscience, 2016, 9(11): 843-847.

[202] Zhang M, He Q, Ye Z. The Geologic Research of Deposition of Bioherm Carbonate in the Xisha Islands. Beijing: Science Press, 1989.

[203] Sun S Q. A reappraisal of dolomite abundance and occurrence in the Phanerozoic. Journal of Sedimentary Research, 1994, 64(2a): 396-404.

[204] Qing H R, Bosence D W, Rose E P. Dolomitization by penesaline seawater in Early Jurassic peritidal platform carbonates, Gibraltar, western Mediterranean. Sedimentology, 2001, 48(1): 153-163.

[205] Rameil N. Early diagenetic dolomitization and dedolomitization of Late Jurassic and earliest Cretaceous platform carbonates: a case study from the Jura Mountains (NW Switzerland, E France). Sedimentary Geology, 2008, 212(1): 70-85.

[206] Qing H. Petrography and geochemistry of early-stage, fine- and medium-crystalline dolomites in the Middle Devonian Presquile Barrier at Pine Point, Canada. Sedimentology, 1998, 45(2): 433-446.

[207] Cummins R C, Finnegan S, Fike D A, et al. Carbonate clumped isotope constraints on Silurian ocean temperature and seawater δ^{18}O. Geochimica et Cosmochimica Acta, 2014, 140: 241-258.

[208] Henkes G A, Passey B H, Grossman E L, et al. Temperature evolution and the oxygen isotope composition of Phanerozoic

oceans from carbonate clumped isotope thermometry. Earth and Planetary Science Letters, 2018, 490: 40-50.

[209] Wei K, Cui H, Ye S. High-precision sequence stratigraphy in Qiongdongnan Basin. Earth Science, 2001, 26(1): 59-66.

[210] Thompson P R, Abbott W H, Olson H C, et al. Chronostratigraphy and Microfossil-Derived Sea-Level History of the Qiong Dong Nan and Ying Ge Hai Basins, South China Sea. Micropaleontologic Proxies for Sea-Level Change and Stratigraphic Discontinuities. SEPM Society for Sedimentary Geology, 2003.

[211] Pang X, Chen C M, Shi H S. Response between relative sea-level change and the Pearl River deep-water fan system in the South China Sea. Earth Science Frontiers, 2005, 12(3): 167-177.

[212] Pigram C J, Davies P J, Feary D A, et al. Absolute magnitude of the second-order middle to late, Miocene sea-level fall, Marion Plateau, northeast Australia. Geology, 1992, 20(9): 858-862.

[213] Aharon P, Goldstein S L, Wheeler C W, et al. Sea-level events in South Pacific linked with the Messinian Salinity Crisis. Geology, 1993, 21: 771-775.

[214] Wheeler C, Aharon P J. Geology and hydrogeology of Niue. Developments in Sedimentology, 2004, 54: 537-564.

[215] Whitaker F F, Smart P L, Jones G D. Dolomitization: from conceptual to numerical models. Geological Society, London, Special Publications, 2004, 235: 99-139.

— 第十一章 —

琛科 2 井氧碳同位素组成及其环境意义 ①

第一节　珊瑚礁碳酸盐岩氧碳同位素研究意义

在古海洋学研究中氧同位素（$\delta^{18}O$）的变化主要与物理因素有关，如海水温度、盐度、降水及蒸发等，碳同位素（$\delta^{13}C$）则主要受生物代谢过程及生物地球化学过程（有机质的合成与降解）控制。$\delta^{13}C$大小主要反映的是碳储库（有机碳 / 无机碳的相对比例）的变化，其与全球或区域碳循环有着直接的联系。南海是全球珊瑚礁生长发育的重要海域之一，自中新世以来发育了大量碳酸盐礁，其在全球古海洋学研究中占有重要地位。但是目前的研究主要集中在全新世，如利用珊瑚骨骼$\delta^{18}O$重建了全新世的海水温度、盐度及海水剩余氧同位素值等，探讨了$\delta^{13}C$与大气降水、生产力、光照等因素的关系[1-14]。但是关于长时间序列的珊瑚礁钻孔氧碳同位素的研究却相对较少。长时间序列的珊瑚礁钻孔氧碳同位素对地质尺度上的气候演变、碳循环等有什么样的响应尚不是很清楚。南海的珊瑚礁钻孔提供了很好的材料，可用以研究氧碳同位素对长时间尺度东亚气候、季风演变的响应。之前的研究表明，中新世尤其是更新世以来，南海北部的东亚冬季风呈逐渐增强的态势。本章的第一个目标就是探讨南海珊瑚礁钻孔氧碳同位素是否能够记录长时间尺度的气候、环境演变以及各种重大的气候事件，如蒙特里碳漂移、南极冰盖发育与扩张、晚中新世碳漂移及墨西拿事件等。

无论是碳同位素还是碳酸盐沉积都是全球碳循环和有机-无机碳储库变化的重要载体。地质尺度上的海水碳同位素变化，主要受到碳通量中的有机碳与无机碳的比值的控制[15]。而有机碳与无机碳相对比例的变化往往受到气候条件的制约，如南极冰盖和北极冰盖的发育与扩张、冰期-间冰期循环以及区域季风的强弱等。通常情况下，碳酸盐岩$\delta^{13}C$升高意味着更多碳同位素较负的有机碳的埋藏，即无机碳储库向有机碳储库转变；而碳酸盐岩$\delta^{13}C$降低则意味着更多有机碳储库向无机碳储库转移[16-20]。因此，碳酸盐岩$\delta^{13}C$可以作为有机碳埋藏量多少的一个重要指标。目前越来越多的关于浅海碳酸盐岩$\delta^{13}C$的研

---

① 作者：许慎栋、余克服。

究表明，其变化与全球的碳循环具有很好的相关性，并可以有效地用于地层划分[20-29]。

尽管如此，不同学者关于浅海碳酸盐岩 $\delta^{13}C$ 所蕴含的地球化学意义仍存在很大的争议。这主要是因为碳同位素组成的影响因素较多，局部区域不同的陆地植被类型、海洋生产力的高低、海平面的升降等都会对其产生影响，进而导致不同地区碳酸盐岩 $\delta^{13}C$ 特征以及对其的解释差异很大[30, 31]。例如，一些学者指出浅海区碳酸盐岩 $\delta^{13}C$ 的变化可能和局部有机质的再利用与再沉积有关，而不代表全球有机-无机碳储库的变化[26, 32, 33]。另外，巴哈马碳酸盐边缘台地钻孔 $\delta^{13}C$ 的变化与台地本身的沉积通量的大小密切相关，但是台地内部钻孔 $\delta^{13}C$ 的变化则与全球有机-无机碳循环关系密切[34]。同时，有机质的氧化与珊瑚礁区的光合作用强度也会影响碳酸盐岩 $\delta^{13}C$[35, 36]。

南海地处东亚大陆和太平洋之间，是典型的季风区。尤其是更新世以来，随着北极冰盖的进一步发育，东亚季风呈现出冬季风越来越强的特征，且冰期-间冰期旋回更加显著[37-41]。逐渐增强的东亚冬季风会显著影响南海海平面的升降、海水的初级生产力、碳酸盐台地的风化以及陆地植被类型（C3/C4）的改变等[42-45]。这些因素的改变都会对区域乃至全球碳储库以及碳循环产生影响，进而影响南海海水的 $\delta^{13}C$。目前关于南海珊瑚礁钻孔 $\delta^{13}C$ 的影响因素及其所蕴含的环境意义不是很明确。本章的第二个目标就是探讨西沙群岛珊瑚礁钻孔 $\delta^{13}C$ 对东亚季风的演变及相关的陆源植被类型、海洋初级生产力、碳酸盐台地风化作用等变化的响应，阐述琛科 2 井 $\delta^{13}C$ 对区域或者全球碳循环的指示意义。

第二节　琛科 2 井氧碳同位素的组成

一、样品的前处理及同位素测试方法

由于琛科 2 井有孔虫及珊瑚等的分布不连续，而且它们大部分与矿物胶结在一起，很难进行分离。因此，我们对琛科 2 井的全岩氧碳同位素进行测试分析，采样间隔大约为 1m，共采集样品约 870 个。

前处理主要步骤包括：去离子水浸泡、超声振荡、烘干等。具体操作步骤如下。

首先将从钻孔取出来的样品置于烘箱中，在 60℃温度下干燥后，用去离子水浸泡，目的是去掉样品中盐分对测试结果的影响。然后在孔径为 63μm 的筛子上冲洗，冲洗剩下的沙样放在超声波清洗器上，用振荡频率 40kHz 处理数秒，倒去蚀液后，将样品放在烘箱中 45℃干燥。

样品的 $\delta^{18}O$、$\delta^{13}C$ 的测定采用德国 Finnigan 公司生产的稳定同位素比值质谱仪 MAT 253。珊瑚粉末取样量大约为 1mg，放置于密闭的反应瓶中，加入 3 滴浓 H_3PO_4 溶液，在 75℃下充分反应，然后通过双路进校系统（Dual Inlet）将释放出的 CO_2 导入质谱仪，最终测量出 $\delta^{13}C$ 和 $\delta^{18}O$。测试结果使用国际碳酸盐氧碳同位素标准样品进行校正，$\delta^{18}O$、$\delta^{13}C$ 均表示为 VPDB 标准，分析的标准偏差分别不超过 ±0.08‰、±0.03‰。

二、氧碳同位素的组成特征

（一）总体特征

琛科 2 井全岩氧碳同位素整体分布特征及矿物成分组成特征如图 11.1 所示。

15～0m（0.14～0Ma）：$\delta^{13}C$ 和 $\delta^{18}O$ 均较高，$\delta^{13}C$ 范围为 –1.3‰～1.8‰，平均值为 0.64‰；$\delta^{18}O$ 范围为 –5.1‰～ –2.1‰，平均值为 –3.6‰。

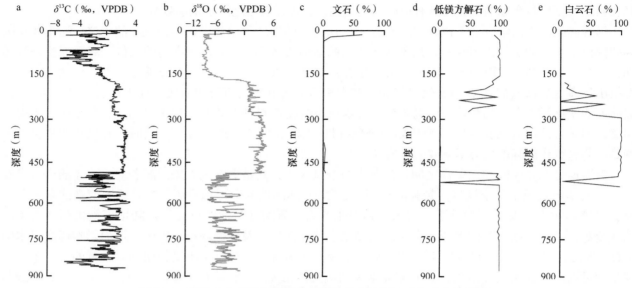

图 11.1　琛科 2 井全岩氧碳同位素整体分布特征及矿物成分组成特征

147～15m（1.8～0.14Ma）：$\delta^{13}C$ 范围为 –6.3‰～0.4‰，变化幅度较大；$\delta^{18}O$ 则相对稳定，维持在 –8.0‰左右，平均值为 –7.8‰。

201～147m（2.2～1.8Ma）：$\delta^{18}O$ 和 $\delta^{13}C$ 都迅速升高，并且都由负值变为正值，二者的相关性较高（r=0.95）。

313～201m（4.4～2.2Ma）：$\delta^{18}O$ 和 $\delta^{13}C$ 都维持在 1‰左右，波动较小。

517～313m（10.1～4.4Ma）：$\delta^{18}O$ 和 $\delta^{13}C$ 都升高，其间又可以分为上下两段，上段为 435～313m，$\delta^{18}O$ 和 $\delta^{13}C$ 平均值分别为 3.6‰和 2.3‰，下段为 517～435m，$\delta^{18}O$ 和 $\delta^{13}C$ 平均值分别为 2.9‰和 2.3‰。

870～517m（19.5～10.1Ma）：$\delta^{18}O$ 和 $\delta^{13}C$ 处在较低阶段，且大幅度变化。

总体来说，琛科 2 井氧碳同位素在很大范围内变化，其中 $\delta^{18}O$ 的变化范围为 –8.79‰～4.46‰，平均值为 –1.99‰，$\delta^{13}C$ 的变化范围为 –6.29‰～3.29‰，平均值为 0.46‰。

（二）碳同位素在冰期-间冰期旋回中的变化

冰期-间冰期旋回是更新世气候的一个重要特征。琛科 2 井氧碳同位素曲线显示，$\delta^{13}C$ 与 $\delta^{18}O$ 在冰期与间冰期旋回中呈同步变化趋势，即二者在冰期较重而在间冰期较轻，如图 11.2 所示。这和大洋深海沉积物有孔虫氧碳同位素的记录相反。例如，南海大洋钻探 1144 钻孔和 1146 钻孔的氧碳同位素呈相反的变化趋势，即冰期 $\delta^{18}O$ 较重而 $\delta^{13}C$ 较轻，间冰期则 $\delta^{18}O$ 较轻而 $\delta^{13}C$ 较重。显然，珊瑚礁台地钻孔与大洋深海沉积物钻孔的 $\delta^{13}C$ 对冰期-间冰期旋回的响应不一样。我们推测珊瑚礁钻孔 $\delta^{13}C$ 主要记录了冬季风带来的更多陆源物质导致的珊瑚礁区生产力的提高，而大洋深海沉积物钻孔 $\delta^{13}C$ 则更多地记录了冬季风加强导致的更多的上升流以及黑潮水体注入的影响。

众多研究表明，冬季风会导致更多的上升流水体以及黑潮水体经过吕宋海峡进入南海，从而显著地影响南海北部上层水体的营养盐水平以及初级生产力。除此之外，还会带来 $\delta^{13}C$ 更负的下层水体，导致上部水体的 $\delta^{13}C$ 显著降低[46-49]。Jian 等[43]指出，更新世以来随着东亚冬季风的增强，南海北部浮游有孔虫所记录的表层海水 DIC 的 $\delta^{13}C$ 显著降低。因此，深海沉积物冰期 $\delta^{13}C$ 更负记录了上升流及黑潮所带来的水体的性质。而琛科 2 井 $\delta^{13}C$ 在冰期较间冰期更重，可能记录了冰期增强的东亚冬季风带来了大

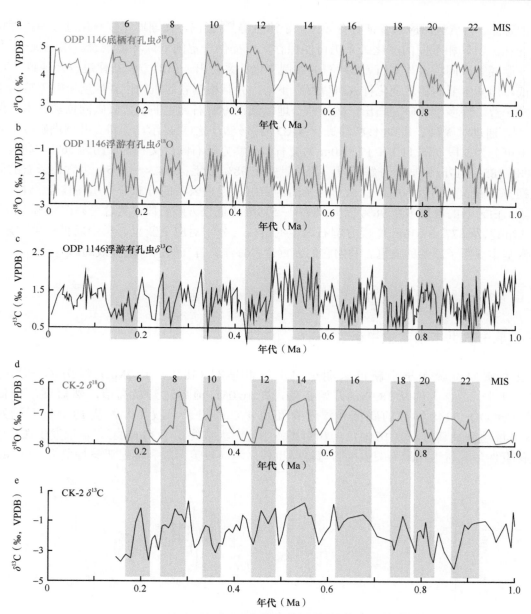

图 11.2 琛科 2 井 1.0Ma 以来氧碳同位素的冰期-间冰期旋回
图中数字代表第 n 期冰期 / 间冰期

量的陆源物质及其所导致的珊瑚礁区海水较高的初级生产力这一信号。

第三节　琛科 2 井氧碳同位素的环境意义

一、氧碳同位素重建古气候的有效性

在珊瑚由文石向方解石转化的过程中氧碳同位素组成会发生变化。因此，在利用珊瑚礁钻孔氧碳同位素研究古海洋、古气候时应该验证其有效性。于津生等[50]指出，在珊瑚方解石化过程中虽然氧碳同位素会发生变化，但其相互间的变化关系仍可能保存，可提供一定的气候环境信息。韦刚健等[51]通过分析南永 1 井珊瑚氧碳同位素与文石 / 方解石的比例变化关系得出，虽然方解石化过程会导致 $\delta^{13}C$ 和 $\delta^{18}O$ 大幅度降低，但其主要的相对变化样式可以保存下来，并且根据岩芯氧同位素地层所得年龄结果与古地磁结果基本一致。许多学者研究指出，碳酸盐台地以低镁方解石为主的全岩氧碳同位素基本上保留了原始的信息[52]。通过对琛科 2 井 88 件样品进行 XRD 测试分析，结果显示，琛科 2 井珊瑚礁段主要矿物成分自下而上可分为 5 段（图 11.1）：17 ~ 0m 为文石和高镁方解石段，文石含量约为 56%，高镁方解石含量约为 44%；185 ~ 17m 为低镁方解石段，其含量多在 98% 以上；308.5 ~ 185m 为含白云石的低镁方解石段，低镁方解石含量约为 70%，白云石含量约为 30%，但白云石的分布非均质性较强；519 ~ 308.5m 为白云石段，白云石的含量多在 98% 以上；877 ~ 519m 为低镁方解石段，其含量亦在 98% 以上。因此，在 185 ~ 17m 以及 877 ~ 519m 低镁方解石为主的层段（分别对应更新世、早中新世—中中新世），其氧碳同位素基本保留了原始的信息。利用它们去重建古海洋、古气候信息是有效的。

二、氧碳同位素对南海中新世以来重大地质事件的响应

（一）早中新世末期至中中新世早期

琛科 2 井碳同位素在早中新世末期至中中新世早期（18.9 ~ 13.2Ma）经历了一次正偏事件（图 11.3）。其中，$\delta^{13}C$ 大约从 18.9Ma 开始正偏，在 16.0Ma 前后达到最高值，然后逐渐降低。这与南海大洋钻探 ODP 1148 钻孔的底栖和浮游有孔虫 $\delta^{13}C$ 的记录一致（大约从 18.5Ma 开始升高，至 16.2 ~ 16.0Ma 达到最高值，自 16.0Ma 起相对缓慢下降，大致终止于 13.6Ma）。这次发生在早中新世的 $\delta^{13}C$ 正漂移事件是晚新生代最为突出的古海洋学事件之一。以美国加利福尼亚蒙特里组（Monterey For-

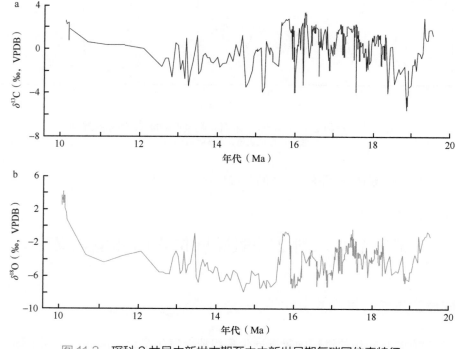

图 11.3　琛科 2 井早中新世末期至中中新世早期氧碳同位素特征

mation）为代表的环北太平洋周缘地区富硅藻沉积同时发生，该时期的 $\delta^{13}C$ 漂移称为"蒙特里碳漂移"。许多研究学者认为，环北太平洋周缘地区富硅藻沉积是蒙特里 $\delta^{13}C$ 漂移的主要原因。

此外，18.9 ～ 16.0Ma 琛科 2 井的 $\delta^{13}C$ 正偏对应着 $\delta^{18}O$ 负偏，可能意味着此时相对较高的海水表层温度、较为适宜的气候条件以及相对较高的海平面。当 $\delta^{13}C$ 在 16.0Ma 前后达到最高值时，紧接着 $\delta^{18}O$ 在 15.5Ma 前后开始呈现上升趋势，说明气候开始变冷。这一结果也证明了地球系统中碳储库（$\delta^{13}C$）的变化要先于冰盖（$\delta^{18}O$）的变化。可能的原因是，蒙特里时期有机碳的沉积、青藏高原的隆升和风化作用的加强都会消耗大气 CO_2，进而导致全球变冷以及后来的南极冰盖的重大扩张。低纬度地区的碳循环不仅是对气候演变的一种滞后响应，还影响着区域乃至全球气候的演变。同时，低纬度地区的珊瑚礁钻孔的氧碳同位素同样会对全球碳漂移事件以及气候的演变有很好的响应，并很好地记录下来。

（二）中中新世

在南极冰盖扩张之后，在 13.2 ～ 10.1Ma $\delta^{13}C$ 及 $\delta^{18}O$ 呈现出升高的趋势（图 11.3），直至白云石化层段的底部，此阶段对应着极低的沉积速率。一方面，$\delta^{18}O$ 的升高可能意味着南极冰盖扩张，同位素较轻的 ^{16}O 更多地富集在极地冰盖中，从而导致全球海水中的 ^{18}O 富集。同时，南极冰盖的进一步发育导致海平面降低，海水接收的陆源物质增加，海洋初级生产力升高，碳同位素较轻的有机质埋藏量增加，海水 $\delta^{13}C$ 变重。另一方面，南极冰盖发育导致更多的碳酸盐台地裸露，并受到更加强烈的剥蚀风化，同样向海水输入更多同位素较重的 ^{13}C，也会导致海水碳同位素的正偏。

（三）晚中新世

晚中新世层段对应着琛科 2 井的白云石化阶段。钻孔的氧碳同位素都明显地受到白云石化的改造而强烈正偏，但仍可看出波动（图 11.4）。从图 11.1 可以看出，519 ～ 308.5m 白云石化含量基本稳定维持在 98％以上。假设同等强度的白云石化作用下，对钻孔氧碳同位素的改造程度也相近，即氧碳同位素组成的原始样式没有改变。那么我们也可尝试利用钻孔氧碳同位素探讨其对气候演变的响应与记录。在 6.6 ～ 5.1Ma $\delta^{13}C$ 经历了一个持续负偏阶段，对应着 $\delta^{18}O$ 的重偏阶段。中新世最晚期的碳同位素负偏事件广泛存在于全球各大洋，其发生在墨西拿时期的早期或古地磁第 6 时，所以也被称为"墨西拿碳漂移"事件。琛科 2 井的 $\delta^{13}C$ 负偏时间（6.6 ～ 5.1Ma）与南海 ODP 1148 钻孔有孔虫所记录的时间（6.6 ～ 5.9Ma）大体相当。

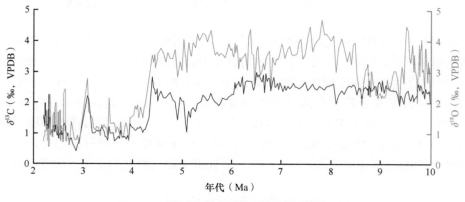

图 11.4　琛科 2 井晚中新世氧碳同位素特征

（四）更新世

更新世的东亚气候特征是随着北极冰盖的进一步扩张东亚冬季风进一步增强，并且气候的冰期-间冰期旋回的特征更加明显[37-40, 53]。逐渐增强的东亚冬季风被南海深海沉积物中指示冬季风强度的特有有孔虫属种 *Neogloboquadrina dutertrei* 所记录[43]，同时也被深海沉积物中的底栖以及浮游有孔虫的氧同位素所记录。在本研究中，1.8Ma 以来琛科 2 井 $\delta^{18}O$ 呈现出阶段性的正偏，$\delta^{18}O$ 平均值从 –8.0‰（1.8～0.9Ma）升高到 –7.3‰（0.9Ma 以来），如图 11.5 所示，这一正偏幅度与南海深海沉积物中的浮游有孔虫记录大体相当[43, 54]。这表明西沙群岛珊瑚礁钻孔的全岩 $\delta^{18}O$ 很好地记录了 1.8Ma 以来逐渐降低的表层海水温度，而逐渐降低的表层海水温度正显示了逐渐增强的东亚冬季风。本研究表明，以珊瑚为主要造礁生物的西沙群岛珊瑚礁钻孔 $\delta^{18}O$ 很好地记录了逐渐增强的东亚冬季风。

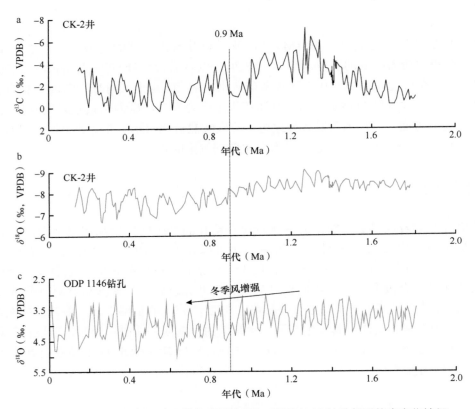

图 11.5　1.8Ma 以来琛科 2 井氧碳同位素与 ODP1146 钻孔氧同位素变化特征

更新世气候的另一个显著特征是具有明显的冰期-间冰期旋回，表层海水温度及海水剩余氧同位素在冰期-间冰期也明显不同。同时，深海沉积物中的有孔虫壳体 $\delta^{18}O$ 显示，冰期-间冰期旋回特征在 0.9Ma 之后更加强烈，周期长度在 0.9Ma 前后发生重要改变，从大约 0.9Ma 之前的 41ka 转变为 0.9Ma 之后的 100ka，这一明显的气候转变过程被称为"中更新世革命"。这一过程同样显示在琛科 2 井 $\delta^{18}O$ 中，如图 11.5 所示，琛科 2 井 $\delta^{18}O$ 在 0.9Ma 之前以 41ka 或 48ka 为主，0.9Ma 之后转变为以 100ka 为主。相对于琛科 2 井 $\delta^{18}O$，$\delta^{13}C$ 呈现出更加强烈的波动变化，从 1.8Ma 开始呈现出降低趋势，直至 1.2Ma，然后又开始升高，直至 0.7Ma，变化幅度高达 6‰。$\delta^{13}C$ 呈现出如此大幅度的变化一般意味着碳储库的改变。

三、碳同位素对海水 DIC 以及东亚植被类型演化的记录与响应

海洋 $\delta^{13}C$ 主要受到碳在陆地、大气、海洋储库里循环的影响，由于在大气中的停留时间相对较短（大约 3 年），海水 $\delta^{13}C$ 变化的影响因素主要是海洋-陆地之间碳储库的变化，比如陆地植被类型的改变、碳酸盐台地风化的强弱及海洋初级生产力的改变等[55-58]。长时间尺度的气候变化会显著改变陆地植被类型（C3/C4），然后影响海水的 $\delta^{13}C$[55, 59]。相对寒冷的气候条件，如逐渐增强的东亚冬季风，会导致 C3 植被的扩张，但不利于 C4 植被的生长。C3 植物在利用空气中 CO_2 进行光合作用的过程中会导致较为强烈的碳同位素分馏，分馏值一般为 15‰～ 24‰，而 C4 植物在光合作用过程中产生的碳同位素分馏较弱，分馏值在 4.4‰左右[60]。Jia 等[42] 利用含有 C3 和 C4 植物的黑炭与大气 CO_2 之间的 $\delta^{13}C$ 分馏差值 Δp（Δp = $\delta^{13}C_{Atmospheric}$－$\delta^{13}C_{BC}$）重建了早中新世以来东亚植被类型（C3/C4）的变化，如图 11.6a 所示。冬季风越

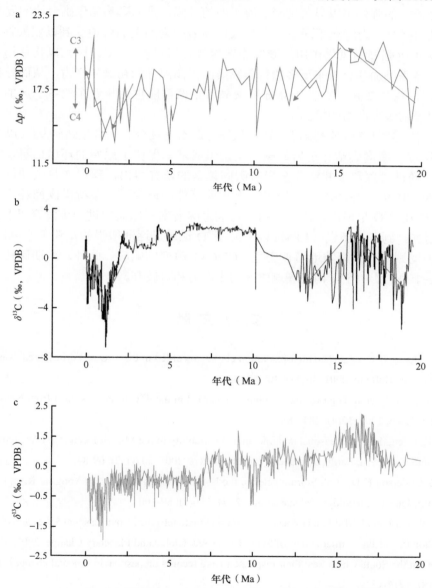

图 11.6　东亚植被类型演替与琛科 2 井、ODP 1148 钻孔碳同位素对比图

a. 由南海沉积物中黑炭与大气 CO_2 之间的 $\delta^{13}C$ 分馏差值 △p 所记录的东亚植被类型，△p 值越大意味着 C3 植被覆盖度越高，反之则 C4 植被覆盖度越高[42]；b. 琛科 2 井全岩氧碳同位素变化序列；c. ODP 1148 钻孔底栖有孔虫 $\delta^{13}C$ 序列[61]

强，Δp 值越大，意味着 C3 植被覆盖度越高，反之则 C4 植被覆盖度越高。此外，通过 C3/C4 植被类型演变曲线与海水 DIC 曲线对比得出，二者之间具有很好的相关性。所以，在东亚季风控制下的东亚植被类型（C3/C4）的改变，会通过调控海洋-陆地碳储库的变化而显著地影响海水 DIC 的碳同位素。东亚季风是由赤道西太平洋暖池和东亚大陆之间的季节压力差异形成的，南海是研究东亚季风变化的古海洋学记录的理想位置。因此，在南海广泛分布的珊瑚礁为研究珊瑚礁碳酸盐岩 δ^{13}C 对海水 δ^{13}C 变化的响应提供了理想的场所。从图 11.6 可以看出，琛科 2 井 δ^{13}C 与 Δp 之间，在以低镁方解石为主的早中新世末期至中中新世早期（18.9 ～ 13.2Ma）以及更新世（1.8Ma）以来的层位存在很好的相关关系。尤其是 1.3Ma 以来，随着东亚冬季风的进一步增强，琛科 2 井 δ^{13}C 明显升高。本研究结果表明，低纬度海域的西沙群岛珊瑚礁钻孔 δ^{13}C 明显地受到东亚陆地植被类型改变的影响，对区域碳循环有明显的响应。

同时，我们不能排除其他因素，如碳酸盐台地的风化、海洋初级生产力的变化等对钻孔 δ^{13}C 的影响。冰盖的大小以及冬季风的强弱可以显著地影响海平面的升降，进而影响珊瑚礁台地的发育与风化剥蚀[62-64]。当东亚冬季风加强时，南海海平面下降会导致以碳酸盐岩为主的台地受到以弱酸性为主的大气淡水的影响，进而发生更为强烈的风化作用。珊瑚礁碳酸盐岩相对富集 ^{13}C，因此风化作用加强会导致海水 δ^{13}C 正偏。同时，冬季风加强会带来更多的营养物质，提高海洋的初级生产力，从而导致海水 DIC 碳同位素变重[58]。所以，琛科 2 井 δ^{13}C 在 1.3Ma 以来显著正偏可能也意味着东亚冬季风的增强所带来的风化作用的加强，以及初级生产力的提高。

在钻孔矿物组成一致且连续的基础上，比如低镁方解石连续分布且含量达到 98% 以上（185 ～ 17m，877 ～ 519m）的层位，珊瑚礁钻孔全岩氧碳同位素组成基本保留了原始的环境信息，利用它们去重建古气候是有效的。通过对琛科 2 井钻孔全岩氧碳同位素的研究得出，琛科 2 井碳同位素在早中新世末期至中中新世早期（18.9 ～ 13.2Ma）经历了一次正偏事件，记录了"蒙特里碳漂移"全球事件。随后 13.2 ～ 10.1Ma δ^{13}C 及 δ^{18}O 呈现出升高的趋势，可能意味着南极冰盖的进一步发育以及海洋生产力的提高，有机碳埋藏增加。到了更新世（1.8Ma 以来），δ^{18}O 记录了逐渐增强的东亚冬季风以及冰期-间冰期旋回，而 δ^{13}C 的波动则是对东亚陆地植被类型（C3/C4）改变的响应。此外，冰期琛科 2 井 δ^{13}C 较重指示着在冰期较强冬季风的影响下，南海珊瑚礁区的生产力相对较高。

参 考 文 献

[1] Yu K F, Chen T G, Huang D C, et al. The high-resolution climate recorded in the δ^{18}O of Porites lutea from the Nansha Islands of China. Chinese Science Bulletin, 2001, 46(24): 2097-2102.

[2] Yu K F, Liu D S, Chen T G, et al. High-resolution climate recorded in the δ^{13}C of Porites lutea from Nansha Islands of China. Progress in Natural Science, 2002, 12(4): 284-288.

[3] Sun D, Gagan M K, Cheng H, et al. Seasonal and interannual variability of the Mid-Holocene East Asian monsoon in coral δ^{18}O records from the South China Sea. Earth and planetary science letters, 2005, 237(1-2): 69-84.

[4] Yu K F, Zhao J X, Collerson K D, et al. Storm cycles in the last millennium recorded in Yongshu Reef, southern South China Sea. Palaeogeography, Palaeoclimatology, Palaeoecology, 2004, 210(1): 89-100.

[5] Yu K F, Zhao J X, Wei G J, et al. Mid-late Holocene monsoon climate retrieved from seasonal Sr/Ca and δ^{18}O records of Porites lutea corals at Leizhou Peninsula, northern coast of South China Sea. Global and Planetary Change, 2005, 47(2-4): 301-316.

[6] Yu K F. Coral reefs in the South China Sea: their response to and records on past environmental changes. Science China: Earth Sciences, 2012, 55(8): 1217-1229.

[7] Liu Y, Peng Z, Chen T, et al. The decline of winter monsoon velocity in the South China Sea through the 20th century: evidence from the Sr/Ca records in corals. Global and Planetary Change, 2008, 63(1): 79-85.

[8] Liu Y, Peng Z, Shen C C, et al. Recent 121-year variability of western boundary upwelling in the northern South China Sea. Geophysical Research Letters, 2013, 40(12): 3180-3183.

[9] Deng W F, Wei G J, Li X H, et al. Paleoprecipitation record from coral Sr/Ca and δ^{18}O during the mid Holocene in the northern South China Sea. The Holocene, 2009, 19(6): 811-821.

[10] Deng W F, Wei G J, Xie L H, et al. Variations in the Pacific Decadal Oscillation since 1853 in a coral record from the northern South China Sea. Journal of Geophysical Research: Oceans, 2013, 118(5): 2358-2366.

[11] Deng W F, Wei G J, Yu K F, et al. Variations in the timing of the rainy season in the northern South China Sea during the middle to late Holocene. Paleoceanography, 2014, 29(2): 115-125.

[12] Chiang H W, Chen R G, Fan R Y, et al. Change of the ENSO-related δ^{18}O–SST correlation from coral skeletons in northern South China Sea: a possible influence from the Kuroshio Current. Journal of Asian Earth Sciences, 2010, 39(6): 684-691.

[13] Chen T R, Yu K F. Sr/Ca–sea surface temperature calibration in the coral Porites lutea from subtropical northern South China Sea. Palaeogeography, Palaeoclimatology, Palaeoecology, 2013, 392: 98-104.

[14] Yang H Q, Yu K F, Zhao M X, et al. Impact on the coral reefs at Yongle Atoll, Xisha Islands, South China Sea from a strong typhoon direct sweep: Wutip, September 2013. Journal of Asian Earth Sciences, 2015, 114: 457-466.

[15] Magaritz M. ^{13}C minima follow extinction events: a clue to faunal radiation. Geology, 1989, 17(4): 337-340.

[16] Viezer J, Hoefs J. The nature of ^{18}O/^{16}O and ^{13}C/^{12}C secular trends in sedimentary carbonate rocks. Geochimica et Cosmochimica Acta, 1976, 40: 1387-1395.

[17] Schidlowski M, Appel P, Eichmann R, et al. Carbon isotope geochemistry of the 3.7×10^9-yr-old Isua sediments, West Greenland: implications for the Archaean carbon and oxygen cycles. Geochimica et Cosmochimica Acta, 1979, 43(2): 189-199.

[18] Shackleton N J, Pisias N G. Atmospheric Carbon Dioxide, Orbital Forcing, and Climate// Sundquist E T, Broedker W S. The Carbon Cycle and Atmospheric CO_2: Natural Variations Archean to Present. AGU, 1985, 32: 303-318.

[19] Broecker W S, Woodruff F. Discrepancies in the oceanic carbon isotope record for the last fifteen million years? Geochimica et Cosmochimica Acta, 1992, 56(8): 3259-3264.

[20] Saltzman M R, Groessens E, Zhuravlev A V. Carbon cycle models based on extreme changes in δ^{13}C: an example from the lower Mississippian. Palaeogeography, Palaeoclimatology, Palaeoecology, 2004, 213(3-4): 359-377.

[21] Magaritz M. Carbon and oxygen isotope composition of recent and ancient coated grains. Coated Grains, 1983: 27-37.

[22] Weissert H J, Lini A L, Fllmi K B, et al. Correlation of Early Cretaceous carbon isotope stratigraphy and platform drowning events: A possible link? Palaeogeography, Palaeoclimatology, Palaeoecology, 1998, 137(3): 189-203.

[23] Vahrenkamp V C. Carbon isotope stratigraphy of the upper Kharaib and Shuaiba Formations: implications for the Early Cretaceous evolution of the Arabian Gulf region. AAPG Bulletin, 1996, 80(5): 647-661.

[24] Glumac B, Walker K R. A Late Cambrian positive carbon-isotope excursion in the Southern Appalachians: relation to biostratigraphy, sequence stratigraphy, environments of deposition, and diagenesis. Journal of Sedimentary Research, 1998, 68(6): 1212-1222.

[25] Immenhauser A, Kenter J A M, Ganssen G, et al. Origin and significance of isotope shifts in Pennsylvanian Carbonates. Journal of Sedimentary Research, 2002, 72(1): 82-94.

[26] Immenhauser A, Della P G, Kenter J A M, et al. An alternative model for positive shifts in shallow‐marine carbonate δ^{13}C and δ^{18}O. Sedimentology, 2003, 50(5): 953-959.

[27] Saltzman M R. Carbon and oxygen isotope stratigraphy of the Lower Mississippian (Kinderhookian–lower Osagean), western United States: Implications for seawater chemistry and glaciation. Geological Society of America Bulletin, 2002, 114(1): 96-108.

[28] Krull E S, Lehrmann D J, Druke D, et al. Stable carbon isotope stratigraphy across the Permian–Triassic boundary in shallow

marine carbonate platforms, Nanpanjiang Basin, south China-ScienceDirect. Palaeogeography, Palaeoclimatology, Palaeoecology, 2004, 204(3-4): 297-315.

[29] 乔培军, 朱伟林, 邵磊, 等. 西沙群岛西科1井碳酸盐岩稳定同位素地层学. 地球科学(中国地质大学学报), 2015, 40(4): 725-732.

[30] Mackensen A, Bickert T. Stable Carbon Isotopes in Benthic Foraminifera: Proxies for Deep and Bottom Water Circulation and New Production. Berlin, Heidelberg: Springer, 1999: 229-254.

[31] Sigman D M, Boyle E A. Glacial/interglacial variations in atmospheric carbon dioxide. Nature, 2000, 407(6806): 859-869.

[32] Holmden C, Creaser R A, Muehlenbachs K, et al. Isotopic evidence for geochemical decoupling between ancient epeiric seas and bordering oceans: implications for secular curves. Geology, 1998, 26(6): 567-570.

[33] Fanton K C, Holmden C. Sea-level forcing of carbon isotope excursions in epeiric seas: implications for chemostratigraphy. Canadian Journal of Earth Sciences, 2007, 44(6): 807-818.

[34] Swart P K, Eberli G. The nature of the $\delta^{13}C$ of periplatform sediments: implications for stratigraphy and the global carbon cycle. Sedimentary Geology, 2005, 175(1): 115-129.

[35] Weber J N, Woodhead P M J. Factors affecting the carbon and oxygen isotopic composition of marine carbonate sediments—II. Heron Island, Great Barrier Reef, Australia. Geochimica et Cosmochimica Acta, 1969, 33(1): 19-38.

[36] Patterson W P, Walter L M. Depletion of ^{13}C in seawater ΣCO_2 on modern carbonate platforms: significance for the carbon isotopic record of carbonates. Geology, 1994, 22(10): 885-888.

[37] Shackleton N J, Backman J, Zimmerman H, et al. Oxygen isotope calibration of the onset of ice-rafting and history of glaciation in the North Atlantic region. Nature, 1984, 307(5952): 620-623.

[38] Prell W L. Covariance patterns of foraminiferal $\delta^{18}O$: an evaluation of pliocene ice volume changes near 3.2 million years ago. Science, 1984, 226(4675): 692-694.

[39] Sarnthein M, Tiedemann R. Toward a high-resolution stable isotope stratigraphy of the last 3.4 million years: sites 658 and 659 off Northwest Africa. Proc. Ocean Drill. Program Sci. Results, 1989, 108: 167-185.

[40] Maslin M A, Haug G H, Sarnthein M, et al. Northwest Pacific Site 882: the initiation of Northern Hemisphere glaciation. Proceedings of the Ocean Drilling Program, 1995, 145: 315-329.

[41] Sadatzki H, Sarnthein M, Andersen N. Changes in monsoon-driven upwelling in the South China Sea over glacial Terminations I and II: a multi-proxy record. International Journal of Earth Sciences, 2016, 105(4): 1273-1285.

[42] Jia G, Peng P A, Zhao Q, et al. Changes in terrestrial ecosystem since 30Ma in East Asia: stable isotope evidence from black carbon in the South China Sea. Geology, 2003, 31(12): 1093-1096.

[43] Jian Z, Zhao Q, Cheng X, et al. Pliocene-Pleistocene stable isotope and paleoceanographic changes in the northern South China Sea. Palaeogeography, Palaeoclimatology, Palaeoecology, 2003, 193(3-4): 425-442.

[44] Ning X R, Chai F, Xue H, et al. Physical-biological oceanographic coupling influencing phytoplankton and primary production in the South China Sea. Journal of Geophysical Research Oceans, 2004, 109(C10).

[45] Shao L, Cui Y, Qiao P, et al. Sea-level changes and carbonate platform evolution of the Xisha Islands (South China Sea) since the Early Miocene. Palaeogeography, Palaeoclimatology, Palaeoecology, 2017, 485: 504-516.

[46] Liu K K, Chao S Y, Shaw P T, et al. Monsoon-forced chlorophyll distribution and primary production in the South China Sea: observations and a numerical study. Deep Sea Research Part I Oceanographic Research Papers, 2002, 49(8): 1387-1412.

[47] Shaw P T, Chao S Y, Liu K K, et al. Winter upwelling off Luzon in the northeastern South China Sea. Journal of Geophysical Research: Oceans, 1996, 101(C7): 16435-16448.

[48] Tang D L, Ni I H, Kester D R, et al. Remote sensing observations of winter phytoplankton blooms southwest of the Luzon Strait in the South China Sea. Marine Ecology Progress, 1999, 191: 43-51.

[49] Wang P, Wang L, Bian Y, et al. Late Quaternary paleoceanography of the South China Sea: surface circulation and carbonate cycles. Marine Geology, 1995, 127(1-4): 145-165.

[50] 于津生, 陈毓蔚, 桂训唐, 等. "南永1井"礁相碳酸盐C, O, Sr, Pb同位素组成及其古环境意义探讨. 中国科学(B辑: 化学 生命科学 地学), 1994, 24(7): 757-765.

[51] 韦刚健, 于津生, 桂训唐, 等. 蚀变珊瑚的氧碳同位素组成的环境意义探讨——以"南永一井"为例. 中国科学(D辑:地球科学), 1998, (5): 448-452.

[52] Swart P K. Global synchronous changes in the carbon isotopic composition of carbonate sediments unrelated to changes in the global carbon cycle. Proceedings of the National Academy of Sciences of the United States of America, 2008, 105(37): 13741-13745.

[53] Jin H, Jian Z. Millennial-scale climate variability during the mid-Pleistocene transition period in the northern South China Sea. Quaternary Science Reviews, 2013, 70: 15-27.

[54] Tian J, Wang P, Cheng X. Development of the East Asian monsoon and Northern Hemisphere glaciation: oxygen isotope records from the South China Sea. Quaternary Science Reviews, 2004, 23(18-19): 2007-2016.

[55] Raymo M E. The Himalayas, organic carbon burial, and climate in the Miocene. Paleoceanography, 1994, 9: 399-404.

[56] Kump L R, Arthur M A. Interpreting carbon-isotope excursions: carbonates and organic matter. Chemical Geology, 1999, 161(1-3): 181-198.

[57] Kump L R, Arthur M A, Patkowski M E, et al. A weathering hypothesis for glaciation at high atmospheric pCO$_2$ during the Late Ordovician. Palaeogeography, Palaeoclimatology, Palaeoecology, 1999, 152(1-2): 173-187.

[58] Ma X, Tian J, Ma W, et al. Changes of deep Pacific overturning circulation and carbonate chemistry during middle Miocene East Antarctic ice sheet expansion. Earth and Planetary Science Letters, 2018, 484: 253-263.

[59] Shackleton N J. The carbon isotope record of the Cenozoic: history of organic carbon burial and of oxygen in the ocean and atmosphere. Geological Society, London, Special Publications, 1987, 26(1): 423-434.

[60] Fung I, Field C B, Berry J A, et al. Carbon 13 exchanges between the atmosphere and biosphere. Global Biogeochemical Cycles, 1997, 11(4): 507-533.

[61] 汪品先, 赵泉鸿, 翦知湣, 等. 南海三千万年的深海记录. 科学通报, 2003, 48(21): 2206-2215.

[62] Edinger E N, Burr G S, Pandolfi J M, et al. Age accuracy and resolution of Quaternary corals used as proxies for sea level. Earth and Planetary Science Letters, 2007, 253(1-2): 37-49.

[63] Miller K G, Browning J V, Aubry M P, et al. Eocene-Oligocene global climate and sea-level changes: St. Stephens Quarry, Alabama. Geological Society of America Bulletin, 2008, 120(1): 34-53.

[64] Miller K C, Mountain G S, Wright J D, et al. A 180-million-year record of aea level and ice volume variations from continental margin and deep-sea isotopic records. Oceanography, 2011, 24(2): 40-53.

— 第十二章 —

琛科 2 井碳酸盐岩元素地球化学 [①]

第一节 珊瑚礁碳酸盐岩元素地球化学研究意义

南海因其优越的地理位置及适宜的海水温度，自中新世以来便是全球碳酸盐台地生长发育的重要区域 [1]。碳酸盐台地随着海盆扩张发生沉降并接收沉积，记录了大量反映海水成分变化的元素地球化学参数，可以对古盐度、古温度、古环境氧化还原状态和酸碱度等环境气候指标进行有效的指示 [2-6]。地球化学元素在碳酸盐岩中的地球化学行为不仅受到元素自身地球化学性质的制约，还受到碳酸盐沉积环境的物理化学条件的控制 [7]，此外，后期成岩过程也会对元素的迁移有一定的影响 [8-10]。碳酸盐岩中的地球化学元素，对沉积环境的记录具有较高的分辨率和精确的示踪性，是研究古环境演化及古气候变化的重要手段 [4, 11-13]。

从第四纪冰期起步的古气候学，历来将北半球冰盖作为研究的核心，古气候学、古海洋学研究也不例外。然而，近 20 多年来低纬度地区古季风的研究却变得重要起来。季风变化是当前古气候研究的热点，尤其是近年来石笋、冰芯和树轮的高分辨率记录，将古季风研究推上了新台阶 [14]。虽然低纬度地区古气候问题已经得到了较为广泛的关注，并通过对深海和大陆记录的研究得到了很多重要的认识 [15-24]，但是由于目前原位浅水碳酸盐台地研究的缺乏，对于海洋化学和物理过程极为敏感的浅水碳酸盐系统是否能够准确记录该时期的主要气候变化事件依然悬而未决 [25, 26]。此外，已经报道的第四纪浅水和深海沉积物沉积速率的巨大差异 [27] 也使得古气候记录的解释更加复杂。

生物礁是碳酸盐沉积的重要类型之一，主要由造礁生物组成，这些生物对生长环境的要求极为苛刻。因此，生物礁中保存有丰富的环境变化信息，被广泛应用于古海洋学研究 [28]。任何一种地质作用或环境变化均涉及沉积地层地球化学特征的改变，主要体现在元素的迁移、转化、聚集和含量分布上。正是基于上述事实或科学思想，地球化学特征作为地质作用的"指纹"被用于研究诸如物源、动力、过程、环

---

① 作者：姜伟、余克服。

境等再现昔日地质作用的重要科学问题。虽然浅水碳酸盐记录只得到了有限的关注，但南海西沙群岛碳酸盐台地最近开展的工作基于多种有机／无机地球化学指标重建了早中新世以来的海平面波动，发现在上新世—更新世转换期间有一个突然的降低现象[2]。由于南海是研究东亚季风变化古海洋学记录的理想区域，因此越来越多的古海洋学研究者将目光投向了南海。据 Shao 等[27]报道，南海碳酸盐台地在中中新世最为繁盛，在晚中新世逐渐衰弱，在上新世有所恢复，而在更新世再次繁盛。一些位于高地上的孤立碳酸盐台地残留下来，并在上新世—更新世时期继续发育[29,30]。孤立碳酸盐台地远离陆源输入，独立性与厚度使得其成为研究浅水碳酸盐系统对表层海水温度和海洋化学记录的理想区域[31]。这些沉积系统主要对应于主要碳酸盐生产者的现代丰度，并且反复进行启动、生长、退化和消亡的过程。然而，对于这些珍贵的古环境载体经常由于较低的生物地层学精度[32]或者显著的成岩作用改造[33]而难以充分利用。为了揭示碳酸盐台地对气候变化的潜在记录，需要有连续、高分辨率、保存完好且精确定年的与气候波动相联系的浅水碳酸盐记录。

在过去半个世纪，南海碳酸盐台地上的多个科学和商业钻探项目积累了丰富的生物地层学、岩石学、沉积学以及古地磁学数据[2,27]。然而，早期的钻孔由于比较低的取芯率和粗略的年龄结构，几乎没有聚焦于气候变化的礁岩记录。琛科 2 井提供了早中新世以来的极佳的理想研究材料，进而使得对于浅水碳酸盐台地对气候变化记录的评估成为可能。本章应用台地碳酸盐岩的 Sr 同位素地层学，并结合磁性地层学，确定了该钻井的地层年代框架。本章对琛科 2 井岩芯（主要由石灰岩组成的碳酸盐台地）早中新世以来，尤其是上新世—更新世的综合地球化学记录进行了系统研究，主要关注珊瑚礁碳酸盐岩元素地球化学对气候环境变化的记录。

第二节　样品采集与测试

针对琛科 2 井碳酸盐岩样品，采用 1m 等间距采样方法优先获取新鲜的岩石样品，总共获得了全岩碳酸盐岩样品约 810 个。首先，为了减小或消除取样过程中现今海水中盐类和其他杂质对样品分析结果的干扰，对所有样品进行先期洗盐处理：取适量样品置于烧杯中，加入适量去离子水并充分搅拌，静置 6～8h，滤除上清液，重复上述过程 3 次后放入 100℃烘箱中烘 24h，将烘干后的样品置于密封袋待用。其次，利用 ICP-MS 分析微量元素，具体方案如下：准确称取 40mg 经洗盐处理并研磨至 200 目的样品，置于聚四氟乙烯消解罐中，加入 2mL 1∶10 的 HF-HNO₃ 混合酸溶液，将其密闭放置在 180℃电热板上加热 24h，随后将消解罐敞口在电热板上蒸干，加入 1mL H₂O 和 1mL HNO₃ 溶液在 180℃电热板上回溶 12h，最后用 2%的 HNO₃ 溶液定容至 80g，放入 4℃冰箱中保存待测。为监控测试精度和准确度，每 20 个样品加入 1 个平行样，上机时每间隔 20 个样品进行标准样和空白样的测试，最后的样品测试结果根据标准样进行校正，精度由空白样和平行样进行控制，所测元素的相对偏差均小于 10%，满足精度要求，测试过程中加入 20ng/L 的 Rh 内标溶液检测仪器稳定性。本研究采用碳酸盐岩国家标准物质 GBW07129、GBW07133 和 GBW07135 控制分析质量，相对标准偏差均小于 10%，相对标准偏差平均值小于 5%。本研究所用到的 δ¹⁸O 数据由 MART-253 分析测试所得。以上工作均在广西大学的广西南海珊瑚礁研究重点实验室完成。本研究用到的 ⁸⁷Sr/⁸⁶Sr 数据采用热电离质谱仪分析测试，该工作在澳大利亚昆士兰大学完成；古地磁数据则由低温磁力仪分析测试，该工作在中国科学院南海海洋研究所完成；矿物分析由粉末 X 射线衍射仪完成，该工作在中国地质大学（武汉）地质过程与矿产资源国家重点实验室完成。本研究重点研究的上新世以来的层位有碳酸盐岩样品约 300 个，全部进行了微量元素与 δ¹⁸O 分析测试，其他指标则根据采样间隔与对应的层位取样分析。

第三节　元素的分布特征

通过对元素垂向分布的研究，结合元素本身的地球化学性质，可以为琛科 2 井碳酸盐岩的成岩变化、环境变化、所经历的地质事件以及礁体的演化历史等研究提供非常重要的证据。本节究根据控制碳酸盐岩元素变化的主要因素，将元素分为五类，分别逐一简述。

一、主要受碳酸盐矿物控制的元素

南海西沙群岛琛航岛琛科 2 井碳酸盐岩造岩氧化物以 CaO 和 MgO 为主，其他组分含量甚微，若将 CaO 和 MgO 分别换算成 $CaCO_3$ 和 $MgCO_3$，则二者的含量之和基本上在 90% 以上，说明琛科 2 井岩芯基本上是由碳酸盐矿物组成。CaO 和 MgO 的含量呈显著负相关关系（图 12.1），且分别与白云石和方解石富集层段具有很好的对应关系。在岩芯顶部 12 ～ 0m 层段高含量的 MgO 是高镁方解石存在的反映，而非白云石化作用的结果。在所有的白云岩层段（522 ～ 309m），MgO 含量都表现为高含量（图 12.1），说明 MgO 含量的高低在一定程度上反映了白云石化作用的强弱。

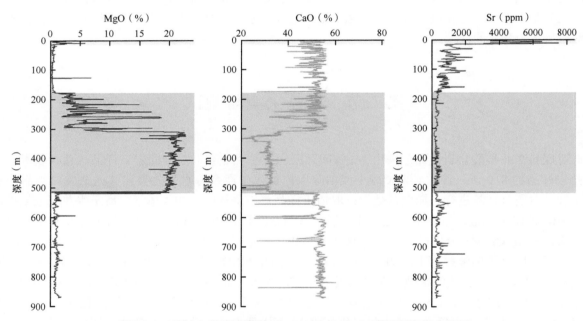

图 12.1　琛科 2 井碳酸盐岩 MgO、CaO 及 Sr 含量随深度变化图
黄色阴影部分代表矿物主要为文石，灰色阴影部分代表白云石化阶段

除了 CaO 和 MgO，Sr 元素也受到碳酸盐矿物的控制。Sr 含量在不同碳酸盐矿物中是不同的，通常文石中 Sr 含量最高，高镁方解石次之，低镁方解石最低。显然，琛科 2 井碳酸盐岩中 Sr 含量也基本遵循了这一规律，在文石和高镁方解石较多的深度 Sr 含量较高，而在低镁方解石较多的深度 Sr 含量较低。同时，还可以观察到白云石化部分碳酸盐岩 Sr 含量最低，这与受成岩期和 / 或成岩期后流体的影响，受流体交代的碳酸盐岩 Sr 会流失的一般性规律是一致的。

二、反映成岩作用中环境变化的元素

成岩环境与沉积相以及沉积旋回具有非常密切的关系，海平面变化在一定程度上控制了成岩环境的演化。Ba 元素是对成岩环境变化比较敏感的元素，其在白云石化阶段均显示较高的含量，而且白云石化的不同阶段含量差异较为明显。

三、主要受碎屑矿物控制的元素

由于 Si、Zr、Al 和 Ti 均为陆源物质中的代表性元素，碳酸盐岩中这些元素具有很好的相关性，说明它们具有同一个来源或受到同一个因素的制约。从图 12.2 可见，Si、Zr、Al 和 Ti 的含量在 500～360m 和 750～650m 深度处出现显著高值。由于受到成岩环境制约的 Ba 含量也在 500～360m 出现显著高值，且该深度处碳酸盐岩白云石化最为强烈，因此可推断 500～360m 深度处 Si、Zr、Al 和 Ti 的含量高值可能与白云石化有关，受到了成岩环境或成岩流体的影响。Si、Zr、Al 和 Ti 的含量在 750～650m 深度处的高值可能与陆源物质输入的增加或生源沉积物质的减少有关。

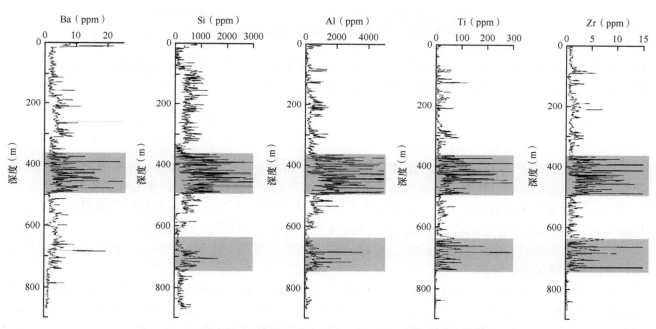

图 12.2　琛科 2 井碳酸盐岩 Ba、Si、Al、Ti 和 Zr 含量随深度变化图
灰色阴影部分代表白云石化阶段元素含量出现的显著高值

四、受碳酸盐矿物和碎屑矿物共同控制的元素

Ni、Cu、Zn、Cd 和 Cr 是生物生存所必需的营养元素，由于浮游植物的生长吸收，表层水体 Ni、Cu、Zn、Cd 和 Cr 亏损，氧化带内水体中 Ni、Cu、Zn、Cd 和 Cr 的含量呈现出随深度增加逐渐升高的趋势[34-36]。碳酸盐岩 Ni、Cu、Zn、Cd 和 Cr 的含量一般会受到碳酸盐矿物和碎屑矿物的共同控制。由图 12.3 可见，Ni、Cu、Zn、Cd 和 Cr 的含量随深度的变化较为复杂，在顶部约 20m 深度处的共同高值说明这些元素在文石及高镁方解石中含量较高。然而，这些元素在其他深度上的变化趋势并未完全一致，这说明这些元素受到的控制因素较为复杂。其中，Ni 和 Cu 的含量在 750～650m 深度处的高值可能与

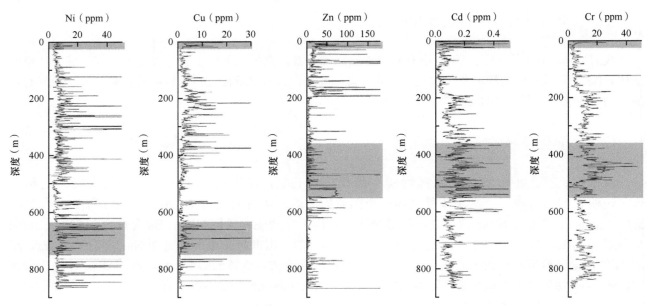

图 12.3　琛科 2 井碳酸盐岩 Ni、Cu、Zn、Cd 和 Cr 含量随深度变化图
灰色阴影部分代表白云石化阶段元素含量出现的显著高值

陆源物质输入的增加或生源沉积物质的减少有关。Zn、Cd 和 Cr 的含量在 500 ～ 360m 深度处的高值可能与白云石化有关，受到了成岩环境或成岩流体的影响。

五、稀土元素

碳酸盐岩样品中 REE 含量及 Y/Ho 比值与 Zr 含量无相关关系，这说明琛科 2 井碳酸盐岩沉积过程未受到陆源物质的影响，这与西沙群岛远离大陆的地理位置是相符的。此外，灰岩样品中 REE 含量与 Fe 和 Mn 的含量均无显著相关关系，这说明灰岩样品基本上没有受到 Fe、Mn 氧化物的影响。而白云岩样品中 REE 与 Fe 具有显著的相关关系，但与 Mn 无相关关系，这说明白云岩样品受到了 Fe 氧化物的影响，但基本上未受到 Mn 氧化物的影响。这反映了在白云石化过程中还原性流体的影响以及可能受到的来自壳源物质或淡水的影响。

碳酸盐岩样品中 REE 含量普遍较低，平均值为 3.54ppm，远低于 PAAS 的平均值（184.8ppm），这说明研究区碳酸盐岩无论是在沉积过程还是后期成岩过程中 REE 受到陆源物质的影响都极其微弱，能够有效代表或者反映古海水的 REE 地球化学特征。其中，灰岩样品中 REE 含量（平均值为 3.37ppm）低于白云岩样品中 REE 含量（平均值为 4.12ppm），但是，根据白云岩地层以及其上覆和下伏灰岩地层的 REE 含量对比，发现除了少数样品，白云岩的 REE 含量要低于或接近其上覆和下伏地层灰岩的 REE 含量（图 12.4）。这说明，白云石化过程中发生了一定程度的 REE 贫化，而 REE 含量较高的白云岩样品，可能与成岩流体或者成岩环境有关。

根据钻井深度及 REE 含量（图 12.4），在 201 ～ 0m（即第四纪时期），灰岩样品中 REE 含量随着深度的增加而显示升高的趋势，而在 316 ～ 201m，灰岩样品中 REE 含量随着深度增加而显示降低的趋势，这说明在岩芯 316 ～ 201m 处具有不整合面。522 ～ 316m 为白云岩段，在 841m 深度处，灰岩样品中 REE 含量明显低于上覆灰岩样品中 REE 含量，因此，522m 与 841m 具有不整合面。由于 12 ～ 0m 深度处主要为文石和高镁方解石，而 201 ～ 12m 深度处主要为低镁方解石，因此，12 ～ 0m 层位 REE 含量的升高可能是文石和方解石与母液不同的分配系数造成的，而 201 ～ 12m 层位 REE 含量的升高可能

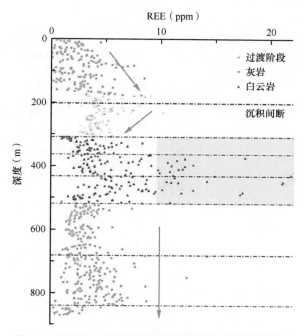

图 12.4　琛科 2 井碳酸盐岩 REE 含量随深度变化图
虚线为不整合面，下同。黄色阴影部分代表白云石化阶段 REE 含量的异常高值

是成岩作用造成的。在 316～201m，REE 含量的降低与 MgO 含量的升高是同步的，这说明白云石化过程是一个 REE 迁移贫化的过程。此外，白云石化阶段的 REE 含量变化较大，可能受到了后期成岩作用的影响。

碳酸盐岩样品中 REE 的 PAAS 标准化配分型式与现代海水相似，具有 HREE 富集（$Nd_N/Yb_N \approx 0.74$）、La 过剩、Ce 亏损和 Y/Ho 较大（范围为 34～89，平均值为 49）等特征（图 12.5）。这说明碳酸盐岩主要继承了古海水的 REE 特征。LREE 和 HREE 的含量及其比值是 REE 地球化学的重要参数，可在一定程度上反映出 REE 的分异程度。由图 12.6 可见，在 201～0m，Nd_N/Yb_N 较为稳定，但

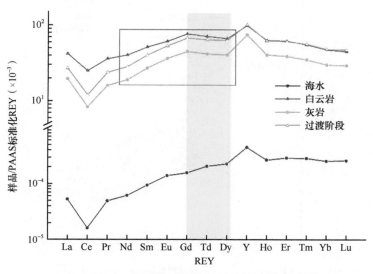

图 12.5　琛科 2 井碳酸盐岩 REE 的 PAAS 标准化型式图
黄色阴影部分代表碳酸盐岩与海水 REE 分布型式存在的差异

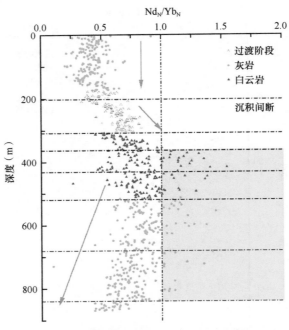

图 12.6　琛科 2 井碳酸盐岩 Nd_N/Yb_N 随深度变化图
黄色阴影部分代表 LREE 相对富集区域

在 316～201m, Nd_N/Yb_N 随深度增加呈增大趋势。这说明, 在灰岩沉积过程中 REE 不断富集, LREE 和 HREE 在富集过程中具有较好的协同迁移性, 但在白云石化过程中 HREE 的贫化更为显著。实际上, REE 在碳酸盐岩成岩环境中主要以溶解态的碳酸盐络合物形式搬运, 络合作用从 LREE 到重 HREE 有规律地增加, 所以海水中的 HREE 更加稳定, 使得其迁移能力强于 LREE, 也就是说, 白云石化过程中 HREE 的亏损是灰岩内的 HREE 随流体迁移量增大形成的。

根据 δCe 与 δPr 的相关性判断出琛科 2 井碳酸盐岩样品表现为 Ce 负异常和 La 正异常 (图 12.7)。其中, 大部分白云岩和少部分灰岩样品数据点不在现代海水的范围内, 这可能与沉积环境氧化还原条件

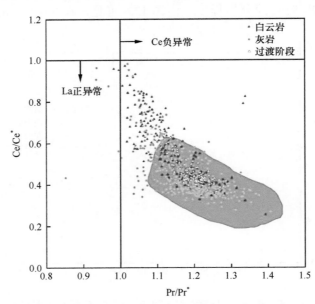

图 12.7　琛科 2 井碳酸盐岩 Ce/Ce^*–Pr/Pr^* 关系图
蓝色区域为现代海水主要分布区域

的改变、白云石化过程中淡水的参与以及古海水的化学组成有关。

碳酸盐岩样品的 Ce 异常值（Ce/Ce*）范围为 0.31 ～ 1.61，平均值为 0.63，表现出较为明显的负异常。其中，白云岩、灰岩样品的 Ce 异常值平均值分别为 0.69、0.61，均小于全新世微生物碳酸盐岩的 Ce 异常值平均值（0.752），这说明研究区碳酸盐岩沉积于相对氧化的环境中，而白云岩成岩流体则具有相对还原的性质。此外，根据图 12.8，在 316 ～ 201m 的白云石化阶段，Ce 异常值随着深度增加而增大，也说明了白云石化流体具有相对还原的性质。此外，在白云岩层位 Nd_N/Yb_N 和 Ce 异常值均具有相对较大和变化范围较大的特点，这可能是白云石化或者后期成岩过程中岛礁上部长期暴露风化、处于氧化条件下并且有淡水参与的体现。在 522m 到玄武岩基底层位，Ce 异常值随着深度增加而不断减小，这说明该阶段的沉积环境随着深度的增加而偏氧化，即从早中新世一直到中中新世结束，沉积环境整体上是从相对氧化到相对还原的一个渐变过程。可能的原因包括古海水化学成分的变化或者成岩过程中古海水深度的变化。值得注意的是，在 750 ～ 650m，即早中新世晚期，出现了部分样品点的相对还原环境。实际上，在 522m 一直到玄武岩基底，Nd_N/Yb_N 也具有类似的随深度增加而减小的变化特征，这也可能代表了古海水化学成分的变化或者成岩过程中古海水深度的变化。

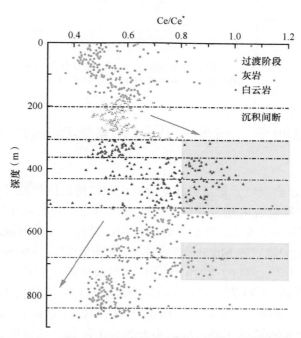

图 12.8 琛科 2 井碳酸盐岩 Ce 异常值随深度变化图
黄色部分代表 Ce 异常偏高区域

碳酸盐岩样品的 Y/Ho 范围为 34 ～ 89，平均值为 49，大于陆源物质的 Y/Ho 平均值（低于 28），接近现代海水的 Y/Ho（44 ～ 74）。根据图 12.9，在 201 ～ 0m 层位，即第四纪时期，沉积过程中流体性质没有较大改变。但是，在白云石化阶段，Y/Ho 逐渐减小。由于研究区未受到陆源物质的影响，而在碳酸盐岩沉积及成岩环境中，HREE 的迁移能力强于 LREE，Nothdurft 等 [37] 认为 LREE 的亏损程度随着白云石的增加而降低，暗示了白云石化流体可能具有富集 HREE 的作用，即碳酸盐岩沉积物在白云石化过程中发生了 HREE 的优先迁出。也就是说，白云石化流体不仅有相对轻微富集 LREE 的特点，还具有移除 Y 的特点。因此，白云石化阶段以及白云岩层位相对较小的 Y/Ho 应该是海水白云石化过程中成岩流体对 HREE 以及 Y 的迁移所造成的。

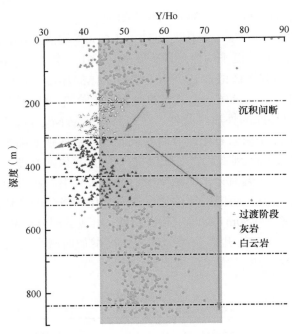

图 12.9　琛科 2 井碳酸盐岩 Y/Ho 随深度变化图
黄色部分代表现代海水 Y/Ho 比值所在区域

第四节　成岩作用对元素影响的判定

在利用海相地层的碳酸盐岩同位素记录进行地层对比或讨论其他问题时，首先要判断这些记录是否能够代表原海水。沉积的碳酸盐岩可能遭受一系列地质作用而改变其原始同位素组成，如成岩作用和成岩后的蚀变作用。受成岩期和／或成岩期后流体的影响，受流体交代的碳酸盐岩往往有更多的 Mn 加入和 Sr 丢失，所以可以用碳酸盐岩的 Mn/Sr 来判断原岩的蚀变程度，Mn/Sr<10 的碳酸盐岩基本能够反映沉积时原始的碳同位素信息[38]。碳酸盐岩的氧同位素组成也被用来判别原岩的蚀变程度，一般认为 $\delta^{18}O$>-5‰的碳酸盐岩没有蚀变，$\delta^{18}O$ 为 -10‰～ -5‰的碳酸盐岩可能已蚀变，但其程度不足以改变原岩碳同位素组成和含量，仍可以使用；但是 $\delta^{18}O$<-10‰的碳酸盐岩蚀变强烈，则不能使用[38,39]。

根据图 12.10，Mn/Sr 为 0.0002 ～ 1.26，远远小于 2 ～ 3 和 10，这说明碳酸盐岩的 Mn 元素及 Sr 同位素地球化学指标基本上代表了原始海水的信息；$\delta^{18}O$ 范围为 -8.79‰～ 4.46‰，高于 -10‰，但是有相当一部分样品的 $\delta^{18}O$ 低于 -5‰，说明大部分碳酸盐岩（尤其是灰岩样品）代表了原始海水的信息，但是，部分样品（主要是白云岩样品）受到了中等程度的蚀变。此外，通过微量元素含量与 CaO 及 MgO 的相关性可见，大部分微量元素与二者具有显著的相关关系（p<0.01），但是，相关系数均较小，普遍小于 0.3或者大于 -0.3，但是，如果按照岩性分段计算上述相关性，则微量元素含量与 CaO 及 MgO 相关性普遍较弱。这说明，琛科 2 井碳酸盐岩（尤其是灰岩）微量元素受到的成岩作用的改造较为有限，基本上保留了原始海水的化学组成信息。综上，琛科 2 井的碳酸盐岩灰岩样品基本保留了沉积过程中原始海水的信息，而白云岩样品受到相对灰岩更大的成岩作用改造。

根据琛科 2 井的矿物分析及以上成岩作用指标，顶部 310m 主要由灰岩构成，且成岩作用改造最弱，因此，本研究重点研究了顶部 310m 的碳酸盐岩地球化学记录所蕴含的古气候、古环境信息。在顶部310m 所涉及的样品中，Mn/Sr 范围为 0.0009 ～ 0.5040，远远小于 10；$\delta^{18}O$ 范围为 -8.79‰～ 4.54‰，远

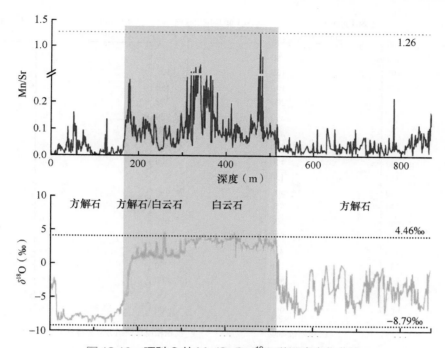

图 12.10 琛科 2 井 Mn/Sr 和 $\delta^{18}O$ 随深度变化曲线
灰色区域以白云质灰岩或灰质白云岩为主，黄褐色区域以白云岩为主，白色区域以灰岩为主

高于 −10‰。此外，CaO 与微量元素之间没有显著相关性。所有这些表明，上新世以来的层位碳酸盐岩可以相对可靠地反映相应时期的海水化学变化历史。早新生代以来，琛科 2 井所在的琛航岛独立于大陆，所取得的样品是高度纯净的珊瑚礁碳酸盐岩，其中碳酸钙的含量在大部分层位均超过 90%。因此，通过径流的直接陆源输入相对影响较小，在本研究中没有纳入考虑，而地球化学指标主要与海水的组成有关。

第五节 元素相带分析和古环境、古气候意义

地壳中微量元素的分布与其形成、演化过程中的环境密切相关，因此，一些微量元素的含量高低及相关元素含量比值大小是判别沉积环境沉积相的良好指标[4]。水体物理化学条件随着海平面的变化而发生变化，因而具有不同指示意义的元素会随着水体条件的规律性变化而变化[40]，反过来，元素含量（比值）由于记录了海平面变化信息，也可以用来指示海平面变化信息[40, 41]。

一、元素相带分析

根据前文可知，琛科 2 井的沉积相随深度发生了明显变化。沉积相分布主要与海平面变化有关。而在海平面变化的不同阶段，海水化学成分也会随之产生相应的变化，进而海相沉积层中的地球化学元素组成也会对应产生明显的差异。对受到成岩环境和碎屑物质影响的几种典型元素的含量与沉积相在深度上的变化进行比较（图 12.11）发现，Ba、Si、Al 三种元素的含量除了在白云石化阶段与沉积相带不相关，其他阶段均与沉积相带有一定的关联，但关联性较弱。其中，Ba 元素总体表现为灰沙岛、礁前坡及潟湖-礁坪沉积相含量偏高，而潟湖、内礁坪和外礁坪沉积相含量偏低；Si 和 Al 元素总体表现为灰沙岛、礁前

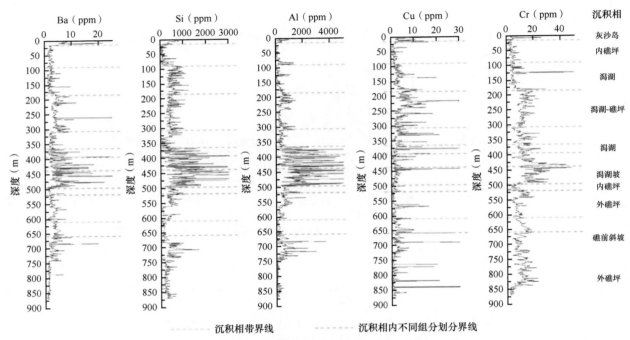

图 12.11 琛科 2 井碳酸盐岩主要元素含量与沉积相分布对比
蓝色虚线为沉积相带界线，棕色虚线为沉积相内不同组分划分界线

坡及潟湖沉积相含量偏高，而内礁坪和外礁坪沉积相含量偏低。可见，Ba、Si、Al 三种元素虽然受到沉积相带的影响，但是由于成岩作用后期改造，不同阶段元素含量与沉积相带分布的关联性较弱。

与 Ba、Si、Al 三种元素不同的是，Cu 和 Cr 两种元素的含量在白云石化阶段未出现显著的高值，说明其受到成岩作用的影响较为有限。两种元素含量分别在灰沙岛、潟湖-礁坪、潟湖坡、礁前坡沉积相出现相对高值，而在内礁坪、潟湖、外礁坪沉积相出现相对低值。这说明 Cu 和 Cr 两种元素含量在相对浅水环境下出现高值，而在相对深水环境下出现低值。碳酸盐岩 Cu 和 Cr 元素的含量一般会受到碳酸盐矿物和碎屑矿物的共同控制，而浅水环境更容易受到碎屑矿物的直接影响，这可能是导致两种元素的含量随沉积相发生变化的重要原因。

二、古环境、古气候意义

（一）微量元素与同位素地球化学

作为最主要的两种特征元素（以氧化物表示），CaO 含量范围为 26.48% ～ 56.43%，MgO 含量范围为 0.19% ～ 21.59%，二者在含量分布趋势上互为镜像。有趣的是，大多数代用指标在上新世—更新世界面上具有共同的突变拐点。作为一种典型的陆源元素，SiO_2 含量很低，不足 0.27%，但是晚上新世和早更新世期间的样品有大量的异常高值（图 12.12）。作为大部分来源于陆源物质输入、海侵及上升流的重要营养元素[42, 43]，P_2O_5 含量范围为 0.04% ～ 0.32%；Ba 含量范围为 1 ～ 184ppm，二者在上新世—更新世气候转型期间具有类似的变化趋势和峰值。与其他元素不同的是，Zn 含量在约 2.21Ma 由稳定低值突然转变为剧烈波动高值。与 Zn 含量相似，REE 含量也从相对稳定的低值转变为剧烈的振荡，不同的是REE 含量的突变点为约 2.62Ma。与 REE 含量相比，其他 REE 参数，如 Ce/Ce*、Eu/Eu* 及 Nd_N/Yb_N，具有类似的变化趋势。陆源碎屑物质，如 Al、Zr 和 Ti，优先聚集在黏土沉积物中，而一般不受生物或成

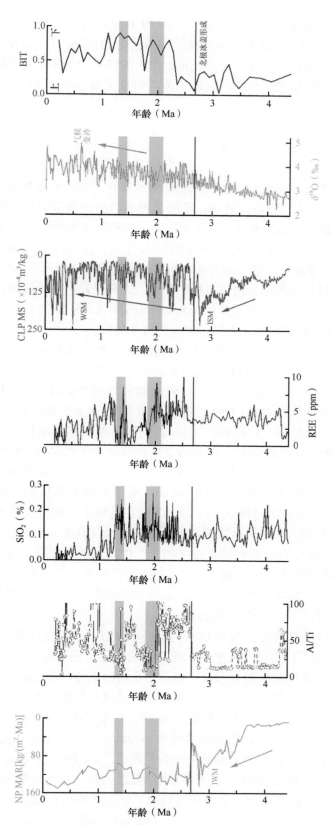

图 12.12　琛科 2 井上新世以来碳酸盐岩主要指标（Al/Ti、SiO₂、REE）与其他气候指标的对比

北太平洋风尘沉积（NP MAR）指示东亚冬季风强度[18]，黄土高原磁化率（CLP MS）指示夏季风强度[45, 46]，氧同位素指示温度[47]，BIT 指示海平面波动[2]。IWM 代表冬季风加强，ISM 代表夏季风加强，BIT 为陆源输入指标。蓝色部分代表冬季风相对较弱阶段

岩过程的影响[44]。实际上,在海洋沉积物中,Al、Zr 和 Ti 是示踪陆源输入的理想指标。此外,三者之间显著的相关关系说明其主要来自陆源岩石风化。碎屑组分的比例,如 Al/Ti 和 Zr/Ti,在约 2.62Ma 之前保持稳定,表明这段时期内研究区具有相对稳定和单一的碎屑物质供给,但随后发生了剧烈波动。大多数被年龄框架排除在外的 $^{87}Sr/^{86}Sr$ 数据具有较大值,并且主要分布于 2.62 ~ 2Ma,表明此时段 Sr 有额外的来源。

(二)礁灰岩地球化学记录的解读

海水中的主微量元素主要以可溶解态和吸附态的形式存在,它们通过生物或非生物过程被进一步移除并沉积到沉积物中。Shao 等[2]的研究表明,碳酸盐岩全岩的元素指标在重建碳酸盐台地演变历史研究上是可信赖的工具。本研究对南海北部琛科 2 井碳酸盐岩样品全岩的主微量元素以及 Sr 同位素进行了分析。在地球化学分析中,一些专门的元素比例可以作为指示沉积物来源的地球化学印迹。琛科 2 井碳酸盐岩的 Al、Ti 和 Zr 含量非常低,这与琛科 2 井所在的琛航岛处于远离大陆影响的远海环境是相符的,但是其代表的信号仍旧可以为陆源输入提供独特的信息,尤其是碎屑物质比例,如 Al/Ti 和 Zr/Ti 在上新世时期保持稳定,然而在约 2.6Ma 发生了突变,这表明陆源输入途径发生了改变(图 12.12)。巧合的是,REE 和 SiO_2 等含量在约 2.6Ma 前后也表现出了明显的波动特征。

基于前人大量的研究工作,显生宙碳酸盐岩沉积 REE 分布形式与现代海水极为相近[48, 49],高纯度的碳酸盐岩 REE 地球化学可以代表同时代周围海水的化学组成[50],可以应用于长时间序列古海洋环境变化的重建。REE 的含量水平和分布形式可以为 REE 的来源研究提供大量的信息。琛科 2 井碳酸盐岩 PAAS 标准化之后类似海水的特征包括:HREE 富集,La 富集,Ce 亏损,轻微的 Gd 富集,以及远大于球粒陨石的 Y/Ho。值得注意的是,Y 和 Ho 具有相近的离子半径和化学性质,但是在现代海洋水柱中 Ho 被颗粒或者离子从海水中移除的效率约是 Y 的 2 倍。该过程使得 Y/Ho 在海水中的值(60 ~ 70)要远远大于陆源物质的值(25 ~ 30)[51]。在碳酸盐岩全岩中,较大的 Y/Ho 代表较大比例的海水来源 REE 和较小比例的陆源 REE。Y/Ho 平均值约为 47,反映了海水与陆源物质的共同影响。一般来说,海水中的 REE 主要来源于大陆,通过大气风尘、陆源径流或者近海沉积物进入海水中[52]。南海中可溶解态 REE 主要是通过河流和近海输入到达海水表层,然而亚洲风尘含有丰富的 REE,也可以改变表层海水的组成[53]。与 REE 类似,Si 由于在一系列的矿物(如风尘中常见的海绿石、黏土矿物和碎屑石英)中广泛分布,也是一种典型的陆源元素[54]。实际上,大多数陆源代表性元素如 REE 和 Si 具有协同共变性(图 12.12),这反映了上新世之后的陆源物质对研究区显著增强的影响。这些与琛科 2 井沉积通量的变化以及 Sr 同位素在时间序列上的分布趋势是一致的。

西沙群岛石岛的西科 1 井出现了上新世以来的一些水深较浅的层位(基于重建的海平面变化),也出现了一些微量元素的突变[2],这可能反映了东亚季风增强导致的陆源沉积物的快速输入。整体而言,作为一个半封闭的边缘海,南海北部的大部分区域即便是远离大陆,在长时间尺度上也不可避免地受到周边大陆陆源沉积物的影响。此外,关于第四纪风尘沉积通过对海洋生物地球化学或大气直接或间接相互作用对气候变化的影响已经进行了较为系统的研究[55]。在亚轨道和千年尺度上,海洋沉积物中的 Fe、Al 和 Si 等营养元素以及 REE 的含量已得到证实可为热带西太平洋风尘沉积提供直接的定量估算[55-57],其证据主要包括亚洲风尘输入与古生产力的显著相关关系[58-62]。因此,上述碳酸盐岩地球化学记录应该与通过海流或风传输的陆源物质密切相关,而该观点已经被西科 1 井更新世陆源生物标志物的富集(高 BIT 值)所证实[2]。此外,考虑到碳酸盐台地相对远离大陆,冬季风对陆源物质的运移应该起着至关重要的作用。

（三）礁灰岩对上新世—更新世气候转型的记录

新生代主要的全球性事件包括从温室向冰室气候的转型[63]、大气 CO_2 水平的根本性变化[64] 和季风的发展[65]。此外，板块构造重组、海平面升降、海洋学和营养资源都参与到环境反馈中而对海洋系统产生了强烈影响[26, 66]。由于青藏高原隆升可以改变区域大气和海洋环流，亚洲季风长期被认为是青藏高原隆升的产物[67]。地球气候演化史上，地球由相对较暖、稳定的时期进入两极有冰、出现较大的冰期-间冰期旋回的不稳定气候状态的上新世—更新世时期是古海洋学研究的热点之一[15]。在东亚季风区，上新世—更新世时期尤其重要，因为在此期间发生了东亚夏季风和冬季风的持续增强（3.6 ～ 2.6Ma）、夏季风的变率增加和减小（约 2.6Ma）[65]。前人的研究表明，东亚季风控制了表层海流和营养元素的分布[68-70]。在约 2.6Ma 之后，由黄土磁化率指标所反映的东亚夏季风变得越来越多变，有时变得很弱，但是由北太平洋深海风尘沉积物粒度和 Al 通量所代表的东亚冬季风持续很强，甚至进一步强化[18, 65, 71]。在南海北部，已经被确认的东亚冬季风强度的替代指标，如 *Neogloboquadrina dutertrei* 的丰度和浮游有孔虫 $\delta^{13}C$[15]，在 3.2 ～ 2.2Ma 发生显著变化，说明东亚冬季风具有逐渐增强的趋势，与我国黄土堆积明显加强和北半球冰盖形成相对应[65, 72, 73]。这些指标的记录也说明了东亚冬季风在 2.7 ～ 2.5Ma 迅速增强，而在约 2.2Ma 之后冬季风的强度又多次剧烈波动[15]。早更新世以来的地球化学指标，如 REE 和 SiO_2 含量的剧烈波动，反映了与 2.7 ～ 2.5Ma 北极冰盖扩张[74] 相关联的冬季风的强化所控制的陆源物质输入在冰期（低海平面时期）[75, 76] 的增加。

尽管如此，REE 和 SiO_2 含量的整体变化趋势在约 1.3Ma 以后仍然趋向于降低（图 12.12）。考虑到陆源物质的主要来源途径以及东亚夏季风和冬季风的变化趋势，该趋势可能与夏季风强度的减弱和气候变冷所驱动的降水减少进而引起的大陆风化减弱有关。减弱的大陆风化一方面可以减少陆源物质通过河流和近海的输入，另一方面可以减少从岩石中释放的风可以携带的松散沉积物。近期的研究已经确认，降水减少可以降低剥蚀效率[77, 78]，进而导致在晚新生代传输到太平洋的粉尘显著减少。因此，风尘堆积的减少可以由风尘源区的季风降水驱动的剥蚀减弱来实现[77]，而不仅仅与内陆的干旱程度相关。区域海平面变化对于珊瑚礁的发育是一个关键的因素，因而是另一个不可忽视的因素。尽管整体趋势上有一些偏差，但南海北部的相对海平面从更新世以来的总趋势是逐渐下降[2]。本研究将元素指标与 Shao 等[2] 报道的南海北部海平面波动曲线进行了对比，虽然存在时间序列上的不同步，但是考虑到两口钻井年龄框架上可能存在的差异和精度不同，海平面变化对珊瑚礁碳酸盐岩元素指标可能产生的影响是不可忽略的。在约 1.3Ma 以后，海平面相比于 2.3 ～ 1.3Ma 明显升高（图 12.12），导致了大片陆架区域在高海平面下被淹没，进而使得研究区域表层海水 / 碳酸盐岩 REE 和 Si 的含量整体降低。Shao 等[2] 对某些元素与海平面波动之间的联系进行了检验，但这些元素的行为和分布模式仍然受多种因素的控制。

碎屑物质成分的比值如 Al/Ti 在约 2.6Ma 相比于相对稳定的上新世时期有明显的突变，而另外两个时期约 2Ma 和 1.5 ～ 1.3Ma 却表现出与上新世相近的比值，这表明它们具有陆源物质输入的同源性。根据图 12.12 和以上分析，我们认为在约 2.6Ma 时期碳酸盐岩多数指标的突变应该与东亚冬季风的强化有关。我们认为东亚冬季风的影响范围或者强度在约 2.6Ma 的南海北部西沙群岛达到了一个阈值，使得通过风尘运输的陆源组分发生变化。特殊的是，在约 2Ma 和 1.5 ～ 1.3Ma，北太平洋粉尘记录、南海北部 *Neogloboquadrina dutertrei* 的丰度以及浮游有孔虫 $\delta^{13}C$[15] 所指示的减弱的冬季风应该是陆源物质比例接近上新世水平的主要原因（图 12.12）。实际上，REE 和 SiO_2 的含量在这两个时段也表现出与东亚季风相似的波动趋势。此外，中国黄土磁化率所指示的季风降水与 ODP 1148 钻孔的浮游有孔虫 $\delta^{18}O$ 所指示的温度，也发挥了重要的作用。在约 2Ma，碳酸盐岩 REE 和 SiO_2 的含量均开始增大并达到了极大值（图 12.12）。相对较强的东亚夏季风和相对较弱的冬季风可能是出现这些高值的主要原因。冬季风越弱，风积尘的贡献越小；夏季风越强，周边陆源沉积物的贡献越大，同时出现足够母岩风化后的沉积物对风的供给。同时，相对较高的温度也保证了风化速率的高效。然而，在 1.5 ～ 1.3Ma，尽管 SiO$_2$ 含量仍然处于高值，但 REE 含量却表现为低值（图 12.12），尤其是东亚夏季风和冬季风在此期间均较弱，进而导致陆源物质输入较少。SiO$_2$ 含量在 1.5 ～ 1.3Ma 可能与海平面变化导致的潟湖沉积有关。最近一项关于中光层珊瑚礁的研究观察到，由于藻类生物的增殖，包括 Si 在内的微量元素，在潟湖沉积系统中高度富集 [79]。在南海北部的石岛西科 1 井，Shao 等 [2] 也称碎屑元素富集在潟湖相沉积物中。与营养元素相比，REE 在开放海域几乎不参与生物活动。REE 与 SiO$_2$ 在化学性质之间的差异可能导致了 1.5 ～ 1.3Ma 这种情况的出现。

碳酸盐岩样品的 ^{87}Sr/^{86}Sr 变异性较大，远大于开放海域海水的值（图 12.13）。我们认为一些碳酸盐岩样品的 ^{87}Sr/^{86}Sr 偏大主要反映了样品中硅质碎屑成分的富集。较大的 ^{87}Sr/^{86}Sr 可以近似地反映边缘海海水和风尘的混合组成。本研究年龄框架排除掉的 ^{87}Sr/^{86}Sr 的异常大值主要出现在 2.6 ～ 1.5Ma（图 12.13），体现了该时段内亚洲风尘的严重影响。Jian 等 [15] 指出，北极冰盖在约 2.7Ma 已经扩张到了现代的规模。实际上，陆源风尘对南海西沙群岛 [80] 和西菲律宾海 [55] 沉积物中 Sr 同位素的影响已经在千年尺度上被证实。在 2.6 ～ 1.5Ma，强劲的东亚冬季风和相对较高的温度可能是出现上述情况的主要影响因素。然而，在约 1.5Ma 之后，Sr 同位素值趋于正常，随着碳酸盐岩样品中 REE 和 SiO$_2$ 含量的降低而降低。这表明此时段内陆源风尘对 Sr 同位素产生了影响以及陆源组分是极其有限的。尽管东亚夏季风和冬季风持续对风尘产生影响，可能仍然通过控制降水侵蚀和输送主导着约 1.5Ma 之后的亚洲风尘，但是，由黄土磁化率和深海沉积物 δ^{18}O 所指示的夏季风和冬季风的相对正常的强度排除了上述可能性。考虑到陆源组分减少和气候变冷的同步关系，我们认为第四纪的持续变冷是导致西沙群岛风尘源区大陆风化减弱的主要原因。

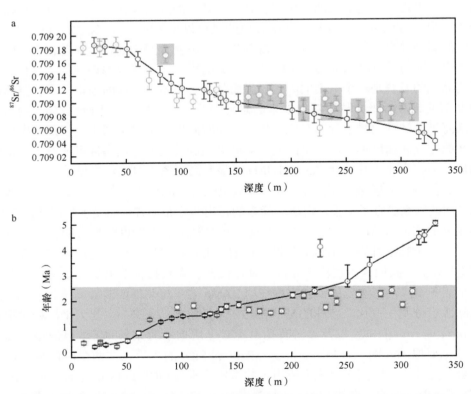

图 12.13　琛科 2 井上新世以来碳酸盐岩 Sr 同位素基于深度和年龄框架的分布示意图

图 a 中阴影部分代表 Sr 同位素异常高值，图 b 中阴影部分代表由异常高值 Sr 同位素计算的年龄所在区域。图 b 中黑色数据点为年龄框架所用，橘色数据点位为年龄框架所排除

综上，我们认为受到东亚夏季风控制的大陆风化主导了约 2.6Ma 之前的西沙群岛表层海水的组成，此时，东亚冬季风的强度不足以对研究区域产生显著的影响。然而，在约 2.6Ma 之后，陆源风尘对研究区域的显著影响应该是东亚冬季风迅速强化的结果。陆源风尘的影响主要受到东亚冬季风的强度、夏季风所驱动的降水以及温度的控制，后两者实际上是控制大陆风化的两个主导因素。

参 考 文 献

[1] 张明书, 何起祥, 业治铮. 西沙生物礁碳酸盐沉积地质学研究. 北京: 科学出版社, 198: 1-30.

[2] Shao L, Cui Y, Qiao P, et al. Sea-level changes and carbonate platform evolution of the Xisha Islands (South China Sea) since the Early Miocene. Palaeogeography, Palaeoclimatology, Palaeoecology, 2017, 485: 504-516.

[3] Shao L, Li Q, Zhu W, et al. Neogene carbonate platform development in the NW South China Sea: litho-, bio- and chemo-stratigraphic evidence. Marine Geology, 2017, 385: 233-243.

[4] 刘新宇, 邵磊, 史德锋, 等. 西沙西科1井元素地球化学特征与海平面升降的关系. 海洋地质前沿, 2021, 37(6): 8.

[5] Wu F, Xie X, Betzler C, et al. The impact of eustatic sea-level fluctuations, temperature variations and nutrient-level changes since the Pliocene on tropical carbonate platform (Xisha Islands, South China Sea). Palaeogeography, Palaeoclimatology, Palaeoecology, 2019, 514: 373-385.

[6] Chang C, Hu W, Fu Q, et al. Characterization of trace elements and carbon isotopes across the Ediacaran-Cambrian boundary in Anhui Province, South China: implications for stratigraphy and paleoenvironment reconstruction. Journal of Asian Earth Sciences, 2016, 125: 58-70.

[7] Allwood A C, Kamber B S, Walter M R, et al. Trace elements record depositional history of an Early Archean stromatolitic carbonate platform. Chemical Geology, 2010, 270(1-4): 148-163.

[8] Franchi F, Turetta C, Cavalazzi B, et al. Trace elements and REE geochemistry of Middle Devonian carbonate mounds (Maïder Basin, Eastern Anti-Atlas, Morocco): implications for early diagenetic processes. Sedimentary Geology, 2016, 343: 56-71.

[9] Jones B. Diagenetic processes associated with unconformities in carbonate successions on isolated oceanic islands: case study of the Pliocene to Pleistocene sequence, Little Cayman, British West Indies. Sedimentary Geology, 2019, 386: 9-30.

[10] Kuzyk Z Z A, Gobeil C, Goñi M A, et al. Early diagenesis and trace element accumulation in North American Arctic margin sediments. Geochimica et Cosmochimica Acta, 2017, 203: 175-200.

[11] Wu F, Xie X, Li X, et al. Carbonate factory turnovers influenced by the monsoon (Xisha Islands, South China Sea). Journal of the Geological Society, 2019, 176(5): 885-897.

[12] 吴峰, 郭来源, 张道军, 等. 基于高精度岩心扫描元素数据的高频层序划分: 以西科1井第四系生物礁滩体系为例. 地质科技通报, 2016, 35(5): 42-51.

[13] Chen Y L, Chu X L, Zhang X L, et al. Carbon isotopes, sulfur isotopes, and trace elements of the dolomites from the Dengying Formation in Zhenba area, southern Shaanxi: implications for shallow water redox conditions during the terminal Ediacaran. Science China: Earth Sciences, 2015, 58(7): 1107-1122.

[14] 汪品先, 田军, 黄恩清. 全球季风与大洋钻探. 中国科学: 地球科学, 2018, 48(7): 960.

[15] Jian Z, Zhao Q, Cheng X, et al. Pliocene-Pleistocene stable isotope and paleoceanographic changes in the northern South China Sea. Palaeogeography, Palaeoclimatology, Palaeoecology, 2003, 193(3-4): 425-442.

[16] Huang B, Jian Z, Wang P. Paleoceanographic evolution recorded in the northern South China Sea since 4Ma. Science in China Series D: Earth Sciences, 2005, 48(12): 2166-2173.

[17] Huang B, Cheng X, Jian Z, et al. Response of upper ocean structure to the initiation of the North Hemisphere glaciation in the South China Sea. Palaeogeography, Palaeoclimatology, Palaeoecology, 2003, 196(3-4): 305-318.

[18] Rea D K, Snoeckx H, Joseph L H. Late Cenozoic Eolian deposition in the North Pacific: Asian drying, Tibetan uplift, and cooling of the northern hemisphere. Paleoceanography, 1998, 13(3): 215-224.

[19] Shackleton N J. Pliocene stable isotope stratigraphy of site 846. Proc. Odp, Sci. Results, 1995, 138: 337-355.

[20] Zheng H, Powell C M, An Z, et al. Pliocene uplift of the northern Tibetan Plateau. Geology, 2000, 28(8): 715-718.

[21] Wan S, Li A, Clift P D, et al. Development of the East Asian monsoon: mineralogical and sedimentologic records in the northern South China Sea since 20 Ma. Palaeogeography, Palaeoclimatology, Palaeoecology, 2007, 254(3-4): 561-582.

[22] Wan S, Clift P D, Li A, et al. Tectonic and climatic controls on long-term silicate weathering in Asia since 5Ma. Geophysical Research Letters, 2012, 39(15): 151-155.

[23] Sun D, An Z, Shaw J, et al. Magnetostratigraphy and palaeoclimatic significance of Late Tertiary aeolian sequences in the Chinese Loess Plateau. Geophysical Journal International, 1998, 134(1): 207-212.

[24] Sun D, Liu D, Chen M, et al. Magnetostratigraphy and palaeoclimate of Red Clay sequences from Chinese Loess Plateau. Science in China Series D: Earth Sciences, 1997, 40(4): 337-343.

[25] Self-Trail J M, Robinson M M, Bralower T J, et al. Shallow marine response to global climate change during the Paleocene-Eocene Thermal Maximum, Salisbury Embayment, USA. Paleoceanography, 2017, 32(7): 710-728.

[26] Wilson M E J. Global and regional influences on equatorial shallow-marine carbonates during the Cenozoic. Palaeogeography, Palaeoclimatology, Palaeoecology, 2008, 265(3-4): 262-274.

[27] Shao L, Li Q, Zhu W, et al. Neogene carbonate platform development in the NW South China Sea: litho-, bio- and chemo-stratigraphic evidence. Marine Geology, 2017, 385: 233-243.

[28] 修淳, 罗威, 杨红君, 等. 西沙石岛西科 1 井生物礁碳酸盐岩地球化学特征. 地球科学 (中国地质大学学报), 2015, 40(4): 645-652.

[29] Hutchison C S. The North-West Borneo Trough. Marine Geology, 2010, 271(1-2): 32-43.

[30] Wu S, Yang Z, Wang D, et al. Architecture, development and geological control of the Xisha carbonate platforms, northwestern South China Sea. Marine Geology, 2014, 350: 71-83.

[31] Robinson S A. Shallow-water carbonate record of the Paleocene-Eocene Thermal Maximum from a Pacific Ocean guyot. Geology, 2011, 39(1): 51-54.

[32] Frijia G, Parente M, Di Lucia M, et al. Carbon and strontium isotope stratigraphy of the Upper Cretaceous (Cenomanian-Campanian) shallow-water carbonates of southern Italy: Chronostratigraphic calibration of larger foraminifera biostratigraphy. Cretaceous Research, 2015, 53: 110-139.

[33] Godet A, Durlet C, Spangenberg J E, et al. Estimating the impact of early diagenesis on isotope records in shallow-marine carbonates: a case study from the Urgonian Platform in western Swiss Jura. Palaeogeography, Palaeoclimatology, Palaeoecology, 2016, 454: 125-138.

[34] Chen X, Wei G, Deng W, et al. Decadal variations in trace metal concentrations on a coral reef: evidence from a 159 year record of Mn, Cu, and V in a Porites coral from the northern South China Sea. Journal of Geophysical Research: Oceans, 2015, 120: 405-416.

[35] Zhao Y, Vance D, Abouchami W, et al. Biogeochemical cycling of zinc and its isotopes in the Southern Ocean. Geochimica et Cosmochimica Acta, 2014, 125: 653-672.

[36] Zheng L, Minami T, Takano S, et al. Sectional distribution patterns of Cd, Ni, Zn, and Cu in the north pacific ocean: relationships to nutrients and importance of scavenging. Global Biogeochemical Cycles, 2021, 35(7).

[37] Nothdurft L D, Webb G E, Kamber B S. Rare earth element geochemistry of Late Devonian reefal carbonates, Canning Basin, Western Australia: confirmation of a seawater REE proxy in ancient limestones. Geochimica et Cosmochimica Acta, 2004, 68(2): 263-283.

[38] Kaufman A J, Knoll A H. Neoproterozoic variations in the C-isotopic composition of seawater: stratigraphic and biogeochemical implications. Precambrian Research, 1995, 73(1): 27-49.

[39] Derry L A, Brasier M D, Corfield R M, et al. Sr and C isotopes in Lower Cambrian carbonates from the Siberian craton: a paleoenvironmental record during the 'Cambrian explosion'. Earth and Planetary Science Letters, 1994, 128(3): 671-681.

[40] Jarvis I, Murphy A M, Gale A S. Geochemistry of pelagic and hemipelagic carbonates: criteria for identifying systems tracts and sea-level change. Journal of the Geological Society, 2001, 158(4): 685-696.

[41] Bábek O, Kalvoda J, Cossey P, et al. Facies and petrophysical signature of the Tournaisian/Viséan (Lower Carboniferous) sea-level cycle in carbonate ramp to basinal settings of the Wales-Brabant massif, British Isles. Sedimentary Geology, 2013, 284: 197-213.

[42] Saltzman M R. Phosphorus, nitrogen, and the redox evolution of the Paleozoic oceans. Geology, 2005, 33(7): 573-576.

[43] Kinsey D W, Davies P J. Effects of elevated nitrogen and phosphorus on coral reef growth. Limnology and Oceanography, 1979, 24(5): 935-940.

[44] Cantalejo B, Pickering K T. Climate forcing of fine-grained deep-marine systems in an active tectonic setting: middle Eocene, Ainsa Basin, Spanish Pyrenees. Palaeogeography, Palaeoclimatology, Palaeoecology, 2014, 410: 351-371.

[45] Song Y, Fang X, Li J, et al. The Late Cenozoic uplift of the Liupan Shan, China. Science China: Earth Sciences, 2001, 44(s1): 176-184.

[46] Guo Z T, Ruddiman W F, Hao Q Z, et al. Onset of Asian desertification by 22Myr ago inferred from loess deposits in China. Nature, 2002, 416(6877): 159-163.

[47] Wang P, Zhao Q, Jian Z, et al. Thirty million year deep-sea records in the South China Sea. Chinese Science Bulletin, 2003, 48(23): 2524-2535.

[48] de Paula-Santos G M, Caetano-Filho S, Babinski M, et al. Rare earth elements of carbonate rocks from the Bambuí Group, southern São Francisco Basin, Brazil, and their significance as paleoenvironmental proxies. Precambrian Research, 2018, 305: 327-340.

[49] Siahi M, Hofmann A, Master S, et al. Trace element and stable (C, O) and radiogenic (Sr) isotope geochemistry of stromatolitic carbonate rocks of the Mesoarchaean Pongola Supergroup: implications for seawater composition. Chemical Geology, 2018, 476: 389-406.

[50] Webb G E, Kamber B S. Rare earth elements in Holocene reefal microbialites: a new shallow seawater proxy. Geochimica et Cosmochimica Acta, 2000, 64(9): 1557-1565.

[51] Mclennan S M. Relationships between the trace element composition of sedimentary rocks and upper continental crust. Geochemistry Geophysics Geosystems, 2013, 2(4).

[52] Hathorne E C, Stichel T, Brück B, et al. Rare earth element distribution in the Atlantic sector of the Southern Ocean: the balance between particle scavenging and vertical supply. Marine Chemistry，2015, 177: 157-171.

[53] Jiang W, Yu K, Song Y, et al. Annual REE Signal of East Asian winter monsoon in surface seawater in the northern South China Sea: evidence from a century-l Long porites coral record. Paleoceanography and Paleoclimatology, 2018, 33(2): 168-178.

[54] Jarvis I. Geochemistry of pelagic and hemipelagic carbonates: criteria for identifying systems tracts and sea-level change. Journal of the Geological Society, 2001, 158(3): 685-696.

[55] Xu Z, Li T, Clift P D, et al. Quantitative estimates of Asian dust input to the western Philippine Sea in the mid-late Quaternary and its potential significance for paleoenvironment. Geochemistry, Geophysics, Geosystems, 2015, 16(9): 3182-3196.

[56] Xu Z, Li T, Wan S, et al. Geochemistry of rare earth elements in the mid-late Quaternary sediments of the western Philippine Sea and their paleoenvironmental significance. Science China: Earth Sciences, 2014, 57(4): 802-812.

[57] Kondo Y, Takeda S, Furuya K. Distribution and speciation of dissolved iron in the Sulu Sea and its adjacent waters. Deep Sea

Research Part II Topical Studies in Oceanography, 2007, 54(1-2): 60-80.

[58] Shao Y, Wyrwoll K H, Chappell A, et al. Dust cycle: an emerging core theme in Earth system science. Aeolian Research, 2011, 2(4): 181-204.

[59] Murray R W, Leinen M, Knowlton C W, Links between iron input and opal deposition in the Pleistocene equatorial Pacific Ocean. Nature Geoscience, 2012, 5(4): 270-274.

[60] Lamy F, Gersonde R, Winckler G, et al. Increased dust deposition in the Pacific Southern Ocean during glacial periods. Science, 2014, 343(6169): 403-407.

[61] Martínezgarcía A, Sigman D M, Ren H, et al. Iron fertilization of the Subantarctic ocean during the last ice age. Science, 2014, 343(6177): 1347-1350.

[62] Xiong Z, Li T, Crosta X, et al. Potential role of giant marine diatoms in sequestration of atmospheric CO_2 during the Last Glacial Maximum: $\delta^{13}C$ evidence from laminated *Ethmodiscus rex* mats in tropical West Pacific. Global & Planetary Change, 2013, 108: 1-14.

[63] Zachos J, Pagani M, Sloan L, et al. Trends, rhythms, and aberrations in global climate 65Ma to present. Science, 2001, 292(5517): 686-693.

[64] Pagani M, Zachos J C, Freeman K H, et al. Marked decline in atmospheric carbon dioxide concentrations during the Paleogene. Science, 2005, 309(5734): 600-603.

[65] An Z, Kutzbach J E, Prell W L, et al. Evolution of Asian monsoons and phased uplift of the Himalaya-Tibetan plateau since Late Miocene times. Nature, 2001, 411(6833): 62-66.

[66] Halfar J, Mutti M. Global dominance of coralline red-algal facies: a response to Miocene oceanographic events. Geology, 2005, 33(6):): 481-484.

[67] Molnar P, Boos W R, Battisti D S. Orographic controls on climate and paleoclimate of Asia: thermal and mechanical roles for the Tibetan Plateau. Annual Review of Earth and Planetary Sciences, 2010, 38(1): 77-102.

[68] Wang L, Sarnthein M, Erlenkeuser H, et al. East Asian monsoon climate during the Late Pleistocene: high-resolution sediment records from the South China Sea. Marine Geology, 1999, 156(1-4): 245-284.

[69] Cheng X, Huang B, Jian Z, et al. Foraminiferal isotopic evidence for monsoonal activity in the South China Sea: a present-LGM comparison. Marine Micropaleontology, 2005, 54(1): 125-139.

[70] Huang B, Jian Z, Cheng X, et al. Foraminiferal responses to upwelling variations in the South China Sea over the last 220 000 years. Marine Micropaleontology, 2003, 47(1-2): 1-15.

[71] Clemens S C, Murray D W, Prell W L. Nonstationary phase of the Plio-Pleistocene Asian monsoon. Science, 1996, 274(5289): 943-948.

[72] Liu T, Ding Z, Rutter N. Comparison of Milankovitch periods between continental loess and deep sea records over the last 2.5Ma. Quaternary Science Reviews, 1999, 18(10-11): 1205-1212.

[73] Shackleton N J, Backman J, Zimmerman H, et al. Oxygen isotope calibration of the onset of ice-rafting and history of glaciation in the North Atlantic. Nature, 1984, 307(5952): 620-623.

[74] Li L, Li Q, Tian J, et al. A 4-Ma record of thermal evolution in the tropical western Pacific and its implications on climate change. Earth and Planetary Science Letters, 2011, 309(1-2): 10-20.

[75] Wei G, Liu Y, Li X, et al. High-resolution elemental records from the South China Sea and their paleoproductivity implications. Paleoceanography, 2003, 18(2): 1054.

[76] Wei G, Li X H, Liu Y, et al. Geochemical record of chemical weathering and monsoon climate change since the early Miocene in the South China Sea. Paleoceanography, 2006, 21(4): PA4214.

[77] Nie J, Pullen A, Garzione C N, et al. Pre-Quaternary decoupling between Asian aridification and high dust accumulation rates. Science Advances, 2018, 4(2): eaao6977.

[78] Nie J, Stevens T, Rittner M, et al. Loess Plateau storage of Northeastern Tibetan Plateau-derived Yellow River sediment. Nat Commun, 2015, 6: 8511.

[79] Abbey E, Webster J M, Braga J C, et al. Deglacial mesophotic reef demise on the Great Barrier Reef. Palaeogeography, Palaeoclimatology, Palaeoecology, 2013, 392: 473-494.

[80] Liu Y, Sun L, Zhou X, et al. A 1400-year terrigenous dust record on a coral island in South China Sea. Sci Rep, 2014, 4: 4994.

— 第十三章 —

琼科 2 井 Sr 同位素组成及其记录的礁体演化与海平面变化

第一节　珊瑚礁碳酸盐岩 Sr 同位素研究意义

珊瑚礁是以热带海洋浅水造礁石珊瑚的石灰质骨骼为主体，与珊瑚藻、仙掌藻、软体动物、有孔虫等其他附礁钙质生物的遗骸经过各种堆积作用形成的一种岩体，主要成分是 $CaCO_3$[1]。19 世纪 30 年代，达尔文对太平洋和印度洋珊瑚礁进行了详细的调查，对珊瑚礁的特征、分布和形成机制进行了全面的报道[2]。之后，珊瑚礁逐渐成为国际上地球科学和生物科学研究的焦点之一。珊瑚礁生物地球化学过程中的钙化使珊瑚礁具有非常高的固碳效率，珊瑚礁每年产生的 $CaCO_3$ 沉积通量占全球总量的 23% ～ 26%，对全球气候有不可忽略的影响[3, 4]。同时，钙化的生物骨骼可以保存地质历史时期的海水地球化学成分，成为连续的、长时间尺度的、高分辨率的古环境和古气候变化记录载体[5-7]。化石研究表明，现代珊瑚礁的出现最早可追溯至中生代[8]，蕴含了丰富的海洋生态和气候变化信息[9, 10]。在漫长的地质历史时期，钙化的生物骨骼虽然经历了文石到方解石，甚至白云石的矿物相转变，但仍可以保存部分原始海水的地球化学信息[11-13]。

Sr 是碱土金属元素，Sr^{2+} 的离子半径稍大于 Ca^{2+} 的离子半径，所以在许多矿物中 Sr^{2+} 可以置换 Ca^{2+}。Sr 元素不会独立成矿，通常出现在含 Ca 矿物中，如斜长石、磷灰石和碳酸钙矿物中。Sr 有 23 个同位素，其中 4 个是天然存在的同位素，包括 ^{88}Sr、^{87}Sr、^{86}Sr 和 ^{84}Sr，都为稳定同位素，其现代同位素丰度分别为 82.53%、7.04%、9.87% 和 0.56%。由于 ^{87}Rb 可衰变为 ^{87}Sr，不同储库的 ^{87}Sr 丰度是变化的，研究中普遍使用 $^{87}Sr/^{86}Sr$ 来反演地球长时间尺度上的气候和环境变化[14]。珊瑚礁碳酸盐岩 Sr 同位素主要来自造礁生物钙化时从海水中获得的 Sr，礁碳酸盐岩全岩样品可作为同期海水 $^{87}Sr/^{86}Sr$ 的记录载体[15-18]。

海水中 Sr 停留时间为 2.5Ma，远大于世界各大洋海水混合时间（1000 年），这使得海水的 $^{87}Sr/^{86}Sr$ 经过充分混合，在比较长的时间尺度上（Ma）全球海水的 $^{87}Sr/^{86}Sr$ 是均一的[19, 20]。基于此前提，碳酸盐岩地层 $^{87}Sr/^{86}Sr$ 具有多方面研究意义。

其一，Sr 同位素地层学的建立，成为珊瑚礁碳酸盐岩地层最重要的定年手段之一。珊瑚礁碳酸盐岩地层定年框架的建立是研究珊瑚礁发育演化以及珊瑚礁地层生物学、岩石学和地球化学特征对古环境和古气候的响应和记录的基础。目前珊瑚礁地层最传统的定年方法为生物地层学，通过某些特定的生物或生物组合确定地层的年龄，其优点在于全球具有可对比性，但是其分辨率极低，只能确定几个年代界限的位置。磁性地层学是沉积岩地层常用的定年手段，根据正交图中的垂直投影计算获得样品古倾角，向上的倾角代表极性倒转，向下的倾角代表正常的极性。基于极性时序的重建，将其与地磁极性年表（GPTS）的极性时和亚时相匹配可获得地层年代[21]。但是珊瑚礁碳酸盐岩地层磁性较弱，易受干扰，再加上地磁倒转等因素影响，大部分时候磁性地层学只能作为一个辅助定年工具。Sr 同位素地层学是将保存了原始海水信息的 $^{87}Sr/^{86}Sr$ 与海水的 $^{87}Sr/^{86}Sr$ - 年龄曲线[22]进行对比配分，获得沉积物年龄。由于寒武纪以来的海水 $^{87}Sr/^{86}Sr$ 是振荡变化的，在使用 Sr 同位素地层学定年之前要对地层的年代进行粗略的限定，并且选择海水 $^{87}Sr/^{86}Sr$ 单调变化的时期。Sr 同位素定年的优势在于分辨率高于其他定年，且不受岩相和纬度约束，对样品密度要求不高[23]，结合生物地层学和磁性地层学可以为珊瑚礁碳酸盐岩地层提供相对高分辨率的年代框架，如埃内韦塔克环礁、北大东岛、夏威夷岛珊瑚礁等[24-26]。研究表明，Sr 同位素地层学定年误差为 0.2～2Ma[27, 28]，这与海水 $^{87}Sr/^{86}Sr$ 变化速率和与之进行对比校正的生物地层学和磁性地层学的不确定性相关。但是，必须要注意的是，礁碳酸盐岩在成岩过程中及成岩后极易受到各种蚀变作用，导致样品不能保存原始的海水 $^{87}Sr/^{86}Sr$[29-31]。因此，利用 Sr 同位素进行定年在样品选取上要求非常严格，无论使用那个样品，都必须评估其蚀变状态。

其二，珊瑚礁碳酸盐岩地层与同期海水 $^{87}Sr/^{86}Sr$ 演化曲线的对比可识别地层中的沉积间断，并计算沉积速率。理论上来说，连续沉积的珊瑚礁碳酸盐岩地层 $^{87}Sr/^{86}Sr$ 演化曲线应与其形成时的海水 $^{87}Sr/^{86}Sr$ 演化曲线一致，但在实际情况下，珊瑚礁地层在沉积过程中会受到各种因素的影响，从而形成各种异常的 $^{87}Sr/^{86}Sr$ 变化曲线。将海水的 Sr 同位素随时间变化的趋势与海洋自生沉积地层记录的 Sr 同位素变化曲线做对比，可以具体判断异常发生的原因[32]。如图 13.1 所示，若沉积速率不变，则碳酸盐岩地层的 $^{87}Sr/^{86}Sr$ 演化曲线如图 13.1 中的（A）、（a）所示，与海水的 $^{87}Sr/^{86}Sr$ 演化曲线完全一致；若沉积中断，或者因构造作用出现断层，则出现如图 13.1 中的（B）、（b）所示的 $^{87}Sr/^{86}Sr$ 突然增加现象；若沉积速率减缓，则出现如图 13.1 中的（C）、（c）所示的 $^{87}Sr/^{86}Sr$ 变化速率加快现象；若沉积速率增加，则出现如

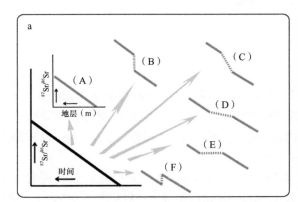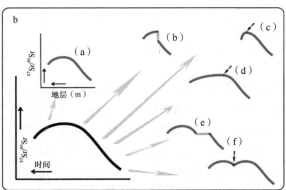

图 13.1　碳酸盐岩地层与海水的 $^{87}Sr/^{86}Sr$ 随时间变化特征[32]

a. 海水的 $^{87}Sr/^{86}Sr$ 呈线性变化条件下，碳酸盐岩地层沉积异常对应的 $^{87}Sr/^{86}Sr$ 变化；b. 海水的 $^{87}Sr/^{86}Sr$ 呈非线性变化条件下，碳酸盐岩地层沉积异常对应的 $^{87}Sr/^{86}Sr$ 变化

图 13.1 中的（D）、（d）所示的 $^{87}Sr/^{86}Sr$ 变化速率减缓现象；若沉积时发生瞬时的沉降（如崩塌等），则出现如图 13.1 中的（E）、（e）所示的 $^{87}Sr/^{86}Sr$ 不变现象；若出现重复沉积序列，则出现如图 13.1 中的（F）、（f）所示的 $^{87}Sr/^{86}Sr$ 倒转现象。反之，我们也可以通过对比珊瑚礁岩地层与其形成时海水 $^{87}Sr/^{86}Sr$ 演化曲线的异同，来识别碳酸盐岩地层中的沉积间断，推测当时的气候和环境状况 [11]。

其三，礁碳酸盐岩地层的 $^{87}Sr/^{86}Sr$ 可以指示海平面和区域构造变化。珊瑚礁碳酸盐岩中的 Sr 来自海水，可记录同期海水的 $^{87}Sr/^{86}Sr$ [31]，因此，海平面和构造变化可以通过控制珊瑚礁发育而控制珊瑚礁碳酸盐岩地层的 $^{87}Sr/^{86}Sr$ 演化。在百万年时间尺度上，构造活动和海平面变化是影响珊瑚礁发育的两个最主要因素 [26, 33]。当全球海平面上升或构造沉降时，珊瑚礁垂直发育，产生变化速率不同的连续的 $^{87}Sr/^{86}Sr$ 演化曲线。当海平面下降或构造抬升时，珊瑚礁发育会受到限制，难以记录同期海水的 $^{87}Sr/^{86}Sr$ [24, 34]，导致连续的 $^{87}Sr/^{86}Sr$ 演化曲线出现中断。低海平面时期礁体暴露，可能在礁体表面形成以 $^{87}Sr/^{86}Sr$ 较大为特征的大气水潜流带 [35, 36]，与周围珊瑚礁碳酸盐岩反应，导致礁碳酸盐岩地层 $^{87}Sr/^{86}Sr$ 大于上下邻近地层。此外，Sr 同位素定年分辨率高于其他定年，且不受岩相和纬度约束，对样品密度要求不高 [23]，可为 $^{87}Sr/^{86}Sr$ 出现异常的地层提供比较精确的年代限制。目前已建立了非常详细和准确的显生宙海水 $^{87}Sr/^{86}Sr$ 演化曲线 [22, 28, 32, 37, 38]，尤其是新生代海水的 $^{87}Sr/^{86}Sr$ 演化曲线，整体上为连续单调增大的演化趋势，对于此时期珊瑚礁地层 $^{87}Sr/^{86}Sr$ 异常的识别极其有利。例如，Ohde 和 Elderfield[11] 曾基于菲律宾海珊瑚礁碳酸盐岩地层的 $^{87}Sr/^{86}Sr$ 变化重建了渐新世以来全球海平面变化和区域构造演化历史。

其四，礁碳酸盐岩地层 $^{87}Sr/^{86}Sr$ 可指示白云石化发生的时间和白云石成因。白云石化在碳酸盐岩中非常普遍，但其成因到现在仍存在争议。Vahrenkamp 等 [39] 为了定量研究新生代白云岩的 Sr 同位素特征，模拟了海水交代白云石化过程，并建立了白云石前驱矿物和白云石化流体 $^{87}Sr/^{86}Sr$ 比值、反应化学计量学和白云石 $^{87}Sr/^{86}Sr$ 比值的函数。结果表明，如果每单位体积的前驱碳酸盐岩中含有少量的海水，那么高 Sr 碳酸盐岩（如文石）可能会在以海水为主的 Sr 同位素特征中引入重要的前驱记忆；低 Sr 碳酸盐岩（低镁方解石）的白云石化表现出与反应中海水难以区分的同位素特征。因此，通过与海水 Sr 同位素演化曲线进行对比，白云石的 $^{87}Sr/^{86}Sr$ 可用于限定白云石化最老的年龄和珊瑚礁碳酸盐岩沉积的最年轻年龄。众多学者对这一结论进行了验证和完善，并提出了其应用过程中的限定条件：①白云石化流体为海水；②白云石化前海水的 $^{87}Sr/^{86}Sr$ 未经过蚀变；③白云石为交代成因形成；④白云岩一旦形成，就没有再经历过重结晶作用 [40-43]。

第二节　琛科 2 井 Sr 同位素特征

一、全岩 Sr 同位素特征

琛科 2 井全岩珊瑚礁岩（即珊瑚礁碳酸盐岩）的 $^{87}Sr/^{86}Sr$ 从底部的 0.708 506 增加至顶部的 0.709 174，与 20Ma 以来海水的 $^{87}Sr/^{86}Sr$ 变化范围一致。基于 $^{87}Sr/^{86}Sr$ 的整体变化趋势，可将琛科 2 井珊瑚礁岩地层划分为 22 个单元，这 22 个地层单元的 $^{87}Sr/^{86}Sr$ 主要呈现三种变化类型（图 13.2）。第一种与海水的 $^{87}Sr/^{86}Sr$ 变化一致，另外两种与海水的 $^{87}Sr/^{86}Sr$ 变化不一致。

（1）珊瑚礁岩地层单元 $^{87}Sr/^{86}Sr$ 连续单调增加，与同一时期海水的 $^{87}Sr/^{86}Sr$ 变化一致。琛科 2 井珊瑚礁岩地层单元 $^{87}Sr/^{86}Sr$ 连续单调增加的地层单元共 11 个，分别为单元 1（878.22～836m）、单元 3（831～731m）、单元 5（721～674.07m）、单元 7（611～601m）、单元 9（571～521.4m）、单元 12（471～426m）、单元 14（411～354.5m）、单元 16（351～312.5m）、单元 18（311～201m）、单元 20（152～71m）

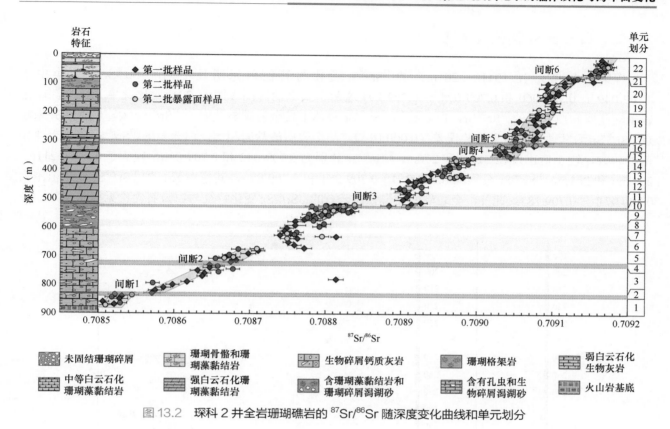

图 13.2　琛科 2 井全岩珊瑚礁岩的 $^{87}Sr/^{86}Sr$ 随深度变化曲线和单元划分

和单元 22（66～11m）。这一类型的 $^{87}Sr/^{86}Sr$ 具有年代学意义，已经在第三章进行了详细介绍。

（2）珊瑚礁岩的 $^{87}Sr/^{86}Sr$ 突然跳跃式增加，使连续上升的 $^{87}Sr/^{86}Sr$ 曲线出现间断。琛科 2 井珊瑚礁岩的 $^{87}Sr/^{86}Sr$ 曲线共出现 6 次间断，分别出现在单元 2、单元 4、单元 10、单元 15、单元 17 和单元 21。间断 1 出现在 836～831m（单元 2），$^{87}Sr/^{86}Sr$ 由 0.708 522（836m）增加至 0.708 571（831m），增加了 0.000 049，是 $^{87}Sr/^{86}Sr$ 测试过程中最大实验误差（0.000 014）的将近 3 倍。间断 2 出现在 731～721m（单元 4），$^{87}Sr/^{86}Sr$ 由 0.708 647（731m）增加至 0.708 675（721m），增加了 0.000 028，是 $^{87}Sr/^{86}Sr$ 测试过程中最大实验误差的 2 倍。间断 3 出现在 521.4～521m（单元 10），$^{87}Sr/^{86}Sr$ 由 0.708 826（521.4m）增加至 0.708 884（521m），增加了 0.000 058，是 $^{87}Sr/^{86}Sr$ 测试过程中最大实验误差的 4 倍多。间断 4 出现在 354.5～351m（单元 15），$^{87}Sr/^{86}Sr$ 由 0.708 994（354.5m）增加至 0.709 044（351m），增加了 0.000 050，是 $^{87}Sr/^{86}Sr$ 测试过程中最大实验误差的将近 4 倍。间断 5 出现在 312.5～311m（单元 17），$^{87}Sr/^{86}Sr$ 由 0.709 030（312.5m）增加至 0.709 075（311m），增加了 0.000 045，是 $^{87}Sr/^{86}Sr$ 测试过程中最大实验误差的 3 倍多。间断 6 出现在 71～66m（单元 21），$^{87}Sr/^{86}Sr$ 由 0.709 120（71m）增加至 0.709 159（66m），增加了 0.000 039，是 $^{87}Sr/^{86}Sr$ 测试过程中最大实验误差的将近 3 倍。

（3）珊瑚礁岩的 $^{87}Sr/^{86}Sr$ 呈凸起式大于岩芯的上下层位。本研究采用 " $\Delta^{87}Sr/^{86}Sr$ " 来限定 $^{87}Sr/^{86}Sr$ 异常地层珊瑚礁岩的 $^{87}Sr/^{86}Sr$ 偏移量，$\Delta^{87}Sr/^{86}Sr=(^{87}Sr/^{86}Sr_{carbonate}-^{87}Sr/^{86}Sr_{seawater})\times10^{6}$，其中 $^{87}Sr/^{86}Sr_{carbonate}$ 为测试样品的 $^{87}Sr/^{86}Sr$，$^{87}Sr/^{86}Sr_{seawater}$ 采用 McArthur 等[22]在 2001 年发表的数据。琛科 2 井出现 5 个 $^{87}Sr/^{86}Sr$ 大于上下邻近地层的珊瑚礁岩单元，分别为单元 6、单元 8、单元 11、单元 13 和单元 19，$^{87}Sr/^{86}Sr$ 变化范围分别为 0.708 740～0.708 814、0.708 760～0.708 798、0.708 884～0.708 927、0.708 954～0.708 981、0.709 099～0.709 102，$^{87}Sr/^{86}Sr$ 偏移量 $\Delta^{87}Sr/^{86}Sr$ 分别为 19～81、30～37、12～47、20～49、14～19。$\Delta^{87}Sr/^{86}Sr$ 均超过 $^{87}Sr/^{86}Sr$ 测试过程中最大实验误差。

二、白云岩 Sr 同位素特征

琛科 2 井单元 18（311～201m）的 $^{87}Sr/^{86}Sr$ 变化与其他单元明显不同，$^{87}Sr/^{86}Sr$ 主要集中于 0.709 049～0.709 060 和 0.709 074～0.709 094 这两个狭窄的区间（图 13.3）。对比此单元同一深度全岩碳酸盐岩和白云石的 $^{87}Sr/^{86}Sr$，白云石的 $^{87}Sr/^{86}Sr$ 整体上较全岩碳酸盐岩的 $^{87}Sr/^{86}Sr$ 大，但幅度并未超过 $^{87}Sr/^{86}Sr$ 测试过程中最大实验误差（0.000 014）。与全岩碳酸盐岩相比，白云石的 $^{87}Sr/^{86}Sr$ 整体上变化范围较大，较小值出现在 271m 和 276m，$^{87}Sr/^{86}Sr$ 分别为 0.709 042 和 0.709 030，较大值出现在 211m、204.5m 和 201m，$^{87}Sr/^{86}Sr$ 分别为 0.709 314、0.709 251 和 0.709 274，其他白云石的 $^{87}Sr/^{86}Sr$ 变化范围为 0.709 071～0.709 183。此外，全岩碳酸盐岩和白云石的 $^{87}Sr/^{86}Sr$ 变化特征与白云石含量无相关性。

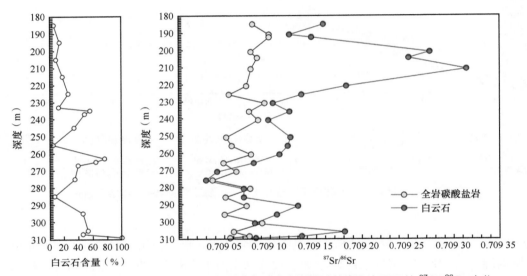

图 13.3　琛科 2 井 310～180m 白云石含量及全岩碳酸盐岩和白云石的 $^{87}Sr/^{86}Sr$ 变化

三、西沙群岛珊瑚礁岩 Sr 同位素特征

西沙群岛目前钻取至中新世且取芯率较高的珊瑚礁深钻有三个，分别为永乐环礁琛航岛的琛科 2 井和西琛 1 井，以及宣德环礁永兴岛的西科 1 井。其中，琛科 2 井和西科 1 井均穿透了珊瑚礁地层，但其基底不同，琛科 2 井珊瑚礁之下为渐新世火山岩，西科 1 井珊瑚礁之下为古老的变质岩。西琛 1 井有两份 $^{87}Sr/^{86}Sr$ 测试数据，其中张明书等[44]在 1995 年发布的数据整体上误差较大，本研究只选取魏喜等[45]在 2007 年发布的数据来进行对比分析。西科 1 井珊瑚礁岩的 $^{87}Sr/^{86}Sr$ 数据选取 Bi 等[46]在 2018 年发布的数据。琛科 2 井、西琛 1 井和西科 1 井的 $^{87}Sr/^{86}Sr$ 均来自全岩碳酸盐岩。

琛科 2 井 200 个全岩碳酸盐岩样品的 $^{87}Sr/^{86}Sr$ 整体上随深度变浅呈现增加趋势，变化范围为 0.708 506～0.709 174。西琛 1 井和西科 1 井的 $^{87}Sr/^{86}Sr$ 变化与琛科 2 井一致，随着深度变浅（年代由老到新），$^{87}Sr/^{86}Sr$ 整体上呈现增加趋势。琛科 2 井、西琛 1 井和西科 1 井珊瑚礁岩的 $^{87}Sr/^{86}Sr$ 整体上变化趋势相似（图 13.4），表明西沙群岛珊瑚礁开始发育的时间一致。西琛 1 井珊瑚礁岩的 $^{87}Sr/^{86}Sr$ 变化范围为 0.708 536～0.709 085，较同一时期琛科 2 井的 $^{87}Sr/^{86}Sr$ 小，且晚更新世出现大幅波动；西科 1 井珊瑚礁岩的 $^{87}Sr/^{86}Sr$ 变化范围为 0.708 208～0.709 258，较同一时期琛科 2 井的 $^{87}Sr/^{86}Sr$ 大，且早中新世呈现先下降后阶段性上升的趋势（图 13.4）。西沙群岛三个钻井珊瑚礁岩的 $^{87}Sr/^{86}Sr$ 变化的不一致性可能由两个原因导致。一方面，可能与不同钻孔定年框架相关，琛科 2 井是采用磁性地层学和 Sr 同位素地层

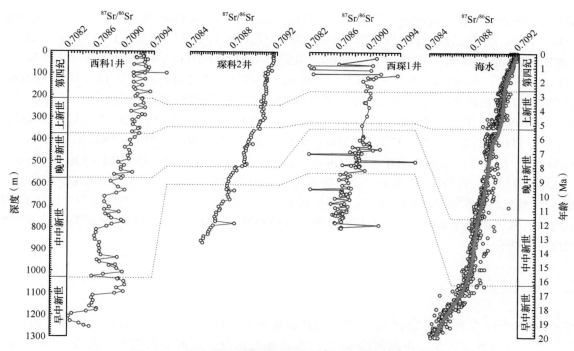

图 13.4　西沙群岛不同珊瑚礁钻井和海水的 $^{87}Sr/^{86}Sr$ 曲线

海水的 $^{87}Sr/^{86}Sr$ 曲线分别来自 Prokoph 等 [38]（黑色）和 McArthur 等 [22]（红色）

学相结合的方法建立的年代框架，而西科 1 井和西琛 1 井是基于生物地层学建立的年代框架。相对来说，采用生物地层学建立的年代框架年代分辨率较低，且生物穿时性可能误导定年结果。另一方面，可能与样品选择相关，碳酸盐岩的 $^{87}Sr/^{86}Sr$ 极易受到各种蚀变作用而发生变化，在样品选择过程中需要尽量避免成岩变质作用强烈和发生风化作用的样品。琛科 2 井样品选择是基于岩芯详细观察，且经过地球化学特征筛选，最大程度上避免了样品选择过程中的失误，应最能代表西沙群岛珊瑚礁岩的 $^{87}Sr/^{86}Sr$ 特征。

第三节　西沙群岛珊瑚礁岩 Sr 同位素的主要影响因素

一、海水

琛科 2 井珊瑚礁岩的 $^{87}Sr/^{86}Sr$ 最大值出现在 33m，为 0.709 174，与顶部 11m 矿物成分为文石的珊瑚骨骼碎屑的 $^{87}Sr/^{86}Sr$（0.709 164）和 21m 矿物成分为低镁方解石的 $^{87}Sr/^{86}Sr$（0.709 168）在误差范围内是一致的。琛科 2 井顶部珊瑚礁岩的 $^{87}Sr/^{86}Sr$ 变化范围与现代海水接近。现代海水的 $^{87}Sr/^{86}Sr$ 数据有多个报道，通过海洋生物骨骼和现代海水测试的现代海水的 $^{87}Sr/^{86}Sr$ 变化范围为 0.709 152 ～ 0.709 217，其中大部分已报道的数据均集中在 0.709 164 ～ 0.709 184 [23, 37, 47, 48]，目前引用最广泛的现代海水的 $^{87}Sr/^{86}Sr$ 为 0.709 175[22]。琛科 2 井顶部珊瑚礁岩的 $^{87}Sr/^{86}Sr$ 与现代海水一致，表明南海珊瑚礁岩记录了海水的 $^{87}Sr/^{86}Sr$ 成分，且现代南海海水的 $^{87}Sr/^{86}Sr$ 与开放大洋是均一的。琛科 2 井全岩碳酸盐岩的 $^{87}Sr/^{86}Sr$ 随深度减小而持续增加，从底部的 0.708 506 增加至顶部的 0.709 174，这一变化范围和趋势与 20Ma 以来海水 $^{87}Sr/^{86}Sr$ 的变化范围和趋势一致（图 13.4），这种一致性表明琛科 2 井珊瑚礁岩的 $^{87}Sr/^{86}Sr$ 变化主要受

海水的 $^{87}Sr/^{86}Sr$ 变化控制。从理论上来说，永乐环礁远离大陆，珊瑚礁岩地层几乎全部由生物碳酸盐岩组成，其 $^{87}Sr/^{86}Sr$ 曲线应该与海水 $^{87}Sr/^{86}Sr$ 曲线一致。但是，琛科 2 井只有单元 1（878.22～836m）、单元 3（831～731m）、单元 5（721～674.07m）、单元 7（611～601m）、单元 9（571～521.4m）、单元 12（471～426m）、单元 14（411～354.5m）、单元 16（351～312.5m）、单元 18（311～201m）、单元 20（152～71m）和单元 22（66～11m）的 $^{87}Sr/^{86}Sr$ 与海水 $^{87}Sr/^{86}Sr$ 曲线完全对应，其他单元并不完全对应。例如，出现在单元 2（836～831m）、单元 4（731～721m）、单元 10（521.4～521m）、单元 15（354.5～351m）、单元 17（312.5～311m）和单元 21（71～66m）的 $^{87}Sr/^{86}Sr$ 出现缺失；以及单元 6（674.07～611m）、单元 8（601～571m）、单元 11（521～471m）、单元 13（426～411m）和单元 19（201～152m）的 $^{87}Sr/^{86}Sr$ 均大于上下邻近地层（图 13.2）。因此，琛科 2 井珊瑚礁碳酸盐岩地层 $^{87}Sr/^{86}Sr$ 除了受到海水 $^{87}Sr/^{86}Sr$ 的影响，应该还受到了其他因素的影响。例如，南海作为半封闭的边缘海，区域构造和气候可能会产生影响，以及琛科 2 井珊瑚礁碳酸盐岩在成岩和沉积变化过程中受到大气水和白云岩流体的蚀变。

二、区域地质

海水的 $^{87}Sr/^{86}Sr$ 受到以高 $^{87}Sr/^{86}Sr$ 为特征的陆源物质和以低 $^{87}Sr/^{86}Sr$ 为特征的岩浆热液物质输入的控制[23, 27, 49]。南海海底扩张、青藏高原-喜马拉雅体系的抬升、亚洲季风和亚洲内陆干旱是南海海水 $^{87}Sr/^{86}Sr$ 演化的主要潜在影响因素。通过对比这四个潜在影响因素和琛科 2 井珊瑚礁岩的 $^{87}Sr/^{86}Sr$ 在时间序列上的异同来讨论南海区域构造和气候变化对海水 $^{87}Sr/^{86}Sr$ 的影响。南海区域构造和气候的明显变化发生于 15Ma 以后（图 13.5）。南海海底扩张于 15Ma 结束[50, 51]，导致进入南海的低 $^{87}Sr/^{86}Sr$ 岩浆热液物质减少。而始于 15Ma 的青藏高原的抬升和亚洲内陆干旱[52, 53]，则产生了更多的陆源碎屑物质。亚洲夏季风的增强始于 8Ma，亚洲冬季风的增强始于 2.7Ma，增强的季风是亚洲大陆更多陆源物质进入南海的主要驱动力[54-57]。这些构造和气候变化均可导致进入南海的高 $^{87}Sr/^{86}Sr$ 物质增加。总的来说，15Ma 后低 $^{87}Sr/^{86}Sr$ 物质的减少和高 $^{87}Sr/^{86}Sr$ 物质的增加应该导致南海的 $^{87}Sr/^{86}Sr$ 增加速率高于之前。但是，琛科 2 井珊瑚礁岩的 $^{87}Sr/^{86}Sr$ 增加速率在 19.6～16.6Ma 最高，在 2.2～0Ma 次之，在 16.6～2.2Ma 最低，即 16.6Ma 之前南海 $^{87}Sr/^{86}Sr$ 增加速率高于之后（图 13.6），这一特征与影响南海不同源区物质输入导致的结果相反，表明南海的半封闭边缘海特征并不会影响 $^{87}Sr/^{86}Sr$。此外，南海的陆源物质输入主要来自红河、珠江和湄公河，其现代 $^{87}Sr/^{86}Sr$ 分别为 0.7119、0.7114 和 0.7119，与全球平均河流的值相近[58]，进一步表明南海与全球海水的 $^{87}Sr/^{86}Sr$ 是均一的。综上所述，区域构造和气候变化对南海海水 $^{87}Sr/^{86}Sr$ 的影响可以忽略不计，南海海水的 $^{87}Sr/^{86}Sr$ 与世界大洋是均一的，同时这一结论也是 Sr 同位素地层学可应用于琛科 2 井珊瑚礁岩 $^{87}Sr/^{86}Sr$ 研究的前提。

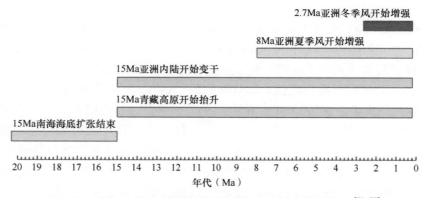

图 13.5　20Ma 以来南海及邻近大陆气候变化和构造事件[50-57]

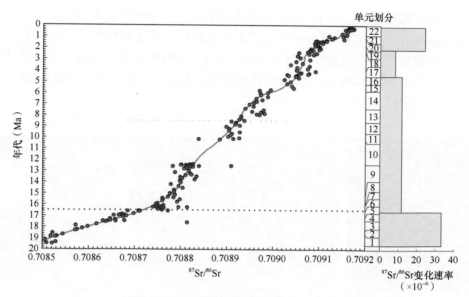

图 13.6　20Ma 以来琛科 2 井珊瑚礁岩的 $^{87}Sr/^{86}Sr$ 特征和变化速率
红色圆点为琛科 2 井珊瑚礁岩记录的海水 $^{87}Sr/^{86}Sr$ 演化，蓝色曲线为海水 $^{87}Sr/^{86}Sr$ 曲线[22]

三、白云石化

白云石化作用在全球晚新生代珊瑚礁岩中普遍存在，珊瑚礁岩地层中白云石的岩石性质和地球化学特征与古老碳酸盐台地中的白云石有很大的不同，被称为"岛礁白云岩"。虽然目前对"岛礁白云岩"主要的形成模式尚不明确，但大多数研究表明"岛礁白云岩"是原始珊瑚礁岩被海水交代形成的[40-43]。白云石化作用发生于成岩作用后，发生交代作用的海水较珊瑚礁岩形成时的海水更年轻。新生代海水的 $^{87}Sr/^{86}Sr$ 是连续增加的，更年轻的海水往往具有更大的 $^{87}Sr/^{86}Sr$。海水交代原始珊瑚礁岩主要有两种形式。一种是白云石化作用发生于同一期次的海水交代，被称为"白云岩事件"（dolomitization event）。在合适的条件下，海水交代初始的珊瑚礁岩，使其白云石化。在这种条件下，海水的 $^{87}Sr/^{86}Sr$ 往往会取代初始珊瑚礁岩中的 $^{87}Sr/^{86}Sr$，由于更年轻的海水具有更大的 $^{87}Sr/^{86}Sr$，新形成的白云石的 $^{87}Sr/^{86}Sr$ 会大于原始珊瑚礁岩。同时，由于同一期次的白云石化流体来自同一时期的海水，被交代的珊瑚礁岩的 $^{87}Sr/^{86}Sr$ 是相同的。另一种是白云石化作用缓慢发生。在合适的条件下，珊瑚礁岩形成不久就被海水交代，并且这个过程是持续的。海水中的 $^{87}Sr/^{86}Sr$ 停留时间为 2Ma[59]，在这种情况下，发生白云石化的海水的 $^{87}Sr/^{86}Sr$ 与初始珊瑚礁岩的 $^{87}Sr/^{86}Sr$ 并不会有明显的差别。因此，要评估白云石化作用对珊瑚礁岩 $^{87}Sr/^{86}Sr$ 的影响，需要先揭示琛科 2 井白云石的成因。

（一）白云石的形态特征

琛科 2 井 310 ～ 180m 由白云石和方解石组成，白云石含量范围为 6% ～ 76%，无明显规律，白云石结晶很好，呈现完美的菱面体形状（图 13.7）。白云石含量较低（26%）的珊瑚礁岩（230m）在电子显微镜下可见大量长约 40μm 的柱状方解石晶体和少量颗粒较小的菱面体白云石晶体（多为 30μm），二者各自晶形完好且完全独立（图 13.7a）。白云石含量较高（76%）的珊瑚礁岩（260m）在电子显微镜下可见大量未定型粉末状方解石（极少数呈六棱柱状，如图 13.7c 所示）和粒度较大的（大于 200μm）晶形完好的菱面体白云石（图 13.7b、c），可看到方解石六棱柱完好晶形，与其共生的菱面体白云石晶体紧邻方解石晶体六棱柱部分缺失（图 13.7c）。在完全由白云石组成的地层与由白云石和方解石组成的地层的交界处（309.5m），在电子显微镜下可见大量未定型的粉末状基质及成簇出现的大于 200μm 的菱面体白云石晶体和疑似柱状方解石的晶体（图 13.7d）。通过差异性溶解处理后的全岩碳酸盐岩样品在电子显微镜下可见颗粒直径为 50～200μm、破碎的菱面体白云石晶体（图 13.7e），在 XRD 谱图中只出现代表白云石的 30.65 峰（图 13.7f）。

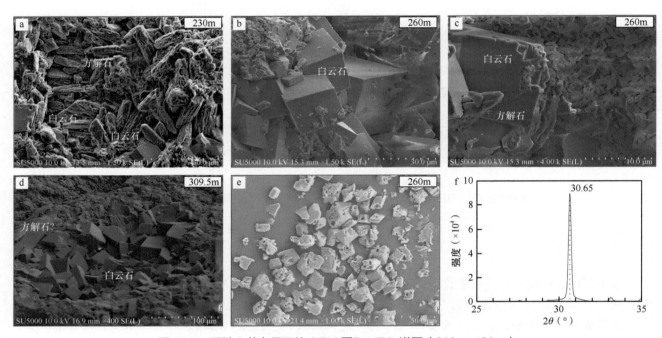

图 13.7　琛科 2 井白云石的 SEM 图和 XRD 谱图（310～180m）

（二）白云石化流体的来源

白云石碳氧同位素和 REE 模式常被用作判断白云岩流体来源的重要指标。琛科 2 井白云石的 $\delta^{13}C$ 整体波动范围为 1‰～3.4‰，$\delta^{18}O$ 整体波动范围为 1‰～5‰，$\delta^{13}C$ 和 $\delta^{18}O$ 没有相关性（R^2=0.17）（图 13.8a）。前人的研究表明，新生代岛礁白云岩的 $\delta^{13}C$ 和 $\delta^{18}O$ 为正值且没有相关性可能指示白云石化流体为正常或者轻微改造的海水[42, 44, 60]。因此，琛科 2 井白云石的 $\delta^{13}C$ 和 $\delta^{18}O$ 特征指示白云石化流体极有可能是正常或者轻微改造的海水。REE 离子半径大，低温下不易溶于水，即使在强烈蚀变过程中，古代碳酸盐的 REE 也可能十分稳定，所以，REE 一般保存了沉积时的水体特征，可作为示踪流体来源的良好指标。琛科 2 井白云石的 REE 呈现出贫 LREE、富 HREE、贫 Ce、富 Y 的模式，与珊瑚礁岩全岩碳酸盐岩和南海海水的 REE 模式[61]一致（图 13.9），这表明琛科 2 井白云石化流体来自海水。此外，琛科 2 井白云石的 $\delta^{13}C$ 和 $\delta^{18}O$ 整体分布范围不仅和南海西沙群岛西琛 1 井[62, 63]、西科 1 井[64]一致，还与世界其他地区，如来自太平洋的埃内韦塔克环礁和大西洋的小巴哈马浅滩等珊瑚礁岩地层中的白云石[36, 42, 65]一致（图 13.8b）。Wang 等[43]对世界大洋晚新生代珊瑚礁岩地层中 348 个白云岩的 $^{87}Sr/^{86}Sr$ 有效数据进行分析，提出全球晚新生代珊瑚礁岩白云石化时间一致，在 10～0.5Ma。全球范围内晚新生代珊瑚礁岩地层白云石的 $\delta^{13}C$、$\delta^{18}O$ 特征和形成时间的广泛一致性表明，晚新生代珊瑚礁岩中白云石形成所需要的白云石化流体的成分在全球范围内具有统一性，而海水作为白云岩流体，符合这一条件。此外，海水可以提供白云石形成过程中需要的大量 Mg^{2+}，全球范围内的海平面升降过程也为礁灰岩白云石化提供了所

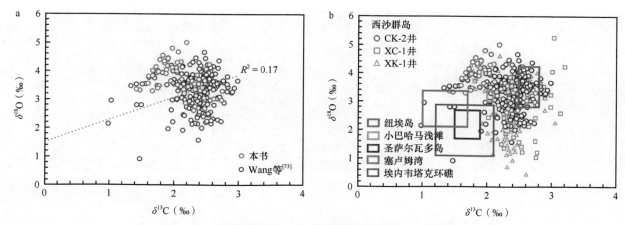

图 13.8　白云石的 $\delta^{13}C$ 和 $\delta^{18}O$ 变化范围及其相关性分析
a. 琛科 2 井白云石的 $\delta^{13}C$ 和 $\delta^{18}O$ 相关性分析; b. 不同地区珊瑚礁岩地层中白云石的 $\delta^{13}C$ 和 $\delta^{18}O$ 变化范围 [36, 42, 65]

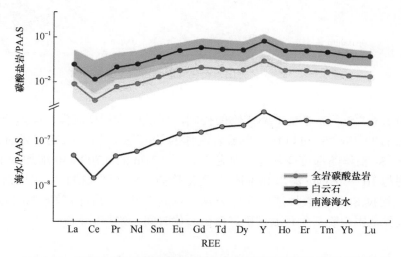

图 13.9　琛科 2 井全岩碳酸盐岩和白云石及南海海水的 REE 模式图

需要的环境和动力 [66]。

（三）白云石化时间限定

当晚新生代珊瑚礁岩地层的白云石满足以下三个条件：①白云石化流体为海水；②白云石为交代成因形成；③白云石一旦形成，就没有再经历过重结晶作用，可以根据 Sr 同位素地层学对白云石化时间进行限定，白云石的 $^{87}Sr/^{86}Sr$ 与海水的 $^{87}Sr/^{86}Sr$ 演化曲线对比获得的年龄为白云石化最老的年龄和沉积的最年轻年龄 [42, 67, 68]。琛科 2 井白云石的碳氧同位素和 REE 特征表明，白云石化流体为海水，SEM 结果显示，琛科 2 井白云石具有典型的白云石菱面体晶形，没有经过明显的重结晶作用。Budd[40] 提出，晚新生代珊瑚礁岩白云岩地层中拟态取代现象可指示白云石的交代成因。琛科 2 井白云石化珊瑚礁岩地层（520～180m）在电子显微镜下可看到大量有孔虫和珊瑚礁，显示出明显的拟态取代现象（图 13.10），表明琛科 2 井白云石为原始灰岩形成后被海水交代而形成的替代白云岩。此外，琛科 2 井方解石和白云石混合地层（310～180m）白云石含量变化明显，但是 $^{87}Sr/^{86}Sr$ 变化很小，即 $^{87}Sr/^{86}Sr$ 与白云石含量

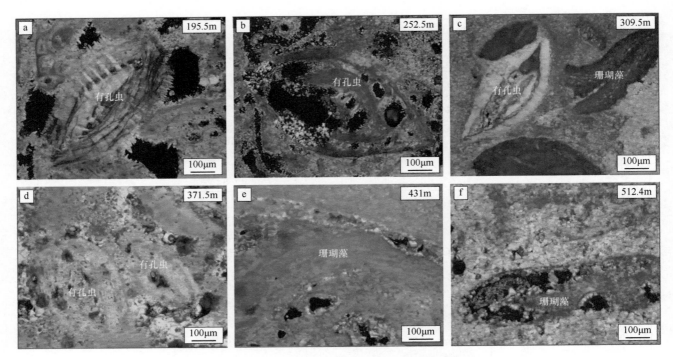

图 13.10　琛科 2 井白云石化珊瑚礁岩电子显微照片

没有相关性，表明白云石 87Sr/86Sr 不受前驱矿物的控制，代表白云石化流体，即形成时海水的 87Sr/86Sr。因此，琛科 2 井白云石的 87Sr/86Sr 可以代表白云岩流体的 87Sr/86Sr，用于限定白云石化发生的时间。琛科 2 井白云石的 87Sr/86Sr 整体随深度变浅呈增加趋势，从 521m 的 0.708 840 增加为 181m 的 0.709 158，整体变化趋势和范围与 10 ～ 0.5Ma 海水 Sr 同位素变化趋势一致（图 13.11），表明白云石化应该是一个连续且缓慢的过程。根据 Sr 同位素地层学定年方法，琛科 2 井白云石的 87Sr/86Sr 指示白云石化年龄为 10 ～ 0.5Ma，这与世界范围内晚新生代珊瑚礁岩白云石化时间一致[43]。

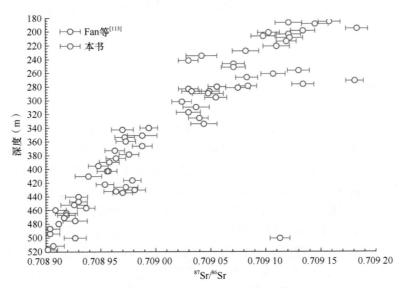

图 13.11　琛科 2 井 520 ～ 180m 白云石的 87Sr/86Sr 随深度变化特征

（四）白云石形成过程

通过对南海北部珊瑚礁岩地层中白云石的岩石学和地球化学研究，不同学者就南海西沙群岛白云石成因提出了 4 种完全不同的成因模式：渗透回流模式[69, 70]、混合水模式[71, 72]、浓缩海水模式[63] 和海水交代模式[73]。琛科 2 井珊瑚礁岩地层中的白云石自 520m 开始出现，直到 180m 结束，含白云石地层的总厚度达 340m。其中，520～310m 完全由白云石组成，Wang 等[73] 通过对这一地层白云石的显微镜下特征、碳氧同位素特征和 Sr 同位素特征的分析，提出晚中新世南海西沙群岛海域珊瑚礁岩白云石化流体为正常或轻微改造的海水，白云石化是在构造运动和海平面升降共同作用下的连续海侵环境中形成的。本研究通过分析 310～180m 白云石显微镜下特征、碳氧同位素特征和 Sr 同位素特征，结合 Wang 等[73] 发表的数据，对琛科 2 井珊瑚礁岩白云石化层位（520～180m）的白云石化流体和白云石成因进行分析，提出琛科 2 井白云石由初始矿物文石和高镁方解石直接转化为低镁方解石和白云石。琛科 2 井白云石的 $\delta^{13}C$ 特征证实了这一推测，前人的研究表明，在没有 $\delta^{13}C$ 明显异常的外来源区参与的情况下，白云石会继承前驱矿物的 $\delta^{13}C$[74-76]。309～180m 同一深度白云岩的 $\delta^{13}C$ 高于全岩碳酸盐岩，但二者变化趋势一致，全岩碳酸盐岩和白云石的 $\delta^{13}C$ 和 $\delta^{18}O$ 具有较好的相关性（R^2=0.77），表明琛科 2 井 $\delta^{13}C$ 与前驱矿物密切相关。琛科 2 井白云石（520～180m）的 $\delta^{13}C$ 整体变化范围为 1‰～3‰，与 12～0m 高镁方解石和文石的 $\delta^{13}C$（0.145‰～1.477‰）接近，远高于低镁方解石的 $\delta^{13}C$（−8.75‰～−0.12‰）[77]，指示白云石的前驱矿物为高镁方解石和文石。因此，珊瑚礁岩的白云石应该是由生物骨骼高镁方解石和文石直接转化而来，而不是经过文石 / 高镁方解石到方解石，再到白云石的转化过程。结合前文内容，推测琛科 2 井白云石是 10～0.5Ma 珊瑚礁岩原始矿物在海水交代作用下连续而缓慢形成的，这种情况下的白云石化作用不会导致珊瑚礁岩的 $^{87}Sr/^{86}Sr$ 呈凸起式大于岩芯邻近地层。

四、大气水蚀变

琛科 2 井珊瑚礁岩的 $^{87}Sr/^{86}Sr$ 演化曲线异于海水的 $^{87}Sr/^{86}Sr$ 演化曲线的特征之一是呈凸起式大于岩芯邻近地层，这种特征主要出现在单元 6（674.07～611m）、单元 8（601～571m）、单元 11（521～471m）、单元 13（426～411m）和单元 19（201～152m）。这些地层单元以较小的 Sr/Ca 比值和较低的 Sr 含量为特征（图 13.12），表明其受到相对较强的大气水的蚀变作用。此外，琛科 2 井珊瑚礁岩的 $^{87}Sr/^{86}Sr$ 呈凸起式大于岩芯邻近地层的单元大部分岩芯呈现暴露风化后的特征。琛科 2 井单元 6（674.07～611m，16.6～16.0Ma）的岩芯为风化层，其中 672.74～668.07m 为砾块层，岩芯取芯率极低，小于 10%，取上来的岩芯大部分为珊瑚，孔洞发育，有一定程度的磨圆，可见明显的风化剥蚀现象。单元 13（426～411m，8.6～7.4Ma）的岩芯在 434.9～409.7m 整体较为均一，只在局部可看到明显的风化淋滤作用特征。如 416m 和 425.3m 岩芯在显微镜下可见明显的生物骨骼泥晶化和大量溶蚀孔洞，416m 还可见到黄褐色物质侵染现象。单元 19（201～152m，2.2～1.8Ma）的岩芯在 190m 上下地层矿物组成出现明显变化，之上主要为方解石，之下则为方解石和白云石的混合。此外，191m、194m 和 196m 均出现褐红色或者褐黄色锈斑，189.0m、190.2m、194.6m 和 195.7m 为珊瑚藻灰岩，含大量壳状珊瑚藻，壳层与壳层之间部分被溶蚀为大量小的溶蚀孔洞，孔洞表面为黑色和红褐色，在显微镜下可见大量溶蚀孔洞，孔洞边缘出现悬垂状重结晶晶体，这些均是珊瑚礁岩遭受风化淋滤的特征。琛科 2 井珊瑚礁岩的 $^{87}Sr/^{86}Sr$ 呈凸起式大于上下邻近地层单元的岩芯均呈现明显的暴露风化作用特征，指示这些 $^{87}Sr/^{86}Sr$ 异常是由海平面下降导致的。在低海平面时期，珊瑚礁岩体暴露，会在礁体表面形成一个潜流带，潜流带的水体是海水和大气水的混合体[36]，大气水的 $^{87}Sr/^{86}Sr$ 大于碳酸盐岩，导致潜流带水体的 $^{87}Sr/^{86}Sr$ 大于周围的珊瑚礁岩。因为珊瑚礁岩大多孔隙发育，这些 $^{87}Sr/^{86}Sr$ 较大的潜流水会随着孔隙下渗，与周围珊瑚

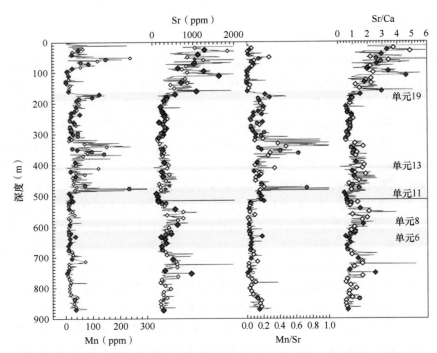

图 13.12　琛科 2 井 Mn、Sr 含量和 Mn/Sr、Sr/Ca 随深度变化特征

礁岩进行化学成分交换，最终使珊瑚礁岩 $^{87}Sr/^{86}Sr$ 增大，大于同期海水的 $^{87}Sr/^{86}Sr$（图 13.13）。

　　综上，琛科 2 井珊瑚礁岩的 $^{87}Sr/^{86}Sr$ 呈凸起式大于岩芯邻近地层是由低海平面时期珊瑚礁岩遭受风化淋滤作用，在大气水蚀变的作用下形成的。

五、沉积作用

　　琛科 2 井珊瑚礁岩的 $^{87}Sr/^{86}Sr$ 呈跳跃式增加出现在单元 2（836～831m，18.6～18.3Ma）、单元 4（731～721m，17.4～17.1Ma）、单元 10（521.4～521m，12.6～10.2Ma）、单元 15（354.5～351m，5.8～5.2Ma）、单元 17（312.5～311m，4.5～4.0Ma）和单元 21（71～66m，1.1～0.89Ma）。前文讨论提出，琛科 2 井珊瑚礁岩记录了 19.6Ma 以来海水的 $^{87}Sr/^{86}Sr$ 变化，19.6Ma 以来海水的 $^{87}Sr/^{86}Sr$ 呈现连续增加的趋势。因此，琛科 2 井珊瑚礁岩的 $^{87}Sr/^{86}Sr$ 呈跳跃式增加指示珊瑚礁岩对海水的 $^{87}Sr/^{86}Sr$ 记录缺失，这意味着 18.6～18.3Ma、17.4～17.1Ma、12.6～10.2Ma、5.8～5.2Ma、4.5～4.0Ma 和 1.1～0.89Ma 无珊瑚礁岩沉积。

　　珊瑚礁是以热带海洋浅水造礁石珊瑚的石灰质骨骼为主体，与珊瑚藻、仙掌藻、软体动物、有孔虫等其他附礁钙质生物的遗骸经过各种堆积作用形成的一种岩体，主要成分是 $CaCO_3$[1]。珊瑚礁岩的纵向累积受控于珊瑚礁的纵向发育。若相对海平面不变或降低，珊瑚礁失去纵向生长发育空间，停止纵向累积；在后期海平面上升，条件适宜的情况下，珊瑚礁在原地重新发育，珊瑚礁岩再次沉积，新形成的珊瑚礁岩继续记录形成时海水的 $^{87}Sr/^{86}Sr$。20Ma 以来海水的 $^{87}Sr/^{86}Sr$ 快速增加[22, 38]，地层缺失会导致珊瑚礁岩 $^{87}Sr/^{86}Sr$ 出现跳跃式增加。这一推论可通过琛科 2 井珊瑚礁岩的 $^{87}Sr/^{86}Sr$ 呈跳跃式增加的岩芯总伴随着暴露风化特征进行验证。琛科 2 井单元 2（836～831m，18.6～18.3Ma）的 834.6～831.6m 岩芯断面可见灰褐色斑块，砾块有一定程度的磨圆，在显微镜下可见生物骨骼部分泥晶化和大量溶蚀孔洞，孔洞边缘可见重结晶形成的悬垂状方解石晶体。单元 4（731～721m，17.4～17.1Ma）的岩芯多处可见

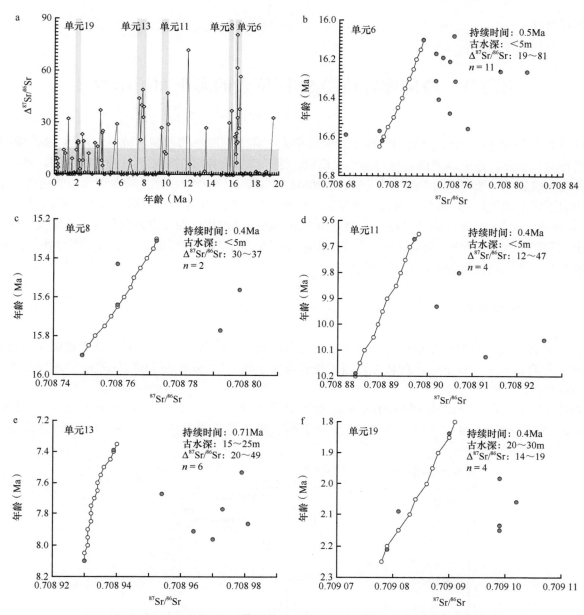

图 13.13 琛科 2 井珊瑚礁岩 $^{87}Sr/^{86}Sr$ 大于邻近地层与海水的 $^{87}Sr/^{86}Sr$ 对比图
古水深数据来自 Li 等[78] 和 Li 等[79]

遭受风化剥蚀的珊瑚礁岩块。单元 10（521.4～521m，12.6～10.2Ma）的岩芯风化溶蚀严重，在显微镜下可看到大量溶蚀孔洞和黄褐色侵染现象，部分溶蚀孔洞边缘出现重结晶现象，应为风化层。单元 17（312.5～311m，4.5～4.0Ma）的岩芯质地致密，但发育有大量孔洞和裂隙，圆形红藻石和藻灰岩壳体被溶蚀，形成不规则的溶蚀孔洞，且孔洞被红褐色物质侵染。单元 21（71～66m，1.1～0.89Ma）的岩芯整体上呈现出明显的暴露面特征，岩芯裂隙发育，溶孔较多，裂隙和溶孔表面呈浅黄色，部分孔隙中充填砂屑。琛科 2 井珊瑚礁岩的 $^{87}Sr/^{86}Sr$ 呈跳跃式增加的位置，岩芯常出现暴露面风化作用的特征，指示海平面下降导致珊瑚礁失去纵向发育空间，甚至出露海面遭受风化剥蚀，导致垂向上无珊瑚礁岩累积，无法记录同期海水的 $^{87}Sr/^{86}Sr$。

综上，琛科 2 井珊瑚礁岩的 $^{87}Sr/^{86}Sr$ 间断是低海平面时期珊瑚礁岩纵向发育受限，无珊瑚礁碳酸盐岩沉积物导致。

第四节　珊瑚礁岩地层 Sr 同位素的海平面指示意义

琛科 2 井 $^{87}Sr/^{86}Sr$ 呈增大趋势的珊瑚礁岩地层单元主要受到海水的控制，可与海水的 $^{87}Sr/^{86}Sr$- 年代曲线进行对比配分，建立珊瑚礁岩地层的年代框架，这一部分内容已在第三章进行详细介绍。此外，琛科 2 井珊瑚礁岩可记录海水的 $^{87}Sr/^{86}Sr$ 成分，近 20Ma 以来海水 $^{87}Sr/^{86}Sr$ 呈现持续单调增加的趋势，因此，珊瑚礁岩连续单调增加的 $^{87}Sr/^{86}Sr$ 可指示珊瑚礁岩纵向持续累积，可作为相对海平面上升的指标。相反，$^{87}Sr/^{86}Sr$ 异常，如 $^{87}Sr/^{86}Sr$ 间断和升高，主要是由于海平面下降过程中珊瑚礁岩受到大气水蚀变或纵向沉积停止，因此可指示海平面下降。琛科 2 井珊瑚礁岩 $^{87}Sr/^{86}Sr$ 间断和升高可指示海平面下降得到了古生物、主微量元素、碳氧同位素等多方面证据的支持。

一、珊瑚藻的证据

浅水碳酸盐岩中的珊瑚藻组合是重建古水深的有用指标。Li 等 [78] 和 Li 等 [79] 基于珊瑚藻组合重建了琛科 2 井的古水深。以下对比琛科 2 井珊瑚礁岩地层出现 $^{87}Sr/^{86}Sr$ 间断和高 $^{87}Sr/^{86}Sr$ 的时间与珊瑚藻指示的古水深。

如图 13.14 所示，$^{87}Sr/^{86}Sr$ 间断的珊瑚礁岩地层单元 2、单元 15 和单元 21 分别记录了 18.83 ～ 18.29Ma、5.98 ～ 5.18Ma 和 1.18 ～ 0.14Ma 的海平面下降，珊瑚礁碳酸盐岩 $^{87}Sr/^{86}Sr$ 突然分别增加了

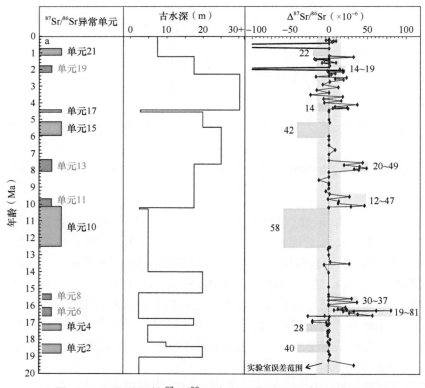

图 13.14　琛科 2 井 $^{87}Sr/^{86}Sr$ 在海平面下降过程中的偏移量

古水深数据来自 Li 等 [78] 和 Li 等 [79]

$40×10^{-6}$、$42×10^{-6}$ 和 $22×10^{-6}$。这些时期的珊瑚藻组合表明古水深由深变浅，但是整体上是相对深水（>10m）的沉积环境。单元 17 记录了 4.45～3.8Ma 的海平面下降，珊瑚礁碳酸盐岩 $^{87}Sr/^{86}Sr$ 相较于同期海水 $^{87}Sr/^{86}Sr$ 偏移了 $14×10^{-6}$，这一时期珊瑚藻组合表明古水深很浅，仅 5m。单元 4 和单元 10 分别记录了 17.44～17.12Ma 和 12.55～10.19Ma 的海平面下降，这一时期珊瑚藻组合表明古水深相对较浅，为 10m 左右。因此，$^{87}Sr/^{86}Sr$ 间断通常发生在古水深由深变浅的时候。

高 $^{87}Sr/^{86}Sr$ 的珊瑚礁岩地层单元 6、单元 8、单元 11 和单元 19 分别记录了 16.62～16.1Ma、15.9～15.43Ma、10.19～9.67Ma 和 2.2～1.8Ma 的海平面下降，珊瑚礁碳酸盐岩 $^{87}Sr/^{86}Sr$ 较同期海水分别偏移了 $19～81×10^{-6}$、$30～37×10^{-6}$、$12～47×10^{-6}$ 和 $14～19×10^{-6}$，珊瑚藻组合表明这些时期水深均很浅，为 5m 左右（图 13.14）。因此，珊瑚礁碳酸盐岩的高 $^{87}Sr/^{86}Sr$ 区间通常与很浅的古水深（<5m）有关。

基于以上分析，琛科 2 井珊瑚礁岩地层的 $^{87}Sr/^{86}Sr$ 异常均处于古水深较浅时期或古水深由深变浅时期，表明珊瑚礁岩 $^{87}Sr/^{86}Sr$ 指示海平面下降是可靠的。

二、元素的证据

海平面下降过程中，珊瑚礁岩出露海面会受到风化作用，导致元素异常。由于 Si、Zr、Al、Ti、Fe、K 元素均为陆源物质的代表性元素，一般海水中含量偏低。琛科 2 井珊瑚礁岩中 Ti 和 Zr 含量的变化趋势相似，Ti 和 Zr 含量在锶同位素异常位置较高且变化幅度较大（Ti 含量大于 23.14ppm，Zr 含量大于 1.7ppm），在其他区段的珊瑚礁岩样品则含量较低且变化幅度小（Ti 变化范围为 0.5～59.9ppm，平均值为 23.14ppm；Zr 变化范围为 0.2～10.6ppm，平均值为 1.7ppm），Al、Si、K 和 Fe 含量整体变化范围较大，除个别极值外，整体变化范围分别为 31～11 364ppm、18～6152ppm、36～1993ppm 和 165～1884ppm。Al、Si、K 和 Fe 含量的变化趋势相似，在 340～0m 和 878.22～470m 较低，在 470～340m 明显升高且大幅度变化。珊瑚礁岩中这些元素具有很好的相关性，表明其具有同一个来源或受到同一个因素的制约，即大陆地壳物质的混入。琛科 2 井 Si、Zr、Al、Ti、Fe、K 元素在 $^{87}Sr/^{86}Sr$ 间断和高 $^{87}Sr/^{86}Sr$ 区段明显升高（图 13.15），可证明 $^{87}Sr/^{86}Sr$ 异常指示海平面下降是可靠的。

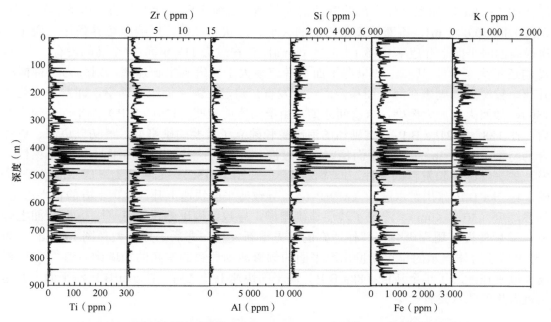

图 13.15　琛科 2 井珊瑚礁岩中 Ti、Zr、Al、Si、K 和 Fe 含量随深度的变化
蓝色区域为 $^{87}Sr/^{86}Sr$ 异常高值位置，棕色区域为 $^{87}Sr/^{86}Sr$ 间断位置

三、碳氧同位素的证据

由于碳氧同位素分馏过程中，轻的同位素（如 ^{12}C 和 ^{16}O）总是优先聚集于更轻的物质中，因此大气水的 $\delta^{13}C$ 和 $\delta^{18}O$ 往往低于碳酸盐岩[36]。在珊瑚礁岩暴露的过程中，大气淡水可能在岩体表面形成潜流带，潜流带的液体含有较低的 $\delta^{13}C$ 和 $\delta^{18}O$，与珊瑚礁岩反应，导致珊瑚礁岩 $\delta^{13}C$ 和 $\delta^{18}O$ 同时降低。因此，珊瑚礁岩的 $\delta^{13}C$ 和 $\delta^{18}O$ 负偏指示礁体暴露，岩石受到大气水的蚀变。由于白云石和方解石的 $\delta^{13}C$ 和 $\delta^{18}O$ 具有较大差异，本书分别对比了琛科 2 井未白云石化和白云石化珊瑚礁岩地层的 $\delta^{13}C$、$\delta^{18}O$ 和 $^{87}Sr/^{86}Sr$ 特征。结果表明，琛科 2 井珊瑚礁岩的 $\delta^{13}C$ 和 $\delta^{18}O$ 同时负偏与 $^{87}Sr/^{86}Sr$ 间断和高 $^{87}Sr/^{86}Sr$ 位置一致（图 13.16，图 13.17），说明珊瑚礁岩 $^{87}Sr/^{86}Sr$ 异常（$^{87}Sr/^{86}Sr$ 间断和高 $^{87}Sr/^{86}Sr$）指示海平面下降是可靠的。

第五节　西沙群岛海域相对海平面变化

一、珊瑚礁发育演化对相对海平面变化的响应

由于造礁生物生长发育过程中对温度、光照均有严格的需求，珊瑚礁多发育于水深小于 50m 的浅海环境中。因此，珊瑚礁的分布、形态和发育演化历史受到海平面变化的控制。前人根据珊瑚礁发育演化对相对海平面的响应，将其分为六种类型，即保持型（keep-up）、追赶型（catch-up）、淹没放弃型（drowned give-up）、后退放弃型（backstepped give-up）、侧向加积型（prograded）和暴露放弃型（emergent give-up）[80,81]，具体介绍如下。

当海平面上升时，根据海平面上升速率和珊瑚礁生长速率的关系，可分为以下两种情况：其一，如果珊瑚礁生长速率与海平面上升速率一致，则珊瑚礁随海平面上升在纵向上持续发育，即发育保持型珊瑚礁（图 13.18a），如太平洋中部的富纳富提环礁，在海平面持续上升的前提下 [在过去的 60 年共上升了（0.30±0.04）m]，不断地调整它们的大小、形状和位置，以响应边界条件的变化，虽然经历了多次最高的海平面上升速率 [（5.1±0.7）mm/a]，但在过去 118 年间 29 个岛屿没有一个岛屿消失，大多数岛屿还扩大了[82]。其二，如果海平面上升速率大于珊瑚礁生长速率，则分为三种情况：①海平面上升速率较慢，珊瑚礁在海平面稳定后快速发育，追赶上海平面上升速率，即发育追赶型珊瑚礁（图 13.18b），如澳大利亚大堡礁在末次间冰期，由于间冰期初期（129ka B.P.）海平面快速上升差点溺亡，之后，在 128～121ka B.P. 通过礁体的追赶生长建立了重要的礁格架，最初以更深、更浑浊的珊瑚藻组合为特征（阶段 3a），在海平面稳定之后过渡到浅水组合[83]；②海平面上升速率很快，珊瑚礁会被淹没，失去继续生长发育的条件，即淹没放弃型（图 13.18c），如夏威夷岛周围淹没于水下 150m 的珊瑚礁，14.7ka B.P. 冰川融水脉冲（MWP-1A）导致海平面快速上升，礁顶上方的古水深迅速增加，超过了临界深度（30～40m），淹没了浅层造礁珊瑚，导致珊瑚礁停止发育[84]；③海平面上升速率开始时很快，随后变慢，珊瑚礁会在其他适宜的地方重新发育，即后退放弃型（图 13.18d），如夏威夷毛伊岛-努伊岛杂岩体指示的早更新世由海平面的频繁波动导致的宽阔的珊瑚礁后退[85]，而夏威夷莫洛卡伊岛珊瑚礁在经历了早全新世（8ka B.P.）海平面快速上升之后，在 5ka B.P. 海平面上升速率下降时，在接近海岸的浅水发育[86]。

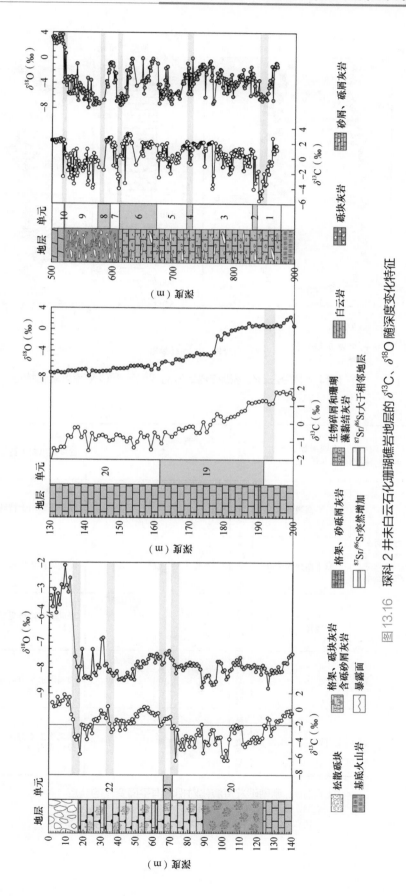

图 13.16　琛科 2 井未白云石化珊瑚礁岩地层的 $\delta^{13}C$、$\delta^{18}O$ 随深度变化特征

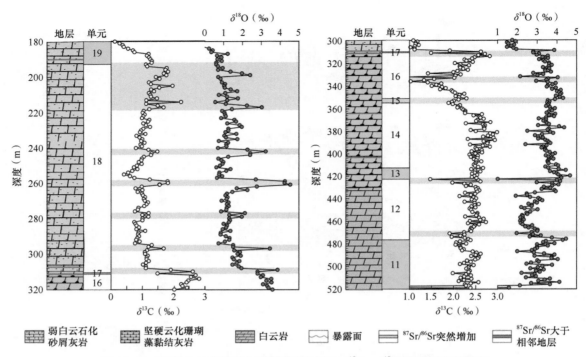

图 13.17　琛科 2 井白云石化珊瑚礁岩地层的 δ^{13}C、δ^{18}O 随深度变化特征

海平面上升	海平面上升速率等于珊瑚礁生长速率		保持型	a	珊瑚礁纵向上持续发育
	海平面上升速率大于珊瑚礁生长速率	海平面缓慢上升	追赶型	b	珊瑚礁纵向上持续发育
		海平面快速上升	淹没放弃型	c	珊瑚礁停止发育
		海平面快速上升后变慢	后退放弃型	d	珊瑚礁在地势更高位置发育
海平面不变			侧向加积型	e	珊瑚礁水平方向发育
海平面下降			暴露放弃型	f	珊瑚礁出露海面部分被风化或剥蚀

图 13.18　珊瑚礁发育演化对相对海平面变化的响应

在海平面不变的情况下，珊瑚礁在垂向上失去发育空间，从而横向扩张，发育侧向加积型珊瑚礁（图 13.18e），如晚中新世时期，由于南极冰盖的扩张，全球海平面持续下降，世界范围内珊瑚礁分布面积是 20Ma 以来最广的[87]。

在海平面持续下降的情况下，珊瑚礁会出露海面遭受风化剥蚀，发育暴露放弃型珊瑚礁（图 13.18f）。由于海平面下降产生的珊瑚礁暴露风化面在世界各地珊瑚礁均十分常见，如中中新世末期南极东部永久性冰盖的形成导致海平面下降 45 ~ 55m[88]，南海西沙群岛海域多个珊瑚礁出现了明显的风化剥蚀面[89-91]。

进一步的研究表明，海平面变化的幅度和持续时间是珊瑚礁生长发育的主要影响因素。Abbey 等[92] 通过将塔希提岛珊瑚礁与已经发表的中—晚更新世海平面变化进行对比，发现成熟礁的深度范围与重复的低幅度（小于 20m）海平面变化的深度一致，而与海平面相对停留时间无关。他们认为重复的低幅度海平面上升提供了礁体垂直累积需要的大部分容纳空间，而海平面不变期间并不提供。这种海平面变化并不会引起珊瑚礁溺亡，珊瑚礁溺亡事件主要是由大幅度快速的海平面上升引起的，如冰川融水的突然注入[84]。就栖息地而言，小幅度的海平面下降也没有大幅度的海平面下降危害更大。总之，在 50 ~ 70m 深度，礁体增生的增强和栖息地压缩的限制，导致垂直地形的集中净增加[92]。

综上可知，相对海平面的变化是珊瑚礁发育演化的决定性因素，可通过珊瑚礁的发育演化来反演相对海平面变化。

二、珊瑚礁岩地层的海平面升降指标

一般情况下，会通过深钻获得岩芯来提取地质历史时期相对海平面变化信息。在单个钻孔中，通常只能获得珊瑚礁垂向发育演化历史。

相对海平面持续上升，可以为珊瑚礁纵向发育提供空间，使珊瑚礁在垂向持续累积。因此，珊瑚礁持续纵向累积指示相对海平面上升。但是对岩芯的观察只能粗略判断珊瑚礁岩岩性变化，不能比较准确地判断珊瑚礁岩地层是否持续累积。本书选择珊瑚礁岩的 $^{87}Sr/^{86}Sr$ 作为判断珊瑚礁岩地层是否持续累积的指标。由前文分析可知，琛科 2 井珊瑚礁岩可记录海水的 $^{87}Sr/^{86}Sr$ 成分，20Ma 以来海水的 $^{87}Sr/^{86}Sr$ 呈现持续单调增加的趋势，因此，珊瑚礁岩连续单调增加的 $^{87}Sr/^{86}Sr$ 可指示珊瑚礁岩纵向持续累积，指示相对海平面上升。同时，记录了原始海水 $^{87}Sr/^{86}Sr$ 的珊瑚礁岩可用于 $^{87}Sr/^{86}Sr$ 定年，相对海平面上升幅度即 $^{87}Sr/^{86}Sr$ 持续单调增加珊瑚礁岩地层厚度。

相对海平面下降，珊瑚礁则失去纵向发育空间，在后期适宜条件下，珊瑚礁在原地继续纵向发育，因此在珊瑚礁岩地层中会形成不整合面。张明书等[44] 提出，西沙群岛珊瑚礁体中的不整合面可分为三种：①无沉积作用界面，代表一种沉积间断，界面上下地层连续，无明显的侵蚀现象，但无碳酸盐岩沉积，一般形成于垂向累积停止后又很快在原地垂向发育的珊瑚礁，在这一过程中珊瑚礁岩不会出露海面遭受风化剥蚀；②侵蚀间断面，界面上下沉积相均急剧变化，存在一定地层缺失，且特征明显，岩石表面往往具有锈褐色、锈黄色强氧化痕迹；③侵蚀面，界面上下沉积相也发生急剧变化，但地层缺失不明显，界面上除偶见侵蚀痕迹外，并无明显的间断特征。由前文分析可知，琛科 2 井珊瑚礁岩地层的 $^{87}Sr/^{86}Sr$ 异常，如 $^{87}Sr/^{86}Sr$ 间断和升高主要是由于海平面下降过程中珊瑚礁岩受到大气水蚀变或纵向沉积停止，可作为指示这三种不整合面的指标，下降幅度即 $^{87}Sr/^{86}Sr$ 异常的厚度。

暴露面是在海相碳酸盐岩形成之后，在构造活动和古气候变化导致的大规模海退作用下，碳酸盐岩出露地表接受大气淡水淋滤而形成，是指示全球海平面下降的重要界面。岩芯中的暴露面通常遭受长期风化淋滤作用的改造，具有明显不同于正常岩芯的特征。对琛科 2 井珊瑚礁岩地层岩芯进行观察，暴露面及其附近遭受风化作用的珊瑚礁岩主要有如下特征：①岩芯可见明显的颜色变化，与白色的正常珊瑚礁岩芯相比，暴露面及其附近岩芯通常呈现黄色、褐黄色和褐红色（图 13.19a、b）；②岩芯中暴露面附近可见大量空隙和溶蚀孔洞，孔洞表面多覆盖白色钙质结壳，或覆盖黄褐色、红褐色、黑色黏土质泥状物质（图 13.19c ～ f），也有部分孔洞发育钟乳石形状的结晶体，岩芯主要由大量磨圆度和分选性很好的砾块组成；③暴露面及其下伏风化淋滤地层在显微镜下可见矿物泥晶化现象（图 13.19g），溶蚀孔洞边缘被铁质侵染（图 13.19h），还可见晶形完好的重结晶晶体，生物骨骼被选择性溶蚀形成不规则孔洞（图 13.19i）。珊瑚礁岩地层中的暴露面通常出现在海平面持续下降的情况下，是指示相对海平面下降最常用且最重要的指标，最小下降幅度为风化淋滤作用厚度和古水深。基于以上琛科 2 井珊瑚礁岩地层暴露面特征，共计识别出 11 个明显的暴露面，暴露面出现位置（风化淋滤深度）分别为 16.7m（11.96m）、

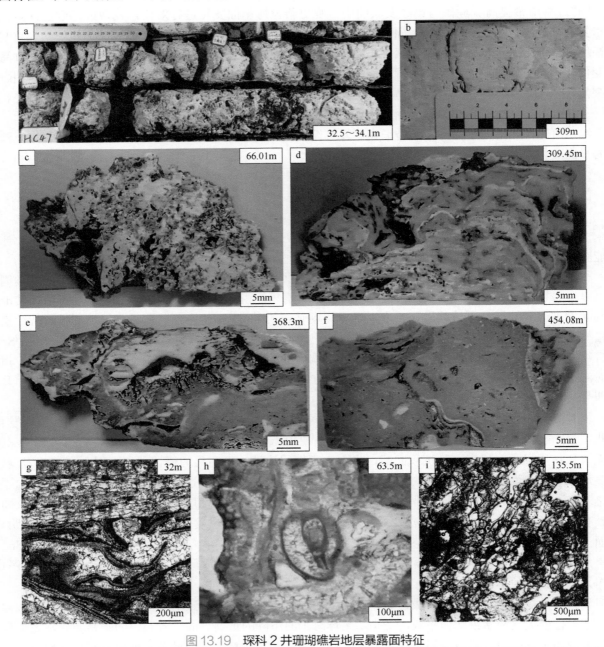

图 13.19　琛科 2 井珊瑚礁岩地层暴露面特征

a. 风化层岩芯；b. 岩芯红藻石最外层壳体被溶蚀且受到黄褐色物质侵染；c ～ f. 岩芯抛光面可见大量不规则溶蚀孔洞和红黄色、红褐色、黑色物质侵染白色粉末状钙质结壳；g. 显微镜下的生物泥晶化；h. 显微镜下的红褐色物质侵染；i. 不规则铸模孔

32m（2m）、71m（33m）、185m（6.7m）、308.5m（4.79m）、316m（4m）、364m（6m）、434.5m（39m）、521.4m（69.2m）、611m（69.04m）、831.6m（3m）。

综上所述，琛科 2 井珊瑚礁岩地层单调增加的 $^{87}Sr/^{86}Sr$ 可指示海平面上升，上升幅度为连续增加的 $^{87}Sr/^{86}Sr$ 地层厚度。$^{87}Sr/^{86}Sr$ 异常和暴露面可指示海平面下降，由于在海平面下降过程中，珊瑚礁岩出露海面遭受风化剥蚀，遭受风化淋滤作用的珊瑚礁岩厚度即为最小出露海面的厚度。珊瑚礁通常不会在接近海平面的地方，而是一定的深度。因此，海平面最小下降幅度为古水深加珊瑚礁岩风化淋滤厚度。海平面升降的时间可通过 Sr 同位素地层学进行限定。

三、琛科 2 井 Sr 同位素记录的相对海平面上升

琛科 2 井珊瑚礁岩地层共有 11 个 $^{87}Sr/^{86}Sr$ 呈现持续快速增加趋势的地层单元，即单元 1、单元 3、单元 5、单元 7、单元 9、单元 12、单元 14、单元 16、单元 18、单元 20 和单元 22。这些 $^{87}Sr/^{86}Sr$ 连续增加的地层单元指示 19.6 ～ 18.6Ma 海平面最少上升了 42.22m（878.22 ～ 836m），18.3 ～ 17.4Ma 相对海平面最少上升了 100m（831 ～ 731m），17.1 ～ 16.6Ma 相对海平面最少上升了 46.93m（721 ～ 674.07m），16.0 ～ 15.9Ma 相对海平面最少上升了 10m（611 ～ 601m），15.4 ～ 12.6Ma 相对海平面最少上升了 49.6m（571 ～ 521.4m），9.6 ～ 8.6Ma 相对海平面最少上升了 45m（471 ～ 426m），7.4 ～ 5.8Ma 相对海平面最少上升了 56.5m（411 ～ 354.5m），5.2 ～ 4.5Ma 相对海平面最少上升了 38.5m（351 ～ 312.5m），4 ～ 2.2Ma 相对海平面最少上升了 110m（311 ～ 201m），1.8 ～ 1.1Ma 相对海平面最少上升了 81m（152 ～ 71m），0.89 ～ 0.17Ma 相对海平面最少上升了 49.7m（66 ～ 16.3m）（图 13.20a）[①]。

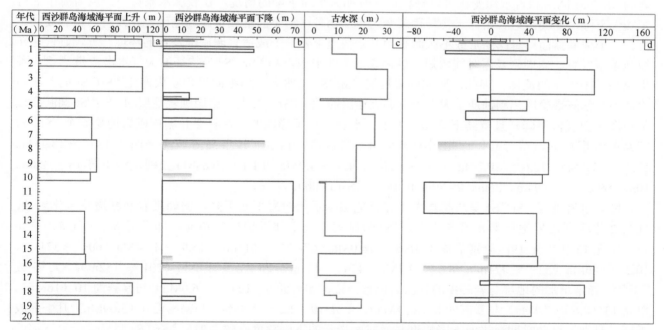

图 13.20　琛科 2 井暴露面和 $^{87}Sr/^{86}Sr$ 记录的西沙群岛海域相对海平面变化

a. 琛科 2 井 $^{87}Sr/^{86}Sr$ 连续增加的地层记录的海平面上升；b. 琛科 2 井暴露面记录的海平面下降（红色），$^{87}Sr/^{86}Sr$ 间断记录的海平面下降（蓝色），以及高 $^{87}Sr/^{86}Sr$ 记录的海平面下降（黄色）；c. 琛科 2 井珊瑚藻组合记录的西沙群岛海域古水深变化 [78, 79]；d. 琛科 2 井珊瑚礁岩记录的西沙群岛海域海平面变化

---

① 这里综合考虑了第四章关于全新世珊瑚礁的研究结果，第四章研究表明在琛科 2 井中 16.3m 之上的珊瑚礁岩芯均为全新世珊瑚礁，因此，0.89 ～ 0.17Ma 期间沉积的珊瑚礁岩地层为 66 ～ 16.3m。

四、琛科 2 井 Sr 同位素记录的相对海平面下降

通过上文分析可知，珊瑚礁岩 $^{87}Sr/^{86}Sr$ 连续增加的剖面突然跳跃式增加指示海平面下降，珊瑚礁纵向发育受限。琛科 2 井珊瑚礁岩地层共有 6 个 $^{87}Sr/^{86}Sr$ 突然跳跃式增加的地层单元，即单元 2、单元 4、单元 10、单元 15、单元 17 和单元 21，分别形成于 18.6～18.3Ma（836～831m）、17.4～17.1Ma（731～721m）、12.6～10.2Ma（521.4～521m）、5.8～5.2Ma（354.5～351m）、4.5～4.0Ma（312.5～311m）和 1.1～0.89Ma（71～66m）（图 13.20b）。本书对比 $^{87}Sr/^{86}Sr$ 间断和暴露面的形成时间，发现二者大致是一致的。单元 2（18.6～18.3Ma）与暴露面 11（18.3Ma）、单元 10（12.6～10.2Ma）与暴露面 9（12.6Ma）、单元 15（5.8～5.2Ma）与暴露面 7（6.0Ma）、单元 17（4.5～4.0Ma）与暴露面 5（4.27Ma）和暴露面 6（4.45Ma）、单元 21（1.1～0.89Ma）与暴露面 3（0.96Ma）几乎形成于同一时期，这些时期海平面下降幅度与暴露面指示的下降幅度一致。单元 4（731～721m）记录的17.4～17.1Ma 海平面下降在暴露面中并未记录到，但是这一时期 $\delta^{13}C$ 和 $\delta^{18}O$ 同时出现负偏；Mn、Ti、Zr、Al、Si、K 和 Fe 含量均升高，指示这一时期确实发生了海平面下降，导致地球化学异常，但是可能由于海平面下降幅度较小，持续时间较短，并未形成明显的暴露面。17.4～17.1Ma 珊瑚藻指示的古水深较浅，为 0～10m[79]，表明这一时期海平面下降幅度应小于 10m。将 $^{87}Sr/^{86}Sr$ 间断记录的海平面下降与 Li 等[78, 79] 基于珊瑚藻组合建立的琛科 2 井古水深曲线（图 13.20c）对比发现，18.6～18.3Ma、17.4～17.1Ma、12.6～10.2Ma、5.8～5.2Ma、4.5～4.0Ma 和 1.1～0.89Ma 珊瑚藻组合指示的古水深分别为 15～25m、0～10m、0～10m、0～20m、0～25m、15～20m，属于相对深水的沉积环境（≥ 10m），并且除 17.4～17.1Ma 这一时期外，其他时期古水深呈现由深变浅的趋势。结合珊瑚礁岩的 $^{87}Sr/^{86}Sr$ 间断和古水深变化可以解释这些时期海平面下降的情况，在较深水条件下，随着海平面持续缓慢下降，珊瑚藻组合由深水物种逐渐变为浅水物种；海平面继续下降珊瑚礁停止发育，直到珊瑚礁暴露，形成暴露面；暴露面形成不久海平面开始快速上升，形成适宜珊瑚礁发育的环境，珊瑚礁快速在原地重新发育。珊瑚礁暴露时间较短，礁体表面无法形成以高 $^{87}Sr/^{86}Sr$ 为特征的大气水潜流带[36, 96]，不提供高 $^{87}Sr/^{86}Sr$ 的流体。因此，珊瑚礁岩地层 $^{87}Sr/^{86}Sr$ 虽然会因为纵向累积缺失产生 $^{87}Sr/^{86}Sr$ 间断，但礁体不会暴露遭受风化剥蚀产生大于上下邻近地层的 $^{87}Sr/^{86}Sr$。综上，珊瑚礁岩地层的 $^{87}Sr/^{86}Sr$ 间断应该是在海平面缓慢下降，且持续下降幅度大于古水深条件下形成的。琛科 2 井珊瑚礁岩地层 6 个 $^{87}Sr/^{86}Sr$ 间断的地层单元，结合暴露面指示的海平面下降深度，指示西沙群岛海域海平面在 18.6～18.3Ma、17.4～17.1Ma、12.6～10.2Ma、5.8～5.2Ma、4.5～4.0Ma 和 1.1～0.89Ma 分别缓慢下降 18～28m、10m、69.04～79.04m、26m、29.79m 和 48m（图 13.20b）。

珊瑚礁岩地层 $^{87}Sr/^{86}Sr$ 呈凸起式大于邻近地层指示相对海平面下降，珊瑚礁岩暴露遭受风化剥蚀。琛科 2 井珊瑚礁岩地层共出现 5 次 $^{87}Sr/^{86}Sr$ 明显大于上下邻近地层的单元，即单元 6、单元 8、单元 11、单元 13 和单元 19，分别形成于 16.6～16.0Ma（674.07～611m）、15.9～15.4Ma（601～571m）、10.2～9.6Ma（521～471m）、8.6～7.4Ma（426～411m）和 2.2～1.8Ma（201～152m）。大多数 $^{87}Sr/^{86}Sr$ 异常增加的地层与岩芯中的暴露面位置一致，如单元 6（16.6～16.0Ma）与暴露面 10（16Ma）、单元 13（8.6～7.4Ma）与暴露面 8（8.51Ma）、单元 19（2.2～1.8Ma）与暴露面 4（2.09Ma）几乎形成于同一时期，这些时期海平面下降幅度与暴露面指示的下降幅度一致。但是 $^{87}Sr/^{86}Sr$ 明显大于上下邻近地层的单元 8（601～571m，15.9～15.4Ma）和单元 11（521～471m，10.2～9.6Ma）未发现明显的暴露面特征。其中，15.9～15.4Ma（单元 8）珊瑚礁岩的 $^{87}Sr/^{86}Sr$ 大于邻近地层，同时 $\delta^{13}C$ 和 $\delta^{18}O$ 负偏，Ti、Zr、Al、Si、K、Fe、Mn 的含量均升高，Sr 含量降低。这里与岩芯描述中的第 9 个暴露面有矛盾之处。岩芯描述中第 9 个暴露面出现在 522m，591.74～522m 受到风化淋滤作用，只指示一次海平面下降。但是，601～521m 珊瑚礁岩 $^{87}Sr/^{86}Sr$ 出现两次异常，即 521.4～521m 的 $^{87}Sr/^{86}Sr$ 间断和 601～571m 的

$^{87}Sr/^{86}Sr$ 大于邻近地层，可指示两次海平面下降。由于 601～521m 的 $\delta^{13}C$、$\delta^{18}O$ 及 Ti、Zr、Al、Si、K、Fe、Mn 和 Sr 的含量并不是一直异常，而是分别在 522m 和 601～571m 附近 $\delta^{13}C$、$\delta^{18}O$ 负偏，Ti、Zr、Al、Si、K、Fe、Mn 的含量升高，Sr 含量降低，因此，推断 591.74～522m 发生了两次海平面下降，分别为 521.4～521m 的 $^{87}Sr/^{86}Sr$ 间断和暴露面指示的发生于 12.6Ma 的海平面下降，以及 601～571m 的 $^{87}Sr/^{86}Sr$ 大于邻近地层指示的发生于 15.9～15.4Ma 的海平面下降。10.2～9.6Ma（单元 11）$^{87}Sr/^{86}Sr$ 大于邻近地层，Mn 含量升高，岩芯无暴露面特征。由于珊瑚礁岩发生强白云石化，Ti、Zr、Al、Si、K、Fe 的含量在 521～364m 均很高，$\delta^{13}C$ 负偏，$\delta^{18}O$ 仅在 473m 负偏。综合 10.2～9.6Ma 珊瑚礁岩的地球化学异常，推断 10.2～9.6Ma 发生了一次海平面下降。结合琛科 2 井的古水深曲线可以解释这些时期海平面下降的情况。与基于珊瑚藻组合建立的琛科 2 井的古水深曲线[78, 79]对比发现，16.6～16.0Ma、15.9～15.4Ma、10.2～9.6Ma 和 2.2～1.8Ma 珊瑚藻组合指示的古水深均相对较浅（5m）（图 13.20c）。在浅水环境中（≤5m），海平面持续下降（≥20m）或海平面快速大幅度下降后不变，珊瑚礁岩暴露遭受风化剥蚀，岩芯中出现明显的风化淋滤特征；礁体表面形成以高 $^{87}Sr/^{86}Sr$ 为特征的大气水潜流带[36, 96]，与顶部珊瑚礁岩反应，产生大于上下邻近地层的 $^{87}Sr/^{86}Sr$，随后随着海平面上升，形成适宜珊瑚礁发育的环境，珊瑚礁快速在原地重新发育。高 $^{87}Sr/^{86}Sr$ 地层单元形成时期为低海平面时期，顶部为最晚的海平面开始下降时间。综上，珊瑚礁岩地层异常高的 $^{87}Sr/^{86}Sr$ 应该是在海平面大幅度且快速升降条件下形成的。琛科 2 井珊瑚礁岩地层中 5 个异常高的 $^{87}Sr/^{86}Sr$ 地层单元，结合暴露面指示的海平面下降深度，指示西沙群岛海域海平面在 16.0Ma、15.4Ma、9.6Ma、7.4Ma 和 1.8Ma 分别快速下降 69.04m、5m、15～20m、54～59m 和 21.7～26.7m（图 13-20d）。

五、琛科 2 井暴露面记录的海平面下降

琛科 2 井珊瑚礁岩地层中共存在 11 个暴露面，分别出现在 0.2Ma（16.7m）、0.29Ma（32m）、0.96Ma（71m）、2.09Ma（185m）、4.27Ma（308.5m）、4.45Ma（316m）、6.04Ma（364m）、8.5Ma（434.5m）、11.6Ma（521.4m）、16Ma（611m）、18.3Ma（831.6m）（图 13.20b）。Li 等[78, 79]根据琛科 2 井珊瑚藻组合建立的古水深显示，0.2Ma、0.29Ma、0.96Ma、2.09Ma、3.9Ma、4.27Ma、6.04Ma、8.5Ma、11.6Ma、16Ma 和 18.3Ma 古水深分别为 10m、<15m、<15m、15～20m、>25m、>25m、>20m、15～20m、0～10m、0～5m 和 15～25m。每个暴露面的风化淋滤作用厚度分别为 11.96m、2m、33m、6.7m、4.79m、4m、6m、39m、69.2m、69.04m 和 3m。结合琛科 2 井珊瑚礁岩地层中暴露面出现的时间和风化淋滤作用厚度，以及这一时期的古水深，可以得到琛科 2 井珊瑚礁岩地层中暴露面记录的海平面下降，海平面下降时间和最小幅度分别为 0.2Ma 下降 21.96m、0.29Ma 下降 17m、0.96Ma 下降 48m，2.09Ma 下降 21.7～26.7m，4.27Ma 下降 29m，4.45Ma 下降 29.79m，6.04Ma 下降 26m，8.5Ma 下降 54～59m，11.6Ma 下降 69.2～79.2m，16Ma 下降 69.04～74.04m，18.3Ma 下降 18～28m。

六、近 20Ma 以来西沙群岛海域海平面演化历史

琛科 2 井珊瑚礁地层中的暴露面和地球化学异常共记录了近 20Ma 以来南海西沙群岛海域发生的 13 次海平面下降，其中有 8 次是暴露面和 $^{87}Sr/^{86}Sr$ 均记录到的，有 2 次是暴露面记录到而 $^{87}Sr/^{86}Sr$ 未记录到的，有 3 次是 $^{87}Sr/^{86}Sr$ 记录到而暴露面未记录到的。通过上文对琛科 2 井珊瑚礁岩的 $^{87}Sr/^{86}Sr$ 特征和暴露面的综合分析，本书建立了近 20Ma 以来西沙群岛海域海平面变化趋势，共可分为 13 个旋回（图 13.20d）。西沙群岛海域相对海平面 19.6～18.6Ma 逐渐上升 42.22m，18.6～18.3Ma 逐渐下降 18～28m，18.3～17.4Ma 逐渐上升 105m，17.4～17.1Ma 逐渐下降 10m，17.1～16Ma 逐渐

上升 115m，16Ma 快速下降 69.04～79.04m，16～15.4Ma 逐渐上升 51m，15.4Ma 快速下降 5m，15.4～12.4Ma 逐渐上升 49.6m，12.4～10.2Ma 逐渐下降 69.2～79.2m，10.2～9.6Ma 逐渐上升 45.4m，9.6Ma 快速下降 15～20m，9.6～7.4Ma 逐渐上升 62m，7.4Ma 快速下降 54～59m，7.4～5.8Ma 逐渐上升 56.5m，5.8～5.2Ma 逐渐下降 26m，5.2～4.5Ma 逐渐上升 38.5m，4.5～4.0Ma 逐渐下降 29.79m，4.0～2.2Ma 逐渐上升 110m，2.2Ma 快速下降 21.7～26.7m，2.2～1.1Ma 逐渐上升 81m，1.1～0.89Ma 逐渐下降 48m，0.89～0.3Ma 逐渐上升 39m，0.3Ma 快速下降 17m，0.3～0.2Ma 逐渐上升 15.7m，0.2Ma 快速下降 21.96m，0.2～0Ma 逐渐上升 16.3m。

　　近 20Ma 以来西沙群岛海域海平面整体上以上升为主，大体可分为五个阶段，19.6～16Ma 逐渐上升，16～10.2Ma 逐渐下降，10.2～4.0Ma 频繁波动，4～2Ma 快速上升，2～0Ma 频繁波动，整体变化趋势与南海北部其他载体建立的相对海平面变化并不完全一致。西沙群岛永乐环礁珊瑚礁深钻西科 1 井生物地球化学特征指示中新世以来南海北部海平面在早中新世波动强烈，在中中新世下降，在晚中新世—上新世明显上升，在更新世下降（图 13.21b）。其生物地球化学指标 BIT 是指支化甘油二烷基甘油四醚（branched glycerol dialkyl glycerol tetraethers，bGDGTs）与异戊二烯甘油二烷基甘油四醚（isoprenoid glycerol dialkyl glycerol tetraethers，iGDGTs）的比值，其作为指示相对海平面变化的指标的原理是：bGDGTs 来源于大气环境，iGDGTs 来源于海洋环境，二者的比值 BIT 较大，表明大气环境占主导地位，指示海平面下降；反之，BIT 较小，表明海洋环境占主导地位，指示海平面上升[91]。然而，西科 1 井 BIT 仅在晚中新世—上新世明显减小，其他时期变化不大，表明其对海平面波动并不敏感，这可能是基于琛科 2 井珊瑚礁岩的地球化学特征和暴露面建立的海平面变化与基于西科 1 井 BIT 指标建立的海平面变化并不完全一致的主要原因。基于南海北部珠江口盆地和南海南部曾母盆地的钻井资料和地震资料[103]建立的海平面变化曲线表明，18.5Ma 以来南海海平面呈现阶梯状上升的趋势，共经历 15 个完整和 1 个不完整周期三级海平面升降旋回，每个三级海平面变化都是先上升后下降（图 13.21c），这 15 个旋回大部分与琛科 2 井珊瑚礁岩记录的西沙群岛海域海平面变化一致，相对于基于琛科 2 井建立的西沙群岛海域海平面变化曲线，张桂林[103]建立的南海相对海平面变化曲线没有具体升降幅度。

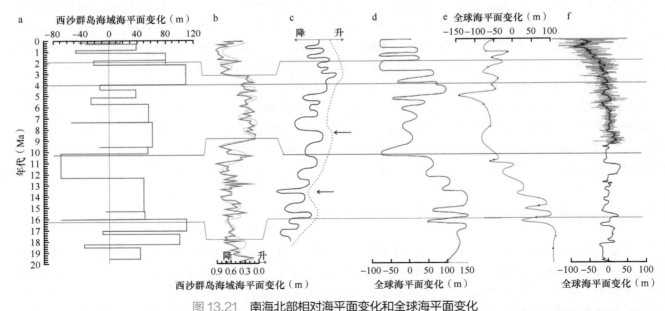

图 13.21　南海北部相对海平面变化和全球海平面变化

a. 琛科 2 井记录的西沙群岛海域海平面变化；b. 西科 1 井 BIT 记录的西沙群岛海域相对海平面变化[91]；c. 地震数据记录的南海相对海平面变化[103]；d. 基于大陆边缘层序地层建立的全球海平面变化曲线[105]；e. 基于环礁建立的全球海平面变化曲线[11]；f. 基于氧同位素建立的全球海平面变化曲线[104]

近 20Ma 以来西沙群岛海域海平面变化曲线与全球海平面变化曲线相比，整体趋势明显不同，西沙群岛海域海平面整体上是上升的，而全球海平面整体上是下降的（图 13.21d ～ f）[11, 104, 105]，这种整体上相反的变化趋势表明，构造运动在西沙群岛海域海平面变化过程中的作用至关重要。但是，南海相对海平面下降总是对应于全球海平面下降，表明全球海平面变化对南海相对海平面变化的影响不可忽略。

第六节　西沙群岛区域构造活动和全球海平面演化历史

一、相对海平面变化与区域构造活动和全球海平面变化的关系

在长时间尺度上，区域构造活动和全球海平面变化是控制珊瑚礁发育演化的最主要因素。近 20Ma 以来，全球海平面整体上呈下降趋势，海平面下降可以为珊瑚礁垂向发育提供空间。基于不同指标建立的全球海平面演化历史表明，近 20Ma 以来全球海平面总共下降了 150 ～ 250m[11, 104, 105]，但是琛科 2 井近 20Ma 以来却沉积了 878.22m 的珊瑚礁岩地层，全球海平面下降明显，无法为南海北部珊瑚礁提供足够的垂向发育空间。琛科 2 井位于西沙群岛，处于南海北部陆架，其基底为西沙 - 中沙板块。这一板块在古新世—始新世古南海俯冲的过程中开始与华南大陆分离，随后逐渐远离，渐新世随着新南海的扩张向东南方向移动，直到渐新世晚期，西南次海盆自洋脊停止扩张，导致西沙 - 中沙板块北部断坳停止横向扩张，西沙 - 中沙板块不再移动。渐新世晚期西沙 - 中沙板块仍位于海平面之上。随着岩石圈的热沉降，西沙 - 中沙板块逐渐下沉，直到早中新世才处于海平面之下[106-110]（图 13.22）。此时，西沙地块周围是大

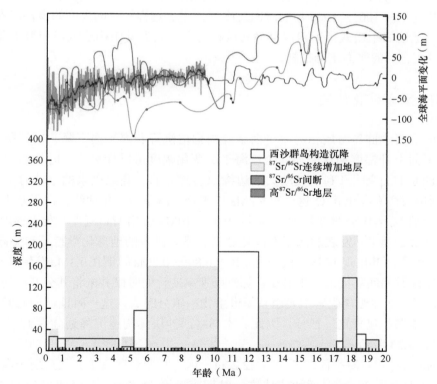

图 13.22　近 20Ma 以来不同阶段琛科 2 井珊瑚礁岩地层沉积厚度、西沙群岛海域构造沉降深度 [112] 和全球海平面变化 [11, 104, 105] 的对比

量的断陷和地堑，使河流物质很难达到这一区域。因此，中新世以来西沙群岛海域的海水相当清澈，而渐新世的火山活动形成的构造高点为珊瑚礁的发育提供了理想的环境，西沙群岛珊瑚礁系统开始在一些构造高点发育[111]。Wu 等[112] 分析了西沙群岛海域碳酸盐台地地震资料，提出西沙块体的热沉降自早中新世一直持续至今，不同阶段沉降速率存在明显差异，近 20Ma 以来共沉降约 1600m。因此，热沉降为南海北部珊瑚礁的垂直发育提供了最初的发育空间[111, 112]。随着西沙 - 中沙板块的沉降和全球海平面变化，西沙群岛珊瑚礁自早中新世开始发育至今[90, 111-113]，但不同阶段西沙块体沉降厚度与琛科 2 井珊瑚礁岩沉积厚度明显不一致，表明琛科 2 井珊瑚礁岩地层的沉积不仅受控于构造沉降，还受到全球海平面变化的影响。

基于近 20Ma 以来西沙块体的不同沉降速率和全球海平面不同阶段演化历史，就琛科 2 井珊瑚礁发育对构造沉降和全球海平面变化共同作用的响应提出以下 3 种模式。

模式 1：西沙块体缓慢沉降，在全球海平面上升、不变或下降幅度小于沉降幅度的情况下，南海相对海平面上升，珊瑚礁在垂向上持续发育。由于不同阶段西沙块体沉降速率和全球海平面变化速率不同，这种情况下珊瑚礁岩地层均一且连续，无暴露面和地球化学特征异常。

模式 2：西沙块体缓慢沉降，在全球海平面下降幅度等于构造沉降幅度时，南海相对海平面不变，珊瑚礁停止发育或者横向发育。这种情况下珊瑚礁岩地层沉积相和岩相会发生变化，但无暴露面和地球化学特征异常。

模式 3：西沙块体缓慢沉降，在全球海平面下降幅度大于构造沉降幅度时，南海相对海平面下降，珊瑚礁停止发育，甚至遭受剥蚀。这种情况下珊瑚礁岩地层中会产生暴露面，也可能在礁体表面形成以高 $^{87}Sr/^{86}Sr$ 为特征的大气水潜流带，与顶部珊瑚礁岩反应，使珊瑚礁岩的 $^{87}Sr/^{86}Sr$ 增大，$\delta^{13}C$ 和 $\delta^{18}O$ 同时出现负偏，Mn、Ti、Zr、Al、Si、K 和 Fe 的含量升高，Sr 含量降低。

在这里我们并没有考虑珊瑚礁淹没导致的珊瑚礁停止发育，因为典型的由海平面快速上升导致的珊瑚礁淹没事件通常发生在 100 ~ 1000 年的时间尺度上[92, 84]。这样短时间尺度的事件在本书 10^6 ~ 10^7 的尺度上可以忽略。上述 3 个模式指示西沙群岛海域相对海平面上升由构造沉降和海平面下降共同控制，而海平面下降主要由全球海平面下降控制。

二、区域构造活动演化历史

上文分析提出，西沙群岛海域相对海平面上升由构造沉降和海平面下降共同控制。本书根据西沙群岛海域相对海平面上升幅度和这一期间全球海平面变化幅度可以计算这一时期的构造沉降速率。目前大家普遍认可的是 Haq 等[105] 利用被动大陆边缘地层建立的三叠纪以来的全球海平面变化曲线，以及 Miller 等[104] 利用底栖有孔虫 $\delta^{18}O$ 建立的 9.2Ma 以来全球海平面变化曲线。由于基于底栖有孔虫 $\delta^{18}O$ 建立的海平面变化曲线年代分辨率更高，本书 19.6 ~ 10Ma 引用 Haq 等[105] 发表的海平面演化数据，10 ~ 0.2Ma 引用 Miller 等[104] 发表的海平面演化数据。珊瑚礁岩的地球化学特征和暴露面指示近 20Ma 以来西沙群岛海域海平面共出现 14 次阶段上升，其中 0.89 ~ 0.2Ma 时期在 0.3Ma 发生过一次海平面下降，由于 0.3Ma 和 0.2Ma 时间间隔很近，本书在计算沉降速率变化的时候并未将其分开，而是将其作为一个阶段。0.2 ~ 0Ma 琛科 2 井珊瑚礁岩主要由全新世生物砂组分组成，这一时期珊瑚礁发育的控制因素是一个单独的课题，本书不包含这一部分。因此，本书将西沙块体构造沉降划分为 12 个阶段，每一个阶段的沉降速率如图 13.23 所示。

19.6 ~ 18.6Ma 南海相对海平面逐渐上升 42.22m，这一时期全球海平面从距现今海平面 75.7m 逐渐上升至 106.6m，共上升了 30.9m，西沙块体这一时期应沉降 11.32m，沉降速率为 11.32m/Ma。18.3 ~ 17.4Ma 南海相对海平面逐渐上升 105m，这一时期全球海平面几乎不变，西沙块体沉降深度应为相对海

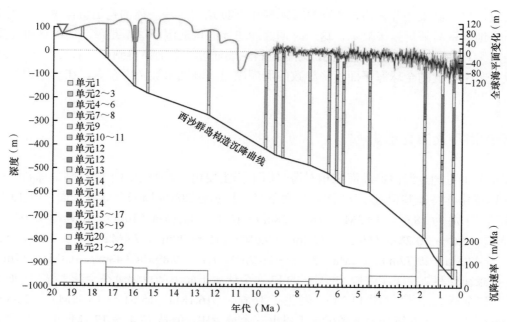

图 13.23　琛科 2 井珊瑚礁岩地层记录的西沙块体构造沉降变化
全球海平面变化信息引自 Haq 等 [105] 和 Miller 等 [104]

平面上升幅度 105m，沉降速率为 116.7m/Ma。17.1 ～ 16Ma 南海相对海平面逐渐上升 115m，这一时期全球海平面从距现今海平面 115.3m 缓慢上升至 138.3m，又快速下降至 41.6m，这一快速下降导致琛科 2 井岩体暴露出海面 69.04 ～ 73.04m，出露岩体遭受风化剥蚀，产生暴露面和大于邻近地层的 $^{87}Sr/^{86}Sr$。早期的全球海平面缓慢上升 23m 和相对海平面上升 115m，指示这一时期构造沉降深度为 92m，沉降速率为 83.6m/Ma。16 ～ 15.4Ma 南海相对海平面逐渐上升 51m，这一时期全球海平面从距现今海平面 41.2m 快速上升至 143.23m，上升幅度高达 102.03m，这一快速上升使出露海面的岩体重新处于水下环境，形成了适合珊瑚礁发育的水深，较之前海平面快速下降前的 138.3m 上升了 4.93m，表明这一时期西沙块体构造沉降深度为 46.07m，沉降速率为 76.8m/Ma。15.4 ～ 12.4Ma 南海相对海平面逐渐上升 49.6m，这一时期全球海平面从距现今海平面 140.14m 逐渐下降至 96.3m，指示这一时期构造沉降深度为 93.44m，沉降速率为 31.1m/Ma。10.2 ～ 9.6Ma 南海相对海平面逐渐上升 45.4m，这一时期全球海平面从距现今海平面 −5.3m 逐渐上升至 −0.3m，共上升了 5m，西沙块体这一时期应沉降 40.4m，沉降速率为 67.3m/Ma。9.6 ～ 7.4Ma 南海相对海平面上升 62m，这一时期全球海平面下降约 20m，西沙块体这一时期应沉降约 82m，沉降速率为 37.3m/Ma。7.4 ～ 5.8Ma 南海相对海平面逐渐上升 56.5m，这一时期全球海平面整体变化不大，西沙块体沉降深度应为相对海平面上升幅度 56.5m，沉降速率为 35.3m/Ma。5.2 ～ 4.5Ma 南海相对海平面逐渐上升 38.5m，这一时期全球海平面下降大约 20m，西沙块体这一时期应沉降 58.5m，沉降速率为 83.6m/Ma。4.0 ～ 2.2Ma 南海相对海平面逐渐上升 110m，这一时期全球海平面下降约 30m，西沙块体这一时期应沉降 140m，沉降速率为 77.8m/Ma。2.2 ～ 1.1Ma 南海相对海平面逐渐上升 81m，这一时期全球海平面下降约 40m，西沙块体这一时期应沉降 121m，沉降速率为 110m/Ma。0.89 ～ 0.2Ma 南海相对海平面逐渐上升 54.7m，这一时期全球海平面快速波动，产生了大量暴露面，这一时期相对海平面上升幅度应为西沙块体沉降深度，沉降 54.7m，沉降速率为 78.1m/Ma。

　　近 20Ma 以来，西沙块体以构造沉降为主，沉降速率在 19.6 ～ 18.6Ma 最低，为 11.32m/Ma；在 18.3 ～ 7.4Ma 持续下降；在 7.4 ～ 2.2Ma 呈波动变化；沉降速率在 2.2 ～ 1.1Ma 较高，为 110m/Ma；0.89 ～ 0.2Ma 又降为 78.1m/Ma。这一整体变化趋势与由地震资料 [112] 得到的结果具有较大差异，尤其是晚中新世层段，二者结果相互矛盾，本研究显示晚中新世期间西沙块体的构造沉降速率是近20Ma以来最低的，但是地震资料解析结果显示，这一时期西沙块体的构造沉降速率是最高的。这可能主要由两方面的原因造成：①琛科2井仅是一孔之见，地震资料主要通过一条剖面得到，二者均存在一定的局限性；②中中新世—晚中新世的全球海平面下降导致的珊瑚礁出露剥蚀未被考虑在内，在一定程度上影响了数据的准确性。

三、全球海平面演化历史

通过前文分析可知，西沙群岛海域相对海平面下降主要由全球海平面下降控制。琛科2井珊瑚礁岩的暴露面和地球化学特征共记录了13次海平面下降，指示近20Ma以来全球海平面下降13次，其下降时间（幅度）分别为18.6～18.3Ma（18～28m）、17.4～17.1Ma（10m）、16Ma（69.04～79.04m）、15.4Ma（5m）、12.6～10.2Ma（69.2～79.2m）、9.6Ma（15～20m）、7.4Ma（54～59m）、5.8～5.2Ma（26m）、4.5～4.0Ma（29.79m）、2.2Ma（21.7～26.7m）、1.1～0.89Ma（48m）、0.3Ma（17m）和0.2Ma（21.96m）。记录在琛科2井珊瑚礁岩^{87}Sr/^{86}Sr的13次全球海平面下降也记录在全球大洋中，如大西洋[105]、太平洋[11, 114]和全球大洋[104]（图13.24）。发生于16.62～16.1Ma、15.64～15.31Ma、12.55～9.67Ma、5.98～5.18Ma和4.5Ma的海平面下降记录于以上三个记录中，但是17.4～17.1Ma的海平面下降只记录在大西洋，8.1～7.4Ma和2.2Ma的海平面下降记录在大西洋和全球大洋，1.1～0.9Ma的海平面下降记录在太平洋和全球大洋。18.83～18.29Ma的海平面下降在以前的研究中没有报道。南海永乐环礁、太平洋中部的埃内韦塔克环礁和菲律宾海的北大东岛珊瑚礁记录的海平面下降中，永乐环礁记录的最全面，这可能是由于沉积速率不同，中新世以来埃内韦塔克环礁和北大东岛珊瑚礁仅沉积了不到400m[11, 17]，而永乐环礁则沉积了878.22m。

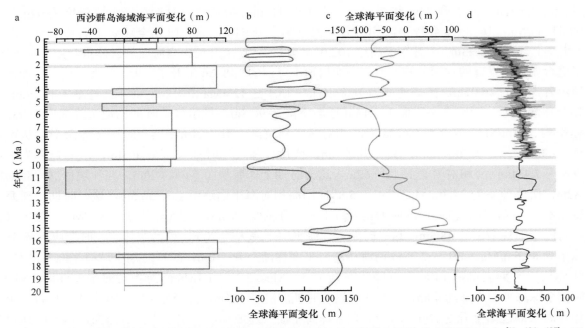

图13.24　琛科2井珊瑚礁岩记录的西沙群岛海域海平面变化与其他载体记录的全球海平面变化[11, 104, 105]对比

百万年尺度上的海平面波动是由构造活动控制的温度变化造成的[104]。因此，晚新生代的海平面波动总是伴随着全球气候变化[115, 116]。琛科2井珊瑚礁岩指示的海平面下降时间与δ^{18}O增加的时间是一致的，

表明百万年尺度上的海平面下降与全球气候变冷密切相关。这是因为全球变冷会导致大陆冰盖的形成，使地球上大量水存储在冰盖中，海洋中水体积变小，海平面下降[104]。南北两极大陆冰盖的形成是晚新生代全球变冷的重要标志[203]。琛科 2 井珊瑚礁岩显示，18.6～18.3Ma、17.4～17.1Ma、16.6～16Ma 和 15.6～15.3Ma 共发生了 4 次全球海平面下降，表明南极冰盖永久性冰盖形成之前至少发生了 4 次冰盖的形成与消融。而发生于晚中新世末期的南极永久性大陆冰盖的形成，导致 12.6～10.2Ma 海平面下降幅度高达 69.2～79.2m。比之前马里昂高原的地层层序和氧同位素估算的海平面下降幅度（45～68m）[117]大，表明中新世冰盖的扩张范围较以往估算的要大。相反，与北极冰盖形成相关的全球变冷非常明显[118]，但是琛科 2 井的记录表明与之相关的海平面下降幅度并不明显，其他地区记录的此次海平面下降也较南极冰盖导致的海平面下降幅度小很多[11, 104, 105]。这一现象表明，大陆冰量增加和全球变冷虽然存在一定的相关性，但并不是呈正比例的关系。Gasson 等[119]对目前存在的海平面变化和温度记录进行了分析和综述，认为尽管在过去的 50Ma 海平面和温度之间的关系尚不明确，但可以确定温度和海平面之间是非线性关系，这一结果与冰盖模拟研究结果是一致的，并提出这种非线性关系归因于南北半球冰川作用不同的冰盖阈值和南极大陆的冰盖荷载能力。要进一步认识这一问题，需要建立更高分辨率的海平面变化、冰量变化和全球温度变化曲线。

参 考 文 献

[1] 余克服. 珊瑚礁科学概论. 北京: 科学出版社, 2018: 1-2.

[2] Darwin C. The structure and distribution of coral reefs. Tucson: The University of Arizona Press, 1982.

[3] 严宏强, 余克服, 谭烨辉. 珊瑚礁区碳循环研究进展. 生态学报, 2009, 29(11): 6207-6215.

[4] Yan H Q, Yu K F, Shi Q, et al. Seasonal variations of seawater pCO_2 and sea-air CO_2 fluxes in a fringing coral reef, northern South China Sea. Journal of Geophysical Research Oceans, 2016, 121(1): 998-1008.

[5] Han T, Yu K, Yan H, et al. Links between the coral δ^{13}C record of primary productivity variations in the northern South China Sea and the East Asian Winter Monsoon. Geophysical Research Letters, 2019: 46(24): GL085030.

[6] Sayani H R, Cobb K M, Cohen A L, et al. Effects of diagenesis on paleoclimate reconstructions from modern and young fossil corals. Geochimica et Cosmochimica Acta, 2011, 75(21): 6361-6373.

[7] 余克服. 南海珊瑚礁及其对全新世环境变化的记录与响应. 中国科学: 地球科学, 2012, 42(8): 1160-1172.

[8] Jarosław S, Kitahara M V, Miller D J, et al. The ancient evolutionary origins of Scleractinia revealed by azooxanthellate corals. BMC Evolutionary Biology, 2011, 11(1): 1-11.

[9] Hoegh-Guldberg O, Mumby P J, Greenfield P, et al. Coral reefs under rapid climate change and ocean acidification. Science, 2007, 318: 1737-1742.

[10] De'ath G, Lough J M, Fabricius K E. Declining coral calcification on the great barrier reef. Science, 2009, 323: 116-119.

[11] Ohde S, Elderfield H. Strontium isotope stratigraphy of Kita-daito-jima Atoll, North Philippine Sea: implications for Neogene sea-level change and tectonic history. Earth and Planetary Science Letters, 1992, 113(4): 473-486.

[12] Jiang W, Yu K, Fan T, et al. Coral reef carbonate record of the Pliocene-Pleistocene climate transition from an atoll in the South China Sea. Marine Geology, 2019, 411: 88-97.

[13] Xu S, Yu K, Fan T, et al. Coral reef carbonate δ^{13}C records from the northern South China Sea: a useful proxy for seawater δ^{13}C and the carbon cycle over the past 1.8Ma. Global and Planetary Change, 2019, 182: 103003.

[14] 陈骏, 王鹤年. 地球化学. 北京: 科学出版社, 2004.

[15] Kaufman A J, Jacobsen S B, Knoll A H. The vendian record of Sr and C isotopic variations in seawater: implications for tectonics and paleoclimate. Earth and Planetary Science Letters, 1993, 120: 409-430.

[16] Derry L A, Keto L S, Jacobsen S B, et al. Sr isotopic variations in Upper Proterozoic carbonates from Svalbard and East Greenland. Geochimica et Cosmochimica Acta, 1989, 53: 2331-2339.

[17] Quinn T M, Lohmann K C, Halliday A N. Sr Isotopic variation in shallow water carbonate sequences: stratigraphic, chronos-tratigraphic, and eustatic implications of the record at Enewetak atoll. Paleoceanography, 1991, 6: 371-385.

[18] Webster J M, Clague D A, Faichney I, et al. Early Pleistocene origin of reefs around Lanai, Hawaii. Earth and Planetary Science Letters, 2010, 290(3-4): 331-339.

[19] Peterman Z E, Hedge C E, Tourtelot H A. Isotopic composition of strontium in sea water throughout Phanerozoic time. Geochimica et Cosmochimica Acta, 1970, 34: 105-120.

[20] Hodell D A, Woodruff F. Variations in the strontium isotopic ratio of seawater during the Miocene: stratigraphic and geochemical implications. Paleoceanography, 1994, 9: 405-426.

[21] Ogg J G. Geomagnetic Polarity Time Scale. Geologic Time Scale, 2012: 85-113.

[22] McArthur J M, Howarth R J, Bailey T R. Strontium isotope stratigraphy: LOWESS version 3: best fit to the marine Sr-isotope curve for 0-509Ma and accompanying look-up table for deriving numerical age. The Journal of Geology, 2001, 109: 155-170.

[23] Depaolo D J, Ingram B L. High-resolution stratigraphy with strontium isotopes. Science, 1985, 227: 938-941.

[24] Ludwig K R, Halley R B, Simmons K R, et al. Strontium-isotope stratigraphy of Enewetak atoll. Geology, 1988, 16: 173-177.

[25] Saller A H, Koepnick R B. Eocene to early Miocene growth of Enewetak Atoll: insight from strontium-isotope data. Geological Society of America Bulletin, 1990, 102(3): 381-390.

[26] Webster J M, Clague D A, Faichney I D E, et al. Early Pleistocene origin of reefs around Lanai, Hawaii. Earth & Planetary Ence Letters, 2010, 290(3-4): 331-339.

[27] Palmer M R, Elderfield H. Sr isotope composition of sea water over the past 75Myr. Nature, 1985, 314(6011): 526-528.

[28] Hess J, Bender M L, Schilling J G. Evolution of the ratio of strontium-87 to strontium-86 in seawater from cretaceous to present. Science, 1986, 231(4741): 979-984.

[29] Jiang G, Shi X, Zhang S, et al. Stratigraphy and paleogeography of the Ediacaran Doushantuo Formation (ca. 635–551Ma) in South China. Gondwana Research, 2011, 19: 831-849.

[30] Li D, Shields-Zhou G A, Ling H F, et al. Dissolution methods for strontium isotope stratigraphy: guidelines for the use of bulk carbonate and phosphorite rocks. Chemical Geology, 2011, 290: 133-144.

[31] Edwards C T, Saltzman M R, Leslie S A, et al. Strontium isotope (^{87}Sr/^{86}Sr) stratigraphy of ordovician bulk carbonate: implications for preservation of primary seawater values. Geological Society of America Bulletin, 2015, 127: 1275-1289.

[32] McArthur J M, Steuber T, Page K N, et al. Sr-Isotope Stratigraphy: assigning time in the Campanian, Pliensbachian, Toarcian, and Valanginian. The Journal of Geology, 2016, 124: 569-586.

[33] Braithwaite C J, Dalmasso H, Gilmour M, et al. The Great Barrier Reef: the chronological record from a New Borehole. Journal of Sedimentary Research, 2004, 74(2): 298-310.

[34] Lincoln J M, Schlanger S O. Atoll stratigraphy as a record of sea level change: problems and prospects. Journal of Geophysical Research: Solid Earth, 1991, 96: 6727-6752.

[35] Melim L A, Westphal H, Swart P K, et al. Questioning carbonate diagenetic paradigms: evidence from the Neogene of the Bahamas. Marine Geology, 2002, 185: 27-53.

[36] Melim L A, Swart P K, Maliva R G. Meteoric and marine-burial diagenesis in the subsurface of great Bahama Bank. SEPM, 2001, 70: 137-161.

[37] Burke W H, Denison R E, Hetherington E A, et al. Variation of seawater ^{87}Sr/^{86}Sr throughout Phanerozoic time. Geology, 1982, 10: 516-519.

[38] Prokoph A, Shields G A, Veizer J. Compilation and time-series analysis of a marine carbonate δ^{18}O, δ^{13}C, ^{87}Sr/^{86}Sr and δ^{34}S da-

tabase through Earth history. Earth-Science Reviews, 2008, 87: 113-133.

[39] Vahrenkamp V C, Swart P K, Ruiz J. Constraints and interpretation of [87]Sr/[86]Sr ratios in Cenozoic dolomites. Geophysical Research Letters, 1988, 15: 385-388.

[40] Budd D A. Cenozoic dolomites of carbonate islands: their attributes and origin. Earth Science Reviews, 1997, 42: 1-47.

[41] Jones B, Luth R W. Temporal evolution of tertiary dolostones on grand cayman as determined by [87]Sr/[86]Sr. Journal of Sedimentary Research, 2003, 73(2):187-205.

[42] Ren M, Jones B. Spatial variations in the stoichiometry and geochemistry of Miocene dolomite from Grand Cayman: implications for the origin of island dolostone. Sedimentary Geology, 2017, 348: 69-93.

[43] Wang R, Jones B, Yu K. Island dolostones: genesis by time-transgressive or event dolomitization. Sedimentary Geology, 2019, 390: 15-30.

[44] 张明书, 刘健, 周墨清. 西琛一井礁序列锶同位素组分变化. 海洋地质与第四纪地质, 1995, 15(1): 125-130.

[45] 魏喜, 贾承造, 孟卫工, 等. 西琛1井碳酸盐岩的矿物成分、地化特征及地质意义. 岩石学报, 2007, (11): 3015-3025.

[46] Bi D J, Zhai S K, Zhang D J, et al. Constraints of fluid inclusions and C, O isotopic compositions on the origin of the dolomites in the Xisha Islands, South China Sea. Chemical Geology, 2018, 493: 504-517.

[47] Hodell D A, Mead G A, Mueller P A. Variation in the strontium isotopic composition of seawater (8Ma to present): implications for chemical weathering rates and dissolved fluxes to the oceans. Chemical Geology, 1990, 80: 291-307.

[48] Thirlwall M F. Long-term reproducibility of multicolledor Sr and Nd isotope ratio analysis. Chemical Geology, 1991, 94: 85-104.

[49] Derry L A, France-Lanord C. Neogene Himalayan weathering history and river [87]Sr/[86]Sr: impact on the marine Sr record. Earth and Planetary Science Letters, 1996, 142(1-2): 59-74.

[50] Taylor B, Hayes D E. The Tectonic and Geologic Evolution of Southeast Asian Seas and Islands Volume 23 ‖ The tectonic evolution of the South China Basin. Geophysical Monograph Series, 1980, 23 : 89-104.

[51] Taylor B, Hayes D E. Origin and history of the South China Sea// Hayes D E. The tectonics and geological evolution of Southeast Asia Seas and islands, Part 2 . American: American Geophysical Union Monograph, 1983, 27: 23-56.

[52] Li G J, Pettke T, Chen J. Increasing Nd isotopic ratio of Asian dust indicates progressive uplift of the north Tibetan Plateau since the middle Miocene. Geology, 2011, 39: 199-202.

[53] Guo Z T, Ruddiman W F, Hao Q Z, et al. Onset of Asian desertification by 22Myr ago inferred from loess deposits in China. Nature, 2002, 416: 159-163.

[54] An Z S, Kutzbach J E, Prell W L, et al. Evolution of Asian monsoon and phased uplift of the Himalaya-Tibetan plateau since Late Miocene times . Nature, 2001, 411: 62-66.

[55] Liu Z, Colin C, Huang W, et al. Climatic and tectonic controls on weathering in South China and Indochina Peninsula: clay mineralogical and geochemical investigations from the Pearl, Red, and Mekong drainage basins. Geochimica et Cosmochimica Acta, 2007, 8: Q05005.

[56] Liu Z, Zhao Y, Colin C, et al. Source-to-sink transport processes of fluvial sediments in the south china sea. Earth Science Review, 2016, 153: 238-273.

[57] Miao Y, Warny S, Clift P D, et al. Evidence of continuous Asian summer monsoon weakening as a response to global cooling over the last 8Ma. Gondwana Research, 2017, 52: 48-58.

[58] Palmer M R, Edmond J M. The strontium isotope budget of the modern ocean. Earth and Planetary Science Letters, 1989, 92: 11-26.

[59] Farrell J W, Clemens S C, Peter G L. Improved chronostratigraphic reference curve of late Neogene seawater [87]Sr/[86]Sr. Geology, 1995, 23(5): 403-406.

[60] Zhao H, Jones B. Origin of "island dolostones": a case study from the Cayman Formation (Miocene), Cayman Brac, British West Indies. Sedimentary Geology, 2012, 243: 191-206.

[61] Alibo D S, Nozaki Y. Dissolved rare earth elements in the South China Sea: geochemical characterization of the water masses. J. Geophysical Research Oceans, 2000, 105: 28771-28783.

[62] 赵强. 西沙群岛海域生物礁碳酸盐岩沉积学研究. 北京: 中国科学院研究生院(海洋研究所), 2010.

[63] 魏喜, 祝永军, 许红, 等. 西沙群岛新近纪白云岩形成条件的探讨: C、O同位素和流体包裹体证据. 岩石学报, 2006, 22(9): 2394-2404.

[64] 修淳, 张道军, 翟世奎. 等. 西沙石岛礁相白云岩稀土元素地球化学特征及成岩环境分析. 海洋通报, 2017, 36: 151-167.

[65] Swart P K. The oxygen isotopic composition of interstitial waters: evidence for fluid flow and recrystallization in the margin of the Great Bahama Bank. Proceedings of the Ocean Drilling Program: Scientific Results, 2000, 166(1): 61-71.

[66] Kaufman J. Numerical models of fluid flow incarbonate platforms: implications for dolomitization. Journal of Sedimentary Research, 1994, 64: 128-139.

[67] Vahrenkamp V C, Swart P K, Ruiz J. Constraints and interpretation of $^{87}Sr/^{86}Sr$ ratios in Cenozoic dolomites. Geophysical Research Letters, 1988, 15(4): 385-388.

[68] Jones B, Luth R W, MacNeil A J. Powder X-ray diffraction analysis of homogeneous and heterogeneous sedimentary dolostones. Journal of Sedimentary Research, 2001, 71: 790-799.

[69] 曹佳琪, 张道军, 翟世奎. 等. 西沙岛礁白云岩化特征与成因模式分析. 海洋学报, 2016, 38: 125-139.

[70] 修淳, 张道军, 翟世奎. 等. 西沙石岛礁相白云岩稀土元素地球化学特征及成岩环境分析. 海洋通报, 2017, 36: 151-167.

[71] 张海洋, 许红, 卢树参, 等. 西沙中新世藻礁白云岩储层特征对比与成因. 全国沉积学大会沉积学与非常规资源, 2015.

[72] 何起祥, 张明书. 西沙群岛新第三纪白云岩的成因与意义. 海洋地质与第四纪地质, 1990, 10(2): 45-55.

[73] Wang R, Yu K, Jones B, et al. Evolution and development of Miocene "island dolostones" on Xisha Islands, South China Sea. Marine Geology, 2018, 406:142-158.

[74] Swart P K, Eberli G. The nature of the $\delta^{13}C$ of periplatform sediments: implications for stratigraphy and the global carbon cycle. Sediment. Geol., 2005, 175: 115-129.

[76] Swart P K. Global synchronous changes in the carbon isotopic composition of carbonate sediments unrelated to changes in the global carbon cycle. Proc. Natl. Acad. Sci. USA, 2008, 105: 13741-13745.

[76] Warren J. Dolomite: occurrence, evolution and economically important associations. Earth Science Reviews, 2000, 52: 1-81.

[77] Aïssaoui D M, McNeil D F, Kirschvink J L. Magnetostratigraphic dating of shallow-water carbonates from Mururoa atoll, French Polynesia: implications for global eustasy. Earth and Planetary Science Letters, 1990, 97(1-2): 102-112.

[78] Li Y Q, Yu K F, Bian L Z, et al. Paleo-water depth variations since the Pliocene as recorded by coralline algae in the South China Sea. Palaeogeography, Palaeoclimatology, Palaeoecology, 2020, 562: 110-107.

[79] Li Y Q, Yu K F, Bian L Z, et al. Coralline algal assemblages record Miocene sea-level changes in the South China Sea. Palaeogeography, Palaeoclimatology, Palaeoecology, 2021, 584: 110673.

[80] Neumann A C, Macintyre I G. Reef response to sea-level rise: keep-up, catch-up, or give-up. Proceedings of the Fifth International Coral Reef Congress, Tahiti, 1985, 3: 105-110.

[81] Woodroffe C D. Coasts: Form, Process and Evolution. Cambridge: Cambridge University Press, 2003, 623.

[82] Kench P S, Thompson D, Ford M R, et al. Coral islands defy sea-level rise over the past century: records from a central Pacific atoll. Geology, 2015, 43(6): 515-518.

[83] Dechnik B, Webster J M, Webb G E, et al. The evolution of the Great Barrier Reef during the Last Interglacial Period. Global and Planetary Change, 2017, 149: 53-71.

[84] Webster J M, Clague D A, Coleman K R, et al. Drowning of the -150m reef off Hawaii: a casualty of global meltwater pulse

1A. Geology, 2004, 32(3): 249-252.

[85] Faichney I D E, Webster J M, Clague D A, et al. The morphology and distribution of submerged reefs in the Maui-Nui Complex, Hawaii: New insights into their evolution since the Early Pleistocene. Marine Geology. 2009, 265(3-4): 130-145.

[86] Barnhardt W A, Richmond B, Grossman E E, et al. Possible modes of coral-reef development at Molokai, Hawaii, inferred from seismic-reflection profiling. Geo-Marine Letters, 2005, 25(5): 315-323.

[87] Perrin C. Tertiary: the emergence of modern reef ecosystems// Kiessling W, Flügel E, Golonka J. Phanerozoic Reef Patterns: Society for Sedimentary Geology. Berlin：Special Publication, 2002, 72: 587-621.

[88] John C M, Karner G D, Mutti M. δ^{18}O and Marion Plateau backstripping: combining two approaches to constrain late middle Miocene eustatic amplitude. Geology, 2004, 32: 829-832.

[89] 张明书, 何起祥, 业治铮, 等. 西沙生物礁碳酸盐沉积地质学研究. 北京: 科学出版社, 1989.

[90] Shao L, Li Q, Zhu W, et al. Neogene carbonate platform development in the NW South China Sea: litho-, bio- and chemo-stratigraphic evidence. Marine Geology, 2017a, 385: 233-243.

[91] Shao L, Cui Y, Qiao P, et al. Sea-level changes and carbonate platform evolution of the Xisha Islands (South China Sea) since the Early Miocene. Palaeogeography, Palaeoclimatology, Palaeoecology, 2017, 485: 504-516.

[92] Abbey E, Webster J M, Braga J C, et al. Variation in deglacial coralgal assemblages and their paleoenvironmental significance: IODP Expedition 310, "Tahiti Sea Level". Global and Planetary Change, 2011, 76(1-2): 1-15.

[93] 罗云, 黎刚, 徐维海. 等. 南科1井第四系暴露面特征及其与海平面变化的关系. 热带海洋学报, 2022, 41(1): 143-157.

[94] 方少仙, 候方浩, 何江, 等. 碳酸盐岩成岩作用. 北京: 地质出版社, 2013: 1-230.

[95] 郭来源, 解习农, 陈慧. 碳酸盐岩中与古暴露面相关的成岩作用. 地质科技情报, 2014, 33(3): 57-62.

[96] Jones B. Cave-fills in Miocene-Pliocene strata on Cayman Brac, British West Indies: implications for the geological evolution of an isolated oceanic island. Sedimentary Geology, 2016, 341: 70-95.

[97] 尤丽, 于亚苹, 廖静, 等. 西沙群岛西科1井第四纪生物礁中典型暴露面的岩石学与孔隙特征. 地球科学, 2015, 40(4): 671-676.

[98] 李明隆, 谭秀成, 罗冰. 等. 四川盆地西北部中二叠统栖霞组相控早期高频暴露岩溶特征及启示. 中国石油勘探, 2020, 25(3): 66-82.

[99] Swart P K, Eberli G. The nature of the δ^{13}C of periplatform sediments: implications for stratigraphy and the global carbon cycle. Sediment. Geol., 2005, 175: 115-129.

[100] Swart P K, Kennedy M J. Does the global stratigraphic reproducibility of δ^{13}C in Neoproterozoic carbonates require a marine origin? A Pliocene-Pleistocene comparison. Geological Society of America Bulletin, 2011, 40(1): 87-90.

[101] Swart P K. Global synchronous changes in the carbon isotopic composition of carbonate sediments unrelated to changes in the global carbon cycle. Proc. Natl. Acad. Sci. USA, 2008, 105: 13741-13745.

[102] Marshall J D, Brenchley P J, Mason P, et al. Global carbon isotopic events associated with mass extinction and glaciation in the late Ordovician. Palaeogeography, Palaeoclimatology, Palaeoecology, 1997, 132 (1-4): 195-210.

[103] 张桂林. 18.5Ma以来南海海平面变化特征. 成都: 成都理工大学, 2019.

[104] Miller K G, Kominz M A, Browning J V, et al. The Phanerozoic record of global sea-level change. Science, 2005, 310: 1293-1298.

[105] Haq B U J, Hardenbol P R, Vail P R. Chronology of fluctuating sea levels since the triassic. Science, 1987, 235: 1156-1167.

[106] Hall R. Late Jurassic-Cenozoic reconstructions of the Indonesian region and the Indian Ocean. Tectonophysics, 2012, 11: 1-41.

[107] Fyhn M B W, Boldreel L O, Nielsen Lars H. Geological development of the Central and South Vietnamese margin: implications for the establishment of the South China Sea, Indochinese escape tectonics and Cenozoic volcanism. Tectonophysics, 2009, 478: 184-214.

[108] Fyhn M B W, Boldreel L O, Nielsen L H, et al. Carbonate platform growth and demise offshore Central Vietnam: effects of Early Miocene transgression and subsequent onshore uplift. J. Asian Earth Sci., 2009, 76: 152-168.

[109] Menier D, Pierson B, Chalabi A, et al. Morphological indicators of structural control, relative sea-level fluctuations and platform drowning on present-day and Miocene carbonate platforms. Mar. Pet. Geol., 2014, 58: 776-788.

[110] Zahirovic S, Seton M, Muller R D. The Cretaceous and Cenozoic tectonic evolution of Southeast Asia. Solid Earth Discuss, 2014, 5: 227-273.

[111] Ma Y B, Wu S L, Fu L L, et al. Seismic characteristics and development of the Xisha carbonate platforms, northern margin of the South China Sea. Journal of Asian Earth Sciences, 2011, 40: 770-783.

[112] Wu S G, Yang Z, Wang D, et al. Architecture, development and geological control of the Xisha carbonate platforms, northwestern South China Sea. Marine Geology, 2014, 350: 71-83.

[113] Fan T, Yu K, Zhao J, et al. Strontium isotope stratigraphy and paleomagnetic age constraints on the evolution history of coral reef islands, northern South China Sea. Geol. Soc. Am. Bull., 2020, 132: 803-816.

[114] Lincoln J M, Schlanger S O. Atoll stratigraphy as a record of sea level change: problems and prospects. Journal of Geophysical Research, 1991, 96: 6727-6752.

[115] Rohling E J, Yu J M, Heslop D, et al. Sea level and deep-sea temperature reconstructions suggest quasi-stable states and critical transitions over the past 40million years. Sci. Adv., 2021, 7(26): 1-17.

[116] Shackleton N J. Oxygen isotopes, ice volume and sea level. Quaternary Science Reviews, 1987, 6: 183-190.

[117] John C M, Karner G D, Mutti M. $\delta^{18}O$ and Marion Plateau backstripping: combining two approaches to constrain late middle Miocene eustatic amplitude. Geology, 2004, 32: 829-832.

[118] Zachos J, Pagani M, Sloan L. Trends, rhythms, and aberrations in global climate 65ma to present. Science, 2001, 292: 686-693.

[119] Gasson E, Siddall M, Lunt D J, et al. Exploring uncertainties in the relationship between temperature, ice volume, and sea level over the past 50Million years. Review of Geophysics, 2012, 50: RG1005.

— 附录一 —

珊瑚图版与图版说明

图版 I

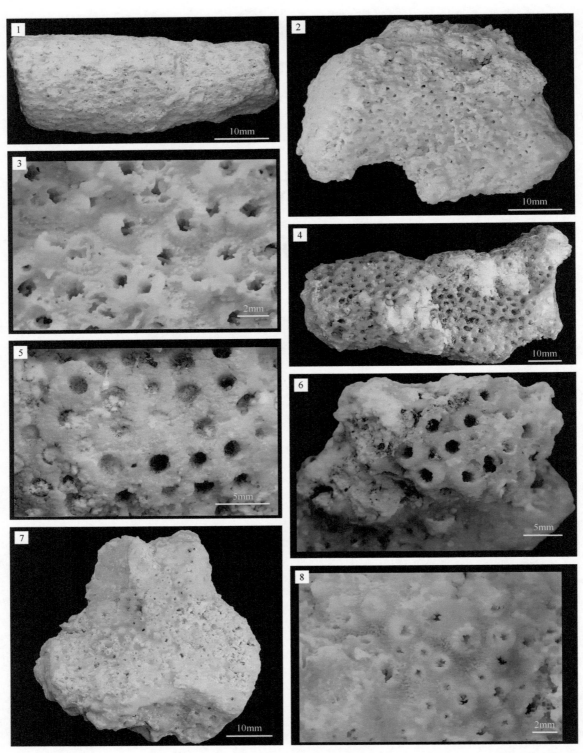

图1. 鹿角珊瑚属未定种 1 *Acropora* sp.1；图2、图3. 鹿角珊瑚属未定种 2 *Acropora* sp.2；图4、图5. 鹿角珊瑚属未定种 3 *Acropora* sp.3；图6. 鹿角珊瑚属未定种 4 *Acropora* sp.4；图7、图8. 鹿角珊瑚属未定种 5 *Acropora* sp.5。

图版 II

图1、图2. 鹿角珊瑚属未定种 6 *Acropora* sp.6；图3. 鹿角珊瑚属未定种 7 *Acropora* sp.7；图4、图5. 鹿角珊瑚属未定种 8 *Acropora* sp.8；图6、图7. 鹿角珊瑚属未定种 9 *Acropora* sp.9。

图版 Ⅲ

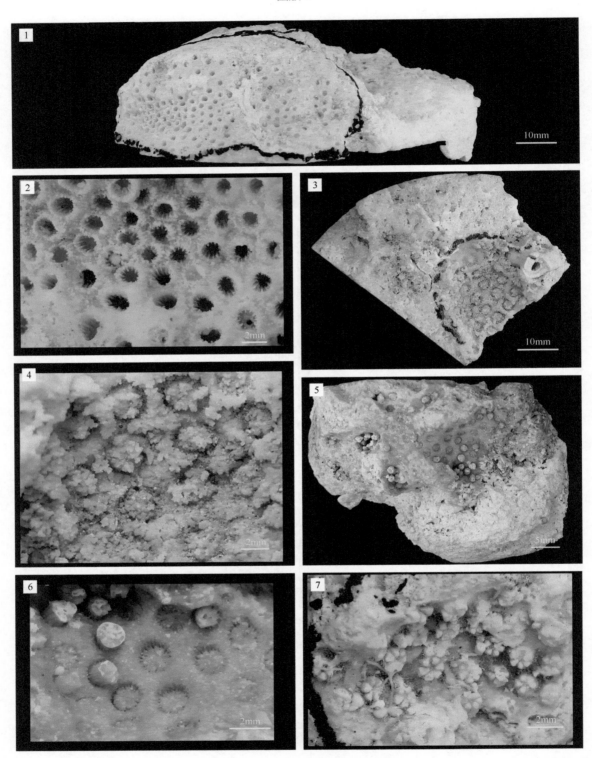

图 1、图 2. 星孔珊瑚属未定种 1 *Astreopora* sp.1；图 3、图 4. 星孔珊瑚属未定种 2 *Astreopora* sp.2；图 5、图 6. 星孔珊瑚属未定种 3 *Astreopora* sp.3；图 7. 星孔珊瑚属未定种 4 *Astreopora* sp.4。

图版 IV

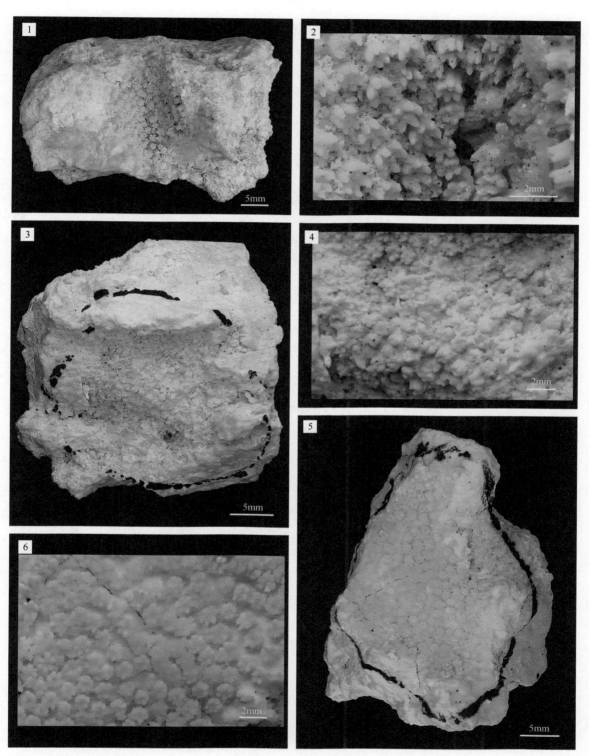

图 1、图 2. 星孔珊瑚属未定种 5 *Astreopora* sp.5；图 3、图 4. 星孔珊瑚属未定种 6 *Astreopora* sp.6；图 5、图 6. 星孔珊瑚属未定种 7 *Astreopora* sp.7。

图版 V

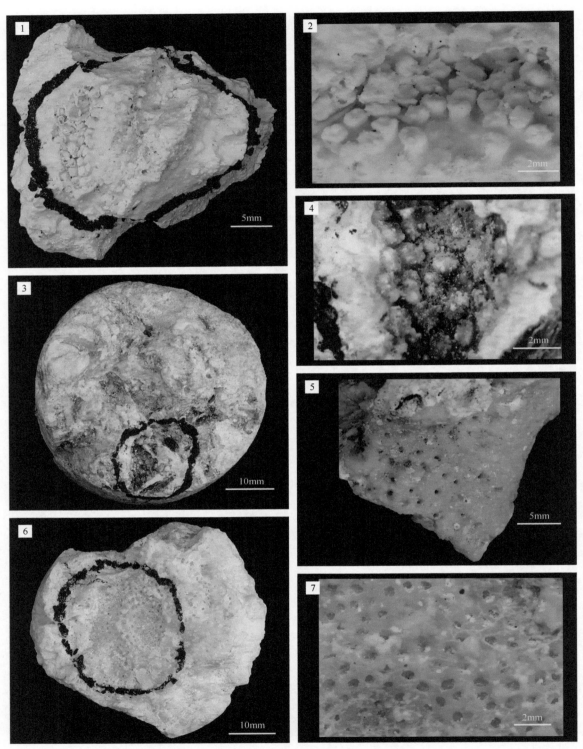

图1、图2. 星孔珊瑚属未定种 8 *Astreopora* sp.8；图3、图4. 星孔珊瑚属未定种 9 *Astreopora* sp.9；图5. 蔷薇珊瑚属未定种 1 *Montipora* sp.1；图6、图7. 蔷薇珊瑚属未定种 2 *Montipora* sp.2。

图版 Ⅵ

图1、图2. 蔷薇珊瑚属未定种 3 *Montipora* sp.3；图3、图4. 易变牡丹珊瑚 *Pavona varians* Verrill, 1864；图5. 石芝珊瑚属未定种1 *Fungia* sp.1；图6、图7. 石芝珊瑚属未定种2 *Fungia* sp.2。

图版VII

图1、图2. 石芝珊瑚属未定种 3 *Fungia* sp.3；图3、图4. 石芝珊瑚属未定种 4 *Fungia* sp.4；图5、图6. 石芝珊瑚属未定种 5 *Fungia* sp.5。

图版Ⅷ

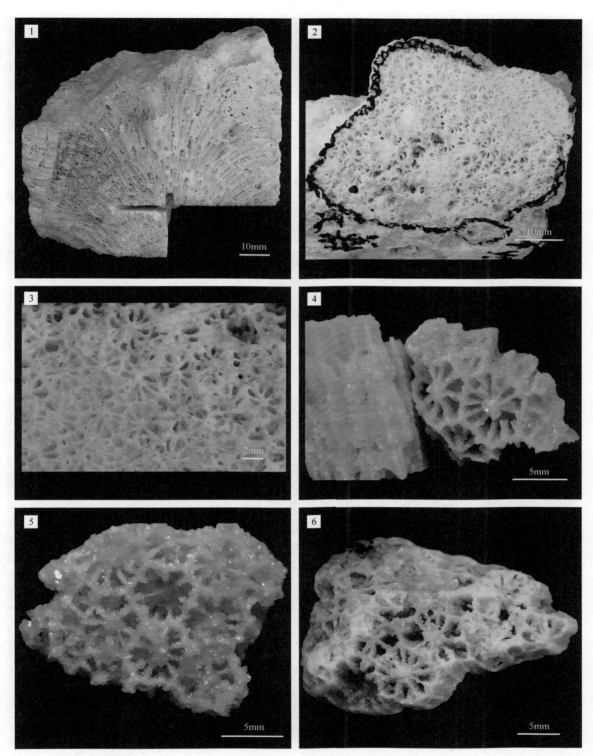

图1、图2. 角孔珊瑚属未定种1 *Goniopora* sp.1；图3、图4. 角孔珊瑚属未定种2 *Goniopora* sp.2；图5、图6. 角孔珊瑚属未定种3 *Goniopora* sp.3。

图版IX

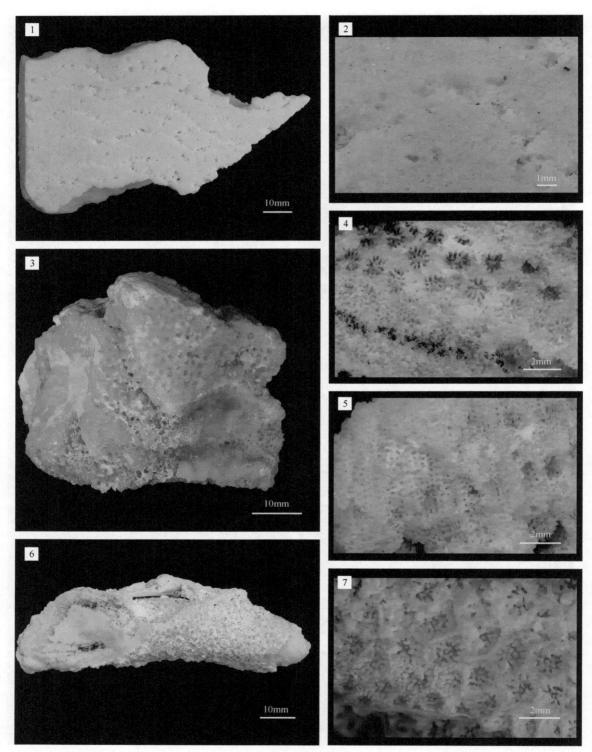

图1、图2. 滨珊瑚属未定种1 *Porites* sp.1；图3～图5. 澄黄滨珊瑚 *Porites lutea* Milne-Edwards & Haime, 1851；图6、图7. 滨珊瑚属未定种2 *Porites* sp.2。

图版 X

图 1 ~图 3. 澄黄滨珊瑚 *Porites lutea* Milne-Edwards & Haime, 1851；图 4、图 5. 滨珊瑚属未定种 3 *Porites* sp.3；图 6、图 7. 滨珊瑚属未定种 4 *Porites* sp.4。

图版 XI

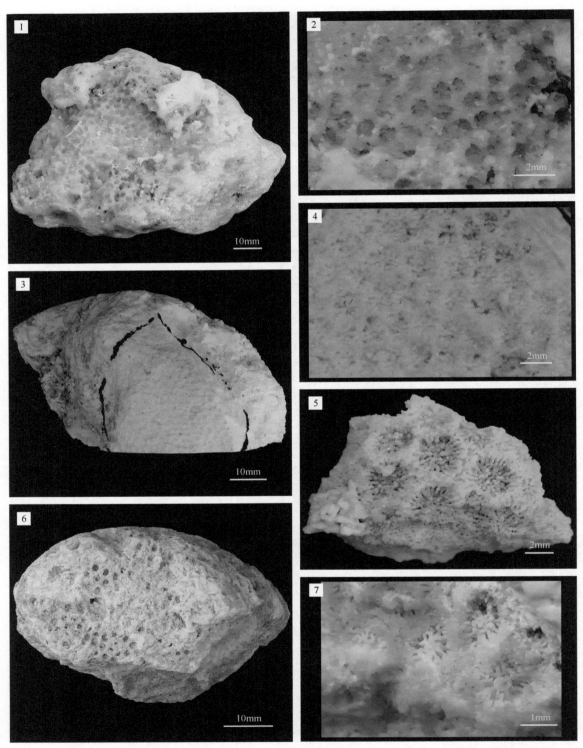

图1、图2. 滨珊瑚属未定种5 *Porites* sp.5；图3、图4. 滨珊瑚属未定种6 *Porites* sp.6；图5. 滨珊瑚属未定种7 *Porites* sp.7；图6、图7. 滨珊瑚属未定种8 *Porites* sp.8。

图版XII

图1、图2. 滨珊瑚属未定种 9 *Porites* sp.9；图3~图5. 滨珊瑚属未定种 10 *Porites* sp.10；图6、图7. 滨珊瑚属未定种 11 *Porites* sp.11。

图版 XⅢ

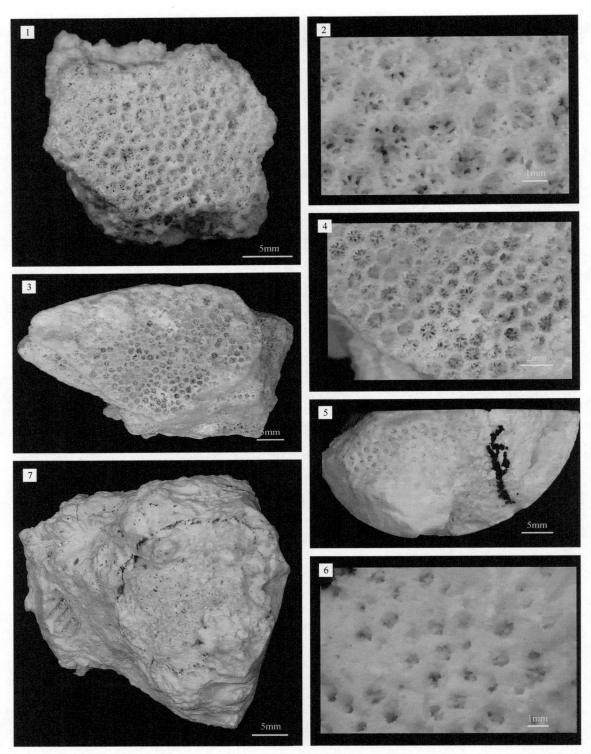

图1、图2. 滨珊瑚属未定种12 *Porites* sp.12；图3、图4. 滨珊瑚属未定种13 *Porites* sp.13；图5、图6. 滨珊瑚属未定种14 *Porites* sp.14；图7. 滨珊瑚属未定种15 *Porites* sp.15。

图版 XIV

图 1～图 3. 蜂房珊瑚属未定种 *Favia* sp.；图 4、图 5. 角蜂巢珊瑚属未定种 1 *Favites* sp.1；图 6、图 7. 角蜂巢珊瑚属未定种 2 *Favites* sp.2。

图版 XV

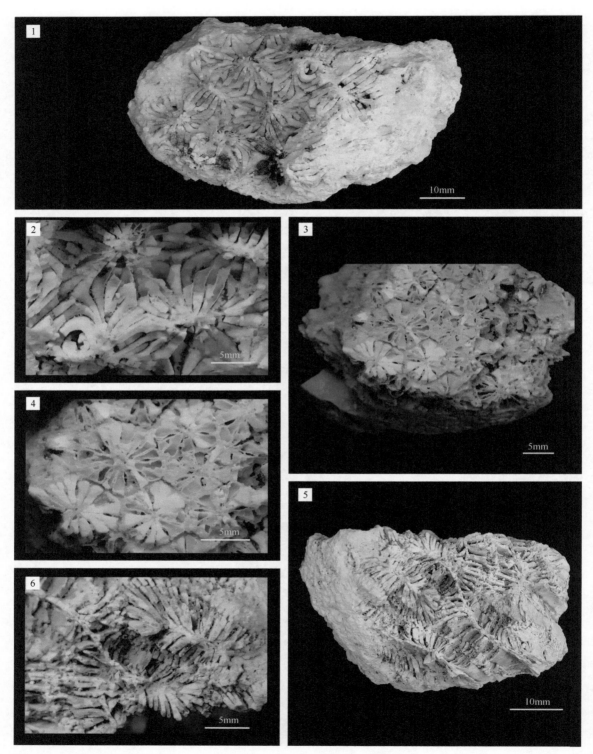

图1、图2. 角蜂巢珊瑚属未定种 3 *Favites* sp.3；图3、图4. 角蜂巢珊瑚属未定种 4 *Favites* sp.4；图5、图6. 角蜂巢珊瑚属未定种 5 *Favites* sp.5。

图版 XVI

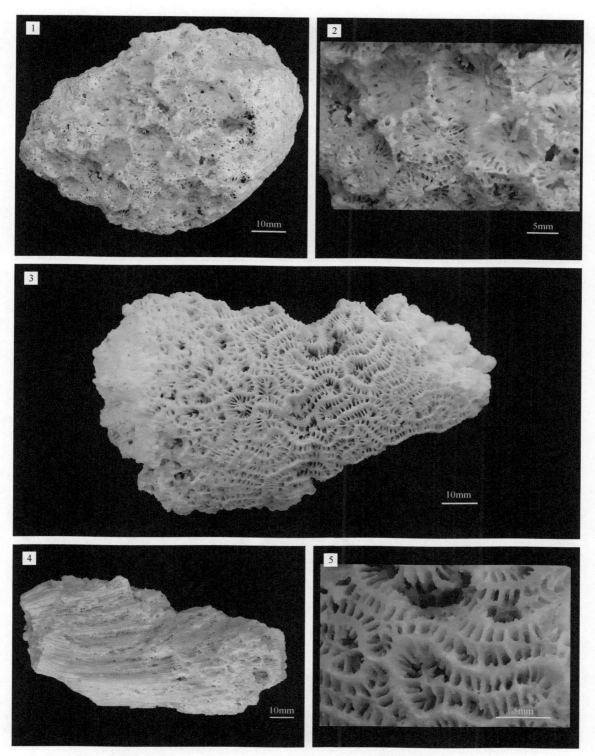

图1、图2. 菊花珊瑚属未定种 *Goniastrea* sp.；图3～图5. 扁脑珊瑚属未定种1 *Platygyra* sp.1。

图版 XVII

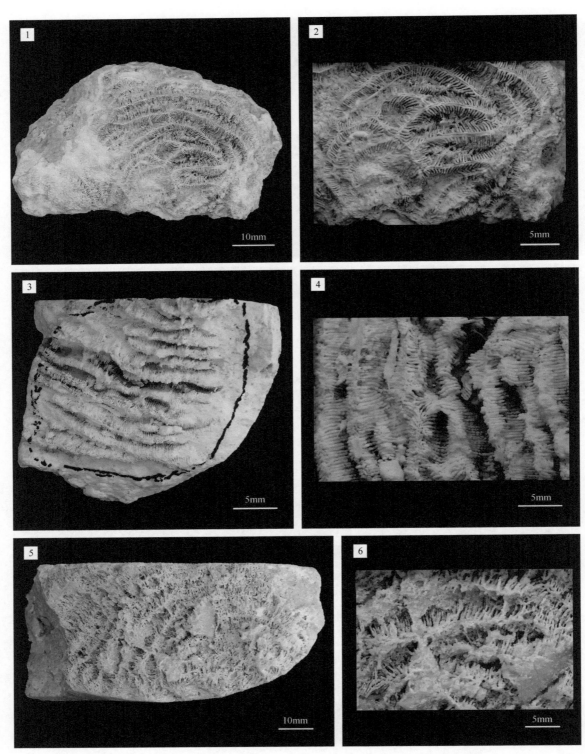

图1、图2. 片扁脑珊瑚 *Platygyra lamellina* (Ehrenberg, 1834)；图3、图4. 扁脑珊瑚属未定种 2 *Platygyra* sp.2；图5、图6. 扁脑珊瑚属未定种 3 *Platygyra* sp.3。

图版 XVIII

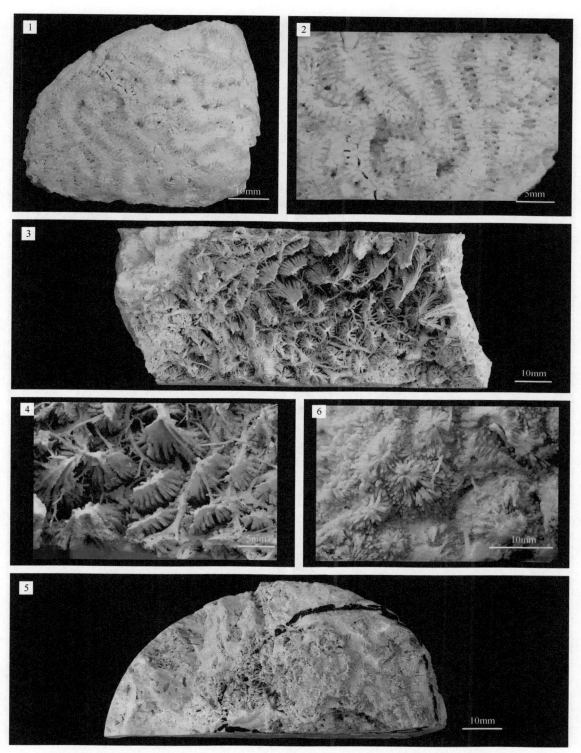

图1、图2. 弗利吉亚肠珊瑚 *Leptoria phrygia* (Ellis & Solander, 1786)；图3、图4. 刺柄珊瑚属未定种 1 *Hydnophora* sp.1；图5、图6. 刺柄珊瑚属未定种 2 *Hydnophora* sp.2。

图版 XIX

图1、图2. 双星珊瑚属未定种1 *Diploastrea* sp.1；图3、图4. 双星珊瑚属未定种2 *Diploastrea* sp.2；图5、图6. 刺星珊瑚属未定种1 *Cyphastrea* sp.1。

图版 XX

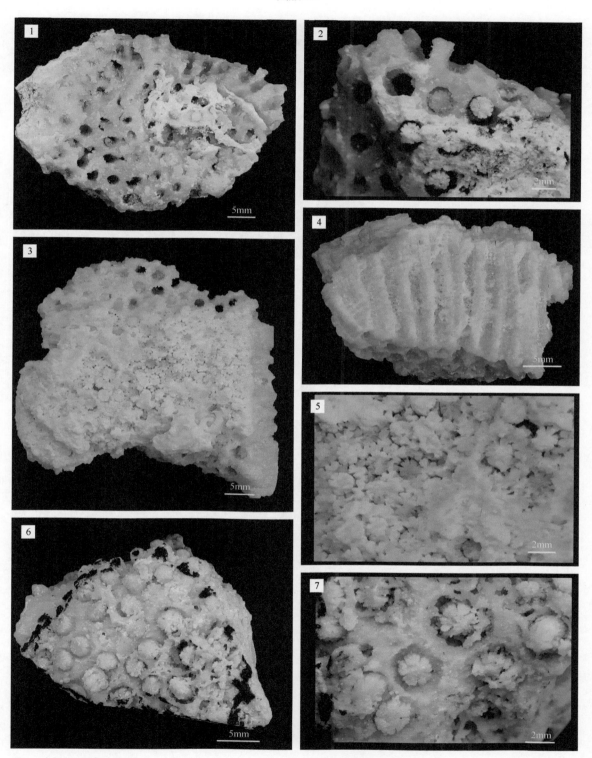

图1、图2. 刺星珊瑚属未定种2 *Cyphastrea* sp.2；图3～图5. 刺星珊瑚属未定种3 *Cyphastrea* sp.3；图6、图7. 刺星珊瑚属未定种4 *Cyphastrea* sp.4。

图版 XXI

图 1、图 2. 刺星珊瑚属未定种 5 *Cyphastrea* sp.5；图 3. 沙乌京斯安的列斯珊瑚（比较种）*Antillophyllia* cf. *sawkinsi* (Vaughan, 1926)；图 4、图 5. 安的列斯珊瑚属未定种 *Antillophyllia* sp.；图 6. 掌状星日珊瑚 *Astrhelia palmata* (Gold-fuss, 1829)。

图版 XXII

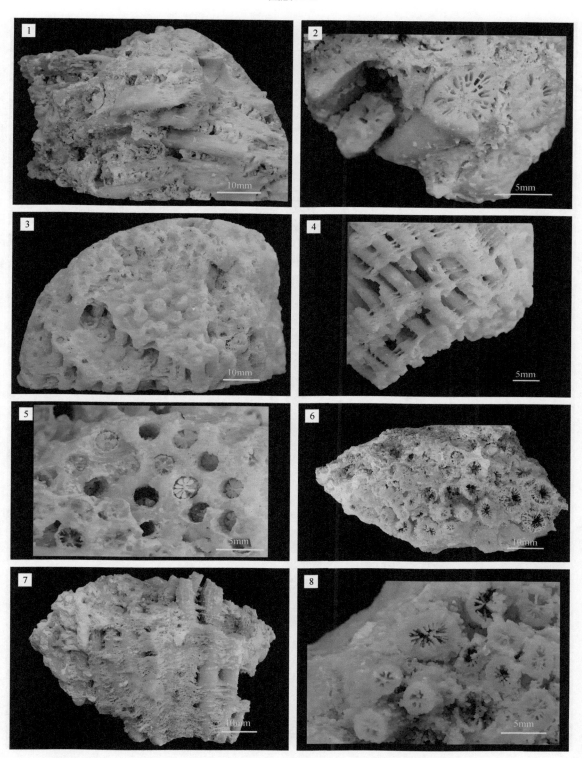

图 1、图 2. 丛生盔形珊瑚 *Galaxea fascicularis* (Linnaeus, 1767)；图 3 ～图 5. 稀杯盔形珊瑚 *Galaxea astreata* (Lamarck, 1816)；图 6 ～图 8. 丛生盔形珊瑚 *Galaxea fascicularis* (Linnaeus, 1767)。

图版 XXⅢ

图 1、图 2. 盔形珊瑚属未定种 1 *Galaxea* sp.1；图 3～图 5. 丛生盔形珊瑚 *Galaxea fascicularis* (Linnaeus, 1767)；图 6、图 7. 盔形珊瑚属未定种 2 *Galaxea* sp.2。

图版 XXIV

图 1. 针叶珊瑚属未定种 *Acanthophyllia* sp.；图 2. 齿状大安的列斯珊瑚 *Antillia dentata* Duncan, 1864；图 3、图 4. 叶状珊瑚属未定种 1 *Lobophyllia* sp.1；图 5、图 6. 叶状珊瑚属未定种 2 *Lobophyllia* sp.2。

图版XXV

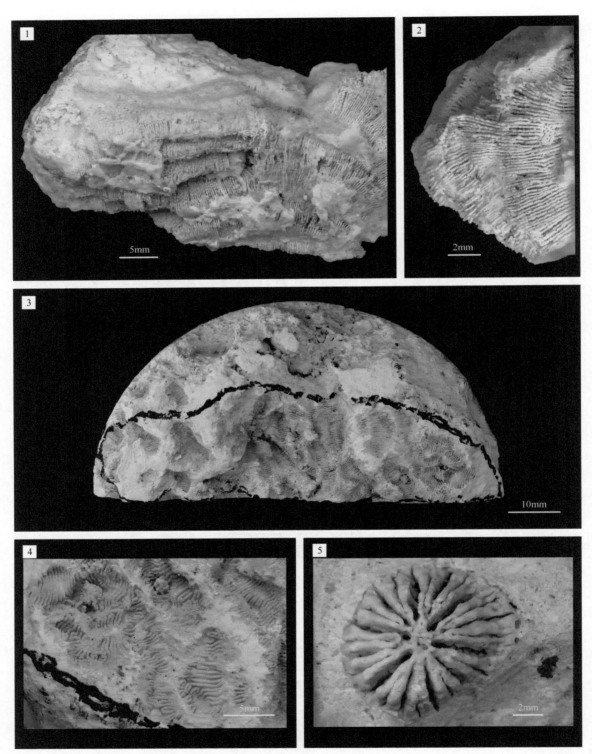

图1、图2. 合叶珊瑚属未定种 *Symphyllia* sp.；图3、图4. 棘叶珊瑚属未定种 *Echinophyllia* sp.；图5. 丁香珊瑚属未定种 *Caryophyllia* sp.。

图版 XXVI

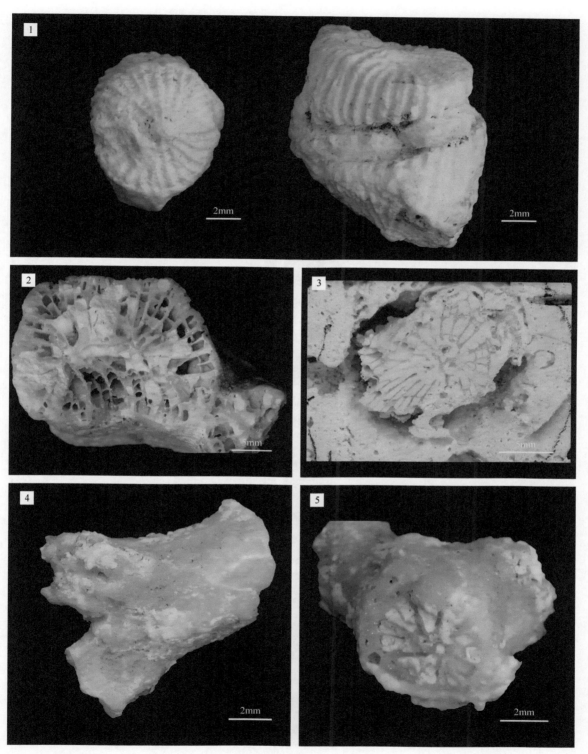

图 1. 共杯珊瑚属未定种 *Coenocyathus* sp.；图 2. 真叶珊瑚属未定种 *Euphyllia* sp.；图 3. 轮沙珊瑚属未定种 *Trochopsammia* sp.；图 4、图 5. 变沙珊瑚属未定种 *Enallopsammia* sp.。

图版 XXⅦ

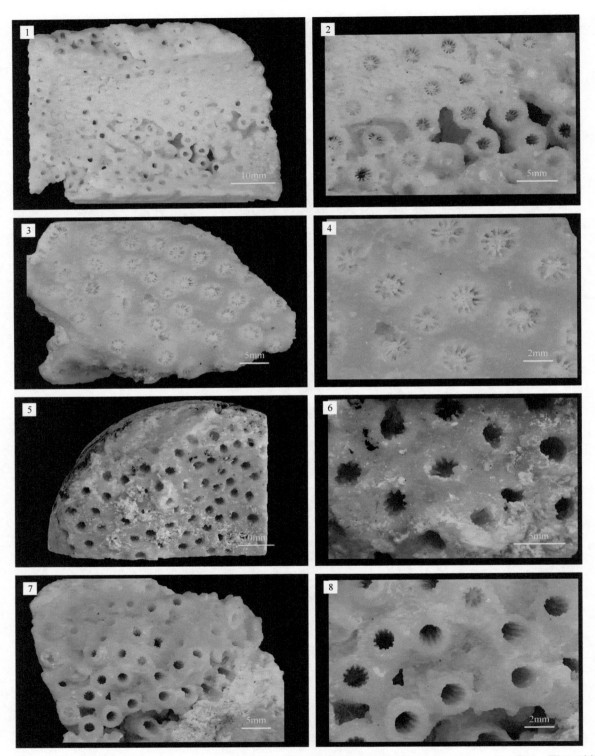

图1、图2. 陀螺珊瑚属未定种 1 *Turbinaria* sp.1；图3、图4. 陀螺珊瑚属未定种 2 *Turbinaria* sp.2；图5、图6. 陀螺珊瑚属未定种 3 *Turbinaria* sp.3；图7、图8. 陀螺珊瑚属未定种 4 *Turbinaria* sp.4。

图版XXVIII

图1、图2. 陀螺珊瑚属未定种5 *Turbinaria* sp.5; 图3～图5. 陀螺珊瑚属未定种6 *Turbinaria* sp.6; 图6、图7. 陀螺珊瑚属未定种7 *Turbinaria* sp.7。

图版 XXIX

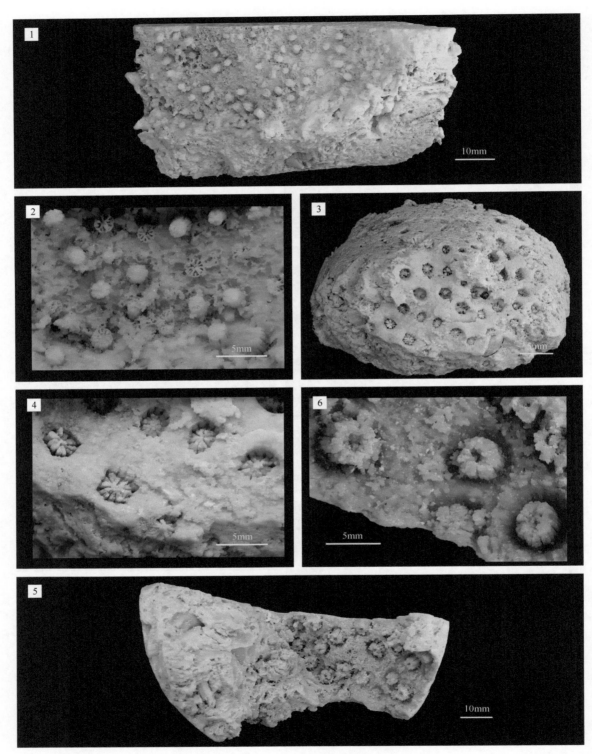

图 1、图 2. 陀螺珊瑚属未定种 8 *Turbinaria* sp.8；图 3、图 4. 陀螺珊瑚属未定种 9 *Turbinaria* sp.9；图 5、图 6. 陀螺珊瑚属未定种 10 *Turbinaria* sp.10。

图版 XXX

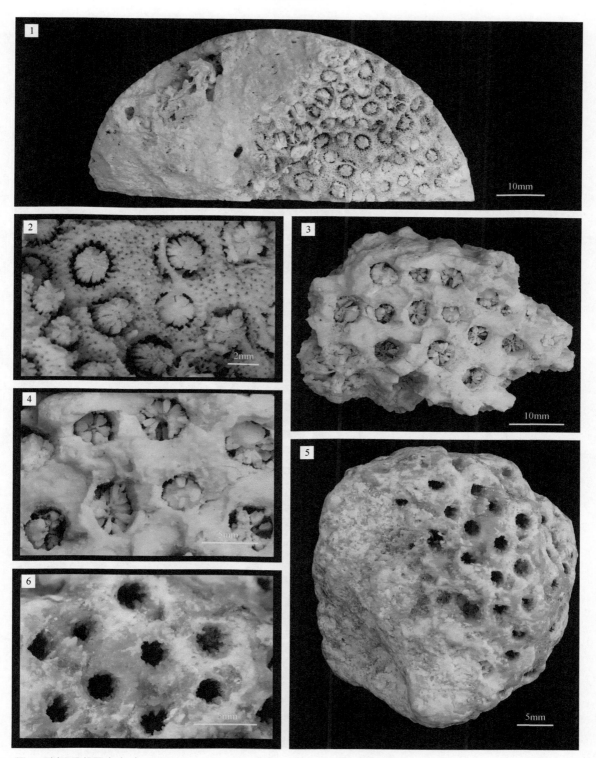

图 1、图 2. 陀螺珊瑚属未定种 11 *Turbinaria* sp.11；图 3、图 4. 陀螺珊瑚属未定种 12 *Turbinaria* sp.12；图 5、图 6. 陀螺珊瑚属未定种 13 *Turbinaria* sp.13。

图版 XXXI

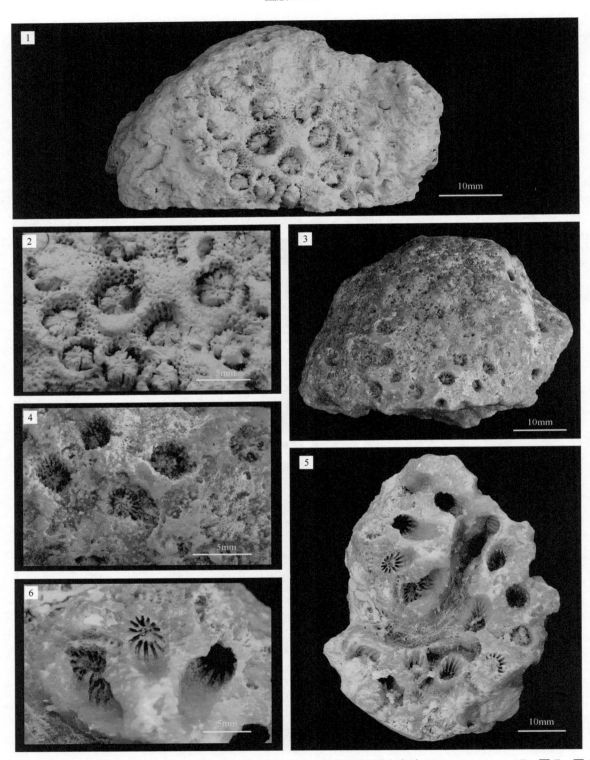

图1、图2. 陀螺珊瑚属未定种14 *Turbinaria* sp.14；图3、图4. 陀螺珊瑚属未定种15 *Turbinaria* sp.15；图5、图6. 陀螺珊瑚属未定种16 *Turbinaria* sp.16。

图版 XXXII

图 1～图 4. 陀螺珊瑚属未定种 17 *Turbinaria* sp.17；图 5～图 7. 陀螺珊瑚属未定种 18 *Turbinaria* sp.18。

图版 XXXIII

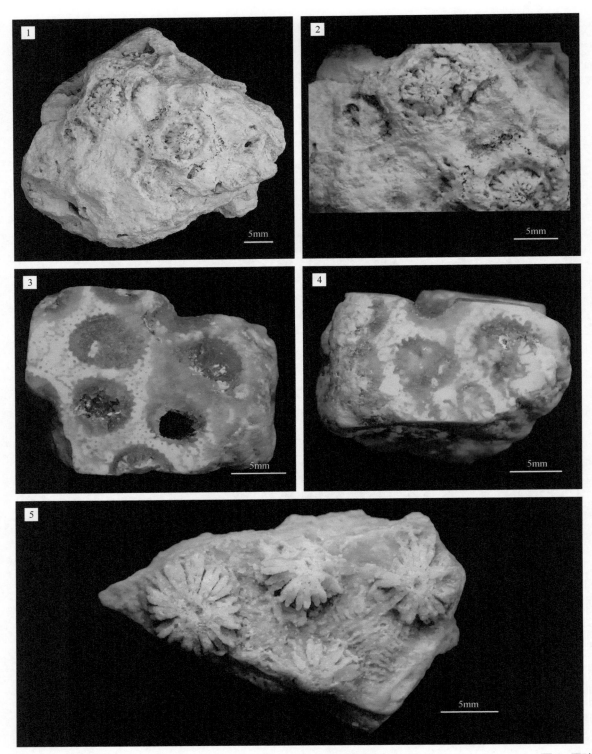

图 1、图 2. 陀螺珊瑚属未定种 19 *Turbinaria* sp.19；图 3、图 4. 陀螺珊瑚属未定种 20 *Turbinaria* sp.20；图 5. 属种未定 Gen. et sp. indet.。

图版 XXXIV

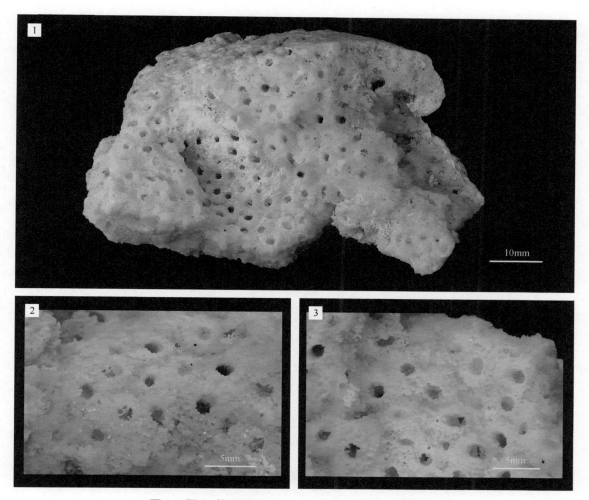

图 1 ~ 图 3. 苍珊瑚 *Heliopora coerulea* (Pallas, 1766)。

― 附录二 ―

有孔虫图版与图版说明

  本图版为琛科 2 井松散沉积物与薄片中部分有孔虫扫描电镜照片。若为表层沉积物与钻孔沉积物共有的有孔虫，则选取电镜照片更为清晰者制作本图版。

图版 I

图版 Ⅰ 说明

图 1. 皱隔编织虫 *Septotextularia rugulosa* **(Cushman)**；标本放置：1a 侧视，1b 口视；标本大小：壳长 3.85mm，宽 1.49mm，厚 0.98mm；标本产地：全富岛。

图 2. 叶状编织虫 *Textularia foliacea* **Heron-Allen & Earland**；标本放置：2a 侧视，2b 缘视；标本大小：壳长 0.76mm，宽 0.42mm；厚 0.31mm；标本产地：羚羊礁。

图 3. 波屈编织虫 *Textularia crenata* **Cheng & Zheng**；标本放置：3a 侧视，3b 口视；标本大小：壳长 1.76mm，宽 1.70mm，厚 0.96mm；标本产地：羚羊礁。

图 4. 清晰编织虫 *Textularia articulata* **d'Orbigny**；标本放置：4a 侧视，4b 口视；标本大小：壳长 0.62mm，宽 0.75mm，厚 0.44mm；标本产地：羚羊礁。

图 5. 管室高锥虫 *Gaudryina (Siphogaudryina) siphonifera* **(Brady)**；标本放置：5a 侧视，5b 口视；标本大小：壳长 1.12mm，宽 0.51mm，厚 0.40mm；标本产地：羚羊礁。

图 6. 大头编织虫 *Textularia candeiana* **d'Orbigny**；标本放置：6a 侧视，6b 缘视；标本大小：壳长 0.90mm，宽 0.66mm，厚 0.40mm；标本产地：羚羊礁。

图 7. 圆锥编织虫 *Textularia conica* **d'Orbigny**；标本放置：7a 侧视，7b 口视；标本大小：壳长 0.65mm，宽 0.71mm，厚 0.46mm；标本产地：羚羊礁。

图 8. 克伦班编织虫 *Textularia kerimbaensis* **Said**；标本放置：8a 侧视，8b 口视；标本大小：壳长 0.28mm，宽 0.35mm，厚 0.18mm；标本产地：全富岛。

图 9. 未定维纽虫 *Verneuilina* **sp.**；标本放置：9a 侧视，9b 口视；标本大小：壳长 1.43mm，宽 1.06mm，厚 0.98mm；标本产地：琛航岛（琛科 2 井）；标本井深：792.55m。

图 10. 角锥瓣齿虫 *Valvulina davidiana* **Chapman**；标本放置：10a 侧视，10b 口视；标本大小：壳长 0.69mm，宽 1.31mm，厚 0.95mm；标本产地：羚羊礁。

图 11. 太平洋棒形虫 *Clavulina pacifica* **Cushman**；标本放置：11a 侧视，11b 口视；标本大小：壳长 1.37mm，宽 0.42mm，厚 0.42mm；标本产地：羚羊礁。

图 12. 双形棒形虫 *Clavulina difformis* **Brady**；标本放置：12a 侧视，12b 口视；标本大小：壳长 0.90mm，宽 0.32mm，厚 0.38mm；标本产地：羚羊礁。

图 13. 布雷迪平盘虫 *Placopsilina bradyi* **Cushman & McCulloch**；标本放置：13a 正视，13b 侧视；标本大小：壳长 3.52mm，宽 0.99mm，厚 0.12mm；标本产地：羚羊礁。

图 14. 四角高锥虫 *Gaudryina (Gaudryina) quadrargularis* **Cushman**；标本放置：14a 侧视，14b 口视；标本大小：壳长 0.97mm，宽 0.52mm，厚 0.31mm；标本产地：羚羊礁。

图版 II 说明

图 1. 棱角抱环虫 *Spiroloculina angulata* Cushman；标本放置：1a 侧视，1b 口视；标本大小：壳长 0.61mm，宽 0.31mm，厚 0.15mm；标本产地：羚羊礁。

图 2. 相仿抱环虫 *Spiroloculina aequa* Cushman；标本放置：2a 侧视，2b 口视；标本大小：壳长 0.46mm，宽 0.28mm，厚 0.11mm；标本产地：羚羊礁。

图 3. 截缘抱环虫 *Spiroloculina excisa* Cushman & Todd；标本放置：3a 侧视，3b 口视；标本大小：壳长 0.58mm，宽 0.29mm，厚 0.13mm；标本产地：羚羊礁。

图 4. 普通抱环虫 *Spiroloculina communis* Cushman & Todd；标本放置：4a 侧视，4b 口视；标本大小：壳长 0.91mm，宽 0.44mm，厚 0.25mm；标本产地：羚羊礁。

图 5. 安的列斯抱环虫 *Spiroloculina antillarum* d'Orbigny；标本放置：5a 侧视，5b 口视；标本大小：壳长 1.04mm，宽 0.48mm，厚 0.14mm；标本产地：琛航岛（琛科 2 井）；标本井深：7.95m。

图 6. 安的列斯抱环虫 *Spiroloculina antillarum* d'Orbigny；标本放置：6a 侧视，6b 口视；标本大小：壳长 0.85mm，宽 0.50mm，厚 0.22mm；标本产地：羚羊礁。

图 7. 纺锤五玦虫 *Quinqueloculina fusiformis* Zheng；标本放置：7a 多室面视，7b 口视，7c 少室面视；标本大小：壳长 0.61mm，宽 0.47mm，厚 0.39mm；标本产地：羚羊礁。

图 8. 异抱环虫 *Spiroloculina eximia* Cushman；标本放置：8a 侧视，8b 口视；标本大小：壳长 0.98mm，宽 0.63mm，厚 0.26mm；标本产地：羚羊礁。

图 9. 管室五玦虫 *Quinqueloculina tubilocula* Zheng；标本放置：9a 多室面视，9b 口视，9c 少室面视；标本大小：壳长 0.99mm，宽 0.36mm，厚 0.20mm；标本产地：羚羊礁。

图 10. 横波五玦虫 *Quinqueloculina parkeri* (Brady)；标本放置：10a 多室面视，10b 口视，10c 少室面视；标本大小：壳长 1.13mm，宽 0.78mm，厚 0.47mm；标本产地：羚羊礁。

图 11. 双齿五玦虫 *Quinqueloculina bidentata* d'Orbigny；标本放置：11a 多室面视，11b 口视，11c 少室面视；标本大小：壳长 0.69mm，宽 0.45mm，厚 0.21mm；标本产地：羚羊礁。

图 12. 亚粒三玦虫 *Triloculina subgranulata* Cushman；标本放置：12a 多室面视，12b 口视，12c 少室面视；标本大小：壳长 0.59mm，宽 0.38mm，厚 0.29mm；标本产地：羚羊礁。

图 13. 隆缘五玦虫 *Quinqueloculina bradyana* Cushman；标本放置：13a 多室面视，13b 口视，13c 少室面视；标本大小：壳长 0.67mm，宽 0.48mm，厚 0.12mm；标本产地：石屿。

图 14. 粒肋五玦虫 *Quinqueloculina granulocostata* Germeraad；标本放置：14a 多室面视，14b 口视，14c 少室面视；标本大小：壳长 0.41mm，宽 0.23mm，厚 0.15mm；标本产地：羚羊礁。

图 15. 新细纹五玦虫 *Quinqueloculina neostriatula* Thalmann；标本放置：15a 多室面视，15b 少室面视，15c 口视；标本大小：壳长 0.84mm，宽 0.68mm，厚 0.49mm；标本产地：羚羊礁。

图版 Ⅲ

图版 III 说明

图 1. 隆缘五玦虫 *Quinqueloculina bradyana* **Cushman**；标本放置：1a 多室面视，1b 口视，1c 少室面视；标本大小：壳长 0.73mm，宽 0.68mm，厚 0.39mm；标本产地：羚羊礁。

图 2. 粘合管口虫 *Siphonaperta agglutinans* (**d'Orbigny**)；标本放置：2a 多室面视，2b 口视，2c 少室面视；标本大小：壳长 1.14mm，宽 0.74mm，厚 0.38mm；标本产地：羚羊礁。

图 3. 半缺五玦虫 *Quinqueloculina seminulum* (**Linnaeus**)；标本放置：3a 多室面视，3b 口视，3c 少室面视；标本大小：壳长 0.84mm，宽 0.62mm，厚 0.54mm；标本产地：琛航岛（琛科 2 井）；标本井深：653.07m。

图 4. 厚壳管口虫 *Siphonaperta crassatina* (**Brady**)；标本放置：4a 多室面视，4b 口视，4c 少室面视；标本大小：壳长 0.45mm，宽 0.43mm，厚 0.28mm；标本产地：羚羊礁。

图 5. 拉马克五玦虫 *Quinqueloculina lamarckiana* **d'Orbigny**；标本放置：5a 多室面视，5b 口视，5c 少室面视；标本大小：壳长 1.56mm，宽 1.21mm，厚 0.44mm；标本产地：琛航岛（琛科 2 井）；标本井深：887m。

图 6. 显颈三玦虫 *Triloculina earlandi* **Cushman**；标本放置：6a 多室面视，6b 口视，6c 少室面视；标本大小：壳长 0.55mm，宽 0.26mm，厚 0.18mm；标本产地：羚羊礁。

图 7. 拉马克五玦虫小型亚种 *Quinqueloculina lamarckiana* subsp. *minuscula* **He, Hu & Wang**；标本放置：7a 多室面视，7b 口视，7c 少室面视；标本大小：壳长 0.43mm，宽 0.32mm，厚 0.17mm；标本产地：琛航岛（琛科 2 井）；标本井深：5.85m。

图 8. 双稜三玦虫 *Triloculina bicarinata* **d'Orbigny**；标本放置：8a 多室面视，8b 口视，8c 少室面视；标本大小：壳长 1.06mm，宽 0.86mm，厚 0.48mm；标本产地：羚羊礁。

图 9. 波义五玦虫 *Quinqueloculina boueana* **d'Orbigny**；标本放置：9a 多室面视，9b 口视，9c 少室面视；标本大小：壳长 0.47mm，宽 0.31mm，厚 0.23mm；标本产地：羚羊礁。

图 10. 畸三玦虫 *Triloculina irregularis* (**d'Orbigny**)；标本放置：10a 多室面视，10b 口视，10c 少室面视；标本大小：壳长 0.49mm，宽 0.29mm，厚 0.22mm；标本产地：羚羊礁。

图 11. 华美五玦虫 *Quinqueloculina decora* **Zheng**；标本放置：11a 多室面视，11b 口视，11c 少室面视；标本大小：壳长 0.00mm，宽 0.00mm，厚 0.00mm；标本产地：羚羊礁。

图 12. 波脊五玦虫 *Quinqueloculina berthelotiana* **d'Orbigny**；标本放置：12a 多室面视，12b 口视，12c 少室面视；标本大小：壳长 0.90mm，宽 0.33mm，厚 0.18mm；标本产地：琛航岛（琛科 2 井）；标本井深：7.95m。

图版 Ⅳ

图版Ⅳ说明

图 1. 悦目五玦虫 *Quinqueloculina venusta* **Karrer**；标本放置：1a 多室面视，1b 口视，1c 少室面视；标本大小：壳长 0.55mm，宽 0.26mm，厚 0.18mm；标本产地：羚羊礁。

图 2. 基林巴三玦虫 *Triloculina kerimbatica* **(Heron-Allen & Earland)**；标本放置：2a 多室面视，2b 口视，2c 少室面视；标本大小：壳长 1.08mm，宽 0.67mm，厚 0.53mm；标本产地：羚羊礁。

图 3. 三角三玦虫 *Triloculina trigonula* **(Cushman)**；标本放置：3a 多室面视，3b 口视，3c 少室面视；标本大小：壳长 0.89mm，宽 0.69mm，厚 0.56mm；标本产地：羚羊礁。

图 4. 新细纹五玦虫 *Quinqueloculina neostriatula* **Thalmann**；标本放置：4a 多室面视，4b 口视，4c 少室面视；标本大小：壳长 0.49mm，宽 0.42mm，厚 0.36mm；标本产地：羚羊礁。

图 5. 亚粒三玦虫 *Triloculina subgranulata* **Cushman**；标本放置：5a 多室面视，5b 口视，5c 少室面视；标本大小：壳长 0.58mm，宽 0.39mm，厚 0.24mm；标本产地：羚羊礁。

图 6. 麻点三玦虫 *Triloculina bertheliniana* **(Brady)**；标本放置：6a 多室面视，6b 口视，6c 少室面视；标本大小：壳长 0.86mm，宽 0.65mm，厚 0.66mm；标本产地：羚羊礁。

图 7. 三棱三玦虫 *Triloculina tricarinata* **d'Orbigny**；标本放置：7a 多室面视，7b 口视，7c 少室面视；标本大小：壳长 1.17mm，宽 0.87mm，厚 0.73mm；标本产地：羚羊礁。

图 8. 棱裙块心虫 *Massilina secans* **(d'Orbigny)**；标本放置：8a 多室面视，8b 口视，8c 少室面视；标本大小：壳长 0.76mm，宽 0.55mm，厚 0.31mm；标本产地：羚羊礁。

图 9. 中间块心虫 *Massilina intermedia* **Cheng & Zheng**；标本放置：9a 多室面视，9b 口视，9c 少室面视；标本大小：壳长 0.62mm，宽 0.35mm，厚 0.18mm；标本产地：羚羊礁。

图 10. 长形双玦虫 *Pyrgo elongata* **(d'Orbigny)**；标本放置：10a 腹视，10b 口视；标本大小：壳长 0.45mm，宽 0.26mm，厚 0.17mm；标本产地：羚羊礁。

图 11. 棱缘无齿虫 *Edentostomina milletti* **(Cushman)**；标本放置：11a 多室面视，11b 口视，11c 少室面视；标本大小：壳长 0.57mm，宽 0.33mm，厚 0.17mm；标本产地：羚羊礁。

图 12. 凸纹双玦虫 *Pyrgo striolata* **(Brady)**；标本放置：12a 腹视，12b 口视；标本大小：壳长 0.51mm，宽 0.37mm，厚 0.31mm；标本产地：羚羊礁。

图 13. 小齿双玦虫 *Pyrgo denticulata* **(Brady)**；标本放置：13a 腹视，13b 口视；标本大小：壳长 1.09mm，宽 1.03mm，厚 0.68mm；标本产地：羚羊礁。

图版 Ⅴ

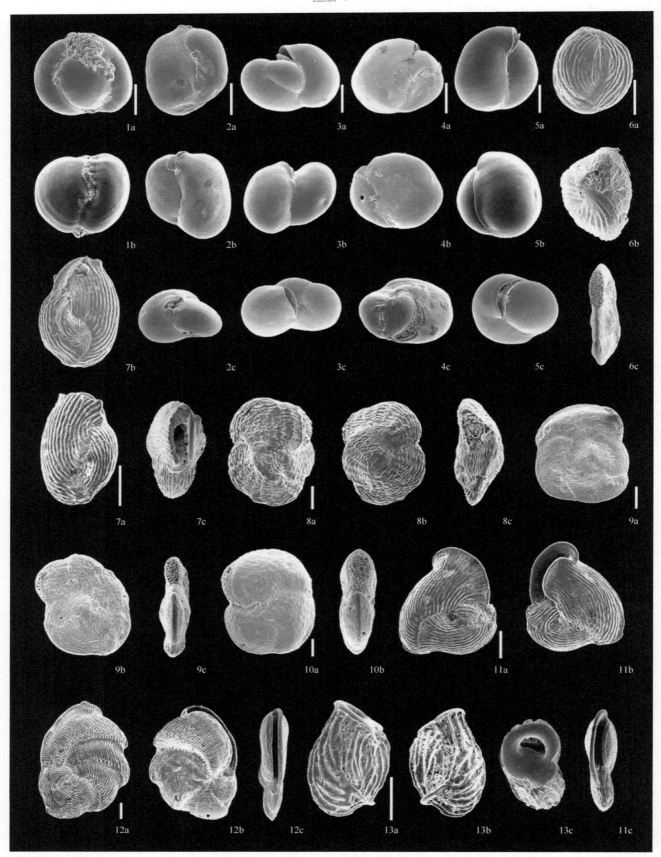

图版 V 说明

图 1. 筛口扁珑虫 *Involvohauerina cribrostoma***(Heron-Allen and Earland)**；标本放置：1a 多室面视，1b 口视；标本大小：壳长 0.28mm，宽 0.31mm，厚 0.26mm；标本产地：羚羊礁。

图 2. 唇小粟虫 *Miliolinella labiosa* **(d'Orbigny)**；标本放置：2a 多室面视，2b 口视，2c 少室面视；标本大小：壳长 0.29mm，宽 0.26mm，厚 0.17mm；标本产地：全富岛。

图 3. 唇小粟虫 *Miliolinella labiosa* **(d'Orbigny)**；标本放置：3a 多室面视，3b 口视，3c 少室面视；标本大小：壳长 0.25mm，宽 0.36mm，厚 0.19mm；标本产地：石屿。

图 4. 唇小粟虫 *Miliolinella labiosa* **(d'Orbigny)**；标本放置：4a 多室面视，4b 口视，4c 少室面视；标本大小：壳长 0.27mm，宽 0.30mm，厚 0.20mm；标本产地：琛航岛（琛科 2 井）；标本井深：7.95m。

图 5. 球小双室虫 *Biloculina globula* **Bornemann**；标本放置：5a 侧视，5b 口视，5c 侧视；标本大小：壳长 0.32mm，宽 0.29mm，厚 0.25mm；标本产地：羚羊礁。

图 6. 亚线粟虫 *Miliola sublineata* **Brady**；标本放置：6a 多室面视，6b 口视，6c 少室面视；标本大小：壳长 0.25mm，宽 0.22mm，厚 0.18mm；标本产地：全富岛。

图 7. 线纹关节虫 *Articulina lineata* **Brady**；标本放置：7a 背面视，7b 腹面视，7c 腹面视；标本大小：壳长 0.30mm，宽 0.21mm，厚 0.13mm；标本产地：羚羊礁。

图 8. 包旋扁珑虫 *Hauerina involuta* **Cushman**；标本放置：8a 多室面视，8b 口视，8c 少室面视；标本大小：壳长 0.49mm，宽 0.37mm，厚 0.21mm；标本产地：羚羊礁。

图 9. 异扁珑虫 *Hauerina diversa* **Cushman**；标本放置：9a 腹面视，9b 背面视，9c 侧视；标本大小：壳长 0.50mm，宽 0.45mm，厚 0.08mm；标本产地：羚羊礁。

图 10. 三室扁珑虫 *Hauerina trilocularis* **Cheng & Zheng**；标本放置：10a 侧视，10b 口缘视；标本大小：壳长 0.53mm，宽 0.63mm，厚 0.23mm；标本产地：羚羊礁。

图 11. 纹椎骨虫 *Vertebralina striata* **d'Orbigny**；标本放置：11a 侧口面视，11b 口缘视，11c 侧背面视；标本大小：壳长 0.42mm，宽 0.34mm，厚 0.14mm；标本产地：羚羊礁。

图 12. 纹椎骨虫 *Vertebralina striata* **d'Orbigny**；标本放置：12a 侧口面视，12b 口缘视，12c 侧背面视；标本大小：壳长 0.77mm，宽 0.76mm，厚 0.22mm；标本产地：羚羊礁。

图 13. 太平洋关节虫 *Articulina pacifica* **Cushman**；标本放置：13a 侧视，13b 口视，13c 侧视；标本大小：壳长 0.29mm，宽 0.20mm，厚 0.13mm；标本产地：羚羊礁。

图版 VI

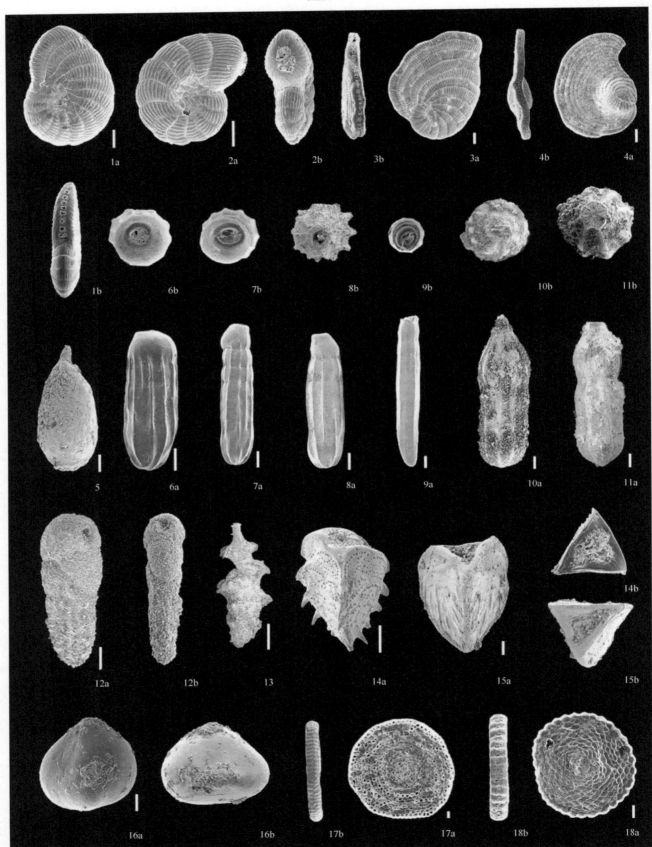

图版 VI 说明

图 1. 穿孔马刀虫 *Peneroplis pertusus* (Forskal)；标本放置：1a 侧视，1b 口缘视；标本大小：壳长 0.70mm，宽 0.50mm，厚 0.17mm；标本产地：羚羊礁。

图 2. 羊角旋卷虫 *Spirolina ariatina* (Batsch)；标本放置：2a 侧视，2b 口缘视；标本大小：壳长 0.45mm，宽 0.35mm，厚 0.18mm；标本产地：羚羊礁。

图 3. 扁平马刀虫 *Peneroplis planatus* (Fichtel & Moll)；标本放置：3a 侧视，3b 口缘视；标本大小：壳长 1.02mm，宽 1.04mm，厚 0.14mm；标本产地：羚羊礁。

图 4. 马来西亚坑壁虫 *Puteolina malayensis* Hofker；标本放置：4a 侧视，4b 口缘视；标本大小：壳长 1.72mm，宽 1.90mm，厚 0.52mm；标本产地：羚羊礁。

图 5. 光滑瓶虫 *Lagena laevis* (Montagu)；标本放置：5 侧视；标本大小：壳长 0.74mm，宽 0.34mm，厚 0.34mm；标本产地：琛航岛（琛科 2 井）；标本井深：165m。

图 6. 热带管列虫 *Siphogenerina tropica* Cushman；标本放置：6a 侧视，6b 口顶视；标本大小：壳长 0.63mm，宽 0.23mm，厚 0.22mm；标本产地：全富岛。

图 7. 罗卜直箭头虫 *Rectobolivina raphana* (Parker & Jones)；标本放置：7a 侧视，7b 口顶视；标本大小：壳长 0.97mm，宽 0.22mm，厚 0.21mm；标本产地：羚羊礁。

图 8. 萝卜管列虫 *Siphogenerina raphana* (Parker & Jones)；标本放置：8a 侧视，8b 口视；标本大小：壳长 0.85mm，宽 0.24mm，厚 0.24mm；标本产地：琛航岛（琛科 2 井）；标本井深：23.2m。

图 9. 亚萝卜管列虫 *Siphogenerina subraphanus* Zheng；标本放置：9a 侧视，9b 口顶视；标本大小：壳长 1.33mm，宽 0.21mm，厚 0.26mm；标本产地：羚羊礁。

图 10. 管状双蕾虫 *Amphicoryna tubulata* (Koch)；标本放置：10a 侧视，10b 口视；标本大小：壳长 1.23mm，宽 0.41mm，厚 0.41mm；标本产地：琛航岛（琛科 2 井）；标本井深：279m。

图 11. 管状双蕾虫 *Amphicoryna tubulata* (Koch)；标本放置：11a 侧视，11b 缘视；标本大小：壳长 1.11mm，宽 0.38mm，厚 0.38mm；标本产地：琛航岛（琛科 2 井）；标本井深：306m。

图 12. 羽田类嫩芽虫 *Virgulopsis hadai* (Uchio)；标本放置：12a 侧视，12b 缘视；标本大小：壳长 0.72mm，宽 0.25mm，厚 0.18mm；标本产地：琛航岛（琛科 2 井）；标本井深：150m。

图 13. 长管葡萄虫 *Shiphouvigerina porrecta* (Brady)；标本放置：13 侧视；标本大小：壳长 0.50mm，宽 0.31mm，厚 0.22mm；标本产地：琛航岛（琛科 2 井）；标本井深：23.2m。

图 14. 刺罗伊斯虫 *Reussella spinulosa* (Reuss)；标本放置：14a 侧视，14b 口顶视；标本大小：壳长 0.47mm，宽 0.28mm，厚 0.35mm；标本产地：羚羊礁。

图 15. 小肋罗伊斯虫 *Reussella costulata* Zheng；标本放置：15a 侧视，15b 口视；标本大小：壳长 0.86mm，宽 0.66mm，厚 0.50mm；标本产地：琛航岛（琛科 2 井）；标本井深：306m。

图 16. 不规则小滴虫 *Guttulina irregularis* (d'Orbigny)；标本放置：16a 多室面视，16b 口视，16b 少室面视；标本大小：壳长 0.59mm，宽 0.57mm，厚 0.43mm；标本产地：琛航岛（琛科 2 井）；标本井深：291m。

图 17. 饼双丘虫 *Amphisorus hemprichii* Ehrenberg；标本放置：17a 侧视，17b 口缘视；标本大小：壳长 1.49mm，宽 1.49mm，厚 0.21mm；标本产地：羚羊礁。

图 18. 圆小丘虫 *Sorites orbiculus* (Forskål)；标本放置：18a 侧视，18b 口缘视；标本大小：壳长 0.84mm，宽 0.84mm，厚 0.15mm；标本产地：羚羊礁。

图版 VII

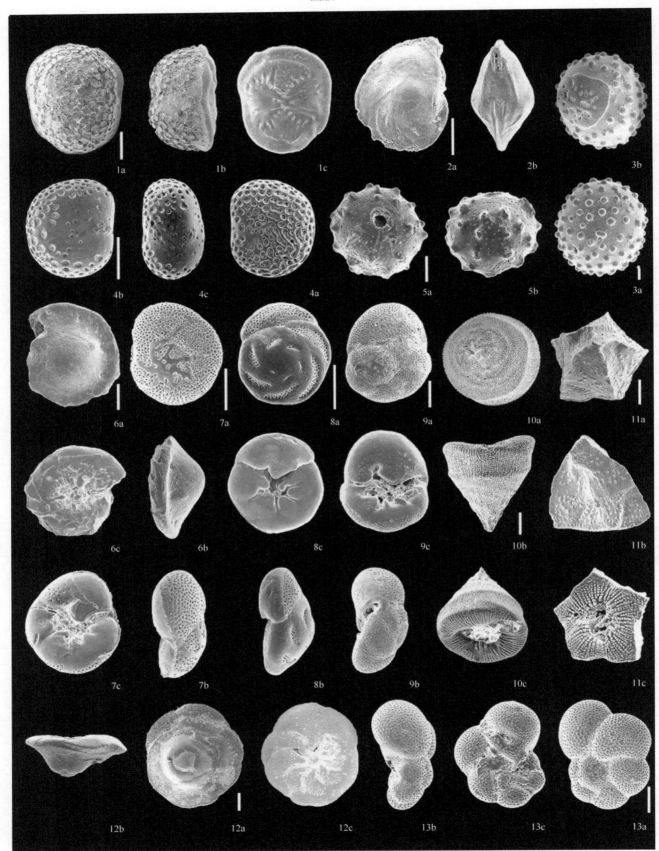

图版VII说明

图1. 疑坚实虫 *Pegidia dubia* (d'Orbigny)；标本放置：1a 腹面视，1b 缘视，1c 背面视；标本大小：壳长 0.94mm，宽 0.79mm，厚 0.58mm；标本产地：羚羊礁。

图2. 光洁透镜虫 *Lenticulina nitida* (d'Orbigny)；标本放置：2a 侧视，2b 口缘视；标本大小：壳长 0.33mm，宽 0.25mm，厚 0.25mm；标本产地：羚羊礁。

图3. 乳突瘤球虫 *Sphaeridia papillata* (Heron-Allen & Ealand)；标本放置：3a 口视，3b 背视；标本大小：壳径 0.76mm；标本产地：琛航岛（琛科 2 井）；标本井深：7.95m。

图4. 肾形隐室虫 *Latecella reniformis* (Heron-Allen & Earland)；标本放置：4a 腹面视，4b 缘视，4c 背面视；标本大小：壳长 0.27mm，宽 0.22mm，厚 0.17mm；标本产地：羚羊礁。

图5. 棘刺拟吸管虫 *Siphoninoides echinata* (Brady)；标本放置：5a 侧视，5b 口视；标本大小：壳长 0.40mm，宽 0.38mm，厚 0.32mm；标本产地：羚羊礁。

图6. 未定玫瑰虫 *Rosalina* sp.；标本放置：6a 腹面视，6b 缘视，6c 背面视；标本大小：壳长 0.43mm，宽 0.39mm，厚 0.24mm；标本产地：羚羊礁。

图7. 亚扁玫瑰虫 *Rosalina subcomplanata* (Parr)；标本放置：7a 腹面视，7b 缘视，7c 背面视；标本大小：壳长 0.27mm，宽 0.23mm，厚 0.12mm；标本产地：羚羊礁。

图8. 太平洋玫瑰虫 *Rosalina pacifica* (Hofker)；标本放置：8a 腹面视，8b 缘视，8c 背面视；标本大小：壳长 0.25mm，宽 0.21mm，厚 0.13mm；标本产地：全富岛。

图9. 东方玫瑰虫 *Rosalina orientalis* (Cushman)；标本放置：9a 侧腹面视，9b 口缘视，9c 侧背面视；标本大小：壳长 0.41mm，宽 0.34mm，厚 0.16mm；标本产地：全富岛。

图10. 帐篷平滑虫 *Glabratella tabernacularis* (Brady)；标本放置：10a 斜腹面视，10b 侧视，10c 背面视；标本大小：壳长 0.24mm，宽 0.20mm，厚 0.23mm；标本产地：石屿。

图11. 皱角圆盘虫 *Angulodiscorbis corrugata* (Millett)；标本放置：11a 腹面视，11b 口缘视，11c 背面视；标本大小：壳长 0.21mm，宽 0.21mm，厚 0.22mm；标本产地：羚羊礁。

图12. 笠形新圆锥虫 *Neoconorbina petasiformis* (Cheng & Zheng)；标本放置：12a 腹视，12b 缘视，12c 背视；标本大小：壳长 0.63mm，宽 0.58mm，厚 0.25mm；标本产地：琛航岛（琛科 2 井）；标本井深：7.95m。

图13. 亚泡圆盘虫 *Discorbis subvesicularis* Collins；标本放置：13a 腹面视，13b 缘视，13c 背面视；标本大小：壳长 0.43mm，宽 0.33mm，厚 0.20mm；标本产地：羚羊礁。

图版 Ⅷ

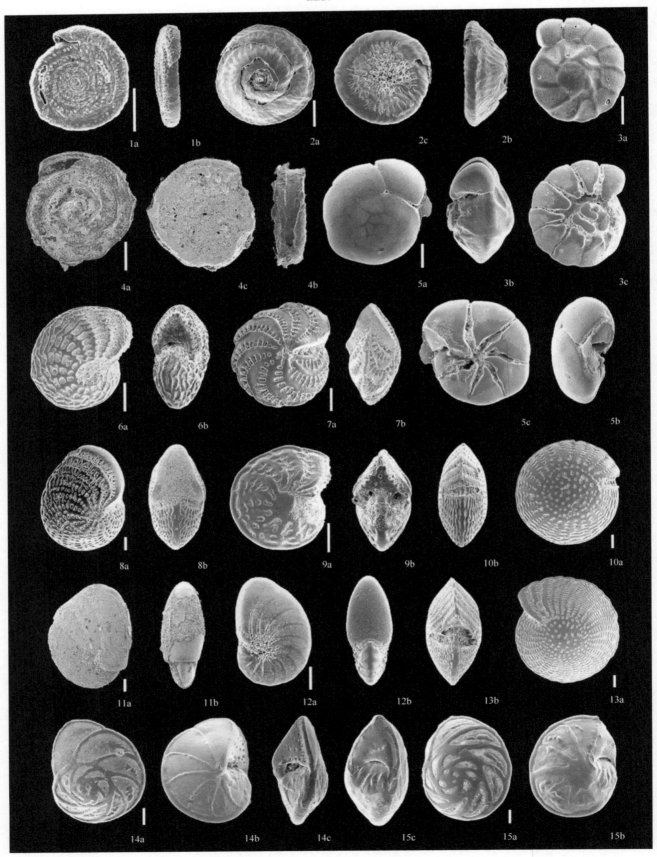

图版Ⅷ说明

图 1. 粗孔盘旋虫 *Spirillina grosseperforata* **Cheng & Zheng**；标本放置：1a 侧视，1b 缘视；标本大小：壳长 0.27mm，宽 0.25mm，厚 0.04mm；标本产地：全富岛。

图 2. 半饰拟锥旋虫 *Conicospirillinoides semidecoratus* (**Heron-Allen & Earland**)；标本放置：2a 腹面视，2b 缘视，2c 背面视；标本大小：壳长 0.47mm，宽 0.45mm，厚 0.18mm；标本产地：羚羊礁。

图 3. 毕克转轮虫 *Ammonia beccarii* (**Linné**)；标本放置：3a 腹面视，3b 缘视，3c 背面视；标本大小：壳长 0.43mm，宽 0.38mm，厚 0.27mm；标本产地：羚羊礁。

图 4. 疣镶边平旋虫 *Planispirillina tuberculatolimbata* (**Chapman**)；标本放置：4a 腹视，4b 缘视，4c 背视；标本大小：壳长 0.45mm，宽 0.42mm，厚 0.13mm；标本产地：琛航岛（琛科 2 井）；标本井深：7.95m。

图 5. 嗜温转轮虫 *Ammonia tepida* (**Cushman**)；标本放置：5a 腹面视，5b 缘视，5c 背面视；标本大小：壳长 0.54mm，宽 0.48mm，厚 0.29mm；标本产地：羚羊礁。

图 6. 茸毛企虫 *Elphidium hispidulum* **Cushman**；标本放置：6a 侧视，6b 口缘视；标本大小：壳长 0.41mm，宽 0.42mm，厚 0.17mm；标本产地：羚羊礁。

图 7. 尖锄企虫 *Elphidium macellum* (**Fichtel & Moll**)；标本放置：7a 侧视，7b 口缘视；标本大小：壳长 0.53mm，宽 0.47mm，厚 0.27mm；标本产地：羚羊礁。

图 8. 亚隆凸企虫 *Elphidium subinflatum* **Cushman**；标本放置：8a 侧视，8b 口缘视；标本大小：壳长 0.94mm，宽 0.72mm，厚 0.48mm；标本产地：羚羊礁。

图 9. 异地企虫 *Elphidium advenum* (**Cushman**)；标本放置：9a 侧视，9b 口缘视；标本大小：壳长 0.41mm，宽 0.35mm，厚 0.24mm；标本产地：羚羊礁。

图 10. 台湾花篮虫 *Cellanthus taiwanus* **Nakamura**；标本放置：10a 斜腹面视，10b 侧视；标本大小：壳长 1.02mm，宽 0.99mm，厚 0.48mm；标本产地：羚羊礁。

图 11. 膨胀小花虫 *Florilus turgida* (**Williamson**)；标本放置：11a 侧视，11b 缘视；标本大小：壳长 1.06mm，宽 0.77mm，厚 0.43mm；标本产地：琛航岛（琛科 2 井）；标本井深：789.55m。

图 12. 船状小花虫 *Florilus scaphus* (**Fichtel & Moll**)；标本放置：12a 侧视，12b 口缘视；标本大小：壳长 0.57mm，宽 0.38mm，厚 0.24mm；标本产地：羚羊礁。

图 13. 柳条花篮虫 *Cellanthus craticulatum* (**Fichtel & Moll**)；标本放置：13a 腹面视，13b 缘视；标本大小：壳长 1.09mm，宽 1.15mm，厚 0.57mm；标本产地：羚羊礁。

图 14. 筛状孔上穹虫 *Poroeponides cribrorepandus* **Asano & Uchio**；标本放置：14a 腹面视，14b 口缘视，14c 背面视；标本大小：壳长 0.79mm，宽 0.66mm，厚 0.38mm；标本产地：羚羊礁。

图 15. 拱隆上穹虫 *Eponides repandus* (**Fichtel & Moll**)；标本放置：15a 腹面视，15b 口缘视，15c 背面视；标本大小：壳长 1.01mm，宽 0.84mm，厚 0.58mm；标本产地：羚羊礁。

图版 IX

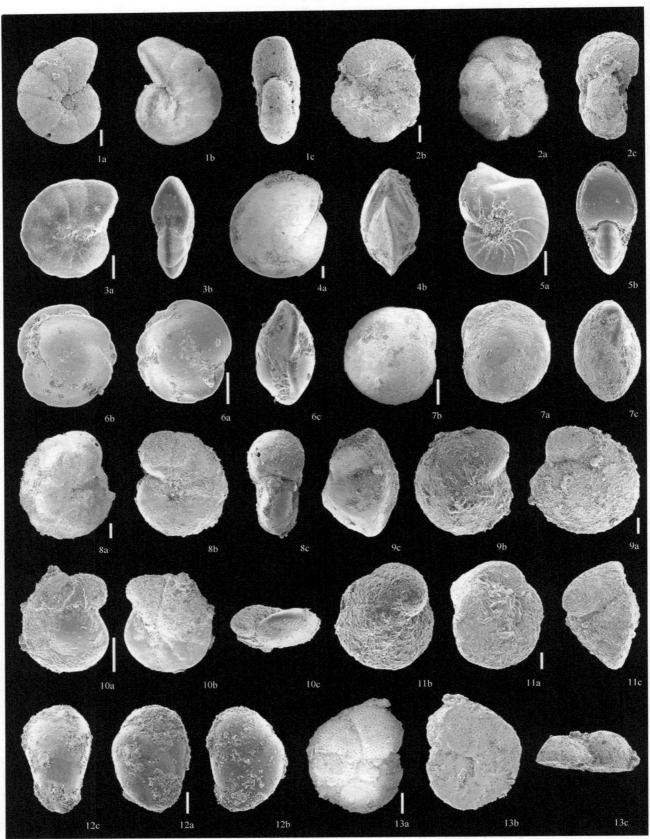

图版Ⅸ说明

图 1. 聚合异常虫 *Anomalina collegerus* (**Chapman & Parr**)；标本放置：1a 腹视，1b 缘视，1c 背视；标本大小：壳长 0.88mm，宽 0.67mm，厚 0.36mm；标本产地：琛航岛（琛科 2 井）；标本井深：228m。

图 2. 蠕虫异常虫 *Anomalina vermiculata* (**d'Orbigny**)；标本放置：2a 腹视，2b 缘视，2c 背视；标本大小：壳长 0.77mm，宽 0.64mm，厚 0.43mm；标本产地：琛航岛（琛科 2 井）；标本井深：789.55m。

图 3. 赞丹苹果虫 *Melonis zaandamae* (**van Voorthuysen**)；标本放置：3a 侧视，3b 口缘视；标本大小：壳长 0.49mm，宽 0.42mm，厚 0.19mm；标本产地：羚羊礁。

图 4. 亚圆透镜虫 *Lenticulina suborbicularis* **Parr**；标本放置：4a 侧视，4b 缘视；标本大小：壳长 1.12mm，宽 0.96mm，厚 0.58mm；标本产地：琛航岛（琛科 2 井）；标本井深：222m。

图 5. 船状小花虫 *Florilus scaphus* (**Fichtel & Moll**)；标本放置：5a 侧视，5b 口缘视；标本大小：壳长 0.54mm，宽 0.39mm，厚 0.28mm；标本产地：羚羊礁。

图 6. 透明盔甲虫 *Cassidulina translucens* **Cushman & Hughas**；标本放置：6a 背视，6b 腹视，6c 缘视；标本大小：壳长 0.39mm，宽 0.36mm，厚 0.22mm；标本产地：琛航岛（琛科 2 井）；标本井深：240m。

图 7. 冷球盔虫 *Globocassidulina algida* (**Cushman**)；标本放置：7a 背视，7b 缘视，7c 侧视；标本大小：壳长 0.31mm，宽 0.27mm，厚 0.24mm；标本产地：琛航岛（琛科 2 井）；标本井深：288m。

图 8. 泽奥贝斯苹果虫 *Melonis zeobesus* **Vella**；标本放置：8a 背视，8b 腹视，8c 缘视；标本大小：壳长 0.88mm，宽 0.74mm，厚 0.43mm；标本产地：琛航岛（琛科 2 井）；标本井深：192m。

图 9. 束带异鳞虫 *Heterolepa praecincta* (**Karrar**)；标本放置：9a 腹视，9b 缘视，9c 背视；标本大小：壳长 0.82mm，宽 0.74mm，厚 0.68mm；标本产地：琛航岛（琛科 2 井）；标本井深：288m。

图 10. 亚赫丁格异鳞虫 *Heterolepa subhaidigerii* **Parr**；标本放置：10a 腹视，10b 缘视，10c 背视；标本大小：壳长 0.34mm，宽 0.30mm，厚 0.15mm；标本产地：琛航岛（琛科 2 井）；标本井深：150m。

图 11. 索尔丹圆形虫 *Gyroidina soldanii* **d'Orbigny**；标本放置：11a 腹视，11b 缘视，11c 背视；标本大小：壳长 0.37mm，宽 0.32mm，厚 0.26mm；标本产地：琛航岛（琛科 2 井）；标本井深：60m。

图 12. 印度巴格虫 *Baggina indica* (**Cushman**)；标本放置：12a 腹视，12b 缘视，12c 背视；标本大小：壳长 0.58mm，宽 0.41mm，厚 0.37mm；标本产地：琛航岛（琛科 2 井）；标本井深：292m。

图 13. 未定面包虫 *Cibicides* **sp.**；标本放置：13a 腹视，13b 缘视，13c 背视；标本大小：壳长 0.64mm，宽 0.54mm，厚 0.26mm；标本产地：琛航岛（琛科 2 井）；标本井深：650m。

图版 X

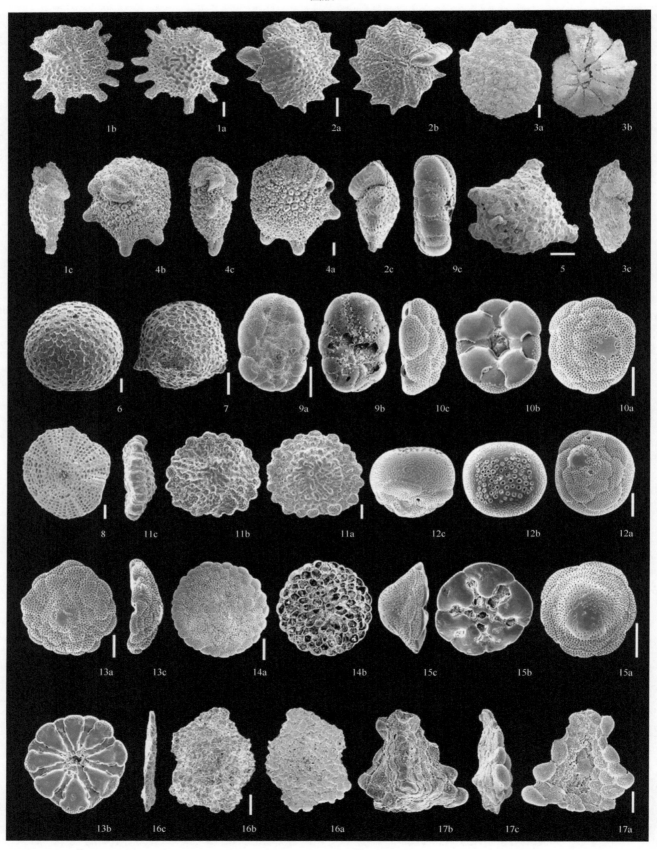

图版 X 说明

图 1. 毛茸距轮虫 *Calcarina hispida* **Brady**；标本放置：1a 腹面视，1b 缘视，1c 背面视；标本大小：壳长 1.37mm，宽 1.28mm，厚 0.51mm；标本产地：羚羊礁。

图 2. 拟距距轮虫 *Calcarina calcarinoides* **(Cheng & Zheng)**；标本放置：2a 腹面视，2b 缘视，2c 背面视；标本大小：壳长 1.17mm，宽 1.05mm，厚 0.58mm；标本产地：羚羊礁。

图 3. 古距距轮虫 *Calcarina praecalcar* **(n.sp.)**；标本放置：3a 腹视，3b 缘视，3c 背视；标本大小：壳长 0.78mm，宽 0.66mm，厚 0.33mm；标本产地：琛航岛（琛科 2 井）；标本井深：704.07m。

图 4. 斯彭格肋距轮虫 *Calcarina spengleri* **(Gmelin)**；标本放置：4a 腹面视，4b 缘视，4c 背面视；标本大小：壳长 1.71mm，宽 1.66mm，厚 0.87mm；标本产地：全富岛。

图 5. 刺拟果钙虫 *Baculogypsinoides spinosus* **Yabe & Hanzawa**；标本放置：5 腹面视；标本大小：壳长 2.43mm，宽 2.33mm，厚 2cm；标本产地：琛航岛（琛科 2 井）；标本井深：36m。

图 6. 球白垩虫 *Gypsina globula* **(Reuss)**；标本放置：6 侧面视；标本大小：壳长 1.30mm，宽 1.40mm，厚 1.3mm；标本产地：羚羊礁。

图 7. 水泡白垩虫 *Gypsina vesicularis* **(Parker & Jones)**；标本放置：7 侧面视；标本大小：壳长 0.84mm，宽 0.86mm，厚 0.84mm；标本产地：羚羊礁。

图 8. 球白垩虫 *Gypsina globula* **(Reuss)**；标本放置：8 切面视；标本大小：壳径 1.48mm；标本产地：琛航岛（琛科 2 井）；标本井深：246m。

图 9. 长圆梨冠虫 *Pyropilus rotundatus* **Cushman**；标本放置：9a 腹面视，9b 缘视，9c 背面视；标本大小：壳长 0.73mm，宽 0.52mm，厚 0.26mm；标本产地：羚羊礁。

图 10. 扁平密勒特虫 *Millettiana planus* **Cushman**；标本放置：10a 腹面视，10b 缘视，10c 背面视；标本大小：壳长 0.35mm，宽 0.30mm，厚 0.17mm；标本产地：羚羊礁。

图 11. 面具小扁圆虫 *Planorbulinella larvata* **Parker & Jones**；标本放置：11a 腹面视，11b 缘视，11c 背面视；标本大小：壳长 1.40mm，宽 1.34mm，厚 0.43mm；标本产地：羚羊礁。

图 12. 扁平密勒特虫 *Millettiana planus* **Cushman**；标本放置：12a 腹面视，12b 缘视，12c 背面视；标本大小：壳长 0.39mm，宽 0.35mm，厚 0.31mm；标本产地：羚羊礁。

图 13. 蔷薇小铙钹虫 *Cymbaloporetta bradyi* **(Cushman)**；标本放置：13a 腹面视，13b 缘视，13c 背面视；标本大小：壳长 0.44mm，宽 0.42mm，厚 0.15mm；标本产地：羚羊礁。

图 14. 台形似铙钹虫 *Cymbaloporella tabellaeformis* **(Brady)**；标本放置：14a 腹面视，14b 背面视；标本大小：壳长 0.92mm，宽 0.89mm，厚 0.28mm；标本产地：羚羊礁。

图 15. 鳞甲小铙钹虫 *Cymbaloporetta squammosa* **(d'Orbigny)**；标本放置：15a 腹面视，15b 缘视，15c 背面视；标本大小：壳长 0.56mm，宽 0.58mm，厚 0.32mm；标本产地：石屿。

图 16. 堆扁圆虫 *Planorbulina acervalis* **Brady**；标本放置：16a 腹面视，16b 缘视，16c 背面视；标本大小：壳长 2.28mm，宽 1.86mm，厚 0.26mm；标本产地：羚羊礁。

图 17. 地中海扁圆虫 *Planorbulina mediterranensis* **d'Orbigny**；标本放置：17a 腹面视，17b 缘视，17c 背面视；标本大小：壳长 1.09mm，宽 1.09mm，厚 0.35mm；标本产地：羚羊礁。

图版 XI

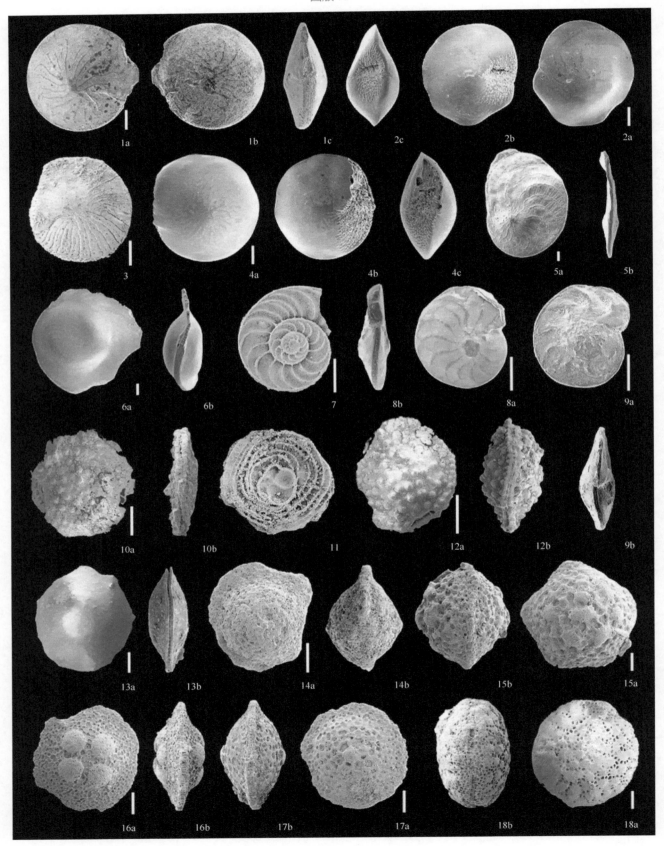

图版XI说明

图1. 放射双盖虫*Amphistegina radiata* (Fichtel & Moll)；标本放置：1a 腹面视，1b 背面视，1c 缘口视；标本大小：壳长 1.14mm，宽 1.16mm，厚 0.66mm；标本产地：石屿。

图2. 勒松双盖虫*Amphistegina lessonii* d'Orbigny；标本放置：2a 腹面视，2b 缘视，2c 背面视；标本大小：壳长 1.08mm，宽 0.96mm，厚 0.54mm；标本产地：羚羊礁。

图3. 放射双盖虫*Amphistegina radiata* (Fichtel & Moll)；标本放置：3 背面视；标本大小：壳长 2.15mm，宽 1.95mm，厚 0.96mm；标本产地：琛航岛（琛科 2 井）；标本井深：185m。

图4. 勒夫双盖虫*Amphistegina lobifera* d'Orbigny；标本放置：4a 腹面视，4b 缘视，4c 背面视；标本大小：壳长 1.22mm，宽 1.17mm，厚 0.51mm；标本产地：羚羊礁。

图5. 扁异盖虫*Heterostegina depressa* d'Orbigny；标本放置：5a 侧视，5b 口缘视；标本大小：壳长 2.55mm，宽 1.89mm，厚 0.39mm；标本产地：全富岛。

图6. 亚圆异盖虫*Heterostegina suborbicularis* d'Orbigny；标本放置：6a 侧视，6b 口缘视；标本大小：壳长 4.89mm，宽 4.85mm，厚 1.64mm；标本产地：全富岛。

图7. 扁平盖虫*Operculina complanata* (Defrance)；标本放置：7 切面视；标本大小：壳长 1.44mm，宽 1.23mm；标本产地：琛航岛（琛科 2 井）；标本井深：267m。

图8. 未定异盖虫*Heterostegina* sp.；标本放置：8a 侧视，8b 口缘视；标本大小：壳长 0.66mm，宽 0.58mm，厚 0.19mm；标本产地：羚羊礁。

图9. 未定异盖虫*Heterostegina* sp.；标本放置：9a 侧视，9b 口缘视；标本大小：壳长 0.31mm，宽 0.27mm，厚 0.11mm；标本产地：羚羊礁。

图10. 圆盾虫（异圆盾虫亚属）未定种 1 *Cycloclypeus (Katacycloclypeus)* sp.1；标本放置：10a 侧视，10b 缘视；标本大小：壳长 1.89mm，宽 1.78mm，厚 0.51mm；标本产地：琛航岛（琛科 2 井）；标本井深：198m。

图11. 后圆盾虫（圆盾虫亚属）*Cycloclypeus (Cycloclypeus) posteidae* Tan；标本放置：11 切面视；标本大小：壳长 1.48mm，宽 1.42mm，厚 0.46mm；标本产地：琛航岛（琛科 2 井）；标本井深：279m。

图12. 凸心圆盾虫（异圆盾虫亚属）*Cycloclypeus (Katacycloclypeus) carpenter* Brady；标本放置：12a 侧视，12b 缘视；标本大小：壳长 1.59mm，宽 1.31mm，厚 0.82mm；标本产地：琛航岛（琛科 2 井）；标本井深：198m。

图13. 后圆盾虫（圆盾虫亚属）*Cycloclypeus (Cycloclypeus) posteidae* Tan；标本放置：13a 侧视，13b 缘视；标本大小：壳长 2.39mm，宽 2.31mm，厚 0.89mm；标本产地：琛航岛（琛科 2 井）；标本井深：246m。

图14. 未定中垩虫*Miogypsina* sp.；标本放置：14a 侧视，14b 缘视；标本大小：壳长 1.97mm，宽 1.95mm，厚 1.21mm；标本产地：琛航岛（琛科 2 井）；标本井深：625.84m。

图15. 角肾鳞虫*Nephrolepidina angulosa* (Provele)；标本放置：15a 侧视，15b 缘视；标本大小：壳长 1.91mm，宽 1.82mm，厚 1.52mm；标本产地：琛航岛（琛科 2 井）；标本井深：819.55m。

图16. 角肾鳞虫*Nephrolepidina angulosa* (Provele)；标本放置：16a 侧视，16b 缘视；标本大小：壳长 2.67mm，宽 2.67mm，厚 1.17mm；标本产地：琛航岛（琛科 2 井）；标本井深：704.07m。

图17. 费伯克肾鳞虫*Nephrolepidina verbeeki* Newlon & Holland；标本放置：17a 侧视，17b 缘视；标本大小：壳长 2.38mm，宽 2.30mm，厚 1.33mm；标本产地：琛航岛（琛科 2 井）；标本井深：672.74m。

图18. 未定肾鳞虫*Nephrolepidina* sp.；标本放置：18a 侧视，18b 缘视；标本大小：壳长 3.16mm，宽 3.00mm，厚 1.96mm；标本产地：琛航岛（琛科 2 井）；标本井深：795.55m。

图版 XII

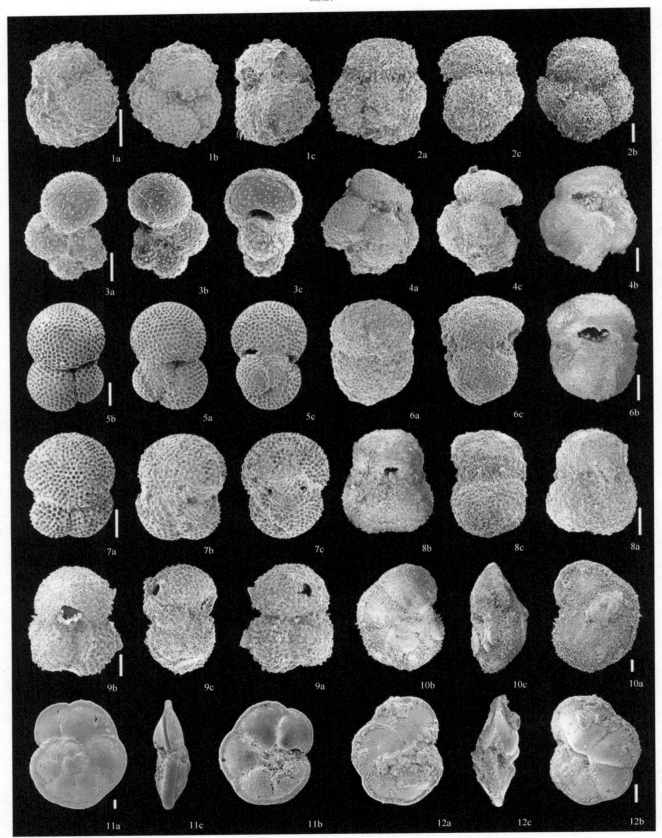

图版XII说明

    图 1. 蛛形抱球虫 *Globigerina nepenthes* **Todd**；时代分布：N14 带基部（中中新世）到 N19 带（早上新世）；标本放置：1a 腹视，1b 缘视，1c 背视；标本大小：壳长 0.30mm，宽 0.25mm，厚 0.22mm；标本产地：琛航岛（琛科 2 井）；标本井深：300m。

    图 2. 共球拟抱球虫 *Globigerinoides conglobatus* **(Brady)**；时代分布：N17B 带（晚中新世）到现代；标本放置：2a 腹视，2b 缘视，2c 背视；标本大小：壳长 0.59mm，宽 0.52mm，厚 0.40mm；标本产地：琛航岛（琛科 2 井）；标本井深：213m。

    图 3. 疏室微抱球虫 *Globigerinella calida* **(Parker)**；时代分布：N19 带（早上新世）到现代；标本放置：3a 腹视，3b 缘视，3c 背视；标本大小：壳长 0.40mm，宽 0.29mm，厚 0.28mm；标本产地：琛航岛（琛科 2 井）；标本井深：7.95m。

    图 4. 最斜拟抱球虫 *Globigerinoides extremus* **Bolli**；时代分布：N16 带（晚中新世）到 N21 带（晚上新世）；标本放置：4a 腹视，4b 缘视，4c 背视；标本大小：壳长 0.48mm，宽 0.45mm，厚 0.37mm；标本产地：琛航岛（琛科 2 井）；标本井深：306m。

    图 5. 幼年拟抱球虫 *Globigerinoides immaturus* **LeRoy**；时代分布：N5 带（早中新世）到现代；标本放置：5a 腹视，5b 缘视，5c 背视；标本大小：壳长 0.49mm，宽 0.34mm，厚 0.31mm；标本产地：琛航岛（琛科 2 井）；标本井深：5.85m。

    图 6. 斜室拟抱球虫 *Globigerinoides obliquus* **Bolli**；时代分布：N5 带（早中新世）到 N22 带（更新世）；标本放置：6a 腹视，6b 缘视，6c 背视；标本大小：壳长 0.45mm，宽 0.36mm，厚 0.34mm；标本产地：琛航岛（琛科 2 井）；标本井深：288m。

    图 7. 三叶拟抱球虫 *Globigerinoides trilobus* **(Reuss)**；时代分布：N4B 带（早中新世）到现代；标本放置：7a 腹视，7b 缘视，7c 背视；标本大小：壳长 0.42mm，宽 0.34mm，厚 0.34mm；标本产地：琛航岛（琛科 2 井）；标本井深：5.85m。

    图 8. 红色拟抱球虫 *Globigerinoides ruber* **(d'Orbigny)**；时代分布：N15 带（中中新世）到现代；标本放置：8a 腹视，8b 缘视，8c 背视；标本大小：壳长 0.42mm，宽 0.35mm，厚 0.28mm；标本产地：琛航岛（琛科 2 井）；标本井深：243m。

    图 9. 亚方拟抱球虫 *Globigerinoides subquadratus* **Broennimann**；时代分布：N4B 带（早中新世）到 N13 带（中中新世）；标本放置：9a 腹视，9b 缘视，9c 背视；标本大小：壳长 0.26mm，宽 0.21mm，厚 0.18mm；标本产地：琛航岛（琛科 2 井）；标本井深：777.55m。

    图 10. 肿圆辐虫 *Globorotalia tumida* **(Brady)**；时代分布：N18 带（早上新世）到现代；标本放置：10a 腹视，10b 缘视，10c 背视；标本大小：壳长 0.98mm，宽 0.73mm，厚 0.42mm；标本产地：琛航岛（琛科 2 井）；标本井深：207m。

    图 11. 敏纳圆辐虫 *Globorotalia menardii* **(d'Orbigny)**；时代分布：N12 带（中中新世）到现代；标本放置：11a 腹视，11b 缘视，11c 背视；标本大小：壳长 1.20mm，宽 1.02mm，厚 0.37mm；标本产地：琛航岛（琛科 2 井）；标本井深：3.17m。

    图 12. 敏纳圆辐虫 *Globorotalia menardii* **(d'Orbigny)**；时代分布：N12 带（中中新世）到现代；标本放置：12a 腹视，12b 缘视，12c 背视；标本大小：壳长 0.65mm，宽 0.53mm，厚 0.25mm；标本产地：琛航岛（琛科 2 井）；标本井深：285m。

图版 ⅩⅢ

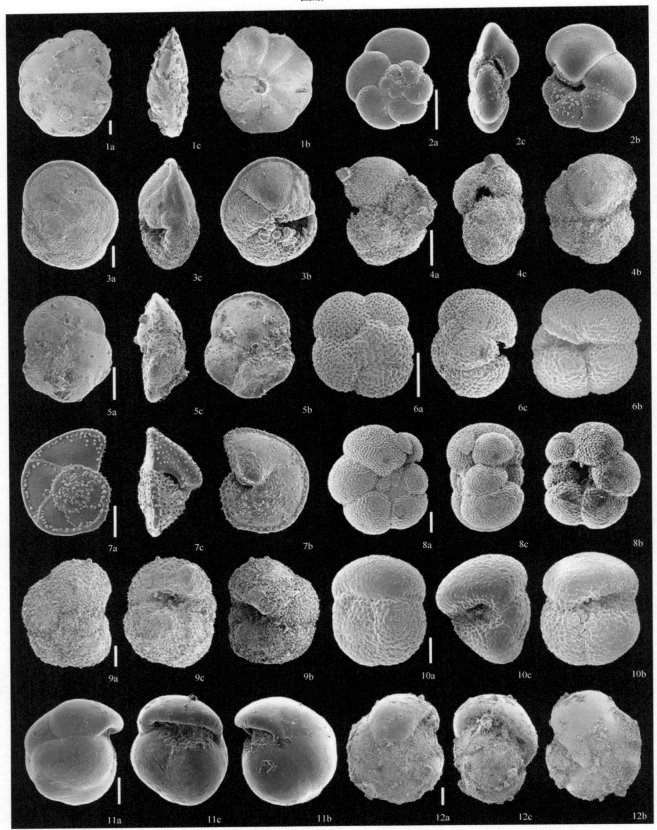

图版ⅩⅢ说明

图 1. 多室圆辐虫 *Globorotalia multicamerata* Cushman & Jarvis；时代分布：N17B 带（晚中新世）到 N21 带（晚上新世）；标本放置：1a 腹视，1b 缘视，1c 背视；标本大小：壳长 0.80mm，宽 0.66mm，厚 0.28mm；标本产地：琛航岛（琛科 2 井）；标本井深：303m。

图 2. 秀美圆辐虫 *Globorotalia scitula* (Brady)；时代分布：N9 带（中中新世）到现代；标本放置：2a 腹视，2b 缘视，2c 背视；标本大小：壳长 0.28mm，宽 0.23mm，厚 0.10mm；标本产地：琛航岛（琛科 2 井）；标本井深：5.85m。

图 3. 肿圆辐虫 *Globorotalia tumida* (Brady)；时代分布：N18 带（早上新世）到现代；标本放置：3a 腹视，3b 缘视，3c 背视；标本大小：壳长 0.53mm，宽 0.46mm，厚 0.27mm；标本产地：琛航岛（琛科 2 井）；标本井深：303m。

图 4. 夏克螺轮虫 *Turborotalia siakensis* (LeRoy)；时代分布：P22 带（晚渐新世）到 N14 带（中中新世）；标本放置：4a 腹视，4b 缘视，4c 背视；标本大小：壳长 0.33mm，宽 0.26mm，厚 0.21mm；标本产地：琛航岛（琛科 2 井）；标本井深：720.40m。

图 5. 珍珠圆辐虫 *Globorotalia margaritae* (Bolli & Bermudez)；时代分布：N18 带（早上新世）到 N19 带（早上新世）；标本放置：5a 腹视，5b 缘视，5c 背视；标本大小：壳长 0.35mm，宽 0.29mm，厚 0.14mm；标本产地：琛航岛（琛科 2 井）；标本井深：303m。

图 6. 厚壁新方球虫 *Neogloboquadrina pachyderma* (Ehrenberg)；时代分布：N16 带（晚中新世）到现代；标本放置：6a 腹视，6b 缘视，6c 背视；标本大小：壳长 0.26mm，宽 0.24mm，厚 0.19mm；标本产地：琛航岛（琛科 2 井）；标本井深：26.8m。

图 7. 截锥圆辐虫 *Globorotalia truncatulinoides* (d'Orbigny)；时代分布：N22 带（早更新世）到现代；标本放置：7a 腹视，7b 缘视，7c 背视；标本大小：壳长 0.36mm，宽 0.29mm，厚 0.21mm；标本产地：琛航岛（琛科 2 井）；标本井深：126m。

图 8. 杜氏新方球虫 *Neogloboquadrina dutertrei* (d'Orbigny)；时代分布：N21 带（晚上新世）到现代；标本放置：8a 腹视，8b 缘视，8c 背视；标本大小：壳长 0.56mm，宽 0.48mm，厚 0.36mm；标本产地：琛航岛（琛科 2 井）；标本井深：5.85m。

图 9. 小丘新方球虫 *Neogloboquadrina humerosa* (Takayanagi & Saito)；时代分布：N18 带（早上新世）到 N22 带（早更新世）；标本放置：9a 腹视，9b 缘视，9c 背视；标本大小：壳长 0.57mm，宽 0.48mm，厚 0.44mm；标本产地：琛航岛（琛科 2 井）；标本井深：213m。

图 10. 粗厚螺轮虫 *Turborotalia crassaformis* (Cushman & Stewart)；时代分布：N18 带（早上新世）到 N22 带（更新世）；标本放置：10a 腹视，10b 缘视，10c 背视；标本大小：壳长 0.45mm，宽 0.38mm，厚 0.38mm；标本产地：琛航岛（琛科 2 井）；标本井深：26.8m。

图 11. 斜室普林虫 *Pulleniatina obliquiloculata* (Parker & Jones)；时代分布：N19 带（早上新世）到现代；标本放置：11a 腹视，11b 缘视，11c 背视；标本大小：壳长 0.43mm，宽 0.36mm，厚 0.37mm；标本产地：琛航岛（琛科 2 井）；标本井深：5.85m。

图 12. 先行普林虫 *Pulleniatina praecursor* Banner & Blow；时代分布：N19 带（早上新世）到 N21（晚上新世）；标本放置：12a 腹视，12b 缘视，12c 背视；标本大小：壳长 0.65mm，宽 0.55mm，厚 0.48mm；标本产地：琛航岛（琛科 2 井）；标本井深：288m。

图版ⅩⅣ

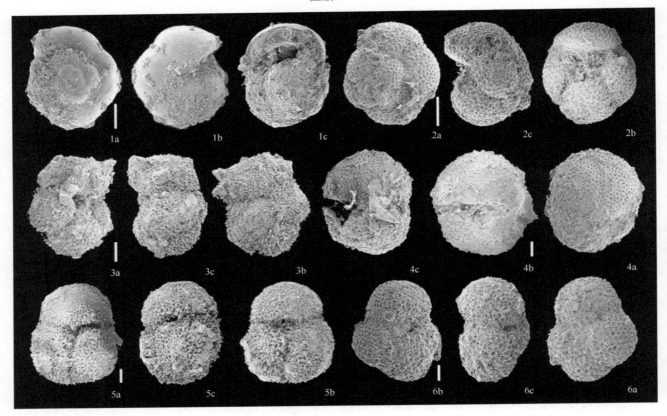

图版 XIV 说明

图 1. 初始普林虫 *Pulleniatina primalis* **Banner & Blow**；时代分布：N17B 带（晚中新世）到 N20 带（早上新世）；标本放置：1a 腹视，1b 缘视，1c 背视；标本大小：壳长 0.45mm，宽 0.39mm，厚 0.35mm；标本产地：琛航岛（琛科 2 井）；标本井深：306m。

图 2. 球状方球虫 *Globoquadrina globosa* **Bolli**；时代分布：N5 带（早中新世）到 N21 带（晚上新世）；标本放置：2a 腹视，2b 缘视，2c 背视；标本大小：壳长 0.38mm，宽 0.34mm，厚 0.28mm；标本产地：琛航岛（琛科 2 井）；标本井深：237m。

图 3. 裂开方球虫 *Globoquadrina dehiscens* **(Chapman, Parr & Collins)**；时代分布：N4B 带（早中新世）到 N15 带（中中新世）；标本放置：3a 腹视，3b 缘视，3c 背视；标本大小：壳长 0.55mm，宽 0.44mm，厚 0.36mm；标本产地：琛航岛（琛科 2 井）；标本井深：720m。

图 4. 近果裂类球形虫 *Sphaeroidinellopsis paenedehiscens* **Blow**；时代分布：N17B 带（晚中新世）到 N20 带（早上新世）；标本放置：4a 腹视，4b 缘视，4c 背视；标本大小：壳长 0.76mm，宽 0.66mm，厚 0.64mm；标本产地：琛航岛（琛科 2 井）；标本井深：306m。

图 5. 果裂小球形虫 *Sphaeroidinella dehiscens* **(Parker & Jones)**；时代分布：N19 带（早上新世）到现代；标本放置：5a 腹视，5b 缘视，5c 背视；标本大小：壳长 0.80mm，宽 0.69mm，厚 0.60mm；标本产地：琛航岛（琛科 2 井）；标本井深：213m。

图 6. 半缺类球形虫 *Sphaeroidinellopsis seminulina* **(Schwager)**；时代分布：N7 带（早中新世）到 N21 带（晚上新世）；标本放置：6a 腹视，6b 缘视，6c 背视；标本大小：壳长 0.71mm，宽 0.59mm，厚 0.44mm；标本产地：琛航岛（琛科 2 井）；标本井深：288m。